图灵数学经典

CENGAGE
Learning®

斯图尔特微积分 上

第9版

CALCULUS

Early Transcendentals,

Ninth Edition, Metric Version

[加] 詹姆斯·斯图尔特 　[美] 丹尼尔·克莱格 　[美] 萨利姆·沃森 —— 著
（James Stewart） 　　（Daniel Clegg） 　　（Saleem Watson）

程晓亮　徐宝　华志强 —— 译

人民邮电出版社
北京

图书在版编目（CIP）数据

斯图尔特微积分 . 上 /（加）詹姆斯·斯图尔特
(James Stewart)，（美）丹尼尔·克莱格
(Daniel Clegg)，（美）萨利姆·沃森 (Saleem Watson)
著；程晓亮，徐宝，华志强译 . -- 北京：人民邮电出
版社，2025. --（图灵数学经典）. -- ISBN 978-7-115
-66725-0

Ⅰ . O172

中国国家版本馆 CIP 数据核字第 20254HG133 号

内 容 提 要

本书深入浅出地讲解了（一元）微积分的主要概念和核心思想，从基本函数出发，全面覆盖了极限、导数、积分、微分方程、参数方程等重要主题，运用图像、数值、代数方程和语言描述等多种方法来呈现，不仅详细介绍了微积分的理论知识，而且特别重视实际应用，同时配有大量练习，帮助读者提高计算能力和掌握解题方法．语言简洁流畅，内容通俗易懂，示例贴近生活．本书是"斯图尔特微积分"系列的上册，包含第 1~10 章．第 11~16 章及附录见下册．

本书适合学习微积分的大学生和对微积分感兴趣的中学生使用，也可作为数学工作者和数学教师的参考书．

◆ 著　　　[加] 詹姆斯·斯图尔特（James Stewart）
　　　　　[美] 丹尼尔·克莱格（Daniel Clegg）
　　　　　[美] 萨利姆·沃森（Saleem Watson）
　　译　　　程晓亮　徐　宝　华志强
　　责任编辑　张子尧
　　责任印制　胡　南

◆ 人民邮电出版社出版发行　　北京市丰台区成寿寺路11号
　　邮编　100164　电子邮件　315@ptpress.com.cn
　　网址　https://www.ptpress.com.cn
　　文畅阁印刷有限公司印刷

◆ 开本：870×1050　1/16　　　　彩插：6
　　印张：47　　　　　　　　　2025 年 6 月第 1 版
　　字数：1496 千字　　　　　　2025 年 8 月河北第 2 次印刷
　　著作权合同登记号　图字：01-2022-3863 号

定价：199.80 元
读者服务热线：(010)84084456-6009　印装质量热线：(010)81055316
反盗版热线：(010)81055315

版 权 声 明

目录

导　论　微积分概览　　　1

第 1 章　函数与模型　　　7

第 2 章　极限与导数　　　77

前言

> 伟大的发现解决伟大的问题，但在解决任何问题的过程中都会有所发现. 你要解决的问题可能并不难，但如果它挑战了你的好奇心，让你发挥了你的创造力，并且你用自己的方法解决了它，你可能会体验到兴奋感，也会享受发现所带来的胜利感.
>
> ——乔治·波利亚（George Polya）

马克·范·多伦（Mark Van Doren）说，教学是帮助学生发现的艺术. 本书这一版延续了之前版本的传统，我们希望帮助学生发现微积分的实用价值和惊人之美. 我们的目的是向学生展现微积分的实用性，并促进学生技术能力的发展，同时让学生学会欣赏微积分的内在美. 牛顿在做出这个重大发现时无疑会有一种胜利感，希望学生也能体验到这样的感觉.

微积分学习的重点在于理解概念. 几乎所有教授微积分课程的教师都认为理解概念应该是微积分教学的最终目标. 为实现这一目标，我们将以图像、数值、代数公式和语言描述等方式呈现基本概念，并强调这些不同的表示方法之间的关系. 可视化、数值和图像实验以及语言描述可以极大地促进学生对概念的理解. 此外，理解概念和掌握技能可以齐头并进，相互强化.

我们清楚地意识到，好的教学有不同的形式，微积分的教与学也有不同的方法，所以我们设计的讲解和练习考虑到了教与学的不同风格. 本书的特色板块（包括专题、扩展练习、解题的基本原则和历史启示）强化了基本概念的学习和核心技能的掌握. 我们的目标是为教师及学生规划他们自己的微积分发现之路提供所需的工具.

各种版本的微积分教科书

斯图尔特的"微积分"系列中包含一些其他的微积分教科书，对一些教师来说可能更合适，其中有单版本的，也有多版本的.

- *Calculus, Ninth Edition* 与本书类似，区别是指数函数、对数函数和反三角函数在有关积分的章节之后介绍.
- *Essential Calculus, Second Edition* 是一本内容更简短的书（840 页），但它几乎包含了 *Calculus, Ninth Edition* 中的所有主题. 该书通过对某些主题进行更简短的阐述并将某些内容放到网站上的方式，实现了相对简洁的风格.
- *Essential Calculus: Early Transcendentals, Second Edition* 与 *Essential Calculus, Second Edition* 类似，区别是指数函数、对数函数和反三角函数在第 3 章中介绍.

- *Calculus: Concepts and Contexts, Fourth Edition* 比本书更强调概念理解，但其主题的覆盖并不全面．此外，超越函数和参数方程贯穿全书，而不是在单独的章节中论述．
- *Brief Applied Calculus* 面向商科、社会科学和生命科学专业的学生．
- *Biocalculus: Calculus for the Life Science* 旨在向生命科学专业的学生展示微积分与生物学的关系．
- *Biocalculus: Calculus, Probability, and Statistics* 包含了 *Biocalculus: Calculus for the Life Science* 中的所有内容，还另外增加了关于概率和统计的三章内容．

本书这一版有什么变化

结构大体上保持不变，但做了许多改进，目的是使本书更适合用作教师的教学工具和学生的学习工具．这些改进来自我们与同事和学生的交流、读者和评论者的建议、自己在教学中获得的见解，以及詹姆斯·斯图尔特关于他希望新版所发生的变化的大量笔记．在所有大大小小的改变中，我们保留了促使本书取得成功的特色和基调．

- 超过 20% 的练习是全新的．

  练习小节的开头增加了基础练习．这些练习旨在帮助学生建立信心，加强对基本概念的理解．（例如，7.3 节练习 1~4，9.1 节练习 1~5，11.4 节练习 3~6．）

  一些新的练习中包含图像，旨在鼓励学生理解图像是如何帮助解决问题的．这些练习是对后续练习的补充．在后续练习中，学生需要自己画出图像．（参见 6.2 节练习 1~4，10.4 节练习 43~46 和练习 53~54，15.5 节练习 1~2，15.6 节练习 9~12，16.7 节练习 15 和练习 24，16.8 节练习 9 和练习 13．）

  有些练习分为两个部分，其中 (a) 部分建立公式，(b) 部分进行计算，以方便学生在完成问题的解答之前检查 (a) 部分的答案．（参见 6.1 节练习 1~4，6.3 节练习 3~4，15.2 节练习 7~10．）

  有些练习小节的末尾增加了具有挑战性的扩展练习．（例如，6.2 节练习 87，9.3 节练习 56，11.2 节练习 79~81，11.9 节练习 47．）

  当练习扩展了该节中所讨论的概念时，练习中会添加标题．（例如，2.6 节练习 66，10.1 节练习 55~57，15.2 节练习 80~81．）

  我们最喜欢的一些新练习是 1.3 节练习 71，3.4 节练习 99，3.5 节练习 65，4.5 节练习 55~58，6.2 节练习 79，6.5 节练习 18，10.5 节练习 69，15.1 节练习 38，15.4 节练习 3~4．此外，第 6 章末的附加题 14 和第 15 章末的附加题 4 都很有趣，也很有挑战性．

- 添加了新的例子，并在一些现有例子的解答中增加了步骤．（例如，2.7 节例 5，6.3 节例 5，10.1 节例 5，14.8 节例 1 和例 4，16.3 节例 4．）

- 对几个章节进行了重组，围绕关键概念增加了新的小节.（2.3 节、11.1 节、11.2 节和 14.2 节就是很好的例子.）
- 添加了许多新的图像和插图，并更新了现有的图像和插图，为关键概念提供了额外的图像解释.
- 应评论者的要求，增加了一些新主题，并扩展了（在章节内或扩展练习中的）其他主题.（包括 13.3 节中的挠率，2.7 节练习 60 中的对称差商，以及 7.8 节练习 65~68 中的多种类型的反常积分.）
- 添加了新的专题，更新了一些已有的专题.（例如，12.2 节末的探索专题：悬链的形状.）
- 对数函数和反三角函数的导数被放在了 3.6 节中，该节强调反函数的导数的概念.
- 交错级数和绝对收敛被放在了 11.5 节中.
- 关于二阶微分方程的章节以及关于复数的附录被移至网站中.

特色板块

　　每个特色板块都是补充不同的教学实践的材料.贯穿全书的有历史启示、扩展练习、专题、解题的基本原则，以及许多使用技术工具根据概念进行实验的机会.我们知道，在一个学期中很难有足够的时间来让所有的特色板块发挥作用，不过教师可以有选择性地使用，以吸引学生的注意力，进而强调微积分的丰富思想及其在现实世界中的重要意义.

■ 概念的练习

　　培养概念理解能力最重要的方法是解决教师布置的问题.为此，本书囊括了各种类型的问题.一些练习首先要求读者解释该节中出现的基本概念的含义（例如，2.2 节、2.5 节、11.2 节、14.2 节和 14.3 节前几个练习），大多数练习是为了强化读者对基本概念的理解（例如，2.5 节练习 3~10，5.5 节练习 1~8，6.1 节练习 1~4，7.3 节练习 1~4，9.1 节练习 1~5，11.4 节练习 3~6）.其他练习通过图像或表格检验读者对概念的理解（例如，2.7 节练习 17，2.8 节练习 36~38 和练习 47~52，9.1 节练习 23~25，10.1 节练习 30~33，13.2 节练习 1~2，13.3 节练习 37~43，14.1 节练习 41~44，14.3 节练习 2 和练习 4~6，14.6 节练习 1~2，14.7 节练习 3~4，15.1 节练习 6~8，16.1 节练习 13~22，16.2 节练习 19~20，16.3 节练习 1~2）.

　　许多练习都用图像将问题可视化（例如，6.2 节练习 1~4，10.4 节练习 43~46，15.5 节练习 1~2，15.6 节练习 9~12，16.7 节练习 24）.还有一些练习使用语言描述来检验读者对概念的理解（例如，2.5 节练习 12，2.8 节练习 66，4.3 节练习 79~80，7.8 节练习 79）.此外，所有复习小节都以概念题和判断题开始.

　　我们特别重视图像、数值和代数方法的结合和比较（例如，2.6 节练习 45~46，3.7 节练习 29，9.4 节练习 4）.

■ 分级的练习

每节的练习都经过仔细的分级，从有关基本概念的练习，到训练技巧和绘制图像的练习，再到更具挑战性的练习，它们通常扩展了该节中的概念，回顾了前几节中的概念，或者涉及应用和证明.

■ 现实世界的数据

现实世界的数据为介绍、引入或说明微积分的概念提供了切实可行的方式.因此，许多例题和练习所处理的函数都是由这些数据或其图像定义的.这些现实世界的数据来自相关公司和政府机构，以及互联网和图书馆.例如，1.1 节图1-1-1（北岭大地震的地震图），2.8 节练习 36（整容手术的数据），5.1 节练习 12（"奋进号"航天飞机的速度），5.4 节练习 83（新英格兰地区各州的耗电功率），14.4 节例 3（热指数），14.6 节图 14-6-1（温度的等值线图），15.1 节例 9（科罗拉多州的降雪量），以及 16.1 节图 16-1-1（旧金山湾区的风速向量场）.

■ 专题

令学生积极投入学习的途径之一是引导他们（可以采用小组形式）参与扩展专题，完成专题可以给学生一种巨大的成就感.本书中有三种专题.

应用专题包括能激发学生想象力的应用题.9.5 节末的专题研究被向上抛的球到达最高点和回到原高度，哪个所用的时间更长（答案可能会让你惊讶）.14.8 节末的专题使用拉格朗日乘数法来确定三级火箭的每一级的质量，使得火箭以最小的总质量达到所期望的速度.

探索专题提出将在之后讨论的结论，或者通过识别规律来引导发现（例如，7.6 节末的专题探讨积分的规律）.一些探索专题研究几何方面的问题：四面体（12.4 节末）、超球体（15.6 节末）和三个圆柱体的交（15.7 节末）.此外，12.2 节末的专题使用导数的几何定义来求悬链线的公式.一些探索专题充分利用了技术工具：10.2 节末的专题展示了如何使用贝塞尔曲线设计字母的形状用于激光打印机.

写作专题要求学生将今天的方法与微积分奠基人所用的方法进行比较，例如，2.7 节末的专题中费马求切线的方法.另外，写作专题中还提供了参考文献.

更多专题可在"教师指南"中找到.一些扩展练习也可以作为小的专题.（例如，4.7 节有关蜂巢几何形状的练习 53，6.2 节有关旋转体缩放的练习 87，9.3 节有关海冰形成的练习 56.）

■ 解题

学生通常很难解决不能通过明确的步骤得到答案的问题.作为乔治·波利亚的学生，詹姆斯·斯图尔特最先了解到波利亚对解题过程的令人愉快且精辟的见解.在第 1 章末的"解题的基本原则"中，斯图尔特对波利亚的四步解题法做了改进．这些原则在整本书中都有明确和隐含的应用．其余每一章末都有一个叫作"附加题"的小节，提供了解决具有挑战性的微积分问题的例子．在解决"附加题"中的问题时，要牢记大卫·希尔伯特（David Hilbert）的建议："为了吸引我们，一道数学题应该是困难的，但也不能是难以触及的，以免辜负我们的努力．"我们在自己的微积分课上，用这些问题获得了很好的效果．看到学生们如何应对挑战是令人欣慰的．詹姆斯·斯图尔特说："当我把这些具有挑战性的问题放到作业和测试中时，我会用不同的方式打分……如果学生能提出解题思路并识别出与问题相关的解题原则，我就会给他们加分．"

■ 技术工具

使用技术工具时，清楚地理解屏幕上的图像或计算结果背后的概念尤为重要．如果使用得当，那么图像计算器和计算机是发现和理解这些概念的有力工具．本书既可以在有技术工具的情况下使用，也可以在没有技术工具的情况下使用．我们使用两个特殊标记来表示何时需要技术工具提供特定的帮助．图标 ⌂ 表示练习需要使用绘图软件或图像计算器来帮助完成作图．（这并不是说作图技术不能用于其他练习．）图标 T 表示练习需要借助软件或图像计算器，而不是仅仅通过作图就能完成．WolframAlpha 和 Symbolab 等免费网站通常是适用的．如果需要计算机代数系统的全部资源，比如 Maple 或 Mathematica，则会在练习中说明．当然，技术工具不会让笔和纸过时．动手计算和画图通常比使用技术工具更有利于说明和强化一些概念．教师和学生都需要培养判断能力，知道何时适合使用技术工具，何时通过动手计算会获得更多的领悟．

■ WebAssign

本书可以与 WebAssign 一起使用．WebAssign 是圣智学习出版公司为 STEM 学科提供的可完全定制的在线学习方案．WebAssign 中包括作业、交互式移动电子书、视频、指导教程和探索性交互式学习模块．教师可以决定学生在完成作业时能够获得帮助的类型及时间．获得专利的评分引擎将对答案进行独一无二的评估，为学生提供即时反馈和深入分析，准确指出学生还需努力的地方．欲了解更多信息，请访问圣智学习出版公司的网站．

■ StewartCalculus 网站

访问 StewartCalculus 网站可获取如下额外的材料．

- 作业提示
- 概念题（见每章的复习小节）的解答
- 代数和解析几何的复习材料
- 计算器和计算机的使用方法
- 数学史，以及有关数学史的网站推荐
- 附加主题（包括练习）：傅里叶级数、坐标轴的旋转、泰勒级数的余式定理

- 关于二阶微分方程的附加章节，包括级数解法以及回顾复数和复指数函数的附录
- 教师板块，包括已有问题（之前各版本中出现过的练习及其解答）
- 挑战性问题（一些问题来自之前版本中的"附加题"小节）
- 针对特定主题的外部网络资源的链接

内容

基础测试　本书从代数、解析几何、函数和三角学的四个基础测试开始.

微积分概览　这是本书的概述，包括一系列问题，以激发学生对微积分的兴趣.

1　函数与模型　从强调函数的多种表示方法开始：描述法、数值法、图像法和代数法，对数学模型进行讨论，从上述四个角度回顾基本函数，包括指数函数和对数函数.

2　极限与导数　先前对切线问题和速度问题的讨论引出极限的概念. 极限是通过描述法、图像法、数值法和代数法来讲述的. 极限的严格定义在 2.4 节中，这一节是选学的. 在第 3 章给出求导法则之前，2.7 节和 2.8 节就讨论了导数（包括由图像定义和由数值定义的函数的导数），例题和练习分析了在各种情景中导数的含义. 2.8 节介绍高阶导数.

3　求导法则　所有的基本函数，包括指数函数、对数函数和反三角函数的导数都在这一章中给出. 后两类函数被放在同一节中，重点介绍反函数的导数. 在应用情景中计算导数时，要求学生解释导数的含义. 这一章包括指数级增长和指数级衰减的概念.

4　导数的应用　从中值定理推导出关于极值和曲线形状的基本事实. 应用技术工具作图强调微积分和技术工具之间的交互关系，并给出对曲线族的分析. 提出一些实质性的优化问题，包括解释为什么需要把头仰起 42° 才能看到彩虹的顶端.

5　积分　面积问题和距离问题是引出定积分的基础，根据需要还引入了求和符号.（附录 E 提供了有关求和符号的完整内容.）这一章的重点是解释各种情景中积分的含义，并根据图像和表格估计积分的值.

6　积分的应用　这一章介绍积分的应用（求面积、体积、功和平均值），无须专门的积分技巧即可顺利完成. 强调一般方法，目的是让学生能够将一个量分成多个小量，用黎曼和进行估计，并将它的极限作为积分的结果.

7　积分技巧　涵盖所有标准的积分方法，而真正的挑战是针对具体问题判断哪种方法最适用. 7.5 节讲解计算积分的策略，7.6 节讨论数学软件的使用.

8　积分的进一步应用　在这一章中积分被应用于求弧长和曲面面积，以及生物学、经济学和物理学（流体静压力和质心）领域. 对于这些应用，掌握所有积分技巧是很有用的. 这一章还包括一节关于概率的内容. 相关的应用足以满足一门课程的需要，教师可以选择适合学生和自己感兴趣的内容.

辅助材料

本书有一套完整的辅助材料做支持．每一种材料都是为了加强学生的理解和促进创造性教学而设计的．

■ 教师辅助材料

· 教师指南

由 Douglas Shaw 编写．

每个章节都从多个角度加以讨论．"教师指南"可在教师配套材料的网站上在线浏览，它包含建议分配的教学时间、重点内容、讨论主题、授课的核心材料、研讨会或讨论建议、适合布置的小组练习和作业．

- **完整解答手册**

  Single Variable Calculus: Early Transcendentals, Ninth Edition, Metric Version

  第 1~11 章

  由 Joshua Babbin、Scott Barnett 和 Jeffery A. Cole 编写，并由麦克马斯特大学的 Anthony Tan 和 Michael Verwer 完成公制化．

  Multivariable Calculus, Ninth Edition, Metric Version

  第 10~16 章

  由 Joshua Babbin 和 Gina Sanders 编写，并由麦克马斯特大学的 Anthony Tan 和 Michael Verwer 完成公制化．

  "完整解答手册"包括书中所有练习的解答，可在教师配套材料的网站上在线浏览．

- **测试题库**

  包含多项选择题和自由回答测试题，可在教师配套材料的网站上在线浏览．

- **由 Cognero 支持的圣智学习测试**

  在这个灵活的在线系统中可以创作、编辑和管理测试题库的内容，创建测试的多个版本，而且你可以在你的学习管理系统、教室或任何其他地方发布测试．

■ 教师和学生的辅助材料

- **StewartCalculus 网站**

  包含作业提示、代数复习、附加主题、练习、挑战性问题、网络链接、数学史．

- **WebAssign**

  请使用圣智学习出版公司的 WebAssign 满怀信心地准备课程．这个在线学习平台上有一本交互式电子书，提供了实践的机会，让你可以消化所学的知识，更好地准备考试．视频和指导教程带你了解概念，并提供即时反馈和评分，因此你总是可以了解自己的课堂学习情况．集中精力在你最需要的方面进行额外的练习．要聪明地学习！今天就向你的导师咨询如何访问 WebAssign，或者登录 WebAssign 了解自学选项．

致谢

编写这一版的主要原因之一是来自大量评论者的令人信服的建议，他们都有丰富的微积分教学经验．非常感谢他们的建议，以及他们在理解本书所采用的方法时所花的时间．我们从他们每个人那里都学到了一些东西．

■ 本书这一版的评论者

Malcolm Adams，佐治亚大学

Ulrich Albrecht，奥本大学

Bonnie Amende，圣马丁大学

Champike Attanayake，迈阿密大学米德尔顿分校

Amy Austin，得克萨斯农工大学

Elizabeth Bowman，阿拉巴马大学

Joe Brandell，西布卢姆菲尔德高中 / 奥克兰大学

Lorraine Braselton，佐治亚南方大学

Mark Brittenham，内布拉斯加大学林肯分校

Michael Ching，阿姆赫斯特学院

Kwai-Lee Chui，佛罗里达大学

Arman Darbinyan，范德堡大学

Roger Day，伊利诺伊州立大学

Toka Diagana，霍华德大学

Karamatu Djima，阿默斯特学院

Mark Dunster，圣地亚哥州立大学

Eric Erdmann，明尼苏达大学德卢斯分校

Debra Etheridge，北卡罗来纳大学教堂山分校

Jerome Giles，圣地亚哥州立大学

Mark Grinshpon，佐治亚州立大学

Katie Gurski，霍华德大学

John Hall，耶鲁大学

David Hemmer，纽约州立大学布法罗分校

Frederick Hoffman，佛罗里达大西洋大学

Keith Howard，莫瑟尔大学

Iztok Hozo，印第安纳大学西北分校

Shu-Jen Huang，佛罗里达大学

Matthew Isom，亚利桑那州立大学理工学院

James Kimball，路易斯安那大学拉斐特分校

Thomas Kinzel，博伊西州立大学

Anastasios Liakos，美国海军学院

Chris Lim，罗格斯大学卡姆登分校

Jia Liu，西佛罗里达大学

Joseph Londino，孟菲斯大学

Colton Magnant，佐治亚南方大学

Mark Marino，纽约州立大学布法罗分校

Kodie Paul McNamara，乔治敦大学

Mariana Montiel，佐治亚州立大学

Russell Murray，圣路易斯社区学院

Ashley Nicoloff，格伦戴尔社区学院

Daniella Nokolova-Popova，佛罗里达大西洋大学

Giray Okten，佛罗里达州立大学塔拉哈西分校

Aaron Peterson，（美国）西北大学

Alice Petillo，玛丽蒙特大学

Mihaela Poplicher，辛辛那提大学

Cindy Pulley，伊利诺伊州立大学

Russell Richins，泰尔学院

Lorenzo Sadun，得克萨斯大学奥斯汀分校

Michael Santilli，梅萨社区学院

Christopher Shaw，哥伦比亚大学

Brian Shay，峡谷峰学院

Mike Shirazi，格尔曼纳社区学院

Pavel Sikorskii，密歇根州立大学

Mary Smeal，阿拉巴马大学

Edwin Smith，杰克逊维尔州立大学

Sandra Spiroff，密西西比大学

Stan Stascinsky，卡兰特郡大学

Jinyuan Tao，马里兰洛约拉大学

Ilham Tayahi，孟菲斯大学

Michael Tom，路易斯安那州立大学巴吞鲁日分校

Michael Westmoreland，丹尼森大学

Scott Wilde，贝勒大学

Larissa Williamson，佛罗里达大学

Michael Yatauro，宾夕法尼亚州立大学布兰德万河校区

Gang Yu，肯特州立大学

Loris Zucca，孤星学院

■ 之前版本的评论者

Jay Abramson，亚利桑那州立大学

B. D. Aggarwala，卡尔加里大学

John Alberghini，曼彻斯特社区学院

Michael Albert，卡内基－梅隆大学

Daniel Anderson，爱荷华大学

Maria Andersen，马斯基根社区学院

Eric Aurand，伊斯特菲尔德学院

Amy Austin，得克萨斯农工大学

Donna J. Bailey，东北密苏里州立大学

Wayne Barber，契摩卡塔社区学院

Joy Becker，威斯康星大学斯托特分校

Marilyn Belkin，维拉诺瓦大学

Neil Berger，伊利诺伊大学芝加哥分校

David Berman，新奥尔良大学

Anthony J. Bevelacqua，北达科他大学

Richard Biggs，西安大略大学

Robert Blumenthal，奥格尔索普大学

Martina Bode，（美国）西北大学

Przemyslaw Bogacki，欧道明大学

Barbara Bohannon，霍夫斯特拉大学

Jay Bourland，科罗拉多州立大学

Adam Bowers，加利福尼亚大学圣地亚哥分校

Philip L. Bowers，佛罗里达州立大学

Amy Elizabeth Bowman，阿拉巴马大学亨茨维尔分校

Stephen W. Brady，威奇托州立大学

Michael Breen，田纳西理工大学

Monica Brown，密苏里大学圣路易斯分校

Robert N. Bryan，西安大略大学

David Buchthal，阿克伦大学

Roxanne Byrne，科罗拉多大学丹佛分校健康科学中心

Jenna Carpenter，罗伊斯安娜理工大学

Jorge Cassio，迈阿密戴德社区学院

Jack Ceder，加利福尼亚大学圣巴巴拉分校

Scott Chapman，都柏林圣三一大学

Zhen-Qing Chen，华盛顿大学西雅图分校

James Choike，俄克拉何马州立大学

Neena Chopra，宾夕法尼亚州立大学

Teri Christiansen，密苏里大学哥伦比亚分校

Barbara Cortzen，德保罗大学

Carl Cowen，普渡大学

Philip S. Crooke，范德比尔特大学

Charles N. Curtis，密苏里州南方州立大学

Daniel Cyphert，阿姆斯特朗州立大学

Robert Dahlin

Bobby Dale Daniel，拉马尔大学

Jennifer Daniel，拉马尔大学

M. Hilary Davies，阿拉斯加安克雷奇大学

Gregory J. Davis，威斯康星大学绿湾分校

Elias Deeba，休斯顿大学市中心分校

Daniel DiMaria，萨福克社区学院

Seymour Ditor，西安大略大学

Edward Dobson，密西西比州立大学

Andras Domokos，加利福尼亚州立大学萨克拉门托分校

Greg Dresden，华盛顿与李大学

Daniel Drucker，韦恩州立大学

Kenn Dunn，戴尔豪斯大学

Dennis Dunninger，密歇根州立大学

Bruce Edwards，佛罗里达大学

David Ellis，旧金山州立大学

John Ellison，格罗夫城市大学

Martin Erickson，杜鲁门州立大学

Garret Etgen，休斯敦大学

Theodore G. Faticoni，福特汉姆大学

Laurene V. Fausett，佐治亚南方大学

Norman Feldman，索诺马州立大学

Le Baron O. Ferguson，加利福尼亚大学河滨分校

Newman Fisher，旧金山州立大学

Timothy Flaherty，卡内基－梅隆大学

José D. Flores，南达科他大学

William Francis，密歇根理工大学

James T. Franklin，瓦伦西亚社区大学东部

Stanley Friedlander，布朗克斯社区学院

Patrick Gallagher，哥伦比亚大学纽约分校

Paul Garrett，明尼苏达大学明尼阿波利斯分校

Frederick Gass，俄亥俄迈阿密大学

Lee Gibson，路易斯维尔大学

Bruce Gilligan，里贾纳大学

Matthias K. Gobbert，马里兰大学

Gerald Goff，俄克拉何马州立大学

Isaac Goldbring，伊利诺伊大学芝加哥分校

Jane Golden，希尔斯堡社区学院

Stuart Goldenberg，加利福尼亚州立理工大学

John A. Graham，白金汉布朗和尼科尔斯学校

Richard Grassl，新墨西哥大学

Michael Gregory，北达科他大学

Charles Groetsch，辛辛那提大学

Semion Gutman，俄克拉何马大学

Paul Triantafilos Hadavas，阿姆斯特朗大西洋州立大学

Salim M. Haïdar，大谷州立大学

D. W. Hall，密歇根州立大学

Robert L. Hall，威尔斯康星大学密尔沃基分校

Howard B. Hamilton，加利福尼亚州立大学萨克拉门托分校

Darel Hardy，科罗拉多州立大学

Shari Harris，约翰伍德社区大学

Gary W. Harrison，查尔斯顿学院

Melvin Hausner，纽约大学 / 库兰研究所

Curtis Herink，莫瑟尔大学

Russell Herman，北卡罗来纳大学威尔明顿分校

Allen Hesse，罗切斯特社区学院

Diane Hoffoss，圣地亚哥大学

Randall R. Holmes，奥本大学

Lorraine Hughes，密西西比州立大学

James F. Hurley，康涅狄格大学

Amer Iqbal，华盛顿大学西雅图分校

Matthew A. Isom，亚利桑那州立大学

Jay Jahangiri，肯特州立大学

Gerald Janusz，伊利诺伊大学香槟分校

John H. Jenkins，安柏瑞德航空大学普雷斯科特校区

Lea Jenkins，克莱姆森大学

John Jernigan，费城社区学院

Clement Jeske，威斯康星大学普拉特维尔分校

Carl Jockusch，伊利诺伊大学厄巴纳香槟分校

Jan E. H. Johansson，佛蒙特大学

Jerry Johnson，俄克拉何马州立大学

Zsuzsanna M. Kadas，圣迈克尔学院

Brian Karasek，南山社区学院

Nets Katz，印第安纳大学布卢明顿分校

Matt Kaufman

Matthias Kawski，亚利桑那州立大学

Frederick W. Keene，帕萨迪纳城市学院

Robert L. Kelley，迈阿密大学

Akhtar Khan，罗切斯特理工学院

Marianne Korten，堪萨斯州立大学

Virgil Kowalik，得克萨斯农工大学

Jason Kozinski，佛罗里达大学

Kevin Kreider，阿克伦大学

Leonard Krop，德保大学

Carole Krueger，得克萨斯大学阿灵顿分校

Mark Krusemeyer，卡尔顿学院

Ken Kubota，肯塔基大学

John C. Lawlor，佛蒙特大学

Christopher C. Leary，纽约州立大学杰纳苏分校

David Leeming，维多利亚大学

Sam Lesseig，东北密苏里州立大学

Phil Locke，缅因大学

Joyce Longman，维拉诺瓦大学

Joan McCarter，亚利桑那州立大学

Phil McCartney，北肯塔基大学

Igor Malyshev，圣何塞州立大学

Larry Mansfield，皇后学院

Mary Martin，科尔盖特大学

Nathaniel F. G. Martin，弗吉尼亚大学

Gerald Y. Matsumoto，美国河流学院

James McKinney，加利福尼亚州立理工大学波莫纳分校

Tom Metzger，匹兹堡大学

Richard Millspaugh，北达科他大学

John Mitchell，克拉克学院

Lon H. Mitchell，弗吉尼亚联邦大学

Michael Montaño，河滨社区学院

Teri Jo Murphy，俄克拉何马大学

Martin Nakashima，加利福尼亚州立理工大学波莫纳分校

Ho Kuen Ng，圣何塞州立大学

Richard Nowakowski，达尔豪斯大学

Hussain S. Nur，加利福尼亚州立大学弗雷斯诺分校

Norma Ortiz-Robinson，弗吉尼亚联邦大学

Wayne N. Palmer，尤蒂卡学院

Vincent Panico，太平洋大学

F. J. Papp，密歇根大学迪尔伯恩分校

Donald Paul，塔尔萨社区学院

Mike Penna，印第安纳大学－普渡大学印第安纳波利斯分校

Chad Pierson，明尼苏达大学德卢斯分校

Mark Pinsky，（美国）西北大学

Lanita Presson，阿拉巴马大学亨茨维尔分校

Lothar Redlin，宾夕法尼亚州立大学

Karin Reinhold，纽约州立大学奥尔巴尼分校

Thomas Riedel，路易斯维尔大学

Joel W. Robbin，威斯康星大学麦迪逊分校

Lila Roberts，佐治亚学院与州立大学

E. Arthur Robinson, Jr.，乔治华盛顿大学

Richard Rockwell，太平洋联合学院

Rob Root，拉法叶学院

Richard Ruedemann，亚利桑那州立大学

David Ryeburn，西蒙菲莎大学

Richard St. Andre，中密歇根大学

Ricardo Salinas，圣安东尼奥学院

Robert Schmidt，南达科他州立大学

Eric Schreiner，西密歇根大学

Christopher Schroeder，莫尔黑德州立大学

Mihr J. Shah，肯特州立大学特鲁姆布尔分校

Angela Sharp，明尼苏达大学德卢斯分校

Patricia Shaw，密西西比州立大学

Qin Sheng，贝勒大学

Theodore Shifrin，佐治亚大学

Wayne Skrapek，萨斯喀彻温大学

Larry Small，洛杉矶皮尔斯学院

Teresa Morgan Smith，布林学院

William Smith，北卡罗来纳大学

Donald W. Solomon，威斯康星大学密尔沃基分校

Carl Spitznagel，约翰卡罗尔大学

Edward Spitznagel，华盛顿大学

Joseph Stampfli，印第安纳大学

Kristin Stoley，布林学院

Mohammad Tabanjeh，弗吉尼亚州立大学

Capt. Koichi Takagi，美国海军学院

M. B. Tavakoli，查菲学院

Lorna TenEyck，契摩卡塔社区大学

Magdalena Toda，得克萨斯理工大学

Ruth Trygstad，盐湖社区学院

Paul Xavier Uhlig，圣玛丽大学

Stan Ver Nooy，俄勒冈大学

Andrei Verona，加利福尼亚州立大学洛杉矶分校

Klaus Volpert，维拉诺瓦大学

Rebecca Wahl，巴特勒大学

Russell C. Walker，卡内基－梅隆大学

William L. Walton，麦卡利中学

Peiyong Wang，韦恩州立大学

Jack Weiner，圭尔夫大学

Alan Weinstein，加利福尼亚大学伯克利分校

Roger Werbylo，皮玛社区学院

Theodore W. Wilcox，罗切斯特理工学院

Steven Willard，阿尔伯塔大学

David Williams，克莱顿州立大学

Robert Wilson，威斯康星大学麦迪逊分校

Jerome Wolbert，密歇根大学安娜堡分校

Dennis H. Wortman，马萨诸塞大学波士顿分校

Mary Wright，南伊利诺伊大学卡本代尔分校

Paul M. Wright，奥斯汀社区学院

Xian Wu，南卡罗来纳大学

Zhuan Ye，北伊利诺伊大学

感谢所有为本书这一版做出贡献的人，以及那些在之前版本中做出贡献并在这一版中继续贡献的人．感谢 Marigold Ardren、David Behrman、George Bergman、R. B. Burckel、Bruce Colletti、John Dersch、Gove Effinger、Bill Emerson、Alfonso Gracia-Saz、Jeffery Hayen、Dan Kalman、Quyan Khan、John Khoury、Allan MacIsaac、Tami Martin、Monica Nitsche、Aaron Peterson、Lamia Raffo、Norton Starr、Jim Trefzger、Aaron Watson 和 Weihua Zeng 提出的建议；感谢 Joseph Bennish、Craig Chamberlin、Kent Merryfield 和 Gina Sanders 关于微积分的深刻对话；感谢 Al Shenk 和 Dennis Zill 对使用他们的微积分教科书中的练习的许可；感谢 COMAP 对使用专题材料的许可；感谢 David Bleecker、Victor Kaftal、Anthony Lam、Jamie Lawson、Ira Rosenholtz、Paul Sally、Lowell Smylie、Larry Wallen 和 Jonathan Watson 对练习提出的想法；感谢 Dan Drucker 对"滚轮比赛"专题的贡献；感谢 Thomas Banchoff、Tom Farmer、Fred Gass、John Ramsay、Larry Riddle、Philip Straffin 和 Klaus Volpert 为专题出谋划策；感谢 Josh Babbin、Scott Barnett 和 Gina Sanders 为新的练习给出解答和改进方法；感谢 Jeff Cole 负责检查练习的所有解法并确保它们的正确性；感谢 Mary Johnson 和 Marv Riedesel 负责精确的校对，以及 Doug Shaw 负责准确性的检验．此外还要感谢 Dan Anderson、Ed Barbeau、Fred Brauer、Andy Bulman-Fleming、Bob Burton、David Cusick、Tom DiCiccio、Garret Etgen、Chris Fisher、Barbara Frank、Leon Gerber、Stuart Goldenberg、Arnold Good、Gene Hecht、Harvey Keynes、E. L. Koh、Zdislav Kovarik、Kevin Kreider、Emile LeBlanc、David Leep、Gerald Leibowitz、Larry Peterson、Mary Pugh、Carl Riehm、John Ringland、Peter Rosenthal、Dusty Sabo、Dan Silver、Simon Smith、Alan Weinstein 和 Gail Wolkowicz．

感谢 Phyllis Panman 帮助准备底稿，解答练习并提出新的练习，以及对整个底稿进行严格的校对．

深深感谢我们的朋友和同事 Lothar Redlin，他在 2018 年英年早逝之前开始与我们合作进行这次修订．他对数学及数学教学的深刻见解和极快的解题能力，都是无价的财富．

特别感谢 TECHarts 的 Kathi Townes（为这一版及过去的几个版本）的制作服务和文字加工．她拥有回忆书稿每一处细节和同时处理不同编辑任务的非凡能力，她对本书的理解与熟悉是确保本书内容准确并及时出版的关键．也感谢 Lori Heckelman 优雅而精确地绘制了本书中的新插图．

感谢圣智学习出版公司的 Timothy Bailey、Teni Baroian、Diane Beasley、Carly Belcher、Vernon Boes、Laura Gallus、Stacy Green、Justin Karr、Mark Linton、Samantha Lugtu、Ashley Maynard、Irene Morris、Lynh Pham、Jennifer Risden、Tim Rogers、Mark Santee、Angela Sheehan 和 Tom Ziolkowski．他们都做了出色的工作．

过去三十年里，本书受益于几位优秀数学编辑的建议和指导，他们是 Ron Munro、Harry Campbell、Craig Barth、Jeremy Hayhurst、Gary Ostedt、Bob Pirtle、Richard Stratton、Liz Covello、Neha Taleja，以及现在的 Gary Whalen．他们都为本书的成功做出了重要贡献．尤其是 Gary Whalen 对当前数学教学问题的广泛了解，以及对更好地使用技术作为教学工具的不断研究，是这一版创作过程中的宝贵资源．

詹姆斯·斯图尔特

丹尼尔·克莱格

萨利姆·沃森

向詹姆斯·斯图尔特致敬

    詹姆斯·斯图尔特有教授数学的非凡天赋．他教授微积分课程的大讲堂总是挤满了学生．当带领学生发现一个新概念或一个挑战性问题的解法时，他总能让学生充满兴趣和期待．斯图尔特以他自己的方式介绍微积分——这是一门丰富的学科，微积分具有直观的概念、精彩的问题、强大的应用和迷人的历史．他在教学和讲课方面的成功体现在他的许多学生后来都成了数学家、科学家和工程师，其中不少人现在已经是大学教授．正是他的学生首先建议他写一本自己的微积分教科书．这些年来，以前的学生，现在的科学家和工程师，还会打电话和他讨论在工作中遇到的数学问题，这些讨论的一部分成了本书中新的练习或专题．

    我们都是通过詹姆斯·斯图尔特——或者吉姆，他喜欢我们这样称呼他——的教学和演讲认识了他，并在后来收到邀请和他一起编写数学教科书．在认识他的这些年里，他是我们的老师、导师和朋友．

    吉姆有一些特殊的才能，这些才能结合在一起使他有绝对的资格编写这样一本精美的微积分教科书——能与学生对话的、将微积分的基础知识与有关如何思考微积分概念的见解相结合的教科书．吉姆总是认真倾听学生的想法，以便准确地找出他们在概念理解上遇到困难的地方．最重要的是，吉姆真的很喜欢努力工作，这是完成编写这本微积分教科书这一艰巨任务的必要条件．作为他的合著者，我们喜欢他富有感染力的热情和乐观，和他一起度过的时光总是充满乐趣、富有成效，从来没有压力．

    大多数人会认为，编写微积分教科书是吉姆一生中足够重大的壮举，但令人惊讶的是，他还有许多其他的兴趣和成就：他在汉密尔顿和麦克马斯特交响乐团专业演奏小提琴多年，他对建筑学有持久的热情，他是艺术资助人，并深切关心社会和人道主义事业．他也是一个世界旅行家，一个兼收并蓄的艺术收藏家，甚至是一个美食厨师．

    詹姆斯·斯图尔特是一个了不起的人，也是一位非凡的数学家和教师．能成为他的合著者和朋友是我们的荣幸．

丹尼尔·克莱格

萨利姆·沃森

关于作者

二十多年来，丹尼尔·克莱格和萨利姆·沃森一直与詹姆斯·斯图尔特合作编写数学教科书．他们之间密切的关系使工作富有成效，因为他们在数学教学和数学写作方面有着共同的观念．在 2014 年的一次采访中，詹姆斯·斯图尔特谈到了他们的合作："我们发现我们可以用同样的方式思考……几乎在所有事情上都达成了一致，这有点罕见．"

丹尼尔·克莱格和萨利姆·沃森以不同的方式遇到了詹姆斯·斯图尔特，虽然相遇方式不同，但最后都建立了长期的交往．斯图尔特在一次数学会议中偶然发现了丹尼尔的教学天赋，于是请他为即将出版的微积分教科书审阅书稿，并撰写多元微积分的解答手册．从那时起，丹尼尔在斯图尔特的微积分教科书的创作中发挥了越来越大的作用．他和斯图尔特还合著了一本关于应用微积分的教科书．斯图尔特第一次见到萨利姆时，萨利姆是他的数学研究生班的学生．后来，斯图尔特在休假期间和萨利姆一起在宾夕法尼亚州立大学做研究，当时萨利姆是那里的一名导师．斯图尔特邀请萨利姆和洛塔尔·雷德林（Lother Redlin，也是斯图尔特的学生）同他一起编写一系列微积分教科书，他们在多年时间里完成了这些书的几个版本．

詹姆斯·斯图尔特是麦克马斯特大学和多伦多大学的数学教授．他在斯坦福大学和多伦多大学完成了研究生学习，随后在伦敦大学从事研究工作．他的研究领域是调和分析，他还研究数学和音乐之间的联系．

丹尼尔·克莱格是南加利福尼亚帕洛马学院的数学教授．他在加利福尼亚州立大学富勒顿分校完成了本科学习，在加利福尼亚大学洛杉矶分校完成了研究生学习．克莱格是一个完美的老师，自从在加利福尼亚大学洛杉矶分校攻读研究生学位以来，他一直在从事数学教学工作．

萨利姆·沃森是加利福尼亚州立大学长滩分校的数学荣誉教授．他在密歇根的安德鲁斯大学完成了本科学习，在达尔豪斯大学和麦克马斯特大学完成了研究生学习．他先在华沙大学担任研究员，之后在宾夕法尼亚州立大学进行了几年教学，然后加入了加利福尼亚州立大学长滩分校的数学系．

斯图尔特和克莱格曾出版过 *Brief Applied Calculus*．

斯图尔特、雷德林和沃森出版了 *Precalculus: Mathematics for Calculus*、*College Algebra*、*Trigonometry*、*Algebra and Trigonometry*．另外，他们和菲莉丝·潘曼（Phyllis Panman）合著了 *College Algebra: Concepts and Contexts*．

技术工具使用说明

绘图和计算设备是学习和探索微积分的很有价值的工具，有些已经在微积分教学中得到了很好的应用．图像计算器对于绘制图像和执行一些数值计算是很有用的，比如求方程的近似解、计算导数（第 3 章）或定积分（第 5 章）．被称为计算机代数系统（简称 CAS）的数学软件包是更强大的工具．虽然它的名称中只有"代数"，但代数仅仅代表了 CAS 功能的一小部分．CAS 可以进行符号运算，而不仅仅是数值运算．它可以求出方程的准确解以及导数和积分的准确表达式．

现在可以使用的具备不同功能的技术工具比以往任何时候都多，包括基于网络的资源（其中一些是免费的）以及智能手机和平板电脑中的应用程序．这些资源中有许多至少包含一些 CAS 功能，因此对于一些通常需要 CAS 辅助完成的练习，现在可以使用这些工具来替代．

在本书这一版中，我们没有提到特定类型的设备（例如图像计算器）或软件包（例如 CAS），而是指出完成一个练习所需的功能类型．

图像图标

当这个图标出现在一个练习的旁边时，它表示你需要使用设备或软件来帮助你绘制图像．在许多情况下，使用图像计算器就足够了．网站也提供类似的功能，比如 Desmos 网站．如果图像是三维的（见第 12~16 章），那么 WolframAlpha 网站是一个很好的资源．还有许多安装在智能手机和平板电脑上的绘图应用程序．如果一个练习要求绘制图像，但是没有图像图标，那么就代表需要你手绘图像．在第 1 章中我们会回顾基本函数的图像，并讨论如何利用变换来改变这些基本函数的图像．

技术图标

此图标表示需要具有除绘图以外的更多功能的设备或软件来完成练习．许多图像计算器和软件资源可以提供数值近似功能．若要处理符号计算，像 WolframAlpha 或 Symbolab 这样的网站会很有帮助，更先进的图像计算器也是如此，如德州仪器 TI-89 或 TI-Nspire CAS．如果需要 CAS 的全部功能，练习中会说明，那样的话可能需要使用 Mathematica、Maple、MATLAB 或 SageMath 等软件包．如果一个练习中没有技术图标，那么就代表需要手算极限、导数、积分或解方程，来得到准确的答案．除了基本的科学计算器，这些练习不需要使用任何其他技术工具．

致读者

阅读微积分教科书不同于阅读故事或新闻．如果想要理解一段话，必须反复阅读，不要气馁．你应该准备好笔、纸和计算器来画图或计算．

有些学生一开始就尝试做家庭作业，只有在遇到困难时才阅读正文．我们认为，在尝试练习之前，先阅读并理解正文才是更好的安排，尤其是应该查看定义以了解术语的确切含义．在阅读每个例子之前，建议把解答盖起来，并尝试自己解决问题．

这门课程的目的之一是训练逻辑思维——学会用连贯、循序渐进的方式写出练习的解答，并附上解释，而不仅仅是写出一串不连贯的方程或公式．

有些练习要求用语言解释或说明．在这种情况下，答案的表达方式不是唯一的，所以不要担心你没有找到确切的答案．此外，一个数值或代数式通常有几种不同的表示形式，所以如果你的答案与给出的答案不同，不要马上认为自己错了．例如，如果给出的答案是 $\sqrt{2}-1$，而你得到的是 $1/(1+\sqrt{2})$，那么你是正确的，因为分母有理化后它们是相等的．

图标 表示，这个练习要使用图像计算器或带有绘图软件的计算机来帮助你画出图像．但这并不意味着这些绘图工具不能用来检查你在其他练习中得到的结果．图标 表示，除绘图之外，还需要更多的技术工具来完成练习．(详见"技术工具使用说明"．)

你还会遇到图标 ，它提醒你不要犯错误．在许多学生容易犯同样错误的地方，这个图标会被放在页边空白处．

很多练习有提示，这些提示可以在 StewartCalculus 和 WebAssign 网站上找到．作业提示会提出一些问题，在没有给出答案的情况下让你朝着解决问题的方向前进．如果某个提示不能帮助你解决问题，你可以单击鼠标以显示下一个提示．

建议你在完成课程后保留本书作为参考资料，因为当你在后续课程中需要使用微积分时，你可能会忘记微积分的一些具体细节，那么本书将成为一个有用的工具．另外，因为本书所包含的材料超出了任何一门课程所能涵盖的范围，所以它也可以作为科学家或工程师的宝贵资源．

微积分是一门令人兴奋的学科，是人类智力所取得的最伟大的成就之一．希望你不仅能发现它的实用性，还能感受它的内在美．

基础测试

能否学好微积分，很大程度上取决于你是否有扎实的基础知识：代数、解析几何、函数和三角学等．以下测试旨在发现你在这些领域中可能存在的不足．完成每个测试后，你可以根据书中提供的答案来检查测试结果，如果有必要，也可以通过参考附录中的复习资料来提高解题能力．

A | 代数

1. 不使用计算器，计算下列各式．

   (a) $(-3)^4$ (b) -3^4 (c) 3^{-4}

   (d) $\dfrac{5^{23}}{5^{21}}$ (e) $\left(\dfrac{2}{3}\right)^{-2}$ (f) $16^{-3/4}$

2. 化简下列各式（答案中不能有负指数）．

   (a) $\sqrt{200} - \sqrt{32}$ (b) $(3a^3b^3)(4ab^2)^2$

   (c) $\left(\dfrac{3x^{3/2}y^3}{x^2y^{-1/2}}\right)^{-2}$

3. 展开并化简下列各式．

   (a) $3(x+6) + 4(2x-5)$ (b) $(x+3)(4x-5)$

   (c) $(\sqrt{a}+\sqrt{b})(\sqrt{a}-\sqrt{b})$ (d) $(2x+3)^2$

   (e) $(x+2)^3$

4. 因式分解．

   (a) $4x^2 - 25$ (b) $2x^2 + 5x - 12$

   (c) $x^3 - 3x^2 - 4x + 12$ (d) $x^4 + 27x$

   (e) $3x^{3/2} - 9x^{1/2} + 6x^{-1/2}$ (f) $x^3y - 4xy$

5. 化简下列各式．

   (a) $\dfrac{x^2+3x+2}{x^2-x-2}$ (b) $\dfrac{2x^2-x-1}{x^2-9} \cdot \dfrac{x+3}{2x+1}$

   (c) $\dfrac{x^2}{x^2-4} - \dfrac{x+1}{x+2}$ (d) $\dfrac{\dfrac{y}{x}-\dfrac{x}{y}}{\dfrac{1}{y}-\dfrac{1}{x}}$

6. 有理化并化简下列各式．

   (a) $\dfrac{\sqrt{10}}{\sqrt{5}-2}$ (b) $\dfrac{\sqrt{4+h}-2}{h}$

7. 将下列各式改写为完全平方式.

(a) $x^2 + x + 1$

(b) $2x^2 - 12x + 11$

8. 解方程（只求实数解）.

(a) $x + 5 = 14 - \dfrac{1}{2}x$

(b) $\dfrac{2x}{x+1} = \dfrac{2x-1}{x}$

(c) $x^2 - x - 12 = 0$

(d) $2x^2 + 4x + 1 = 0$

(e) $x^4 - 3x^2 + 2 = 0$

(f) $3|x-4| = 10$

(g) $2x(4-x)^{-1/2} - 3\sqrt{4-x} = 0$

9. 解下列不等式，并用区间表示结果.

(a) $-4 < 5 - 3x \leqslant 17$

(b) $x^2 < 2x + 8$

(c) $x(x-1)(x+2) > 0$

(d) $|x-4| < 3$

(e) $\dfrac{2x-3}{x+1} \leqslant 1$

10. 判断下列等式是否成立.

(a) $(p+q)^2 = p^2 + q^2$

(b) $\sqrt{ab} = \sqrt{a}\sqrt{b}$ （$a \geqslant 0$，$b \geqslant 0$）

(c) $\sqrt{a^2 + b^2} = a + b$

(d) $\dfrac{1+TC}{C} = 1 + T$

(e) $\dfrac{1}{x-y} = \dfrac{1}{x} - \dfrac{1}{y}$

(f) $\dfrac{1/x}{a/x - b/x} = \dfrac{1}{a-b}$

答案

1. (a) 81　(b) -81　(c) $\dfrac{1}{81}$

(d) 25　(e) $\dfrac{9}{4}$　(f) $\dfrac{1}{8}$

2. (a) $6\sqrt{2}$　(b) $48a^5b^7$　(c) $\dfrac{x}{9y^7}$

3. (a) $11x - 2$　(b) $4x^2 + 7x - 15$

(c) $a - b$　(d) $4x^2 + 12x + 9$

(e) $x^3 + 6x^2 + 12x + 8$

4. (a) $(2x-5)(2x+5)$　(b) $(2x-3)(x+4)$

(c) $(x-3)(x-2)(x+2)$　(d) $x(x+3)(x^2-3x+9)$

(e) $3x^{-1/2}(x-1)(x-2)$　(f) $xy(x-2)(x+2)$

5. (a) $\dfrac{x+2}{x-2}$　(b) $\dfrac{x-1}{x-3}$

(c) $\dfrac{1}{x-2}$　(d) $-(x+y)$

6. (a) $5\sqrt{2} + 2\sqrt{10}$　(b) $\dfrac{1}{\sqrt{4+h}+2}$

7. (a) $\left(x+\dfrac{1}{2}\right)^2 + \dfrac{3}{4}$　(b) $2(x-3)^2 - 7$

8. (a) 6　(b) 1　(c) -3，4

(d) $-1 \pm \dfrac{1}{2}\sqrt{2}$　(e) ± 1，$\pm\sqrt{2}$　(f) $\dfrac{2}{3}$，$\dfrac{22}{3}$

(g) $\dfrac{12}{5}$

9. (a) $[-4,3)$　(b) $(-2,4)$

(c) $(-2,0) \cup (1,+\infty)$　(d) $(1,7)$

(e) $(-1,4]$

10. (a) ×　(b) ✓　(c) ×

(d) ×　(e) ×　(f) ✓

如果在解这些问题时遇到困难，可以在 StewartCalculus 网站上查阅有关代数的复习资料.

B | 解析几何

1. 求过点 $(2,-5)$ 且满足下列条件的直线的方程.
   (a) 斜率为 -3 .
   (b) 平行于 x 轴.
   (c) 平行于 y 轴.
   (d) 平行于直线 $2x-4y=3$.

2. 求圆心为 $(-1,4)$ 且过点 $(3,-2)$ 的圆的方程.

3. 通过圆的方程 $x^2+y^2-6x+10y+9=0$ 求圆心和半径.

4. 已知点 $A(-7,4)$ 和点 $B(5,-12)$ 是平面上的两点.
   (a) 求过这两点的直线的斜率.
   (b) 求过这两点的直线的方程. 该直线的截距是多少?
   (c) 求线段 AB 中点的坐标.
   (d) 求线段 AB 的长度.
   (e) 求线段 AB 的垂直平分线的方程.
   (f) 求以线段 AB 为直径的圆的方程.

5. 在平面坐标系内画出满足以下表达式的区域.
   (a) $-1 \leqslant y \leqslant 3$　　　　　　　(b) $|x|<4$ 且 $|y|<2$
   (c) $y<1-\dfrac{1}{2}x$　　　　　　　(d) $y \geqslant x^2-1$
   (e) $x^2+y^2<4$　　　　　　　(f) $9x^2+16y^2=144$

答案

1. (a) $y=-3x+1$　　　　(b) $y=-5$
   (c) $x=2$　　　　(d) $y=\dfrac{1}{2}x-6$

2. $(x+1)^2+(y-4)^2=52$

3. 圆心为 $(3,-5)$ ，半径为 5 .

4. (a) $-\dfrac{4}{3}$
   (b) $4x+3y+16=0$ ， x 轴截距为 -4 ， y 轴截距为 $-\dfrac{16}{3}$.
   (c) $(-1,-4)$
   (d) 20
   (e) $3x-4y=13$
   (f) $(x+1)^2+(y+4)^2=100$

5.

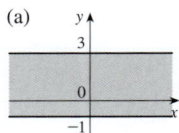

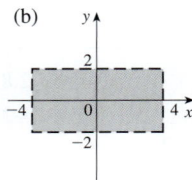

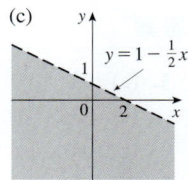

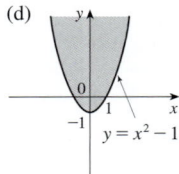

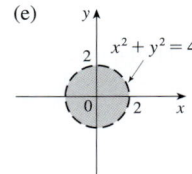

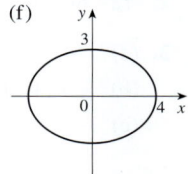

如果在解这些问题时遇到困难，可以在附录 B 和附录 C 中查阅有关解析几何的复习资料.

C | 函数

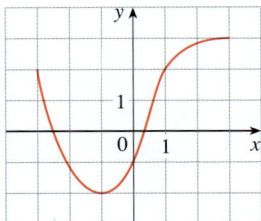

1. 函数 f 的图像如左图所示.

    (a) 写出 $f(-1)$ 的值.   (b) 估计 $f(2)$ 的值.

    (c) 求 $f(x)=2$ 时 x 的值.   (d) 估计 $f(x)=0$ 时 x 的值.

    (e) 写出该函数的定义域和值域.

2. 已知 $f(x)=x^3$，计算差商 $\dfrac{f(2+h)-f(2)}{h}$ 并化简.

3. 求下列函数的定义域.

    (a) $f(x)=\dfrac{2x+1}{x^2+x-2}$ (b) $g(x)=\dfrac{\sqrt[3]{x}}{x^2+1}$ (c) $h(x)=\sqrt{4-x}+\sqrt{x^2-1}$

4. 如何从函数 f 的图像得到下列函数的图像?

    (a) $y=-f(x)$ (b) $y=2f(x)-1$ (c) $y=f(x-3)+2$

5. 不使用计算器，画出下列函数的粗略图像.

    (a) $y=x^3$ (b) $y=(x+1)^3$ (c) $y=(x-2)^3+3$

    (d) $y=4-x^2$ (e) $y=\sqrt{x}$ (f) $y=2\sqrt{x}$

    (g) $y=-2^x$ (h) $y=1+x^{-1}$

6. 已知函数 $f(x)=\begin{cases}1-x^2, & x\leqslant 0;\\ 2x+1, & x>0.\end{cases}$

    (a) 求 $f(-2)$ 和 $f(1)$.   (b) 画出该函数的图像.

7. 已知 $f(x)=x^2+2x-1$，$g(x)=2x-3$，求下列复合函数的表达式.

    (a) $f\circ g$ (b) $g\circ f$ (c) $g\circ g\circ g$

答案

1. (a) -2 (b) 2.8

   (c) -3，1 (d) -2.5，0.3

   (e) $[-3,3]$，$[-2,3]$

2. $12+6h+h^2$

3. (a) $(-\infty,-2)\cup(-2,1)\cup(1,+\infty)$

   (b) $(-\infty,+\infty)$

   (c) $(-\infty,-1]\cup[1,4]$

4. (a) 作关于 x 轴的对称变换.

   (b) 将原函数的图像上所有点的纵坐标变为原来的 2 倍，横坐标不变，再整体向下平移 1 个单位.

   (c) 将原函数的图像整体向右平移 3 个单位，然后再向上平移 2 个单位.

5.

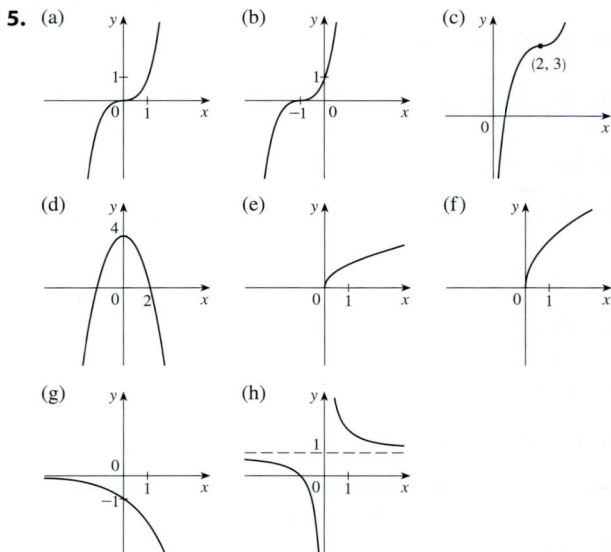

6. (a)　-3，3　　　(b)

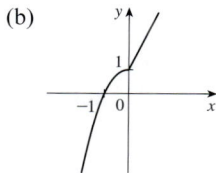

7. (a)　$f \circ g(x) = 4x^2 - 8x + 2$

(b)　$g \circ f(x) = 2x^2 + 4x - 5$

(c)　$g \circ g \circ g(x) = 8x - 21$

> 如果在解这些问题时遇到困难，可以查阅 1.1 节至 1.3 节.

D ｜ 三角学

1. 将角度转化为弧度.

(a)　$300°$　　　　　　(b)　$-18°$

2. 将弧度转化为角度.

(a)　$\dfrac{5\pi}{6}$　　　　　　(b)　2

3. 求半径为 12cm、圆心角为 $30°$ 的圆弧的长度.

4. 求下列三角函数值.

(a)　$\tan\left(\dfrac{\pi}{3}\right)$　　　(b)　$\sin\left(\dfrac{7\pi}{6}\right)$　　　(c)　$\sec\left(\dfrac{5\pi}{3}\right)$

5. 用角 θ 来表示左图中的边长 a 和 b.

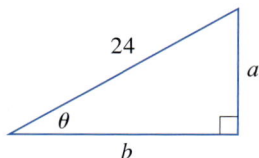

6. 已知 $\sin x = \dfrac{1}{3}$ 和 $\sec y = \dfrac{5}{4}$，且 x、y 位于 0 和 $\pi/2$ 之间，求 $\sin(x+y)$ 的值.

7. 证明下列等式.

(a)　$\tan\theta \sin\theta + \cos\theta = \sec\theta$　　　(b)　$\dfrac{2\tan x}{1 + \tan^2 x} = \sin 2x$

8. 求所有满足方程 $\sin 2x = \sin x$ 的 x 值，其中 $0 \leqslant x \leqslant 2\pi$.

9. 不使用计算器，画出函数 $y = 1 + \sin 2x$ 的图像.

答案

1. (a)　$\dfrac{5\pi}{3}$　　　(b)　$-\dfrac{\pi}{10}$

2. (a)　$150°$　　　(b)　$\dfrac{360°}{\pi} \approx 114.6°$

3. 2π cm

4. (a)　$\sqrt{3}$　　　(b)　$-\dfrac{1}{2}$　　　(c)　2

5. $a = 24\sin\theta$，$b = 24\cos\theta$

6. $\dfrac{1}{15}\left(4 + 6\sqrt{2}\right)$

8. 0，$\dfrac{\pi}{3}$，π，$\dfrac{5\pi}{3}$，2π

9.

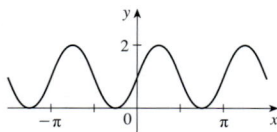

> 如果在解这些问题时遇到困难，请参阅附录 D.

当你学完这本书时，你将能够确定飞机为顺利着陆而开始下降的高度，计算出圣路易斯拱门的曲线长度，知道球棒击中棒球时所受的力，预测"捕食者－被捕食者"模型中的种群规模，证明蜜蜂用最少的蜂蜡来建造蜂巢，以及估计推动航天器进入轨道所需的燃料量.

导论 | 微积分概览

　　微积分与你以前学习过的数学知识有根本的不同：相比之下，微积分不是静态的，而是动态的．它与变化和运动有关．它处理了数学量之间的趋近关系．因此，在开始正式学习微积分之前，有必要对其做一些简单介绍．导论中，我们将预览微积分的一些主要思想，以此展示微积分是如何以极限为基础建立起来的.

■ 什么是微积分

我们周围的世界正在连续地发生变化——人口增加、咖啡变凉、石块下落、化学物质相互反应、货币价值波动等. 我们希望能够分析连续变化的量或过程. 例如, 如果一块石头每秒下落 3m, 那么就可以说它在任何时候下落的速度都是 3m/s. 但这样的事不会发生——石头会下落得越来越快, 它的速度随时都在变化. 在学习微积分时, 我们将看到如何对这种瞬时变化的过程进行数学建模 (或描述), 以及如何计算这些变化的累积效应.

微积分建立在我们已经学习过的代数和解析几何的基础上, 但微积分也极大地推进了这些领域的发展. 它的应用几乎延伸到人类活动的任何领域. 本书中, 你将会看到微积分的众多应用.

微积分的核心是涉及函数图像的两个关键问题——面积问题和切线问题, 以及它们之间令人意想不到的关系. 解决这些问题是有用的, 因为函数图像下方的面积和函数图像的切线在不同情景中有许多重要的含义.

■ 面积问题

微积分的起源至少可以追溯到 2500 年前的古希腊人, 他们使用 "穷竭法" 求面积. 他们知道如何通过将一个多边形分成多个三角形 (如图 P-1 所示), 并将这些三角形的面积相加得到多边形的面积 A.

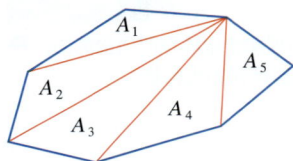

$$A = A_1 + A_2 + A_3 + A_4 + A_5$$

图 P-1

而要计算出一个曲边图形的面积则更加困难. 古希腊人的穷竭法是在曲边图形内作内接多边形, 在曲边图形外作外接多边形, 然后增加多边形的边数. 图 P-2 以圆的内接正多边形为例说明了这个过程.

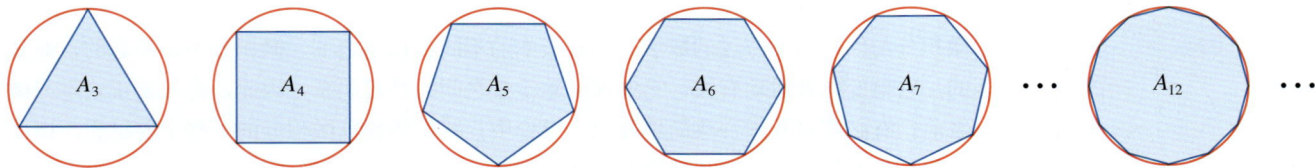

图 P-2

设 A_n 为内接正 n 边形的面积. 随着 n 的增大, A_n 越来越接近圆的面积. 我们称圆的面积 A 是内接多边形面积的极限, 记为

$$A = \lim_{n \to +\infty} A_n.$$

古希腊人并没有明确地使用极限. 不过通过间接推理, 欧多克索斯 (Eudoxus, 公元前 5 世纪) 用穷竭法证明了我们熟悉的圆的面积公式: $A = \pi r^2$.

在第 5 章中, 我们将用类似的想法给出图 P-3 所示的区域的面积. 用若干个矩形的面积之和来近似该区域的面积, 如图 P-4 所示. 如果用 n 个矩形 $R_1, R_2, \cdots, R_n$ 来近似 f 的图像下方区域的面积 A, 那么近似面积是 $A_n = R_1 + R_2 + \cdots + R_n$.

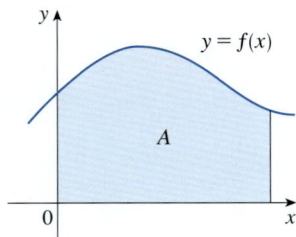

图 P-3
函数 f 的图像下方区域的面积 A

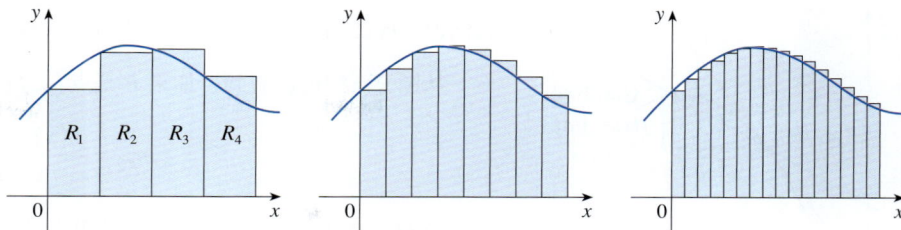

图 P-4
用矩形近似面积 A

现在假设增加矩形的数量（减小每个矩形的宽），那么 A 是这些矩形面积之和的极限：

$$A = \lim_{n \to +\infty} A_n .$$

在第 5 章中，我们将学习如何计算这些极限.

面积问题是微积分中积分学的核心问题. 这个问题很重要，因为函数图像下方的面积对于不同的函数有着不同的含义. 事实上，为了计算面积而发明的技巧也能用于计算立体的体积、曲线的长度、水对大坝的压力、杆的质量和质心、从水箱中抽水所做的功，以及将火箭送入轨道所需的燃料量.

■ 切线问题

考虑方程为 $y = f(x)$ 的曲线，求它在点 P 处的切线的方程.（我们将在第 2 章中给出切线的严格定义，现在可以把它看作在点 P 处与曲线相接触并沿曲线在点 P 处的方向延长的直线，如图 P-5 所示.）因为点 P 在切线上，所以如果知道 ℓ 的斜率 m，就可以求出 ℓ 的方程. 问题是，需要知道直线上的两个点才能计算出这个斜率，而我们只知道 ℓ 上的一个点 P. 为了解决这个问题，首先在曲线上取点 P 附近的一个点 Q，并计算割线 PQ 的斜率 m_{PQ}，以此作为 m 的近似值.

现在想象 Q 沿曲线向 P 移动，如图 P-6 所示. 可以看到，割线 PQ 渐渐旋转并接近其极限位置，即切线 ℓ. 这表明，割线斜率 m_{PQ} 越来越接近切线斜率 m. 这个事实可以记为

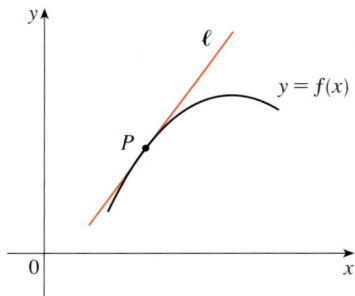

图 P-5
在点 P 处的切线

$$m = \lim_{Q \to P} m_{PQ} .$$

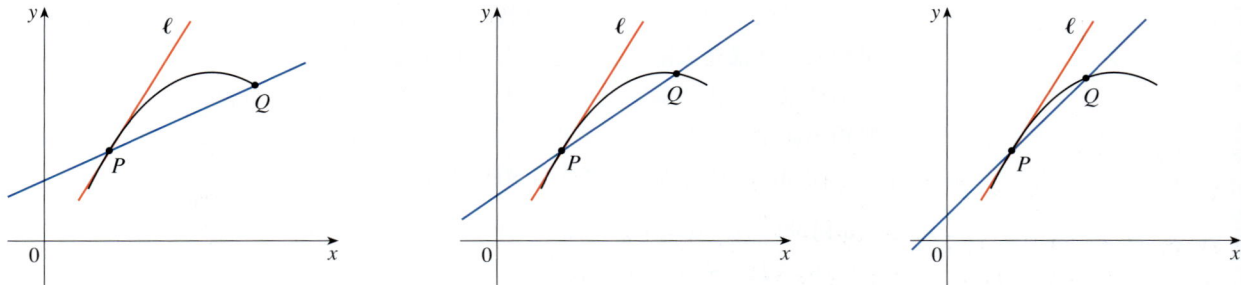

图 P-6　当 Q 趋于 P 时，割线趋于切线

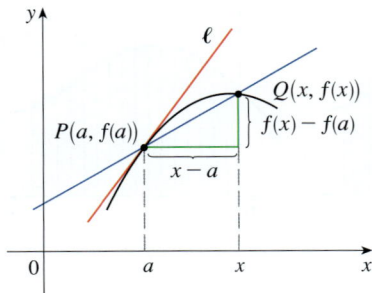

图 P-7
割线 PQ

我们说，m 是当 Q 沿曲线趋于 P 时 m_{PQ} 的极限.

从图 P-7 中可以看到，如果 P 是点 $\left(a, f(a)\right)$，Q 是点 $\left(x, f(x)\right)$，那么

$$m_{PQ} = \frac{f(x) - f(a)}{x - a}.$$

因为当 Q 趋于 P 时，x 趋于 a，所以切线斜率的等价表达式为

$$m = \lim_{x \to a} \frac{f(x) - f(a)}{x - a}.$$

在第 3 章中我们将学习计算这种极限的法则.

切线问题产生了微积分的另一个分支，称为微分学. 切线问题很重要，因为函数图像的切线的斜率在不同的情景中有不同的含义. 例如，解决切线问题能帮助我们计算出石块下落的瞬时速度、化学反应的变化率或者悬链上力的方向.

■ 面积问题与切线问题之间的关系

面积问题和切线问题似乎是非常不同的问题，但令人惊讶的是，它们是密切相关的——事实上，它们是如此紧密相关，以至于其中一个问题的解决会导致另一个问题的解决. 第 5 章将介绍这两个问题之间的关系，它是微积分的核心发现，并被恰当地命名为微积分基本定理. 也许最重要的是，微积分基本定理大大简化了面积问题的解决过程，即不必用矩形近似并计算相应的极限就能求出面积.

艾萨克·牛顿（Issac Newton，1642—1727）和戈特弗里德·莱布尼茨（Gottfried Leibniz，1646—1716）是微积分的发明人，因为他们首先认识到微积分基本定理的重要性，并把它作为解决实际问题的工具. 在学习微积分的过程中，你会亲自体会这些强大的成果.

■ 总结

我们已经看到，极限的概念源于求区域的面积和曲线切线的斜率. 正是极限的这个基本思想使微积分与其他数学领域区分开来. 事实上，可以将微积分定义为处理极限的数学领域. 我们提到曲线下方区域的面积和曲线切线的斜率在不同的情景中有不同的含义. 最后，我们讨论了面积问题和切线问题的密切关系.

牛顿发明了他的微积分后，将其用于解释行星围绕太阳的运动，对探索了几个世纪的如何描述太阳系的问题给出了明确的答案. 今天，微积分被应用于各种各样的情景中，比如确定卫星和航天器的轨道、预测人口规模、预报天气、测量心脏输出血量，以及衡量经济市场的效率. 为了说明微积分的强大力量和广泛应用，下面列出一些可以使用微积分解决的问题.

1. 如何设计一列安全平稳的过山车?
（参见 3.1 节末的应用专题.）

2. 飞机应该在距离机场多远处开始下降?

(参见 3.4 节末的应用专题.)

3. 如何解释观察者看彩虹最高点的仰角总是 42°?

(参见 4.1 节末的应用专题.)

4. 如何估计古埃及人建造胡夫金字塔所做的功?

(参见 6.4 节练习 36.)

5. 物体必须以多大的速度发射,才能摆脱地球的引力?

(参见 7.8 节练习 77.)

6. 如何解释海冰厚度随时间的变化,以及为什么冰的裂缝会"愈合"?

(参见 9.3 节练习 56.)

7. 向上抛的球达到最高点和从最高点回到原高度,哪个过程所用的时间更长?

(参见 9.5 节末的应用专题.)

8. 激光打印机上的字母,是如何通过曲线拟合设计出来的?

(参见 10.2 节末的应用专题.)

9. 如何解释行星和卫星在椭圆形轨道上运动这一现象?

(参见 13.4 节末的应用专题.)

10. 如何在水电站的各台涡轮机之间分配水流,使得水电站的发电量最大?

(参见 14.8 节末的应用专题.)

风力涡轮机产生的电力可以用多元函数来估计. 我们将在 1.2 节练习 25 中探讨这个函数, 并确定特定涡轮机在不同风速下的预期输出功率.

1

函数与模型

　　微积分处理的基本对象是函数. 本章通过讨论函数的基本思想、它们的图像以及对其进行变换和组合的方法, 为学习微积分做准备. 要强调的是, 函数可以用不同的方式表示: 方程、表格、图像或语言描述. 接下来将介绍微积分中的主要函数类型, 并研究如何用这些函数构造数学模型来描述现实世界中的现象.

1.1 | **表示函数的四种方法**

■ 函数

只要一个变量依赖于另一个变量,就会产生函数.考虑下面四个例子.

A. 圆的面积 A 取决于圆的半径 r,它们的关系为 $A=\pi r^2$.对于每个正数 r,都存在一个相应的 A 值,所以说 A 是 r 的一个函数.

B. 世界人口 P 取决于年份 t,表 1-1-1 中给出了年份为 t 时世界人口 $P(t)$ 的估计值,例如:

$$当 t=1950 时, \quad P\approx 2\ 560\ 000\ 000.$$

对于每个年份 t,都存在一个相应的 P 值,所以说 P 是 t 的一个函数.

C. 邮寄一封信的费用 C 取决于这封信的重量 w.尽管并不存在一个简单的公式来表示 w 和 C 的关系,但当 w 已知时,邮局有一套收费规则来确定 C.

D. 地震仪可以测量地震发生期间地面的垂直加速度 a,它是时间 t 的函数.图 1-1-1 展示了 1994 年洛杉矶北岭大地震期间由地震仪记录下来的图像.给定一个 t,便能在该图像上找到一个相应的 a 值.

表 1-1-1　世界人口

t	P/百万
1900	1650
1910	1750
1920	1860
1930	2070
1940	2300
1950	2560
1960	3040
1970	3710
1980	4450
1990	5280
2000	6080
2010	6870

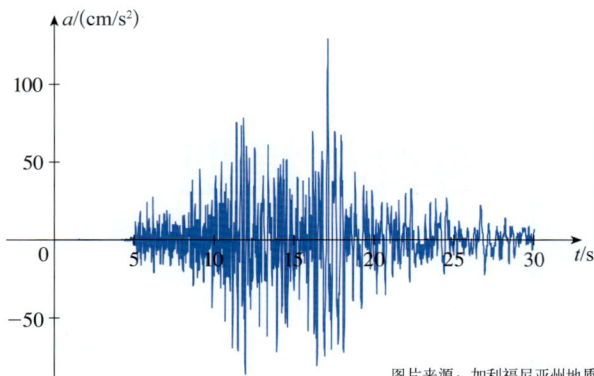

图片来源:加利福尼亚州地质矿产勘查局

图 1-1-1
北岭大地震期间地面的垂直加速度

以上每一个例子都描述了一种规则,通过这种规则,若给定一个变量(例如例 A 中的 r),则另一个变量(A)就被赋值.无论哪一个例子,第二个变量都是第一个变量的函数.如果 f 表示例 A 中联系 A 和 r 的规则,那么可以用**函数符号**将其表示为 $A=f(r)$.

> 函数 f 是一种规则,它规定集合 D 中的每一个元素 x 都恰好在集合 E 中有一个元素与之对应,这个元素称为 $f(x)$.

在我们通常考虑的函数中,集合 D 和集合 E 都是实数集,集合 D 称为函数的**定义域**,$f(x)$ 为 f **在 x 处的值**,f 的值域就是当 x 在定义域内变化时所有可能的 $f(x)$ 的值所组成的集合.代表函数 f 的定义域内任意值的符号称为**自变量**,代表 f 的值域内与自变量对应的值的符号称为**因变量**.例如,在例 A 中,r 是自变量,A 是因变量.

图 1-1-2
函数 f 的机器示意图

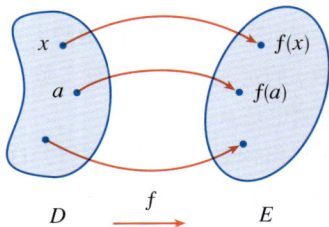

图 1-1-3
函数 f 的箭头图

将函数想象为一台**机器**（如图 1-1-2 所示）有助于理解这一概念．如果 x 在 f 的定义域内，那么当 x 进入机器时，就可以被看作一个**输入**，机器则根据函数的规则产生一个**输出** $f(x)$．因此，可以把定义域看作所有可能的输入的集合，把值域看作所有可能的输出的集合．计算器中的预置函数是借助机器理解函数的一个很好的例子．例如，如果你在计算器中输入一个数并按下平方键，那么计算器将显示输出，即输入的平方．

另一种描绘函数的方法是**箭头图**，如图 1-1-3 所示．图中的每一个箭头都将集合 D 中的一个元素与集合 E 中的一个元素相连接，意味着 $f(x)$ 与 x 相关联，$f(a)$ 与 a 相关联，以此类推．

观察一个函数最直观的方法是利用图像．如果一个函数 f 的定义域是集合 D，那么它的**图像**就是以下有序对的集合：

$$\left\{ \left(x, f(x) \right) \middle| x \in D \right\}$$

（注意，这是输入－输出对的集合）．换句话说，函数 f 的图像由坐标平面中所有满足 $y = f(x)$ 的点 (x, y) 组成，其中 x 在 f 的定义域内．

函数图像给出了一幅表示函数行为或"生命史"的很有用的画面．因为图像中任意点 (x, y) 的纵坐标值 y 都满足 $y = f(x)$，所以可以根据图像在点 x 上方的高度读出 $f(x)$ 的值（见图 1-1-4），也可以像图 1-1-5 那样，在 x 轴上标出 f 的定义域，在 y 轴上标出 f 的值域．

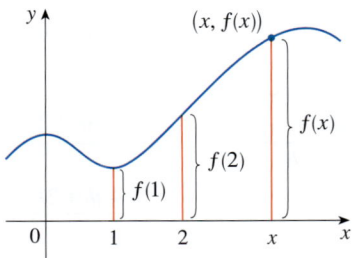

图 1-1-4

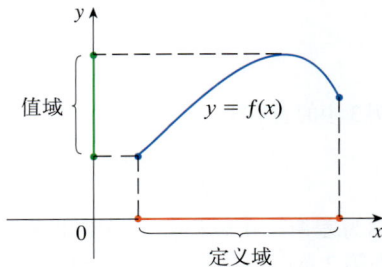

图 1-1-5

例 1 图 1-1-6 给出了一个函数 f 的图像．
(a) 求 $f(1)$ 和 $f(5)$ 的值．
(b) f 的定义域和值域分别是什么？

解
(a) 从图 1-1-6 中可以看出，点 $(1,3)$ 在 f 的图像上，所以 $f(1) = 3$．（换句话说，当 $x = 1$ 时，f 的图像位于 x 轴上方 3 个单位处．）当 $x = 5$ 时，f 的图像位于 x 轴下方约 0.7 个单位处，因此估计 $f(5) \approx -0.7$．

(b) 当 $0 \leqslant x \leqslant 7$ 时，f 有定义，所以 f 的定义域为闭区间 $[0,7]$．同时注意，f 会取得从 -2 到 4 的所有值，所以 f 的值域为

$$\{y \mid -2 \leqslant y \leqslant 4\} = [-2, 4].$$

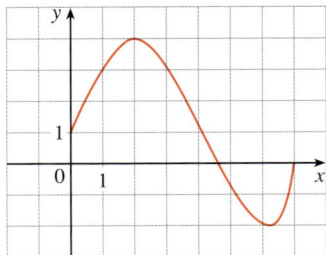

图 1-1-6

区间的符号在附录 A 中给出．

在微积分中，定义函数最常用的方法是利用代数方程．例如，方程 $y = 2x - 1$ 定义了一个 x 的函数 y，也可用函数符号表示为 $f(x) = 2x - 1$．

例 2 画出函数的图像，并求出定义域和值域．

(a) $f(x) = 2x - 1$ (b) $g(x) = x^2$

解

(a) 图像的方程为 $y = 2x - 1$，这是一条斜率为 2、y 轴截距为 -1 的直线（回忆一下，直线的斜截式方程为 $y = mx - b$，见附录 B）．在图 1-1-7 中画出函数 f 的图像．表达式 $2x - 1$ 对所有实数有定义，所以函数 f 的定义域就是所有实数组成的集合，记作 $\mathbb{R}$．从函数图像可以看出，f 的值域也是 $\mathbb{R}$．

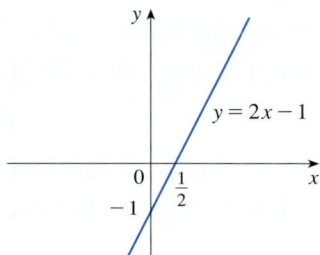

图 1-1-7

(b) 因为 $g(2) = 2^2 = 4$，$g(-1) = (-1)^2 = 1$，所以能够画出函数图像上的点 $(2, 4)$ 和点 $(-1, 1)$．同样，画出另外几个点，将它们连在一起就画出了函数的图像（见图 1-1-8）．方程 $y = x^2$ 的图像是一条抛物线（见附录 C）．g 的定义域是 $\mathbb{R}$，g 的值域由 $g(x)$ 的所有取值组成，也就是所有形如 x^2 的数．而对所有的实数 x，都有 $x^2 \geqslant 0$，且所有正数 y 都是某个数的平方，所以 g 的值域为 $\{y \mid y \geqslant 0\} = [0, +\infty)$，如图 1-1-8 所示．∎

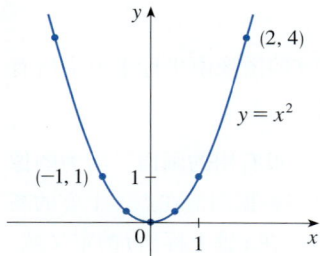

图 1-1-8

例 3 函数 $f(x) = 2x^2 - 5x + 1$ 且 $h \neq 0$，计算 $\dfrac{f(a+h) - f(a)}{h}$．

解 首先将方程中的 x 替换为 $a + h$：

$$\begin{aligned} f(a+h) &= 2(a+h)^2 - 5(a+h) + 1 \\ &= 2(a^2 + 2ah + h^2) - 5(a+h) + 1 \\ &= 2a^2 + 4ah + 2h^2 - 5a - 5h + 1. \end{aligned}$$

然后将上式代入并化简：

$$\begin{aligned} \frac{f(a+h) - f(a)}{h} &= \frac{(2a^2 + 4ah + 2h^2 - 5a - 5h + 1) - (2a^2 - 5a + 1)}{h} \\ &= \frac{2a^2 + 4ah + 2h^2 - 5a - 5h + 1 - 2a^2 + 5a - 1}{h} \\ &= \frac{4ah + 2h^2 - 5h}{h} = 4a + 2h - 5. \end{aligned}$$

∎

例 3 中的表达式

$$\frac{f(a+h) - f(a)}{h}$$

称为**差商**，在微积分中经常出现．在第 2 章中将看到，它表示 $f(x)$ 在 $x = a$ 和 $x = a + h$ 之间的平均变化率．

■ 函数的表示法

函数有以下四种表示方法：

- 描述法（用语言来描述）；
- 数值法（用函数值的表格）；
- 图像法（用函数图像）；
- 代数法（用显式方程）．

如果一个函数用这四种方法都可以表示，那么通常可以从一种表示法转换到另一种表示法，来获得对其更多的认识（比如在例 2 中，从代数方程出发，然后得到图像）．但是对于某个特定函数来说，可能存在某种表示法比其他表示法更自然的情况．出于这种考虑，重新回顾一下在本节的开始所提到的四个例子．

表 1-1-2　世界人口的数值表

t （自1900年起经过 的年数）	P/百万
0	1650
10	1750
20	1860
30	2070
40	2300
50	2560
60	3040
70	3710
80	4450
90	5280
100	6080
110	6870

A. 表示圆的面积是其半径的函数的最好的方法应该是代数方程 $A(r)=\pi r^2$．列表格或画图像（半条抛物线）也是可以的．因为圆的半径必为正数，所以函数 $A(r)$ 的定义域是 $\{r|r>0\}=(0,+\infty)$，值域也是 $(0,+\infty)$．

B. 此函数由语言描述给出：$P(t)$ 是 t 时的世界人口．令 $t=0$ 对应 1900 年，表 1-1-2 为这个函数提供了一个方便的表示法．如果我们描点画出表中的有序数对，就能得到如图 1-1-9 所示的图像（称为散点图）．这也是一种有用的表示方法，图像一次性展示了所有的数据．那用方程呢？显然，用一个显式方程准确地表示 t 时的世界人口 $P(t)$ 是不可能的，但是找到 $P(t)$ 的一个近似式是可能的．事实上，利用 1.4 节中介绍的方法，可以得到如下的近似式：

$$P(t)\approx f(t)=\left(1.436\ 53\times10^9\right)\times1.013\ 95^t,$$

而图 1-1-10 表明该近似式是一个相当好的"拟合"．函数 f 称为人口增长的数学模型．换句话说，它是一个用来近似函数 $P(t)$ 的显式方程．但是我们将看到，微积分的思想可以被应用于数值表，显式方程不是必需的．

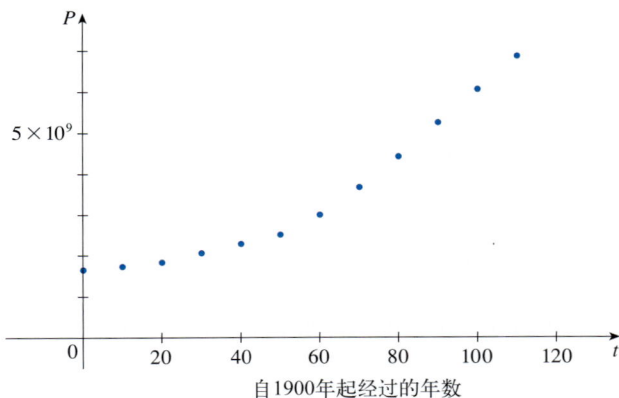

图 1-1-9

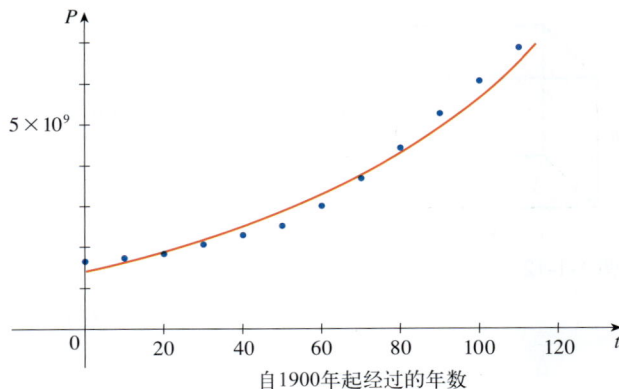

图 1-1-10

由数值表定义的函数称为表格函数．

函数 P 是一个典型的将微积分应用于现实世界时产生的函数．我们从函数的语言描述开始，接下来可以列出函数值的表格，这些函数值也许是科学实验中的仪器读数．即使我们对函数值没有完全的认识，但通过本书的内容可以明白，对这样的函数进行微积分运算仍是可行的．

表 1-1-3

w/g	$C(w)$/美元
$0<w\leqslant25$	1.00
$25<w\leqslant50$	1.15
$50<w\leqslant75$	1.30
$75<w\leqslant100$	1.45
$100<w\leqslant125$	1.60
⋮	⋮

C. 此函数也是用语言描述的：$C(w)$ 为邮寄一封重为 w 的快件所需的费用．美国邮政服务 2019 年的收费规则如下：25g 以内费用为 1 美元，350g 以内每增加 25g（或更少）费用增加 15 美分．如表 1-1-3 所示，数值法是这个函数最方便的表示方法，尽管画出图像也是可行的（见例 10）．

D. 图 1-1-1 给出的图像是垂直加速度函数 $a(t)$ 最自然的表示方法．列出表格也是可以的，甚至求出近似方程也是可能的，但是地质学者需要知道的信息——振幅和波形——都很容易在图像中得到呈现（这同样适用于心脏病患者的心电图以及测谎仪上的波形图）．

在下一个例子中将绘制一个用语言描述给出的函数的图像.

例 4　当你打开一个热水箱的水龙头时, 水温 T 取决于水流了多长时间. 画出粗略图像来表示 T 关于从水龙头被打开起所经过的时间 t 的函数.

解　因为最早流出的水本来就在水管中, 所以水流的初始温度应接近室温. 当热水箱中的水开始流出时, T 迅速增大. 接下来的一段时间, T 为常数, 与水箱中的热水温度相同. 当水箱中的水被排完时, T 降至与自来水相同的温度. 所以 T 关于 t 的函数的粗略图像如图 1-1-11 所示. ∎

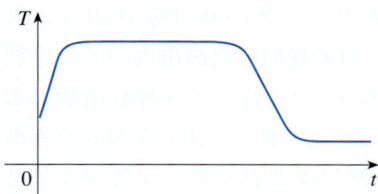

图 1-1-11

在下面的例子中, 我们从一个实际问题中的用语言描述给出的函数开始, 然后得到一个显式代数表达式. 这种技巧对解决微积分中求最大值或最小值的问题很有用.

例 5　一个无盖的长方体容器的容积为 10 立方米, 底面的长是宽的两倍, 底面材料的价格是 10 美元 / 平方米, 侧面材料的价格是 6 美元 / 平方米. 将容器所需材料的费用表示为底面宽的函数.

解　画出容器的示意图, 如图 1-1-12 所示, 分别用 w 和 $2w$ 表示底面的宽和长, 用 h 表示高.

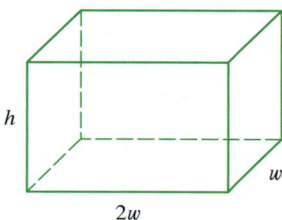

图 1-1-12

底面的面积为 $2w \times w = 2w^2$, 所以底面材料的费用为 $10 \times 2w^2$ 美元. 其中两个侧面的面积为 wh, 另外两个为 $2wh$, 所以侧面材料的费用为 $6 \times (2 \times wh + 2 \times 2wh)$. 因此, 总费用为

$$C = 10 \times 2w^2 + 6 \times (2 \times wh + 2 \times 2wh) = 20w^2 + 36wh .$$

为了将 C 表示成 w 的函数, 需要将 h 去掉, 这可以通过利用容积为 10 立方米的条件来做到, 即

$$w \times 2w \times h = 10 ,$$

由此得到

$$h = \frac{10}{2w^2} = \frac{5}{w^2} .$$

将该式代入 C 中, 得到

$$C = 20w^2 + 36w\left(\frac{5}{w^2}\right) = 20w^2 + \frac{180}{w} .$$

因此, 该式将 C 表示为 w 的函数:

$$C(w) = 20w^2 + \frac{180}{w}, \ w > 0 . \quad ∎$$

在下一个例子中, 将求用代数表达式定义的函数的定义域. 如果一个由表达式定义的函数的定义域没有明确给出, 则使用以下的**定义域惯例**: 函数的定义域是使表达式有意义且输出值为实数的所有输入值的集合.

例 6　求下列函数的定义域.

(a) $f(x) = \sqrt{x+2}$ 　　　　　　　(b) $g(x) = \dfrac{1}{x^2 - x}$

解

(a) 因为负数的平方根没有定义（实数范围内），所以 f 的定义域由满足 $x+2 \geqslant 0$ 的所有 x 组成，这等价于 $x \geqslant -2$. 所以 f 的定义域是区间 $[-2, +\infty)$.

(b) 因为

$$g(x) = \frac{1}{x^2 - x} = \frac{1}{x(x-1)}$$

且除数不能为零，所以当 $x=0$ 或 $x=1$ 时，$g(x)$ 没有定义. 因此，g 的定义域是

$$\{x \mid x \neq 0,\ x \neq 1\},$$

也可以用区间表示为

$$(-\infty, 0) \cup (0, 1) \cup (1, +\infty).$$

哪些规则能定义函数

并不是每个方程都定义了一个函数. 方程 $y = x^2$ 将 y 定义为 x 的函数，因为这个方程为每个 x 值确定了一个 y 值. 然而，方程 $y^2 = x$ 不能将 y 定义为 x 的函数，因为某些输入值 x 对应多个输出值 y . 例如，对于输入值 $x=4$，方程给出了两个输出值 $y=2$ 和 $y=-2$.

类似地，并不是每个表格都定义了一个函数. 表 1-1-3 将 C 定义为 w 的函数，每个快件的重量 w 恰好对应一个邮寄费用. 而表 1-1-4 不能将 y 定义为 x 的函数，因为表中的某个输入值 x 对应多个输出值 y . 具体地说，输入值为 $x=5$ 时，输出值为 $y=7$ 和 $y=8$.

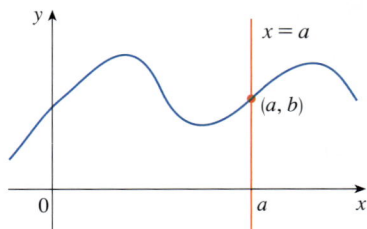

(a) 该曲线表示一个函数

表 1-1-4

x	2	4	5	5	6
y	3	6	7	8	9

那么在 xy 平面内画出的曲线中，哪些是函数的图像呢？下面的判定给出了答案.

> **垂线判定**　xy 平面内的一条曲线是函数图像，当且仅当没有任何一条垂线和这条曲线相交一次以上.

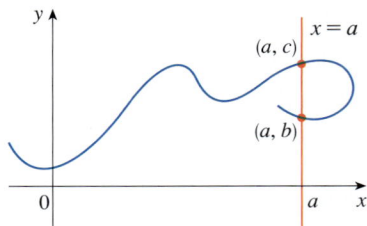

(b) 该曲线无法表示一个函数

图 1-1-13

从图 1-1-13 中可以看出垂线判定有效的理由. 如果每一条垂线 $x=a$ 都只在点 (a,b) 处与曲线相交一次，则 $f(a) = b$ 唯一地确定了函数值，但是如果垂线 $x=a$ 分别在点 (a,b) 和点 (a,c) 处与曲线相交两次，那么这条曲线就无法表示一个函数，因为函数不能给 a 分配两个不同的值.

例如，图 1-1-14a 所示的抛物线 $x = y^2 - 2$ 不是 x 的函数的图像，因为存在两次穿过抛物线的垂线. 不过，这条抛物线实际上包含了两个 x 的函数图像. 注意到 $x = y^2 - 2$ 意味着 $y^2 = x + 2$，故 $y = \pm\sqrt{x+2}$. 因此，抛物线的上下两部分分别是函数 $y = \sqrt{x+2}$ （见例 6a 和图 1-1-14b）和函数 $y = -\sqrt{x+2}$ （见图 1-1-14c）的图像.

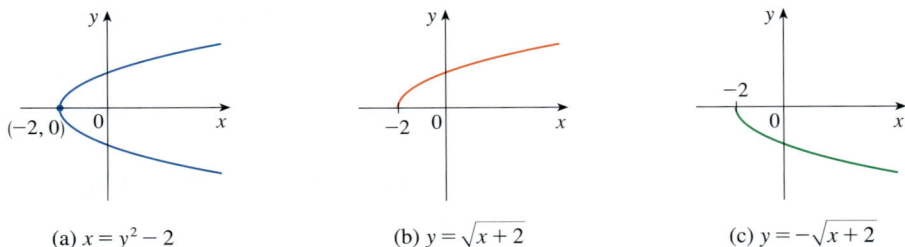

图 1-1-14

(a) $x = y^2 - 2$　　　　　(b) $y = \sqrt{x+2}$　　　　　(c) $y = -\sqrt{x+2}$

可以观察到，如果将 x 轴与 y 轴反转一下，则方程 $x = h(y) = y^2 - 2$ 就能将 x 定义为 y 的函数（y 作为自变量，x 作为因变量），此时图 1-1-14a 中的抛物线就是函数 h 的图像.

■ **分段函数**

接下来的四个例子中，函数在定义域的不同部分由不同的表达式定义. 这样的函数称为**分段函数**.

例 7　定义函数 f 为

$$f(x) = \begin{cases} 1 - x, & x \leqslant -1; \\ x^2, & x > -1. \end{cases}$$

求 $f(-2)$、$f(-1)$ 和 $f(0)$ 的值，并画出图像.

解　记住，函数是一种规则. 对于这个特定的函数，规则是这样的：首先看输入值 x，如果 $x \leqslant -1$，那么 $f(x)$ 的值就是 $1 - x$；反之，如果 $x > -1$，那么 $f(x)$ 的值就是 x^2. 注意，虽然 f 使用了两个表达式，但是它是一个函数，而非两个.

因为 $-2 \leqslant -1$，所以 $f(-2) = 1 - (-2) = 3$.
因为 $-1 \leqslant -1$，所以 $f(-1) = 1 - (-1) = 2$.
因为 $0 > -1$，所以 $f(0) = 0^2 = 0$.

如何画出 f 的图像呢？注意到如果 $x \leqslant -1$，那么 $f(x) = 1 - x$，所以 f 的图像位于垂线 $x = -1$ 左边的部分必定与直线 $y = 1 - x$ 一致，其斜率为 -1，y 轴截距为 1；如果 $x > -1$，那么 $f(x) = x^2$，所以 f 的图像位于垂线 $x = -1$ 右边的部分必定与 $y = x^2$ 一致，这是一条抛物线. 这样就可以画出 f 的图像，如图 1-1-15 所示. 实心点表示点 $(-1, 2)$ 在图像上. 空心点表示点 $(-1, 1)$ 不在图像上. ■

下一个分段函数的例子是绝对值函数. 我们知道，数 a 的**绝对值**就是在实数轴上 a 到原点的距离，记作 $|a|$. 距离总为正或零，所以有

对任意的 a，$|a| \geqslant 0$.

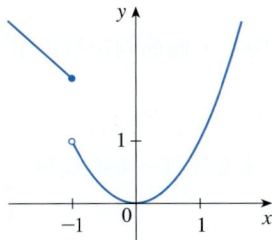

图 1-1-15

有关绝对值的更详细的介绍，请参看附录 A.

例如，

$$|3| = 3 , \quad |-3| = 3 , \quad |0| = 0 , \quad \left|\sqrt{2}-1\right| = \sqrt{2}-1 , \quad |3-\pi| = \pi-3 .$$

一般地，

$$|a| = a, \ a \geqslant 0 ;$$
$$|a| = -a, \ a < 0 .$$

（如果 a 为负，那么 $-a$ 就为正．）

例 8 画出绝对值函数 $f(x) = |x|$ 的图像．

解 通过前面的讨论可知

$$|x| = \begin{cases} x, & x \geqslant 0 ; \\ -x, & x < 0 . \end{cases}$$

利用与例 7 相同的方法，可知 f 的图像在 y 轴的右边与直线 $y = x$ 一致，而在 y 轴的左边与直线 $y = -x$ 一致（见图 1-1-16）． ■

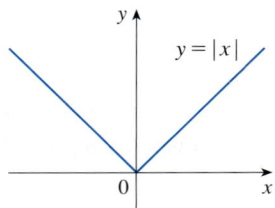
图 1-1-16

例 9 求图 1-1-17 中函数 f 的表达式．

解 过点 $(0,0)$ 和点 $(1,1)$ 的直线的斜率为 $m = 1$，y 轴截距为 $b = 0$，所以方程是 $y = x$．因此，对于 f 的图像中连接点 $(0,0)$ 和点 $(1,1)$ 的部分，有

$$f(x) = x, \ 0 \leqslant x \leqslant 1 .$$

过点 $(1,1)$ 和点 $(2,0)$ 的直线的斜率为 $m = -1$，故其点斜式方程为

$$y - 0 = (-1)(x-2) \ \text{或} \ y = 2 - x .$$

所以

$$f(x) = 2 - x, \ 1 < x \leqslant 2 .$$

当 $x > 2$ 时，f 与 x 轴重合．将这些表达式放在一起，就得到以下三段 f 的表达式：

$$f(x) = \begin{cases} x, & 0 \leqslant x \leqslant 1 ; \\ 2 - x, & 1 < x \leqslant 2 ; \\ 0, & x > 2 . \end{cases}$$
■

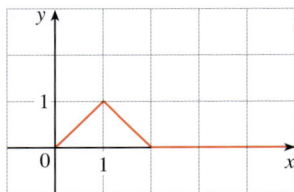
图 1-1-17

直线方程的点斜式为 $y - y_1 = m(x - x_1)$，见附录 B．

例 10 在本节的开始所提到的例 C 中，提到了邮寄一封重 w 的快件所需的费用 $C(w)$．实际上，这是一个分段函数，因为由表 1-1-3 可得

$$C(w) = \begin{cases} 1.00, & 0 < w \leqslant 25 ; \\ 1.15, & 25 < w \leqslant 50 ; \\ 1.30, & 50 < w \leqslant 75 ; \\ 1.45, & 75 < w \leqslant 100 ; \\ \vdots \end{cases}$$

其图像如图 1-1-18 所示，由此可以理解为什么类似这样的函数会称为**阶梯函数**． ■

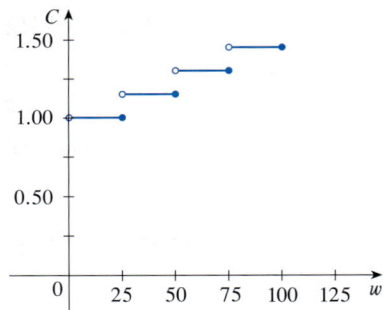
图 1-1-18

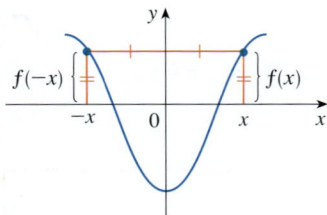

图 1-1-19   偶函数

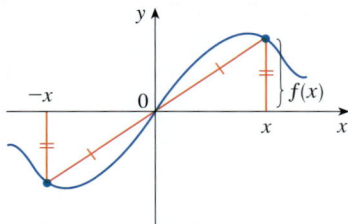

图 1-1-20   奇函数

■ 奇函数与偶函数

如果函数 f 对于其定义域内的每个 x，都满足 $f(-x) = f(x)$，则 f 称为**偶函数**. 例如，函数 $f(x) = x^2$ 是偶函数，因为

$$f(-x) = (-x)^2 = x^2 = f(x).$$

偶函数的几何意义是它的图像是关于 y 轴对称的（见图 1-1-19）. 这意味着如果已经画出了 $x \geqslant 0$ 时 f 的图像，那么只要将其关于 y 轴翻折就可以得到整个函数的图像.

如果函数 f 对于其定义域内的每个 x，都满足 $f(-x) = -f(x)$，则 f 称为**奇函数**. 例如，函数 $f(x) = x^3$ 是奇函数，因为

$$f(-x) = (-x)^3 = -x^3 = -f(x).$$

奇函数的图像是关于原点对称的（见图 1-1-20）. 如果已经得到了 $x \geqslant 0$ 时 f 的图像，那么可以将其绕原点旋转 $180°$ 得到整个函数的图像.

例 11   判断下列函数是奇函数、偶函数还是两者都不是.

(a) $f(x) = x^5 + x$ (b) $g(x) = 1 - x^4$ (c) $h(x) = 2x - x^2$

解

(a)
$$\begin{aligned} f(-x) &= (-x)^5 + (-x) = (-1)^5 x^5 + (-x) \\ &= -x^5 - x = -(x^5 + x) \\ &= -f(x) \end{aligned}$$

故 f 为奇函数.

(b)
$$g(-x) = 1 - (-x)^4 = 1 - x^4 = g(x)$$

故 g 为偶函数.

(c)
$$h(-x) = 2(-x) - (-x)^2 = -2x - x^2$$

因为 $h(-x) \neq h(x)$ 且 $h(-x) \neq -h(x)$，所以 h 既不是奇函数也不是偶函数.   ■

例 11 中函数的图像如图 1-1-21 所示. 可以看到，h 既不关于 y 轴对称也不关于原点对称.

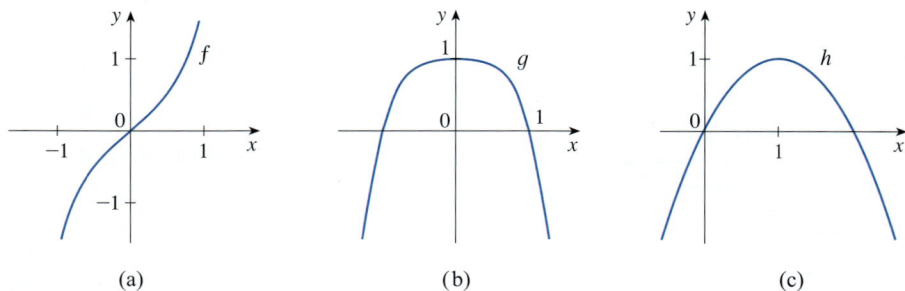

图 1-1-21   (a)   (b)   (c)

■ 增函数和减函数

如图 1-1-22 所示，函数 f 的图像从 A 上升到 B，从 B 下降到 C，然后再从 C 上升到 D，那么称 f 在区间 $[a,b]$ 上递增，在区间 $[b,c]$ 上递减，在区间 $[c,d]$ 上递增.

注意，如果 x_1 和 x_2 是 a 和 b 之间任意两个满足 $x_1 < x_2$ 的数，则 $f(x_1) < f(x_2)$．这被作为增函数的定义．

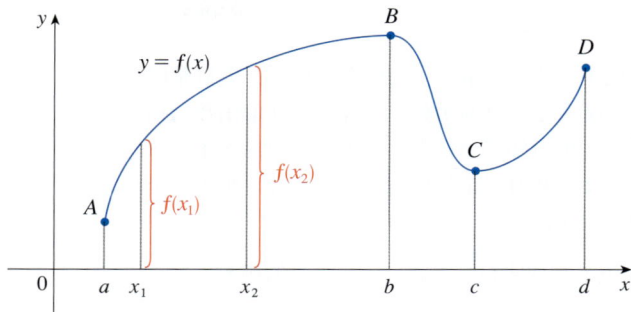

图 1-1-22

> 函数 f 在区间 I 上**递增**，如果 f 满足
> $$\text{若 } x_1, x_2 \in I \text{ 且 } x_1 < x_2 \text{，则 } f(x_1) < f(x_2).$$
> 函数 f 在区间 I 上**递减**，如果 f 满足
> $$\text{若 } x_1, x_2 \in I \text{ 且 } x_1 < x_2 \text{，则 } f(x_1) > f(x_2).$$

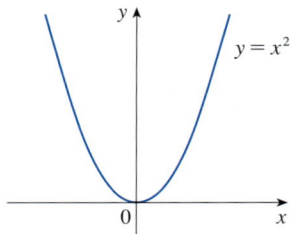

图 1-1-23

在增函数的定义中，很重要的一点是不等式 $f(x_1) < f(x_2)$ 对区间 I 上满足 $x_1 < x_2$ 的每对数 x_1 和 x_2 都成立．

从图 1-1-23 中可以看到函数 $f(x) = x^2$ 在区间 $(-\infty, 0]$ 上递减，在区间 $[0, +\infty)$ 上递增．

1.1 练习

1. 若 $f(x) = x + \sqrt{2-x}$，$g(u) = u + \sqrt{2-u}$，是否有 $f = g$？

2. 若 $f(x) = \dfrac{x^2 - x}{x - 1}$，$g(x) = x$，是否有 $f = g$？

3. 函数 g 的图像如下所示．

(a) 写出 $g(-2)$、$g(0)$、$g(2)$ 和 $g(3)$ 的值．

(b) 当 x 为何值时，有 $g(x) = 3$？

(c) 当 x 为何值时，有 $g(x) \leqslant 3$？

(d) 写出函数 g 的定义域和值域．

(e) 函数 g 在哪个区间上是递增的?

4. 函数 f 和 g 的图像如下所示．

(a) 写出 $f(-4)$ 和 $g(3)$ 的值．

(b) $f(-3)$ 和 $g(-3)$ 哪个值更大？

(c) 当 x 为何值时，有 $f(x) = g(x)$？

(d) 在哪个区间上有 $f(x) \leqslant g(x)$？

(e) 写出 $f(x) = -1$ 的解．

(f) 函数 g 在哪个区间上是递减的?

(g) 写出函数 f 的定义域与值域．

(h) 写出函数 g 的定义域与值域．

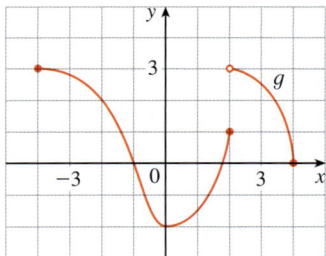

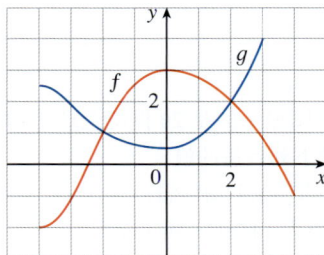

5. 图 1-1-1 是加利福尼亚州地质矿产勘探局在位于洛杉矶的南加利福尼亚大学附属医院通过仪器记录下来的. 利用图像来估计在北岭大地震期间南加利福尼亚大学地面垂直加速度的值域.

6. 本节中讨论了一些日常生活中的函数的例子：人口是时间的函数，邮费是重量的函数，水温是时间的函数. 请用语言描述给出另外三个日常生活中的函数的例子. 每个函数的定义域和值域是怎样的？如果可能，画出每个函数的粗略图像.

7~14 判断以下方程或表格是否将 y 定义为 x 的函数.

7. $3x - 5y = 7$

8. $3x^2 - 2y = 5$

9. $x^2 + (y-3)^2 = 5$

10. $2xy + 5y^2 = 4$

11. $(y+3)^3 + 1 = 2x$

12. $2x - |y| = 0$

13.

身高 x/cm	鞋码 y
180	12
150	8
150	7
160	9
175	10

14.

年份 x	学费 y/美元
2016	10 900
2017	11 000
2018	11 200
2019	11 200
2020	11 300

15~18 判断以下曲线是否是一个 x 的函数图像. 如果是，请说出该函数的定义域和值域.

15.

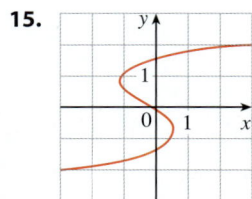

16.

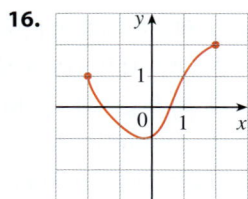

17.

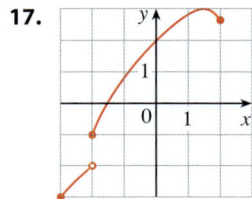

18.

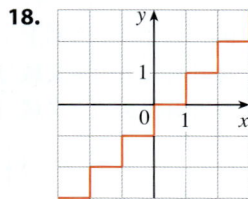

19. 右栏第一张图显示的是 20 世纪全球平均气温 T 的变化曲线. 估计下列各量的值.
 (a) 1950 年的全球平均气温.
 (b) 平均气温为 14.2℃ 的年份.

 (c) 平均气温最低和最高的年份.
 (d) T 的值域.

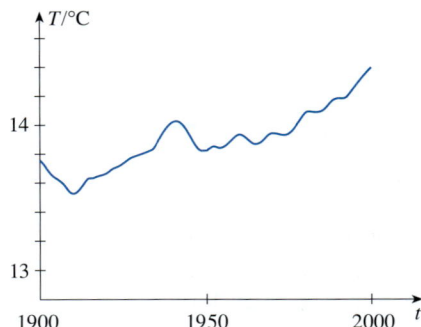

资料来源：改编自《环球邮报》（多伦多），2009 年 12 月 5 日.

20. 树木在温暖的年份生长得较快，形成较宽的年轮，在寒冷的年份生长得较慢，形成较窄的年轮. 下图显示了一棵西伯利亚松从 1500 年到 2000 年的年轮宽度.
 (a) 年轮宽度函数的值域是什么？
 (b) 关于地球的温度，这张图能告诉我们什么？这张图是否反映了 19 世纪中期的火山爆发？

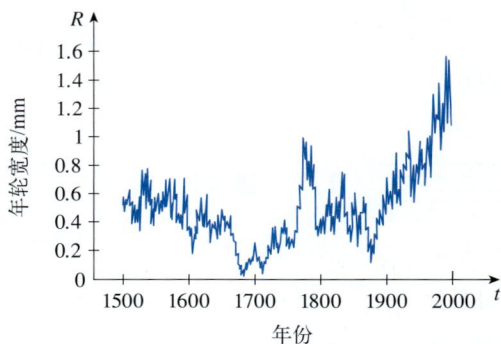

资料来源：改编自 G. Jacoby et al., "Mongolian Tree Rings and 20th-Century Warming", *Science* 273 (1996): 771–73.

21. 在杯子里放一些冰块，再加入冷水，然后将其放在桌子上. 请描述水温是如何随时间变化的，并画出水温随时间变化的函数的粗略图像.

22. 将一个冻起来的馅饼放在烤箱里烤一个小时，然后拿出来晾凉. 请描述馅饼的温度是如何随时间变化的，并画出馅饼的温度随时间变化的函数的粗略图像.

23. 下页第一张图显示了旧金山市在 9 月的某一天的耗电功率. [P 的单位是 MW（兆瓦）；t 的单位是 h，从凌晨开始算起.]
 (a) 上午 6 点的耗电功率是多少？下午 6 点呢？

(b) 什么时间耗电功率最低？什么时间最高？这些时间看上去合理吗？

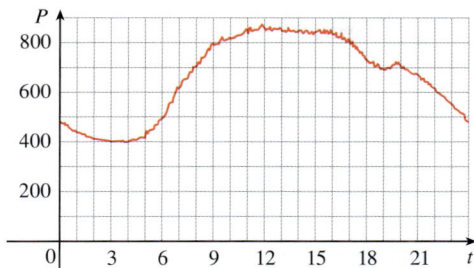

资料来源：太平洋天然气和电力公司

24. 三名选手参加百米赛跑．下图给出了每名选手的跑动距离随时间变化的函数图像．请根据图像，用语言描述这场比赛．谁获胜了？每名选手都完成了比赛吗？

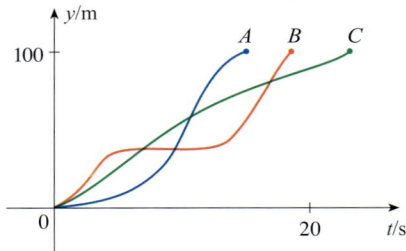

25. 画出春季中某一天的室外温度关于时间的函数的粗略图像．

26. 画出一年白昼时长关于时间的函数的粗略图像．

27. 画出某特定品牌咖啡的门店销量关于咖啡价格的函数的粗略图像．

28. 画出一辆新车在 20 年内的市场价值关于时间的函数的粗略图像．假设这辆汽车一直保养良好．

29. 某房主每周三下午修剪草坪．画出草的高度在四周内随时间变化的函数的粗略图像．

30. 一架飞机从一个机场起飞，一小时后降落在 650km 外的另一个机场．如果 t 表示飞机离开航站楼后的时间（单位：min），$x(t)$ 为飞行的水平距离，$y(t)$ 为飞机的海拔高度．
(a) 画出 $x(t)$ 的一个可能的图像．
(b) 画出 $y(t)$ 的一个可能的图像．
(c) 画出飞机地速（相对于地面的速度）的一个可能的图像．
(d) 画出飞机垂直速度的一个可能的图像．

31. 在亚特兰大 6 月的某一天，从凌晨到下午 2 点，每两小时记录一次温度 T（单位：℃），时间 t（单位：h）从凌晨开始算起，结果如下表所示．

t	0	2	4	6	8	10	12	14
T	23	21	20	19	21	26	28	30

(a) 利用这些数据画出 T 关于 t 的函数的粗略图像．
(b) 利用作出的图像估计上午 9 点的温度．

32. 研究人员测量了 8 名成年男性受试者在快速摄入 30mL 酒精后血液中的酒精浓度（BAC）．下表显示了这 8 名男性的平均 BAC（单位：g/dL）．
(a) 根据所给数据，画出 BAC 关于 t 的函数图像．
(b) 利用所作的图像描述酒精的影响是如何随时间变化的．

t/h	BAC/(g/dL)	t/h	BAC/(g/dL)
0	0	1.75	0.022
0.2	0.025	2.0	0.018
0.5	0.041	2.25	0.015
0.75	0.040	2.5	0.012
1.0	0.033	3.0	0.007
1.25	0.029	3.5	0.003
1.5	0.024	4.0	0.001

资料来源：改编自 P. Wilkinson et al., "Pharmacokinetics of Ethanol after Oral Administration in the Fasting State", *Journal of Pharmacokinetics and Biopharmaceutics* 5 (1977): 207–24.

33. 如果 $f(x)=3x^2-x+2$，求 $f(2)$、$f(-2)$、$f(a)$、$f(-a)$、$f(a+1)$、$2f(a)$、$f(2a)$、$f(a^2)$、$\left[f(a)\right]^2$ 和 $f(a+h)$．

34. 如果 $g(x)=\dfrac{x}{\sqrt{x+1}}$，求 $g(0)$、$g(3)$、$5g(a)$、$\dfrac{1}{2}g(4a)$、$g(a^2)$、$\left[g(a)\right]^2$、$g(a+h)$ 和 $g(x-a)$．

35~38 计算给定函数的差商．化简你的答案．

35. $f(x)=4+3x-x^2$，$\dfrac{f(3+h)-f(3)}{h}$

36. $f(x)=x^3$，$\dfrac{f(a+h)-f(a)}{h}$

37. $f(x)=\dfrac{1}{x}$，$\dfrac{f(x)-f(a)}{x-a}$

38. $f(x)=\sqrt{x+2}$，$\dfrac{f(x)-f(1)}{x-1}$

39~46　求函数的定义域.

39. $f(x) = \dfrac{x+4}{x^2-9}$

40. $f(x) = \dfrac{x^2+1}{x^2+4x-21}$

41. $f(t) = \sqrt[3]{2t-1}$

42. $g(t) = \sqrt{3-t} - \sqrt{2+t}$

43. $h(x) = \dfrac{1}{\sqrt[4]{x^2-5x}}$

44. $f(u) = \dfrac{u+1}{1+\dfrac{1}{u+1}}$

45. $F(p) = \sqrt{2-\sqrt{p}}$

46. $h(x) = \sqrt{x^2-4x-5}$

47. 求函数 $h(x) = \sqrt{4-x^2}$ 的定义域和值域,并画出其图像.

48. 求函数 $f(x) = \dfrac{x^2-4}{x-2}$ 的定义域和值域,并画出其图像.

49~52　对于以下分段函数,计算 $f(-3)$、$f(0)$、$f(2)$ 的值,并画出函数图像.

49. $f(x) = \begin{cases} x^2+2, & x<0; \\ x, & x \geqslant 0. \end{cases}$

50. $f(x) = \begin{cases} 5, & x<2; \\ \dfrac{1}{2}x-3, & x \geqslant 2. \end{cases}$

51. $f(x) = \begin{cases} x+1, & x \leqslant -1; \\ x^2, & x > -1. \end{cases}$

52. $f(x) = \begin{cases} -1, & x \leqslant 1; \\ 7-2x, & x > 1. \end{cases}$

53~58　画出函数的图像.

53. $f(x) = x+|x|$

54. $f(x) = |x+2|$

55. $g(t) = |1-3t|$

56. $f(x) = \dfrac{|x|}{x}$

57. $f(x) = \begin{cases} |x|, & |x| \leqslant 1; \\ 1, & |x| > 1. \end{cases}$

58. $g(x) = \big||x|-1\big|$

59~64　求以下曲线的函数方程.

59. 连接点 $(1,-3)$ 和点 $(5,7)$ 的线段.

60. 连接点 $(-5,10)$ 和点 $(7,-10)$ 的线段.

61. 抛物线 $x+(y-1)^2=0$ 的下半部分.

62. 圆 $x^2+(y-2)^2=4$ 的上半部分.

63.

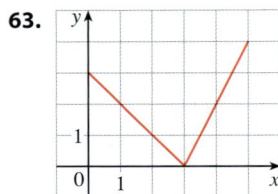

64.

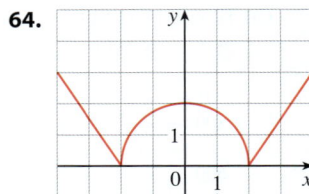

65~70　用方程表示下列用语言描述的函数,并给出其定义域.

65. 一个矩形的周长为 20m. 将矩形的面积表示为其中一条边的长度的函数.

66. 一个矩形的面积为 16m². 将矩形的周长表示为其中一条边的长度的函数.

67. 将一个等边三角形的面积表示为边长的函数.

68. 一个体积为 0.25m³ 的长方体盒子的长是宽的两倍. 将盒子的高表示为宽的函数.

69. 一个体积为 2m³ 的无顶长方体盒子的底面是一个正方形. 将盒子的表面积表示为底面边长的函数.

70. 一个圆柱体的体积为 400cm³. 将圆柱体的半径表示为高的函数.

71. 如下图所示,一个无顶的盒子由一块 30cm×50cm 的矩形纸板通过在每个角上切去边长为 x 的正方形,然后将四条边折起来制作而成. 将盒子的体积 V 表示为 x 的函数.

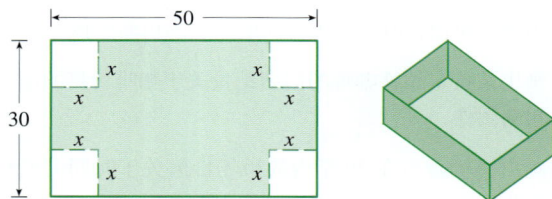

72. 诺曼窗的形状是一个矩形上面接一个半圆形的拱顶. 如果一个诺曼窗的周长为 10m,将窗户的面积 A 表示为窗户宽度 x 的函数.

73. 在一定状态下，高速公路上允许的最高车速为 100km/h，最低车速为 60km/h．每高于最高车速或低于最低车速 1km/h 罚款 15 美元．将罚款 F 表示为车速 x 的函数，并画出 $0 \leqslant x \leqslant 150$ 时 F 的图像．

74. 电力公司向客户收取每月 10 美元的基础费用，对于用电量的前 1200 千瓦时，价格为 6 美分 / 千瓦时；对于超过 1200 千瓦时的部分，价格为 7 美分 / 千瓦时．将月度用电费用 E 表示为用电量 x 的函数，并画出 $0 \leqslant x \leqslant 2000$ 时 E 的图像．

75. 在某个国家，所得税按如下方法计算：收入在 10 000 美元以内的部分不缴税，超过 10 000 美元但在 20 000 美元以内的部分按 10% 的税率缴税，超过 20 000 美元的部分按 15% 的税率缴税．

(a) 画出税率 R 关于收入 I 的函数图像．

(b) 当收入为 14 000 美元时，应缴纳多少所得税？收入为 26 000 美元呢？

(c) 画出缴税总额 T 关于收入 I 的函数图像．

76. (a) 如果点 $(5,3)$ 在一个偶函数的图像上，那么还有什么点一定也在该图像上？

(b) 如果点 $(5,3)$ 在一个奇函数的图像上，那么还有什么点一定也在该图像上？

77~78 函数 f 和 g 的图像如下所示，判断每个函数是奇函数、偶函数还是两者都不是，请说明理由．

77.

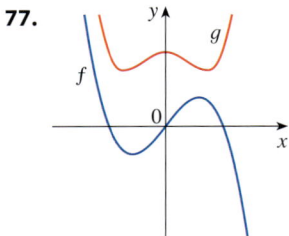

78.

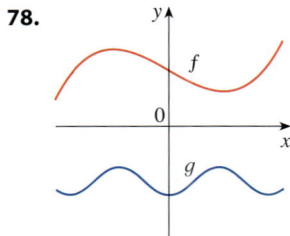

79~80 某函数在 $x \geqslant 0$ 时的图像如下所示．画出 $x < 0$ 时的图像，使得 (a) 这个函数是偶函数；(b) 这个函数是奇函数．

79.

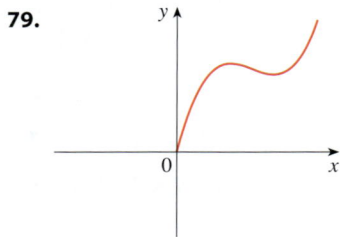

80.

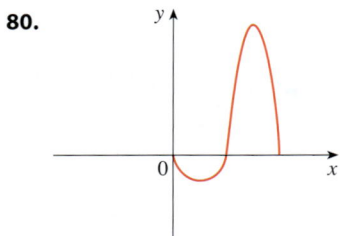

81~86 判断 f 是奇函数、偶函数还是两者都不是．可以使用图像计算器或计算机来检验你的答案．

81. $f(x) = \dfrac{x}{x^2+1}$ **82.** $f(x) = \dfrac{x^2}{x^4+1}$

83. $f(x) = \dfrac{x}{x+1}$ **84.** $f(x) = x|x|$

85. $f(x) = 1 + 3x^2 - x^4$ **86.** $f(x) = 1 + 3x^3 - x^5$

87. 如果 f 和 g 都是偶函数，那么 $f+g$ 是偶函数吗？如果 f 和 g 都是奇函数，那么 $f+g$ 是奇函数吗？如果 f 是偶函数，g 是奇函数，又会怎样？请说明理由．

88. 如果 f 和 g 都是偶函数，那么积 fg 是偶函数吗？如果 f 和 g 都是奇函数，那么 fg 是奇函数吗？如果 f 是偶函数，g 是奇函数，又会怎样？请说明理由．

1.2 | 数学模型：基本函数导引

数学模型是对现实世界中的现象的数学描述（通常表示为函数或者方程），比如人口规模、商品的需求、落体的速度、化学反应中物质的浓度、新生儿的期望寿命以及减排的成本等．建模的目的是理解这些现象，如果可能的话还可以对这些现象的未来发展做出预测．

对于一个实际问题，数学建模过程中的首要任务是确定自变量和因变量并为之命名，并且做出假设以使所研究的现象简化到数学上可以处理的程度，从而建立一个数学模型．通常利用物理知识和数学技巧来得到联系这些变量的方程．遇到没有物理规律可循的情景，需要收集数据（通过图书馆、网络或者亲自实验）并用表格的形式来研究数据，以发现其中的规律．从函数的这种数值表示出发，通过将数据描点，就可以得到函数的图像表示．某些情况下，图像甚至能够引出合适的代数表示．

第二步是将数学知识（比如你将要学习的微积分）应用到已经建立的数学模型上，来推导数学结论．第三步是通过提供解释或做出预测，将这些数学结论解释为关于原始实际问题的信息．最后一步是对照新的数据，验证预测的结果．如果预测与现实不吻合，就需要修正模型或者建立一个新的模型，并重新开始这个过程．图 1-2-1 展示了数学建模的过程．

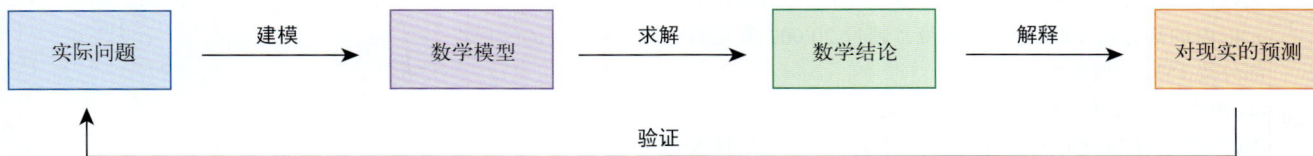

图 1-2-1
数学建模的过程

数学模型永远不会是真实情景的准确表示——它是理想状态．一个好的模型应该将现实问题简化到足以进行数学计算，但又准确到足以提供有价值的结论．认识到模型的局限性是很重要的．

许多不同类型的函数都可以用来给在现实世界中观察到的数量关系建模．下面将讨论这些函数的行为和图像，并给出适合使用这些函数建模的例子．

■ 线性模型

有关直线的坐标几何见附录 B．

我们说 y 是 x 的**线性函数**，意思是该函数的图像是一条直线，所以可以用直线的斜截式方程来写出函数：

$$y = f(x) = mx + b，$$

其中 m 是直线斜率，b 是 y 轴截距．

线性函数的一个典型特征是它们的变化率是恒定的．例如，图 1-2-2 展示的是线性函数 $f(x) = 3x - 2$ 的图像以及函数值的表格．注意，只要 x 值增加 0.1，函数 $f(x)$ 的值就增加 0.3．故 $f(x)$ 的增长速度是 x 的三倍．所以 $y = 3x - 2$ 的图像的斜率是 3，可以解释为 y 相对于 x 的变化率．

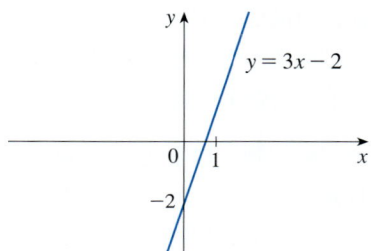

图 1-2-2

x	$f(x) = 3x - 2$
1.0	1.0
1.1	1.3
1.2	1.6
1.3	1.9
1.4	2.2
1.5	2.5

例 1

(a) 当干燥的空气上升时，它会膨胀、冷却．如果地面温度是 20°C，而 1km 高度处的温度是 10°C，将温度 T（单位：°C）表示为高度 h（单位：km）的函数，假设线性模型是适用的．

(b) 画出 (a) 中函数的图像．斜率代表什么？

(c) 2.5km 高度处的温度是多少？

解

(a) 因为假设 T 是 h 的线性函数，所以有

$$T = mh + b .$$

已知 $h = 0$ 时，$T = 20$，故

$$20 = m \cdot 0 + b = b .$$

换句话说，y 轴截距是 $b = 20$．

已知 $h = 1$ 时，$T = 10$，故

$$10 = m \cdot 1 + 20 .$$

因此直线斜率为 $m = 10 - 20 = -10$，所求线性函数为

$$T = -10h + 20 .$$

(b) 函数图像如图 1-2-3 所示，其斜率为 $m = -10$°C/km，表示温度关于高度的变化率．

(c) 在 $h = 2.5$km 的高度，温度为

$$T = -10 \times 2.5 + 20 = -5\text{°C} .$$

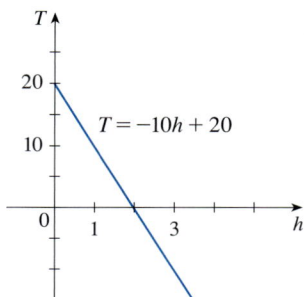

$T = -10h + 20$

图 1-2-3

　　如果没有物理规律或法则可以帮助我们建立模型，就构造一个**经验模型**，它完全以已收集到的数据为基础．我们寻找一条直观上能反映这些数据点的基本趋势的曲线，来"拟合"这些数据．

例 2　表 1-2-1 列出的是从 1980 年到 2016 年在莫纳罗亚气象台测得的大气中二氧化碳的平均水平（单位：ppm）．利用表 1-2-1 中的数据找出二氧化碳水平的一个模型．

解　利用表 1-2-1 中的数据作出散点图，如图 1-2-4 所示，其中 t 代表时间（年份），C 代表二氧化碳水平（单位：ppm）．

表 1-2-1

年份	二氧化碳水平 /ppm	年份	二氧化碳水平 /ppm
1980	338.7	2000	369.4
1984	344.4	2004	377.5
1988	351.5	2008	385.6
1992	356.3	2012	393.8
1996	362.4	2016	404.2

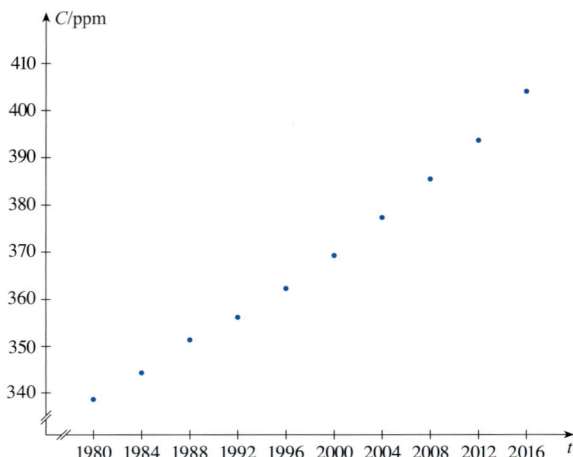

图 1-2-4
二氧化碳平均水平的散点图

注意，数据点的分布看起来接近一条直线，所以在这个例子中很自然地选择线性模型．但是可能有很多直线可以拟合这些数据点，那应该选择哪一条呢？一个可能的选择是过第一个和最后一个数据点的直线．这条直线的斜率是

$$\frac{404.2-338.7}{2016-1980}=\frac{65.5}{36}\approx1.819 .$$

直线方程为

$$C-338.7=1.819(t-1980) ,$$

或

1　　　　$$C=1.819t-3262.92 .$$

计算机或图像计算器通过**最小二乘法**求出线性回归线，即最小化数据点与直线之间的垂直距离的平方和．详见 14.7 节练习 61．

方程 1 给出了二氧化碳水平的一个可能的线性模型，如图 1-2-5 所示．注意，该模型给出的大部分数值还是高于实际的二氧化碳水平，更好的线性模型可以通过一种叫作线性回归的统计学方法得到．利用图像计算器，对表 1-2-1 中的数据使用线性回归．计算器返回的回归线斜率和 y 轴截距如下：

$$m=1.782\ 42 ,\quad b=-3192.90 .$$

故二氧化碳水平的最小二乘模型为

2　　　　$$C=1.782\ 42t-3192.90 .$$

在图 1-2-6 中，画出线性回归线及数据点的图像．与图 1-2-5 进行比较，可以看到线性回归线更好地拟合了数据．■

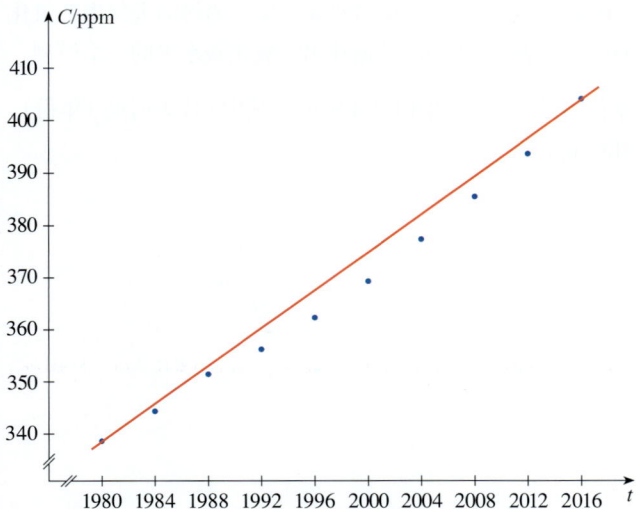

图 1-2-5
过第一个点和最后一个点的线性模型

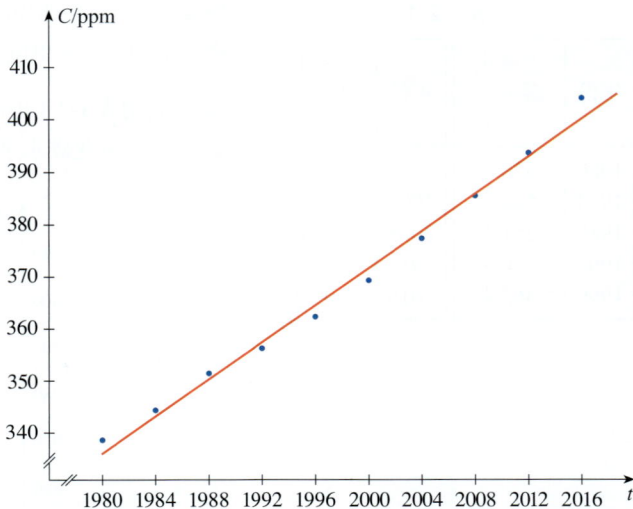

图 1-2-6
线性回归线

例 3　利用方程 2 给出的线性模型来估计 1987 年的平均二氧化碳水平并预测 2025 年的二氧化碳水平. 根据这个模型, 什么时候二氧化碳水平将超过 400ppm?

解　在方程 2 中令 $t = 1987$, 估计 1987 年的平均二氧化碳水平为

$$C(1987) = 1.782\ 42 \times 1987 - 3192.90 \approx 348.77 .$$

这是内插法的一个例子, 因为估计的是两个观测值之间的一个值.（事实上, 莫纳罗亚气象台报告的 1987 年的平均二氧化碳水平为 348.93ppm, 所以估计值还是相当精确的.）

当 $t = 2025$ 时, 有

$$C(2025) = 1.782\ 42 \times 2025 - 3192.90 \approx 416.50 .$$

所以预测 2025 年的平均二氧化碳水平将为 416.5ppm. 这是外插法的一个例子, 因为预测的是观测范围之外的一个值. 因此, 对于预测准确性的把握就小多了.

利用方程 2 可以看到, 当 $1.782\ 42t - 3192.90 > 440$ 时, 二氧化碳水平将超过 440ppm. 解这个不等式, 得到

$$t > \frac{3632.9}{1.782\ 42} \approx 2038.18 .$$

因此, 二氧化碳水平预计将在 2038 年超过 440ppm. 这个预测是有风险的, 因为它所涉及的时间距离观测数据太遥远. 事实上, 由图 1-2-6 可知, 近年来二氧化碳水平的增长更加迅速, 所以它可能在 2038 年之前就超过 440ppm. ■

■ 多项式

函数 P 称为**多项式**, 如果

$$P(x) = a_n x^n + a_{n-1} x^{n-1} + \cdots + a_2 x^2 + a_1 x + a_0 ,$$

其中 n 为非负整数, $a_0, a_1, a_2, \cdots, a_n$ 为常数, 称为多项式的**系数**. 任何多项式的定义域都是 $\mathbb{R} = (-\infty, +\infty)$. 如果**首项系数** $a_n \neq 0$, 则多项式的**次数**为 n. 例如, 函数

$$P(x) = 2x^6 - x^4 + \frac{2}{5} x^3 + \sqrt{2}$$

就是一个六次多项式.

一次多项式的形式为 $P(x) = mx + b$, 所以它是线性函数. 二次多项式的形式为 $P(x) = ax^2 + bx + c$, 称为**二次函数**, 在 1.3 节中将看到, 它的图像是由抛物线 $y = ax^2$ 平移得到的. 如果 $a > 0$, 则抛物线开口向上; 如果 $a < 0$, 则抛物线开口向下（见图 1-2-7）.

三次多项式的形式为 $P(x) = ax^3 + bx^2 + cx + d$ （$a \neq 0$）, 称为**三次函数**. 图 1-2-8a 给出了三次函数的图像, 图 1-2-8b 和图 1-2-8c 分别给出了四次多项式和五次多项式的图像. 之后你会明白为什么它们的图像有这样的形状.

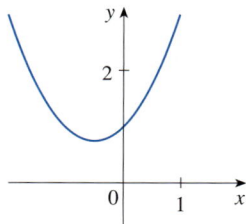

(a) $y = x^2 + x + 1$

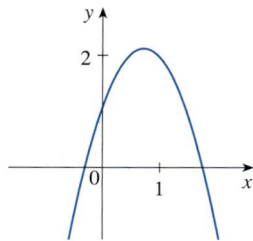

(b) $y = -2x^2 + 3x + 1$

图 1-2-7

二次函数的图像是抛物线

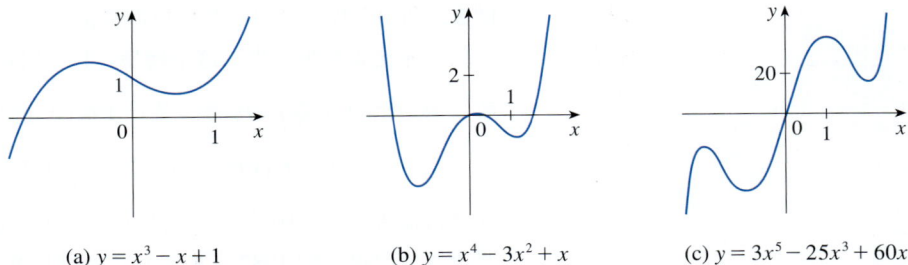

图 1-2-8   (a) $y = x^3 - x + 1$ (b) $y = x^4 - 3x^2 + x$ (c) $y = 3x^5 - 25x^3 + 60x$

多项式被普遍应用于自然科学和社会科学中对变量的建模．例如，在 3.7 节中将解释为什么经济学家经常用多项式 $P(x)$ 来表示生产 x 个商品所需的成本．在接下来的例子里，二次函数将用来为落体运动建模．

例 4   将一个球从距离地面 450m 的加拿大电视塔上层观景台抛下，每隔 1s 记录一次球距离地面的高度 h，见表 1-2-2．找出一个可以拟合这些数据的模型并利用该模型预测球落地的时间．

解   在图 1-2-9 中画出数据的散点图，会发现线性模型不适用，看起来数据点似乎分布在一条抛物线上，所以可以尝试用二次函数建模．利用图像计算器或计算机代数系统（利用最小二乘法），得到如下的二次模型：

3 $$h = 449.36 + 0.96t - 4.90t^2 .$$

表 1-2-2

时间/s	高度/m
0	450
1	445
2	431
3	408
4	375
5	332
6	279
7	216
8	143
9	61

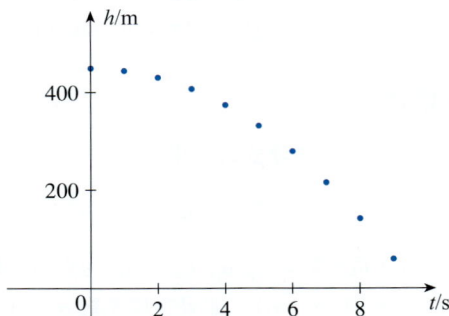

图 1-2-9
落球的散点图

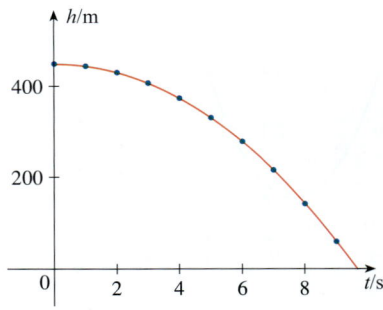

图 1-2-10
落球的二次模型

在图 1-2-10 中画出了方程 3 的图像以及数据点，可以看出二次模型很好地拟合了数据．当 $h = 0$ 时，球落地，所以要解二次方程

$$-4.90t^2 + 0.96t + 449.36 = 0 .$$

由二次方程的求根公式可得

$$t = \frac{-0.96 \pm \sqrt{(0.96)^2 - 4 \times (-4.90) \times 449.36}}{2 \times (-4.90)} ,$$

正根为 $t \approx 9.67$．所以球在大约 9.67s 后落地．

■ 幂函数

形如 $f(x)=x^a$ 的函数称为**幂函数**，其中 a 为常数．考虑以下几种情况．

(i) $a=n$，其中 n 为正整数．

当 $n=1,2,3,4,5$ 时，$f(x)=x^n$ 的图像如图 1-2-11 所示（它们是仅有一项的多项式）．我们已经知道 $y=x$ 的图像的形状（过原点的斜率为 1 的直线）以及 $y=x^2$ 的图像的形状（抛物线，见 1.1 节例 2b）．

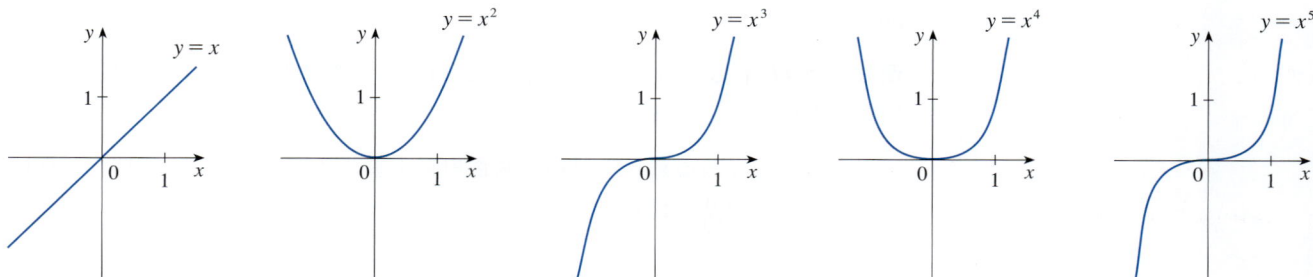

图 1-2-11
当 $n=1,2,3,4,5$ 时 $f(x)$ 的图像

$f(x)=x^n$ 的图像的形状取决于 n 是奇数还是偶数．如果 n 是偶数，则 $f(x)=x^n$ 是偶函数，其图像与抛物线 $f(x)=x^2$ 类似．如果 n 是奇数，则 $f(x)=x^n$ 是奇函数，其图像与 $f(x)=x^3$ 类似．从图 1-2-12 中可以看出，当 n 增大时，$y=x^n$ 的图像在 $x=0$ 附近变得更平缓，在 $|x|\geqslant1$ 时变得更陡峭．（如果 x 很小，则 x^2、x^3、x^4 依次递减，以此类推．）

函数族是一组相关的函数的集合，图 1-2-12 显示了两个幂函数族，其中一个是偶数次幂，另一个是奇数次幂．

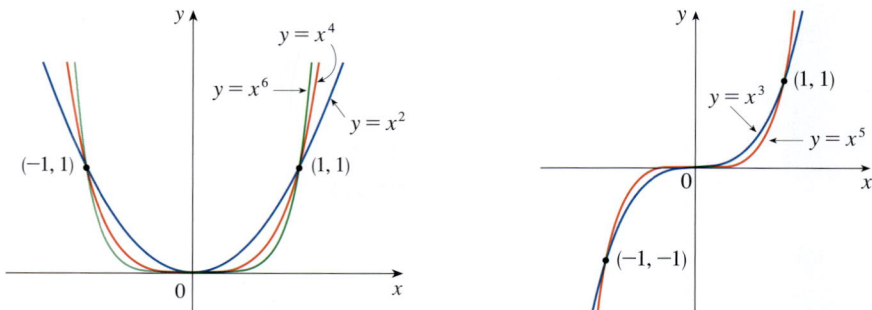

图 1-2-12

(ii) $a=1/n$，其中 n 为正整数．

函数 $f(x)=x^{1/n}=\sqrt[n]{x}$ 为**根函数**．当 $n=2$ 时，它是平方根函数 $f(x)=\sqrt{x}$，其定义域为 $[0,+\infty)$，图像为抛物线 $x=y^2$ 的上半部分（见图 1-2-13a）．对于其他的偶数 n，函数 $f(x)=\sqrt[n]{x}$ 的图像与 $f(x)=\sqrt{x}$ 类似．当 $n=3$ 时，它是立方根函数 $f(x)=\sqrt[3]{x}$，其定义域为 $\mathbb{R}$（任意实数都有立方根），见图 1-2-13b．当 n（$n>3$）是奇数时，函数图像与 $y=\sqrt[3]{x}$ 类似．

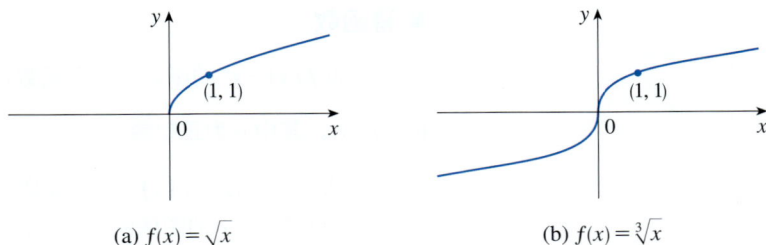

图 1-2-13
根函数的图像

(a) $f(x) = \sqrt{x}$　　(b) $f(x) = \sqrt[3]{x}$

(iii) $a = -1$.

倒数函数 $f(x) = x^{-1} = 1/x$ 的图像见图 1-2-14，是一条以坐标轴为渐近线的双曲线．图像的方程为 $y = 1/x$ 或 $xy = 1$ ．

这个函数出现在与玻意耳定律相关的物理和化学领域中．当温度一定时，气体的体积 V 与压强 P 成反比：

$$V = \frac{C}{P} ,$$

其中 C 为常数．因此，V 关于 P 的函数图像（见图 1-2-15）与图 1-2-14 中图像的右半部分的形状大体相同．

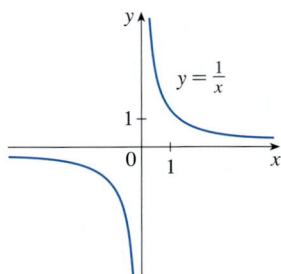

图 1-2-14
倒数函数

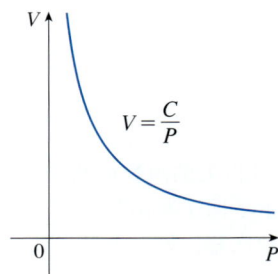

图 1-2-15
温度一定时，体积关于压强的函数

(iv) $a = -2$.

在幂函数 $f(x) = x^a$ 余下的负幂中，最重要的是 $a = -2$ 时的幂函数．许多自然法则中都出现了一个量与另一个量的平方成反比的情况．换句话说，第一个量是用形如 $f(x) = C/x^2$ 的函数建模的，这称为**平方反比定律**．例如，一个物体的照度 I 与它到光源的距离 x 的平方成反比：

$$I = \frac{C}{x^2} ,$$

其中 C 是常数. 因此, I 关于 x 的函数图像（见图 1-2-17）与图 1-2-16 中图像的右半部分的形状大体相同.

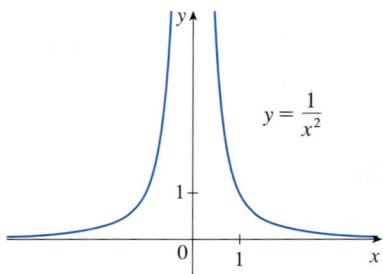

图 1-2-16
平方函数的倒数

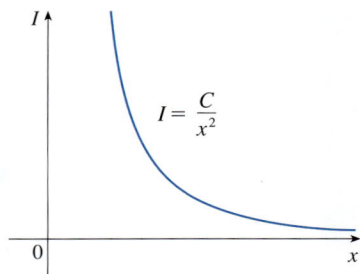

图 1-2-17
照度关于到光源的距离的函数

平方反比定律用来为引力、声音的响度和两个带电粒子之间的静电力建模. 关于在自然界中经常出现平方反比定律的几何原因, 见练习 37.

幂函数也用来为物种和区域面积的关系（见练习 35~36）建模, 以及作为行星的公转周期关于它到太阳的距离的函数（见练习 34）.

■ 有理函数

有理函数 f 就是两个多项式的比:

$$f(x) = \frac{P(x)}{Q(x)},$$

其中 P 和 Q 为多项式, 其定义域由所有使 $Q(x) \neq 0$ 的 x 值组成. 有理函数的一个简单的例子为 $f(x) = 1/x$, 其定义域为 $\{x \mid x \neq 0\}$. 这就是图 1-2-14 所示的倒数函数. 函数

$$f(x) = \frac{2x^4 - x^2 + 1}{x^2 - 4}$$

是一个定义域为 $\{x \mid x \neq \pm 2\}$ 的有理函数, 其图像如图 1-2-18 所示.

■ 代数函数

函数 f 称为**代数函数**, 如果它能从多项式出发经过代数运算（如加、减、乘、除和求方根）得到. 任何有理函数都是代数函数. 这里还有另外两个例子:

$$f(x) = \sqrt{x^2 + 1}, \quad g(x) = \frac{x^4 - 16x^2}{x + \sqrt{x}} + (x-2)\sqrt[3]{x+1}.$$

在第 4 章中, 我们将画出各种代数函数的图像, 它们可以呈现出丰富的形状.

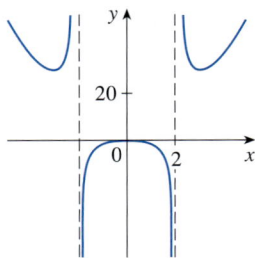

图 1-2-18

$$f(x) = \frac{2x^4 - x^2 + 1}{x^2 - 4}$$

相对论中有一个代数函数的例子．一个速度为 v 的粒子的质量是

$$m = f(v) = \frac{m_0}{\sqrt{1 - v^2/c^2}},$$

其中 m_0 为粒子的静止质量，$c \approx 3.0 \times 10^5 \text{km/s}$ 为真空中的光速．

非代数函数称为**超越函数**，包括三角函数、指数函数和对数函数等．

■ 三角函数

三角学和三角函数见参考公式（第 2 页）和附录 D．微积分中的惯例是以弧度为单位（除非特别说明）．例如，当用到函数 $f(x) = \sin x$ 时，我们将 $\sin x$ 理解为弧度为 x 的角的正弦．正弦函数和余弦函数的图像如图 1-2-19 所示．

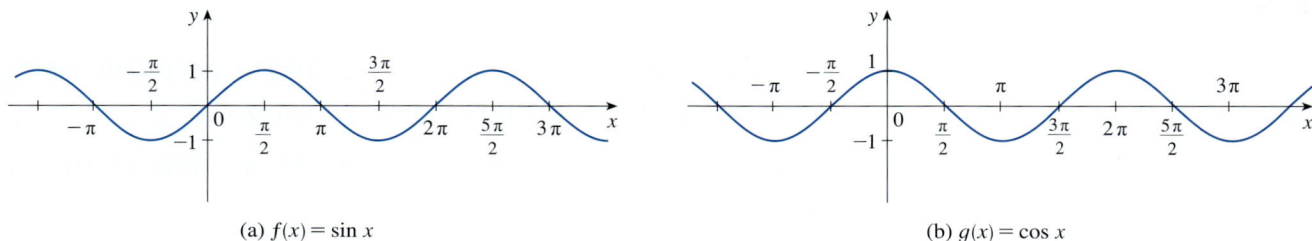

(a) $f(x) = \sin x$　　　　(b) $g(x) = \cos x$

图 1-2-19

注意，对于正弦函数和余弦函数，其定义域都是 $(-\infty, +\infty)$，值域都是闭区间 $[-1, 1]$．因此，对于所有 x，有

$$-1 \leqslant \sin x \leqslant 1, \quad -1 \leqslant \cos x \leqslant 1,$$

或者用绝对值写作

$$|\sin x| \leqslant 1, \quad |\cos x| \leqslant 1.$$

正弦函数和余弦函数的一个重要性质就是它们是以 2π 为周期的周期函数．这意味着，对于所有 x，有

$$\sin(x + 2\pi) = \sin x, \quad \cos(x + 2\pi) = \cos x.$$

这些函数的周期性使得它们适用于为反复发生的现象建模，如潮汐、弹簧振动和声波等．例如，在 1.3 节例 4 中你将看到，从 1 月 1 日起 t 天后费城的白昼时长（单位：h）的一个合理的模型可以用下面的函数表示：

$$L(t) = 12 + 2.8\sin\left[\frac{2\pi}{365}(t - 80)\right].$$

例 5 求函数 $f(x) = \dfrac{1}{1-2\cos x}$ 的定义域.

解 这个函数在除了那些使分母为 0 以外的所有 x 值上有定义. 因为

$$1 - 2\cos x = 0 \Leftrightarrow \cos x = \frac{1}{2} \Leftrightarrow x = \frac{\pi}{3} + 2n\pi \text{ 或 } x = \frac{5\pi}{3} + 2n\pi,$$

其中 n 是任意整数（余弦函数的周期为 2π），所以 f 的定义域是除如前所述值以外的所有实数. ∎

正切函数与正弦函数和余弦函数相关：

$$\tan x = \frac{\sin x}{\cos x},$$

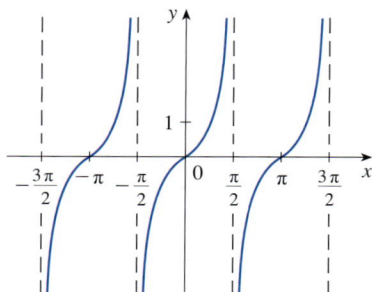

图 1-2-20
$y = \tan x$

其图像如图 1-2-20 所示. 当 $\cos x = 0$，即 $x = \pm\dfrac{\pi}{2},\ \pm\dfrac{3\pi}{2},\cdots$ 时，正切函数没有定义. 它的值域是 $(-\infty, +\infty)$. 注意，正切函数的周期是 π：

$$\text{对所有的 } x, \quad \tan(x + \pi) = \tan x.$$

剩下的三种三角函数（余割函数、正割函数、余切函数）分别为正弦函数、余弦函数和正切函数的倒数. 它们的图像见附录 D.

■ 指数函数

指数函数是形如 $f(x) = b^x$ 的函数，其中底数 b 为正常数. 图 1-2-21 给出了 $y = 2^x$ 和 $y = (0.5)^x$ 的图像，两个函数的定义域都是 $(-\infty, +\infty)$，值域都是 $(0, +\infty)$.

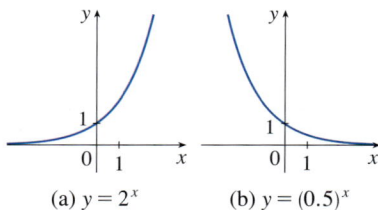

(a) $y = 2^x$ (b) $y = (0.5)^x$

图 1-2-21

在 1.4 节中将详细研究指数函数，你会看到这类函数在为许多自然现象建模时都很有用，比如种群增长（若 $b > 1$）和种群衰减（若 $b < 1$）.

■ 对数函数

对数函数 $f(x) = \log_b x$ 为指数函数的反函数，其中底数 b 为正常数. 我们将在 1.5 节中研究这类函数. 图 1-2-22 给出了四个不同底数的对数函数的图像. 每一个函数的定义域都是 $(0, +\infty)$，值域都是 $(-\infty, +\infty)$，且当 $x > 1$ 时增长缓慢.

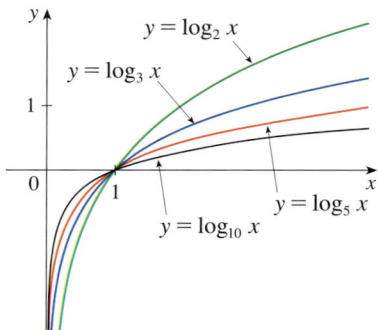

$y = \log_2 x$
$y = \log_3 x$
$y = \log_5 x$
$y = \log_{10} x$

图 1-2-22

例 6 将下列函数按照刚刚讨论过的函数类型分类.

(a) $f(x) = 5^x$ (b) $g(x) = x^5$ (c) $h(x) = \dfrac{1+x}{1-\sqrt{x}}$ (d) $u(t) = 1 - t + 5t^4$

解

(a) $f(x) = 5^x$ 为指数函数（变量 x 是指数）.

(b) $g(x) = x^5$ 为幂函数（变量 x 是底数）. 还可以将其看作五次多项式.

(c) $h(x) = \dfrac{1+x}{1-\sqrt{x}}$ 为代数函数.

(d) $u(t) = 1 - t + 5t^4$ 为四次多项式. ∎

表 1-2-3 总结了一些在本书中经常使用的基本函数族.

表 1-2-3　基本函数族及其图像

线性函数 $f(x) = mx + b$	 $f(x) = b$	 $f(x) = mx + b$		
幂函数 $f(x) = x^n$	 $f(x) = x^2$	 $f(x) = x^3$	 $f(x) = x^4$	 $f(x) = x^5$
根函数 $f(x) = \sqrt[n]{x}$	 $f(x) = \sqrt{x}$	 $f(x) = \sqrt[3]{x}$	 $f(x) = \sqrt[4]{x}$	 $f(x) = \sqrt[5]{x}$
倒数函数 $f(x) = \dfrac{1}{x^n}$	 $f(x) = \dfrac{1}{x}$	 $f(x) = \dfrac{1}{x^2}$	 $f(x) = \dfrac{1}{x^3}$	 $f(x) = \dfrac{1}{x^4}$
指数函数和 对数函数 $f(x) = b^x$ $f(x) = \log_b x$	 $f(x) = b^x \ (b > 1)$	 $f(x) = b^x \ (b < 1)$	 $f(x) = \log_b x \ (b > 1)$	
三角函数 $f(x) = \sin x$ $f(x) = \cos x$ $f(x) = \tan x$	 $f(x) = \sin x$	 $f(x) = \cos x$	 $f(x) = \tan x$	

1.2 │ 练习

1~2 将下列函数按照幂函数、根函数、多项式（说明次数）、有理函数、代数函数、三角函数、指数函数和对数函数分类.

1. (a) $f(x) = x^3 + 3x^2$　　　(b) $g(t) = \cos^2 t - \sin t$

(c) $r(t) = t^{\sqrt{3}}$　　　　　(d) $v(t) = 8^t$

(e) $y = \dfrac{\sqrt{x}}{x^2 + 1}$　　　　　(f) $g(u) = \log_{10} u$

2. (a) $f(t) = \dfrac{3t^2 + 2}{t}$　　　(b) $h(r) = 2.3^r$

(c) $s(t) = \sqrt{t + 4}$　　　(d) $y = x^4 + 5$

(e) $g(x) = \sqrt[3]{x}$　　　　(f) $y = \dfrac{1}{x^2}$

3~4 找出每个方程对应的图像，并解释原因.（不要使用计算机或图像计算器.）

3. (a) $y = x^2$　　　(b) $y = x^5$　　　(c) $y = x^8$

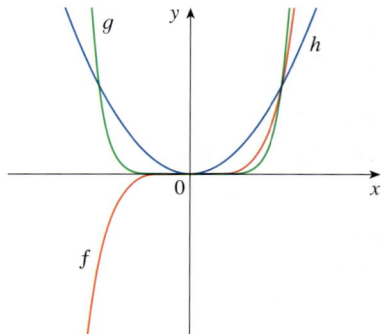

4. (a) $y = 3x$　　　　(b) $y = 3^x$

(c) $y = x^3$　　　　(d) $y = \sqrt[3]{x}$

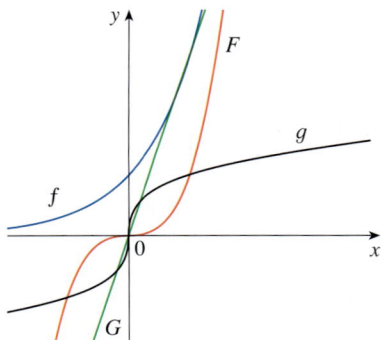

5~6 求下列函数的定义域.

5. $f(x) = \dfrac{\cos x}{1 - \sin x}$　　　　**6.** $g(x) = \dfrac{1}{1 - \tan x}$

7. (a) 写出一个方程来表示斜率为 2 的线性函数族，并为其中的几个成员函数画出图像.

(b) 写出一个方程来表示满足 $f(2) = 1$ 的线性函数族，并为其中的几个成员函数画出图像.

(c) 哪一个函数同时属于这两个函数族？

8. 线性函数族 $f(x) = 1 + m(x + 3)$ 中的所有成员函数有什么共同点？为其中的几个成员函数画出图像.

9. 线性函数族 $f(x) = c - x$ 中的所有成员函数有什么共同点？为其中的几个成员函数画出图像.

10. 画出多项式函数族 $P(x) = x^3 - cx^2$ 中几个成员函数的图像. 当 c 值改变时，函数图像会发生怎样的改变？

11~12 求图中所示的二次函数的方程.

11.

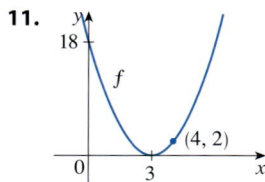

12.

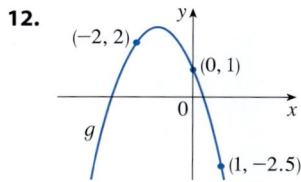

13. 求满足 $f(1) = 6$ 且 $f(-1) = f(0) = f(2) = 0$ 的三次函数方程.

14. 最近的研究表明，地球表面的平均温度一直稳步上升. 一些科学家用线性函数 $T = 0.02t + 8.50$ 为温度建模，其中 T 代表温度（单位：$\degree\text{C}$），t 代表自 1900 年起经过的年数.

(a) 该函数的斜率和 T-截距分别代表什么含义？

(b) 用这个方程来预测 2100 年地球表面的平均温度.

15. 如果一种药物的推荐成人剂量为 D（单位：mg），那么为了确定适合 a 岁儿童的剂量 c，药剂师使用公式 $c = 0.041\,7D(a + 1)$. 假设一个成年人的剂量是 200mg.

(a) 求函数 c 的图像的斜率. 该斜率代表什么含义？

(b) 适合新生儿的剂量是多少？

16. 一个跳蚤市场的经理从过去的经验中得出，如果跳蚤市场中每个摊位的租金是 x 美元，则他能租出去的摊位数为 $y = 200 - 4x$.

(a) 画出该线性函数的图像（记住，每个摊位的租金和出租的摊位数都不能是负数）.

(b) 图像的斜率、y 轴截距和 x 轴截距分别代表什么含义？

17. 华氏温度（F）和摄氏温度（C）之间的关系由线性函数 $F = \dfrac{9}{5}C + 32$ 给出.

(a) 画出该函数的图像.

(b) 图像的斜率是多少？它代表什么含义？图像的 F-截距是多少？它代表什么含义？

18. 杰德和她的室友贾里每天早上上班时，沿 I-10 号公路向西行驶. 某天早上 6:50，杰德出发去上班，而贾里 10min 后出发. 两人都匀速行驶. 下图显示了他们每个人在早上 7:00 后的 t min 时在 I-10 号公路上的行驶距离（单位：km）.

(a) 利用这个图像判断哪个人行驶得更快.

(b) 求他们每个人行驶的速度（单位：km/h）.

(c) 求可以用来为杰德和贾里的行驶距离建模的关于 t 的线性函数 f 和 g.

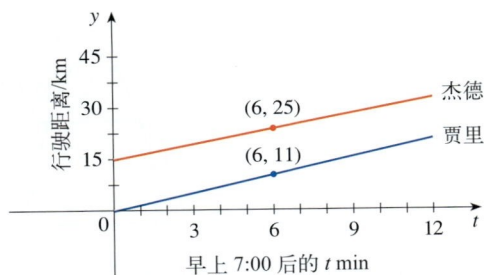

19. 某家具厂的经理发现，每天生产 100 把椅子需要 2200 美元，每天生产 300 把椅子需要 4800 美元.

(a) 将费用表示为椅子数的函数（假设函数为线性的），并画出函数图像.

(b) 图像的斜率是多少？它代表什么含义？

(c) 图像的 y 轴截距是多少？它代表什么含义？

20. 驾驶汽车每月所需费用取决于行驶里程. 林恩发现今年 5 月行驶 770km 花费了 380 美元，而今年 6 月行驶 1290km 花费了 460 美元.

(a) 将每月费用 C 表示为行驶里程 d 的函数，假设线性函数是一个合适的模型.

(b) 根据 (a) 来预测每月驾驶 2400km 所需的费用.

(c) 画出线性函数的图像. 斜率代表什么含义？

(d) y 轴截距代表什么含义？

(e) 为什么线性函数在这个情景中是一个合适的模型？

21. 在海洋表面，水压与其上方的气压相同，为 1.05kg/cm^2. 在水面以下，每下降 3m 水压就增加 0.3kg/cm^2.

(a) 将水压表示为海面以下深度的函数.

(b) 水压为 7kg/cm^2 时，深度是多少？

22. 固定长度的导线的电阻 R 与其直径 x 成平方反比关系，即 $R(x) = kx^{-2}$.

(a) 一根固定长度、直径为 0.005m 的导线的电阻为 140Ω. 求 k 的值.

(b) 求与 (a) 中材料相同、长度相同，但直径为 0.008m 的导线的电阻.

23. 物体的照度与它到光源的距离成平方反比关系. 假设天黑后你坐在一个只有一盏灯的房间里读书. 灯光很暗，所以你把椅子移到了与灯之间的距离为原来的一半处. 照度发生了多大变化？

24. 在恒温下，压缩氧气样品的压强 P 与其体积 V 之间的关系满足倒数函数 $P = k/V$.

(a) 0.671m^3 的氧气样品在 293K 的绝对温度下的压强为 39kPa. 根据所给函数求 k 的值.

(b) 如果样品体积膨胀到 0.916m^3，求出新的压强.

25. 风力涡轮机的输出功率取决于许多因素. 物理原理表明，风力涡轮机的输出功率 P 可以用 $P = kAv^3$ 来建模，其中 v 是风速，A 是叶片扫过的面积，k 是一个常数，其大小取决于空气密度、风力涡轮机的效率及叶片设计.

(a) 如果风速加倍，那么输出功率增加了多少倍？

(b) 如果叶片的长度加倍，那么输出功率增加了多少倍？

(c) 对于一个特定的风力涡轮机，叶片的长度为 30m，$k = 0.214\text{kg/m}^3$. 求当风速分别为 10m/s、15m/s 和 25m/s 时的输出功率（单位：W，$1\text{W} = 1\text{m}^2 \cdot \text{kg/s}^3$）.

26. 天文学家利用斯特藩-玻尔兹曼定律推断恒星的辐射出射度（单位面积的辐射通量）：

$$E(T) = \left(5.67 \times 10^{-8}\right)T^4,$$

其中 E 为单位面积所辐射的能量（单位：W），T 是绝对温度（单位：K）.

(a) 画出 E 关于 T 的函数在 100K 和 300K 之间的图像.

(b) 根据图像描述能量 E 在温度 T 升高时的变化.

27~28 对于每张散点图，你会选择哪种类型的函数作为这些数据的模型，解释原因.

27. (a)

(b)

28. (a)

(b)

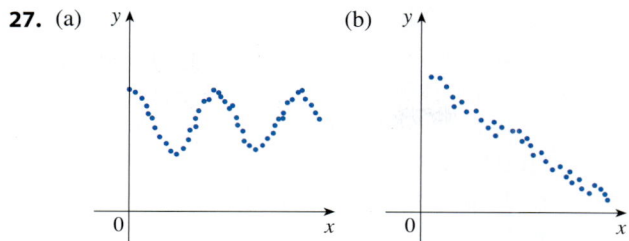

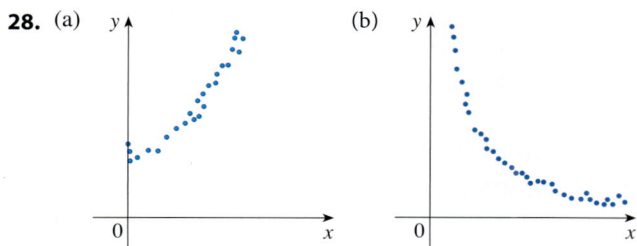

T **29.** 下表展示了某国民健康调查所报告的不同家庭收入群体的（终生）消化性溃疡发病率（每百人）.

(a) 画出这些数据的散点图并判断线性模型是否适用.

(b) 求过第一个和最后一个数据点的线性模型并画出其图像.

(c) 求出并画出线性回归线.

(d) 利用 (c) 中的线性模型，估计家庭收入为 25 000 美元的群体的溃疡发病率.

(e) 根据这个模型，一个家庭收入为 80 000 美元的人患消化性溃疡的可能性有多大？

(f) 将该模型应用到一个家庭收入为 200 000 美元的人上合理吗？

收入/美元	溃疡发病率
4000	14.1
6000	13.0
8000	13.4
12 000	12.5
16 000	12.0
20 000	12.4
30 000	10.5
45 000	9.4
60 000	8.2

T **30.** 当实验鼠接触到石棉纤维时，其中一些会生长出肺肿瘤. 右栏第一张表列出了来自不同科学家的几个实验结果.

(a) 求出这些数据的线性回归线.

(b) 画出数据的散点图和线性回归线. 该线性回归线是否适合作为该数据的模型？

(c) 这条线性回归线的 y 轴截距代表什么含义？

石棉密度（每毫升纤维数）	生长出肺肿瘤的小鼠的百分比	石棉密度（每毫升纤维数）	生长出肺肿瘤的小鼠的百分比
50	2	1600	42
400	6	1800	37
500	5	2000	38
900	10	3000	50
1100	26		

T **31.** 人类学家使用线性模型将人类股骨（大腿骨）长度与身高联系起来. 该模型让人类学家在只发现部分骨骼（包括股骨）时就能确定一个人的身高. 通过分析下表给出的 8 名男性的股骨长度和身高的数据来求出这个模型.

(a) 画出这些数据的散点图.

(b) 求出并画出这些数据的线性回归线.

(c) 一位人类学家发现了一根长度为 53cm 的人类股骨. 这个人有多高？

股骨长度/cm	身高/cm	股骨长度/cm	身高/cm
50.1	178.5	44.5	168.3
48.3	173.6	42.7	165.0
45.2	164.8	39.5	155.4
44.7	163.7	38.0	155.8

T **32.** 下表显示了 2000 年至 2016 年美国居民用电平均价格（单位：美分 / 千瓦时）.

(a) 画出这些数据的散点图. 线性模型适用吗？

(b) 求出并画出线性回归线.

(c) 利用 (b) 中的线性模型来估计 2005 年和 2017 年的平均零售电价.

自2000年起经过的年数	平均价格	自2000年起经过的年数	平均价格
0	8.24	10	11.54
2	8.44	12	11.88
4	8.95	14	12.52
6	10.40	16	12.90
8	11.26		

资料来源：美国能源信息署

T 33. 下表显示了 1985 年至 2015 年的世界日均石油消耗量（单位：千桶）．

(a) 画出这些数据的散点图，并判断线性模型是否适用．

(b) 求出并画出线性回归线．

(c) 利用该线性模型来估计 2002 年和 2017 年的日均石油消耗量．

自1985年起经过的年数	日均石油消耗量/千桶
0	60 083
5	66 533
10	70 099
15	76 784
20	84 077
25	87 302
30	94 071

资料来源：美国能源信息署

T 34. 下表给出了行星到太阳的平均距离 d（单位：地球到太阳的距离）及它们的周期 T（公转一周的年数）．

(a) 用幂函数模型拟合这些数据．

(b) 开普勒的行星运动第三定律表述道："行星的公转周期的平方与其到太阳的平均距离的立方成正比．"你的模型是否证实了开普勒第三定律？

行星	d	T
水星	0.387	0.241
金星	0.723	0.615
地球	1.000	1.000
火星	1.523	1.881
木星	5.203	11.861
土星	9.541	29.457
天王星	19.190	84.008
海王星	30.086	164.784

35. 一个区域的面积越大，栖息在这个区域的物种的数量就越多．许多生态学家用幂函数为物种和区域面积的关系建模．一个具体的例子是生活在墨西哥中部地区洞穴中的蝙蝠种类 S 与洞穴表面积 A 满足关系式 $S = 0.7A^{0.3}$．

(a) 墨西哥普埃布拉附近有一个洞穴，其表面积 $A = 60\text{m}^2$．在那个洞穴里能找到多少种蝙蝠？

(b) 如果有 4 种蝙蝠生活在一个洞穴里，估计这个洞穴的面积．

T 36. 下表显示了加勒比地区各岛上的爬行动物和两栖动物的物种数量 N 以及各岛的面积 A（单位：km^2）．

(a) 用关于 A 的幂函数为 N 建模．

(b) 加勒比地区的多米尼加岛的面积为 753km^2．在多米尼加岛上能找到多少种爬行动物和两栖动物？

岛屿	A	N
萨巴	10	5
蒙特塞拉特	103	9
波多黎各	8959	40
牙买加	10 991	39
伊斯帕尼奥拉岛	79 192	84
古巴	109 884	76

37. 假设某种力或能量来自一个点源，并在各个方向上均匀地传播，例如灯泡发出的光或行星的引力．那么在到点源的距离为 r 处，力或能量的密度 I 等于其在点源处的强度 S 除以半径为 r 的球体的表面积．证明：I 满足平方反比定律 $I = k/r^2$，其中 k 是一个正常数．

1.3 | 从基本函数衍生新的函数

从 1.2 节中讨论的基本函数出发，在本节中，我们将对它们的图像进行平移、伸缩和对称变换来得到新的函数．本节还将展示怎样通过算术运算和复合来将两个函数组合起来．

■ 函数变换

对给定函数的图像进行某些变换，可以得到一些相关函数的图像．这使我们能够迅速画出许多函数的图像，以及写出给定图像的方程．

　　首先来考虑**平移**. 若 c 为正数，则函数 $y=f(x)+c$ 的图像是通过将函数 $y=f(x)$ 的图像向上平移 c 个单位得到的（因为每个点的纵坐标都增加了相同的数 c）. 同样，若 $g(x)=f(x-c)$，其中 $c>0$，则 g 在 x 处的值与 f 在 $x-c$（x 左边 c 个单位处）处的值相同. 因此，$y=f(x-c)$ 的图像就是通过将 $y=f(x)$ 的图像向右平移 c 个单位得到的（见图 1-3-1）.

> **垂直和水平平移**　假设 $c>0$，
>
> $y=f(x)+c$ 的图像由将 $y=f(x)$ 的图像向上平移 c 个单位得到；
>
> $y=f(x)-c$ 的图像由将 $y=f(x)$ 的图像向下平移 c 个单位得到；
>
> $y=f(x-c)$ 的图像由将 $y=f(x)$ 的图像向右平移 c 个单位得到；
>
> $y=f(x+c)$ 的图像由将 $y=f(x)$ 的图像向左平移 c 个单位得到.

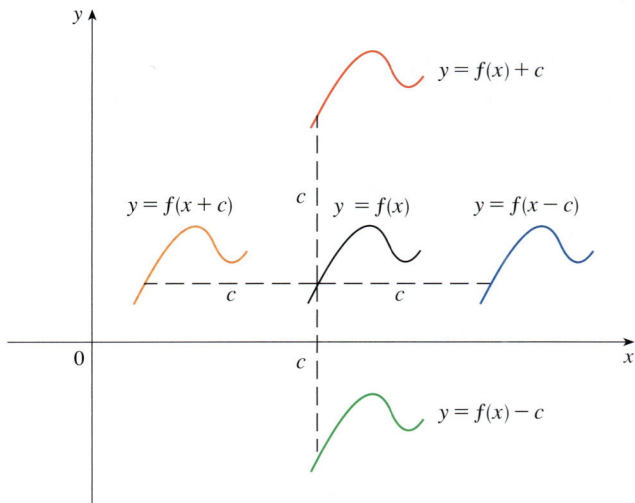

图 1-3-1　对 f 的图像进行平移变换

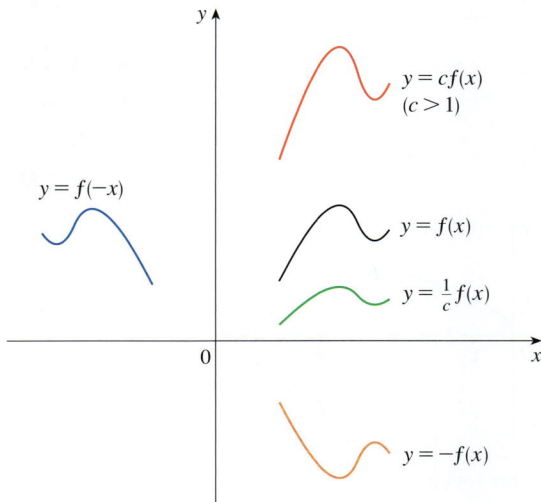

图 1-3-2　对 f 的图像进行伸缩和对称变换

　　现在考虑**伸缩和对称**. 若 $c>1$，则函数 $y=cf(x)$ 的图像是通过将 $y=f(x)$ 的图像在垂直方向上拉伸至原来的 c 倍得到的（因为每个点的纵坐标都乘以相同的数 c）. 函数 $y=-f(x)$ 的图像是通过将 $y=f(x)$ 的图像作关于 x 轴的对称变换得到的，因为点 (x,y) 被点 $(x,-y)$ 所取代（见图 1-3-2 及下框，其他伸缩和对称变换也在这里给出）.

> **垂直和水平伸缩及对称**　假设 $c>1$，
>
> $y=cf(x)$ 的图像由将 $y=f(x)$ 的图像垂直拉伸至原来的 c 倍得到；
>
> $y=(1/c)f(x)$ 的图像由将 $y=f(x)$ 的图像垂直压缩为原来的 $1/c$ 得到；
>
> $y=f(cx)$ 的图像由将 $y=f(x)$ 的图像水平压缩为原来的 $1/c$ 得到；
>
> $y=f(x/c)$ 的图像由将 $y=f(x)$ 的图像水平拉伸至原来的 c 倍得到；
>
> $y=-f(x)$ 的图像由将 $y=f(x)$ 的图像作关于 x 轴的对称变换得到；
>
> $y=f(-x)$ 的图像由将 $y=f(x)$ 的图像作关于 y 轴的对称变换得到.

图 1-3-3 举例说明了在 $c = 2$ 时将伸缩变换应用到余弦函数上的情况．比如，为了得到 $y = 2\cos x$ 的图像，将 $y = \cos x$ 的图像上每个点的纵坐标都乘以 2．这意味着 $y = \cos x$ 的图像在垂直方向上被拉伸至原来的 2 倍．

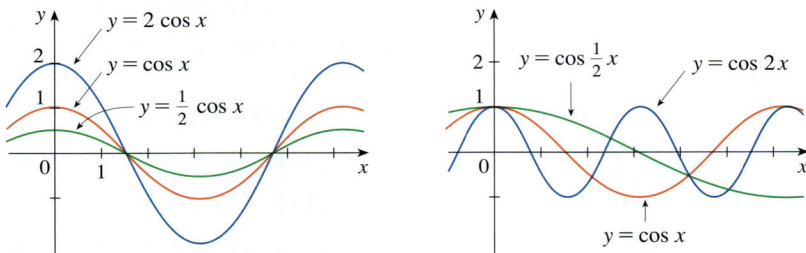

图 1-3-3

例 1　已知 $y = \sqrt{x}$ 的图像，利用变换得到 $y = \sqrt{x} - 2$、$y = \sqrt{x - 2}$、$y = -\sqrt{x}$、$y = 2\sqrt{x}$ 和 $y = \sqrt{-x}$ 的图像．

解　平方根函数 $y = \sqrt{x}$ 的图像见图 1-2-13a 和图 1-3-4a．图 1-3-4 中的其他图像分别表示：将 $y = \sqrt{x}$ 的图像向下平移 2 个单位得到 $y = \sqrt{x} - 2$ 的图像，向右平移 2 个单位得到 $y = \sqrt{x - 2}$ 的图像，作关于 x 轴的对称变换得到 $y = -\sqrt{x}$ 的图像，垂直拉伸至原来的 2 倍得到 $y = 2\sqrt{x}$ 的图像，以及作关于 y 轴的对称变换得到 $y = \sqrt{-x}$ 的图像．

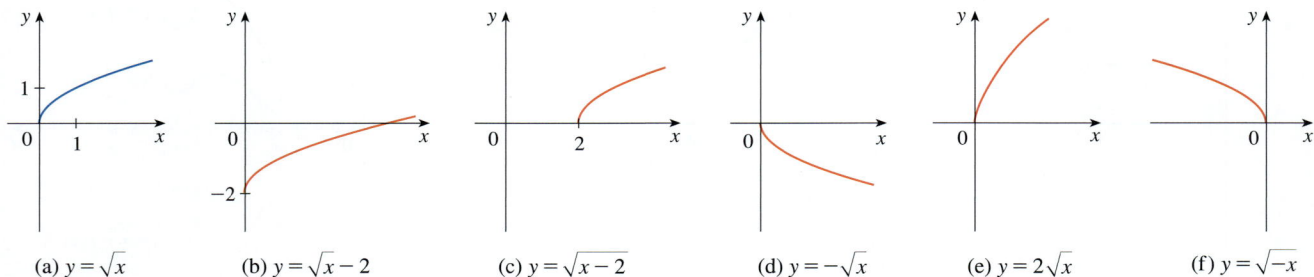

(a) $y = \sqrt{x}$　　(b) $y = \sqrt{x} - 2$　　(c) $y = \sqrt{x - 2}$　　(d) $y = -\sqrt{x}$　　(e) $y = 2\sqrt{x}$　　(f) $y = \sqrt{-x}$

图 1-3-4

例 2　画出函数 $f(x) = x^2 + 6x + 10$ 的图像．

解　通过配方，将函数的方程写成

$$y = x^2 + 6x + 10 = (x + 3)^2 + 1.$$

这意味着将 $y = x^2$ 的图像向左平移 3 个单位再向上平移 1 个单位即可得到想要的图像（见图 1-3-5）．

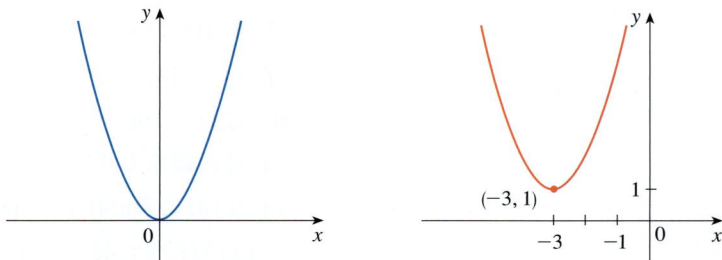

(a) $y = x^2$　　　　(b) $y = (x + 3)^2 + 1$

图 1-3-5

例 3 画出下列函数的图像.

(a) $y = \sin 2x$ (b) $y = 1 - \sin x$

解

(a) 通过将 $y = \sin x$ 的图像水平压缩为原来的 1/2 得到 $y = \sin 2x$ 的图像（见图 1-3-6 和图 1-3-7）. $y = \sin x$ 的周期是 2π，所以 $y = \sin 2x$ 的周期是 $2\pi/2 = \pi$.

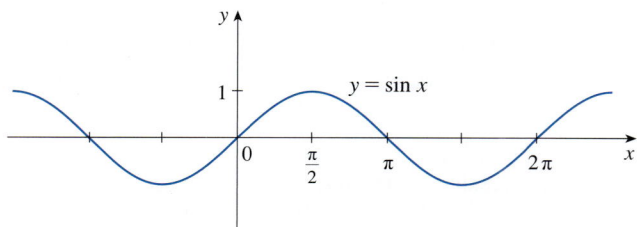

图 1-3-6

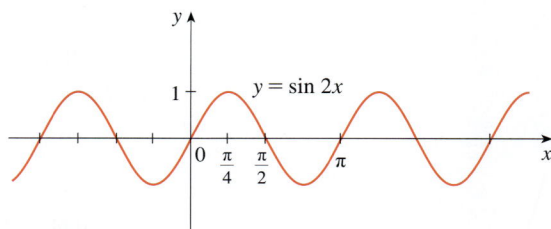

图 1-3-7

(b) 对 $y = \sin x$ 的图像作关于 x 轴的对称变换得到 $y = -\sin x$ 的图像，再向上平移 1 个单位得到 $y = 1 - \sin x$ 的图像（见图 1-3-8）.

图 1-3-8

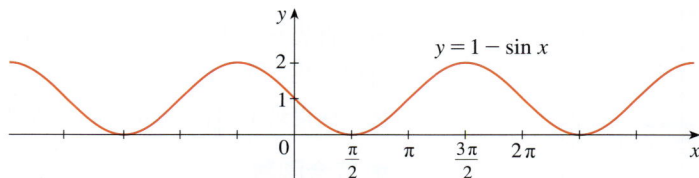

例 4 图 1-3-9 给出了不同纬度地区白昼时长关于一年中时间的函数的图像，费城位于 40°N 附近，找出一个可以用来为费城白昼时长建模的函数.

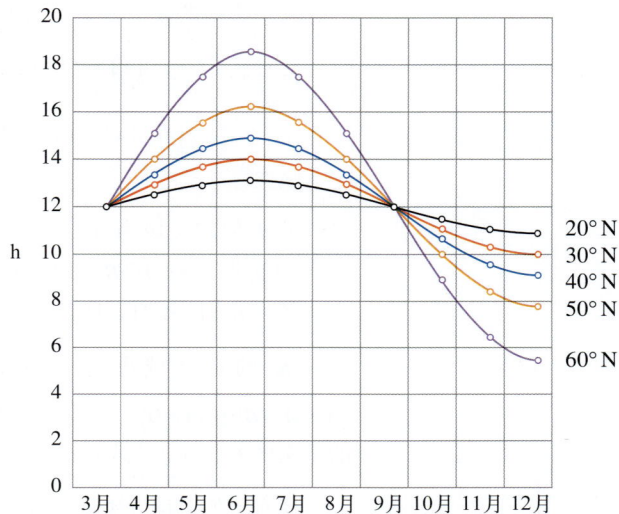

图 1-3-9
不同纬度地区从 3 月 21 日到 12 月 21 日的白昼时长的图像

资料来源：改编自 L. Harrison, *Daylight, Twilight, Darkness and Time* (New York: Silver, Burdett, 1935), 40.

解 注意，每一个函数都形似一个被平移和伸缩的正弦函数．观察代表费城纬度的蓝色曲线可知，6 月 21 日的白昼时长为 14.8h，12 月 21 日为 9.2h．故该曲线的波幅（即将正弦曲线垂直拉伸至原来的多少倍）为 $\frac{1}{2}(14.8-9.2)=2.8$．

如果时间 t 以天为单位，那么应该将此正弦函数水平拉伸多少倍？因为一年有 365 天，所以模型的周期应该是 365．但是 $y=\sin t$ 的周期是 2π，所以应水平拉伸至原来的 $c=2\pi/365$ 倍．

另外，曲线从 3 月 21 日（即一年中的第 80 天）开始循环，所以需要被向右平移 80 个单位，再向上平移 12 个单位．因此，我们用如下函数为一年中第 t 天的费城白昼时长建模：

$$L(t)=12+2.8\sin\left[\frac{2\pi}{365}(t-80)\right].\qquad\blacksquare$$

另外一个有趣的变换就是取绝对值．如果 $y=|f(x)|$，则根据绝对值的定义，当 $f(x)\geqslant 0$ 时 $y=f(x)$，当 $f(x)<0$ 时 $y=-f(x)$．这说明了怎样从 $y=f(x)$ 的图像得到 $y=|f(x)|$ 的图像：图像在 x 轴上方的部分保持不变，对在 x 轴下方的部分作关于 x 轴的对称变换．

例 5 画出 $y=|x^2-1|$ 的图像．

解 首先在图 1-3-10a 中将抛物线 $y=x^2$ 向下平移 1 个单位得到 $y=x^2-1$ 的图像．可以看出，当 $-1<x<1$ 时图像位于 x 轴下方，所以对这部分图像作关于 x 轴的对称变换得到 $y=|x^2-1|$ 的图像，如图 1-3-10b 所示．$\qquad\blacksquare$

■ **复合函数**

通过类似实数之间的加、减、乘、除运算，两个函数 f 和 g 可以组合起来形成新的函数 $f+g$、$f-g$、fg 和 f/g．

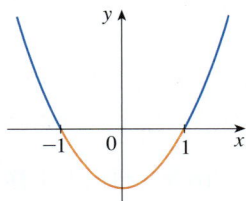

(a) $y=x^2-1$

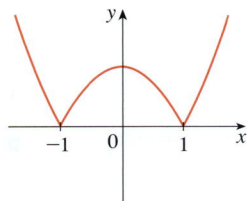

(b) $y=|x^2-1|$

图 1-3-10

> **定义** 已知函数 f 和 g，其和、差、积和商分别为
> $$(f+g)(x)=f(x)+g(x),\qquad (f-g)(x)=f(x)-g(x),$$
> $$(fg)(x)=f(x)g(x),\qquad \left(\frac{f}{g}\right)(x)=\frac{f(x)}{g(x)}.$$

若 f 的定义域为 A，g 的定义域为 B，则 $f+g$ 和 $f-g$ 的定义域为这两个集合的交集，即 $A\cap B$．如 $f(x)=\sqrt{x}$ 的定义域为 $A=[0,+\infty)$，$g(x)=\sqrt{2-x}$ 的定义域为 $B=(-\infty,2]$，所以 $(f+g)(x)$ 的定义域为 $[0,2]$．

fg 的定义域也是 $A\cap B$．因为分母不能为 0，所以 f/g 的定义域为 $\{x\in A\cap B\,|\,g(x)\neq 0\}$．例如，$f(x)=x^2$，$g(x)=x-1$，那么 $(f/g)(x)=x^2/(x-1)$ 的定义域为 $\{x\,|\,x\neq 1\}$ 或 $(-\infty,1)\cup(1,+\infty)$．

还有另外一种方法可以将两个函数组合成新的函数．例如，设 $y=f(u)=\sqrt{u}$，$u=g(x)=x^2+1$．因为 y 是 u 的函数而 u 是 x 的函数，所以 y 最终是 x 的函数．

代入计算得到

$$y = f(u) = f\big(g(x)\big) = f\big(x^2+1\big) = \sqrt{x^2+1}\,.$$

这个过程叫作复合，因为新的函数是由两个函数 f 和 g 复合而成的.

一般地，已知两个函数 f 和 g，从 g 的定义域内的一个数 x 出发，计算 $g(x)$ 的值. 如果 $g(x)$ 在 f 的定义域内，那么就可以计算 $f\big(g(x)\big)$ 的值. 注意，一个函数的输出作为另一个函数的输入. 将 g 代入 f 得到了新函数 $f\big(g(x)\big)$，称为 f 和 g 的复合函数，记作 $f \circ g$.

> **定义**　函数 f 和 g 的**复合函数** $f \circ g$ 的定义如下：
> $$(f \circ g)(x) = f\big(g(x)\big).$$

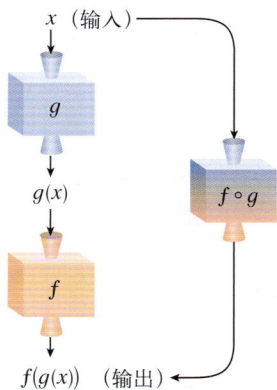

图 1-3-11

$f \circ g$ 是由 g 和 f 复合而成的

$f \circ g$ 的定义域是 g 的定义域内所有使得 $g(x)$ 在 f 的定义域内的 x 值. 换句话说，只有当 $g(x)$ 和 $f\big(g(x)\big)$ 都有定义时，$(f \circ g)(x)$ 才有定义. 图 1-3-11 展示了如何借助机器理解 $f \circ g$.

例 6　若 $f(x) = x^2$，$g(x) = x-3$，求复合函数 $f \circ g$ 和 $g \circ f$.

解

$$(f \circ g)(x) = f\big(g(x)\big) = f(x-3) = (x-3)^2$$
$$(g \circ f)(x) = g\big(f(x)\big) = g(x^2) = x^2-3$$

注　从例 6 可以看出，$f \circ g \neq g \circ f$. 记住，符号 $f \circ g$ 表示 g 的作用在先，f 的作用在后. 在例 6 中，$f \circ g$ 是先减 3 后平方的函数，$g \circ f$ 是先平方后减 3 的函数.

例 7　若 $f(x) = \sqrt{x}$，$g(x) = \sqrt{2-x}$，求出以下复合函数及其定义域.

(a) $f \circ g$　　(b) $g \circ f$　　(c) $f \circ f$　　(d) $g \circ g$

解

(a) $(f \circ g)(x) = f\big(g(x)\big) = f\big(\sqrt{2-x}\big) = \sqrt{\sqrt{2-x}} = \sqrt[4]{2-x}$，

其定义域为 $\{x \mid 2-x \geq 0\} = \{x \mid x \leq 2\} = (-\infty, 2]$.

(b) $(g \circ f)(x) = g\big(f(x)\big) = g\big(\sqrt{x}\big) = \sqrt{2-\sqrt{x}}$，

其中 $\sqrt{x}$ 的定义域为 $x \geq 0$，$\sqrt{2-\sqrt{x}}$ 的定义域为 $2-\sqrt{x} \geq 0$，即 $\sqrt{x} \leq 2$，于是有 $0 \leq x \leq 4$，所以该复合函数的定义域为 $[0,4]$.

如果 $0 \leq a \leq b$，那么 $a^2 \leq b^2$.

(c) $(f \circ f)(x) = f\big(f(x)\big) = f\big(\sqrt{x}\big) = \sqrt{\sqrt{x}} = \sqrt[4]{x}$，

其定义域为 $[0, +\infty)$.

(d) $(g \circ g)(x) = g\big(g(x)\big) = g\big(\sqrt{2-x}\big) = \sqrt{2-\sqrt{2-x}}$.

当 $2-x \geq 0$ 且 $2-\sqrt{2-x} \geq 0$ 时，表达式有定义. 由第一个不等式可得 $x \leq 2$，由第二个不等式可得 $\sqrt{2-x} \leq 2$，即 $2-x \leq 4$，于是有 $x \geq -2$. 综上所述，该复合函数的定义域为 $-2 \leq x \leq 2$ 或 $[-2,2]$.

求三个或三个以上函数的复合函数也是有可能的．比如，复合函数 $f \circ g \circ h$ 可以通过先将 h 作用于 x，再将 g 作用于 $h(x)$，最后将 f 作用于 $g(h(x))$ 得到，即

$$(f \circ g \circ h)(x) = f\big(g(h(x))\big).$$

例 8　求 $f \circ g \circ h$，其中 $f(x) = x/(x+1)$，$g(x) = x^{10}$，$h(x) = x+3$．

解

$$(f \circ g \circ h)(x) = f\big(g(h(x))\big) = f\big(g(x+3)\big)$$

$$= f\big((x+3)^{10}\big) = \frac{(x+3)^{10}}{(x+3)^{10}+1}$$　∎

到目前为止，我们已经用复合的方法从简单函数构造出复杂函数．但是在微积分里，将一个复杂函数分解为简单函数也很有用，见下面的例子．

例 9　$F(x) = \cos^2(x+9)$，求函数 f、g 和 h，使得 $F = f \circ g \circ h$．

解　因为 $F(x) = \big[\cos(x+9)\big]^2$，所以这表示：先加 9，再对结果求余弦，最后平方．因此，设

$$h(x) = x+9,\quad g(x) = \cos x,\quad f(x) = x^2,$$

则

$$(f \circ g \circ h)(x) = f\big(g(h(x))\big) = f\big(g(x+9)\big)$$

$$= f\big(\cos(x+9)\big) = \big[\cos(x+9)\big]^2 = F(x).$$　∎

1.3 | 练习

1. 已知 f 的图像，写出下列通过变换 f 的图像得到的图像的方程．

(a) 向上平移 3 个单位．

(b) 向下平移 3 个单位．

(c) 向右平移 3 个单位．

(d) 向左平移 3 个单位．

(e) 作关于 x 轴的对称变换．

(f) 作关于 y 轴的对称变换．

(g) 垂直拉伸至原来的 3 倍．

(h) 垂直压缩为原来的 1/3．

2. 说明如何从 $y = f(x)$ 的图像得到下列函数的图像．

(a) $y = f(x) + 8$　　　(b) $y = f(x+8)$

(c) $y = 8f(x)$　　　　(d) $y = f(8x)$

(e) $y = -f(x) - 1$　　(f) $y = 8f\left(\dfrac{1}{8}x\right)$

3. 已知 $y = f(x)$ 的图像，找到每个方程对应的图像，并解释你的选择．

(a) $y = f(x-4)$　　　(b) $y = f(x) + 3$

(c) $y = \dfrac{1}{3}f(x)$　　　(d) $y = -f(x+4)$

(e) $y = 2f(x+6)$

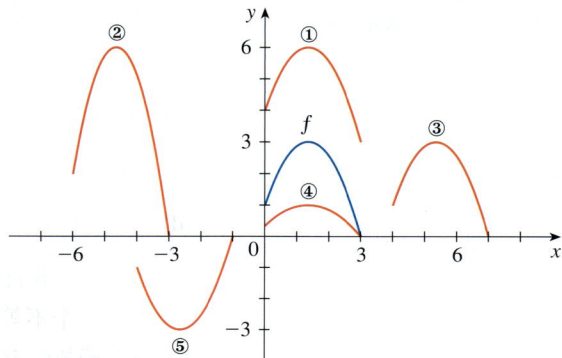

4. 已知 f 的图像，画出下列函数的图像.

(a) $y = f(x) - 3$　　　(b) $y = f(x+1)$

(c) $y = \dfrac{1}{2} f(x)$　　　(d) $y = -f(-x)$

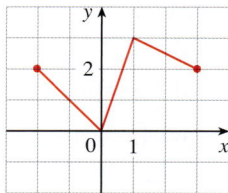

5. 已知 f 的图像，画出下列函数的图像.

(a) $y = f(2x)$　　　(b) $y = f\left(\dfrac{1}{2}x\right)$

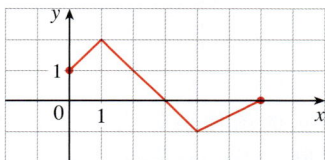

(c) $y = f(-x)$　　　(d) $y = -f(-x)$

6~7 已知 $y = \sqrt{3x - x^2}$ 的图像，利用变换构造下列图像的函数.

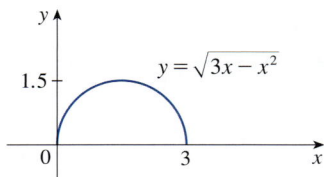

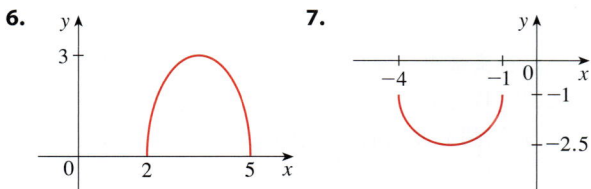

6.

7.

8. (a) $y = 1 + \sqrt{x}$ 的图像与 $y = \sqrt{x}$ 的图像有什么联系？利用你的答案和图 1-3-4a 画出 $y = 1 + \sqrt{x}$ 的图像.

(b) $y = 5\sin \pi x$ 的图像与 $y = \sin x$ 的图像有什么联系？利用你的答案和图 1-3-6 画出 $y = 5\sin \pi x$ 的图像.

9~26 画出下列函数的图像. 不描点画图，而是从表 1-2-3 给出的标准函数的图像出发，经过适当的变换得到.

9. $y = 1 + x^2$　　　**10.** $y = (x+1)^2$

11. $y = |x+2|$　　　**12.** $y = 1 - x^3$

13. $y = \dfrac{1}{x} + 2$　　　**14.** $y = -\sqrt{x} - 1$

15. $y = \sin 4x$　　　**16.** $y = 1 + \dfrac{1}{x^2}$

17. $y = 2 + \sqrt{x+1}$　　　**18.** $y = -(x-1)^2 + 3$

19. $y = x^2 - 2x + 5$　　　**20.** $y = (x+1)^3 + 2$

21. $y = 2 - |x|$　　　**22.** $y = 2 - 2\cos x$

23. $y = 3\sin \dfrac{1}{2}x + 1$　　　**24.** $y = \dfrac{1}{4}\tan\left(x - \dfrac{\pi}{4}\right)$

25. $y = |\cos \pi x|$　　　**26.** $y = \left|\sqrt{x} - 1\right|$

27. 新奥尔良位于 30°N，根据图 1-3-9 找出一个可以用来为新奥尔良白昼时长建模的关于一年中时间的函数. 已知新奥尔良 3 月 31 日早上 5:51 日出，下午 6:18 日落. 检验模型的准确性.

28. 变星是一种明暗交替的恒星. 对于可见度最高的变星 Delta Cephei，达到最大亮度的周期是 5.4 天，平均亮度是 4.0，亮度的变化幅度为 ±0.35. 找出一个可以用来为 Delta Cephei 的亮度建模的关于时间的函数.

29. 世界上最高的潮汐发生在加拿大大西洋海岸的芬迪湾. 在霍普韦尔角，退潮后的水深约 2.0m，涨潮后的水深约 12.0m. 潮汐的自然周期约为 12h. 在某一天，涨潮发生在早上 6:45. 利用余弦函数，找出一个可以用来为水深 $D(t)$（单位：m）建模的关于时间 t（单位：h，从凌晨开始算起）的函数.

30. 在一次正常的呼吸循环中，进出肺部的空气量约为 500mL，肺中的空气储备和残留量约为 2000mL. 普通人的一次呼吸循环大约需要 4s. 找出一个可以用来为肺中空气总量 $V(t)$ 建模的关于时间 t 的函数.

31. (a) $y = f(|x|)$ 的图像与 f 的图像有什么联系？

(b) 画出 $y = \sin|x|$ 的图像.

(c) 画出 $y = \sqrt{|x|}$ 的图像.

32. 利用下图中 f 的图像画出 $y = 1/f(x)$ 的图像. 在画的过程中，f 的哪些特征是最重要的？请解释如何利用这些特征.

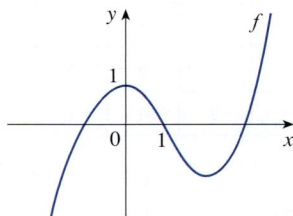

33~34 求 (a) $f+g$，(b) $f-g$，(c) fg 和 (d) f/g，并说明定义域.

33. $f(x)=\sqrt{25-x^2}$，$g(x)=\sqrt{x+1}$

34. $f(x)=\dfrac{1}{x-1}$，$g(x)=\dfrac{1}{x}-2$

35~40 求函数 (a) $f\circ g$，(b) $g\circ f$，(c) $f\circ f$ 和 (d) $g\circ g$，并说明其定义域.

35. $f(x)=x^3+5$，$g(x)=\sqrt[3]{x}$

36. $f(x)=\dfrac{1}{x}$，$g(x)=2x+1$

37. $f(x)=\dfrac{1}{\sqrt{x}}$，$g(x)=x+1$

38. $f(x)=\dfrac{x}{x+1}$，$g(x)=2x-1$

39. $f(x)=\dfrac{2}{x}$，$g(x)=\sin x$

40. $f(x)=\sqrt{5-x}$，$g(x)=\sqrt{x-1}$

41~44 求 $f\circ g\circ h$.

41. $f(x)=3x-2$，$g(x)=\sin x$，$h(x)=x^2$

42. $f(x)=|x-4|$，$g(x)=2^x$，$h(x)=\sqrt{x}$

43. $f(x)=\sqrt{x-3}$，$g(x)=x^2$，$h(x)=x^3+2$

44. $f(x)=\tan x$，$g(x)=\dfrac{x}{x-1}$，$h(x)=\sqrt[3]{x}$

45~50 将下列函数表示为 $f\circ g$ 的形式.

45. $F(x)=\left(2x+x^2\right)^4$　　**46.** $F(x)=\cos^2 x$

47. $F(x)=\dfrac{\sqrt[3]{x}}{1+\sqrt[3]{x}}$　　**48.** $G(x)=\sqrt[3]{\dfrac{x}{1+x}}$

49. $v(t)=\sec\left(t^2\right)\tan\left(t^2\right)$　　**50.** $H(x)=\sqrt{1+\sqrt{x}}$

51~54 将下列函数表示为 $f\circ g\circ h$ 的形式.

51. $R(x)=\sqrt{\sqrt{x}-1}$　　**52.** $H(x)=\sqrt[8]{2+|x|}$

53. $S(t)=\sin^2(\cos t)$　　**54.** $H(t)=\cos\left(\sqrt{\tan t+1}\right)$

55~56 根据表格计算下列表达式的值.

x	1	2	3	4	5	6
$f(x)$	3	1	5	6	2	4
$g(x)$	5	3	4	1	3	2

55. (a) $f\big(g(3)\big)$　　　　(b) $g\big(f(2)\big)$
　　(c) $(f\circ g)(5)$　　　　(d) $(g\circ f)(5)$

56. (a) $g\big(g(g(2))\big)$　　　　(b) $(f\circ f\circ f)(1)$
　　(c) $(f\circ f\circ g)(1)$　　　(d) $(g\circ f\circ g)(3)$

57. 利用 f 和 g 的图像估计下列表达式的值，或者说明表达式为什么没有定义.

(a) $f\big(g(2)\big)$　　(b) $g\big(f(0)\big)$　　(c) $(f\circ g)(0)$
(d) $(g\circ f)(6)$　　(e) $(g\circ g)(-2)$　　(f) $(f\circ f)(4)$

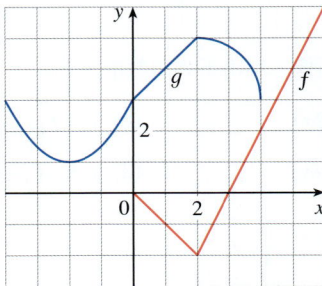

58. 利用 f 和 g 的图像估计当 $x=-5,\,-4,\,-3,\,\cdots,\,5$ 时 $f\big(g(x)\big)$ 的值. 利用这些值画出 $f\circ g$ 的粗略图像.

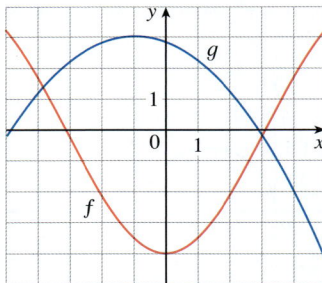

59. 一块石头被扔到湖里，产生了以 60cm/s 的速度向外扩散的圆形波纹.
(a) 将该圆形波纹的半径 r 表示为时间 t（单位：s）的函数.
(b) 若该圆形波纹的面积 A 是半径 r 的函数，求 $A\circ r$ 并解释其意义.

60. 一个气球正在膨胀，气球的半径以 2cm/s 的速度增大.
(a) 将气球的半径 r 表示为时间 t（单位：s）的函数.
(b) 若气球的体积 V 是半径 r 的函数，求 $V\circ r$ 并解释其意义.

61. 一艘船正以 30km/h 的速度平行于海岸线移动. 这艘船距离海岸 6km，中午要经过一座灯塔.
(a) 将灯塔与船之间的距离 s 表示为 d 的函数，其中 d 是船从中午开始航行的距离，即求函数 f，使得 $s=f(d)$.

(b) 将 d 表示为 t 的函数，其中 t 是从中午开始经过的时间，即求函数 g，使得 $d=g(t)$.

(c) 求 $f \circ g$. 这个函数代表什么含义？

62. 一架飞机以 560km/h 的速度在 2km 的高空中飞行，在 $t=0$ 时经过一个雷达站.

(a) 将飞机飞行的水平距离 d（单位：km）表示为时间 t 的函数.

(b) 将飞机与雷达站之间的距离 s 表示为 d 的函数.

(c) 利用复合函数将 s 表示为 t 的函数.

63. 赫维赛德函数　定义赫维赛德函数 H 如下：
$$H(t)=\begin{cases}0, & t<0;\\ 1, & t\geqslant 0.\end{cases}$$
它用于电路研究中，表示在开关接通的瞬间电路中电流或电压的突然变化.

(a) 画出赫维赛德函数的图像.

(b) 若 $t=0$ 时开关接通，120V 的电压被瞬间加到电路中，画出电压 $V(t)$ 的图像. 利用 $H(t)$ 写出 $V(t)$ 的表达式.

(c) 若 $t=5$ 时开关接通，240V 的电压被瞬间加到电路中，画出电压 $V(t)$ 的图像. 利用 $H(t)$ 写出 $V(t)$ 的表达式（注意，从 $t=5$ 开始对应平移变换）.

64. 斜坡函数　练习 63 中定义的赫维赛德函数可以用来定义斜坡函数 $y=ctH(t)$，表示电路中电流或电压的逐渐增大.

(a) 画出斜坡函数 $y=tH(t)$ 的图像.

(b) 若 $t=0$ 时开关接通，电路中的电压在 60s 的时间段内逐渐增大到 120V，画出电压 $V(t)$ 的图像. 利用 $H(t)$ 写出 $t\leqslant 60$ 时 $V(t)$ 的表达式.

(c) 若 $t=7$ 时开关接通，电路中的电压在 25s 的时间段内逐渐增大到 100V，画出电压 $V(t)$ 的图像. 利用 $H(t)$ 写出 $t\leqslant 32$ 时 $V(t)$ 的表达式.

65. 设 $f(x)=m_1 x+b_1$ 和 $g(x)=m_2 x+b_2$ 是线性函数. $f\circ g$ 也是线性函数吗？如果是，那么它的斜率是多少？

66. 如果以 4% 的利率投资 x 美元，按年复利计息，那么一年后的投资金额为 $A(x)=1.04x$. 求出 $A\circ A$、$A\circ A\circ A$ 和 $A\circ A\circ A\circ A$. 这些复合函数代表了什么含义？求出 n 个 A 的复合函数的表达式.

67. (a) 若 $g(x)=2x+1$，$h(x)=4x^2+4x+7$，求函数 f 使得 $f\circ g=h$（思考必须对 g 的表达式进行什么运算才能得到 h 的表达式）.

(b) 若 $f(x)=3x+5$，$h(x)=3x^2+3x+2$，求函数 g 使得 $f\circ g=h$.

68. 若 $f(x)=x+4$，$h(x)=4x-1$，求函数 g，使得 $g\circ f=h$.

69. 设 g 为偶函数且 $h=f\circ g$，那么 h 必为偶函数吗？

70. 设 g 为奇函数且 $h=f\circ g$，那么 h 必为奇函数吗？若 f 为奇函数呢？若 f 为偶函数呢？

71. 已知 $f(x)$ 是定义在 $\mathbb{R}$ 上的函数.

(a) 证明 $E(x)=f(x)+f(-x)$ 是偶函数.

(b) 证明 $O(x)=f(x)-f(-x)$ 是奇函数.

(c) 证明每个函数 $f(x)$ 都可以写成一个偶函数和一个奇函数的和.

(d) 将函数 $f(x)=2^x+(x-3)^2$ 表示为一个偶函数和一个奇函数的和.

1.4 指数函数

函数 $f(x)=2^x$ 称为指数函数，因为变量是指数. 不要与幂函数 $g(x)=x^2$ 混淆，这里 x 为底数.

■ 指数函数及其图像

指数函数一般指形如
$$f(x)=b^x$$
的函数，其中 b 为正常数. 回想一下它的含义.

若 $x=n$，其中 n 为正整数，则
$$b^n=\underbrace{b\cdot b\cdots\cdot b}_{n\text{个}b}.$$

附录 G 中有一种使用积分的指数函数和对数函数的变换方法.

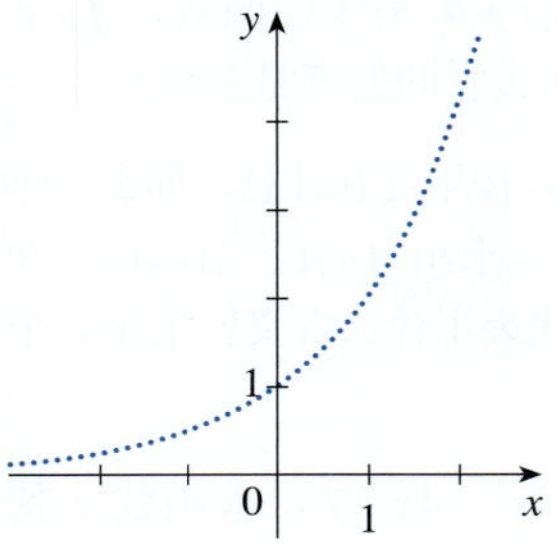

图 1-4-1

$y = 2^x$ 的示意图，其中 x 为有理数

若 $x = 0$，则 $b^0 = 1$．若 $x = -n$，其中 n 为正整数，则

$$b^{-n} = \frac{1}{b^n}\,.$$

若 x 为有理数，即 $x = p/q$，其中 p 和 q 为整数且 $q > 0$，则

$$b^x = b^{p/q} = \sqrt[q]{b^p} = \left(\sqrt[q]{b}\right)^p\,.$$

但是当 x 为无理数时，b^x 代表什么含义？比如，$2^{\sqrt{3}}$ 或 5^π 是什么意思？

　　为了回答这个问题，先来观察函数 $y = 2^x$ 的图像，其中 x 为有理数，如图 1-4-1 所示．我们想扩大 $y = 2^x$ 的定义域，使其包含有理数和无理数．

　　图 1-4-1 所示的图像中，缺口对应 x 的无理数值．我们想通过在 $x \in \mathbb{R}$ 上定义 $f(x) = 2^x$ 来弥补这些缺口，使得 f 成为一个增函数．以 $\sqrt{3}$ 为例，因为无理数 $\sqrt{3}$ 满足

$$1.7 < \sqrt{3} < 1.8\,,$$

所以一定有

$$2^{1.7} < 2^{\sqrt{3}} < 2^{1.8}\,.$$

而 1.7 和 1.8 是有理数，所以我们知道 $2^{1.7}$ 和 $2^{1.8}$ 的含义．类似地，如果用更精确的 $\sqrt{3}$ 的近似值，就能得到更精确的 $2^{\sqrt{3}}$ 的近似值．

$$
\begin{array}{lcl}
1.73 < \sqrt{3} < 1.74 & \Rightarrow & 2^{1.73} < 2^{\sqrt{3}} < 2^{1.74} \\
1.732 < \sqrt{3} < 1.733 & \Rightarrow & 2^{1.732} < 2^{\sqrt{3}} < 2^{1.733} \\
1.732\,0 < \sqrt{3} < 1.732\,1 & \Rightarrow & 2^{1.732\,0} < 2^{\sqrt{3}} < 2^{1.732\,1} \\
1.732\,05 < \sqrt{3} < 1.732\,06 & \Rightarrow & 2^{1.732\,05} < 2^{\sqrt{3}} < 2^{1.732\,06} \\
\vdots \quad \vdots & & \vdots \quad\quad \vdots
\end{array}
$$

它的证明在 J. Marsden and A. Weinstein, *Calculus Unlimited* (Menlo Park, CA: Benjamin/Cummings, 1981) 中给出．

可以证明恰好只有一个数比下面所有的数都大：

$$2^{1.7},\quad 2^{1.73},\quad 2^{1.732},\quad 2^{1.732\,0},\quad 2^{1.732\,05},\quad \dots$$

且比下面所有的数都小：

$$2^{1.8},\quad 2^{1.74},\quad 2^{1.733},\quad 2^{1.732\,1},\quad 2^{1.732\,06},\quad \dots$$

于是将 $2^{\sqrt{3}}$ 定义为这个数．利用前面的近似过程，可以计算出精确到小数点后 6 位的值：

$$2^{\sqrt{3}} \approx 3.321\,997\,.$$

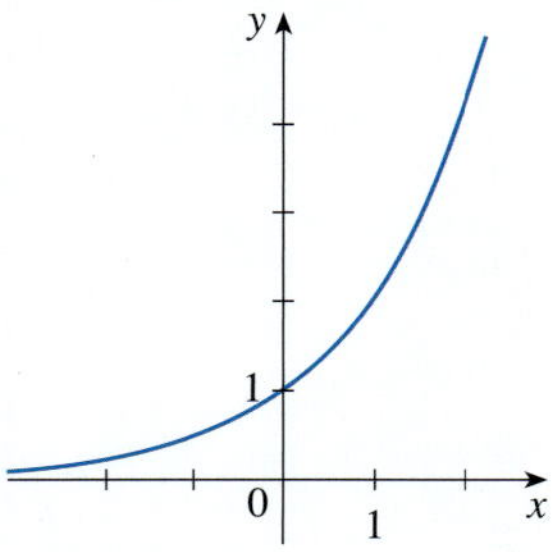

　　类似地，可以定义 2^x（或 b^x，$b > 0$），其中 x 为任意无理数，图 1-4-2 展示了在图 1-4-1 中的所有缺口都被填补后的函数 $f(x) = 2^x$，$x \in \mathbb{R}$ 的完整图像．

图 1-4-2

$f(x) = 2^x,\ x \in \mathbb{R}$

　　对于不同底数 b，函数族 $y = b^x$ 中的成员函数的图像见图 1-4-3．注意，所有这些图像都过同一个点 $(0,1)$，因为当 $b \neq 0$ 时，$b^0 = 1$．另外，注意随着底数 b 的

增大，指数函数增长得越来越快了（对于 $x>0$ ）.

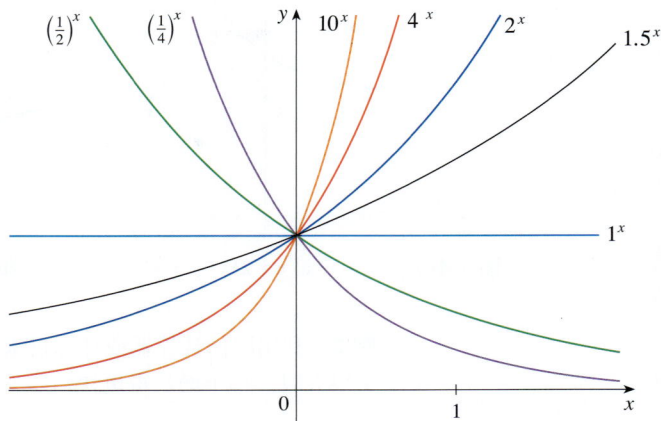

如果 $0<b<1$ ，那么随着 x 增大，b^x 逐渐趋于 0. 如果 $b>1$ ，那么随着 x 减小，b^x 逐渐趋于 0. 在这两种情况下，x 轴都是水平渐近线. 这些内容将在 2.6 节中进行讨论.

图 1-4-3

从图 1-4-3 中可以看出指数函数 $y=b^x$ 基本上分为三类：若 $0<b<1$ ，则指数函数递减；若 $b=1$ ，则指数函数是一个常数；若 $b>1$ ，则指数函数递增. 这三种情况如图 1-4-4 所示. 观察可知，若 $b\neq1$ ，则指数函数 $y=b^x$ 的定义域为 $\mathbb{R}$ ，值域为 $(0,+\infty)$. 另外注意，因为 $(1/b)^x=1/b^x=b^{-x}$ ，所以 $y=(1/b)^x$ 的图像恰好与 $y=b^x$ 的图像关于 y 轴对称.

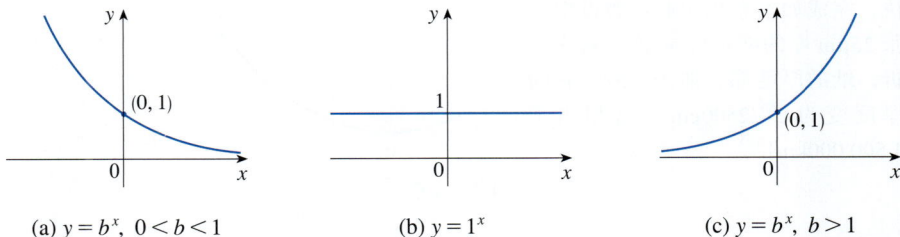

图 1-4-4　(a) $y=b^x$, $0<b<1$　　(b) $y=1^x$　　(c) $y=b^x$, $b>1$

指数函数之所以重要，原因之一是下面的性质. 若 x 和 y 为有理数，那么这些性质就是我们在基础代数学中所熟知的运算法则. 可以证明，它们对任意实数 x 和 y 仍然成立.

> **指数运算法则**　若 a 和 b 为正数，x 和 y 为任意实数，则
>
> **1.** $b^{x+y}=b^x b^y$ ；　　**2.** $b^{x-y}=\dfrac{b^x}{b^y}$ ；　　**3.** $(b^x)^y=b^{xy}$ ；　　**4.** $(ab)^x=a^x b^x$.

关于图像的对称和平移，见 1.3 节.

例 1　画出函数 $y=3-2^x$ 的图像并指出其定义域和值域.

解　首先对 $y=2^x$ 的图像（见图 1-4-2 和图 1-4-5a）作关于 x 轴的对称变换得到图 1-4-5b 中 $y=-2^x$ 的图像. 然后将 $y=-2^x$ 的图像向上平移 3 个单位得到图 1-4-5c 中 $y=3-2^x$ 的图像，其定义域为 $\mathbb{R}$ ，值域为 $(-\infty,3)$.

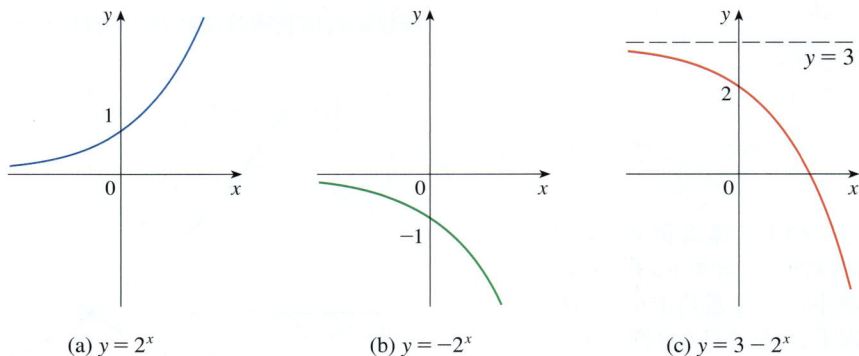

图 1-4-5   (a) $y = 2^x$ (b) $y = -2^x$ (c) $y = 3 - 2^x$ ■

例 2   利用图像计算器或计算机来比较指数函数 $f(x) = 2^x$ 和幂函数 $g(x) = x^2$．当 x 很大时，哪个增长得更快?

解   图 1-4-6 给出了在矩形区域 $[-2,6] \times [0,40]$ 中的两个函数的图像．它们相交了三次，但当 $x > 4$ 时，$f(x) = 2^x$ 的图像就一直位于 $g(x) = x^2$ 的图像上方．图 1-4-7 给出了一个全局图，它表明对于较大的 x 值，指数函数 $f(x) = 2^x$ 的增长速度远远大于幂函数 $g(x) = x^2$．

例 2 表明 $y = 2^x$ 比 $y = x^2$ 增长得更快．为说明 $f(x) = 2^x$ 增长得有多快，完成如下思想实验：假设把一张 $25\mu m$ 厚的纸对折 50 次．每次对折，纸的厚度都会加倍，最终它的厚度变为 $2^{50}/2500\,cm$，这相当于 4 500 000km!

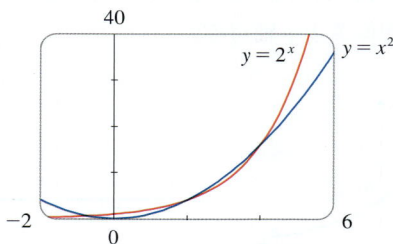

图 1-4-6

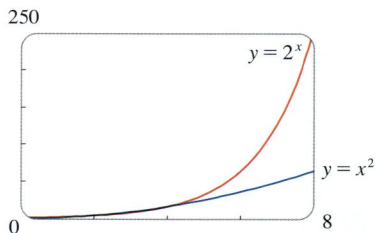

图 1-4-7 ■

■ 指数函数的应用

指数函数在自然现象和社会现象的数学模型中频繁出现．这里简短说明一下它在种群增长和病毒载量减少的数学描述中的作用．在以后的章节中将详细讨论它的应用．

首先考虑一个营养均匀的培养基里的细菌数量．假设通过定时取样得知细菌数量每小时增加一倍．若 t（单位：h）时的细菌数量为 $p(t)$，初始数量为 $p(0) = 1000$，则

$$p(1) = 2p(0) = 2 \times 1000,$$

$$p(2) = 2p(1) = 2^2 \times 1000,$$

$$p(3) = 2p(2) = 2^3 \times 1000.$$

表 1-4-1　世界人口

时间t （自1900年起经过 的年数）	人口P/百万
0	1650
10	1750
20	1860
30	2070
40	2300
50	2560
60	3040
70	3710
80	4450
90	5280
100	6080
110	6870

从以上规律可以看出，细菌数量的一般形式为

$$p(t) = 2^t \times 1000 = 1000 \times 2^t.$$

这个函数是指数函数 $y = 2^t$ 的常数倍，所以它表现出图 1-4-7 中快速增长的特点。在理想条件下（无空间和营养限制，无疾病），指数级增长是自然界的典型现象。

例 3　表 1-4-1 给出了 20 世纪世界人口的数据，图 1-4-8 给出了相应的散点图。

图 1-4-8 中数据点的规律表明世界人口呈指数级增长的趋势，所以在一个有指数回归功能的图像计算器上应用最小二乘法得到指数模型

$$P(t) = (1.436\ 53 \times 10^9) \times 1.013\ 95^t,$$

其中 $t = 0$ 对应 1900 年。图 1-4-9 展示了这个指数函数和原始数据点的图像。指数曲线和数据点基本吻合，人口低增长时期可以用两次世界大战和 20 世纪 30 年代的大萧条来解释。

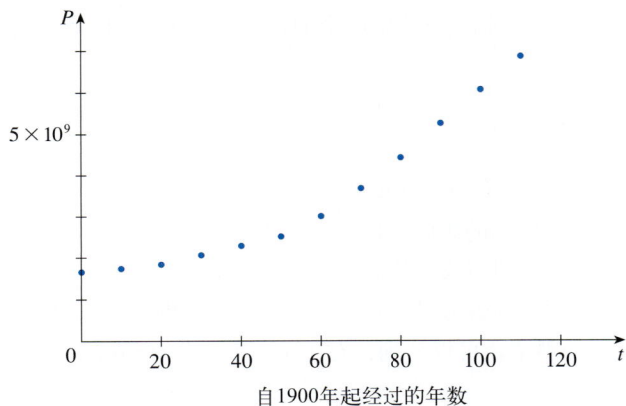

图 1-4-8　世界人口增长的散点图

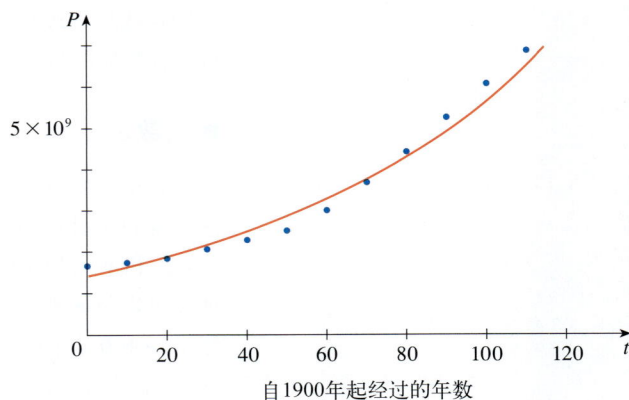

图 1-4-9　世界人口增长的指数模型

表 1-4-2

t/天	$V(t)$
1	76.0
4	53.0
8	18.0
11	9.4
15	5.2
22	3.6

例 4　1995 年发表的一篇研究文章详细介绍了蛋白酶抑制剂 ABT-538 对人类免疫缺陷病毒 HIV-1 的影响。[1] 表 1-4-2 显示了 303 号患者在使用 ABT-538 治疗 t 天后的血浆病毒载量 $V(t)$（每毫升 RNA 拷贝数）。相应的散点图如图 1-4-10 所示。

在图 1-4-10 中可以看到病毒载量急剧下降，这让我们想起了图 1-4-3 和图 1-4-4a 中的指数函数 $y = b^x$，$b < 1$ 的图像，所以我们用指数函数为函数 $V(t)$ 建模。使用图像计算器或计算机，用形如 $y = a \cdot b^t$ 的指数函数来拟合表 1-4-2 中的数据，得到以下模型：

$$V = 96.397\ 85 \times 0.818\ 656^t.$$

1　D. Ho et al., "Rapid Turnover of Plasma Virions and CD4 Lymphocytes in HIV-1 Infection," *Nature* 373 (1995): 123–26.

图 1-4-11 中画出了数据点和这个指数函数的图像，该模型能够很好地表示治疗第一个月的病毒载量．

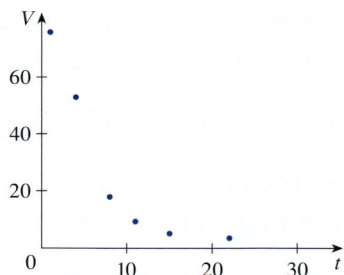

图 1-4-10
303 号患者的血浆病毒载量

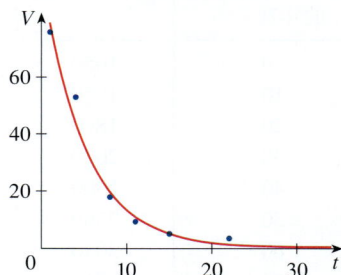

图 1-4-11
病毒载量的指数模型

例 3 中使用了形如 $y = a \cdot b^t$，$b > 1$ 的指数函数为不断增长的人口建模，例 4 中使用了 $y = a \cdot b^t$，$b < 1$ 为不断减少的病毒载量建模．在 3.8 节中，我们将探讨指数级增长或指数级减小的其他例子，包括复利投资的金额，以及物质衰变时剩余的放射性物质的量．

■ 常数 e

在指数函数的所有底数中，从微积分的角度看有一个是最方便的．$y = b^x$ 的图像穿过 y 轴的方式受底数 b 的选择的影响．图 1-4-12 和图 1-4-13 分别展示了 $y = 2^x$ 和 $y = 3^x$ 的图像在点 $(0,1)$ 处的切线（切线的严格定义将在 2.7 节中给出，现在可以将函数在某一点处的切线理解为只与它在这一点处相交的直线）．如果测量一下在点 $(0,1)$ 处的切线的斜率，可以得到：对于 $y = 2^x$，有 $m \approx 0.7$；对于 $y = 3^x$，有 $m \approx 1.1$．

在第 3 章中将看到，如果选择的底数 b 使得 $y = b^x$ 在点 $(0,1)$ 处的切线的斜率恰好是 1（见图 1-4-14），那么微积分的某些公式将会大大简化．实际上，这样的数是存在的，用字母 e 表示 [这个符号由瑞士数学家莱昂哈德·欧拉（Leonhard Euler）在 1727 年选定，可能是因为它是"指数"（exponential）这个单词的首字母]．观察图 1-4-12 和图 1-4-13，可以确定的是 e 位于 2 和 3 之间且 $y = e^x$ 的图像位于

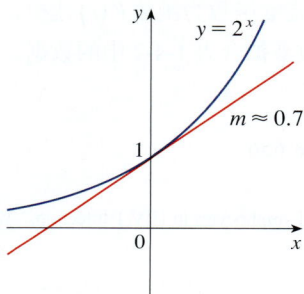

图 1-4-12

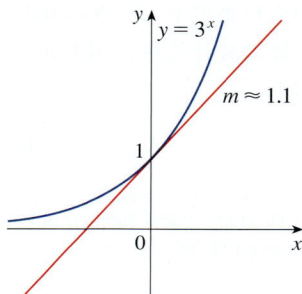

图 1-4-13

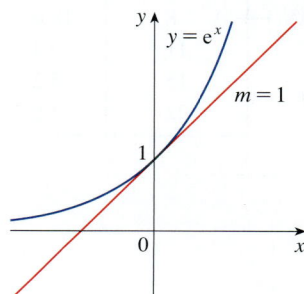

图 1-4-14

$y = 2^x$ 和 $y = 3^x$ 的图像之间（见图 1-4-15）. 在第 3 章中，我们将看到 e 精确到小数点后 5 位的值为

$$e \approx 2.718\ 28 .$$

我们将函数 $f(x) = e^x$ 称为**自然指数函数**.

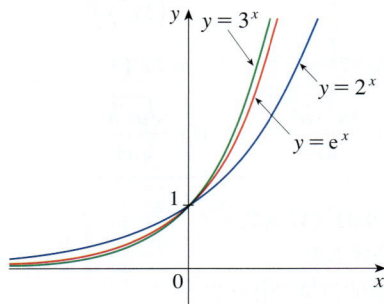

图 1-4-15

$y = e^x$ 的图像位于 $y = 2^x$ 和 $y = 3^x$ 的图像之间

例 5　画出 $y = \dfrac{1}{2}e^{-x} - 1$ 的图像并说明其定义域和值域.

解　从图 1-4-14 和图 1-4-16a 中 $y = e^x$ 的图像出发，作关于 y 轴的对称变换，得到图 1-4-16b 中 $y = e^{-x}$ 的图像（注意，这个图像在 y 轴截点处的切线的斜率为 -1），然后将这个图像垂直压缩为原来的一半，得到图 1-4-16c 中 $y = \dfrac{1}{2}e^{-x}$ 的图像，最后将其向下平移 1 个单位，得到图 1-4-16d 中所求函数 $y = \dfrac{1}{2}e^{-x} - 1$ 的图像，其定义域为 $\mathbb{R}$，值域为 $(-1, +\infty)$.

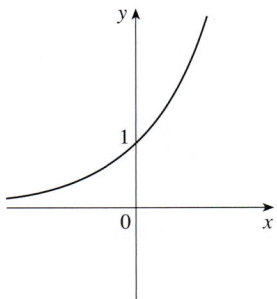

(a) $y = e^x$

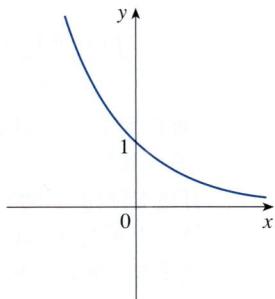

(b) $y = e^{-x}$

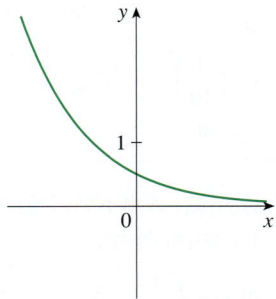

(c) $y = \dfrac{1}{2}e^{-x}$

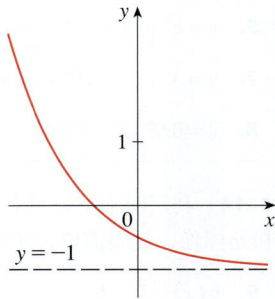

(d) $y = \dfrac{1}{2}e^{-x} - 1$

图 1-4-16

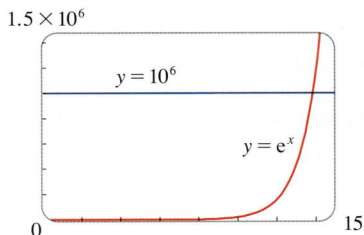

图 1-4-17

x 向右移动多远才能使 $y = e^x$ 的高度达到 1 000 000？下面的例子将给出一个可能令人惊讶的答案，以显示这个函数的增长之快.

例 6　利用图像计算器求出使得 $e^x > 1\ 000\ 000$ 的 x 值.

解　在图 1-4-17 中画出 $y = e^x$ 和水平线 $y = 1\ 000\ 000$. 这两条曲线在 $x \approx 13.8$ 处相交，因此，当 $x > 13.8$ 时，$e^x > 10^6$. 也许很让人惊奇，自然指数函数的值在 x 仅为 14 的时候就超过了 1 000 000.

1.4 | 练习

1~2 利用指数运算法则化简下列表达式.

1. (a) $\dfrac{-2^6}{4^3}$ (b) $\dfrac{(-3)^6}{9^6}$ (c) $\dfrac{1}{\sqrt[4]{x^5}}$

(d) $\dfrac{x^3 \cdot x^n}{x^{n+1}}$ (e) $b^3 (3b^{-1})^{-2}$ (f) $\dfrac{2x^2 y}{(3x^{-2} y)^2}$

2. (a) $\dfrac{\sqrt[3]{4}}{\sqrt[3]{108}}$ (b) $27^{\frac{2}{3}}$ (c) $2x^2 (3x^5)^2$

(d) $(2x^{-2})^{-3} x^{-3}$ (e) $\dfrac{3a^{\frac{3}{2}} \cdot a^{\frac{1}{2}}}{a^{-1}}$ (f) $\dfrac{\sqrt{a\sqrt{b}}}{\sqrt[3]{ab}}$

3. (a) 写出一个底数 $b > 0$ 的指数函数.

(b) 该函数的定义域是什么?

(c) 若 $b \neq 1$, 则该函数的值域是什么?

(d) 对于下面每一种情况, 画出指数函数图像的一般形状.

(i) $b > 1$ (ii) $b = 1$ (iii) $0 < b < 1$

4. (a) e 是怎样定义的?

(b) e 的近似值是多少?

(c) 自然指数函数是什么?

5~8 在同一坐标系中画出下列函数的图像. 这些图像之间有什么联系?

5. $y = 2^x$, $y = e^x$, $y = 5^x$, $y = 20^x$

6. $y = e^x$, $y = e^{-x}$, $y = 8^x$, $y = 8^{-x}$

7. $y = 3^x$, $y = 10^x$, $y = \left(\dfrac{1}{3}\right)^x$, $y = \left(\dfrac{1}{10}\right)^x$

8. $y = 0.9^x$, $y = 0.6^x$, $y = 0.3^x$, $y = 0.1^x$

9~14 利用图 1-4-3 和图 1-4-15 中的图像, 画出下列函数的粗略图像. 如果需要, 还可以利用 1.3 节中的变换.

9. $g(x) = 3^x + 1$ **10.** $h(x) = 2\left(\dfrac{1}{2}\right)^x - 3$

11. $y = -e^{-x}$ **12.** $y = 4^{x+2}$

13. $y = 1 - \dfrac{1}{2} e^{-x}$ **14.** $y = e^{|x|}$

15. 从 $y = e^x$ 的图像出发, 写出经过以下变换后得到的图像的方程.

(a) 向下平移 2 个单位.

(b) 向右平移 2 个单位.

(c) 作关于 x 轴的对称变换.

(d) 作关于 y 轴的对称变换.

(e) 作关于 x 轴的对称变换, 然后作关于 y 轴的对称变换.

16. 从 $y = e^x$ 的图像出发, 写出经过以下变换后得到的图像的方程.

(a) 作关于直线 $y = 4$ 的对称变换.

(b) 作关于直线 $x = 2$ 的对称变换.

17~18 求下列函数的定义域.

17. (a) $f(x) = \dfrac{1 - e^{x^2}}{1 - e^{1-x^2}}$ (b) $f(x) = \dfrac{1+x}{e^{\cos x}}$

18. (a) $g(t) = \sqrt{10^t - 100}$ (b) $g(t) = \sin(e^t - 1)$

19~20 根据图像, 求指数函数 $f(x) = Cb^x$ 的表达式.

19.

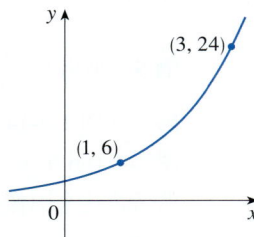

20.

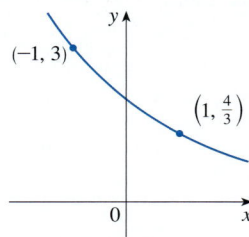

21. 若 $f(x) = 5^x$, 证明

$$\frac{f(x+h) - f(x)}{h} = 5^x \left(\frac{5^h - 1}{h}\right).$$

22. 假设你得到了一份为期一个月的工作, 你会选择下面哪种发薪方式?

I . 月底支付 1 000 000 美元.

II . 第一天 1 美分, 第二天 2 美分, 第三天 4 美分, 以此类推, 第 n 天 2^{n-1} 美分.

23. 假设 $f(x) = x^2$ 和 $g(x) = 2^x$ 的图像画在同一坐标网格中, 单位长度为 3cm. 证明: 在原点右边 1m 处, f 的高度为 15m, 而 g 的高度约为 419km.

24. 在几个矩形区域中同时画出函数 $f(x) = x^5$ 和 $g(x) = 5^x$ 的图像, 并进行比较. 求出所有交点, 精确到小数点后 1 位. 当 x 很大时, 哪个函数增长得更快?

25. 在几个矩形区域中同时画出函数 $f(x) = x^{10}$ 和 $g(x) = e^x$ 的图像, 并进行比较. 当 x 为何值时, g 的图像在 f 的图像上方?

26. 利用图像估计使得 $e^x > 1\ 000\ 000\ 000$ 的 x 值.

T **27.** 一名研究人员试图确定蓝氏贾第鞭毛虫数量翻倍的时间. 他在营养液中培养病虫，每 4h 估计一次病虫数量. 他得到的数据如下表所示.

时间/h	0	4	8	12	16	20	24
病虫数量/(CFU/mL)	37	47	63	78	105	130	173

(a) 画出该组数据的散点图.

(b) 使用计算器或计算机求出可以用来为 t h 后的病虫数量建模的指数函数 $f(t)=a\cdot b^t$.

(c) 在 (a) 中的散点图上画出 (b) 中模型的图像，利用图像估计病虫数量翻倍所需的时间.

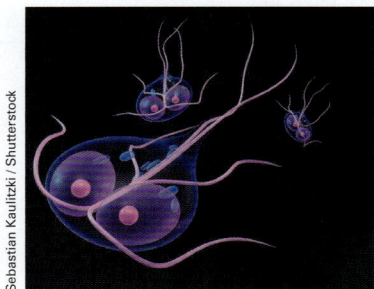

蓝氏贾第鞭毛虫

T **28.** 下表给出了 1900 年到 2010 年的美国人口（单位：百万）. 使用一个有指数回归功能的图像计算器来为自 1900 年以来的美国人口建模. 利用这个模型来估计 1925 年的美国人口，并预测 2020 年的美国人口.

年份	人口/百万
1900	76
1910	92
1920	106
1930	123
1940	131
1950	150
1960	179
1970	203
1980	227
1990	250
2000	281
2010	310

29. 在一个细菌培养实验中，初始细菌数量为 500，细菌数量每半小时增加一倍.

(a) 3h 后细菌数量是多少？

(b) t h 后细菌数量是多少？

(c) 40min 后细菌数量是多少？

(d) 画出细菌数量函数的图像并估计细菌数量达到 100 000 的时间.

30. 18 年前，一种灰松鼠被引入了某一地区. 生物学家发现，灰松鼠的数量每 6 年翻倍一次，现在的数量是 600.

(a) 最初松鼠的数量是多少？

(b) 引入松鼠 t 年后，松鼠的预期数量是多少？

(c) 估计 10 年后的松鼠数量.

31. 在例 4 中，患者在治疗 1 天后的病毒载量 V 为 76.0（每毫升 RNA 拷贝数）. 利用图 1-4-11 中 V 的图像，估计病毒载量减少到该量的一半所需的时间.

32. 酒精被完全吸收后会被代谢. 假设晚上你喝了几杯酒精饮料，午夜时你血液中的酒精浓度（BAC）为 0.14g/dL. 1.5h 后，血液中的酒精浓度减半.

(a) 求出午夜后 t h 时的 BAC 的指数模型.

(b) 画出 BAC 的图像，并利用图像确定你的 BAC 何时达到 0.08g/dL 的法定限制.

资料来源：改编自 P. Wilkinson et al., "Pharmacokinetics of Ethanol after Oral Administration in the Fasting State", *Journal of Pharmacokinetics and Biopharmaceutics* 5 (1977): 207–24.

33. 画出函数

$$f(x)=\frac{1-e^{\frac{1}{x}}}{1+e^{\frac{1}{x}}}$$

的图像. 证明该函数为奇函数.

34. 画出函数族

$$f(x)=\frac{1}{1+ae^{bx}},\ a>0$$

中几个成员函数的图像. 当 b 变化时，图像是如何变化的？当 a 变化时，它是如何变化的？

35. 画出函数族

$$f(x)=\frac{a}{2}\left(e^{\frac{x}{a}}+e^{\frac{-x}{a}}\right),\ a>0$$

中几个成员函数的图像. 当 a 增大时，图像如何变化？

1.5 反函数与对数函数

■ 反函数

表 1-5-1 给出的数据是由 100 个初始细菌在营养有限的培养基中繁殖的实验得出的. 每小时记录一次细菌的数量, 细菌数量 N 为时间 t 的函数: $N = f(t)$.

假设生物学家改变视角, 开始对细菌数量达到不同水平所需要的时间感兴趣. 也就是说, 将 t 看作 N 的函数, 这个函数称为 f 的反函数, 记作 f^{-1}. 因此, $t = f^{-1}(N)$ 为细菌数量达到 N 所需要的时间. f^{-1} 的值可以通过从右往左查看表 1-5-1 或从左往右查看表 1-5-2 得到, 例如, $f^{-1}(550) = 6$, 因为 $f(6) = 550$.

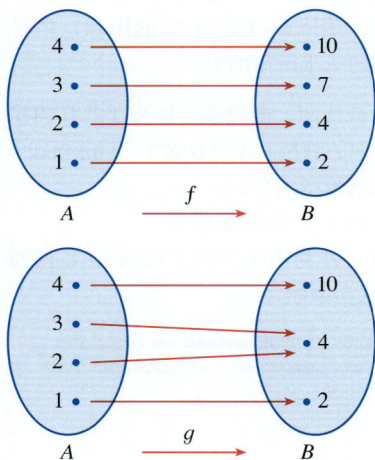

图 1-5-1
f 是一对一函数, g 不是

表 1-5-1　N 作为 t 的函数	
t/h	$N = f(t)$ = t 时的细菌数量
0	100
1	168
2	259
3	358
4	445
5	509
6	550
7	573
8	586

表 1-5-2　t 作为 N 的函数	
N	$t = f^{-1}(N)$ = 细菌数量达到 N 所需要的时间
100	0
168	1
259	2
358	3
445	4
509	5
550	6
573	7
586	8

不是所有的函数都有反函数. 让我们比较一下图 1-5-1 中的函数 f 和函数 g. 注意, f 不会取得同一个值两次 (A 中任意两个输入都得到不同的输出), 但 g 会取得同一个值两次 (2 和 3 都得到同样的输出 4), 用符号表示为

$$g(2) = g(3).$$

用输入和输出的语言, 定义 1 指出, 如果每一个输出仅对应一个输入, 则 f 是一对一函数.

但　　　　只要 $x_1 \neq x_2$, 则 $f(x_1) \neq f(x_2)$,

具有这样性质的函数称为一对一函数.

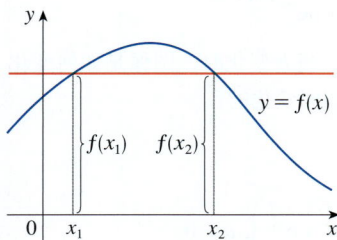

图 1-5-2
这个函数不是一对一函数, 因为 $f(x_1) = f(x_2)$

> **1 定义**　如果函数 f 不会取得同一个值两次, 即
> $$\text{只要 } x_1 \neq x_2, \text{ 则 } f(x_1) \neq f(x_2),$$
> 那么 f 称为**一对一函数**.

如果水平线与 f 的图像相交两次以上, 则从图 1-5-2 中可以看到, 有两个数 x_1 和 x_2 满足 $f(x_1) = f(x_2)$. 这意味着 f 不是一对一函数.

因此, 下面的几何方法可以判断一个函数是不是一对一函数.

> **水平线判定**　一个函数是一对一函数, 当且仅当没有水平线和它相交超过一次.

例 1　函数 $f(x)=x^3$ 是一对一函数吗？

解 1　若 $x_1 \neq x_2$，则 $x_1^3 \neq x_2^3$（两个不同的数不可能有相同的立方）. 因此，根据定义 1，$f(x)=x^3$ 是一对一函数.

解 2　从图 1-5-3 中看到没有水平线与 $f(x)=x^3$ 的图像相交一次以上. 因此，根据水平线判定，f 是一对一函数.

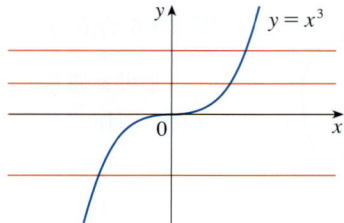

图 1-5-3
$f(x)=x^3$ 是一对一函数

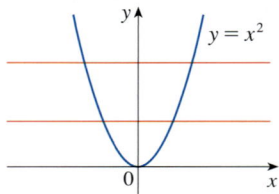

图 1-5-4
$g(x)=x^2$ 不是一对一函数

例 2　函数 $g(x)=x^2$ 是一对一函数吗？

解 1　这个函数不是一对一函数. 比如，$g(1)=1=g(-1)$，所以 1 和 -1 有相同的输出.

解 2　从图 1-5-4 中看到存在和 g 的图像相交一次以上的水平线. 因此，根据水平线判定，g 不是一对一函数.

一对一函数很重要，因为根据下面的定义可知，它们正是存在反函数的一类函数.

> **2 定义**　设 f 是定义域为 A、值域为 B 的一对一函数，则它的**反函数** f^{-1} 的定义域为 B，值域为 A，f^{-1} 的定义为
> 对 B 中任意的 y，$f^{-1}(y)=x \Leftrightarrow f(x)=y$.

这个定义说明，若 f 将 x 映射到 y，则 f^{-1} 将 y 映射回 x（如果 f 不是一对一函数，那么 f^{-1} 的定义就不唯一了）. 图 1-5-5 中的箭头图表明 f^{-1} 将 f 的作用逆转. 注意：

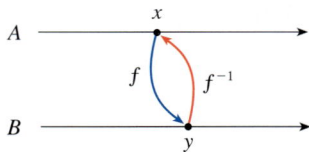

图 1-5-5

> f^{-1} 的定义域 $=f$ 的值域，
> f^{-1} 的值域 $=f$ 的定义域.

例如，$f(x)=x^3$ 的反函数为 $f^{-1}(x)=x^{1/3}$，因为如果 $y=x^3$，则
$$f^{-1}(y)=f^{-1}(x^3)=(x^3)^{1/3}=x.$$

$f(x)$ 的倒数 $1/f(x)$ 可以写成 $\left[f(x)\right]^{-1}$.

⊘ 提醒　不要把 f^{-1} 中的 -1 误解为指数，即
$$f^{-1}(x) \text{ 不表示 } \frac{1}{f(x)}.$$

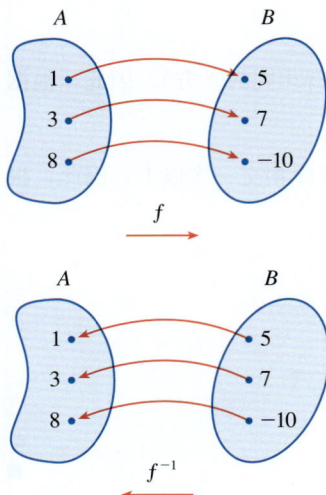

图 1-5-6
反函数将输入和输出颠倒

例 3 若 $f(1) = 5$，$f(3) = 7$，$f(8) = -10$，求 $f^{-1}(7)$、$f^{-1}(5)$ 和 $f^{-1}(-10)$.

解 由 f^{-1} 的定义可知：

$$f^{-1}(7) = 3，因为 f(3) = 7；$$

$$f^{-1}(5) = 1，因为 f(1) = 5；$$

$$f^{-1}(-10) = 8，因为 f(8) = -10.$$

图 1-5-6 的箭头图说明了在这个例子中 f^{-1} 是怎样逆转 f 的作用的. ∎

字母 x 通常表示自变量，所以当考虑 f^{-1} 而非 f 时，我们将定义 2 中的 x 和 y 互换，写作

3
$$f^{-1}(x) = y \Leftrightarrow f(y) = x.$$

替换定义 2 中的 y 和定义 3 中的 x，得到下面的**相消等式**：

4
> 对于 A 中的每一个 x，$f^{-1}(f(x)) = x$；
>
> 对于 B 中的每一个 x，$f(f^{-1}(x)) = x$.

第一个相消等式说明，如果从 x 出发，将 f 作用于它，再将 f^{-1} 作用于它，它就会变回最开始的 x（见图 1-5-7）. 也就是说，f^{-1} 抵消了 f 的作用. 第二个相消等式说明 f 抵消了 f^{-1} 的作用.

图 1-5-7

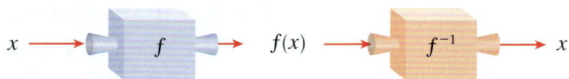

举个例子，若 $f(x) = x^3$. 则 $f^{-1}(x) = x^{1/3}$，相消等式为

$$f^{-1}(f(x)) = (x^3)^{1/3} = x，$$

$$f(f^{-1}(x)) = (x^{1/3})^3 = x.$$

等式直接说明了立方函数和立方根函数连续使用时会互相抵消.

现在来看一下怎样计算反函数. 如果解关于 x 的方程 $y = f(x)$，得到用 y 表示 x 的表达式，则根据定义 2，必有 $x = f^{-1}(y)$. 如果想让自变量为 x，则可以将 x 和 y 互换，得到方程 $y = f^{-1}(x)$.

---
5 **如何求出一对一函数 f 的反函数**

第 1 步 写出 $y = f(x)$.

第 2 步 解这个关于 x 的方程，用 y 表示 x（如果可能的话）.

第 3 步 为了将 f^{-1} 表示为 x 的函数，将 x 和 y 互换. 最终的方程为 $y = f^{-1}(x)$.

例 4　求函数 $f(x) = x^3 + 2$ 的反函数.

解　根据方法 5，首先写出

$$y = x^3 + 2 .$$

然后解这个关于 x 的方程：

$$x^3 = y - 2$$
$$x = \sqrt[3]{y - 2} .$$

最后，将 x 和 y 互换：

$$y = \sqrt[3]{x - 2} .$$

因此，反函数为 $f^{-1}(x) = \sqrt[3]{x - 2}$.

在例 4 中，注意 f^{-1} 是如何逆转 f 的作用的. 函数 f 的规则是"立方，然后加 2"；f^{-1} 的规则是"减 2，然后取立方根".

将 x 和 y 互换以得到反函数的这个方法也给出了从 f 的图像得到 f^{-1} 的图像的方法. 因为 $f(a) = b$ 当且仅当 $f^{-1}(b) = a$，所以点 (a,b) 在 f 的图像上当且仅当点 (b,a) 在 f^{-1} 的图像上. 从点 (a,b) 得到点 (b,a) 需要作关于直线 $y = x$ 的对称变换（见图 1-5-8）.

因此，正如图 1-5-9 所示：

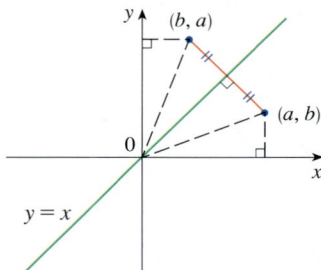

图 1-5-8

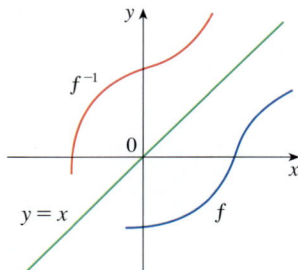

图 1-5-9

> f^{-1} 的图像可以通过对 f 的图像作关于直线 $y = x$ 的对称变换得到.

例 5　画出 $f(x) = \sqrt{-1-x}$ 的图像并在同一坐标系中画出其反函数的图像.

解　首先画出曲线 $y = \sqrt{-1-x}$ （抛物线 $y^2 = -1-x$ 或 $x = -y^2 - 1$ 的上半部分），然后作关于 $y = x$ 的对称变换得到 f^{-1} 的图像（见图 1-5-10）. 检验图像是否正确：f^{-1} 的表达式为 $f^{-1}(x) = -x^2 - 1, \ x \geqslant 0$，故 f^{-1} 的图像为抛物线 $y = -x^2 - 1$ 的右半部分，图 1-5-10 中的图像看起来是合理的.

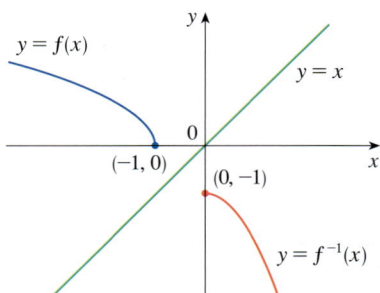

图 1-5-10

■ 对数函数

若 $b > 0$ 且 $b \neq 1$，则指数函数 $f(x) = b^x$ 不是递增就是递减，所以根据水平线判定，它是一对一函数. 因此它有反函数 f^{-1}，称为**以 b 为底数的对数函数**，记作 $\log_b$. 若用定义 3 给出的反函数公式

$$f^{-1}(x) = y \Leftrightarrow f(y) = x ,$$

则有

6
$$\log_b x = y \Leftrightarrow b^y = x.$$

因此，如果 $x>0$，$\log_b x$ 是使底数 b 变为 x 的指数．例如，$\log_{10} 0.001 = -3$，因为 $10^{-3} = 0.001$．

将相消等式 4 应用到 $f(x) = b^x$ 和 $f^{-1}(x) = \log_b x$ 上：

7
$$\text{对于任意的 } x \in \mathbb{R}，\ \log_b(b^x) = x；$$
$$\text{对于任意的 } x > 0，\ b^{\log_b x} = x.$$

对数函数 $\log_b$ 的定义域为 $(0,+\infty)$，值域为 $\mathbb{R}$，它的图像与 $y = b^x$ 的图像关于直线 $y=x$ 对称．

图 1-5-11 展示了 $b>1$ 的情况．（最重要的对数函数的底数 $b>1$．） $y=b^x$ 在 $x>0$ 时增长很快的特点在其反函数上的反映是 $y=\log_b x$ 在 $x>1$ 时增长缓慢．

图 1-5-12 给出了不同底数（$b>1$）的 $y=\log_b x$ 的图像．因为 $\log_b 1 = 0$，所以所有对数函数的图像都过点 $(1,0)$．

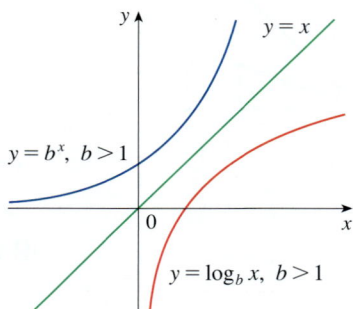

图 1-5-11

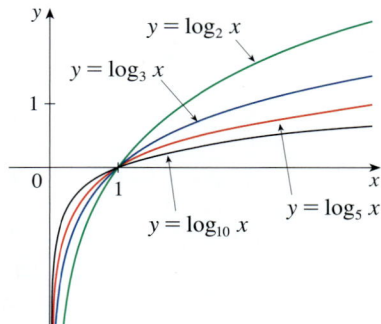

图 1-5-12

对数函数的以下性质与 1.4 节中给出的指数函数的性质相对应．

对数运算法则　若 x 和 y 为正数，则

1. $\log_b(xy) = \log_b x + \log_b y$；

2. $\log_b\left(\dfrac{x}{y}\right) = \log_b x - \log_b y$；

3. $\log_b(x^r) = r\log_b x$（其中 r 为任意实数）．

例 6　利用对数运算法则计算 $\log_2 80 - \log_2 5$．

解　根据法则 2，有
$$\log_2 80 - \log_2 5 = \log_2\left(\frac{80}{5}\right) = \log_2 16 = 4，$$

因为 $2^4 = 16$．　■

对数的符号

大部分关于微积分和科学的书中，还有计算器上，符号 $\ln x$ 表示自然对数，符号 $\log x$ 表示"常用对数" $\log_{10} x$．然而在更现代的数学和科学文献及计算机语言里，$\log x$ 表示自然对数．

■ 自然对数

在第 3 章中我们将会看到，在所有可能的底数 b 中，1.4 节中定义的数 e 是最常见的．底数为 e 的对数称为**自然对数**，它有一个专门的符号：

$$\log_e x = \ln x.$$

若在定义 6 和公式 7 中令 $b = e$ 并用" $\ln$ "替换" $\log_e$ "，则自然对数函数的性质为

8
$$\ln x = y \Leftrightarrow e^y = x.$$

9
$$\ln\left(e^x\right) = x, \ x \in \mathbb{R},$$
$$e^{\ln x} = x, \ x > 0.$$

特别地，若令 $x = 1$，则有

$$\ln e = 1.$$

结合性质 9 和法则 3，可以得出

$$x^r = e^{\ln\left(x^r\right)} = e^{r\ln x}, \ x > 0.$$

因此，x 的幂可以用等价的指数形式表示．这将在接下来的章节中非常有用．

10
$$x^r = e^{r\ln x}$$

例 7　若 $\ln x = 5$，求 x．

解 1　由性质 8 可知，

$$\ln x = 5 \text{ 意味着 } e^5 = x,$$

因此 $x = e^5$．

（如果你觉得用" $\ln$ "这个符号有困难，可以换成" $\log_e$ "．此时方程变成 $\log_e 5$．因此，根据对数的定义，有 $e^5 = x$．）

解 2　从方程 $\ln x = 5$ 出发，在方程两边同时应用指数函数：

$$e^{\ln x} = e^5.$$

由性质 9 中的第二个等式可知 $x = e^5$． ∎

例 8 解方程 $e^{5-3x}=10$.

解 在方程两边取自然对数，然后应用性质 9：

$$\ln\left(e^{5-3x}\right)=\ln 10$$
$$5-3x=\ln 10$$
$$3x=5-\ln 10$$
$$x=\frac{1}{3}\left(5-\ln 10\right).$$

利用计算器可以得到解的近似值，精确到小数点后 4 位：$x\approx 0.899\,1$. ■

对数运算法则可以将积与商的对数转化为对数的和与差. 这些法则也可以将对数的和与差合并成一个对数表达式. 例 9 和例 10 说明了这些过程.

例 9 利用对数运算法则将 $\ln\dfrac{x^2\sqrt{x^2+2}}{3x+1}$ 展开.

解 根据对数运算法则 1、2 和 3，有

$$\ln\frac{x^2\sqrt{x^2+2}}{3x+1}=\ln x^2+\ln\sqrt{x^2+2}-\ln(3x+1)$$
$$=2\ln x+\frac{1}{2}\ln\left(x^2+2\right)-\ln(3x+1).$$ ■

例 10 将 $\ln a+\dfrac{1}{2}\ln b$ 表示为一个对数.

解 根据对数运算法则 1 和 3，有

$$\ln a+\frac{1}{2}\ln b=\ln a+\ln b^{\frac{1}{2}}$$
$$=\ln a+\ln\sqrt{b}$$
$$=\ln\left(a\sqrt{b}\right).$$ ■

下面的公式表明，任意底数的对数都可以表示成自然对数的形式.

---

11 **换底公式** 对任意正数 b（$b\neq 1$），有
$$\log_b x=\frac{\ln x}{\ln b}.$$

证明 令 $y=\log_b x$，则由定义 6 可知 $b^y=x$. 在方程两边取自然对数，得到 $y\ln b=\ln x$. 因此

$$y=\frac{\ln x}{\ln b}.$$ ■

公式 11 使我们能够用计算器计算任意底数的对数（见下例）. 类似地，公式 11 使我们能够在图像计算器或计算机上画出任意对数函数的图像（见练习 49 和练习 50）.

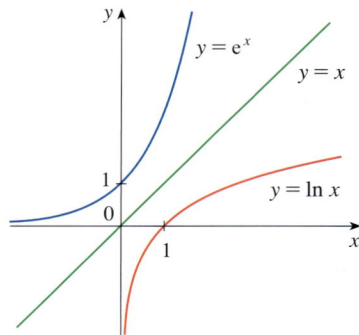

图 1-5-13

$y = \ln x$ 的图像与 $y = e^x$ 的图像关于直线 $y = x$ 对称

例 11　估计 $\log_8 5$，精确到小数点后 6 位.

解　由公式 11 得到

$$\log_8 5 = \frac{\ln 5}{\ln 8} \approx 0.773\,976.$$　■

■ 自然对数的图像和增长趋势

指数函数 $y = e^x$ 及其反函数（即自然对数函数）的图像如图 1-5-13 所示. 与所有其他底数大于 1 的对数函数一样，自然对数是一个定义在 $(0, +\infty)$ 上的增函数，y 轴是一条垂直渐近线.（这意味着当 x 趋于 0 时，$\ln x$ 会变成绝对值极大的负值.）

例 12　画出函数 $y = \ln(x - 2) - 1$ 的图像.

解　从图 1-5-13 给出的 $y = \ln x$ 的图像出发，利用 1.3 节中的变换，将图像向右平移 2 个单位得到 $y = \ln(x - 2)$ 的图像，然后向下平移 1 个单位得到 $y = \ln(x - 2) - 1$ 的图像（见图 1-5-14）.

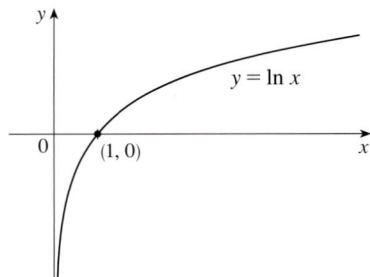
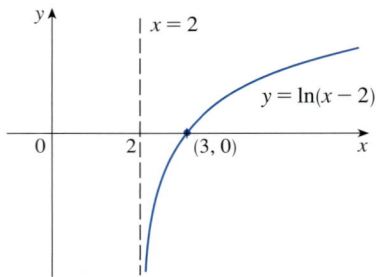
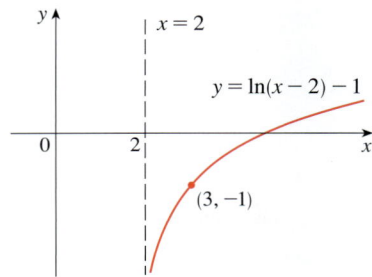

图 1-5-14　　　　　　　　　　　　　　　　　　　　　　　　　　　　　　　　　■

尽管 $\ln x$ 是增函数，但是当 $x > 1$ 时它增长得非常慢. 事实上，$\ln x$ 增长得比 x 的任意正数次幂都要慢. 为阐明这个事实，在图 1-5-15 和图 1-5-16 中画出函数 $y = \ln x$ 和 $y = x^{1/2} = \sqrt{x}$ 的图像. 可以看到两个函数最开始以相当的速度增长，但最终根函数远远超过了对数函数.

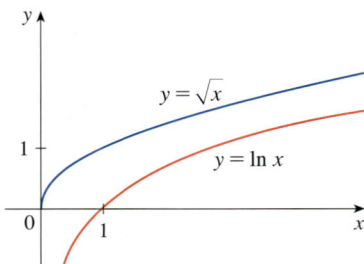
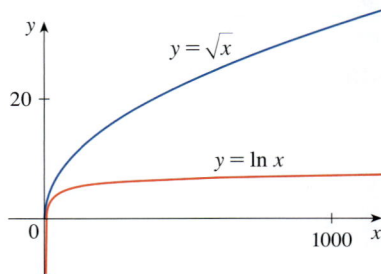

图 1-5-15　　　　　　　　　　图 1-5-16

■ 反三角函数

当试图求三角函数的反函数时，我们会遇到一个小小的困难：三角函数不是一对一函数，它们没有反函数. 要克服这个困难，可以限定它们的定义域使其变成一对一函数.

从图 1-5-17 中可以看出 $y = \sin x$ 不是一对一函数（使用水平线判定）．但如果将函数的定义域限定为 $[-\pi/2, \pi/2]$，那么它就是一对一函数，它会取得其值域内的所有值（见图 1-5-18）．这个限定定义域的正弦函数的反函数存在，记作 $\sin^{-1}$ 或 $\arcsin$，称为**反正弦函数**．

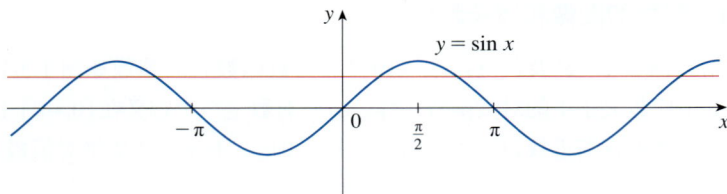

图 1-5-17

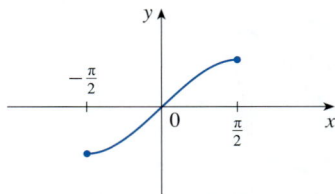

图 1-5-18 $\quad y = \sin x, \ -\dfrac{\pi}{2} \leqslant x \leqslant \dfrac{\pi}{2}$

因为反函数的定义是

$$f^{-1}(x) = y \Leftrightarrow f(y) = x,$$

所以

$$\sin^{-1} x = y \Leftrightarrow \sin y = x, \ -\frac{\pi}{2} \leqslant y \leqslant \frac{\pi}{2}.$$

🚫 $\sin^{-1} x \neq \dfrac{1}{\sin x}$

因而，若 $-1 \leqslant x \leqslant 1$，则 $\sin^{-1} x$ 就是在 $-\pi/2$ 和 $\pi/2$ 之间正弦值为 x 的数．

例 13 求 (a) $\sin^{-1}\left(\dfrac{1}{2}\right)$ 和 (b) $\tan\left(\arcsin\dfrac{1}{3}\right)$ 的值．

解

(a) 我们有

$$\sin^{-1}\left(\frac{1}{2}\right) = \frac{\pi}{6},$$

因为 $\sin(\pi/6) = 1/2$ 且 $\pi/6$ 位于 $-\pi/2$ 和 $\pi/2$ 之间．

(b) 令 $\theta = \arcsin(1/3)$，故 $\sin\theta = 1/3$．然后如图 1-5-19 所示画出一个有一个角为 θ 的直角三角形，由勾股定理推出第三条边的长度为 $\sqrt{9-1} = 2\sqrt{2}$．由该三角形可得

$$\tan\left(\arcsin\frac{1}{3}\right) = \tan\theta = \frac{1}{2\sqrt{2}}. \qquad \blacksquare$$

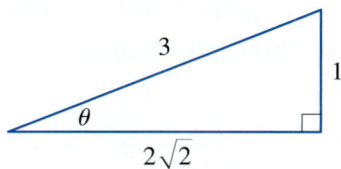

图 1-5-19

在这种情况下，反函数的相消等式变为

$$\sin^{-1}(\sin x) = x, \ -\frac{\pi}{2} \leqslant x \leqslant \frac{\pi}{2};$$
$$\sin(\sin^{-1} x) = x, \ -1 \leqslant x \leqslant 1.$$

反正弦函数 $\sin^{-1}$ 的定义域为 $[-1, 1]$，值域为 $[-\pi/2, \pi/2]$．如图 1-5-20 所示，它的图像是对限定定义域的正弦函数的图像（见图 1-5-18）作关于直线 $y = x$ 的对称变换得到的．

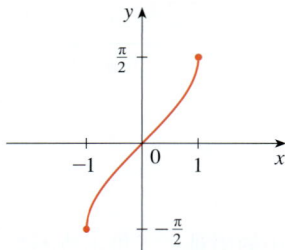

图 1-5-20

$y = \sin^{-1} x = \arcsin x$

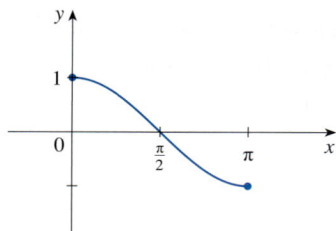

图 1-5-21

$y = \cos x, \ 0 \leqslant x \leqslant \pi$

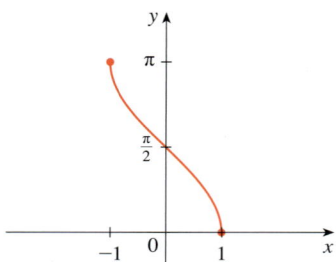

图 1-5-22

$y = \cos^{-1} x = \arccos x$

反余弦函数也是类似的. 限定定义域的余弦函数 $f(x) = \cos x, \ 0 \leqslant x \leqslant \pi$ 是一对一函数（见图 1-5-21），故它有反函数，记作 $\cos^{-1}$ 或 $\arccos$.

$$\cos^{-1} x = y \Leftrightarrow \cos y = x, \ 0 \leqslant y \leqslant \pi$$

相消等式为

$$\cos^{-1}(\cos x) = x, \ 0 \leqslant x \leqslant \pi \ ;$$
$$\cos(\cos^{-1} x) = x, \ -1 \leqslant x \leqslant 1 \ .$$

反余弦函数 $\cos^{-1}$ 的定义域为 $[-1,1]$，值域为 $[0,\pi]$，其图像见图 1-5-22.

通过将正切函数的定义域限定为区间 $(-\pi/2, \pi/2)$ 使其变为一对一函数，这样就可以将**反正切函数**定义为 $f(x) = \tan x, \ -\pi/2 < x < \pi/2$ 的反函数（见图 1-5-23），记作 $\tan^{-1}$ 或 $\arctan$.

$$\tan^{-1} x = y \Leftrightarrow \tan y = x, \ -\frac{\pi}{2} < y < \frac{\pi}{2}$$

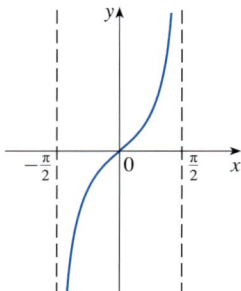

图 1-5-23

$y = \tan x, \ -\dfrac{\pi}{2} < x < \dfrac{\pi}{2}$

例 14 化简表达式 $\cos(\tan^{-1} x)$.

解 1 令 $y = \tan^{-1} x$，则 $\tan y = x, \ -\pi/2 < y < \pi/2$. 想求 $\cos y$，但因为 $\tan y$ 已知，所以先求 $\sec y$ 比较容易：

$$\sec^2 y = 1 + \tan^2 y = 1 + x^2$$
$$\sec y = \sqrt{1 + x^2} \quad （因为 \sec y > 0, \ -\pi/2 < y < \pi/2）.$$

因此，

$$\cos(\tan^{-1} x) = \cos y = \frac{1}{\sec y} = \frac{1}{\sqrt{1 + x^2}} \ .$$

解 2 与其像解 1 那样使用三角恒等式，直接利用图形也许更简单. 若 $y = \tan^{-1} x$，则 $\tan y = x$，从图 1-5-24（它给出了 $y > 0$ 的情况）可以看出

$$\cos(\tan^{-1} x) = \cos y = \frac{1}{\sqrt{1 + x^2}} \ . \qquad \blacksquare$$

反正切函数 $\tan^{-1} = \arctan$ 的定义域为 $\mathbb{R}$，值域为 $(-\pi/2, \pi/2)$，其图像见图 1-5-25.

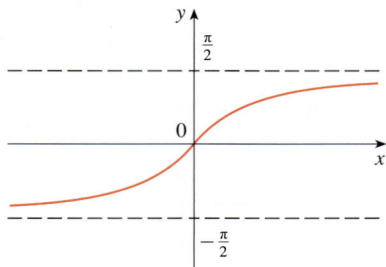

图 1-5-24

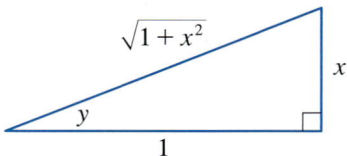

图 1-5-25

$y = \tan^{-1} x = \arctan x$

直线 $x=\pm\pi/2$ 是正切函数的垂直渐近线．因为 $\tan^{-1}$ 的图像是通过对限定定义域的正切函数的图像作关于直线 $y=x$ 的对称变换得到的，所以 $y=\pi/2$ 和 $y=-\pi/2$ 就是 $\tan^{-1}$ 的水平渐近线．

剩下的反三角函数不经常用到，简要概括如下：

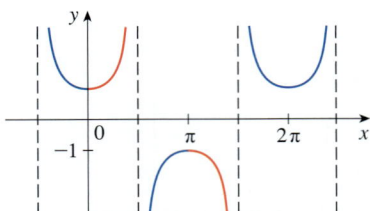

图 1-5-26

$y=\sec x$

12 $y=\csc^{-1}x,\ |x|\geqslant 1\Leftrightarrow \csc y=x,\ y\in(0,\pi/2]\cup(\pi,3\pi/2]$；

$y=\sec^{-1}x,\ |x|\geqslant 1\Leftrightarrow \sec y=x,\ y\in[0,\pi/2)\cup[\pi,3\pi/2)$；

$y=\cot^{-1}x,\ x\in\mathbb{R}\Leftrightarrow \cot y=x,\ y\in(0,\pi)$．

在 $\csc^{-1}$ 和 $\sec^{-1}$ 的定义中，对于 y 的范围的选择不是统一的．例如，有些 $\sec^{-1}$ 的定义使用的是 $y\in[0,\pi/2)\cup(\pi/2,\pi]$．（从图 1-5-26 中的正割函数的图像中看到，这个选择和定义 12 中的选择都是可行的．）

1.5 练习

1. (a) 什么是一对一函数？
(b) 怎样从一个函数的图像看出它是不是一对一函数？

2. (a) 设 f 是定义域为 A、值域为 B 的一对一函数．反函数 f^{-1} 如何定义？f^{-1} 的定义域是什么？值域是什么？
(b) 若已知 f 的方程，如何求出 f^{-1} 的方程？
(c) 若已知 f 的图像，如何得到 f^{-1} 的图像？

3~16 函数由表格、图像、方程或语言描述给出，判断它们是否为一对一函数．

3.

x	1	2	3	4	5	6
$f(x)$	1.5	2.0	3.6	5.3	2.8	2.0

4.

x	1	2	3	4	5	6
$f(x)$	1.0	1.9	2.8	3.5	3.1	2.9

5.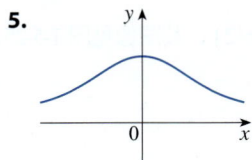

6.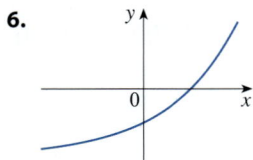

7.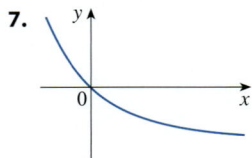

8.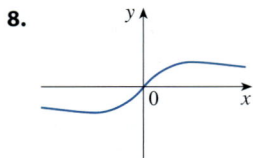

9. $f(x)=2x-3$

10. $f(x)=x^4-16$

11. $r(t)=t^3+4$

12. $g(x)=\sqrt[3]{x}$

13. $g(x)=1-\sin x$

14. $f(x)=x^4-1,\ 0\leqslant x\leqslant 10$

15. $f(t)$ 是开球 t s 后足球的高度．

16. $f(t)$ 是你在年龄为 t 时的身高．

17. 假设 f 是一个一对一函数．
(a) 若 $f(6)=17$，那么 $f^{-1}(17)$ 是多少？
(b) 若 $f^{-1}(3)=2$，那么 $f(2)$ 是多少？

18. 若 $f(x)=x^5+x^3+x$，求 $f^{-1}(3)$ 和 $f(f^{-1}(2))$．

19. 若 $g(x)=3+x+\mathrm{e}^x$，求 $g^{-1}(4)$．

20. 函数 f 的图像如下所示．
(a) 该函数是否为一对一函数？
(b) f^{-1} 的定义域和值域是什么？
(c) $f^{-1}(2)$ 的值是多少？
(d) 估计 $f^{-1}(0)$ 的值．

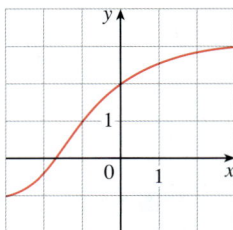

21. 公式 $C = \dfrac{5}{9}(F-32)$（其中 $F \geqslant -459.67$）将摄氏温度 C 表示为华氏温度 F 的函数. 求其反函数的解析式并解释其意义. 该反函数的定义域是什么?

22. 在相对论中, 速度为 v 的粒子的质量为

$$m = f(v) = \frac{m_0}{\sqrt{1 - v^2/c^2}},$$

其中 m_0 为粒子的静止质量, c 为真空中的光速. 求 f 的反函数并解释其意义.

23~30 求下列函数的反函数.

23. $f(x) = 1 - x^2,\ x \geqslant 0$

24. $g(x) = x^2 - 2x,\ x \geqslant 1$

25. $g(x) = 2 + \sqrt{1+x}$

26. $h(x) = \dfrac{6 - 3x}{5x + 7}$

27. $y = e^{1-x}$

28. $y = 3\ln(x - 2)$

29. $y = \left(2 + \sqrt[3]{x}\right)^5$

30. $y = \dfrac{1 - e^{-x}}{1 + e^{-x}}$

31~32 求 f^{-1} 的显式方程并利用它在同一坐标系中画出 f^{-1}、f 的图像和直线 $y = x$. 检验你画出的 f^{-1} 和 f 的图像是否关于直线 $y = x$ 对称.

31. $f(x) = \sqrt{4x + 3}$

32. $f(x) = 1 + e^{-x}$

33~34 利用 f 的图像画出其反函数 f^{-1} 的图像.

33.

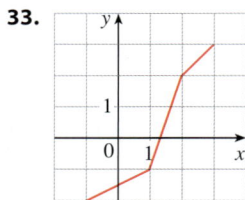

34.

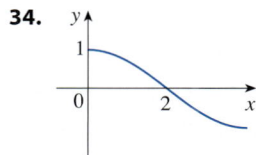

35. 若 $f(x) = \sqrt{1 - x^2},\ 0 \leqslant x \leqslant 1$.

(a) 求 f^{-1}. 它与 f 有什么关系?

(b) 画出 f 的图像, 并解释 (a) 中你的回答.

36. 若 $g(x) = \sqrt[3]{1 - x^3}$.

(a) 求 g^{-1}. 它与 g 有什么关系?

(b) 画出 g 的图像, 并解释 (a) 中你的回答.

37. (a) 对数函数 $y = \log_b x$ 是怎样定义的?

(b) 该函数的定义域是什么?

(c) 该函数的值域是什么?

(d) 当 $b > 1$ 时, 画出该函数的图像.

38. (a) 什么是自然对数?

(b) 什么是常用对数?

(c) 在同一坐标系中画出自然对数函数和自然指数函数的图像.

39~42 求以下表达式的值.

39. (a) $\log_3 81$　　(b) $\log_3\left(\dfrac{1}{81}\right)$　　(c) $\log_9 3$

40. (a) $\ln\dfrac{1}{e^2}$　　(b) $\ln\sqrt{e}$　　(c) $\ln\left(\ln e^{e^{50}}\right)$

41. (a) $\log_2 30 - \log_2 15$

(b) $\log_3 10 - \log_3 5 - \log_3 18$

(c) $2\log_5 100 - 4\log_5 50$

42. (a) $e^{3\ln 2}$　　(b) $e^{-2\ln 5}$　　(c) $e^{\ln\left(\ln e^3\right)}$

43~44 根据对数运算法则展开以下表达式.

43. (a) $\log_{10}\left(x^2 y^3 z\right)$　　(b) $\ln\left(\dfrac{x^4}{\sqrt{x^2 - 4}}\right)$

44. (a) $\ln\sqrt{\dfrac{3x}{x-3}}$　　(b) $\log_2\left[\left(x^3 + 1\right)\sqrt[3]{(x-3)^2}\right]$

45~46 将下式表示为一个对数.

45. (a) $\log_{10} 20 - \dfrac{1}{3}\log_{10} 1000$　　(b) $\ln a - 2\ln b + 3\ln c$

46. (a) $3\ln(x - 2) - \ln\left(x^2 - 5x + 6\right) + 2\ln(x - 3)$

(b) $c\log_a x - d\log_a y + \log_a z$

47~48 利用公式 11 计算以下对数, 精确到小数点后 6 位.

47. (a) $\log_5 10$　　(b) $\log_{15} 12$

48. (a) $\log_3 12$　　(b) $\log_{12} 6$

49~50 利用公式 11 在同一坐标系中画出以下函数的图像. 这些图像之间有什么关系?

49. $y = \log_{1.5} x$,　$y = \ln x$,　$y = \log_{10} x$,　$y = \log_{50} x$

50. $y = \ln x$,　$y = \log_8 x$,　$y = e^x$,　$y = 8^x$

51. 在坐标网格上画出 $y = \log_2 x$ 的图像, 其中单位长度为 1cm. 从原点向右移动多远后, 曲线的高度达到 25cm?

52. 比较函数 $f(x) = x^{0.1}$ 和 $g(x) = \ln x$, 将这两个函数的图像同时画在几个不同大小的矩形区域中. f 的图像什么时候在 g 的图像上方?

53~54　利用图 1-5-12 和图 1-5-13 中给出的图像, 画出以下函数的粗略图像. 如果需要, 可以利用 1.3 节中的变换.

53. (a) $y = \log_{10}(x+5)$　　　(b) $y = -\ln x$

54. (a) $y = \ln(-x)$　　　(b) $y = \ln|x|$

55~56
(a) 函数 f 的定义域和值域是多少?
(b) 函数 f 的图像的 x 轴截距是多少?
(c) 画出函数 f 的图像.

55. $f(x) = \ln x + 2$　　　**56.** $f(x) = \ln(x-1) - 1$

57~60　求下列关于 x 的方程的解. 求准确值和精确到小数点后 3 位的近似值.

57. (a) $\ln(4x+2) = 3$　　　(b) $e^{2x-3} = 12$

58. (a) $\log_2(x^2 - x - 1) = 2$　　(b) $1 + e^{4x+1} = 20$

59. (a) $\ln x + \ln(x-1) = 0$　　(b) $5^{1-2x} = 9$

60. (a) $\ln(\ln x) = 0$　　　(b) $\dfrac{60}{1 + e^{-x}} = 4$

61~62　解下列关于 x 的不等式.

61. (a) $\ln x < 0$　　　(b) $e^x > 5$

62. (a) $1 < e^{3x-1} < 2$　　(b) $1 - 2\ln x < 3$

63. (a) 求函数 $f(x) = \ln(e^x - 3)$ 的定义域.

(b) 求该函数的反函数及其定义域.

64. (a) $e^{\ln 300}$ 和 $\ln(e^{300})$ 的值为多少?

(b) 使用计算器计算 $e^{\ln 300}$ 和 $\ln(e^{300})$. 你注意到了什么? 你能解释为什么计算器会出问题吗?

T **65.** 画出函数 $f(x) = \sqrt{x^3 + x^2 + x + 1}$ 的图像并解释为什么它是一对一函数. 然后利用计算机代数系统求出 $f^{-1}(x)$ 的显式表达式. (计算机代数系统将给出三个可能的表达式, 请解释为什么其中两个在这里是不合题意的.)

T **66.** (a) 若 $g(x) = x^6 + x^4$, $x \geqslant 0$, 用计算机代数系统求出 $g^{-1}(x)$ 的表达式.

(b) 利用 (a) 中的表达式在同一坐标系中画出 $y = g(x)$、$y = x$ 和 $y = g^{-1}(x)$ 的图像.

67. 若细菌的数量从 100 开始每 3h 翻倍一次, 则 t h 后细菌的数量为 $n = f(t) = 100 \times 2^{t/3}$.

(a) 求该函数的反函数并解释其意义.
(b) 什么时候细菌的数量达到 50 000 ?

68. 美国劳伦斯利弗莫尔国家实验室中的点火设备拥有世界上最大的激光器. 用于启动核聚变反应的激光器由储能 400MJ 的电容器组供电. 当激光发射时, 电容器会完全放电, 然后立刻开始充电. 放电 t s 后, 电容器储存的电量 Q 为

$$Q(t) = Q_0\left(1 - e^{-t/a}\right).$$

(Q_0 为最大电量.)
(a) 求该函数的反函数并解释其意义.
(b) 若 $a = 50$, 则电容器多长时间能充电到 90% ?

69~74　求以下表达式的准确值.

69. (a) $\cos^{-1}(-1)$　　　(b) $\sin^{-1}(0.5)$

70. (a) $\tan^{-1}\sqrt{3}$　　　(b) $\arctan(-1)$

71. (a) $\csc^{-1}\sqrt{2}$　　　(b) $\arcsin 1$

72. (a) $\sin^{-1}(-1/\sqrt{2})$　　(b) $\cos^{-1}(\sqrt{3}/2)$

73. (a) $\cot^{-1}(-\sqrt{3})$　　　(b) $\sec^{-1} 2$

74. (a) $\arcsin(\sin(5\pi/4))$　　(b) $\cos(2\sin^{-1}(5/13))$

75. 证明 $\cos(\sin^{-1} x) = \sqrt{1 - x^2}$.

76~78　化简以下表达式.

76. $\tan(\sin^{-1} x)$　　**77.** $\sin(\tan^{-1} x)$　　**78.** $\sin(2\arccos x)$

79~80　在同一坐标系中画出下列函数的图像. 这些图像之间有什么联系?

79. $y = \sin x$, $-\pi/2 \leqslant x \leqslant \pi/2$; $y = \sin^{-1} x$; $y = x$

80. $y = \tan x$, $-\pi/2 < x < \pi/2$; $y = \tan^{-1} x$; $y = x$

81. 求函数 $g(x) = \sin^{-1}(3x+1)$ 的定义域和值域.

82. (a) 画出函数 $f(x) = \sin(\sin^{-1} x)$ 的图像并解释它的形状.
(b) 画出函数 $g(x) = \sin^{-1}(\sin x)$ 的图像并解释它的形状.

83. (a) 如果将一条曲线向左平移, 那么它关于直线 $y = x$ 对称的图像会怎样变换? 根据这个几何原理, 求 $g(x) = f(x+c)$ 的反函数的表达式, 其中 f 为一对一函数.

(b) 求 $h(x) = f(cx)$ 的反函数的表达式, 其中 $c \neq 0$.

第 1 章　复习

概念题

1. (a) 什么是函数？什么是它的定义域和值域？

(b) 什么是函数的图像？

(c) 如何判断曲线是不是一个函数的图像？

2. 解释表示函数的四种方法，并举例说明.

3. (a) 什么是偶函数？怎样从图像判断一个函数是不是偶函数？

(b) 什么是奇函数？怎样从图像判断一个函数是不是奇函数？

4. 什么是增函数？

5. 什么是数学模型？

6. 举出下列每种函数的例子.

(a) 线性函数　　　　(b) 幂函数

(c) 指数函数　　　　(d) 二次函数

(e) 五次多项式　　　(f) 有理函数

7. 在同一坐标系中画出下列函数的图像.

(a) $f(x) = x$　　　　(b) $g(x) = x^2$

(c) $h(x) = x^3$　　　(d) $j(x) = x^4$

8. 画出下列函数的粗略图像.

(a) $y = \sin x$　　(b) $y = \tan x$　　(c) $y = \mathrm{e}^x$

(d) $y = \ln x$　　(e) $y = \dfrac{1}{x}$　　(f) $y = |x|$

(g) $y = \sqrt{x}$　　(h) $y = \tan^{-1} x$

9. 设 f 的定义域为 A，g 的定义域为 B.

(a) $f + g$ 的定义域是什么？

(b) fg 的定义域是什么？

(c) f/g 的定义域是什么？

10. 复合函数 $f \circ g$ 是怎样定义的？它的定义域是什么？

11. 已知 f 的图像，写出 f 的图像经过以下变换得到的图像的方程.

(a) 向上平移 2 个单位.

(b) 向下平移 2 个单位.

(c) 向右平移 2 个单位.

(d) 向左平移 2 个单位.

(e) 作关于 x 轴的对称变换.　(f) 作关于 y 轴的对称变换.

(g) 垂直拉伸至原来的 2 倍.　(h) 垂直压缩为原来的 1/2 .

(i) 水平拉伸至原来的 2 倍.　(j) 水平压缩为原来的 1/2 .

12. (a) 什么是一对一函数？怎样从图像看出一个函数是否为一对一函数？

(b) 若 f 是一对一函数，那么怎样定义其反函数 f^{-1}？怎样从 f 的图像得到 f^{-1} 的图像？

13. (a) 反正弦函数 $f(x) = \sin^{-1} x$ 是怎样定义的？它的定义域和值域是什么？

(b) 反余弦函数 $f(x) = \cos^{-1} x$ 是怎样定义的？它的定义域和值域是什么？

(c) 反正切函数 $f(x) = \tan^{-1} x$ 是怎样定义的？它的定义域和值域是什么？

判断题

判断下列说法是否正确. 如果正确，请说明理由；如果不正确，请说明理由或给出一个反例.

1. 若 f 为一个函数，则 $f(s + t) = f(s) + f(t)$.

2. 若 $f(s) = f(t)$，则 $s = t$.

3. 若 f 为一个函数，则 $f(3x) = 3f(x)$.

4. 若函数 f 有反函数且 $f(2) = 3$，那么 $f^{-1}(3) = 2$.

5. 一条垂直线与一个函数的图像最多相交一次.

6. 若 f 和 g 为函数，则 $f \circ g = g \circ f$.

7. 若 f 为一对一函数，则 $f^{-1}(x) = \dfrac{1}{f(x)}$.

8. e^x 总可以作为除数.

9. 若 $0 < a < b$，则 $\ln a < \ln b$.

10. 若 $x > 0$，则 $(\ln x)^6 = 6\ln x$.

11. 若 $x > 0$ 且 $a > 1$，则 $\dfrac{\ln x}{\ln a} = \ln \dfrac{x}{a}$.

12. $\tan^{-1}(-1) = \dfrac{3\pi}{4}$

13. $\tan^{-1} x = \dfrac{\sin^{-1} x}{\cos^{-1} x}$

14. 若 x 为任意实数，则 $\sqrt{x^2} = x$.

练习题

1. 函数 f 的图像如下所示.

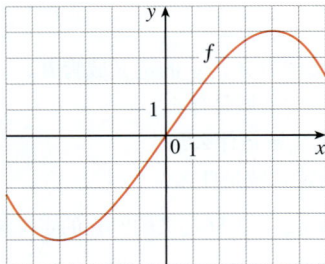

(a) 估计 $f(2)$ 的值.

(b) 估计使 $f(x)=3$ 的 x 值.

(c) 写出 f 的定义域.

(d) 写出 f 的值域.

(e) f 在哪个区间上递增?

(f) f 是一对一函数吗? 请说明原因.

(g) f 是奇函数、偶函数还是都不是? 请说明原因.

2. g 的图像如下所示.

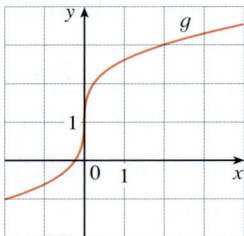

(a) 写出 $g(2)$ 的值.

(b) 为什么 g 是一对一函数?

(c) 估计 $g^{-1}(2)$ 的值.

(d) 估计 g^{-1} 的定义域.

(e) 画出 g^{-1} 的图像.

3. 若 $f(x)=x^2-2x+3$, 求差商

$$\frac{f(a+h)-f(a)}{h}.$$

4. 画出作物产量关于肥料使用量的函数的粗略图像.

5~8 求下列函数的定义域和值域, 用区间表示.

5. $f(x)=2/(3x-1)$
6. $g(x)=\sqrt{16-x^4}$

7. $h(x)=\ln(x+6)$
8. $F(t)=3+\cos 2t$

9. 已知 f 的图像, 请描述怎样从 f 的图像得到下列函数的图像.

(a) $y=f(x)+5$
(b) $y=f(x+5)$

(c) $y=1+2f(x)$
(d) $y=f(x-2)-2$

(e) $y=-f(x)$
(f) $y=f^{-1}(x)$

10. f 的图像如下所示. 画出下列函数的图像.

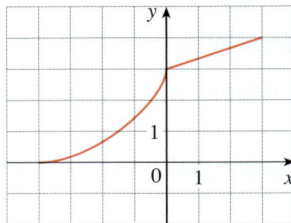

(a) $y=f(x-8)$
(b) $y=-f(x)$

(c) $y=2-f(x)$
(d) $y=\dfrac{1}{2}f(x)-1$

(e) $y=f^{-1}(x)$
(f) $y=f^{-1}(x+3)$

11~18 利用变换画出下列函数的图像.

11. $f(x)=x^3+2$
12. $f(x)=(x-3)^2$

13. $y=\sqrt{x+2}$
14. $y=\ln(x+5)$

15. $g(x)=1+\cos 2x$
16. $h(x)=-\mathrm{e}^x+2$

17. $s(x)=1+0.5^x$
18. $f(x)=\begin{cases}-x, & x<0;\\ \mathrm{e}^x-1, & x\geqslant 0.\end{cases}$

19. 判断下列函数是奇函数、偶函数还是都不是.

(a) $f(x)=2x^5-3x^2+2$
(b) $f(x)=x^3-x^7$

(c) $f(x)=\mathrm{e}^{-x^2}$
(d) $f(x)=1+\sin x$

(e) $f(x)=1-\cos 2x$
(f) $f(x)=(x+1)^2$

20. 求出下面这个函数的表达式: 它的图像由连接点 $(-2,2)$ 和点 $(-1,0)$ 的线段以及以原点为圆心、半径为 1 的圆的上半部分组成.

21. 若 $f(x)=\ln x$, $g(x)=x^2-9$, 求下列函数以及它们的定义域: (a) $f\circ g$; (b) $g\circ f$; (c) $f\circ f$; (d) $g\circ g$.

22. 将函数 $F(x)=1/\sqrt{x+\sqrt{x}}$ 表示成三个函数的复合函数.

23. 近几十年来, 人类的期望寿命有了显著提高. 下页的表给出了不同年份出生的美国男性的期望寿命. 利用散点图选出一个适当类型的模型, 并利用该模型预测 2030 年出生的男性的寿命.

出生年份	期望寿命	出生年份	期望寿命
1900	48.3	1960	66.6
1910	51.1	1970	67.1
1920	55.2	1980	70.0
1930	57.4	1990	71.8
1940	62.5	2000	73.0
1950	65.6	2010	76.2

24. 一个小家电制造商发现每周生产 1000 个吐司烤箱的成本为 9000 美元，每周生产 1500 个吐司烤箱的成本为 12 000 美元.

(a) 假设数据呈线性，将成本表示为每周生产的吐司烤箱数的函数，并画出图像.

(b) 这个图像的斜率是多少？它有什么含义？

(c) 这个图像的 y 轴截距是多少？它有什么含义？

25. 若 $f(x)=2x+4^x$，求 $f^{-1}(6)$ 的值.

26. 求 $f(x)=\dfrac{2x+3}{1-5x}$ 的反函数.

27. 利用对数运算法则展开下列表达式.

(a) $\ln x\sqrt{x+1}$　　　(b) $\log_2\sqrt{\dfrac{x^2+1}{x-1}}$

28. 将下列各式表示为一个对数.

(a) $\dfrac{1}{2}\ln x-2\ln(x^2+1)$

(b) $\ln(x-3)+\ln(x+3)-2\ln(x^2-9)$

29~30 求下列表达式的准确值.

29. (a) $e^{2\ln 5}$　　(b) $\log_6 4+\log_6 54$　(c) $\tan\left(\arcsin\dfrac{4}{5}\right)$

30. (a) $\ln\dfrac{1}{e^3}$　　(b) $\sin(\tan^{-1}1)$　　(c) $10^{-3\log 4}$

31~36 解关于 x 的方程. 给出解的准确值和精确到小数点后 3 位的近似值.

31. $e^{2x}=3$　　　**32.** $\ln x^2=5$

33. $e^{e^x}=10$　　　**34.** $\cos^{-1}x=2$

35. $\tan^{-1}(3x^2)=\dfrac{\pi}{4}$　　**36.** $\ln x-1=\ln(5+x)-4$

37. 在治疗开始前，一位艾滋病患者的病毒载量为 52.0（每毫升 RNA 拷贝数）. 8 天后，病毒载量是初始载量的一半.

(a) 求 24 天后的病毒载量.

(b) 求 t 天后的病毒载量 $V(t)$.

(c) 求函数 $V(t)$ 的反函数并解释其含义.

(d) 多少天后病毒载量会减少到 2.0（每毫升 RNA 拷贝数）？

38. 在有限环境中初始数量为 100、环境容纳量为 1000 的某物种的数量为

$$P(t)=\dfrac{100\,000}{100+900e^{-t}},$$

其中 t 的单位是年.

(a) 画出该函数的图像并估计该物种的数量达到 900 所需要的时间.

(b) 求该函数的反函数并解释它的意义.

(c) 利用反函数求物种数量达到 900 所需要的时间，并与 (a) 的结果进行比较.

解题的基本原则

没有确定的、快速的、保证成功的解题方法．不过，我们可以概括解题过程的一般步骤，并给出对于某些题目可能有用的解题原则．这些步骤和原则只是对常识做了明确的总结，改编自乔治·波利亚的书《怎样解题》（*How to Solve It*）．

1. 理解题目

第 1 步是读题，确保你清楚地理解了题目．问自己这样几个问题：

什么是未知的？

已知量有哪些？

已知条件是什么？

对许多问题都有用的方法是

画图

并在图中确定已知量和所求量．

通常有必要

引入恰当的符号．

在选择代表未知量的符号时经常用到字母，如 a、b、c、m、n、x 和 y，但在有些情况下使用英文单词的首字母作为表意的符号也很有帮助．比如，V 表示体积，t 表示时间．

2. 思考一个计划

找到已知信息和未知量之间的联系将使你能够计算未知量．明确地问自己"怎样才能将已知和未知联系起来"往往是很有帮助的．如果你无法立刻看出这样的联系，参考下面的想法，可以帮助你制订计划．

找到熟悉的内容 将已知条件与先前掌握的知识联系起来，观察未知量并尝试回忆是否有包含类似未知量的比较熟悉的题目．

找到规律 有些题目是通过发现某种规律才得以解决的，这个规律可以是几何的、数值的或代数的．如果你在题目中看到了一致性或者重复性，也许你就能够猜出这个规律是什么，并解决问题．

类推 想一个类似的题目——一个与原问题相关但又比原问题简单的题目．如果你解决了这个简单、熟悉的问题，那么它可能会为你提供解决当前难题所需要的线索．比如，如果一个题目涉及非常大的数，那么你可以先用较小的数解决类似的问题；如果这个题目涉及三维几何，那么你可以先在二维几何中寻找类似的题目；如果原问题是一个一般情况的问题，那么你可以先尝试某个特殊情况．

引入额外量 有时有必要引入一些新的量或一个辅助工具来帮助在已知和未知之间建立联系．比如，如果在一个题目里图像起着重要作用，那么辅助工具就可能是画在图像上的一条新的线．在代数题目里，辅助工具可能是一个与原未知量相关的新未知量．

分情况讨论 有时需要把一个题目分为几种情况，对每一种情况进行不同的讨论．比如，在处理绝对值问题的时候就经常用到这个策略．

倒推 有时可以假设问题已经解决，然后一步一步倒推，直到得到已知条件. 这时你就可以颠倒步骤来构造原问题的解. 这种方法常用在解方程的问题中. 比如，在解方程 $3x-5=7$ 时，假设 x 是一个满足 $3x-5=7$ 的数，然后倒推，将方程两边同时加上 5，然后再将方程两边同时除以 3，得到 $x=4$. 因为每一步都是可以颠倒的，所以这个问题就解决了.

设立子目标 在复杂问题中设立子目标（其中想得到的结果只被部分满足）是很有用的. 如果能首先完成这些子目标，就可以在它们的基础上完成最终的目标.

间接推理 有时问题适合间接处理. 在用反证法证明 P 蕴涵 Q 时，假设 P 为真而 Q 为假，然后说明为什么这种情况不可能发生. 必须从这些信息出发，设法得到一个与绝对肯定的事实相矛盾的结论.

数学归纳法 在证明涉及正整数 n 的命题时，下面的方法经常被用到.

数学归纳法 令 S_n 为一个与正整数 n 有关的命题. 假设

1. S_1 为真，

2. 只要 S_k 为真，S_{k+1} 就为真，

那么 S_n 对所有正整数 n 都成立.

这个方法之所以合理，是因为既然 S_1 为真，那么由条件 2（令 $k=1$）可知 S_2 必为真，然后继续利用条件 2（令 $k=2$）得到 S_3 为真，再利用条件 2（令 $k=3$）得到 S_4 为真……这个过程可以无限延续下去.

3. 实施计划

在第 2 步中制订好了计划，在实施计划的时候必须检查每一步，并详细写出每一步的证明.

4. 回顾

解题完成之后，进行回顾是很明智的. 一方面看看解题过程有没有出错，另一方面想想有没有更简单的解法. 还有一个原因是，它可以使我们对这个解法更熟悉，也许对解决以后的问题有帮助. 笛卡儿说："我解决过的每一个问题后来都成为为解决其他问题服务的规则."

这些解题原则将在下面的例子中被阐明. 在看解答之前，先尝试自己解决这些问题，如果遇到困难，可以参考这些解题原则. 你会发现在做本书剩余章节的例题和练习时，经常参考这部分内容是很有用的（见 PS 图标）.

例 1 将面积为 25m^2 的直角三角形的斜边长 h 表示为周长 P 的函数.

解 首先通过识别未知量和已知量来将信息分类.

未知量：斜边长 h

已知量：周长 P，面积 25m^2

画图是有帮助的，如下图所示.

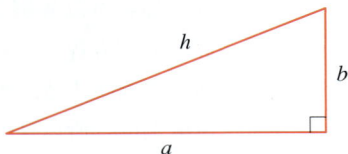

为了将已知量和未知量联系起来，引入两个新的变量 a 和 b 来表示三角形另外两条边的长度，这样就可以用勾股定理来表示已知条件——三角形是直角三角形：

$$h^2 = a^2 + b^2 .$$

变量之间的其他联系可以通过写出面积和周长的公式给出：

$$25 = \frac{1}{2}ab , \quad P = a + b + h .$$

因为 P 已知，所以现在已经有了关于三个变量 a、b、h 的三个方程：

1 $\qquad h^2 = a^2 + b^2 .$

2 $\qquad 25 = \frac{1}{2}ab .$

3 $\qquad P = a + b + h .$

尽管已经有了正确数量的方程，直接解该方程组还是不容易的. 但是根据解题原则，尝试找到熟悉的内容，就可以用更简单的方法解方程组. 观察方程 1、2 和 3 的右边，这些表达式让你想起了什么熟悉的内容吗？注意，它们和一个你熟悉的公式有关：

$$(a+b)^2 = a^2 + 2ab + b^2 .$$

利用这一点，将 $(a+b)^2$ 用两种方法表示. 由方程 1 和方程 2 可知

$$(a+b)^2 = (a^2 + b^2) + 2ab = h^2 + 4 \times 25 = h^2 + 100 .$$

由方程 3 可知

$$(a+b)^2 = (P-h)^2 = P^2 - 2Ph + h^2 .$$

因此，

$$h^2 + 100 = P^2 - 2Ph + h^2$$

$$2Ph = P^2 - 100$$

$$h = \frac{P^2 - 100}{2P} .$$

这就是题目所要求的 h 关于 P 的函数表达式. ∎

如下例所示，处理绝对值时使用分情况讨论的解题原则经常是有必要的.

例2 解不等式 $|x-3|+|x+2|<11$.

解 回顾绝对值的定义：

$$|x|=\begin{cases}x, & x\geqslant 0;\\-x, & x<0.\end{cases}$$

由此可知

$$|x-3|=\begin{cases}x-3, & x-3\geqslant 0\\-(x-3), & x-3<0\end{cases}$$

$$=\begin{cases}x-3, & x\geqslant 3;\\-x+3, & x<3.\end{cases}$$

类似地，

$$|x+2|=\begin{cases}x+2, & x+2\geqslant 0\\-(x+2), & x+2<0\end{cases}$$

$$=\begin{cases}x+2, & x\geqslant -2;\\-x-2, & x<-2.\end{cases}$$

PS 分情况讨论.

这些表达式表明有三种情况要考虑：

$$x<-2，\quad -2\leqslant x<3，\quad x\geqslant 3.$$

情况 I 若 $x<-2$，则

$$|x-3|+|x+2|<11$$
$$-x+3-x-2<11$$
$$-2x<10$$
$$x>-5.$$

情况 II 若 $-2\leqslant x<3$，则不等式变为

$$-x+3+x+2<11$$
$$5<11 \ \text{（恒成立）}.$$

情况 III 若 $x\geqslant 3$，则不等式变为

$$x-3+x+2<11$$
$$2x<12$$
$$x<6.$$

将情况 I、II 和 III 结合起来，可知当 $-5<x<6$ 时不等式成立. 故不等式的解为区间 $(-5,6)$.

在下面的例子中，首先通过考虑特殊情况来猜出答案并找到规律，然后用数学归纳法来证明这个推测.

在使用数学归纳法的时候，遵循下面三个步骤：

第 1 步 证明当 $n=1$ 时 S_n 成立；

第 2 步 假设当 $n=k$ 时 S_n 成立，推出当 $n=k+1$ 时 S_n 成立；

第 3 步 根据数学归纳法，推断出对于所有的 n，S_n 均成立.

73

若 $f_0(x)=x/(x+1)$，$f_{n+1}=f_0 \circ f_n$，$n=0,1,2,\cdots$，求 $f_n(x)$ 的解析式.

PS 类推：尝试简单、熟悉的题目.

解 从寻找当 $n=1,2,3$ 时 $f_n(x)$ 的解析式开始：

$$f_1(x)=(f_0 \circ f_0)(x)=f_0(f_0(x))=f_0\left(\frac{x}{x+1}\right)$$

$$=\frac{\dfrac{x}{x+1}}{\dfrac{x}{x+1}+1}=\frac{\dfrac{x}{x+1}}{\dfrac{2x+1}{x+1}}=\frac{x}{2x+1},$$

$$f_2(x)=(f_0 \circ f_1)(x)=f_0(f_1(x))=f_0\left(\frac{x}{2x+1}\right)$$

$$=\frac{\dfrac{x}{2x+1}}{\dfrac{x}{2x+1}+1}=\frac{\dfrac{x}{2x+1}}{\dfrac{3x+1}{2x+1}}=\frac{x}{3x+1},$$

$$f_3(x)=(f_0 \circ f_2)(x)=f_0(f_2(x))=f_0\left(\frac{x}{3x+1}\right)$$

$$=\frac{\dfrac{x}{3x+1}}{\dfrac{x}{3x+1}+1}=\frac{\dfrac{x}{3x+1}}{\dfrac{4x+1}{3x+1}}=\frac{x}{4x+1}.$$

PS 找到规律.

注意到一个规律：对于所计算的三种情况，$f_n(x)$ 的分母中 x 的系数都是 $n+1$．所以猜测一般情况下，

4
$$f_n(x)=\frac{x}{(n+1)x+1}.$$

使用数学归纳法证明．已知 $n=1$ 时等式 4 成立，设 $n=k$ 时也成立，即

$$f_k(x)=\frac{x}{(k+1)x+1},$$

则

$$f_{k+1}(x)=(f_0 \circ f_k)(x)=f_0(f_k(x))=f_0\left(\frac{x}{(k+1)x+1}\right)$$

$$=\frac{\dfrac{x}{(k+1)x+1}}{\dfrac{x}{(k+1)x+1}+1}=\frac{\dfrac{x}{(k+1)x+1}}{\dfrac{(k+2)x+1}{(k+1)x+1}}=\frac{x}{(k+2)x+1}.$$

该表达式表明 $n=k+1$ 时等式 4 成立．因此，由数学归纳法可知，等式 4 对所有正整数 n 都成立． ■

1. 直角三角形的一条直角边的长度为 4cm，将斜边上的高表示为斜边长的函数．

2. 直角三角形斜边上的高为 12cm，将斜边长表示为周长的函数．

3. 解方程 $\left|4x-|x+1|\right|=3$．

4. 解不等式 $|x-1|-|x-3|\geqslant 5$．

5. 画出函数 $f(x)=\left|x^2-4|x|+3\right|$ 的图像．

6. 画出函数 $g(x)=\left|x^2-1\right|-\left|x^2-4\right|$ 的图像．

7. 画出方程 $x+|x|=y+|y|$ 的图像．

8. 在平面上画出由所有满足

$$|x-y|+|x|-|y|\leqslant 2$$

的点 (x,y) 所组成的区域．

9. 符号 $\max\{a,b,\cdots\}$ 表示数 $a,b,\cdots$ 中最大的一个．画出下列函数的图像．

  (a) $f(x)=\max\{x,1/x\}$

  (b) $f(x)=\max\{\sin x,\cos x\}$

  (c) $f(x)=\max\{x^2,2+x,2-x\}$

10. 在平面上画出由下列方程或不等式定义的区域．

  (a) $\max\{x,2y\}=1$

  (b) $-1\leqslant\max\{x,2y\}\leqslant 1$

  (c) $\max\{x,y^2\}=1$

11. 证明：如果 $x>0$ 且 $x\neq 1$，则

$$\frac{1}{\log_2 x}+\frac{1}{\log_3 x}+\frac{1}{\log_5 x}=\frac{1}{\log_{30} x}．$$

12. 求方程 $\sin x=\dfrac{x}{100}$ 的解的个数．

13. 求出下式的准确值．

$$\sin\frac{\pi}{100}+\sin\frac{2\pi}{100}+\sin\frac{3\pi}{100}+\cdots+\sin\frac{200\pi}{100}$$

14. (a) 证明函数 $f(x)=\ln\left(x+\sqrt{x^2+1}\right)$ 是奇函数．

  (b) 求 f 的反函数．

15. 解不等式 $\ln\left(x^2-2x-2\right)\leqslant 0$．

16. 用间接推理证明 $\log_2 5$ 是无理数．

17. 一个司机出发去旅行．前半段路程他以 50km/h 的速度悠闲地行驶，后半段路程他以 100km/h 的速度行驶．他这次旅行的平均速度是多少？

18. $f \circ (g+h) = f \circ g + f \circ h$ 是否成立?

19. 证明: 如果 n 是正整数, 那么 $7^n - 1$ 能被 6 整除.

20. 证明: $1 + 3 + 5 + \cdots + (2n-1) = n^2$.

21. 如果 $f_0(x) = x^2$ 且 $f_{n+1}(x) = f_0\big(f_n(x)\big)$, $n = 0, 1, 2, \cdots$, 求 $f_n(x)$.

22. (a) 如果 $f_0(x) = \dfrac{1}{2-x}$ 且 $f_{n+1} = f_0 \circ f_n$, $n = 0, 1, 2, \cdots$, 求 $f_n(x)$, 并用数学归纳法证明.

(b) 在同一坐标系中画出 f_0、f_1、f_2 和 f_3 的图像, 并描述函数多次复合的效果.

我们知道，当一个物体从某一高度处下落时，它下落得越来越快．伽利略发现物体下落的距离与所经过时间的平方成正比．微积分能使我们计算出物体在任意时间的速度的准确值．在 2.7 节练习 11 中你将求出悬崖跳水者跳入海洋时的速度．

2 极限与导数

在"微积分概览"（位于第 1 章之前）中我们已经看到，极限思想是微积分各个分支的基础．因此，极限及其性质的研究是学习微积分的起点．求切线和速度所用到的特殊极限引出了整个微分学的核心——导数．

2.1 | 切线问题与速度问题

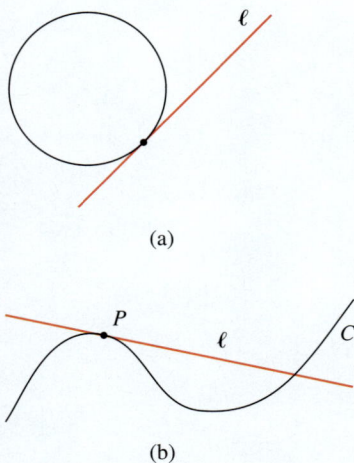

(a)

(b)

图 2-1-1

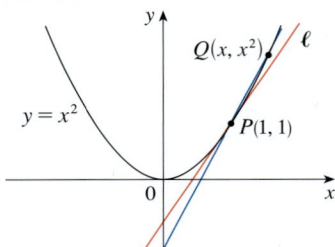

图 2-1-2

本节中我们将看到，当求一条曲线的切线或者一个物体的运动速度时，极限是如何被引出的.

■ 切线问题

"切线"（tangent）一词源于拉丁文的"接触"（tangens）. 可以将曲线的切线看作一条与曲线接触的直线，它在接触点处的方向与曲线的方向相同. 那么如何给这样的想法一个严格的描述呢？

对于一个圆，可以直接沿用欧几里得的描述，即切线 ℓ 是一条与这个圆相交一次且只有一次的直线，如图 2-1-1a 所示. 但对于更复杂的曲线，这个定义显然不再适用. 如图 2-1-1b 所示，直线 ℓ 在点 P 处与曲线 C 相切，但它与 C 相交了两次.

我们来看一个具体的例子——求抛物线 $y = x^2$ 的切线 ℓ 的问题.

例 1 求抛物线 $y = x^2$ 在点 $P(1,1)$ 处的切线的方程.

解 只要知道切线 ℓ 的斜率 m，就可以得到它的方程. 困难在于，只知道 ℓ 上的一点 P，而需要两个点才能计算出斜率. 但是观察发现，我们可以从抛物线上选取一个邻近点 $Q(x, x^2)$（如图 2-1-2 所示），用割线 PQ 的斜率 m_{PQ} 作为切线的斜率 m 的一个近似.［"割线"（secant）一词源自拉丁语"切割"（secans），是一条与曲线相交不止一次的直线.］

取 $x \neq 1$，所以 $Q \neq P$. 那么

$$m_{PQ} = \frac{x^2 - 1}{x - 1}.$$

例如，对于点 $Q(1.5, 2.25)$，有

$$m_{PQ} = \frac{2.25 - 1}{1.5 - 1} = \frac{1.25}{0.5} = 2.5.$$

表 2-1-1 中列出了 x 接近 1 时 m_{PQ} 的一些值. Q 越接近 P，x 越接近 1，并且从表 2-1-1 中可以看出，m_{PQ} 越接近 2. 这表明切线 ℓ 的斜率应当是 $m = 2$.

我们将切线斜率称为这些割线斜率的极限，用符号表示为

$$\lim_{Q \to P} m_{PQ} = m，\text{即} \lim_{x \to 1} \frac{x^2 - 1}{x - 1} = 2.$$

假设切线斜率就是 2，用直线的点斜式方程（$y - y_1 = m(x - x_1)$，参见附录 B）写出过点 $(1,1)$ 的切线的方程：

$$y - 1 = 2(x - 1) \text{ 或 } y = 2x - 1.$$

表 2-1-1

x	m_{PQ}
2	3
1.5	2.5
1.1	2.1
1.01	2.01
1.001	2.001

x	m_{PQ}
0	1
0.5	1.5
0.9	1.9
0.99	1.99
0.999	1.999

图 2-1-3 说明了例 1 中逼近极限的过程. 当 Q 沿抛物线趋近 P 时，相应的割线绕 P 旋转，并趋近切线 ℓ.

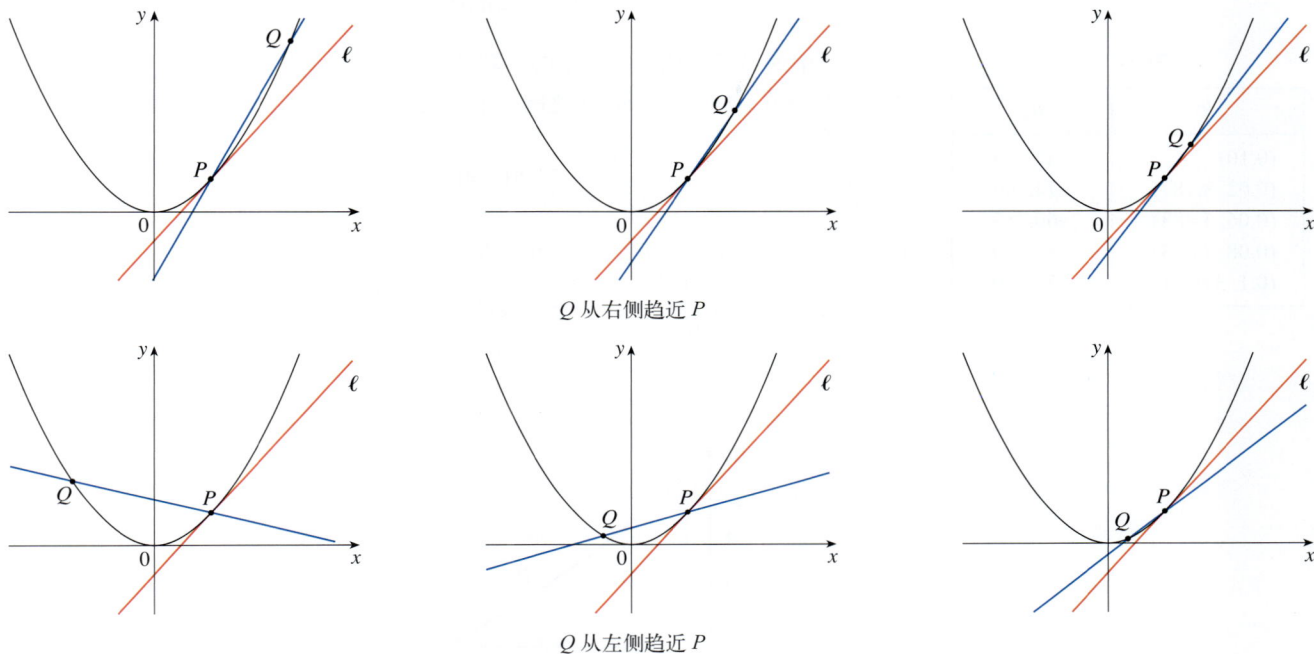

Q 从右侧趋近 P

Q 从左侧趋近 P

图 2-1-3

实际科学问题中的许多函数不是用显式方程描述的，而是通过实验数据定义的. 下一个例子显示了如何通过此类函数的图像估计切线的斜率.

例 2 脉冲激光器的工作原理是将电荷存储在电容器里，在激光发射时突然将电荷释放出来. 表 2-1-2 中的数据描述了激光发射后 t s 电容器里剩余的电荷量 Q（单位：C）. 根据这些数据画出这个函数的图像，并且估计在点 $t = 0.04$ 处切线的斜率 [注：切线斜率表示从电容器流向激光器的电流（单位：mA）].

解 图 2-1-4 中标出了已知的数据点，通过它们得到函数图像的近似曲线.

表 2-1-2

t	Q
0	10
0.02	8.187
0.04	6.703
0.06	5.488
0.08	4.493
0.1	3.676

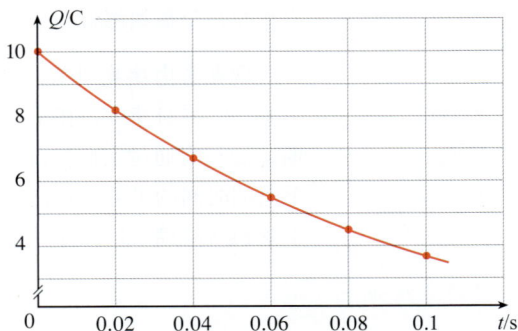

图 2-1-4

利用图像上的点 $P(0.04,6.703)$ 和点 $R(0,10)$，可以求出割线 PR 的斜率：

$$m_{PR} = \frac{10-6.703}{0-0.04} = -82.425 .$$

表 2-1-3

R	m_{PR}
(0,10)	−82.425
(0.02, 8.187)	−74.200
(0.06, 5.488)	−60.750
(0.08, 4.493)	−55.250
(0.1, 3.676)	−50.450

表 2-1-3 中列出了其他割线斜率的计算结果．由表 2-1-3 可知，在 $t = 0.04$ 处切线的斜率应该在 −74.20 和 −60.75 之间．事实上，这两条邻近割线的斜率的平均值是

$$\frac{1}{2} \times (-74.20 - 60.75) = -67.475 .$$

因此，通过这种方法，我们估计切线的斜率为 −67.5．

另一种方法是过点 P 画一条切线的近似直线，并且测量三角形 ABC 的边长，如图 2-1-5 所示．

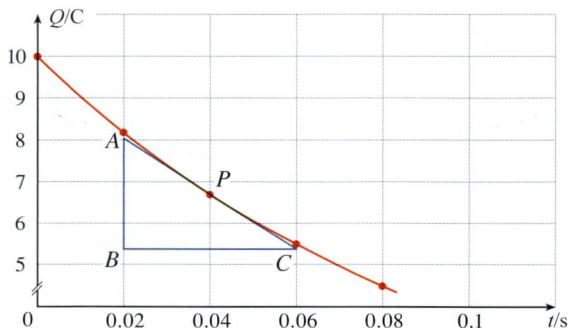

图 2-1-5

例 2 中答案的物理意义为：0.04s 后从电容器流向激光器的电流约为 −65A．

这样就给出了切线斜率的一个估计值：

$$-\frac{|AB|}{|BC|} \approx -\frac{8.0-5.4}{0.06-0.02} = -65.0 .$$

■ **速度问题**

当你驱车在城市中行驶时，观察汽车的速度表，你会发现指针并不是长时间静止不动的，也就是说，汽车的速度并不是恒定的．通过观察速度表，可以假设汽车在每个瞬间都有一个确定的速度，但是"瞬时"速度是如何定义的？

现在考虑速度问题：已知沿直线运动的物体在任意时间的位置，求物体在特定时间的瞬时速度．在下一个例子中，我们将研究球下落时的速度．在 16 世纪后期，伽利略通过实验发现，对于任何做自由落体运动的物体，其下落的距离都与下落的时间的平方成正比（该自由落体模型忽略空气阻力）．如果用 $s(t)$ 表示物体下落 t s 后的距离（单位：m），那么（在地球表面）伽利略的观测结果可以表示为

$$s(t) = 4.9t^2 .$$

例 3   假设一个球从距离地面 450m 的加拿大国家电视塔上层观景台抛下，球下落 5s 后的速度是多少？

解   求球下落 5s 后的瞬时速度，困难在于我们处理的是一个瞬间（ $t=5$ ），因此并不存在时间段．不过，我们可以利用 $t=5$ 与 $t=5.1$ 之间 0.1s 的短暂间隔，计算该时间段内的平均速度，作为瞬时速度的近似：

$$平均速度 = \frac{位移}{经过的时间}$$

$$= \frac{s(5.1) - s(5)}{0.1}$$

$$= \frac{4.9 \times (5.1)^2 - 4.9 \times 5^2}{0.1} = 49.49 \text{m/s.}$$

表 2-1-4 中列出了在逐个缩短的时间段内平均速度的计算结果．

表 2-1-4

时间段	平均速度/(m/s)
$5 \leqslant t \leqslant 5.1$	49.49
$5 \leqslant t \leqslant 5.05$	49.245
$5 \leqslant t \leqslant 5.01$	49.049
$5 \leqslant t \leqslant 5.001$	49.004 9

可以看出，时间间隔越短，平均速度越接近 49m/s．将 $t=5$ 时的**瞬时速度**定义为从 $t=5$ 开始在逐个缩短的时间段内这些平均速度的极限值．因此，球下落 5s 后的（瞬时）速度为 49m/s．   ■

你可能已经感觉到，解决这个问题时用到的计算和本节前面求切线的计算是非常相似的．事实上，切线问题和速度问题之间存在紧密的联系．如果画出球下落的距离的函数图像（见图 2-1-6），并且考虑图像上的点 $P\left(5, 4.9 \times (5)^2\right)$ 和点 $Q\left(5+h, 4.9(5+h)^2\right)$ ，那么割线 PQ 的斜率是

$$m_{PQ} = \frac{4.9(5+h)^2 - 4.9 \times 5^2}{(5+h) - 5},$$

这与时间段 $[5, 5+h]$ 内的平均速度相同．因此，$t=5$ 时的速度（当 h 趋于 0 时平均速度的极限）一定与点 P 处的切线斜率（割线斜率的极限）相等．

例 1 和例 3 说明，要解决切线和速度问题，就必须借助极限．在学习完 2.2~2.6 节中计算极限的方法后，我们会在 2.7 节中继续研究切线问题和速度问题．

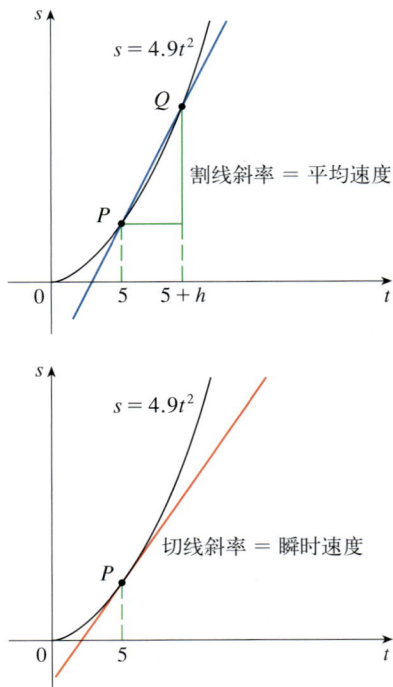

加拿大国家电视塔

$s = 4.9t^2$

Q

割线斜率 = 平均速度

P

0 5 $5+h$ t

$s = 4.9t^2$

切线斜率 = 瞬时速度

P

0 5 t

图 2-1-6

2.1 | 练习

1. 一个水箱装有 1000L 水，这些水在半小时内从水箱底部流出．下表显示了 t min 后水箱中剩余的水的体积 V（单位：L）．

t/min	5	10	15	20	25	30
V/L	694	444	250	111	28	0

(a) 如果 P 是 V 的图像上的点 $(15, 250)$，Q 是 $t = 5, 10,$ $15, 25, 30$ 时图像上的点，计算每条割线 PQ 的斜率．

(b) 通过求两条割线的斜率的平均值估计点 P 处的切线的斜率．

(c) 利用 V 的图像估计点 P 处的切线的斜率（该斜率表示 15min 后水流出水箱的速度）．

2. 一名学生买了一块智能手表，可以记录她一天走了多少步．下表显示的是从她戴手表的第一天下午 3:00 开始 t min 后的步数记录．

t/min	0	10	20	30	40
步数	3438	4559	5622	6536	7398

(a) 给定以下关于 t 的区间，求对应割线的斜率．这些斜率代表什么？

  (i) $[0, 40]$ (ii) $[10, 20]$ (iii) $[20, 30]$

(b) 通过求两条割线的斜率的平均值，估计该学生在下午 3:20 时的步行速度．

3. 点 $P(2, -1)$ 位于曲线 $y = \dfrac{1}{1-x}$ 上．

(a) 如果点 Q 是 $\left(x, \dfrac{1}{1-x}\right)$，求割线 PQ 的斜率（精确到小数点后 6 位），其中 x 的值如下．

  (i) 1.5   (ii) 1.9   (iii) 1.99   (iv) 1.999

  (v) 2.5   (vi) 2.1   (vii) 2.01   (viii) 2.001

(b) 利用 (a) 的结果，猜出曲线在点 $P(2, -1)$ 处的切线的斜率．

(c) 利用 (b) 中的斜率，求出曲线在点 $P(2, -1)$ 处的切线的方程．

4. 点 $P(0.5, 0)$ 位于曲线 $y = \cos \pi x$ 上．

(a) 如果点 Q 是 $(x, \cos \pi x)$，求割线 PQ 的斜率（精确到小数点后 6 位），其中 x 的值为

  (i) 0   (ii) 0.4   (iii) 0.49   (iv) 0.499

  (v) 1   (vi) 0.6   (vii) 0.51   (viii) 0.501

(b) 利用 (a) 的结果，猜出曲线在点 $P(0.5, 0)$ 处的切线的斜率．

(c) 利用 (b) 的斜率，求出曲线在点 $P(0.5, 0)$ 处的切线的方程．

(d) 画出曲线、两条割线和切线．

5. 一座桥的桥面悬于河面上方 80m 处．若一颗卵石从桥的一侧落下，则 t s 后卵石位于水面上方的高度（单位：m）为 $y = 80 - 4.9t^2$．

(a) 从 $t = 4$ 开始，求以下时间间隔内卵石的平均速度．

  (i) 0.1s   (ii) 0.05s   (iii) 0.01s

(b) 估计 4s 后卵石的瞬时速度．

6. 若在火星上以 10m/s 的速度向上扔一块石头，则 t s 后它的高度为 $y = 10t - 1.86t^2$．

(a) 求出以下时间段内石头的平均速度．

  (i) $[1, 2]$ (ii) $[1, 1.5]$ (iii) $[1, 1.1]$

  (iv) $[1, 1.01]$ (v) $[1, 1.001]$

(b) 估计 $t = 1$ 时石头的瞬时速度．

7. 下表给出了摩托车从静止开始加速运动后的位置．

t/s	0	1	2	3	4	5	6
s/m	0	1.5	6.3	14.2	24.1	38.0	53.9

(a) 求出以下时间段内摩托车的平均速度．

  (i) $[2, 4]$ (ii) $[3, 4]$ (iii) $[4, 5]$ (iv) $[4, 6]$

(b) 利用 s 关于 t 的函数的图像估计 $t = 3$ 时摩托车的瞬时速度．

8. 粒子沿直线运动其运动方程为 $s = 2\sin \pi t + 3\cos \pi t$，其中 s 的单位是 cm，t 的单位是 s．

(a) 求出以下时间段内粒子的平均速度．

  (i) $[1, 2]$ (ii) $[1, 1.1]$ (iii) $[1, 1.01]$ (iv) $[1, 1.001]$

(b) 估计 $t = 1$ 时粒子的瞬时速度．

9. 点 $P(1, 0)$ 位于曲线 $y = \sin(10\pi/x)$ 上．

(a) 如果点 Q 是 $(x, \sin(10\pi/x))$，那么对于 $x = 2, 1.5, 1.4,$ $1.3, 1.2, 1.1, 0.5, 0.6, 0.7, 0.8, 0.9$，求出每条割线 PQ 的斜率（精确到小数点后 4 位）．斜率是否趋于一个极限？

(b) 利用图像解释为什么 (a) 中割线的斜率不接近点 P 处的切线的斜率．

(c) 选取合适的割线，估计点 P 处的切线的斜率．

2.2 | 函数的极限

上一节通过求切线的斜率和物体的速度引出了极限的概念．现在将注意力转向一般的极限，以及计算极限的数值方法和图像方法．

■ 求极限的数值方法和图像方法

观察由 $f(x)=(x-1)/(x^2-1)$ 定义的函数 f 在 x 接近 1 时的行为．表 2-2-1 给出了当 x 接近 1 但不等于 1 时 $f(x)$ 的值．

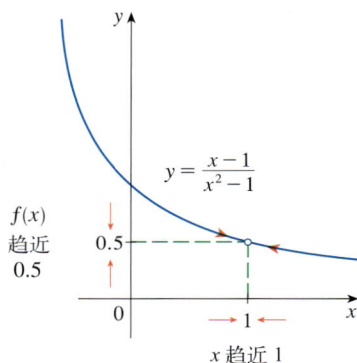

图 2-2-1

表 2-2-1

$x<1$	$f(x)$	$x>1$	$f(x)$
0.5	0.666 667	1.5	0.400 000
0.9	0.526 316	1.1	0.476 190
0.99	0.502 513	1.01	0.497 512
0.999	0.500 250	1.001	0.499 750
0.999 9	0.500 025	1.000 1	0.499 975

| 1 | 0.5 | 1 | 0.5 |

从表 2-2-1 和图 2-2-1 中 f 的图像可以看出，x 越接近 1（在 1 的两侧均可），$f(x)$ 就越接近 0.5．事实上，通过让 x 足够接近 1，可以使 $f(x)$ 任意地接近 0.5．这可以表述为"当 x 趋于 1 时，函数 $f(x)=(x-1)/(x^2-1)$ 的极限等于 0.5"，用符号表示为

$$\lim_{x\to 1}\frac{x-1}{x^2-1}=0.5 .$$

一般地，我们使用下面的符号．

---

1 **极限的直观定义**　假设当 x 在 a 附近时，函数 $f(x)$ 有定义（这意味着 f 在包含 a 的某个开区间上有定义，但在 a 处可能没有定义）．符号

$$\lim_{x\to a}f(x)=L$$

读作　　　　"当 x 趋于 a 时，函数 $f(x)$ 的极限等于 L"，

表示可以通过让 x 足够接近 a（在 a 的两侧均可）但不等于 a，使得 $f(x)$ 任意地接近 L（要多近有多近）．

粗略地说，当 x 接近 a 时，$f(x)$ 接近 L．另一种说法是，当 x 越来越接近 a（从 a 的两侧均可）但 $x\neq a$ 时，$f(x)$ 越来越接近 L．（更为严格的定义将在 2.4 节中给出．）

另一种表示 $\lim\limits_{x \to a} f(x) = L$ 的符号是

$$当\, x \to a \,时，\quad f(x) \to L，$$

通常读作"当 x 趋于 a 时，$f(x)$ 趋于 L".

注意极限的定义中"但不等于 a"这段话. 它表明在求 x 趋于 a 时 $f(x)$ 的极限的过程中，我们从不考虑 $x = a$. 事实上，$f(x)$ 甚至无须在 $x = a$ 时有定义. 唯一重要的是 $f(x)$ 在 a 的附近是如何定义的.

图 2-2-2 展示了三个函数的图像. 请注意，图 2-2-2b 中，$f(a)$ 是没有定义的；图 2-2-2c 中，$f(a) \neq L$. 但在每种情况下，无论在 a 处发生了什么，都有 $\lim\limits_{x \to a} f(x) = L$.

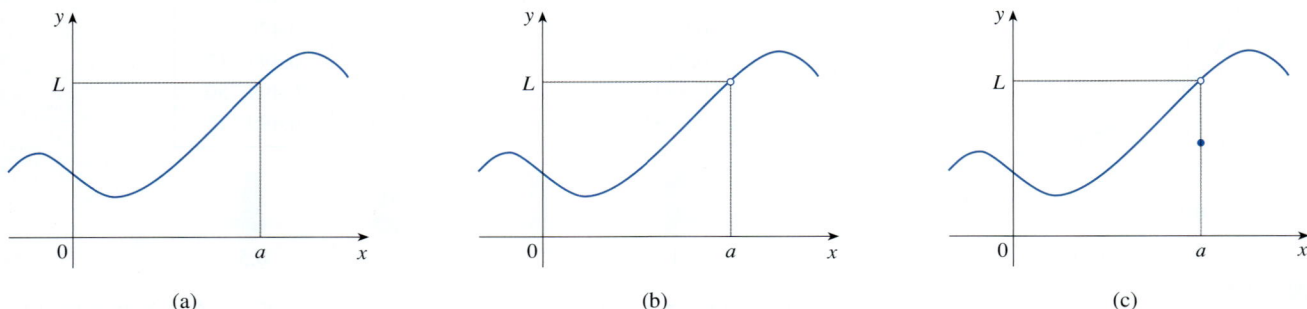

(a)　　　　　　　　　　　　(b)　　　　　　　　　　　　(c)

图 2-2-2　$\lim\limits_{x \to a} f(x) = L$ 的三种情况

例 1　估计 $\lim\limits_{t \to 0} \dfrac{\sqrt{t^2 + 9} - 3}{t^2}$ 的值.

解　表 2-2-2 中列出了 t 在 0 附近时的一些函数值.

表 2-2-2

t	$\dfrac{\sqrt{t^2 + 9} - 3}{t^2}$
± 1.0	$0.162\ 277\ldots$
± 0.5	$0.165\ 525\ldots$
± 0.1	$0.166\ 620\ldots$
± 0.05	$0.166\ 655\ldots$
± 0.01	$0.166\ 666\ldots$

当 t 趋于 0 时，函数值看上去趋于 $0.166\ 666\ 6\ldots$，因此我们猜测

$$\lim_{t \to 0} \frac{\sqrt{t^2 + 9} - 3}{t^2} = \frac{1}{6}.$$

表 2-2-3

t	$\dfrac{\sqrt{t^2 + 9} - 3}{t^2}$
± 0.001	$0.166\ 667$
$\pm 0.000\ 1$	$0.166\ 670$
$\pm 0.000\ 01$	$0.167\ 000$
$\pm 0.000\ 001$	$0.000\ 000$

在例 1 中，如果取更小的 t 值会怎样？表 2-2-3 中列出了用计算器算出的结果，可以看到奇怪的事情发生了.

如果你用自己的计算器来计算，可能会得到不同的数值，但是如果 t 值足够小，那么算出的数值最终确实是 0. 这是否表示真正的答案是 0 而非 $\frac{1}{6}$ 呢？不是的，正如我们将在下一节中讲到的，极限值就是 $\frac{1}{6}$. 问题在于，计算器给出了错误的数值，这是因为当 t 很小时，$\sqrt{t^2+9}$ 非常接近 3.（事实上，当 t 足够小时，用计算器算出的 $\sqrt{t^2+9}$ 的值是 3.000...，0 会延伸到计算器所能显示的所有数位上.）

当我们试图用图像计算器或者计算机画出例 1 中的函数

$$f(t) = \frac{\sqrt{t^2+9}-3}{t^2}$$

的图像时，会发生类似的事情. 图 2-2-3a 和图 2-2-3b 显示了相当精确的 f 的图像，如果追踪曲线的轨迹，就可以很容易地估计出极限值大约是 $\frac{1}{6}$. 但是如果放大过多（如图 2-2-3c 和图 2-2-3d 所示），就会得到不精确的图像，这是因为计算中的舍入误差.

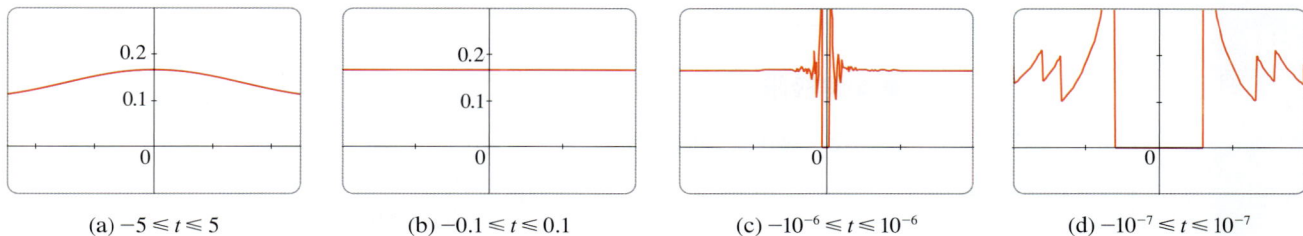

(a) $-5 \leqslant t \leqslant 5$ (b) $-0.1 \leqslant t \leqslant 0.1$ (c) $-10^{-6} \leqslant t \leqslant 10^{-6}$ (d) $-10^{-7} \leqslant t \leqslant 10^{-7}$

图 2-2-3

表 2-2-4

x	$\frac{\sin x}{x}$
±1.0	0.841 470 98
±0.5	0.958 851 08
±0.4	0.973 545 86
±0.3	0.985 067 36
±0.2	0.993 346 65
±0.1	0.998 334 17
±0.05	0.999 583 39
±0.01	0.999 983 33
±0.005	0.999 995 83
±0.001	0.999 999 83

例 2 猜测 $\lim\limits_{x \to 0} \frac{\sin x}{x}$ 的值.

解 函数 $f(x) = (\sin x)/x$ 在 $x=0$ 时没有定义. 使用计算器（注意，如果 $x \in \mathbb{R}$，则 $\sin x$ 表示弧度为 x 的角的正弦），得到表 2-2-4 中所示的值（精确到小数点后 8 位）. 根据表 2-2-4 中的数据和图 2-2-4 中的图像，我们猜测

$$\lim_{x \to 0} \frac{\sin x}{x} = 1.$$

这个猜测实际上是正确的，我们将在第 3 章中利用几何方法证明.

图 2-2-4

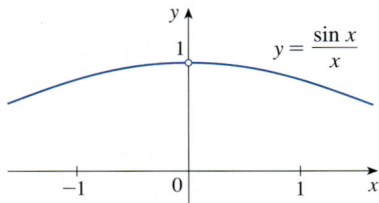

例 3　计算 $\lim\limits_{x \to 0}\left(x^3 + \dfrac{\cos 5x}{10\,000}\right)$.

解　与前面一样，列出一张数值表．从表 2-2-5 中可以看出，极限可能为 0.

但是如果我们坚持取更小的 x 值，则表 2-2-6 表明极限更可能是 0.000 1．在 2.5 节中，我们将证明 $\lim\limits_{x \to 0}\cos 5x = 1$，并由此得出

$$\lim_{x \to 0}\left(x^3 + \frac{\cos 5x}{10\,000}\right) = \frac{1}{10\,000} = 0.000\,1 . \qquad ■$$

表 2-2-5

x	$x^3 + \dfrac{\cos 5x}{10\,000}$
1	1.000 028
0.5	0.124 920
0.1	0.001 088
0.05	0.000 222
0.01	0.000 101

表 2-2-6

x	$x^3 + \dfrac{\cos 5x}{10\,000}$
0.005	0.000 100 09
0.001	0.000 100 00

■ 单侧极限

定义赫维赛德函数 H 为

$$H(t) = \begin{cases} 0, & t < 0; \\ 1, & t \geqslant 0. \end{cases}$$

[这个函数是以电子工程师奥利弗·赫维赛德（Oliver Heaviside，1850—1925）的姓氏命名的，可以用来描述在 $t = 0$ 时接通的电路中的电流.] 它的图像如图 2-2-5 所示.

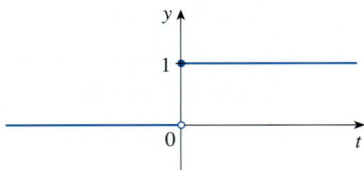

图 2-2-5

当 t 趋于 0 时，$H(t)$ 不趋于单一数值，因此 $\lim\limits_{t \to 0} H(t)$ 不存在．然而，当 t 从左侧趋于 0 时，$H(t)$ 趋于 0；当 t 从右侧趋于 0 时，$H(t)$ 趋于 1．这可以用符号表示为

$$\lim_{t \to 0^-} H(t) = 0 \text{ 和 } \lim_{t \to 0^+} H(t) = 1 ,$$

称为单侧极限．符号 $t \to 0^-$ 表示只考虑 $t < 0$ 的情况，符号 $t \to 0^+$ 表示只考虑 $t > 0$ 的情况．

---

2 **单侧极限的直观定义**　如果让 x 足够接近 a 且 $x < a$，可以使 $f(x)$ 任意接近 L，则称当 x 趋于 a 时，$f(x)$ 的**左极限**（或 x 从左侧趋于 a 时 $f(x)$ 的极限）等于 L，记为

$$\lim_{x \to a^-} f(x) = L .$$

如果让 x 足够接近 a 且 $x > a$，可以使 $f(x)$ 任意接近 L，则称当 x 趋于 a 时，$f(x)$ 的**右极限**（或 x 从右侧趋于 a 时 $f(x)$ 的极限）等于 L，记为

$$\lim_{x \to a^+} f(x) = L .$$

例如，符号 $x \to 5^-$ 表示只考虑 $x < 5$ 的情况，$x \to 5^+$ 表示只考虑 $x > 5$ 的情况．定义 2 如图 2-2-6 所示．

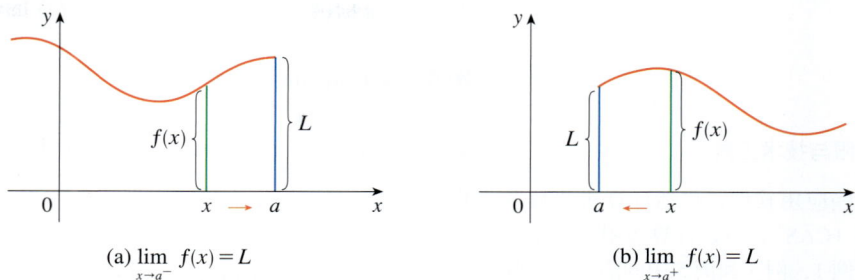

$$(a)\ \lim_{x \to a^-} f(x) = L \qquad\qquad (b)\ \lim_{x \to a^+} f(x) = L$$

图 2-2-6

注意，定义 2 与定义 1 的不同之处仅仅在于，定义 1 要求 $x > a$ 和 $x < a$ 这两种情况均满足条件，定义 2 要求 $x > a$ 或 $x < a$ 中的任意一种情况满足条件即可．通过比较这些定义，得出以下结论．

> **3**　$\displaystyle\lim_{x \to a} f(x) = L$ 当且仅当 $\displaystyle\lim_{x \to a^-} f(x) = L$ 且 $\displaystyle\lim_{x \to a^+} f(x) = L$．

例 4　函数 g 的图像如图 2-2-7 所示．

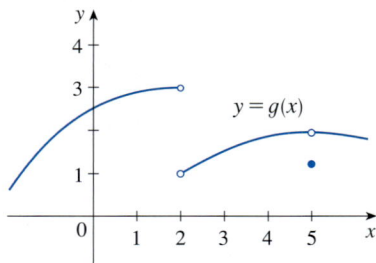

图 2-2-7

利用图像说出以下极限的值（如果极限存在）．

(a) $\displaystyle\lim_{x \to 2^-} g(x)$ 　　　　(b) $\displaystyle\lim_{x \to 2^+} g(x)$ 　　　　(c) $\displaystyle\lim_{x \to 2} g(x)$

(d) $\displaystyle\lim_{x \to 5^-} g(x)$ 　　　　(e) $\displaystyle\lim_{x \to 5^+} g(x)$ 　　　　(f) $\displaystyle\lim_{x \to 5} g(x)$

解　我们从图像中看到，当 x 从左侧趋于 2 时，$g(x)$ 趋于 3；当 x 从右侧趋于 2 时，$g(x)$ 趋于 1．因此

$$(a)\ \lim_{x \to 2^-} g(x) = 3，\quad (b)\ \lim_{x \to 2^+} g(x) = 1．$$

(c) 因为左、右极限不相等，所以由定义 3 可知，$\displaystyle\lim_{x \to 2} g(x)$ 不存在．

图像还显示了

$$(d)\ \lim_{x \to 5^-} g(x) = 2，\quad (e)\ \lim_{x \to 5^+} g(x) = 2．$$

(f) 此时左、右极限相等，因此根据定义 3，有

$$\lim_{x \to 5} g(x) = 2．$$

尽管如此，但是注意 $g(5) \ne 2$．■

极限怎么会不存在

我们已经看到，如果 $x = a$ 处的左、右极限不相等，则该极限不存在（如例 4 所示）．下面两个例子说明了极限不存在的其他情况．

例 5 探究 $\lim\limits_{x \to 0} \sin\dfrac{\pi}{x}$ 是否存在．

解 注意，函数 $f(x) = \sin\dfrac{\pi}{x}$ 在 $x = 0$ 处无定义．取一些较小的 x 值计算函数值，得到：

$$f(1) = \sin\pi = 0, \qquad f\left(\frac{1}{2}\right) = \sin 2\pi = 0,$$

$$f\left(\frac{1}{3}\right) = \sin 3\pi = 0, \qquad f\left(\frac{1}{4}\right) = \sin 4\pi = 0,$$

$$f(0.1) = \sin 10\pi = 0, \quad f(0.01) = \sin 100\pi = 0.$$

极限与技术工具

一些应用软件，包括计算机代数系统（CAS），可以计算极限．为了避开例 1、例 3 和例 5 中的陷阱，这些软件并不通过数值试验来计算极限，而是运用更为复杂的技术，例如无穷级数．我们鼓励使用这些软件来计算本节例题中的极限，并验证你所得到的本章练习的答案．

类似地，$f(0.001) = f(0.0001) = 0$．基于这些信息，我们可能会猜测极限是 0，🚫但这个猜测是错误的．注意，尽管对于任意整数 n，都有 $f(1/n) = \sin n\pi = 0$，然而也有无穷多个趋于 0 的 x 值（比如 2/5 或 2/101）使得 $f(x) = 1$．图 2-2-8 中函数 f 的图像展示了这一点．

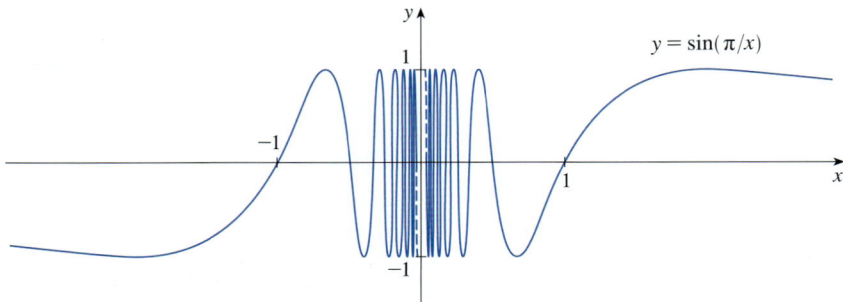

图 2-2-8

y 轴附近的虚线表示当 x 趋于 0 时，$\sin(\pi/x)$ 在 1 和 –1 之间不断地来回波动．

因为当 x 趋于 0 时 $f(x)$ 不趋于一个固定的数值，所以

$$\lim\limits_{x \to 0} \sin\frac{\pi}{x} \text{ 不存在．} \qquad \blacksquare$$

🚫 例 3 和例 5 说明了一些猜测极限值的陷阱．如果我们使用了不合适的 x 值，就很容易猜错极限值，想知道何时停止计算却很困难．正如例 1 之后的讨论所指出的，计算器和计算机有时候也会给出错误的值．不过在下一节里，我们将介绍计算极限的可靠方法．

另一种在 $x = a$ 处极限不存在的情况是：当 x 趋于 a 时，函数值（的绝对值）无穷大．

例 6 求极限 $\lim\limits_{x\to 0}\dfrac{1}{x^2}$ 的值（如果极限存在）.

解 当 x 接近 0 时，x^2 也接近 0，因此 $1/x^2$ 会变得非常大（见表 2-2-7）. 事实上，从图 2-2-9 中函数 $f(x)=1/x^2$ 的图像可以看出，$f(x)$ 可以通过让 x 足够接近 0 而变得任意大. 因此，$f(x)$ 不趋于一个数，因而 $\lim\limits_{x\to 0}\left(1/x^2\right)$ 不存在.

表 2-2-7

x	$\dfrac{1}{x^2}$
± 1	1
± 0.5	4
± 0.2	25
± 0.1	100
± 0.05	400
± 0.01	10 000
± 0.001	1 000 000

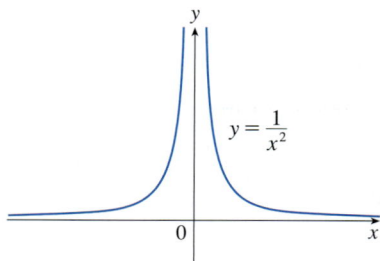

图 2-2-9

■ **无穷极限和垂直渐近线**

为了表示例 6 中的这种函数行为，我们使用以下符号：

$$\lim_{x\to 0}\frac{1}{x^2}=+\infty .$$

⊘ 这并不意味着我们把 $+\infty$ 看作一个数，也不意味着极限存在. 它只是极限不存在的一种特殊表示方式：通过让 x 足够接近 0，可以使 $1/x^2$ 变得任意大.

通常，我们用符号

$$\lim_{x\to a}f(x)=+\infty$$

表示当 x 越来越接近 a 时，$f(x)$ 越来越大（或者"无界地增大"）.

> **4 无穷极限的直观定义** 设 f 是一个函数，它在 a 的两侧都有定义，但在 a 处本身可能没有定义，那么
> $$\lim_{x\to a}f(x)=+\infty$$
> 表示当 x 足够接近 a 但不等于 a 时，$f(x)$ 可以变得任意大（要多大有多大）.

$\lim\limits_{x\to a}f(x)=+\infty$ 的另一种符号是

$$\text{当 } x\to a \text{ 时，} f(x)\to +\infty .$$

同样，符号 $+\infty$ 不是一个数，但是表达式 $\lim\limits_{x\to a}f(x)=+\infty$ 经常读作

"当 x 趋于 a 时，$f(x)$ 的极限是无穷大"，

或者   "当 x 趋于 a 时，$f(x)$ 无穷大"，

或者   "当 x 趋于 a 时，$f(x)$ 无界地增大".

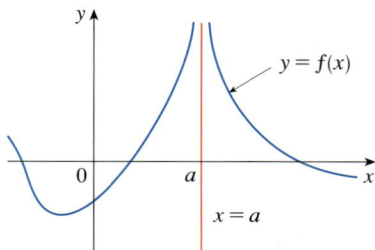

图 2-2-10

$\lim\limits_{x\to a}f(x)=+\infty$

这个定义的图示见图 2-2-10.

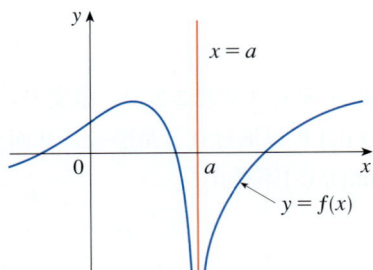

图 2-2-11

$$\lim_{x \to a} f(x) = -\infty$$

定义 5 中定义了一种相似的极限,针对的是那些当 x 接近 a 时变成绝对值很大的负数的函数,如图 2-2-11 所示.

⑤ 定义 设 f 是一个函数,它在 a 的两侧都有定义,但在 a 处本身可能没有定义,那么

$$\lim_{x \to a} f(x) = -\infty$$

表示当 x 足够接近 a 但不等于 a 时,$f(x)$ 可以变成绝对值任意大的负数.

符号 $\lim\limits_{x \to a} f(x) = -\infty$ 可以读作"当 x 趋于 a 时,$f(x)$ 的极限是负无穷大"或者"当 x 趋于 a 时,$f(x)$ 无界地减小". 举个例子:

$$\lim_{x \to 0}\left(-\frac{1}{x^2}\right) = -\infty .$$

类似地,我们可以给出单侧无穷极限的定义:

$$\lim_{x \to a^-} f(x) = +\infty , \quad \lim_{x \to a^+} f(x) = +\infty ,$$

$$\lim_{x \to a^-} f(x) = -\infty , \quad \lim_{x \to a^+} f(x) = -\infty .$$

之前提到,$x \to a^-$ 表示只考虑 $x < a$ 的情况,$x \to a^+$ 表示只考虑 $x > a$ 的情况. 图 2-2-12 展示了这四种单侧无穷极限.

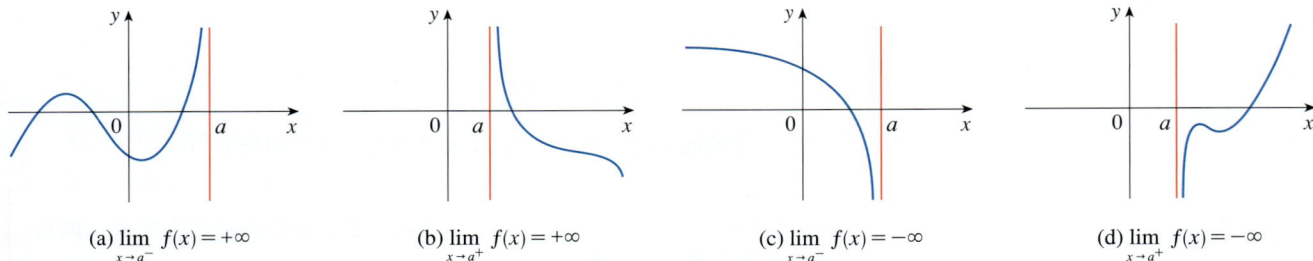

(a) $\lim\limits_{x \to a^-} f(x) = +\infty$ (b) $\lim\limits_{x \to a^+} f(x) = +\infty$ (c) $\lim\limits_{x \to a^-} f(x) = -\infty$ (d) $\lim\limits_{x \to a^+} f(x) = -\infty$

图 2-2-12

⑥ 定义 称直线 $x = a$ 为曲线 $y = f(x)$ 的**垂直渐近线**,如果下面的条件中至少有一个成立:

$$\lim_{x \to a} f(x) = +\infty ; \quad \lim_{x \to a^-} f(x) = +\infty ; \quad \lim_{x \to a^+} f(x) = +\infty ;$$

$$\lim_{x \to a} f(x) = -\infty ; \quad \lim_{x \to a^-} f(x) = -\infty ; \quad \lim_{x \to a^+} f(x) = -\infty .$$

例如,y 轴是曲线 $y = 1/x^2$ 的垂直渐近线,因为 $\lim\limits_{x \to 0}\left(1/x^2\right) = +\infty$. 在图 2-2-12 中,直线 $x = a$ 在全部四种情况中都是垂直渐近线. 通常,垂直渐近线的知识在画函数图像时是非常有用的.

例 7 曲线 $y = \dfrac{2x}{x-3}$ 是否有垂直渐近线?

解 在 $x = 3$ 处,分母为 0,此时可能存在一条垂直渐近线,因此我们考察这里的单侧极限.

如果 x 接近 3 但比 3 大,那么分母 $x-3$ 是一个非常小的正数且 $2x$ 接近 6,因此商 $2x/(x-3)$ 是一个非常大的正数.(比如,如果 $x = 3.01$,那么 $2x/(x-3) = 6.02/0.01 = 602$.)所以,我们可以直观地看出

$$\lim_{x \to 3^+} \frac{2x}{x-3} = +\infty.$$

同样,如果 x 接近 3 但比 3 小,那么 $x-3$ 是一个绝对值非常小的负数,但是 $2x$ 仍然是正数(接近 6),因此 $2x/(x-3)$ 是一个绝对值非常大的负数.所以,

$$\lim_{x \to 3^-} \frac{2x}{x-3} = -\infty.$$

曲线 $y = 2x/(x-3)$ 如图 2-2-13 所示.根据定义 6,直线 $x = 3$ 是一条垂直渐近线. ∎

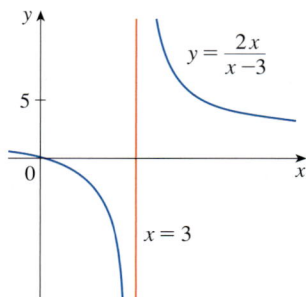
图 2-2-13

注 例 6 和例 7 中的极限都不存在,但在例 6 中,$\lim\limits_{x \to 0}(1/x^2) = +\infty$ 这个记法是正确的,因为当 x 从左侧或右侧趋于 0 时,都有 $f(x) \to +\infty$.在例 7 中,当 x 从右侧趋于 3 时 $f(x) \to +\infty$,当 x 从左侧趋向 3 时 $f(x) \to -\infty$,所以 $\lim\limits_{x \to 3} f(x)$ 不存在.

例 8 求出 $f(x) = \tan x$ 的垂直渐近线.

解 因为

$$\tan x = \frac{\sin x}{\cos x},$$

所以在 $\cos x = 0$ 处可能会有垂直渐近线.事实上,当 $x \to (\pi/2)^-$ 时 $\cos x \to 0^+$,当 $x \to (\pi/2)^+$ 时 $\cos x \to 0^-$,而当 x 在 $\pi/2$ 附近时 $\sin x$ 为正(接近 1),从而有

$$\lim_{x \to (\pi/2)^-} \tan x = +\infty, \qquad \lim_{x \to (\pi/2)^+} \tan x = -\infty.$$

这表明直线 $x = \pi/2$ 是一条垂直渐近线.同理,直线 $x = \pi/2 + n\pi$ 是 $f(x) = \tan x$ 全部的垂直渐近线,其中 n 是整数.图 2-2-14 中的图像证实了这一点. ∎

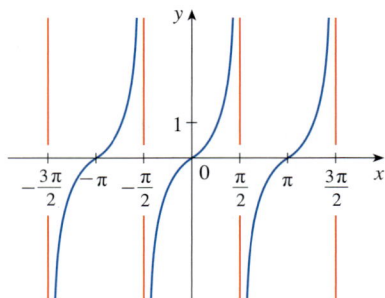
图 2-2-14
$y = \tan x$

函数图像有垂直渐近线的另一个例子是自然对数函数 $y = \ln x$.从图 2-2-15 中我们看到:

$$\boxed{\lim_{x \to 0^+} \ln x = -\infty.}$$

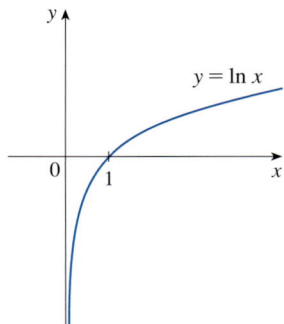
图 2-2-15
y 轴是自然对数函数的一条垂直渐近线

因此,直线 $x = 0$(y 轴)是一条垂直渐近线.事实上,对于函数 $y = \log_b x, b > 1$,这个结论同样成立(见图 1-5-11 和图 1-5-12).

2.2 | 练习

1. 用你自己的语言解释以下等式的含义：

$$\lim_{x \to 2} f(x) = 5.$$

如果 $f(2) = 3$，那么这个等式是否成立？请解释原因.

2. 解释以下等式的含义：

$$\lim_{x \to 1^-} f(x) = 3 \text{ 且 } \lim_{x \to 1^+} f(x) = 7.$$

此时极限 $\lim_{x \to 1} f(x)$ 是否存在？请解释原因.

3. 解释以下等式的含义.

(a) $\lim_{x \to -3} f(x) = +\infty$ (b) $\lim_{x \to 4^+} f(x) = -\infty$

4. 函数 f 的图像如下所示，判断下列极限和函数值是否存在. 如果存在，请给出其值；如果不存在，请说明理由.

(a) $\lim_{x \to 2^-} f(x)$ (b) $\lim_{x \to 2^+} f(x)$ (c) $\lim_{x \to 2} f(x)$

(d) $f(2)$ (e) $\lim_{x \to 4} f(x)$ (f) $f(4)$

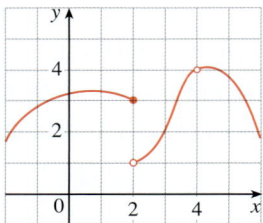

5. 函数 f 的图像如下所示，判断下列极限和函数值是否存在. 如果存在，请给出其值；如果不存在，请说明理由.

(a) $\lim_{x \to 1} f(x)$ (b) $\lim_{x \to 3^-} f(x)$ (c) $\lim_{x \to 3^+} f(x)$

(d) $\lim_{x \to 3} f(x)$ (e) $f(3)$

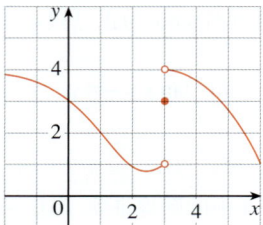

6. 函数 h 的图像如右栏第一张图所示，判断下列极限和函数值是否存在. 如果存在，请给出其值；如果不存在，请说明理由.

(a) $\lim_{x \to -3^-} f(x)$ (b) $\lim_{x \to -3^+} f(x)$ (c) $\lim_{x \to -3} f(x)$

(d) $h(-3)$ (e) $\lim_{x \to 0^-} h(x)$ (f) $\lim_{x \to 0^+} h(x)$

(g) $\lim_{x \to 0} h(x)$ (h) $h(0)$ (i) $\lim_{x \to 2} h(x)$

(j) $h(2)$ (k) $\lim_{x \to 5^+} h(x)$ (l) $\lim_{x \to 5^-} h(x)$

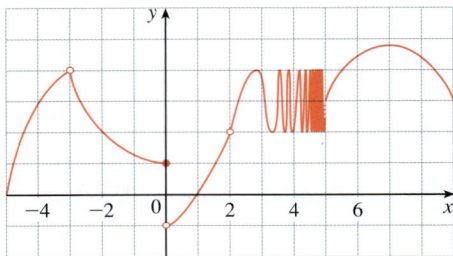

7. 函数 g 的图像如下所示，求满足以下条件的数 a.

(a) $\lim_{x \to a} g(x)$ 不存在，但 $g(a)$ 有定义.

(b) $\lim_{x \to a} g(x)$ 存在，但 $g(a)$ 没有定义.

(c) $\lim_{x \to a^-} g(x)$ 和 $\lim_{x \to a^+} g(x)$ 都存在，但 $\lim_{x \to a} g(x)$ 不存在.

(d) $\lim_{x \to a^+} g(x) = g(a)$，但 $\lim_{x \to a^-} g(x) \neq g(a)$.

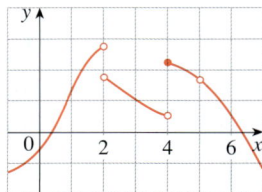

8. 函数 A 的图像如下所示，求下列极限和方程.

(a) $\lim_{x \to -3} A(x)$ (b) $\lim_{x \to 2^-} A(x)$

(c) $\lim_{x \to 2^+} A(x)$ (d) $\lim_{x \to -1} A(x)$

(e) 垂直渐近线的方程

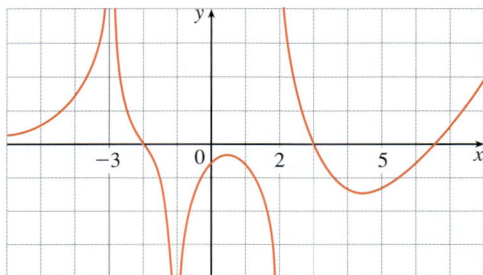

9. 函数 f 的图像如下页第一张图所示，求下列极限和方程.

(a) $\lim_{x \to -7} f(x)$ (b) $\lim_{x \to -3} f(x)$ (c) $\lim_{x \to 0} f(x)$

(d) $\lim_{x \to 6^-} f(x)$ (e) $\lim_{x \to 6^+} f(x)$

(f) 垂直渐近线的方程

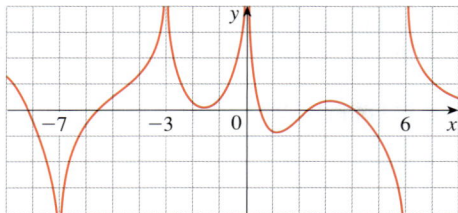

10. 一位病人每隔 4h 接受一次 150mg 的药物注射．下图显示了 t h 后血液中的含药量 $f(t)$（单位：mg）．求

$$\lim_{t \to 12^-} f(t) \text{ 和 } \lim_{t \to 12^+} f(t)$$

的值，并解释这些单侧极限的意义．

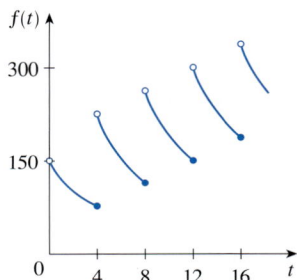

11~12 画出以下函数的图像，并利用图像确定使 $\lim_{x \to a} f(x)$ 存在的 a 值．

11. $f(x) = \begin{cases} e^x, & x \leqslant 0; \\ x - 1, & 0 < x < 1; \\ \ln x, & x \geqslant 1. \end{cases}$

12. $f(x) = \begin{cases} \sqrt[3]{x}, & x \leqslant -1; \\ x, & -1 < x \leqslant 2; \\ (x-1)^2, & x > 2. \end{cases}$

13~14 利用函数 f 的图像给出以下每个极限的值（如果极限存在）．如果极限不存在，请解释原因．

(a) $\lim_{x \to 0^-} f(x)$　　(b) $\lim_{x \to 0^+} f(x)$　　(c) $\lim_{x \to 0} f(x)$

13. $f(x) = x\sqrt{1 + x^{-2}}$

14. $f(x) = \dfrac{e^{1/x} - 2}{e^{1/x} + 1}$

15~18 画出满足所有给定条件的函数 f 的图像．

15. $\lim_{x \to 1^-} f(x) = 3$，$\lim_{x \to 1^+} f(x) = 0$，$f(1) = 2$

16. $\lim_{x \to 0} f(x) = 4$，$\lim_{x \to 8^-} f(x) = 1$，$\lim_{x \to 8^+} f(x) = -3$，
$f(0) = 6$，$f(8) = -1$

17. $\lim_{x \to -1^-} f(x) = 0$，$\lim_{x \to -1^+} f(x) = 1$，$\lim_{x \to 2} f(x) = 3$，$f(-1) = 2$，
$f(2) = 1$

18. $\lim_{x \to -3^-} f(x) = 3$，$\lim_{x \to -3^+} f(x) = 2$，$\lim_{x \to 3^-} f(x) = -1$，
$\lim_{x \to 3^+} f(x) = 2$，$f(-3) = 2$，$f(3) = 0$

19~22 通过计算函数在给定点处的值（精确到小数点后 6 位），猜测极限值（如果极限存在）．

19. $\lim_{x \to 3} \dfrac{x^2 - 3x}{x^2 - 9}$，

$x = 3.1, 3.05, 3.01, 3.001, 3.000\ 1, 2.9, 2.95, 2.99, 2.999,$
$2.999\ 9$

20. $\lim_{x \to -3} \dfrac{x^2 - 3x}{x^2 - 9}$，

$x = -2.5, -2.9, -2.95, -2.99, -2.999, -2.999\ 9,$
$-3.5, -3.1, -3.05, -3.01, -3.001, -3.000\ 1$

21. $\lim_{t \to 0} \dfrac{e^{5t} - 1}{t}$，$t = \pm 0.5, \pm 0.1, \pm 0.01, \pm 0.001, \pm 0.000\ 1$

22. $\lim_{h \to 0} \dfrac{(2+h)^5 - 32}{h}$，

$h = \pm 0.5, \pm 0.1, \pm 0.01, \pm 0.001, \pm 0.000\ 1$

23~28 利用函数值的表格估计极限值．如果你有绘图设备，可以画出函数图像来检验你的结果．

23. $\lim_{x \to 4} \dfrac{\ln x - \ln 4}{x - 4}$　　**24.** $\lim_{p \to -1} \dfrac{1 + p^9}{1 + p^{15}}$

25. $\lim_{\theta \to 0} \dfrac{\sin 3\theta}{\tan 2\theta}$　　**26.** $\lim_{t \to 0} \dfrac{5^t - 1}{t}$

27. $\lim_{x \to 0^+} x^x$　　**28.** $\lim_{x \to 0^+} x^2 \ln x$

29~40 判断下列极限是否为无穷极限．

29. $\lim_{x \to 5^+} \dfrac{x + 1}{x - 5}$　　**30.** $\lim_{x \to 5^-} \dfrac{x + 1}{x - 5}$

31. $\lim_{x \to 2} \dfrac{x^2}{(x-2)^2}$　　**32.** $\lim_{x \to 3^-} \dfrac{\sqrt{x}}{(x-3)^5}$

33. $\lim_{x \to 1^+} \ln(\sqrt{x} - 1)$　　**34.** $\lim_{x \to 0^+} \ln(\sin x)$

35. $\lim_{x \to (\pi/2)^+} \dfrac{1}{x} \sec x$　　**36.** $\lim_{x \to \pi^-} x \cot x$

37. $\lim_{x \to 1} \dfrac{x^2 + 2x}{x^2 - 2x + 1}$　　**38.** $\lim_{x \to 3^-} \dfrac{x^2 + 4x}{x^2 - 2x - 3}$

39. $\lim_{x \to 0} (\ln x^2 - x^{-2})$　　**40.** $\lim_{x \to 0^+} \left(\dfrac{1}{x} - \ln x \right)$

41. 求以下函数的垂直渐近线.

$$f(x) = \frac{x-1}{2x+4}$$

42. (a) 求以下函数的垂直渐近线.

$$y = \frac{x^2+1}{3x-2x^2}$$

(b) 画出函数的图像来验证 (a) 中你的答案.

43. 用下列方法确定 $\lim\limits_{x \to 1^-} \dfrac{1}{x^3-1}$ 和 $\lim\limits_{x \to 1^+} \dfrac{1}{x^3-1}$ 的值:

(a) 分别计算当 x 从左侧和右侧趋于 1 时 $f(x) = 1/(x^3-1)$ 的值;

(b) 用类似于例 7 的方法;

(c) 利用函数 f 的图像.

44. (a) 画出函数

$$f(x) = \frac{\cos 2x - \cos x}{x^2}$$

的图像并以图像与 y 轴的交点为中心放大观察,估计 $\lim\limits_{x \to 0} f(x)$ 的值.

(b) 计算 x 趋于 0 时 $f(x)$ 的值,检查 (a) 中你的答案.

45. (a) 估计极限 $\lim\limits_{x \to 0} (1+x)^{1/x}$ 的值,精确到小数点后 5 位.这个数你熟悉吗?

(b) 画出 $y = (1+x)^{1/x}$ 的图像来展示 (a) 的结果.

46. (a) 画出函数 $f(x) = e^x + \ln|x-4|$ 在 $0 \leqslant x \leqslant 5$ 上的图像.这个图像能精确地表示 f 吗?

(b) 如何得到更好地表示 f 的图像?

47. (a) 计算函数

$$f(x) = x^2 - \frac{2^x}{1000}$$

在 $x = 1, 0.8, 0.6, 0.4, 0.2, 0.1, 0.05$ 时的值,并猜测极限 $\lim\limits_{x \to 0}\left(x^2 - \dfrac{2^x}{1000}\right)$ 的值.

(b) 计算 $f(x)$ 在 $x = 0.04, 0.02, 0.01, 0.005, 0.003, 0.001$ 时的值,并再次猜测上述极限的值.

48. (a) 计算函数 $h(x) = \dfrac{\tan x - x}{x^3}$ 在 $x = 1, 0.5, 0.1, 0.05, 0.01, 0.005$ 时的值.

(b) 猜测 $\lim\limits_{x \to 0} \dfrac{\tan x - x}{x^3}$ 的值.

(c) 令 x 的取值逐个减小,计算相应的 $h(x)$,直到 $h(x)$ 最终变为 0.你是否仍然确信在 (b) 中你的猜测是正确的?解释为何最终会得到 0.(4.4 节将介绍计算极限的方法.)

(d) 在矩形区域 $[-1,1] \times [0,1]$ 中画出函数 h 的图像.然后以图像与 y 轴的交点为中心放大图像,估计 x 趋于 0 时 $h(x)$ 的极限.继续放大,直到你观察到 h 的图像出现扭曲.将极限与 (c) 的结果进行比较.

49. 利用图像估计曲线

$$y = \tan(2\sin x),\ -\pi \leqslant x \leqslant \pi$$

的所有垂直渐近线的方程,然后求出这些渐近线的准确方程.

50. 考虑函数 $f(x) = \tan\dfrac{1}{x}$.

(a) 证明:对于 $x = \dfrac{1}{\pi}, \dfrac{1}{2\pi}, \dfrac{1}{3\pi}, \cdots$,有 $f(x) = 0$.

(b) 证明:对于 $x = \dfrac{4}{\pi}, \dfrac{4}{5\pi}, \dfrac{4}{9\pi}, \cdots$,有 $f(x) = 1$.

(c) 关于 $\lim\limits_{x \to 0^+} \tan\dfrac{1}{x}$,你可以得出什么结论?

51. 在相对论中,速度为 v 的粒子的质量是

$$m = \frac{m_0}{\sqrt{1-v^2/c^2}},$$

其中 m_0 是粒子的静止质量,c 是光速.当 $v \to c^-$ 时会发生什么?

2.3 | 利用极限运算法则求极限

■ 极限的性质

在 2.2 节中,我们利用计算器和函数图像来猜测极限值,但这些方法并不总是能得到正确的答案.在本节中,我们使用极限的下列性质,即极限运算法则,来计算极限值.

> **极限运算法则** 假设 c 是一个常数，且极限 $\lim\limits_{x \to a} f(x)$ 和 $\lim\limits_{x \to a} g(x)$ 都存在，那么
>
> **1.** $\lim\limits_{x \to a}\left[f(x)+g(x)\right]=\lim\limits_{x \to a}f(x)+\lim\limits_{x \to a}g(x)$；
>
> **2.** $\lim\limits_{x \to a}\left[f(x)-g(x)\right]=\lim\limits_{x \to a}f(x)-\lim\limits_{x \to a}g(x)$；
>
> **3.** $\lim\limits_{x \to a}\left[cf(x)\right]=c\lim\limits_{x \to a}f(x)$；
>
> **4.** $\lim\limits_{x \to a}\left[f(x)g(x)\right]=\lim\limits_{x \to a}f(x)\lim\limits_{x \to a}g(x)$；
>
> **5.** $\lim\limits_{x \to a}\dfrac{f(x)}{g(x)}=\dfrac{\lim\limits_{x \to a}f(x)}{\lim\limits_{x \to a}g(x)}$，其中 $\lim\limits_{x \to a}g(x)\neq 0$.

这五个法则也可以用文字描述.

和法则　　1. 和的极限等于极限的和.

差法则　　2. 差的极限等于极限的差.

常数倍法则　　3. 函数的常数倍的极限等于函数的极限的常数倍.

积法则　　4. 积的极限等于极限的积.

商法则　　5. 商的极限等于极限的商（如果分母的极限不是 0）.

你或许会轻易地相信这些性质就是正确的. 例如，如果 $f(x)$ 接近 L，$g(x)$ 接近 M，那么有理由得出结论：$f(x)+g(x)$ 接近 $L+M$. 这使我们直观地认为法则 1 是正确的. 极限的严格定义会在 2.4 节中给出，并用来证明这个法则. 其余法则的证明在附录 F 中给出.

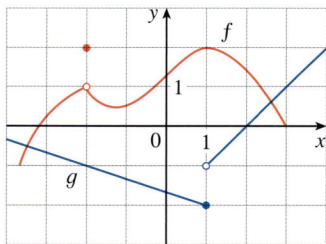

图 2-3-1

例 1　运用极限运算法则以及图 2-3-1 中 f 和 g 的图像，估计下列极限的值（如果极限存在）.

(a) $\lim\limits_{x \to -2}\left[f(x)+5g(x)\right]$　　　　(b) $\lim\limits_{x \to 1}\left[f(x)g(x)\right]$　　　　(c) $\lim\limits_{x \to 2}\dfrac{f(x)}{g(x)}$

解

(a) 从 f 和 g 的图像可以看出

$$\lim\limits_{x \to -2}f(x)=1，\quad \lim\limits_{x \to -2}g(x)=-1.$$

因此，

$$\lim\limits_{x \to -2}\left[f(x)+5g(x)\right]=\lim\limits_{x \to -2}f(x)+\lim\limits_{x \to -2}\left[5g(x)\right] \qquad \text{（法则 1）}$$

$$=\lim\limits_{x \to -2}f(x)+5\lim\limits_{x \to -2}g(x) \qquad \text{（法则 3）}$$

$$=1+5\times(-1)=-4.$$

(b) $\lim\limits_{x\to 1} f(x) = 2$，但是 $\lim\limits_{x\to 1} g(x)$ 不存在，因为左、右极限不相等：

$$\lim_{x\to 1^-} g(x) = -2 , \quad \lim_{x\to 1^+} g(x) = -1 .$$

因此不能运用法则 4 求极限．但可以求单侧极限：

$$\lim_{x\to 1^-} \left[f(x)g(x) \right] = \lim_{x\to 1^-} f(x) \lim_{x\to 1^-} g(x) = 2\times(-2) = -4 ,$$

$$\lim_{x\to 1^+} \left[f(x)g(x) \right] = \lim_{x\to 1^+} f(x) \lim_{x\to 1^+} g(x) = 2\times(-1) = -2 .$$

左、右极限不相等，所以极限 $\lim\limits_{x\to 1} \left[f(x)g(x) \right]$ 不存在．

(c) 图像显示

$$\lim_{x\to 2} f(x) \approx 1.4 , \quad \lim_{x\to 2} g(x) = 0 .$$

因为分母的极限是 0，所以不能运用法则 5．因为分母趋于 0，而分子趋于一个非零的数，所以所求的极限不存在． ■

设 $g(x) = f(x)$，然后反复运用积法则，就得到了下面的法则．

幂法则

> **6.** $\lim\limits_{x\to a} \left[f(x) \right]^n = \left[\lim\limits_{x\to a} f(x) \right]^n$，其中 n 是正整数．

类似的法则也适用于根函数，2.5 节练习 69 将要求你进行证明．

根法则

> **7.** $\lim\limits_{x\to a} \sqrt[n]{f(x)} = \sqrt[n]{\lim\limits_{x\to a} f(x)}$，其中 n 是正整数．
> （如果 n 是偶数，则必须有 $\lim\limits_{x\to a} f(x) > 0$ ．）

为了应用这七个法则，我们需要两个特殊的极限．

> **8.** $\lim\limits_{x\to a} c = c$ **9.** $\lim\limits_{x\to a} x = a$

从直观的角度来看（用语言来描述或者画出 $y = c$ 和 $y = x$ 的图像），这些关于极限的结果是显而易见的，2.4 节练习 23~24 会要求你给出基于严格定义的证明．

如果在法则 6 中代入 $f(x) = x$，运用法则 9 就可以得到另一个有用的特殊极限．

> **10.** $\lim\limits_{x\to a} x^n = a^n$，其中 n 是正整数．

类似地，如果在法则 7 中代入 $f(x)=x$，运用法则 9 就可以得到根式的极限. （2.4 节练习 37 中有关于证明平方根的极限的提示.）

> **11.** $\lim\limits_{x \to a} \sqrt[n]{x} = \sqrt[n]{a}$，其中 n 是正整数（如果 n 是偶数，则必须有 $a > 0$）.

例 2 计算下面的极限并论证每一步.

(a) $\lim\limits_{x \to 5}(2x^2 - 3x + 4)$ 　　　　　　　(b) $\lim\limits_{x \to -2} \dfrac{x^3 + 2x^2 - 1}{5 - 3x}$

解

(a)
$$\lim_{x \to 5}(2x^2 - 3x + 4) = \lim_{x \to 5}(2x^2) - \lim_{x \to 5}(3x) + \lim_{x \to 5}4 \qquad \text{（法则 2 和法则 1）}$$
$$= 2\lim_{x \to 5}x^2 - 3\lim_{x \to 5}x + \lim_{x \to 5}4 \qquad \text{（法则 3）}$$
$$= 2 \times 5^2 - 3 \times 5 + 4 \qquad \text{（法则 10、法则 9 和法则 8）}$$
$$= 39$$

(b) 虽然在开始时就运用了法则 5，但是只有到了最后一步，当我们看到分子和分母的极限都存在并且分母的极限不为 0 时，才说明它的运用是合理的.

$$\lim_{x \to -2} \frac{x^3 + 2x^2 - 1}{5 - 3x} = \frac{\lim\limits_{x \to -2}(x^3 + 2x^2 - 1)}{\lim\limits_{x \to -2}(5 - 3x)} \qquad \text{（法则 5）}$$
$$= \frac{\lim\limits_{x \to -2}x^3 + 2\lim\limits_{x \to -2}x^2 - \lim\limits_{x \to -2}1}{\lim\limits_{x \to -2}5 - 3\lim\limits_{x \to -2}x} \qquad \text{（法则 1、法则 2 和法则 3）}$$
$$= \frac{(-2)^3 + 2 \times (-2)^2 - 1}{5 - 3 \times (-2)} \qquad \text{（法则 10、法则 9 和法则 8）}$$
$$= -\frac{1}{11} \qquad\blacksquare$$

■ 直接替换求极限

在例 2a 中，设 $f(x) = 2x^2 - 3x + 4$，则有 $\lim\limits_{x \to 5}f(x) = 39$. 注意，$f(5) = 39$，换句话说，用 5 替换 x 就可以得到正确答案. 类似地，在例 2b 中直接替换 x 也能得到正确答案. 例 2 中的函数分别是多项式和有理函数，运用极限法则可以证明，对于这样的函数，直接替换总是可行的（见练习 59 和练习 60）. 我们将这个事实叙述如下.

> **直接替换性质** *如果 f 是一个多项式或有理函数，a 在 f 的定义域内，那么*
> $$\lim_{x \to a}f(x) = f(a).$$

称具有直接替换性质的函数在 a 处连续，我们将在 2.5 节中继续研究．然而，不是所有的极限都可以通过直接替换来计算，如下例所示．

例 3   求 $\lim\limits_{x\to 1}\dfrac{x^2-1}{x-1}$.

解   设 $f(x)=\dfrac{x^2-1}{x-1}$ ．不能通过替换 x 为 1 来得到极限值，因为 $f(1)$ 没有定义；也不能应用商法则，因为分母的极限是 0．我们需要做一些初等代数运算，对分子中的平方差进行因式分解：

$$\frac{x^2-1}{x-1}=\frac{(x-1)(x+1)}{x-1}.$$

在例 3 中，即使当 $x\to 1$ 时分母会趋于 0，极限也不是无穷的．当分子和分母都趋于 0 时，极限可能是无穷的，也可能是某个有限值．

分子和分母有公因式 $x-1$ ．当我们求 x 趋于 1 时 $f(x)$ 的极限时，考虑 $x\neq 1$ ，即 $x-1\neq 0$ ．因此，可以约去公因式 $x-1$ ，然后通过直接替换计算极限：

$$\lim_{x\to 1}\frac{x^2-1}{x-1}=\lim_{x\to 1}\frac{(x-1)(x+1)}{x-1}$$
$$=\lim_{x\to 1}(x+1)=1+1=2 .$$

在 2.1 节例 2 中，当我们求抛物线 $y=x^2$ 在点 $(1,1)$ 处的切线时，本例中的极限曾出现过． ■

注   在例 3 中我们能够通过将 $f(x)=\dfrac{x^2-1}{x-1}$ 转化为有相同极限值但更简单的函数 $g(x)=x+1$ 来计算极限．这个方法是可行的，因为除 $x=1$ 处之外，总有 $f(x)=g(x)$ ，而计算 x 趋于 1 时 $f(x)$ 的极限并不需要考虑 $x=1$ 的情况．通常，下面的事实成立．

> 如果当 $x\neq a$ 时总有 $f(x)=g(x)$ ，那么 $\lim\limits_{x\to a}f(x)=\lim\limits_{x\to a}g(x)$ （如果极限存在）．

例 4   计算极限 $\lim\limits_{x\to 1}g(x)$ ，其中

$$g(x)=\begin{cases} x+1, & x\neq 1; \\ \pi, & x=1. \end{cases}$$

解   在这里，g 在 $x=1$ 处有定义并且 $g(1)=\pi$ ，但是 x 趋于 1 时 $g(x)$ 的极限值并不取决于函数在 $x=1$ 处的值．因为当 $x\neq 1$ 时 $g(x)=x+1$ ，所以

$$\lim_{x\to 1}g(x)=\lim_{x\to 1}(x+1)=2 . \qquad ■$$

图 2-3-2
函数 f （例 3）和 g （例 4）的图像

注意，在例 3 和例 4 中，除了在 $x=1$ 处，两个函数的值是恒等的（见图 2-3-2）．因此当 x 趋于 1 时，它们有相同的极限．

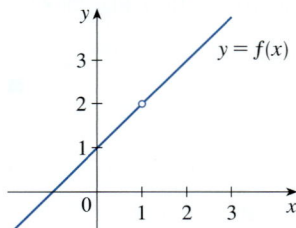

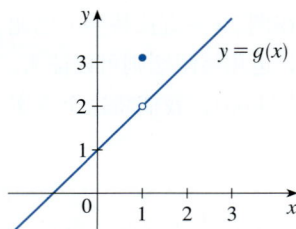

例 5　计算 $\lim\limits_{h \to 0} \dfrac{(3+h)^2 - 9}{h}$.

解　定义

$$F(h) = \frac{(3+h)^2 - 9}{h} ,$$

与例 3 中一样，我们无法通过令 $h=0$ 来计算 $\lim\limits_{h \to 0} F(h)$ ，因为 $F(0)$ 没有定义．但是如果将 $F(h)$ 进行代数化简，可以发现

$$F(h) = \frac{(9 + 6h + h^2) - 9}{h} = \frac{6h + h^2}{h}$$

$$= \frac{h(6+h)}{h} = 6 + h .$$

（当 h 趋于 0 时，只考虑 $h \neq 0$ 的情况．）因此

$$\lim\limits_{h \to 0} \frac{(3+h)^2 - 9}{h} = \lim\limits_{h \to 0} (6+h) = 6 .$$

例 6　计算 $\lim\limits_{t \to 0} \dfrac{\sqrt{t^2 + 9} - 3}{t^2}$.

解　不能直接应用商法则来计算，因为分母的极限是 0．我们进行初等代数运算，将分子有理化：

$$\lim\limits_{t \to 0} \frac{\sqrt{t^2+9} - 3}{t^2} = \lim\limits_{t \to 0} \frac{\sqrt{t^2+9} - 3}{t^2} \cdot \frac{\sqrt{t^2+9} + 3}{\sqrt{t^2+9} + 3}$$

$$= \lim\limits_{t \to 0} \frac{(t^2 + 9) - 9}{t^2 \left(\sqrt{t^2+9} + 3 \right)}$$

$$= \lim\limits_{t \to 0} \frac{t^2}{t^2 \left(\sqrt{t^2+9} + 3 \right)}$$

$$= \lim\limits_{t \to 0} \frac{1}{\sqrt{t^2+9} + 3}$$

$$= \frac{1}{\sqrt{\lim\limits_{t \to 0} (t^2 + 9)} + 3}$$

（这里用到了法则 5、法则 1、法则 7、法则 8 和法则 10）

$$= \frac{1}{3+3} = \frac{1}{6} .$$

这个计算证实了 2.2 节例 1 中的猜测．

■ 利用单侧极限

计算左、右极限是计算某些极限最好的方法. 下面的定理是 2.2 节中的一个结论，即双侧极限存在，当且仅当两个单侧极限都存在且相等.

> **1 定理** $\lim\limits_{x \to a} f(x) = L$ 当且仅当 $\lim\limits_{x \to a^-} f(x) = L = \lim\limits_{x \to a^+} f(x)$.

计算单侧极限时，极限运算法则同样适用.

例 7 证明 $\lim\limits_{x \to 0} |x| = 0$.

解 我们知道

$$|x| = \begin{cases} x, & x \geqslant 0; \\ -x, & x < 0. \end{cases}$$

因为当 $x > 0$ 时 $|x| = x$，所以

$$\lim_{x \to 0^+} |x| = \lim_{x \to 0^+} x = 0 \text{；}$$

当 $x < 0$ 时 $|x| = -x$，所以

$$\lim_{x \to 0^-} |x| = \lim_{x \to 0^-} (-x) = 0.$$

从图 2-3-3 中可以看出例 7 中的结论是合理的.

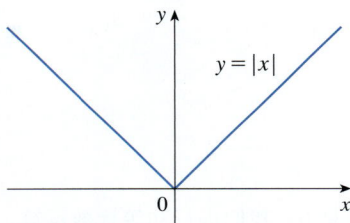

图 2-3-3

因此，由定理 1 可知 $\lim\limits_{x \to 0} |x| = 0$. ■

例 8 证明 $\lim\limits_{x \to 0} \dfrac{|x|}{x}$ 不存在.

解 当 $x > 0$ 时 $|x| = x$，当 $x < 0$ 时 $|x| = -x$，因此

$$\lim_{x \to 0^+} \frac{|x|}{x} = \lim_{x \to 0^+} \frac{x}{x} = \lim_{x \to 0^+} 1 = 1,$$

$$\lim_{x \to 0^-} \frac{|x|}{x} = \lim_{x \to 0^-} \frac{-x}{x} = \lim_{x \to 0^-} (-1) = -1.$$

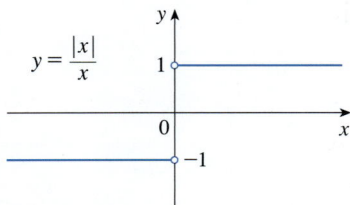

图 2-3-4

因为左、右极限不相等，所以由定理 1 可知，$\lim\limits_{x \to 0} |x|/x$ 不存在. 图 2-3-4 展示了函数 $f(x) = |x|/x$ 的图像，它和我们算出的单侧极限相符. ■

例 9 如果

$$f(x) = \begin{cases} \sqrt{x - 4}, & x > 4; \\ 8 - 2x, & x < 4. \end{cases}$$

判断 $\lim\limits_{x \to 4} f(x)$ 是否存在.

在 2.4 节例 4 中证明了 $\lim\limits_{x\to 0^+}\sqrt{x}=0$.

解 因为当 $x>4$ 时 $f(x)=\sqrt{x-4}$，所以

$$\lim_{x\to 4^+}f(x)=\lim_{x\to 4^+}\sqrt{x-4}=\sqrt{4-4}=0.$$

因为当 $x<4$ 时 $f(x)=8-2x$，所以

$$\lim_{x\to 4^-}f(x)=\lim_{x\to 4^-}(8-2x)=8-2\times 4=0.$$

故左、右极限相等，因此，极限存在且

$$\lim_{x\to 4}f(x)=0.$$

f 的图像如图 2-3-5 所示.

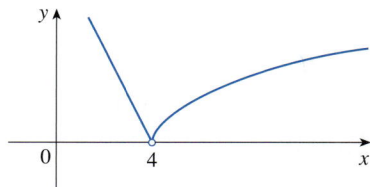

图 2-3-5

表示 $[\![x]\!]$ 的其他符号是 $[x]$ 和 $\lfloor x\rfloor$，最大整数函数有时也叫地板函数.

例 10 定义**最大整数函数**为 $[\![x]\!]=$ 小于等于 x 的最大整数（例如，$[\![4]\!]=4$、$[\![4.8]\!]=4$、$[\![\pi]\!]=3$、$[\![\sqrt{2}]\!]=1$ 和 $\left[\!\!\left[-\dfrac{1}{2}\right]\!\!\right]=-1$）. 证明 $\lim\limits_{x\to 3}[\![x]\!]$ 不存在.

解 图 2-3-6 中显示了最大整数函数的图像，因为当 $3\leqslant x<4$ 时 $[\![x]\!]=3$，所以

$$\lim_{x\to 3^+}[\![x]\!]=\lim_{x\to 3^+}3=3.$$

又因为当 $2\leqslant x<3$ 时 $[\![x]\!]=2$，所以

$$\lim_{x\to 3^-}[\![x]\!]=\lim_{x\to 3^-}2=2.$$

故这两个单侧极限不相等，由定理 1 可知，$\lim\limits_{x\to 3}[\![x]\!]$ 不存在.

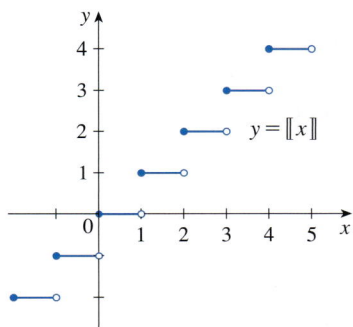

图 2-3-6

最大整数函数

■ 夹逼定理

下面两个定理描述了当一个函数大于（或等于）另一个函数时，两个函数的极限有什么关系. 它们的证明可以在附录 F 中找到.

> **2 定理** 如果当 x 在 a 附近时（除了在 a 处）有 $f(x)\leqslant g(x)$，并且当 x 趋于 a 时 f 和 g 的极限都存在，那么 $\lim\limits_{x\to a}f(x)\leqslant\lim\limits_{x\to a}g(x)$.

> **3 夹逼定理** 如果当 x 在 a 附近时（除了在 a 处）有 $f(x)\leqslant g(x)\leqslant h(x)$，并且 $\lim\limits_{x\to a}f(x)=\lim\limits_{x\to a}h(x)=L$，那么 $\lim\limits_{x\to a}g(x)=L$.

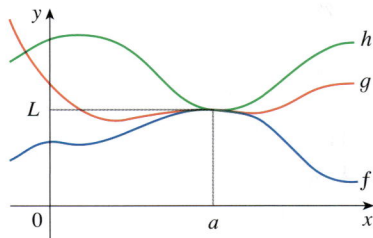

图 2-3-7

夹逼定理，有时也称为三明治定理，如图 2-3-7 所示. 该定理指出，如果在 $x=a$ 的附近 $g(x)$ 被夹在 $f(x)$ 和 $h(x)$ 之间，并且 f 和 h 在 $x=a$ 处有相同的极限 L，那么 g 在 $x=a$ 处也有相同的极限 L.

例 11 证明 $\lim\limits_{x \to 0} x^2 \sin\dfrac{1}{x} = 0$.

⊘ **解** 首先注意，不能将极限改写为 $\lim\limits_{x \to 0} x^2$ 与 $\lim\limits_{x \to 0} \sin(1/x)$ 的乘积，因为 $\lim\limits_{x \to 0} \sin(1/x)$ 不存在（见 2.2 节例 5）.

我们能用夹逼定理来求极限. 要应用夹逼定理，就需要找到一个小于 $g(x) = x^2 \sin(1/x)$ 的函数 f 和一个大于 g 的函数 h，使得 $f(x)$ 和 $h(x)$ 在 $x \to 0$ 时都趋于 0. 为了做到这一点，我们需要用到正弦函数的知识. 因为任意数的正弦值都在 -1 和 1 之间，所以有

4 $$-1 \leqslant \sin\dfrac{1}{x} \leqslant 1 .$$

将任何不等式的两边同时乘以一个正数后，不等式仍成立. $x^2 \geqslant 0$ 对于所有 x 都成立，所以将在不等式 4 的两边同时乘以 x^2，得到

$$-x^2 \leqslant x^2 \sin\dfrac{1}{x} \leqslant x^2 ,$$

如图 2-3-8 所示. 我们知道

$$\lim_{x \to 0} x^2 = 0 , \quad \lim_{x \to 0}\left(-x^2\right) = 0 ,$$

在夹逼定理中令 $f(x) = -x^2$，$g(x) = -x^2 \sin(1/x)$，$h(x) = x^2$，得到

$$\lim_{x \to 0} x^2 \sin\dfrac{1}{x} = 0 .$$ ∎

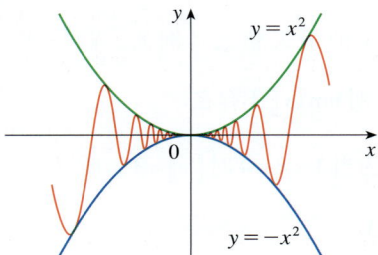

图 2-3-8
$y = x^2 \sin\left(\dfrac{1}{x}\right)$

2.3 | 练习

1. 已知 $\lim\limits_{x \to 2} f(x) = 4$，$\lim\limits_{x \to 2} g(x) = -2$，$\lim\limits_{x \to 2} h(x) = 0$，如果下列极限存在，计算其值；如果不存在，请解释原因.

(a) $\lim\limits_{x \to 2}\left[f(x) + 5g(x)\right]$ (b) $\lim\limits_{x \to 2}\left[g(x)\right]^3$

(c) $\lim\limits_{x \to 2}\sqrt{f(x)}$ (d) $\lim\limits_{x \to 2}\dfrac{3f(x)}{g(x)}$

(e) $\lim\limits_{x \to 2}\dfrac{g(x)}{h(x)}$ (f) $\lim\limits_{x \to 2}\dfrac{g(x)h(x)}{f(x)}$

2. 函数 f 和 g 的图像如右图所示，如果下列极限存在，利用图像写出其值；如果不存在，请解释原因.

(a) $\lim\limits_{x \to 2}\left[f(x) + g(x)\right]$ (b) $\lim\limits_{x \to 0}\left[f(x) - g(x)\right]$

(c) $\lim\limits_{x \to -1}\left[f(x)g(x)\right]$ (d) $\lim\limits_{x \to 3}\dfrac{f(x)}{g(x)}$

(e) $\lim\limits_{x \to 2}\left[x^2 f(x)\right]$ (f) $f(-1) + \lim\limits_{x \to -1} g(x)$

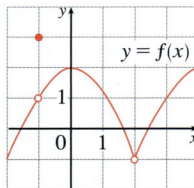
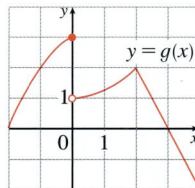

3~9 计算下列极限，并且通过标明相应的极限运算法则来论证每一步.

3. $\lim\limits_{x \to 5}\left(4x^2 - 5x\right)$ **4.** $\lim\limits_{x \to -3}\left(2x^3 + 6x^2 - 9\right)$

5. $\lim\limits_{v \to 2}\left(v^2 - 2v\right)\left(2v^3 - 5\right)$ **6.** $\lim\limits_{t \to 7}\dfrac{3t^2 + 1}{t^2 - 5t + 2}$

7. $\lim\limits_{u \to -2}\sqrt{9 - u^3 + 2u^2}$ **8.** $\lim\limits_{x \to 3}\sqrt[3]{x + 5}\left(2x^2 - 3x\right)$

9. $\lim\limits_{t \to -1}\left(\dfrac{2t^5 - t^4}{5t^2 + 4}\right)^3$

10. (a) 下面的等式有何错误？

$$\frac{x^2+x-6}{x-2}=x+3$$

(b) 从(a)出发，解释为什么等式 $\lim\limits_{x\to 2}\dfrac{x^2+x-6}{x-2}=\lim\limits_{x\to 2}(x+3)$ 是正确的.

11~34　计算下列极限（如果存在）.

11. $\lim\limits_{x\to -2}(3x-7)$

12. $\lim\limits_{x\to 6}\left(8-\dfrac{1}{2}x\right)$

13. $\lim\limits_{t\to 4}\dfrac{t^2-2t-8}{t-4}$

14. $\lim\limits_{x\to -3}\dfrac{x^2+3x}{x^2-x-12}$

15. $\lim\limits_{x\to 2}\dfrac{x^2+5x+4}{x-2}$

16. $\lim\limits_{x\to 4}\dfrac{x^2+3x}{x^2-x-12}$

17. $\lim\limits_{x\to -2}\dfrac{x^2-x-6}{3x^2+5x-2}$

18. $\lim\limits_{x\to -5}\dfrac{2x^2+9x-5}{x^2-25}$

19. $\lim\limits_{t\to 3}\dfrac{t^3-27}{t^2-9}$

20. $\lim\limits_{u\to -1}\dfrac{u+1}{u^3+1}$

21. $\lim\limits_{h\to 0}\dfrac{(h-3)^2-9}{h}$

22. $\lim\limits_{x\to 9}\dfrac{9-x}{3-\sqrt{x}}$

23. $\lim\limits_{h\to 0}\dfrac{\sqrt{9+h}-3}{h}$

24. $\lim\limits_{x\to 2}\dfrac{2-x}{\sqrt{x+2}-2}$

25. $\lim\limits_{x\to 3}\dfrac{\dfrac{1}{x}-\dfrac{1}{3}}{x-3}$

26. $\lim\limits_{h\to 0}\dfrac{(-2+h)^{-1}+2^{-1}}{h}$

27. $\lim\limits_{t\to 0}\dfrac{\sqrt{1+t}-\sqrt{1-t}}{t}$

28. $\lim\limits_{t\to 0}\left(\dfrac{1}{t}-\dfrac{1}{t^2+t}\right)$

29. $\lim\limits_{x\to 16}\dfrac{4-\sqrt{x}}{16x-x^2}$

30. $\lim\limits_{x\to 2}\dfrac{x^2-4x+4}{x^4-3x^2-4}$

31. $\lim\limits_{t\to 0}\left(\dfrac{1}{t\sqrt{1+t}}-\dfrac{1}{t}\right)$

32. $\lim\limits_{x\to -4}\dfrac{\sqrt{x^2+9}-5}{x+4}$

33. $\lim\limits_{h\to 0}\dfrac{(x+h)^3-x^3}{h}$

34. $\lim\limits_{h\to 0}\dfrac{\dfrac{1}{(x+h)^2}-\dfrac{1}{x^2}}{h}$

35. (a) 通过画出函数 $f(x)=\dfrac{x}{\sqrt{1+3x}-1}$ 的图像来估计以下极限的值：

$$\lim\limits_{x\to 0}\dfrac{x}{\sqrt{1+3x}-1}.$$

(b) 列出一张 x 接近 0 时 $f(x)$ 值的表格，并猜测该极限的值.

(c) 利用极限运算法则证明你的猜测是正确的.

36. (a) 利用函数

$$f(x)=\dfrac{\sqrt{3+x}-\sqrt{3}}{x}$$

的图像估计极限 $\lim\limits_{x\to 0}f(x)$ 的值，精确到小数点后 2 位.

(b) 利用 $f(x)$ 值的表格估计极限值，精确到小数点后 4 位.

(c) 利用极限运算法则计算极限的准确值.

37. 利用夹逼定理证明

$$\lim\limits_{x\to 0}x^2\cos 20\pi x=0.$$

通过将函数 $f(x)=-x^2$、$g(x)=x^2\cos 20\pi x$ 和 $h(x)=x^2$ 的图像画在同一坐标系中来进行说明.

38. 利用夹逼定理证明

$$\lim\limits_{x\to 0}\sqrt{x^3+x^2}\,\sin\dfrac{\pi}{x}=0.$$

通过将函数 f、g 和 h（夹逼定理中的函数符号）的图像画在同一坐标系中来进行说明.

39. 如果对于 $x\geqslant 0$，有 $4x-9\leqslant f(x)\leqslant x^2-4x+7$，求 $\lim\limits_{x\to 4}f(x)$.

40. 如果对于所有 x，有 $2x\leqslant g(x)\leqslant x^4-x^2+2$，求 $\lim\limits_{x\to 1}g(x)$.

41. 证明 $\lim\limits_{x\to 0}x^4\cos\dfrac{2}{x}=0$.

42. 证明 $\lim\limits_{x\to 0^+}\sqrt{x}\,\mathrm{e}^{\sin(\pi/x)}=0$.

43~48　如果下列极限存在，计算其值；如果不存在，请解释原因.

43. $\lim\limits_{x\to -4}(|x+4|-2x)$

44. $\lim\limits_{x\to -4}\dfrac{|x+4|}{2x+8}$

45. $\lim\limits_{x\to 0.5^-}\dfrac{2x-1}{|2x^3-x^2|}$

46. $\lim\limits_{x\to -2}\dfrac{2-|x|}{2+x}$

47. $\lim\limits_{x\to 0^-}\left(\dfrac{1}{x}-\dfrac{1}{|x|}\right)$

48. $\lim\limits_{x\to 0^+}\left(\dfrac{1}{x}-\dfrac{1}{|x|}\right)$

49. **符号函数**　定义符号函数 sgn 为

$$\operatorname{sgn}x=\begin{cases}-1, & x<0;\\ 0, & x=0;\\ 1, & x>0.\end{cases}$$

(a) 画出这个函数的图像.

(b) 求出以下极限的值，或解释为何极限不存在.

(i) $\lim\limits_{x\to 0^+}\operatorname{sgn}x$　　(ii) $\lim\limits_{x\to 0^-}\operatorname{sgn}x$

(iii) $\lim\limits_{x\to 0}\operatorname{sgn}x$　　(iv) $\lim\limits_{x\to 0}|\operatorname{sgn}x|$

50. 设 $g(x)=\operatorname{sgn}(\sin x)$.

(a) 求出以下极限的值，或解释为何极限不存在.

(i) $\lim\limits_{x\to 0^+}g(x)$　(ii) $\lim\limits_{x\to 0^-}g(x)$　(iii) $\lim\limits_{x\to 0}g(x)$

(iv) $\lim\limits_{x\to \pi^+}g(x)$　(v) $\lim\limits_{x\to \pi^-}g(x)$　(vi) $\lim\limits_{x\to \pi}g(x)$

(b) a 为何值时，$\lim\limits_{x\to a}g(x)$ 不存在？

(c) 画出 g 的图像.

51. 设 $g(x) = \dfrac{x^2 + x - 6}{|x - 2|}$.

(a) 计算下面的极限.

   (i) $\displaystyle\lim_{x \to 2^+} g(x)$ (ii) $\displaystyle\lim_{x \to 2^-} g(x)$

(b) $\displaystyle\lim_{x \to 2} g(x)$ 存在吗?

(c) 画出 g 的图像.

52. 设 $f(x) = \begin{cases} x^2 + 1, & x < 1; \\ (x-2)^2, & x \geqslant 1. \end{cases}$

(a) 计算 $\displaystyle\lim_{x \to 1^-} f(x)$ 和 $\displaystyle\lim_{x \to 1^+} f(x)$.

(b) $\displaystyle\lim_{x \to 1} f(x)$ 存在吗?

(c) 画出 f 的图像.

53. 设

$$B(t) = \begin{cases} 4 - \dfrac{1}{2}t, & t < 2; \\ \sqrt{t + c}, & t \geqslant 2. \end{cases}$$

求使 $\displaystyle\lim_{t \to 2} B(t)$ 存在的 c 值.

54. 设

$$g(x) = \begin{cases} x, & x < 1; \\ 3, & x = 1; \\ 2 - x^2, & 1 < x \leqslant 2; \\ x - 3, & x > 2. \end{cases}$$

(a) 计算下面的极限(如果存在).

   (i) $\displaystyle\lim_{x \to 1^-} g(x)$ (ii) $\displaystyle\lim_{x \to 1} g(x)$ (iii) $g(1)$

   (iv) $\displaystyle\lim_{x \to 2^-} g(x)$ (v) $\displaystyle\lim_{x \to 2^+} g(x)$ (vi) $\displaystyle\lim_{x \to 2} g(x)$

(b) 画出 g 的图像.

55. (a) 符号 $[\![\ ]\!]$ 表示例 10 中定义的最大整数函数. 计算下面的极限.

   (i) $\displaystyle\lim_{x \to -2^+} [\![x]\!]$ (ii) $\displaystyle\lim_{x \to -2} [\![x]\!]$ (iii) $\displaystyle\lim_{x \to -2.4} [\![x]\!]$

(b) 计算下面的极限,其中 n 为整数.

   (i) $\displaystyle\lim_{x \to n^-} [\![x]\!]$ (ii) $\displaystyle\lim_{x \to n^+} [\![x]\!]$

(c) a 为何值时,$\displaystyle\lim_{x \to a} [\![x]\!]$ 存在?

56. 设 $f(x) = [\![\cos x]\!]$,$-\pi \leqslant x \leqslant \pi$.

(a) 画出 f 的图像.

(b) 计算下面的极限(如果存在).

   (i) $\displaystyle\lim_{x \to 0} f(x)$ (ii) $\displaystyle\lim_{x \to (\pi/2)^-} f(x)$

   (iii) $\displaystyle\lim_{x \to (\pi/2)^+} f(x)$ (iv) $\displaystyle\lim_{x \to \pi/2} f(x)$

(c) a 为何值时,$\displaystyle\lim_{x \to a} f(x)$ 存在?

57. 如果 $f(x) = [\![x]\!] + [\![-x]\!]$,证明 $\displaystyle\lim_{x \to 2} f(x)$ 存在,但不等于 $f(2)$.

58. 在相对论中,洛伦兹收缩公式为

$$L = L_0 \sqrt{1 - v^2/c^2} \ .$$

它将物体的长度 L 表示为其相对于观测者的速度 v 的函数,其中 L_0 是物体静止时的长度,c 是光速. 计算 $\displaystyle\lim_{v \to c^-} L$ 并解释结果. 为什么要计算左极限?

59. 如果 p 是一个多项式,证明 $\displaystyle\lim_{x \to a} p(x) = p(a)$.

60. 如果 r 是一个有理函数,利用练习 59,证明对于 r 的定义域内的每个数 a,都有 $\displaystyle\lim_{x \to a} r(x) = r(a)$.

61. 如果 $\displaystyle\lim_{x \to 1} \dfrac{f(x) - 8}{x - 1} = 10$,求 $\displaystyle\lim_{x \to 1} f(x)$.

62. 如果 $\displaystyle\lim_{x \to 0} \dfrac{f(x)}{x^2} = 5$,求下面的极限.

(a) $\displaystyle\lim_{x \to 0} f(x)$ (b) $\displaystyle\lim_{x \to 0} \dfrac{f(x)}{x}$

63. 如果

$$f(x) = \begin{cases} x^2, & x \text{ 是有理数}; \\ 0, & x \text{ 不是有理数}. \end{cases}$$

证明 $\displaystyle\lim_{x \to 0} f(x) = 0$.

64. 举例说明,即使 $\displaystyle\lim_{x \to a} f(x)$ 和 $\displaystyle\lim_{x \to a} g(x)$ 都不存在,$\displaystyle\lim_{x \to a} [f(x) + g(x)]$ 仍可能存在.

65. 举例说明,即使 $\displaystyle\lim_{x \to a} f(x)$ 和 $\displaystyle\lim_{x \to a} g(x)$ 都不存在,$\displaystyle\lim_{x \to a} [f(x) g(x)]$ 仍可能存在.

66. 计算 $\displaystyle\lim_{x \to 2} \dfrac{\sqrt{6 - x} - 2}{\sqrt{3 - x} - 1}$.

67. 是否存在一个数 a,使得

$$\lim_{x \to -2} \frac{3x^2 + ax + a + 3}{x^2 + x - 2}$$

存在? 如果存在,求出 a 值和极限值.

68. 下图显示了一个固定的圆 C_1:$(x-1)^2 + y^2 = 1$,以及一个可收缩的圆 C_2,其半径为 r,圆心为原点. P 是点 $(0, r)$,Q 是两圆上方的交点,R 是直线 PQ 与 x 轴的交点. 当 C_2 缩小,即 $r \to 0^+$ 时,R 如何变化?

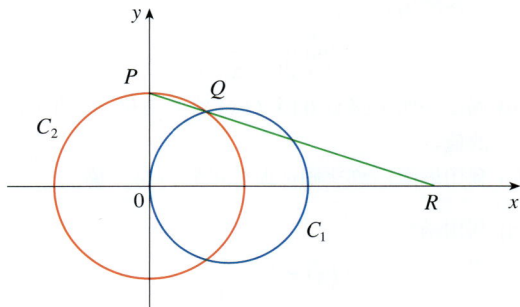

2.4 | 极限的严格定义

对于某些目的，2.2 节中给出的极限的直观定义是不充分的，因为诸如"x 接近 2"和"$f(x)$ 越来越接近 L"的表述都是不明确的．为了能够最终证明

$$\lim_{x\to 0}\left(x^3+\frac{\cos 5x}{10\ 000}\right)=0.000\ 1 \text{ 或 } \lim_{x\to 0}\frac{\sin x}{x}=1,$$

我们必须使极限的定义更加严格．

■ 极限的严格定义

为了引出极限的严格定义，考虑函数

$$f(x)=\begin{cases} 2x-1, & x\neq 3; \\ 6, & x=3. \end{cases}$$

显然，当 x 接近 3 但 $x\neq 3$ 时，$f(x)$ 接近 5，因此 $\lim_{x\to 3}f(x)=5$．

为了获得当 x 接近 3 时 $f(x)$ 如何变化的详细信息，我们提出下面的问题：

x 与 3 接近到什么程度，才能使 $f(x)$ 与 5 之间的差小于 0.1？

x 与 3 之间的距离是 $|x-3|$，$f(x)$ 与 5 之间的距离是 $|f(x)-5|$．因此我们的问题是：找到一个数 δ，使得

如果 $|x-3|<\delta$ 且 $x\neq 3$，则有 $|f(x)-5|<0.1$．

如果 $|x-3|>0$，那么 $x\neq 3$．因此，该问题的一个等价表述是：找到一个数 δ，使得

如果 $0<|x-3|<\delta$，则有 $|f(x)-5|<0.1$．

注意，如果 $0<|x-3|<0.1/2=0.05$，则有

$$|f(x)-5|=|(2x-1)-5|=|2x-6|=2|x-3|<2\times 0.05=0.1,$$

即

如果 $0<|x-3|<0.05$，则有 $|f(x)-5|<0.1$，

所以问题的一个答案是 $\delta=0.05$．也就是说，如果 x 与 3 之间的距离在 0.05 以内，那么 $f(x)$ 与 5 之间的距离就会在 0.1 以内．

如果将问题中的 0.1 改为更小的 0.01，那么使用相同的方法，我们就会发现只要 x 与 3 的差小于 0.01/2=0.005，$f(x)$ 与 5 的差就会小于 0.01，即

如果 $0<|x-3|<0.005$，则有 $|f(x)-5|<0.01$．

类似地，

如果 $0<|x-3|<0.000\ 5$，则有 $|f(x)-5|<0.001$．

我们考虑的 0.1、0.01 和 0.001 是我们的容许误差. 为了严格说明当 x 趋于 3 时 $f(x)$ 的极限是 5，不仅必须使 $f(x)$ 与 5 的差小于这三个数中的每一个，还必须使它小于任意正数. 基于与前面相同的论证，这是可以做到的. 如果用 ε 表示一个任意正数，那么与前面一样，我们会发现

[1]　　　　　如果 $0<|x-3|<\delta=\dfrac{\varepsilon}{2}$，则有 $|f(x)-5|<\varepsilon$.

这是对于当 x 接近 3 时 $f(x)$ 接近 5 的一个严格的描述，因为它说明只要限制 x 的值到 3 的距离小于 $\varepsilon/2$（但 $x\neq3$），就可以使 $f(x)$ 的值到 5 的距离小于任意给定的 ε.

注意，它也可以写为

　　　　　如果 $3-\delta<x<3+\delta$ 且 $x\neq3$，则有 $5-\varepsilon<f(x)<5+\varepsilon$，

如图 2-4-1 所示. 通过取区间 $(3-\delta,3+\delta)$ 内的 x 值（$x\neq3$），可以使 $f(x)$ 的值在区间 $(5-\varepsilon,5+\varepsilon)$ 内.

以此为模板，我们给出极限的严格定义.

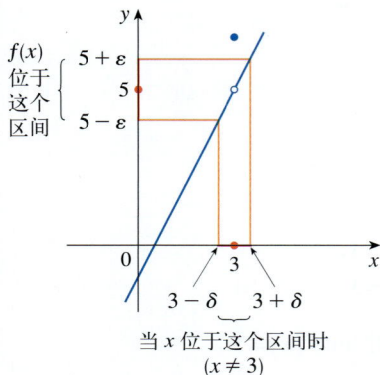

图 2-4-1

按照惯例，极限的严格定义使用希腊字母 ε 和 δ.

---

[2] **极限的严格定义**　设 f 为一个定义在某个包含 a 的开区间上的函数（仅在 a 处可能没有定义）. 如果对于任意 $\varepsilon>0$，都存在 $\delta>0$，使得

　　　　　如果 $0<|x-a|<\delta$，则有 $|f(x)-L|<\varepsilon$，

那么我们就说**当 x 趋于 a 时 $f(x)$ 的极限是 L**，记为

$$\lim_{x\to a}f(x)=L.$$

因为 $|x-a|$ 是 x 到 a 的距离，$|f(x)-L|$ 是 $f(x)$ 到 L 的距离，并且因为 ε 可以任意小，所以极限的定义可以用下面的语言来表述：

$\lim\limits_{x\to a}f(x)=L$ 表示可以通过将 x 与 a 之间的距离变得足够小（但不为 0），来使 $f(x)$ 与 L 之间的距离变得任意小.

或者，

$\lim\limits_{x\to a}f(x)=L$ 表示可以通过让 x 与 a 足够接近（但不等于 a），来使 $f(x)$ 与 L 任意接近.

不等式 $|x-a|<\delta$ 等价于 $-\delta<x-a<\delta$ 或 $a-\delta<x<a+\delta$，所以我们还能通过区间来重新表述定义 2. 另外，$0<|x-a|$ 成立当且仅当 $x-a\neq0$，即 $x\neq a$. 同样，不等式 $|f(x)-L|<\varepsilon$ 等价于 $L-\varepsilon<f(x)<L+\varepsilon$. 因此，定义 2 用区间可以表述为：

$\lim\limits_{x\to a}f(x)=L$ 表示，对于每个 $\varepsilon>0$（无论 ε 有多小），我们都能够找到一个 $\delta>0$，使得如果 x 位于开区间 $(a-\delta,a+\delta)$ 内且 $x\neq a$，那么 $f(x)$ 就位于开区间 $(L-\varepsilon,L+\varepsilon)$ 内.

如图 2-4-2 所示，我们从几何上解释这段话的含义．用箭头图表示函数 f，其中 f 将 $\mathbb{R}$ 的一个子集映射到 $\mathbb{R}$ 的另一个子集．

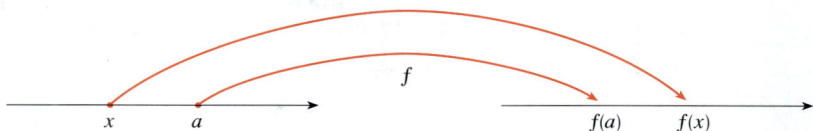

图 2-4-2

极限的定义是说，如果给定任意包含 L 的小区间 $(L-\varepsilon,L+\varepsilon)$，那么我们能够找到一个包含 a 的区间 $(a-\delta,a+\delta)$，使得 f 将 $(a-\delta,a+\delta)$ 中的所有点（可能除 a 以外）都映射到区间 $(L-\varepsilon,L+\varepsilon)$ 内（见图 2-4-3）．

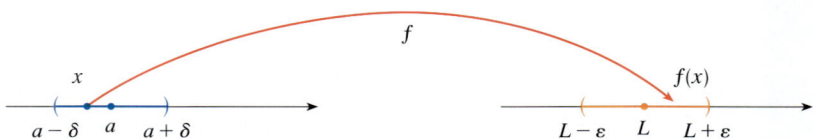

图 2-4-3

极限的另一种几何解释可以通过函数图像给出．给定 $\varepsilon>0$，画出水平线 $y=L+\varepsilon$、$y=L-\varepsilon$ 和函数 f 的图像（见图 2-4-4）．如果 $\lim\limits_{x\to a}f(x)=L$，那么我们能够找到一个数 $\delta>0$，使得如果 x 被限制在区间 $(a-\delta,a+\delta)$ 内且 $x\neq a$，那么曲线 $y=f(x)$ 就会位于直线 $y=L+\varepsilon$ 和 $y=L-\varepsilon$ 之间（见图 2-4-5）．可以看到，如果找到了这样的一个 δ，那么将任何比这个 δ 更小的正数作为 δ 都会满足条件．

重要的是，我们要认识到图 2-4-4 和图 2-4-5 所示的过程必须适用于每个正数 ε，无论选取多小的值．如图 2-4-6 所示，如果选取了较小的 ε，则可能需要较小的 δ．

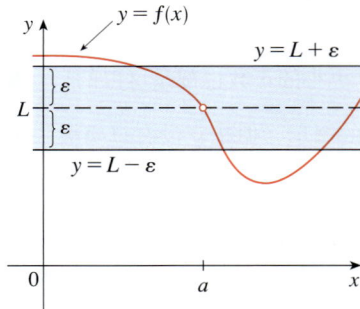

图 2-4-4

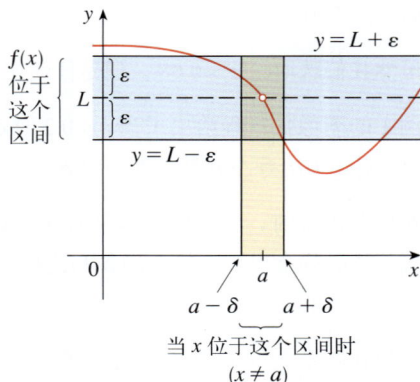

图 2-4-5

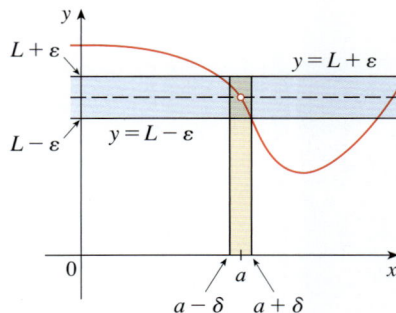

图 2-4-6

例 1 因为 $f(x)=x^3-5x+6$ 是一个多项式，所以由直接替换性质可知 $\lim\limits_{x\to 1}f(x)=f(1)=1^3-5\times 1+6=2$．利用图像找出一个数 δ，使得如果 x 到 1 的距离小于 δ，那么 y 到 2 的距离就小于 0.2，即

$$\text{如果 } |x-1|<\delta \text{，则有 } \left|(x^3-5x+6)-2\right|<0.2 .$$

换句话说，根据极限的定义，找出 $\varepsilon = 0.2$ 对应的 δ，其中函数 $f(x) = x^3 - 5x + 6$，$a = 1$ 且 $L = 2$.

解 f 的图像如图 2-4-7 所示，我们只对点 $(1,2)$ 附近的区域感兴趣. 我们可以将不等式

$$\left| \left(x^3 - 5x + 6 \right) - 2 \right| < 0.2$$

改写为

$$-0.2 < \left(x^3 - 5x + 6 \right) - 2 < 0.2,$$

或者

$$1.8 < x^3 - 5x + 6 < 2.2.$$

需要确定曲线 $y = x^3 - 5x + 6$ 介于水平线 $y = 1.8$ 和 $y = 2.2$ 之间的部分的 x 值，所以我们在图 2-4-8 中画出曲线 $y = x^3 - 5x + 6$ 以及水平线 $y = 1.8$ 和 $y = 2.2$ 在点 $(1,2)$ 附近的图像. 估计直线 $y = 2.2$ 与曲线 $y = x^3 - 5x + 6$ 的交点的横坐标大约是 0.911. 类似地，当 $x \approx 1.124$ 时，$y = x^3 - 5x + 6$ 与 $y = 1.8$ 相交. 因此，保险起见，将 x 的范围向 1 的方向舍入，我们可以说，

如果 $0.92 < x < 1.12$，则有 $1.8 < x^3 - 5x + 6 < 2.2$.

区间 $(0.92, 1.12)$ 不是关于 $x = 1$ 对称的，$x = 1$ 到左端的距离是 0.08，到右端的距离是 0.12. 令 δ 为较小的那个，即 $\delta = 0.08$，那么将不等式用距离的形式重写，得到

如果 $|x - 1| < 0.08$，则有 $\left| \left(x^3 - 5x + 6 \right) - 2 \right| < 0.2$.

这就是说，只要将 x 与 1 之间的距离保持在 0.08 以内，就可以使 $f(x)$ 与 2 之间的距离保持在 0.2 以内.

虽然我们选取了 $\delta = 0.08$，但是任何比这个 δ 更小的正数也都是可以的. ■

例 1 的图像化过程给出了当 $\varepsilon = 0.2$ 时定义 2 的图示，但是它没有证明极限等于 2. 证明必须给每个 ε 都找到一个 δ.

在证明极限时，将极限的定义看作一场擂台挑战可能会有帮助. 首先，ε 向你挑战，你必须拿出一个适合的 δ 与之抗衡. 你必须能够对付每一个 $\varepsilon > 0$，而不只是某个特定的 ε.

设想在两个人 A 和 B 之间有一场比赛. A 规定固定的数 L 要在精度为 ε（比如 0.01）的范围内用 $f(x)$ 的值来近似，B 则要找到一个数 δ 来作为回应，它满足"如果 $0 < |x - a| < \delta$，则有 $|f(x) - L| < \varepsilon$". 然后 A 可能变得更加苛刻，他提出一个更小的数 ε（比如 0.001）来挑战 B. 同样，B 必须找到相应的 δ 来进行回应. 通常 ε 越小，相应的 δ 就会越小. 如果不论 A 提出的 ε 有多小，B 总是赢，那么就有 $\lim\limits_{x \to a} f(x) = L$.

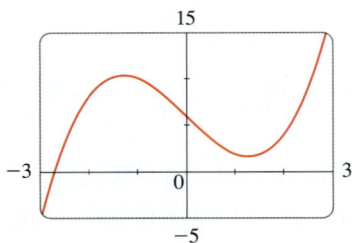

图 2-4-7

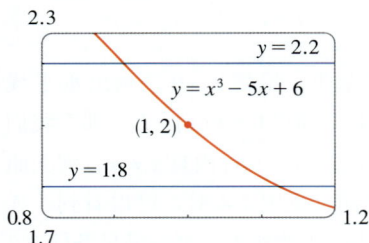

图 2-4-8

例 2　证明 $\lim\limits_{x\to3}(4x-5)=7$．

解

1. 问题的初步分析（猜出 δ 的一个值）．设 ε 是一个给定的正数，我们要找到一个数 δ，使得

$$\text{如果 } 0<|x-3|<\delta\text{，则有 }|(4x-5)-7|<\varepsilon.$$

而 $|(4x-5)-7|=|4x-12|=|4(x-3)|=4|x-3|$．因此，我们要找到 δ 使得

$$\text{如果 } 0<|x-3|<\delta\text{，则有 }4|x-3|<\varepsilon,$$

也就是

$$\text{如果 } 0<|x-3|<\delta\text{，则有 }|x-3|<\frac{\varepsilon}{4}.$$

这表明我们应当选取 $\delta=\varepsilon/4$．

2. 证明（证明这个 δ 可行）．给定 $\varepsilon>0$，令 $\delta=\varepsilon/4$．如果 $0<|x-3|<\delta$，则有

$$|(4x-5)-7|=|4x-12|=4|x-3|<4\delta=4\times\frac{\varepsilon}{4}=\varepsilon.$$

因此，

$$\text{如果 } 0<|x-3|<\delta\text{，则有 }|(4x-5)-7|<\varepsilon.$$

由极限的定义可知，$\lim\limits_{x\to3}(4x-5)=7$．本例如图 2-4-9 所示．

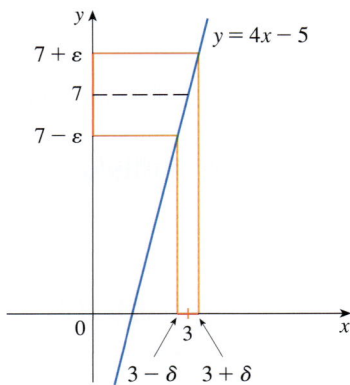

图 2-4-9

注意，在解决例 2 的过程中有两个步骤——猜测和证明．我们通过初步分析猜出了 δ 的一个值，但是在第二阶段，必须回过头来仔细而有逻辑地证明猜测是正确的，这个过程在数学中是很典型的．有时有必要先对答案做出一个合理的猜测，然后证明这个猜测是正确的．

例 3　证明 $\lim\limits_{x\to3}x^2=9$．

解

1. 猜出 δ 的一个值．设 ε 是一个给定的正数，我们要找到一个数 $\delta>0$，使得

$$\text{如果 } 0<|x-3|<\delta\text{，则有 }|x^2-9|<\varepsilon.$$

为了将 $|x^2-9|$ 与 $|x-3|$ 联系起来，我们利用 $|x^2-9|=|(x+3)(x-3)|$．那么上面的表述就变为

如果 $0<|x-3|<\delta$，则有 $|(x+3)(x-3)|<\varepsilon$．

我们注意到，如果能够找到一个正的常数 C，使得 $|x+3|<C$，那么

$$|x+3||x-3|<C|x-3|,$$

然后通过让 $|x-3|<\varepsilon/C$，使得 $C|x-3|<\varepsilon$．这样就可以选取 $\delta=\varepsilon/C$．

如果将 x 限制在某个以 3 为中心的区间内，就可以找到这样的 C．事实上，因为我们只对 3 附近的 x 感兴趣，所以合理地假设 x 与 3 之间的距离小于 1，也就是说 $|x-3|<1$．进而得到 $2<x<4$，故 $5<x+3<7$．因此有 $|x+3|<7$，故 $C=7$ 是一个合适的选择．

但是现在对 $|x-3|$ 有两个限制，即

$$|x-3|<1 \text{ 和 } |x-3|<\frac{\varepsilon}{C}=\frac{\varepsilon}{7}.$$

为了保证这两个不等式都成立，令 δ 为 1 和 $\dfrac{\varepsilon}{7}$ 中的较小者，用符号表示为 $\delta=\min\{1,\varepsilon/7\}$．

2. 证明这个 δ 可行．给定 $\varepsilon>0$，令 $\delta=\min\{1,\varepsilon/7\}$．如果 $0<|x-3|<\delta$，那么 $|x-3|<1\Rightarrow 2<x<4\Rightarrow|x+3|<7$（见步骤 1）．再利用 $|x-3|<\varepsilon/7$，可得

$$|x^2-9|=|x+3||x-3|<7\times\frac{\varepsilon}{7}=\varepsilon.$$

这表明 $\displaystyle\lim_{x\to 3}x^2=9$．■

■ 单侧极限

2.2 节中给出的单侧极限的直观定义可以重新整理为下面的严格形式．

---

3 **左极限的严格定义**　符号 $\displaystyle\lim_{x\to a^-}f(x)=L$ 表示对于每个 $\varepsilon>0$，都存在 $\delta>0$，使得

如果 $a-\delta<x<a$，则有 $|f(x)-L|<\varepsilon$．

---

4 **右极限的严格定义**　符号 $\displaystyle\lim_{x\to a^+}f(x)=L$ 表示对于每个 $\varepsilon>0$，都存在 $\delta>0$，使得

如果 $a<x<a+\delta$，则有 $|f(x)-L|<\varepsilon$．

注意，除了 x 被限制在区间 $(a-\delta,a+\delta)$ 的左半部分 $(a-\delta,a)$ 内，定义 3 和定义 2 是相同的．而在定义 4 中，x 被限制在区间 $(a-\delta,a+\delta)$ 的右半部分 $(a,a+\delta)$ 内．

例 4　用定义 4 证明 $\lim\limits_{x\to 0^+}\sqrt{x}=0$.

解

1. 猜出 δ 的一个值. 设 ε 是一个给定的正数. 这里定义 4 中的 $a=0$ 且 $L=0$ ，因此我们要找到一个数 δ ，使得

$$\text{如果 } 0<x<\delta\text{ ，则有 } \left|\sqrt{x}-0\right|<\varepsilon\text{ ，}$$

即

$$\text{如果 } 0<x<\delta\text{ ，则有 }\sqrt{x}<\varepsilon\text{ .}$$

将不等式 $\sqrt{x}<\varepsilon$ 的两边取平方，可得

$$\text{如果 } 0<x<\delta\text{ ，则有 } x<\varepsilon^2\text{ .}$$

这表明我们应当选取 $\delta=\varepsilon^2$.

2. 证明这个 δ 可行. 给定 $\varepsilon>0$ ，令 $\delta=\varepsilon^2$. 如果 $0<x<\delta$ ，则有

$$\sqrt{x}<\sqrt{\delta}=\sqrt{\varepsilon^2}=\varepsilon\text{ ，}$$

因此

$$\left|\sqrt{x}-0\right|<\varepsilon\text{ .}$$

根据定义 4 ，得到 $\lim\limits_{x\to 0^+}\sqrt{x}=0$. ■

■ 极限运算法则

如之前的例子所示，使用 ε-δ 定义证明有关极限的结论并不容易. 事实上，如果给我们一个更复杂的函数，比如 $f(x)=\left(6x^2-8x+9\right)/\left(2x^2-1\right)$ ，那么极限的证明就会用到大量的技巧. 幸运的是，这不是必需的，因为 2.3 节中的极限运算法则可以用定义 2 证明，所以复杂函数的极限就可以通过极限运算法则求出，而无须直接用定义证明.

以证明极限运算的和法则为例：如果 $\lim\limits_{x\to a}f(x)=L$ 和 $\lim\limits_{x\to a}g(x)=M$ 同时存在，那么

$$\lim_{x\to a}\left[f(x)+g(x)\right]=L+M\text{ .}$$

其他法则在练习和附录 F 中证明.

和法则的证明　给定 $\varepsilon>0$ ，我们必须找到 $\delta>0$ ，使得

$$\text{如果 } 0<\left|x-a\right|<\delta\text{ ，则有 } \left|f(x)+g(x)-(L+M)\right|<\varepsilon\text{ .}$$

三角不等式：
$$|a+b|\leqslant|a|+|b|$$
（见附录 A）.

利用三角不等式，可得

$$\boxed{5}\quad \left|f(x)+g(x)-(L+M)\right|=\left|\left(f(x)-L\right)+\left(g(x)-M\right)\right|$$
$$\leqslant\left|f(x)-L\right|+\left|g(x)-M\right|\text{ .}$$

通过让 $\left|f(x)-L\right|$ 和 $\left|g(x)-M\right|$ 都小于 $\varepsilon/2$ ，可以使 $\left|f(x)+g(x)-(L+M)\right|$ 小于 ε .

因为 $\varepsilon/2>0$ 且 $\lim\limits_{x\to a}f(x)=L$，所以存在一个数 $\delta_1>0$，使得

$$\text{如果 } 0<|x-a|<\delta_1\text{，则有 } |f(x)-L|<\frac{\varepsilon}{2}.$$

类似地，因为 $\lim\limits_{x\to a}g(x)=M$，所以存在一个数 $\delta_2>0$，使得

$$\text{如果 } 0<|x-a|<\delta_2\text{，则有 } |g(x)-M|<\frac{\varepsilon}{2}.$$

令 $\delta=\min\{\delta_1,\delta_2\}$，即 δ_1 和 δ_2 中的较小者．我们注意到

$$\text{如果 } 0<|x-a|<\delta\text{，那么 } 0<|x-a|<\delta_1 \text{ 且 } 0<|x-a|<\delta_2,$$

所以
$$|f(x)-L|<\frac{\varepsilon}{2}\text{ 且 }|g(x)-M|<\frac{\varepsilon}{2}.$$

因此，由公式 5 可得

$$\left|f(x)+g(x)-(L+M)\right|\leqslant\left|f(x)-L\right|+\left|g(x)-M\right|<\frac{\varepsilon}{2}+\frac{\varepsilon}{2}=\varepsilon.$$

总之，

$$\text{如果 } 0<|x-a|<\delta\text{，则有 } \left|f(x)+g(x)-(L+M)\right|<\varepsilon.$$

因此，根据极限的定义，

$$\lim_{x\to a}\left[f(x)+g(x)\right]=L+M.$$

■ 无穷极限

无穷极限也可以严格定义．下面是 2.2 节定义 4 的严格形式．

> **6 无穷极限的严格定义**　设 f 是一个定义在某个包含 a 的开区间上的函数（仅在 a 处可能没有定义），那么符号 $\lim\limits_{x\to a}f(x)=+\infty$ 表示对于每个正数 M，都存在一个正数 δ，使得
> $$\text{如果 } 0<|x-a|<\delta\text{，则有 } f(x)>M.$$

这就是说，通过让 x 足够接近 a（在距离 δ 以内，其中 δ 取决于 M，但 $x\neq a$），可以使 $f(x)$ 变得任意大（比任意给定的 M 都大），如图 2-4-10 所示．

给定任意水平线 $y=M$，我们能够找到一个数 $\delta>0$，如果把 x 限制在区间 $(a-\delta,a+\delta)$ 内但 $x\neq a$，那么曲线 $y=f(x)$ 就位于 $y=M$ 之上．可以看到，如果选取了一个更大的 M，则可能需要一个更小的 δ．

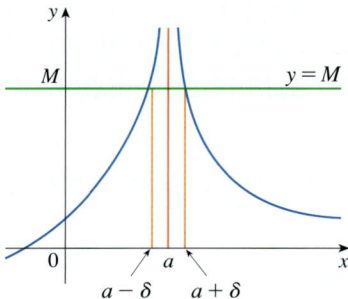

图 2-4-10

例 5　用定义 6 证明 $\lim\limits_{x\to 0}\dfrac{1}{x^2}=+\infty$．

解　给定 $M>0$，我们要找到 $\delta>0$，使得

$$\text{如果 } 0<|x-0|<\delta\text{，则有 } \frac{1}{x^2}>M.$$

而
$$\frac{1}{x^2}>M \Leftrightarrow x^2<\frac{1}{M} \Leftrightarrow \sqrt{x^2}<\sqrt{\frac{1}{M}} \Leftrightarrow |x|<\frac{1}{\sqrt{M}}.$$

因此，如果选取 $\delta=1/\sqrt{M}$ 且 $0<|x|<\delta=1/\sqrt{M}$，则有 $1/x^2>M$．这表明当 $x\to 0$ 时 $1/x^2\to+\infty$．

类似地，下面是 2.2 节定义 5 的严格形式，如图 2-4-11 所示.

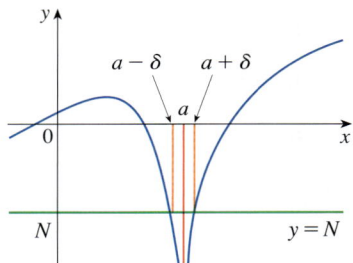

图 2-4-11

> **7 定义**　设 f 是一个定义在某个包含 a 的开区间上的函数（仅在 a 处可能没有定义），那么符号 $\lim\limits_{x \to a} f(x) = -\infty$ 表示对于每个负数 N，都存在一个正数 δ，使得
>
> 如果 $0 < |x - a| < \delta$，则有 $f(x) < N$.

2.4 | 练习

1. 利用函数 f 的图像（如下所示）找到一个数 δ，使得

如果 $|x - 1| < \delta$，则有 $|f(x) - 1| < 0.2$.

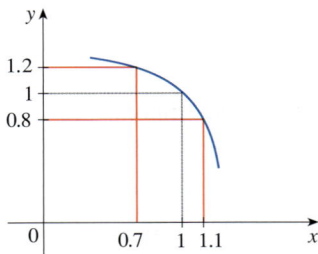

2. 利用函数 f 的图像（如下所示）找到一个数 δ，使得

如果 $0 < |x - 3| < \delta$，则有 $|f(x) - 2| < 0.5$.

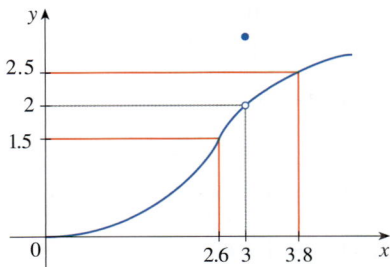

3. 利用函数 $f(x) = \sqrt{x}$ 的图像（如下所示）找到一个数 δ，使得

如果 $|x - 4| < \delta$，则有 $|\sqrt{x} - 2| < 0.4$.

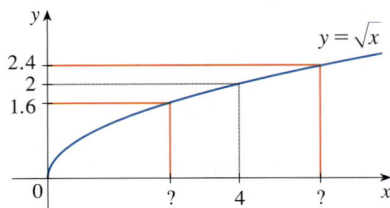

4. 利用函数 $f(x) = x^2$ 的图像（如下所示）找到一个数 δ，使得

如果 $|x - 1| < \delta$，则有 $\left| x^2 - 1 \right| < \dfrac{1}{2}$.

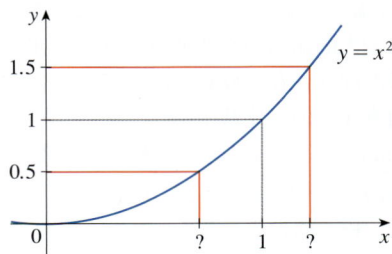

5. 利用图像找到一个数 δ，使得

如果 $|x - 2| < \delta$，则有 $\left| \sqrt{x^2 + 5} - 3 \right| < 0.3$.

6. 利用图像找到一个数 δ，使得

如果 $\left| x - \dfrac{\pi}{6} \right| < \delta$，则有 $\left| \cos^2 x - \dfrac{3}{4} \right| < 0.1$.

7. 对于极限

$$\lim_{x \to 2}\left(x^3 - 3x + 4 \right) = 6,$$

通过找到 $\varepsilon = 0.2$ 和 $\varepsilon = 0.1$ 对应的 δ 来举例说明定义 2.

8. 对于极限

$$\lim_{x \to 0} \frac{\mathrm{e}^{2x} - 1}{x} = 2,$$

通过找到 $\varepsilon = 0.5$ 和 $\varepsilon = 0.1$ 对应的 δ 来举例说明定义 2.

9. (a) 利用图像找到一个数 δ，使得

如果 $2 < x < 2 + \delta$，则有 $\dfrac{1}{\ln(x - 1)} > 100$.

(b) (a) 表明的是什么的极限？

10. 对于极限 $\lim\limits_{x \to \pi} \csc^2 x = +\infty$，通过找到 (a) $M = 500$ 和 (b) $M = 1000$ 对应的 δ 来举例说明定义 6.

11. 一个机械师要制造一个面积为 $1000\mathrm{cm}^2$ 的金属圆盘.

(a) 这个圆盘的半径是多少？

(b) 如果这个圆盘的面积容许误差为 $5\mathrm{cm}^2$，那么机械师应当将实际半径与 (a) 中的理想半径的差距控制在怎样的范围内？

(c) 用 $\lim\limits_{x \to a} f(x) = L$ 的 $\varepsilon\text{-}\delta$ 定义来表示，其中 x 是什么？ $f(x)$ 是什么？ a 是什么？ L 是什么？给定的 ε 值是什么？相应的 δ 值是什么？

12. 晶体生长炉用于研究如何最好地制造出用于电子元件的晶体. 为了晶体的正常生长，温度必须通过调节输入功率来精确地控制. 假设两者的关系为

$$T(w) = 0.1w^2 + 2.155w + 20，$$

其中 T 是温度（单位：℃），w 是输入功率（单位：W）.

(a) 需要多大的输入功率才能将温度保持在 200℃？

(b) 如果温度允许在 $200℃ \pm 1℃$ 的范围内变化，那么输入功率允许的变化范围是什么？

(c) 用 $\lim\limits_{x \to a} f(x) = L$ 的 $\varepsilon\text{-}\delta$ 定义来表示，其中 x 是什么？ $f(x)$ 是什么？ a 是什么？ L 是什么？给定的 ε 值是什么？相应的 δ 值是什么？

13. (a) 找到一个数 δ，使得如果 $|x - 2| < \delta$，则有 $|4x - 8| < \varepsilon$，其中 $\varepsilon = 0.1$.

(b) 若 (a) 中的 $\varepsilon = 0.01$，结果如何？

14. 对于极限 $\lim\limits_{x \to 2}(5x - 7) = 3$，通过找到 $\varepsilon = 0.1$、$\varepsilon = 0.05$ 和 $\varepsilon = 0.01$ 对应的 δ 来举例说明定义 2.

15~18 用极限的 $\varepsilon\text{-}\delta$ 定义证明下列各式，并用类似图 2-4-9 的示意图来说明.

15. $\lim\limits_{x \to 4}\left(\dfrac{1}{2}x - 1\right) = 1$ **16.** $\lim\limits_{x \to 2}(2 - 3x) = -4$

17. $\lim\limits_{x \to -2}(-2x + 1) = 5$ **18.** $\lim\limits_{x \to 1}(2x - 5) = -3$

19~32 用极限的 $\varepsilon\text{-}\delta$ 定义证明下列各式.

19. $\lim\limits_{x \to 9}\left(1 - \dfrac{1}{3}x\right) = -2$ **20.** $\lim\limits_{x \to 5}\left(\dfrac{3}{2}x - \dfrac{1}{2}\right) = 7$

21. $\lim\limits_{x \to 4}\dfrac{x^2 - 2x - 8}{x - 4} = 6$ **22.** $\lim\limits_{x \to -1.5}\dfrac{9 - 4x^2}{3 + 2x} = 6$

23. $\lim\limits_{x \to a} x = a$ **24.** $\lim\limits_{x \to a} c = c$

25. $\lim\limits_{x \to 0} x^2 = 0$ **26.** $\lim\limits_{x \to 0} x^3 = 0$

27. $\lim\limits_{x \to 0} |x| = 0$ **28.** $\lim\limits_{x \to -6^+} \sqrt[8]{6 + x} = 0$

29. $\lim\limits_{x \to 2}(x^2 - 4x + 5) = 1$ **30.** $\lim\limits_{x \to 2}(x^2 + 2x - 7) = 1$

31. $\lim\limits_{x \to -2}(x^2 - 1) = 3$ **32.** $\lim\limits_{x \to 2} x^3 = 8$

33. 验证例 3 中用于证明 $\lim\limits_{x \to 3} x^2 = 9$ 的另一个选择为 $\delta = \min\{2, \varepsilon/8\}$.

34. 从几何角度验证用于证明 $\lim\limits_{x \to 3} x^2 = 9$ 的最大的 δ 是 $\delta = \sqrt{9 + \varepsilon} - 3$.

35. (a) 对于极限 $\lim\limits_{x \to 1}(x^3 + x + 1) = 3$，利用图像找到 $\varepsilon = 0.4$ 对应的 δ.

(b) 通过解三次方程 $x^3 + x + 1 = 3 + \varepsilon$，找到对于任意给定 $\varepsilon > 0$ 满足要求的最大的 δ.

(c) 在 (b) 中令 $\varepsilon = 0.4$，将结果与 (a) 中你的答案进行比较.

36. 证明 $\lim\limits_{x \to 2}\dfrac{1}{x} = \dfrac{1}{2}$.

37. 证明：如果 $a > 0$，那么 $\lim\limits_{x \to a}\sqrt{x} = \sqrt{a}$.

（提示：利用 $\left|\sqrt{x} - \sqrt{a}\right| = \dfrac{|x - a|}{\sqrt{x} + \sqrt{a}}$.）

38. 如果 H 是 2.2 节中定义的赫维赛德函数，用定义 2 证明 $\lim\limits_{t \to 0} H(t)$ 不存在.（提示：利用间接证明. 假设极限是 L，在极限的定义中令 $\varepsilon = 1/2$，然后推出矛盾.）

39. 定义函数 f 为

$$f(x) = \begin{cases} 0, & x \text{ 是有理数；} \\ 1, & x \text{ 不是有理数.} \end{cases}$$

证明 $\lim\limits_{x \to 0} f(x)$ 不存在.

40. 通过比较定义 2、定义 3 和定义 4，证明 2.3 节定理 1：$\lim\limits_{x \to a} f(x) = L$ 当且仅当 $\lim\limits_{x \to a^-} f(x) = L = \lim\limits_{x \to a^+} f(x)$.

41. 当 x 距离 -3 多近时，有

$$\dfrac{1}{(x + 3)^4} > 10\,000 ？$$

42. 用定义 6 证明 $\lim\limits_{x \to -3}\dfrac{1}{(x + 3)^4} = +\infty$.

43. 证明 $\lim\limits_{x \to 0^+} \ln x = -\infty$.

44. 假设 $\lim\limits_{x \to a} f(x) = +\infty$ 且 $\lim\limits_{x \to a} g(x) = c$，其中 c 为实数. 证明：

(a) $\lim\limits_{x \to a}[f(x) + g(x)] = +\infty$；

(b) $\lim\limits_{x \to a}[f(x)g(x)] = +\infty$，此时 $c > 0$；

(c) $\lim\limits_{x \to a}[f(x)g(x)] = -\infty$，此时 $c < 0$.

2.5 | 连续性

函数的连续性

在 2.3 节中我们注意到，当 x 趋于 a 时，函数的极限常常可以简单地通过计算函数在 a 处的值得到，具有这种性质的函数称为在 a 处连续. 我们会看到连续性的数学定义与"连续性"一词在日常用语中的含义非常接近.（连续过程是不间断地发生的过程.）

> **1 定义** 如果 $\lim\limits_{x \to a} f(x) = f(a)$，则称函数 f **在 a 处连续**.

如图 2-5-1 所示，如果 f 连续，那么 f 的图像上的点 $(x, f(x))$ 趋于点 $(a, f(a))$. 因此曲线上没有间断.

注意，如果函数 f 在 a 处连续，那么定义 1 蕴涵了三件事：

1. $f(a)$ 有定义（即 a 在 f 的定义域内）；

2. $\lim\limits_{x \to a} f(x)$ 存在；

3. $\lim\limits_{x \to a} f(x) = f(a)$.

这个定义是说，如果 x 趋于 a 时 $f(x)$ 趋于 $f(a)$，则 f 在 a 处连续. 因此，连续函数 f 具有" x 的微小改变使 $f(x)$ 只发生微小改变"的性质. 事实上，可以通过让 x 发生足够小的改变而使 $f(x)$ 发生任意小的改变.

如果 f 在 a 附近有定义（换句话说，f 在一个包含 a 的开区间上有定义，仅在 a 处没有定义），且 f 在 a 处不是连续的，则称 f **在 a 处不连续**，或 f 在 a 处有一个**间断**.

物理现象通常是连续的. 例如，一辆汽车的位置或速度会随时间连续地变化，一个人的身高也是如此. 但在某些情景中，间断现象也会发生，比如电流.（2.2 节中的赫维赛德函数在 $x = 0$ 处是不连续的，因为 $\lim\limits_{t \to 0} H(t)$ 不存在.）

从几何上讲，你可以把在某区间内的每个点处都连续的函数理解为它的图像上没有中断，可以用一笔画出.

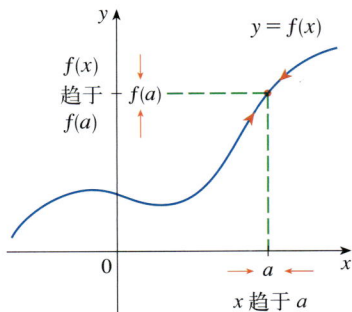

图 2-5-1

例 1 图 2-5-2 显示了函数 f 的图像. 在哪些点处 f 是不连续的？为什么？

解 看起来图像在 $x = 1$ 处有一个间断，因为图像在那里断开. f 在 $x = 1$ 处不连续的真正原因是 $f(1)$ 没有定义.

当 $x = 3$ 时，图像也断开了，但是这里是间断点的原因不同：$f(3)$ 有定义，但 $\lim\limits_{x \to 3} f(x)$ 不存在（因为左、右极限不相等）. 因此 f 在 $x = 3$ 处不连续.

那么 $x = 5$ 呢？$f(5)$ 有定义并且 $\lim\limits_{x \to 5} f(x)$ 存在（因为左、右极限相等），但是

$$\lim_{x \to 5} f(x) \neq f(5),$$

因此 f 在 $x = 5$ 处不连续. ∎

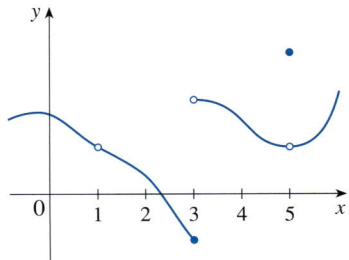

图 2-5-2

现在来看看当函数用方程式定义时，如何找到间断点.

例 2　下列函数在何处不连续?

(a)　$f(x) = \dfrac{x^2 - x - 2}{x - 2}$

(b)　$f(x) = \begin{cases} \dfrac{x^2 - x - 2}{x - 2}, & x \neq 2; \\ 1, & x = 2. \end{cases}$

(c)　$f(x) = \begin{cases} \dfrac{1}{x^2}, & x \neq 0; \\ 1, & x = 0. \end{cases}$

(d)　$f(x) = [\![x]\!]$

解

(a)　注意, $f(2)$ 没有定义, 因此 f 在 $x = 2$ 处不连续. (之后会讲到为什么 f 在所有其他点处都连续.)

(b)　$f(2) = 1$ 有定义且

$$\lim_{x \to 2} f(x) = \lim_{x \to 2} \frac{x^2 - x - 2}{x - 2} = \lim_{x \to 2} \frac{(x - 2)(x + 1)}{x - 2} = \lim_{x \to 2} (x + 1) = 3$$

存在. 但是

$$\lim_{x \to 2} f(x) \neq f(2),$$

因此 f 在 $x = 2$ 处不连续.

(c)　$f(0) = 1$ 有定义, 但是

$$\lim_{x \to 0} f(x) = \lim_{x \to 0} \frac{1}{x^2}$$

不存在 (见 2.2 节例 6). 因此 f 在 $x = 0$ 处不连续.

(d)　最大整数函数 $f(x) = [\![x]\!]$ 在所有整数点处不连续, 因为如果 n 是整数, $\lim_{x \to n} [\![x]\!]$ 不存在. (见 2.3 节例 10 和 2.3 节练习 55.) ∎

　　图 2-5-3 显示了例 2 中函数的图像. 每个图像都不能用一笔画出, 因为图像或者有洞, 或者有缝隙, 或者有跳跃, 图 2-5-3a 和图 2-5-3b 中的一类间断称为**可去间断**, 因为我们只需重新定义 f 在 $x = 2$ 这一点处的值就可以去掉间断. (如果重新定义 f 在 $x = 2$ 时为 3, f 就等价于连续函数 $g(x) = x + 1$.) 图 2-5-3c 中的间断称为**无穷间断**. 图 2-5-3d 中的间断称为**跳跃间断**, 因为函数从一个值 "跳" 到了另一个值.

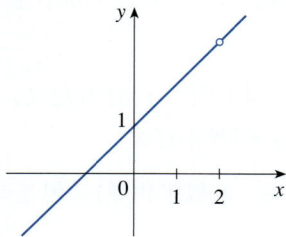

(a) 可去间断

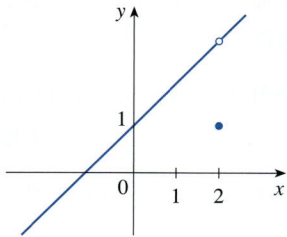

(b) 可去间断

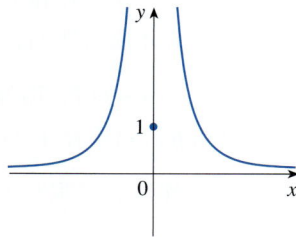

(c) 无穷间断

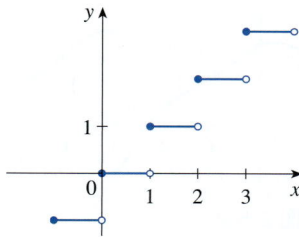

(d) 跳跃间断

图 2-5-3
例 2 中函数的图像

> **2** **定义**　如果 $\lim\limits_{x \to a^+} f(x) = f(a)$，则称函数 f 在 a 处**右连续**. 如果 $\lim\limits_{x \to a^-} f(x) = f(a)$，则称函数 f 在 a 处**左连续**.

例 3　函数 $f(x) = [\![x]\!]$（见图 2-5-3d）在每个整数点 n 处是右连续的，但不是左连续的，因为

$$\lim_{x \to n^+} f(x) = \lim_{x \to n^+} [\![x]\!] = n = f(n),$$

但是

$$\lim_{x \to n^-} f(x) = \lim_{x \to n^-} [\![x]\!] = n - 1 \neq f(n).$$ ∎

> **3** **定义**　函数 f 在一个**区间上连续**，如果它在这个区间内的每一点处都连续.（如果 f 仅在区间端点的一侧有定义，那么在端点处连续表示右连续或左连续.）

例 4　证明函数 $f(x) = 1 - \sqrt{1 - x^2}$ 在区间 $[-1,1]$ 上连续.

解　如果 $-1 < a < 1$，那么利用 2.3 节中的极限运算法则，有

$$
\begin{aligned}
\lim_{x \to a} f(x) &= \lim_{x \to a} \left(1 - \sqrt{1 - x^2} \right) \\
&= 1 - \lim_{x \to a} \sqrt{1 - x^2} \qquad \text{（法则 2 和法则 8）} \\
&= 1 - \sqrt{\lim_{x \to a} \left(1 - x^2 \right)} \qquad \text{（法则 7）} \\
&= 1 - \sqrt{1 - a^2} \qquad \text{（法则 2、法则 8 和法则 10）} \\
&= f(a).
\end{aligned}
$$

因此，由定义 1 可知，如果 $-1 < a < 1$，则 f 在 a 处连续. 类似地，可以算出

$$\lim_{x \to -1^+} f(x) = 1 = f(-1) \text{ 和 } \lim_{x \to 1^-} f(x) = 1 = f(1).$$

因此 f 在 $x = -1$ 处右连续，在 $x = 1$ 处左连续. 根据定义 3，f 在区间 $[-1,1]$ 上连续.

图 2-5-4 展示了 f 的图像，它是圆 $x^2 + (y-1)^2 = 1$ 的下半部分. ∎

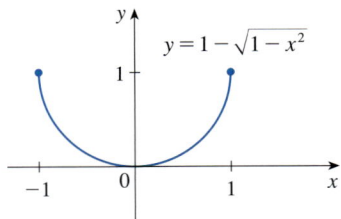

图 2-5-4

■ 连续函数的性质

相比例 4 中那样用定义 1、定义 2 和定义 3 来验证一个函数的连续性，利用下面的定理往往更方便. 这个定理显示了如何从简单的连续函数构造出复杂的连续函数.

> **4　定理**　如果函数 f 和 g 在 a 处连续，且 c 是一个常数，那么下面的函数也在 a 处连续.
>
> **1.** $f + g$　　　　　　　**2.** $f - g$　　　　　　　**3.** cf
>
> **4.** fg　　　　　　　**5.** $\dfrac{f}{g}$，其中 $g(a) \neq 0$

证明　定理中的五个部分都可由 2.3 节中相应的极限运算法则推出，我们以第 1 部分的证明为例. 因为 f 和 g 在 a 处连续，所以

$$\lim_{x \to a} f(x) = f(a)，\quad \lim_{x \to a} g(x) = g(a).$$

因此

$$
\begin{aligned}
\lim_{x \to a} (f + g)(x) &= \lim_{x \to a} \big[f(x) + g(x) \big] \\
&= \lim_{x \to a} f(x) + \lim_{x \to a} g(x) \quad \text{(法则 1)} \\
&= f(a) + g(a) \\
&= (f + g)(a)
\end{aligned}
$$

这表明 $f + g$ 在 a 处连续.　　　　　　　　　　　　　　　■

由定理 4 和定义 3 可知，如果 f 和 g 在一个区间上连续，那么 $f + g$、$f - g$、cf、fg 和 f/g（如果 g 在该区间上的值均非零）也在该区间上连续. 下面的定理作为直接替换性质在 2.3 节中提到过.

> **5　定理**
>
> (a) 任意多项式都是处处连续的，即在 $\mathbb{R} = (-\infty, +\infty)$ 上连续.
>
> (b) 任意有理函数在每个有定义的点处都连续，即在自己的定义域上连续.

证明

(a) 多项式是如下形式的函数：

$$P(x) = c_n x^n + c_{n-1} x^{n-1} + \cdots + c_1 x + c_0,$$

其中 $c_0, c_1, \cdots, c_n$ 是常数. 我们知道

$$\lim_{x \to a} c_0 = c_0 \qquad \text{(法则 8)}$$

和

$$\lim_{x \to a} x^m = a^m, \ m = 1,\, 2,\, \cdots,\, n. \qquad \text{(法则 10)}$$

这个等式正是"函数 $f(x) = x^m$ 是一个连续函数"的严格表述. 因此，由定理 4 的第 3 部分可知，函数 $g(x) = cx^m$ 是连续的. 因为 P 是若干个此类函数与一个常值函数的和，所以由定理 4 的第 1 部分可知，P 是连续的.

(b) 有理函数是如下形式的函数：

$$f(x) = \frac{P(x)}{Q(x)},$$

其中 P 和 Q 是多项式．f 的定义域是 $D = \{x \in \mathbb{R} \,|\, Q(x) \neq 0\}$．由 (a) 可知，$P$ 和 Q 是处处连续的．因此，由定理 4 的第 5 部分可知，f 在 D 上是处处连续的．■

定理 5 的一个例子是球体的体积随它的半径连续变化，因为公式 $V(r) = \frac{4}{3}\pi r^3$ 说明了 V 是 r 的多项式．同样，如果一个球以 15m/s 的初速度垂直抛入空中，那么 t s 后球的高度为 $h = 15t - 4.9t^2$．这也是一个多项式，因此球的高度是经过的时间的连续函数，这和我们预料的一样．

知道哪些函数是连续的能使我们快速计算出一些极限值，如下例所示．将它与 2.3 节例 2b 进行比较．

例 5　计算 $\lim\limits_{x \to -2} \dfrac{x^3 + 2x^2 - 1}{5 - 3x}$．

解　函数

$$f(x) = \frac{x^3 + 2x^2 - 1}{5 - 3x}$$

是有理函数，因此由定理 5 可知，它在自己的定义域 $\left\{ x \,\middle|\, x \neq \dfrac{5}{3} \right\}$ 上是连续的．所以

$$\lim_{x \to -2} \frac{x^3 + 2x^2 - 1}{5 - 3x} = \lim_{x \to -2} f(x) = f(-2)$$

$$= \frac{(-2)^3 + 2 \times (-2)^2 - 1}{5 - 3 \times (-2)} = -\frac{1}{11}.$$
■

大多数常见的函数都在其定义域上连续．例如，2.3 节中的极限运算法则 11 说明了根函数是连续的．

从正弦函数和余弦函数的图像（图 1-2-19）来看，我们可以断言它们都是连续的．根据 $\sin\theta$ 和 $\cos\theta$ 的定义，图 2-5-5 中点 P 的坐标是 $(\cos\theta, \sin\theta)$．当 $\theta \to 0$ 时，P 趋于点 $(1, 0)$，故 $\cos\theta \to 1$，$\sin\theta \to 0$．因此，

图 2-5-5

6　$\qquad\qquad \lim\limits_{\theta \to 0} \cos\theta = 1$，$\lim\limits_{\theta \to 0} \sin\theta = 0$．

因为 $\cos\theta = 1$ 和 $\sin\theta = 0$，所以公式 6 表明，余弦函数和正弦函数在 $x = 0$ 处连续．因此，由余弦函数和正弦函数的加法公式可以推断出这两个函数是处处连续的（见练习 66 和练习 67）．

由定理 4 的第 5 部分可知，除了使 $\cos\theta = 0$ 的点外，

$$\tan x = \frac{\sin x}{\cos x}$$

证明公式 6 中极限的另一种方法是应用夹逼定理，其中要用到在 3.3 节中证明的不等式 $\sin\theta < 0$（对于 $\theta > 0$）．

在其他地方都是连续的．当 x 是 $\pi/2$ 的奇数倍时 $\cos\theta = 0$，因此 $y = \tan x$ 在 $x = \pm\dfrac{\pi}{2}$, $\pm\dfrac{3\pi}{2}$, $\pm\dfrac{5\pi}{2}$, $\cdots$ 处有间断，这样的间断点有无穷多个（见图 2-5-6）．

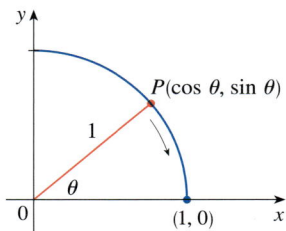

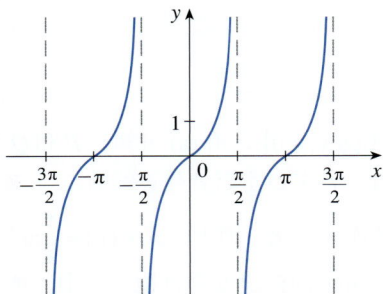

图 2-5-6

$y = \tan x$

在 1.5 节中复习过反三角函数.

任何连续的一对一函数的反函数也是连续的.（这个结论的证明见附录 F. 从几何上看起来这个结论是可信的：f^{-1} 的图像与 f 的图像关于直线 $y = x$ 对称，所以如果 f 的图像没有间断，那么 f^{-1} 的图像也没有间断.）因此，反三角函数是连续的.

在 1.4 节中我们定义了指数函数 $y = b^x$，以填充 $y = b^x$（其中 x 是有理数）的图像上的缝隙. 换言之，正是指数函数 $y = b^x$ 的定义使它成为在 $\mathbb{R}$ 上连续的函数. 所以，它的反函数 $y = \log_b x$ 在 $(0, +\infty)$ 上连续.

> **7　定理**　以下类型的函数在其定义域上都是连续的.
> - 多项式
> - 有理函数
> - 平方根函数
> - 三角函数
> - 反三角函数
> - 指数函数
> - 对数函数

例 6　函数 $f(x) = \dfrac{\ln x + \tan^{-1} x}{x^2 - 1}$ 在何处是连续的？

解　由定理 7 可知，$y = \ln x$ 在 $x > 0$ 上连续，$y = \tan^{-1} x$ 在 $\mathbb{R}$ 上连续. 因此，由定理 4 的第 1 部分可知，$y = \ln x + \tan^{-1} x$ 在 $(0, +\infty)$ 上连续. 分母 $y = x^2 - 1$ 是一个多项式，因此它处处连续，所以，由定理 4 的第 5 部分可知，除了使 $x^2 - 1 = 0$ 的点，即 $x = \pm 1$ 处，f 在其他所有正数 x 上都是连续的. 因此 f 在区间 $(0, 1)$ 和 $(1, +\infty)$ 上连续. ■

例 7　计算 $\lim\limits_{x \to \pi} \dfrac{\sin x}{2 + \cos x}$.

解　定理 7 告诉我们，分子 $y = \sin x$ 是连续的. 分母 $y = 2 + \cos x$ 是两个连续函数的和，因此它也连续. 注意，这个函数永不为 0，因为对于所有 x 都有 $\cos x \geqslant -1$，所以 $2 + \cos x > 0$. 因此

$$f(x) = \frac{\sin x}{2 + \cos x}$$

处处连续. 根据连续函数的定义，有

$$\lim_{x \to \pi} \frac{\sin x}{2 + \cos x} = \lim_{x \to \pi} f(x) = f(\pi) = \frac{\sin \pi}{2 + \cos \pi} = \frac{0}{2 - 1} = 0.$$ ■

另一个将两个连续函数 f 和 g 组合成一个新的连续函数的方法是构造复合函数 $f \circ g$. 它是下面这个定理给出的结论.

该定理指出，如果函数连续且极限存在，则极限符号与函数符号是可交换的. 换句话说，这两个符号的顺序可以颠倒.

> **8　定理**　如果 f 在 b 处连续且 $\lim\limits_{x \to a} g(x) = b$，那么 $\lim\limits_{x \to a} f(g(x)) = f(b)$.
> 换言之，
> $$\lim_{x \to a} f(g(x)) = f\left(\lim_{x \to a} g(x)\right).$$

直观上，定理 8 是合理的，因为如果 x 接近 a，那么 $g(x)$ 接近 b，又因为 f 在 b 处连续，所以如果 $g(x)$ 接近 b，那么 $f\big(g(x)\big)$ 接近 $f(b)$. 定理 8 的证明在附录 F 中给出.

例 8　计算 $\lim\limits_{x\to 1}\arcsin\left(\dfrac{1-\sqrt{x}}{1-x}\right)$.

解　因为反正弦函数是连续函数，所以我们应用定理 8：

$$\lim_{x\to 1}\arcsin\left(\frac{1-\sqrt{x}}{1-x}\right)=\arcsin\left(\lim_{x\to 1}\frac{1-\sqrt{x}}{1-x}\right)$$

$$=\arcsin\left(\lim_{x\to 1}\frac{1-\sqrt{x}}{\left(1-\sqrt{x}\right)\left(1+\sqrt{x}\right)}\right)$$

$$=\arcsin\left(\lim_{x\to 1}\frac{1}{1+\sqrt{x}}\right)$$

$$=\arcsin\frac{1}{2}=\frac{\pi}{6}.$$

现在将定理 8 应用于一个特殊的例子 $f(x)=\sqrt[n]{x}$，其中 n 是正整数，那么

$$f\big(g(x)\big)=\sqrt[n]{g(x)}$$

且

$$f\left(\lim_{x\to a}g(x)\right)=\sqrt[n]{\lim_{x\to a}g(x)}.$$

如果将这些表达式代入定理 8，会得到

$$\lim_{x\to a}\sqrt[n]{g(x)}=\sqrt[n]{\lim_{x\to a}g(x)}.$$

因此极限运算法则 7 得证.（假设 n 次方根存在.）

9　定理　如果函数 g 在 a 处连续且 f 在 $g(a)$ 处连续，那么复合函数 $f\circ g$ 在 a 处连续，其中 $(f\circ g)(x)=f\big(g(x)\big)$.

这个定理经常被非正式地叙述为"连续函数的连续函数还是连续函数".

证明　因为 g 在 a 处连续，所以

$$\lim_{x\to a}g(x)=g(a).$$

因为 f 在 $b=g(a)$ 处连续，所以应用定理 8 得到

$$\lim_{x\to a}f\big(g(x)\big)=f\big(g(a)\big).$$

这正是"函数 $h(x)=f\big(g(x)\big)$ 在 a 处连续"的严格表述. 也就是说，$f\circ g$ 在 a 处连续.

例 9　下面的函数在何处是连续的?

(a)　$h(x) = \sin(x^2)$ 　　　　　　(b)　$F(x) = \ln(1 + \cos x)$

解

(a)　令 $h(x) = f(g(x))$,其中 $g(x) = x^2$,$f(x) = \sin x$. 因为 g 是一个多项式,所以它在 $\mathbb{R}$ 上连续,并且 f 也是一个处处连续的函数,因此,由定理 9 可知,$h = f \circ g$ 在 $\mathbb{R}$ 上连续.

(b)　由定理 7 可知,$f(x) = \ln x$ 是连续的,并且 $g(x) = 1 + \cos x$ 也是连续的(因为 $y = 1$ 和 $y = \cos x$ 都是连续的).所以由定理 9 可知,$F(x) = f(g(x))$ 在其定义域上是连续的. 当 $1 + \cos x > 0$ 时 $\ln(1 + \cos x)$ 有定义,所以 $F(x)$ 在 $\cos x = -1$,即 $x = \pm\pi, \pm 3\pi, \cdots$ 时没有定义. 因此,当 x 是 π 的奇数倍时 F 不连续,而在这些值之间的开区间上连续(见图 2-5-7). ∎

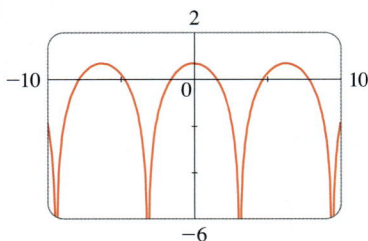

图 2-5-7

$y = \ln(1 + \cos x)$

■ 介值定理

连续函数的一个重要性质由下面的定理给出,它的证明可以在更高级的微积分书中找到.

> **10**　**介值定理**　假设 f 在闭区间 $[a,b]$ 上连续,N 是 $f(a)$ 和 $f(b)$ 之间的任意一个数,$f(a) \neq f(b)$,那么在 (a,b) 内存在一个数 c,使得 $f(c) = N$.

介值定理说明连续函数会取得 $f(a)$ 和 $f(b)$ 之间的每个值,如图 2-5-8 所示. 注意,N 可能被取得一次(如图 2-5-8a 所示)或者多次(如图 2-5-8b 所示).

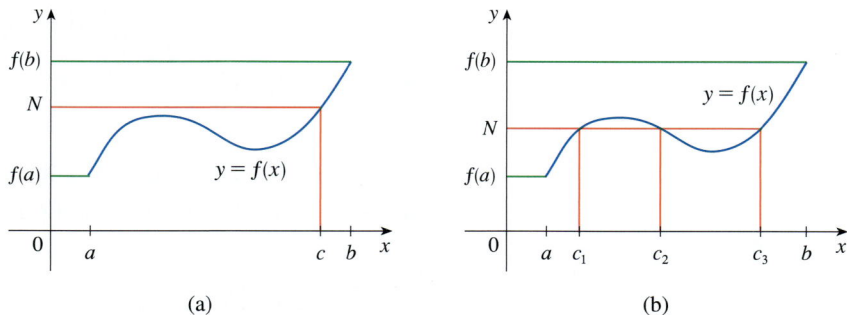

(a)　　　　　　　　　　　(b)

图 2-5-8

如果将连续函数理解为它的图像没有洞或者缝隙,那么我们就很容易相信介值定理是正确的. 如图 2-5-9 所示,用几何语言来说,如果给定介于 $y = f(a)$ 和 $y = f(b)$ 之间的任意一条水平线 $y = N$,那么 f 的图像不可能跳过这条线,它一定和 $y = N$ 相交.

在定理 10 中,函数 f 连续是很重要的. 介值定理对于不连续的函数通常是不成立的(见练习 52).

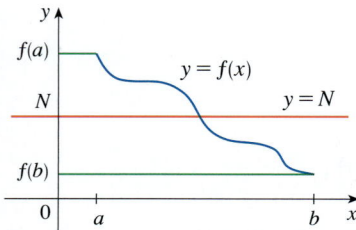

图 2-5-9

介值定理的一个应用是寻找方程的解的位置，如下面的例子所示．

例 10　证明方程

$$4x^3 - 6x^2 + 3x - 2 = 0$$

有一个解介于 1 和 2 之间．

解　设 $f(x) = 4x^3 - 6x^2 + 3x - 2$．我们要寻找的所给方程的解是介于 1 和 2 之间的一个数 c，它满足 $f(c) = 0$．所以在定理 10 中取 $a = 1$、$b = 2$ 和 $N = 0$，有

$$f(1) = 4 - 6 + 3 - 2 = -1 < 0$$

和

$$f(2) = 32 - 24 + 6 - 2 = 12 > 0\ .$$

因此 $f(1) < 0 < f(2)$．也就是说，$N = 0$ 是一个介于 $f(1)$ 和 $f(2)$ 之间的数．因为 f 是多项式，所以它是连续的．介值定理表明在 1 和 2 之间存在一个数 c，使得 $f(c) = 0$．换言之，方程 $4x^3 - 6x^2 + 3x - 2 = 0$ 在区间 $(1, 2)$ 内至少有一个解 c．

事实上，运用介值定理，我们可以更精确地找到解的位置．因为

$$f(1.2) = -0.128 < 0\ ,\quad f(1.3) = 0.548 > 0\ ,$$

所以方程在 1.2 和 1.3 之间必定有一个解．用计算器反复尝试，可以得出

$$f(1.22) = -0.007\ 008 < 0 \text{ 和 } f(1.23) = 0.056\ 068 > 0\ .$$

因此方程在区间 $(1.22, 1.23)$ 内有一个解．

　　可以用图像计算器或者计算机作图，来说明例 10 中介值定理的用处．图 2-5-10 显示了 f 在矩形区域 $[-1, 3] \times [-3, 3]$ 中的图像，你可以看到图像穿过了 x 轴在 1 和 2 之间的部分．图 2-5-11 显示了将矩形区域放大到 $[1.2, 1.3] \times [-0.2, 0.2]$ 时的结果．

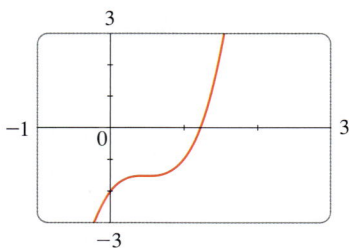

图 2-5-10

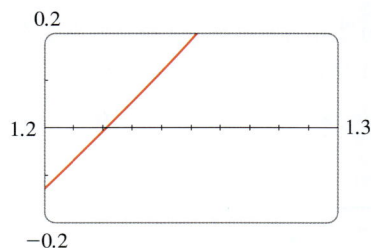

图 2-5-11

　　事实上，介值定理在这些作图工具中扮演了一个重要角色．计算机首先算出图像上的有限多个点，然后在屏幕上点亮这些点对应的像素．假设函数是连续的，那么函数会取得相邻两点之间的所有值．因此，计算机就是通过点亮中间像素，从而"连接这些点"．

2.5 | 练习

1. 写出一个表示函数 f 在 $x=4$ 处连续的方程.

2. 如果 f 在 $(-\infty,+\infty)$ 上连续, 那么它的图像是什么样的?

3. (a) 函数 f 的图像如下所示, 说出 f 在何处不连续, 并解释原因.

    (b) 对于 (a) 中涉及的每个点, 确定 f 右连续、左连续还是都不是.

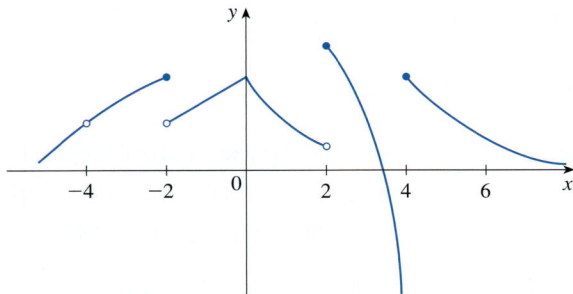

4. 函数 g 的图像如下所示, 说出 g 在何处不连续, 并解释原因.

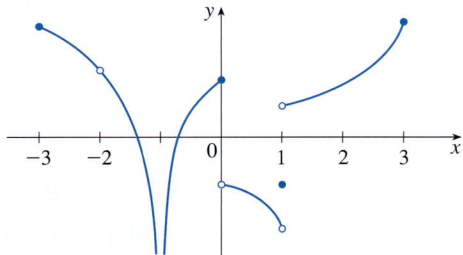

5~6 函数 f 的图像如下所示.

    (a) 当 a 为何值时, $\lim\limits_{x\to a} f(x)$ 不存在?

    (b) 当 a 为何值时, f 在 a 处不连续?

    (c) 当 a 为何值时, $\lim\limits_{x\to a} f(x)$ 存在但 f 在 a 处不连续?

5. 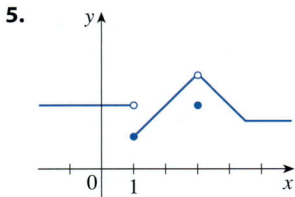   **6.**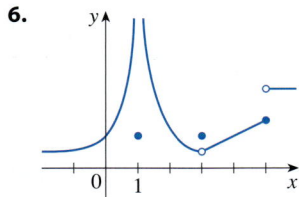

7~10 画出一个函数 f 的图像, 使得 f 在 $\mathbb{R}$ 上有定义且连续, 除了以下特别说明的间断.

7. 函数在 $x=-2$ 处有可去间断, 在 $x=2$ 处有无穷间断.

8. 函数在 $x=-3$ 处有跳跃间断, 在 $x=4$ 处有可去间断.

9. 函数在 $x=0$ 和 $x=3$ 处不连续, 但在 $x=0$ 处右连续, 在 $x=3$ 处左连续.

10. 函数在 $x=-1$ 处左连续, 在 $x=3$ 处左、右都不连续.

11. 汽车在公路上的某个路段行驶会被收取通行费 T, 除了高峰时段 (上午 7 点到 10 点及下午 4 点到 7 点) 收费 7 美元, 其他时段收费 5 美元.

    (a) 画出 T 关于时间 t (从凌晨开始) 的函数的图像.

    (b) 找出此函数的间断点并说明它们对于驾驶者的意义.

12. 解释以下函数为什么是连续的或不连续的.

    (a) 某个特定地点的气温关于时间的函数.

    (b) 某个特定时间的气温关于从纽约向西的距离的函数.

    (c) 海拔高度关于从纽约向西的距离的函数.

    (d) 乘坐出租车的费用关于行驶距离的函数.

    (e) 经过房间中的电灯的电流关于时间的函数.

13~16 利用连续的定义和极限的性质证明函数在 a 处是连续的.

13. $f(x)=3x^2+(x+2)^5$, $a=-1$

14. $g(t)=\dfrac{t^2+5t}{2t+1}$, $a=2$

15. $p(v)=2\sqrt{3v^2+1}$, $a=1$

16. $f(r)=\sqrt[3]{4r^2-2r+7}$, $a=-2$

17~18 利用连续的定义和极限的性质证明函数在所给区间上是连续的.

17. $f(x)=x+\sqrt{x-4}$, $[4,+\infty)$

18. $g(x)=\dfrac{x-1}{3x+6}$, $(-\infty,-2)$

19~24 解释为什么函数在 a 处是不连续的. 画出函数的图像.

19. $f(x)=\dfrac{1}{x+2}$, $a=-2$

20. $f(x)=\begin{cases}\dfrac{1}{x+2}, & x\neq -2;\\ 1, & x=-2.\end{cases}$ $\quad a=-2$

21. $f(x)=\begin{cases}x+3, & x\leqslant-1;\\2^{x}, & x>-1.\end{cases}\quad a=-1$

22. $f(x)=\begin{cases}\dfrac{x^{2}-x}{x^{2}-1}, & x\neq1;\\1, & x=1.\end{cases}\quad a=1$

23. $f(x)=\begin{cases}\cos x, & x<0;\\0, & x=0;\quad a=0\\1-x^{2}, & x>0.\end{cases}$

24. $f(x)=\begin{cases}\dfrac{2x^{2}-5x-3}{x-3}, & x\neq3;\\6, & x=3.\end{cases}\quad a=3$

25~26

(a) 证明 f 在 $x=3$ 处有可去间断.

(b) 重新定义 $f(3)$ 使得 f 在 $x=3$ 处连续（间断被"去掉"了）.

25. $f(x)=\dfrac{x-3}{x^{2}-9}$

26. $f(x)=\dfrac{x^{2}-7x+12}{x-3}$

27~34 应用定理 4、定理 5、定理 7 和定理 9 解释为什么这些函数在其定义域上是连续的. 写出其定义域.

27. $f(x)=\dfrac{x^{2}}{\sqrt{x^{4}+2}}$

28. $g(v)=\dfrac{3v-1}{v^{2}+2v-15}$

29. $h(t)=\dfrac{\cos(t^{2})}{1-e^{t}}$

30. $B(u)=\sqrt{3u-2}+\sqrt[3]{2u-3}$

31. $L(v)=v\ln(1-v^{2})$

32. $f(t)=e^{-t^{2}}\ln(1+t^{2})$

33. $M(x)=\sqrt{1+\dfrac{1}{x}}$

34. $g(t)=\cos^{-1}(e^{t}-1)$

35~38 利用连续性计算极限.

35. $\lim\limits_{x\to2}x\sqrt{20-x^{2}}$

36. $\lim\limits_{\theta\to\pi/2}\sin(\tan(\cos\theta))$

37. $\lim\limits_{x\to1}\ln\left(\dfrac{5-x^{2}}{1+x}\right)$

38. $\lim\limits_{x\to4}3^{\sqrt{x^{2}-2x-4}}$

39~40 求出函数的间断点并作图展示.

39. $f(x)=\dfrac{1}{\sqrt{1-\sin x}}$

40. $y=\arctan\dfrac{1}{x}$

41~42 证明 f 在 $(-\infty,+\infty)$ 上连续.

41. $f(x)=\begin{cases}1-x^{2}, & x\leqslant1;\\\ln x, & x>1.\end{cases}$

42. $f(x)=\begin{cases}\sin x, & x<\dfrac{\pi}{4};\\\cos x, & x\geqslant\dfrac{\pi}{4}.\end{cases}$

43~45 求出 f 的间断点. 在这些点中，f 在何处右连续、左连续以及都不是? 画出 f 的图像.

43. $f(x)=\begin{cases}x^{2}, & x<-1;\\x, & -1\leqslant x<1;\\1/x, & x\geqslant1.\end{cases}$

44. $f(x)=\begin{cases}2^{x}, & x\leqslant1;\\3-x, & 1<x\leqslant4;\\\sqrt{x}, & x>4.\end{cases}$

45. $f(x)=\begin{cases}x+2, & x<0;\\e^{x}, & 0\leqslant x\leqslant1;\\2-x, & x>1.\end{cases}$

46. 到地心的距离为 r 的单位质量受到地球的引力为

$$F(r)=\begin{cases}\dfrac{GMr}{R^{3}}, & r<R;\\[2ex]\dfrac{GM}{r^{2}}, & r\geqslant R,\end{cases}$$

其中 M 是地球的质量，R 是地球的半径，G 是万有引力常数. F 是 r 的连续函数吗?

47. 常数 c 为何值时，函数 f 在 $(-\infty,+\infty)$ 上连续?

$$f(x)=\begin{cases}cx^{2}+2x, & x<2;\\x^{3}-cx, & x\geqslant2.\end{cases}$$

48. 求使 f 处处连续的 a 和 b 的值.

$$f(x)=\begin{cases}\dfrac{x^{2}-4}{x-2}, & x<2;\\ax^{2}-bx+3, & 2\leqslant x<3;\\2x-a+b, & x\geqslant3.\end{cases}$$

49. 设 f 和 g 是连续函数，并且 $g(2)=6$，$\lim\limits_{x\to2}[3f(x)+f(x)g(x)]=36$. 求 $f(2)$.

50. 设 $f(x)=1/x$，$g(x)=1/x^{2}$.

(a) 求 $(f\circ g)(x)$.

(b) $f\circ g$ 是处处连续的吗? 请说明理由.

51. 在下面的函数 f 中，哪些在 a 处有可去间断？如果间断是可去的，找到一个函数 g，使得 g 与 f 在 $x \neq a$ 的各点处相等，并且 g 在 a 处连续．

(a) $f(x) = \dfrac{x^4 - 1}{x - 1}$，$a = 1$

(b) $f(x) = \dfrac{x^3 - x^2 - 2x}{x - 2}$，$a = 2$

(c) $f(x) = [\![\sin x]\!]$，$a = \pi$

52. 假设除 $x = 0.25$ 之外，函数 f 在 $[0,1]$ 内的其他点处都是连续的，并且 $f(0) = 1$，$f(1) = 3$．设 $N = 2$，画出 f 的两个可能的图像，一个表示 f 不符合介值定理的结论，另一个表示 f 仍然符合介值定理的结论（即使它不满足介值定理的假设）．

53. 如果 $f(x) = x^2 + 10\sin x$，证明存在一个数 c，使得 $f(c) = 1000$．

54. 假设函数 f 在 $[1,5]$ 上连续，并且方程 $f(x) = 6$ 只有 $x = 1$ 和 $x = 4$ 两个解．如果 $f(2) = 8$，解释为什么 $f(3) > 6$．

55~58 应用介值定理证明方程在给定区间内存在一个解．

55. $-x^3 + 4x + 1 = 0$，$(-1, 0)$

56. $\ln x = x - \sqrt{x}$，$(2, 3)$

57. $e^x = 3 - 2x$，$(0, 1)$　　**58.** $\sin x = x^2 - x$，$(1, 2)$

59~60

(a) 证明方程至少有一个实数解．

(b) 使用计算器找出包含方程的一个解且宽为 0.01 的一个区间．

59. $\cos x = x^3$　　　　　**60.** $\ln x = 3 - 2x$

61~62

(a) 证明方程至少有一个实数解．

(b) 通过作图找出一个解，精确到小数点后 3 位．

61. $100e^{-x/100} = 0.01x^2$　　**62.** $\arctan x = 1 - x$

63~64 在不作图的情况下，证明函数图像在给定区间内与 x 轴至少有两个交点．

63. $y = \sin x^3$，$(1, 2)$　　**64.** $y = x^3 - 3 + \dfrac{1}{x}$，$(0, 2)$

---

65. 证明：f 在 a 处连续当且仅当
$$\lim_{h \to 0} f(a + h) = f(a).$$

66. 为了证明正弦函数是连续的，需要证明对于每个实数 a，都有 $\lim\limits_{x \to a} \sin x = \sin a$．由练习 65 可知，与之等价的叙述是
$$\lim_{h \to 0} \sin(a + h) = \sin a.$$
利用公式 6 证明其正确性．

67. 证明：余弦函数是连续的．

68. (a) 证明定理 4 的第 3 部分．

(b) 证明定理 4 的第 5 部分．

69. 用定理 8 证明 2.3 节中的极限运算法则 6 和法则 7．

70. 是否存在一个比自己的立方恰好大 1 的数？

71. 在哪些点处，函数 f 是连续的？
$$f(x) = \begin{cases} 0, & x \text{ 是有理数}; \\ 1, & x \text{ 是无理数}. \end{cases}$$

72. 在哪些点处，函数 g 是连续的？
$$g(x) = \begin{cases} 0, & x \text{ 是有理数}; \\ x, & x \text{ 是无理数}. \end{cases}$$

73. 证明函数
$$f(x) = \begin{cases} x^4 \sin(1/x), & x \neq 0; \\ 0, & x = 0. \end{cases}$$
在 $(-\infty, +\infty)$ 上连续．

74. 如果 a 和 b 是正数，证明方程
$$\frac{a}{x^3 + 2x^2 - 1} + \frac{b}{x^3 + x - 2} = 0$$
在 $(-1, 1)$ 内至少有一个解．

75. 一个女人在早上 7 点离开家，沿往常的路线向山顶前进，并于晚上 7 点到达．第二天，她早上 7 点开始从山顶沿原路返回，并于晚上 7 点到家．应用介值定理证明，在女人往返的路途中存在一个点，她在这两天中的同一时间路过这个点．

76. 绝对值与连续性

(a) 证明：绝对值函数 $F(x) = |x|$ 处处连续．

(b) 证明：如果 f 在某区间上连续，那么 $|f|$ 也在该区间上连续．

(c) (b) 的逆命题是否成立？换言之，如果 $|f|$ 连续，f 是否也连续？如果是，请证明；如果不是，找出一个反例．

2.6 | 无穷远处的极限与水平渐近线

在 2.2 节和 2.4 节中，我们考察了曲线 $y = f(x)$ 的无穷极限和垂直渐近线．我们让 x 趋于一个数，使得 y（的绝对值）变得任意大．本节中，我们让 x（的绝对值）变得任意大，看看 y 是如何变化的．

■ 无穷远处的极限与水平渐近线

考察函数

$$f(x) = \frac{x^2 - 1}{x^2 + 1}$$

在 x 变大时的行为．表 2-6-1 中给出了精确到小数点后 6 位的函数值，计算机画出的 f 的图像如图 2-6-1 所示．

表 2-6-1

x	$f(x)$
0	-1
± 1	0
± 2	0.600 000
± 3	0.800 000
± 4	0.882 353
± 5	0.923 077
± 10	0.980 198
± 50	0.999 200
± 100	0.999 800
± 1000	0.999 998

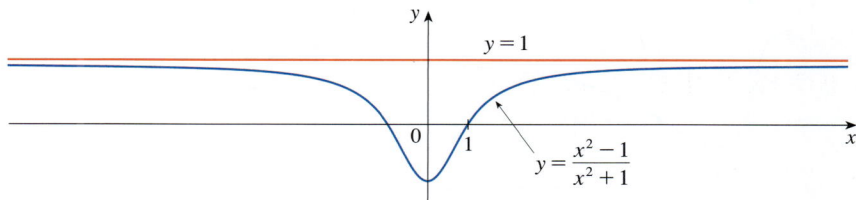

图 2-6-1

当 x 变得越来越大时，$f(x)$ 的值越来越接近 1．（向右看，f 趋近水平线 $y = 1$．）事实上，看起来通过让 x 变得足够大，可以使 $f(x)$ 与 1 要多接近有多接近．这种情况用符号表示为

$$\lim_{x \to +\infty} \frac{x^2 - 1}{x^2 + 1} = 1 .$$

通常，我们使用符号

$$\lim_{x \to +\infty} f(x) = L$$

来表示当 x 越来越大时，$f(x)$ 越来越接近 L．

---

1 无穷远处的极限的直观定义　设 f 是一个定义在某区间 $(a, +\infty)$ 上的函数，那么

$$\lim_{x \to +\infty} f(x) = L$$

表示通过让 x 变得足够大，可以使 $f(x)$ 任意接近 L．

$\lim\limits_{x \to +\infty} f(x) = L$ 的另一种表示是

$$当\ x \to +\infty\ 时，\ f(x) \to L .$$

符号 $+\infty$ 并不代表一个数，但表达式 $\lim\limits_{x\to+\infty}f(x)=L$ 经常读作

$$\text{"当 } x \text{ 趋于无穷大时，} f(x) \text{ 的极限是 } L\text{"}$$

或

$$\text{"当 } x \text{ 变得无穷大时，} f(x) \text{ 的极限是 } L\text{"}$$

或

$$\text{"当 } x \text{ 无界地增大时，} f(x) \text{ 的极限是 } L\text{"}.$$

这些表述的含义在定义 1 中给出．一个与 2.4 节中使用 $\varepsilon\text{-}\delta$ 的定义类似的更为严格的定义会在本节的最后给出．

图 2-6-2 是定义 1 的几何图示．看看每个图像的最右端，f 的图像有很多种趋近直线 $y=L$ （称为水平渐近线）的方式．

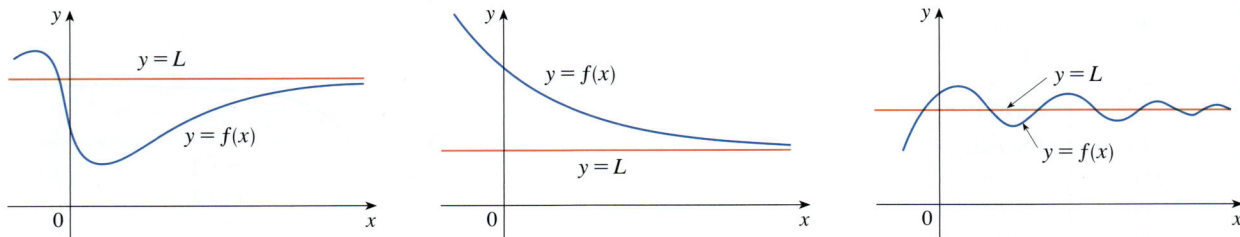

图 2-6-2　$\lim\limits_{x\to+\infty}f(x)=L$

参考图 2-6-1，我们看到，对于绝对值很大的负数 x，$f(x)$ 接近 1．通过让 x 沿负方向无界地减小，可以使 $f(x)$ 任意地接近 1，这可以表示为

$$\lim_{x\to-\infty}\frac{x^2-1}{x^2+1}=1.$$

这类极限的一般定义如下．

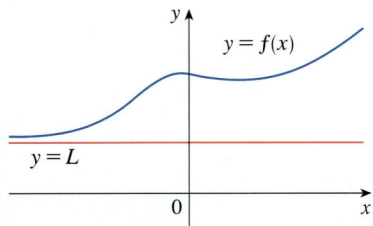

2　定义　设 f 是一个定义在某区间 $(-\infty,a)$ 上的函数，那么

$$\lim_{x\to-\infty}f(x)=L$$

表示通过让 x 变成绝对值足够大的负数，可以使 $f(x)$ 任意地接近 L．

同样，符号 $-\infty$ 也不代表一个数，但是表达式 $\lim\limits_{x\to-\infty}f(x)=L$ 经常读作

$$\text{"当 } x \text{ 趋于负无穷大时，} f(x) \text{ 的极限是 } L\text{"}.$$

图 2-6-3 是定义 2 的几何图示，在每个图的最左端，图像都趋近直线 $y=L$．

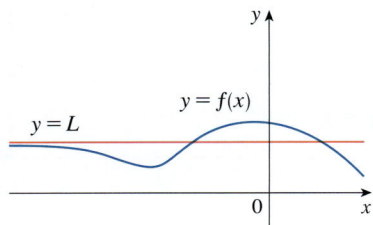

图 2-6-3　$\lim\limits_{x\to-\infty}f(x)=L$

3　定义　直线 $y=L$ 称为曲线 $y=f(x)$ 的**水平渐近线**，如果

$$\lim_{x\to+\infty}f(x)=L \text{ 或 } \lim_{x\to-\infty}f(x)=L.$$

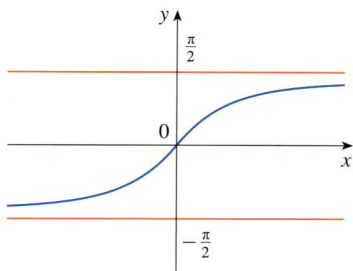

图 2-6-4

$y = \tan^{-1} x$

例如，图 2-6-1 中的曲线的水平渐近线是 $y = 1$，因为

$$\lim_{x \to +\infty} \frac{x^2 - 1}{x^2 + 1} = 1 \ .$$

有两条水平渐近线的曲线的例子是 $y = \tan^{-1} x$（见图 2-6-4）. 事实上，

4 $\qquad \displaystyle \lim_{x \to -\infty} \tan^{-1} x = -\frac{\pi}{2} \ , \quad \lim_{x \to +\infty} \tan^{-1} x = \frac{\pi}{2}$

因此，直线 $y = -\pi/2$ 和 $y = \pi/2$ 都是水平渐近线.（这是因为直线 $x = \pm\pi/2$ 是正切函数图像的垂直渐近线.）

例 1 找出图 2-6-5 中的函数 f 有无穷极限的点、f 在无穷远处的极限和 f 的渐近线.

解 当 $x \to -1$ 时（从两侧均可），$f(x)$ 变得非常大，因此

$$\lim_{x \to -1} f(x) = +\infty \ .$$

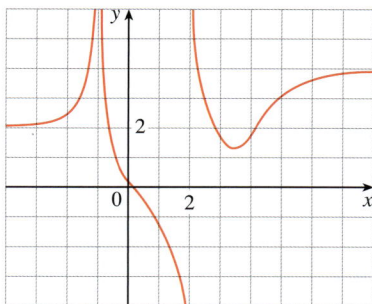

图 2-6-5

我们注意到：当 x 从左侧趋于 2 时，$f(x)$ 是绝对值非常大的负数；但是当 x 从右侧趋于 2 时，$f(x)$ 是非常大的正数. 因此

$$\lim_{x \to 2^-} f(x) = -\infty \ , \quad \lim_{x \to 2^+} f(x) = +\infty \ .$$

所以直线 $x = -1$ 和 $x = 2$ 都是垂直渐近线.

当 x 变大时，$f(x)$ 趋于 4. 当 x 减小时，$f(x)$ 趋于 2. 因此，

$$\lim_{x \to +\infty} f(x) = 4 \ , \quad \lim_{x \to -\infty} f(x) = 2 \ .$$

这表明 $y = 4$ 和 $y = 2$ 都是水平渐近线. ■

例 2 计算 $\displaystyle\lim_{x \to +\infty} \frac{1}{x}$ 和 $\displaystyle\lim_{x \to -\infty} \frac{1}{x}$.

解 可以观察到当 x（$x > 0$）变大时，$\dfrac{1}{x}$ 变小. 例如，

$$\frac{1}{100} = 0.01 \ , \quad \frac{1}{10\,000} = 0.000\,1 \ , \quad \frac{1}{1\,000\,000} = 0.000\,001 \ .$$

事实上，通过让 x 变得足够大，可以使 $1/x$ 任意地接近 0. 所以，根据定义 1，有

$$\lim_{x \to +\infty} \frac{1}{x} = 0 \ .$$

同理，当 x 变成绝对值足够大的负数时，$1/x$ 会变成绝对值任意小的负数，从而有

$$\lim_{x \to -\infty} \frac{1}{x} = 0 \ .$$

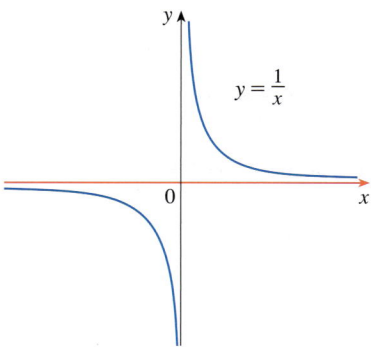

图 2-6-6

$\displaystyle\lim_{x \to +\infty} \frac{1}{x} = 0 \ , \quad \lim_{x \to -\infty} \frac{1}{x} = 0$

因此，直线 $y = 0$（x 轴）是曲线 $y = 1/x$ 的水平渐近线.（这条曲线是一条双曲线，见图 2-6-6.） ■

■ 计算无穷远处的极限

2.3 节中给出的大多数极限运算法则对于无穷远处的极限仍然成立. 可以证明, 如果把 "$x \to a$" 替换为 "$x \to +\infty$" 或者 "$x \to -\infty$", 2.3 节中列出的极限运算法则 (除了法则 10 和法则 11) 仍然是有效的. 特别是, 如果将法则 6 和法则 7 与例 2 的结果结合起来, 我们将得到下面用于计算极限的重要法则.

> **5 定理**　如果 $r > 0$ 是一个有理数, 那么
>
> $$\lim_{x \to +\infty} \frac{1}{x^r} = 0 .$$
>
> 如果 $r > 0$ 是一个使 x^r 对所有 x 都有定义的有理数, 那么
>
> $$\lim_{x \to -\infty} \frac{1}{x^r} = 0 .$$

例 3　计算下面的极限并且注明每一步用到的极限运算法则.

$$\lim_{x \to +\infty} \frac{3x^2 - x - 2}{5x^2 + 4x + 1}$$

解　当 x 变大时, 分子和分母都会变大, 因此不容易看出它们的比是如何变化的. 我们需要做一些初等代数变换.

为了计算任意有理函数在无穷远处的极限, 我们先将分子和分母同时除以分母中 x 的最高次项. (可以假设 $x \neq 0$, 因为我们只对非常大的 x 感兴趣.) 在这个例子中, x 的最高次项是 x^2, 因此,

$$\lim_{x \to +\infty} \frac{3x^2 - x - 2}{5x^2 + 4x + 1} = \lim_{x \to +\infty} \frac{\dfrac{3x^2 - x - 2}{x^2}}{\dfrac{5x^2 + 4x + 1}{x^2}} = \lim_{x \to +\infty} \frac{\left(3 - \dfrac{1}{x} - \dfrac{2}{x^2}\right)}{\left(5 + \dfrac{4}{x} + \dfrac{1}{x^2}\right)}$$

$$= \frac{\lim\limits_{x \to +\infty}\left(3 - \dfrac{1}{x} - \dfrac{2}{x^2}\right)}{\lim\limits_{x \to +\infty}\left(5 + \dfrac{4}{x} + \dfrac{1}{x^2}\right)} \qquad \text{(法则 5)}$$

$$= \frac{\lim\limits_{x \to +\infty} 3 - \lim\limits_{x \to +\infty} \dfrac{1}{x} - \lim\limits_{x \to +\infty} \dfrac{2}{x^2}}{\lim\limits_{x \to +\infty} 5 + \lim\limits_{x \to +\infty} \dfrac{4}{x} + \lim\limits_{x \to +\infty} \dfrac{1}{x^2}} \qquad \text{(法则 1、法则 2 和法则 3)}$$

$$= \frac{3 - 0 - 0}{5 + 0 + 0} \qquad \text{(法则 8 和定理 5)}$$

$$= \frac{3}{5} .$$

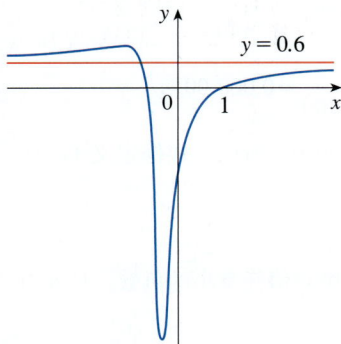

图 2-6-7

$$y = \frac{3x^2 - x - 2}{5x^2 + 4x + 1}$$

类似的计算表明, 当 $x \to -\infty$ 时极限也是 $\dfrac{3}{5}$. 图 2-6-7 显示了所给的有理函数的图像是如何趋近水平渐近线 $y = \dfrac{3}{5} = 0.6$ 的, 以此展示计算的结果. ■

例 4　求出函数 $f(x)=\dfrac{\sqrt{2x^2+1}}{3x-5}$ 的图像的水平渐近线.

解　将分子和分母同时除以 x（x 是分母中 x 的最高次项），利用极限的性质，得到

$$\lim_{x\to+\infty}\frac{\sqrt{2x^2+1}}{3x-5}=\lim_{x\to+\infty}\frac{\frac{\sqrt{2x^2+1}}{x}}{\frac{3x-5}{x}}=\lim_{x\to+\infty}\frac{\sqrt{\frac{2x^2+1}{x^2}}}{\frac{3x-5}{x}}\quad(\text{因为对于}\ x>0,\ \text{有}\ \sqrt{x^2}=x)$$

$$=\frac{\lim\limits_{x\to+\infty}\sqrt{2+\frac{1}{x^2}}}{\lim\limits_{x\to+\infty}\left(3-\frac{5}{x}\right)}=\frac{\sqrt{\lim\limits_{x\to+\infty}2+\lim\limits_{x\to+\infty}\frac{1}{x^2}}}{\lim\limits_{x\to+\infty}3-5\lim\limits_{x\to+\infty}\frac{1}{x}}=\frac{\sqrt{2+0}}{3-5\times0}=\frac{\sqrt{2}}{3}.$$

因此，直线 $y=\sqrt{2}/3$ 是 f 的图像的一条水平渐近线.

　　在计算 $x\to-\infty$ 时 f 的极限时，必须记住对于 $x<0$，有 $\sqrt{x^2}=|x|=-x$. 当我们将分子除以 x 时，因为 $x<0$，所以

$$\frac{\sqrt{2x^2+1}}{x}=\frac{\sqrt{2x^2+1}}{-\sqrt{x^2}}=-\sqrt{\frac{2x^2+1}{x^2}}=-\sqrt{2+\frac{1}{x^2}},$$

于是有

$$\lim_{x\to-\infty}\frac{\sqrt{2x^2+1}}{3x-5}=\lim_{x\to-\infty}\frac{-\sqrt{2+\frac{1}{x^2}}}{3-\frac{5}{x}}=\frac{-\sqrt{2+\lim\limits_{x\to-\infty}\frac{1}{x^2}}}{3-5\lim\limits_{x\to-\infty}\frac{1}{x}}=-\frac{\sqrt{2}}{3}.$$

因此，直线 $y=-\sqrt{2}/3$ 也是一条水平渐近线，见图 2-6-8. ∎

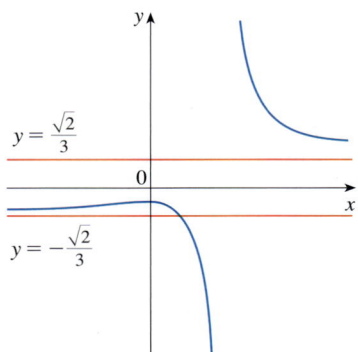

图 2-6-8

$y=-\dfrac{\sqrt{2x^2+1}}{3x-5}$

例 5　计算 $\lim\limits_{x\to+\infty}\left(\sqrt{x^2+1}-x\right)$.

解　因为当 x 增大时，$\sqrt{x^2+1}$ 和 x 都增大，所以我们很难看出它们的差是如何变化的. 因此我们用代数方法来改写这个函数. 首先，将分子和分母同时乘以共轭根式：

我们可以认为所给函数的分母为 1.

$$\lim_{x\to+\infty}\left(\sqrt{x^2+1}-x\right)=\lim_{x\to+\infty}\left(\sqrt{x^2+1}-x\right)\cdot\frac{\sqrt{x^2+1}+x}{\sqrt{x^2+1}+x}$$

$$=\lim_{x\to+\infty}\frac{(x^2+1)-x^2}{\sqrt{x^2+1}+x}=\lim_{x\to+\infty}\frac{1}{\sqrt{x^2+1}+x}.$$

注意，当 $x\to+\infty$ 时，最后一个表达式的分母 $\sqrt{x^2+1}+x$（它比 x 大）变得非常大，所以

$$\lim_{x\to+\infty}\left(\sqrt{x^2+1}-x\right)=\lim_{x\to+\infty}\frac{1}{\sqrt{x^2+1}+x}=0.$$

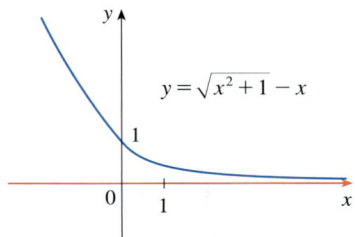

图 2-6-9

$y=\sqrt{x^2+1}-x$

图 2-6-9 显示了这个结果. ∎

例 6   计算 $\lim\limits_{x \to 2^+} \arctan\left(\dfrac{1}{x-2}\right)$.

解   令 $t = 1/(x-2)$. 当 $x \to 2^+$ 时，$t \to +\infty$. 因此，根据公式 4 中的第二个等式，我们有

$$\lim_{x \to 2^+} \arctan\left(\frac{1}{x-2}\right) = \lim_{t \to +\infty} \arctan t = \frac{\pi}{2}. \qquad \blacksquare$$

自然指数函数 $y = e^x$ 的图像有一条水平渐近线是 $y = 0$（x 轴）.（任何以 $b > 1$ 为底数的指数函数都是如此.）事实上，从图 2-6-10 中的图像和表 2-6-2 中的数值可以看出这一点.

6
$$\lim_{x \to -\infty} e^x = 0$$

我们注意到 e^x 的值快速趋近 0.

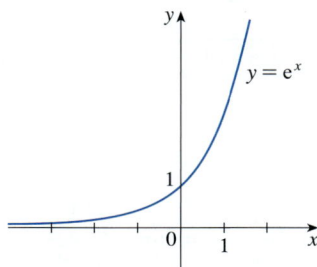

图 2-6-10

表 2-6-2

x	e^x
0	1.000 00
−1	0.367 88
−2	0.135 34
−3	0.049 79
−5	0.006 74
−8	0.000 34
−10	0.000 05

例 7   计算 $\lim\limits_{x \to 0^-} e^{1/x}$.

解   令 $t = 1/x$. 当 $x \to 0^-$ 时，$t \to -\infty$. 所以，由公式 6 可得

$$\lim_{x \to 0^-} e^{1/x} = \lim_{t \to -\infty} e^t = 0.$$

（见练习 81.） $\blacksquare$

[PS] 例 6 和例 7 中问题的解决策略是引入额外量（参考第 1 章末的"解题的基本原则"）. 在这里，额外量（或辅助工具）是新变量 t.

例 8   计算 $\lim\limits_{x \to +\infty} \sin x$.

解   当 x 增大时，$\sin x$ 在 1 和 −1 之间不断地来回波动，因此它不趋于任何确定的数，故 $\lim\limits_{x \to +\infty} \sin x$ 不存在. $\blacksquare$

■ **无穷远处的无穷极限**

符号

$$\lim_{x \to +\infty} f(x) = +\infty$$

表示当 x 变得非常大时，$f(x)$ 也变得非常大. 下面的符号具有相似的含义：

$$\lim_{x \to -\infty} f(x) = +\infty, \quad \lim_{x \to +\infty} f(x) = -\infty, \quad \lim_{x \to -\infty} f(x) = -\infty.$$

例 9 计算 $\lim\limits_{x \to +\infty} x^3$ 和 $\lim\limits_{x \to -\infty} x^3$.

解 当 x 变大时，x^3 也变大．例如，

$$10^3 = 1000, \quad 100^3 = 1\,000\,000, \quad 1000^3 = 1\,000\,000\,000.$$

事实上，通过让 x 变得足够大，可以使 x^3 变得任意大，所以

$$\lim\limits_{x \to +\infty} x^3 = +\infty.$$

类似地，当 x 变成绝对值非常大的负数时，x^3 也变成绝对值非常大的负数．因此

$$\lim\limits_{x \to -\infty} x^3 = -\infty.$$

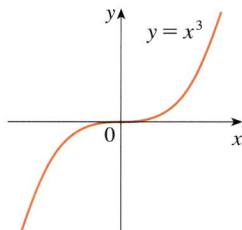

图 2-6-11

$\lim\limits_{x \to +\infty} x^3 = +\infty$，$\lim\limits_{x \to -\infty} x^3 = -\infty$

这些结论也可以从图 2-6-11 中 $y = x^3$ 的图像上看出来．■

我们从图 2-6-10 中看到

$$\lim\limits_{x \to +\infty} e^x = +\infty,$$

而如图 2-6-12 所示，当 $x \to +\infty$ 时，$y = e^x$ 以比 $y = x^3$ 快得多的速度增大．

例 10 计算 $\lim\limits_{x \to +\infty} \left(x^2 - x \right)$.

解 根据极限运算法则 2，差的极限等于极限的差，但前提是这些极限存在．这里不能用法则 2，因为

$$\lim\limits_{x \to +\infty} x^2 = +\infty, \quad \lim\limits_{x \to +\infty} x = +\infty.$$

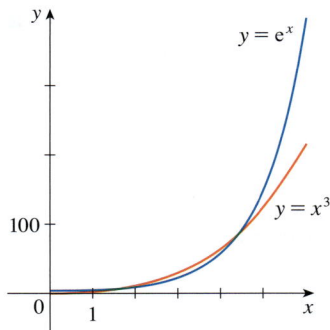

图 2-6-12

当 x 非常大时，e^x 比 x^3 大得多

🚫 通常，极限运算法则不能被应用于无穷极限上，因为 ∞ 不是一个数（$\infty - \infty$ 是没有定义的）．然而，我们能说

$$\lim\limits_{x \to +\infty} \left(x^2 - x \right) = \lim\limits_{x \to +\infty} x(x-1) = +\infty.$$

因为 x 和 $x-1$ 都变得任意大，所以它们的乘积也变得任意大．■

例 11 计算 $\lim\limits_{x \to +\infty} \dfrac{x^2 + x}{3 - x}$.

解 如例 3 一样，将分子和分母同时除以分母中 x 的最高次项，也就是 x：

$$\lim\limits_{x \to +\infty} \frac{x^2 + x}{3 - x} = \lim\limits_{x \to +\infty} \frac{x+1}{\dfrac{3}{x} - 1} = -\infty,$$

因为当 $x \to +\infty$ 时，$x + 1 \to +\infty$，$3/x - 1 \to 0 - 1 = -1$. ■

下一个例子表明，通过利用无穷远处的无穷极限以及截距，我们可以知道一个多项式的图像的大致轮廓，而无须大量描点．

例 12　通过求出截距和求出 $x \to +\infty$ 与 $x \to -\infty$ 时的极限，画出 $y = (x-2)^4(x+1)^3(x-1)$ 的图像.

解　y 轴截距是 $f(0) = (-2)^4 \times 1^3 \times (-1) = -16$，$x$ 轴截距通过令 $y=0$ 求得：$x = 2$，1，-1. 注意，因为 $(x-2)^4$ 非负，所以函数在 $x=2$ 处不变号. 因此，图像在 $x=2$ 处不跨越 x 轴，而在点 $x=-1$ 和 $x=1$ 处跨越 x 轴.

当 x 是很大的正数时，所有的三个因式都是很大的正数，因此

$$\lim_{x \to +\infty} (x-2)^4(x+1)^3(x-1) = +\infty.$$

当 x 是绝对值很大的负数时，第一个因式是很大的正数，第二个和第三个因式都是绝对值很大的负数，因此

$$\lim_{x \to -\infty} (x-2)^4(x+1)^3(x-1) = +\infty.$$

结合这些信息，我们在图 2-6-13 中画出函数图像.　　　　　　■

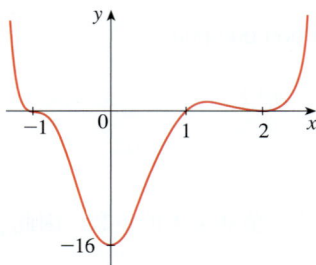

图 2-6-13

$y = (x-2)^4(x+1)^3(x-1)$

■ 严格定义

定义 1 可以叙述为如下的严格形式.

> **7 无穷远处的极限的严格定义**　设 f 是一个定义在某区间 $(a, +\infty)$ 上的函数，那么
>
> $$\lim_{x \to +\infty} f(x) = L$$
>
> 表示对于任意 $\varepsilon > 0$，总存在一个数 N，使得
>
> 当 $x > N$ 时，$\left| f(x) - L \right| < \varepsilon$.

用语言描述就是通过让 x 变得足够大（大于 N，其中 N 取决于 ε），可以使 $f(x)$ 任意接近 L（在距离 ε 之内，其中 ε 是任意正数）. 从图像意义上说，通过保证 x 足够大（大于某个数 N），可以使 f 的图像位于给定的水平线 $y = L - \varepsilon$ 和 $y = L + \varepsilon$ 之间，如图 2-6-14 所示. 无论选取多小的 ε，以上结论都成立.

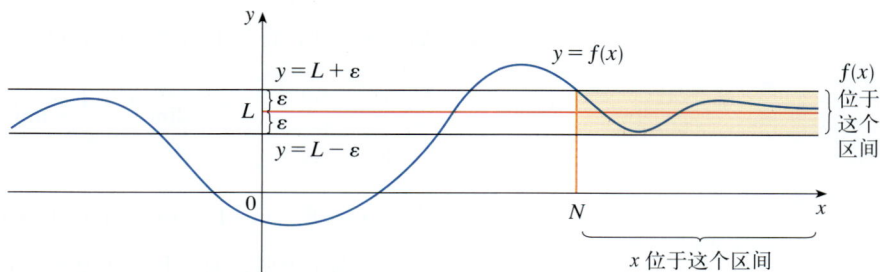

图 2-6-14

$\lim_{x \to +\infty} f(x) = L$

图 2-6-15 表明，如果选取了一个更小的 ε，那么可能会需要一个更大的 N．

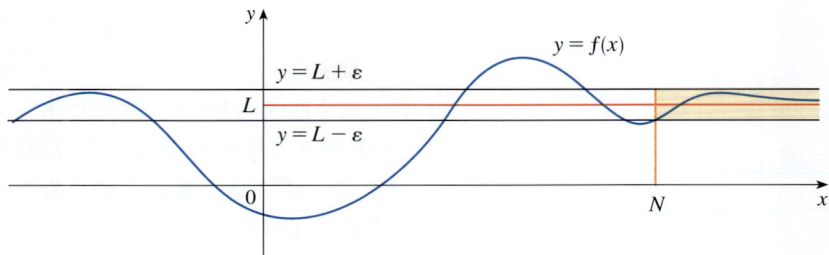

图 2-6-15
$\lim\limits_{x \to +\infty} f(x) = L$

同样，定义 2 更严格的形式由定义 8 给出，如图 2-6-16 所示．

> **8 定义** 设 f 是一个定义在某区间 $(-\infty, a)$ 上的函数，那么
>
> $$\lim_{x \to -\infty} f(x) = L$$
>
> 表示对于任意 $\varepsilon > 0$，总存在一个数 N，使得
>
> 当 $x < N$ 时，$\left| f(x) - L \right| < \varepsilon$．

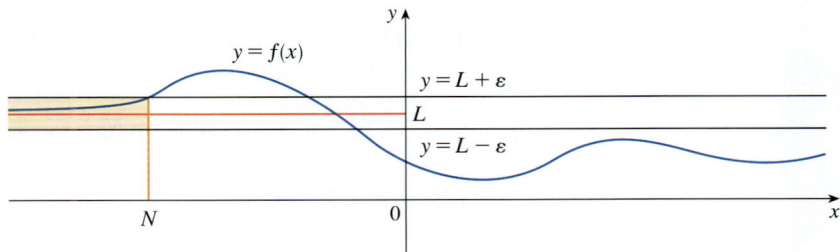

图 2-6-16
$\lim\limits_{x \to -\infty} f(x) = L$

在例 3 中，我们计算出

$$\lim_{x \to +\infty} \frac{3x^2 - x - 2}{5x^2 + 4x + 1} = \frac{3}{5}.$$

在下一个例子中，我们使用计算器（或计算机）将这个结论与定义 7 联系起来，其中 $L = \dfrac{3}{5} = 0.6$，$\varepsilon = 0.1$．

例 13 利用图像找出一个数 N，使得

当 $x > N$ 时，$\left| \dfrac{3x^2 - x - 2}{5x^2 + 4x + 1} - 0.6 \right| < 0.1$．

解 将所给的不等式改写为

$$0.5 < \frac{3x^2 - x - 2}{5x^2 + 4x + 1} < 0.7 \, .$$

我们需要确定曲线位于水平线 $y = 0.5$ 和 $y = 0.7$ 之间的 x 值，因此，我们在图 2-6-17 中画出这条曲线和两条直线，然后利用图像估计出当 $x \approx 6.7$ 时，曲线与直线 $y = 0.5$ 相交．而在这个数的右侧，曲线保持在直线 $y = 0.5$ 和 $y = 0.7$ 之间．保险起见，我们向上取整，得到

$$\text{当 } x > 7 \text{ 时，} \left| \frac{3x^2 - x - 2}{5x^2 + 4x + 1} - 0.6 \right| < 0.1 \, .$$

换言之，根据定义 7，对于 $\varepsilon = 0.1$，可以选取 $N = 7$（或任何更大的数）．■

图 2-6-17

例 14 用定义 7 证明 $\lim\limits_{x \to +\infty} \dfrac{1}{x} = 0$．

解 给定 $\varepsilon > 0$，我们要找到 N，使得

$$\text{当 } x > N \text{ 时，} \left| \frac{1}{x} - 0 \right| < \varepsilon \, .$$

在计算极限时，可以假设 $x > 0$，那么 $1/x < \varepsilon \Leftrightarrow x > 1/\varepsilon$．选取 $N = 1/\varepsilon$，所以

$$\text{如果 } x > N = \frac{1}{\varepsilon} \text{，那么 } \left| \frac{1}{x} - 0 \right| = \frac{1}{x} < \varepsilon \, .$$

因此，由定义 7 可知

$$\lim\limits_{x \to +\infty} \frac{1}{x} = 0 \, .$$

图 2-6-18 给出了证明的图示，它展示了一些 ε 值和相应的 N 值．

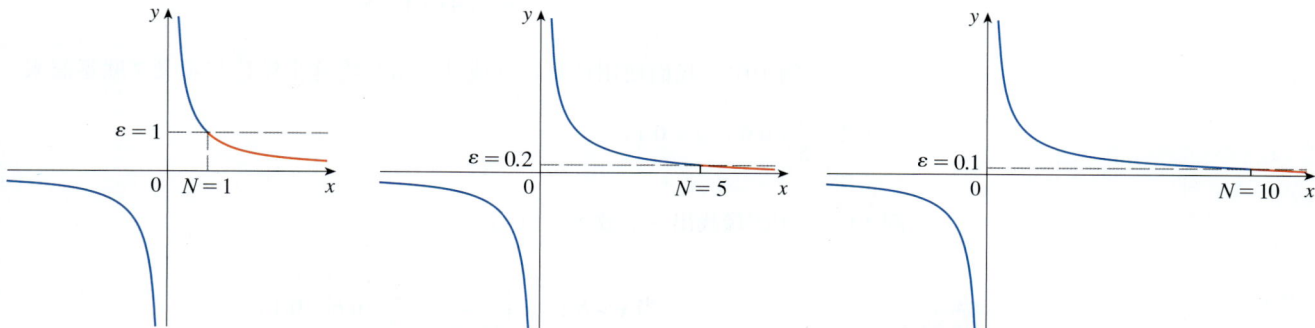

图 2-6-18

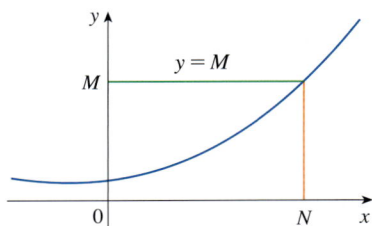

图 2-6-19
$\lim\limits_{x \to +\infty} f(x) = +\infty$

最后，无穷远处的无穷极限可以如下定义．图 2-6-19 给出了几何图示．

> **9 无穷远处的无穷极限**　设 f 是一个定义在某区间 $(a, +\infty)$ 上的函数，那么
>
> $$\lim_{x \to +\infty} f(x) = +\infty$$
>
> 表示对于任意正数 M，总存在一个相应的正数 N，使得
>
> 当 $x > N$ 时，$f(x) > M$．

将 $+\infty$ 换成 $-\infty$，可以得到类似的定义（见练习 80）．

2.6 | 练习

1. 用你自己的语言解释下面表达式的含义．

  (a) $\lim\limits_{x \to +\infty} f(x) = 5$ (b) $\lim\limits_{x \to -\infty} f(x) = 3$

2. (a) $y = f(x)$ 的图像能否与其垂直渐近线相交？能否与其水平渐近线相交？请画图说明．

  (b) $y = f(x)$ 的图像可以有多少条水平渐近线？画图表示所有的可能性．

3. 函数 f 的图像如下所示，求下列极限和方程．

  (a) $\lim\limits_{x \to +\infty} f(x)$ (b) $\lim\limits_{x \to -\infty} f(x)$

  (c) $\lim\limits_{x \to 1} f(x)$ (d) $\lim\limits_{x \to 3} f(x)$

  (e) 渐近线的方程

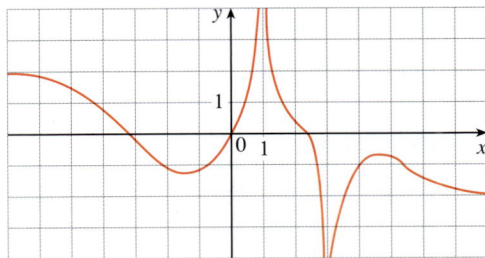

4. 函数 g 的图像如右栏的图所示，求下列极限和方程．

  (a) $\lim\limits_{x \to +\infty} g(x)$ (b) $\lim\limits_{x \to -\infty} g(x)$

  (c) $\lim\limits_{x \to 0} g(x)$ (d) $\lim\limits_{x \to 2^-} g(x)$

  (e) $\lim\limits_{x \to 2^+} g(x)$ (f) 渐近线的方程

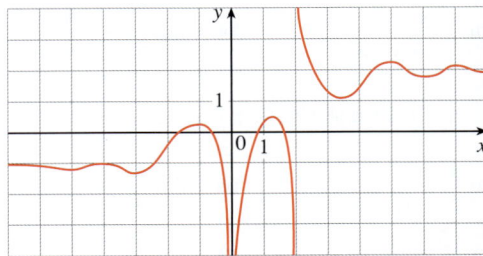

5~10 画出一个满足所有给定条件的函数 f 的图像．

5. $f(2) = 4$，$f(-2) = -4$，$\lim\limits_{x \to -\infty} f(x) = 0$，$\lim\limits_{x \to +\infty} f(x) = 2$

6. $f(0) = 0$，$\lim\limits_{x \to 1^-} f(x) = +\infty$，$\lim\limits_{x \to 1^+} f(x) = -\infty$，$\lim\limits_{x \to -\infty} f(x) = -2$，$\lim\limits_{x \to +\infty} f(x) = -2$

7. $\lim\limits_{x \to 0} f(x) = +\infty$，$\lim\limits_{x \to 3^-} f(x) = -\infty$，$\lim\limits_{x \to 3^+} f(x) = +\infty$，$\lim\limits_{x \to -\infty} f(x) = 1$，$\lim\limits_{x \to +\infty} f(x) = -1$

8. $\lim\limits_{x \to -\infty} f(x) = -\infty$，$\lim\limits_{x \to 2^-} f(x) = +\infty$，$\lim\limits_{x \to -2^+} f(x) = -\infty$，$\lim\limits_{x \to 2} f(x) = +\infty$，$\lim\limits_{x \to +\infty} f(x) = +\infty$

9. $f(0) = 0$，$\lim\limits_{x \to 1} f(x) = -\infty$，$\lim\limits_{x \to +\infty} f(x) = -\infty$，$f$ 是奇函数．

10. $\lim\limits_{x \to -\infty} f(x) = -1$，$\lim\limits_{x \to 0^-} f(x) = +\infty$，$\lim\limits_{x \to 0^+} f(x) = -\infty$，$\lim\limits_{x \to 3^-} f(x) = 1$，$f(3) = 4$，$\lim\limits_{x \to 3^+} f(x) = 4$，$\lim\limits_{x \to +\infty} f(x) = 1$

11. 通过计算函数 $f(x)=x^2/2^x$ 在 $x=0,1,2,3,4,5,6,7,8$, $9,10,20,50,100$ 时的值，猜出极限

$$\lim_{x\to+\infty}\frac{x^2}{2^x}$$

的值，然后画出 f 的图像来验证你的猜测.

12. (a) 利用函数

$$f(x)=\left(1-\frac{2}{x}\right)^x$$

的图像估计 $\lim_{x\to\infty}f(x)$ 的值，精确到小数点后 2 位.

(b) 利用 $f(x)$ 值的表格估计该极限的值，精确到小数点后 4 位.

13~14 计算下列极限，并通过标明相应的极限运算法则来论证每一步.

13. $\displaystyle\lim_{x\to\infty}\frac{2x^2-7}{5x^2+x-3}$　　**14.** $\displaystyle\lim_{x\to\infty}\sqrt{\frac{9x^3+8x-4}{3-5x+x^3}}$

15~42 计算极限或证明极限不存在.

15. $\displaystyle\lim_{x\to+\infty}\frac{4x+3}{5x-1}$

16. $\displaystyle\lim_{x\to+\infty}\frac{-2}{3x+7}$

17. $\displaystyle\lim_{t\to-\infty}\frac{3t^2+t}{t^3-4t+1}$

18. $\displaystyle\lim_{t\to-\infty}\frac{6t^2+t-5}{9-2t^2}$

19. $\displaystyle\lim_{r\to\infty}\frac{r-r^3}{2-r^2+3r^3}$

20. $\displaystyle\lim_{x\to\infty}\frac{3x^3-8x+2}{4x^3-5x^2-2}$

21. $\displaystyle\lim_{x\to\infty}\frac{4-\sqrt{x}}{2+\sqrt{x}}$

22. $\displaystyle\lim_{u\to\infty}\frac{(u^2+1)(2u^2-1)}{(u^2+2)^2}$

23. $\displaystyle\lim_{x\to\infty}\frac{\sqrt{x+3x^2}}{4x-1}$

24. $\displaystyle\lim_{t\to\infty}\frac{t+3}{\sqrt{2t^2-1}}$

25. $\displaystyle\lim_{x\to\infty}\frac{\sqrt{1+4x^6}}{2-x^3}$

26. $\displaystyle\lim_{x\to-\infty}\frac{\sqrt{1+4x^6}}{2-x^3}$

27. $\displaystyle\lim_{x\to-\infty}\frac{2x^5-x}{x^4+3}$

28. $\displaystyle\lim_{q\to\infty}\frac{q^3+6q-4}{4q^2-3q+3}$

29. $\displaystyle\lim_{t\to\infty}\left(\sqrt{25t^2+2}-5t\right)$

30. $\displaystyle\lim_{x\to-\infty}\left(\sqrt{4x^2+3x}+2x\right)$

31. $\displaystyle\lim_{x\to\infty}\left(\sqrt{x^2+ax}-\sqrt{x^2+bx}\right)$

32. $\displaystyle\lim_{x\to\infty}\left(x-\sqrt{x}\right)$

33. $\displaystyle\lim_{x\to-\infty}\left(x^2+2x^7\right)$

34. $\displaystyle\lim_{x\to\infty}\left(e^{-x}+2\cos 3x\right)$

35. $\displaystyle\lim_{x\to+\infty}\left(e^{-2x}\cos x\right)$

36. $\displaystyle\lim_{x\to\infty}\frac{\sin^2 x}{x^2+1}$

37. $\displaystyle\lim_{x\to+\infty}\frac{1-e^x}{1+2e^x}$

38. $\displaystyle\lim_{x\to\infty}\frac{e^{3x}-e^{-3x}}{e^{3x}+e^{-3x}}$

39. $\displaystyle\lim_{x\to(\pi/2)^+}e^{\sec x}$

40. $\displaystyle\lim_{x\to0^+}\tan^{-1}(\ln x)$

41. $\displaystyle\lim_{x\to\infty}\left[\ln(1+x^2)-\ln(1+x)\right]$

42. $\displaystyle\lim_{x\to\infty}\left[\ln(2+x)-\ln(1+x)\right]$

43. (a) 对于 $f(x)=\dfrac{x}{\ln x}$，计算下列极限.

(i) $\displaystyle\lim_{x\to0^+}f(x)$　　(ii) $\displaystyle\lim_{x\to1^-}f(x)$　　(iii) $\displaystyle\lim_{x\to1^+}f(x)$

(b) 利用 $f(x)$ 值的表格估计极限 $\displaystyle\lim_{x\to\infty}f(x)$ 的值.

(c) 利用 (a) 和 (b) 中的信息画出 f 的粗略图像.

44. (a) 对于 $f(x)=\dfrac{2}{x}-\dfrac{1}{\ln x}$，计算下列极限.

(i) $\displaystyle\lim_{x\to\infty}f(x)$　　　　(ii) $\displaystyle\lim_{x\to0^+}f(x)$

(iii) $\displaystyle\lim_{x\to1^-}f(x)$　　　　(iv) $\displaystyle\lim_{x\to1^+}f(x)$

(b) 利用 (a) 中的信息画出 f 的粗略图像.

45. (a) 通过画出函数 $f(x)=\sqrt{x^2+x+1}+x$ 的图像，估计以下极限的值：

$$\lim_{x\to-\infty}\left(\sqrt{x^2+x+1}+x\right).$$

(b) 利用 $f(x)$ 值的表格估计该极限的值.

(c) 证明你的猜测是正确的.

46. (a) 通过画出函数

$$f(x)=\sqrt{3x^2+8x+6}-\sqrt{3x^2+3x+1}$$

的图像，估计 $\displaystyle\lim_{x\to\infty}f(x)$ 的值，精确到小数点后 1 位.

(b) 利用 $f(x)$ 值的表格估计该极限的值，精确到小数点后 4 位.

(c) 求该极限的准确值.

47~52 求出下列曲线的水平渐近线和垂直渐近线. 使用图像计算器（或计算机）画出曲线及其渐近线，检查你的结果.

47. $y=\dfrac{5+4x}{x+3}$

48. $y=\dfrac{2x^2+1}{3x^2+2x-1}$

49. $y=\dfrac{2x^2+x-1}{x^2+x-2}$

50. $y=\dfrac{1+x^4}{x^2-x^4}$

51. $y=\dfrac{x^3-x}{x^2-6x+5}$

52. $y=\dfrac{2e^x}{e^x-5}$

53. 通过画出函数

$$f(x) = \frac{3x^3 + 500x^2}{x^3 + 500x^2 + 100x + 2000}$$

在 $-10 \leqslant x \leqslant 10$ 上的图像，估计它的水平渐近线. 再通过计算极限求出渐近线方程. 如何解释两个结果的差异？

54. (a) 画出函数

$$f(x) = \frac{\sqrt{2x^2 + 1}}{3x - 5}$$

的图像. 你观察到多少条水平渐近线和垂直渐近线？利用图像估计极限

$$\lim_{x \to +\infty} \frac{\sqrt{2x^2 + 1}}{3x - 5} \text{ 和 } \lim_{x \to -\infty} \frac{\sqrt{2x^2 + 1}}{3x - 5}$$

的值.

(b) 通过计算 $f(x)$ 的值给出 (a) 中极限的估计值.

(c) 计算 (a) 中极限的准确值. 这两个极限的值相同还是不同？（回顾 (a) 中你的答案，你可能要检查一下对于第二个极限的计算.）

55. 设 P 和 Q 是多项式. 如果 P 的次数 (a) 小于 Q 的次数，(b) 大于 Q 的次数，计算

$$\lim_{x \to +\infty} \frac{P(x)}{Q(x)}.$$

56. 画出曲线 $y = x^n$ （ n 为整数）在下面五种情况中的粗略图像.

(i) $n = 0$ (ii) $n > 0$ ，n 为奇数

(iii) $n > 0$ ，n 为偶数   (iv) $n < 0$ ，n 为奇数

(v) $n < 0$ ，n 为偶数

利用这些图像求下面的极限.

(a) $\lim_{x \to 0^+} x^n$ (b) $\lim_{x \to 0^-} x^n$ (c) $\lim_{x \to +\infty} x^n$ (d) $\lim_{x \to -\infty} x^n$

57. 求满足下列条件的函数 f 的表达式：

$\lim_{x \to \pm\infty} f(x) = 0$ ，$\lim_{x \to 0} f(x) = -\infty$ ，$f(2) = 0$ ，

$\lim_{x \to 3^-} f(x) = +\infty$ ，$\lim_{x \to 3^+} f(x) = -\infty$.

58. 给出一个垂直渐近线为 $x = 1$ 和 $x = 3$ 、水平渐近线为 $y = 1$ 的函数的表达式.

59. 函数 f 是一个二次有理函数，有一条垂直渐近线 $x = 4$ ，与 x 轴只有一个交点 $x = 1$. 已知 f 在 $x = -1$ 处有一个可去间断且 $\lim_{x \to 1^-} f(x) = 2$. 计算下面的函数值和极限.

(a) $f(0)$ (b) $\lim_{x \to +\infty} f(x)$

60~64 计算当 $x \to +\infty$ 和 $x \to -\infty$ 时以下函数的极限. 利用这些信息，结合截距，画出函数的粗略图像.

60. $y = 2x^3 - x^4$ **61.** $y = x^4 - x^6$

62. $y = x^3(x + 2)^2(x - 1)$

63. $y = (3 - x)(1 + x)^2(1 - x)^4$

64. $y = x^2(x^2 - 1)^2(x + 2)$

65. (a) 利用夹逼定理计算 $\lim_{x \to +\infty} \frac{\sin x}{x}$.

(b) 画出 $f(x) = \sin x / x$ 的图像. 这个图像穿过其渐近线多少次？

66. 无穷远性态   一个函数的无穷远性态是指当 $x \to +\infty$ 和 $x \to -\infty$ 时它的取值特征.

(a) 在矩形区域 $[-2, 2] \times [-2, 2]$ 和 $[-10, 10] \times [-10\,000, 10\,000]$ 中画出函数

$$P(x) = 3x^5 - 5x^3 + 2x \text{ 和 } Q(x) = 3x^5$$

的图像，描述并比较这两个函数的无穷远性态.

(b) 如果 $x \to +\infty$ 时两个函数的比趋于 1，则称这两个函数有相同的无穷远性态. 证明 P 和 Q 有相同的无穷远性态.

67. 如果对于所有 $x > 1$ ，都有

$$\frac{10e^x - 21}{2e^x} < f(x) < \frac{5\sqrt{x}}{\sqrt{x - 1}} ,$$

计算 $\lim_{x \to +\infty} f(x)$.

68. (a) 一个水箱装有 5000L 的纯水. 将含盐 30g/L 的盐水以 25L/min 的速度注入这个水箱. 证明：t min 后盐水的浓度（单位：g/L）是

$$C(t) = \frac{30t}{200 + t} .$$

(b) 当 $t \to +\infty$ 时，浓度如何变化？

69. 在第 9 章中我们将可以证明，在特定假设下，雨滴在 t 时的下落速度 $v(t)$ 是

$$v(t) = v^*\left(1 - e^{-gt/v^*}\right) ,$$

其中 g 是重力加速度，v^* 是雨滴的终极速度.

(a) 计算 $\lim_{t \to +\infty} v(t)$.

(b) 如果 $v^* = 1$m/s 且 $g = 9.8$m/s^2 ，画出函数 $v(t)$ 的图像. 雨滴的速度经过多长时间才能增大到其终极速度的 99%？

70. (a) 将 $y = e^{-x/10}$ 和 $y = 0.1$ 的图像画在同一坐标系中．x 为多大时才能使 $e^{-x/10} < 0.1$？

(b) 在不画图的情况下，你能解决 (a) 吗？

71. 利用图像找到一个数 N，使得

当 $x > N$ 时，$\left| \dfrac{3x^2 + 1}{2x^2 + x + 1} - 1.5 \right| < 0.05$．

72. 对于极限

$$\lim_{x \to +\infty} \frac{1 - 3x}{\sqrt{x^2 + 1}} = -3 ,$$

通过找到 $\varepsilon = 0.1$ 和 $\varepsilon = 0.05$ 对应的 N 值来说明定义 7．

73. 对于极限

$$\lim_{x \to -\infty} \frac{1 - 3x}{\sqrt{x^2 + 1}} = 3 ,$$

通过找到 $\varepsilon = 0.1$ 和 $\varepsilon = 0.05$ 对应的 N 值来说明定义 8．

74. 对于极限

$$\lim_{x \to +\infty} \sqrt{x \ln x} = +\infty ,$$

通过找到 $M = 100$ 对应的 N 值来说明定义 9．

75. (a) x 为多大时才能使 $1/x^2 < 0.000\,1$？

(b) 在定理 5 中取 $r = 2$，我们有

$$\lim_{x \to +\infty} \frac{1}{x^2} = 0 .$$

直接用定义 7 证明这个结论．

76. (a) x 为多大时才能使 $1/\sqrt{x} < 0.000\,1$？

(b) 在定理 5 中取 $r = 1/2$，我们有

$$\lim_{x \to +\infty} \frac{1}{\sqrt{x}} = 0 .$$

直接用定义 7 证明这个结论．

77. 用定义 8 证明 $\lim\limits_{x \to -\infty} \dfrac{1}{x} = 0$．

78. 用定义 9 证明 $\lim\limits_{x \to +\infty} x^3 = +\infty$．

79. 用定义 9 证明 $\lim\limits_{x \to +\infty} e^x = +\infty$．

80. 给出

$$\lim_{x \to -\infty} f(x) = -\infty$$

的严格定义，并用你的定义证明

$$\lim_{x \to -\infty} \left(1 + x^3 \right) = -\infty .$$

81. (a) 假设以下极限存在，证明

$$\lim_{x \to +\infty} f(x) = \lim_{t \to 0^+} f\left(\frac{1}{t} \right)$$

和

$$\lim_{x \to -\infty} f(x) = \lim_{t \to 0^-} f\left(\frac{1}{t} \right) .$$

(b) 利用 (a) 和练习 65，计算

$$\lim_{x \to 0^+} x \sin \frac{1}{x} .$$

2.7 | 导数及变化率

我们已经定义了极限，也学习了计算极限的方法，现在来回顾 2.1 节中求切线和速度的问题．在这些问题中出现的特殊类型的极限称为导数．我们将看到，在自然科学、社会科学和工程学问题中，它总可以解释为某种变化率．

■ 切线

如果曲线 C 的方程是 $y = f(x)$，我们想求 C 在点 $P(a, f(a))$ 处的切线，那么考虑它附近的点 $Q(x, f(x))$，其中 $x \neq a$，并计算割线 PQ 的斜率（正如在 2.1 节中所做的）：

$$m_{PQ} = \frac{f(x) - f(a)}{x - a} ,$$

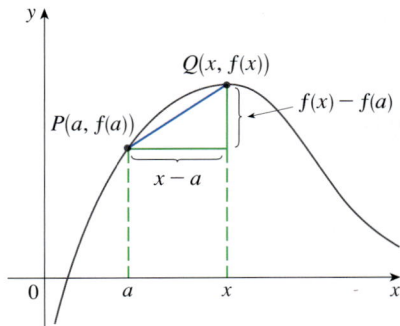

然后让 x 趋近 a，使得 Q 沿曲线 C 趋近 P．如果 m_{PQ} 趋于一个数 m，那么定义切线 ℓ 为过点 P 且斜率为 m 的直线．（也就是说，切线是当 Q 趋近 P 时割线 PQ 的极限情况，见图 2-7-1．）

> **1 定义**　曲线 $y = f(x)$ 在点 $P\big(a, f(a)\big)$ 处的**切线**是一条过点 P 且斜率为
> $$m = \lim_{x \to a} \frac{f(x) - f(a)}{x - a}$$
> 的直线（如果极限存在）.

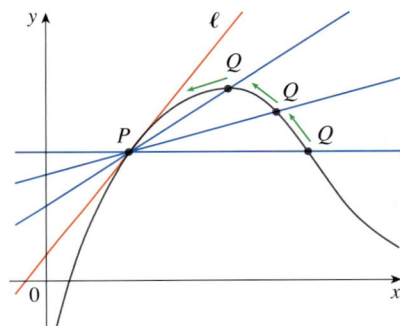

第一个例子将证实我们在 2.1 节例 1 中的猜测．

例 1　求抛物线 $y = x^2$ 在点 $P(1,1)$ 处的切线的方程．

解　这里 $a = 1$，$f(x) = x^2$，因此切线的斜率为

$$m = \lim_{x \to 1} \frac{f(x) - f(1)}{x - 1} = \lim_{x \to 1} \frac{x^2 - 1}{x - 1}$$

$$= \lim_{x \to 1} \frac{(x-1)(x+1)}{x-1}$$

$$= \lim_{x \to 1} (x+1) = 1 + 1 = 2 .$$

过点 (x_1, y_1) 且斜率为 m 的直线的点斜式方程为

$$y - y_1 = m(x - x_1) .$$

利用直线的点斜式方程，点 $P(1,1)$ 处的切线的方程是

$$y - 1 = 2(x - 1) \text{ 或 } y = 2x - 1 .$$

曲线在某一点处的切线的斜率有时也称为在该点处的**曲线斜率**，这是因为如果以这一点为中心将图像放大，那么曲线看上去就像一条直线．图 2-7-2 显示了将例 1 中的曲线 $y = x^2$ 放大的过程．越放大，抛物线就越像一条直线．换言之，曲线和它的切线变得几乎无法区分了．

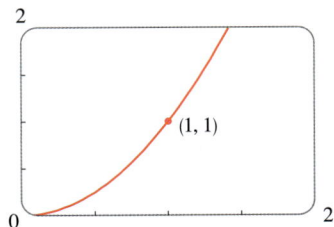

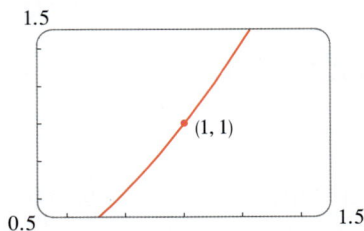

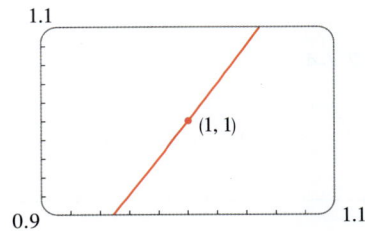

图 2-7-1

图 2-7-2
将抛物线 $y = x^2$ 以点 $(1,1)$ 为中心放大

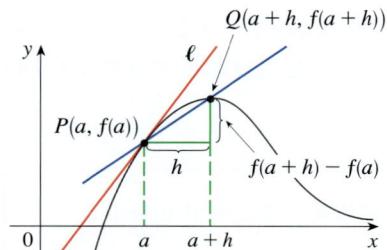

图 2-7-3

切线的斜率还有另一个表达式，有时它更方便、更实用．令 $h = x - a$，则 $x = a + h$，因此割线 PQ 的斜率为

$$m_{PQ} = \frac{f(a+h) - f(a)}{h}.$$

（见图 2-7-3，其中 $h > 0$，则 Q 位于 P 的右侧；$h < 0$，则 Q 位于 P 的左侧．）

注意，当 x 趋于 a 时，h 趋于 0（因为 $h = x - a$）．因此，定义 1 中的切线斜率公式变为：

2
$$m = \lim_{h \to 0} \frac{f(a+h) - f(a)}{h}.$$

例 2　求双曲线 $y = 3/x$ 在点 $(3, 1)$ 处的切线的方程．

解　设 $f(x) = 3/x$，则根据公式 2，f 在点 $(3, 1)$ 处的切线的斜率为

$$m = \lim_{h \to 0} \frac{f(3+h) - f(3)}{h}$$

$$= \lim_{h \to 0} \frac{\dfrac{3}{3+h} - 1}{h} = \lim_{h \to 0} \frac{\dfrac{3 - (3+h)}{3+h}}{h}$$

$$= \lim_{h \to 0} \frac{-h}{h(3+h)} = \lim_{h \to 0} \left(-\frac{1}{3+h} \right) = -\frac{1}{3}.$$

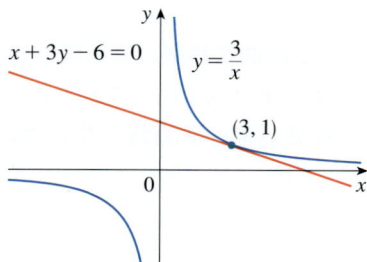

图 2-7-4

因此，f 在点 $(3, 1)$ 处的切线的方程为

$$y - 1 = -\frac{1}{3}(x - 3),$$

化简得
$$x + 3y - 6 = 0.$$

双曲线及其切线如图 2-7-4 所示．　　　　　　　　　　■

■ **速度**

在 2.1 节中，我们研究了球从加拿大国家电视塔上下落的运动，并将它的速度定义为在越来越短的时间段内平均速度的极限．

一般地，假设某物体沿直线运动，它的运动方程为 $s = f(t)$，其中 s 是 t 时物体相对于原点的位移（有向距离）．这个描述物体运动的函数 f 称为**位置函数**，在从 $t = a$ 到 $t = a + h$ 的时间段内，位移为 $f(a+h) - f(a)$（见图 2-7-5）．

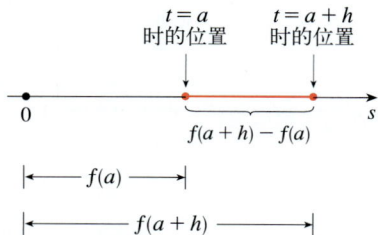

图 2-7-5

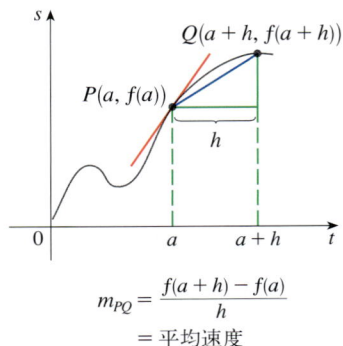

$$m_{PQ} = \frac{f(a+h) - f(a)}{h}$$
$$= 平均速度$$

图 2-7-6

回顾 2.1 节：球在 t s 后下落的距离（单位：m）是 $4.9t^2$.

这个时间段内的平均速度为

$$平均速度 = \frac{位移}{时间} = \frac{f(a+h) - f(a)}{h},$$

这与图 2-7-6 中割线 PQ 的斜率的公式相同.

假设我们在计算物体在越来越短的时间段 $[a, a+h]$ 内的平均速度. 换言之，令 h 趋于 0. 正如球下落的例子，我们定义在 $t = a$ 时的**速度**（或**瞬时速度**） $v(a)$ 为这些平均速度的极限.

---

3 定义 物体在 $t = a$ 时的**瞬时速度**为

$$v(a) = \lim_{h \to 0} \frac{f(a+h) - f(a)}{h}$$

（如果极限存在），其中 $f(t)$ 为位置函数.

这说明，$t = a$ 时的速度等于点 P 处的切线的斜率（比较公式 2 和定义 3 中的表达式）.

我们已经学习了怎样计算极限，现在重新思考 2.1 节例 3 中的落球问题.

例 3 假设一个球从距离地面 450m 的加拿大国家电视塔的上层观景台上抛下.
(a) 球下落 5s 后的速度是多少？
(b) 球落地时的速度是多少？

解 这是两个不同的速度，所以最好的方法是先求出一般情况下 $t = a$ 时的速度. 根据运动方程 $s = f(t) = 4.9t^2$，我们有

$$v(a) = \lim_{h \to 0} \frac{f(a+h) - f(a)}{h} = \lim_{h \to 0} \frac{4.9(a+h)^2 - 4.9a^2}{h}$$

$$= \lim_{h \to 0} \frac{4.9(a^2 + 2ah + h^2 - a^2)}{h} = \lim_{h \to 0} \frac{4.9(2ah + h^2)}{h}$$

$$= \lim_{h \to 0} \frac{4.9h(2a + h)}{h} = \lim_{h \to 0} 4.9(2a + h) = 9.8a.$$

(a) 球在下落 5s 后的速度为 $v(5) = 9.8 \times 5 = 49\text{m/s}$.
(b) 观景台距离地面 450m，假设球在 t 时落地，则有 $s(t) = 450$，即

$$4.9t^2 = 450.$$

解得

$$t^2 = \frac{450}{4.9}, \quad 即 t = \sqrt{\frac{450}{4.9}} \approx 9.6\text{s}.$$

因此，球落地时的速度为

$$v\left(\sqrt{\frac{450}{4.9}}\right) = 9.8 \times \sqrt{\frac{450}{4.9}} \approx 94\text{m/s} \ .$$

■

■ 导数

我们可以看到，在求切线的斜率（公式 2）和物体的速度（定义 3）时出现了相同类型的极限．事实上，在科学和工程学问题中计算变化率时，经常会遇到这种形式的极限：

$$\lim_{h \to 0} \frac{f(a+h) - f(a)}{h} \ .$$

例如，化学反应的速度、经济学中的边际成本．因为这种形式的极限随处可见，所以它被赋予了特殊的名称和符号．

---

4 **定义** 定义函数 $f(x)$ 在 $x = a$ 处的导数 $f'(a)$ 为

$$f'(a) = \lim_{h \to 0} \frac{f(a+h) - f(a)}{h}$$

（如果极限存在）.

如果记 $x = a + h$，则 $h = x - a$．当且仅当 x 趋于 a 时，h 趋于 0．因此，如切线一样（见定义 1），我们可以用一种等价的方式来定义导数：

5
$$f'(a) = \lim_{x \to a} \frac{f(x) - f(a)}{x - a} \ .$$

例 4 求函数 $f(x) = x^2 - 8x + 9$ 在 (a) $x = 2$ 和 (b) $x = a$ 处的导数.

解

定义 4 和公式 5 是等价的，所以可以用其中任意一个来计算导数．在实际问题中，定义 4 通常会使计算更简单．

(a) 由定义 4 可得：

$$\begin{aligned}
f'(2) &= \lim_{h \to 0} \frac{f(2+h) - f(2)}{h} \\
&= \lim_{h \to 0} \frac{(2+h)^2 - 8(2+h) + 9 - (-3)}{h} \\
&= \lim_{h \to 0} \frac{4 + 4h + h^2 - 16 - 8h + 9 + 3}{h} \\
&= \lim_{h \to 0} \frac{h^2 - 4h}{h} = \lim_{h \to 0} \frac{h(h-4)}{h} = \lim_{h \to 0} (h - 4) = -4 \ .
\end{aligned}$$

(b)
$$f'(a) = \lim_{h \to 0} \frac{f(a+h) - f(a)}{h}$$

$$= \lim_{h \to 0} \frac{\left[(a+h)^2 - 8(a+h) + 9\right] - \left(a^2 - 8a + 9\right)}{h}$$

$$= \lim_{h \to 0} \frac{a^2 + 2ah + h^2 - 8a - 8h + 9 - a^2 + 8a - 9}{h}$$

$$= \lim_{h \to 0} \frac{2ah + h^2 - 8h}{h} = \lim_{h \to 0} (2a + h - 8) = 2a - 8$$

检查 (a) 的结果，令 $a = 2$，那么 $f'(2) = 2 \times 2 - 8 = -4$．　■

例 5　用公式 5 求函数 $f(x) = 1/\sqrt{x}$ 在 $x = a$（$a > 0$）处的导数．

解　由公式 5 可得

$$f'(a) = \lim_{x \to a} \frac{f(x) - f(a)}{x - a}$$

$$= \lim_{x \to a} \frac{\frac{1}{\sqrt{x}} - \frac{1}{\sqrt{a}}}{x - a} = \lim_{x \to a} \frac{\frac{1}{\sqrt{x}} - \frac{1}{\sqrt{a}}}{x - a} \cdot \frac{\sqrt{x}\sqrt{a}}{\sqrt{x}\sqrt{a}}$$

$$= \lim_{x \to a} \frac{\sqrt{a} - \sqrt{x}}{\sqrt{ax}(x - a)} = \lim_{x \to a} \frac{\sqrt{a} - \sqrt{x}}{\sqrt{ax}(x - a)} \cdot \frac{\sqrt{a} + \sqrt{x}}{\sqrt{a} + \sqrt{x}}$$

$$= \lim_{x \to a} \frac{-(x - a)}{\sqrt{ax}(x - a)(\sqrt{a} + \sqrt{x})} = \lim_{x \to a} \frac{-1}{\sqrt{ax}(\sqrt{a} + \sqrt{x})}$$

$$= \frac{-1}{\sqrt{a^2}(\sqrt{a} + \sqrt{a})} = \frac{-1}{a \cdot 2\sqrt{a}} = -\frac{1}{2a^{3/2}} .$$

用定义 4 检验会得到相同的结果．　■

我们定义了曲线 $y = f(x)$ 在点 $P(a, f(a))$ 处的切线是一条过点 P 且斜率为公式 1 和公式 2 所给出的 m 的直线．由定义 4（和公式 5）可知，切线斜率与导数 $f'(a)$ 相同，所以我们可以给出这样的叙述：

> 曲线 $y = f(x)$ 在点 $(a, f(a))$ 处的切线是一条过点 $(a, f(a))$ 且斜率为 $f'(a)$ 的直线．

如果用点斜式表示直线方程，则 $y = f(x)$ 在点 $(a, f(a))$ 处的切线的方程为

$$y - f(a) = f'(a)(x - a) .$$

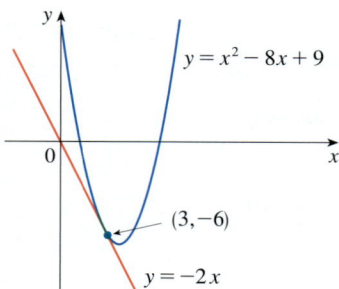

图 2-7-7

例 6　求抛物线 $y = x^2 - 8x + 9$ 在点 $(3, -6)$ 处的切线的方程.

解　由例 4b 可知，$f(x) = x^2 - 8x + 9$ 在 $x = a$ 处的导数为 $f'(a) = 2x - 8$，所以在点 $(3, -6)$ 处切线的斜率为 $f'(3) = 2 \times 3 - 8 = -2$．因此，切线的方程（如图 2-7-7 所示）为

$$y - (-6) = -2(x - 3) \text{ 或 } y = -2x .$$

■ 变化率

假设变量 y 依赖于变量 x，则 y 是 x 的函数，写作 $y = f(x)$．如果 x 从 x_1 变化到 x_2，则 x 的改变量（或称为 x 的**增量**）为

$$\Delta x = x_2 - x_1 ,$$

对应 y 的改变量为

$$\Delta y = f(x_2) - f(x_1) ,$$

那么差商

$$\frac{\Delta y}{\Delta x} = \frac{f(x_2) - f(x_1)}{x_2 - x_1}$$

称为 y 在区间 $[x_1, x_2]$ 上**关于** x 的平均变化率，它可以解释为图 2-7-8 中割线 PQ 的斜率.

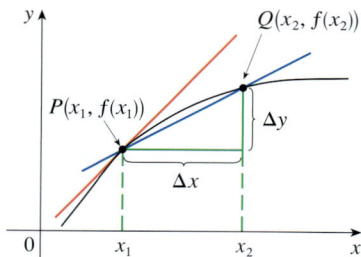

图 2-7-8

平均变化率 $= m_{PQ}$
瞬时变化率 $=$ 点 P 处的切线的斜率

类似于速度问题，我们令 x_2 趋近 x_1，即 Δx 趋于 0，考虑在越来越小的区间上的平均变化率．这些平均变化率的极限称为 y 在 $x = x_1$ 处**关于** x **的（瞬时）变化率**，它（如速度一样）可以解释为曲线 $y = f(x)$ 在点 $P(x_1, f(x_1))$ 处的切线的斜率：

$$\boxed{6}\qquad 瞬时变化率 = \lim_{\Delta x \to 0} \frac{\Delta y}{\Delta x} = \lim_{x_2 \to x_1} \frac{f(x_2) - f(x_1)}{x_2 - x_1} .$$

我们发现这个极限就是导数 $f'(x_1)$．

我们知道导数 $f'(a)$ 的一种解释是曲线 $y = f(x)$ 在 $x = a$ 处的切线的斜率．现在我们给出第二种解释：

导数 $f'(a)$ 是 $x = a$ 时函数 $y = f(x)$ 关于 x 的瞬时变化率.

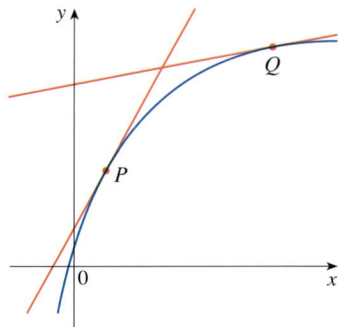

图 2-7-9

y 值在点 P 处变化快，在点 Q 处变化慢

它与第一种解释的联系是：如果我们画出曲线 $y=f(x)$，则瞬时变化率就是曲线在 $x=a$ 处的切线的斜率．这意味着当导数值较大时，曲线很陡峭（如图 2-7-9 中的点 P 处），y 值变化快；当导数值较小时，曲线相对平坦（如点 Q 处），y 值变化慢．

具体地讲，如果 $s=f(t)$ 是一个做直线运动的粒子的位置函数，则 $f'(a)$ 是位置 s 关于时间 t 的变化率．换言之，$f'(a)$ 是粒子在 $t=a$ 时的速度．而粒子的**速率**是指速度的绝对值，即 $|f'(a)|$．

在下一个例子中，我们将讨论用语言描述定义的函数的导数的含义．

例 7 纺织品制造商生产固定宽度的布．生产 x 米布的成本为 $C=f(x)$ 美元．

(a) 导数 $f'(a)$ 的含义是什么？单位是什么？

(b) $f'(1000)=9$ 的实际含义是什么？

(c) 比较 $f'(50)$、$f'(500)$、$f'(5000)$ 的大小．

解

(a) $f'(x)$ 是 C 关于 x 的瞬时变化率，即 $f'(x)$ 表示生产成本关于布的长度的变化率．（经济学上称为边际成本，这一概念的深入讨论见 3.7 节和 4.7 节．）
因为

$$f'(x)=\lim_{\Delta x\to 0}\frac{\Delta C}{\Delta x},$$

所以 $f'(x)$ 的单位与差商 $\frac{\Delta C}{\Delta x}$ 的单位相同．由于 ΔC 的单位是美元，Δx 的单位是米，因此 $f'(x)$ 的单位是美元/米．

(b) $f'(1000)=9$ 意味着在生产了 1000 米布之后，生产成本以 9 美元/米的变化率增加．（当 $x=1000$ 时，C 的增长速度是 x 的 9 倍．）
因为 $\Delta x=1$ 远小于 $x=1000$，所以可以近似得到

$$f'(1000)\approx\frac{\Delta C}{\Delta x}=\frac{\Delta C}{1}=\Delta C,$$

也就是说，生产第 1000 米（或者第 1001 米）的布的成本大约是 9 美元．

在这里，我们假设成本函数是良态的．换言之，C 不在 $x=1000$ 附近来回波动．

(c) 根据经济学的规模效应，$x=500$ 时生产成本的增长速度可能比 $x=50$ 时小（第 500 米的生产成本低于第 50 米）．（制造商希望更有效地利用固定生产成本．）
所以

$$f'(50)>f'(500).$$

但是，随着生产规模的扩大，运营可能会变得更低效，还可能产生用于支付加班费的成本．因此，生产成本的增长率有可能后来增大，所以

$$f'(5000)>f'(500).\quad\blacksquare$$

下面的例子估计了美国国债关于时间的变化率．这里函数不是通过公式，而是通过表格定义的．

表 2-7-1

t	$D(t)$
2000	5662.2
2004	7596.1
2008	10 699.8
2012	16 432.7
2016	19 976.8

资料来源：美国财政部

例 8　设 $D(t)$ 为美国在年份为 t 时的债务，表 2-7-1 给出了这个函数的近似值，包含 2000 年到 2016 年每年的年末债务估计值（单位：十亿美元）．解释 $D'(2008)$ 的含义并估计其值．

解　导数 $D'(2008)$ 的含义是在 $t = 2008$ 时 D 关于 t 的变化率，即 2008 年美国国债的增长率．

由公式 5 可知

$$D'(2008) = \lim_{t \to 2008} \frac{D(t) - D(2008)}{t - 2008}.$$

估计这个值的一种方法是通过计算差商来比较不同时间段内的平均变化率，如表 2-7-2 所示．

表 2-7-2

t	时间段	平均变化率 $= \dfrac{D(t) - D(2008)}{t - 2008}$
2000	[2000, 2008]	629.7
2004	[2004, 2008]	775.93
2012	[2008, 2012]	1433.23
2016	[2008, 2016]	1159.63

关于单位的说明

平均变化率 $\Delta D / \Delta t$ 的单位是 ΔD 的单位除以 Δt 的单位，即十亿美元 / 年．瞬时变化率是平均变化率的极限，所以它们有同样的单位．

从表 2-7-2 中可以看到，$D'(2008)$ 应该在 775.93 和 1433.23 之间．（这里做了一个合理的假设，即美国国债在 2004 年到 2012 年之间没有发生大幅波动．）这两个值的平均值可以作为 2008 年美国国债增长率的估计值，即

$$D'(2008) \approx 1105 \text{（十亿美元 / 年）}.$$

另一种方法是描点并画出债务函数的图像，估计图像在 $t = 2008$ 处的切线的斜率．　∎

在例 3、例 7 和例 8 中，我们看到了三个关于变化率的具体例子：物体的速度是位置关于时间的变化率；边际成本是生产成本关于生产量的变化率；债务关于时间的变化率是经济学中值得关注的问题．另外还有其他一些关于变化率的例子：在物理学中，功关于时间的变化率称为功率；化学家对化学反应中的反应物浓度关于时间的变化率（称为反应速率）感兴趣；生物学家则对细菌的数量关于时间的变化率感兴趣．事实上，变化率的计算在自然科学、工程学，甚至社会科学中都非常重要．更多的例子将在 3.7 节中给出．

所有的变化率都是导数，因此它们都可以解释为切线斜率．这让切线问题有了实际意义．解决一个涉及切线的问题时，我们不仅仅是在几何层面上解决问题，也在解决科学和工程学中各种各样的涉及变化率的问题．

2.7 | 练习

1. 设曲线方程为 $y = f(x)$.

  (a) 写出过曲线上两点 $P(3, f(3))$ 和 $Q(x, f(x))$ 的割线的斜率.

  (b) 写出曲线在点 P 处的切线的斜率.

2. 在矩形区域 $[-1,1] \times [0,2]$、$[-0.5, 0.5] \times [0.5, 1.5]$ 和 $[-0.1, 0.1] \times [0.9, 1.1]$ 中画出曲线 $y = e^x$. 以 $(0,1)$ 为中心放大曲线，你注意到了什么？

3. (a) 求抛物线 $y = x^3 + 3x$ 在点 $(-1, -2)$ 处的切线的斜率.

    (i) 用定义 1　　　　(ii) 用公式 2

  (b) 求 (a) 中切线的方程.

  (c) 画出抛物线及其切线. 以点 $(-1, -2)$ 为中心放大抛物线，直到抛物线与切线无法区分，验证切线的斜率是否正确.

4. (a) 求曲线 $y = x^3 + 1$ 在点 $(1, 2)$ 处的切线的斜率.

    (i) 用定义 1　　　　(ii) 用公式 2

  (b) 求 (a) 中切线的方程.

  (c) 在以点 $(1, 2)$ 为中心逐个缩小的若干矩形区域中画出曲线及其切线，直至曲线与切线重合.

5~8 求下列曲线在给定点处的切线的方程.

5. $y = 2x^2 - 5x + 1$, $(3, 4)$

6. $y = x^2 - 2x^3$, $(1, -1)$

7. $y = \dfrac{x+2}{x-3}$, $(2, -4)$

8. $y = \sqrt{1 - 3x}$, $(-1, 2)$

9. (a) 求曲线 $y = 3 + 4x^2 - 2x^3$ 在 $x = a$ 处的切线的斜率.

  (b) 求曲线在点 $(1, 5)$ 和点 $(2, 3)$ 处的切线的方程.

  (c) 在同一坐标系中画出曲线及两条切线.

10. (a) 求曲线 $y = 2\sqrt{x}$ 在 $x = a$ 处的切线的斜率.

  (b) 求曲线在点 $(1, 2)$ 和点 $(9, 6)$ 处的切线的方程.

  (c) 在一个坐标系中画出曲线及两条切线.

11. 一个悬崖跳水者从水面以上 30m 的高度处跳水. 他在 t 秒内下落的距离（单位：m）为 $d(t) = 4.9t^2$.

  (a) 这个跳水者多少时间后落入水中？

  (b) 这个跳水者入水时的速度是多少？

12. 如果在火星上将一块石头以 10m/s 的速度向上抛出，那么石头在 t 秒后的高度（单位：m）为 $H = 10t - 1.86t^2$.

  (a) 求 1s 后石头的速度.

  (b) 求石头在 $t = a$ 时的速度.

  (c) 石头在什么时候撞击地面？

  (d) 石头以多大的速度撞击地面？

13. 一个粒子做直线运动，其运动方程为 $s = 1/t^2$ ，其中 s 的单位是 m，t 的单位是 s. 求粒子在 $t = a$、$t = 1$、$t = 2$ 及 $t = 3$ 时的速度.

14. 一个粒子做直线运动，其运动方程为 $s = \dfrac{1}{2}t^2 - 6t + 23$，其中 s 的单位是 m，t 的单位是 s.

  (a) 求粒子在下列时间段内的平均速度.

    (i) $[4, 8]$　　(ii) $[6, 8]$　　(iii) $[8, 10]$　　(iv) $[8, 12]$

  (b) 求粒子在 $t = 8$ 时的瞬时速度.

  (c) 画出位置 s 关于时间 t 的图像，并画出以 (a) 中各平均速度为斜率的割线及以 (b) 中瞬时速度为斜率的切线.

15. (a) 一个粒子起初向右水平移动，其位置函数的图像如下所示. 它何时向右移动？何时向左移动？何时原地不动？

  (b) 画出速度函数的图像.

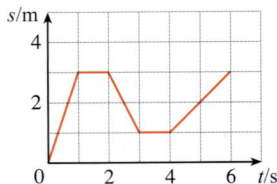

16. 下图显示了两名跑步者 A 和 B 的位置函数的图像. 他们进行了百米赛跑，并以平局结束.

  (a) 描述这两名跑步者是如何完成比赛的，并进行比较.

  (b) 这两名跑步者之间的距离何时最大？

  (c) 这两名跑步者的速度何时相同？

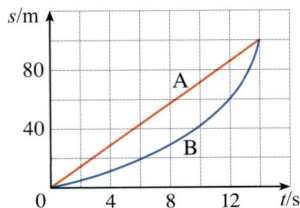

17. 函数 g 的图像如下所示，将下列各值按升序排列，并说明理由：

$$0, \quad g'(-2), \quad g'(0), \quad g'(2), \quad g'(4).$$

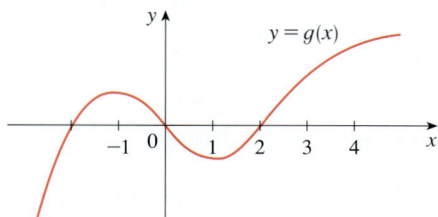

18. 下图显示了函数 f 的图像.

(a) 求 f 在区间 $[20,60]$ 上的平均变化率.

(b) 找出 f 的平均变化率为 0 的一个区间.

(c) 计算

$$\frac{f(40)-f(10)}{40-10},$$

这个值的几何意义是什么？

(d) 估计 $f'(50)$ 的值.

(e) $f'(10)>f'(30)$ 是否成立？

(f) $f'(60)>\dfrac{f(80)-f(40)}{80-40}$ 是否成立？请解释原因.

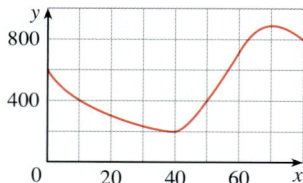

19~20 用定义 4 求 $f'(x)$ 在 $x=a$ 处的值.

19. $f(x)=\sqrt{4x+1}$，$a=6$　**20.** $f(x)=5x^4$，$a=-1$

21~22 用公式 5 求 $f'(x)$ 在 $x=a$ 处的值.

21. $f(x)=\dfrac{x^2}{x+6}$，$a=3$　**22.** $f(x)=\dfrac{1}{\sqrt{2x+2}}$，$a=1$

23~26 求 $f'(a)$.

23. $f(x)=2x^2-5x+3$　　**24.** $f(t)=t^3-3t$

25. $f(t)=\dfrac{1}{t^2+1}$　　**26.** $f(x)=\dfrac{x}{1-4x}$

27. 若 $B(6)=0$ 且 $B'(6)=-\dfrac{1}{2}$，求 $y=B(x)$ 的图像在 $x=6$ 处的切线的方程.

28. 若 $g(5)=-3$ 且 $g'(5)=4$，求 $y=g(x)$ 的图像在 $x=5$ 处的切线的方程.

29. 如果 $f(x)=3x^2-x^3$，求 $f'(1)$，并用它来求曲线 $y=3x^2-x^3$ 在点 $(1,2)$ 处的切线的方程.

30. 如果 $g(x)=x^4-2$，求 $g'(1)$，并用它来求曲线 $y=x^4-2$ 在点 $(1,-1)$ 处的切线的方程.

31. (a) 如果 $F(x)=5x/(1+x^2)$，求 $F'(2)$，并用它来求曲线 $y=5x/(1+x^2)$ 在点 $(2,2)$ 处的切线的方程.

(b) 通过在同一坐标系中画出曲线和切线来说明 (a).

32. (a) 如果 $G(x)=4x^2-x^3$，求 $G'(a)$，并用它来求曲线 $y=4x^2-x^3$ 在点 $(2,8)$ 和点 $(3,9)$ 处的切线的方程.

(b) 通过在同一坐标系中画出曲线和切线来说明 (a).

33. 如果曲线 $y=f(x)$ 在 $x=2$ 处的切线的方程为 $y=4x-5$，求 $f(2)$ 和 $f'(2)$.

34. 如果 $y=f(x)$ 在点 $(4,3)$ 处的切线过点 $(0,2)$，求 $f(4)$ 和 $f'(4)$.

35~36 一个粒子沿直线运动，其运动方程为 $s=f(t)$，其中 s 的单位是 m，t 的单位是 s. 求粒子在 $t=4$ 时的速度和速率.

35. $f(t)=80t-6t^2$　　**36.** $f(t)=10+\dfrac{45}{t+1}$

37. 将一杯热苏打水置于冰箱中，画出苏打水的温度关于时间的函数的图像. 初始时的温度变化率高于还是低于 1h 后的温度变化率？

38. 在温度达到 85℃ 时将火鸡从烤箱中取出，放置在桌子上，室内温度为 24℃. 下图显示了火鸡的温度逐渐下降并最终趋近室温的过程. 通过测量切线的斜率，估计 1h 后火鸡的温度变化率.

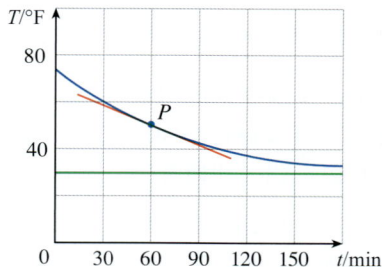

39. 画出满足 $f(0)=0$、$f'(0)=3$、$f'(1)=0$、$f'(2)=-1$ 的函数 f 的图像.

40. 画出满足 $g(0)=g(2)=g(4)=0$、$g'(1)=g'(3)=0$、$g'(0)=g'(4)=1$、$g'(2)=-1$、$\lim\limits_{x\to+\infty}g(x)=+\infty$ 和 $\lim\limits_{x\to-\infty}g(x)=-\infty$ 的函数 g 的图像.

41. 画出满足在定义域 $(-5,5)$ 上连续且 $g(0)=1$、$g'(0)=1$、$g'(-2)=0$、$\lim\limits_{x\to5^+}g(x)=+\infty$、$\lim\limits_{x\to5^-}g(x)=3$ 的函数 g 的图像.

42. 画出满足定义域为 $(-2,2)$，$f'(0)=-2$，$\lim\limits_{x\to2^-}f(x)=+\infty$，在定义域内除 $x=\pm1$ 外的所有点处都连续且为奇函数的函数 f 的图像.

43~48 以下每个极限都表示某函数 f 在 a 处的导数. 写出每个情况下的 f 和 a.

43. $\lim\limits_{h\to0}\dfrac{\sqrt{9+h}-3}{h}$

44. $\lim\limits_{h\to0}\dfrac{e^{-2+h}-e^{-2}}{h}$

45. $\lim\limits_{x\to2}\dfrac{x^6-64}{x-2}$

46. $\lim\limits_{x\to1/4}\dfrac{\dfrac{1}{x}-4}{x-\dfrac{1}{4}}$

47. $\lim\limits_{h\to0}\dfrac{\tan\left(\dfrac{\pi}{4}+h\right)-1}{h}$

48. $\lim\limits_{\theta\to\pi/6}\dfrac{\sin\theta-\dfrac{1}{2}}{\theta-\dfrac{\pi}{6}}$

49. 某商品的产量为 x 时的成本（单位：美元）为 $C(x)=5000+10x+0.05x^2$.

(a) 当产量发生以下变化时，求成本 C 关于产量 x 的平均变化率.

    (i) 从 $x=100$ 到 $x=105$

    (ii) 从 $x=100$ 到 $x=101$

(b) 求当 $x=100$ 时，成本 C 关于产量 x 的瞬时变化率（称为边际成本，它的重要性将在 3.7 节中予以介绍）.

50. 设 $H(t)$ 为室外温度为 $t\,^\circ\mathrm{C}$ 时办公楼的每日取暖成本（单位：美元）.

(a) $H'(14)$ 的含义是什么？它的单位是什么？

(b) 你认为 $H'(14)$ 是正还是负？请解释原因.

51. 一座金矿生产 x 千克黄金的成本是 $C=f(x)$ 美元.

(a) 导数 $f'(x)$ 的含义是什么？它的单位是什么？

(b) $f'(22)=17$ 的含义是什么？

(c) 你认为 $f'(x)$ 的值在短期内会增大还是减小？长期呢？请解释原因.

52. 一家咖啡公司以 p 美元/千克的价格售出的精制咖啡粉的量（单位：kg）为 $Q=f(p)$.

(a) 导数 $f'(8)$ 的含义是什么？它的单位是什么？

(b) $f'(8)$ 是正还是负？请解释原因.

53. 水中能溶解的氧气量取决于水的温度（所以热污染会影响水中的氧含量）. 下图显示了氧气溶解度 S 关于水温 T 的函数的图像.

(a) 导数 $S'(T)$ 的含义是什么？它的单位是什么？

(b) 估计 $S'(16)$ 的值，并解释其含义.

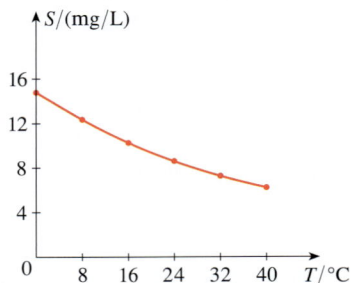

资料来源：C. Kupchella et al., *Environmental Science: Living Within the System of Nature*, 2nd ed. (Boston: Allyn and Bacon, 1989).

54. 下图显示了水温 T 对鲑鱼的最大可持续游速 S 的影响.

(a) 导数 $S'(T)$ 的含义是什么？它的单位是什么？

(b) 估计 $S'(15)$ 和 $S'(25)$ 的值，并解释其含义.

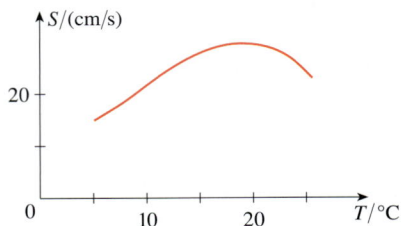

55. 研究人员测量了 8 名男性在摄入 30ml 酒精 1h 后不同时间的平均血液酒精浓度 $C(t)$，如下表所示.

t/h	1.0	1.5	2.0	2.5	3.0
$C(t)$/(g/dL)	0.033	0.024	0.018	0.012	0.007

(a) 求在以下每个时间段内 C 关于 t 的平均变化率（写上单位）.

    (i) $[1.0, 2.0]$ (ii) $[1.5, 2.0]$

    (iii) $[2.0, 2.5]$ (iv) $[2.0, 3.0]$

(b) 估计 $t=2$ 时 C 关于 t 的瞬时变化率，并解释其含义. 它的单位是什么？

资料来源：改编自 P. Wilkinson et al., "Pharmacokinetics of Ethanol after Oral Administration in the Fasting State", *Journal of Pharmacokinetics and Biopharmaceutics* 5 (1977): 207–24.

56. 下表给出了一家受欢迎的连锁咖啡店的门店数量 N. （以每年 10 月 1 日的数据为准.）

年份	N
2008	16 680
2010	16 858
2012	18 066
2014	21 366
2016	25 085

(a) 求以下时间段内的平均增长率（写上单位）.
  (i) 从 2008 年至 2010 年
  (ii) 从 2010 年至 2012 年
(b) 通过取这两个平均变化率的平均值，估计 2010 年的瞬时增长率. 它的单位是什么？
(c) 通过测量切线的斜率，估计 2010 年的瞬时增长率.

57~58 判断 $f'(0)$ 是否存在.

57. $f(x) = \begin{cases} x\sin\dfrac{1}{x}, & x \neq 0; \\ 0, & x = 0. \end{cases}$

58. $f(x) = \begin{cases} x^2\sin\dfrac{1}{x}, & x \neq 0; \\ 0, & x = 0. \end{cases}$

59. (a) 在矩形区域 $[-2\pi, 2\pi] \times [-4, 4]$ 中画出函数

$$f(x) = \sin x - \frac{1}{1000}\sin(1000x)$$

的图像. 这条曲线在原点处的斜率看起来是多少？
(b) 将矩形区域放大到 $[-0.4, 0.4] \times [-0.25, 0.25]$，估计 $f'(0)$ 的值. 这与 (a) 中你的答案一致吗？
(c) 现在将矩形区域放大到 $[-0.008, 0.008] \times [-0.005, 0.005]$. 你想更改你对 $f'(0)$ 的估计值吗？

60. 对称差商 在例 8 中，我们用两个平均变化率的平均值来估计瞬时变化率. 另一种方法是用以所在点为中心的区间内的单个平均变化率. 定义函数 f 在区间 $[a-d, a+d]$ 上 $x=a$ 处的对称差商为

$$\frac{f(a+d) - f(a-d)}{(a+d) - (a-d)} = \frac{f(a+d) - f(a-d)}{2d}.$$

(a) 计算例 8 中函数 D 在区间 $[2004, 2012]$ 上的对称差商，并验证你的结果与例 8 中计算的 $D'(2008)$ 的估计值是否一致.
(b) 证明函数 f 在 $x=a$ 处的对称差商等于 f 在区间 $[a-d, a]$ 和 $[a, a+d]$ 上的平均变化率的平均值.
(c) 对于 $f(x) = x^3 - 2x^2 + 2$，用对称差商（$d = 0.4$）估计 $f'(1)$. 画出 f 的图像，以及与区间 $[1-d, 1]$、$[1, 1+d]$ 和 $[1-d, 1+d]$ 上的平均变化率对应的割线. 哪条割线的斜率最接近 $x=1$ 处的切线的斜率？

写作专题 | **早期求切线的方法**

在 17 世纪 60 年代第一个明确提出极限与导数的思想的人是艾萨克·牛顿爵士. 不过他这样评价自己的贡献：“如果说我看得比别人远，那是因为我站在了巨人的肩膀上.”皮埃尔·费马（Pierre Fermat，1601—1665）和牛顿在剑桥大学的老师艾萨克·巴罗（1630—1677）就是其中的两个巨人. 牛顿非常熟悉他们求切线的方法，这些方法为牛顿的微积分理论的最终成型发挥了重大作用.

通过上网搜索或阅读下列参考文献来学习这些方法. 写一份读书报告，将费马或巴罗的方法与现代方法进行比较. 用 2.7 节中的方法求曲线 $y = x^3 + 2x$ 在点 $(1, 3)$ 处的切线的方程，并说明费马或巴罗会怎样解决相同的问题. 现代方法用到了导数的概念，而费马或巴罗的方法却没有. 请指出它们的相似性.

1. C. H. Edwards, *The Historical Development of the Calculus* (New York: Springer-Verlag, 1979), pp. 124, 132.

2. Howard Eves, *An Introduction to the History of Mathematics*, 6th ed. (New York: Saunders, 1990), pp. 391, 395.

3. Morris Kline, *Mathematical Thought from Ancient to Modern Times* (New York: Oxford University Press, 1972), pp. 344, 346.

4. Uta Merzbach and Carl Boyer, *A History of Mathematics*, 3rd ed. (Hoboken, NJ: Wiley, 2011), pp. 323, 356.

2.8 导函数

■ 导数作为函数

在上一节中，我们考虑了函数 f 在固定点 a 处的导数：

$$\boxed{1} \qquad f'(a) = \lim_{h \to 0} \frac{f(a+h) - f(a)}{h}.$$

本节改变视角，把 a 看作一个变量．如果将公式 1 中的 a 替换为变量 x，可得

$$\boxed{2} \qquad f'(x) = \lim_{h \to 0} \frac{f(x+h) - f(x)}{h}.$$

对于任何使这个极限存在的 x，我们将 $f'(x)$ 指定给 x．所以，可以将 f' 看成一个新的函数，称其为 f **的导数**，由公式 2 定义．f' 在 x 处的值，即 $f'(x)$，在几何上可以解释为 f 的图像在点 $(x, f(x))$ 处的切线的斜率．

函数 f' 称为 f 的导数，是因为它是通过公式 2 的极限运算由 f "推导"而来的．f' 的定义域为 $\{x \mid f'(x) \text{存在}\}$，可能会比 f 的定义域 "小"．

例 1 根据图 2-8-1 给出的 f 的图像，画出 f' 的图像．

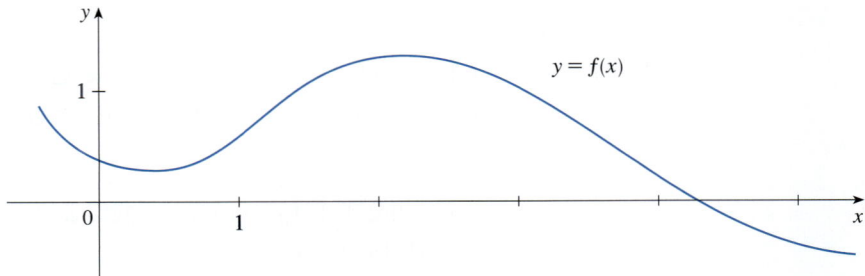

图 2-8-1

解　通过画出图像在点 $(x, f(x))$ 处的切线并估计其斜率，我们可以估计出任意 x 处的导数值．例如，对于 $x = 3$ ，在图 2-8-2 画出中 P 处的切线，估计其斜率大约为 $-\dfrac{2}{3}$ （利用辅助三角形）．所以 $f'(3) \approx -\dfrac{2}{3} \approx -0.67$ ．这样，我们就可以描出 f' 的图像上的一点 $P'(3, -0.67)$ ，画在 P 的正下方．（ f 的切线的斜率变成了 f' 的 y 值．）

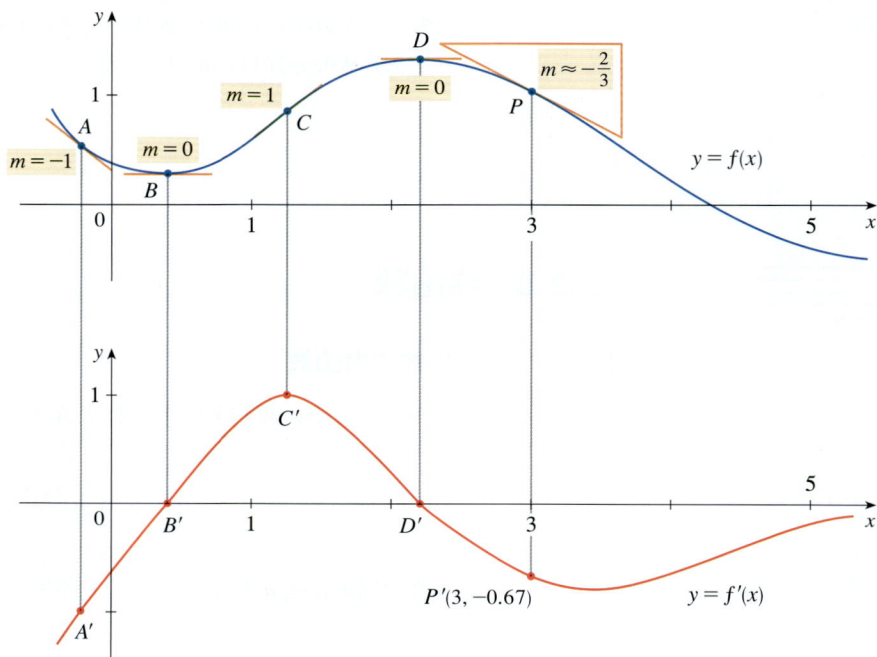

图 2-8-2

　　A 处的切线的斜率大约是 -1 ，因此我们描出 f' 的图像上 y 值为 -1 的点 A' （画在 A 的正下方）．B 和 D 处的切线是水平的，因此导数为 0 ，那么 f' 的图像在 B 和 D 正下方的点 B' 和点 D' 处穿过 x 轴（此处 $y = 0$ ）．在 B 和 D 之间，f 的图像在 C 处最陡峭，在那里切线的斜率大约为 1 ．因此在 B' 和 D' 之间，$f'(x)$ 的最大值为 1 （在 C' 处）．

　　可以看到在 B 和 D 之间，切线有正斜率，因此 $f'(x)$ 为正．（ f' 的图像位于 x 轴上方．）而在 D 的右侧，切线有负斜率，因此 $f'(x)$ 为负．（ f' 的图像位于 x 轴下方．）　■

例 2

(a) 如果 $f(x) = x^3 - x$ ，求 $f'(x)$ 的表达式．

(b) 通过比较 f 和 f' 的图像来解释这个表达式．

解

(a) 在用公式 2 计算导函数时，我们必须记住，在极限的计算中变量是 h ，而 x 则被临时地看作常量．

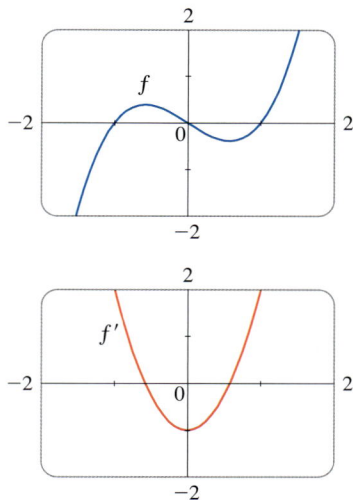

图 2-8-3

$$f'(x) = \lim_{h \to 0} \frac{f(x+h) - f(x)}{h} = \lim_{h \to 0} \frac{\left[(x+h)^3 - (x+h)\right] - (x^3 - x)}{h}$$

$$= \lim_{h \to 0} \frac{x^3 + 3x^2h + 3xh^2 + h^3 - x - h - x^3 + x}{h}$$

$$= \lim_{h \to 0} \frac{3x^2h + 3xh^2 + h^3 - h}{h}$$

$$= \lim_{h \to 0} \left(3x^2 + 3xh + h^2 - 1\right) = 3x^2 - 1$$

(b) 利用图像计算器画出 f 和 f' 的图像（见图 2-8-3）. 当 f 有水平切线时，$f'(x) = 0$. 当切线有正斜率时，$f'(x)$ 为正. 所以图像可以用来检查你在 (a) 中得到的结果. ∎

例 3 如果 $f(x) = \sqrt{x}$，求 f 的导数 f'，并写出其定义域.

解

$$f'(x) = \lim_{h \to 0} \frac{f(x+h) - f(x)}{h} = \lim_{h \to 0} \frac{\sqrt{x+h} - \sqrt{x}}{h}$$

$$= \lim_{h \to 0} \left(\frac{\sqrt{x+h} - \sqrt{x}}{h} \cdot \frac{\sqrt{x+h} + \sqrt{x}}{\sqrt{x+h} + \sqrt{x}} \right) \qquad \text{（分子有理化）}$$

$$= \lim_{h \to 0} \frac{(x+h) - x}{h\left(\sqrt{x+h} + \sqrt{x}\right)} = \lim_{h \to 0} \frac{h}{h\left(\sqrt{x+h} + \sqrt{x}\right)}$$

$$= \lim_{h \to 0} \frac{1}{\sqrt{x+h} + \sqrt{x}} = \frac{1}{\sqrt{x} + \sqrt{x}} = \frac{1}{2\sqrt{x}}$$

可见，当 $x > 0$ 时 $f'(x)$ 存在，所以 f' 的定义域是 $(0, +\infty)$. 这比 f 的定义域 $[0, +\infty)$ 略小. ∎

利用图 2-8-4 中 f 和 f' 的图像来检查例 3 的结果是否合理. 当 x 接近 0 时，$\sqrt{x}$ 也接近 0，所以 $f'(x) = 1/\left(2\sqrt{x}\right)$ 的值非常大，这对应图 2-8-4a 中点 $(0,0)$ 附近的陡切线和图 2-8-4b 中 $x = 0$ 右侧很大的 $f'(x)$ 值. 当 x 很大时，$f'(x)$ 非常小，这对应 f 的图像最右端的平缓切线以及 f' 的水平渐近线.

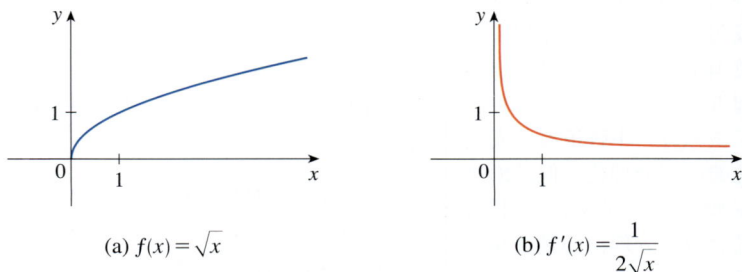

(a) $f(x) = \sqrt{x}$ (b) $f'(x) = \dfrac{1}{2\sqrt{x}}$

图 2-8-4

$$\frac{\dfrac{a}{b}-\dfrac{c}{d}}{e}=\frac{ad-bc}{bd}\cdot\frac{1}{e}$$

例 4 设 $f(x)=\dfrac{1-x}{2+x}$, 求 f'.

解

$$
\begin{aligned}
f'(x) &= \lim_{h\to 0}\frac{f(x+h)-f(x)}{h}\\[2mm]
&= \lim_{h\to 0}\frac{\dfrac{1-(x+h)}{2+(x+h)}-\dfrac{1-x}{2+x}}{h}\\[2mm]
&= \lim_{h\to 0}\frac{(1-x-h)(2+x)-(1-x)(2+x+h)}{h(2+x+h)(2+x)}\\[2mm]
&= \lim_{h\to 0}\frac{(2-x-2h-x^2-xh)-(2-x+h-x^2-xh)}{h(2+x+h)(2+x)}\\[2mm]
&= \lim_{h\to 0}\frac{-3h}{h(2+x+h)(2+x)}\\[2mm]
&= \lim_{h\to 0}\frac{-3}{(2+x+h)(2+x)}=-\frac{3}{(2+x)^2}
\end{aligned}
$$ ∎

■ 其他符号

如果我们用传统符号 $y=f(x)$ 将自变量表示为 x, 因变量表示为 y, 那么导函数的一些通用符号包括

$$f'(x)=y'=\frac{\mathrm{d}y}{\mathrm{d}x}=\frac{\mathrm{d}f}{\mathrm{d}x}=\frac{\mathrm{d}}{\mathrm{d}x}f(x)=Df(x)=D_x f(x).$$

符号 D 和 $\mathrm{d}/\mathrm{d}x$ 称为**微分算子**, 因为它们代表微分运算, 即求导的过程.

由莱布尼茨引入的符号 $\mathrm{d}y/\mathrm{d}x$ (暂时) 不应被看作一个比, 它仅仅是 $f'(x)$ 的同义替代. 不过它依然是一个非常有用的符号, 特别是与增量符号连用时. 参见 2.7 节公式 6, 我们可以用莱布尼茨符号将导函数的定义重新写成如下形式:

$$\frac{\mathrm{d}y}{\mathrm{d}x}=\lim_{\Delta x\to 0}\frac{\Delta y}{\Delta x}.$$

如果用莱布尼茨符号 $\mathrm{d}y/\mathrm{d}x$ 表示某特定点 a 处的导数, 则可以记为:

$$\left.\frac{\mathrm{d}y}{\mathrm{d}x}\right|_{x=a}\quad\text{或}\quad\left.\frac{\mathrm{d}y}{\mathrm{d}x}\right]_{x=a},$$

等同于 $f'(a)$. 竖线表示"在……计算".

3 定义 如果 $f'(a)$ 存在, 我们就称 f **在 a 处可微**. 如果 f 在开区间 (a,b) (或 $(a,+\infty)$、$(-\infty,a)$、$(-\infty,+\infty)$) 内的每一点处都是可微的, 我们就称 f 在开区间 (a,b) 上可微.

例 5 函数 $f(x)=|x|$ 在何处可微？

解 如果 $x>0$，则 $|x|=x$. 选取足够小的 h，使得 $x+h>0$，则有 $|x+h|=x+h$. 所以对于 $x>0$，有

$$f'(x)=\lim_{h\to 0}\frac{|x+h|-|x|}{h}=\lim_{h\to 0}\frac{(x+h)-x}{h}$$

$$=\lim_{h\to 0}\frac{h}{h}=\lim_{h\to 0}1=1.$$

因此，f 对任意 $x>0$ 都是可微的.

类似地，如果 $x<0$，则 $|x|=-x$. 选取足够小的 h，使得 $x+h<0$，则有 $|x+h|=-(x+h)$. 所以对于 $x<0$，有

$$f'(x)=\lim_{h\to 0}\frac{|x+h|-|x|}{h}=\lim_{h\to 0}\frac{-(x+h)-(-x)}{h}$$

$$=\lim_{h\to 0}\frac{-h}{h}=\lim_{h\to 0}(-1)=-1.$$

因此，f 对任意 $x<0$ 都是可微的.

当 $x=0$ 时，考察下式：

$$f'(0)=\lim_{h\to 0}\frac{f(0+h)-f(0)}{h}$$

$$=\lim_{h\to 0}\frac{|0+h|-|0|}{h}=\lim_{h\to 0}\frac{|h|}{h}\qquad(\text{假设极限存在}).$$

分别计算左、右极限：

$$\lim_{h\to 0^+}\frac{|h|}{h}=\lim_{h\to 0^+}\frac{h}{h}=\lim_{h\to 0^+}1=1,$$

$$\lim_{h\to 0^-}\frac{|h|}{h}=\lim_{h\to 0^-}\frac{-h}{h}=\lim_{h\to 0^-}(-1)=-1.$$

因为左、右极限不相等，所以 $f'(0)$ 不存在. 因此除 $x=0$ 外，f 处处可微.

f' 的表达式为

$$f'(x)=\begin{cases}1, & x>0;\\-1, & x<0.\end{cases}$$

它的图像如图 2-8-5b 所示. "$f'(0)$ 不存在" 在几何图像上的反映是曲线 $y=|x|$ 在点 $(0,0)$ 处不存在切线（见图 2-8-5a）. ∎

连续性和可微性都是我们希望函数所具有的性质. 下面的定理给出了两者之间的联系.

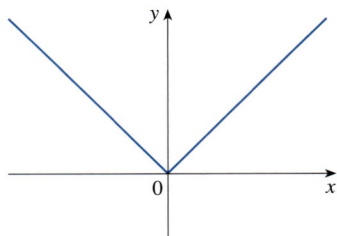

(a) $y=f(x)=|x|$

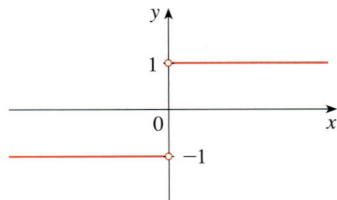

(b) $y=f'(x)$

图 2-8-5

---

4 **定理** 如果 f 在 a 处可微，则 f 在 a 处连续.

证明 要证明 f 在 a 处连续，须证 $\lim\limits_{x \to a} f(x) = f(a)$，即证 $f(x) - f(a)$ 趋于 0.

已知 f 在 a 处可微，即

$$f'(a) = \lim_{x \to a} \frac{f(x) - f(a)}{x - a}$$

PS 解决问题的一个重要方法是试图找到已知和未知之间的联系. 参见第 1 章末 "解题的基本原则" 中的第 2 步（思考一个计划）.

存在（见 2.7 节公式 5）. 为了将已知条件和未知结论联系起来，我们用 $x - a$（$x \neq a$）先除再乘以 $f(x) - f(a)$，得到

$$f(x) - f(a) = \frac{f(x) - f(a)}{x - a}(x - a) .$$

因此，利用极限运算法则 4，可以得到

$$\begin{aligned}
\lim_{x \to a}\big[f(x) - f(a) \big] &= \lim_{x \to a} \frac{f(x) - f(a)}{x - a}(x - a) \\
&= \lim_{x \to a} \frac{f(x) - f(a)}{x - a} \cdot \lim_{x \to a}(x - a) \\
&= f'(a) \times 0 = 0 .
\end{aligned}$$

根据这个结论，我们将 $f(x)$ 加上再减去 $f(a)$：

$$\begin{aligned}
\lim_{x \to a} f(x) &= \lim_{x \to a} \big[f(a) + (f(x) - f(a)) \big] \\
&= \lim_{x \to a} f(a) + \lim_{x \to a} \big[f(x) - f(a) \big] \\
&= f(a) + 0 = f(a) .
\end{aligned}$$

所以 f 在 a 处连续. ■

⊘ **注** 定理 4 的逆命题不成立，即存在连续但不可微的函数. 例如，函数 $f(x) = |x|$ 在 $x = 0$ 处连续，因为

$$\lim_{x \to 0} f(x) = \lim_{x \to 0} |x| = 0 = f(0)$$

（见 2.3 节例 7），但例 5 说明 f 在 $x = 0$ 处是不可微的.

■ 不可微函数

例 5 中函数 $y = |x|$ 在 $x = 0$ 处不可微，图 2-8-5a 显示函数的图像在 $x = 0$ 处突然改变了方向. 通常，如果一个函数 f 的图像有 "尖角"，则 f 的图像在该点处没有切线，f 在该点处不可微.（在计算 $f'(a)$ 时，我们会发现它的左、右极限不相等.）

定理 4 给出了函数不可微的另一种情况：如果 f 在 a 处不连续，则 f 在 a 处不可微. 因此，在任何间断点（例如，跳跃间断点）处，函数 f 都是不可微的.

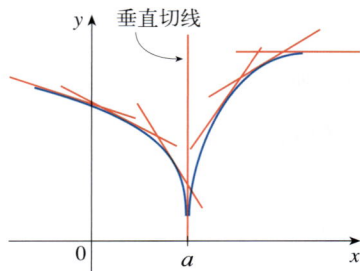

图 2-8-6

第三种可能的情况是曲线在 a 处有**垂直切线**，即 f 在 a 处连续且

$$\lim_{x \to a}\left|f'(x)\right| = +\infty \, .$$

也就是说，当 $x \to a$ 时，切线变得越来越陡峭. 图 2-8-6 显示了这种情况的一个例子，图 2-8-7c 显示了另一个例子. 图 2-8-7 给出了上面所讨论的所有三种情况.

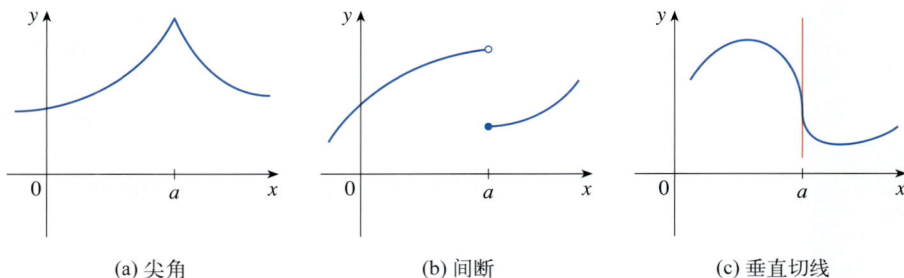

图 2-8-7
f 在 a 处不可微的三种情况

(a) 尖角   (b) 间断   (c) 垂直切线

图像计算器或者计算机提供了另外一种看待可微性的方式. 如果 f 在 a 处可微，那么我们以点 $\big(a, f(a)\big)$ 为中心放大图像时，图像看上去越来越像一条直线.（见图 2-8-8. 具体的例子见图 2-7-2.）但是无论怎么放大图 2-8-6 和图 2-8-7a 中的图像，尖角都无法消除（见图 2-8-9）.

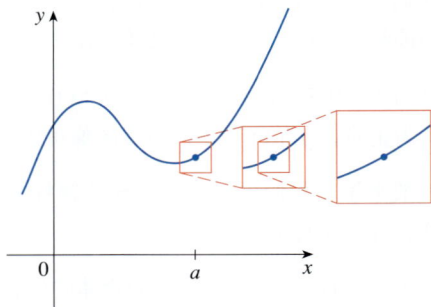

图 2-8-8
f 在 a 处可微

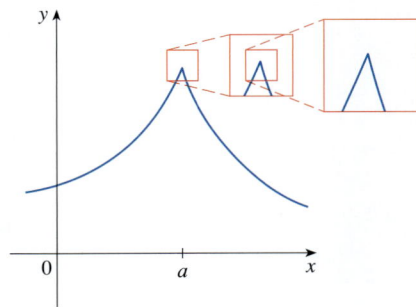

图 2-8-9
f 在 a 处不可微

■ 高阶导数

如果 f 是一个可微函数，那么它的导数 f' 也是一个函数，所以 f' 可以有自己的导数，记为 $f'' = \left(f'\right)'$. 这个新函数 f'' 称为 f 的**二阶导数**，因为它是 f 的导数的导数. 使用莱布尼茨符号，我们把 $y = f(x)$ 的二阶导数写成

$$\frac{\mathrm{d}}{\mathrm{d}x}\left(\frac{\mathrm{d}y}{\mathrm{d}x}\right) = \frac{\mathrm{d}^2 y}{\mathrm{d}x^2} \, .$$

······的导数   一阶导数   二阶导数

例 6 如果 $f(x) = x^3 - x$，求 $f''(x)$ 并加以解释.

解 在例 2 中，我们求出了一阶导数 $f'(x) = 3x^2 - 1$，所以二阶导数是

$$f''(x) = (f')'(x) = \lim_{h \to 0} \frac{f'(x+h) - f'(x)}{h}$$

$$= \lim_{h \to 0} \frac{\left[3(x+h)^2 - 1\right] - (3x^2 - 1)}{h}$$

$$= \lim_{h \to 0} \frac{3x^2 + 6xh + 3h^2 - 1 - 3x^2 + 1}{h}$$

$$= \lim_{h \to 0} (6x + 3h) = 6x .$$

图 2-8-10 显示了 f、f' 和 f'' 的图像.

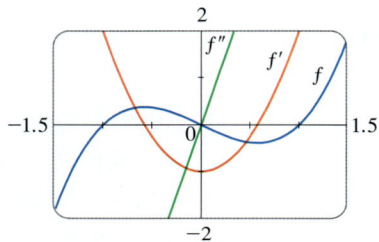

图 2-8-10

我们可以把 $f''(x)$ 解释为曲线 $y = f'(x)$ 在点 $(x, f'(x))$ 处的斜率. 也就是说，它是原曲线 $y = f(x)$ 的斜率的变化率.

从图 2-8-10 中可以看到，当 $y = f'(x)$ 的斜率为负时，$f''(x)$ 为负；而当 $y = f'(x)$ 的斜率为正时，$f''(x)$ 为正. 所以图像可以用来检验我们的计算结果. ∎

一般来说，我们可以把二阶导数解释为变化率的变化率. 最熟悉的例子就是加速度，其定义如下.

如果 $s = s(t)$ 是沿直线运动的物体的位置函数，我们知道它的一阶导数表示物体的速度 $v(t)$，它是关于时间的函数：

$$v(t) = s'(t) = \frac{\mathrm{d}s}{\mathrm{d}t} .$$

速度关于时间的瞬时变化率称为物体的**加速度** $a(t)$. 因此，加速度函数是速度函数的导数，所以也是位置函数的二阶导数：

$$a(t) = v'(t) = s''(t) ,$$

或用莱布尼茨符号表示为

$$a = \frac{\mathrm{d}v}{\mathrm{d}t} = \frac{\mathrm{d}^2 s}{\mathrm{d}t^2} .$$

加速度是你在汽车加速或减速时感受到的速度变化.

三阶导数是二阶导数的导数，记为 $f''' = (f'')'$，所以 $f'''(x)$ 可以理解为曲线

$y = f''(x)$ 的斜率或者 $f''(x)$ 的变化率．如果 $y = f(x)$，那么三阶导数可以写成

$$y''' = f'''(x) = \frac{d}{dx}\left(\frac{d^2y}{dx^2}\right) = \frac{d^3y}{dx^3} .$$

我们从物理学上解释三阶导数，考虑沿直线运动的物体的位置函数 $s = s(t)$．因为 $s''' = (s'')' = a'$，所以位置函数的三阶导数就是加速度函数的导数，称为**加加速度**：

$$j = \frac{da}{dt} = \frac{d^3s}{dt^3} .$$

因此，加加速度 j 是加速度的变化率．

　　求导的过程可以继续．四阶导数通常用 $f^{(4)}$ 表示．一般来说，f 的 n 阶导数用 $f^{(n)}$ 表示，通过对 f 求 n 次导得到．如果 $y = f(x)$，则有

$$y^{(n)} = f^{(n)}(x) = \frac{d^ny}{dx^n} .$$

例 7　如果 $f(x) = x^3 - x$，求 $f'''(x)$ 和 $f^{(4)}(x)$．

解　在例 6 中，我们求出 $f''(x) = 6x$．二阶导数的图像方程是 $y = 6x$，所以它是一条斜率为 6 的直线．因为 $f'''(x)$ 是 $f''(x)$ 的斜率，所以对于所有 x 都有

$$f'''(x) = 6 .$$

因此 f''' 是一个常值函数，它的图像是一条水平线．因此，对于所有的 x 值，都有

$$f^{(4)}(x) = 0 .$$

　　我们已经看到二阶导数和三阶导数的一个应用是计算加速度和加加速度来分析物体的运动．在 4.3 节中，我们将研究二阶导数的另一个应用，届时将介绍 f'' 能够提供关于 f 的图像的哪些信息．在第 11 章中，我们将看到二阶导数和高阶导数如何将函数表示为无穷级数的和．

2.8 | 练习

1~2　利用图像估计导数的值，然后画出 f' 的粗略图像．

1. (a) $f'(0)$　(b) $f'(1)$　(c) $f'(2)$　(d) $f'(3)$
(e) $f'(4)$　(f) $f'(5)$　(g) $f'(6)$　(h) $f'(7)$

2. (a) $f'(-3)$　(b) $f'(-2)$　(c) $f'(-1)$　(d) $f'(0)$
(e) $f'(1)$　(f) $f'(2)$　(g) $f'(3)$

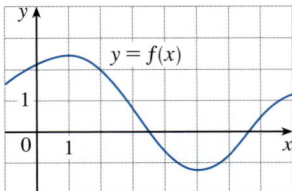

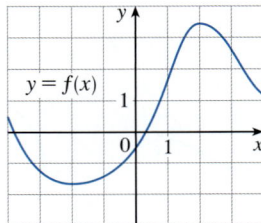

3. 将 (a)~(d) 中的函数图像与 I~IV 中的导函数图像进行匹配，并说明理由.

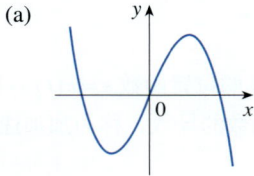

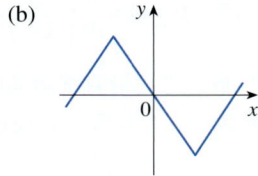

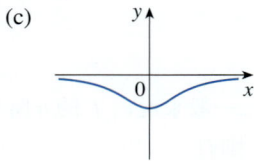

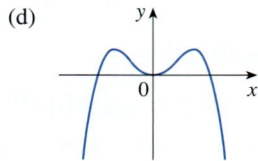

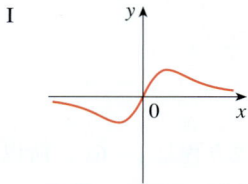

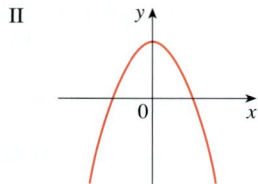

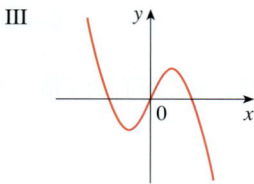

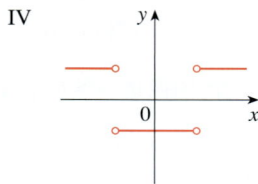

(a)

(b)

(c)

(d)

I

II

III

IV

4~11　根据函数 f 的图像（假设坐标轴的单位相同），用例 1 中的方法画出 f' 的图像.

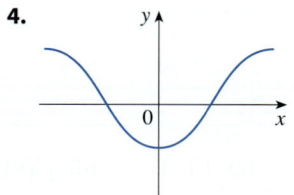

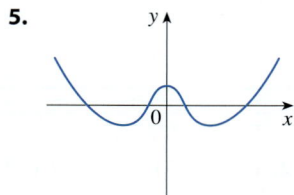

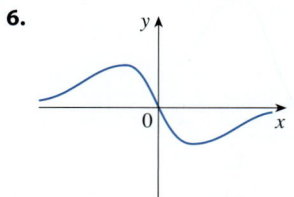

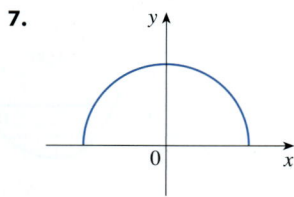

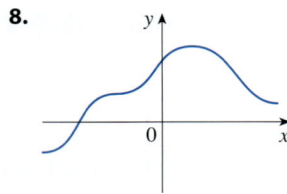

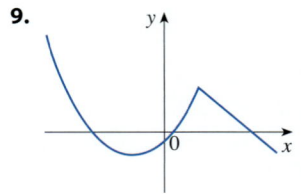

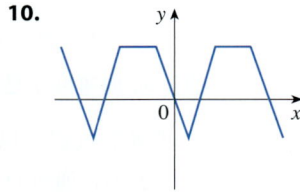

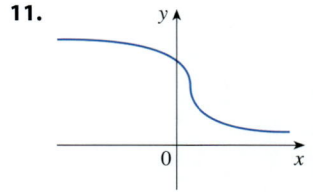

4.

5.

6.

7.

8.

9.

10.

11.

12. 下图显示了实验室中培养的酵母细胞的数量函数 $P(t)$，用例 1 中的方法画出导函数 $P'(t)$ 的图像. P' 的图像能告诉我们什么？

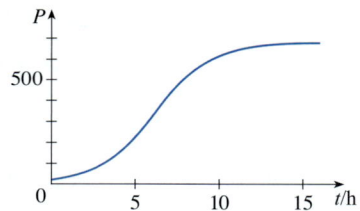

13. 将一块充电电池插在充电器上. 下图显示了电池电量占总容量的百分比关于时间 t （单位：h）的函数 $C(t)$.

(a) 导函数 $C'(t)$ 的含义是什么？

(b) 画出 $C'(t)$ 的图像，它能告诉我们什么？

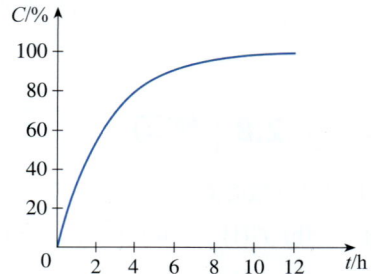

14. 下页第一张图显示了驾驶速度对油耗的影响. 燃油使用效率 F 的单位是升 / 百公里，速度 v 的单位是公里 / 小时.

(a) 导函数 $F'(v)$ 的含义是什么？

(b) 画出 $F'(v)$ 的图像.

(c) 如果你想省油，速度应该为多少？

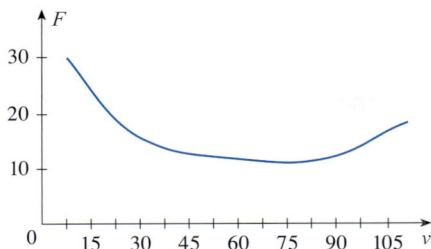

资料来源：美国能源部

15. 下图显示了密歇根湖的平均表面水温 f 在一年中是如何变化的（其中 t 的单位是月，$t=0$ 对应 1 月 1 日）. 平均表面水温是根据截至 2011 年的 20 年间的数据计算得出的. 画出导函数 f' 的图像. $f'(t)$ 什么时候最大？

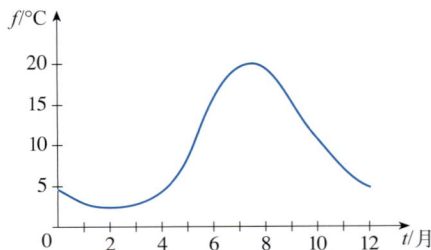

16~18 按照练习 4~11 的方法，画出 f 的图像，并在其下方画出 f' 的图像. 你能从图像猜出 $f'(x)$ 的表达式吗？

16. $f(x)=\sin x$　　**17.** $f(x)=\mathrm{e}^x$　　**18.** $f(x)=\ln x$

19. 设 $f(x)=x^2$.

(a) 放大 f 的图像，估计 $f'(0)$、$f'\left(\dfrac{1}{2}\right)$、$f'(1)$ 和 $f'(2)$ 的值.

(b) 利用对称性推出 $f'\left(-\dfrac{1}{2}\right)$、$f'(-1)$ 和 $f'(-2)$ 的值.

(c) 利用 (a) 和 (b) 的结果猜测 $f'(x)$ 的表达式.

(d) 利用导数的定义验证 (c) 中你的猜测.

20. 设 $f(x)=x^3$.

(a) 放大 f 的图像，估计 $f'(0)$、$f'\left(\dfrac{1}{2}\right)$、$f'(1)$、$f'(2)$、$f'(3)$ 的值.

(b) 利用对称性推出 $f'\left(-\dfrac{1}{2}\right)$、$f'(-1)$、$f'(-2)$ 和 $f'(-3)$ 的值.

(c) 利用 (a) 和 (b) 的结果画出 f' 的粗略图像.

(d) 猜测 $f'(x)$ 的表达式.

(e) 利用导数的定义验证 (d) 中你的猜测.

21~32 根据导数的定义求出下列函数的导数. 写出这些函数及其导数的定义域.

21. $f(x)=3x-8$　　　　**22.** $f(x)=mx+b$

23. $f(t)=2.5t^2+6t$　　**24.** $f(x)=4+8x-5x^2$

25. $A(p)=4p^3+3p$　　**26.** $F(t)=t^3-5t+1$

27. $f(x)=\dfrac{1}{x^2-4}$　　**28.** $F(v)=\dfrac{v}{v+2}$

29. $g(u)=\dfrac{u+1}{4u-1}$　　**30.** $f(x)=x^4$

31. $f(x)=\dfrac{1}{\sqrt{1+x}}$　　**32.** $g(x)=\dfrac{1}{1+\sqrt{x}}$

33. (a) 从 $y=\sqrt{x}$ 的图像出发，运用 1.3 节中的变换，画出 $f(x)=1+\sqrt{x+3}$ 的图像.

(b) 利用 (a) 中的图像画出 f' 的图像.

(c) 利用导数的定义求出 $f'(x)$. f 和 f' 的定义域是什么？

(d) 画出 f' 的图像，并与 (b) 中的图像进行比较.

34. (a) 如果 $f(x)=x+1/x$，求 $f'(x)$.

(b) 通过比较 f 和 f' 的图像来检查 (a) 中你的答案是否合理.

35. (a) 如果 $f(x)=x^4+2x$，求 $f'(x)$.

(b) 通过比较 f 和 f' 的图像来检查 (a) 中你的答案是否合理.

36. 下表给出了年份为 t 时在美国进行的微创整容手术的台数 $N(t)$（单位：千台）.

t	$N(t)$
2000	5500
2002	4897
2004	7470
2006	9138
2008	10 897
2010	11 561
2012	13 035
2014	13 945

资料来源：美国整形外科学会

(a) $N'(t)$ 的含义是什么？它的单位是什么？

(b) 列出 $N'(t)$ 的一张估计值表.

(c) 画出 N 和 N' 的图像.

(d) 怎样才能得到更精确的 $N'(t)$ 值？

37. 下表给出了一棵生长在木材管理厂里的松树随着时间推移的高度.

树龄/年	14	21	28	35	42	49
高度/米	12	16	19	22	24	25

资料来源：阿肯色州林业委员会

如果 $H(t)$ 是 t 年后树的高度，列出 H' 的一张估计值表，并画出其图像.

38. 水温会影响美洲红点鲑的生长速度. 下表显示了不同水温下 24 天后美洲红点鲑的增重情况.

温度/°C	15.5	17.7	20.0	22.4	24.4
增重/g	37.2	31.0	19.8	9.7	−9.8

如果 $W(x)$ 是温度为 x 时美洲红点鲑的增重，列出 W' 的一张估计值表，并画出其图像. $W'(x)$ 的单位是什么？

资料来源：改编自 J. Chadwick Jr., "Temperature Effects on Growth and Stress Physiology of Brook Trout: Implications for Climate Change Impacts on an Iconic Cold-Water Fish". *Masters Theses*. Paper 897. 2012.

39. 设 P 表示 2020 年 1 月 1 日的 t 年后，太阳能电池板发电在城市电力中所占的百分比.

(a) 在这个例子中，$\dfrac{\mathrm{d}P}{\mathrm{d}t}$ 代表什么？

(b) 解释 $\dfrac{\mathrm{d}P}{\mathrm{d}t}\bigg|_{t=2} = 3.5$ 的含义.

40. 假设 N 是当汽油平均价格为 p 美元 / 升时，一年中开车去另一个州度假的美国人的数量. 你认为 $\dfrac{\mathrm{d}N}{\mathrm{d}p}$ 是正还是负？请解释原因.

41~44 给定函数 f 的图像，写出 f 在哪些点处是不可微的，并给出理由.

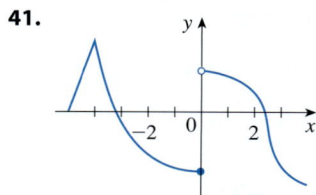

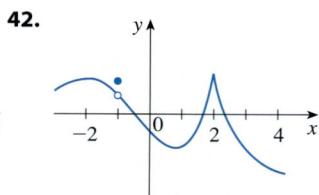

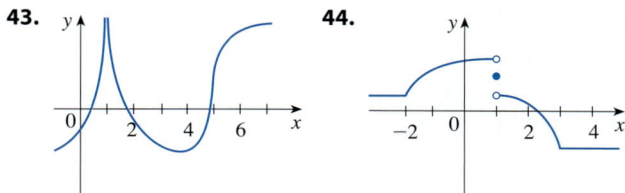

41.

42.

43.

44.

45. 画出函数 $f(x) = x + \sqrt{|x|}$ 的图像. 分别以点 $(-1,0)$ 及原点为中心放大图像. 函数 f 在这两点附近的行为有什么不同？关于 f 的可微性，你能得出什么结论？

46. 分别以点 $(1,0)$、点 $(0,1)$ 和点 $(-1,0)$ 为中心放大函数 $g(x) = (x^2 - 1)^{2/3}$ 的图像. 你能观察到什么？利用 g 的可微性解释所观察到的现象.

47~48 下图显示了函数 f 及其导数 f' 的图像. $f''(-1)$ 和 $f''(1)$ 哪个更大？

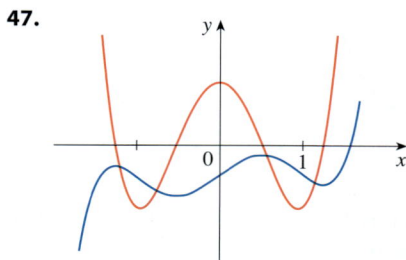

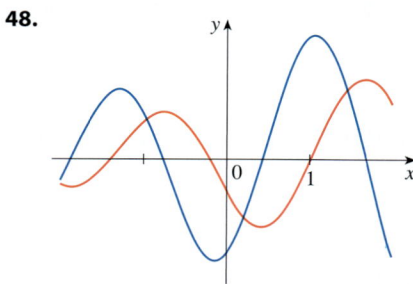

47.

48.

49. 下图显示了 f、f' 和 f'' 的图像. 指出每条曲线对应的函数，并解释原因.

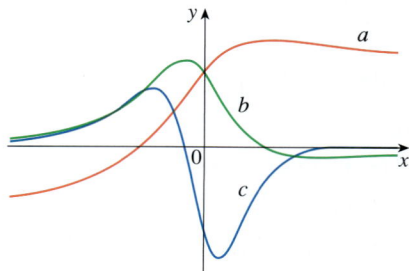

50. 下图显示了 f、f'、f'' 和 f''' 的图像. 指出每条曲线对应的函数,并解释原因.

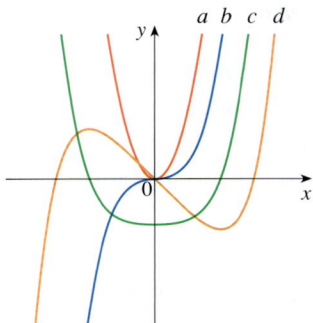

51. 下图显示了三个函数的图像:一个是汽车的位置,一个是它的速度,一个是它的加速度. 指出每条曲线对应的函数,并解释原因.

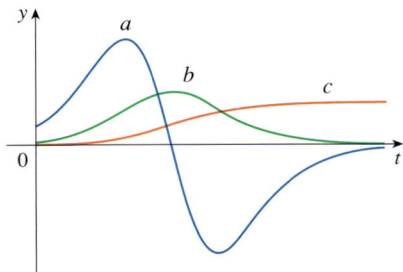

52. 下图显示了四个函数的图像:一个是汽车的位置,一个是它的速度,一个是它的加速度,一个是它的加加速度. 指出每条曲线对应的函数,并解释原因.

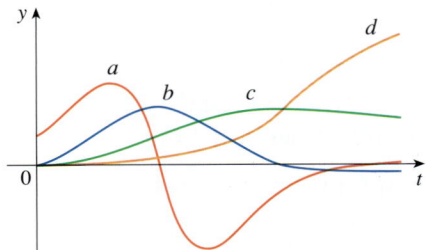

53~54 用导数的定义求出 $f'(x)$ 和 $f''(x)$,然后在同一坐标系中画出 f、f' 和 f'' 的图像,以检查你的答案是否合理.

53. $f(x)=3x^2+2x+1$　　**54.** $f(x)=x^3-3x$

55. 如果 $f(x)=2x^2-x^3$,求 $f'(x)$、$f''(x)$、$f'''(x)$ 和 $f^{(4)}(x)$. 在同一坐标系中画出 f、f'、f'' 和 f''' 的图像. 这些图像是否与这些导数的几何解释一致?

56. (a) 一辆汽车的位置函数的图像如下所示,其中 s 的单位是 m,t 的单位是 s. 根据这个图像,画出汽车的速度和加速度的图像. $t=10$ 时的加速度是多少?

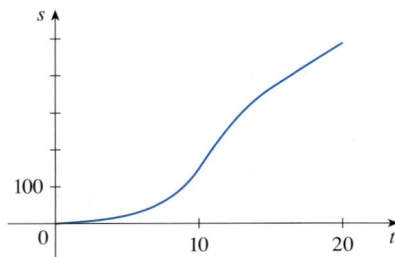

(b) 利用 (a) 中的加速度图像,估计 $t=10$ 时的加加速度. 加加速度的单位是什么?

57. 设 $f(x)=\sqrt[3]{x}$.

(a) 如果 $a\neq0$,用 2.7 节公式 5 求 $f'(a)$.

(b) 证明 $f'(0)$ 不存在.

(c) 证明 $y=\sqrt[3]{x}$ 在点 $(0,0)$ 处有垂直切线.(f 的图像见图 1-2-13b.)

58. (a) 如果 $g(x)=x^{2/3}$,证明 $g'(0)$ 不存在.

(b) 如果 $a\neq0$,求 $g'(a)$.

(c) 证明 $y=x^{2/3}$ 在点 $(0,0)$ 处有垂直切线.

(d) 通过画出 $y=x^{2/3}$ 的图像说明 (c).

59. 证明:函数 $f(x)=|x-6|$ 在 $x=6$ 处不可微. 求 f' 的表达式并画出其图像.

60. 最大整数函数 $f(x)=[\![x]\!]$ 在何处不可微? 求 f' 的表达式并画出其图像.

61. (a) 画出函数 $f(x)=x|x|$ 的图像.

(b) f 在 x 为何值时是可微的?

(c) 求 f' 的表达式.

62. (a) 画出函数 $g(x)=x+|x|$ 的图像.

(b) g 在 x 为何值时是可微的?

(c) 求 g' 的表达式.

63. 奇函数的导数与偶函数的导数 回顾一下:对于函数 f 的定义域内的所有 x,如果 $f(-x)=f(x)$ 成立,则称 f 为偶函数;如果 $f(-x)=-f(x)$ 成立,则称 f 为奇函数. 证明下列命题.

(a) 偶函数的导数是奇函数.

(b) 奇函数的导数是偶函数.

64~65　左导数与右导数 定义 f 在 a 处的左导数和右导数分别为

$$f'_-(a)=\lim_{h\to0^-}\frac{f(a+h)-f(a)}{h}$$

和
$$f'_+(a) = \lim_{h \to 0^+} \frac{f(a+h)-f(a)}{h}$$

（如果上述极限存在）．$f'(a)$ 存在当且仅当左、右导数存在且相等．

64. 对于给定函数 f，求 $f'_-(0)$ 和 $f'_+(0)$．f 在 $x=0$ 处可微吗？

(a) $f(x) = \begin{cases} 0, & x \leqslant 0; \\ x, & x > 0. \end{cases}$ (b) $f(x) = \begin{cases} 0, & x \leqslant 0; \\ x^2, & x > 0. \end{cases}$

65. 设
$$f(x) = \begin{cases} 0, & x \leqslant 0; \\ 5-x, & 0 < x < 4; \\ 1/(5-x), & x \geqslant 4. \end{cases}$$

(a) 求 $f'_-(4)$ 和 $f'_+(4)$．

(b) 画出 f 的图像．

(c) f 在何处不连续？

(d) f 在何处不可微？

66. 当你打开一个热水箱的水龙头，水温 T 取决于水流了多长时间．在 1.1 节例 4 中，我们画出了水温 T 关于从水龙头被打开起所经过的时间 t 的函数的粗略图像．

(a) 当 t 增加时，T 关于 t 的变化率如何变化？

(b) 画出 T 的导数的图像．

67. 尼克刚开始慢跑，后来的 3 min 里跑得越来越快，然后走了 5 min．他在十字路口停了 2 min，又快跑了 5 min，最后走了 4 min．

(a) 画出尼克在 t min 后所经过的距离 s 的粗略图像．

(b) 画出 $\mathrm{d}s/\mathrm{d}t$ 的图像．

68. 设 ℓ 为抛物线 $y = x^2$ 在点 $(1,1)$ 处的切线．ℓ 的倾角为 ℓ 与 x 轴正方向之间的夹角 ϕ．计算 ϕ，精确到度．

第 2 章 复习

概念题

1. 解释下列式子的含义，并用图像展示．

(a) $\lim_{x \to a} f(x) = L$ (b) $\lim_{x \to a^+} f(x) = L$

(c) $\lim_{x \to a^-} f(x) = L$ (d) $\lim_{x \to a} f(x) = +\infty$

(e) $\lim_{x \to +\infty} f(x) = L$

2. 描述几种极限不存在的情况，并用图像展示．

3. 简述下列极限运算法则．

(a) 和法则   (b) 差法则

(c) 常倍数法则   (d) 积法则

(e) 商法则   (f) 幂法则

(g) 根法则

4. 解释夹逼定理的内容．

5. (a) 直线 $x = a$ 是曲线 $y = f(x)$ 的垂直渐近线是什么意思？画出垂直渐近线的各种可能情况．

(b) 直线 $y = L$ 是曲线 $y = f(x)$ 的水平渐近线是什么意思？画出水平渐近线的各种可能情况．

6. 下列曲线中，哪些有垂直渐近线？哪些有水平渐近线？

(a) $y = x^4$ (b) $y = \sin x$ (c) $y = \tan x$

(d) $y = \tan^{-1} x$ (e) $y = \mathrm{e}^x$ (f) $y = \ln x$

(g) $y = 1/x$ (h) $y = \sqrt{x}$

7. (a) f 在 a 处连续是什么意思？

(b) f 在区间 $(-\infty, +\infty)$ 上连续是什么意思？关于这种函数的图像，你能得出什么结论？

8. (a) 给出在 $[-1,1]$ 上连续的函数的例子．

(b) 给出在 $[0,1]$ 上不连续的函数的例子．

9. 解释介值定理的内容．

10. 写出曲线 $y = f(x)$ 在点 $(a, f(a))$ 处的切线的斜率表达式．

11. 假设一个物体沿直线运动，其位置函数为 $f(t)$．写出物体在 $t = a$ 时的瞬时速度的表达式．怎样利用函数图像解释瞬时速度的含义？

12. 设函数 $y = f(x)$，令 x 从 x_1 变化到 x_2．写出下列各量的表达式．
    (a) y 关于 x 在区间 $[x_1, x_2]$ 上的平均变化率．
    (b) y 关于 x 在 $x = x_1$ 处的瞬时变化率．

13. 给出导数 $f'(a)$ 的定义，并用两种方式讨论这个值的含义．

14. 给出 f 的二阶导数的定义．如果 $f(t)$ 是一个粒子的位置函数，解释其二阶导数的含义．

15. (a) f 在 a 处可微是什么意思？
    (b) 函数的可微性与连续性之间有什么联系？
    (c) 画出一个在 $a = 2$ 处连续但不可微的函数的图像．

16. 描述函数不可微的几种情况，并用图像展示．

判断题

判断下列说法是否正确．如果正确，请说明理由；如果不正确，请说明理由或给出一个反例．

1. $\lim\limits_{x \to 4}\left(\dfrac{2x}{x-4} - \dfrac{8}{x-4}\right) = \lim\limits_{x \to 4}\dfrac{2x}{x-4} - \lim\limits_{x \to 4}\dfrac{8}{x-4}$

2. $\lim\limits_{x \to 1}\dfrac{x^2 + 6x - 7}{x^2 + 5x - 6} = \dfrac{\lim\limits_{x \to 1}(x^2 + 6x - 7)}{\lim\limits_{x \to 1}(x^2 + 5x - 6)}$

3. $\lim\limits_{x \to 1}\dfrac{x-3}{x^2 + 2x - 4} = \dfrac{\lim\limits_{x \to 1}(x-3)}{\lim\limits_{x \to 1}(x^2 + 2x - 4)}$

4. $\dfrac{x^2 - 9}{x - 3} = x + 3$

5. $\lim\limits_{x \to 3}\dfrac{x^2 - 9}{x - 3} = \lim\limits_{x \to 3}(x + 3)$

6. 如果 $\lim\limits_{x \to 5} f(x) = 2$，$\lim\limits_{x \to 5} g(x) = 0$，那么 $\lim\limits_{x \to 5}\dfrac{f(x)}{g(x)}$ 不存在．

7. 如果 $\lim\limits_{x \to 5} f(x) = 0$，$\lim\limits_{x \to 5} g(x) = 0$，那么 $\lim\limits_{x \to 5}\dfrac{f(x)}{g(x)}$ 不存在．

8. 如果 $\lim\limits_{x \to a} f(x)$ 和 $\lim\limits_{x \to a} g(x)$ 都不存在，那么 $\lim\limits_{x \to a}[f(x) + g(x)]$ 不存在．

9. 如果 $\lim\limits_{x \to a} f(x)$ 存在，但 $\lim\limits_{x \to a} g(x)$ 不存在，那么 $\lim\limits_{x \to a}[f(x) + g(x)]$ 不存在．

10. 如果 p 为多项式，那么 $\lim\limits_{x \to b} p(x) = p(b)$．

11. 如果 $\lim\limits_{x \to 0} f(x) = +\infty$，$\lim\limits_{x \to 0} g(x) = +\infty$，那么 $\lim\limits_{x \to 0}[f(x) - g(x)] = 0$．

12. 一个函数可以有两条不同的水平渐近线．

13. 如果函数 f 的定义域为 $[0, +\infty)$ 且 f 没有水平渐近线，则 $\lim\limits_{x \to +\infty} f(x) = +\infty$ 或 $\lim\limits_{x \to +\infty} f(x) = -\infty$．

14. 如果 $x = 1$ 是函数 $y = f(x)$ 的垂直渐近线，则 f 在 $x = 1$ 处没有定义．

15. 如果 $f(1) > 0$ 且 $f(3) < 0$，则在 1 和 3 之间存在一个数 c，使得 $f(c) = 0$．

16. 如果 f 在 $x = 5$ 处连续，$f(5) = 2$ 且 $f(4) = 3$，则 $\lim\limits_{x \to 2} f(4x^2 - 11) = 2$．

17. 如果 f 在区间 $[-1, 1]$ 上连续，$f(-1) = 4$ 且 $f(1) = 3$，则存在一个数 r 使得 $|r| < 1$ 且 $f(r) = \pi$．

18. 设函数 f 满足 $\lim\limits_{x \to 0} f(x) = 6$，则存在一个数 δ，使得当 $0 < |x| < \delta$ 时，$|f(x) - 6| < 1$．

19. 如果对所有 x 都有 $f(x) > 1$ 且 $\lim\limits_{x \to 0} f(x)$ 存在，则 $\lim\limits_{x \to 0} f(x) > 1$．

20. 如果 f 在 a 处连续，则 f 在 a 处可微．

21. 如果 $f'(r)$ 存在，则 $\lim\limits_{x \to r} f(x) = f(r)$．

22. $\dfrac{\mathrm{d}^2 y}{\mathrm{d}x^2} = \left(\dfrac{\mathrm{d}y}{\mathrm{d}x}\right)^2$．

23. 方程 $x^{10} - 10x^2 + 5 = 0$ 在区间 $(0, 2)$ 内有一个解．

24. 如果 f 在 a 处连续，则 $|f|$ 也在 a 处连续．

25. 如果 $|f|$ 在 a 处连续，则 f 也在 a 处连续．

26. 如果 f 在 a 处可微，则 $|f|$ 也在 a 处可微．

练习题

1. 函数 f 的图像如下所示.

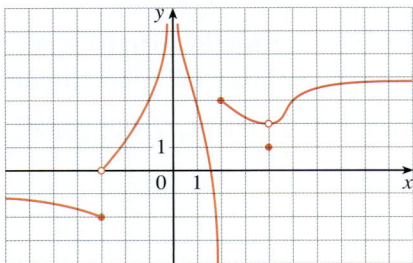

(a) 求下列极限. 如不存在，请说明理由.

(i) $\lim\limits_{x\to 2^+} f(x)$　(ii) $\lim\limits_{x\to -3^+} f(x)$　(iii) $\lim\limits_{x\to -3} f(x)$

(iv) $\lim\limits_{x\to 4} f(x)$　(v) $\lim\limits_{x\to 0} f(x)$　(vi) $\lim\limits_{x\to 2^-} f(x)$

(vii) $\lim\limits_{x\to +\infty} f(x)$　(viii) $\lim\limits_{x\to -\infty} f(x)$

(b) 写出函数的水平渐近线的方程.

(c) 写出函数的垂直渐近线的方程.

(d) f 在哪些点处是不连续的? 请说明理由.

2. 画出满足下列所有条件的函数 f 的图像:

$\lim\limits_{x\to -\infty} f(x)=-2$，$\lim\limits_{x\to +\infty} f(x)=0$，$\lim\limits_{x\to -3} f(x)=+\infty$，

$\lim\limits_{x\to 3^-} f(x)=-\infty$，$\lim\limits_{x\to 3^+} f(x)=2$，

f 在 $x=3$ 处右连续.

3~20 求极限.

3. $\lim\limits_{x\to 0} \cos(x^3+3x)$

4. $\lim\limits_{x\to 3} \dfrac{x^2-9}{x^2+2x-3}$

5. $\lim\limits_{x\to -3} \dfrac{x^2-9}{x^2+2x-3}$

6. $\lim\limits_{x\to 1^+} \dfrac{x^2-9}{x^2+2x-3}$

7. $\lim\limits_{h\to 0} \dfrac{(h-1)^3+1}{h}$

8. $\lim\limits_{t\to 2} \dfrac{t^2-4}{t^3-8}$

9. $\lim\limits_{r\to 9} \dfrac{\sqrt{r}}{(r-9)^4}$

10. $\lim\limits_{v\to 4^+} \dfrac{4-v}{|4-v|}$

11. $\lim\limits_{r\to -1} \dfrac{r^2-3r-4}{4r^2+r-3}$

12. $\lim\limits_{t\to 5} \dfrac{3-\sqrt{t+4}}{t-5}$

13. $\lim\limits_{x\to +\infty} \dfrac{\sqrt{x^2-9}}{2x-6}$

14. $\lim\limits_{x\to -\infty} \dfrac{\sqrt{x^2-9}}{2x-6}$

15. $\lim\limits_{x\to \pi^-} \ln(\sin x)$

16. $\lim\limits_{x\to -\infty} \dfrac{1-2x^2-x^4}{5+x-3x^4}$

17. $\lim\limits_{x\to +\infty} \left(\sqrt{x^2+4x+1}-x\right)$

18. $\lim\limits_{x\to +\infty} e^{x-x^2}$

19. $\lim\limits_{x\to 0^+} \tan^{-1}(1/x)$

20. $\lim\limits_{x\to 1} \left(\dfrac{1}{x-1}+\dfrac{1}{x^2-3x+2}\right)$

21~22 利用图像求曲线的渐近线，并给出证明.

21. $y=\dfrac{\cos^2 x}{x^2}$

22. $y=\sqrt{x^2+x+1}-\sqrt{x^2-x}$

23. 如果当 $0<x<3$ 时，有 $2x-1\leqslant f(x)\leqslant x^2$，求 $\lim\limits_{x\to 1} f(x)$.

24. 证明 $\lim\limits_{x\to 0} x^2\cos(1/x^2)=0$.

25~28 利用极限的严格定义证明下列表达式.

25. $\lim\limits_{x\to 2}(14-5x)=4$

26. $\lim\limits_{x\to 0}\sqrt[3]{x}=0$

27. $\lim\limits_{x\to 2}(x^2-3x)=-2$

28. $\lim\limits_{x\to 4^+}\dfrac{2}{\sqrt{x-4}}=+\infty$

29. 设

$$f(x)=\begin{cases} \sqrt{-x}, & x<0; \\ 3-x, & 0\leqslant x<3; \\ (x-3)^2, & x>3. \end{cases}$$

(a) 计算下列极限（如果极限存在）.

(i) $\lim\limits_{x\to 0^+} f(x)$　(ii) $\lim\limits_{x\to 0^-} f(x)$　(iii) $\lim\limits_{x\to 0} f(x)$

(iv) $\lim\limits_{x\to 3^-} f(x)$　(v) $\lim\limits_{x\to 3^+} f(x)$　(vi) $\lim\limits_{x\to 3} f(x)$

(b) f 在何处不连续?

(c) 画出 f 的图像.

30. 设

$$g(x)=\begin{cases} 2x-x^2, & 0\leqslant x\leqslant 2; \\ 2-x, & 2<x\leqslant 3; \\ x-4, & 3<x<4; \\ \pi, & x\geqslant 4. \end{cases}$$

(a) 判断函数 g 在 $x=2,3,4$ 处是否左连续，是否右连续，是否连续.

(b) 画出 f 的图像.

31~32 证明下列函数在其定义域上连续，并写出定义域.

31. $h(x)=xe^{\sin x}$

32. $g(x)=\dfrac{\sqrt{x^2-9}}{x^2-2}$

33~34 利用介值定理证明下列方程在给定区间内有解.

33. $x^5-x^3+3x-5=0$，$(1,2)$

34. $\cos\sqrt{x}=e^x-2$，$(0,1)$

35. (a) 求曲线 $y = 9 - 2x^2$ 在点 $(2,1)$ 处的切线的斜率.

　　(b) 求 (a) 中切线的方程.

36. 求曲线

$$y = \frac{2}{1 - 3x}$$

在 $x = 0$ 和 $x = -1$ 处的切线的方程.

37. 一个物体沿直线运动，其运动方程为 $s = 1 + 2t + \frac{1}{4}t^2$，其中 s 的单位是 m，t 的单位是 s.

　　(a) 求物体在下列时间段内的平均速度.

　　　　(i) $[1,3]$　　(ii) $[1,2]$　　(iii) $[1,1.5]$　　(iv) $[1,1.1]$

　　(b) 求 $t = 1$ 时物体的瞬时速度.

38. 根据玻意耳定律，如果密闭气体的温度保持不变，则压强 P 与体积 V 的乘积为常数. 假设对于某气体，有 $PV = 4000$，其中 P 的单位是 Pa，V 的单位是 L.

　　(a) 求当 V 从 3L 变化到 4L 时，P 的平均变化率.

　　(b) 将 V 表示为 P 的函数，并证明 V 关于 P 的瞬时变化率与 P 的平方成反比.

39. (a) 利用导数的定义求 $f'(2)$，其中 $f(x) = x^3 - 2x$.

　　(b) 求曲线 $y = x^3 - 2x$ 在点 $(2,4)$ 处的切线的方程.

　　(c) 在同一坐标系中画出曲线和切线来说明 (b).

40. 求函数 f 和数 a，使得

$$\lim_{h \to 0} \frac{(2+h)^6 - 64}{h} = f'(a).$$

41. 某种年利率为 r % 的学生贷款的偿还总额为 $C = f(r)$.

　　(a) 导数 $f'(r)$ 的含义是什么？它的单位是什么？

　　(b) 表达式 $f'(10) = 1200$ 的含义是什么？

　　(c) $f'(r)$ 总是正的，还是符号会发生变化？

42~44 根据函数的图像，直接在其下方画出导函数的图像.

42.

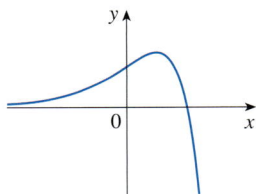

43.

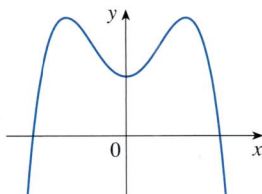

44.

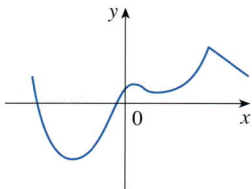

45~46 利用导数的定义求出 f 的导数. f' 的定义域是什么？

45. $f(x) = \frac{2}{x^2}$　　　　**46.** $f(t) = \frac{1}{\sqrt{t+1}}$

47. (a) 如果 $f(x) = \sqrt{3 - 5x}$，利用导数的定义求 $f'(x)$.

　　(b) 求 f 和 f' 的定义域.

　　(c) 在同一坐标系中画出 f 和 f' 的图像并进行比较，以检查 (a) 中你的答案是否合理.

48. (a) 求函数

$$f(x) = \frac{4 - x}{3 + x}$$

的渐近线，并利用渐近线画出函数的图像.

　　(b) 利用 (a) 中的图像画出 f' 的图像.

　　(c) 利用导数的定义求 $f'(x)$.

　　(d) 根据表达式画出 f' 的图像，并与 (b) 中的图像进行比较.

49. f 的图像如下所示. 写出 f 在哪些点处是不可微的，并给出原因.

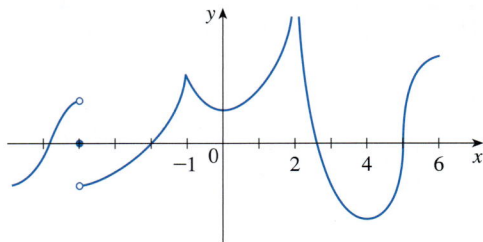

50. 下图显示了 f、f' 和 f'' 的图像. 指出每条曲线对应的函数，并解释原因.

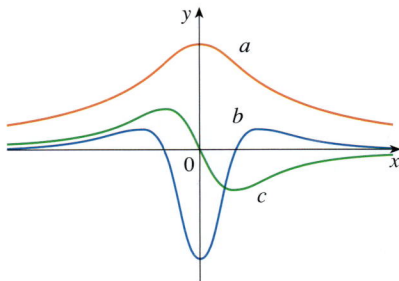

51. 画出满足以下所有条件的函数 f 的图像：

f 的定义域是除 0 以外的全体实数，

$\lim\limits_{x \to 0^-} f(x) = 1$，$\lim\limits_{x \to 0^+} f(x) = 0$，

f 对于定义域内的所有 x 都有 $f'(x) > 0$，

$\lim\limits_{x \to -\infty} f'(x) = 0$，$\lim\limits_{x \to +\infty} f'(x) = 1$.

52. 设 $P(t)$ 为年份为 t 时 18 岁以下的美国人占美国总人口的百分比（单位：%）. 下表给出了从 1950 年到 2010 年该函数的值.

t	$P(t)$	t	$P(t)$
1950	31.1	1990	25.7
1960	35.7	2000	25.7
1970	34.0	2010	24.0
1980	28.0		

(a) $P'(t)$ 的含义是什么？它的单位是什么？

(b) 列出 $P'(t)$ 的一张估计值表.

(c) 画出 P 和 P' 的图像.

(d) 如何得到更精确的 $P'(t)$ 值？

53. 设 $B(t)$ 为年份为 t 时流通的 20 美元纸币的数量（单位：十亿）. 下表给出了该函数从 1995 年到 2015 年期间（截至 12 月 31 日）的值. 解释 $B'(2010)$ 的含义，并估计其值.

t	1995	2000	2005	2010	2015
$B(t)$	4.21	4.93	5.77	6.53	8.57

54. 用 $F(t)$ 表示年份为 t 时的总生育率，即平均每个妇女所生小孩的数量的估计值. 下图显示了 1940 年到 2010 年期间美国的总生育率的波动情况.

(a) 估计 $F'(1950)$、$F'(1965)$ 和 $F'(1987)$ 的值.

(b) 这些导数的含义是什么？

(c) 请解释你是如何得到这些导数值的.

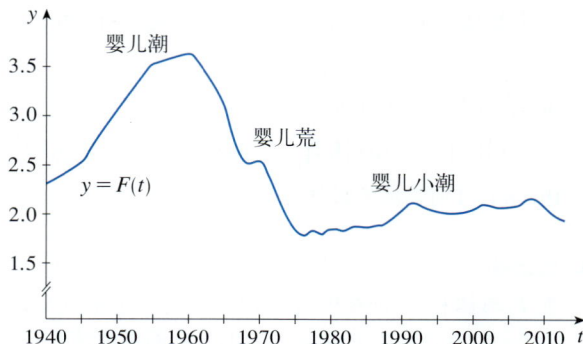

55. 假设对于所有 x 都有 $|f(x)| \leqslant g(x)$，其中 $\lim\limits_{x \to a} g(x) = 0$. 求 $\lim\limits_{x \to a} f(x)$.

56. 设 $f(x) = [\![x]\!] + [\![-x]\!]$.

(a) 当 a 为何值时，$\lim\limits_{x \to a} f(x)$ 存在？

(b) f 在哪些点处不连续？

附加题

在第 1 章末的"解题的基本原则"中，我们讨论了引入额外量的解题策略．下面的例子表明，在极限的计算中使用该原则会非常有效．其背后的思想是变量替换——引入一个与原变量相关的新变量——从而使问题简化．后面的 5.5 节中我们会更广泛地运用这一技巧．

例 计算 $\lim\limits_{x \to 0} \dfrac{\sqrt[3]{1+cx}-1}{x}$，其中 c 是常数．

解 目前看来，求这个极限确实很有挑战性．在 2.3 节中，我们遇到过极限中分子和分母都趋于 0 的情况．当时的方法是通过代数运算进行约分化简．但这里我们似乎并不能明确地看出应当使用怎样的代数运算．

所以我们引入一个新的变量 t：

$$t = \sqrt[3]{1+cx}.$$

我们要用 t 来表示 x，所以解这个方程：

$$t^3 = 1 + cx \Leftrightarrow x = \frac{t^3-1}{c}, \ c \neq 0.$$

注意，$x \to 0$ 等价于 $t \to 1$，因此可以将极限转换为关于变量 t 的极限：

$$
\begin{aligned}
\lim_{x \to 0} \frac{\sqrt[3]{1+cx}-1}{x} &= \lim_{t \to 1} \frac{t-1}{\left(t^3-1\right)/c} \\
&= \lim_{t \to 1} \frac{c(t-1)}{t^3-1}.
\end{aligned}
$$

这样的变量替换可以将一个相对复杂的极限转化为一个我们比较熟悉的极限．将分母中的立方差因式分解，得到

$$
\begin{aligned}
\lim_{t \to 1} \frac{c(t-1)}{t^3-1} &= \lim_{t \to 1} \frac{c(t-1)}{(t-1)\left(t^2+t+1\right)} \\
&= \lim_{t \to 1} \frac{c}{t^2+t+1} = \frac{c}{3}.
\end{aligned}
$$

在进行变量替换时，我们必须排除 $c=0$ 的情况．但如果 $c=0$，那么对于所有非零的 x，函数值都是 0，所以它的极限也是 0．因此，在所有情况下极限都是 $c/3$．∎

下面的问题旨在测试和挑战你的解题能力．其中部分问题需要花很长的时间认真思考，所以如果你无法马上解决它们，不要灰心．当你感觉束手无策时，翻阅第 1 章末的"解题的基本原则"也许会有帮助．

问题

1. 计算 $\lim\limits_{x \to 1} \dfrac{\sqrt[3]{x}-1}{\sqrt{x}-1}$．

2. 求使 $\lim\limits_{x \to 0} \dfrac{\sqrt{ax+b}-2}{x} = 1$ 的 a 和 b．

3. 计算 $\lim\limits_{x \to 0} \dfrac{|2x-1|-|2x+1|}{x}$．

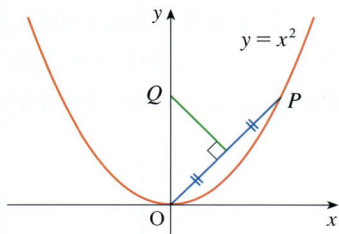

4. 如左图所示，抛物线 $y=x^2$ 上有一点 P，线段 OP 的垂直平分线与 y 轴交于点 Q．当 P 沿抛物线趋近原点时，Q 将会怎样？它是否有极限位置？如果有，求出该位置．

5. 计算下列极限（如果极限存在），其中 $[\![x]\!]$ 表示最大整数函数．

(a) $\displaystyle\lim_{x\to 0}\frac{[\![x]\!]}{x}$
(b) $\displaystyle\lim_{x\to 0}x\left[\!\!\left[\frac{1}{x}\right]\!\!\right]$

6. 画出下列方程所定义的平面区域．

(a) $[\![x]\!]^2+[\![y]\!]^2=1$
(b) $[\![x]\!]^2-[\![y]\!]^2=3$

(c) $[\![x+y]\!]^2=1$
(d) $[\![x]\!]+[\![y]\!]=1$

7. 设 $f(x)=x/[\![x]\!]$．

(a) 求 f 的定义域和值域．

(b) 计算 $\displaystyle\lim_{x\to+\infty}f(x)$．

8. 函数 f 的**不动点**是使得 $f(c)=c$ 成立的数 c（即在函数 f 的作用下，c 保持不变）．

(a) 画出一个定义域为 $[0,1]$、值域为 $[0,1]$ 的连续函数的图像．给出 f 的不动点的位置．

(b) 尝试画出一个定义域为 $[0,1]$、值域为 $[0,1]$ 的连续函数的图像，使它没有不动点．你遇到了什么障碍？

(c) 用介值定理证明，一个定义域为 $[0,1]$、值域为 $[0,1]$ 的连续函数一定存在不动点．

9. 如果 $\displaystyle\lim_{x\to a}[f(x)+g(x)]=2$ 且 $\displaystyle\lim_{x\to a}[f(x)-g(x)]=1$，求 $\displaystyle\lim_{x\to a}[f(x)g(x)]$．

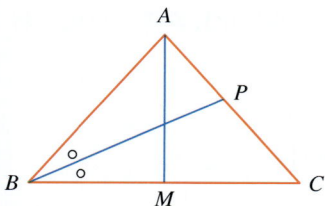

10. (a) 等腰三角形 ABC 如左图所示，其中 $\angle B=\angle C$，角 B 的平分线与边 AC 相交于点 P．假设底边 BC 保持固定，但三角形的高 $|AM|$ 趋于 0，所以 A 趋近 BC 的中点 M．在这个过程中，P 如何变化？它是否有极限位置？如果有，求出该位置．

(b) 尝试画出 P 的运动轨迹．求该轨迹曲线的方程，再利用方程画出图像．

11. (a) 如果我们从纬度为 0 处开始向西移动，对于任意给定时间，$T(x)$ 表示点 x 处的温度．假设 T 是 x 的连续函数，证明在任何时间赤道上都至少存在沿直径方向相反的两个点，其温度恰好相等．

(b) (a) 中的结论是否对地球表面上任何圆上的点都成立？

(c) (a) 中的结论是否对大气压强和海拔高度也成立？

12. 如果 f 可微且 $g(x)=xf(x)$，利用导数的定义证明 $g'(x)=xf'(x)+f(x)$．

13. 假设对于任意实数 x 和 y，f 都满足

$$f(x+y)=f(x)+f(y)+x^2y+xy^2,$$

并且

$$\lim_{x\to 0}\frac{f(x)}{x}=1.$$

(a) 求 $f(0)$．
(b) 求 $f'(0)$．
(c) 求 $f'(x)$．

14. 若对于任意 x，f 都满足 $|f(x)|\leqslant x^2$．证明 $f(0)=0$ 和 $f'(0)=0$．

在 3.4 节末的应用专题中，我们将计算飞行员应该在距离机场跑道多远处开始进行下降操作以实现平稳着陆.

3

求导法则

我们已经学过如何用斜率和变化率来解释导数，以及如何用导数的定义来计算由公式定义的函数的导数．但是总用定义的话，计算会很烦琐，所以本章中我们将建立求导法则，而不是直接使用定义．这些法则让我们能够相对容易地计算出多项式、有理函数、代数函数、指数函数、对数函数、三角函数与反三角函数的导数．这些规则也能用来解决有关函数的变化率和近似值的问题．

3.1 | 多项式与指数函数的导数

在本节中我们将学习如何求常值函数、幂函数、多项式、指数函数的导数.

■ 常值函数

从最简单的常值函数 $f(x) = c$ 开始，它的图像是水平线 $y = c$，其斜率为 0，因此有 $f'(x) = 0$（见图 3-1-1）. 根据导数的定义，容易证明：

$$f'(x) = \lim_{h \to 0} \frac{f(x+h) - f(x)}{h} = \lim_{h \to 0} \frac{c-c}{h} = \lim_{h \to 0} 0 = 0 \ .$$

利用莱布尼茨符号，我们将它写成如下形式.

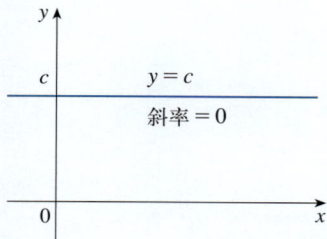

图 3-1-1

$f(x) = c$ 的图像是直线 $y = c$，因此 $f'(x) = 0$.

> **常值函数的导数**
>
> $$\frac{\mathrm{d}}{\mathrm{d}x}(c) = 0$$

■ 幂函数

接下来考虑函数 $f(x) = x^n$，其中 n 是正整数. 如果 $n = 1$，那么函数 $f(x) = x$ 的图像是直线 $y = x$，它的斜率是 1（见图 3-1-2）. 因此

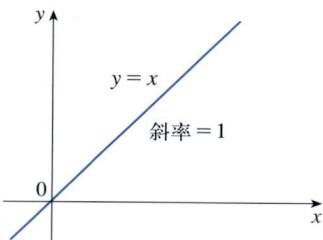

图 3-1-2

$f(x) = x$ 的图像是直线 $y = x$，因此 $f'(x) = 1$.

$$\boxed{1} \qquad \frac{\mathrm{d}}{\mathrm{d}x}(x) = 1 \ .$$

（也可以通过导数的定义验证公式 1.）我们已经探讨过 $n = 2$ 和 $n = 3$ 的情况. 实际上，在 2.8 节（2.8 节练习 19 和 2.8 节练习 20）中有这样的结论：

$$\boxed{2} \qquad \frac{\mathrm{d}}{\mathrm{d}x}(x^2) = 2x \ , \quad \frac{\mathrm{d}}{\mathrm{d}x}(x^3) = 3x^2 \ .$$

当 $n = 4$ 时，函数 $f(x) = x^4$ 的导数如下：

$$
\begin{aligned}
f'(x) &= \lim_{h \to 0} \frac{f(x+h) - f(x)}{h} = \lim_{h \to 0} \frac{(x+h)^4 - x^4}{h} \\
&= \lim_{h \to 0} \frac{x^4 + 4x^3 h + 6x^2 h^2 + 4xh^3 + h^4 - x^4}{h} \\
&= \lim_{h \to 0} \frac{4x^3 h + 6x^2 h^2 + 4xh^3 + h^4}{h} \\
&= \lim_{h \to 0} \left(4x^3 + 6x^2 h + 4xh^2 + h^3 \right) = 4x^3 \ .
\end{aligned}
$$

因此，

$$\boxed{3} \qquad \frac{\mathrm{d}}{\mathrm{d}x}(x^4) = 4x^3 \ .$$

观察公式 1、公式 2 和公式 3，可以看出一定的规律：当 n 是正整数时，似乎有 $(\mathrm{d}/\mathrm{d}x)(x^n) = nx^{n-1}$．这种猜测是正确的．下面用两种方法证明这个结论，其中第二种方法是利用二项式定理．

> **幂函数的求导法则** 如果 n 为正整数，那么
> $$\frac{\mathrm{d}}{\mathrm{d}x}(x^n) = nx^{n-1}.$$

证明 1 首先证明公式

$$x^n - a^n = (x-a)(x^{n-1} + x^{n-2}a + \cdots + xa^{n-2} + a^{n-1}).$$

把等号右边的括号展开（或者把第二个因式写成几何级数的形式）就能验证公式成立．如果 $f(x) = x^n$，那么利用 2.7 节公式 5，上式可以写成

$$
\begin{aligned}
f'(a) &= \lim_{x \to a} \frac{f(x) - f(a)}{x - a} = \lim_{x \to a} \frac{x^n - a^n}{x - a} \\
&= \lim_{x \to a} \left(x^{n-1} + x^{n-2}a + \cdots + xa^{n-2} + a^{n-1} \right) \\
&= a^{n-1} + a^{n-2} \cdot a + \cdots + a \cdot a^{n-2} + a^{n-1} \\
&= na^{n-1}.
\end{aligned}
$$

证明 2

$$f'(x) = \lim_{h \to 0} \frac{f(x+h) - f(x)}{h} = \lim_{h \to 0} \frac{(x+h)^n - x^n}{h}$$

二项式定理在参考公式第 1 页中给出．在求 x^4 的导数的过程中，用二项式定理将 $(x+h)^4$ 展开：

$$
\begin{aligned}
f'(x) &= \lim_{h \to 0} \frac{\left[x^n + nx^{n-1}h + \dfrac{n(n-1)}{2}x^{n-2}h^2 + \cdots + nxh^{n-1} + h^n \right] - x^n}{h} \\
&= \lim_{h \to 0} \frac{nx^{n-1}h + \dfrac{n(n-1)}{2}x^{n-2}h^2 + \cdots + nxh^{n-1} + h^n}{h} \\
&= \lim_{h \to 0} \left[nx^{n-1} + \dfrac{n(n-1)}{2}x^{n-2}h + \cdots + nxh^{n-2} + h^{n-1} \right] \\
&= nx^{n-1}.
\end{aligned}
$$

因为除第一项以外，其他项中都含有因子 h，所以它们都趋于 0．

下面的例 1 使用不同的符号来说明幂函数的求导法则．

例 1

(a) 若 $f(x) = x^6$，则 $f'(x) = 6x^5$．　　　(b) 若 $y = x^{1000}$，则 $y' = 1000x^{999}$．

(c) 若 $y = t^4$，则 $\dfrac{dy}{dt} = 4t^3$．　　　(d) $\dfrac{d}{dr}(r^3) = 3r^2$ ∎

当幂函数的指数是负整数时会怎样？在练习 69 中，你要根据导数的定义验证下面的等式：

$$\frac{d}{dx}\left(\frac{1}{x}\right) = -\frac{1}{x^2}.$$

这个等式也可以写成

$$\frac{d}{dx}(x^{-1}) = (-1) \cdot x^{-2}.$$

所以幂函数的求导法则在 $n = -1$ 时是正确的．实际上，在 3.2 节练习 66c 中，我们将证明该法则对于所有负整数都是成立的．

那么当幂函数的指数是分数时会怎样？在 2.8 节例 3 中我们得到

$$\frac{d}{dx}(\sqrt{x}) = \frac{1}{2\sqrt{x}},$$

它可以改写成

$$\frac{d}{dx}(x^{1/2}) = \frac{1}{2}x^{-1/2}.$$

这说明幂函数的求导法则在 $n = \dfrac{1}{2}$ 时是正确的．实际上，在 3.6 节中，我们将证明该法则对于所有实数 n 都是正确的．

幂函数的求导法则（一般情况）　如果 n 为任意实数，那么

$$\frac{d}{dx}(x^n) = nx^{n-1}.$$

例 2　求导．

(a) $f(x) = \dfrac{1}{x^2}$　　　　　(b) $y = \sqrt[3]{x^2}$

解　将上面的函数改写成 x 的幂的形式．

(a) 因为 $f(x) = x^{-2}$，所以利用幂函数的求导法则可得

$$f'(x) = \frac{d}{dx}(x^{-2}) = -2x^{-2-1} = -2x^{-3} = -\frac{2}{x^3}.$$

(b)
$$\frac{dy}{dx} = \frac{d}{dx}(\sqrt[3]{x^2}) = \frac{d}{dx}(x^{2/3}) = \frac{2}{3}x^{(2/3)-1} = \frac{2}{3}x^{-1/3}$$ ∎

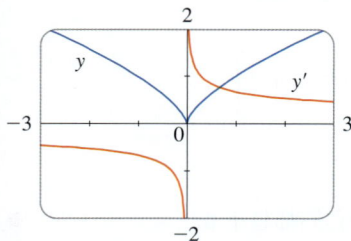

图 3-1-3
$y = \sqrt[3]{x^2}$

图 3-1-3 显示了例 2b 中的函数 y 及其导数 y' 的图像．我们注意到 y 在 $x = 0$ 处不可微（y' 在这里没有定义），还可以观察到当 y' 为正时，函数 y 是递增的；当 y' 为负时，函数 y 是递减的．在第 4 章中我们将证明，一个函数在其导数为正时递增，在其导数为负时递减．

幂函数的求导法则使我们不必借助导数的定义就能求出切线．它还能用来求法线．曲线 C 在点 P 处的**法线**是一条过点 P 且垂直于在点 P 处的切线的直线．（在光学中，反射定律涉及光线与透镜法线之间的夹角．）

例 3 求曲线 $y = x\sqrt{x}$ 在点 $(1,1)$ 处的切线和法线的方程，并画出曲线及它的切线和法线．

解 函数 $y = f(x) = x\sqrt{x} = x \cdot x^{1/2} = x^{3/2}$ 的导数为

$$f'(x) = \frac{3}{2}x^{(3/2)-1} = \frac{3}{2}x^{1/2} = \frac{3}{2}\sqrt{x} ,$$

所以在点 $(1,1)$ 处切线的斜率为 $f'(1) = \frac{3}{2}$．因此，切线方程为

$$y - 1 = \frac{3}{2}(x-1) , \quad 即 \quad y = \frac{3}{2}x - \frac{1}{2} .$$

法线垂直于切线，所以法线斜率为 $\frac{3}{2}$ 的负倒数，即 $-\frac{2}{3}$．因此，法线方程为

$$y - 1 = -\frac{2}{3}(x-1) , \quad 即 \quad y = -\frac{2}{3}x + \frac{5}{3} .$$

图 3-1-4 中显示了曲线及它的切线和法线． ∎

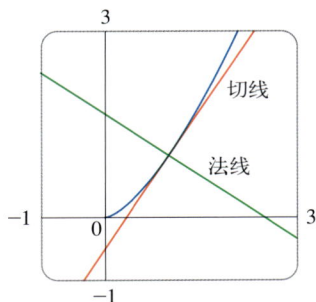
图 3-1-4
$y = x\sqrt{x}$

导数计算的扩展

当一个函数通过加、减或乘以一个常数得到新的函数时，可以根据原函数的导数算出新函数的导数．下面的公式指出，一个常数与一个函数的积的导数就是这个常数与这个函数的导数的积．

> **函数常数倍的求导法则** 如果 c 是一个常数，f 是一个可微函数，那么
> $$\frac{d}{dx}[cf(x)] = c\frac{d}{dx}f(x) .$$

函数常数倍的求导法则的几何解释

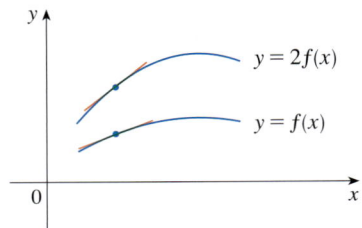

函数乘以常数 $c = 2$，函数的图像会被垂直拉伸至原来的 2 倍．沿曲线移动，对于同样的水平距离，曲线上升的高度翻倍，所以斜率也翻倍．

证明 设 $g(x) = cf(x)$，则

$$g'(x) = \lim_{h\to 0}\frac{g(x+h)-g(x)}{h} = \lim_{h\to 0}\frac{cf(x+h)-cf(x)}{h}$$
$$= \lim_{h\to 0}c\left[\frac{f(x+h)-f(x)}{h}\right]$$
$$= c\lim_{h\to 0}\left[\frac{f(x+h)-f(x)}{h}\right] \quad （极限运算法则 3）$$
$$= cf'(x) . ∎$$

例 4

(a) $\dfrac{d}{dx}(3x^4) = 3 \cdot \dfrac{d}{dx}(x^4) = 3 \times 4x^3 = 12x^3$

(b) $\dfrac{d}{dx}(-x) = \dfrac{d}{dx}[(-1)\cdot x] = (-1)\cdot\dfrac{d}{dx}(x) = (-1)\times 1 = -1$ ∎

接下来要介绍的法则表明，函数和（或差）的导数是函数的导数和（或差）.

函数和与差的求导法则也可表示为

$$(f+g)' = f'+g',$$
$$(f-g)' = f'-g'.$$

> **函数和与差的求导法则**　如果 f 和 g 都是可微函数，那么
>
> $$\frac{\mathrm{d}}{\mathrm{d}x}\big[f(x)+g(x)\big] = \frac{\mathrm{d}}{\mathrm{d}x}f(x) + \frac{\mathrm{d}}{\mathrm{d}x}g(x),$$
>
> $$\frac{\mathrm{d}}{\mathrm{d}x}\big[f(x)-g(x)\big] = \frac{\mathrm{d}}{\mathrm{d}x}f(x) - \frac{\mathrm{d}}{\mathrm{d}x}g(x).$$

证明　设 $F(x)=f(x)+g(x)$ ，则

$$F'(x) = \lim_{h\to 0}\frac{F(x+h)-F(x)}{h}$$

$$= \lim_{h\to 0}\frac{\big[f(x+h)+g(x+h)\big]-\big[f(x)+g(x)\big]}{h}$$

$$= \lim_{h\to 0}\left[\frac{f(x+h)-f(x)}{h}+\frac{g(x+h)-g(x)}{h}\right]$$

$$= \lim_{h\to 0}\frac{f(x+h)-f(x)}{h}+\lim_{h\to 0}\frac{g(x+h)-g(x)}{h} \qquad \text{(极限运算法则 3)}$$

$$= f'(x)+g'(x).$$

为了证明函数差的求导法则，将 $f-g$ 写作 $f+(-1)\cdot g$ 并应用函数和的求导法则和函数常数倍的求导法则即可. ∎

函数和的求导法则可以扩展为任意多个函数之和. 例如，使用两次该法则可以得出

$$(f+g+h)' = \big[(f+g)+h\big]' = (f+g)'+h' = f'+g'+h'.$$

函数常数倍的求导法则、函数和与差的求导法则都可以与幂函数的求导法则结合起来，以得到任意多项式的导数，如下面的三个例子所示.

例 5

$$\frac{\mathrm{d}}{\mathrm{d}x}\big(x^8+12x^5-4x^4+10x^3-6x+5\big)$$

$$= \frac{\mathrm{d}}{\mathrm{d}x}\big(x^8\big)+12\frac{\mathrm{d}}{\mathrm{d}x}\big(x^5\big)-4\frac{\mathrm{d}}{\mathrm{d}x}\big(x^4\big)+10\frac{\mathrm{d}}{\mathrm{d}x}\big(x^3\big)-6\frac{\mathrm{d}}{\mathrm{d}x}(x)+\frac{\mathrm{d}}{\mathrm{d}x}(5)$$

$$= 8x^7+12\times 5x^4-4\times 4x^3+10\times 3x^2-6\times 1+0$$

$$= 8x^7+60x^4-16x^3+30x^2-6$$

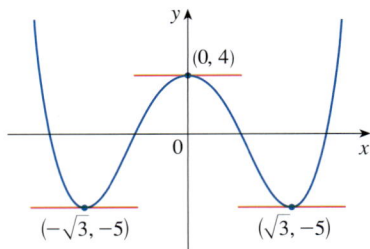

图 3-1-5
曲线 $y = x^4 - 6x^2 + 4$ 和它的水平切线

例 6 求曲线 $y = x^4 - 6x^2 + 4$ 上的一个点，使得曲线在该点处的切线是水平的.

解 当导数为 0 时，切线是水平的，所以

$$\frac{dy}{dx} = \frac{d}{dx}(x^4) - 6\frac{d}{dx}(x^2) + \frac{d}{dx}(4)$$
$$= 4x^3 - 12x + 0 = 4x(x^2 - 3).$$

因此当 $x = 0$，或 $x^2 - 3 = 0$，即 $x = \pm\sqrt{3}$ 时，$dy/dx = 0$. 因此当 $x = 0, \sqrt{3}, -\sqrt{3}$ 时，曲线的切线是水平的，切点分别是 $(0,4)$、$(\sqrt{3},-5)$、$(-\sqrt{3},-5)$（见图 3-1-5）. ■

例 7 粒子的运动方程为 $s = 2t^3 - 5t^2 + 3t + 4$，其中 s 的单位是 cm，t 的单位是 s. 求加速度关于时间的函数. 2s 后的加速度是多少？

解 粒子的速度和加速度为

$$v(t) = \frac{ds}{dt} = 6t^2 - 10t + 3,$$
$$a(t) = \frac{dv}{dt} = 12t - 10.$$

2s 后的加速度是 $a(2) = 14\text{cm/s}^2$. ■

■ 指数函数

下面用导数的定义来计算指数函数 $f(x) = b^x$ 的导数：

$$f'(x) = \lim_{h \to 0} \frac{f(x+h) - f(x)}{h} = \lim_{h \to 0} \frac{b^{x+h} - b^x}{h}$$
$$= \lim_{h \to 0} \frac{b^x \cdot b^h - b^x}{h} = \lim_{h \to 0} \frac{b^x(b^h - 1)}{h}.$$

因子 b^x 与 h 无关，因此可以将它提到极限符号的前面：

$$f'(x) = b^x \lim_{h \to 0} \frac{b^h - 1}{h}.$$

注意，上式中的极限是函数 f 的导数在 $x = 0$ 时的值，即

$$\lim_{h \to 0} \frac{b^h - 1}{h} = f'(0).$$

这说明如果指数函数 $f(x) = b^x$ 在 $x = 0$ 处可微，则该函数处处可微且

4 $$f'(x) = f'(0)b^x.$$

上式说明任何指数函数的变化率都与指数函数本身成比例.（斜率与高度成比例.）

表 3-1-1

h	$\dfrac{2^h-1}{h}$	$\dfrac{3^h-1}{h}$
0.1	0.717 73	1.161 23
0.01	0.695 56	1.104 67
0.001	0.693 39	1.099 22
0.000 1	0.693 17	1.098 67
0.000 01	0.693 15	1.098 62

表 3-1-1 展示了 $b=2$ 和 $b=3$ 的情况，通过数值枚举给出了 $f'(0)$ 存在的证据. 可以证明极限存在并且

$$\text{当 } b=2 \text{ 时，} \quad f'(0)=\lim_{h\to 0}\frac{2^h-1}{h}\approx 0.693 ,$$

$$\text{当 } b=3 \text{ 时，} \quad f'(0)=\lim_{h\to 0}\frac{3^h-1}{h}\approx 1.099 .$$

因此，由公式 4 可得

$$\boxed{5} \qquad \frac{\mathrm{d}}{\mathrm{d}x}\big(2^x\big)\approx 0.693\times 2^x , \quad \frac{\mathrm{d}}{\mathrm{d}x}\big(3^x\big)\approx 1.099\times 3^x .$$

在公式 4 中，对于所有可能的底数 b，当 $f'(0)=1$ 时求导公式最为简单. 参考 $b=2$ 和 $b=3$ 时的 $f'(0)$，我们合理推测在 $b=2$ 和 $b=3$ 之间有一个数可以使 $f'(0)=1$. 按惯例用字母 e 来表示这个数.（1.4 节也是以这样的方式引入 e 的.）因此，e 的定义如下.

在练习 1 中我们将看到 e 位于 2.7 和 2.8 之间. e 精确到小数点后 5 位的值为

$$\mathrm{e}\approx 2.718\,28 .$$

数 e 的定义

$$\text{数 e 满足 } \lim_{h\to 0}\frac{\mathrm{e}^h-1}{h}=1 .$$

几何上，这意味着在所有可能的指数函数 $y=b^x$ 中，函数 $f(x)=\mathrm{e}^x$ 是那个在点 $(0,1)$ 处的切线的斜率 $f'(0)$ 正好为 1 的函数（见图 3-1-6 和图 3-1-7）.

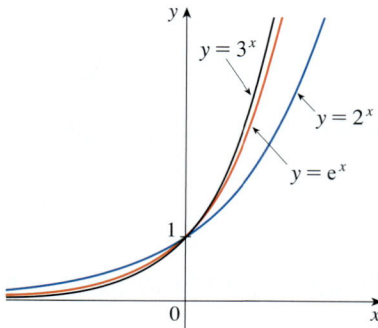

图 3-1-6

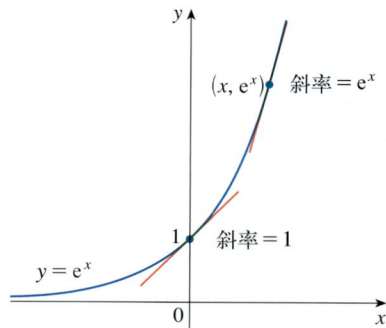

图 3-1-7

如果取 $b=\mathrm{e}$，那么在公式 4 中有 $f'(0)=1$，我们得到下面重要的求导公式.

自然指数函数的导数

$$\frac{\mathrm{d}}{\mathrm{d}x}\big(\mathrm{e}^x\big)=\mathrm{e}^x$$

因此，指数函数 $f(x)=\mathrm{e}^x$ 具有导数是其本身的特性．这个性质的几何意义是曲线 $y=\mathrm{e}^x$ 在点 (x,e^x) 处的切线的斜率等于该点的纵坐标（见图 3-1-7）．

例 8　如果 $f(x)=\mathrm{e}^x-x$，求 f' 和 f'' 并比较 f 和 f' 的图像．

解　利用求导法则，可得

$$f'(x)=\frac{\mathrm{d}}{\mathrm{d}x}\left(\mathrm{e}^x-x\right)=\frac{\mathrm{d}}{\mathrm{d}x}\left(\mathrm{e}^x\right)-\frac{\mathrm{d}}{\mathrm{d}x}(x)=\mathrm{e}^x-1\ .$$

在 2.8 节中我们定义了二阶导数为一阶导数 f' 的导数，所以

$$f''(x)=\frac{\mathrm{d}}{\mathrm{d}x}\left(\mathrm{e}^x-1\right)=\frac{\mathrm{d}}{\mathrm{d}x}\left(\mathrm{e}^x\right)-\frac{\mathrm{d}}{\mathrm{d}x}(1)=\mathrm{e}^x\ .$$

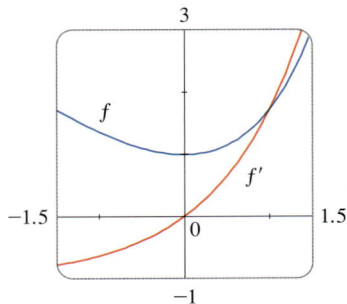

图 3-1-8

图 3-1-8 中画出了函数 f 及其导数 f' 的图像．我们注意到当 $x=0$ 时，f 的切线是水平的，这与 $f'(0)=0$ 的事实相符．同时也注意到当 $x>0$ 时 f' 为正，f 是递增的；当 $x<0$ 时 f' 为负，f 是递减的． ■

例 9　曲线 $y=\mathrm{e}^x$ 在何处的切线与直线 $y=2x$ 平行？

解　因为 $y=\mathrm{e}^x$，所以 $y'=\mathrm{e}^x$．设所求点的横坐标为 a，那么在该点处切线的斜率为 e^a．只有这条切线的斜率和直线 $y=2x$ 的斜率相同，该切线才能平行于直线 $y=2x$．所以

$$\mathrm{e}^a=2\ ，即\ a=\ln 2\ .$$

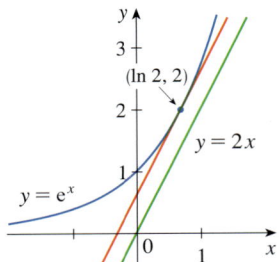

图 3-1-9

因此，所求点为 $(a,\mathrm{e}^a)=(\ln 2,2)$（见图 3-1-9）． ■

3.1 | 练习

1. (a) 数 e 是怎样定义的？
   (b) 用计算器估计下列极限的值：
   $$\lim_{h\to 0}\frac{2.7^h-1}{h}\ 和\ \lim_{h\to 0}\frac{2.8^h-1}{h}\ .$$
   精确到小数点后 2 位．关于 e 的值你能得出什么结论？

2. (a) 画出函数 $f(x)=\mathrm{e}^x$ 的图像，注意图像是如何穿过 y 轴的．在该点处切线的斜率是多少？
   (b) $f(x)=\mathrm{e}^x$ 和 $g(x)=x^\mathrm{e}$ 分别是什么类型的函数？比较 f 和 g 的导数．
   (c) 当 x 增大时，(b) 中的两个函数哪个增长得更快？

3~34　求下列函数的导数．

3. $g(x)=4x+7$

4. $g(t)=5t+4t^2$

5. $f(x)=x^{75}-x+3$

6. $g(x)=\dfrac{7}{4}x^2-3x+12$

7. $f(t)=-2\mathrm{e}^t$

8. $F(t)=t^3+\mathrm{e}^3$

9. $W(v)=1.8v^{-3}$

10. $r(z)=z^{-5}-z^{-1/2}$

11. $f(x)=x^{3/2}+x^{-3}$

12. $V(t)=t^{-3/5}+t^4$

13. $s(t)=\dfrac{1}{t}+\dfrac{1}{t^2}$

14. $r(t)=\dfrac{a}{t^2}+\dfrac{b}{t^4}$

15. $y=2x+\sqrt{x}$

16. $h(w)=\sqrt{2}w-\sqrt{2}$

17. $g(x) = \dfrac{1}{\sqrt{x}} + \sqrt[4]{x}$　　**18.** $W(t) = \sqrt{t} - 2\mathrm{e}^t$

19. $f(x) = x^3(x+3)$　　**20.** $F(t) = (2t-3)^2$

21. $y = 3\mathrm{e}^x + \dfrac{4}{\sqrt[3]{x}}$　　**22.** $S(R) = 4\pi R^2$

23. $f(x) = \dfrac{3x^2 + x^3}{x}$　　**24.** $y = \dfrac{\sqrt{x} + x}{x^2}$

25. $G(r) = \dfrac{3r^{3/2} + r^{5/2}}{r}$　　**26.** $G(t) = \sqrt{5t} + \dfrac{\sqrt{7}}{t}$

27. $j(x) = x^{2.4} + \mathrm{e}^{2.4}$　　**28.** $k(r) = \mathrm{e}^r + r^{\mathrm{e}}$

29. $F(z) = \dfrac{A + Bz + Cz^2}{z^2}$　　**30.** $G(q) = \left(1 + q^{-1}\right)^2$

31. $D(t) = \dfrac{1 + 16t^2}{(4t)^3}$　　**32.** $f(v) = \dfrac{\sqrt[3]{v} - 2v\mathrm{e}^v}{v}$

33. $P(w) = \dfrac{2w^2 - w + 4}{\sqrt{w}}$　　**34.** $y = \mathrm{e}^{x+1} + 1$

35~36　求 $\mathrm{d}y/\mathrm{d}x$ 和 $\mathrm{d}y/\mathrm{d}t$.

35. $y = tx^2 + t^3x$　　**36.** $y = \dfrac{t}{x^2} + \dfrac{x}{t}$

37~40　求曲线在给定点处的切线的方程.

37. $y = 2x^3 - x^2 + 2$,　$(1,3)$

38. $y = 2\mathrm{e}^x + x$,　$(0,2)$

39. $y = x + \dfrac{2}{x}$,　$(2,3)$　　**40.** $y = \sqrt[4]{x} - x$,　$(1,0)$

41~42　求曲线在给定点处的切线和法线的方程.

41. $y = x^4 + 2\mathrm{e}^x$,　$(0,2)$　　**42.** $y = x^{3/2}$,　$(1,1)$

43~44　求曲线在给定点处的切线的方程. 在同一坐标系中画出曲线和切线.

43. $y = 3x^2 - x^3$,　$(1,2)$　　**44.** $y = x - \sqrt{x}$,　$(1,0)$

45~46　求 $f'(x)$. 比较 f 和 f' 的图像,并用它们来解释为什么你的答案是合理的.

45. $f(x) = x^4 - 2x^3 + x^2$

46. $f(x) = x^5 - 2x^3 + x - 1$

47. (a) 画出函数
$$f(x) = x^4 - 3x^3 - 6x^2 + 7x + 30$$
在矩形区域 $[-3,5] \times [-10,50]$ 中的图像.

(b) 利用 (a) 中的图像估计斜率,并画出 f' 的图像(见 2.8 节例 1).

(c) 计算 $f'(x)$,根据表达式画出它的图像,并与你在 (b) 中画的图像进行比较.

48. (a) 画出函数 $g(x) = \mathrm{e}^x - 3x^2$ 在矩形区域 $[-1,4] \times [-8,8]$ 中的图像.

(b) 利用 (a) 中的图像估计斜率,并画出 g' 的图像(见 2.8 节例 1).

(c) 计算 $g'(x)$,根据表达式画出它的图像,并与你在 (b) 中画的图像进行比较.

49~50　求下列函数的一阶导数和二阶导数.

49. $f(x) = 0.001x^5 - 0.02x^3$　　**50.** $G(r) = \sqrt{r} + \sqrt[3]{r}$

51~52　求下列函数的一阶导数和二阶导数. 通过比较 f、f' 和 f'' 的图像来检查你的答案是否合理.

51. $f(x) = 2x - 5x^{3/4}$　　**52.** $f(x) = \mathrm{e}^x - x^3$

53. 粒子的运动方程是 $s = t^3 - 3t$,其中 s 的单位是 m,t 的单位是 s.

(a) 求粒子的速度和加速度关于 t 的函数.

(b) 求 2s 后粒子的加速度.

(c) 求粒子速度为 0 时的加速度.

54. 粒子的运动方程是 $s = t^4 - 2t^3 + t^2 - t$,其中 s 的单位是 m,t 的单位是 s.

(a) 求粒子的速度和加速度关于 t 的函数.

(b) 求 1s 后粒子的加速度.

(c) 在同一坐标系中画出粒子的位置、速度和加速度的函数图像.

55. 生物学家用一个三次多项式对阿拉斯加岩鱼在年龄为 A 时的长度 L 建模:
$$L = 0.039A^3 - 0.945A^2 + 10.03A + 3.07,$$
其中 L 的单位是 cm,A 的单位是年. 计算 $\left.\dfrac{\mathrm{d}L}{\mathrm{d}A}\right|_{A=12}$ 并解释其含义.

56. 用幂函数对森林保护区中的给定区域 A 中的树种数量 S 建模:
$$S(A) = 0.882A^{0.842},$$
其中 A 的单位是 m². 求 $S'(100)$ 并解释其含义.

57. 玻意尔定律指出，当气体在恒定温度下被压缩时，气体的压强 P 与气体的体积 V 成反比.

    (a) 设 25℃ 下，体积为 0.106m^3 的气体样品的压强为 50kPa．将 V 写成 P 的函数.

    (b) 当 $P=50$ kPa 时，计算 dV/dP．该导数的含义是什么？

T 58. 汽车轮胎需要适当充气，而过度充气或者充气不足会导致胎面磨损．下表中的数据显示了某型号的轮胎在不同压强 P（单位：kPa）下的轮胎寿命 L（单位：千 km）.

P	179	193	214	242	262	290	311
L	80	106	126	130	119	113	95

    (a) 使用计算器或计算机，用关于压强的二次函数为轮胎寿命建模.

    (b) 利用该模型估计 $P=200$ 和 $P=300$ 时的 dL/dP．该导数的含义是什么？单位是什么？导数的正负有什么意义？

59. 在哪些点处曲线 $y=x^3+3x^2-9x+10$ 的切线是水平的？

60. 当 x 为何值时，曲线 $f(x)=e^x-2x$ 的切线是水平的？

61. 证明曲线 $y=2e^x+3x+5x^3$ 没有斜率为 2 的切线.

62. 求与曲线 $y=x^4+1$ 相切且平行于 $32x-y=15$ 的直线的方程.

63. 求与曲线 $y=x^3-3x^2+3x-3$ 相切且平行于直线 $3x-y=15$ 的两条直线的方程.

64. 在哪一点处曲线 $y=1+2e^x-3x$ 的切线平行于 $3x-y=5$？画出曲线和这两条直线.

65. 求平行于直线 $2x+y=1$ 的曲线 $y=\sqrt{x}$ 的法线的方程.

66. 抛物线 $y=x^2-1$ 在点 $(-1,0)$ 处的法线与抛物线的另一个交点在哪？请画图说明.

67. 画图说明抛物线 $y=x^2$ 有两条过点 $(0,-4)$ 的切线．求出这些切线与抛物线的交点坐标.

68. (a) 求过点 $(2,-3)$ 且与抛物线 $y=x^2+x$ 相切的两条直线的方程.

    (b) 证明没有过点 $(2,7)$ 且与抛物线相切的直线．画图找出原因.

69. 根据导数的定义，说明如果 $f(x)=1/x$，那么 $f'(x)=-1/x^2$．（这证明了 $n=-1$ 时的幂函数的求导法则.）

70. 通过计算前几阶导数并寻找规律，求出下列函数的 n 阶导数.

    (a) $f(x)=x^n$　　　　(b) $f(x)=1/x$

71. 求二次函数 P，使得 $P(2)=5$，$P'(2)=3$，$P''(2)=2$.

72. 方程 $y''+y'-2y=x^2$ 称为微分方程，因为它包含一个未知函数 y 及其导数 y' 和 y''．求常数 A、B 和 C 使得函数 $y=Ax^2+Bx+C$ 满足该微分方程.（我们将在第 9 章中详细研究微分方程.）

73. 求三次函数 $y=ax^3+bx^2+cx+d$，它在点 $(-2,6)$ 和点 $(2,0)$ 处的切线是水平的.

74. 求抛物线 $y=ax^2+bx+c$，它在 $x=1$ 处的切线的斜率为 4，在 $x=-1$ 处的切线的斜率为 8，且过点 $(2,15)$.

75. 函数 f 在 $x=1$ 处可微吗？画出 f 和 f' 的图像.

$$f(x)=\begin{cases} x^2+1, & x<1; \\ x+1, & x\geq 1. \end{cases}$$

76. 函数 g 在何处是可微的？写出 g' 的公式，并画出 g 和 g' 的图像.

$$g(x)=\begin{cases} 2x, & x\leq 0; \\ 2x-x^2, & 0<x<2; \\ 2-x, & x\geq 2. \end{cases}$$

77. (a) 在 x 为何值时，函数 $f(x)=\left|x^2-9\right|$ 可微？写出 f' 的公式.

    (b) 画出 f 和 f' 的图像.

78. 函数 $h(x)=|x-1|+|x+2|$ 在哪里是可微的？写出 h' 的公式，并画出 h 和 h' 的图像.

79. 求抛物线 $y=ax^2+bx$，它在点 $(1,1)$ 处的切线的方程为 $y=3x-2$.

80. 假设曲线 $y=x^4+ax^3+bx^2+cx+d$ 在 $x=0$ 处的切线的方程为 $y=2x+1$，在 $x=1$ 处的切线的方程为 $y=2-3x$．求 a、b、c、d 的值.

81. 当 $x=2$ 时，直线 $2x+y=b$ 与抛物线 $y=ax^2$ 相切．求 a 和 b 的值.

82. 直线 $y=\dfrac{3}{2}x+6$ 与曲线 $y=c\sqrt{x}$ 相切．求 c 的值.

83. 直线 $y=2x+3$ 与抛物线 $y=cx^2$ 相切．求 c 的值.

84. 任何二次函数 $f(x)=ax^2+bx+c$ 的图像都是一条抛物线．证明抛物线在任意区间 $[p,q]$ 的端点处的切线的斜率的平均值等于抛物线在区间中点处的切线的斜率.

85. 求使 f 处处可微的 m 和 b 的值．

$$f(x) = \begin{cases} x^2, & x \leqslant 2; \\ mx+b, & x > 2. \end{cases}$$

86. 求使给定函数 g 在 $x = 1$ 处可微的 a 和 b 的值．

$$g(x) = \begin{cases} ax^3 - 3x, & x \leqslant 1; \\ bx^2 + 2, & x > 1. \end{cases}$$

87. 计算 $\lim\limits_{x \to 1} \dfrac{x^{1000} - 1}{x - 1}$ ．

88. 双曲线 $xy = c$ 在点 P 处的切线如右图所示．
  (a) 证明点 P 是在 P 处的切线被坐标轴所截线段的中点．
  (b) 证明无论 P 在双曲线上的什么位置，切线和坐标轴围成的三角形总有相同的面积．

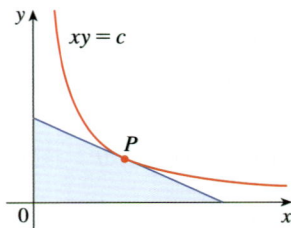

89. 画出两条相交于 y 轴的相互垂直的直线，且这两条直线都与抛物线 $y = x^2$ 相切．这两条直线在哪里相交？

90. 画出抛物线 $y = x^2$ 和 $y = x^2 - 2x + 2$ 的图像．是否存在一条直线同时与这两条曲线相切？如果有，求它的方程；如果没有，请说明理由．

91. 如果 $c > \dfrac{1}{2}$ ，那么有多少条过点 $(0, c)$ 的直线是抛物线 $y = x^2$ 的法线？如果 $c \leqslant \dfrac{1}{2}$ 呢？

应用专题 | 设计过山车

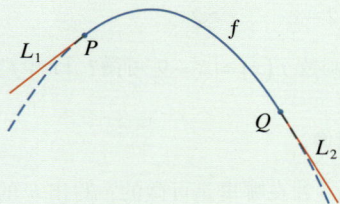

假设你被要求设计一个过山车第一次上升和下降的轨道．研究完你最喜欢的过山车的设计图之后，你决定让上升段的斜率为 0.8，下降段的斜率为 −1.6．你将这两条线段 $y = L_1(x)$ 和 $y = L_2(x)$ 与抛物线 $y = f(x) = ax^2 + bx + c$ 的一部分连接起来（x 和 $f(x)$ 的单位：m）．为了使轨道平滑，轨道在方向上不能有突变，所以你想让线段 L_1 和 L_2 在过渡点 P 和 Q 处与抛物线相切（如左图所示）．为了简化方程，你决定把原点设为 P．

1. (a) 设 P 与 Q 之间的水平距离为 30m．将方程用 a、b、c 表示，确保轨道在过渡点处是平滑的．
  (b) 解 (a) 中的 a、b 和 c，求出 $f(x)$ 的公式．
  (c) 画出 L_1、f 和 L_2 的图像来验证过渡是平滑的．
  (d) 求 P 和 Q 的高度差．

2. 问题 1 中的解看起来很平滑，但可能感觉起来并不平滑，因为分段函数（包含 $L_1(x)$，$x < 0$；$f(x)$，$0 < x \leqslant 30$；$L_2(x)$，$x > 30$）没有连续的二阶导数．因此，你决定只在区间 $[3, 27]$ 上使用二次函数 $q(x) = ax^2 + bx + c$ 来改进轨道设计，并用两个三次函数将它与两边的线性函数相连：

$$g(x) = kx^3 + lx^2 + mx + n, \ 0 \leqslant x < 3;$$
$$h(x) = px^3 + qx^2 + rx + s, \ 27 < x \leqslant 30.$$

  (a) 写出一个有 11 个未知数的方程组，确保各个函数及其前两阶导数在过渡点处一致．
  (b) 解 (a) 中的方程组，求 $q(x)$、$g(x)$ 和 $h(x)$ 的公式．
  (c) 画出 L_1、g、q、h 和 L_2 的图像，并与问题 1c 中的图像进行比较．

3.2 | 函数积与商的求导法则

本节中的公式能让我们对函数的积与商求导.

■ 函数积的求导法则

类似于函数和与差的求导法则,有人会像 300 年前的莱布尼茨那样去猜测函数的积的导数等于函数的导数的积. 然而,通过下面的例子可以看出这种猜测是错误的. 设 $f(x)=x$ 和 $g(x)=x^2$,根据幂函数的求导法则可得 $f'(x)=1$ 和 $g'(x)=2x$. 然而 $(fg)(x)=x^3$,所以 $(fg)'(x)=3x^2$. 因此 $(fg)' \neq f'g'$. 莱布尼茨最终给出了正确的公式(在他的错误猜测后不久),该公式称为函数积的求导法则.

在介绍函数积的求导法则之前,先看看怎样推导它. 假设 $u=f(x)$ 和 $v=g(x)$ 都是正的可微函数,然后把函数积 uv 看作一个长方形的面积(见图 3-2-1). 如果 x 的变化量为 Δx,则 u 和 v 会有以下相应的变化量:

$$\Delta u = f(x+\Delta x)-f(x), \quad \Delta v = g(x+\Delta x)-g(x).$$

新的积 $(u+\Delta u)(v+\Delta v)$ 可以看作图 3-2-1 中的大矩形的面积(假设 Δu 和 Δv 恰好为正).

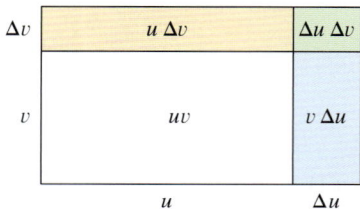

图 3-2-1
函数积的求导法则的几何解释

矩形面积的变化量是

1
$$\Delta(uv)=(u+\Delta u)(v+\Delta v)-uv=u\Delta v+v\Delta u+\Delta u\Delta v$$
$$=三个有色矩形的面积之和.$$

如果将上式的两边同时除以 Δx,可以得到

$$\frac{\Delta(uv)}{\Delta x}=u\frac{\Delta v}{\Delta x}+v\frac{\Delta u}{\Delta x}+\Delta u\frac{\Delta v}{\Delta x}.$$

现在令 $\Delta x \to 0$,得到 uv 的导数:

回忆一下,使用莱布尼茨符号,导数的定义可以写作

$$\frac{\mathrm{d}y}{\mathrm{d}x}=\lim_{\Delta x \to 0}\frac{\Delta y}{\Delta x}.$$

$$\frac{\mathrm{d}}{\mathrm{d}x}(uv)=\lim_{\Delta x \to 0}\frac{\Delta(uv)}{\Delta x}=\lim_{\Delta x \to 0}\left(u\frac{\Delta v}{\Delta x}+v\frac{\Delta u}{\Delta x}+\Delta u\frac{\Delta v}{\Delta x}\right)$$
$$=u\lim_{\Delta x \to 0}\frac{\Delta v}{\Delta x}+v\lim_{\Delta x \to 0}\frac{\Delta u}{\Delta x}+\left(\lim_{\Delta x \to 0}\Delta u\right)\left(\lim_{\Delta x \to 0}\frac{\Delta v}{\Delta x}\right)$$
$$=u\frac{\mathrm{d}v}{\mathrm{d}x}+v\frac{\mathrm{d}u}{\mathrm{d}x}+0\cdot\frac{\mathrm{d}v}{\mathrm{d}x}.$$

2
$$\frac{\mathrm{d}}{\mathrm{d}x}(uv)=u\frac{\mathrm{d}v}{\mathrm{d}x}+v\frac{\mathrm{d}u}{\mathrm{d}x}.$$

(注意,当 $\Delta x \to 0$ 时 $\Delta u \to 0$,因为 f 是可微的,因而它也是连续的.)

虽然开始时我们假设所有的量都为正(为了使用几何解释),但是公式 1 总是成立的(无论 u、v、Δu、Δv 是正还是负). 因此,公式 2 已经得到了证明,即函数积的求导法则对于所有的可微函数 u 和 v 都成立.

使用符号"'",函数积的求导法则可以写作

$$(fg)' = fg' + gf'.$$

函数积的求导法则 若 f 和 g 都是可微函数,则

$$\frac{\mathrm{d}}{\mathrm{d}x}\big[f(x)g(x)\big]=f(x)\frac{\mathrm{d}}{\mathrm{d}x}\big[g(x)\big]+g(x)\frac{\mathrm{d}}{\mathrm{d}x}\big[f(x)\big].$$

换言之，函数积的求导法则意味着两个函数的积的导数等于第一个函数乘以第二个函数的导数再加上第二个函数乘以第一个函数的导数.

例 1

(a) 设 $f(x) = xe^x$，计算 $f'(x)$.

(b) 求 n 阶导数 $f^{(n)}(x)$.

解

(a) 根据函数积的求导法则，可得

$$f'(x) = \frac{\mathrm{d}}{\mathrm{d}x}(xe^x) = x\frac{\mathrm{d}}{\mathrm{d}x}(e^x) + e^x\frac{\mathrm{d}}{\mathrm{d}x}(x)$$
$$= xe^x + e^x \cdot 1 = (x+1)e^x.$$

图 3-2-2 画出了例 1 中的函数 f 及其导数 f' 的图像. 当 f 递增时，f' 为正；当 f 递减时，f' 为负.

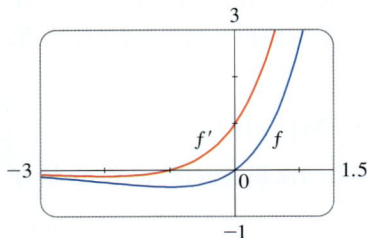

图 3-2-2

(b) 应用函数积的求导法则两次，可得

$$f''(x) = \frac{\mathrm{d}}{\mathrm{d}x}\left[(x+1)e^x\right]$$
$$= (x+1)\frac{\mathrm{d}}{\mathrm{d}x}(e^x) + e^x\frac{\mathrm{d}}{\mathrm{d}x}(x+1)$$
$$= (x+1)e^x + e^x \cdot 1$$
$$= (x+2)e^x.$$

继续应用函数积的求导法则，可得

$$f'''(x) = (x+3)e^x, \quad f^{(4)}(x) = (x+4)e^x.$$

事实上，每求导一次都会增加一个 e^x，所以

$$f^{(n)}(x) = (x+n)e^x.$$

■

例 2 中，a 和 b 是常数. 我们通常使用字母表开头的字母来表示常量，使用字母表末尾的字母来表示变量.

例 2　求函数 $f(t) = \sqrt{t}(a+bt)$ 的导数.

解 1　根据函数积的求导法则，可得

$$f'(t) = \sqrt{t}\frac{\mathrm{d}}{\mathrm{d}t}(a+bt) + (a+bt)\frac{\mathrm{d}}{\mathrm{d}t}(\sqrt{t})$$
$$= \sqrt{t} \cdot b + (a+bt) \cdot \frac{1}{2}t^{-1/2}$$
$$= b\sqrt{t} + \frac{a+bt}{2\sqrt{t}} = \frac{a+3bt}{2\sqrt{t}}.$$

解 2　如果将 $f(t)$ 写成指数函数的形式，那么就可以直接利用指数函数的求导公式而不需要利用函数积的求导法则：

$$f(t) = a\sqrt{t} + bt\sqrt{t} = at^{1/2} + bt^{3/2},$$
$$f'(t) = \frac{1}{2}at^{-1/2} + \frac{3}{2}bt^{1/2}.$$

这与解 1 的结果相同.

■

例 2 说明将函数积化简后求导有时比利用函数积的求导法则更容易. 不过在例 1 中, 利用函数积的求导法则是唯一的解法.

例 3 设函数 $f(x) = \sqrt{x}g(x)$, 其中 $g(4) = 2$, $g'(4) = 3$. 求 $f'(4)$.

解 利用函数积的求导法则, 可得

$$f'(x) = \frac{\mathrm{d}}{\mathrm{d}x}\left[\sqrt{x}g(x)\right] = \sqrt{x}\frac{\mathrm{d}}{\mathrm{d}x}\left[g(x)\right] + g(x)\frac{\mathrm{d}}{\mathrm{d}x}\left[\sqrt{x}\right]$$

$$= \sqrt{x}g'(x) + g(x) \cdot \frac{1}{2}x^{-1/2}$$

$$= \sqrt{x}g'(x) + \frac{g(x)}{2\sqrt{x}}.$$

因此

$$f'(4) = \sqrt{4}g'(4) + \frac{g(4)}{2\sqrt{4}} = 2 \times 3 + \frac{2}{2 \times 2} = 6.5.$$ ■

■ 函数商的求导法则

推导两个可微函数 $u = f(x)$ 和 $v = g(x)$ 的商的求导法则, 方法与推导函数积的求导法则相同. 如果 x、u 和 v 的变化量分别为 Δx、Δu 和 Δv, 那么商 u/v 相应的变化量为

$$\Delta\left(\frac{u}{v}\right) = \frac{u + \Delta u}{v + \Delta v} - \frac{u}{v} = \frac{(u + \Delta u)v - u(v + \Delta v)}{v(v + \Delta v)}$$

$$= \frac{v\Delta u - u\Delta v}{v(v + \Delta v)}.$$

因此

$$\frac{\mathrm{d}}{\mathrm{d}x}\left(\frac{u}{v}\right) = \lim_{\Delta x \to 0}\frac{\Delta(u/v)}{\Delta x} = \lim_{\Delta x \to 0}\frac{v\dfrac{\Delta u}{\Delta x} - u\dfrac{\Delta v}{\Delta x}}{v(v + \Delta v)}.$$

当 $\Delta x \to 0$ 时 $\Delta v \to 0$, 因为 $v = g(x)$ 是可微的, 因而它也是连续的. 因此, 运用极限运算法则, 我们有

$$\frac{\mathrm{d}}{\mathrm{d}x}\left(\frac{u}{v}\right) = \frac{v\displaystyle\lim_{\Delta x \to 0}\frac{\Delta u}{\Delta x} - u\displaystyle\lim_{\Delta x \to 0}\frac{\Delta v}{\Delta x}}{v\displaystyle\lim_{\Delta x \to 0}(v + \Delta v)} = \frac{v\dfrac{\mathrm{d}u}{\mathrm{d}x} - u\dfrac{\mathrm{d}v}{\mathrm{d}x}}{v^2}.$$

函数商的求导法则也可以写作

$$\left(\frac{f}{g}\right)' = \frac{gf' - fg'}{g^2}.$$

函数商的求导法则 如果 f 和 g 都是可微函数, 则

$$\frac{\mathrm{d}}{\mathrm{d}x}\left[\frac{f(x)}{g(x)}\right] = \frac{g(x)\dfrac{\mathrm{d}}{\mathrm{d}x}\left[f(x)\right] - f(x)\dfrac{\mathrm{d}}{\mathrm{d}x}\left[g(x)\right]}{\left[g(x)\right]^2}.$$

换言之, 函数商的求导法则意味着商的导数等于分母乘以分子的导数减去分子乘以分母的导数, 再除以分母的平方.

函数商的求导法则和其他求导公式能够用来计算任意有理函数的导数，如下例所示.

图 3-2-3 显示了例 4 中的函数及其导数的图像. 我们注意到，当 y 迅速增大时（在 $-\sqrt[3]{6} \approx -1.8$ 附近），y' 很大；当 y 缓慢增大时，y' 接近于 0.

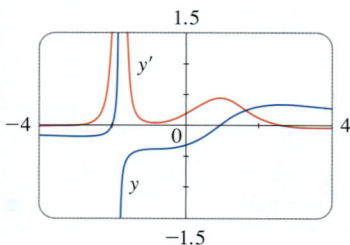

图 3-2-3

例 4 设 $y = \dfrac{x^2 + x - 2}{x^3 + 6}$，则有

$$y' = \frac{\left(x^3+6\right)\dfrac{\mathrm{d}}{\mathrm{d}x}\left(x^2+x-2\right) - \left(x^2+x-2\right)\dfrac{\mathrm{d}}{\mathrm{d}x}\left(x^3+6\right)}{\left(x^3+6\right)^2}$$

$$= \frac{\left(x^3+6\right)\left(2x+1\right) - \left(x^2+x-2\right)\left(3x^2\right)}{\left(x^3+6\right)^2}$$

$$= \frac{\left(2x^4+x^3+12x+6\right) - \left(3x^4+3x^3-6x^2\right)}{\left(x^3+6\right)^2}$$

$$= \frac{-x^4-2x^3+6x^2+12x+6}{\left(x^3+6\right)^2}.$$

例 5 求曲线 $y = \mathrm{e}^x / \left(1+x^2\right)$ 在点 $(1, \mathrm{e}/2)$ 处的切线的方程.

解 根据函数商的求导法则，有

$$\frac{\mathrm{d}y}{\mathrm{d}x} = \frac{\left(1+x^2\right)\dfrac{\mathrm{d}}{\mathrm{d}x}\left(\mathrm{e}^x\right) - \mathrm{e}^x\dfrac{\mathrm{d}}{\mathrm{d}x}\left(1+x^2\right)}{\left(1+x^2\right)^2}$$

$$= \frac{\left(1+x^2\right)\mathrm{e}^x - \mathrm{e}^x\left(2x\right)}{\left(1+x^2\right)^2} = \frac{\mathrm{e}^x\left(1-2x+x^2\right)}{\left(1+x^2\right)^2}$$

$$= \frac{\mathrm{e}^x\left(1-x\right)^2}{\left(1+x^2\right)^2}.$$

因此在点 $(1, \mathrm{e}/2)$ 处切线的斜率是

$$\left.\frac{\mathrm{d}y}{\mathrm{d}x}\right|_{x=1} = 0.$$

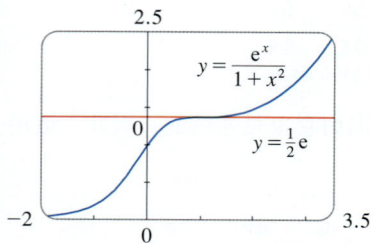

图 3-2-4

这意味着在点 $(1, \mathrm{e}/2)$ 处的这条切线是水平的，它的方程为 $y = \mathrm{e}/2$（见图 3-2-4）.

注 不要每次看到函数的商，就使用函数商的求导法则. 有时先将函数的商改写成便于求导的形式，计算会更简单. 例如，尽管利用函数商的求导法则对函数

$$F(x) = \frac{3x^2 + 2\sqrt{x}}{x}$$

求导是可行的，但如果先进行除法运算并把该函数写成

$$F(x) = 3x + 2x^{-1/2}$$

的形式再求导就容易多了.

总结一下我们学习过的求导公式.

求导公式

$$\frac{d}{dx}(c) = 0 \qquad\qquad \frac{d}{dx}(x^n) = nx^{n-1} \qquad\qquad \frac{d}{dx}(e^x) = e^x$$

$$(cf)' = cf' \qquad\qquad (f+g)' = f'+g' \qquad\qquad (f-g)' = f'-g'$$

$$(fg)' = fg' + gf' \qquad\qquad \left(\frac{f}{g}\right)' = \frac{gf' - fg'}{g^2}$$

3.2 | 练习

1. 用两种方法求函数 $f(x) = (1+2x)(x-x^2)$ 的导数：利用函数积的求导法则和先进行乘法运算后直接求导. 两种方法求出的结果相同吗？

2. 用两种方法求函数

$$F(x) = \frac{x^4 - 5x^3 + \sqrt{x}}{x^2}$$

的导数：利用函数商的求导法则和先化简后求导. 求出的结果是否相同？你更喜欢用哪种方法？

3~30 求下列函数的导数.

3. $y = (4x^2 + 3)(2x + 5)$

4. $y = (10x^2 + 7x - 2)(2 - x^2)$

5. $y = x^3 e^x$

6. $y = (e^x + 2)(2e^x - 1)$

7. $f(x) = (3x^2 - 5x)e^x$

8. $g(x) = (x + 2\sqrt{x})e^x$

9. $y = \dfrac{x}{e^x}$

10. $y = \dfrac{e^x}{1 - e^x}$

11. $g(t) = \dfrac{3 - 2t}{5t + 1}$

12. $G(u) = \dfrac{6u^4 - 5u}{u + 1}$

13. $f(t) = \dfrac{5t}{t^3 - t - 1}$

14. $F(x) = \dfrac{1}{2x^3 - 6x^2 + 5}$

15. $y = \dfrac{s - \sqrt{s}}{s^2}$

16. $y = \dfrac{\sqrt{x}}{\sqrt{x} + 1}$

17. $J(u) = \left(\dfrac{1}{u} + \dfrac{1}{u^2}\right)\left(u + \dfrac{1}{u}\right)$

18. $h(w) = (w^2 + 3w)(w^{-1} - w^{-4})$

19. $H(u) = (u - \sqrt{u})(u + \sqrt{u})$

20. $f(z) = (1 - e^z)(z + e^z)$

21. $V(t) = (t + 2e^t)\sqrt{t}$

22. $W(t) = e^t(1 + te^t)$

23. $y = e^p(p + \sqrt{p})$

24. $h(r) = \dfrac{ae^r}{b + e^r}$

25. $f(t) = \dfrac{\sqrt[3]{t}}{t - 3}$

26. $y = (z^2 + e^z)\sqrt{z}$

27. $f(x) = \dfrac{x^2 e^x}{x^2 + e^x}$

28. $F(t) = \dfrac{At}{Bt^2 + Ct^3}$

29. $f(x) = \dfrac{x}{x + \dfrac{c}{x}}$

30. $f(x) = \dfrac{ax + b}{cx + d}$

31~34 求 $f'(x)$ 和 $f''(x)$.

31. $f(x) = x^2 e^x$

32. $f(x) = \sqrt{x} e^x$

33. $f(x) = \dfrac{x}{x^2 - 1}$

34. $f(x) = \dfrac{x}{1 + \sqrt{x}}$

35~36 求下列曲线在给定点处的切线的方程.

35. $y = \dfrac{x^2}{1 + x}$, $\left(1, \dfrac{1}{2}\right)$

36. $y = \dfrac{1 + x}{1 + e^x}$, $\left(0, \dfrac{1}{2}\right)$

37~38 求下列曲线在给定点处的切线和法线的方程.

37. $y = \dfrac{3x}{1 + 5x^2}$, $\left(1, \dfrac{1}{2}\right)$

38. $y = x + xe^x$, $(0, 0)$

39. (a) 曲线 $y = 1/(1 + x^2)$ 称为**箕舌线**. 求该曲线在点 $\left(-1, \dfrac{1}{2}\right)$ 处的切线的方程.

(b) 画出 (a) 中的曲线和切线.

40. (a) 曲线 $y = x/(1 + x^2)$ 称为**蛇形线**. 求该曲线在点 $(3, 0.3)$ 处的切线的方程.

(b) 画出 (a) 中的曲线和切线.

41. (a) 如果 $f(x) = (x^3 - x)\mathrm{e}^x$, 求 $f'(x)$.

(b) 通过比较 f 和 f' 的图像来检查 (a) 中你的答案是否合理.

42. (a) 如果 $f(x) = (x^2 - 1)/(x^2 + 1)$, 求 $f'(x)$ 和 $f''(x)$.

(b) 通过比较 f、f' 和 f'' 的图像来检查 (a) 中你的答案是否合理.

43. 如果 $y = x^2/(1 + x)$, 求 $f''(1)$.

44. 如果 $g(x) = x/\mathrm{e}^x$, 求 $g^{(n)}(x)$.

45. 设 $f(5) = 1$, $f'(5) = 6$, $g(5) = -3$, $g'(5) = 2$, 求下列各式的值.

(a) $(fg)'(5)$ (b) $(f/g)'(5)$ (c) $(g/f)'(5)$

46. 设 $f(4) = 2$, $g(4) = 5$, $f'(4) = 6$, $g'(4) = -3$, 求 $h'(4)$.

(a) $h(x) = 3f(x) + 8g(x)$ (b) $h(x) = f(x)g(x)$

(c) $h(x) = \dfrac{f(x)}{g(x)}$ (d) $h(x) = \dfrac{g(x)}{f(x) + g(x)}$

47. 设 $f(x) = \mathrm{e}^x g(x)$, 其中 $g(0) = 2$ 且 $g'(0) = 5$, 求 $f'(0)$.

48. 设 $h(2) = 4$, $h'(2) = -3$, 求

$$\frac{\mathrm{d}}{\mathrm{d}x}\left(\frac{h(2)}{x}\right)\bigg|_{x=2}.$$

49. 设 $g(x) = xf(x)$, 其中 $f(3) = 4$ 且 $f'(3) = 2$, 求 g 在 $x = 3$ 处的切线的方程.

50. 设 $f(2) = 10$, 并且 $f'(x) = x^2 f(x)$ 对所有 x 成立, 求 $f''(2)$.

51. 函数 f 和 g 的图像如下所示, 设 $u(x) = f(x)g(x)$, $v(x) = f(x)/g(x)$.

(a) 求 $u'(1)$.   (b) 求 $v'(4)$.

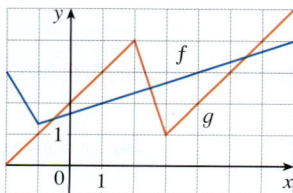

52. 设 $P(x) = F(x)G(x)$, $Q(x) = F(x)/G(x)$, 其中函数 F 和 G 的图像如下所示.

(a) 求 $P'(2)$.   (b) 求 $Q'(7)$.

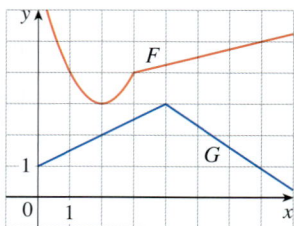

53. 如果 g 是一个可微函数, 写出下列函数的导数.

(a) $y = xg(x)$ (b) $y = \dfrac{x}{g(x)}$

(c) $y = \dfrac{g(x)}{x}$

54. 如果 f 是一个可微函数, 写出下列函数的导数.

(a) $y = x^2 f(x)$ (b) $y = \dfrac{f(x)}{x^2}$

(c) $y = \dfrac{x^2}{f(x)}$ (d) $y = \dfrac{1 + xf(x)}{\sqrt{x}}$

55. 曲线 $y = x/(x + 1)$ 有多少条切线点 $(1, 2)$? 这些切线在哪些点处与曲线相切?

56. 求与直线 $x - 2y = 2$ 平行的曲线

$$y = \frac{x - 1}{x + 1}$$

的切线的方程.

57. 求 $R'(0)$, 其中

$$R(x) = \frac{x - 3x^2 + 5x^5}{1 + 3x^3 + 6x^6 + 9x^9}.$$

提示: 不要求 $R'(x)$. 令 $f(x)$ 为 $R(x)$ 的分子, $g(x)$ 为 $R(x)$ 的分母, 然后利用 $f(0)$、$f'(0)$、$g(0)$ 和 $g'(0)$ 计算 $R'(0)$.

58. 使用练习 57 的方法计算 $Q'(0)$, 其中

$$Q(x) = \frac{1 + x + x^2 + x\mathrm{e}^x}{1 - x + x^2 - x\mathrm{e}^x}.$$

59. 在本练习中我们将估计科罗拉多州博尔德市的总个人收入的增长率. 2015 年, 这座城市的人口为 107 350 人, 并以大约每年 1960 人的速度增长. 人均年收入为 60 220 美元, 并以每年 2250 美元的速度增长. 用函数积的求导法则和这些数据来估计 2015 年博尔德市的总个人收入的增长率, 并解释函数积的求导法则中每一项的含义.

60. 一家制造商生产固定宽度的纺织品．售出的纺织品数量 q（单位：米）是售价 p（单位：美元 / 米）的函数，可以写成 $q = f(p)$．以 p 为售价获得的总收入为 $R(p) = pf(p)$．

(a) 说明 $f(20) = 10\,000$ 和 $f'(20) = -350$ 的含义．

(b) 根据 (a) 中的数值，求 $R'(20)$，并解释其含义．

61. 胰凝乳酶的米氏方程为

$$v = \frac{0.14[\mathrm{S}]}{0.015 + [\mathrm{S}]},$$

其中 v 为酶促反应速率，$[\mathrm{S}]$ 为底物 S 的浓度．计算 $\mathrm{d}v/\mathrm{d}[\mathrm{S}]$ 并解释其含义．

62. 种群的生物量 $B(t)$ 是 t 时种群中全部个体的总质量．它是种群在 t 时的个体数量 $N(t)$ 与平均质量 $M(t)$ 的乘积．考虑不断繁殖的孔雀鱼种群．假设 $t = 4$ 周时，孔雀鱼的数量为 820 条，并以每周 50 条的速度增长，而它们的平均质量为 1.2g，并以每周 0.14g 的速度增长．当 $t = 4$ 时，孔雀鱼种群的生物量的增长率是多少？

63. 广义函数积的求导法则　函数积的求导法则可以推广到三个函数的积．

(a) 使用函数积的求导法则两次，证明：如果 f、g 和 h 都可微，那么 $(fgh)' = f'gh + fg'h + fgh'$．

(b) 若在 (a) 中取 $f = g = h$，则有

$$\frac{\mathrm{d}}{\mathrm{d}x}\big[f(x)\big]^3 = 3\big[f(x)\big]^2 f'(x).$$

(c) 利用 (b) 中的结论，求 $y = \mathrm{e}^{3x}$ 的导数．

64. (a) 如果 $F(x) = f(x)g(x)$，其中 f 和 g 所有阶的导数都存在，证明 $F'' = f''g + 2f'g' + fg''$．

(b) 与 (a) 类似，求 $F^{(3)}$ 和 $F^{(4)}$ 的公式．

(c) 猜测 $F^{(n)}$ 的公式．

65. 求 $f(x) = x^2\mathrm{e}^x$ 的前五阶导数的表达式．在这些表达式中有什么规律吗？猜测 $f^{(n)}(x)$ 的表达式并用数学归纳法证明．

66. 函数倒数的求导法则　如果 g 是一个可微函数，则函数倒数的求导法则如下：

$$\frac{\mathrm{d}}{\mathrm{d}x}\left[\frac{1}{g(x)}\right] = -\frac{g'(x)}{\big[g(x)\big]^2}.$$

(a) 利用函数商的求导法则证明该法则．

(b) 利用该法则求练习 19 中函数的导数．

(c) 利用该法则证明幂函数的求导法则对于负整数也成立，即

$$\frac{\mathrm{d}}{\mathrm{d}x}\big(x^{-n}\big) = -nx^{-n-1}.$$

3.3 | 三角函数的导数

有关三角函数的复习材料在附录 D 中给出．

在开始学习这一节之前，你可能需要复习一下三角函数．比如，当提到定义在全体实数上的函数

$$f(x) = \sin x$$

时，一般认为 $\sin x$ 指的是弧度为 x 的角的正弦．对于其他三角函数，同样的惯例也适用．我们从 2.5 节中了解到所有三角函数在它们的定义域上都是连续的．

■ 三角函数的导数

如果画出函数 $f(x) = \sin x$ 的图像并利用 $f'(x)$ 是正弦曲线的切线的斜率来画出 $f'(x)$ 的图像（见 2.8 节的练习 16），那么 $f'(x)$ 的图像看起来和余弦曲线相同（见图 3-3-1）．

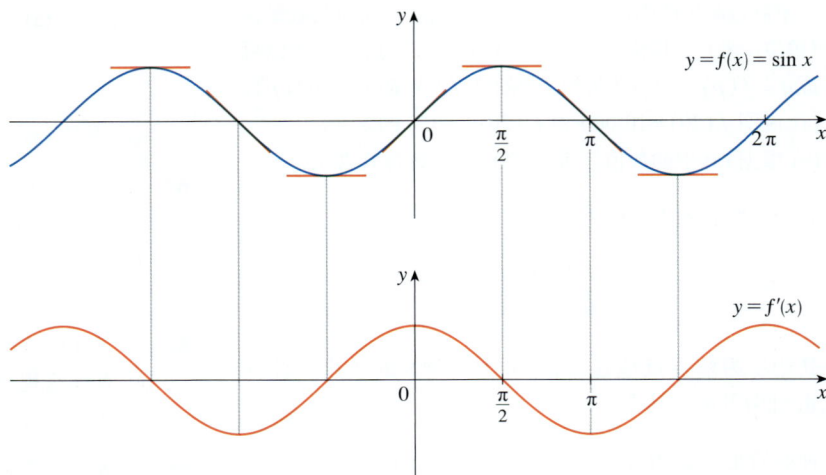

图 3-3-1

我们来验证这个猜测：如果 $f(x) = \sin x$，则 $f'(x) = \cos x$．由导数的定义可知

$$f'(x) = \lim_{h \to 0} \frac{f(x+h) - f(x)}{h}$$

$$= \lim_{h \to 0} \frac{\sin(x+h) - \sin x}{h}$$

$$= \lim_{h \to 0} \frac{\sin x \cos h + \cos x \sin h - \sin x}{h} \quad \text{（利用正弦的和差化积公式）}$$

$$= \lim_{h \to 0} \left[\frac{\sin x \cos h - \sin x}{h} + \frac{\cos x \sin h}{h} \right]$$

$$= \lim_{h \to 0} \left[\sin x \left(\frac{\cos h - 1}{h} \right) + \cos x \left(\frac{\sin h}{h} \right) \right]$$

$\boxed{1}$
$$= \lim_{h \to 0} \sin x \cdot \lim_{h \to 0} \frac{\cos h - 1}{h} + \lim_{h \to 0} \cos x \cdot \lim_{h \to 0} \frac{\sin h}{h}.$$

这四个极限中的两个是容易计算的．当计算 $h \to 0$ 时的极限时，我们可以将 x 看作常数，所以有

$$\lim_{h \to 0} \sin x = \sin x \text{ 和 } \lim_{h \to 0} \cos x = \cos x.$$

之后将证明

$$\lim_{h \to 0} \frac{\sin h}{h} = 1 \text{ 和 } \lim_{h \to 0} \frac{\cos h - 1}{h} = 0.$$

将这些极限代入公式 1，可以得到

$$f'(x) = \lim_{h \to 0} \sin x \cdot \lim_{h \to 0} \frac{\cos h - 1}{h} + \lim_{h \to 0} \cos x \cdot \lim_{h \to 0} \frac{\sin h}{h}$$

$$= (\sin x) \cdot 0 + (\cos x) \cdot 1 = \cos x.$$

这样就证明了正弦函数的求导公式：

2
$$\frac{d}{dx}(\sin x) = \cos x .$$

例 1 求函数 $y = x^2 \sin x$ 的导数.

图 3-3-2 显示了例 1 的函数及其导数的图像. 当 y 有水平切线时，$y' = 0$.

解 由函数积的求导法则和公式 2 可得

$$\frac{dy}{dx} = x^2 \frac{d}{dx}(\sin x) + \sin x \frac{d}{dx}(x^2)$$
$$= x^2 \cos x + 2x \sin x .$$

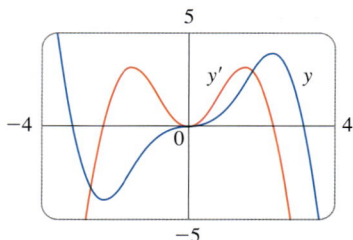

图 3-3-2

运用与证明公式 2 相同的方法，可以证明下式（见练习 26）：

3
$$\frac{d}{dx}(\cos x) = -\sin x .$$

我们可以利用导数的定义对正切函数求导，但是利用函数商的求导法则、公式 2 和公式 3 会更容易：

$$\frac{d}{dx}(\tan x) = \frac{d}{dx}\left(\frac{\sin x}{\cos x}\right)$$

$$= \frac{\cos x \frac{d}{dx}(\sin x) - \sin x \frac{d}{dx}(\cos x)}{\cos^2 x}$$

$$= \frac{\cos x \cdot \cos x - \sin x(-\sin x)}{\cos^2 x}$$

$$= \frac{\cos^2 x + \sin^2 x}{\cos^2 x}$$

$$= \frac{1}{\cos^2 x} = \sec^2 x . \qquad (\cos^2 x + \sin^2 x = 1)$$

4
$$\frac{d}{dx}(\tan x) = \sec^2 x$$

其余三角函数（如 $\cos$ 、 $\csc$ 和 $\cot$ ）的导数也可以利用函数商的求导法则轻松求出（见练习 23~25）. 下面列出了所有三角函数的导数公式. 注意，这些公式只有当 x 的单位是弧度时才适用.

三角函数的导数

$$\frac{\mathrm{d}}{\mathrm{d}x}(\sin x) = \cos x \qquad\qquad \frac{\mathrm{d}}{\mathrm{d}x}(\csc x) = -\csc x \cot x$$

$$\frac{\mathrm{d}}{\mathrm{d}x}(\cos x) = -\sin x \qquad\qquad \frac{\mathrm{d}}{\mathrm{d}x}(\sec x) = \sec x \tan x$$

$$\frac{\mathrm{d}}{\mathrm{d}x}(\tan x) = \sec^2 x \qquad\qquad \frac{\mathrm{d}}{\mathrm{d}x}(\cot x) = -\csc^2 x$$

"余"函数（即余弦、余割和余切）的导数都带有负号，这对记住这些公式很有帮助.

例 2　求函数 $f(x) = \dfrac{\sec x}{1 + \tan x}$ 的导数. 当 x 为何值时，f 的图像有一条水平切线？

解　根据函数商的求导法则，有

$$f'(x) = \frac{(1 + \tan x)\dfrac{\mathrm{d}}{\mathrm{d}x}(\sec x) - \sec x \dfrac{\mathrm{d}}{\mathrm{d}x}(1 + \tan x)}{(1 + \tan x)^2}$$

$$= \frac{(1 + \tan x)\sec x \tan x - \sec x \cdot \sec^2 x}{(1 + \tan x)^2}$$

$$= \frac{\sec x(\tan x + \tan^2 x - \sec^2 x)}{(1 + \tan x)^2}$$

$$= \frac{\sec x(\tan x - 1)}{(1 + \tan x)^2}. \qquad (\sec^2 x = \tan^2 x + 1)$$

由于 $\sec x$ 不能等于 0，因此当 $\tan x = 1$，即 $x = n\pi + \pi/4$ 时，有 $f'(x) = 0$，其中 n 是整数（见图 3-3-3）. ∎

三角函数经常用来给现实世界中的现象建模. 特别是振动、波动、弹性运动以及大量周期性变化的现象都可以用三角函数来描述. 下面讨论一个简谐运动的例子.

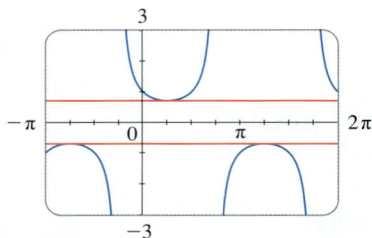

图 3-3-3
例 2 中的水平切线

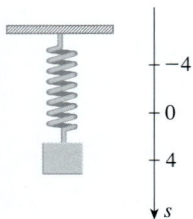

图 3-3-4

例 3　一个物体被悬挂在垂直弹簧的末端，弹簧伸长了 4cm（见图 3-3-4，下为正方向）. 物体在 $t = 0$ 时被释放，它在 t 时的位置为

$$s = f(t) = 4\cos t .$$

求物体在 t 时的速度和加速度，并用它们分析物体的运动.

解　速度和加速度为

$$v = \frac{\mathrm{d}s}{\mathrm{d}t} = \frac{\mathrm{d}}{\mathrm{d}t}(4\cos t) = 4\frac{\mathrm{d}}{\mathrm{d}t}(\cos t) = -4\sin t ,$$

$$a = \frac{\mathrm{d}v}{\mathrm{d}t} = \frac{\mathrm{d}}{\mathrm{d}t}(-4\sin t) = -4\frac{\mathrm{d}}{\mathrm{d}t}(\sin t) = -4\cos t .$$

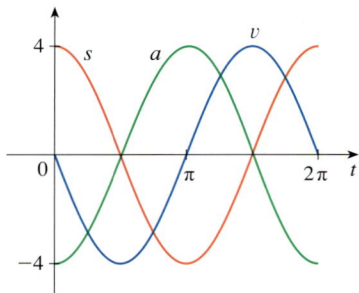

图 3-3-5

物体在最低点（$s=4\text{cm}$）和最高点（$s=-4\text{cm}$）之间振动．振动周期为 2π，是 $\cos t$ 的周期．

当 $|\sin t|=1$，即 $\cos t=0$ 时，速率 $|v|=4|\sin t|$ 最大．因此物体在经过它的平衡位置（$s=0$）时运动得最快．当 $\sin t=0$，即物体在最高点和最低点时，速率为 0．

当 $s=0$ 时，加速度 $a=-4\cos t=0$．因此物体在最高点和最低点时，加速度的大小最大（见图 3-3-5）． ∎

例 4 求 $\cos x$ 的 27 阶导数．

解 $f(x)=\cos x$ 的前几阶导数如下所示：

$$f'(x)=-\sin x,$$
$$f''(x)=-\cos x,$$
$$f'''(x)=\sin x,$$
$$f^{(4)}(x)=\cos x,$$
$$f^{(5)}(x)=-\sin x.$$

我们发现这些导数每四个循环一次，特别是当 n 为 4 的倍数时，$f^{(n)}(x)=\cos x$．因此 $f^{(24)}(x)=\cos x$，再求导三次得到 $f^{(27)}(x)=\sin x$． ∎

■ **两个特殊的三角极限**

在证明 $\sin x$ 的导数公式时，我们使用了两个特殊的极限，现在进行证明．

5
$$\lim_{\theta \to 0}\frac{\sin \theta}{\theta}=1$$

证明 设 θ 在 0 和 $\pi/2$ 之间．图 3-3-6a 画出了一个以 O 为中心、圆心角为 θ、半径为 1 的扇形．BC 垂直于 OA．根据弧度的定义，有 $|\overset{\frown}{AB}|=\theta$．另外，$|BC|=|OB|\sin \theta=\sin \theta$．由图可以看出

$$|BC|<|AB|<|\overset{\frown}{AB}|,$$

因此 $\sin \theta<\theta$，即 $\dfrac{\sin \theta}{\theta}<1$．

设圆在点 A 和点 B 处的切线相交于点 E．从图 3-3-6b 中可以看出，圆的周长小于其外接多边形的周长，且 $|\overset{\frown}{AB}|<|AE|+|EB|$．因此

$$\theta=|\overset{\frown}{AB}|<|AE|+|EB|$$
$$<|AE|+|ED|$$
$$=|AD|=|OA|\tan \theta$$
$$=\tan \theta.$$

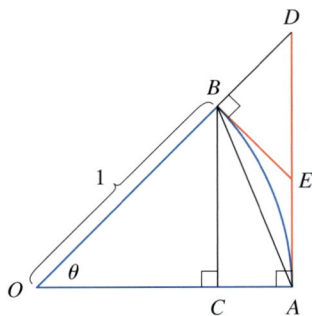
(a)

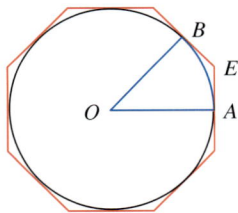
(b)

图 3-3-6

（在附录 F 中，不等式 $\theta \leqslant \tan\theta$ 是直接根据弧长的定义证明的，而不是像这样直观地利用几何．）因此有

$$\theta < \frac{\sin\theta}{\cos\theta},$$

所以

$$\cos\theta < \frac{\sin\theta}{\theta} < 1.$$

我们知道 $\lim\limits_{\theta \to 0} 1 = 1$ 和 $\lim\limits_{\theta \to 0} \cos\theta = 1$，根据夹逼定理，得到

$$\lim_{\theta \to 0^+} \frac{\sin\theta}{\theta} = 1. \qquad \left(0 < \theta < \frac{\pi}{2}\right)$$

因为函数 $(\sin\theta)/\theta$ 是偶函数，所以它的左、右极限一定相等．因此

$$\lim_{\theta \to 0^+} \frac{\sin\theta}{\theta} = 1.$$

公式 5 得证． ■

　　第一个特殊的三角极限和正弦函数有关，下面的第二个特殊极限和余弦函数有关．

6 $$\lim_{\theta \to 0} \frac{\cos\theta - 1}{\theta} = 0$$

证明　为了使函数变成可以使用已知极限的形式，将分子和分母同时乘以 $\cos\theta + 1$：

$$\lim_{\theta \to 0} \frac{\cos\theta - 1}{\theta} = \lim_{\theta \to 0} \left(\frac{\cos\theta - 1}{\theta} \cdot \frac{\cos\theta + 1}{\cos\theta + 1} \right) = \lim_{\theta \to 0} \frac{\cos^2\theta - 1}{\theta(\cos\theta + 1)}$$

$$= \lim_{\theta \to 0} \frac{-\sin^2\theta}{\theta(\cos\theta + 1)} = -\lim_{\theta \to 0} \left(\frac{\sin\theta}{\theta} \cdot \frac{\sin\theta}{\cos\theta + 1} \right)$$

$$= -\lim_{\theta \to 0} \frac{\sin\theta}{\theta} \cdot \lim_{\theta \to 0} \frac{\sin\theta}{\cos\theta + 1}$$

$$= -1 \times \left(\frac{0}{1+1} \right) = 0. \qquad \text{（公式 5）}$$ ■

例 5　求 $\lim\limits_{x \to 0} \dfrac{\sin 7x}{4x}$．

解　为了应用公式 5，首先通过乘以并除以 7 将函数重写为

$$\frac{\sin 7x}{4x} = \frac{7}{4} \left(\frac{\sin 7x}{7x} \right).$$

注意，$\sin 7x \neq 7\sin x$．

如果令 $\theta = 7x$，那么 $x \to 0$ 时 $\theta \to 0$．因此由公式 5 可得

$$\lim_{x \to 0} \frac{\sin 7x}{4x} = \frac{7}{4} \lim_{x \to 0} \left(\frac{\sin 7x}{7x} \right)$$

$$= \frac{7}{4} \lim_{\theta \to 0} \frac{\sin \theta}{\theta} = \frac{7}{4} \times 1 = \frac{7}{4} .$$

例 6　计算 $\lim\limits_{x \to 0} x \cot x$．

解　这里将分子和分母同时除以 x：

$$\lim_{x \to 0} x \cot x = \lim_{x \to 0} \frac{x \cos x}{\sin x}$$

$$= \lim_{x \to 0} \frac{\cos x}{\dfrac{\sin x}{x}} = \frac{\lim\limits_{x \to 0} \cos x}{\lim\limits_{x \to 0} \dfrac{\sin x}{x}}$$

$$= \frac{\cos 0}{1} \qquad \text{（余弦函数的连续性和公式 5）}$$

$$= 1 .$$

例 7　求 $\lim\limits_{\theta \to 0} \dfrac{\cos \theta - 1}{\sin \theta}$．

解　为了应用公式 5 和公式 6，将分子和分母同时除以 θ：

$$\lim_{\theta \to 0} \frac{\cos \theta - 1}{\sin \theta} = \lim_{\theta \to 0} \frac{\dfrac{\cos \theta - 1}{\theta}}{\dfrac{\sin \theta}{\theta}}$$

$$= \frac{\lim\limits_{\theta \to 0} \dfrac{\cos \theta - 1}{\theta}}{\lim\limits_{\theta \to 0} \dfrac{\sin \theta}{\theta}} = \frac{0}{1} = 0 .$$

3.3 ｜ 练习

1~22　求下列函数的导数．

1. $f(x) = 3\sin x - 2\cos x$

2. $f(x) = \tan x - 4\sin x$

3. $y = x^2 + \cot x$

4. $y = 2\sec x - \csc x$

5. $h(\theta) = \theta^2 \sin \theta$

6. $g(x) = 3x + x^2 \cos x$

7. $y = \sec \theta \tan \theta$

8. $y = \sin \theta \cos \theta$

9. $f(\theta) = (\theta - \cos \theta) \sin \theta$

10. $g(\theta) = e^{\theta}(\tan \theta - \theta)$

11. $H(t) = \cos^2 t$

12. $f(x) = e^x \sin x + \cos x$

13. $f(\theta) = \dfrac{\sin \theta}{1 + \cos \theta}$

14. $y = \dfrac{\cos x}{1 - \sin x}$

15. $y = \dfrac{x}{2 - \tan x}$

16. $f(t) = \dfrac{\cot t}{e^t}$

17. $f(w) = \dfrac{1 + \sec w}{1 - \sec w}$

18. $y = \dfrac{\sin t}{1 + \tan t}$

19. $y = \dfrac{t \sin t}{1 + t}$

20. $g(z) = \dfrac{z}{\sec z + \tan z}$

21. $f(\theta) = \theta \cos \theta \sin \theta$

22. $f(t) = t e^t \cot t$

23. 证明 $\dfrac{d}{dx}(\csc x) = -\csc x \cot x$.

24. 证明 $\dfrac{d}{dx}(\sec x) = \sec x \tan x$.

25. 证明 $\dfrac{d}{dx}(\cot x) = -\csc^2 x$.

26. 利用导数的定义证明,如果 $f(x) = \cos x$,则 $f'(x) = -\sin x$.

27~30 求曲线在给定点处的切线的方程.

27. $y = \sin x + \cos x$, $(0,1)$

28. $y = x + \sin x$, (π,π)

29. $y = e^x \cos x + \sin x$, $(0,1)$

30. $y = \dfrac{1+\sin x}{\cos x}$, $(\pi,-1)$

31. (a) 求曲线 $y = 2x \sin x$ 在点 $(\pi/2, \pi)$ 处的切线的方程.
(b) 通过在同一坐标系中画出曲线及其切线来展示 (a) 的结果.

32. (a) 求曲线 $y = 3x + 6\cos x$ 在点 $(\pi/3, 3+\pi)$ 处的切线的方程.
(b) 通过在同一坐标系中画出曲线及其切线来展示 (a) 的结果.

33. (a) 如果 $f(x) = \sec x - x$,求 $f'(x)$.
(b) 通过画出 $|x| < \pi/2$ 时 f 和 f' 的图像,检查 (a) 中你的答案是否合理.

34. (a) 如果 $f(x) = e^x \cos x$,求 $f'(x)$ 和 $f''(x)$.
(b) 通过画出 f、f' 和 f'' 的图像,检查 (a) 中你的答案是否合理.

35. 如果 $g(\theta) = \dfrac{\sin \theta}{\theta}$,求 $g'(\theta)$ 和 $g''(\theta)$.

36. 如果 $f(t) = \sec t$,求 $f''(\pi/4)$.

37. (a) 使用函数商的求导法则,求函数
$$f(x) = \frac{\tan x - 1}{\sec x}$$
的导数.
(b) 化简 $f(x)$ 的表达式,用 $\sin x$ 和 $\cos x$ 表示,然后求 $f'(x)$.
(c) 证明 (a) 和 (b) 的结果是相同的.

38. 设 $f(\pi/3) = 4$,$f'(\pi/3) = -2$,然后令 $g(x) = f(x)\sin x$,$h(x) = \cos x / f(x)$,求:
(a) $g'(\pi/3)$；　　　　　(b) $h'(\pi/3)$.

39~40 当 x 为何值时,f 的图像有水平切线?

39. $f(x) = x + 2\sin x$　　**40.** $f(x) = e^x \cos x$

41. 一端与弹簧连接的物体在光滑平面上水平振动(见下图),它的运动方程是 $x(t) = 8\sin t$,其中 t 的单位是 s,x 的单位是 cm.
(a) 求物体在 t 时的速度和加速度.
(b) 求 $t = 2\pi/3$ 时物体的位置、速度和加速度. 这时它朝哪个方向运动?

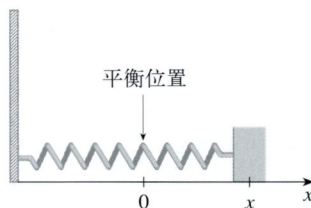

平衡位置

42. 一根弹性绷带被固定在挂钩上,在绷带的下端悬挂一个物体. 当物体被向下拉,然后释放时,它会垂直振动. 它的运动方程是 $s = 2\cos t + 3\sin t$,$t \geqslant 0$,其中 s 的单位是 cm,t 的单位是 s.(下为正方向.)
(a) 求物体在 t 时的速度和加速度.
(b) 画出速度和加速度函数的图像.
(c) 物体何时第一次经过平衡位置?
(d) 物体相对于平衡位置移动了多远?
(e) 什么时候物体的速率最大?

43. 一架 6m 长的梯子靠在一堵垂直的墙上. 设 θ 为梯子顶端与墙之间的夹角,x 为梯子底端到墙的距离. 如果梯子底端向远离墙壁的方向滑动,那么当 $\theta = \pi/3$ 时,x 关于 θ 的变化有多快?

44. 一个质量为 m 的物体被一根连接该物体的绳子沿水平方向拖动. 如果绳子与水平面之间的夹角为 θ,那么物体所受的力的大小为
$$F = \frac{\mu m g}{\mu \sin \theta + \cos \theta},$$
其中 μ 为常数,称为摩擦系数.
(a) 求出 F 关于 θ 的变化率.
(b) 什么时候变化率为 0?
(c) 如果 $m = 20\text{kg}$,$\mu = 0.6$,画出 F 关于 θ 的函数的图像,并借此求出当 $dF/d\theta = 0$ 时的 θ 值. 这个数值与 (b) 中你的答案是否一致?

45~60 求下列极限.

45. $\displaystyle\lim_{x \to 0} \frac{\sin 5x}{3x}$　　　**46.** $\displaystyle\lim_{x \to 0} \frac{\sin x}{\sin \pi x}$

47. $\displaystyle\lim_{t \to 0} \frac{\sin 3t}{\sin t}$　　　**48.** $\displaystyle\lim_{x \to 0} \frac{\sin^2 3x}{x}$

49. $\lim\limits_{x\to 0}\dfrac{\sin x-\sin x\cos x}{x^2}$

50. $\lim\limits_{\theta\to 0}\dfrac{1-\sec x}{2x}$

51. $\lim\limits_{x\to 0}\dfrac{\tan 2x}{x}$

52. $\lim\limits_{\theta\to 0}\dfrac{\sin\theta}{\tan 7\theta}$

53. $\lim\limits_{x\to 0}\dfrac{\sin 3x}{5x^3-4x}$

54. $\lim\limits_{x\to 0}\dfrac{\sin 3x\sin 5x}{x^2}$

55. $\lim\limits_{\theta\to 0}\dfrac{\sin\theta}{\theta+\tan\theta}$

56. $\lim\limits_{x\to 0}\csc x\sin(\sin x)$

57. $\lim\limits_{\theta\to 0}\dfrac{\cos\theta-1}{2\theta^2}$

58. $\lim\limits_{x\to 0}\dfrac{\sin(x^2)}{x}$

59. $\lim\limits_{x\to\frac{\pi}{4}}\dfrac{1-\tan x}{\sin x-\cos x}$

60. $\lim\limits_{x\to 1}\dfrac{\sin(x-1)}{x^2+x-2}$

61~62 通过求出前几阶导数并观察规律来求出以下导数.

61. $\dfrac{d^{99}}{dx^{99}}(\sin x)$

62. $\dfrac{d^{35}}{dx^{35}}(x\sin x)$

63. 求常数 A 和 B 使得函数 $y=A\sin x+B\cos x$ 满足微分方程 $y''+y'-2y=\sin x$.

64. (a) 计算 $\lim\limits_{x\to+\infty}x\sin\dfrac{1}{x}$.

(b) 计算 $\lim\limits_{x\to 0}x\sin\dfrac{1}{x}$.

(c) 通过画出 $y=x\sin(1/x)$ 的图像来证明 (a) 和 (b) 的结果.

65. 对下列三角恒等式求导,以得到一个新的(或熟悉的)恒等式.

(a) $\tan x=\dfrac{\sin x}{\cos x}$

(b) $\sec x=\dfrac{1}{\cos x}$

(c) $\sin x+\cos x=\dfrac{1+\cot x}{\csc x}$

66. 如下图所示,一个直径为 PQ 的半圆与一个等腰三角形 PQR 构成了一个类似于冰淇淋筒的形状. 设 $A(\theta)$ 为半圆的面积,$B(\theta)$ 为三角形的面积,求

$$\lim\limits_{\theta\to 0^+}\dfrac{A(\theta)}{B(\theta)}.$$

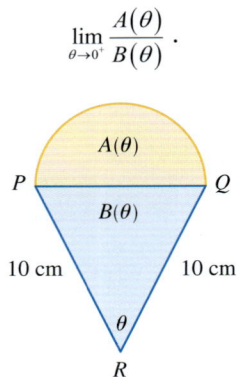

67. 如下图所示,弧长为 s,弦长为 d,圆心角为 θ. 求

$$\lim\limits_{\theta\to 0^+}\dfrac{s}{d}.$$

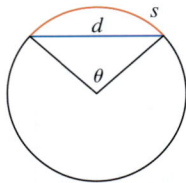

68. 设 $f(x)=\dfrac{x}{\sqrt{1-\cos 2x}}$.

(a) 画出 f 的图像. 它在 $x=0$ 处是什么类型的间断?

(b) 计算 f 在 $x=0$ 处的左、右极限. 这两个值能否证实 (a) 中你的答案?

3.4 | 链式法则

假设你想求函数

$$F(x)=\sqrt{x^2+1}$$

的导数. 本章前几节中的导数公式不能帮你计算出 $F'(x)$.

有关复合函数的内容见 1.3 节.

观察可知 F 为一个复合函数. 实际上,如果设 $y=f(u)=\sqrt{u}$,$u=g(x)=x^2+1$,则 $y=F(x)=f(g(x))$,即 $F=f\circ g$. 我们已经知道怎样对 f 和 g 求导,因此如果有一个法则能说明如何将 $F=f\circ g$ 的导数表示为 f 和 g 的导数,那么这个法则将会很有用处.

■ **链式法则**

结果表明复合函数 $f \circ g$ 的导数是 f 的导数与 g 的导数的积，这个法则是最重要的求导法则之一，称为链式法则．如果将导数解释为变化率，链式法则就能说得通．将 $\mathrm{d}u/\mathrm{d}x$ 看作 u 相对于 x 的变化率，$\mathrm{d}y/\mathrm{d}u$ 看作 y 相对于 u 的变化率，$\mathrm{d}y/\mathrm{d}x$ 看作 y 相对于 x 的变化率．如果 u 的变化速度是 x 的两倍，y 的变化速度是 u 的三倍，那么可以合理地认为 y 的变化速度是 x 的六倍，因此有 $\mathrm{d}y/\mathrm{d}x$ 是 $\mathrm{d}y/\mathrm{d}u$ 与 $\mathrm{d}u/\mathrm{d}x$ 的积．

> **链式法则**　如果 f 在 x 处可微且 g 在 $f(x)$ 处可微，那么复合函数 $F = f \circ g$，即 $F(x) = f\big(g(x)\big)$ 在 x 处可微，并且
>
> **1**
> $$F'(x) = f'\big(g(x)\big) \cdot g'(x).$$
>
> 用莱布尼茨符号表示，如果 $y = f(u)$ 和 $u = g(x)$ 都是可微函数，则
>
> **2**
> $$\frac{\mathrm{d}y}{\mathrm{d}x} = \frac{\mathrm{d}y}{\mathrm{d}u} \cdot \frac{\mathrm{d}u}{\mathrm{d}x}.$$

公式 2 很容易记忆，因为可以将 $\mathrm{d}y/\mathrm{d}u$ 和 $\mathrm{d}u/\mathrm{d}x$ 当作分式，其中 $\mathrm{d}u$ 可以约分．不过实际上 $\mathrm{d}u$ 并没有定义，$\mathrm{d}y/\mathrm{d}x$ 也并非分式．

链式法则的证明注释　设 u 的变化量为 Δu，相应的 x 的变化量为 Δx，即
$$\Delta u = g(x + \Delta x) - g(x),$$
则相应的 y 的变化量为
$$\Delta y = f(u + \Delta u) - f(u).$$
导数可以写为

3
$$\begin{aligned}
\frac{\mathrm{d}y}{\mathrm{d}x} &= \lim_{\Delta x \to 0} \frac{\Delta y}{\Delta x}\\[4pt]
&= \lim_{\Delta x \to 0} \frac{\Delta y}{\Delta u} \cdot \frac{\Delta u}{\Delta x}\\[4pt]
&= \lim_{\Delta x \to 0} \frac{\Delta y}{\Delta u} \cdot \lim_{\Delta x \to 0} \frac{\Delta u}{\Delta x}\\[4pt]
&= \lim_{\Delta u \to 0} \frac{\Delta y}{\Delta u} \cdot \lim_{\Delta x \to 0} \frac{\Delta u}{\Delta x} \qquad \text{(当 } \Delta x \to 0 \text{ 时 } \Delta u \to 0\text{，因为 } g \text{ 是连续的)}\\[4pt]
&= \frac{\mathrm{d}y}{\mathrm{d}u} \cdot \frac{\mathrm{d}u}{\mathrm{d}x}.
\end{aligned}$$

这个推导唯一的漏洞是可能出现 $\Delta u = 0$（即使 $\Delta x \neq 0$）的情况，此时当然不能用 0 作分母．虽然如此，这个推导至少暗示了链式法则是正确的．在本节的最后将给出链式法则完整的证明．■

> **詹姆斯·格雷果里**
>
> 第一个提出链式法则的人是苏格兰数学家詹姆斯·格雷果里（James Gregory，1638—1675），他也设计了第一台反射望远镜．格雷果里和牛顿几乎同时认识到了微积分的基本思想．他是圣安德鲁斯大学的第一位数学教授，之后在爱丁堡大学出任相同的职位．但是任职一年后，他就以 36 岁的年龄去世了．

例 1　若 $F(x) = \sqrt{x^2+1}$，求 $F'(x)$．

解 1　（根据公式 1）在本节的开始，函数 F 被表示为 $F(x) = (f \circ g)(x) = f(g(x))$，其中 $f(u) = \sqrt{u}$，$g(x) = x^2+1$．因为

$$f'(u) = \frac{1}{2}u^{-1/2} = \frac{1}{2\sqrt{u}}，\quad g'(x) = 2x，$$

所以
$$F'(x) = f'(g(x)) \cdot g'(x)$$

$$= \frac{1}{2\sqrt{x^2+1}} \cdot 2x = \frac{x}{\sqrt{x^2+1}}．$$

解 2　（根据公式 2）如果设 $u = x^2+1$，$y = \sqrt{u}$，则

$$F'(x) = \frac{\mathrm{d}y}{\mathrm{d}u} \cdot \frac{\mathrm{d}u}{\mathrm{d}x} = \frac{1}{2\sqrt{u}}(2x) = \frac{1}{2\sqrt{x^2+1}}(2x) = \frac{x}{\sqrt{x^2+1}}．$$ ■

　　当使用公式 2 时，记住 $\mathrm{d}y/\mathrm{d}x$ 指的是 y 的导数，此时将 y 看作 x 的函数（y 的导数是关于 x 的函数）；而 $\mathrm{d}y/\mathrm{d}u$ 指的也是 y 的导数，此时将 y 看作 u 的函数（y 的导数是关于 u 的函数）．例如，在例 1 中，y 可以看作 x 的函数（$y = \sqrt{x^2+1}$），也可以看作 u 的函数（$y = \sqrt{u}$），于是有

$$\frac{\mathrm{d}y}{\mathrm{d}x} = F'(x) = \frac{x}{\sqrt{x^2+1}}，\quad \frac{\mathrm{d}y}{\mathrm{d}u} = f'(u) = \frac{1}{2\sqrt{u}}．$$

注　在使用链式法则时，应当从外向内计算．公式 1 表明，先对外层函数求导（在内层函数的值 $g(x)$ 处），然后乘以内层函数的导数：

$$\frac{\mathrm{d}}{\mathrm{d}x} \underset{\text{外层函数}}{f} \underset{\substack{\text{取决于}\\\text{内层函数}}}{(g(x))} = \underset{\substack{\text{外层函数}\\\text{的导数}}}{f'} \underset{\substack{\text{取决于}\\\text{内层函数}}}{(g(x))} \cdot \underset{\substack{\text{内层函数}\\\text{的导数}}}{g'(x)}．$$

例 2　求函数 (a) $y = \sin(x^2)$ 和 (b) $y = \sin^2 x$ 的导数．

解

(a) 若 $y = \sin(x^2)$，则外层函数是正弦函数，内层函数是二次函数，因此由链式法则可得

$$\frac{\mathrm{d}y}{\mathrm{d}x} = \frac{\mathrm{d}}{\mathrm{d}x} \underset{\substack{\text{外层函数}}}{\sin} \underset{\substack{\text{取决于}\\\text{内层函数}}}{(x^2)} = \underset{\substack{\text{外层函数}\\\text{的导数}}}{\cos} \underset{\substack{\text{取决于}\\\text{内层函数}}}{(x^2)} \cdot \underset{\substack{\text{内层函数}\\\text{的导数}}}{2x}$$

$$= 2x\cos(x^2)．$$

(b) 注意，$\sin^2 x = (\sin x)^2$，其中外层函数是二次函数，内层函数是正弦函数，因此

$$\frac{\mathrm{d}y}{\mathrm{d}x} = \frac{\mathrm{d}}{\mathrm{d}x}\underset{\substack{\text{内层函数}}}{(\sin x)^2} = \underset{\substack{\text{外层函数}\\\text{的导数}}}{2} \cdot \underset{\substack{\text{取决于}\\\text{内层函数}}}{(\sin x)} \cdot \underset{\substack{\text{内层函数}\\\text{的导数}}}{\cos x}．$$

参见参考公式第 2 页或附录 D．　　答案可以写成 $2\sin x \cos x$ 或者 $\sin 2x$（三角恒等式的倍角公式）．■

在例 2a 中，我们将链式法则和正弦函数的求导公式结合在一起使用．一般来说，如果 $y = \sin u$，其中 u 是 x 的可微函数，那么由链式法则可知

$$\frac{\mathrm{d}y}{\mathrm{d}x} = \frac{\mathrm{d}y}{\mathrm{d}u} \cdot \frac{\mathrm{d}u}{\mathrm{d}x} = \cos u \frac{\mathrm{d}u}{\mathrm{d}x},$$

所以

$$\frac{\mathrm{d}}{\mathrm{d}x}(\sin u) = \cos u \frac{\mathrm{d}u}{\mathrm{d}x}.$$

所有三角函数的求导公式都可以用类似的方式与链式法则结合起来．

我们来考虑链式法则的一种特殊情况，此时外层函数为幂函数．如果 $y = \left[g(x) \right]^n$，则记 $y = f(u) = u^n$，其中 $u = g(x)$．利用链式法则，然后利用幂函数的求导法则，可得

$$\frac{\mathrm{d}y}{\mathrm{d}x} = \frac{\mathrm{d}y}{\mathrm{d}u} \cdot \frac{\mathrm{d}u}{\mathrm{d}x} = nu^{n-1} \frac{\mathrm{d}u}{\mathrm{d}x} = n\left[g(x) \right]^{n-1} g'(x).$$

> **4** **幂函数的求导法则结合链式法则**　如果 n 为任意实数，$u = g(x)$ 为可微函数，则
>
> $$\frac{\mathrm{d}}{\mathrm{d}x}(u^n) = nu^{n-1}\frac{\mathrm{d}u}{\mathrm{d}x}$$
>
> 或
>
> $$\frac{\mathrm{d}}{\mathrm{d}x}\left[g(x) \right]^n = n\left[g(x) \right]^{n-1} \cdot g'(x).$$

例 1 中的导数可以通过在法则 4 中取 $n = \dfrac{1}{2}$ 来计算．

例 3　求函数 $y = \left(x^3 - 1 \right)^{100}$ 的导数．

解　在法则 4 中，取 $u = g(x) = x^3 - 1$ 和 $n = 100$，有

$$\frac{\mathrm{d}y}{\mathrm{d}x} = \frac{\mathrm{d}}{\mathrm{d}x}\left(x^3 - 1 \right)^{100} = 100\left(x^3 - 1 \right)^{99} \frac{\mathrm{d}}{\mathrm{d}x}\left(x^3 - 1 \right)$$

$$= 100\left(x^3 - 1 \right)^{99} \cdot 3x^2 = 300x^2\left(x^3 - 1 \right)^{99}. \qquad ■$$

例 4　若 $f(x) = \dfrac{1}{\sqrt[3]{x^2 + x + 1}}$，求 $f'(x)$．

解　首先将 f 改写为

$$f(x) = \left(x^2 + x + 1 \right)^{-1/3},$$

因此

$$f'(x) = -\frac{1}{3}\left(x^2 + x + 1 \right)^{-4/3} \frac{\mathrm{d}}{\mathrm{d}x}\left(x^2 + x + 1 \right)$$

$$= -\frac{1}{3}\left(x^2 + x + 1 \right)^{-4/3}\left(2x + 1 \right). \qquad ■$$

例 5　求以下函数的导数:

$$g(t) = \left(\frac{t-2}{2t+1} \right)^9 .$$

解　结合幂函数的求导法则、链式法则和函数商的求导法则, 得到

$$g'(t) = 9 \left(\frac{t-2}{2t+1} \right)^8 \frac{\mathrm{d}}{\mathrm{d}t} \left(\frac{t-2}{2t+1} \right)$$

$$= 9 \left(\frac{t-2}{2t+1} \right)^8 \frac{(2t+1) \cdot 1 - 2(t-2)}{(2t+1)^2} = \frac{45(t-2)^8}{(2t+1)^{10}} .$$ ■

例 6　求函数 $y = (2x+1)^5 \left(x^3 - x + 1 \right)^4$ 的导数.

解　在本例中, 运用链式法则之前必须先运用函数积的求导法则:

例6中的函数 y 和 y' 的图像如图3-4-1所示. 当 y 迅速增大时, y' 很大; 当 y 有一条水平切线时, $y' = 0$. 因此答案显然是合理的.

$$\frac{\mathrm{d}y}{\mathrm{d}x} = (2x+1)^5 \frac{\mathrm{d}}{\mathrm{d}x} \left(x^3 - x + 1 \right)^4 + \left(x^3 - x + 1 \right)^4 \frac{\mathrm{d}}{\mathrm{d}x} (2x+1)^5$$

$$= (2x+1)^5 \cdot 4 \left(x^3 - x + 1 \right)^3 \frac{\mathrm{d}}{\mathrm{d}x} \left(x^3 - x + 1 \right)$$

$$+ \left(x^3 - x + 1 \right)^4 \cdot 5(2x+1)^4 \frac{\mathrm{d}}{\mathrm{d}x} (2x+1)$$

$$= 4(2x+1)^5 \left(x^3 - x + 1 \right)^3 \left(3x^2 - 1 \right) + 5 \left(x^3 - x + 1 \right)^4 (2x+1)^4 \cdot 2 .$$

注意到每项中都含有公因式 $2(2x+1)^4 \left(x^3 - x + 1 \right)^3$, 可以提公因式并将答案写为

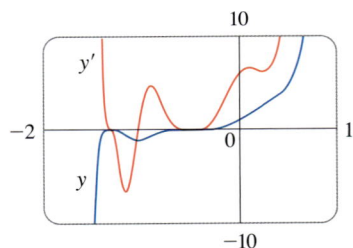

图 3-4-1

$$\frac{\mathrm{d}y}{\mathrm{d}x} = 2(2x+1)^4 \left(x^3 - x + 1 \right)^3 \left(17x^3 + 6x^2 - 9x + 3 \right) .$$ ■

例 7　求函数 $y = \mathrm{e}^{\sin x}$ 的导数.

解　这个复合函数中, 内层函数为 $g(x) = \sin x$, 外层函数为指数函数 $f(x) = \mathrm{e}^x$. 因此, 利用链式法则得到

一般来说, 通过链式法则可以得到

$$\frac{\mathrm{d}}{\mathrm{d}x} \left(\mathrm{e}^u \right) = \mathrm{e}^u \frac{\mathrm{d}u}{\mathrm{d}x} .$$

$$\frac{\mathrm{d}y}{\mathrm{d}x} = \frac{\mathrm{d}}{\mathrm{d}x} \left(\mathrm{e}^{\sin x} \right) = \mathrm{e}^{\sin x} \frac{\mathrm{d}}{\mathrm{d}x} (\sin x) = \mathrm{e}^{\sin x} \cos x .$$ ■

在链式法则中加入更多函数, 使公式链变长时, 我们称它为"链式法则"这个名字的原因就变得很清楚了. 设 $y = f(u)$, $u = g(x)$, $x = h(t)$, 其中 f、g、h 为可微函数. 为了计算 y 关于 t 的导数, 使用链式法则两次:

$$\frac{\mathrm{d}y}{\mathrm{d}t} = \frac{\mathrm{d}y}{\mathrm{d}x} \cdot \frac{\mathrm{d}x}{\mathrm{d}t} = \frac{\mathrm{d}y}{\mathrm{d}u} \cdot \frac{\mathrm{d}u}{\mathrm{d}x} \cdot \frac{\mathrm{d}x}{\mathrm{d}t} .$$

例 8   如果 $f(x) = \sin(\cos(\tan x))$，则

$$f'(x) = \cos(\cos(\tan x)) \frac{\mathrm{d}}{\mathrm{d}x} \cos(\tan x)$$

$$= \cos(\cos(\tan x))\left[-\sin(\tan x)\right] \frac{\mathrm{d}}{\mathrm{d}x}(\tan x)$$

$$= -\cos(\cos(\tan x))\sin(\tan x)\sec^2 x .$$

这里链式法则被使用了两次. ■

例 9   求函数 $y = \mathrm{e}^{\sec 3\theta}$ 的导数.

解   外层函数是指数函数，中层函数是正割函数，内层函数是线性函数. 因此

$$\frac{\mathrm{d}y}{\mathrm{d}\theta} = \mathrm{e}^{\sec 3\theta} \frac{\mathrm{d}}{\mathrm{d}\theta}(\sec 3\theta)$$

$$= \mathrm{e}^{\sec 3\theta} \sec 3\theta \tan 3\theta \frac{\mathrm{d}}{\mathrm{d}\theta}(3\theta)$$

$$= 3\mathrm{e}^{\sec 3\theta} \sec 3\theta \tan 3\theta .$$

■

■ 一般指数函数的导数

我们能利用链式法则对任意底数 $b > 0$ 的指数函数求导. 回忆 1.5 节公式 10：

$$b^x = \mathrm{e}^{(\ln b)x} .$$

然后根据链式法则得到

$$\frac{\mathrm{d}}{\mathrm{d}x}(b^x) = \frac{\mathrm{d}}{\mathrm{d}x}\left(\mathrm{e}^{(\ln b)x}\right) = \mathrm{e}^{(\ln b)x} \frac{\mathrm{d}}{\mathrm{d}x}\left[(\ln b)x\right]$$

$$= \mathrm{e}^{(\ln b)x} \cdot \ln b = b^x \ln b ,$$

不要混淆公式 5（其中 x 是指数）与幂函数的求导法则（其中 x 是底数）：

$$\frac{\mathrm{d}}{\mathrm{d}x}(x^n) = nx^{n-1} .$$

因为 $\ln b$ 是常数. 因此

5

$$\boxed{\frac{\mathrm{d}}{\mathrm{d}x}(b^x) = b^x \ln b .}$$

例 10   求下列函数的导数.

(a) $g(x) = 2^x$ 　　　　(b) $h(x) = 5^{x^2}$

解

(a) 利用公式 5，令 $b = 2$：

$$g'(x) = \frac{\mathrm{d}}{\mathrm{d}x}(2^x) = 2^x \ln 2 .$$

这与 3.1 节公式 5 给出的估计值

$$\frac{\mathrm{d}}{\mathrm{d}x}(2^x) \approx 0.693 \times 2^x$$

一致，因为 $\ln 2 \approx 0.693\,147$.

(b) 外层函数是指数函数，内层函数是平方函数，所以运用公式 5 和链式法则得到

$$h'(x) = \frac{\mathrm{d}}{\mathrm{d}x}\left(5^{x^2}\right) = 5^{x^2} \cdot \ln 5 \cdot \frac{\mathrm{d}}{\mathrm{d}x}\left(x^2\right) = 2x \cdot 5^{x^2} \cdot \ln 5 .$$ ∎

■ 链式法则的证明

回忆一下，如果 $y = f(x)$，并且 x 从 a 变化到 $a + \Delta x$，那么定义 y 的增量为

$$\Delta y = f(a + \Delta x) - f(a) .$$

根据导数的定义，有

$$\lim_{\Delta x \to 0} \frac{\Delta y}{\Delta x} = f'(a) .$$

因此，如果用 ε 表示 $\Delta y / \Delta x$ 和 $f'(a)$ 的差，可得

$$\lim_{\Delta x \to 0} \varepsilon = \lim_{\Delta x \to 0}\left(\frac{\Delta y}{\Delta x} - f'(a)\right) = f'(a) - f'(a) = 0 .$$

但是

$$\varepsilon = \frac{\Delta y}{\Delta x} - f'(a) \ \Rightarrow \ \Delta y = f'(a)\Delta x + \varepsilon \Delta x .$$

如果当 $\Delta x = 0$ 时，定义 ε 为 0，则 ε 是 Δx 的连续函数，因此，对于可微函数 f，我们有

$$\boxed{6} \qquad \Delta y = f'(a)\Delta x + \varepsilon \Delta x ，当 \Delta x \to 0 时 \varepsilon \to 0 ，$$

并且 ε 是 Δx 的连续函数. 可微函数的这个性质是证明链式法则的依据.

链式法则的证明 设 $u = g(x)$ 在 a 处可微，$y = f(u)$ 在 $b = g(a)$ 处可微. 如果 Δx 是 x 的增量，Δu 和 Δy 分别为 u 和 y 的增量，则可以利用公式 6 得到

$$\boxed{7} \qquad \Delta u = g'(a)\Delta x + \varepsilon_1 \Delta x = \left[g'(a) + \varepsilon_1\right]\Delta x ，$$

其中当 $\Delta x \to 0$ 时，$\varepsilon_1 \to 0$. 类似地，

$$\boxed{8} \qquad \Delta y = f'(b)\Delta u + \varepsilon_2 \Delta u = \left[f'(b) + \varepsilon_2\right]\Delta u ，$$

其中当 $\Delta u \to 0$ 时，$\varepsilon_2 \to 0$. 如果将公式 7 中 Δu 的表达式代入公式 8 中，则有

$$\Delta y = \left[f'(b) + \varepsilon_2\right]\left[g'(a) + \varepsilon_1\right]\Delta x .$$

因此

$$\frac{\Delta y}{\Delta x} = \left[f'(b) + \varepsilon_2\right]\left[g'(a) + \varepsilon_1\right] .$$

当 $\Delta x \to 0$，从公式 7 可以看出 $\Delta u \to 0$. 因此，取 $\Delta x \to 0$ 时的极限，得到

$$\frac{\mathrm{d}y}{\mathrm{d}x} = \lim_{\Delta x \to 0} \frac{\Delta y}{\Delta x} = \lim_{\Delta x \to 0}\left[f'(b) + \varepsilon_2\right]\left[g'(a) + \varepsilon_1\right]$$
$$= f'(b)g'(a) = f'(g(a))g'(a) .$$

链式法则得证. ∎

3.4 | 练习

1~6 将下列复合函数表示为 $f\big(g(x)\big)$ 的形式.（内层函数为 $u = g(x)$，外层函数为 $y = f(u)$.）求导数 $\mathrm{d}y/\mathrm{d}x$.

1. $y = \left(5 - x^4\right)^3$　　　**2.** $y = \sqrt{x^3 + 2}$

3. $y = \sin\left(\cos x\right)$　　　**4.** $y = \tan\left(x^2\right)$

5. $y = \mathrm{e}^{\sqrt{x}}$　　　**6.** $y = \sqrt[3]{\mathrm{e}^x + 1}$

7~52 求下列函数的导数.

7. $f(x) = \left(2x^3 - 5x^2 + 4\right)^5$　　**8.** $f(x) = \left(x^5 + 3x^2 - x\right)^{50}$

9. $f(x) = \sqrt{5x + 1}$　　**10.** $f(x) = \dfrac{1}{\sqrt[3]{x^2 - 1}}$

11. $g(t) = \dfrac{2}{\left(2t + 1\right)^2}$　　**12.** $F(t) = \left(\dfrac{1}{2t + 1}\right)^4$

13. $f(\theta) = \cos\left(\theta^2\right)$　　**14.** $g(\theta) = \cos^2\theta$

15. $g(x) = \mathrm{e}^{x^2 - x}$　　**16.** $y = 5^{\sqrt{x}}$

17. $y = x^2 \mathrm{e}^{-3x}$　　**18.** $f(t) = t\sin\pi t$

19. $f(t) = \mathrm{e}^{at}\sin bt$　　**20.** $A(r) = \sqrt{r}\cdot\mathrm{e}^{r^2 + 1}$

21. $F(x) = \left(4x + 5\right)^3\left(x^2 - 2x + 5\right)^4$

22. $G(z) = \left(1 - 4z\right)^2\sqrt{z^2 + 1}$

23. $y = \sqrt{\dfrac{x}{x + 1}}$　　**24.** $y = \left(x + \dfrac{1}{x}\right)^5$

25. $y = \mathrm{e}^{\tan\theta}$　　**26.** $f(t) = 2^{t^3}$

27. $g(u) = \left(\dfrac{u^3 - 1}{u^3 + 1}\right)^8$　　**28.** $s(t) = \sqrt{\dfrac{1 + \sin t}{1 + \cos t}}$

29. $r(t) = 10^{2\sqrt{t}}$　　**30.** $f(z) = \mathrm{e}^{z/(z-1)}$

31. $H(r) = \dfrac{\left(r^2 - 1\right)^3}{\left(2r + 1\right)^5}$　　**32.** $J(\theta) = \tan^2\left(n\theta\right)$

33. $F(t) = \mathrm{e}^{t\sin 2t}$　　**34.** $F(t) = \dfrac{t^2}{\sqrt{t^3 + 1}}$

35. $G(x) = 4^{C/x}$　　**36.** $U(y) = \left(\dfrac{y^4 + 1}{y^2 + 1}\right)^5$

37. $f(x) = \sin x\cos\left(1 - x^2\right)$　　**38.** $g(x) = \mathrm{e}^{-x}\cos\left(x^2\right)$

39. $F(t) = \tan\sqrt{1 + t^2}$　　**40.** $G(z) = \left(1 + \cos^2 z\right)^3$

41. $y = \sin^2\left(x^2 + 1\right)$　　**42.** $y = \mathrm{e}^{\sin 2x} + \sin\left(\mathrm{e}^2\right)$

43. $g(x) = \sin\left(\dfrac{\mathrm{e}^x}{1 + \mathrm{e}^x}\right)$　　**44.** $f(t) = \mathrm{e}^{1/t}\sqrt{t^2 - 1}$

45. $f(x) = \tan\left(\sec\left(\cos t\right)\right)$　　**46.** $y = \sqrt{x + \sqrt{x + \sqrt{x}}}$

47. $f(x) = \mathrm{e}^{\sin^2\left(x^2\right)}$　　**48.** $y = 2^{3^{4^x}}$

49. $y = \left(3^{\cos\left(x^2\right)} - 1\right)^4$

50. $y = \sin\left(\theta + \tan\left(\theta + \cos\theta\right)\right)$

51. $y = \cos\sqrt{\sin\left(\tan\pi x\right)}$　　**52.** $y = \sin^3\left(\cos\left(x^2\right)\right)$

53~56 求 y' 和 y''.

53. $y = \cos\left(\sin 3\theta\right)$　　**54.** $y = \left(1 + \sqrt{x}\right)^3$

55. $y = \sqrt{\cos x}$　　**56.** $y = \mathrm{e}^{\mathrm{e}^x}$

57~60 求曲线在给定点处的切线的方程.

57. $y = 2^x$，$(0,1)$　　**58.** $y = \sqrt{1 + x^3}$，$(2,3)$

59. $y = \sin\left(\sin x\right)$，$(\pi,0)$　　**60.** $y = x\mathrm{e}^{-x^2}$，$(0,0)$

61. (a) 求曲线 $y = 2\big/\left(1 + \mathrm{e}^{-x}\right)$ 在点 $(0,1)$ 处的切线的方程.

　　 (b) 在同一坐标系中画出 (a) 中的曲线和切线.

62. (a) 曲线 $y = |x|\sqrt{2 - x^2}$ 称为弹头曲线. 求弹头曲线在点 $(1,1)$ 处的切线的方程.

　　 (b) 在同一坐标系中画出 (a) 中的曲线和切线.

63. (a) 如果 $f(x) = x\sqrt{2 - x^2}$，求 $f'(x)$.

　　 (b) 通过比较 f 和 f' 的图像，检查 (a) 中你的答案是否合理.

64. 函数 $f(x) = \sin\left(x + \sin 2x\right)$，$0 \leqslant x \leqslant \pi$ 经常出现在调频合成的应用中.

　　 (a) 使用计算器或计算机画出 f 的图像，再用它画出 f' 的粗略图像.

　　 (b) 计算 $f'(x)$，根据表达式画出 f' 的图像，并与 (a) 中的图像进行比较.

65. 求函数 $f(x) = 2\sin x + \sin^2 x$ 的图像上切线为水平线的所有点.

66. 曲线 $y = \sqrt{1 + 2x}$ 上何处的切线垂直于直线 $6x + 2y = 1$？

67. 如果 $F(x) = f\big(g(x)\big)$，其中 $f(-2) = 8$，$f'(-2) = 4$，$f'(5) = 3$，$g(5) = -2$，$g'(5) = 6$，求 $F'(5)$.

68. 如果 $h(x) = \sqrt{4 + 3f(x)}$，其中 $f(1) = 7$，$f'(1) = 4$，求 $h'(1)$.

69. 下表给出了 f、g、f' 和 g' 的值.

x	$f(x)$	$g(x)$	$f'(x)$	$g'(x)$
1	3	2	4	6
2	1	8	5	7
3	7	2	7	9

(a) 如果 $h(x)=f\big(g(x)\big)$，求 $h'(1)$.

(b) 如果 $H(x)=g\big(f(x)\big)$，求 $H'(1)$.

70. 设 f 和 g 是练习 69 中的函数.

(a) 如果 $F(x)=f\big(f(x)\big)$，求 $F'(2)$.

(b) 如果 $G(x)=g\big(g(x)\big)$，求 $G'(3)$.

71. 函数 f 和 g 的图像如下所示，设 $u(x)=f\big(g(x)\big)$，$v(x)=g\big(f(x)\big)$，$w(x)=g\big(g(x)\big)$. 如果下面的导数存在，请求出其值；如果不存在，请说明理由.

(a) $u'(1)$ 　　　　(b) $v'(1)$ 　　　　(c) $w'(1)$

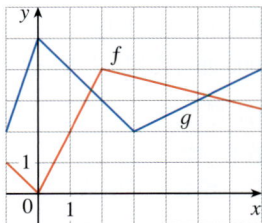

72. 函数 f 的图像如下所示. 设 $h(x)=f\big(f(x)\big)$，$g(x)=f(x^2)$，根据 f 的图像估计下面的导数值.

(a) $h'(2)$ 　　　　　　(b) $g'(2)$

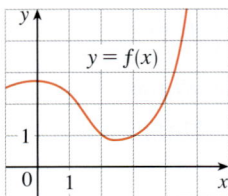

73. 如果 $g(x)=\sqrt{f(x)}$，其中 f 的图像如下所示，计算 $g'(3)$.

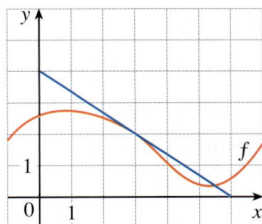

74. 设 f 在 $\mathbb{R}$ 上可微，α 是一个实数. 设 $F(x)=f(x^\alpha)$，$G(x)=\big[f(x)\big]^\alpha$，求 (a) $F'(x)$ 和 (b) $G'(x)$ 的表达式.

75. 设 f 在 $\mathbb{R}$ 上可微. 设 $F(x)=f(e^x)$，$G(x)=e^{f(x)}$，求 (a) $F'(x)$ 和 (b) $G'(x)$ 的表达式.

76. 设 $g(x)=e^{cx}+f(x)$，$h(x)=e^{kx}f(x)$，其中 $f(0)=3$，$f'(0)=5$，$f''(0)=-2$.

(a) 求 $g'(0)$、$g''(0)$，用 c 表示.

(b) 求曲线 h 在 $x=0$ 处的切线的方程，用 k 表示.

77. 令 $r(x)=f\big(g(h(x))\big)$，其中 $h(1)=2$，$g(2)=3$，$h'(1)=4$，$g'(2)=5$，$f'(3)=6$，求 $r'(1)$.

78. 如果 g 是一个二阶可微函数且 $f(x)=xg(x^2)$，求 f''，用 g、g' 和 g'' 表示.

79. 如果 $F(x)=f\big(3f(4f(x))\big)$，其中 $f(0)=0$ 且 $f'(0)=2$，求 $F'(0)$.

80. 如果 $F(x)=f\big(xf(xf(x))\big)$，其中 $f(1)=2$，$f(2)=3$，$f'(1)=4$，$f'(2)=5$，$f'(3)=6$，求 $F'(1)$.

81. 证明 $y=e^{2x}(A\cos 3x+B\sin 3x)$ 满足微分方程 $y''-4y'+13y=0$.

82. 当 r 为多少时，函数 $y=e^{rx}$ 满足微分方程 $y''-4y'+y=0$？

83. 求 $y=\cos 2x$ 的 50 阶导数.

84. 求 $f(x)=xe^{-x}$ 的 1000 阶导数.

85. 物体被固定在振动的弹簧上，其运动方程为

$$s(t)=10+\frac{1}{4}\sin(10\pi t)，$$

其中 s 的单位是 cm，t 的单位是 s. 求物体在 t s 后的速度.

86. 如果一个粒子的运动方程是 $s=A\cos(wt+\delta)$，则称该粒子做简谐运动.

(a) 求粒子在 t 时的速度.

(b) 何时粒子的速度为 0？

87. 造父变星是一种明暗交替的恒星. 最容易观测的造父变星是 Delta Cephei，它达到最大亮度的时间间隔是 5.4 天. 它的平均亮度是 4.0，亮度的变化幅度为 ±0.35. 根据这些数据，我们可以用下面的函数为 Delta Cephei 在 t（单位：天）时的亮度建模：

$$B(t)=4.0+0.35\sin(2\pi t/5.4).$$

(a) 求 t 天后亮度的变化率.

(b) 求 1 天后的增长率（精确到小数点后 2 位）.

88. 在 1.3 节例 4 中，我们为一年的第 t 天中费城的白昼时长建立了如下模型：

$$L(t) = 12 + 2.8\sin\left[\frac{2\pi}{365}(t - 80)\right].$$

利用这个模型，比较 3 月 21 日（$t = 80$）和 5 月 21 日（$t = 141$）费城的白昼时长是怎样增长的.

89. 一个弹簧的运动受摩擦力和阻尼力的影响（例如汽车的减震器），通常可以用指数函数与正弦函数的积来建模. 设弹簧上一点的运动方程为

$$s(t) = 2e^{-1.5t}\sin 2\pi t,$$

其中 s 的单位是 cm，t 的单位是 s. 求 t s 后该点的速度，并画出当 $0 \leqslant t \leqslant 2$ 时位置函数和速度函数的图像.

90. 在一定条件下，传闻按照下列方程所表示的规律传播：

$$p(t) = \frac{1}{1 + ae^{-kt}},$$

其中 $p(t)$ 是在 t 时听说过传闻的人数比例，a 和 k 是正的常数.（在 9.4 节中我们将说明方程 $p(t)$ 的合理性.）

(a) 求 $\lim\limits_{t \to +\infty} p(t)$ 并解释其含义.

(b) 求传闻的传播速度.

(c) 画出当 $a = 10$、$k = 0.5$ 时 p 的图像（t 的单位是 h）. 根据图像估计听说过传闻的人数比例达到 80% 需要多长时间.

91. 8 名男性受试者在摄入 15 mL 酒精后，他们的平均血液酒精浓度（BAC）被测量并记录. 所得数据可以用浓度函数建模：

$$C(t) = 0.002\,25te^{-0.046\,7t},$$

其中 t 的单位是 min，C 的单位是 g/dL.

(a) 10 min 后 BAC 上升得有多快？

(b) 半小时后 BAC 下降得有多快？

资料来源：改编自 P. Wilkinson et al., "Pharmacokinetics of Ethanol after Oral Administration in the Fasting State", *Journal of Pharmacokinetics and Biopharmaceutics* 5 (1977): 207–24.

92. 将空气注入一个气球. 在 t 时气球的体积是 $V(t)$，它的半径是 $r(t)$.

(a) 导数 dV/dr 和 dV/dt 表示什么含义？

(b) 用 dr/dt 表示 dV/dt.

93. 粒子沿直线运动，位置是 $s(t)$，速度是 $v(t)$，加速度是 $a(t)$. 证明

$$a(t) = v(t)\frac{dv}{ds},$$

并解释导数 dv/dt 和 dv/ds 的含义的区别.

94. 下表给出了美国从 1790 年到 1860 年的人口.

年份	人口	年份	人口
1790	3 929 000	1830	12 861 000
1800	5 308 000	1840	17 063 000
1810	7 240 000	1850	23 192 000
1820	9 639 000	1860	31 443 000

(a) 求出拟合以上数据的指数模型. 画出这些数据点和指数模型的图像，这个指数模型的拟合效果怎么样？

(b) 根据割线的平均斜率，估计 1800 年和 1850 年人口的增长率.

(c) 利用 (a) 中的指数模型，估计 1800 年和 1850 年人口的增长率，并与 (b) 中的估计值进行比较.

(d) 利用该指数模型，估计 1870 年的人口，并与实际人口 38 558 000 进行比较. 你能解释其中的偏差吗？

95. 利用链式法则证明：

(a) 一个偶函数的导数是奇函数；

(b) 一个奇函数的导数是偶函数.

96. 利用链式法则和函数积的求导法则给出函数商的求导法则的证明.

（提示：$f(x)/g(x) = f(x)\left[g(x)\right]^{-1}$.）

97. 利用链式法则，证明如果 θ 是按角度计量的，则有

$$\frac{d}{d\theta}(\sin\theta) = \frac{\pi}{180}\cos\theta.$$

（这给出了在微积分中处理三角函数时总是使用弧度的一个原因：如果使用角度，求导公式将不像使用弧度时那样简单.）

98. (a) 记 $|x| = \sqrt{x^2}$ 并利用链式法则证明

$$\frac{d}{dx}|x| = \frac{x}{|x|}.$$

(b) 如果 $f(x) = |\sin x|$，求 $f'(x)$ 并画出 f 和 f' 的粗略图像. f 在何处不可微？

(c) 如果 $g(x) = \sin|x|$，求 $g'(x)$ 并画出 g 和 g' 的粗略图像. g 在何处不可微？

99. 设 c 为曲线 $y = b^x$（$b > 0$，$b \neq 1$）在点 (a, b^a) 处的切线的 x 轴截距．证明点 $(a, 0)$ 与点 $(c, 0)$ 之间的距离对于所有 a 值都是相同的．

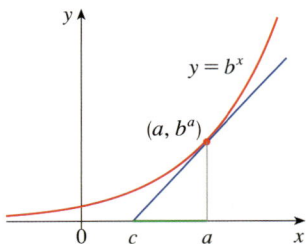

100. 任意指数曲线 $y = b^x$（$b > 0$，$b \neq 1$）上都恰好有一个点 (x_0, y_0)，使得该点处的切线过原点．证明：在每种情况下，都有 $y_0 = e$．（提示：你可以使用 1.5 节公式 10．）

101. 若 $F = f \circ g \circ h$，其中 f、g 和 h 是可微函数，利用链式法则证明

$$F'(x) = f'\big(g(h(x))\big) \cdot g'(h(x)) \cdot h'(x) .$$

102. 若 $F = f \circ g$，其中 f 和 g 是二阶可微函数，利用链式法则和函数积的求导法则证明 F 的二阶导数是

$$F''(x) = f''\big(g(x)\big) \cdot \big[g'(x)\big]^2 + f'\big(g(x)\big) \cdot g''(x) .$$

应用专题 ┃ 飞行员应该从哪里开始下降

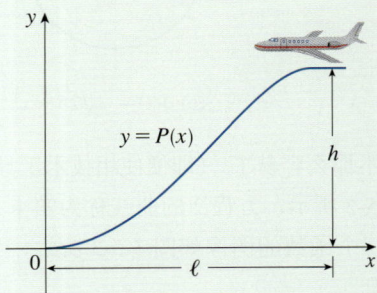

左图显示了飞机降落的路径，它满足以下条件：

(i) 当飞机开始下降时，飞机到着陆点的水平距离为 l，巡航高度为 h；

(ii) 在整个下降过程中，飞行员必须使飞机保持恒定的水平速度 v；

(iii) 垂直加速度的绝对值不应超过某个常数 k（远小于重力加速度）．

1. 通过在开始下降和着陆的点处对 $P(x)$ 和 $P'(x)$ 施加合适的条件，求出满足条件 (i) 的三次多项式 $P(x) = ax^3 + bx^2 + cx + d$．

2. 利用条件 (ii) 和 (iii)，证明

$$\frac{6hv^2}{l^2} \leqslant k .$$

3. 假设航空公司决定飞机的垂直加速度不得超过 $k = 1385\,\text{km/h}$．如果飞机的巡航高度为 $11\,000\,\text{m}$，飞行速度为 $480\,\text{km/h}$，那么飞行员应该使飞机在距离机场多远处开始下降？

4. 如果满足问题 3 中的条件，画出飞机降落路径的图像．

3.5 ┃ 隐函数求导法

■ 隐函数

到现在为止我们所遇到的函数都能够明确地将一个变量表示为另一个变量．例如，

$$y = \sqrt{x^3 + 1} \ \text{或} \ y = x \sin x .$$

这类函数的一般形式为 $y = f(x)$．然而，有些函数是通过 x 和 y 之间的关系来定义的，例如

1
$$x^2 + y^2 = 25$$

或

2
$$x^3 + y^3 = 6xy .$$

在一些情况下，解出一个（或多个）y 关于 x 的显式方程是可行的．例如，解关于 y 的方程 1，得到 $y = \pm\sqrt{25 - x^2}$，那么由隐式方程 1 确定的两个函数为 $f(x) = \sqrt{25 - x^2}$ 和 $g(x) = -\sqrt{25 - x^2}$．它们的图像分别是圆 $x^2 + y^2 = 25$ 的上半圆和下半圆（见图 3-5-1）．

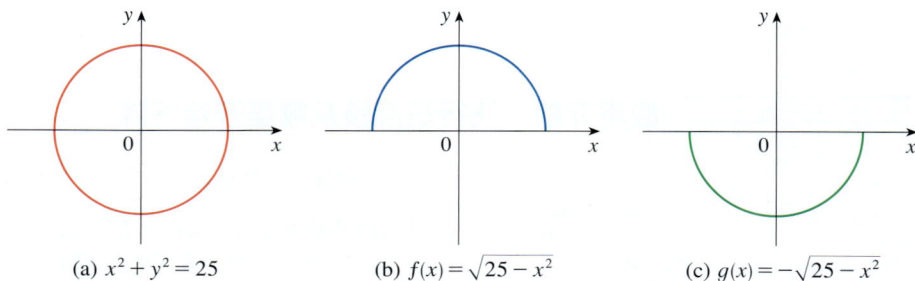

图 3-5-1　　　　(a) $x^2 + y^2 = 25$　　　　(b) $f(x) = \sqrt{25 - x^2}$　　　　(c) $g(x) = -\sqrt{25 - x^2}$

对于方程 2，解出 y 关于 x 的显示方程就不那么容易了．（即便使用技术工具，得到的表达式也很复杂．）尽管如此，如图 3-5-2 所示，方程 2 的曲线称为**笛卡儿叶形线**，它隐含了 y 关于 x 的三个函数．这三个函数的图像如图 3-5-3 所示．当我们说 f 是由方程 2 定义的隐函数时，意思是

$$x^3 + \left[f(x) \right]^3 = 6xf(x)$$

对 f 的值域内的所有 x 都成立．

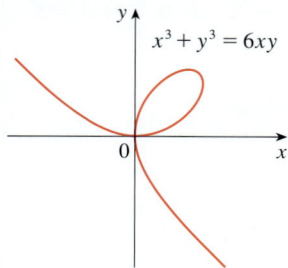

图 3-5-2

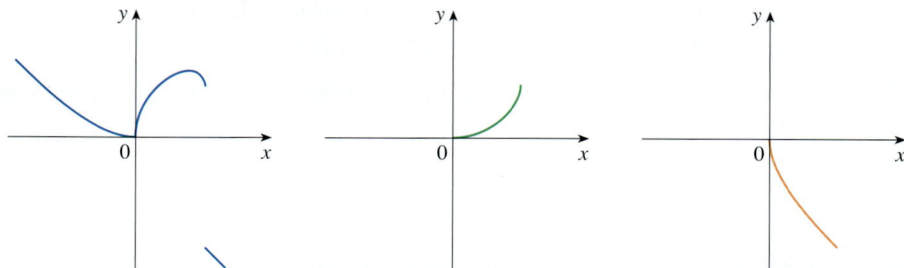

图 3-5-3

■ 隐函数求导法

幸运的是，我们不需要用 x 表示 y 来求出 y 的导数，而是采用**隐函数求导法**．在方程的两边同时求关于 x 的导数，然后解这个关于 dy/dx 的方程．在本节的例题和练习中，我们都假设给定的方程确定了一个 y 关于 x 的可微函数，这样就可以应用隐函数求导法．

例 1

如果 $x^2 + y^2 = 25$，求 $\mathrm{d}y/\mathrm{d}x$．求圆 $x^2 + y^2 = 25$ 在点 $(3,4)$ 处的切线的方程．

解 1

在方程 $x^2 + y^2 = 25$ 的两边求关于 x 的导数：

$$\frac{\mathrm{d}}{\mathrm{d}x}\left(x^2 + y^2\right) = \frac{\mathrm{d}}{\mathrm{d}x}(25)$$

$$\frac{\mathrm{d}}{\mathrm{d}x}\left(x^2\right) + \frac{\mathrm{d}}{\mathrm{d}x}\left(y^2\right) = 0 .$$

记住 y 是 x 的函数，应用链式法则可得

$$\frac{\mathrm{d}}{\mathrm{d}x}\left(y^2\right) = \frac{\mathrm{d}}{\mathrm{d}y}\left(y^2\right)\frac{\mathrm{d}y}{\mathrm{d}x} = 2y\frac{\mathrm{d}y}{\mathrm{d}x} .$$

因此

$$2x + 2y\frac{\mathrm{d}y}{\mathrm{d}x} = 0 .$$

现在解这个关于 $\mathrm{d}y/\mathrm{d}x$ 的方程，得到

$$\frac{\mathrm{d}y}{\mathrm{d}x} = -\frac{x}{y} .$$

在点 $(3,4)$ 处有 $x = 3$ 和 $y = 4$，因此

$$\frac{\mathrm{d}y}{\mathrm{d}x} = -\frac{3}{4} .$$

所以圆在点 $(3,4)$ 处的切线的方程是

$$y - 4 = -\frac{3}{4}(x-3) \text{ 或 } 3x + 4y = 25 .$$

解 2

解关于 y 的方程 $x^2 + y^2 = 25$，有 $y = \pm\sqrt{25 - x^2}$．点 $(3,4)$ 位于上半圆 $y = \sqrt{25 - x^2}$ 上，因此考虑函数 $f(x) = \sqrt{25 - x^2}$．利用链式法则对 f 求导，可得

$$f'(x) = \frac{1}{2}\left(25 - x^2\right)^{-1/2}\frac{\mathrm{d}}{\mathrm{d}x}\left(25 - x^2\right)$$

$$= \frac{1}{2}\left(25 - x^2\right)^{-1/2}(-2x) = -\frac{x}{\sqrt{25 - x^2}} .$$

在点 $(3,4)$ 处有

$$f'(3) = -\frac{3}{\sqrt{25 - 3^2}} = -\frac{3}{4} .$$

例 1 说明即使解 y 关于 x 的显式方程是可行的，使用隐函数求导法也可能更简单．

这与解 1 的结果相同，切线方程为 $3x + 4y = 25$．

注 1 解 1 中的表达式 $\mathrm{d}y/\mathrm{d}x = -x/y$ 给出了用 x 和 y 共同表示的导数，无论从给定的方程得到哪一个函数 y，这个导数都是正确的．例如，对于 $y = f(x) = \sqrt{25 - x^2}$，有

$$\frac{\mathrm{d}y}{\mathrm{d}x} = -\frac{x}{y} = -\frac{x}{\sqrt{25 - x^2}} .$$

而对于 $y = g(x) = -\sqrt{25 - x^2}$ ，有

$$\frac{dy}{dx} = -\frac{x}{y} = -\frac{x}{-\sqrt{25 - x^2}} = \frac{x}{\sqrt{25 - x^2}} \ .$$

例 2

(a) 如果 $x^3 + y^3 = 6xy$ ，求 y' .

(b) 求笛卡儿叶形线 $x^3 + y^3 = 6xy$ 在点 $(3,3)$ 处的切线 .

(c) 在第一象限中曲线在哪一点处的切线是水平的?

解

(a) 在方程 $x^3 + y^3 = 6xy$ 的两边同时求关于 x 的导数，把 y 当作 x 的函数，并且对 y^3 应用链式法则，对 $6xy$ 应用函数积的求导法则，可得

我们可以使用符号 y' 或 dy/dx 来表示 y 关于 x 的导数 .

$$3x^2 + 3y^2 y' = 6xy' + 6y$$

或

$$x^2 + y^2 y' = 2xy' + 2y \ .$$

接下来求 y' :

$$y^2 y' - 2xy' = 2y - x^2$$
$$(y^2 - 2x)y' = 2y - x^2$$
$$y' = \frac{2y - x^2}{y^2 - 2x} \ .$$

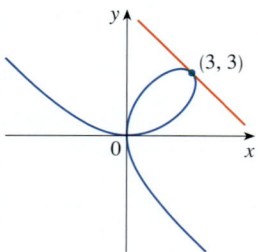

图 3-5-4

(b) 当 $x = y = 3$ 时，

$$y' = \frac{2 \times 3 - 3^2}{3^2 - 2 \times 3} = -1 \ .$$

观察图 3-5-4 可以看出曲线在点 $(3,3)$ 处的斜率是合理的 . 因此，叶形线在点 $(3,3)$ 处的切线的方程为

$$y - 3 = (-1)(x - 3) \text{ 或 } x + y = 6 \ .$$

(c) 如果 $y' = 0$ ，那么切线是水平的 . 通过从 (a) 中求出的 y' 的表达式可知，当 $2y - x^2 = 0$ 时（已知 $y^2 - 2x \ne 0$ ）， $y' = 0$. 将 $y = \frac{1}{2} x^2$ 代入曲线方程，得到

$$x^3 + \left(\frac{1}{2} x^2\right)^3 = 6x\left(\frac{1}{2} x^2\right) \ .$$

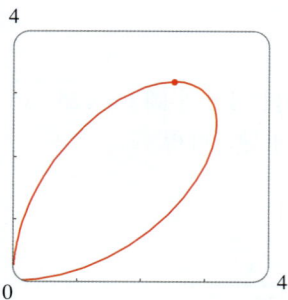

图 3-5-5

化简得 $x^6 = 16x^3$. 因为在第一象限中 $x \ne 0$ ，所以 $x^3 = 16$. 如果 $x = 16^{1/3} = 2^{4/3}$ ，则 $y = \frac{1}{2}\left(2^{8/3}\right) = 2^{5/3}$. 因此，在点 $\left(2^{4/3}, 2^{5/3}\right)$ （大约是 $(2.519\,8, 3.174\,8)$ ）处切线是水平的 . 从图 3-5-5 中可以看出，这个答案是合理的 . ■

注 2　三次方程式有一个公式可以求出它的三个解，像二次方程的公式一样，但是要复杂得多 . 如果用这个公式（或利用计算机）来解方程 $x^3 + y^3 = 6xy$ ，将 y 用 x 表示，可以得到以下三个函数:

$$y = f(x) = \sqrt[3]{-\frac{1}{2} x^3 + \sqrt{\frac{1}{4} x^6 - 8x^3}} + \sqrt[3]{-\frac{1}{2} x^3 - \sqrt{\frac{1}{4} x^6 - 8x^3}}$$

和

$$y = \frac{1}{2}\left[-f(x) \pm \sqrt{3}\left(\sqrt[3]{-\frac{1}{2} x^3 + \sqrt{\frac{1}{4} x^6 - 8x^3}} - \sqrt[3]{-\frac{1}{2} x^3 - \sqrt{\frac{1}{4} x^6 - 8x^3}}\right)\right] \ .$$

阿贝尔和伽罗瓦

挪威数学家尼尔斯·阿贝尔（Niels Abel）在 1824 年证明了对于五次整系数多项式 p，没有一般公式可以表示方程 $p(x)=0$ 的解. 后来法国数学家埃瓦里斯特·伽罗瓦（Evariste Galois）证明了对于次数大于 5 的多项式 p，都没有一般公式可以表示方程 $p(x)=0$ 的解.

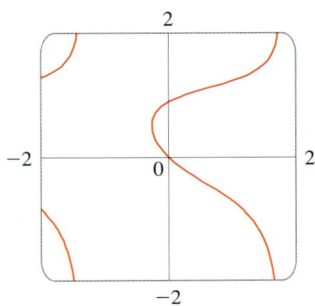

图 3-5-6

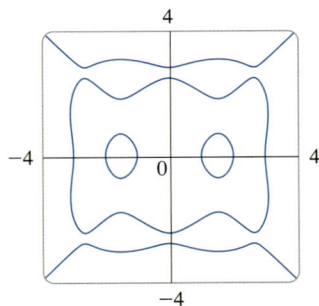

图 3-5-7
$$(x^2-1)(x^2-4)(x^2-9)$$
$$=y^2(y^2-4)(y^2-9)$$

（图 3-5-3 展示了这三个函数的图像.）你可以看到，像这种情况，使用隐函数求导可以减少大量的工作. 隐函数求导对于如下形式的方程同样非常容易：

$$y^5+3x^2y^2+5x^4=12 .$$

对于上式，将 y 用 x 表示是不可能的.

例 3 如果 $\sin(x+y)=y^2\cos x$，求 y'.

解 记住 y 是 x 的函数，对方程进行关于 x 的隐函数求导，我们得到

$$\cos(x+y)\cdot(1+y')=y^2(-\sin x)+2yy'\cos x .$$

（我们在左边使用了链式法则，在右边使用了链式法则和函数积的求导法则.）如果将 y' 项合并，得到

$$\cos(x+y)+y^2\sin x=(2y\cos x)y'-\cos(x+y)\cdot y' .$$

因此
$$y'=\frac{y^2\sin x+\cos(x+y)}{2y\cos x-\cos(x+y)} .$$

图 3-5-6 是利用计算机代数系统画出的 $\sin(x+y)=y^2\cos x$ 的部分图像. 检验计算结果：当 $x=y=0$ 时，$y'=-1$，而从图像中可以看出原点处的斜率大约是 -1. ■

图 3-5-7、图 3-5-8、图 3-5-9 展示了由计算机生成的另外三条曲线. 在练习 45~46 中我们将绘制和探究这些不常见的曲线.

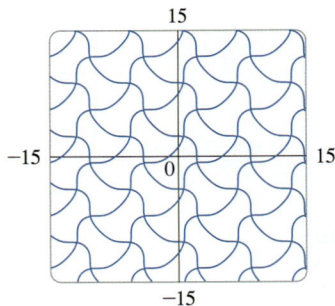

图 3-5-8
$$\cos(x-\sin y)=\sin(y-\sin x)$$

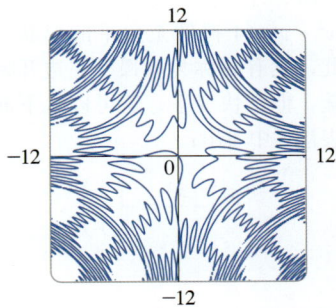

图 3-5-9
$$\sin(xy)=\sin x+\sin y$$

■ 隐函数的二阶导数

下面的例子展示了如何求隐函数的二阶导数.

例 4 如果 $x^4+y^4=16$，求 y''.

解 对方程进行关于 x 的隐函数求导，得到

$$4x^3+4y^3y'=0 .$$

解 y'，得到
$$y'=-\frac{x^3}{y^3} .$$

为了求出 y''，用函数商的求导法则对 y' 的表达式求导（记住 y 是 x 的函数）：

$$y'' = \frac{\mathrm{d}}{\mathrm{d}x}\left(-\frac{x^3}{y^3}\right) = -\frac{y^3(\mathrm{d}/\mathrm{d}x)(x^3) - x^3(\mathrm{d}/\mathrm{d}x)(y^3)}{(y^3)^2}$$

$$= -\frac{y^3 \cdot 3x^2 - x^3(3y^2 y')}{y^6}.$$

如果此时将方程 3 代入这个表达式，就会得到

$$y'' = -\frac{3x^2 y^3 - 3x^3 y^2\left(-\dfrac{x^3}{y^3}\right)}{y^6}$$

$$= -\frac{3(x^2 y^4 + x^6)}{y^7} = -\frac{3x^2(y^4 + x^4)}{y^7}.$$

而 x 和 y 必须满足原方程 $x^4 + y^4 = 16$，因此答案化简为

$$y'' = -\frac{3x^2 \cdot 16}{y^7} = -48\frac{x^2}{y^7}.$$

图 3-5-10 显示了例 4 中的曲线 $x^4 + y^4 = 16$．注意，这是一个将圆 $x^2 + y^2 = 4$ 拉伸至扁平的形状．因此，它有时称为胖圆．左边开始很陡，但很快变平．这可以从下面的表达式中看出：

$$y' = -\frac{x^3}{y^3} = -\left(\frac{x}{y}\right)^3.$$

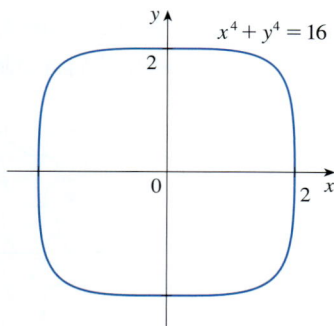

图 3-5-10

3.5 | 练习

1~4

(a) 利用隐函数求导法求 y'．

(b) 解关于 y 的方程，然后求 y'，用 x 表示．

(c) 将 y 的表达式代入 (a) 中你的答案，比较 (a) 和 (b) 的结果是否一致．

1. $5x^2 - y^3 = 7$ **2.** $6x^4 + y^5 = 2x$

3. $\sqrt{x} + \sqrt{y} = 1$ **4.** $\dfrac{2}{x} - \dfrac{1}{y} = 4$

5~22 利用隐函数求导法求 $\mathrm{d}y/\mathrm{d}x$．

5. $x^2 - 4xy + y^2 = 4$ **6.** $2x^2 + xy - y^2 = 2$

7. $x^4 + x^2 y^2 + y^3 = 5$ **8.** $x^3 - xy^2 + y^3 = 1$

9. $\dfrac{x^2}{x+y} = y^2 + 1$ **10.** $xe^y = x - y$

11. $\sin x + \cos y = 2x - 3y$ **12.** $e^x \sin y = x + y$

13. $\sin(x+y) = \cos x + \cos y$ **14.** $\tan(x-y) = 2xy^3 + 1$

15. $y\cos x = x^2 + y^2$ **16.** $\sin(xy) = \cos(x+y)$

17. $2xe^y + ye^x = 3$ **18.** $\sin x \cos y = x^2 - 5y$

19. $\sqrt{x+y} = x^4 + y^4$ **20.** $xy = \sqrt{x^2 + y^2}$

21. $e^{x/y} = x - y$ **22.** $\cos(x^2 + y^2) = xe^y$

23. 设 $f(x) + x^2[f(x)]^3 = 10$，$f(1) = 2$，求 $f'(1)$．

24. 设 $g(x) + x\sin g(x) = x^2$，求 $g'(0)$．

25~26 下列函数中，自变量为 y ，因变量为 x . 利用隐函数求导法求 $\mathrm{d}x/\mathrm{d}y$.

25. $x^4y^2 - x^3y + 2xy^3 = 0$ 　　**26.** $y\sec x = x\tan y$

27~36 利用隐函数求导法求出曲线在给定点处的切线的方程 .

27. $ye^{\sin x} = x\cos y$ ， $(0,0)$

28. $\tan(x+y) + \sec(x-y) = 2$ ， $(\pi/8, \pi/8)$

29. $x^{2/3} + y^{2/3} = 4$ ， $\left(-3\sqrt{3}, 1\right)$ （星形线）

30. $y^2(6-x) = x^3$ ， $\left(2, \sqrt{2}\right)$ （蔓叶线）

31. $x^2 - xy - y^2 = 1$ ， $(2,1)$ （双曲线）

32. $x^2 + 2xy + 4y^2 = 12$ ， $(2,1)$ （椭圆）

33. $x^2 + y^2 = \left(2x^2 + 2y^2 - x\right)^2$ ， $\left(0, \dfrac{1}{2}\right)$ （心脏线）

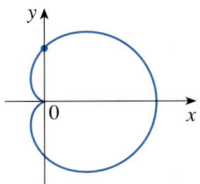

34. $x^2y^2 = (y+1)^2\left(4-y^2\right)$ ， $\left(2\sqrt{3}, 1\right)$ （蚌线）

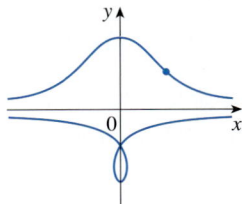

35. $2\left(x^2 + y^2\right)^2 = 25\left(x^2 - y^2\right)$ ， $(3,1)$ （双纽线）

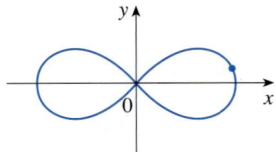

36. $y^2\left(y^2 - 4\right) = x^2\left(x^2 - 5\right)$ ， $(0,-2)$

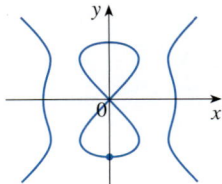

37. (a) 方程为 $y^2 = 5x^4 - x^2$ 的曲线称为**欧多克索斯曲线** . 求这条曲线在点 $(1,2)$ 处的切线的方程 .

(b) 在同一坐标系中画出 (a) 中的曲线和其切线 . （画出这个隐函数的图像，你可以分别画出它的上半部分和下半部分 . ）

38. (a) 方程为 $y^2 = x^3 + 3x^2$ 的曲线称为**奇恩豪斯立方曲线** . 求这条曲线在点 $(1,-2)$ 处的切线的方程 .

(b) 该曲线在何处有水平切线？

(c) 在同一坐标系中画出该曲线及 (a) 和 (b) 中的切线 .

39~42 利用隐函数求导法求 y'' . 尽可能地化简结果 .

39. $x^2 + 4y^2 = 4$ 　　**40.** $x^2 + xy + y^2 = 3$

41. $\sin y + \cos x = 1$ 　　**42.** $x^3 - y^3 = 7$

---

43. 如果 $xy + e^y = e$ ，求 y'' 在 $x=0$ 处的值 .

44. 如果 $x^2 + xy + y^3 = 1$ ，求 y''' 在 $x=1$ 处的值 .

45. 使用包含隐函数绘图功能的设备可以画出各种形状的曲线 .

(a) 画出方程为

$$y\left(y^2 - 1\right)(y-2) = x(x-1)(x-2)$$

的曲线图像 . 该曲线在多少个点处有水平切线？估计这些点的横坐标 .

(b) 求点 $(0,1)$ 和点 $(0,2)$ 处的切线的方程 .

(c) 计算 (a) 中点的横坐标的准确值 .

(d) 修改 (a) 中的方程，画出更多形状的曲线 .

46. (a) 方程为

$$2y^3 + y^2 - y^5 = x^4 - 2x^3 + x^2$$

的曲线的形状像一架颠簸的马车 . 画出该曲线，并说明曲线呈现这个形状的原因 .

(b) 该曲线在多少个点处有水平切线？求出这些点的横坐标 .

47. 求出练习 35 中的双纽线在何处有水平切线 .

48. 利用隐函数求导法证明椭圆

$$\frac{x^2}{a^2} + \frac{y^2}{b^2} = 1$$

在点 $\left(x_0, y_0\right)$ 处的切线的方程为

$$\frac{x_0 x}{a^2} + \frac{y_0 y}{b^2} = 1 .$$

49. 求双曲线

$$\frac{x^2}{a^2} - \frac{y^2}{b^2} = 1$$

在点 (x_0, y_0) 处的切线的方程.

50. 证明曲线 $\sqrt{x} + \sqrt{y} = \sqrt{c}$ 的任意一条切线的 x 轴截距和 y 轴截距之和为 c.

51. 利用隐函数求导法证明以 O 为圆心的圆在点 P 处的切线与半径 OP 垂直.

52. 对于 n 为有理数, 即 $n = p/q$（其中 p、q 为整数）的幂函数 $y = f(x) = x^n$, 假设它是可微的, 那么幂函数的求导法则可以用隐函数求导法来证明. 用隐函数求导法证明

$$y' = \frac{p}{q} x^{(p/q)-1}.$$

53~56　正交轨线　如果两条曲线在每个交点处的切线都相互垂直, 那么它们是正交的. 证明以下曲线族是彼此的正交轨线, 即一个曲线族中的每一条曲线都正交于另一族中的每一条曲线. 在同一坐标系中画出这些曲线.

53. $x^2 + y^2 = r^2$，$ax + by = 0$

54. $x^2 + y^2 = ax$，$x^2 + y^2 = by$

55. $y = cx^2$，$x^2 + 2y^2 = k$

56. $y = cx^3$，$x^2 + 3y^2 = b$

57. 证明椭圆 $x^2/a^2 + y^2/b^2 = 1$ 和双曲线 $x^2/A^2 - y^2/B^2 = 1$ 是彼此的正交轨线, 如果 $A^2 < a^2$ 且 $a^2 - b^2 = A^2 + B^2$（因此椭圆和双曲线有相同的焦点）.

58. 求使曲线 $y = (x+c)^{-1}$ 和 $y = a(x+k)^{1/3}$ 正交的 a 值.

59. n mol 气体的范德华方程是

$$\left(p + \frac{n^2 a}{V^2} \right)(V - nb) = nRT,$$

其中 P 是压强, V 是体积, T 是气体的温度, 常数 R 是通用气体常数. a 和 b 是正的常数, 它们是气体的特征参数.

(a) 如果 T 保持不变, 利用隐函数求导法求 dV/dP.

(b) 在体积 $V = 10$L、压强 $P = 2.5$atm 的情况下, 求 1 mol 二氧化碳的体积关于压强的变化率. 令 $a = 3.592$L$^2 \cdot$ atm/mol^2，$b = 0.042\ 67$L/mol.

60. (a) 如果 $x^2 + xy + y^2 + 1 = 0$, 利用隐函数求导法求 y'.

(b) 画出 (a) 中的曲线. 你发现了什么? 证明你的发现是正确的.

(c) 根据 (b) 中的发现, 关于 (a) 中求出的 y' 的表达式, 你能得出什么结论?

61. 方程 $x^2 - xy + y^2 = 3$ 表示"旋转后的椭圆", 即其轴不平行于坐标轴的椭圆. 求出该椭圆与 x 轴的交点, 并证明这些点处的切线是相互平行的.

62. (a) 椭圆 $x^2 - xy + y^2 = 3$ 在点 $(-1, 1)$ 处的法线在何处与椭圆再次相交?

(b) 通过画出椭圆及其法线来展示 (a) 的结果.

63. 在曲线 $x^2 y^2 + xy = 2$ 上的哪点处切线的斜率为 -1?

64. 求过点 $(12, 3)$ 的椭圆 $x^2 + 4y^2 = 36$ 的两条切线的方程.

65. 利用隐函数求导法求方程

$$\frac{x}{y} = y^2 + 1,\ y \neq 0$$

和与之等价的方程

$$x = y^3 + y,\ y \neq 0$$

的导数 dy/dx. 证明尽管得到的 dy/dx 的表达式看起来不同, 但它们对所有满足给定方程的点是相等的.

66. 对于所有 x, 零阶贝塞尔函数 $y = J(x)$ 满足微分方程 $xy'' + y' + xy = 0$. 它在 $x = 0$ 处的值为 $J(0) = 1$.

(a) 求 $J'(0)$.

(b) 利用隐函数求导法求 $J''(0)$.

67. 一盏灯被放置在 y 轴右侧 3 个单位处, 椭圆形区域 $x^2 + 4y^2 \leq 5$ 造成的阴影如下图所示. 如果点 $(-5, 0)$ 在阴影的边缘上, 那么灯在 x 轴上方多高处?

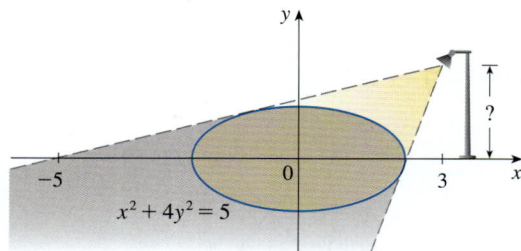

在这个专题中，你将根据参数的变化，探索隐式曲线的形状变化，并确定哪些特征是曲线族中所有成员曲线的共同特征．

1. 考虑曲线族

$$y^2 - 2x^2(x+8) = c\left[(y+1)^2(y+9) - x^2\right].$$

(a) 画出 $c=0$ 和 $c=2$ 对应的成员曲线，确定它们之间有多少交点．（你可能需要放大图像才能找到全部交点．）

(b) 现在将 $c=5$ 和 $c=10$ 对应的曲线添加到 (a) 中的图像中，你注意到了什么？c 为其他值时是怎样的？

2. (a) 画出曲线族

$$x^2 + y^2 + cx^2y^2 = 1.$$

中的几条成员曲线．描述当你改变 c 的值时图像是如何变化的．

(b) $c=-1$ 时曲线是怎样的？描述所显示的图像．你能用代数方法证明你发现的结论吗？

(c) 利用隐函数求导法求 y'．对于 $c=-1$，y' 的表达式与 (b) 中你的发现一致吗？

3.6 | 对数函数与反三角函数的导数

在本节中，我们用隐函数求导法来求对数函数和反三角函数的导数．

■ 对数函数的导数

附录 F 中，我们证明了如果 f 是一个可微一对一函数，那么它的逆函数 f^{-1} 也是可微的，除了切线垂直的地方．这是合理的，因为在几何上可以把可微函数想象成图像上没有尖角的函数．通过对 f 的图像作关于 $y=x$ 的对称变换，得到 f^{-1} 的图像，所以 f^{-1} 的图像也没有尖角．（注意，如果 f 在某一点处有一条水平切线，那么 f^{-1} 在相应的点处有一条垂直切线，因此 f^{-1} 在该点处不可微．）

由于对数函数 $y=\log_b x$ 是指数函数 $y=b^x$ 的逆函数，从 3.1 节中我们知道指数函数是可微的，因此可以得出对数函数也是可微的．下面陈述并证明对数函数的导数公式：

1 $$\frac{\mathrm{d}}{\mathrm{d}x}(\log_b x) = \frac{1}{x\ln b}.$$

3.4 节公式 5：

$$\frac{\mathrm{d}}{\mathrm{d}x}\left(b^x\right) = b^x \ln b \, .$$

证明　令 $y = \log_b x$ ，则 $b^y = x$. 对这个方程进行关于 x 的隐函数求导，利用 3.4 节公式 5，得到

$$\left(b^y \ln b\right)\frac{\mathrm{d}y}{\mathrm{d}x} = 1 \, .$$

因此

$$\frac{\mathrm{d}y}{\mathrm{d}x} = \frac{1}{b^y \ln b} = \frac{1}{x \ln b} \, . \qquad \blacksquare$$

如果将 $b = \mathrm{e}$ 代入公式 1，那么右边的因子 $\ln b$ 就变成了 $\ln \mathrm{e} = 1$ ，这样就得到了自然对数函数的导数表达式：

2
$$\frac{\mathrm{d}}{\mathrm{d}x}\left(\ln x\right) = \frac{1}{x} \, .$$

通过比较公式 1 和公式 2，可以明白在微积分中使用自然对数（以 e 为底数的对数）的一个主要原因：当 $b = \mathrm{e}$ 时导数公式最简单，因为 $\ln \mathrm{e} = 1$.

例 1　求 $y = \ln\left(x^3 + 1\right)$ 的导数.

解　为了使用链式法则，设 $u = x^3 + 1$ ，则 $y = \ln u$. 因此

$$\frac{\mathrm{d}y}{\mathrm{d}x} = \frac{\mathrm{d}y}{\mathrm{d}u} \cdot \frac{\mathrm{d}u}{\mathrm{d}x} = \frac{1}{u} \cdot \frac{\mathrm{d}u}{\mathrm{d}x} = \frac{1}{x^3 + 1}\left(3x^2\right) = \frac{3x^2}{x^3 + 1} \, .$$

通常情况下，如果将公式 2 和链式法则结合在一起，可得　$\blacksquare$

3
$$\frac{\mathrm{d}}{\mathrm{d}x}\left(\ln u\right) = \frac{1}{u}\cdot\frac{\mathrm{d}u}{\mathrm{d}x} \qquad 或 \qquad \frac{\mathrm{d}}{\mathrm{d}x}\left[\ln g(x)\right] = \frac{g'(x)}{g(x)} \, .$$

例 2　求 $\dfrac{\mathrm{d}}{\mathrm{d}x}\ln\left(\sin x\right)$.

解　利用公式 3，有

$$\frac{\mathrm{d}}{\mathrm{d}x}\ln\left(\sin x\right) = \frac{1}{\sin x}\cdot\frac{\mathrm{d}}{\mathrm{d}x}\left(\sin x\right) = \frac{1}{\sin x}\cos x = \cot x \, . \qquad \blacksquare$$

例 3　求 $f(x) = \sqrt{\ln x}$ 的导数.

解　这里内层函数为对数函数，因此由链式法则得到

$$f'(x) = \frac{1}{2}\left(\ln x\right)^{-1/2}\frac{\mathrm{d}}{\mathrm{d}x}\left(\ln x\right) = \frac{1}{2\sqrt{\ln x}}\cdot\frac{1}{x} = \frac{1}{2x\sqrt{\ln x}} \, . \qquad \blacksquare$$

例 4 求 $f(x) = \log_{10}(2 + \sin x)$ 的导数.

解 根据公式 1，代入 $b = 10$，有

$$\begin{aligned}
f'(x) &= \frac{\mathrm{d}}{\mathrm{d}x}\log_{10}(2 + \sin x) \\
&= \frac{1}{(2 + \sin x)\ln 10} \cdot \frac{\mathrm{d}}{\mathrm{d}x}(2 + \sin x) \\
&= \frac{\cos x}{(2 + \sin x)\ln 10}.
\end{aligned}$$

图 3-6-1 给出了例 5 中函数 f 及其导数的图像. 从图中可以直观地检验答案. 注意当 f 的图像迅速下降时，$f'(x)$ 是一个绝对值很大的负数.

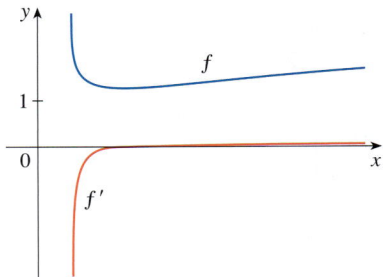

图 3-6-1

例 5 求 $\dfrac{\mathrm{d}}{\mathrm{d}x}\ln\dfrac{x+1}{\sqrt{x-2}}$.

解 1

$$\begin{aligned}
\frac{\mathrm{d}}{\mathrm{d}x}\ln\frac{x+1}{\sqrt{x-2}} &= \frac{1}{\dfrac{x+1}{\sqrt{x-2}}} \cdot \frac{\mathrm{d}}{\mathrm{d}x}\frac{x+1}{\sqrt{x-2}} \\
&= \frac{\sqrt{x-2}}{x+1} \cdot \frac{\sqrt{x-2} \times 1 - (x+1)\left(\dfrac{1}{2}\right)(x-2)^{-1/2}}{x-2} \\
&= \frac{x - 2 - \dfrac{1}{2}(x+1)}{(x+1)(x-2)} \\
&= \frac{x-5}{2(x+1)(x-2)}
\end{aligned}$$

解 2 如果首先利用对数运算法则化简所给函数，那么求导就会变得比较容易：

$$\begin{aligned}
\frac{\mathrm{d}}{\mathrm{d}x}\ln\frac{x+1}{\sqrt{x-2}} &= \frac{\mathrm{d}}{\mathrm{d}x}\left[\ln(x+1) - \frac{1}{2}\ln(x-2)\right] \\
&= \frac{1}{x+1} - \frac{1}{2}\left(\frac{1}{x-2}\right).
\end{aligned}$$

（这个答案可以写成上面的形式. 如果将其通分，就可以看出该答案与解 1 的结果相同.）

例 6 中函数 $f(x) = \ln|x|$ 及其导数 $f'(x) = 1/x$ 的图像如图 3-6-2 所示. 注意，当 x 很小时，$f(x) = \ln|x|$ 的图像很陡，因此 $f'(x)$（正或负）的绝对值很大.

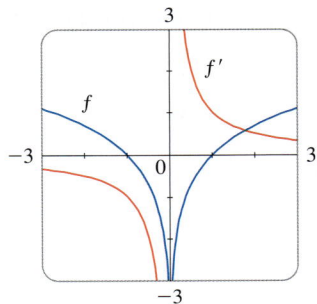

图 3-6-2

例 6 如果 $f(x) = \ln|x|$，求 $f'(x)$.

解 因为

$$f(x) = \begin{cases} \ln x, & x > 0; \\ \ln(-x), & x < 0. \end{cases}$$

所以

$$f'(x) = \begin{cases} \dfrac{1}{x}, & x > 0; \\ \dfrac{1}{-x}(-1) = \dfrac{1}{x}, & x < 0. \end{cases}$$

因此 $f'(x) = 1/x$，$x \neq 0$.

例 6 的结果很有用处:

$$\boxed{4} \qquad \boxed{\dfrac{\mathrm{d}}{\mathrm{d}x}\ln|x| = \dfrac{1}{x}}.$$

■ 对数求导法

涉及积、商或幂的复杂函数的导数计算经常可以通过取对数的方法来简化. 下面的例子中所使用的方法经常称为**对数求导法**.

例 7 求 $y = \dfrac{x^{3/4}\sqrt{x^2+1}}{(3x+2)^5}$ 的导数.

解 在方程的两边同时取对数,并利用对数运算法则化简:

$$\ln y = \frac{3}{4}\ln x + \frac{1}{2}\ln(x^2+1) - 5\ln(3x+2).$$

对方程进行关于 x 的隐函数求导,则有

$$\frac{1}{y}\cdot\frac{\mathrm{d}y}{\mathrm{d}x} = \frac{3}{4}\cdot\frac{1}{x} + \frac{1}{2}\cdot\frac{2x}{x^2+1} - 5\cdot\frac{3}{3x+2}.$$

解 $\mathrm{d}y/\mathrm{d}x$,可得

$$\frac{\mathrm{d}y}{\mathrm{d}x} = y\left(\frac{3}{4x} + \frac{x}{x^2+1} - \frac{15}{3x+2}\right).$$

因为已知 y 关于 x 的显式表达式,所以代入得到

$$\frac{\mathrm{d}y}{\mathrm{d}x} = \frac{x^{3/4}\sqrt{x^2+1}}{(3x+2)^5}\left(\frac{3}{4x} + \frac{x}{x^2+1} - \frac{15}{3x+2}\right). \qquad ■$$

> **对数求导法的步骤**
>
> **1.** 在方程 $y = f(x)$ 的两边同时取自然对数,并利用对数运算法则化简.
>
> **2.** 求关于 x 的导数.
>
> **3.** 解方程,求 y',并将用 $f(x)$ 替换 y.

如果对于一些 x 值,$f(x) < 0$,那么 $\ln f(x)$ 没有意义,但我们还是可以使用对数求导法,只需考虑 $|y| = |f(x)|$,然后使用公式 4. 我们将通过证明一般情况的幂函数的求导法则来说明这个过程,正如 3.1 节中所承诺的. 回顾幂函数的求导法则(一般情况):如果 n 为任意实数且 $f(x) = x^n$,则 $f'(x) = nx^{n-1}$.

幂函数的求导法则(一般情况)的证明 设 $y = x^n$ 并利用对数求导法:

$$\ln|y| = \ln|x|^n = n\ln|x|, \quad x \neq 0,$$

所以

$$\frac{y'}{y} = \frac{n}{x}.$$

因此

$$y' = n\frac{y}{x} = n\frac{x^n}{x} = nx^{n-1}. \qquad ■$$

如果在例 7 中我们没有使用对数求导法,那么我们就要使用函数积与商的求导法则,此时计算量将大得可怕.

如果 $x = 0$,通过导数的定义可以直接证明对于 $n > 1$,有 $f'(0) = 0$.

🚫　你应该仔细区分幂函数的求导法则（$\left(x^n\right)' = nx^{n-1}$）和指数函数的求导公式（$\left(b^x\right)' = b^x \ln b$）。在幂函数中，底数是变量，指数是常数；而在指数函数中，底数是常数，指数是变量.

通常，指数和底数有以下四种情况：

底数为常数、指数为常数　　**1.** $\dfrac{\mathrm{d}}{\mathrm{d}x}\left(b^n\right) = 0$ （b 和 n 为常数）

底数为变量、指数为常数　　**2.** $\dfrac{\mathrm{d}}{\mathrm{d}x}\left[f(x)\right]^n = n\left[f(x)\right]^{n-1} f'(x)$

底数为常数、指数为变量　　**3.** $\dfrac{\mathrm{d}}{\mathrm{d}x}\left[b^{g(x)}\right] = b^{g(x)}(\ln b) g'(x)$

底数为变量、指数为变量　　**4.** 为了求 $(\mathrm{d}/\mathrm{d}x)\left[f(x)\right]^{g(x)}$，使用对数求导法（见下一个例子）.

例 8　求 $y = x^{\sqrt{x}}$ 的导数.

解 1　因为底数和指数均为变量，所以使用对数求导法，得到

$$\ln y = \ln x^{\sqrt{x}} = \sqrt{x} \ln x$$

$$\frac{y'}{y} = \sqrt{x} \cdot \frac{1}{x} + (\ln x)\frac{1}{2\sqrt{x}}$$

$$y' = y\left(\frac{1}{\sqrt{x}} + \frac{\ln x}{2\sqrt{x}}\right) = x^{\sqrt{x}}\left(\frac{2 + \ln x}{2\sqrt{x}}\right).$$

图 3-6-3 显示了例 8 中函数 $f(x) = x^{\sqrt{x}}$ 及其导数的图像.

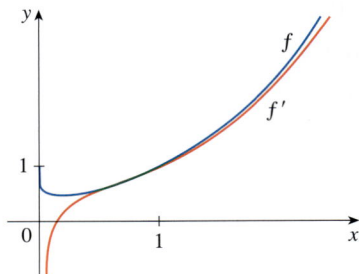

图 3-6-3

解 2　另一种解法利用 1.5 节公式 10，有 $x^{\sqrt{x}} = \mathrm{e}^{\sqrt{x}\ln x}$：

$$\frac{\mathrm{d}}{\mathrm{d}x}\left(x^{\sqrt{x}}\right) = \frac{\mathrm{d}}{\mathrm{d}x}\left(\mathrm{e}^{\sqrt{x}\ln x}\right) = \mathrm{e}^{\sqrt{x}\ln x}\frac{\mathrm{d}}{\mathrm{d}x}\left(\sqrt{x}\ln x\right)$$

$$= x^{\sqrt{x}}\left(\frac{2 + \ln x}{2\sqrt{x}}\right). \quad \text{（与解 1 的结果相同）} \quad ■$$

■ 将数 e 表示为极限

我们已经证明，如果 $f(x) = \ln x$，则 $f'(x) = 1/x$. 因此，$f'(1) = 1$. 现在利用这个事实将 e 表示为一个极限.

根据导数的定义，有

$$f'(1) = \lim_{h \to 0}\frac{f(1+h) - f(1)}{h} = \lim_{x \to 0}\frac{f(1+x) - f(1)}{x}$$

$$= \lim_{x \to 0}\frac{\ln(1+x) - \ln 1}{x} = \lim_{x \to 0}\frac{1}{x}\ln(1+x)$$

$$= \lim_{x \to 0}\ln(1+x)^{1/x}.$$

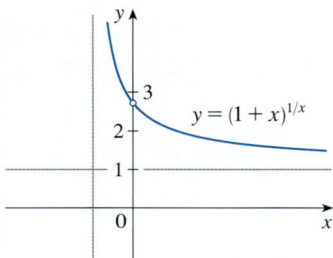

图 3-6-4

表 3-6-1

x	$(1+x)^{1/x}$
0.1	2.593 742 46
0.01	2.704 813 83
0.001	2.716 923 93
0.000 1	2.718 145 93
0.000 01	2.718 268 24
0.000 001	2.718 280 47
0.000 000 1	2.718 281 69
0.000 000 01	2.718 281 81

因为 $f'(1)=1$ ，所以

$$\lim_{x\to 0}\ln(1+x)^{1/x}=1.$$

那么，根据 2.5 节定理 8 和指数函数的连续性，可得

$$e=e^1=e^{\lim_{x\to 0}\ln(1+x)^{1/x}}=\lim_{x\to 0}e^{\ln(1+x)^{1/x}}=\lim_{x\to 0}(1+x)^{1/x}.$$

5

$$\boxed{e=\lim_{x\to 0}(1+x)^{1/x}}$$

图 3-6-4 中函数 $y=(1+x)^{1/x}$ 的图像和表 3-6-1 中 x 值较小时的函数值说明了公式 5．这说明，当精确到小数点后 7 位时，

$$e\approx 2.718\ 281\ 8.$$

在公式 5 中，如果取 $n=1/x$ ，则当 $x\to 0^+$ 时， $n\to +\infty$ ，因此 e 的另一个表达式为

6

$$\boxed{e=\lim_{n\to +\infty}\left(1+\frac{1}{n}\right)^n.}$$

■ 反三角函数的导数

我们在 1.5 节中回顾了反三角函数，在 2.5 节中讨论了它们的连续性，在 2.6 节中讨论了它们的渐近线．这里将用隐函数求导法来求它们的导数．在本节的开始，我们观察到如果 f 是一个可微一对一函数，那么它的反函数 f^{-1} 也是可微的（除了切线垂直的地方）．因为限定定义域的三角函数是可微一对一函数，所以反三角函数也是可微的．

回忆反正弦函数的定义：

$$y=\sin^{-1}x，\quad \text{即}\sin y=x,\ -\frac{\pi}{2}\le y\le \frac{\pi}{2}.$$

对方程 $\sin y=x$ 进行关于 x 的隐函数求导，有

$$\cos y\frac{dy}{dx}=1\ \text{或}\ \frac{dy}{dx}=\frac{1}{\cos y}.$$

因为当 $-\pi/2\le y\le \pi/2$ 时有 $\cos y\ge 0$ ，所以

$$\cos y=\sqrt{1-\sin^2 y}=\sqrt{1-x^2}.\qquad (\cos^2 y+\sin^2 y=1)$$

因此有

$$\frac{dy}{dx}=\frac{1}{\cos y}=\frac{1}{\sqrt{1-x^2}}.$$

$$\boxed{\frac{d}{dx}\left(\sin^{-1}x\right)=\frac{1}{\sqrt{1-x^2}}}$$

图 3-6-5 显示了函数 $f(x) = \tan^{-1} x$ 及其导数 $f'(x) = 1/(1+x^2)$ 的图像. 注意, f 是增函数, $f'(x)$ 总为正. 当 $x \to \pm\infty$ 时, $\tan^{-1} x \to \pm\pi/2$; 而当 $x \to \pm\infty$ 时, $f'(x) \to 0$.

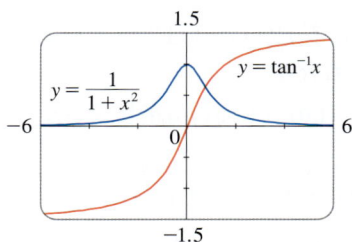

图 3-6-5

$\csc^{-1} x$ 和 $\sec^{-1} x$ 的求导公式依赖于这些函数的定义. 见练习 82.

反正切函数的导数公式可以用同样的方式求得. 如果 $y = \tan^{-1} x$, 则 $\tan y = x$. 对 $\tan y = x$ 进行关于 x 的隐函数求导:

$$\sec^2 y \frac{\mathrm{d}y}{\mathrm{d}x} = 1$$

$$\frac{\mathrm{d}y}{\mathrm{d}x} = \frac{1}{\sec^2 y} = \frac{1}{1+\tan^2 y} = \frac{1}{1+x^2} .$$

$$\boxed{\frac{\mathrm{d}}{\mathrm{d}x}\left(\tan^{-1} x\right) = \frac{1}{1+x^2}}$$

反三角函数中 $\sin^{-1} x$ 和 $\tan^{-1} x$ 是最常用到的函数. 其他四个反三角函数的导数在下面给出. 公式的证明留作练习.

反三角函数的导数

$$\frac{\mathrm{d}}{\mathrm{d}x}\left(\sin^{-1} x\right) = \frac{1}{\sqrt{1-x^2}} \qquad\qquad \frac{\mathrm{d}}{\mathrm{d}x}\left(\csc^{-1} x\right) = -\frac{1}{x\sqrt{x^2-1}}$$

$$\frac{\mathrm{d}}{\mathrm{d}x}\left(\cos^{-1} x\right) = -\frac{1}{\sqrt{1-x^2}} \qquad\qquad \frac{\mathrm{d}}{\mathrm{d}x}\left(\sec^{-1} x\right) = \frac{1}{x\sqrt{x^2-1}}$$

$$\frac{\mathrm{d}}{\mathrm{d}x}\left(\tan^{-1} x\right) = \frac{1}{1+x^2} \qquad\qquad \frac{\mathrm{d}}{\mathrm{d}x}\left(\cot^{-1} x\right) = -\frac{1}{1+x^2}$$

例 9 求 (a) $y = \dfrac{1}{\sin^{-1} x}$ 和 (b) $f(x) = x \arctan \sqrt{x}$ 的导数.

解

(a)
$$\frac{\mathrm{d}y}{\mathrm{d}x} = \frac{\mathrm{d}}{\mathrm{d}x}\left(\sin^{-1} x\right)^{-1} = -\left(\sin^{-1} x\right)^{-2} \frac{\mathrm{d}}{\mathrm{d}x}\left(\sin^{-1} x\right)$$

$$= -\frac{1}{\left(\sin^{-1} x\right)^2 \sqrt{1-x^2}}$$

(b)
$$f'(x) = x \frac{1}{1+\left(\sqrt{x}\right)^2}\left(\frac{1}{2} x^{-1/2}\right) + \arctan \sqrt{x}$$

$$= \frac{\sqrt{x}}{2(1+x)} + \arctan \sqrt{x} \qquad\blacksquare$$

例 10 求 $g(x) = \sec^{-1}\left(x^2\right)$ 的导数.

解

$$g'(x) = \frac{1}{x^2\sqrt{\left(x^2\right)^2-1}}(2x) = \frac{2}{x\sqrt{x^4-1}} \qquad\blacksquare$$

3.6 │ 练习

1. 解释为什么在积分中自然对数函数 $y = \ln x$ 比其他对数函数 $y = \log_b x$ 使用得更频繁?

2~26 求下列函数的导数.

2. $g(t) = \ln(3 + t^2)$

3. $f(x) = \ln(x^2 + 3x + 5)$ 　**4.** $f(x) = x \ln x - x$

5. $f(x) = \sin(\ln x)$ 　**6.** $f(x) = \ln(\sin^2 x)$

7. $f(x) = \ln \dfrac{1}{x}$ 　**8.** $y = \dfrac{1}{\ln x}$

9. $g(x) = \ln(x e^{-2x})$ 　**10.** $g(t) = \sqrt{1 + \ln t}$

11. $F(t) = (\ln t)^2 \sin t$ 　**12.** $p(t) = \ln\sqrt{t^2 + 1}$

13. $y = \log_8(x^2 + 3x)$ 　**14.** $y = \log_{10} \sec x$

15. $F(s) = \ln \ln s$ 　**16.** $P(v) = \dfrac{\ln v}{1 - v}$

17. $T(z) = 2^z \log_2 z$ 　**18.** $g(t) = \ln \dfrac{t(t^2 + 1)^4}{\sqrt[3]{2t - 1}}$

19. $y = \ln|3 - 2x^5|$ 　**20.** $y = \ln(\csc x - \cot x)$

21. $y = \ln(e^{-x} + x e^{-x})$ 　**22.** $g(x) = e^{x^2 \ln x}$

23. $h(x) = e^{x^2 + \ln x}$ 　**24.** $y = \ln\sqrt{\dfrac{1 + 2x}{1 - 2x}}$

25. $y = \ln\dfrac{x^a}{b^x}$ 　**26.** $y = \log_2(x \log_5 x)$

27. 证明 $\dfrac{\mathrm{d}}{\mathrm{d}x} \ln\left(x + \sqrt{x^2 + 1}\right) = \dfrac{1}{\sqrt{x^2 + 1}}$.

28. 证明 $\dfrac{\mathrm{d}}{\mathrm{d}x} \ln\sqrt{\dfrac{1 - \cos x}{1 + \cos x}} = \csc x$.

29~32 求 y' 和 y''.

29. $y = \sqrt{x} \ln x$ 　**30.** $y = \dfrac{\ln x}{1 + \ln x}$

31. $y = \ln|\sec x|$ 　**32.** $y = \ln(1 + \ln x)$

33~36 求 f 的导数并求 f 的定义域.

33. $f(x) = \dfrac{x}{1 - \ln(x - 1)}$ 　**34.** $f(x) = \sqrt{2 + \ln x}$

35. $f(x) = \ln(x^2 - 2x)$ 　**36.** $f(x) = \ln \ln \ln x$

37. 如果 $f(x) = \ln(x + \ln x)$, 求 $f'(1)$.

38. 如果 $f(x) = \cos(\ln x^2)$, 求 $f'(1)$.

39~40 求曲线在给定点处的切线的方程.

39. $y = \ln(x^2 - 3x + 1)$, $(3, 0)$

40. $y = x^2 \ln x$, $(1, 0)$

41. 如果 $f(x) = \sin x + \ln x$, 求 $f'(x)$. 通过比较 f 和 f' 的图像来检查你的答案是否合理.

42. 求曲线 $y = (\ln x)/x$ 在点 $(1, 0)$ 和 $(e, 1/e)$ 处的切线的方程. 画出曲线及其切线.

43. 令 $f(x) = cx + \ln(\cos x)$, c 为何值时 $f'(\pi/4) = 6$?

44. 令 $f(x) = \log_b(3x^2 - 2)$, b 为何值时 $f'(1) = 3$?

45~56 用对数求导法求下列函数的导数.

45. $y = (x^2 + 2)^2 (x^4 + 4)^4$ 　**46.** $y = \dfrac{e^{-x} \cos^2 x}{x^2 + x + 1}$

47. $y = \sqrt{\dfrac{x - 1}{x^4 + 1}}$ 　**48.** $y = \sqrt{x} e^{x^2 - x} (x + 1)^{2/3}$

49. $y = x^x$ 　**50.** $y = x^{1/x}$

51. $y = x^{\sin x}$ 　**52.** $y = \left(\sqrt{x}\right)^x$

53. $y = (\cos x)^x$ 　**54.** $y = (\sin x)^{\ln x}$

55. $y = x^{\ln x}$ 　**56.** $y = (\ln x)^{\cos x}$

57. 如果 $y = \ln(x^2 + y^2)$, 求 y'.

58. 如果 $x^y = y^x$, 求 y'.

59. 如果 $f(x) = \ln(x - 1)$, 求 $f^{(n)}(x)$ 的公式.

60. 求 $\dfrac{\mathrm{d}^9}{\mathrm{d}x^9}(x^8 \ln x)$.

61. 利用导数的定义证明

$$\lim_{x \to 0} \frac{\ln(1 + x)}{x} = 1.$$

62. 对于任意 $x > 0$, 证明 $\displaystyle\lim_{n \to +\infty}\left(1 + \frac{x}{n}\right)^n = e^x$.

63~78 求下列函数的导数, 尽可能地化简结果.

63. $f(x) = \sin^{-1}(5x)$ 　**64.** $g(x) = \sec^{-1}(e^x)$

65. $y = \tan^{-1}\sqrt{x - 1}$ 　**66.** $y = \tan^{-1}(x^2)$

67. $y = (\tan^{-1} x)^2$ 　**68.** $g(x) = \arccos\sqrt{x}$

69. $h(x) = (\arcsin x) \ln x$ 　**70.** $g(t) = \ln(\arctan(t^4))$

71. $f(z) = e^{\arcsin(z^2)}$ 　**72.** $y = \tan^{-1}\left(x - \sqrt{1 + x}\right)$

73. $h(t) = \cot^{-1}(t) + \cot^{-1}(1/t)$

74. $R(t) = \arcsin(1/t)$

75. $y = x\sin^{-1}x + \sqrt{1-x^2}$

76. $y = \cos^{-1}(\sin^{-1}t)$

77. $y = \tan^{-1}\left(\dfrac{x}{a}\right) + \ln\sqrt{\dfrac{x-a}{x+a}}$

78. $y = \arctan\sqrt{\dfrac{1-x}{1+x}}$

79~80 求 $f'(x)$. 通过比较 f 和 f' 的图像来检查你的答案是否合理.

79. $f(x) = \sqrt{1-x^2}\,\arcsin x$ **80.** $f(x) = \arctan(x^2 - x)$

81. 用与求 $(d/dx)(\sin^{-1}x)$ 的公式相同的方法求 $(d/dx)(\cos^{-1}x)$ 的公式.

82. (a) 定义 $\sec^{-1}x$ 的一种方式是 $y = \sec^{-1}x \Leftrightarrow \sec y = x$, $0 \leqslant y < \pi/2$ 或 $\pi \leqslant y < 3\pi/2$. 用这个定义证明

$$\frac{d}{dx}(\sec^{-1}x) = \frac{1}{x\sqrt{x^2-1}}.$$

(b) 定义 $\sec^{-1}x$ 的另一种方式是 $y = \sec^{-1}x \Leftrightarrow \sec y = x$, $0 \leqslant y \leqslant \pi$, $x \neq \pi/2$. 用这个定义证明

$$\frac{d}{dx}(\sec^{-1}x) = \frac{1}{|x|\sqrt{x^2-1}}.$$

83. 反函数的导数 假设 f 是一个可微函数, 它的反函数 f^{-1} 也是可微的. 利用隐函数求导法证明

$$\left(f^{-1}\right)'(x) = \frac{1}{f'\left(f^{-1}(x)\right)},$$

其中分母不为 0.

84~86 使用练习 83 中的公式.

84. 如果 $f(4) = 5$, $f'(4) = \dfrac{2}{3}$, 求 $\left(f^{-1}\right)'(5)$.

85. 如果 $f(x) = x + e^x$, 求 $\left(f^{-1}\right)'(1)$.

86. 如果 $f(x) = x^3 + 3\sin x + 2\cos x$, 求 $\left(f^{-1}\right)'(2)$.

87. 设 f 和 g 为可微函数, $h(x) = f(x)^{g(x)}$. 用对数求导法推导公式

$$h' = g \cdot f^{g-1} \cdot f' + (\ln f) \cdot f^g \cdot g'.$$

88. 用练习 87 中的公式求下列函数的导数.

(a) $h(x) = x^3$ (b) $h(x) = 3^x$ (c) $h(x) = (\sin x)^x$

3.7 | 自然科学和社会科学中的变化率

从 2.7 节中可以知道, 如果 $y = f(x)$, 那么 dy/dx 可以认为是 y 关于 x 的变化率. 在这一节中, 我们将这一概念应用到物理、化学、生物、经济学等学科.

回顾一下 2.7 节中求变化率的一些基本思想. 如果 x 从 x_1 变为 x_2, 则 x 的变化量为

$$\Delta x = x_2 - x_1,$$

相应的 y 的变化量为

$$\Delta y = f(x_2) - f(x_1).$$

二者的商

$$\frac{\Delta y}{\Delta x} = \frac{f(x_2) - f(x_1)}{x_2 - x_1}$$

是 y 在区间 $[x_1, x_2]$ 上关于 x 的平均变化率, 可以解释为图 3-7-1 中的割线 PQ 的斜率. 当 $\Delta x \to 0$ 时, 它的极限是导数 $f'(x_1)$, 可以解释为 y 关于 x 的瞬时变化率或者过点 $P(x_1, f(x_1))$ 的切线的斜率. 用莱布尼茨符号, 可以记为如下形式:

$$\frac{dy}{dx} = \lim_{\Delta x \to 0} \frac{\Delta y}{\Delta x}.$$

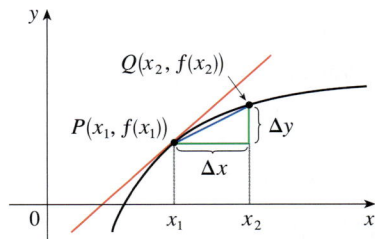

$m_{PQ} = $ 平均变化率
$m = f'(x_1) = $ 瞬时变化率

图 3-7-1

无论在哪个科学领域中，只要函数 $y = f(x)$ 有一种特定的解释，它的导数就可以解释为特定的变化率.（正如在 2.7 节中所讨论的，dy/dx 的单位是 y 的单位除以 x 的单位.）我们来看一些自然科学和社会科学中的例子.

■ 物理学中的变化率

如果 $s = f(t)$ 是沿直线运动的粒子的位置函数，那么 $\Delta s/\Delta t$ 代表在一个时间段 Δt 内的平均速度，$v = ds/dt$ 代表瞬时**速度**（位置关于时间的变化率），而速度关于时间的变化率是**加速度** $a(t) = v'(t) = s''(t)$. 这已经在 2.7 节和 2.8 节中讨论过，但是现在学习了求导公式，我们能更轻松地解决有关运动的问题.

例 1   粒子的位置函数为

$$s = f(t) = t^3 - 6t^2 + 9t,$$

其中 t 的单位是 s，s 的单位是 m.

(a) 求 t 时粒子的速度.

(b) 2s 后粒子的速度是多少？ 4s 后呢？

(c) 粒子什么时候静止？

(d) 粒子什么时候是向前（即沿正方向）运动的？

(e) 画出粒子的运动图像.

(f) 求粒子在前 5s 内的总移动距离.

(g) 求粒子在 t 时和 4s 后的加速度.

(h) 画出位置函数、速度函数和加速度函数在 $0 \leqslant t \leqslant 5$ 时的图像.

(i) 粒子何时加速？何时减速？

解

(a) 速度函数是位置函数的导数：

$$s = f(t) = t^3 - 6t^2 + 9t,$$

$$v(t) = \frac{ds}{dt} = 3t^2 - 12t + 9.$$

(b) 2s 后粒子的速度是指当 $t = 2$ 时粒子的瞬时速度，即

$$v(2) = \left.\frac{ds}{dt}\right|_{t=2} = 3 \times 2^2 - 12 \times 2 + 9 = -3\text{m/s}.$$

4s 后粒子的速度是

$$v(4) = 3 \times 4^2 - 12 \times 4 + 9 = 9\text{m/s}.$$

(c) 当 $v(t) = 0$ 时粒子静止，即

$$3t^2 - 12t + 9 = 3(t^2 - 4t + 3) = 3(t-1)(t-3) = 0,$$

这在 $t = 1$ 或 $t = 3$ 时成立. 因此粒子在 1s 和 3s 后是静止的.

(d) 当 $v(t) > 0$ 时粒子向前移动，即

$$3t^2 - 12t + 9 = 3(t-1)(t-3) > 0.$$

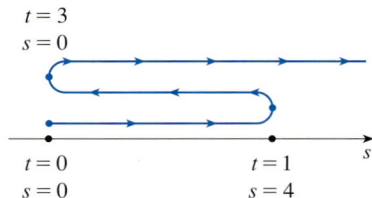

图 3-7-2

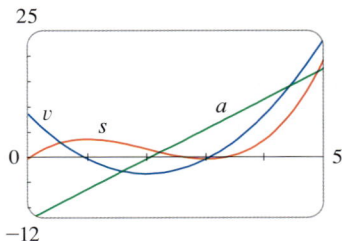

图 3-7-3

上述不等式在两个因式同时为正（$t>3$）时或者两个因式同时为负（$t<1$）时成立. 因此，粒子在 $t<1$ 和 $t>3$ 时沿正方向运动. 当 $1<t<3$ 时，粒子向后（沿负方向）运动.

(e) 根据 (d) 中的信息，可以画出如图 3-7-2 所示的粒子沿直线往返运动的示意图.

(f) 由 (d) 和 (e) 可知，我们需要分别计算粒子在时间段 $[0,1]$、$[1,3]$、$[3,5]$ 内的移动距离.

粒子在第 1 秒内的移动距离为

$$\left|f(1)-f(0)\right|=\left|4-0\right|=4\mathrm{m}.$$

从 $t=1$ 到 $t=3$ 粒子的移动距离为

$$\left|f(3)-f(1)\right|=\left|0-4\right|=4\mathrm{m}.$$

从 $t=3$ 到 $t=5$ 粒子的移动距离为

$$\left|f(5)-f(3)\right|=\left|20-0\right|=20\mathrm{m}.$$

总距离为 $4+4+20=28\mathrm{m}$.

(g) 加速度是速度函数的导数：

$$a(t)=\frac{\mathrm{d}^2 s}{\mathrm{d}t^2}=\frac{\mathrm{d}v}{\mathrm{d}t}=6t-12,$$

$$a(4)=6\times 4-12=12\mathrm{m/s}^2.$$

(h) 图 3-7-3 给出了 s、v 和 a 的图像.

(i) 当速度为正且增大时（v 和 a 均为正），当速度为负且减小时（v 和 a 均为负），粒子均加速. 换句话说，当速度和加速度有相同的符号时，粒子加速. （粒子被推向它运动的方向.）从图 3-7-3 中可以看到，当 $1<t<2$ 和 $t>3$ 时发生这种情况. 当 v 和 a 的符号相反时，即 $0 \leqslant t<1$ 和 $2<t<3$ 时粒子减速. 图 3-7-4 总结了粒子的运动.

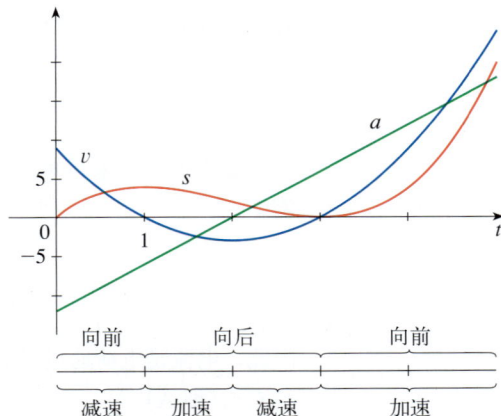

图 3-7-4

例 2   如果一个金属杆或者金属片是均质的，那么它的线密度是均匀的，定义为单位长度上的质量：$\rho = m/l$（单位：kg/m）. 假设这个杆不是均质的，从左端到点 x 的质量为 $m = f(x)$，如图 3-7-5 所示.

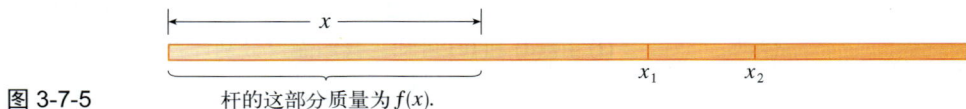

图 3-7-5

（杆示意图）

杆的这部分质量为 $f(x)$.

在 $x = x_1$ 和 $x = x_2$ 之间的杆的质量为 $\Delta m = f(x_2) - f(x_1)$，因此杆的这部分的平均密度为

$$\frac{\Delta m}{\Delta x} = \frac{f(x_2) - f(x_1)}{x_2 - x_1}.$$

如果让 $\Delta x \to 0$，即 $x_2 \to x_1$，然后在越来越小的区间内计算平均密度，那么在 x_1 处的**线密度** ρ 是 $\Delta x \to 0$ 时平均密度的极限，即线密度是质量关于长度的变化率，记为

$$\rho = \lim_{\Delta x \to 0} \frac{\Delta m}{\Delta x} = \frac{\mathrm{d}m}{\mathrm{d}x}.$$

因此这个杆的线密度是质量关于长度的导数.

例如，如果 $m = f(x) = \sqrt{x}$，其中 x 的单位是 m，m 的单位是 kg，那么杆在 $1 \leqslant x \leqslant 1.2$ 的部分的平均密度为

$$\frac{\Delta m}{\Delta x} = \frac{f(1.2) - f(1)}{1.2 - 1} = \frac{\sqrt{1.2} - 1}{0.2} \approx 0.48 \mathrm{kg/m},$$

而在 $x = 1$ 处的线密度为 $\rho = \left.\dfrac{\mathrm{d}m}{\mathrm{d}x}\right|_{x=1} = \left.\dfrac{1}{2\sqrt{x}}\right|_{x=1} = 0.50 \mathrm{kg/m}$. ■

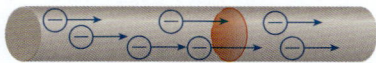

例 3   当电荷运动时就存在电流. 图 3-7-6 表示导线的一部分和电子穿过阴影所示的剖面时的情景. 如果 ΔQ 是在时间段 Δt 内穿过该剖面的净电荷量，那么在这个时间段内的平均电流为

图 3-7-6

$$平均电流 = \frac{\Delta Q}{\Delta t} = \frac{Q_2 - Q_1}{t_2 - t_1}.$$

如果通过越来越短的时间段取平均电流的极限，我们得到在给定时间 t_1 的**电流** I：

$$I = \lim_{\Delta t \to 0} \frac{\Delta Q}{\Delta t} = \frac{\mathrm{d}Q}{\mathrm{d}t}.$$

因此，电流是电荷通过导体的速度. 它的单位是"电荷量单位 / 时间单位"（通常是 C/s，即 A）. ■

物理学中的重要变化率不仅包括速度、密度和电流，还包括功率（做功的变化率）、热传导率、温度变化率（温度关于位置的变化率）以及在核物理中的放射性物质的衰变率等.

■ 化学中的变化率

例 4 化学反应是指由一种或多种物质（称为反应物）生成另外一种或多种物质（称为生成物）. 例如，化学方程式

$$2H_2 + O_2 \rightarrow 2H_2O$$

意味着两个氢分子和一个氧分子生成两个水分子. 考虑反应

$$A + B \rightarrow C，$$

其中 A 和 B 是反应物，C 是生成物. 反应物 A 的**浓度**是指每升 A 分子的摩尔数（$1\text{mol} \approx 6.022 \times 10^{23}$ 个分子），记为 [A]. 在反应过程中，浓度不断变化，因此 [A]、[B]、[C] 是时间 t 的函数. 在时间段 $t_1 \leqslant t \leqslant t_2$ 内生成物 C 的平均反应速率是

$$\frac{\Delta[C]}{\Delta t} = \frac{[C](t_2) - [C](t_1)}{t_2 - t_1}.$$

但是化学家对**瞬时反应速率**感兴趣，因为它给出了关于化学反应机制的信息. 当时间间隔 Δt 趋于 0 时，通过取平均反应速率的极限得到瞬时反应速率：

$$反应速率 = \lim_{\Delta t \to 0} \frac{\Delta[C]}{\Delta t} = \frac{d[C]}{dt}.$$

随着反应的进行，生成物的浓度不断增加，$d[C]/dt$ 为正. 因此 C 的反应速率为正. 然而反应物的浓度在反应的过程中逐渐减小，因此，为了使 A 和 B 的反应速率为正，我们就在导数 $d[A]/dt$ 和 $d[B]/dt$ 之前加个负号. 由于 [A] 和 [B] 减少的速率与 [C] 增加的速率相同，因此有

$$反应速率 = \frac{d[C]}{dt} = -\frac{d[A]}{dt} = -\frac{d[B]}{dt}.$$

在更一般的情况中，对于化学反应方程式

$$aA + bB \rightarrow cC + dD，$$

有

$$-\frac{1}{a}\frac{d[A]}{dt} = -\frac{1}{b}\frac{d[B]}{dt} = \frac{1}{c}\frac{d[C]}{dt} = \frac{1}{d}\frac{d[D]}{dt}.$$

反应速率能根据数据和图像方法来确定. 在一些情况下，我们能将浓度公式写成时间的函数，以便计算反应速率（见练习 26）. ■

例 5　在热力学中，一个有用的量是压缩率．如果一种物质保持在恒定温度，那么它的体积取决于压强 P．考虑体积关于压强的变化率，即导数 $\mathrm{d}V/\mathrm{d}P$．当 P 增加时，V 减小，因此 $\mathrm{d}V/\mathrm{d}P<0$．将这个导数除以体积 V 并在前面加上负号来定义**压缩率**，即

$$（等温）压缩率 = \beta = -\frac{1}{V}\frac{\mathrm{d}V}{\mathrm{d}P}.$$

因此，我们常用 β 来测量在恒定温度、单位体积下随着施加的压强的增大，物质的体积减小得有多快．

例如，在 25℃ 时，空气的体积 V（单位：m^3）与压强 P（单位：kPa）有如下关系：

$$V = \frac{5.3}{P}.$$

当 $P=50\mathrm{kPa}$ 时，V 关于 P 的变化率为

$$\left.\frac{\mathrm{d}V}{\mathrm{d}P}\right|_{P=50} = \left.-\frac{5.3}{P^2}\right|_{P=50}$$

$$= -\frac{5.3}{2500} = -0.002\,12\,\mathrm{m}^3/\mathrm{kPa}.$$

在这个压强下，压缩率为

$$\beta = -\left.\frac{1}{V}\frac{\mathrm{d}V}{\mathrm{d}P}\right|_{P=50} = \frac{0.002\,12}{\dfrac{5.3}{50}} = 0.02(\mathrm{m}^3/\mathrm{kPa})/\mathrm{m}^3 = 0.02\mathrm{kPa}^{-1}. \qquad ∎$$

■ 生物学中的变化率

例 6　设 $n=f(t)$ 为 t 时动物或植物种群的个体数量．从 $t=t_1$ 到 $t=t_2$ 种群规模的变化量是 $\Delta n = f(t_2)-f(t_1)$，因此种群规模在时间段 $t_1 \leqslant t \leqslant t_2$ 内的平均增长率为

$$平均增长率 = \frac{\Delta n}{\Delta t} = \frac{f(t_2)-f(t_1)}{t_2-t_1}.$$

令时间段 Δt 趋于 0，可从平均增长率得到**瞬时增长率**：

$$瞬时增长率 = \lim_{\Delta t \to 0}\frac{\Delta n}{\Delta t} = \frac{\mathrm{d}n}{\mathrm{d}t}.$$

严格地说，这并不十分准确，因为当个体死亡或出生时，种群规模函数 $n=f(t)$ 的实际图像应该是一个不连续的阶梯函数，因此它是不可微的．不过当动物或植物种群规模很大时，可以用一个平滑曲线来近似代替实际图像（见图 3-7-7）．

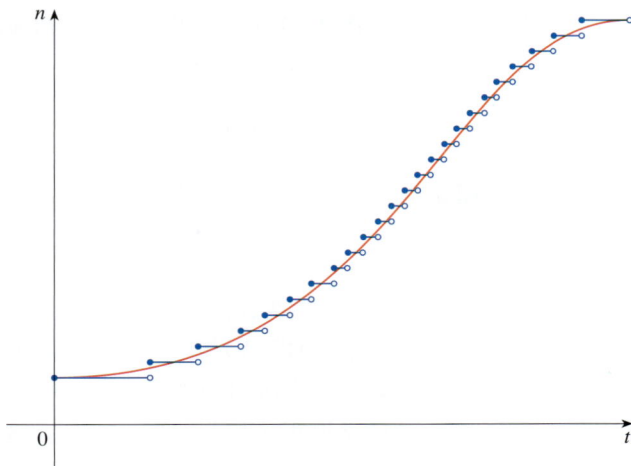

图 3-7-7
用平滑曲线近似种群增长的图像

来看一个具体的例子. 考虑在均匀营养基中的细菌数量. 假设在特定区域取样得知细菌数量每小时成倍增加. 如果初始数量为 n_0, 时间 t 的单位是 h, 那么

$$f(1) = 2f(0) = 2n_0 ,$$

$$f(2) = 2f(1) = 2^2 n_0 ,$$

$$f(3) = 2f(2) = 2^3 n_0 .$$

一般地,

$$f(t) = 2^t n_0 .$$

细菌数量函数为 $n = n_0 2^t$.

在 3.4 节中我们已经说明

$$\frac{\mathrm{d}}{\mathrm{d}x}(b^x) = b^x \ln b ,$$

所以 t 时细菌数量的增长率是

$$\frac{\mathrm{d}n}{\mathrm{d}t} = \frac{\mathrm{d}}{\mathrm{d}t}(n_0 2^t) = n_0 2^t \ln 2 .$$

例如, 假设开始时有一个初始数量为 $n_0 = 100$ 的种群, 那么 4h 后的增长率为

$$\left. \frac{\mathrm{d}n}{\mathrm{d}t} \right|_{t=4} = 100 \times 2^4 \times \ln 2 = 1600 \ln 2 \approx 1109 .$$

这意味着, 4h 后细菌数量以每小时 1109 个的速度增长.

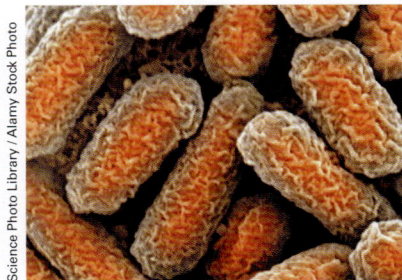

Science Photo Library / Alamy Stock Photo

大肠杆菌的尺寸大约为 2μm 长,
0.75μm 宽. 图片由电子显微镜生成.

例 7　当我们考虑血管中的血流时，可以把血管看作一个半径为 R、长度为 l 的圆柱形管，如图 3-7-8 所示.

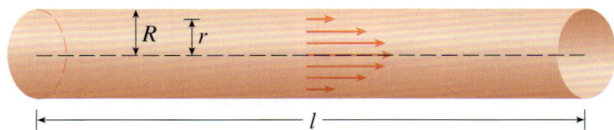

图 3-7-8
血管中的血流

　　因为在血管壁有摩擦力，所以血流速度 v 在血管的中心线上最大，并且到中心线的距离 r 越大，血流速度越小，直到在血管壁上血流速度为 0. v 和 r 之间的关系由法国物理学家让－路易－马里·泊肃叶（Jean-Louis-Marie Poiseuille）于 1840 年发现的**层流定律**给出，这条定律表明：

1　　　　　　　　　　$$v = \frac{P}{4\eta l}\left(R^2 - r^2\right),$$

其中 η 是血液黏度，P 是血管两端的压强差. 如果 P 和 l 是常量，那么 v 在区间 $[0, R]$ 上是 r 的函数.

更多信息请参阅 W. Nichols, M. O'Rourke, C. Vlachopoulos (eds.), *McDonald's Blood Flow in Arteries: Theoretical, Experimental, and Clinical Principles*, 6th ed. (Boca Raton, FL, 2011).

　　当从 $r = r_1$ 向外移动到 $r = r_2$ 时，速度的平均变化率为

$$\frac{\Delta v}{\Delta r} = \frac{v(r_2) - v(r_1)}{r_2 - r_1}.$$

令 $\Delta r \to 0$，得到**速度梯度**，即速度 v 关于 r 的瞬时变化率：

$$\text{速度梯度} = \lim_{\Delta r \to 0} \frac{\Delta v}{\Delta r} = \frac{\mathrm{d}v}{\mathrm{d}r}.$$

利用公式 1，可以得到

$$\frac{\mathrm{d}v}{\mathrm{d}r} = \frac{P}{4\eta l}(0 - 2r) = -\frac{Pr}{2\eta l}.$$

对于人类较小的动脉，可以取 $\eta = 0.027$，$R = 0.008\text{cm}$，$l = 2\text{cm}$，$P = 4000\text{dyn/cm}^2$，则

$$v = \frac{4000}{4 \times 0.027 \times 2}\left(0.000\ 064 - r^2\right)$$
$$\approx 1.85 \times 10^4 \times \left(6.4 \times 10^{-5} - r^2\right).$$

在 $r = 0.002\text{cm}$ 处血流速度为

$$v(0.002) \approx 1.85 \times 10^4 \times \left(64 \times 10^{-6} - 4 \times 10^{-6}\right) = 1.11\text{cm/s},$$

这里的速度梯度为

$$\left.\frac{\mathrm{d}v}{\mathrm{d}r}\right|_{r=0.002} = -\frac{4000 \times 0.002}{2 \times 0.027 \times 2} \approx -74\text{(cm/s)/cm} = -74\text{s}^{-1}.$$

为了更好地理解它的含义，将单位由 cm 改为 μm （1cm = 10 000μm）．动脉的半径为 80μm，在血管中心线上的血流速度为 11 850μm/s．当 $r = 20$μm 时，速度减小为 11 110μm/s．$\mathrm{d}v/\mathrm{d}r = -74$(μm/s)/μm 的意思是，当 $r = 20$μm 时，到血管中心线的距离每增加 1μm，血流速度就以大约 74μm/s 的速度减小．　■

■ **经济学中的变化率**

例 8　设 $C(x)$ 是一个公司生产 x 个某商品所付出的总成本．函数 C 称为**成本函数**．如果该商品的产量从 x_1 增加到 x_2，成本的增加量为 $\Delta C = C(x_2) - C(x_1)$，成本的平均变化率为

$$\frac{\Delta C}{\Delta x} = \frac{C(x_2) - C(x_1)}{x_2 - x_1} = \frac{C(x_1 + \Delta x) - C(x_1)}{\Delta x}.$$

当 $\Delta x \to 0$ 时，这个量的极限，即成本关于该商品的产量的瞬时变化率，被经济学家称为**边际成本**：

$$\text{边际成本} = \lim_{\Delta x \to 0} \frac{\Delta C}{\Delta x} = \frac{\mathrm{d}C}{\mathrm{d}x}.$$

（由于 x 通常只取整数，因此让 Δx 趋于 0 可能没有实际意义，但是我们总是可以像例 6 那样利用平滑的近似曲线来代替 $C(x)$．）

取 $\Delta x = 1$，n 很大（使得 Δx 相对于 n 而言很小），则有

$$C'(n) \approx C(n+1) - C(n).$$

因此，生产 n 个商品的边际成本约等于多生产一个（第 $n+1$ 个）商品的成本．

成本函数经常被表示成一个多项式：

$$C(x) = a + bx + cx^2 + dx^3,$$

其中 a 代表管理费用（租金、取暖费、维护费），其他项分别代表原材料成本、劳动力成本等．（原材料成本可能与 x 成比例，而大规模生产可能导致加班费和低效率等，因此劳动力成本可能部分依赖于 x 的高次项．）

例如，设某公司估计生产 x 个商品的成本（单位：美元）为：

$$C(x) = 10\ 000 + 5x + 0.01x^2,$$

则边际成本函数为

$$C'(x) = 5 + 0.02x.$$

产量为 500 时，边际成本为

$$C'(500) = 5 + 0.02 \times 500 = 15 \text{ 美元 / 个}.$$

这给出了当 $x = 500$ 时成本关于产量的增加率，并且预测了第 501 个商品的成本．

生产第 501 个商品的实际成本为：

$$C(501) - C(500) = \left[10\,000 + 5 \times 501 + 0.01 \times 501^2 \right]$$
$$- \left[10\,000 + 5 \times 500 + 0.01 \times 500^2 \right]$$
$$= 15.01 \text{ 美元．}$$

注意到 $C'(500) \approx C(501) - C(500)$．

经济学家还研究边际需求、边际收益和边际利润，它们分别为需求、收益和利润的导数．我们将在第 4 章中学习求函数的最大值和最小值的方法后研究这些问题．

■ 其他学科中的变化率

很多的科学领域中都存在变化率．地质学家对熔岩的侵入体通过把热传导给周围的岩石以冷却下来的速度感兴趣；工程师想知道水流入或者流出水库的速度；城市地理学家对人口密度关于到城市中心的距离的变化率感兴趣；气象学家对大气压强关于高度的变化率感兴趣（见 3.8 节练习 19）．

在心理学领域，那些对学习理论感兴趣的人研究所谓的学习曲线，它是表示某人学习一种技能时，他的成绩关于学习时间的函数 $P(t)$ 的图像．心理学尤其关注的是随时间的推移成绩的提高率，即 dP/dt．心理学家还研究了记忆现象，并发展出了记忆保留率的模型（见练习 42）．他们还研究了执行某些任务的难度以及当给定参数改变时难度的变化率（见练习 43）．

在社会学领域，导数用来分析传闻（或者新事物、时尚等）的传播速度．如果 $P(t)$ 表示 t 时知道传闻的人数比例，那么导数 dP/dt 表示传闻的传播速度（见 3.4 节练习 90）．

■ 一种思想，多种解读

物理学中的速度、密度、电流、功率和温度梯度，化学中的反应速率和压缩率，生物学中的生长速度和血液流速梯度，经济学中的边际成本和边际利润，地质学中的热传导率，心理学中的成绩提高率，社会学中的传闻传播速度，这些都是数学中的一个简单概念——导数——的特殊情景．

导数的这些不同应用说明数学的意义在于其抽象性．一个单独的抽象数学概念（如导数）在每一个科学领域中有不同的解释．当我们彻底地理解了一个数学概念的各种性质后，可以回过头来将这些结果应用到所有科学领域中，这比在某个特定学科中研究某个特定概念的特性要有效得多．法国数学家约瑟夫·傅里叶（Joseph Fourier，1768—1830）用简洁的语言总结道："数学将很多不同的现象放在一起进行比较，并揭示它们之间的共同点．"

3.7 | 练习

1~4 一个粒子遵循规律 $s = f(t)$，$t \geq 0$ 运动，其中 t 的单位是 s，s 的单位是 m.

(a) 求粒子在 t 时的速度.

(b) 3s 后粒子的速度是多少？

(c) 什么时候粒子静止？

(d) 什么时候粒子沿正方向运动？

(e) 求粒子在前 6s 内的总移动距离.

(f) 像图 3-7-2 一样，画图表示粒子的运动过程.

(g) 求 t 时和 1s 后粒子的加速度.

(h) 画出 $0 \leq t \leq 6$ 时粒子的位置、速度和加速度函数的图像.

(i) 粒子何时加速？何时减速？

1. $f(t) = t^3 - 8t^2 + 24t$

2. $f(t) = \dfrac{9t}{t^2 + 9}$

3. $f(t) = \sin(\pi t / 2)$

4. $f(t) = t^2 \mathrm{e}^{-t}$

---

5. 下图是两个粒子的速度函数的图像，其中 t 的单位是 s. 每个粒子什么时候加速？什么时候减速？请解释原因.

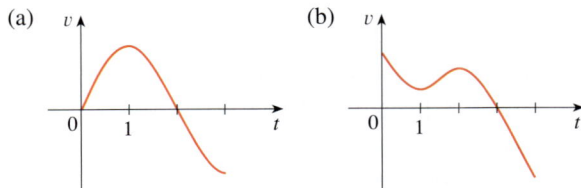

(a)

(b)

6. 下图是两个粒子的位置函数的图像，其中 t 的单位是 s. 每个粒子什么时候速度为正？什么时候为负？每个粒子什么时候加速？什么时候减速？请解释原因.

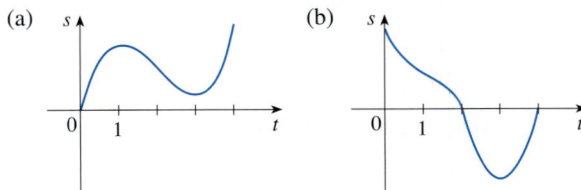

(a)

(b)

7. 假设一个粒子的速度函数的图像如右栏的图所示，其中 t 的单位是 s. 粒子什么时候向前（沿正方向）移动？什么时候向后移动？当 $5 < t < 7$ 时发生了什么？

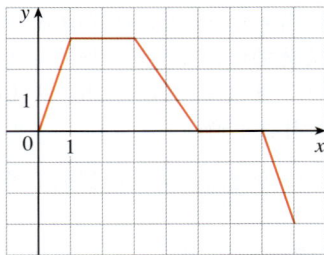

8. 对于练习 7 中描述的粒子，画出加速度函数的图像. 粒子什么时候加速？什么时候减速？什么时候匀速运动？

9. 一个发射物从地面上方 2m 处以 24.5m/s 的初速度垂直向上射出，t s 后它的高度为 $h = 2 + 24.5t - 4.9t^2$.

(a) 求 2s 后和 4s 后发射物的速度.

(b) 发射物何时达到最大高度？

(c) 最大高度是多少？

(d) 它何时落地？

(e) 落地时的速度是多少？

10. 如果以 24.5m/s 的初速度垂直向上扔一个球，那么 t s 后它的高度为 $s = 24.5t - 4.9t^2$.

(a) 这个球达到的最大高度是多少？

(b) 这个球在地面上方 29.4m 处向上运动时的速度是多少？向下运动时呢？

11. 如果从火星表面以 15m/s 的速度垂直向上扔一块石头，t s 后它的高度为 $h = 15t - 1.86t^2$.

(a) 2s 后石头的速度是多少？

(b) 当石头的高度为 25m 且石头向上运动时，它的速度是多少？向下运动时呢？

12. 一个粒子的位置函数为

$$s = t^4 - 4t^3 - 20t^2 + 20t, \quad t \geq 0.$$

(a) 什么时候粒子的速度是 20m/s？

(b) 什么时候加速度为 0？这个 t 值的意义是什么？

13. (a) 一家公司用正方形硅片制造计算机芯片. 工艺工程师想要将晶片的边长控制在 15mm 左右，并且想知道当边长变化时晶片的面积 $A(x)$ 是如何变化的. 求 $A'(15)$ 并解释它在这种情景下的含义.

(b) 说明正方形的面积关于其边长的变化率是其周长的一半. 尝试从几何上解释当正方形的边长 x 增加 Δx 时这个结论为什么正确. 如果 Δx 很小，你怎样估计相应的面积变化量 ΔA？

14. (a) 在氯酸钠溶液缓慢蒸发的情况下，氯酸钠晶体容易生长成立方体的形状．如果 V 是边长为 x 的立方体的体积，当 $x = 3\text{mm}$ 时，计算 dV/dx 并解释其含义．

    (b) 说明立方体的体积关于其边长的变化率等于其表面积的一半．通过类比练习 13b，从几何角度解释这个结论为什么正确．

15. (a) 求当半径 r 变化时，圆的面积关于半径 r 的平均变化率．

    (i) 从 2 到 3   (ii) 从 2 到 2.5   (iii) 从 2 到 2.1

    (b) 求 $r = 2$ 时的瞬时变化率．

    (c) 说明圆的面积关于半径的变化率（在任意 r 处）等于圆的周长．尝试从几何上解释当圆的半径增大 Δr 时这个结论为什么正确．如果 Δr 很小，你怎样估计相应的面积变化量 ΔA？

16. 把一块石头扔进湖中，产生了以 60cm/s 的速度向外扩散的圆形波纹．分别求出在 1s、3s、5s 后圆形波纹的面积的增加率．你能得出什么结论？

17. 一个气球充气后膨胀，求当 r 分别为 20cm、40cm、60cm 时气球的表面积（$S = 4\pi r^2$）关于半径 r 的增加率．你能得出什么结论？

18. (a) 一个正在生长的球形细胞的体积为 $V = \dfrac{4\pi r^3}{3}$，其中半径 r 的单位是 μm（$1\mu\text{m} = 10^{-6}\text{m}$）．当半径 r 如下变化时，求体积 V 关于半径 r 的平均变化率．

    (i) 从 $5\mu\text{m}$ 到 $8\mu\text{m}$ (ii) 从 $5\mu\text{m}$ 到 $6\mu\text{m}$

    (iii) 从 $5\mu\text{m}$ 到 $5.1\mu\text{m}$

    (b) 当 $r = 5\mu\text{m}$ 时，求 V 关于 r 的瞬时变化率．

    (c) 证明球体的体积关于其半径的变化率等于其表面积．用类似练习 15c 的方法从几何上解释这个结论为什么正确．

19. 一根金属棒在距离右端 x m 的点和左端之间的部分的质量是 $3x^2$ kg．求当 x 分别为 1、2、3 时金属棒的线密度．线密度在哪点处最大？在哪点处最小？

20. 如果一个圆柱形水箱的容量为 5000L，40min 后可以将水排净，那么根据托里拆利定律，t min 后水箱中剩余的水的体积 V 为

$$V = 5000\left(1 - \frac{1}{40}t\right)^2, \quad 0 \leqslant t \leqslant 40 \ .$$

求经过下列时间后，水箱里水的排出率．指出什么时候水排出得最快，什么时候最慢．总结一下你的结论．

    (a) 5min   (b) 10min   (c) 20min   (d) 40min

21. 在 t（单位：s）时通过导线上一点的电荷量 Q（单位：C）可以表示为下式：

$$Q(t) = t^3 - 2t^2 + 6t + 2 \ .$$

求 (a) $t = 0.5\text{s}$ 和 (b) $t = 1\text{s}$ 时的电流 [单位：A（$1\text{A} = 1\text{C/s}$），见例 3]．何时电流最小？

22. 牛顿万有引力定律表明一个质量为 m 的物体对质量为 M 的物体的引力 F 为

$$F = \frac{GmM}{r^2} \ ,$$

其中 G 为万有引力常量，r 是两个物体之间的距离．

    (a) 计算 dF/dr，并解释其含义．说明负号在这里的意义．

    (b) 假设当 $r = 20\,000\text{km}$ 时，地球对某个物体的引力以 2N/km 的变化率减小，那么当 $r = 10\,000\text{km}$ 时，引力的变化率为多少？

23. 作用在质量为 m、速度为 v 的物体上的力是动量的变化率：$F = (d/dt)(mv)$．如果 m 是常数，这就变成了 $F = ma$，其中 $a = dv/dt$ 是加速度．但在相对论中，物体的质量随 v 的变化如下：$m = m_0 / \sqrt{1 - v^2/c^2}$，其中 m_0 是物体的静止质量，c 是光速．证明：

$$F = \frac{m_0 a}{\left(1 - v^2/c^2\right)^{3/2}} \ .$$

24. 世界上一些最高的潮汐发生在加拿大大西洋海岸的芬迪湾．霍普韦尔海角退潮时水深约 2.0m，涨潮时水深约 12.0m．潮汐的自然周期为 12h 多一点．在 6 月的某一天，涨潮发生在 6:45．这有助于解释下面的模型，即水深 D（单位：米）关于当天时间 t（从凌晨起的小时数）的函数：

$$D(t) = 7 + 5\cos\left[0.503(t - 6.75)\right] \ .$$

在以下时间，潮汐涨落的速度有多快？

    (a) 早上 3:00   (b) 早上 6:00

    (c) 早上 9:00   (d) 中午 12:00

25. 玻意耳定律表明，当气体在一定温度下被压缩时，气体的体积与压强的乘积保持不变，即 $PV = C$．

    (a) 求体积关于压强的变化率．

    (b) 在一个恒温容器中，低压强的气体被缓慢压缩了 10min．气体的体积在压缩开始时减小得快，还是在结束时减小得快？请解释原因．

    (c) 证明气体的等温压缩率为 $\beta = 1/P$．

26. 在例 4 中，一分子反应物 A 的和一分子反应物 B 生成一分子生成物 C，如果 A 和 B 的初始浓度为 [A] = [B] = a mol/L，那么

$$[C] = a^2kt/(akt+1) ,$$

其中 k 是常数.

(a) 求 t 时的反应速率.

(b) 证明：如果 $x = [C]$，那么

$$\frac{\mathrm{d}x}{\mathrm{d}t} = k(a-x)^2 .$$

(c) 当 $t \to +\infty$ 时，浓度如何变化？

(d) 当 $t \to +\infty$ 时，反应速率如何变化？

(e) (c) 和 (d) 的结果有何实际意义？

27. 在例 6 中，我们考虑了数量每小时成倍增加的细菌. 假设另一个细菌种群从 400 个细菌开始，数量每小时增加两倍. 求 t h 后细菌数量 n 的表达式，并用它来估计 2.5 h 后细菌数量的增长率.

28. 在实验室培养的酵母细胞的数量最初迅速增加，但最终趋于稳定. 这可以用如下函数建模：

$$n = f(t) = \frac{a}{1+be^{-0.7t}} ,$$

其中 t 的单位是 h. 在 $t = 0$ 时，酵母细胞有 20 个，并以每小时 12 个的速度增加. 求出 a 和 b 的值. 根据这个模型，长期来看，酵母菌群会发生什么变化？

T 29. 下表给出了世界人口 $P(t)$（单位：百万）的数据，其中 t 的单位是年，$t = 0$ 对应 1900 年.

t	人口/百万	t	人口/百万
0	1650	60	3040
10	1750	70	3710
20	1860	80	4450
30	2070	90	5280
40	2300	100	6080
50	2560	110	6870

(a) 通过对两条割线的斜率求平均值，估计 1920 年和 1980 年的人口增长率.

(b) 使用图像计算器或计算机求出可以用来为这些数据建模的三次函数.

(c) 利用 (b) 中的模型求出人口增长率的一个模型.

(d) 根据 (c)，估计 1920 年和 1980 年的人口增长率，并与 (a) 中的估计值进行比较.

(e) 在 1.1 节中，我们用指数函数

$$f(t) = (1.436\,53 \times 10^9) \times 1.013\,95^t$$

为 $P(t)$ 建模. 利用这个模型，求出人口增长率的一个模型.

(f) 利用 (e) 中的模型估计 1920 年和 1980 年的人口增长率，并与 (d) 中的估计值进行比较.

(g) 估计 1985 年的人口增长率.

T 30. 下表显示了自 1950 年以来日本女性平均结婚年龄的变化.

t	$A(t)$	t	$A(t)$
1950	23.0	1985	25.5
1955	23.8	1990	25.9
1960	24.4	1995	26.3
1965	24.5	2000	27.0
1970	24.2	2005	28.0
1975	24.7	2010	28.8
1980	25.2	2015	29.4

(a) 使用图像计算器或计算机，用四次多项式为这些数据建模.

(b) 根据 (a)，求出 $A'(t)$ 的模型.

(c) 估计 1990 年日本女性结婚年龄的变化率.

(d) 画出 A 和 A' 的数据点和模型的图像.

31. 参考例 7 中的层流定律，假设血管半径为 0.01 cm，长度为 3 cm，压差为 3000 dyn/cm²，黏度 $\eta = 0.027$.

(a) 求血液在中心线 $r = 0$ 上、在半径 $r = 0.005$ cm 处和在血管壁 $r = R = 0.01$ cm 处的流速.

(b) 求 $r = 0$、$r = 0.005$、$r = 0.01$ 处的速度梯度.

(c) 在哪里血流速度最大？在哪里速度的变化最大？

32. 小提琴琴弦的振动频率为

$$f = \frac{1}{2L}\sqrt{\frac{T}{\rho}} ,$$

其中 L 是琴弦的长度，T 是张力，ρ 是线密度.［见 D. E. Hall, *Musical Acoustics*, 3rd ed. (Pacific Grove, CA, 2002) 的第 11 章.］

(a) 分别求出频率关于下列各参数的变化率.

   (i) 长度（当 T 和 ρ 恒定时）

   (ii) 张力（当 L 和 ρ 恒定时）

   (iii) 线密度（当 L 和 T 恒定时）

(b) 音调（音符听起来是高还是低）由频率 f 决定（频率越高，音调越高）. 利用 (a) 中的导数的正负性来分析发生下列情况时音调会发生什么变化.

(i) 通过把手指放在琴弦上使琴弦的振动部分变短来改变琴弦的有效长度.

(ii) 通过调整琴的调音杆使张力增大.

(iii) 通过更换琴弦使它的线密度增大.

33. 设某公司制作 x 条牛仔裤的成本（单位：美元）为

$$C(x) = 2000 + 3x + 0.01x^2 + 0.000\,2x^3.$$

(a) 求边际成本函数.

(b) 求 $C'(100)$ 并说明它的含义. 它能预测什么?

(c) 比较 $C'(100)$ 和第 101 条牛仔裤的制作成本.

34. 某商品的成本函数为

$$C(q) = 84 + 0.16q - 0.000\,6q^2 + 0.000\,003q^3.$$

(a) 求 $C'(100)$ 并说明它的含义.

(b) 比较 $C'(100)$ 和第 101 个商品的成本.

35. 如果 $p(x)$ 是工厂有 x 个工人时的总产量，那么工厂劳动力的平均生产率为

$$A(x) = \frac{p(x)}{x}.$$

(a) 计算 $A'(x)$. 如果 $A'(x) > 0$，说明为什么公司要雇用更多的工人.

(b) 如果 $p'(x)$ 大于平均生产率，说明为什么 $A'(x) > 0$.

36. 如果 R 表示人体对某种强度为 x 的刺激的反应，那么我们将灵敏度 S 定义为 R 关于 x 的变化率. 一个具体的例子是当光源的亮度 x 增加时，眼睛通过减小瞳孔的面积 R 来适应. 实验得到的公式

$$R = \frac{40 + 24x^{0.4}}{1 + 4x^{0.4}}$$

可以用来为 R 和 x 之间的关系建模，其中 R 的单位是 mm^2，x 以适当的亮度单位来测量.

(a) 求灵敏度.

(b) 通过画出 R 和 S 关于 x 的函数的图像来说明 (a). 分析当亮度很低时 R 和 S 的值. 这是你所期望的结果吗?

37. 当肾功能不正常时，患者会接受透析治疗以清除血液中的尿素. 通过一台机器从病人体内的血液中过滤尿素. 在一定条件下，假设初始尿素浓度为 $c > 1$，透析所需时间由以下方程给出：

$$t = \ln\left(\frac{3c + \sqrt{9c^2 - 8c}}{2}\right).$$

计算 t 关于 c 的导数并解释它的含义.

38. 当入侵物种占领新的区域时，通常会表现出一波快速扩散的势头. 基于随机扩散和繁殖的数学模型表明，扩散的速度由函数 $f(r) = 2\sqrt{Dr}$ 给出，其中 r 是个体的繁殖率，D 是量化扩散的参数. 计算扩散速度关于繁殖率 r 的导数并解释其含义.

39. 绝对温度为 T（单位：K）、压强为 P（单位：atm）、体积为 V（单位：L）的理想气体满足气体定律 $PV = nRT$，其中 n 是气体的摩尔数，$R = 0.082\,1$ 是气体常数. 假设在某一时间，$P = 8.0\mathrm{atm}$，并以 $0.10\mathrm{atm/min}$ 的速度增加；$V = 10\mathrm{L}$，并以 $0.15\mathrm{L/min}$ 的速度减小. 求 $n = 10\mathrm{mol}$ 时 T 关于时间的瞬时变化率.

40. 在一个养鱼场中，渔夫有规律地向池塘投入一定数量的鱼苗并定时捕捞. 鱼苗数量的变化率的模型可以用下面的方程表示：

$$\frac{\mathrm{d}P}{\mathrm{d}t} = r_0\left(1 - \frac{P(t)}{P_c}\right)P(t) - \beta P(t),$$

其中 r_0 为鱼的出生率，P_c 为池塘所能维持的鱼的最大数量（称为环境容纳量），β 为捕捞数量占总数的百分比.

(a) $\mathrm{d}P/\mathrm{d}t$ 为何值时鱼的数量是稳定的?

(b) 如果池塘能养活 10 000 条鱼，出生率为 5%，捕捞率为 4%，鱼的数量为何值时是稳定的?

(c) 如果 β 上调至 5% 会发生什么?

41. 在生态系统的研究中，"捕食者－被捕食者"模型经常用来研究物种之间的相互作用. 以加拿大北部的苔原狼（$W(t)$）和驯鹿（$C(t)$）的数量为例，它们之间的相互作用可以用如下方程建模

$$\frac{\mathrm{d}C}{\mathrm{d}t} = aC - bCW,\quad \frac{\mathrm{d}W}{\mathrm{d}t} = -cW + dCW.$$

(a) $\mathrm{d}C/\mathrm{d}t$ 和 $\mathrm{d}W/\mathrm{d}t$ 为何值时种群规模是稳定的?

(b) "驯鹿灭绝"这一说法在数学上如何表示?

(c) 设 $a = 0.05$，$b = 0.001$，$c = 0.05$，$d = 0.000\,1$. 写出所有使得种群规模稳定的数量对 (C, W). 根据这个模型，两个物种是否有可能平衡地生存? 还是其中一个或两个物种会灭绝?

42. 赫尔曼·艾宾豪斯（Hermann Ebbinghaus，1850—1909）是记忆研究的先驱.《数学心理学杂志》（*Journal of Mathematical Psychology*）2011 年的一篇文章介绍了这个数学模型：

$$R(t) = a + b(1 + ct)^{-\beta},$$

即艾宾豪斯遗忘曲线，其中 $R(t)$ 是完成一项学习任务 t 天后所保留的记忆的比例，a、b、c 是实验确定的 0 到 1 之间的常数，β 是正常数，且 $R(0)=1$. 常数取决于学习任务的类型.

(a) 完成一项学习任务 t 天后，保留率的变化率是多少？

(b) 完成一项学习任务后，很快还是很长一段时间后会忘记它？

(c) 记忆中有多少是永久性的？

43. "获取目标"（如使用鼠标点击电脑屏幕上的图标）的难度取决于到目标的距离 D 与目标宽度 W 的比. 根据菲茨定律，难度系数 I 可以用

$$I = \log_2\left(\frac{2D}{W}\right)$$

来建模. 这个定律用于设计涉及人机交互的产品.

(a) 如果 W 保持不变，I 关于 D 的变化率是多少？这个变化率是随 D 的增大而增大还是减小？

(b) 如果 D 保持不变，I 关于 W 的变化率是多少？结果中的负号说明什么？这个变化率是随 W 的增大而增大还是减小？

(c) (a) 和 (b) 的结果是否与你的直觉一致？

3.8 | 指数级增长与衰减

在许多自然现象中，量的增长或衰减的速度与它们的大小成正比. 例如，如果 $y=f(t)$ 是在 t 时动物或细菌种群的个体数量，那么似乎可以合理地预期增长率 $f'(t)$ 与种群规模 $f(t)$ 成正比. 也就是说，对于某个常数 k，$f'(t)=kf(t)$. 事实上，在理想条件下（无限的环境、充足的营养、对疾病免疫），方程 $f'(t)=kf(t)$ 给出的数学模型相当准确地预测了实际发生的情况. 在核物理学中，放射性物质的质量以与质量成正比的速度衰减. 在化学中，单分子一级反应的速率与物质的浓度成正比. 在金融学中，储蓄账户中的金额按照连续复利以与该金额成正比的比率增长.

一般来说，如果 $y(t)$ 是 y 在 t 时的值，在任意时间 y 关于 t 的变化率与它的大小 $y(t)$ 成比例，那么

1
$$\frac{\mathrm{d}y}{\mathrm{d}t} = ky ,$$

其中 k 是常数. 公式 1 有时称为**自然增长定律**（如果 $k>0$）或**自然衰减定律**（如果 $k<0$），它是一个微分方程，因为它涉及一个未知函数 y 和它的导数 $\mathrm{d}y/\mathrm{d}t$.

不难想到公式 1 的解. 这个方程要求找到一个导数是自身的常数倍的函数. 在本章中我们已经遇到过这样的函数. 任何形如 $y(t)=C\mathrm{e}^{kt}$ 的指数函数，其中 C 是常数，满足

$$\frac{\mathrm{d}y}{\mathrm{d}t} = C\left(k\mathrm{e}^{kt}\right) = k\left(C\mathrm{e}^{kt}\right) = ky .$$

我们将在 9.4 节中看到，任何满足 $\mathrm{d}y/\mathrm{d}t = ky$ 的函数都必须是 $y(t)=C\mathrm{e}^{kt}$ 的形式. 为了看到常数 C 的重要性，我们观察到

$$y(0) = C\mathrm{e}^{k\cdot 0} = C ,$$

因此 C 是函数的**初值**.

---

2 定理 微分方程 $dy/dt = ky$ 的唯一解是指数函数

$$y(t) = y(0)e^{kt}.$$

■ 种群增长

比例常数 k 的意义是什么?在种群增长的情景中,$P(t)$ 是 t 时的种群 规模,于是有

3
$$\frac{dP}{dt} = kP \ \text{或} \ \frac{dP/dt}{P} = k,$$

其中

$$\frac{dP/dt}{P}$$

是增长率除以种群规模,称为**相对增长率**.根据公式 3,与其说"增长率与成正比",不如说"相对增长率是常数".定理 2 说明相对增长率恒定的种群必然呈指数级增长.请注意,相对增长率 k 出现在指数函数 Ce^{kt} 中 t 的系数上.例如,如果

$$\frac{dP}{dt} = 0.02P,$$

其中 t 的单位是年,那么相对增长率为 $k = 0.02$,种群以每年 2% 的相对增长率增长.如果 $t = 0$ 时的种群规模为 P_0,那么种群规模的表达式为

$$P(t) = P_0 e^{0.02t}.$$

例 1 1950 年世界人口为 25.6 亿,1960 年为 30.4 亿.我们利用这一事实来为 20 世纪下半叶的世界人口建模.(假设增长率与人口成正比.)相对增长率是多少?利用该模型估计 1993 年的世界人口并预测 2025 年的世界人口.

解 时间 t 以年为单位,令 1950 年时 $t = 0$.人口 $P(t)$ 以百万为单位,则 $P(0) = 2560$,$P(10) = 3040$.假设 $dP/dt = kP$,由定理 2 可知

$$P(t) = P(0)e^{kt} = 2560e^{kt},$$

$$P(10) = 2560e^{10k} = 3040,$$

$$k = \frac{1}{10}\ln\frac{3040}{2560} \approx 0.017\,185.$$

相对增长率约为每年 1.7%,模型为

$$P(t) = 2560e^{0.017\,185t}.$$

估计 1993 年的世界人口是

$$P(43) = 2560\mathrm{e}^{0.017\,185 \times 43} \approx 5360 \text{ 百万}.$$

该模型预测 2025 年的人口将是

$$P(75) = 2560\mathrm{e}^{0.017\,185 \times 75} \approx 9289 \text{ 百万}.$$

图 3-8-1 显示到 20 世纪末为止该模型是相当准确的（点代表实际人口），因此对 1993 年人口的估计是相当可靠的．但是 2025 年的预测可能就没有那么准确了．

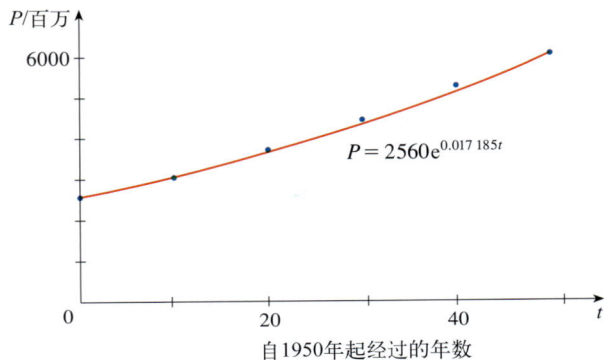

图 3-8-1
20 世纪后半叶世界人口增长的模型

■ 放射性衰变

　　放射性物质通过自发向外辐射而衰变．如果 $m(t)$ 是初始质量为 m_0 的物质在 t 时剩余的质量，那么相对衰变率

$$-\frac{\mathrm{d}m/\mathrm{d}t}{m}$$

在实验中被发现是恒定的．（由于 $\mathrm{d}m/\mathrm{d}t$ 是负的，因此相对衰变率是正的．）由此可见，

$$\frac{\mathrm{d}m}{\mathrm{d}t} = km,$$

其中 k 是一个负常数．换句话说，放射性物质的衰变率与剩余质量成正比．这意味着可以用定理 2 来证明其质量呈指数级衰减：

$$m(t) = m_0\mathrm{e}^{kt}.$$

　　物理学家用**半衰期**来表示衰变率，即任何给定量的一半衰变所需的时间．

例 2　镭-226 的半衰期是 1590 年．

(a) 一份镭-226 样品的质量为 100mg．求出 t 年后样品质量的公式．

(b) 求 1000 年后的质量，精确到 mg．

(c) 质量何时会减至 30mg？

解

(a) 设 $m(t)$ 为 t 年后镭-226 的质量（单位：mg），那么 $\mathrm{d}m/\mathrm{d}t = km$，$m(0) = 100$，因此由定理 2 有

$$m(t) = m(0)\mathrm{e}^{kt} = 100\mathrm{e}^{kt}.$$

为了确定 k 的值，我们利用 $m(1590) = \dfrac{1}{2} \times 100$ 这一事实．因此

$$100\mathrm{e}^{1590k} = 50 \text{，即 } \mathrm{e}^{1590k} = \frac{1}{2} \text{，}$$

且

$$1590k = \ln\frac{1}{2} = -\ln 2 \text{，}$$

$$k = -\frac{\ln 2}{1590} \text{．}$$

因此

$$m(t) = 100\mathrm{e}^{-(\ln 2)t/1590} \text{．}$$

我们可以利用 $\mathrm{e}^{\ln 2} = 2$ 把 $m(t)$ 的表达式写成另一种形式：

$$m(t) = 100 \times 2^{-t/1590} \text{．}$$

(b) 1000 年后的质量是 $m(1000) = 100\mathrm{e}^{-(\ln 2) \times 1000/1500} \approx 65\mathrm{mg}$ ．

(c) 我们想求使得 $m(t) = 30$ 的 t ，即

$$100\mathrm{e}^{-(\ln 2)t/1590} = 30 \text{ 或 } \mathrm{e}^{-(\ln 2)t/1590} = 0.3 \text{．}$$

通过对等式两边取自然对数来解出 t ：

$$-\frac{\ln 2}{1590} t = \ln 0.3 \text{．}$$

因此

$$t = -1590 \frac{\ln 0.3}{\ln 2} \approx 2762 \text{ 年．} \qquad \blacksquare$$

为了检验例 2 的结果，用计算器或计算机画出图 3-8-2 中 $m(t)$ 的图像以及水平线 $m = 30$ ．它们相交于 $t \approx 2800$ ，这与 (c) 的答案一致．

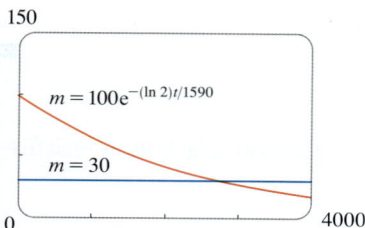

图 3-8-2

■ 牛顿冷却定律

牛顿冷却定律指出，物体的冷却速度和物体与周围环境的温差成正比，不过这个温差不能太大．（这条定律也适用于物体的加热过程．）设 $T(t)$ 为物体在 t 时的温度， T_s 为周围环境的温度，则可以用微分方程的形式写出牛顿冷却定律：

$$\frac{\mathrm{d}T}{\mathrm{d}t} = k(T - T_s) \text{，}$$

其中 k 是常数．这个方程和公式 1 不太一样，所以我们进行变量替换： $y(t) = T(t) - T_s$ ．因为 T_s 是常数，所以有 $y'(t) = T'(t)$ ，因此方程变成

$$\frac{\mathrm{d}y}{\mathrm{d}t} = ky \text{．}$$

然后就可以使用定理 2 求出 y 的表达式，进而求出 T ．

例 3 将一瓶温度为室温（24°C）的凉茶放入温度为 7°C 的冰箱中．半小时后，茶冷却到 16°C．

(a) 再过半小时，茶的温度是多少？

(b) 茶冷却到 10°C 需要多长时间？

解

(a) 设 $T(t)$ 为 $t\,\mathrm{min}$ 后茶的温度. 周围环境的温度是 $T_s = 7℃$，根据牛顿冷却定律有

$$\frac{\mathrm{d}T}{\mathrm{d}t} = k(T - 7).$$

如果令 $y = T - 7$，那么 $y(0) = T(0) - 7 = 24 - 7 = 17$，且 y 满足

$$\frac{\mathrm{d}y}{\mathrm{d}t} = ky.$$

通过定理 2 得到 $\qquad y(t) = y(0)\mathrm{e}^{kt} = 17\mathrm{e}^{kt}.$

已知 $T(30) = 16$，所以 $y(30) = 16 - 7 = 9$ 且

$$17\mathrm{e}^{30k} = 9，即 \mathrm{e}^{30k} = \frac{9}{17}.$$

两边取对数，有

$$k = \frac{\ln\left(\dfrac{9}{17}\right)}{30} \approx -0.021\ 20,$$

所以

$$y(t) = 17\mathrm{e}^{-0.021\ 20t},$$

$$T(t) = 7 + 17\mathrm{e}^{-0.021\ 20t},$$

$$T(60) = 7 + 17\mathrm{e}^{-0.021\ 20\times60} \approx 11.8.$$

因此再过半小时，茶冷却到大约 11.8℃.

(b) 当 $T(t) = 10$ 时，有

$$7 + 17\mathrm{e}^{-0.021\ 20t} = 10$$

$$\mathrm{e}^{-0.021\ 20t} = \frac{3}{17}$$

$$t = \frac{\ln\left(\dfrac{3}{17}\right)}{-0.021\ 20} \approx 81.8.$$

大约在 1h22min 后，茶冷却到 10℃.

注意，在例 3 中有

$$\lim_{t\to+\infty} T(t) = \lim_{t\to+\infty}\left(7 + 17\mathrm{e}^{-0.021\ 20t}\right) = 7 + 17\times0 = 7.$$

这意味着，正如预期的那样，茶的温度接近冰箱内的环境温度. 温度函数的图像如图 3-8-3 所示.

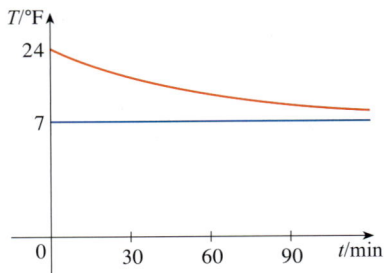

图 3-8-3

■ **连续复利**

例 4 如果以 2% 的利率投资 5000 美元，按年复利计息，那么 1 年后这笔投资的价值为 $5000 \times 1.02 = 5100.00$ 美元，2 年后它的价值为 $(5000\times1.02)\times1.02 = 5202.00$

美元，t 年后它的价值为 5000×1.02^t 美元．一般来说，如果一笔投资额为 A_0，利率为 r（在这个例子中 $r = 0.02$），那么 t 年后它的价值为 $A_0\left(1+r\right)^t$．复利通常比这更复杂，比如每年有 n 个复利周期，那么在每个复利周期内，利率为 r/n，t 年内有 nt 个复利周期，因此投资的价值为

$$A = A_0\left(1+\frac{r}{n}\right)^{nt}.$$

例如，一笔 5000 美元的投资在利率为 2% 的情况下，3 年后的价值是

$$5000\times1.02^3 = 5306.04 \text{ 美元（年复利）；}$$

$$5000\times1.01^6 \approx 5307.60 \text{ 美元（半年复利）；}$$

$$5000\times1.005^{12} \approx 5308.39 \text{ 美元（季度复利）；}$$

$$5000\times\left(1+\frac{0.02}{12}\right)^{36} \approx 5308.92 \text{ 美元（月复利）；}$$

$$5000\times\left(1+\frac{0.02}{365}\right)^{365\times3} \approx 5309.17 \text{ 美元（日复利）.}$$

你可以看到，支付的利息随复利周期数（n）的增加而增加．如果 $n \to +\infty$，那么复利将**连续**累积，投资的价值将是

$$
\begin{aligned}
A(t) &= \lim_{n\to+\infty} A_0\left(1+\frac{r}{n}\right)^{nt}\\
&= \lim_{n\to+\infty} A_0\left[\left(1+\frac{r}{n}\right)^{n/r}\right]^{rt}\\
&= A_0\left[\lim_{n\to+\infty}\left(1+\frac{r}{n}\right)^{n/r}\right]^{rt}\\
&= A_0\left[\lim_{m\to+\infty}\left(1+\frac{1}{m}\right)^{m}\right]^{rt} \qquad \text{（其中 } m = n/r\text{）.}
\end{aligned}
$$

3.6 节公式 6：

$$e = \lim_{x\to+\infty}\left(1+\frac{1}{n}\right)^n.$$

这个表达式中的极限等于数 e（见 3.6 节公式 6）．因此在利率为 r 的情况下，对于连续复利，1 年后投资的价值为

$$A(t) = A_0 e^{rt}.$$

如果对这个方程求导，可以得到

$$\frac{\mathrm{d}A}{\mathrm{d}t} = rA_0 e^{rt} = rA(t),$$

也就是说，对于连续复利，投资价值的增长率与其大小成正比．回到以 2% 的年复利率投资 5000 美元 3 年的例子，我们可以看到，对于连续复利，投资的价值将是

$$A(3) = 5000 e^{0.02\times3} \text{ 美元} \approx 5309.18 \text{ 美元.}$$

请注意，这与我们计算日复利得到的金额 5309.17 美元非常接近．但是如果考虑连续复利，数据会更容易计算．

3.8 | 练习

1. 酿酒酵母细胞的数量以每小时 0.415 9 的恒定相对增长率增长．酵母菌群最初由 380 万个细胞组成．求 2h 后的细胞数量．

2. 大肠杆菌是人类肠道中一种常见的细菌，由德国儿科医生特奥多尔·埃舍里希（Theodor Escherich）在 1885 年发现了．在培养液中，这种细菌的一个细胞每 20min 分裂成两个细胞．培养的初始细胞有 50 个．
(a) 求相对增长率．
(b) 求 t h 后细胞数量的表达式．
(c) 计算 6h 后的细胞数量．
(d) 计算 6h 后的增长率．
(e) 细胞数量何时达到 100 万个？

3. 在培养实验中，肠炎沙门氏菌最初有 50 个细胞．当放入营养液后，培养物的繁殖率与它的数量成正比．1.5h 后，细菌数量增加到 975 个．
(a) 求 t h 后细菌数量的表达式．
(b) 求 3h 后的细菌数量．
(c) 求 3h 后的增长率．
(d) 多少小时后细菌数量将达到 25 万个？

4. 在细菌培养实验中，细菌数量以恒定的相对增长率增长．2h 后细菌数量为 400，6h 后为 25 600．
(a) 相对增长率是多少？用百分比表示你的答案．
(b) 培养的细菌最初的数量是多少？
(c) 求 t h 后细菌数量的表达式．
(d) 求 4.5h 后的细菌数量．
(e) 求 4.5h 后的增长率．
(f) 细菌数量何时能达到 5 万个？

5. 下表给出了从 1750 年到 2000 年世界人口的估计值（单位：百万）．

年份	人口/百万	年份	人口/百万
1750	790	1900	1650
1800	980	1950	2560
1850	1260	2000	6080

(a) 使用指数模型，根据 1750 年和 1800 年的人口数据来预测 1900 年和 1950 年的世界人口，并与实际数据进行比较．

(b) 使用指数模型，根据 1850 年和 1900 年的人口数据来预测 1950 年的世界人口，并与实际人口进行比较．

(c) 使用指数模型，根据 1900 年和 1950 年的人口数据来预测 2000 年的世界人口，并与实际人口进行比较，同时解释差异的原因．

6. 下表给出了 20 世纪下半叶印度尼西亚人口的普查数据（单位：百万）．

年份	人口/百万
1950	83
1960	100
1970	122
1980	150
1990	182
2000	214

(a) 假设人口增长率与其大小成正比，根据 1950 年和 1960 年的人口普查数据预测 1980 年的人口，并与实际数据进行比较．

(b) 根据 1960 年和 1980 年的人口普查数据预测 2000 年的人口，并与实际人口进行比较．

(c) 根据 1980 年和 2000 年的人口普查数据预测 2010 年的人口，并与实际人口 2.43 亿进行比较．

(d) 利用 (c) 中的模型来预测 2025 年的人口．你认为这个预测是过高还是过低？为什么？

7. 实践表明，如果化学反应

$$N_2O_5 \rightarrow 2NO_2 + \frac{1}{2}O_2$$

发生在 45℃ 时，则五氧化二氮的反应速率与其浓度成正比：

$$-\frac{d[N_2O_5]}{dt} = 0.000\ 5[N_2O_5].$$

(a) 如果初始浓度为 C，求 t s 后 $[N_2O_5]$ 的浓度表达式．

(b) 反应需要进行多长时间才能将 $[N_2O_5]$ 的浓度降至原来的 90%？

8. 锶-90 的半衰期是 28 天.
   (a) 一份样品的初始质量为 50mg. 求出 t 天后剩余质量的表达式.
   (b) 求出 40 天后的剩余质量.
   (c) 样品衰变到 2mg 需要多长时间?
   (d) 画出质量函数的图像.

9. 铯-137 的半衰期是 30 年. 假设有 100mg 的样本.
   (a) 求 t 年后样本的质量.
   (b) 100 年后样本还剩余多少?
   (c) 样品剩余 1mg 需要多长时间?

10. 一个锎-252 的样本在 300 天后衰减到原来质量的 64.3%.
    (a) 锎-252 的半衰期是多长?
    (b) 样品衰减到原来质量的三分之一需要多长时间?

11~13　放射性碳定年　科学家们可以通过放射性碳定年的方法确定古物的年龄. 宇宙射线对高层大气的轰击会将氮转化为碳的放射性同位素碳-14, 其半衰期约为 5730 年. 植物通过大气吸收二氧化碳, 动物通过食物链摄入碳-14. 当一种植物或动物死亡时, 它会停止碳元素的替换. 通过放射性衰变, 碳-14 含量开始减少. 因此, 放射性水平也必须呈指数级衰减.

11. 一项发现显示, 一块羊皮纸碎片的放射性碳-14 含量约为当今地球上植物材料的 74%. 估计这块羊皮纸的年龄.

12. 恐龙化石古老到已无法用碳-14 来确定年龄. 假设有一块 6800 万年前的恐龙化石. 恐龙的碳-14 能保留到今天的比例是多少? 假设最小可检测量为 0.1%. 用碳-14 可以确定化石的最大年龄是多少?

13. 恐龙化石的年龄测定通常使用碳以外的元素, 比如钾-40, 它的半衰期较长 (大约 12.5 亿年). 假设最小可检测量为 0.1%, 并且根据钾-40 确定一只恐龙的年龄为 6800 万年. 这样的测定是可能的吗? 换句话说, 用钾-40 可以确定化石的最大年龄是多少?

14. 一条曲线过点 $(0,5)$, 并且该曲线在任意一点 P 处的斜率是 P 的纵坐标的 2 倍. 曲线的方程是什么?

15. 当火鸡的温度达到 85℃ 时, 将它从烤箱中取出, 放置在桌子上. 环境温度为 22℃.
    (a) 如果火鸡半小时后的温度是 65℃, 45min 后的温度是多少?
    (b) 火鸡何时会冷却到 40℃?

16. 在一起谋杀案的调查中, 下午 1:30 时尸体的温度为 32.5℃, 1h 后尸体的温度为 30.3℃. 人的正常体温为 37.0℃, 环境温度为 20.0℃. 谋杀是什么时候发生的?

17. 将冷饮从冰箱中取出时, 其温度为 5℃. 在 20℃ 的环境中放置 25min 后, 温度升高到 10℃.
    (a) 50min 后饮料的温度是多少?
    (b) 它的温度何时会达到 15℃?

18. 在 20℃ 的房间里, 一杯新煮的咖啡的温度为 95℃. 当温度为 70℃ 时, 咖啡以 1℃/min 的速度冷却. 这发生在什么时候?

19. 假设温度不变, 大气压强 P 关于海拔 h 的变化率与 P 成正比. 15℃ 时, 海平面处的气压为 101.3kPa, $h = 1000$m 处的气压为 87.14kPa.
    (a) 海拔 3000m 处的气压是多少?
    (b) 海拔 6187m 的麦金利山山顶处的气压是多少?

20. (a) 如果以 4.5% 的利率借款 2500 美元, 分别按如下方式计息: (i) 年复利; (ii) 季度复利; (iii) 月复利; (iv) 周复利; (v) 日复利; (vi) 小时复利; (vii) 连续复利, 求 3 年后应偿还的金额.
    (b) 假设借了 2500 美元, 按连续复利计息. 如果 $A(t)$ 是 t 年后的应还金额, 其中 $0 \leqslant t \leqslant 3$, 画出利率分别为 5%、6% 和 7% 的 $A(t)$ 的图像.

21. (a) 如果以 1.75% 的利率投资 4000 美元, 分别按如下方式计息: (i) 年复利; (ii) 半年复利; (iii) 月复利; (iv) 周复利; (v) 日复利; (vi) 连续复利, 求 5 年后投资的价值.
    (b) 如果 $A(t)$ 是连续复利的情况下 t 时的投资金额, 写出 $A(t)$ 满足的微分方程和初值条件.

22. (a) 如果以 3% 的利率投资, 按连续复利计息, 需要多长时间才能增值一倍?
    (b) 折合成年率的利率是多少?

应用专题 | 手术中控制红细胞流失

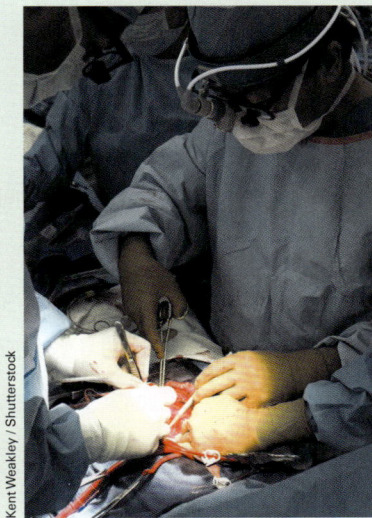

人体的血量约为 5L. 血量由一定比例的红细胞组成（称为红细胞压积）. 通常男性的红细胞压积约为 45%. 假设一台手术需要 4h, 一名男性病人出血 2.5L. 在手术过程中，通过注射生理盐水来维持病人的血量在 5L. 生理盐水会迅速与血液混合，但会稀释血液，使红细胞压积随时间的推移而下降.

1. 假设红细胞流失率与红细胞量成正比，确定在手术结束时病人的红细胞量.

2. 一种称为急性等容血液稀释（ANH）的方法已被开发出来，以减少手术中红细胞的流失. 手术前从病人身上抽取血液，然后用生理盐水代替. 这会稀释病人的血液，从而减少手术中出血造成的红细胞流失. 取出的血液在手术后被输送送回病人体内. 然而，由于手术过程中红细胞浓度永远不能低于 25%，因此只能抽取一定量的血液. 就本专题中的手术而言，在 ANH 过程中可以提取的最大血液量是多少？

3. 如果没有使用 ANH 方法，红细胞会流失多少？如果按照问题 2 中计算的血液量进行计算，红细胞流失了多少？

3.9 | 相关变化率

如果将气体充入气球，气球的体积和半径都会增加，而它们的增加率是彼此相关的. 但是气球体积的增加率比半径的增加率更容易直接得出.

在一个相关变化率问题中，思路是根据一个量的变化率（可能比较容易得出）来计算另一个量的变化率. 过程是寻找这两个相关量之间的关系式，然后利用链式法则在等式两边同时求关于时间的导数.

例 1 将气体充入气球，气球体积的增加率为 $100\text{cm}^3/\text{s}$. 当气球直径达到 50cm 时，气球半径的增加率是多少？

PS 根据第 1 章末所讨论的"解题的基本原则"，第 1 步是"理解题目". 这包括仔细读题、识别已知量和未知量、引入恰当的符号.

解 先明确两件事情：

已知信息：

气球体积的增加率为 $100\text{cm}^3/\text{s}$.

未知信息：

当气球直径达到 50cm 时，半径的增加率.

为了用数学的语言来描述这些量，我们引入一些符号：

设 V 是气球体积，r 是它的半径.

关键在于要记住变化率是导数．在这个问题中，体积和半径都是时间的函数．体积关于时间的增加率是导数 $\mathrm{d}V/\mathrm{d}t$，半径关于时间的增加率是 $\mathrm{d}r/\mathrm{d}t$．因此将已知和未知的信息重新陈述一下：

已知：
$$\frac{\mathrm{d}V}{\mathrm{d}t}=100\mathrm{cm}^3/\mathrm{s}.$$

未知：
当 $r=25\mathrm{cm}$ 时的 $\dfrac{\mathrm{d}r}{\mathrm{d}t}$.

为了将 $\mathrm{d}V/\mathrm{d}t$ 和 $\mathrm{d}r/\mathrm{d}t$ 联系起来，首先通过球体的体积公式建立起 V 和 r 之间的关系：

$$V=\frac{4}{3}\pi r^3.$$

为了利用已知信息，在这个等式的两边求关于 t 的导数．为了求右边的导数，应用链式法则：

$$\frac{\mathrm{d}V}{\mathrm{d}t}=\frac{\mathrm{d}V}{\mathrm{d}r}\cdot\frac{\mathrm{d}r}{\mathrm{d}t}=4\pi r^2\frac{\mathrm{d}r}{\mathrm{d}t}.$$

现在解方程求未知量：

$$\frac{\mathrm{d}r}{\mathrm{d}t}=\frac{1}{4\pi r^2}\cdot\frac{\mathrm{d}V}{\mathrm{d}t}.$$

本例中，取 $r=25$ 和 $\mathrm{d}V/\mathrm{d}t=100$，可得

$$\frac{\mathrm{d}r}{\mathrm{d}t}=\frac{1}{4\pi\times 25^2}\times 100=\frac{1}{25\pi}.$$

气球半径的增加率为 $1/25\pi\ \mathrm{cm}^3/\mathrm{s}$. ∎

PS 解题的第 2 步是"思考一个计划"，来将已知和未知联系起来．

注意，$\mathrm{d}V/\mathrm{d}t$ 为常量，而 $\mathrm{d}r/\mathrm{d}t$ 不是．

例 2 一个 5m 长的梯子斜靠在垂直的墙上．如果梯子的底端以 1m/s 的速度向远离墙的方向滑动，当梯子的底端到墙的距离为 3m 时，梯子的顶端以多大的速度沿着墙下滑？

解 首先画图并标注，如图 3-9-1 所示．设梯子底端到墙的距离为 x m，梯子顶端到地面的距离是 y m．注意 x 和 y 都是 t（时间）的函数．

已知 $\mathrm{d}x/\mathrm{d}t=1\mathrm{m/s}$，我们要求当 $x=3\mathrm{m}$ 时的 $\mathrm{d}y/\mathrm{d}t$（见图 3-9-2）．在这个问题中，x 和 y 之间的关系满足勾股定理：

$$x^2+y^2=25.$$

在两边求关于 t 的导数，应用链式法则，可得

$$2x\frac{\mathrm{d}x}{\mathrm{d}t}+2y\frac{\mathrm{d}y}{\mathrm{d}t}=0.$$

解方程，求出未知量：

$$\frac{\mathrm{d}y}{\mathrm{d}t}=-\frac{x}{y}\cdot\frac{\mathrm{d}x}{\mathrm{d}t}.$$

当 $x=3$ 时，由勾股定理可知 $y=4$，将这些值和 $\mathrm{d}x/\mathrm{d}t=1$ 代入，可得

$$\frac{\mathrm{d}y}{\mathrm{d}t}=-\frac{3}{4}\times 1=-0.75\mathrm{m/s}.$$

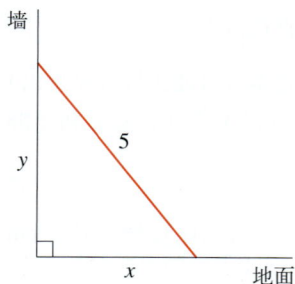
图 3-9-1

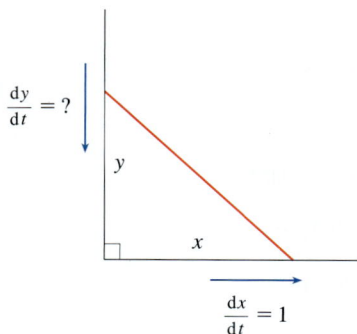
图 3-9-2

dy/dt 的值为负的意味着梯子的顶端与地面之间的距离以 0.75m/s 的速度减小. 换句话说，梯子的顶端以 0.75m/s 的速度沿着墙下滑. ■

PS 看看我们从例 1 和例 2 中学到了什么，可以帮助我们之后解题？

⊘ 提醒 一个常见的错误是过早地将已知数值信息代入（到随时间变化的量中）. 这应该是在求导之后才做的.（第 7 步在第 6 步之后.）例如，在例 1 中，我们先处理 r 的一般值，直到最后一步才将 $r=25$ 代入.（如果将 $r=25$ 过早地代入，会得到 dV/d$t=0$，这显然是错误的.）

解题的基本策略

回顾那些解题原则，并根据在例 1 和例 2 中获得的经验进行调整，以应用于相关变化率的问题.

1. 仔细读题.
2. 如果可能的话，画出图像.
3. 引入符号，用来表示所有时间的函数.
4. 用导数表示已知信息和所求的变化率.
5. 写出一个方程，把问题中的各个量联系起来. 如果有必要，利用几何方法，通过换元消除其中一个变量（见下面的例 3）.
6. 用链式法则在方程两边求关于 t 的导数.
7. 将已知信息代入得到的方程，解出未知的变化率.

参见第 1 章末的"解题的基本原则".

下面的例子进一步说明了这个策略.

例 3 一个倒圆锥形水箱的顶部半径为 2m，高为 4m. 如果水以 2m³/min 的速度注入水箱，求当水深 3m 时，水位上升的速度为多少？

解 首先画出圆锥体的示意图并标注，如图 3-9-3 所示. 设 V、r、h 分别为水的体积、表面半径和 t 时的高度，其中 t 的单位是 min.

已知 dV/d$t=2$m³/min，我们要求当 $h=3$m 时的 dh/dt. 变量 V 和 h 的关系如下面的等式所示：

$$V=\frac{1}{3}\pi r^2 h.$$

但是把 V 表示为只是 h 的函数是很有用处的. 为了消去 r，利用图 3-9-3 中的相似三角形，可得

$$\frac{r}{h}=\frac{2}{4}, \quad 即\ r=\frac{h}{2}.$$

所以 V 的表达式变为

$$V=\frac{1}{3}\pi\left(\frac{h}{2}\right)^2 h=\frac{\pi}{12}h^3.$$

现在在等式的两边求关于 t 的导数：

$$\frac{\mathrm{d}V}{\mathrm{d}t}=\frac{\pi}{4}h^2\frac{\mathrm{d}h}{\mathrm{d}t}$$

$$\frac{\mathrm{d}h}{\mathrm{d}t}=\frac{4}{\pi h^2}=\frac{\mathrm{d}V}{\mathrm{d}t}.$$

图 3-9-3

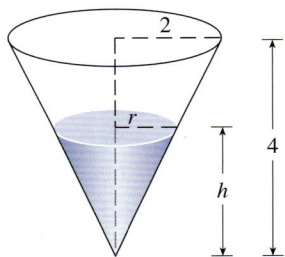

把 $h = 3\text{m}$ 和 $\mathrm{d}V/\mathrm{d}t = 2\text{m}^3/\text{min}$ 代入，得到

$$\frac{\mathrm{d}h}{\mathrm{d}t} = \frac{4}{\pi \times 3^2} \cdot 2 = \frac{8}{9\pi} \,.$$

水位上升的速度为 $8/9\pi \approx 0.28\text{m/min}$. ■

例 4　汽车 A 以 80km/h 的速度向西行驶，汽车 B 以 100km/h 的速度向北行驶，两辆车都朝向交叉路口．当汽车 A 距离交叉路口 0.3km，汽车 B 距离交叉路口 0.4km 时，两辆车相互接近的速度是多少？

解　画出示意图，如图 3-9-4 所示，其中 C 为交叉路口．给定时间 t，设 x 为汽车 A 与 C 之间的距离，y 为汽车 B 与 C 之间的距离，z 为这两辆车之间的距离，其中 x、y、z 的单位是 m.

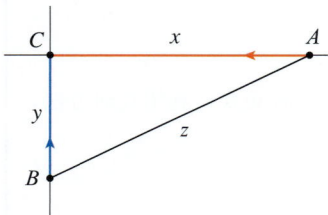
图 3-9-4

已知 $\mathrm{d}x/\mathrm{d}t = -80\text{km/h}$，$\mathrm{d}y/\mathrm{d}t = -100\text{km/h}$（因为 x 和 y 减小，所以导数为负.）我们要求 $\mathrm{d}z/\mathrm{d}t$．x、y、z 之间的关系可由勾股定理给出：

$$z^2 = x^2 + y^2 \,.$$

在等式两边求关于 t 的导数，可得

$$2z\frac{\mathrm{d}z}{\mathrm{d}t} = 2x\frac{\mathrm{d}x}{\mathrm{d}t} + 2y\frac{\mathrm{d}y}{\mathrm{d}t}$$

$$\frac{\mathrm{d}z}{\mathrm{d}t} = \frac{1}{z}\left(x\frac{\mathrm{d}x}{\mathrm{d}t} + y\frac{\mathrm{d}y}{\mathrm{d}t}\right) \,.$$

当 $x = 0.3\text{km}$，$y = 0.4\text{km}$ 时，由勾股定理可得 $z = 0.5\text{km}$．因此

$$\frac{\mathrm{d}z}{\mathrm{d}t} = \frac{1}{0.5}\big[0.3 \times (-80) + 0.4 \times (-100)\big] = -128\text{km/h} \,.$$

这两辆汽车以 128km/h 的速度相互接近． ■

例 5　一个人以 1m/s 的速度沿直线向前走．一个探照灯放在距离道路 6m 的地面上，并使其灯光一直聚焦在这个人身上．当道路上距离探照灯最近的点与这个人之间的距离是 4.5m 时，探照灯的旋转速度是多少？

解　画出示意图，如图 3-9-5 所示．设 x 为道路上距离探照灯最近的点与这个人之间的距离．设 θ 为探照灯的光束与探照灯到道路的垂线之间的夹角．

已知 $\mathrm{d}x/\mathrm{d}t = 1\text{m/s}$，我们要求当 $x = 4.5$ 时的 $\mathrm{d}\theta/\mathrm{d}t$．由图 3-9-5 可知，$x$ 和 θ 之间的关系为

$$\frac{x}{6} = \tan\theta \,, \quad \text{即} \quad x = 6\tan\theta \,.$$

在两边求关于 t 的导数，可得

$$\frac{\mathrm{d}x}{\mathrm{d}t} = 6\sec^2\theta\frac{\mathrm{d}\theta}{\mathrm{d}t} \,,$$

所以

$$\frac{\mathrm{d}\theta}{\mathrm{d}t} = \frac{1}{6}\cos^2\theta\frac{\mathrm{d}x}{\mathrm{d}t}$$

$$= \frac{1}{6}\cos^2\theta \times 1 = \frac{1}{6}\cos^2\theta \,.$$

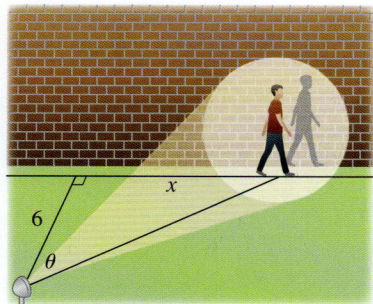
图 3-9-5

当 $x = 4.5\text{m}$ 时，光束的长度是 7.5m，因此 $\cos\theta = \dfrac{20}{25} = \dfrac{4}{5}$，并且

$$\frac{\mathrm{d}\theta}{\mathrm{d}t} = \frac{1}{6} \times \left(\frac{4}{5}\right)^2 = \frac{16}{150} \approx 0.107 .$$

$$0.107 \frac{\text{rad}}{\text{s}} \times \frac{1\,\text{圈}}{2\pi\,\text{rad}} \times \frac{60\text{s}}{1\text{min}}$$

$$\approx 1.02\,\text{圈／分钟}$$

探照灯的旋转速度为 0.107rad/s．

3.9 | 练习

1. (a) 如果 V 是边长为 x 的立方体的体积，立方体随着时间的推移而膨胀，用 $\mathrm{d}x/\mathrm{d}t$ 表示 $\mathrm{d}V/\mathrm{d}t$．

   (b) 如果一个立方体的边长以 4cm/s 的速度增加，当边长为 15cm 时，立方体的体积增加得有多快？

2. (a) 如果 A 是半径为 r 的圆的面积，圆随着时间的推移而扩大，用 $\mathrm{d}r/\mathrm{d}t$ 表示 $\mathrm{d}A/\mathrm{d}t$．

   (b) 假设石油从一艘破裂的油轮中溢出，并呈圆形扩散．如果石油扩散面的半径以 2m/s 的恒定速度增大，当半径为 30m 时，石油扩散面面积增加得有多快？

3. 正方形的边长以 6cm/s 的速度增加．当正方形的面积是 16cm² 时，正方形的面积增加的速度是多少？

4. 球体的半径以 4mm/s 的速度增大．当直径为 80mm 时，体积增加得有多快？

5. 一个球的半径以 2cm/min 的速度增加．当半径为 8cm 时，球的表面积增加的速度是多少？

6. 矩形的长以 8cm/s 的速度增加，宽以 3cm/s 的速度增加．当长为 20cm、宽为 10cm 时，矩形的面积增加得有多快？

7. 向半径为 5m 的圆柱形水箱以 3m³/min 的速度注水．水的高度增加得有多快？

8. 两边长度为 a 和 b、夹角为 θ 的三角形的面积是 $A = \dfrac{1}{2}ab\sin\theta$（见附录 D 公式 6）．

   (a) 如果 $a = 2\text{cm}$，$b = 3\text{cm}$，θ 以 0.2rad/min 的速度增加，当 $\theta = \pi/3$ 时面积增加得有多快？

   (b) 如果 $a = 2\text{cm}$，b 以 1.5cm/min 的速度增加，θ 以 0.2rad/min 的速度增加，当 $b = 3\text{cm}$、$\theta = \pi/3$ 时，面积增加得有多快？

   (c) 如果 a 以 2.5cm/min 的速度增加，b 以 1.5cm/min 的速度增加，θ 以 0.2rad/min 的速度增加，当 $a = 2\text{cm}$，$b = 3\text{cm}$，$\theta = \pi/3$ 时，面积增加得有多快？

9. 假设 $4x^2 + 9y^2 = 25$，其中 x 和 y 是 t 的函数．

   (a) 如果 $\mathrm{d}y/\mathrm{d}t = \dfrac{1}{3}$，求 $x = 2$，$y = 1$ 时的 $\mathrm{d}x/\mathrm{d}t$．

   (b) 如果 $\mathrm{d}x/\mathrm{d}t = 3$，求 $x = -2$，$y = 1$ 时的 $\mathrm{d}y/\mathrm{d}t$．

10. 如果 $x^2 + y^2 + z^2 = 9$，$\mathrm{d}x/\mathrm{d}t = 5$，$\mathrm{d}y/\mathrm{d}t = 4$，求当 $(x, y, z) = (2, 2, 1)$ 时的 $\mathrm{d}z/\mathrm{d}t$．

11. 宇航员的重量 w（单位：N）与他到地球表面的高度 h（单位：km）有关：

$$w = w_0\left(\frac{6370}{6370 + h}\right)^2,$$

其中 w_0 是宇航员在地球表面上的重量．如果宇航员在地球上重 580N，并乘坐火箭，以 19km/s 的速度飞向天空，求出当他在地球表面上方 60km 处时，他的重量的变化率（单位：N/s）．

12. 一个粒子沿双曲线 $xy = 8$ 运动．当它到达点 $(4, 2)$ 时，纵坐标以 3cm/s 的速度减小．在这一瞬间，它的横坐标变化得有多快？

13~16

   (a) 在这个问题中哪些量是已知的？

   (b) 哪些量是未知的？

   (c) 画图展示对于任意时间 t 的情况．

   (d) 写出这些量之间的关系式．

   (e) 解决问题．

13. 一架飞机保持在 2km 的高度水平上飞行，以 800km/h 的速度穿过雷达站的上方．当飞机距离雷达站 3km 时，求飞机与雷达站之间的距离增加的速度．

14. 如果一个雪球融化，其表面积以 1cm²/min 的速度减小，求直径为 10cm 时直径减小的速度．

15. 路灯安装在 6m 高的柱子顶上．一名 2m 高的男子在柱子下以 1.5m/s 的速度沿直线行走，当他距离柱子 10m 时，他的影子的顶端移动得有多快？

16. 中午船 A 在船 B 以西 150km 处，船 A 以 35km/h 的速度向东航行，船 B 以 25km/h 的速度向北航行．下午 4 点时，两船之间的距离的变化率是多少？

17. 两辆汽车从同一点出发,一辆以 30km/h 的速度向南行驶,另一辆以 72km/h 的速度向西行驶,2h 后,两车之间的距离的变化率为多少?

18. 地面上的聚光灯照在 12m 远处的墙上. 如果一个 2m 高的人以 1.6m/s 的速度从聚光灯向墙走去,当他距离墙 4m 远时,他在墙上的影子的长度减小得有多快?

19. 一个男人从点 P 以 1.2m/s 的速度向北行走,5min 后一个女人在点 P 东边 200m 处以 1.6m/s 的速度向南行走. 在这个女人行走 15min 后,这两个人分开的速度是多少?

20. 棒球场是一个边长为 18m 的正方形,击球手击球后,以 7.5m/s 的速度跑向一垒.
    (a) 当他距离一垒还有一半路程时,他与二垒之间的距离减小的速度是多少?
    (b) 在同一时间,他与三垒之间的距离增加的速度是多少?

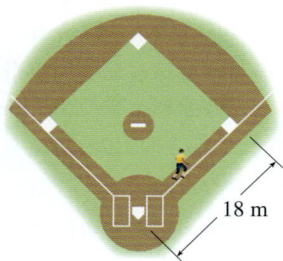

21. 三角形的高以 1cm/min 的速度增加的同时,三角形的面积以 2cm²/min 的速度增加. 当三角形的高是 10cm,面积是 100cm² 时,三角形的底的变化率是多少?

22. 一只船被系在船头的绳子通过码头上的滑轮拉向码头,码头比船头高 1m. 如果以 1m/s 的速度拉绳子,当船距离码头 8m 时,船靠近码头的速度是多少?

23~24 有这样的事实:石头在 t s 后下落的距离(单位: m)为 $d = 4.9t^2$.

23. 一个女人站在悬崖边上,向下扔了一块石头. 1s 后,她又扔了一块石头. 1s 之后,两块石头之间的距离变化得有多快?

24. 两个人站在悬崖边上,相距 10m. 一个人向下扔了一块石头,1s 后另一个人也向下扔了一块石头. 1s 后,两块石头之间的距离变化得有多快?

25. 水以 10 000cm³/min 的速度从倒立的圆锥形水箱中流出,与此同时,水以恒定的速度被泵入水箱. 水箱的高为 6m,顶部直径为 4m. 如果水位以 20cm/min 的速度上升,当水的高度为 2m 时,求水流入水箱的速度.

26. 粒子沿曲线 $y = 2\sin(\pi x/2)$ 运动. 当粒子经过点 $\left(\frac{1}{3}, 1\right)$ 时,它的横坐标以 $\sqrt{10}$ cm/s 的速度增大. 此时粒子与原点之间的距离变化得有多快?

27. 水槽长 10m,横截面为等腰梯形,底部宽 30cm,顶部宽 80cm,高 50cm. 如果以 0.2m³/min 的速度向水槽中注水,当水深 30cm 时,水位上升的速度是多少?

28. 水槽长 6m,两端为等腰三角形,顶部宽 1m,高 50cm. 如果以 1.2m³/min 的速度向水槽注水,当水深 30cm 时,水位上升的速度是多少?

29. 碎石从传送带上以 3m³/min 的速度倾倒,形成一个圆锥形的碎石堆,其底部直径和高度总是相等. 当碎石堆的高度为 3m 时,其高度增加的速度是多少?

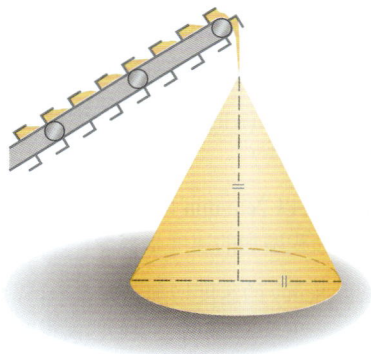

30. 一个游泳池宽 5m,长 10m,浅水区深 1m,深水区深 3m. 横截面如图所示. 如果向游泳池注水的速度是 0.1m³/min,当深水区的水深为 1m 时,水位上升的速度是多少?

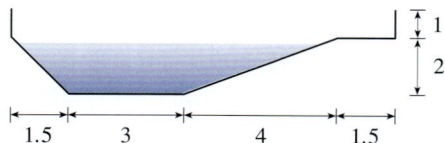

31. 等边三角形的边长以 10cm/min 的速度增加. 当边长为 30cm 时,三角形的面积增加的速度是多少?

32. 地面上方 50m 处的风筝以 2m/s 的速度水平移动. 当风筝线的长度为 100m 时,风筝线与水平方向之间的夹角变小的速度是多少?

33. 汽车以 20m/s 的速度向北行驶，无人机以 6m/s 的速度在 25m 的高度上向东飞行．有一瞬间无人机恰好从汽车上方飞过．5s 后，无人机与汽车之间的距离变化得有多快？

34. 如果时钟的分针的长度是 r（单位：cm），求出它扫过面积的变化率关于 r 的函数．

35. 在例 2 中，当梯子的底端距离墙 3m 时，梯子与地面之间的夹角变化得有多快？

36. 根据用来解决例 2 的模型，当梯子的顶端接近地面时会发生什么？该模型是否适用于很小的 y 值？

37. 玻意耳定律指出，当气体样品在恒定温度下被压缩时，压强 P 和体积 V 满足方程 $PV = C$，其中 C 为常数．假设在某一时间气体体积为 600cm³，压强为 150kPa，压强以 20kPa/min 的速度增大．此时体积减小的速度是多少？

38. 一个水龙头以 2L/min 的速度将水注入直径为 60cm 的半球形盆中．求当盆里有一半水时，盆里的水位上升的速度．（利用以下事实：1L = 1000cm³．半径为 r 的球体从底部到高度为 h 的部分，其体积为 $V = \pi\left(rh^2 - \dfrac{1}{3}h^3\right)$，我们将在第 6 章中说明．）

39. 如果两个电阻为 R_1 和 R_2 的电阻器并联，如下图所示，总电阻 R（单位：Ω）满足

$$\frac{1}{R} = \frac{1}{R_1} + \frac{1}{R_2}.$$

如果 R_1 和 R_2 分别以 0.3Ω/s 和 0.2Ω/s 的速度增大，当 $R_1 = 80\Omega$，$R_2 = 100\Omega$ 时，R 变化得有多快？

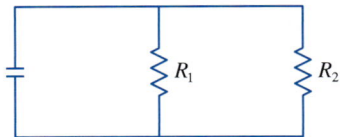

40. 当空气绝热膨胀（不增加或失去热量）时，其压强 P 和体积 V 满足等式 $PV^{1.4} = C$，其中 C 为常数．假设在某一时间空气体积为 400cm³，压强为 80kPa，并以 10kPa/min 的速度减小．此时体积增长的速度是多少？

41. 两条笔直的路从路口以 60° 的角度分开．两辆车同时离开十字路口，第一辆以 60km/h 的速度行驶在一条路上，

第二辆以 100km/h 的速度行驶在另一条路上．半小时后，两车之间的距离变化得有多快？[提示：使用余弦定理（附录 D 中的公式 21）.]

42. 鱼的脑重 B 关于体重 W 的函数可以用幂函数 $B = 0.007W^{2/3}$ 来建模，其中 B 和 W 的单位是 g．体重关于体长 L（单位：cm）的函数模型为 $W = 0.12L^{2.53}$．如果在 1000 万年的时间里，某种鱼类的平均长度以恒定的速度从 15cm 进化到 20cm，那么当这种鱼类的平均长度为 18cm 时，其大脑的生长速度是多少？

43. 三角形的两条边的长度分别是 12m 和 15m．它们之间的夹角以 2°/min 的速度变大．当固定长度的两边之间的夹角为 60° 时，第三条边的长度增加的速度是多少？[提示：使用余弦定理（附录 D 中的公式 21）.]

44. 两辆小车 A 和 B 由一根 12m 长的绳子连接在滑轮 P 上（如图）．点 Q 位于点 P 正下方 4m 的地面上，位于两车之间．小车 A 以 0.5m/s 的速度远离 Q．当小车 A 与 Q 的距离为 3m 时，小车 B 朝 Q 移动的速度是多少？

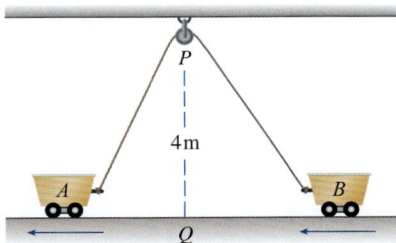

45. 一台电视摄像机被放置在距离火箭发射台 1200m 远处．相机的仰角必须以正确的速度改变，以保持火箭在视野内．此外，相机对焦的机制必须考虑到从相机到上升的火箭之间不断增加的距离．假设火箭垂直上升，当它上升 900m 时，它的速度是 200m/s．
(a) 此时，摄像机与火箭之间的距离的变化率是多少？
(b) 如果摄像机一直对准火箭，此时摄像机仰角的变化率是多少？

46. 一座灯塔位于一个小岛上，小岛到海岸线上最近的点 P 的距离为 3km，灯塔发出的光每分钟旋转四次．当光照到海岸线上到点 P 的距离为 1km 处时，光束以多快的速度沿海岸线移动？

47. 飞机在 5km 的高度水平上飞行，从地面上的跟踪望远镜上方飞过．当望远镜的仰角为 $\pi/3$ 时，仰角以 $\pi/6\,\mathrm{rad/min}$ 的速度变小．此时飞机的飞行速度是多少？

48. 一个半径为 10m 的摩天轮以每 2 分钟 1 圈的速度旋转. 当乘客到地面的高度为 16m 时,他上升的速度是多少?

49. 一架飞机以 300km/h 的恒定速度在 1km 的高度处经过地面雷达站的上方,并以 30° 的角度上升. 1min 后,飞机到雷达站的距离以多快的速度增加?

50. 两个人从同一个点出发,一个人以 4km/h 的速度向东走,另一个人以 2km/h 的速度向东北走. 15min 后,两个人之间的距离变化得有多快?

51. 短跑运动员以 7m/s 的恒定速度在半径为 100m 的圆形跑道上冲刺. 他的朋友站在距离跑道中心 200m 处. 当他们之间的距离是 200m 时,这个距离变化得有多快?

52. 手表的分针长 8mm,时针长 4mm. 针尖之间的距离在 1 点时变化得有多快?

53. 假设一个雪球的体积 V 越滚越大,使 dV/dt 与 t 时雪球的表面积成正比. 证明半径 r 以恒定的速度增大,即 dr/dt 是恒定的.

3.10 线性近似与微分

我们已经知道曲线在切点附近非常接近它的切线. 事实上,以可微函数图像上的一点为中心放大,可以注意到图像看起来越来越像它的切线(如图 2-7-2 所示). 这种观察是求函数近似值的方法的基础.

■ 线性化和近似

计算一个函数的某个值 $f(a)$ 可能很容易,但计算 f 在其附近的值可能很难(甚至不可能). 所以我们可以接受用容易计算的线性函数 L 的值来代替,其图像是 f 在 $(a, f(a))$ 处的切线(见图 3-10-1).

换句话说,用 $(a, f(a))$ 处的切线作为 x 在 a 附近时曲线 $y = f(x)$ 的近似. 这条切线的方程是

$$y = f(a) + f'(a)(x-a).$$

线性函数的图像就是这条切线,也就是

1 $$L(x) = f(a) + f'(a)(x-a),$$

称为 f 在 a 处的**线性化表示**. 近似 $f(x) \approx L(x)$ 或

2 $$f(x) \approx f(a) + f'(a)(x-a)$$

叫作 $f(x)$ 在 a 处的**线性近似**或**切线近似**.

例 1 求函数 $f(x) = \sqrt{x+3}$ 在 $a = 1$ 处的线性化表示,并用它来近似 $\sqrt{3.98}$ 和 $\sqrt{4.05}$. 这些近似值是偏大还是偏小?

解 $f(x) = (x+3)^{1/2}$ 的导数是

$$f'(x) = \frac{1}{2}(x+3)^{-1/2} = \frac{1}{2\sqrt{x+3}},$$

于是有 $f(1) = 2$ 和 $f'(1) = \frac{1}{4}$. 把这些值代入公式 1,可知 f 的线性化表示是

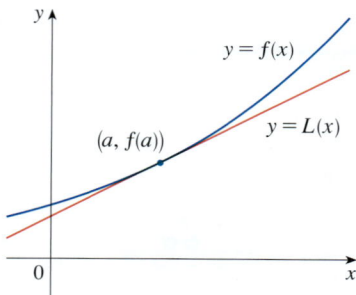

图 3-10-1

$$L(x) = f(1) + f'(1)(x-1) = 2 + \frac{1}{4}(x-1) = \frac{7}{4} + \frac{x}{4} ,$$

对应公式 2 中的线性近似为

$$\sqrt{x+3} \approx \frac{7}{4} + \frac{x}{4} \qquad （当 x 在 1 附近时）.$$

特别地,

$$\sqrt{3.98} \approx \frac{7}{4} + \frac{0.98}{4} = 1.995 , \quad \sqrt{4.05} \approx \frac{7}{4} + \frac{1.05}{4} = 2.012\,5 .$$

线性近似如图 3-10-2 所示. 可以看到, 当 x 在 1 附近时, 切线近似是给定函数的一个很好的近似. 还可以看到, 近似值是偏大的, 因为切线位于曲线上方.

当然, 计算器可以给出 $\sqrt{3.98}$ 和 $\sqrt{4.05}$ 的近似值, 但是线性近似给出的是整个区间上的近似值. ∎

表 3-10-1 比较了例 1 中线性近似给出的估计值和真实值. 从这张表和图 3-10-2 中可以看到, 当 x 接近 1 时, 切线近似给出了很好的估计值, 但当 x 远离 1 时, 近似的精度会下降.

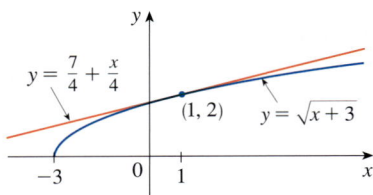

图 3-10-2

表 3-10-1

	x	$L(x)$	真实值
$\sqrt{3.9}$	0.9	1.975	1.974 841 76…
$\sqrt{3.98}$	0.98	1.995	1.994 993 73…
$\sqrt{4}$	1	2	2.000 000 00…
$\sqrt{4.05}$	1.05	2.012 5	2.012 461 17…
$\sqrt{4.1}$	1.1	2.025	2.024 845 67…
$\sqrt{5}$	2	2.25	2.236 067 97…
$\sqrt{6}$	3	2.5	2.449 489 74…

在例 1 中得到的近似值怎么样? 下面的例子说明利用图像计算器或计算机可以确定一个线性近似具备一定精度的区间.

例 2　x 为何值时, 线性近似

$$\sqrt{x+3} \approx \frac{7}{4} + \frac{x}{4}$$

的精度在 0.5 以内? 精度在 0.1 内呢?

解　精度在 0.5 以内意味着两个函数的差小于 0.5:

$$\left| \sqrt{x+3} - \left(\frac{7}{4} + \frac{x}{4} \right) \right| < 0.5 ,$$

即

$$\sqrt{x+3} - 0.5 < \frac{7}{4} + \frac{x}{4} < \sqrt{x+3} + 0.5 .$$

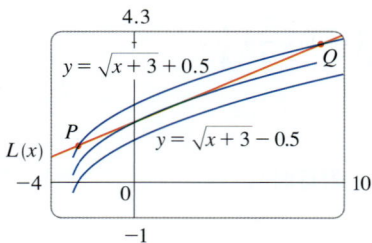

图 3-10-3

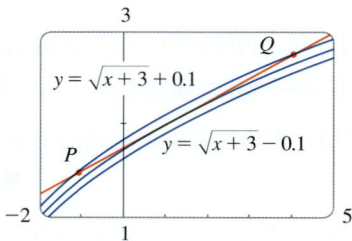

图 3-10-4

这说明线性近似位于将 $y = \sqrt{x+3}$ 向上平移 0.5 个单位和向下平移 0.5 个单位后的两条曲线之间．从图 3-10-3 可以看出，切线 $y = (7+x)/4$ 和上面的曲线 $y = \sqrt{x+3}+0.5$ 相交于点 P 和点 Q．我们可以估计出点 P 的横坐标约为 -2.66，点 Q 的横坐标约为 8.66．因此，从图可知，近似

$$\sqrt{x+3} \approx \frac{7}{4} + \frac{x}{4}$$

在 $-2.6 < x < 8.6$ 时的精度在 0.5 以内．类似地，从图 3-10-4 中可以看出在 $-1.1 < x < 3.9$ 时，近似的精度在 0.1 以内．■

■ 在物理学中的应用

在物理学中经常用到线性近似．在分析一个方程的结论时，为了简化函数，物理学家有时需要用函数的线性近似来代替它．例如，在推导单摆的周期公式时，物理教科书中会获得一个带有 $\sin\theta$ 的表达式，然后用 θ 代替 $\sin\theta$，原因是如果 θ 不大，那么 $\sin\theta$ 就很接近 θ．你可以验证，函数 $f(x) = \sin\theta$ 在 0 处的线性化表示为 $L(x) = x$，因此在 0 处的线性近似为

$$\sin x \approx x$$

（见练习 50）．因此，单摆的周期公式的推导实际上使用了正弦函数的切线近似．

另一个例子出现在光学理论中，其中相对于光轴以小角度入射的光线称为傍轴光线．在傍轴光学（或高斯光学）中，$\sin\theta$ 和 $\cos\theta$ 都被它们的线性化表示所代替．换句话说，我们使用线性近似

$$\sin\theta \approx \theta \text{ 和 } \cos\theta \approx 1$$

是因为 θ 接近于 0．利用这种近似方法得到的计算结果已经成为设计透镜的基本原理 ［见 Eugene Hecht, *Optics, 5th ed.* (Boston: Peason, 2017), p. 164］．

在 11.11 节中，我们将举几个在物理学和工程学中利用线性近似思想的其他例子．

■ 微分

线性近似背后的思想有时通过微分的术语和符号被明确地表达出来．如果 $y = f(x)$，其中 f 是可微函数，那么**微分** dx 是一个自变量，即 dx 的取值可是任何一个实数．**微分** dy 可以通过下式来定义：

3　$$dy = f'(x)dx.$$

如果 $dx \neq 0$，我们可以将公式 3 的两边同时除以 dx，得到

$$\frac{dy}{dx} = f'(x).$$

我们之前见到过相同的等式，而现在可以将左边解释为微分的比．

因此 dy 是因变量，它依赖于 x 和 dx．如果 dx 取一个具体的值，x 取 f 的定义域内的某个值，则 dy 的值是确定的．

微分的几何意义如图 3-10-5 所示. 设 $P\big(x,f(x)\big)$ 和 $Q\big(x+\Delta x,f(x+\Delta x)\big)$ 是 f 的图像上的点，并设 $\mathrm{d}x=\Delta x$. y 相应的变化量是

$$\Delta y = f(x+\Delta x) - f(x).$$

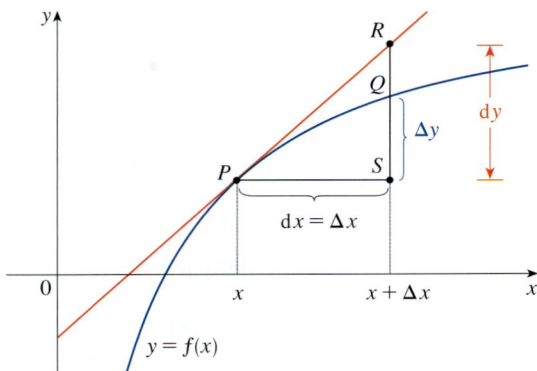

图 3-10-5

切线 PR 的斜率是导数 $f'(x)$，所以从 S 到 R 的有向距离为 $f'(x)\mathrm{d}x=\mathrm{d}y$. 因此，$\mathrm{d}y$ 代表切线上升或下降的量（线性化表示的变化量），而 Δy 代表当 x 的变化量是 $\mathrm{d}x$ 时，曲线 $y=f(x)$ 上升或下降的量.

例 3　$y=f(x)=x^3+x^2-2x+1$，当 x 的变化分别为 (a) 从 2 到 2.05 和 (b) 从 2 到 2.01 时，比较 Δy 和 $\mathrm{d}y$ 的值.

解

(a) 我们有

$$f(2)=2^3+2^2-2\times 2+1=9,$$

$$f(2.05)=2.05^3+2.05^2-2\times 2.05+1=9.717\,625,$$

$$\Delta y=f(2.05)-f(2)=0.717\,625.$$

图 3-10-6 显示了例 3 中函数的图像，并对 $a=2$ 时的 $\mathrm{d}y$ 和 Δy 进行了比较. 这里观察的矩形区域为 $[1.8,2.5]\times[6,18]$.

一般地，$\qquad\mathrm{d}y=f'(x)\mathrm{d}x=\big(3x^2+2x-2\big)\mathrm{d}x.$

当 $x=2$，$\mathrm{d}x=\Delta x=0.05$ 时，它将变为

$$\mathrm{d}y=\big(3\times 2^2+2\times 2-2\big)\times 0.05=0.7.$$

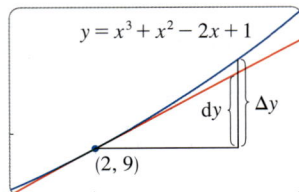

图 3-10-6

(b)　$\qquad f(2.01)=2.01^3+2.01^2-2\times 2.01+1=9.140\,701,$

$$\Delta y=f(2.01)-f(2)=0.140\,701.$$

当 $\mathrm{d}x=\Delta x=0.01$ 时，

$$\mathrm{d}y=\big(3\times 2^2+2\times 2-2\big)\times 0.01=0.14.\qquad\blacksquare$$

注意，在例 3 中，当 Δx 变小时，近似 $\Delta y\approx\mathrm{d}y$ 的精度变高. 同时，我们也注意到 $\mathrm{d}y$ 比 Δy 容易计算.

线性近似 $f(x)\approx f(a)+f'(a)(x-a)$ 用微分符号可以写成

$$f(a+\mathrm{d}x)\approx f(a)+\mathrm{d}y,$$

其中 $dx = x - a$ ，所以 $x = a + dx$ ．例如，对于例 1 中的函数 $f(x) = \sqrt{x+3}$ ，有

$$dy = f'(x)dx = \frac{dx}{2\sqrt{x+3}} .$$

如果 $a = 1$ ， $dx = \Delta x = 0.05$ ，则

$$dy = \frac{0.05}{2 \times \sqrt{1+3}} = 0.012\,5$$

并且 $\sqrt{4.05} = f(1.05) = f(1+0.05) \approx f(1) + dy = 2.012\,5$ ，

正如例 1 中的结论．

最后的例子将说明微分在估计由近似测量引起的误差中的应用．

例 4   经测量发现一个球体的半径为 21cm，可能的测量误差至多为 0.05cm．利用这个测量的半径值来计算球体的体积时，最大的误差为多少？

解   如果球体的半径为 r ，则它的体积为 $V = \frac{4}{3}\pi r^3$ ．如果 r 的测量值的误差记为 $dr = \Delta r$ ，则相应计算的球体的体积 V 的误差 ΔV 可以通过下面的微分来近似：

$$dV = 4\pi r^2\,dr .$$

当 $r = 21$ ， $dr = 0.05$ 时，可得

$$dV = 4\pi \times 21^2 \times 0.05 \approx 277 .$$

在计算体积时的最大误差大约为 277cm³．

注   例 4 中的误差可能看起来比较大，然而有一种更好的体现误差的方式，称为**相对误差**，它由误差除以总体积算出：

$$\frac{\Delta V}{V} \approx \frac{dV}{V} = \frac{4\pi r^2\,dr}{\frac{4}{3}\pi r^3} = 3\frac{dr}{r} .$$

因此，体积的相对误差大约是半径的相对误差的 3 倍．在例 4 中，半径的相对误差为 $dr/r = 0.05/21 \approx 0.002\,4$ ，由此产生的体积的相对误差大约为 0.007．误差也可以用百分误差来表示：半径的百分误差为 0.24%，体积的百分误差为 0.7%．

3.10 | 练习

1~4   求函数在 a 处的线性化表示 $L(x)$ ．

1. $f(x) = x^3 - x^2 + 3$ ， $a = -2$

2. $f(x) = e^{3x}$ ， $a = 0$

3. $f(x) = \sqrt[3]{x}$ ， $a = 8$

4. $f(x) = \cos 2x$ ， $a = \pi/6$

5. 求函数 $f(x) = \sqrt{1-x}$ 在 $a = 0$ 处的线性近似，并用它来近似 $\sqrt{0.9}$ 和 $\sqrt{0.99}$ ．画出 f 的图像及其切线．

6. 求函数 $g(x) = \sqrt[3]{1+x}$ 在 $a = 0$ 处的线性近似，并用它来近似 $\sqrt[3]{0.95}$ 和 $\sqrt[3]{1.1}$ ．画出 g 的图像及其切线．

7~10   验证以下 $a = 0$ 处的线性近似．确定线性近似的精度在 0.1 以内时的 x 值．

7. $\tan^{-1}x \approx x$　　**8.** $(1+x)^{-3} \approx 1-3x$

9. $\sqrt[4]{1+2x} \approx 1+\frac{1}{2}x$　　**10.** $\dfrac{2}{1+e^x} \approx 1-\frac{1}{2}x$

11~18　求下列函数的微分.

11. $y=e^{5x}$　　**12.** $y=\sqrt{1-t^4}$

13. $y=\dfrac{1+2u}{1+3u}$　　**14.** $y=\theta^2\sin 2\theta$

15. $y=\dfrac{1}{x^2-3x}$　　**16.** $y=\sqrt{1+\cos\theta}$

17. $y=\ln(\sin\theta)$　　**18.** $y=\dfrac{e^x}{1-e^x}$

19~22　(a) 求微分 dy.　(b) 根据给出的 x 值和 dx 值，计算微分 dy.

19. $y=e^{x/10}$，$x=0$，$dx=0.1$

20. $y=\cos\pi x$，$x=\dfrac{1}{3}$，$dx=-0.02$

21. $y=\sqrt{3+x^2}$，$x=1$，$dx=-0.1$

22. $y=\dfrac{x+1}{x-1}$，$x=2$，$dx=0.05$

23~26　根据给出的 x 值和 $dx=\Delta x$ 值，计算 Δy 和 dy. 然后如图 3-10-5 一样，画出长度为 dx、dy、Δy 的线段.

23. $y=x^2-4x$，$x=3$，$\Delta x=0.5$

24. $y=x-x^3$，$x=0$，$\Delta x=-0.3$

25. $y=\sqrt{x-2}$，$x=3$，$\Delta x=0.8$

26. $y=e^x$，$x=0$，$\Delta x=0.5$

27~30　如果 x 从 1 变化到 1.05，比较 Δy 和 dy 的值. 如果 x 从 1 变化到 1.01 会怎样？近似 $\Delta y \approx dy$ 会随 Δx 的减小而变得更好吗？

27. $f(x)=x^4-x+1$　　**28.** $f(x)=e^{2x-2}$

29. $f(x)=\sqrt{5-x}$　　**30.** $f(x)=\dfrac{1}{x^2+1}$

31~36　使用线性近似（或微分）估计以下数值.

31. 1.999^4　　**32.** $1/4.002$　　**33.** $\sqrt[3]{1001}$

34. $\sqrt{100.5}$　　**35.** $e^{0.1}$　　**36.** $\cos 29°$

37~39　用线性近似或微分的方法解释为什么以下近似是合理的.

37. $\ln 1.04 \approx 0.04$　　**38.** $\sqrt{4.02} \approx 2.005$

39. $\dfrac{1}{9.98} \approx 0.100\,2$

40. 令 $f(x)=(x-1)^2$，$g(x)=e^{-2x}$，$h(x)=1+\ln(1-2x)$.

(a) 求 f、g、h 在 $a=0$ 处的线性化表示. 你注意到了什么？你怎么解释发生的事？

(b) 画出 f、g、h 及其线性近似的图像. 哪个函数的线性近似最好？哪一个最差？请解释原因.

41. 经测量发现一个立方体的边长为 30cm，误差可能为 0.1cm. 利用微分来估计在计算立方体的体积和立方体的表面积时可能产生的最大误差、最大相对误差和最大百分误差.

42. 圆盘的半径为 24cm，最大测量误差为 0.2cm.
(a) 利用微分估计出的圆盘面积的最大误差.
(b) 相对误差和百分误差是多少？

43. 经测量得到球体的围长为 84cm，误差可能为 0.5cm.
(a) 利用微分估计出的表面积的最大误差. 相对误差是多少？
(b) 利用微分估计出的体积的最大误差. 相对误差是多少？

44. 利用微分来估计在直径为 50m 的半球形屋顶上涂一层 0.05cm 厚的油漆所需的油漆量.

45. (a) 利用微分求出高为 h、内半径为 r、厚度为 Δr 的圆柱形薄壳的近似体积公式.
(b) 使用 (a) 中的公式所带来的误差是多少？

46. 已知直角三角形的一条边的长度为 20cm，经测量其对角为 30°，误差可能为 ±1°.
(a) 利用微分来估计斜边长的误差.
(b) 百分误差是多少？

47. 如果电流 I 通过电阻为 R 的电阻器，欧姆定律指出其两端电压为 $V=RI$. 如果 V 是常数，R 的测量值有一定的误差，利用微分证明 I 的相对误差和 R 的相对误差在大小上近似相同.

48. 当血液沿血管流动时，流量 F（单位时间内通过给定点的血量）与血管半径 R 的四次方成正比：$F=kR^4$.（这称为泊肃叶定律. 我们将在 8.4 节中说明它的原理.）

部分堵塞的动脉可以通过一种称为血管成形术的手术进行扩张，即将一个带球囊的导管放在动脉中充气，以使动脉变宽，恢复正常的血液流动．说明 F 的相对变化大约是 R 的相对变化的 4 倍．半径增大 5% 会如何影响血液的流动？

49. 利用微分推导下面的公式（其中 c 表示常数，u 和 v 是 x 的函数）．

(a) $\mathrm{d}c = 0$ (b) $\mathrm{d}(cu) = c\,\mathrm{d}u$

(c) $\mathrm{d}(u+v) = \mathrm{d}u + \mathrm{d}v$ (d) $\mathrm{d}(uv) = u\,\mathrm{d}v + v\,\mathrm{d}u$

(e) $\mathrm{d}\left(\dfrac{u}{v}\right) = \dfrac{v\,\mathrm{d}u - u\,\mathrm{d}v}{v^2}$ (f) $\mathrm{d}(x^n) = nx^{n-1}\,\mathrm{d}x$

50. 在物理教科书中，长度为 L 的单摆的周期公式通常是 $T \approx 2\pi\sqrt{L/g}$，前提是单摆的摆动幅度相对较小．推导的过程中用到了单摆摆动时的切向加速度公式 $a_T = -g\sin\theta$，然后用 θ 代替 $\sin\theta$，因为当角度很小时，θ 很接近 $\sin\theta$．
(a) 验证正弦函数在 0 处的线性近似为
$$\sin\theta \approx \theta .$$
(b) 如果 $\theta = \pi/18$（相当于 $10°$），用 $\sin\theta$ 近似 θ 的百分误差是多少？

(c) 利用图像确定 θ 的值，使得 $\sin\theta$ 和 θ 的差小于 2%．对应的度数是多少？

51. 假设我们知道的关于函数 f 的信息只有 $f(1) = 5$ 以及其导数的图像如下所示．
(a) 利用线性近似估计 $f(0.9)$ 和 $f(1.1)$．
(b) 在 (a) 中，你给出的估计值是偏大还是偏小？请解释原因．

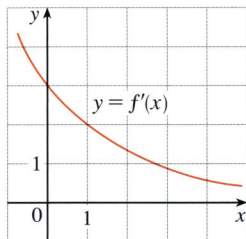

52. 假设我们不知道 $g(x)$ 的表达式，但是知道对于所有 x，有 $g(2) = -4$ 和 $g'(x) = \sqrt{x^2+5}$．
(a) 利用线性近似估计 $g(1.95)$ 和 $g(2.05)$．
(b) 在 (a) 中，你给出的估计值是偏大还是偏小？请解释原因．

探索专题 | 多项式近似

切线 $L(x)$ 是函数 $f(x)$ 在 $x = a$ 附近的最好的一阶（线性）近似，因为 $f(x)$ 和 $L(x)$ 在 a 处有相同的变化率（导数）．为了找到比线性近似更好的近似，我们来尝试二阶（二次）近似 $P(x)$．换句话说，用一条抛物线（而不是直线）来近似一条曲线．为了确保这是一个好的近似，规定：

(i) $P(a) = f(a)$（P 和 f 在 a 处应该有相同的值）；

(ii) $P'(a) = f'(a)$（P 和 f 在 a 处应该有相同的变化率）；

(iii) $P''(a) = f''(a)$（P 和 f 在 a 处的斜率应该有相同的变化率）．

1. 求函数 $f(x) = \cos x$ 的二次近似 $P(x) = A + Bx + Cx^2$，使其在 $a = 0$ 时满足条件 (i)(ii) 和 (iii)．在同一坐标系中画出 P、f 以及线性近似 $L(x) = 1$ 的图像．评价函数 P 和 L 与 f 的近似程度．

2. 确定 x 的值，使得问题 1 中的二次近似 $f(x) \approx P(x)$ 的精度在 0.1 以内．（提示：在同一坐标系中画出函数 $y = P(x)$、$y = \cos x - 0.1$ 和 $y = \cos x + 0.1$ 的图像．）

3. 为了在 a 附近用二次函数 P 近似一个函数 f，最好将 P 记为如下形式：
$$P(x) = A + B(x-a) + C(x-a)^2 .$$
证明满足条件 (i)(ii) 和 (iii) 的二次函数为

$$P(x) = f(a) + f'(a)(x-a) + \frac{1}{2}f''(a)(x-a)^2.$$

4. 求函数 $f(x) = \sqrt{x+3}$ 在 $a=1$ 附近的二次近似. 在同一坐标系中画出 f、f 的二次近似和线性近似（见例 2）的图像. 你能得出什么结论？

5. 为了取代 $f(x)$ 在 $x=a$ 附近的线性近似或二次近似，我们尝试求出一个更好的高次多项式作为近似. 我们想找到一个 n 次多项式

$$T_n(x) = c_0 + c_1(x-a) + c_2(x-a)^2 + c_3(x-a)^3 + \cdots + c_n(x-a)^n,$$

使得当 $x=a$ 时，T_n 和它的前 n 阶导数与 f 和它的前 n 阶导数相同. 通过反复求导，并设 $x=a$，证明如果 $c_0 = f(a)$，$c_1 = f'(a)$，$c_2 = \frac{1}{2}f''(a)$，以此类推，

$$c_k = \frac{f^{(k)}(a)}{k!},$$

其中 $k! = 1 \times 2 \times 3 \times 4 \times \cdots \times k$，则上述条件被满足. 因此，得到的多项式为

$$T_n(x) = f(a) + f'(a)(x-a) + \frac{f''(a)}{2!}(x-a)^2 + \cdots + \frac{f^{(n)}(a)}{n!}(x-a)^n,$$

称为 f 以 a 为中心的 n 阶泰勒多项式. （我们将在第 11 章中更详细地学习泰勒多项式.）

6. 写出函数 $f(x) = \cos x$ 以 $a=0$ 为中心的 8 阶泰勒多项式，并在 $[-5,5] \times [-1.4, 1.4]$ 的矩形区域中，画出 f 及其泰勒多项式 T_2、T_4、T_6、T_8 的图像，并评价它们与 f 的近似程度.

3.11 | 双曲函数

■ 双曲函数及其导数

　　指数函数 e^x 和 e^{-x} 的某些组合在数学及其应用中出现得很频繁，因此它们应该有特定的名字. 在很多方面，它们和三角函数相似，并且它们与双曲线的关系就如同三角函数和圆的关系一样. 出于这个原因，它们共同称为**双曲函数**，其中包括**双曲正弦函数**和**双曲余弦函数**，等等.

双曲函数的定义

$$\sinh x = \frac{e^x - e^{-x}}{2} \qquad\qquad \operatorname{csch} x = \frac{1}{\sinh x}$$

$$\cosh x = \frac{e^x + e^{-x}}{2} \qquad\qquad \operatorname{sech} x = \frac{1}{\cosh x}$$

$$\tanh x = \frac{\sinh x}{\cosh x} \qquad\qquad \coth x = \frac{\cosh x}{\sinh x}$$

双曲正弦函数和双曲余弦函数的图像可以通过图像的叠加绘出，如图 3-11-1 和图 3-11-2 所示.

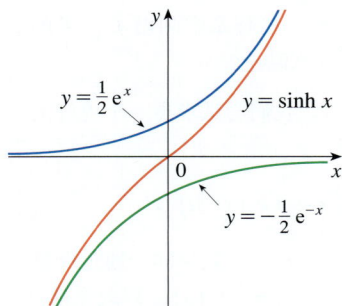

图 3-11-1
$$y = \sinh x = \frac{1}{2}e^x - \frac{1}{2}e^{-x}$$

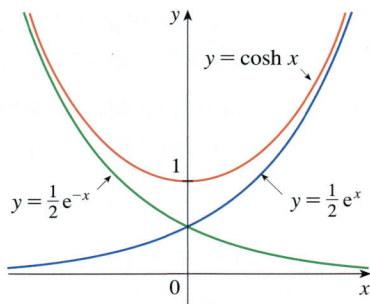

图 3-11-2
$$y = \cosh x = \frac{1}{2}e^x + \frac{1}{2}e^{-x}$$

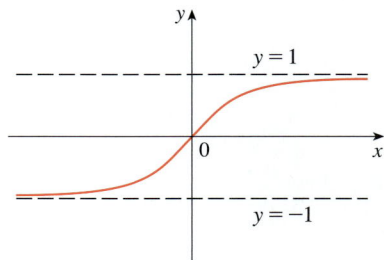

图 3-11-3
$$y = \tanh x$$

注意，$\sinh$ 的定义域为 $\mathbb{R}$，值域为 $\mathbb{R}$，而 $\cosh$ 的定义域为 $\mathbb{R}$，值域为 $[1, +\infty)$. 双曲正切函数的图像如图 3-11-3 所示. 它有水平渐近线 $y = \pm 1$（见练习 27）.

我们将在第 7 章中介绍双曲函数在数学上的一些应用. 在自然科学和工程学中，当光、速度、电或放射性物质等逐渐被吸收或消失时，就会看到双曲函数的应用，因为衰减过程可以用双曲函数表示. 最著名的应用就是用双曲余弦函数描述绳子被悬挂时的形状. 可以证明，如果一个有重量的易变形的缆绳（例如高空输电线）被悬挂在高度相同的两点之间，则它呈现出方程为

$$y = c + a\cosh(x/a)$$

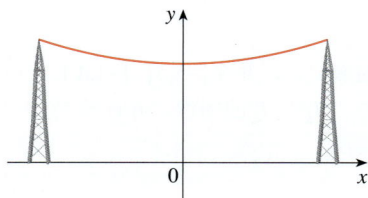

图 3-11-4
悬链线 $y = c + a\cosh(x/a)$

的曲线的形状，称为悬链线（见图 3-11-4）.

双曲函数的另一个应用是对海浪的描述：长度为 L 的水波在深度为 d 的水中移动的速度可以用如下函数建模：

$$v = \sqrt{\frac{gL}{2\pi}\tanh\left(\frac{2\pi d}{L}\right)},$$

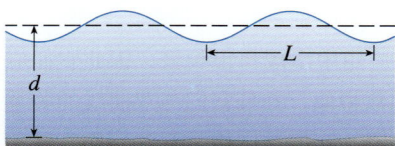

图 3-11-5
理想水波

其中 g 为重力加速度（见图 3-11-5 和练习 57）.

双曲函数满足很多恒等式，类似于著名的三角恒等式. 这里列出其中一些，大部分恒等式的证明将留作练习.

双曲恒等式

$$\sinh(-x) = -\sinh x \qquad \cosh(-x) = \cosh x$$

$$\cosh^2 x - \sinh^2 x = 1 \qquad 1 - \tanh^2 x = \operatorname{sech}^2 x$$

$$\sinh(x + y) = \sinh x \cosh y + \cosh x \sinh y$$

$$\cosh(x + y) = \cosh x \cosh y + \sinh x \sinh y$$

圣路易斯拱门根据双曲函数进行设计（见练习 56）．

例 1　证明 (a) $\cosh^2 x - \sinh^2 x = 1$；(b) $1 - \tanh^2 x = \operatorname{sech}^2 x$．

解

(a) $\cosh^2 x - \sinh^2 x = \left(\dfrac{e^x + e^{-x}}{2}\right)^2 - \left(\dfrac{e^x - e^{-x}}{2}\right)^2$

$\qquad\qquad\qquad = \dfrac{e^{2x} + 2 + e^{-2x}}{4} - \dfrac{e^{2x} - 2 + e^{-2x}}{4}$

$\qquad\qquad\qquad = \dfrac{4}{4} = 1$．

(b) 从 (a) 中已经证明的恒等式开始：

$$\cosh^2 x - \sinh^2 x = 1\,.$$

如果将两边同时除以 $\cosh^2 x$，则有

$$1 - \frac{\sinh^2 x}{\cosh^2 x} = \frac{1}{\cosh^2 x}$$

或 $\qquad\qquad\qquad 1 - \tanh^2 x = \operatorname{sech}^2 x\,.$　∎

例 1a 中证明的恒等式给出了以"双曲函数"命名的原因：如果 t 为任意实数，则点 $P(\cos t, \sin t)$ 位于单位圆 $x^2 + y^2$ 上，因为 $\cos^2 t + \sin^2 t = 1$．实际上，t 可以解释为图 3-11-6 中 $\angle POQ$ 的弧度．出于这个原因，三角函数有时也称为圆函数．

同样，如果 t 为任意实数，则点 $P(\cosh t, \sinh t)$ 位于双曲线 $x^2 - y^2 = 1$ 的右半个分支上，因为 $\cosh^2 t - \sinh^2 t = 1$，$\cosh t \geqslant 1$．这里 t 不再代表角的弧度，而是代表由双曲线形成的阴影部分的面积的 2 倍，如图 3-11-7 所示，正如三角函数的情况中，t 代表由圆形成的阴影部分的面积的 2 倍，如图 3-11-6 所示．

双曲函数的导数很容易计算．例如

$$\frac{d}{dx}(\sinh x) = \frac{d}{dx}\left(\frac{e^x - e^{-x}}{2}\right) = \frac{e^x + e^{-x}}{2} = \cosh x\,.$$

下面列出了双曲函数的求导公式．其余公式的证明留作练习．我们注意到它们和三角函数的求导公式有相似之处，但要当心在某些情况下符号是不同的．

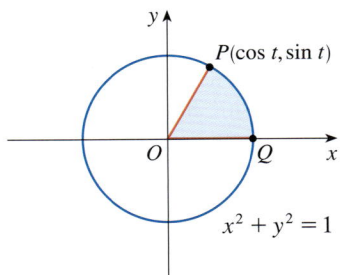

图 3-11-6

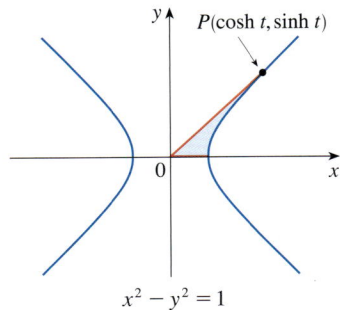

图 3-11-7

1　双曲函数的导数

$$\frac{d}{dx}(\sinh x) = \cosh x \qquad\qquad \frac{d}{dx}(\operatorname{csch} x) = -\operatorname{csch} x \coth x$$

$$\frac{d}{dx}(\cosh x) = \sinh x \qquad\qquad \frac{d}{dx}(\operatorname{sech} x) = -\operatorname{sech} x \tanh x$$

$$\frac{d}{dx}(\tanh x) = \operatorname{sech}^2 x \qquad\qquad \frac{d}{dx}(\coth x) = -\operatorname{csch}^2 x$$

所有这些求导公式都可与链式法则结合使用，如下列所示。

例 2　如果 $y = \cosh \sqrt{x}$ ，求 dy/dx .

解　使用公式 1 和链式法则，有

$$\frac{dy}{dx} = \frac{d}{dx}\left(\cosh \sqrt{x}\right) = \sin \sqrt{x} \cdot \frac{d}{dx}\sqrt{x} = \frac{\sinh \sqrt{x}}{2\sqrt{x}} .$$

■

■ 反双曲函数及其导数

从图 3-11-1 和图 3-11-3 中可以看出，sinh 和 tanh 都是一对一函数，因此它们有反函数，记为 $\sinh^{-1}$ 和 $\tanh^{-1}$. 从图 3-11-2 中可以看出 cosh 不是一对一函数，但是如果将定义域限定为 $[0,+\infty)$ ，则函数 $y = \cosh x$ 为一对一函数，值域为 $[1,+\infty)$. 定义反双曲余弦函数为这个限定定义域的双曲余弦函数的反函数.

2
$$y = \sinh^{-1} x \Leftrightarrow \sinh y = x$$
$$y = \cosh^{-1} x \Leftrightarrow \cosh y = x, \; y \geqslant 0$$
$$y = \tanh^{-1} x \Leftrightarrow \tanh y = x$$

其余的反双曲函数以相似的方式定义（见练习 32）.

根据图 3-11-1、图 3-11-2 和图 3-11-3 画出 $\sinh^{-1}$、$\cosh^{-1}$ 和 $\tanh^{-1}$ 的图像，如图 3-11-8、图 3-11-9 和图 3-11-10 所示.

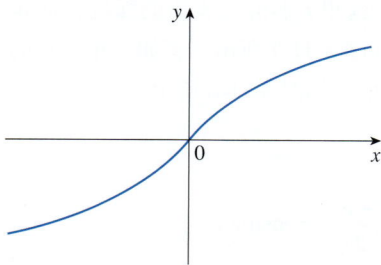

图 3-11-8　$y = \sinh^{-1} x$
定义域为 $\mathbb{R}$ ，值域为 $\mathbb{R}$

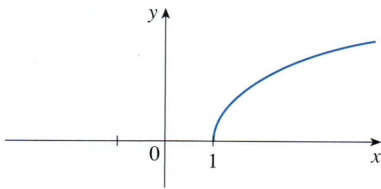

图 3-11-9　$y = \cosh^{-1} x$
定义域为 $[1,+\infty)$ ，值域为 $[0,+\infty)$

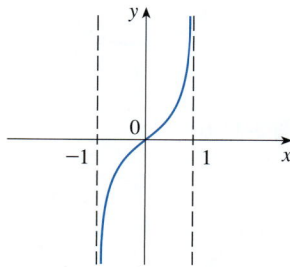

图 3-11-10　$y = \tanh^{-1} x$
定义域为 $(-1,1)$ ，值域为 $\mathbb{R}$

因为双曲函数是用指数函数定义的，所以反双曲函数可以用对数函数来表示也就不奇怪了.

例 3 中证明了公式 3. 公式 4 和公式 5 将在练习 30 和练习 31 中证明.

3　$\sinh^{-1} x = \ln\left(x + \sqrt{x^2 + 1}\right), \; x \in \mathbb{R}$

4　$\cosh^{-1} x = \ln\left(x + \sqrt{x^2 - 1}\right), \; x \geqslant 1$

5　$\tanh^{-1} x = \dfrac{1}{2}\ln\left(\dfrac{1+x}{1-x}\right), \; -1 < x < 1$

例 3　证明 $\sinh^{-1}x = \ln\left(x + \sqrt{x^2+1}\right)$．

解　设 $y = \sinh^{-1}x$，则

$$x = \sinh y = \frac{\mathrm{e}^y - \mathrm{e}^{-y}}{2}．$$

因此

$$\mathrm{e}^y - 2x - \mathrm{e}^{-y} = 0，$$

或将两边同时乘以 e^y，

$$\left(\mathrm{e}^y\right)^2 - 2x\mathrm{e}^y - 1 = 0．$$

这是关于 e^y 的二次方程：

$$\left(\mathrm{e}^y\right)^2 - 2x\left(\mathrm{e}^y\right) - 1 = 0．$$

利用二次求根公式，可得

$$\mathrm{e}^y = \frac{2x \pm \sqrt{4x^2+4}}{2} = x \pm \sqrt{x^2+1}．$$

注意，$\mathrm{e}^y > 0$，但是 $x - \sqrt{x^2+1} < 0$（因为 $x < \sqrt{x^2+1}$），所以不能取负号，于是有

$$\mathrm{e}^y = x + \sqrt{x^2+1}．$$

因此

$$y = \ln\left(\mathrm{e}^y\right) = \ln\left(x + \sqrt{x^2+1}\right)．$$

这证明了

$$\sinh^{-1}x = \ln\left(x + \sqrt{x^2+1}\right)．$$

（另一种方法见练习 29．）

> **6** **反双曲函数的导数**
>
> $$\frac{\mathrm{d}}{\mathrm{d}x}\left(\sinh^{-1}x\right) = \frac{1}{\sqrt{1+x^2}} \qquad\qquad \frac{\mathrm{d}}{\mathrm{d}x}\left(\operatorname{csch}^{-1}x\right) = -\frac{1}{|x|\sqrt{x^2+1}}$$
>
> $$\frac{\mathrm{d}}{\mathrm{d}x}\left(\cosh^{-1}x\right) = \frac{1}{\sqrt{x^2-1}} \qquad\qquad \frac{\mathrm{d}}{\mathrm{d}x}\left(\operatorname{sech}^{-1}x\right) = -\frac{1}{x\sqrt{1-x^2}}$$
>
> $$\frac{\mathrm{d}}{\mathrm{d}x}\left(\tanh^{-1}x\right) = \frac{1}{1-x^2} \qquad\qquad \frac{\mathrm{d}}{\mathrm{d}x}\left(\coth^{-1}x\right) = \frac{1}{1-x^2}$$

我们注意到 $\tanh^{-1}x$ 和 $\coth^{-1}x$ 的导数在形式上是相同的，但是二者的定义域内没有相同的数：$\tanh^{-1}x$ 的定义域为 $|x| < 1$，而 $\coth^{-1}x$ 的定义域为 $|x| > 1$．

反双曲函数都是可微的，因为双曲函数是可微的．反双曲线函数的求导公式可以通过反函数的方法来证明，也可以直接对公式 3、公式 4 和公式 5 求导来证明．

例 4　证明 $\dfrac{\mathrm{d}}{\mathrm{d}x}\left(\sinh^{-1}x\right) = \dfrac{1}{\sqrt{1+x^2}}$．

解 1　设 $y = \sinh^{-1}x$，则 $\sinh y = x$．如果进行关于 x 的隐函数求导，可得

$$\cosh y \frac{\mathrm{d}y}{\mathrm{d}x} = 1．$$

因为 $\cosh^2 y - \sinh^2 y = 1$，$\cosh y \geqslant 0$，所以 $\cosh y = \sqrt{1+\sinh^2 y}$．因此

$$\frac{\mathrm{d}y}{\mathrm{d}x} = \frac{1}{\cosh y} = \frac{1}{\sqrt{1+\sinh^2 y}} = \frac{1}{\sqrt{1+x^2}}．$$

解 2　根据公式 3（证明见例 3），有

$$\begin{aligned}
\frac{\mathrm{d}}{\mathrm{d}x}\left(\sinh^{-1} x\right) &= \frac{\mathrm{d}}{\mathrm{d}x}\ln\left(x+\sqrt{x^2+1}\right) \\
&= \frac{1}{x+\sqrt{x^2+1}} \cdot \frac{\mathrm{d}}{\mathrm{d}x}\left(x+\sqrt{x^2+1}\right) \\
&= \frac{1}{x+\sqrt{x^2+1}}\left(1+\frac{x}{\sqrt{x^2+1}}\right) \\
&= \frac{\sqrt{x^2+1}+x}{\left(x+\sqrt{x^2+1}\right)\sqrt{x^2+1}} \\
&= \frac{1}{\sqrt{x^2+1}}．
\end{aligned}$$

例 5　求 $\dfrac{\mathrm{d}}{\mathrm{d}x}\left[\tanh^{-1}\left(\sin x\right)\right]$．

解　根据公式 6 和链式法则，有

$$\begin{aligned}
\frac{\mathrm{d}}{\mathrm{d}x}\left[\tanh^{-1}\left(\sin x\right)\right] &= \frac{1}{1-\left(\sin x\right)^2}\cdot\frac{\mathrm{d}}{\mathrm{d}x}\left(\sin x\right) \\
&= \frac{1}{1-\sin^2 x}\cos x = \frac{\cos x}{\cos^2 x} = \sec x．
\end{aligned}$$

3.11 | 练习

1~6　求下列表达式的值．

1. (a) $\sinh 0$　　(b) $\cosh 0$

2. (a) $\tanh 0$　　(b) $\tanh 1$

3. (a) $\cosh(\ln 5)$　　(b) $\cosh 5$

4. (a) $\sinh 4$　　(b) $\sinh(\ln 5)$

5. (a) $\operatorname{sech} 0$　　(b) $\cosh^{-1} 1$

6. (a) $\sinh 1$　　(b) $\sinh^{-1} 1$

7. 将 $8\sinh x + 5\cosh x$ 用 e^x 和 e^{-x} 表示．

8. 将 $2\mathrm{e}^{2x} + 3x^{-2x}$ 用 $\sinh 2x$ 和 $\cosh 2x$ 表示．

9. 将 $\sinh(\ln x)$ 表示为 x 的有理函数．

10. 将 $\cosh(4\ln x)$ 表示为 x 的有理函数．

11~23　证明下列恒等式．

11. $\sinh(-x) = -\sinh x$　（这说明 sinh 是奇函数）

12. $\cosh(-x) = \cosh x$　（这说明 cosh 是偶函数）

13. $\cosh x + \sinh x = \mathrm{e}^x$

14. $\cosh x - \sinh x = \mathrm{e}^{-x}$

15. $\sinh(x+y) = \sinh x\cosh y + \cosh x\sinh y$

16. $\cosh(x+y) = \cosh x\cosh y + \sinh x\sinh y$

17. $\coth^2 x - 1 = \operatorname{csch}^2 x$

18. $\tanh(x+y) = \dfrac{\tanh x + \tanh y}{1 + \tanh x \tanh y}$

19. $\sinh 2x = 2\sinh x \cosh x$

20. $\cosh 2x = \cosh^2 x + \sinh^2 x$

21. $\tanh(\ln x) = \dfrac{x^2 - 1}{x^2 + 1}$

22. $\dfrac{1 + \tanh x}{1 - \tanh x} = e^{2x}$

23. $(\cosh x + \sinh x)^n = \cosh nx + \sinh nx$ （n 为任意实数）

---

24. 如果 $\tanh x = \dfrac{12}{13}$，求其他双曲函数在 x 处的值.

25. 如果 $\cosh x = \dfrac{5}{3}$，$x > 0$，求其他双曲函数在 x 处的值.

26. (a) 根据图 3-11-1、图 3-11-2 和图 3-11-3 中 sinh、cosh 和 tanh 的图像，画出 csch、sech 和 coth 的图像.

(b) 使用图像计算器或计算机画出图像，以验证 (a) 的结果.

27. 根据双曲函数的定义，求下列极限.

(a) $\lim\limits_{x \to +\infty} \tanh x$ 　　　(b) $\lim\limits_{x \to -\infty} \tanh x$

(c) $\lim\limits_{x \to +\infty} \sinh x$ 　　　(d) $\lim\limits_{x \to -\infty} \sinh x$

(e) $\lim\limits_{x \to +\infty} \operatorname{sech} x$ 　　　(f) $\lim\limits_{x \to +\infty} \coth x$

(g) $\lim\limits_{x \to 0^+} \coth x$ 　　　(h) $\lim\limits_{x \to 0^-} \coth x$

(i) $\lim\limits_{x \to -\infty} \operatorname{csch} x$ 　　(j) $\lim\limits_{x \to +\infty} \dfrac{\sinh x}{e^x}$

28. 证明双曲函数求导公式：(a) cosh；(b) tanh；(c) csch；(d) sech；(e) coth.

29. 给出例 3 的另一种解法：设 $y = \sinh^{-1} x$，然后利用练习 13 和例 1a，并将 x 替换为 y.

30. 证明公式 4.

31. 利用 (a) 例 3 中的方法；(b) 练习 22，并将 x 替换为 y，来证明公式 5.

32. 对于下列函数，(i) 如定义 2 那样，给出定义；(ii) 画出图像；(iii) 给出类似于公式 3 的等式.

(a) csch^{-1} 　　(b) sech^{-1} 　　(c) $\coth^{-1}$

33. 证明下列反双曲函数的求导公式.

(a) $\cosh^{-1}$ 　　(b) $\tanh^{-1}$ 　　(c) $\coth^{-1}$

34. 证明下列反双曲函数的求导公式.

(a) sech^{-1} 　　(b) csch^{-1}

35~53 求下列函数的导数，尽可能地化简结果.

35. $f(x) = \cosh 3x$ 　　　**36.** $f(x) = e^x \cosh x$

37. $h(x) = \sinh(x^2)$ 　　**38.** $g(x) = \sinh^2 x$

39. $G(t) = \sinh(\ln t)$ 　　**40.** $F(t) = \ln(\sinh t)$

41. $f(x) = \tanh\sqrt{x}$ 　　**42.** $H(v) = e^{\tanh 2v}$

43. $y = \operatorname{sech} x \tanh x$ 　　**44.** $y = \operatorname{sech}(\tanh x)$

45. $g(t) = t\coth\sqrt{t^2 + 1}$ 　　**46.** $f(t) = \dfrac{1 + \sinh t}{1 - \sinh t}$

47. $f(x) = \sinh^{-1}(-2x)$ 　　**48.** $g(x) = \tanh^{-1}(x^3)$

49. $y = \cosh^{-1}(\sec\theta)$，$0 \leqslant \theta < \pi/2$

50. $y = \operatorname{sech}^{-1}(\sin\theta)$，$0 \leqslant \theta < \pi/2$

51. $G(u) = \cosh^{-1}\sqrt{1 + u^2}$，$u > 0$

52. $y = x\tanh^{-1} x + \ln\sqrt{1 - x^2}$

53. $y = x\sinh^{-1}(x/3) - \sqrt{9 + x^2}$

---

54. 证明 $\dfrac{\mathrm{d}}{\mathrm{d}x}\sqrt[4]{\dfrac{1 + \tanh x}{1 - \tanh x}} = \dfrac{1}{2}e^{x/2}$.

55. 证明 $\dfrac{\mathrm{d}}{\mathrm{d}x}\arctan(\tanh x) = \operatorname{sech} 2x$.

56. 拱门　圣路易斯拱门由埃罗·萨里宁（Eero Saarinen）设计. 拱门的中心曲线是根据方程

$$y = 211.49 - 20.96\cosh(0.032\,917\,65x)$$

建造的，其中 x 和 y 的单位是 m，并且 $|x| \leqslant 91.20$.

(a) 画出中心曲线.

(b) 拱门中心的高度是多少？

(c) 哪些点的高度是 100m？

(d) 拱门在 (c) 中各点处的斜率是多少？

57. 如果一个长度为 L 的水波在深度为 d 的水中以速度 v 运动，则

$$v = \sqrt{\frac{gL}{2\pi} \tanh\left(\frac{2\pi d}{L}\right)},$$

其中 g 是重力加速度（见图 3-11-5）．解释为什么下面的近似适用于深水区：

$$v \approx \sqrt{\frac{gL}{2\pi}}.$$

58. 一根软绳在悬挂时总是呈悬链线 $y = c + a\cosh(x/a)$ 的形状，其中 c 和 a 是常数，$a > 0$（见图 3-11-4 和练习 60）．画出函数族 $y = c + a\cosh(x/a)$ 中几个成员函数的图像．曲线是如何随 a 变化而变化的？

59. 一根电话线悬挂在相距 14m 的两根杆子之间，呈悬链线 $y = 20\cosh(x/20) - 15$ 的形状，其中 x 和 y 的单位是 m．
　(a) 求曲线在与右杆的交点处的斜率．
　(b) 求切线与右杆之间的夹角 θ．

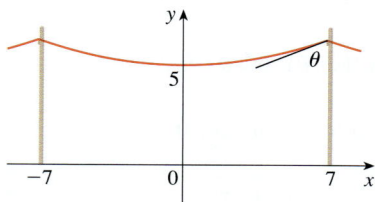

60. 根据物理学原理，当一根缆绳挂在两根杆子之间时，它的形状曲线 $y = f(x)$ 满足微分方程

$$\frac{d^2 y}{dx^2} = \frac{\rho g}{T} \sqrt{1 + \left(\frac{dy}{dx}\right)^2},$$

其中 ρ 为缆绳的线密度，g 为重力加速度，T 为缆绳在最低点处的张力．选择合适的坐标系统，验证函数

$$y = f(x) = \frac{T}{\rho g} \cosh\left(\frac{\rho g x}{T}\right)$$

是这个微分方程的一个解．

61. 线密度 $\rho = 2\text{kg/m}$ 的缆绳被扎在相距 200m 的两根杆子的顶端．
　(a) 利用练习 60 求出张力 T，使得缆绳的最低点在地面上方 60m 处．杆子有多高？
　(b) 如果张力加倍，缆绳的最低点在哪里？现在杆子有多高？

62. 下落的物体经过时间 t 后的速度的模型为

$$v(t) = \sqrt{\frac{mg}{k}} \tanh\left(t\sqrt{\frac{gk}{m}}\right),$$

其中 m 是物体的质量，$g = 9.8\text{m/s}^2$ 是重力加速度，k 是常数，t 的单位是 s，v 的单位是 m/s．
　(a) 计算物体的终极速度，即 $\lim\limits_{t \to +\infty} v(t)$．
　(b) 如果一个人从飞机上跳伞，则常数 k 的值取决于他的姿势．对于"正面冲下"的姿势，$k = 0.515\text{kg/s}$，而对于"脚冲下"的姿势，$k = 0.067\text{kg/s}$．如果一个 60kg 的人以"正面冲下"的姿势降落，终极速度是多少？"脚冲下"呢？

资料来源：L. Long et al., "How Terminal Is Terminal Velocity?", *American Mathematical Monthly* 113 (2006): 752–755．

63. (a) 证明任何形如

$$y = A\sinh mx + B\cosh mx$$

的函数均满足微分方程 $y'' = m^2 y$．
　(b) 求 $y = y(x)$，使得 $y'' = 9y$，$y(0) = -4$，$y'(0) = 6$．

64. 如果 $x = \ln(\sec\theta + \tan\theta)$，证明 $\sec\theta = \cosh x$．

65. 在曲线 $y = \cosh x$ 上哪一点处切线的斜率为 1？

66. 探究函数族 $f_n(x) = \tanh(n\sin x)$，其中 n 是正整数．描述当 n 变大时 f_n 的图像的变化．

67. 证明如果 $a \neq 0$，$b \neq 0$，则存在数字 α 和 β 使得 $ae^x + be^{-x}$ 等于

$$\alpha\sinh(x+\beta) \quad \text{或} \quad \alpha\cosh(x+\beta).$$

换句话说，几乎每个形如 $f(x) = ae^x + be^{-x}$ 的函数都是一个被平移和伸缩的双曲正弦函数或双曲余弦函数．

第 3 章　复习

概念题

1. 简述下列求导法则，用符号表示并用语言描述.
 (a) 幂函数的求导法则
 (b) 函数常数倍的求导法则
 (c) 函数和的求导法则
 (d) 函数差的求导法则
 (e) 函数积的求导法则
 (f) 函数商的求导法则
 (g) 链式法则

2. 写出下列函数的导数.
 (a) $y=x^n$　　(b) $y=e^x$　　(c) $y=b^x$
 (d) $y=\ln x$　(e) $y=\log_b x$　(f) $y=\sin x$
 (g) $y=\cos x$　(h) $y=\tan x$　(i) $y=\csc x$
 (j) $y=\sec x$　(k) $y=\cot x$　(l) $y=\sin^{-1}x$
 (m) $y=\cos^{-1}x$　(n) $y=\tan^{-1}x$　(o) $y=\sinh x$
 (p) $y=\cosh x$　(q) $y=\tanh x$　(r) $y=\sinh^{-1}x$
 (s) $y=\cosh^{-1}x$　(t) $y=\tanh^{-1}x$

3. (a) 数 e 是怎样定义的?
 (b) 将 e 表示为极限.
 (c) 在微积分中，为什么自然指数函数 $y=e^x$ 比其他指数函数 $y=b^x$ 使用得更频繁?
 (d) 在微积分中，为什么自然对数函数 $y=\ln x$ 比其他对数函数 $y=\log_b x$ 使用得更频繁?

4. (a) 说明隐函数求导法的过程.
 (b) 说明对数求导法的过程.

5. 给出几个例子，说明如何将导数解释为物理学、化学、生物学、经济学或其他科学中的变化率.

6. (a) 写出表达自然增长规律的微分方程.
 (b) 在什么情况下这是合适的种群增长模型?
 (c) 这个方程的解是什么?

7. (a) 写出 $f(a)$ 的线性化表示.
 (b) 如果 $y=f(x)$，写出微分 dy 的表达式.
 (c) 如果 $dx=\Delta x$，画出图像说明 Δy 和 dy 的几何意义.

判断题

判断下列说法是否正确. 如果正确，请说明理由；如果不正确，请说明理由或给出一个反例.

1. 如果 f 和 g 是可微函数，则
$$\frac{d}{dx}\big[f(x)+g(x)\big]=f'(x)+g'(x).$$

2. 如果 f 和 g 是可微函数，则
$$\frac{d}{dx}\big[f(x)g(x)\big]=f'(x)g'(x).$$

3. 如果 f 和 g 是可微函数，则
$$\frac{d}{dx}\big[f(g(x))\big]=f'(g(x))g'(x).$$

4. 如果 f 是可微函数，$\dfrac{d}{dx}\big(\sqrt{f(x)}\big)=\dfrac{f'(x)}{2\sqrt{f(x)}}$.

5. 如果 f 是可微函数，则 $\dfrac{d}{dx}f(\sqrt{x})=\dfrac{f'(x)}{2\sqrt{x}}$.

6. 如果 $y=e^2$，则 $y'=2e$.

7. $\dfrac{d}{dx}\big(10^x\big)=x10^{x-1}$

8. $\dfrac{d}{dx}\big(\ln 10\big)=\dfrac{1}{10}$

9. $\dfrac{d}{dx}\big(\tan^2 x\big)=\dfrac{d}{dx}\big(\sec^2 x\big)$

10. $\dfrac{d}{dx}\big|x^2+x\big|=|2x+1|$

11. 多项式的导数是多项式.

12. 如果 $f(x)=\big(x^6-x^4\big)^5$，则 $f^{(31)}(x)=0$.

13. 有理函数的导数是有理函数.

14. 抛物线 $y=x^2$ 在点 $(-2,4)$ 处的切线的方程是
$$y-4=2x(x+2).$$

15. 如果 $g(x)=x^5$，则 $\displaystyle\lim_{x\to 2}\frac{g(x)-g(2)}{x-2}=80$.

练习题

1~54 计算 y'.

1. $y = \left(x^2 + x^3\right)^4$

2. $y = \dfrac{1}{\sqrt{x}} - \dfrac{1}{\sqrt[5]{x^3}}$

3. $y = \dfrac{x^2 - x + 2}{\sqrt{x}}$

4. $y = \dfrac{\tan x}{1 + \cos x}$

5. $y = x^2 \sin \pi x$

6. $y = x \cos^{-1} x$

7. $y = \dfrac{t^4 - 1}{t^4 + 1}$

8. $x e^y = y \sin x$

9. $y = \ln\left(x \ln x\right)$

10. $y = e^{mx} \cos nx$

11. $y = \sqrt{x} \cos \sqrt{x}$

12. $y = \left(\arcsin 2x\right)^2$

13. $y = \dfrac{e^{1/x}}{x^2}$

14. $y = \ln \sec x$

15. $y + x \cos y = x^2 y$

16. $y = \left(\dfrac{u-1}{u^2 + u + 1}\right)^4$

17. $y = \sqrt{\arctan x}$

18. $y = \cot\left(\csc x\right)$

19. $y = \tan\left(\dfrac{t}{1 + t^2}\right)$

20. $y = e^{x \sec x}$

21. $y = 3^{x \ln x}$

22. $y = \sec\left(1 + x^2\right)$

23. $y = \left(1 - x^{-1}\right)^{-1}$

24. $y = 1 / \sqrt[3]{x + \sqrt{x}}$

25. $\sin\left(xy\right) = x^2 - y$

26. $y = \sqrt{\sin \sqrt{x}}$

27. $y = \log_5\left(1 + 2x\right)$

28. $y = \left(\cos x\right)^x$

29. $y = \ln \sin x - \dfrac{1}{2}\sin^2 x$

30. $y = \dfrac{\left(x^2 + 1\right)^4}{\left(2x+1\right)^3 \left(3x-1\right)^5}$

31. $y = x \tan^{-1}\left(4x\right)$

32. $y = e^{\cos x} + \cos\left(e^x\right)$

33. $y = \ln\left|\sec 5x + \tan 5x\right|$

34. $y = 10^{\tan \pi \theta}$

35. $y = \cot\left(3x^2 + 5\right)$

36. $y = \sqrt{t \ln\left(t^4\right)}$

37. $y = \sin\left(\tan \sqrt{1 + x^3}\right)$

38. $y = x \sec^{-1} x$

39. $y = 5 \arctan\left(1/x\right)$

40. $y = \sin^{-1}\left(\cos \theta\right), \ 0 < \theta < \pi$

41. $y = x \tan^{-1} x - \dfrac{1}{2}\ln\left(1 + x^2\right)$

42. $y = \ln\left(\arcsin x^2\right)$

43. $y = \tan^2\left(\sin \theta\right)$

44. $y + \ln y = x y^2$

45. $y = \dfrac{\sqrt{x+1}\left(2-x\right)^5}{\left(x+3\right)^7}$

46. $y = \dfrac{\left(x + \lambda\right)^4}{x^4 + \lambda^4}$

47. $y = x \sinh\left(x^2\right)$

48. $y = \dfrac{\sin mx}{x}$

49. $y = \ln\left(\cosh 3x\right)$

50. $y = \ln\left|\dfrac{x^2 - 4}{2x + 5}\right|$

51. $y = \cosh^{-1}\left(\sinh x\right)$

52. $y = x \tanh^{-1}\sqrt{x}$

53. $y = \cos\left(e^{\sqrt{\tan 3x}}\right)$

54. $y = \sin^2\left(\cos \sqrt{\sin \pi x}\right)$

55. 如果 $f(t) = \sqrt{4t + 1}$,求 $f''(2)$.

56. 如果 $g(\theta) = \theta \sin \theta$,求 $g''(\pi/6)$.

57. 如果 $x^6 + y^6 = 1$,求 y''.

58. 如果 $f(x) = 1/(2 - x)$,求 $f^{(n)}(x)$.

59. 使用数学归纳法证明:如果 $f(x) = xe^x$,则 $f^{(n)}(x) = (x + n)e^x$.(注:见第 1 章末的"解题的基本原则".)

60. 求 $\lim\limits_{t \to 0} \dfrac{t^3}{\tan^3\left(2t\right)}$.

61~63 求曲线在给定点处的切线的方程.

61. $y = 4\sin^2 x$,$\left(\pi/6, 1\right)$

62. $y = \dfrac{x^2 - 1}{x^2 + 1}$,$\left(0, -1\right)$

63. $y = \sqrt{1 + 4\sin x}$,$\left(0, 1\right)$

64~65 求曲线在给定点处的切线和法线的方程.

64. $x^2 + 4xy + y^2 = 13$,$\left(2, 1\right)$

65. $y = \left(2 + x\right)e^{-x}$,$\left(0, 2\right)$

66. 如果 $f(x) = xe^{\sin x}$,求 $f'(x)$. 在同一坐标系中画出 f 和 f' 的图像,并作出评价.

67. (a) 如果 $f(x) = x\sqrt{5 - x}$,求 $f'(x)$.

(b) 求曲线 $y = x\sqrt{5 - x}$ 在点 $\left(1, 2\right)$ 和点 $\left(4, 4\right)$ 处的切线的方程.

(c) 在同一坐标系中画出 (b) 中的曲线及其切线.

(d) 通过比较 f 和 f' 的图像来检查 (a) 中你的答案是否合理.

68. (a) 如果 $f(x) = 4x - \tan x$, $-\pi/2 < x < \pi/2$，求 f 和 f'.

(b) 通过比较 f、f' 和 f'' 的图像来检查 (a) 中你的答案是否合理.

69. 当 $0 \leqslant x \leqslant 2\pi$ 时，曲线 $y = \sin x + \cos x$ 在哪些点处有水平切线？

70. 在椭圆 $x^2 + 2y^2 = 1$ 上哪些点处切线的斜率为 1？

71. 如果 $f(x) = (x-a)(x-b)(x-c)$，证明

$$\frac{f'(x)}{f(x)} = \frac{1}{x-a} + \frac{1}{x-b} + \frac{1}{x-c}.$$

72. (a) 通过对倍角公式

$$\cos 2x = \cos^2 x - \sin^2 x$$

求导，求出正弦函数的倍角公式.

(b) 通过对和差化积公式

$$\sin(x+a) = \sin x \cos a + \cos x \sin a$$

求导，求出余弦函数的和差化积公式.

73. 假设

$f(1) = 2$，$f'(1) = 3$，$f(2) = 1$，$f'(2) = 2$，
$g(1) = 3$，$g'(1) = 1$，$g(2) = 1$，$g'(2) = 4$.

(a) 如果 $S(x) = f(x) + g(x)$，求 $S'(1)$.
(b) 如果 $P(x) = f(x)g(x)$，求 $P'(2)$.
(c) 如果 $Q(x) = f(x)/g(x)$，求 $Q'(1)$.
(d) 如果 $C(x) = f(g(x))$，求 $C'(2)$.

74. 如果 f 和 g 的图像如下所示，设 $P(x) = f(x)g(x)$，$Q(x) = f(x)/g(x)$，$C(x) = f(g(x))$. 求 (a) $P'(2)$；(b) $Q'(2)$；(c) $C'(2)$.

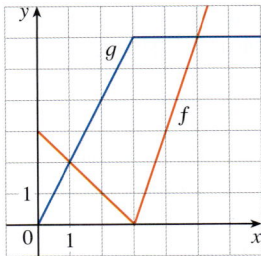

75~82 求 f'，用 g' 表示.

75. $f(x) = x^2 g(x)$

76. $f(x) = g(x^2)$

77. $f(x) = [g(x)]^2$

78. $f(x) = g(g(x))$

79. $f(x) = g(e^x)$

80. $f(x) = e^{g(x)}$

81. $f(x) = \ln|g(x)|$

82. $f(x) = g(\ln x)$

83~85 求 h'，用 f' 和 g' 表示.

83. $h(x) = \dfrac{f(x)g(x)}{f(x) + g(x)}$

84. $h(x) = \sqrt{\dfrac{f(x)}{g(x)}}$

85. $h(x) = f(g(\sin 4x))$

86. (a) 在矩形区域 $[0,8] \times [-2,8]$ 中，画出函数 $f(x) = x - 2\sin x$ 的图像.
(b) 平均变化率在哪个区间上更大：$[1,2]$ 还是 $[2,3]$？
(c) x 为哪个值时，瞬时变化率更大：$x=2$ 还是 $x=5$？
(d) 通过计算 $f'(x)$ 来验证 (c) 中的观察结果，并比较 $f'(2)$ 和 $f'(5)$ 的值.

87. 曲线

$$y = [\ln(x+4)]^2$$

在哪些点处有水平切线？

88. (a) 求与直线 $x - 4y = 1$ 平行的曲线 $y = e^x$ 的切线的方程.
(b) 求过原点的曲线 $y = e^x$ 的切线的方程.

89. 求过点 $(1,4)$ 的抛物线的方程 $y = ax^2 + bx + c$，使得该抛物线在 $x = -1$ 和 $x = 5$ 处的切线的斜率分别为 6 和 -2.

90. 函数 $C(t) = K(e^{-at} - e^{-bt})$ 经常用来为注射到血液中的药物在 t 时的浓度建模，其中 a、b 和 K 为正常数且 $b > a$.
(a) 证明 $\lim\limits_{t \to +\infty} C(t) = 0$.
(b) 求血液中药物浓度的变化率 $C'(t)$.
(c) 何时变化率为 0？

91. 形如 $s = Ae^{-ct}\cos(wt + \delta)$ 的运动方程表示一个物体的阻尼振荡. 求物体的速度和加速度.

92. 一个粒子沿水平线运动，它在 t 时的坐标为 $x = \sqrt{b^2 + c^2 t^2}$（$t \geqslant 0$），其中 b 和 c 为正常数.
(a) 求物体的速度函数和加速度函数.
(b) 证明粒子始终沿正方向运动.

93. 一个粒子沿垂直线运动，它在 t 时的坐标为 $y = t^3 - 12t + 3$（$t \geqslant 0$）.

(a) 求物体的速度函数和加速度函数.

(b) 粒子何时向上运动，何时向下运动？

(c) 求出粒子在时间段 $0 \leqslant t \leqslant 3$ 内的移动距离.

(d) 画出 $0 \leqslant t \leqslant 3$ 时的位置函数、速度函数和加速度函数的图像.

(e) 粒子何时加速？何时减速？

94. 圆锥体的体积为 $V = \dfrac{1}{3}\pi r^2 h$，其中 r 为底面半径，h 为高.

(a) 如果半径不变，求体积关于高的变化率.

(b) 如果高不变，求体积关于半径的变化率.

95. 一根导线在一个端点与距离该端点 x m 的点之间的部分的质量为 $x\left(1 + \sqrt{x}\right)$kg. 求 $x = 4$m 时导线的线密度.

96. 生产 x 个某种商品的成本（单位：美元）是

$$C(x) = 920 + 2x - 0.02x^2 + 0.00007x^3.$$

(a) 求边际成本函数.

(b) 求出 $C'(100)$ 并解释其含义.

(c) 比较 $C'(100)$ 和生产第 101 个商品的成本.

97. 一个细菌培养实验中最初有 200 个细胞，其增长率与其数量成正比. 半小时后，细胞数量达到 360 个.

(a) 求 t 小时后的细胞数量.

(b) 求 4 小时后的细胞数量.

(c) 求 4 小时后的增长率.

(d) 细胞数量何时会达到 10 000？

98. 钴-60 的半衰期为 5.24 年.

(a) 求出 100mg 钴-60 样品 20 年后的质量.

(b) 质量衰减到 1mg 需要多长时间？

99. 设 $C(t)$ 为药物在血液中的浓度. 随着身体将药物排出，$C(t)$ 逐渐下降，变化率与当时的药物浓度成比例，即 $C'(t) = -kC(t)$，其中 k 为正数，称为药物的消除常数.

(a) 如果 C_0 是 $t = 0$ 时的药物浓度，求 t 时的药物浓度.

(b) 如果身体在 30h 内排出了一半药物，那么需要多长时间才能排出 90% 的药物？

100. 在温度保持在 20℃ 的房间里有一杯温度为 80℃ 的热巧克力. 半小时后，热巧克力冷却到 60℃.

(a) 再过半个小时，巧克力的温度是多少？

(b) 巧克力何时会冷却到 40℃？

101. 立方体的体积以 $10\text{cm}^3/\text{min}$ 的速度增加. 当边长为 30cm 时，表面积增加的速度是多少？

102. 圆锥形纸杯的高为 10cm，顶部半径为 3cm. 如果以 $2\text{cm}^3/\text{s}$ 的速度往杯子里倒水，当水的深度达到 5cm 时，水位上升的速度是多少？

103. 气球以 2m/s 的恒定速度上升. 一个男孩正以 5m/s 的速度沿直路骑自行车. 当他从气球下方经过时，气球在他上方 15m 处. 3s 后，男孩与气球之间的距离增加的速度是多少？

104. 如下图所示，滑水者以 10m/s 的速度滑过坡道. 当离开坡道时，她上升的速度是多少？

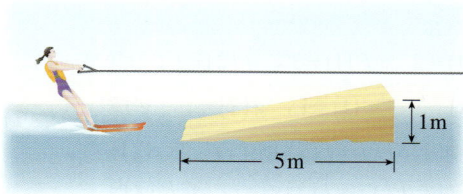

105. 太阳高度角以 0.25rad/h 的速度减小. 当太阳高度角为 $\pi/6$ 时，400m 高的建筑物的阴影长度增加的速度是多少？

106. (a) 求 $f(x) = \sqrt{25 - x^2}$ 在 $a = 3$ 附近的线性近似.

(b) 画图表示 (a) 中的函数 f 及其线性近似.

(c) 当 x 为何值时，线性近似的精度在 0.1 以内？

107. (a) 求 $f(x) = \sqrt[3]{1 + 3x}$ 在 $a = 0$ 处的线性化表示. 写出相应的线性近似，并用它给出 $\sqrt[3]{1.03}$ 的近似值.

(b) 当 x 为何值时，(a) 中线性近似的精度在 0.1 以内？

108. 如果 $y = x^3 - 2x^2 + 1$，$x = 2$，$\text{d}x = 0.2$，求 $\text{d}y$.

109. 一扇窗户的形状是一个矩形加上一个半圆形的拱顶. 经测量，窗户底部的宽度为 60cm，可能的测量误差为 0.1cm. 利用微分估计计算窗户面积时的最大误差.

110~112 将极限表示为导数的形式，并计算.

110. $\displaystyle\lim_{x \to 1} \frac{x^{17} - 1}{x - 1}$

111. $\displaystyle\lim_{h \to 0} \frac{\sqrt[4]{16 + h} - 2}{h}$

112. $\displaystyle\lim_{\theta \to \pi/3} \frac{\cos\theta - 0.5}{\theta - \pi/3}$

113. 计算 $\displaystyle\lim_{x \to 0} \frac{\sqrt{1 + \tan x} - \sqrt{1 + \sin x}}{x^3}$.

114. 设 f 为可微函数，且满足 $f(g(x)) = x$ 和 $f'(x) = 1 + [f(x)]^2$. 证明 $g'(x) = 1/(1 + x^2)$.

115. 已知

$$\frac{\mathrm{d}}{\mathrm{d}x}[f(2x)] = x^2,$$

求 $f'(x)$.

116. 证明星形线 $x^{2/3} + y^{2/3} = a^{2/3}$ 的任意一条切线被坐标轴所截部分的长度为常数.

附加题

在看解答之前，先试着自己解决下面的例题.

例1 有多少条直线同时与抛物线 $y=-1-x^2$ 和 $y=1+x^2$ 相切？求这些直线与两条抛物线的切点坐标.

解 为了对这个问题有个直观的理解，有必要作图观察. 因此我们画出抛物线 $y=1+x^2$（将标准抛物线 $y=x^2$ 向上平移 1 个单位）和 $y=-1-x^2$（对第一个图像作关于 x 轴对称的变换）. 如果我们尝试画一条直线和两条抛物线都相切，很快就会发现只有两种可能性，如左图所示.

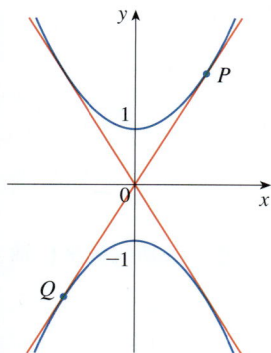

设其中的一条切线与上面的抛物线相切于点 P，它的横坐标为 a.（未知量符号的选择是很重要的. 当然可以把 a 换成 b、c、x_0 或 x_1，但是不建议使用 x，因为 x 可能与抛物线方程中的变量 x 混淆.）那么，因为点 P 位于抛物线 $y=1+x^2$ 上，所以它的纵坐标一定是 $1+a^2$. 由对称性可知，该切线与下面的抛物线的切点 Q 的坐标一定是 $\left(-a,-\left(1+a^2\right)\right)$.

利用这条直线是切线这个已知条件，可知线段 PQ 的斜率与抛物线在点 P 处的切线的斜率相等. 我们有

$$m_{PQ}=\frac{1+a^2-\left(-1-a^2\right)}{a-(-a)}=\frac{1+a^2}{a}\ .$$

如果 $f(x)=1+x^2$，则抛物线在点 P 处的切线的斜率是 $f'(a)=2a$. 因此需要满足的条件是

$$\frac{1+a^2}{a}=2a\ .$$

解这个方程，可得 $1+a^2=2a^2$，所以 $a^2=1$，即 $a=\pm 1$，因此切点为 $(1,2)$ 和 $(-1,-2)$. 由对称性可知，其余两点为 $(-1,2)$ 和 $(1,-2)$. ∎

例2 当 c 为何值时，方程 $\ln x=cx^2$ 恰好有一个解？

解 即使所述问题没有明确地说明其几何本质，作图仍然是解决问题最重要的方法之一. 我们可以从几何角度重新表述这个问题：当 c 为何值时，曲线 $y=\ln x$ 和 $y=cx^2$ 恰好有一个交点？

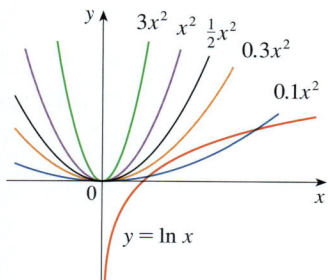

让我们从画出 $y=\ln x$ 和 $y=cx^2$ 的图像开始. 已知当 $c\neq 0$ 时，如果 $c>0$，抛物线 $y=cx^2$ 的开口向上；如果 $c<0$，开口向下. 左图展示了 c 为不同正值时的抛物线 $y=cx^2$，其中大多数与 $y=\ln x$ 根本不相交，而有一个与之相交两次. 我们能感觉到一定存在某个 c（位于 0.1 与 0.3 之间）使得这两条曲线恰好相交一次（如左下图所示）.

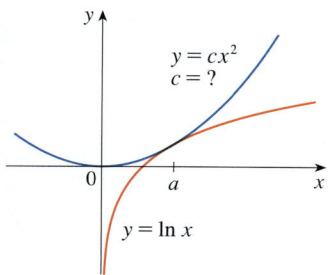

为了求出满足条件的 c，设 a 为此唯一交点的横坐标. 换句话说，$\ln a=ca^2$，所以 a 是所给方程的唯一解. 从图中可以看出两条曲线刚好相接触，因此当 $x=a$ 时，它们有一条共同的切线，这意味着曲线 $y=\ln x$ 和 $y=cx^2$ 在 $x=a$ 处有相同的斜率. 因此

$$\frac{1}{a}=2ca\ .$$

解方程组 $\ln a = ca^2$ 和 $1/a = 2ca$，可得

$$\ln a = ca^2 = c \cdot \frac{1}{2c} = \frac{1}{2}.$$

因此，$a = e^{1/2}$，

$$c = \frac{\ln a}{a^2} = \frac{\ln e^{1/2}}{e} = \frac{1}{2e}.$$

左图展示了当 c 为负值时的情况：c 为负值时，所有抛物线 $y = cx^2$ 与 $y = \ln x$ 的交点都只有一个．最后不要忘记 $c = 0$ 的情况：曲线 $y = 0x^2 = 0$ 恰好是 x 轴，它与 $y = \ln x$ 只相交一次．

总之，所求的 c 值为 $c = 1/(2e)$ 和 $c \leqslant 0$．

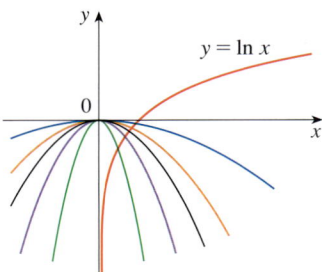

问题

1. 求抛物线 $y = 1 - x^2$ 上的点 P 和点 Q，使得在 P 和 Q 处的切线以及 x 轴围成的三角形 ABC 为等边三角形（见下图）．

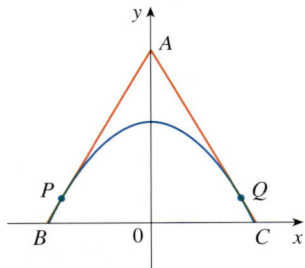

2. 求曲线 $y = x^3 - 3x + 4$ 与曲线 $y = 3(x^2 - x)$ 的切点，即在该点处两条曲线有一条共同切线．画出两条曲线以及它们的共同切线．

3. 证明抛物线 $y = ax^2 + bx + c$ 在横坐标为 p 和 q 的任意两点处的切线与 x 轴的交点的横坐标为 p 和 q 的一半．

4. 证明 $\dfrac{\mathrm{d}}{\mathrm{d}x}\left(\dfrac{\sin^2 x}{1 + \cot x} + \dfrac{\cos^2 x}{1 + \tan x} \right) = -\cos 2x$．

5. 如果 $f(x) = \lim\limits_{t \to x} \dfrac{\sec t - \sec x}{t - x}$，求 $f'(\pi/4)$．

6. 求常数 a 和 b 的值，使得

$$\lim_{x \to 0} \frac{\sqrt[3]{ax + b} - 2}{x} = \frac{5}{12}.$$

7. 证明 $\sin^{-1}(\tanh x) = \tan^{-1}(\sinh x)$．

8. 一辆汽车沿抛物线（顶点为原点）形状的公路从位于原点西边 100m、北边 100m 处出发向东南行驶（见左图）．有一座雕塑位于原点东边 100m、北边 50m 处．汽车在公路上的哪一点时，汽车的头灯正好照亮雕塑？

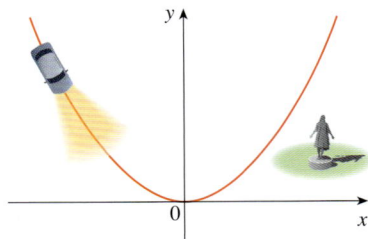

9. 证明 $\dfrac{\mathrm{d}^n}{\mathrm{d}x^n}(\sin^4 x + \cos^4 x) = 4^{n-1}\cos(4x + n\pi/2)$．

10. 如果 f 在 a 处可微，其中 $a > 0$，用 $f'(a)$ 表示下面的极限：

$$\lim_{x \to a} \frac{f(x) - f(a)}{\sqrt{x} - \sqrt{a}} .$$

11. 下图显示了抛物线 $y = x^2$ 的半径为 1 的内切圆．求圆心．

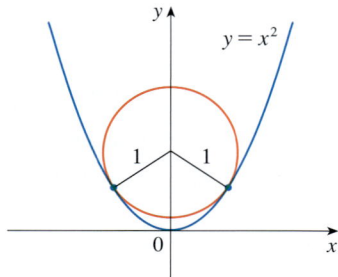

12. 求出使得抛物线 $y = 4x^2$ 和 $x = c + 2y^2$ 以直角相交的所有 c 值．

13. 有多少条直线同时与圆 $x^2 + y^2 = 4$ 和圆 $x^2 + (y - 3)^2 = 1$ 相切？这些切线在哪些点处与圆相切？

14. 如果 $f(x) = \dfrac{x^{46} + x^{45} + 2}{1 + x}$，计算 $f^{(46)}(3)$．用阶乘符号

$$n! = 1 \times 2 \times 3 \times \cdots \times (n - 1) \times n$$

表示你的答案．

15. 下图显示了一个半径为 40cm 的转轮与一根长度为 1.2m 的杆 AP 相连．当轮子以每分钟 360 圈的速度逆时针旋转时，点 P 沿 x 轴来回滑动．
   (a) 当 $\theta = \pi/3$ 时，求杆的角速度 $\mathrm{d}\alpha/\mathrm{d}t$ （单位：rad/s）．
   (b) 用 θ 表示距离 $x = |OP|$．
   (c) 用 θ 表示点 P 的速度．

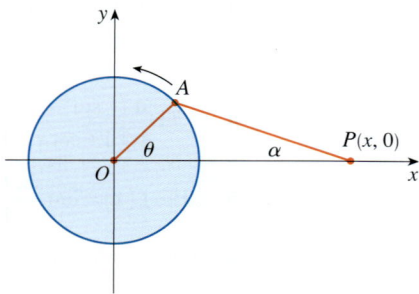

16. 抛物线 $y = x^2$ 在点 P_1 和点 P_2 处的切线 T_1 和 T_2 相交于点 P．设 T 为抛物线在 P_1 和 P_2 之间的一点处的切线，它交 T_1 于点 Q_1，交 T_2 于点 Q_2．证明

$$\frac{|PQ_1|}{|PP_1|} + \frac{|PQ_2|}{|PP_2|} = 1 .$$

17. 证明

$$\frac{\mathrm{d}^n}{\mathrm{d}x^n}\left(\mathrm{e}^{ax} \sin bx\right) = r^n \mathrm{e}^{ax} \sin(bx + n\theta) ,$$

其中 a 和 b 是正数，$r^2 = a^2 + b^2$，$\theta = \tan^{-1}(b/a)$．

18. 计算 $\lim\limits_{x \to \pi} \dfrac{e^{\sin x} - 1}{x - \pi}$.

19. 设 T 和 N 分别为椭圆 $x^2/9 + y^2/4 = 1$ 在第一象限内的任意一点 P 处的切线和法线，设 x_T 和 y_T 分别为 T 的 x 轴截距和 y 轴截距，x_N 和 y_N 分别为 N 的 x 轴截距和 y 轴截距. 当 P 在第一象限内沿椭圆移动（但不在坐标轴上）时，x_T、y_T、x_N、y_N 能取得什么值？首先通过观察图像（见下图）猜出答案，然后利用微积分知识解决这个问题，看看你的直觉是否正确.

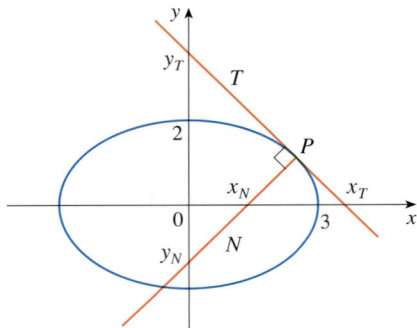

20. 计算 $\lim\limits_{x \to 0} \dfrac{\sin(3+x)^2 - \sin 9}{x}$.

21. (a) 利用恒等式 $\tan(x-y)$（见附录 D 的公式 15b），说明如果两条直线 L_1 和 L_2 相交，夹角为 α，则

$$\tan \alpha = \frac{m_2 - m_1}{1 + m_1 m_2},$$

其中 m_1 和 m_2 分别为 L_1 和 L_2 的斜率.

(b) 定义相交于点 P 的**曲线 C_1 与 C_2 之间的夹角**为曲线 C_1 和 C_2 在点 P 处的切线之间的夹角（如果这些切线存在）. 利用 (a) 求下面各对曲线之间的夹角.

(i) $y = x^2$，$y = (x-2)^2$

(ii) $x^2 - y^2 = 3$，$x^2 - 4x + y^2 + 3 = 0$

22. 设 $P(x_1, y_1)$ 为焦点为 $F(p, 0)$ 的抛物线 $y^2 = 4px$ 上的一点，α 为抛物线与线段 FP 之间的夹角，β 为抛物线与水平线 $y = y_1$ 之间的夹角（如下图所示）. 证明 $\alpha = \beta$. （因此，根据几何光学原理，从 F 处的光源发出的光将沿着平行于 x 轴的直线反射出去. 这就是抛物面——由抛物线绕轴旋转而得到的图形——被用作某些汽车的头灯和望远镜的镜片的形状的原因.）

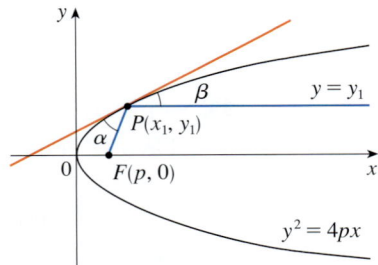

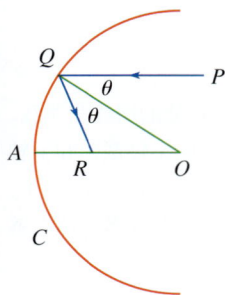

23. 假设用球面镜代替问题 22 中的抛物面镜．尽管球面镜没有焦点，但是我们能说明它存在一个近似焦点．如左图所示，设 C 为半圆，O 为圆心．一束平行于坐标轴的光沿直线 PQ 射向镜子，这束光被反射到坐标轴上的点 R，使得 $\angle PQO = \angle OQR$（入射角等于反射角）．当 PQ 越来越接近轴线时，R 会怎样变化？

24. 如果 f 和 g 是满足 $f(0)=g(0)=0$ 和 $g'(0)\neq 0$ 的可微函数，证明

$$\lim_{x\to 0}\frac{f(x)}{g(x)}=\frac{f'(0)}{g'(0)}.$$

25. 计算 $\displaystyle\lim_{x\to 0}\frac{\sin(a+2x)-2\sin(a+x)+\sin a}{x^2}$．

T 26. (a) 三次函数 $f(x)=x(x-2)(x-6)$ 有三个不同的零点：0、2 和 6．画出 f 和它在每对零点的中点处的切线．你发现了什么？

(b) 设三次函数 $f(x)=(x-a)(x-b)(x-c)$ 有三个不同的零点：a、b 和 c．在计算机代数系统的帮助下，证明在零点 a 和 b 的中点处，f 的切线与 f 相交于第三个零点．

27. k 为何值时，方程 $e^{2x}=k\sqrt{x}$ 恰好有一个解？

28. a 为何正数时，不等式 $a^x \geqslant 1+x$ 对于所有 x 都成立．

29. 如果

$$y=\frac{x}{\sqrt{a^2-1}}-\frac{2}{\sqrt{a^2-1}}\arctan\frac{\sin x}{a+\sqrt{a^2-1}+\cos x},$$

证明 $y'=\dfrac{1}{a+\cos x}$．

30. 已知椭圆 $x^2/a^2+y^2/b^2=1$，其中 $a\neq b$，求满足下述条件的所有点的方程：从该点到椭圆的两条切线的斜率 (a) 互为倒数；(b) 互为负倒数．

31. 求曲线 $y=x^4-2x^2-x$ 上有共同切线的两个点．

32. 设抛物线 $y=x^2$ 上三点处的法线相交于同一点，证明这三点的横坐标之和为 0．

33. 平面内的格点是指具有整数坐标的点．假设以所有格点为圆心画半径为 r 的圆，求使得任何一条斜率为 2/5 的直线都与某些圆相交的最小的 r．

34. 一个圆锥体的底面半径为 $r\,\text{cm}$，高为 $h\,\text{cm}$．现以 1cm/s 的速度将其倒放进半径为 $R\,\text{cm}$ 的圆柱形水桶内（桶中有一些水）．当圆锥体完全浸入水中的瞬间，水位上升得有多快？

35. 一个倒置的圆锥形容器的高为 16cm，顶部半径为 5cm．该容器盛有一种液体，液体从容器侧面渗出的速度与液体接触容器的面积成正比．（圆锥体的表面积为 πrl，其中 r 为底面半径，l 为母线长．）如果将液体以 $2\text{cm}^3/\text{min}$ 的速度倒入容器，当液体高度为 10cm 时，液体高度以 0.3cm/min 的速度下降．如果想让液体保持在 10cm 的恒定高度，应该以什么样的速度将液体倒入容器？

伟大的数学家莱昂哈德·欧拉观察发现："宇宙中不存在没有最大值或最小值规则的地方."在 4.7 节练习 53 中，你将用微积分证明，蜜蜂采用表面积最小的形状来构建蜂巢.

4

导数的应用

我们已经介绍过一些导数的应用，也知道了求导的法则，现在可以更深入地进行探究了. 在本章中，我们将学习利用导数确定函数图像的形状，特别是确定函数的最大值和最小值的位置. 许多实际问题需要我们在给定条件下，求出花费最少、面积最大或者效果最佳的方案. 举例来说，我们能够求出一个罐头的最优形状，还可以解释天空中彩虹出现的位置.

4.1 最大值与最小值

优化问题是微分学最重要的应用之一，在这种问题中，我们需要找到做一件事的最优（最佳）方法．这里给出几个这种问题的例子，我们将在这一章里用微积分的方法解决它们。

- 什么形状的罐头用料最少？
- 航天飞机的最大加速度是多少？（对于必须承受加速度影响的宇航员来说，这是一个重要的问题）
- 咳嗽时，气管收缩，气管半径为多大时，喷出气体的速度最快？
- 血管分支以什么角度汇合可以使心脏泵血所消耗的能量最少？

这些问题都可以转化为求函数最大值或最小值的问题．下面我们首先来解释一下什么是最大值和最小值．

■ 最值和极值

在图 4-1-1 中，我们可以看到函数 f 的图像的最高点是 $(3,5)$．换句话说，函数 f 最大的取值是 $f(3)=5$．同样，函数 f 最小的取值是 $f(6)=2$．我们称 $f(3)=5$ 是函数 f 的最大值，$f(6)=2$ 是函数 f 的最小值．通常，我们使用以下定义．

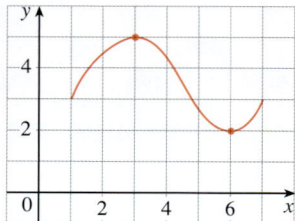

图 4-1-1

> **1 定义** 设 c 是函数 f 的定义域 D 内的一个数．
>
> - 如果对于所有 $x \in D$ 都有 $f(c) \geqslant f(x)$，那么就称 $f(c)$ 为函数 f 在定义域 D 上的**最大值**．
> - 如果对于所有 $x \in D$ 都有 $f(c) \leqslant f(x)$，那么就称 $f(c)$ 为函数 f 在定义域 D 上的**最小值**．

最大值和最小值有时叫作**全局最大值**和**全局最小值**，函数 f 的最大值和最小值统称为函数 f 的**最值**．

如图 4-1-2 所示，函数 f 在 d 处取得最大值，在 a 处取得最小值．点 $(d, f(d))$ 是图像的最高点，点 $(a, f(a))$ 是图像的最低点．在图 4-1-2 中，如果我们只考虑 b 附近的 x 值（比如，我们只关注区间 (a, c)），那么 $f(b)$ 是函数 f 在这个区间上最大的取值，我们称 $f(b)$ 是函数 f 的一个（局部）极大值．类似地，我们称 $f(c)$ 为函数 f 的一个（局部）极小值，因为对于 c 附近（比如区间 (b, d)）的 x 值，都有 $f(c) \leqslant f(x)$．函数在 e 处也取得极小值．我们给出下面的一般定义．

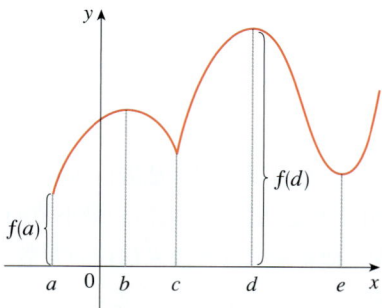

图 4-1-2
最小值 $f(a)$，最大值 $f(d)$，
极小值 $f(c)$、$f(e)$，
极大值 $f(b)$、$f(d)$

> **2 定义**
> - 如果对于 c 附近的 x 都有 $f(c) \geqslant f(x)$，那么就称 $f(c)$ 为函数 f 的一个**极大值**．
> - 如果对于 c 附近的 x 都有 $f(c) \leqslant f(x)$，那么就称 $f(c)$ 为函数 f 的一个**极小值**．

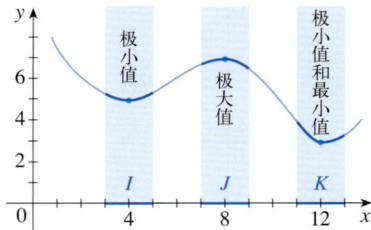

图 4-1-3

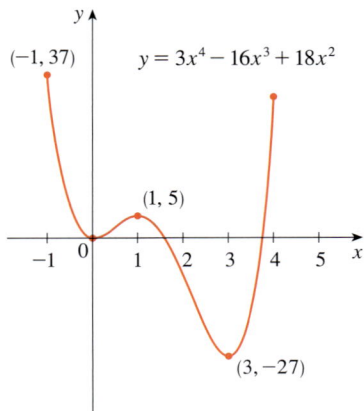

图 4-1-4

在定义 2（和其他地方）中，我们说某件事在 c 的**附近**成立，就意味着这件事在包含 c 的某个开区间上成立．（因此，极大值或极小值不能出现在端点．）例如，在图 4-1-3 中，我们看到 $f(4)=5$ 是一个极小值，因为它是函数 f 在区间 I 上最小的取值．它不是函数的最小值，因为 x 在 12 附近（例如，区间 K）时，$f(x)$ 会取得更小的值．事实上，$f(12)=3$ 既是一个极小值，也是最小值．类似地，$f(8)=7$ 是一个极大值，却不是最大值，因为在 1 附近时，函数 f 会取得更大的值．

例 1　函数

$$f(x)=3x^4-16x^3+18x^2,\ -1\leqslant x\leqslant 4$$

的图像如图 4-1-4 所示．可以看到 $f(1)=5$ 是一个极大值，而 $f(-1)=37$ 是最大值．（这个最大值不是极大值，因为该最大值在端点处取得．）$f(0)=0$ 是一个极小值，而 $f(3)=-27$ 既是一个极小值也是最小值．我们注意到在 $x=4$ 处，函数 f 既没有极大值也没有最大值． ∎

例 2　函数 $f(x)=\cos x$ 会取得无穷多次极大值和最大值 1，因为对于任意整数 n 都有 $\cos 2n\pi=1$，并且对于任意 x 都有 $-1\leqslant\cos x\leqslant 1$（如图 4-1-5 所示）．类似地，对于任意整数 n，$\cos(2n+1)\pi=-1$ 是这个函数的极小值和最小值． ∎

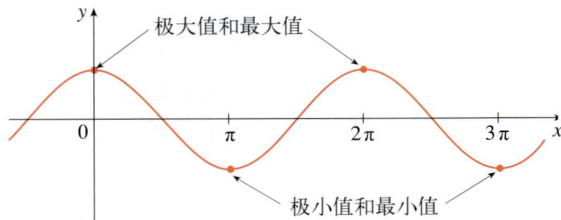

图 4-1-5
$y=\cos x$

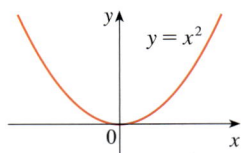

图 4-1-6
最小值为 0，最大值不存在

例 3　如果函数 $f(x)=x^2$，那么 $f(x)\geqslant f(0)$，因为对于所有 x 都有 $x^2\geqslant 0$．因此 $f(0)=0$ 是函数 f 的最小值（和极小值）．这与图 4-1-6 中原点是抛物线 $y=x^2$ 上的最低点这一事实相符．但是这个抛物线没有最高点，所以这个函数没有最大值． ∎

例 4　通过图 4-1-7 中函数 $f(x)=x^3$ 的图像可知，这个函数既没有最大值也没有最小值．实际上，它也没有极值． ∎

我们已经给出了一些函数有最值和一些函数没有最值的例子．下面的定理给出了函数有最值的条件．

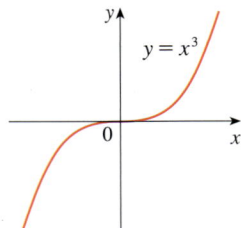

图 4-1-7
没有最大值和最小值

> **3** **最值定理**　闭区间 $[a,b]$ 上的连续函数 f 一定会在 $[a,b]$ 内的某点 c 和某点 d 处分别取得最大值 $f(c)$ 和最小值 $f(d)$．

最值定理如图 4-1-8 所示．注意，一个函数可以在多个点处取得最值．虽然最值定理直观上很好理解，但是实际证明起来却很难，所以这里我们略去它的证明．

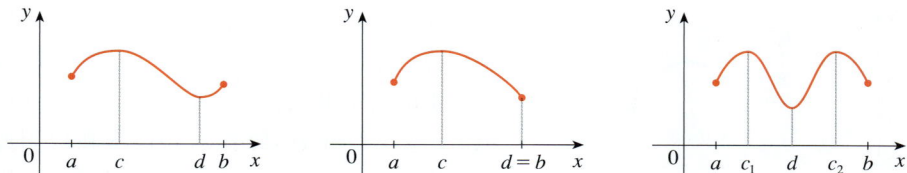

图 4-1-8
闭区间上的连续函数
总会取得最值

从图 4-1-9 和图 4-1-10 中可以看到，当最值定理的假设（连续性、闭区间）有任何一个不成立时，函数可能没有最值.

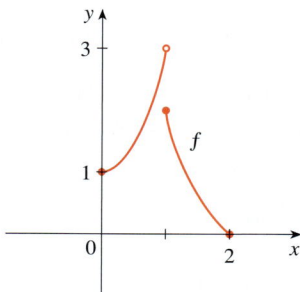

图 4-1-9
这个函数有最小值 $f(2)=0$ ，
但没有最大值

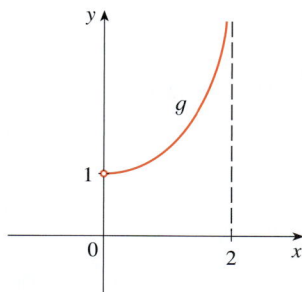

图 4-1-10
这个连续函数 g 既没有最大值
也没有最小值

　　图 4-1-9 所示的函数 f 是定义在闭区间 $[0,2]$ 上的函数，但是它没有最大值.（函数 f 的值域为 $[0,3)$ ，即函数会取得任意接近 3 的值，但是无法取得 3 .）这和最值定理不矛盾，因为 f 不满足定理的连续性条件.（尽管如此，不连续的函数也可能有最大值和最小值，见练习 13b .）

　　图 4-1-10 所示的函数 g 是定义在开区间 $(0,2)$ 上的连续函数，但是它既没有最大值也没有最小值.（g 的值域为 $(1,+\infty)$ ，这个函数会取得任意大的值.）这和最值定理也不矛盾，因为区间 $(0,2)$ 不是一个闭区间.

■ 临界值和闭区间法

　　最值定理告诉我们，一个闭区间上的连续函数有最大值和最小值，但没有说明如何找到这些最值. 我们注意到在图 4-1-8 中，函数的最大值和最小值出现在 a 与 b 之间的极大值和极小值处，所以我们首先要寻找极值.

　　图 4-1-11 表明函数 f 在 c 处取得极大值，在 d 处取得极小值. 这个函数在极值点处的切线看起来都是水平的，所以它们的斜率为 0 . 我们知道导数就是切线的斜率，因此可以得到 $f'(c)=0$ ， $f'(d)=0$. 下面的定理表明，这个结论对于可微函数总是正确的.

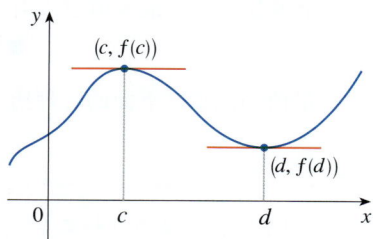

图 4-1-11

> **4** **费马定理**　如果 f 在 c 处取得极大值或极小值，并且 $f'(c)$ 存在，那么 $f'(c)=0$.

证明 为了明确起见, 假设 f 在 c 处取得极大值. 因此, 根据定义 2, 当 x 足够接近 c 时, 有 $f(c) \geqslant f(x)$. 这就是说, 无论 h 的正负, 如果 h 足够接近 0, 则有

$$f(c) \geqslant f(c+h).$$

因此,

5 $$f(c+h) - f(c) \leqslant 0.$$

如果 $h > 0$ 且 h 足够小, 我们可以将不等式的两边同时除以正数 h, 得到

$$\frac{f(c+h) - f(c)}{h} \leqslant 0.$$

对不等式两边取右极限 (利用 2.3 节定理 2), 可得

$$\lim_{h \to 0^+} \frac{f(c+h) - f(c)}{h} \leqslant \lim_{h \to 0^+} 0 = 0.$$

由于 $f'(c)$ 存在, 因此

$$f'(c) = \lim_{h \to 0} \frac{f(c+h) - f(c)}{h} = \lim_{h \to 0^+} \frac{f(c+h) - f(c)}{h}.$$

我们证明了 $f'(c) \leqslant 0$.

如果 $h < 0$, 则将不等式的两边同时除以 h 后, 不等式将变号:

$$\frac{f(c+h) - f(c)}{h} \geqslant 0.$$

因此, 取左极限可得

$$f'(c) = \lim_{h \to 0} \frac{f(c+h) - f(c)}{h} = \lim_{h \to 0^-} \frac{f(c+h) - f(c)}{h} \geqslant 0.$$

至此, 我们证明了 $f'(c) \leqslant 0$ 且 $f'(c) \geqslant 0$. 两个不等式必须同时成立, 因此, $f'(c) = 0$.

我们证明了费马定理对于极大值的情况成立, 极小值的情况也可用同样的方式证明. 另一种方法见练习 81. ■

下面的例子提醒我们不要过度理解费马定理: 我们不能指望简单地通过令 $f'(x) = 0$ 并解关于 x 的方程就能找到极值.

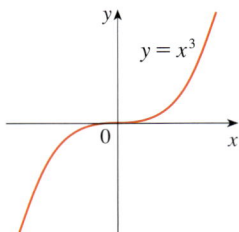

图 4-1-12
如果 $f(x) = x^3$, 则 $f'(0) = 0$, 但 f 没有极大值或极小值

例 5 如果 $f(x) = x^3$, 则 $f'(x) = 3x^2$, 因此 $f'(0) = 0$. 但是由图 4-1-12 可知, f 在 0 处没有极大值或极小值. (也可由 $x > 0$ 时 $x^3 > 0$, 而 $x < 0$ 时 $x^3 < 0$ 看出.) 实际上, $f'(0) = 0$ 仅仅说明曲线 $y = x^3$ 在点 $(0,0)$ 处有水平切线, 此时曲线与它的水平切线相交, 而不是在点 $(0,0)$ 处有极大值或极小值. ■

例 6 函数 $f(x) = |x|$ 在 $x = 0$ 处取得极小值和最小值, 但是这个 x 值无法通过求 $f'(x) = 0$ 的解得到, 因为由 2.8 节例 5 可知, $f'(0)$ 不存在 (见图 4-1-13). ■

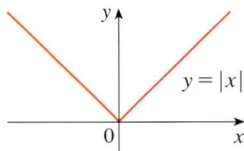

图 4-1-13
如果 $f(x) = |x|$, $f(0) = 0$ 是一个极小值, 但是 $f'(0)$ 不存在

⊘ **提醒** 例 5 和例 6 表明, 使用费马定理时必须小心谨慎. 例 5 表明, 即使 $f'(c) = 0$, 在 c 处也不一定存在极大值或极小值. (换句话说, 费马定理的逆定理通常不成立.) 此外, 当 $f'(c)$ 不存在时也可能有极值 (如例 6).

但费马定理至少表明, 我们可以从检查 $f'(c) = 0$ 或 $f'(c)$ 不存在的 c 开始寻找 f 的极值. 这些点也有专门的名称.

> **6 定义**　函数 f 的**临界值**是指 f 的定义域内的数 c，它使得 $f'(c) = 0$ 或 $f'(c)$ 不存在.

例 7　求 (a) $f(x) = x^3 - 3x^2 + 1$ 和 (b) $f(x) = x^{3/5}(4-x)$ 的临界值.

解

(a) f 的导数为 $f'(x) = 3x^2 - 6x = 3x(x-2)$. 因为对于定义域内的所有 x，$f'(x)$ 都存在，所以临界值仅出现在 $f'(x) = 0$ 时，解得 $x = 0$ 或 $x = 2$.

(b) 首先，注意函数 f 的定义域是 $\mathbb{R}$. 根据函数积的求导法则，

$$f'(x) = x^{3/5}(-1) + (4-x)\left(\frac{3}{5}x^{-2/5}\right) = -x^{3/5} + \frac{3(4-x)}{5x^{2/5}}$$

$$= \frac{-5x + 3(4-x)}{5x^{2/5}} = \frac{12-8x}{5x^{2/5}}.$$

（先转换成 $f(x) = 4x^{3/5} - x^{8/5}$ 也可得到同样的结果.）因此，当 $12 - 8x = 0$，即 $x = \frac{3}{2}$ 时，$f'(x) = 0$. 当 $x = 0$ 时，$f'(x)$ 不存在，因此，临界值为 $\frac{3}{2}$ 和 0. ■

图 4-1-14 为例 7b 中函数 f 的图像. 它验证了我们的答案，因为当 $x = 1.5$（$f'(x) = 0$）时，函数有一条水平切线；当 $x = 0$（$f'(x)$ 无定义）时，函数有一条垂直切线.

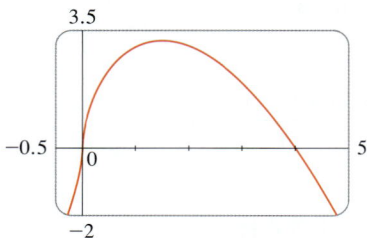

图 4-1-14

根据临界值的定义，费马定理可以这样描述（将定义 6 与定理 4 进行比较）：

> **7**　如果函数 f 在 c 处有极大值或极小值，那么 c 是 f 的临界值.

为了寻找闭区间上的连续函数 f 的最大值或最小值，我们需要注意到，它要么是极值（如果是这种情况，就在定义 7 所述的临界点处取得），要么在区间的端点处取得，如图 4-1-8 所示. 因此，通常采用如下三个步骤来求最值：

> **闭区间法**　为了求闭区间 $[a,b]$ 上的连续函数 f 的最大值和最小值：
>
> **1.** 求出 f 在 (a,b) 上的临界值对应的值；
>
> **2.** 求出 f 在区间端点处的值；
>
> **3.** 步骤 1 和步骤 2 中得到的数值中最大的函数值为最大值，最小的函数值为最小值.

例 8　求函数

$$f(x) = x^3 - 3x^2 + 1, \quad -\frac{1}{2} \leqslant x \leqslant 4$$

的最大值和最小值.

解　由于函数 f 在 $\left[-\frac{1}{2}, 4\right]$ 上连续，因此可以使用闭区间法.

在例 7a 中我们求得临界值 $x = 0$ 和 $x = 2$. 注意，每个临界值都位于开区间 $\left(-\frac{1}{2}, 4\right)$ 内. f 在这些临界点处的值为

$$f(0) = 1, \quad f(2) = -3.$$

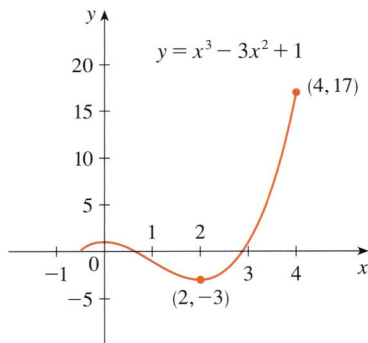

图 4-1-15

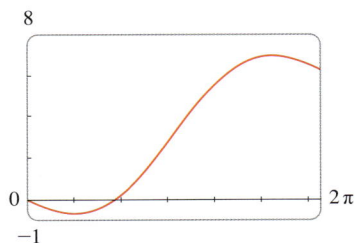

图 4-1-16

NASA

f 在区间端点处的函数为

$$f\left(-\frac{1}{2}\right)=\frac{1}{8}\,,\quad f(4)=17\,.$$

比较这些函数值，可知最大值为 $f(4)=17$，最小值为 $f(2)=-3$.

　　本例中最大值在区间端点处取得，最小值在临界点处取得. 函数 f 的图像如图 4-1-15 所示. ∎

　　使用作图软件或图像计算器，我们可以很容易地估计出函数的最大值和最小值. 但是，如下面的例子所示，求最值的准确值则需要用到微积分.

例 9

(a) 使用计算器或计算机，估计函数 $f(x)=x-2\sin x$，$0\leqslant x\leqslant 2\pi$ 的最大值和最小值.
(b) 使用微积分求最大值和最小值的准确值.

解

(a) 图 4-1-16 给出了函数 f 在矩形区域 $[0,2\pi]\times[-1,8]$ 中的图像. 最大值大约为 6.97，在 $x\approx 5.24$ 处取得. 最小值大约为 -0.68，在 $x\approx 1.05$ 处取得. 获得更精确的数值估计是有可能的，但要得到准确值则必须使用微积分.

(b) 函数 $f(x)=x-2\sin x$ 在闭区间 $[0,2\pi]$ 上连续，由于 $f'(x)=1-2\cos x$，因此当 $x=\pi/3$ 或 $x=5\pi/3$，即 $\cos x=\frac{1}{2}$ 时，$f'(x)=0$. f 在临界点处的值为

$$f\left(\frac{\pi}{3}\right)=\frac{\pi}{3}-2\sin\frac{\pi}{3}=\frac{\pi}{3}-\sqrt{3}\approx -0.684\,853$$

和

$$f\left(\frac{5\pi}{3}\right)=\frac{5\pi}{3}-2\sin\frac{5\pi}{3}=\frac{5\pi}{3}+\sqrt{3}\approx 6.968\,039\,.$$

f 在端点处的值为

$$f(0)=0\,,\quad f(2\pi)=2\pi\approx 6.28\,.$$

根据闭区间法比较这四个函数值，得到最小值是 $f(\pi/3)=\pi/3-\sqrt{3}$，最大值是 $f(5\pi/3)=5\pi/3+\sqrt{3}$. (a) 中的数值可以验证这个结果. ∎

例 10 哈勃太空望远镜于 1990 年 4 月 24 日由"发现者号"航天飞机发送到太空. 此次任务中，从 $t=0$ 时发射到 $t=126\mathrm{s}$ 时固体火箭助推器分离，航天飞机的速度的模型可以用下面的函数表示：

$$v(t)=0.000\,397t^3-0.027\,52t^2+7.196t-0.939\,7$$

（单位：m/s）. 利用该模型，估计航天飞机从发射到推进器分离的这段时间内加速度的最大值和最小值.

解 本例不是要求给出的速度函数的最值，而是要求加速度函数的最值. 因此，我们首先求导来得到加速度：

$$a(t)=v'(t)=\frac{\mathrm{d}}{\mathrm{d}t}\left(0.000\,397t^3-0.027\,52t^2+7.196t-0.939\,7\right)$$

$$=0.001\,191t^2-0.055\,04t+7.196\,.$$

将闭区间法应用于在区间 $0 \leqslant t \leqslant 126$ 上的连续函数 a . 它的导数为

$$a'(t) = 0.002\ 380\ 8t - 0.055\ 04 .$$

当 $a'(t) = 0$ 时有唯一的临界值

$$t_1 = \frac{0.055\ 04}{0.002\ 380\ 8} \approx 23.12 .$$

计算 $a(t)$ 在临界点和区间端点处的值，得到

$$a(0) = 7.196 , \quad a(t_1) = a(23.12) = 6.56 , \quad a(126) \approx 19.16 .$$

因此，加速度的最大值是 19.16m/s^2 ，最小值是 6.56m/s^2 . ■

4.1 | 练习

1. 解释最小值和极小值的区别.

2. 设 f 为定义在闭区间 $[a,b]$ 上的连续函数.
   (a) 哪个定理保证了 f 的最大值和最小值的存在?
   (b) 哪些步骤可以用来求最大值和最小值?

3~4 下图中的函数在 a 、 b 、 c 、 d 、 r 和 s 处是否取得最大值、最小值、极大值、极小值，还是都不是.

3.

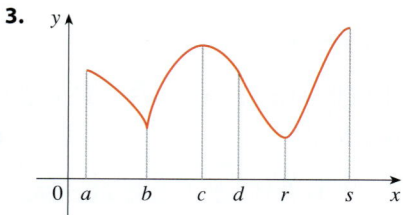

4.

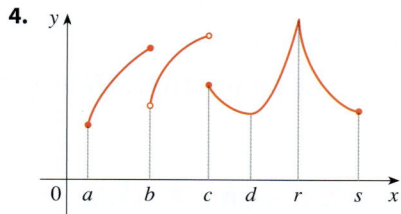

5~6 根据图像指出函数的最大值、最小值、极大值和极小值.

5.

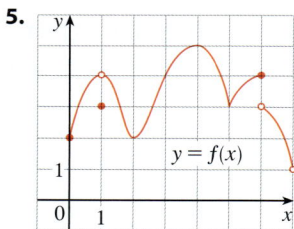

6.

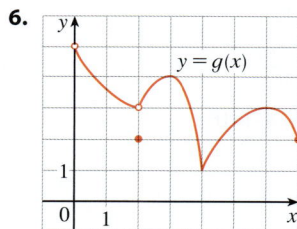

7~10 画出闭区间 $[1,5]$ 上的连续函数 f 的函数图像， f 具有如下性质.

7. 在 $x = 5$ 处取得最大值，在 $x = 2$ 处取得最小值，在 $x = 3$ 处取得极大值，在 $x = 2$ 和 $x = 4$ 处取得极小值.

8. 在 $x = 4$ 处取得最大值，在 $x = 5$ 处取得最小值，在 $x = 2$ 处取得极大值，在 $x = 3$ 处取得极小值.

9. 在 $x = 3$ 处取得最小值，在 $x = 4$ 处取得最大值，在 $x = 2$ 处取得极大值.

10. 在 $x = 2$ 处取得最大值，在 $x = 5$ 处取得最小值， $x = 4$ 是临界值，但在此处无极值.

---

11. (a) 画出一个在 $x = 2$ 处取得极大值，且在 $x = 2$ 处可微的函数的图像.
   (b) 画出在 $x = 2$ 处取得极大值，且在 $x = 2$ 处连续但不可微的函数的图像.
   (c) 画出在 $x = 2$ 处取得极大值，但在 $x = 2$ 处不连续的函数的图像.

12. (a) 画出一个在闭区间 $[-1,2]$ 上有最大值，但没有极大值的函数的图像.

(b) 画出一个在闭区间 $[-1,2]$ 上有一个极大值，但没有最大值的函数的图像.

13. (a) 画出一个在闭区间 $[-1,2]$ 上有最大值，但没有最小值的函数的图像.

(b) 画出一个在闭区间 $[-1,2]$ 上不连续，但有最大值和最小值的函数的图像.

14. (a) 画出一个有 2 个极大值，1 个极小值，没有最小值的函数的图像.

(b) 画出一个有 3 个极小值，2 个极大值，7 个临界值的函数的图像.

15~28 画出下列函数 f 的图像，并利用图像求出函数 f 的最大值、最小值、极大值和极小值（例用 1.2 节和 1.3 节中的图像和变换）.

15. $f(x) = 3 - 2x$, $x \geqslant -1$　　**16.** $f(x) = x^2$, $-1 \leqslant x < 2$

17. $f(x) = 1/x$, $x \geqslant 1$　　**18.** $f(x) = 1/x$, $1 < x < 3$

19. $f(x) = \sin x$, $0 \leqslant x < \pi/2$　　**20.** $f(x) = \sin x$, $0 < x \leqslant \pi/2$

21. $f(x) = \sin x$, $-\pi/2 \leqslant x \leqslant \pi/2$

22. $f(t) = \cos t$, $-3\pi/2 \leqslant t \leqslant 3\pi/2$

23. $f(x) = \ln x$, $0 < x \leqslant 2$　　**24.** $f(x) = |x|$

25. $f(x) = 1 - \sqrt{x}$　　**26.** $f(x) = e^x$

27. $f(x) = \begin{cases} x^2, & -1 \leqslant x \leqslant 0; \\ 2 - 3x, & 0 < x \leqslant 1. \end{cases}$

28. $f(x) = \begin{cases} 2x + 1, & 0 \leqslant x < 1; \\ 4 - 2x, & 1 \leqslant x \leqslant 3. \end{cases}$

29~48 求下列函数的临界值.

29. $f(x) = 3x^2 + x - 2$　　**30.** $g(v) = v^3 - 12v + 4$

31. $f(x) = 3x^4 + 8x^3 - 48x^2$　　**32.** $f(x) = 2x^3 + x^2 + 8x$

33. $g(t) = t^5 + 5t^3 + 50t$　　**34.** $A(x) = |3 - 2x|$

35. $g(y) = \dfrac{y-1}{y^2 - y + 1}$　　**36.** $h(p) = \dfrac{p-1}{p^2 + 4}$

37. $p(x) = \dfrac{x^2 + 2}{2x - 1}$　　**38.** $q(t) = \dfrac{t^2 + 9}{t^2 - 9}$

39. $h(t) = t^{3/4} - 2t^{1/4}$　　**40.** $g(x) = \sqrt[3]{4 - x^2}$

41. $F(x) = x^{4/5}(x-4)^2$　　**42.** $h(x) = x^{-1/3}(x-2)$

43. $f(x) = x^{1/3}(4 - x)^{2/3}$　　**44.** $f(\theta) = \theta + \sqrt{2}\cos\theta$

45. $f(\theta) = 2\cos\theta + \sin^2\theta$　　**46.** $p(t) = te^{4t}$

47. $g(x) = x^2 \ln x$　　**48.** $B(u) = 4\tan^{-1} u - u$

49~50 已知函数 f 的导数公式. 函数 f 有几个临界值?

49. $f'(x) = 5e^{-0.1|x|}\sin x - 1$　　**50.** $f'(x) = \dfrac{100\cos^2 x}{10 + x^2} - 1$

51~66 求函数 f 在给定区间上的最大值和最小值.

51. $f(x) = 12 + 4x - x^2$, $[0,5]$

52. $f(x) = 5 + 54x - 2x^3$, $[0,4]$

53. $f(x) = 2x^3 - 3x^2 - 12x + 1$, $[-2,3]$

54. $f(x) = x^3 - 6x^2 + 5$, $[-3,5]$

55. $f(x) = 3x^4 - 4x^3 - 12x^2 + 1$, $[-2,3]$

56. $f(t) = (t^2 - 4)^3$, $[-2,3]$

57. $f(x) = x + \dfrac{1}{x}$, $[0.2,4]$

58. $f(x) = \dfrac{x}{x^2 - x + 1}$, $[0,3]$

59. $f(t) = t - \sqrt[3]{t}$, $[-1,4]$

60. $f(x) = \dfrac{e^x}{1 + x^2}$, $[0,3]$

61. $f(t) = 2\cos t + \sin 2t$, $[0,\pi/2]$

62. $f(\theta) = 1 + \cos^2\theta$, $[\pi/4,\pi]$

63. $f(x) = x^{-2}\ln x$, $\left[\dfrac{1}{2},4\right]$

64. $f(x) = xe^{x/2}$, $[-3,1]$

65. $f(x) = \ln(x^2 + x + 1)$, $[-1,1]$

66. $f(x) = x - 2\tan^{-1} x$, $[0,4]$

67. 如果 a 和 b 为正数，求 $f(x) = x^a(1-x)^b$, $0 \leqslant x \leqslant 1$ 的最大值.

68. 利用图像估计函数 $f(x) = |1 + 5x - x^3|$ 的临界值，精确到小数点后 1 位.

69~72

(a) 利用图像估计函数的最大值和最小值，精确到小数点后 2 位.

(b) 利用微积分求出最大值和最小值的准确值.

69. $f(x) = x^5 - x^3 + 2$, $-1 \leqslant x \leqslant 1$

70. $f(x) = e^x + e^{-2x}$, $0 \leqslant x \leqslant 1$

71. $f(x) = x\sqrt{x - x^2}$

72. $f(x) = x - 2\cos x$, $-2 \leqslant x \leqslant 0$

73. 在酒精被摄入后，血液酒精浓度（BAC）随着酒精的吸收而激增，然后随着酒精的代谢而逐渐下降．函数

$$C(t) = 0.135te^{-2.802t}$$

用来为一组 8 名男性受试者在快速摄入 15mL 酒精 t h 后的平均 BAC（单位：g/dL）建模．前 3h 内的最大平均 BAC 是多少？它什么时候出现？

资料来源：P. Wilkinson et al., "Pharmacokinetics of Ethanol after Oral Administration in the Fasting State", *Journal of Pharmacokinetics and Biopharmaceutics* 5 (1977): 207–24.

74. 服用抗生素后，血液中抗生素的浓度可以用如下函数建模：

$$C(t) = 8\left(e^{-0.4t} - e^{-0.6t}\right),$$

其中时间 t 的单位是 h，C 的单位是 μg/ml．前 12h 内抗生素的最大浓度是多少？

75. 在 0°C 和 30°C 之间，温度为 T 的 1kg 水的体积 V（单位：cm^3）大致可由下式给出：

$$V = 999.87 - 0.064\,26T + 0.008\,504\,3T^2 - 0.000\,067\,9T^3.$$

求在什么温度下水的密度最大．

76. 一个重量为 W 的物体被一根连接该物体的绳子沿水平方向拖动．如果绳子与水平面之间的夹角为 θ，则物体所受的力的大小为

$$F = \frac{\mu W}{\mu \sin\theta + \cos\theta},$$

其中 μ 为常数，称为摩擦系数，且 $0 \leqslant \theta \leqslant \pi/2$．证明：当 $\tan\theta = \mu$ 时，F 最小．

77. 2012 年，位于佐治亚州的拉尼尔湖的水位高度（单位：m，以平均海平面以上的高度计算）可以用如下函数建模：

$$L(t) = 0.004\,39t^3 - 0.127\,3t^2 + 0.823\,9t + 323.1,$$

其中 t 的单位是月，从 2012 年 1 月 1 日开始算起．估计 2012 年何时水位最高．

78. 1992 年 5 月 7 日，为了在国际通信卫星上安装一个新的近地点发动机，NASA 执行了代号为 STS-49 的发射任务，将"奋进号"航天飞机送入太空．下栏的表给出了从发射到固体火箭助推器分离期间"奋进号"的速度数据．
　(a) 使用图像计算器或计算机，求出可以用来为航天飞机在时间段 $[0,125]$ 内的速度建模的最佳三次多项式，并画出图像．

(b) 求出航天飞机的加速度的模型．利用该模型，估计航天飞机在前 125s 内加速度的最大值和最小值．

事件	时间/s	速度/(m/s)
发射	0	0
开始平衡操纵	10	56.4
结束平衡操纵	15	97.2
发动机节流阀开至89%	20	136.2
发动机节流阀开至67%	32	226.2
发动机节流阀开至104%	59	403.9
动压达到最大	62	440.4
固体火箭助推器分离	125	1265.2

79. 当异物进入气管引起咳嗽时，隔膜迅速上移，导致肺部气压上升．同时，气管收缩，使得空气排出的通道变窄．在固定时间内排出相同的气体，气体通过窄通道的速度比通过宽通道的速度更快．气流的速度越快，对异物的推力就越大．X 射线显示，咳嗽时气管的半径是平时的 $\frac{2}{3}$．根据咳嗽的数学模型，气流的速度 v 和气管的半径 r 满足下面的方程：

$$v(r) = k(r_0 - r)r^2, \quad \frac{1}{2}r_0 \leqslant r \leqslant r_0,$$

其中 k 是常数，r_0 是正常状态下气管的半径．对 r 的范围限制是由于气管壁在受到压力时会变紧，但收缩时气管的半径不会小于 $\frac{1}{2}r_0$（否则人就会窒息）．
(a) 求区间 $\left[\frac{1}{2}r_0, r_0\right]$ 内的 r 值，使得速度 v 最大．将这个值与实验结果进行比较．
(b) v 在该区间上的最大值是多少？
(c) 画出 v 在区间 $[0, r_0]$ 上的图像．

80. 证明：函数 $f(x) = x^{101} + x^{51} + x + 1$ 没有极大值也没有极小值．

81. (a) 如果 f 在 c 处有一个极小值，证明函数 $g(x) = -f(x)$ 在 c 处有一个极大值．
(b) 利用 (a) 中的结论，证明费马定理中 f 在 c 处有极小值的情况．

82. 三次函数是形如 $f(x) = ax^3 + bx^2 + cx + d$ 的多项式，其中 $a \neq 0$．
(a) 说明三次函数可能有 2 个、1 个或者没有临界值．举例并画图展示这三种情况．
(b) 三次函数可能有多少个极值？

应用专题 | 彩虹与微积分

雨滴使阳光发生散射，从而出现了彩虹．自远古起，人们便对彩虹充满好奇，并且在亚里士多德时期，人们就试图给出这个现象的科学解释．在本专题中，我们用笛卡儿和牛顿的思想来解释彩虹的形状、位置和颜色．

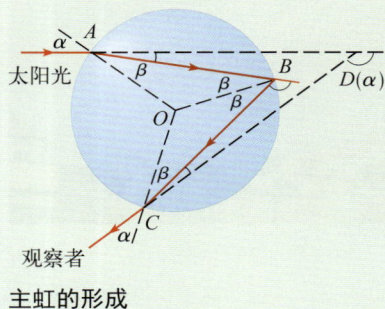

1. 左图显示了一束光线从 A 进入一个球形的雨滴．有一些光线被反射，但是还有一些光线沿 AB 进入雨滴．光线以 AO 为法线发生折射，并且根据斯涅尔定律，有 $\sin \alpha = k \sin \beta$，其中 α 是入射角，β 是反射角，$k \approx \dfrac{4}{3}$ 是水的折射率．然后一些光线从 B 穿过水滴并且折射进入空气，还有一部分沿 BC 反射．（入射角等于反射角．）当光线到达 C 时，一部分被反射，一部分从 C 离开雨滴，这时我们感兴趣的是后者．（注意，光线以远离法线的角度发生折射．）偏离角 $D(\alpha)$ 是光线在这三个阶段中所经历的顺时针旋转量．因此，

$$D(\alpha) = (\alpha - \beta) + (\pi - 2\beta) + (\alpha - \beta) = \pi + 2\alpha - 4\beta.$$

证明偏离角 $D(\alpha)$ 的最小值约等于 $138°$，此时 $\alpha \approx 59.40°$．

最小偏离角的意义在于，当 $\alpha \approx 59.40°$ 时，我们有 $D'(\alpha) \approx 0$，所以 $\Delta D / \Delta \alpha \approx 0$．这意味着许多入射角为 $\alpha \approx 59.40°$ 的光线发生了大致相同的偏离，这些发生最小偏离的光线的汇集发出了主虹的光芒．左图显示了从观察者到彩虹最高点的仰角为 $180° - 138° = 42°$．（这个角度叫作彩虹角．）

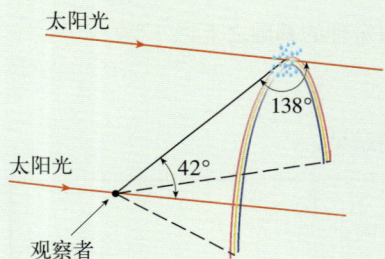

2. 问题 1 解释了主虹的位置，但是怎么解释主虹的颜色呢？太阳光由一定范围的波长的光组成，包含红光、橙光、黄光、绿光、蓝光、靛光、紫光．牛顿在 1666 年用他的三棱镜实验发现每种光的折射率是不一样的．（这种现象叫作色散．）红光的折射率为 $k \approx 1.331\,8$，而紫光的折射率为 $k \approx 1.343\,5$．用问题 1 中的方法分别计算，可以得到红光的彩虹角大约是 $42.3°$，紫光的彩虹角大约是 $40.6°$．因此，彩虹中包含了七种颜色的相分离的光弧．

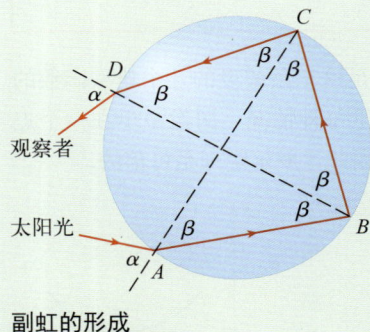

3. 也许你曾经看到过，在主虹上方还有一个比较微弱的副虹．这是由进入雨滴时在 A 处发生折射，并在 B 和 C 处发生反射，最后在 D 处发生折射离开雨滴（见左图）的那部分光线形成的．此时，偏离角 $D(\alpha)$ 是光线在这四个阶段中所经历的逆时针旋转量．证明

$$D(\alpha) = 2\alpha - 6\beta + 2\pi,$$

且当

$$\cos \alpha = \sqrt{\frac{k^2 - 1}{8}}$$

时，$D(\alpha)$ 有最小值．取 $k = \dfrac{4}{3}$，证明最小偏离角大约为 $129°$．因此，副虹的彩虹角大约是 $51°$，如下页左图所示．

主虹的形成

副虹的形成

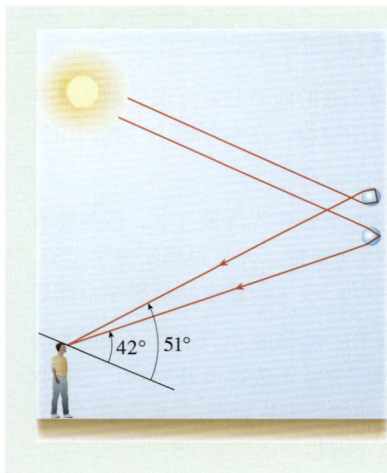

4. 说明副虹颜色的顺序和主虹颜色的顺序相反.

4.2 | 中值定理

我们将看到本章中的许多结果都建立在中值定理的基础之上.

■ 罗尔定理

在介绍中值定理之前，我们首先给出下面的结果.

> **罗尔定理** 设函数 f 满足下面三条假设：
> 1. f 是闭区间 $[a,b]$ 上的连续函数；
> 2. f 在开区间 (a,b) 上可微；
> 3. $f(a)=f(b)$.
>
> 那么，在区间 (a,b) 内存在一个数 c，使得 $f'(c)=0$.

罗尔

罗尔定理由法国数学家米歇尔·罗尔（Michel Rolle，1652—1719）于 1691 年在一本名为 *Méthode pour resoudre lesegalitez* 的书中首次公开. 他直言不讳地批评他那个时代的微积分方法，并攻击微积分是"巧妙的谬论". 然而，他后来也开始相信微积分方法的本质是正确的.

在给出这个定理的证明之前，我们先看看满足这三条假设的几个典型函数的图像. 图 4-2-1 给出了四个这样的函数图像. 对于每种情况，图像至少在一个点 $(c,f(c))$ 处的切线是水平的，也就是 $f'(c)=0$. 因此，罗尔定理是可信的.

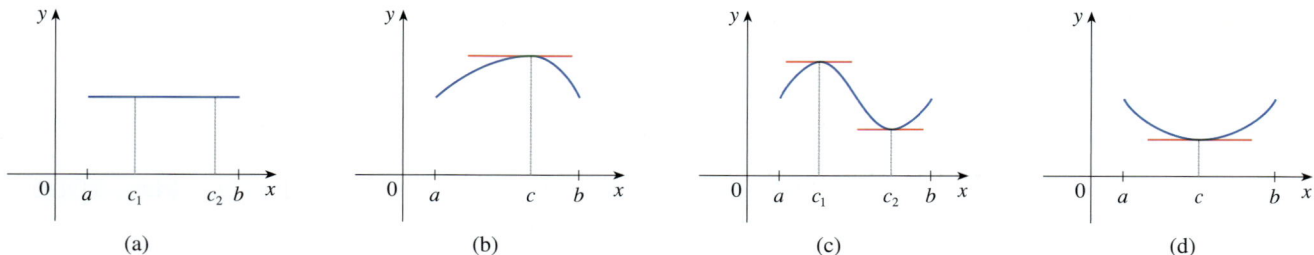

图 4-2-1

PS 分情况讨论.

证明 我们分三种情况讨论.

情况 I $f(x)=k$ 为常数（见图 4-2-1a）.

因为 $f'(x)=0$，所以 (a,b) 内任何一个数 c 都满足定理的要求.

情况 II 对于 (a,b) 中的某个 x ，有 $f(x) > f(a)$ （见图 4-2-1b 或图 4-2-1c）．
应用最值定理（根据假设 1），可知 f 在区间 $[a,b]$ 上有最大值．因为 $f(a) = f(b)$ ，
所以函数 f 一定可以在区间 (a,b) 内的某一点 c 处取得最大值．因此，f 在 c 处有一个
极大值．由假设 2 可知，f 在 c 处是可微的．因此，根据费马定理，得到 $f'(c) = 0$ ．
情况 III 对于 (a,b) 中的某个 x ，有 $f(x) < f(a)$ （见图 4-2-1c 或图 4-2-1d）．
应用最值定理，可知 f 在区间 $[a,b]$ 上有最小值．因为 $f(a) = f(b)$ ，所以函数 f
一定可以在区间 (a,b) 内的某一点 c 处取得最小值．因此，f 在 c 处有极小值．根
据费马定理，我们也得到 $f'(c) = 0$ ．

例 1 我们将罗尔定理应用于运动物体的位置函数 $s = f(t)$ ．如果物体在两个不同
时间 $t = a$ 和 $t = b$ 处在相同的位置，也就是 $f(a) = f(b)$ ，那么罗尔定理告诉我们，
在 a 和 b 之间存在某一时间 $t = c$ ，使得 $f'(c) = 0$ ，即速度为 0．（你可以通过观察
垂直上抛的球来理解这个结论．）

图 4-2-2 给出了例 2 中讨论的函数 $f(x) = x^3 + x - 1$ 的图像．罗尔定理表明，无论我们怎么放大观察，都找不到图像与 x 轴的第二个交点．

例 2 证明：方程 $x^3 + x - 1 = 0$ 有且只有一个实数解．

解 首先，我们利用介值定理（2.5 节定理 10）证明有一个解存在．定义
$f(x) = x^3 + x - 1$ ，那么 $f(0) = -1 < 0$ 且 $f(1) = 1 > 0$ ．因为 f 是一个多项式，所以
它是连续的．介值定理表明，在 0 和 1 之间存在一个数 c ，使得 $f(c) = 0$ ．因此，
这个方程有一个解．

　　为了证明这个方程没有其他实数解，我们利用罗尔定理和反证法．假设方程
有两个解 a 和 b ，那么 $f(a) = 0 = f(b)$ ．因为 f 是一个多项式，所以它在区间
(a,b) 上是可微的，在区间 $[a,b]$ 上是连续的．根据罗尔定理，在 a 和 b 之间存在
一个数 c ，使得 $f'(c) = 0$ ．但是

$$对于所有 x ， \quad f'(x) = 3x^2 + 1 \geqslant 1$$

（因为 $x^2 \geqslant 0$ ），所以 $f'(x)$ 不可能为 0．我们得到矛盾．因此，这个方程不能有两
个实数解．

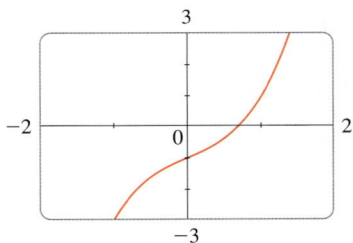

图 4-2-2

■ 中值定理

　　罗尔定理主要用来证明下面这个重要的定理，它由法国数学家约瑟夫 - 路易
斯·拉格朗日（Joseph-Louis Lagrange）首先提出．

中值定理是所谓的存在性定理的一个例子．像介值定理、最值定理和罗尔定理一样，它保证具有某种性质的数存在，但是没有告诉我们如何找到这个数．

> **中值定理** 设函数 f 满足下面的假设：
> **1.** f 是闭区间 $[a,b]$ 上的连续函数；
> **2.** f 在开区间 (a,b) 上可微．
> 那么，在区间 (a,b) 内存在一个数 c ，使得
>
> **1**
> $$f'(c) = \frac{f(b) - f(a)}{b - a} .$$
>
> 这也等价于
>
> **2**
> $$f(b) - f(a) = f'(c)(b - a) .$$

在给出这个定理的证明之前，我们先从几何上给出一个合理的解释．图 4-2-3 和图 4-2-4 中展示了两个可微函数的图像，每个图像上有两点 $A\big(a,f(a)\big)$ 和 $B\big(b,f(b)\big)$ ．割线 AB 的斜率是

3
$$m_{AB} = \frac{f(b)-f(a)}{b-a}.$$

它与公式 1 的右边是一样的．因为 $f'(c)$ 是点 $\big(c,f(c)\big)$ 处的切线的斜率，所以由公式 1 表示的中值定理说明，图像上至少有一点 $P\big(c,f(c)\big)$，使得 P 处的切线和割线 AB 的斜率相同．换句话说，P 处的切线平行于割线 AB．（想象一条与 AB 保持平行的直线，它从远处向 AB 移动，直到第一次与图像接触．）

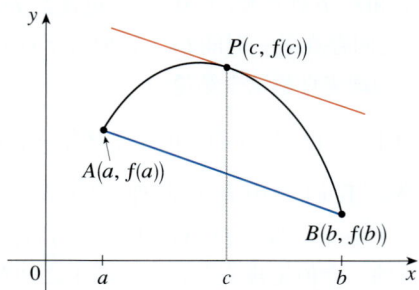

图 4-2-3

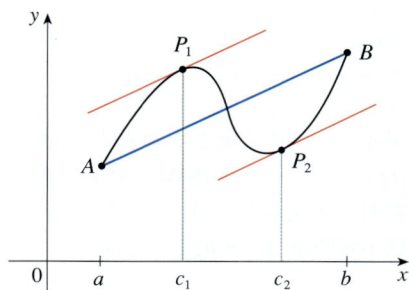

图 4-2-4

证明　我们对一个新的函数 h 应用罗尔定理，定义这个函数 h 为 f 和割线 AB 所对应的函数之差．利用公式 3 和直线的点斜式方程，我们看到直线 AB 的方程可以表示为

$$y - f(a) = \frac{f(b)-f(a)}{b-a}(x-a)$$

或

$$y = f(a) + \frac{f(b)-f(a)}{b-a}(x-a).$$

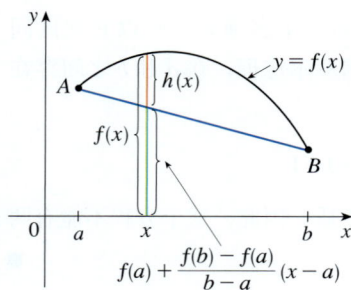

图 4-2-5

如图 4-2-5 所示，设

4
$$h(x) = f(x) - f(a) - \frac{f(b)-f(a)}{b-a}(x-a).$$

首先，我们必须验证 h 满足罗尔定理的三条假设．

1. 函数 h 是 $[a,b]$ 上的连续函数，因为它是 f 和一个一次多项式的和，并且二者都是连续的．

2. 函数 h 是 (a,b) 上的可微函数，因为 f 和一次多项式都是可微的．事实上，我们可以直接按照公式 4 计算出

$$h'(x) = f'(x) - \frac{f(b)-f(a)}{b-a}.$$

（注意，$f(a)$ 和 $\big[f(b)-f(a)\big]/(b-a)$ 都是常数．）

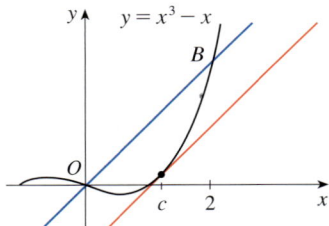

图 4-2-6

3.
$$h(a) = f(a) - f(a) - \frac{f(b)-f(a)}{b-a}(a-a) = 0$$

$$h(b) = f(b) - f(a) - \frac{f(b)-f(a)}{b-a}(b-a)$$
$$= f(b) - f(a) - \left[f(b)-f(a)\right] = 0$$

因此，$h(a) = h(b)$.

因为函数 h 满足罗尔定理的所有假设，所以在区间 (a,b) 内存在一个数 c，使得 $h'(c) = 0$.因此，

$$0 = h'(c) = f'(c) - \frac{f(b)-f(a)}{b-a},$$

也就是
$$f'(c) = \frac{f(b)-f(a)}{b-a}.$$

例 3 为了说明中值定理，我们来看一个具体的函数.考虑 $f(x) = x^3 - x$，$a=0$，$b=2$.因为 f 是一个多项式，它对于所有 x 都是连续且可微的，所以 f 在 $[0,2]$ 上连续，在 $(0,2)$ 上可微.因此，根据中值定理，在区间 $(0,2)$ 内存在一个数 c，使得

$$f(2) - f(0) = f'(c)(2-0).$$

计算得到 $f(2) = 6$，$f(0) = 0$，$f'(x) = 3x^2 - 1$，所以上面的等式变为

$$6 = (3c^2 - 1) \times 2 = 6c^2 - 2,$$

进而有 $c^2 = \frac{4}{3}$，也就是 $c = \pm 2/\sqrt{3}$.但是 c 必须位于 $(0,2)$ 内，所以 $c = 2/\sqrt{3}$.图 4-2-6 展示了这个计算结果：在 c 处的切线和割线 OB 平行.

例 4 物体做直线运动，其位置函数为 $s = f(t)$，那么从 $t=a$ 到 $t=b$ 的平均速度为

$$\frac{f(b)-f(a)}{b-a},$$

在 $t=c$ 时的速度为 $f'(c)$.因此，根据中值定理（公式 1），在 a 和 b 之间存在某一时间 $t=c$，此时的瞬时速度 $f'(c)$ 等于平均速度.例如，如果汽车 2h 内行驶了 180km，则速度表读数至少有一次达到 90km/h.

一般来说，中值定理可以理解为：在某个区间内存在这样一个点，在该点处瞬时变化率等于平均变化率.

中值定理的重要性在于我们可以使用它从函数的导数中获取关于函数的信息.下面给出了一个例子.

例 5　假设 $f(0) = -3$，且对于所有 x 有 $f'(x) \leqslant 5$．$f(2)$ 的值最大可能为多少？

解　已知 f 处处可微（所以也处处连续），因此，我们可以在区间 $[0,2]$ 上使用中值定理．存在一个数 c 使得

$$f(2) - f(0) = f'(c)(2 - 0)，$$

故有

$$f(2) = f(0) + 2f'(c) = -3 + 2f'(c)．$$

已知对于所有 x 有 $f'(x) \leqslant 5$，因此 $f'(c) \leqslant 5$．将不等式的两边同时乘以 2，我们得到 $2f'(c) \leqslant 10$，所以

$$f(2) = -3 + 2f'(c) \leqslant -3 + 10 = 7．$$

因此，$f(2)$ 的值最大可能为 7．　∎

　　中值定理可以用来推导微分学中的许多基本事实，下面的定理就是其中之一．其他内容将在以后的章节里进行讨论．

5　定理　若 $f'(x) = 0$ 对于区间 (a,b) 内的所有 x 都成立，那么 f 在 (a,b) 上为常数．

证明　对于 (a,b) 内任意两点 x_1 和 x_2，设 $x_1 < x_2$．因为 f 在区间 (a,b) 上是可微的，所以 f 在区间 $[x_1, x_2]$ 上连续，在区间 (x_1, x_2) 上可微．在区间 $[x_1, x_2]$ 上对 f 应用中值定理：存在一个数 c，满足 $x_1 < c < x_2$，使得

6　　　　　　　$$f(x_2) - f(x_1) = f'(c)(x_2 - x_1)．$$

因为对于所有 x 都有 $f'(x) = 0$，所以 $f'(c) = 0$，公式 6 变为

$$f(x_2) - f(x_1) = 0，\text{即 } f(x_2) = f(x_1)．$$

因此，f 在区间 (a,b) 内的任何两个数 x_1 和 x_2 处都有相同的值．这就证明了 f 在 (a,b) 上为常数．　∎

推论 7 说明，如果两个函数在同一区间上有相同的导数，那么它们的图像一定是彼此的垂直平移．换句话说，这些图像具有相同的形状，但它们可以被向上或向下平移．

7　推论　若 $f'(x) = g'(x)$ 对于区间 (a,b) 内的所有 x 都成立，那么 $f - g$ 在区间 (a,b) 上为常数，也就是说 $f(x) = g(x) + c$，其中 c 为常数.

证明　令 $F(x) = f(x) - g(x)$，那么对于区间 (a,b) 内的所有 x，有

$$F'(x) = f'(x) - g'(x) = 0．$$

因此，由定理 5 可知，F 是常数，即 $f - g$ 是常数．　∎

注　在应用定理 5 的时候必须小心．令

$$f(x) = \frac{x}{|x|} = \begin{cases} 1, & x > 0; \\ -1, & x < 0. \end{cases}$$

f 的定义域为 $D = \{x \mid x \neq 0\}$，并且对于 D 内的所有 x 都有 $f'(x) = 0$．但是，显然 f 不是一个常值函数．这与定理 5 并不矛盾，因为 D 不是一个区间．

例 6 证明恒等式 $\tan^{-1} x + \cot^{-1} x = \pi/2$.

解 虽然我们可以用初等方法证明这个等式，但是用微积分来证明会比较简单．设 $f(x) = \tan^{-1} x + \cot^{-1} x$ ，那么对于所有 x ，有

$$f'(x) = \frac{1}{1+x^2} - \frac{1}{1+x^2} = 0 .$$

因此， $f(x) = C$ 为常数．为了确定常数 C 的值，我们令 $x=1$ （可以算出 $f(1)$ 的准确值），那么

$$C = f(1) = \tan^{-1} 1 + \cot^{-1} 1 = \frac{\pi}{4} + \frac{\pi}{4} = \frac{\pi}{2} .$$

因此， $\tan^{-1} x + \cot^{-1} x = \pi/2$. ■

4.2 | 练习

1. 函数 f 的图像如下所示．验证 f 在区间 $[0,8]$ 上满足罗尔定理的假设，然后估计在该区间上满足罗尔定理结论的 c 值．

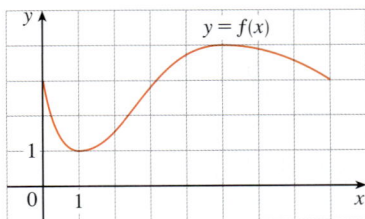

2. 画出定义在 $[0,8]$ 上的函数 f 的图像，使得 $f(0) = f(8) = 3$ 且函数在 $[0,8]$ 上不满足罗尔定理的结论．

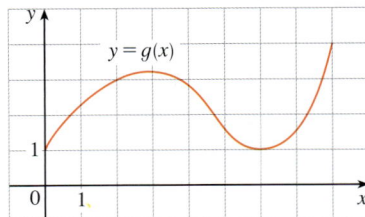

3. 函数 g 的图像如下所示．

(a) 验证 g 在区间 $[0,8]$ 上满足中值定理的假设．

(b) 估计在区间 $[0,8]$ 上满足中值定理结论的 c 值．

(c) 估计在区间 $[2,6]$ 上满足中值定理结论的 c 值．

4. 画出一个在 $[0,8]$ 上连续， $f(0)=1$ ， $f(8)=4$ ，且在 $[0,8]$ 上不满足中值定理结论的函数 f 的图像．

5~8 函数 f 的图像如下所示．在区间 $[0,5]$ 上 f 是否满足中值定理的假设？如果满足，在该区间上找到一个满足中值定理结论的 c 值．

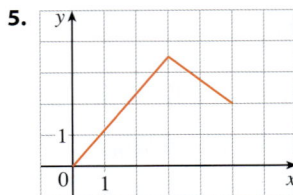

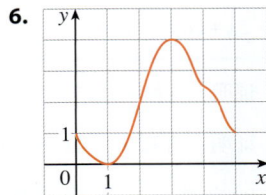

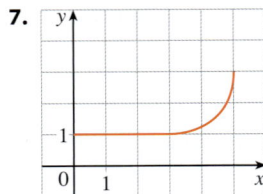

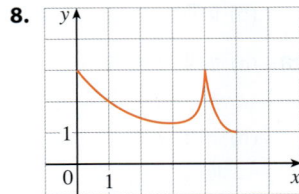

9~12 证明下列函数在给定区间上满足罗尔定理的三条假设，然后求出所有满足罗尔定理结论的数 c ．

9. $f(x) = 2x^2 - 4x + 5$ ， $[-1,3]$

10. $f(x) = x^3 - 2x^2 - 4x + 2$ ， $[-2,2]$

11. $f(x) = \sin(x/2)$ ， $[\pi/1, 3\pi/2]$

12. $f(x) = x + 1/x$ ， $[1/2, 2]$

13. 令 $f(x) = 1 - x^{2/3}$ ．证明 $f(-1) = f(1)$ ，但在 $(-1,1)$ 内不存在数 c ，使得 $f'(c) = 0$ ．为什么这与罗尔定理不矛盾？

14. 令 $f(x) = \tan x$ ．证明 $f(0) = f(\pi)$ ，但在 $(0,\pi)$ 内不存在数 c ，使得 $f'(c) = 0$ ．为什么这与罗尔定理不矛盾？

15~18　证明下列函数在给定区间上满足中值定理的假设，然后求出所有满足中值定理结论的数 c．

15. $f(x)=2x^2-3x+1$，$[0,2]$

16. $f(x)=x^3-3x+2$，$[-2,2]$

17. $f(x)=\ln x$，$[1,4]$

18. $f(x)=1/x$，$[1,3]$

19~20　求出所有在给定区间上满足中值定理结论的数 c．画出函数的图像、过端点的割线和点 $(c,f(c))$ 处的切线．割线和切线是否平行？

19. $f(x)=\sqrt{x}$，$[0,4]$　　**20.** $f(x)=\mathrm{e}^{-x}$，$[0,2]$

21. 令 $f(x)=(x-3)^{-2}$．证明在区间 $(1,4)$ 内不存在数 c，使得 $f(4)-f(1)=f'(c)(4-1)$．为什么这与中值定理不矛盾？

22. 令 $f(x)=2-|2x-1|$．证明不存在数 c，使得 $f(3)-f(0)=f'(c)(3-0)$．为什么这与中值定理不矛盾？

23~24　证明下列方程恰好有一个实数解．

23. $2x+\cos x=0$　　**24.** $x^3+\mathrm{e}^x=0$

25. 证明：方程 $x^3-15x+c=0$ 在区间 $[-2,2]$ 内最多有一个解．

26. 证明：方程 $x^4+4x+c=0$ 最多有两个实数解．

27. (a) 证明：一个三次多项式最多有三个实零点．

(b) 证明：一个 n 次多项式最多有 n 个实零点．

28. (a) 如果 f 在 $\mathbb{R}$ 上是可微的，并且有两个零点，证明 f' 至少有一个零点．

(b) 如果 f 在 $\mathbb{R}$ 上是二阶可微的，并且有三个零点，证明 f'' 至少有一个零点．

(c) 从 (a) 和 (b) 中我们能总结出什么结论？

29. 若 $f(1)=10$，并且对于 $1\leqslant x\leqslant 4$ 有 $f'(x)\geqslant 2$，$f(4)$ 最小可能为多少？

30. 假设对于所有 x 有 $3\leqslant f'(x)\leqslant 5$．证明：$18\leqslant f(8)-f(2)\leqslant 30$．

31. 是否存在一个函数 f，使得 $f(0)=-1$，$f(2)=4$，并且对于所有 x 有 $f'(x)\leqslant 2$？

32. 假设 f 和 g 在区间 $[a,b]$ 上连续，在区间 (a,b) 上可微，并且 $f(a)=g(a)$，对于 $a<x<b$ 有 $f'(x)<g'(x)$．证明：$f(b)<g(b)$．（提示：对函数 $h=f-g$ 应用中值定理．）

33. 证明：当 $0<x<2\pi$ 时，$\sin x<x$．

34. 假设 f 是一个奇函数并且处处可微．证明：对于每个正数 b，在区间 $(-b,b)$ 内都存在一个数 c，使得 $f'(c)=f(b)/b$．

35. 用中值定理证明，对于所有 a 和 b，不等式
$$|\sin a-\sin b|\leqslant|a-b|$$ 成立．

36. 对于所有 x，$f'(x)=c$，其中 c 为常数．用推论 7 证明 $f(x)=cx+d$，其中 d 为常数．

37. 令 $f(x)=1/x$，
$$g(x)=\begin{cases}\dfrac{1}{x},&x>0;\\[2mm]1+\dfrac{1}{x},&x<0.\end{cases}$$
证明：对于定义域内的所有 x 都有 $f'(x)=g'(x)$．我们能根据推论 7 得出 $f-g$ 是常数的结论吗？

38~39　用例 6 中的方法证明下列恒等式．

38. $\arctan x+\arctan\left(\dfrac{1}{x}\right)=\dfrac{\pi}{2}$，$x>0$

39. $2\sin^{-1}x=\cos^{-1}\left(1-2x^2\right)$，$x\geqslant 0$

40. 下午 2:00，一辆汽车的速度为 50km/h．下午 2:10，它的速度为 65km/h．证明：在 2:00 到 2:10 之间的某个时间，它的加速度正好是 90km/h^2．

41. 两个跑步者同时从起点出发，并且同时到达终点．证明：在跑步过程中的某个时间，他们的速度相同．（提示：考虑 $f(t)=g(t)-h(t)$，其中 g 和 h 分别是两个跑步者的位置函数．）

42. 不动点　如果 $f(a)=a$，那么数 a 叫作函数 f 的一个不动点．证明：如果对于所有实数 x 有 $f'(x)\neq 1$，那么 f 最多有一个不动点．

4.3 | 导数反映图像的形状

微积分的许多应用都需要我们对函数 f 的导数进行分析，从而推断出有关函数 f 的事实．因为 $f'(x)$ 表示函数 $y=f(x)$ 的曲线在点 $(x,f(x))$ 处的斜率，所以它说明了曲线在每一点处变化的方向．所以，我们可以考虑通过研究 $f'(x)$ 来得到有关 $f(x)$ 的信息．

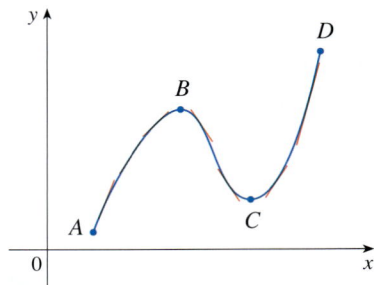

图 4-3-1

■ f' 对 f 的影响

如图 4-3-1 所示，观察导数如何告诉我们一个函数在哪些区间上递减，在哪些区间上递增.（增函数和减函数的定义见 1.1 节.）在点 A 和点 B 之间以及点 C 和点 D 之间，切线斜率为正，所以 $f'(x)>0$. 在点 B 和点 C 之间，切线斜率为负，所以 $f'(x)<0$. 因此，当 $f'(x)$ 为正时，$f(x)$ 递增；当 $f'(x)$ 为负时，$f(x)$ 递减. 为了证明这种情况总是成立的，我们使用中值定理.

> **单调性判定**
>
> (a) 如果在某个区间上有 $f'(x)>0$，那么 $f(x)$ 在这个区间上递增.
>
> (b) 如果在某个区间上有 $f'(x)<0$，那么 $f(x)$ 在这个区间上递减.

证明

(a) 设 x_1、x_2 为区间内的任意两个数. 不妨设 $x_1<x_2$，根据增函数的定义（见 1.1 节），我们要证明 $f(x_1)<f(x_2)$.

已知 $f'(x)>0$，故 f 在 $[x_1,x_2]$ 上可微. 由中值定理可知，在 x_1 和 x_2 之间存在一个数 c，使得

1
$$f(x_2)-f(x_1)=f'(c)(x_2-x_1).$$

根据假设，有 $f'(c)>0$，并且因为 $x_1<x_2$，所以 $x_2-x_1>0$. 因此，公式 1 的右边为正，故

$$f(x_2)-f(x_1)>0,\ \ 即\ f(x_1)<f(x_2).$$

这说明 f 是递增的.

(b) 证明方法与 (a) 类似. ■

例 1 函数 $f(x)=3x^4-4x^3-12x^2+5$ 在何处递增？在何处递减？

解 我们从对 f 求导开始：

$$f'(x)=12x^3-12x^2-24x=12x(x-2)(x+1).$$

图 4-3-2

为了使用单调性判定，我们需要知道在哪里 $f'(x)>0$，在哪里 $f'(x)<0$. 为了解这些不等式，我们首先求出当 $x=0,2,-1$ 时，$f'(x)=0$. 它们是 f 的临界值，并把定义域分成四个区间（见图 4-3-2 中的数轴）. 在每个区间内部，$f'(x)$ 总为正值或总为负值.（见附录 A 中的例 3 和例 4.）我们可以通过 $f'(x)$ 的三个因式 $12x$、$x-2$ 和 $x+1$ 的符号确定每个区间是哪种情况，如表 4-3-1 所示. 加号表示给定的表达式为正，减号表示给定的表达式为负. 最后一列是由单调性判定给出的结论. 例如，当 $0<x<2$ 时，$f'(x)<0$，所以 f 在区间 $(0,2)$ 上是减函数.（也可以说 f 在闭区间 $[0,2]$ 上是减函数.）

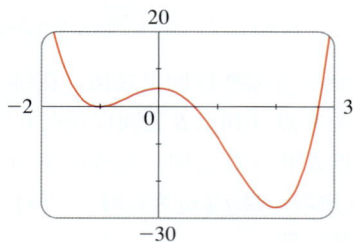

图 4-3-3

表 4-3-1

区间	$12x$	$x-2$	$x+1$	$f'(x)$	f
$x < -1$	$-$	$-$	$-$	$-$	在区间 $(-\infty, -1)$ 上递减
$-1 < x < 0$	$-$	$-$	$+$	$+$	在区间 $(-1, 0)$ 上递增
$0 < x < 2$	$+$	$-$	$+$	$-$	在区间 $(0, 2)$ 上递减
$x > 2$	$+$	$+$	$+$	$+$	在区间 $(2, +\infty)$ 上递增

图 4-3-3 证实了表 4-3-1 中的信息. ∎

■ 一阶导数判定

回忆 4.1 节，如果 f 在 c 处有极值，那么 c 一定是 f 的临界值（根据费马定理），但并非所有临界值都对应极大值或极小值．因此，我们需要一个方法来判断 f 在一个临界点处是否有极值．

从图 4-3-3 可以看出，例 1 中的函数 f 在区间 $(-1, 0)$ 上是单调递增的，在区间 $(0, 2)$ 上是单调递减的，所以 $f(0) = 5$ 是 f 的一个极大值．用导数来描述就是：当 $-1 < x < 0$ 时，$f'(x) > 0$；当 $0 < x < 2$ 时，$f'(x) < 0$．换句话说，$f'(x)$ 的符号在 $x = 0$ 处由正变为负．这是我们给出以下判定的基础．

> **一阶导数判定**　设 c 是连续函数 f 的一个临界值．
>
> (a) 如果 f' 在 c 处由正变为负，那么 f 在 c 处有一个极大值．
>
> (b) 如果 f' 在 c 处由负变为正，那么 f 在 c 处有一个极小值．
>
> (c) 如果 f' 在 c 处的符号不发生改变（例如，在 c 两侧，f' 都是正值或都是负值），那么 f 在 c 处没有极大值或极小值．

一阶导数判定可由单调性判定得到．例如对于 (a)，因为 f' 在 c 处由正变为负，所以在 c 左侧 f 递增，在 c 右侧 f 递减，这说明 f 在 c 处有一个极大值．

通过如图 4-3-4 这样的图像将一阶导数判定可视化，以便记忆．

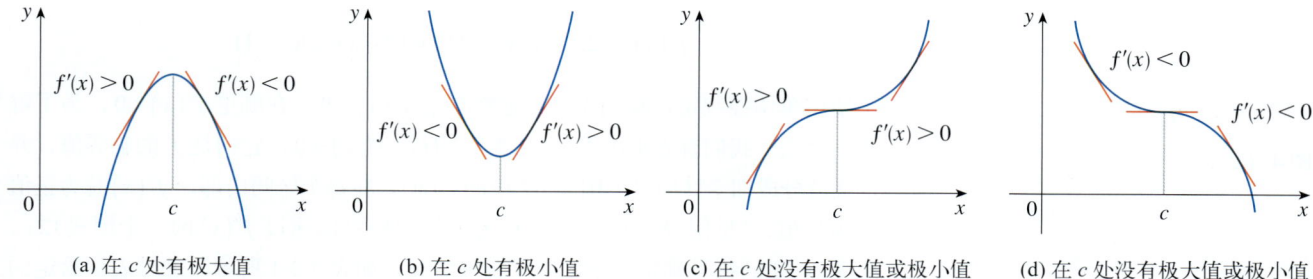

(a) 在 c 处有极大值　　(b) 在 c 处有极小值　　(c) 在 c 处没有极大值或极小值　　(d) 在 c 处没有极大值或极小值

图 4-3-4

例 2　求例 1 中函数 f 的极大值和极小值．

解　通过表 4-3-1 我们可以发现，$f'(x)$ 在 -1 处由负变为正，所以根据一阶导数判定可知，$f(-1)=0$ 是一个极小值．类似地，$f'(x)$ 在 2 处由负变为正，所以 $f(2)=-27$ 是一个极小值．$f'(x)$ 在 0 处由正变为负，所以 $f(0)=5$ 是一个极大值． ■

例 3 求函数 $g(x)=x+2\sin x$，$0\leqslant x\leqslant 2\pi$ 的极大值和极小值．

解 同例 1 一样，我们从寻找临界值开始．g 的导数为

$$g'(x)=1+2\cos x .$$

当 $\cos x=-\dfrac{1}{2}$ 时，$g'(x)=0$．因此，这个方程的解为 $2\pi/3$ 和 $4\pi/3$．因为 g 处处可微，所以临界值只能是 $2\pi/3$ 和 $4\pi/3$．临界值将定义域分成两个区间，在每个区间内，$g'(x)$ 总是为正或总是为负．我们通过表 4-3-2 来分析 g 的性质．

表 4-3-2 中的符号 + 源于当 $\cos x>-\dfrac{1}{2}$ 时 $g'(x)>0$ 这一事实．从 $y=\cos x$ 的图像来看，这在指定的区间内是正确的．我们也可以在每个区间内选取一个测试值，并使用该值检查 $g'(x)$ 的符号．

表 4-3-2

区间	$g'(x)=1+2\cos x$	g
$0<x<2\pi/3$	+	在区间 $(0,2\pi/3)$ 上递增
$2\pi/3<x<4\pi/3$	−	在区间 $(2\pi/3,4\pi/3)$ 上递减
$4\pi/3<x<2\pi$	+	在区间 $(4\pi/3,2\pi)$ 上递增

因为 $g'(x)$ 在 $2\pi/3$ 处由正变为负，所以根据一阶导数判定，我们知道 $2\pi/3$ 是一个极大值点，这个极大值是

$$g\left(\frac{2\pi}{3}\right)=\frac{2\pi}{3}+2\sin\frac{2\pi}{3}=\frac{2\pi}{3}+2\left(\frac{\sqrt{3}}{2}\right)=\frac{2\pi}{3}+\sqrt{3}\approx 3.83 .$$

类似地，$g'(x)$ 在 $4\pi/3$ 由负变为正．因此，

$$g\left(\frac{4\pi}{3}\right)=\frac{4\pi}{3}+2\sin\frac{4\pi}{3}=\frac{4\pi}{3}+2\left(-\frac{\sqrt{3}}{2}\right)=\frac{4\pi}{3}-\sqrt{3}\approx 2.46$$

是一个极小值．图 4-3-5 中 g 的图像证实了我们的结论． ■

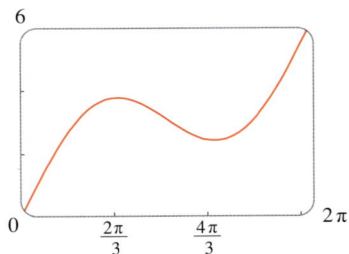

图 4-3-5

$g(x)=x+2\sin x$

■ f'' 对 f 的影响

图 4-3-6 显示了两个 (a,b) 区间上的增函数，每个图像都将 A 与 B 相连，但是它们看起来很不一样，因为它们弯曲的方向不同．我们如何区分这两种函数行为？

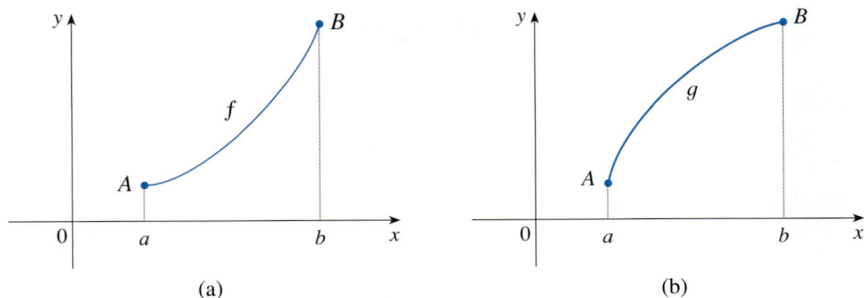

图 4-3-6

(a)   (b)

图 4-3-7 画出了这两条曲线的一些切线. 在图 4-3-7a 中曲线位于切线的上方, 此时称 f 在区间 (a,b) 上上凹. 在图 4-3-7b 中曲线位于切线的下方, 此时称 g 在区间 (a,b) 上下凹.

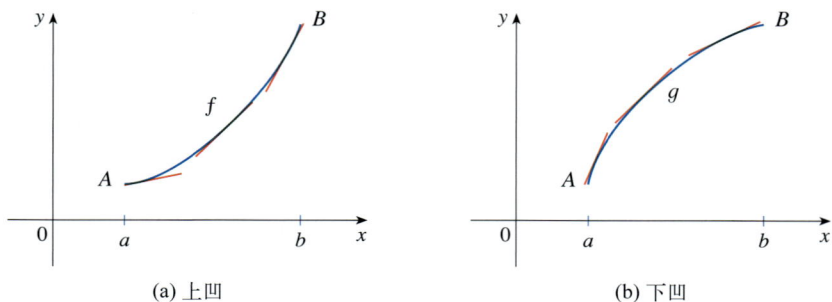

图 4-3-7　(a) 上凹　(b) 下凹

> **定义**　如果一个函数 f 在区间 I 的图像位于它的所有切线的上方, 那么称 f 在区间 I 上**上凹**. 如果一个函数 f 在区间 I 的图像位于它的所有切线的下方, 那么称 f 在区间 I 上**下凹**.

图 4-3-8 展示了一个函数的图像, 这个函数在区间 (b,c)、(d,e) 和 (e,p) 上是上凹的, 在区间 (a,b)、(c,d) 和 (p,q) 上是下凹的.

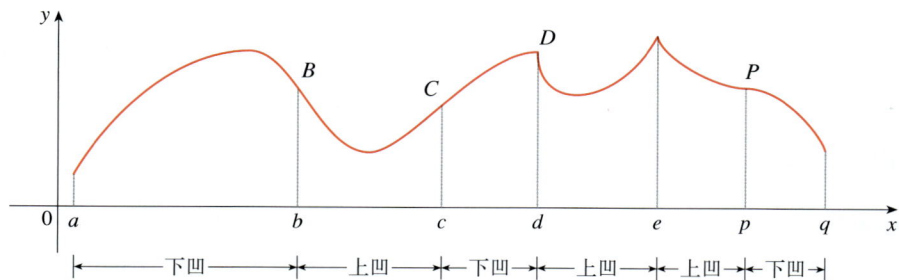

图 4-3-8

我们来观察一下如何通过二阶导数来确定一个函数的凹区间. 如图 4-3-7a 所示, 我们可以发现切线斜率从左到右越来越大, 这意味着 f' 是增函数, 因此, f'' 均为正. 同样, 如图 4-3-7b 所示, 我们可以发现切线斜率从左到右越来越小, 这意味着 f' 是减函数, 因此, f'' 均为负. 这个推理是可逆的, 这说明下面的定理是正确的. 附录 F 给出了它的证明, 证明用到了中值定理.

> **凹性判定**
>
> (a) 如果对区间 I 内的任意 x, 都有 $f''(x)>0$, 那么函数 f 在区间 I 上的图像是上凹的.
>
> (b) 如果对区间 I 内的任意 x, 都有 $f''(x)<0$, 那么函数 f 在区间 I 上的图像是下凹的.

例 4　图 4-3-9 显示了在一个蜂房中饲养的某种蜜蜂的数量 P 的图像．蜜蜂数量的增长率是如何随时间变化的？什么时候增长率最高？ P 在哪个区间上上凹？在哪个区间上下凹？

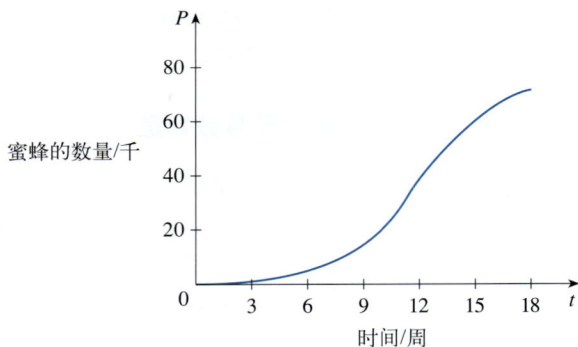

图 4-3-9

解　观察曲线切线的斜率如何随着 t 的增长而变化．我们看到蜜蜂数量的增长率最初比较小，然后逐渐增加，大约在 $t=12$ 周时达到最大值，然后随着蜜蜂数量趋于稳定，增长率逐渐下降．当数量达到最大值（称为环境容纳量），大约为 75 000 时，增长率 $P'(t)$ 趋于 0．这条曲线在区间 $(0,12)$ 上上凹，在区间 $(12,18)$ 上下凹．　■

　　例 4 中，曲线大约在点 $(12, 38\,000)$ 处由上凹变为下凹，这个点称为曲线的拐点．这个点的意义在于，种群规模的增长率在这里达到最大值．一般来说，拐点是一条曲线的凹性发生变化的点．

> **定义**　曲线 $y=f(x)$ 在 P 处连续，并且在 P 处由上凹变为下凹，或者由下凹变为上凹，那么 P 称为曲线的一个**拐点**.

　　例如，在图 4-3-8 中点 B、C、D 和 P 是拐点．注意，假如曲线在拐点处有切线，那么曲线在拐点处穿过它的切线．

　　根据凹性判定，如果函数在某点处连续，并且二阶导数的符号发生改变，那么这个点是拐点．

例 5　画出一个满足下面条件的函数 f 的图像．

(i) 在 $(-\infty,1)$ 上，$f'(x)>0$；在 $(1,+\infty)$ 上，$f'(x)<0$．

(ii) 在 $(-\infty,-2)$ 和 $(2,+\infty)$ 上，$f''(x)>0$；在 $(-2,2)$ 上，$f''(x)<0$．

(iii) $\lim\limits_{x\to-\infty}f(x)=-2$，$\lim\limits_{x\to+\infty}f(x)=0$．

解　条件 (i) 说明函数 f 在区间 $(-\infty,1)$ 上递增，在区间 $(1,+\infty)$ 上递减；条件 (ii) 说明 f 在区间 $(-\infty,-2)$ 和 $(2,+\infty)$ 上上凹，在区间 $(-2,2)$ 上下凹；条件 (iii) 说明 f 的图像有两条水平渐近线：$y=-2$（在左边）和 $y=0$（在右边）．

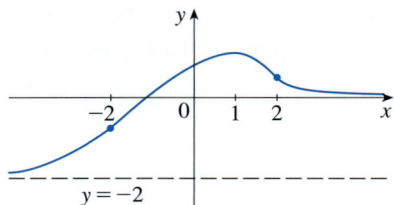

图 4-3-10

首先，我们用虚线画出水平渐进线 $y = -2$（见图 4-3-10）．然后，我们画出 f 的图像，使得它在最左侧逼近这条渐近线，并逐渐增大，直到在 $x = 1$ 处达到它的最大值，之后函数下降，在最右侧逼近 x 轴．同时，我们要保证 $x = -2$ 和 $x = 2$ 是这个函数的拐点．我们让这条曲线在 $x < -2$ 和 $x > 2$ 时向上弯曲，在 -2 和 2 之间向下弯曲．■

■ 二阶导数判定

二阶导数的另一个应用是下面用于识别极大值和极小值的判定，可由凹性判定得到．它是一阶导数判定的替代方案．

二阶导数判定　假设 f'' 在 c 附近是连续的．

(a) 当 $f'(c) = 0$ 且 $f''(c) > 0$ 时，f 在 c 处有一个极小值．

(b) 当 $f'(c) = 0$ 且 $f''(c) < 0$ 时，f 在 c 处有一个极大值．

例如 (a)，因为在 c 附近 $f''(x) > 0$，所以 f 在 c 附近是上凹的．这说明 f 的图像位于 c 处的水平切线的上方，因此，f 在 c 处有一个极小值（见图 4-3-11）．

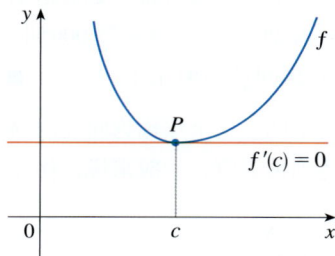

图 4-3-11

$f''(c) > 0$，f 上凹

注　当 $f''(c) = 0$ 时，二阶导数判定无法给出结论．换句话说，这个点可能有极大值，可能有极小值，也可能都没有．当 $f''(c)$ 不存在时，二阶导数判定也不适用．在这些情况下，我们必须使用一阶导数判定．事实上，如果这两个判定都适用，一阶导数判定通常更容易．

例 6　讨论曲线 $y = x^4 - 4x^3$ 的凹性、拐点和极值．

解　如果 $f(x) = x^4 - 4x^3$，那么

$$f'(x) = 4x^3 - 12x^2 = 4x^2(x - 3)，$$

$$f''(x) = 12x^2 - 24x = 12x(x - 2)．$$

为了求临界值，我们令 $f'(x) = 0$，得到 $x = 0$ 和 $x = 3$．（注意，f' 是一个多项式，因此它处处都有定义．）应用二阶导数判定，计算 f' 在临界点处的值：

$$f''(0) = 0，\quad f''(3) = 36 > 0．$$

因为 $f'(3) = 0$，$f''(3) > 0$，所以由二阶导数判定可知，$f(3) = -27$ 是一个极小值．因为 $f''(0) = 0$，所以二阶导数判定无法提供关于 f 在临界点 0 处的信息．而当 $x < 0$ 和 $0 < x < 3$ 时，$f'(x) < 0$，由一阶导数判定可知，函数 f 在 0 处没有极值．

因为当 $x = 0$ 或 $x = 2$ 时 $f''(x) = 0$，所以我们可以用这两个数作为端点，把数轴分成几个区间，得到表 4-3-3．

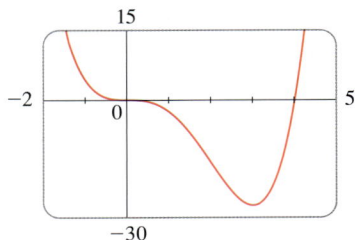

图 4-3-12
$y = x^4 - 4x^3$

利用求导法则检验计算.

表 4-3-3

区间	$y''(x) = 12x(x-2)$	凹性
$(-\infty, 0)$	$+$	上凹
$(0, 2)$	$-$	下凹
$(2, +\infty)$	$+$	上凹

因为曲线在点 $(0,0)$ 处由上凹变为下凹,所以点 $(0,0)$ 是一个拐点. 因为曲线在点 $(2, -16)$ 处由下凹变为上凹,所以点 $(2, -16)$ 也是一个拐点.

图 4-3-12 中 $y = x^4 - 4x^3$ 的图像证实了我们的结论. ∎

■ 绘图

现在我们使用从一阶导数和二阶导数中得到的信息来绘制函数的图像.

例 7 画出函数 $f(x) = x^{2/3}(6-x)^{1/3}$ 的图像.

解 首先,我们注意到函数 f 的定义域为 $\mathbb{R}$. 计算这个函数的一阶导数和二阶导数:

$$f'(x) = \frac{4-x}{x^{1/3}(6-x)^{2/3}}, \quad f''(x) = \frac{-8}{x^{4/3}(6-x)^{5/3}}.$$

因为当 $x = 4$ 时 $f'(x) = 0$,当 $x = 0$ 或 $x = 6$ 时 $f'(x)$ 不存在,所以临界值为 0、4 和 6.

表 4-3-4

区间	$4-x$	$x^{1/3}$	$(6-x)^{2/3}$	$f'(x)$	f
$x < 0$	$+$	$-$	$+$	$-$	在区间 $(-\infty, 0)$ 上递减
$0 < x < 4$	$+$	$+$	$+$	$+$	在区间 $(0, 4)$ 上递增
$4 < x < 6$	$-$	$+$	$+$	$-$	在区间 $(4, 6)$ 上递减
$x > 6$	$-$	$+$	$+$	$-$	在区间 $(6, +\infty)$ 上递减

我们用一阶导数判定来求函数的极值(见表 4-3-4). 因为 f' 在 $x = 0$ 处由负变为正,所以 $f(0) = 0$ 是一个极小值. 因为 f' 在 $x = 4$ 处由正变为负,所以 $f(4) = 2^{5/3}$ 是一个极大值. 因为 f' 在 $x = 6$ 处的符号不发生改变,所以 f 在 $x = 6$ 处无极值.(我们可以将二阶导数判定应用于 $x = 4$,但是不能应用于 $x = 0$ 或 $x = 6$,因为此时二阶导数不存在.)

观察 $f''(x)$ 的表达式,我们注意到对于所有 x,都有 $x^{4/3} \geqslant 0$,于是得到当 $x < 0$ 或 $0 < x < 6$ 时,$f''(x) < 0$;当 $x > 6$ 时,$f''(x) > 0$. 所以 f 在区间 $(-\infty, 0)$ 和 $(0, 6)$ 上是下凹的,在区间 $(6, +\infty)$ 上是上凹的,唯一的拐点为 $(6, 0)$. 使用由一阶导数判定和二阶导数判定得到的信息,我们画出函数 f 的图像,如图 4-3-13 所示. 注意,因为当 $x \to 0$ 和 $x \to 6$ 时,$|f'(x)| \to \pm\infty$,所以这个函数在点 $(0,0)$ 和点 $(6,0)$ 处有垂直切线.

尝试用图像计算器或者计算机重现图 4-3-13 中的图像. 有些设备可以得到完整的图像, 有些设备只能得到 y 轴右边的部分, 有些设备只能得到在 $x=0$ 和 $x=6$ 之间的部分.

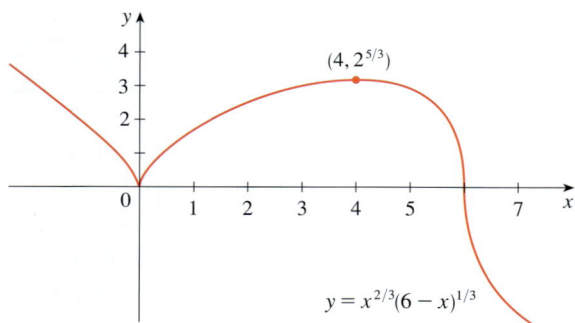

图 4-3-13

例 8 利用函数 $f(x)=\mathrm{e}^{1/x}$ 的一阶导数、二阶导数以及渐近线, 画出这个函数的图像.

解 f 的定义域为 $\{x|x\neq 0\}$, 所以我们计算 $x\to 0$ 时的左、右极限来确定垂直渐近线. 当 $x\to 0^+$ 时, 令 $t=1/x\to +\infty$, 得到

$$\lim_{x\to 0^+}\mathrm{e}^{1/x}=\lim_{t\to +\infty}\mathrm{e}^t=+\infty.$$

这表明 $x=0$ 是一条垂直渐近线. 当 $x\to 0^-$ 时, 有 $t=1/x\to -\infty$, 我们得到

$$\lim_{x\to 0^-}\mathrm{e}^{1/x}=\lim_{t\to -\infty}\mathrm{e}^t=0.$$

当 $x\to \pm\infty$ 时, 有 $1/x\to 0$, 我们得到

$$\lim_{x\to \pm\infty}\mathrm{e}^{1/x}=\mathrm{e}^0=1.$$

这表明 $y=1$ 是一条水平渐近线 (在左右两边).

现在, 应用链式法则, 求出函数的导数为

$$f'(x)=-\frac{\mathrm{e}^{1/x}}{x^2}.$$

因为对于所有 $x\neq 0$, 有 $\mathrm{e}^{1/x}>0$ 和 $x^2>0$, 所以对于所有 $x\neq 0$, 有 $f'(x)<0$. 因此, f 在区间 $(-\infty,0)$ 和 $(0,+\infty)$ 上都是递减的. 因为 f 没有临界值, 所以这个函数没有极值. 它的二阶导数为

$$f''(x)=\frac{x^2\mathrm{e}^{1/x}\left(-1/x^2\right)-\mathrm{e}^{1/x}(2x)}{x^4}=\frac{\mathrm{e}^{1/x}(2x+1)}{x^4}.$$

因为 $\mathrm{e}^{1/x}>0$, $x^4>0$, 所以当 $x>-\dfrac{1}{2}$ ($x\neq 0$) 时, $f''(x)>0$; 当 $x<-\dfrac{1}{2}$ 时, $f''(x)<0$. 因此, 这条曲线在区间 $\left(-\infty,-\dfrac{1}{2}\right)$ 上是下凹的, 在区间 $\left(-\dfrac{1}{2},0\right)$ 和 $(0,+\infty)$ 上是上凹的, 它有一个拐点为 $\left(-\dfrac{1}{2},\mathrm{e}^{-2}\right)$.

首先, 初步画出函数的图像, 包括水平渐近线 $y=1$ (虚线) 和曲线在这条渐近线附近的部分 (图 4-3-14a). 这些部分反映了相关的极限以及 f 在区间 $(-\infty,0)$ 和 $(0,+\infty)$ 上递减. 注意, 虽然 $f(0)$ 不存在, 但是当 $x\to 0^-$ 时, $f(x)\to 0$. 在图 4-3-14b 中, 我们通过考虑图像的凹性和拐点来完成绘图. 图 4-3-14c 是计算机画出的图像, 它验证了我们的结果.

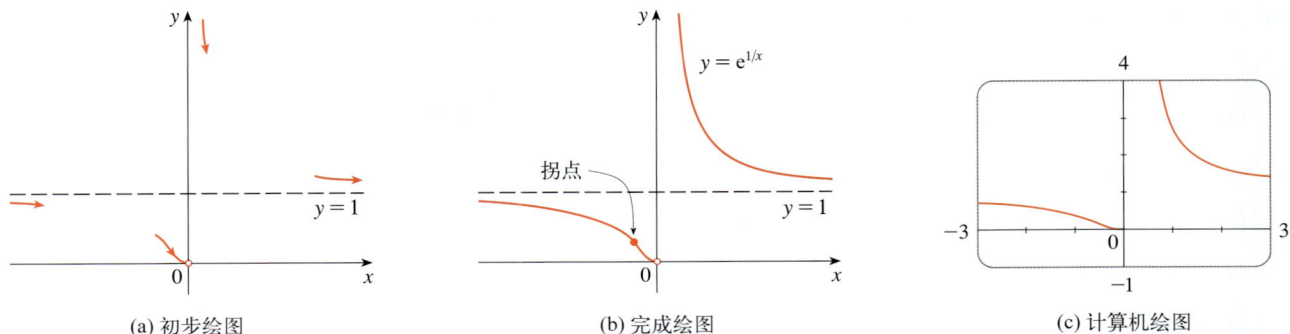

(a) 初步绘图 (b) 完成绘图 (c) 计算机绘图

图 4-3-14

4.3 | 练习

1~2 利用给出的函数 f 的图像，求：
(a) f 在哪个开区间上递增；
(b) f 在哪个开区间上递减；
(c) f 在哪个开区间上上凹；
(d) f 在哪个开区间上下凹；
(e) 拐点的坐标.

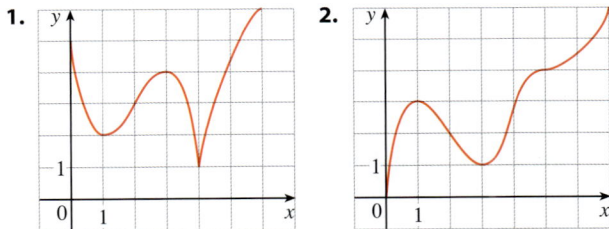

1.   **2.**

3. 假设已知函数 f 的解析式.
(a) 如何确定 f 在何处递增或递减？
(b) 如何确定 f 的图像在何处上凹或下凹？
(c) 如何确定拐点的位置？

4. (a) 简述一阶导数判定.
(b) 简述二阶导数判定. 什么情况下它无法给出结论？当它不适用的时候，你能采用什么办法？

5~6 函数 f 的导数 f' 的图像如下所示.
(a) f 在哪些区间上递增或递减？
(b) x 为何值时，f 有极大值或极小值？

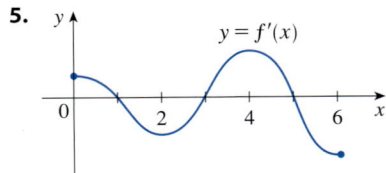

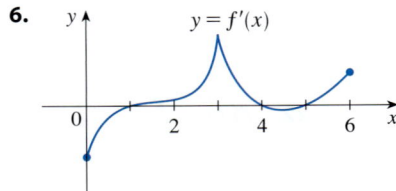

5.

6.

7. 求出函数 f 的拐点横坐标，并给出理由.
(a) 该曲线是 f 的图像.
(b) 该曲线是 f' 的图像.
(c) 该曲线是 f'' 的图像.

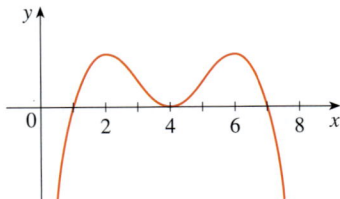

8. 函数 f 的导数 f' 的图像如下所示.
(a) f 在哪些区间上递增？请给出理由.
(b) x 为何值时，f 有极大值或极小值？请给出理由.
(c) f 在哪些区间上上凹或下凹？请给出理由.
(d) f 的拐点横坐标是多少？请给出理由.

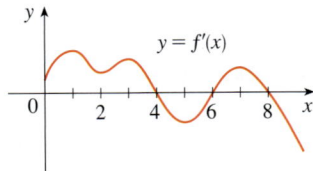

9~16 求函数 f 在哪些区间上递增或递减，并求 f 的极值.

9. $f(x) = 2x^3 - 15x^2 + 24x - 5$

10. $f(x) = x^3 - 6x^2 - 135x$

11. $f(x) = 6x^4 - 16x^3 + 1$　　**12.** $f(x) = x^{2/3}(x-3)$

13. $f(x) = \dfrac{x^2 - 24}{x - 5}$　　**14.** $f(x) = x + \dfrac{4}{x^2}$

15. $f(x) = \sin x + \cos x,\ 0 \leqslant x \leqslant 2\pi$

16. $f(x) = x^4 \mathrm{e}^{-x}$

17~22 求函数 f 在哪些区间上上凹或下凹，并求 f 的拐点.

17. $f(x) = x^3 - 3x^2 - 9x + 4$

18. $f(x) = 2x^3 - 9x^2 + 12x - 3$

19. $f(x) = \sin^2 x - \cos 2x,\ 0 \leqslant x \leqslant \pi$

20. $f(x) = \ln(2 + \sin x),\ 0 \leqslant x \leqslant 2\pi$

21. $f(x) = \ln(x^2 + 5)$　　**22.** $f(x) = \dfrac{\mathrm{e}^x}{\mathrm{e}^x + 2}$

23~28

(a) 求函数 f 在哪些区间上递增或递减.

(b) 求函数 f 的极大值和极小值.

(c) 求凹区间和拐点.

23. $f(x) = x^4 - 2x^2 + 3$　　**24.** $f(x) = \dfrac{x}{x^2 + 1}$

25. $f(x) = x^2 - x - \ln x$　　**26.** $f(x) = x^2 \ln x$

27. $f(x) = x\mathrm{e}^{2x}$

28. $f(x) = \cos^2 x - 2\sin x,\ 0 \leqslant x \leqslant 2\pi$

29~30 利用一阶导数判定和二阶导数判定，求 f 的极大值和极小值. 哪个方法更好?

29. $f(x) = 1 + 3x^2 - 2x^3$　　**30.** $f(x) = \dfrac{x^2}{x - 1}$

---

31. 函数 f 的导数是 $f'(x) = (x-4)^2(x+3)^7(x-5)^8$，求 f 在哪些区间上递增.

32. (a) 求 $f(x) = x^4(x-1)^3$ 的临界值.

(b) 二阶导数判定能给出关于 f 在临界点处的什么结论?

(c) 一阶导数判定能给出什么结论?

33. 假设 f'' 在区间 $(-\infty, +\infty)$ 上连续.

(a) 如果 $f'(2) = 0$，$f''(2) = -5$，关于 f 你能得出什么结论?

(b) 如果 $f'(6) = 0$，$f''(6) = 0$，关于 f 你能得出什么结论?

34~41 画出满足所有给定条件的函数的图像.

34. (a) 对于所有 x，有 $f'(x) < 0$ 和 $f''(x) < 0$.

(b) 对于所有 x，有 $f'(x) > 0$ 和 $f''(x) > 0$.

35. (a) 对于所有 x，有 $f'(x) > 0$ 和 $f''(x) < 0$.

(b) 对于所有 x，有 $f'(x) < 0$ 和 $f''(x) > 0$.

36. 垂直渐近线为 $x = 0$. 当 $x < -2$ 时，$f'(x) > 0$；

当 $x > -2$（$x \neq 0$）时，$f'(x) < 0$.

当 $x < 0$ 时，$f''(x) < 0$；当 $x > 0$ 时，$f''(x) > 0$.

37. $f'(0) = f'(2) = f'(4) = 0$.

当 $x < 0$ 或 $2 < x < 4$ 时，$f'(x) > 0$；

当 $0 < x < 2$ 或 $x > 4$ 时，$f'(x) < 0$.

当 $1 < x < 3$ 时，$f''(x) > 0$；

当 $x < 1$ 或 $x > 3$ 时，$f''(x) < 0$.

38. 对于所有 x（$x \neq 1$），有 $f'(x) > 0$. 垂直渐近线为 $x = 1$.

当 $x < 1$ 或 $x > 3$ 时，$f''(x) > 0$；当 $1 < x < 3$ 时，$f''(x) < 0$.

39. $f'(5) = 0$. 当 $x < 5$ 时，$f'(x) < 0$；

当 $x > 5$ 时，$f'(x) > 0$. $f''(2) = 0$，$f''(8) = 0$.

当 $x < 2$ 或 $x > 8$ 时，$f''(x) < 0$；

当 $2 < x < 8$ 时，$f''(x) > 0$. $\lim\limits_{x \to +\infty} f(x) = 3$，$\lim\limits_{x \to -\infty} f(x) = 3$.

40. $f'(0) = f'(4) = 0$. 当 $x < -1$ 时，$f'(x) = 1$；

当 $0 < x < 2$ 时，$f'(x) > 0$；

当 $-1 < x < 0$ 或 $2 < x < 4$ 或 $x > 4$ 时，$f'(x) < 0$.

$\lim\limits_{x \to 2^-} f'(x) = +\infty$，$\lim\limits_{x \to 2^+} f'(x) = -\infty$.

当 $-1 < x < 2$ 或 $2 < x < 4$ 时，$f''(x) > 0$；

当 $x > 4$ 时，$f''(x) < 0$.

41. 当 $x \neq 2$ 时，$f'(x) > 0$.

当 $x < 2$ 时，$f''(x) > 0$；当 $x > 2$ 时，$f''(x) < 0$.

f 有拐点 $(2, 5)$. $\lim\limits_{x \to +\infty} f(x) = 8$，$\lim\limits_{x \to -\infty} f(x) = 0$.

---

42. 函数 $y = f(x)$ 的图像如下所示. 在哪些点处，以下陈述是正确的?

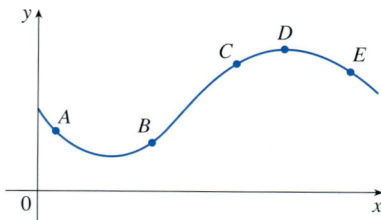

(a) $\dfrac{\mathrm{d}y}{\mathrm{d}x}$ 和 $\dfrac{\mathrm{d}^2 y}{\mathrm{d}x^2}$ 都为正.　　(b) $\dfrac{\mathrm{d}y}{\mathrm{d}x}$ 和 $\dfrac{\mathrm{d}^2 y}{\mathrm{d}x^2}$ 都为负.

(c) $\dfrac{\mathrm{d}y}{\mathrm{d}x}$ 为负，但 $\dfrac{\mathrm{d}^2 y}{\mathrm{d}x^2}$ 为正.

43~44 连续函数 f 的导数 f' 的图像如下所示.

(a) f 在哪些区间上递增或递减?

(b) x 为何值时, f 有极大值或极小值?

(c) f 在哪些区间上上凹或下凹?

(d) 写出拐点的横坐标.

(e) 假设 $f(0)=0$, 画出函数 f 的图像.

43.

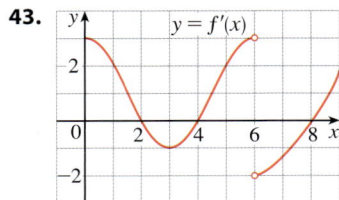

44.

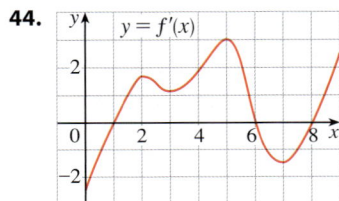

45~58

(a) 求递增区间和递减区间.

(b) 求极大值和极小值.

(c) 求凹区间和拐点.

(d) 利用 (a)~(c) 中的信息, 画出函数的图像. 你可以用图像计算器或计算机检验结果.

45. $f(x)=x^3-3x^2+4$ **46.** $f(x)=36x+3x^2-2x^3$

47. $f(x)=\dfrac{1}{2}x^4-4x^2+3$ **48.** $g(x)=200+8x^3+x^4$

49. $g(t)=3t^4-8t^3+12$ **50.** $h(x)=5x^3-3x^5$

51. $f(z)=z^7-112z^2$ **52.** $f(x)=\left(x^2-4\right)^3$

53. $F(x)=x\sqrt{6-x}$ **54.** $G(x)=5x^{2/3}-2x^{5/3}$

55. $G(x)=x^{1/3}(x+4)$ **56.** $f(x)=\ln\left(x^2+9\right)$

57. $f(\theta)=2\cos\theta+\cos^2\theta,\ 0\le\theta\le 2\pi$

58. $S(x)=x-\sin x,\ 0\le x\le 4\pi$

59~66

(a) 求水平渐近线和垂直渐近线.

(b) 求递增区间和递减区间.

(c) 求极大值和极小值.

(d) 求凹区间和拐点.

(e) 利用 (a)~(d) 中的信息, 画出函数的图像.

59. $f(x)=1+\dfrac{1}{x}-\dfrac{1}{x^2}$ **60.** $f(x)=\dfrac{x^2-4}{x^2+4}$

61. $f(x)=e^{-2/x}$ **62.** $f(x)=\dfrac{e^x}{1-e^x}$

63. $f(x)=e^{-x^2}$ **64.** $f(x)=x-\dfrac{1}{6}x^2-\dfrac{2}{3}\ln x$

65. $f(x)=\ln(1-\ln x)$ **66.** $f(x)=e^{\arctan x}$

67~68 利用本节中的方法, 画出给定曲线族中的几条成员曲线. 这些成员曲线有什么共同点? 它们彼此之间有何不同?

67. $f(x)=x^4-cx,\ c>0$

68. $f(x)=x^3-3c^2x+2c^3,\ c>0$

69~70

(a) 利用 f 的图像, 估计最大值和最小值, 然后求出最值的准确值.

(b) 估计 x 为何值时, 函数增长得最快, 然后求出 x 的准确值.

69. $f(x)=\dfrac{x+1}{\sqrt{x^2+1}}$ **70.** $f(x)=x^2e^{-x}$

71~72

(a) 利用 f 的图像, 粗略估计凹区间和拐点的坐标.

(b) 利用 f'' 的图像给出更精确的估计值.

71. $f(x)=\sin 2x+\sin 4x,\ 0\le x\le\pi$

72. $f(x)=(x-1)^2(x+1)^3$

[T] **73~74** 利用计算机代数系统计算 f'' 并画出图像, 估计凹区间, 精确到小数点后 1 位.

73. $f(x)=\dfrac{x^4+x^3+1}{\sqrt{x^2+x+1}}$ **74.** $f(x)=\dfrac{x^2\tan^{-1}x}{1+x^3}$

75. 在一个培养实验中, 酵母细胞的数量关于时间的函数图像如下所示.

(a) 描述细胞数量的增长率如何变化.

(b) 何时增长率最高?

(c) 细胞数量函数在哪些区间上上凹或下凹?

(d) 估计拐点的坐标.

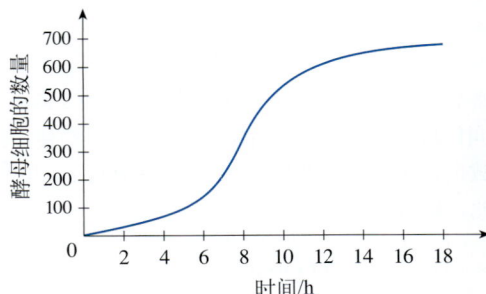

76. 在电视节目《辛普森一家》的某一集里，荷马从报纸上读到并宣布："这是个好消息！根据这篇引人注目的文章，SAT 分数下降的速度正在减缓．"用一个函数及其一阶导数和二阶导数来解释荷马的意思．

77. 总统宣布国家赤字正在增加，但增加的速度正在下降．用一个函数及其一阶导数和二阶导数来解释这句话．

78. 令 $f(t)$ 为 t 时你的所在地的温度．假设 $t=3$ 时，你感觉热得不舒服．你对下面每种情况中给定的数据有何看法？
(a) $f'(3) = 2$，$f''(3) = 4$
(b) $f'(3) = 2$，$f''(3) = -4$
(c) $f'(3) = -2$，$f''(3) = 4$
(d) $f'(3) = -2$，$f''(3) = -4$

79. 令 $K(t)$ 为学习 t h 后你获得的知识的量化值．$K(8) - K(7)$ 和 $K(3) - K(2)$ 哪一个更大？K 是上凹的还是下凹的？为什么？

80. 咖啡以固定的速度（以单位时间内倒入的体积来计量）倒入如图所示的杯子里．画出杯子中咖啡的深度关于时间的函数的粗略图像．从凹性的角度解释图像的形状．拐点的意义是什么？

81. 药物反应曲线描述了服药后血液中的药物水平．函数 $S(t) = At^p e^{-kt}$ 经常用来为药物反应曲线建模，它反映了药物水平最初的激增和之后的逐渐下降．如果对某一特定药物，$A = 0.01$，$p = 4$，$k = 0.07$，t 的单位是 min，估计拐点对应的时间并解释其意义，然后画出药物反应曲线．

82. **正态密度函数　钟形曲线族**

$$y = \frac{1}{\sigma\sqrt{2\pi}} e^{-(x-\mu)^2/(2\sigma^2)}$$

在概率论和统计学中经常出现，称作正态密度函数．常数 μ 叫作均值，正常数 σ 叫作标准差．为了简便，我们对函数进行调节，消去 $1/\sigma\sqrt{2\pi}$，并且分析 $\mu = 0$ 的情况．因此，我们要研究的函数为

$$f(x) = e^{-x^2/(2\sigma^2)}.$$

(a) 求函数 f 的渐近线、最大值和拐点．
(b) σ 对曲线形状的作用是什么？
(c) 在同一坐标系中画出这个曲线族中的四条成员曲线．

83. 求三次函数 $f(x) = ax^3 + bx^2 + cx + d$，使得它在 $x = -2$ 处有一个极大值为 3，在 $x = 1$ 处有一个极小值为 0．

84. a 和 b 为何值时，函数 $f(x) = axe^{bx^2}$ 有最大值 $f(2) = 1$？

85. 证明：曲线 $y = (x+1)/(x^2+1)$ 有三个拐点，并且它们在同一条直线上．

86. 证明：曲线 $y = e^{-x}$、$y = -e^{-x}$ 与曲线 $y = e^{-x}\sin x$ 在其拐点处相交．

87. 证明：曲线 $y = x\sin x$ 的拐点在曲线 $y^2(x^2+4) = 4x^2$ 上．

88~90 假设函数都是二阶可微的，并且二阶导数都不为 0．

88. (a) 若 f 和 g 在区间 I 上上凹，证明 $f + g$ 也在区间 I 上上凹．
(b) 若 f 是正值函数并且在区间 I 上上凹，证明函数 $g(x) = \left[f(x)\right]^2$ 也在区间 I 上上凹．

89. (a) 若 f 和 g 在区间 I 上为上凹正值增函数，证明 fg 也在区间 I 上上凹．
(b) 若 f 和 g 为减函数，证明 (a) 中的结论也是正确的．
(c) 若 f 是增函数，g 是减函数，给出三个例子来说明 fg 可能上凹、下凹或是线性的．为什么在这种情况下 (a) 和 (b) 中的结论不成立？

90. 假设 f 和 g 都是在 $(-\infty, +\infty)$ 上上凹的函数．f 在什么条件下可以使得复合函数 $h(x) = f(g(x))$ 为上凹函数？

91. 证明：一个三次函数有且只有一个拐点．如果这个三次函数与 x 轴有三个交点，证明拐点的横坐标为 $(x_1 + x_2 + x_3)/3$．

92. c 为何值时，多项式 $P(x) = x^4 + cx^3 + x^2$ 有两个拐点？c 为何值时有一个拐点？c 为何值时没有拐点？对于几个不同的 c 值，画出函数 P 的图像．随着 c 递减，函数的图像如何变化？

93. 证明：如果 $(c, f(c))$ 是函数 f 的一个拐点，并且 f'' 在一个包含 c 的开区间上存在，那么 $f''(c) = 0$．（提示：对函数 $g = f'$ 应用一阶导数判定和费马定理．）

94. 证明：如果 $f(x) = x^4$，那么 $f''(0) = 0$，但是点 $(0,0)$ 不是函数 f 的一个拐点．

95. 证明：函数 $g(x) = x|x|$ 有一个拐点为 $(0,0)$，但是 $g''(0)$ 不存在．

96. 设 f''' 是连续的，并且 $f'(c) = f''(c) = 0$，$f'''(c) > 0$．函数 f 在 c 处是否有极大值或极小值？函数 f 在 c 处是否有拐点？

97. 设 f 在区间 I 上可微．对于 $x \in I$（除了某一点 c），有 $f'(x) > 0$．证明 f 在整个区间 I 上递增．

98. c 为何值时，函数

$$f(x) = cx + \frac{1}{x^2 + 3}$$

在区间 $(-\infty, +\infty)$ 上递增？

99. 一阶导数判定中的三种情况涵盖了常见的情景，但并没有穷尽所有的可能性．考虑函数 f、g 和 h，设它们在 $x = 0$ 处的值都为 0．对于 $x \neq 0$，

$$f(x) = x^4 \sin\frac{1}{x}, \quad g(x) = x^4\left(2 + \sin\frac{1}{x}\right),$$

$$h(x) = x^4\left(-2 + \sin\frac{1}{x}\right).$$

(a) 证明：0 是所有三个函数的临界值，但在 $x = 0$ 两边，它们的导数不断地改变符号．

(b) 证明：f 在 $x = 0$ 处既没有极大值也没有极小值，g 在 $x = 0$ 处有极小值，h 在 $x = 0$ 处有极大值．

4.4 | 不定型与洛必达法则

假设我们尝试分析函数

$$F(x) = \frac{\ln x}{x - 1}.$$

虽然 F 在 $x = 1$ 处没有定义，但是我们希望知道 F 在 $x = 1$ 附近的表现．我们尤其想要研究极限

$$\boxed{1} \qquad \lim_{x \to 1} \frac{\ln x}{x - 1}.$$

因为分母的极限为 0，所以我们不能运用极限运算法则 5（商的极限等于极限的商，见 2.3 节）来求这个极限．事实上，式 1 中的极限是存在的，但是因为分子和分母都趋于 0，而 $\frac{0}{0}$ 没有定义，所以该极限的值并不显而易见．

■ 不定型（$\frac{0}{0}$ 型和 $\frac{\infty}{\infty}$ 型）

一般地，如果对于形如

$$\lim_{x \to a} \frac{f(x)}{g(x)}$$

的极限，当 $x \to a$ 时，$f(x) \to 0$，$g(x) \to 0$，那么这个极限可能存在，也可能不存在．我们称这种极限为 $\frac{0}{0}$ 型不定型．在第 2 章中，我们遇到过一些这种类型的极限．对于有理函数，我们可以消去公因式：

$$\lim_{x \to 1} \frac{x^2 - x}{x^2 - 1} = \lim_{x \to 1} \frac{x(x-1)}{(x+1)(x-1)} = \lim_{x \to 1} \frac{x}{x+1} = \frac{1}{2}.$$

在 3.3 节中，我们用几何方法证明了

$$\lim_{x \to 0} \frac{\sin x}{x} = 1.$$

但是这些方法都不适用于式 1 中的极限．

另外一种极限不容易看出来的情况是，当我们求函数 F 的水平渐近线时，需要计算极限

2
$$\lim_{x\to+\infty}\frac{\ln x}{x-1}.$$

因为当 $x\to+\infty$ 时，分子和分母都变得非常大，所以如何计算这个极限并不显而易见．分子和分母"争相竞逐"，如果分子"获胜"（分子的增长明显快于分母），这个极限就是 $+\infty$；如果分母"获胜"（分母的增长明显快于分子），这个极限就是 0．分子和分母也可能"势均力敌"，此时这个极限为某个有限值.

一般地，如果对于形如

$$\lim_{x\to a}\frac{f(x)}{g(x)}$$

的极限，$f(x)\to+\infty$（或 $-\infty$），$g(x)\to+\infty$（或 $-\infty$），那么这个极限可能存在，也可能不存在．我们称这种极限为 $\frac{\infty}{\infty}$ **型不定型**．在 2.6 节中，我们遇到过一些这种类型的函数，包括有理函数，我们可以将分子、分母同时除以分母中 x 的最高次项，例如

$$\lim_{x\to+\infty}\frac{x^2-1}{2x^2+1}=\lim_{x\to+\infty}\frac{1-\frac{1}{x^2}}{2+\frac{1}{x^2}}=\frac{1-0}{2+0}=\frac{1}{2}.$$

但是这种方法不适用于式 2 中的极限.

■ 洛必达法则

现在我们来介绍用来处理 $\frac{0}{0}$ 型和 $\frac{\infty}{\infty}$ 型不定型的系统方法，称作洛必达法则.

> **洛必达法则**　设在包含 a 的开区间 I 上（除了在 a 处），f 和 g 可微，$g'(x)\neq0$，并且
> $$\lim_{x\to a}f(x)=0，\lim_{x\to a}g(x)=0$$
> 或者
> $$\lim_{x\to a}f(x)=\pm\infty，\lim_{x\to a}g(x)=\pm\infty.$$
> （也就是说，我们将得到一个 $\frac{0}{0}$ 型或 $\frac{\infty}{\infty}$ 型不定型．）那么当 $\lim_{x\to a}\frac{f'(x)}{g'(x)}$ 存在（或者为 $\pm\infty$）时，
> $$\lim_{x\to a}\frac{f(x)}{g(x)}=\lim_{x\to a}\frac{f'(x)}{g'(x)}.$$

图 4-4-1

图 4-4-1 直观地说明了为什么洛必达法则可能是正确的．第一张图显示了当 $x\to a$ 时，两个可微函数 f 和 g 都趋于 0．如果我们以点 $(a,0)$ 为中心放大图像，图像看起来就几乎是直线．而如果函数的图像实际上就是直线，比如在第二张图中，那么函数的比是

$$\frac{m_1(x-a)}{m_2(x-a)}=\frac{m_1}{m_2},$$

这正是它们的导数的比．这表明

$$\lim_{x\to a}\frac{f(x)}{g(x)}=\lim_{x\to a}\frac{f'(x)}{g'(x)}.$$

注 1　洛必达法则表明，当函数满足一定条件时，函数的商的极限等于它们的导数的商的极限．在应用洛必达法则之前，一定要验证 f 和 g 的极限是否满足条件.

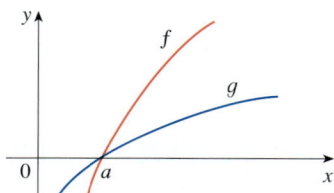

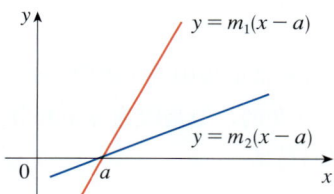

洛必达

洛必达法则以一位法国贵族，即洛必达侯爵（Marquis de L'Hospital，1661—1704）的姓氏命名，但它是由瑞士数学家约翰·伯努利（John Bernoulli，1667—1748）发现的。你有时可能会看到洛必达的名字被写成 L'Hôpital，但是他会把自己的名字写作 L'Hospital，这个写法在 17 世纪很常见。练习 85 是洛必达侯爵用来说明这个法则的一个例子。想进一步了解相关的历史细节，参见本节末的专题。

注 2 洛必达法则对于单侧极限和无穷远处的极限都适用，也就是说" $x \to a$ "可以被替换为" $x \to a^+$ "" $x \to a^-$ "" $x \to +\infty$ "或" $x \to -\infty$ ".

注 3 对于 $f(a) = g(a) = 0$ ， f' 和 g' 连续，并且 $g'(a) \neq 0$ 的特殊情况，我们很容易看出为什么洛必达法则是正确的。实际上，我们利用导数的等价定义（2.7 节公式 5），可以得到

$$\lim_{x \to a} \frac{f'(x)}{g'(x)} = \frac{f'(a)}{g'(a)} = \frac{\displaystyle\lim_{x \to a} \frac{f(x)-f(a)}{x-a}}{\displaystyle\lim_{x \to a} \frac{g(x)-g(a)}{x-a}}$$

$$= \lim_{x \to a} \frac{\dfrac{f(x)-f(a)}{x-a}}{\dfrac{g(x)-g(a)}{x-a}}$$

$$= \lim_{x \to a} \frac{f(x)-f(a)}{g(x)-g(a)} = \lim_{x \to a} \frac{f(x)}{g(x)} . \qquad \text{（因为}f(a)=g(a)=0\text{）}$$

证明洛必达法则的一般形式要复杂得多，详见附录 F.

例 1 求 $\displaystyle\lim_{x \to 1} \frac{\ln x}{x-1}$.

解 因为

$$\lim_{x \to 1} \ln x = \ln 1 = 0 , \quad \lim_{x \to 1} (x-1) = 0 ,$$

所以所求的极限是 $\dfrac{0}{0}$ 型不定型。应用洛必达法则：

$$\lim_{x \to 1} \frac{\ln x}{x-1} = \lim_{x \to 1} \frac{\dfrac{\mathrm{d}}{\mathrm{d}x}(\ln x)}{\dfrac{\mathrm{d}}{\mathrm{d}x}(x-1)} = \lim_{x \to 1} \frac{1/x}{1}$$

$$= \lim_{x \to 1} \frac{1}{x} = 1 . \qquad \blacksquare$$

🚫 注意，当我们使用洛必达法则时，应当分别对分子和分母求导。不要使用函数商的求导法则。

例 2 计算 $\displaystyle\lim_{x \to +\infty} \frac{e^x}{x^2}$.

解 因为 $\displaystyle\lim_{x \to +\infty} e^x = +\infty$ ， $\displaystyle\lim_{x \to +\infty} x^2 = +\infty$ ，所以所求的极限是 $\dfrac{\infty}{\infty}$ 型不定型。应用洛必达法则：

$$\lim_{x \to +\infty} \frac{e^x}{x^2} = \lim_{x \to +\infty} \frac{\dfrac{\mathrm{d}}{\mathrm{d}x}(e^x)}{\dfrac{\mathrm{d}}{\mathrm{d}x}(x^2)} = \lim_{x \to +\infty} \frac{e^x}{2x} .$$

因为当 $x \to +\infty$ 时， $e^x \to +\infty$ ， $2x \to +\infty$ ，所以上式右边还是一个 $\dfrac{\infty}{\infty}$ 型不定型。再次应用洛必达法则，得到

$$\lim_{x \to +\infty} \frac{e^x}{x^2} = \lim_{x \to +\infty} \frac{e^x}{2x} = \lim_{x \to +\infty} \frac{e^x}{2} = +\infty . \qquad \blacksquare$$

例 2 中函数的图像如图 4-4-2 所示。我们之前注意到指数函数的增长速度远远大于幂函数，所以例 2 的结果并不意外。另见练习 75.

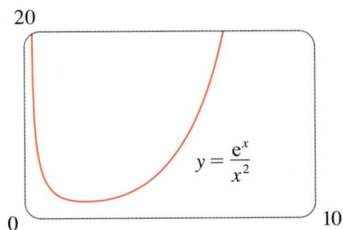

图 4-4-2

例 3 中函数的图像如图 4-4-3 所示. 我们之前已经讨论过对数函数的增长速度比较缓慢, 所以当 $x \to +\infty$ 时这个比趋于 0 也就并不意外. 另见练习 76.

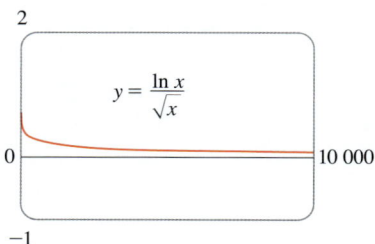

图 4-4-3

例 3　计算 $\displaystyle\lim_{x \to +\infty} \frac{\ln x}{\sqrt{x}}$.

解　当 $x \to +\infty$ 时, $\ln x \to +\infty$, $\sqrt{x} \to +\infty$. 应用洛必达法则:

$$\lim_{x \to +\infty} \frac{\ln x}{\sqrt{x}} = \lim_{x \to +\infty} \frac{1/x}{\frac{1}{2}x^{-1/2}} = \lim_{x \to +\infty} \frac{1/x}{1/2\sqrt{x}}.$$

我们发现上式右边是一个 $\dfrac{0}{0}$ 型不定型. 但是这回我们不必像例 2 那样再次应用洛必达法则, 而是化简这个表达式, 得到

$$\lim_{x \to +\infty} \frac{\ln x}{\sqrt{x}} = \lim_{x \to +\infty} \frac{1/x}{1/2\sqrt{x}} = \lim_{x \to +\infty} \frac{2}{\sqrt{x}} = 0. \quad \blacksquare$$

在例 2 和例 3 中, 我们计算 $\dfrac{\infty}{\infty}$ 型不定型极限, 得到了两个不同的结果. 在例 2 中, 无穷极限表明分子 e^x 的增长速度明显快于分母 x^2, 这导致它们的比越来越大. 事实上, $y = e^x$ 的增长速度比所有幂函数 $y = x^n$ 都快 (见练习 75). 在例 3 中, 我们有相反的情况, 极限为 0 意味着分母的增长速度快过分子, 最终这个比趋于 0.

例 4　计算 $\displaystyle\lim_{x \to 0} \frac{\tan x - x}{x^3}$ (见 2.2 节练习 48).

解　我们注意到, 当 $x \to 0$ 时, $\tan x - x \to 0$, $x^3 \to 0$. 应用洛必达法则:

$$\lim_{x \to 0} \frac{\tan x - x}{x^3} = \lim_{x \to 0} \frac{\sec^2 x - 1}{3x^2}.$$

右边的极限仍为 $\dfrac{0}{0}$ 型不定型, 因此我们再次应用洛必达法则:

$$\lim_{x \to 0} \frac{\sec^2 x - 1}{3x^2} = \lim_{x \to 0} \frac{2\sec^2 x \tan x}{6x}.$$

因为 $\displaystyle\lim_{x \to 0} \sec^2 x = 1$, 所以上式可以化简为

$$\lim_{x \to 0} \frac{2\sec^2 x \tan x}{6x} = \frac{1}{3}\lim_{x \to 0}\sec^2 x \cdot \lim_{x \to 0}\frac{\tan x}{x} = \frac{1}{3}\lim_{x \to 0}\frac{\tan x}{x}.$$

图 4-4-4 中的图像直观地验证了例 4 的结果. 但如果过度放大图像, 我们就会得到一个不精确的图像, 因为当 x 非常小时, $\tan x$ 非常接近于 x. 见 2.2 节练习 48d.

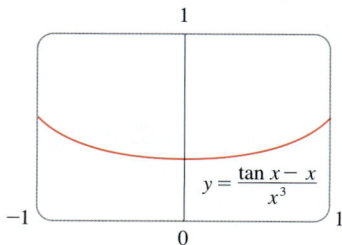

图 4-4-4

我们可以第三次应用洛必达法则来计算最后这个极限, 也可以把 $\tan x$ 写作 $\sin x / \cos x$, 然后利用三角函数的极限, 得到

$$\lim_{x \to 0} \frac{\tan x - x}{x^3} = \lim_{x \to 0} \frac{\sec^2 x - 1}{3x^2} = \lim_{x \to 0} \frac{2\sec^2 x \tan x}{6x}$$

$$= \frac{1}{3}\lim_{x \to 0}\frac{\tan x}{x} = \frac{1}{3}\lim_{x \to 0}\frac{\sec^2 x}{1} = \frac{1}{3}. \quad \blacksquare$$

例 5 计算 $\lim\limits_{x\to\pi^-}\dfrac{\sin x}{1-\cos x}$.

解 如果盲目地使用洛必达法则，我们可能会认为这个极限等价于

$$\lim_{x\to\pi}\frac{\cos x}{\sin x}=-\infty .$$

⊘ 这是错误的！虽然当 $x\to\pi^-$ 时 $\sin x\to 0$ ，但是分母 $(1-\cos x)$ 不趋于 0 ，所以这时我们不能应用洛必达法则.

实际上，所求的极限可以通过直接替换求出. 这个函数在 π 处是连续的，并且分母是非零的，因此

$$\lim_{x\to\pi^-}\frac{\sin x}{1-\cos x}=\frac{\sin\pi}{1-\cos\pi}=\frac{0}{1-(-1)}=0 .$$ ∎

例 5 说明如果不加思考就使用洛必达法则是很容易出错的. 一些极限能用洛必达法则求出，但是用其他方法会更简单（见 2.3 节例 3、2.3 节例 5 和 2.6 节例 3，还有本节开始的讨论）. 所以，计算任何极限时，在应用洛必达法则之前，我们都应该思考是否可以用其他方法.

■ 积的不定型（ $0\cdot\infty$ 型）

当 $\lim\limits_{x\to a}f(x)=0$ ， $\lim\limits_{x\to a}g(x)=+\infty$ （或 $-\infty$ ）时，我们无法确定 $\lim\limits_{x\to a}\big[f(x)g(x)\big]$ 的值，如果极限存在. f 和 g "一决高下"，如果 f "获胜"（ f 对极限的影响更大），那么这个极限就是 0 ；如果 g "获胜"（ g 对极限的影响更大），那么这个极限就是 $+\infty$ （或 $-\infty$ ）. f 和 g 也可能"势均力敌"，此时这个极限为某个非零的有限值. 例如，

$$\lim_{x\to 0^+}x^2=0 ,\quad \lim_{x\to 0^+}\frac{1}{x}=+\infty ,\quad \text{而}\ \lim_{x\to 0^+}x^2\cdot\frac{1}{x}=\lim_{x\to 0^+}x=0 ;$$

$$\lim_{x\to 0^+}x=0 ,\quad \lim_{x\to 0^+}\frac{1}{x^2}=+\infty ,\quad \text{而}\ \lim_{x\to 0^+}x\cdot\frac{1}{x^2}=\lim_{x\to 0^+}\frac{1}{x}=+\infty ;$$

$$\lim_{x\to 0^+}x=0 ,\quad \lim_{x\to 0^+}\frac{1}{x}=+\infty ,\quad \text{而}\ \lim_{x\to 0^+}x\cdot\frac{1}{x}=\lim_{x\to 0^+}1=1 .$$

这种极限叫作 $0\cdot\infty$ 型不定型. 我们可以把积 fg 写成商的形式：

$$fg=\frac{f}{1/g}\ \text{或}\ fg=\frac{g}{1/f} ,$$

即把 $0\cdot\infty$ 型不定型转化为 $\dfrac{0}{0}$ 型或 $\dfrac{\infty}{\infty}$ 型不定型，以便使用洛必达法则.

图 4-4-5 给出了例 6 中函数的图像. 注意，这个函数在 $x=0$ 处没有定义，所以图像趋近于原点但是永远无法到达.

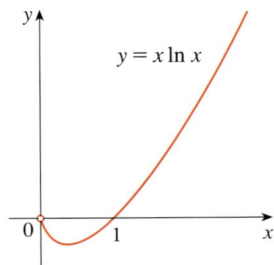
$y=x\ln x$

图 4-4-5

例 6 计算 $\lim\limits_{x\to 0^+}x\ln x$.

解 因为当 $x\to 0^+$ 时， x 趋近于 0 ， $\ln x$ 趋近于 $-\infty$ ，所以这个极限是一个不定型. 记 $x=1/(1/x)$ ，那么当 $x\to 0^+$ 时，有 $1/x\to+\infty$. 由洛必达法则可得

$$\lim_{x\to 0^+}x\ln x=\lim_{x\to 0^+}\frac{\ln x}{1/x}=\lim_{x\to 0^+}\frac{1/x}{-1/x^2}=\lim_{x\to 0^+}(-x)=0 .$$ ∎

注　在解例 6 时，另一种可能的选择是

$$\lim_{x\to 0^+} x\ln x = \lim_{x\to 0^+}\frac{x}{1/\ln x}.$$

这是一个 $\frac{0}{0}$ 型不定型，但是如果我们使用洛必达法则，运算要比前面的做法复杂得多. 一般来说，我们将积的不定型变形时，尽量选择比较简单的极限.

■ 差的不定型（$\infty - \infty$ 型）

如果 $\lim\limits_{x\to a} f(x) = +\infty$，$\lim\limits_{x\to a} g(x) = +\infty$，那么极限

$$\lim_{x\to a}\big[f(x) - g(x)\big]$$

叫作 $\infty - \infty$ 型不定型. 这里 f 和 g 再次进行"角逐". 和前面的不定型一样，这个极限可能是 $+\infty$（f "获胜"）、$-\infty$（g "获胜"）或一个有限值（"势均力敌"）. 为了找到答案，我们尝试把差转化为商（例如，通过通分、有理化或提公因式），然后得到一个 $\frac{0}{0}$ 型或 $\frac{\infty}{\infty}$ 型不定型.

例 7　计算 $\lim\limits_{x\to 1^+}\left(\dfrac{1}{\ln x} - \dfrac{1}{x-1}\right)$.

解　我们注意到，当 $x\to 1^+$ 时，$1/\ln x \to +\infty$，$1/(x-1)\to +\infty$，所以这个极限是 $\infty - \infty$ 型不定型. 先进行通分：

$$\lim_{x\to 1^+}\left(\frac{1}{\ln x} - \frac{1}{x-1}\right) = \lim_{x\to 1^+}\frac{x-1-\ln x}{(x-1)\ln x}.$$

分子和分母的极限都为 0，所以由洛必达法则可得

$$\lim_{x\to 1^+}\frac{x-1-\ln x}{(x-1)\ln x} = \lim_{x\to 1^+}\frac{1-\dfrac{1}{x}}{(x-1)\dfrac{1}{x}+\ln x} = \lim_{x\to 1^+}\frac{x-1}{x-1+x\ln x},$$

它还是一个 $\frac{0}{0}$ 型不定型. 我们再次应用洛必达法则：

$$\lim_{x\to 1^+}\frac{x-1}{x-1+x\ln x} = \lim_{x\to 1^+}\frac{1}{1+x\cdot\dfrac{1}{x}+\ln x}$$

$$= \lim_{x\to 1^+}\frac{1}{2+\ln x} = \frac{1}{2}. \qquad ■$$

例 8　计算 $\lim\limits_{x\to +\infty}(e^x - x)$.

解　因为 $x\to +\infty$，$e^x\to +\infty$，所以这个极限是差的不定型. 我们预计这个极限会是无穷大，因为 e^x 比 x 更快趋于无穷大. 我们可以通过因式分解来验证这个结论：

$$e^x - x = x\left(\frac{e^x}{x} - 1\right).$$

根据洛必达法则，当 $x \to +\infty$ 时，$\mathrm{e}^x/x \to +\infty$．因此，我们得到了两个不断变大的因式的乘积，它的极限为

$$\lim_{x \to +\infty}(\mathrm{e}^x - x) = \lim_{x \to +\infty}\left[x\left(\frac{\mathrm{e}^x}{x} - 1\right)\right] = +\infty \ . \qquad \blacksquare$$

■ 幂的不定型（0^0 型、∞^0 型和 1^∞ 型）

还有几种不定型源于极限

$$\lim_{x \to a}\left[f(x)\right]^{g(x)} :$$

1. $\displaystyle\lim_{x \to a} f(x) = 0$，$\displaystyle\lim_{x \to a} g(x) = 0$，此时极限称为 0^0 型不定型；

2. $\displaystyle\lim_{x \to a} f(x) = +\infty$，$\displaystyle\lim_{x \to a} g(x) = 0$，此时极限称为 ∞^0 型不定型；

3. $\displaystyle\lim_{x \to a} f(x) = 1$，$\displaystyle\lim_{x \to a} g(x) = \pm\infty$，此时极限称为 1^∞ 型不定型．

虽然 0^0 型、∞^0 型和 1^∞ 型都是不定型，但 0^∞ 型不是（见练习 88）.

这三种情况可以通过取自然对数的方法处理：

$$\text{设 } y = \left[f(x)\right]^{g(x)}，\text{则 } \ln y = g(x)\ln f(x)；$$

或者用 1.5 节公式 10 将函数写为指数的形式：

$$\left[f(x)\right]^{g(x)} = \mathrm{e}^{g(x)\ln f(x)} \ .$$

（回忆一下，对这样的函数求导时，我们也用过这两种方法.）每种方法都可以得到积 $g(x)\ln f(x)$ 的不定型，也就是 $0 \cdot \infty$ 型不定型.

例 9 计算 $\displaystyle\lim_{x \to 0^+}(1 + \sin 4x)^{\cot x}$．

解 因为当 $x \to 0^+$ 时，$1 + \sin 4x \to 1$，$\cot x \to +\infty$，所以这个极限是 1^∞ 型不定型．令

$$y = (1 + \sin 4x)^{\cot x}，$$

那么

$$\ln y = \ln\left[(1 + \sin 4x)^{\cot x}\right] = \cot x \ln(1 + \sin 4x) = \frac{\ln(1 + \sin 4x)}{\tan x} \ .$$

由洛必达法则可得

图 4-4-6 给出了函数 $y = x^x$，$x > 0$ 的图像．虽然 0^0 没有定义，但是当 $x \to 0^+$ 时，函数值趋于 1，这和例 10 的结果是一致的．

$$\lim_{x \to 0^+}\ln y = \lim_{x \to 0^+}\frac{\ln(1 + \sin 4x)}{\tan x} = \lim_{x \to 0^+}\frac{\dfrac{4\cos 4x}{1 + \sin 4x}}{\sec^2 x} = 4 \ .$$

现在我们算出了 $\ln y$ 的极限，但所求的是 y 的极限．为了得到 y 的极限，我们利用 $y = \mathrm{e}^{\ln y}$：

$$\lim_{x \to 0^+}(1 + \sin 4x)^{\cot x} = \lim_{x \to 0^+} y = \lim_{x \to 0^+}\mathrm{e}^{\ln y} = \mathrm{e}^4 \ . \qquad \blacksquare$$

例 10 求 $\displaystyle\lim_{x \to 0^+} x^x$．

解 因为对于所有 $x > 0$ 有 $0^x = 0$，但对于所有 $x \neq 0$ 有 $x^0 = 1$（0^0 没有定义），所以这个极限是一个不定型．我们可以用与例 9 相同的方法，或者将这个函数写为指数的形式：

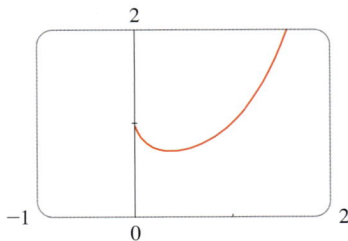

图 4-4-6

$$x^x = \left(\mathrm{e}^{\ln x}\right)^x = \mathrm{e}^{x\ln x} \ .$$

在例 6 中，我们用洛必达法则证明过

$$\lim_{x\to 0^+} x\ln x = 0 \text{ ,}$$

因此，

$$\lim_{x\to 0^+} x^x = \lim_{x\to 0^+} e^{x\ln x} = e^0 = 1 \text{ .}$$ ■

4.4 | 练习

1~4　如果

$$\lim_{x\to a} f(x) = 0 \text{ , } \lim_{x\to a} g(x) = 0 \text{ , } \lim_{x\to a} h(x) = 1 \text{ ,}$$

$$\lim_{x\to a} p(x) = +\infty \text{ , } \lim_{x\to a} q(x) = +\infty \text{ ,}$$

下面哪些极限是不定型？如果有可能，计算非不定型的极限．

1. (a) $\lim\limits_{x\to a} \dfrac{f(x)}{g(x)}$　　(b) $\lim\limits_{x\to a} \dfrac{f(x)}{p(x)}$

(c) $\lim\limits_{x\to a} \dfrac{h(x)}{p(x)}$　　(d) $\lim\limits_{x\to a} \dfrac{p(x)}{f(x)}$

(e) $\lim\limits_{x\to a} \dfrac{p(x)}{q(x)}$

2. (a) $\lim\limits_{x\to a} \left[f(x)p(x) \right]$　　(b) $\lim\limits_{x\to a} \left[h(x)p(x) \right]$

(c) $\lim\limits_{x\to a} \left[p(x)q(x) \right]$

3. (a) $\lim\limits_{x\to a} \left[f(x) - p(x) \right]$　　(b) $\lim\limits_{x\to a} \left[p(x) - q(x) \right]$

(c) $\lim\limits_{x\to a} \left[p(x) + q(x) \right]$

4. (a) $\lim\limits_{x\to a} \left[f(x) \right]^{g(x)}$　　(b) $\lim\limits_{x\to a} \left[f(x) \right]^{p(x)}$

(c) $\lim\limits_{x\to a} \left[h(x) \right]^{p(x)}$　　(d) $\lim\limits_{x\to a} \left[p(x) \right]^{f(x)}$

(e) $\lim\limits_{x\to a} \left[p(x) \right]^{q(x)}$　　(f) $\lim\limits_{x\to a} \sqrt[q(x)]{p(x)}$

5~6　利用函数 f 和 g 的图像及它们在点 $(2,0)$ 处的切线，求 $\lim\limits_{x\to 2} \dfrac{f(x)}{g(x)}$.

5.

$y = 1.8(x-2)$　f
g
$y = \dfrac{4}{5}(x-2)$

6.

$y = 1.5(x-2)$
f
g
$y = 2 - x$

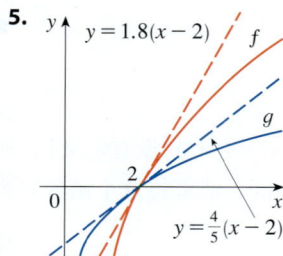

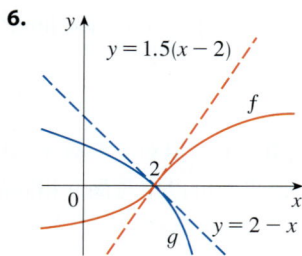

7. 函数 f 的图像及其在 $x = 0$ 处的切线如下所示．$\lim\limits_{x\to 0} \dfrac{f(x)}{e^x - 1}$ 的值是多少？

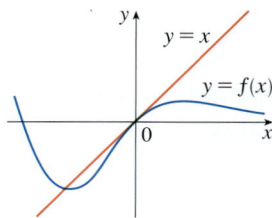

$y = x$
$y = f(x)$

8~70　求极限．在适当的时候使用洛必达法则，也可以用更初等的方法．如果洛必达法则不适用，请解释原因．

8. $\lim\limits_{x\to 3} \dfrac{x-3}{x^2-9}$　　　　**9.** $\lim\limits_{x\to 4} \dfrac{x^2-2x-8}{x-4}$

10. $\lim\limits_{x\to -2} \dfrac{x^3+8}{x+2}$　　　**11.** $\lim\limits_{x\to 1} \dfrac{x^7-1}{x^3-1}$

12. $\lim\limits_{x\to 4} \dfrac{\sqrt{x}-2}{x-4}$　　　**13.** $\lim\limits_{x\to \pi/4} \dfrac{\sin x - \cos x}{\tan x - 1}$

14. $\lim\limits_{x\to 0} \dfrac{\tan 3x}{\sin 2x}$　　　**15.** $\lim\limits_{t\to 0} \dfrac{e^{2t}-1}{\sin t}$

16. $\lim\limits_{x\to 0} \dfrac{x^2}{1-\cos x}$　　　**17.** $\lim\limits_{x\to 1} \dfrac{\sin(x-1)}{x^3+x-2}$

18. $\lim\limits_{\theta\to \pi} \dfrac{1+\cos\theta}{1-\cos\theta}$　　　**19.** $\lim\limits_{x\to +\infty} \dfrac{\sqrt{x}}{1+e^x}$

20. $\lim\limits_{x\to +\infty} \dfrac{x+x^2}{1-2x^2}$　　　**21.** $\lim\limits_{x\to 0^+} \dfrac{\ln x}{x}$

22. $\lim\limits_{x\to +\infty} \dfrac{\ln \sqrt{x}}{x^2}$　　　**23.** $\lim\limits_{x\to 3} \dfrac{\ln(x/3)}{3-x}$

24. $\lim\limits_{t\to 0} \dfrac{8^t-5^t}{t}$　　　**25.** $\lim\limits_{x\to 0} \dfrac{\sqrt{1+2x}-\sqrt{1-4x}}{x}$

26. $\lim\limits_{u\to +\infty} \dfrac{e^{u/10}}{u^3}$　　　**27.** $\lim\limits_{x\to 0} \dfrac{e^x+e^{-x}-2}{e^x-x-1}$

28. $\lim\limits_{x\to 0} \dfrac{\sinh x - x}{x^3}$　　　**29.** $\lim\limits_{x\to 0} \dfrac{\tanh x}{\tan x}$

30. $\lim\limits_{x\to 0} \dfrac{x-\sin x}{x-\tan x}$　　　**31.** $\lim\limits_{x\to 0} \dfrac{\sin^{-1} x}{x}$

32. $\lim\limits_{x\to+\infty}\dfrac{(\ln x)^2}{x}$

33. $\lim\limits_{x\to0}\dfrac{x3^x}{3^x-1}$

34. $\lim\limits_{x\to0}\dfrac{e^x+e^{-x}-2\cos x}{x\sin x}$

35. $\lim\limits_{x\to0}\dfrac{\ln(1+x)}{\cos x+e^x-1}$

36. $\lim\limits_{x\to1}\dfrac{x\sin(x-1)}{2x^2-x-1}$

37. $\lim\limits_{x\to0^+}\dfrac{\arctan2x}{\ln x}$

38. $\lim\limits_{x\to0}\dfrac{x^2\sin x}{\sin x-x}$

39. $\lim\limits_{x\to1}\dfrac{x^a-1}{x^b-1},\,b\neq0$

40. $\lim\limits_{x\to+\infty}\dfrac{e^{-x}}{(\pi/2)-\tan^{-1}x}$

41. $\lim\limits_{x\to0}\dfrac{\cos x-1+\frac12x^2}{x^4}$

42. $\lim\limits_{x\to0}\dfrac{x-\sin x}{x\sin(x^2)}$

43. $\lim\limits_{x\to+\infty}x\sin(\pi/x)$

44. $\lim\limits_{x\to+\infty}\sqrt{x}e^{-x/2}$

45. $\lim\limits_{x\to0}\sin5x\csc3x$

46. $\lim\limits_{x\to-\infty}x\ln\left(1-\dfrac1x\right)$

47. $\lim\limits_{x\to+\infty}x^3e^{-x^2}$

48. $\lim\limits_{x\to+\infty}x^{3/2}\sin(1/x)$

49. $\lim\limits_{x\to1^+}\ln x\tan(\pi x/2)$

50. $\lim\limits_{x\to(\pi/2)^-}\cos x\sec5x$

51. $\lim\limits_{x\to1}\left(\dfrac{x}{x-1}-\dfrac1{\ln x}\right)$

52. $\lim\limits_{x\to0}(\csc x-\cot x)$

53. $\lim\limits_{x\to0^+}\left(\dfrac1x-\dfrac1{e^x-1}\right)$

54. $\lim\limits_{x\to0^+}\left(\dfrac1x-\dfrac1{\tan^{-1}x}\right)$

55. $\lim\limits_{x\to0^+}\dfrac1x-\dfrac1{\tan x}$

56. $\lim\limits_{x\to+\infty}(x-\ln x)$

57. $\lim\limits_{x\to0^+}x^{\sqrt{x}}$

58. $\lim\limits_{x\to0^+}(\tan2x)^x$

59. $\lim\limits_{x\to0}(1-2x)^{1/x}$

60. $\lim\limits_{x\to+\infty}\left(1+\dfrac{a}{x}\right)^{bx}$

61. $\lim\limits_{x\to1^+}x^{1/(1-x)}$

62. $\lim\limits_{x\to+\infty}(e^x+10x)^{1/x}$

63. $\lim\limits_{x\to+\infty}x^{1/x}$

64. $\lim\limits_{x\to+\infty}x^{e^{-x}}$

65. $\lim\limits_{x\to0^+}(4x+1)^{\cot x}$

66. $\lim\limits_{x\to0^+}(1-\cos x)^{\sin x}$

67. $\lim\limits_{x\to0^+}(1+\sin3x)^{1/x}$

68. $\lim\limits_{x\to0}(\cos x)^{1/x^2}$

69. $\lim\limits_{x\to0^+}\dfrac{x^x-1}{\ln x+x-1}$

70. $\lim\limits_{x\to+\infty}\left(\dfrac{2x-3}{2x+5}\right)^{2x+1}$

71~72 利用图像估计下列极限的值，然后用洛必达法则求准确值.

71. $\lim\limits_{x\to+\infty}\left(1+\dfrac2x\right)^x$

72. $\lim\limits_{x\to0}\dfrac{5^x-4^x}{3^x-2^x}$

73~74 画出 $f(x)/g(x)$ 和 $f'(x)/g'(x)$ 在 $x=0$ 附近的图像，通过观察当 $x\to0$ 时这两个比有相同的极限来说明洛必达法则，并计算极限的准确值.

73. $f(x)=e^x-1$，$g(x)=x^3+4x$

74. $f(x)=2x\sin x$，$g(x)=\sec x-1$

75. 证明：对于任意正整数 n，
$$\lim\limits_{x\to+\infty}\dfrac{e^x}{x^n}=+\infty.$$
这说明 x 的指数函数比 x 的任何幂函数都增长得快.

76. 证明：对于任意 $p>0$，
$$\lim\limits_{x\to+\infty}\dfrac{\ln x}{x^p}=0.$$
这说明 x 的对数函数比 x 的任何幂函数都增长得慢.

77~78 如果你试图使用洛必达法则来求极限，会发生什么？使用另一种方法来计算极限.

77. $\lim\limits_{x\to+\infty}\dfrac{x}{\sqrt{x^2+1}}$

78. $\lim\limits_{x\to(\pi/2)^-}\dfrac{\sec x}{\tan x}$

79. 考虑曲线族 $f(x)=e^x-cx$，特别是求出其在 $x\to\pm\infty$ 时的极限，并确定使得 f 有最小值的 c 值. 当 c 增大时，最小值点会如何变化？

80. 质量为 m 的物体从静止开始下落. 考虑空气阻力，物体在 t s 后的速度 v 的模型为
$$v=\dfrac{mg}{c}\left(1-e^{-ct/m}\right),$$
其中 g 为重力加速度，c 为正常数.（假设空气阻力与物体的速度成正比，比例常数为 c. 我们将在第 9 章中推导这个等式.）
(a) 求 $\lim\limits_{t\to+\infty}v$. 这个极限有什么含义？
(b) 对于固定的 t，使用洛必达法则求 $\lim\limits_{c\to0^+}v$. 关于物体在真空中下落的速度，你能得出什么结论？

81. 如果初始投资额为 A_0，利率为 r，一年内有 n 个复利周期，那么 t 年后，投资额将变为
$$A=A_0\left(1+\dfrac{r}{n}\right)^{nt}.$$
令 $n\to+\infty$，此时我们称之为连续复利投资. 使用洛必达法则，证明对于连续复利，t 年后的投资额为
$$A=A_0e^{rt}.$$

82. 光通过瞳孔进入眼睛，到达视网膜，视网膜上的视细胞感知光和颜色．沃尔特·斯坦利·斯泰尔斯（Walter Stanley Stiles）和布莱恩·休森·克劳福德（Brian Hewson Crawford）研究了一种现象，即当光从距离瞳孔中心更远的位置进入眼睛时，测定的亮度会下降（见下图）．

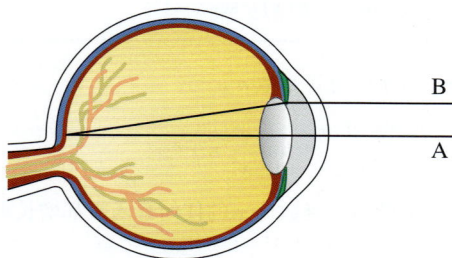

从瞳孔中心进入眼睛的光束 A 比从瞳孔边缘附近进入眼睛的光束 B 更亮．

他们在 1933 年发表的一篇重要论文中详细描述了关于这种现象的发现，即一类斯泰尔斯－克劳福德效应．特别是，与预期不同，他们观察到视觉感知的亮度与瞳孔的面积不成正比．通过半径为 r mm 的瞳孔进入眼睛并被视网膜感知的总亮度的百分比 P 可以表示为

$$P = \frac{1 - 10^{-\rho r^2}}{\rho r^2 \ln 10},$$

其中 ρ 是一个由实验确定的常数，通常约为 0.05．

(a) 瞳孔的半径为 3mm 时，视觉感知的亮度的百分比是多少？使用 $\rho = 0.05$．

(b) 瞳孔的半径为 2mm 时，计算视觉感知的亮度的百分比．它比 (a) 的结果更大，这合理吗？

(c) 计算 $\lim\limits_{r \to 0^+} P$．这个结果符合你的预期吗？它在物理上是可能的吗？

资料来源：改编自 W. Stiles and B. Crawford, "The Luminous Efficiency of Rays Entering the Eye Pupil at Different Points", *Proceedings of the Royal Society of London, Series B: Biological Sciences* 112 (1933): 428–50.

83. 逻辑斯谛方程 某种群的规模最初呈指数级增长，最终趋于平稳．形如

$$P(t) = \frac{M}{1 + Ae^{-kt}}$$

的方程称为逻辑斯谛方程，其中 M、A 和 k 为正常数，它经常用来为这类种群规模建模．（我们将在第 9 章中探究它的细节．）这里 M 称为环境容纳量，代表环境可以承载的最大种群规模，另外

$$A = \frac{M - P_0}{P_0},$$

其中 P_0 为种群的初始规模．

(a) 计算 $\lim\limits_{t \to +\infty} P(t)$．请解释为什么你的答案是符合预期的．

(b) 计算 $\lim\limits_{M \to +\infty} P(t)$．（注意，$A$ 是用 M 来定义的．）你得到的结果是一个什么样的函数？

84. 一根金属电缆的半径为 r，并被绝缘层覆盖．电缆的中心到绝缘层外部的距离为 R．电缆中电脉冲的速度为

$$v = -c\left(\frac{r}{R}\right)^2 \ln\left(\frac{r}{R}\right),$$

其中 c 为正常数．求以下极限并解释其含义．

(a) $\lim\limits_{R \to r^+} v$ (b) $\lim\limits_{r \to 0^+} v$

85. 洛必达法则在洛必达侯爵于 1696 年出版的书 *Analyse des infiniment petits* 中首次出现，此书是出版的第一本微积分教材．洛必达在书中为说明这个法则使用的例子就是求当 x 趋于 a 时，函数

$$y = \frac{\sqrt{2a^3 x - x^4} - a\sqrt[3]{aax}}{a - \sqrt[4]{ax^3}}$$

（在当时通常用 aa 来表示 a^2）的极限，其中 $a > 0$．求这个极限．

86. 下图给出了一个圆心角为 θ 的扇形．设 $A(\theta)$ 为弦 PR 和弧 $\overset{\frown}{PR}$ 所围成区域的面积，$B(\theta)$ 为三角形 PQR 的面积．求 $\lim\limits_{\theta \to 0^+} \dfrac{A(\theta)}{B(\theta)}$．

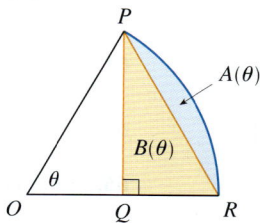

87. 计算

$$\lim_{x \to +\infty}\left[x - x^2 \ln\left(\frac{1+x}{x}\right) \right].$$

88. 假设 f 是一个正值函数．如果 $\lim\limits_{x \to a} f(x) = 0$ 且 $\lim\limits_{x \to a} g(x) = +\infty$，证明

$$\lim_{x \to a}\left[f(x) \right]^{g(x)} = 0.$$

这表明 0^∞ 型不是一个不定型．

89. 若 $\lim\limits_{x\to 0} f(x) = \lim\limits_{x\to 0} g(x) = +\infty$ 且

    (a) $\lim\limits_{x\to 0} \dfrac{f(x)}{g(x)} = 7$, (b) $\lim\limits_{x\to 0}\left[f(x) - g(x)\right] = 7$,

    求函数 f 和 g .

90. a 和 b 为何值时，下式成立？

$$\lim_{x\to 0}\left(\frac{\sin 2x}{x^3} + a + \frac{b}{x^2}\right) = 0$$

91. 令

$$f(x) = \begin{cases} e^{-1/x^2}, & x \neq 0; \\ 0, & x = 0. \end{cases}$$

(a) 利用导数的定义计算 $f'(0)$.

(b) 证明：f 在 $\mathbb{R}$ 上任意阶可微．（提示：首先，通过归纳法证明存在一个多项式 $p_n(x)$ 和一个非负整数 k_n，使得对于 $x \neq 0$，有 $f^{(n)}(x) = p_n(x) f(x) / x^{k_n}$．）

⊞ 92. 令

$$f(x) = \begin{cases} |x|^x, & x \neq 0; \\ 1, & x = 0. \end{cases}$$

(a) 证明：f 在 $x = 0$ 处连续．

(b) 以点 $(0,1)$ 为中心放大 f 的图像，观察 f 在 $x = 0$ 处是否可微．

(c) 证明：f 在 $x = 0$ 处不可微．如何解释这个结果和 (b) 中的图像相矛盾？

写作专题 | **洛必达法则的起源**

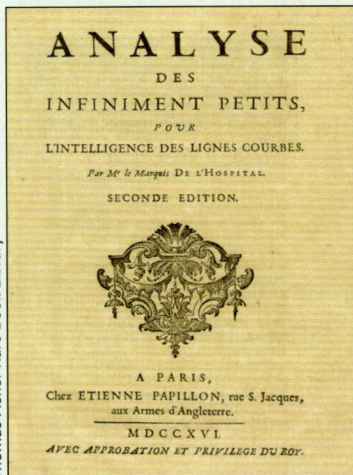

洛必达法则在洛必达侯爵于 1696 年出版的微积分教材 *Analyse des infiniment petits* 中首次出现，但该法则在 1694 年就被瑞士数学家约翰·伯努利发现了．这是因为两个数学家达成了一项有趣的协议：洛必达侯爵购买了伯努利的数学发现．伊夫斯的书 [1] 中描述了这段历史的细节，包括洛必达和伯努利关于这个交易的书信．

写一篇关于洛必达法则的历史和起源的文章．首先简要介绍两个人的生平（吉利斯皮编写的传记字典 [2] 是很好的参考文献），并概述他们之间的商业往来．然后写出洛必达自己对洛必达法则的描述，这在斯特勒伊克的书 [3] 中可以找到，在卡茨的书 [4] 中也有简短的介绍．洛必达和伯努利从几何角度构造了该法则，并通过求导给出解答．将他们的叙述与本节中给出的洛必达法则进行比较，并证明二者在本质上是一致的．

1. Howard W. Eves, *Mathematical Circles: Volume 1* (Washington, D.C.: Mathematical Association of America, 2003). First published 1969 as *In Mathematical Circles (Vole2: Quadrants III and IV)* by Prindle Weber and Schmidt.

2. C. C. Gillispie, ed., *Dictionary of Scientific Biography*, 8 vols. (New York: Scribner, 1981). See the article on Johann Bernoulli by E. A. Fellmann and J. O. Fleckstein in Volume II and the article on the Marquis de L'Hospital by Abraham Robinson in Volume III.

3. Dirk Jan Stuik, ed. *A Source Book in Mathematics*, 1200–1800 (1969; repr., Princeton, NJ: Princeton University Press, 2016).

4. Victor J. Katz, *A History of Mathematics: An Introduction. 3rd ed.* (New York: Pearson, 2018).

4.5 | 曲线绘图

到目前为止，在画曲线时要考虑如下几方面：第 1 章所介绍的定义域、值域和对称性；第 2 章所介绍的极限、连续性和渐近线；第 2 章和第 3 章所介绍的导数和切线；本章所介绍的最值和极值、递增区间和递减区间、凹性、拐点以及洛必达法则．现在我们要综合考虑这些信息，以画出体现曲线的重要特征的图像．

读者可能会问：为什么我们不用图像计算器或计算机来绘制曲线呢？为什么我们还需要使用微积分？

的确，技术工具能够生成非常精确的图像．但即使是最好的绘图设备，我们也必须明智地使用．如果我们仅仅依赖技术工具，就很容易得到具有误导性的图像，或者错过曲线的重要细节．（另见 4.6 节．）微积分的使用让我们能够发现图像中最有趣的地方，并在许多情况下计算出极大值点、极小值点和拐点的准确值，而不是近似值．

例如，图 4-5-1 展示了函数 $f(x) = 8x^3 - 21x^2 + 18x + 2$ 的图像．乍一看这个图像好像是合理的：它和曲线 $y = x^3$ 具有类似的形状，看起来没有极大值和极小值．但是如果我们计算导数会发现，当 $x = 0.75$ 时函数取得极大值，当 $x = 1$ 时函数取得极小值．事实上，如果将图像按一定比例放大，如图 4-5-2 所示，我们就会观察到这个特征，不使用微积分的话很容易将它忽略．

下一节中，我们将介绍如何结合微积分和技术工具来画出函数的图像．本节中，我们首先考虑下面的信息以完成（手工）绘图．图像计算器或计算机生成的图像可用来检验你的成果．

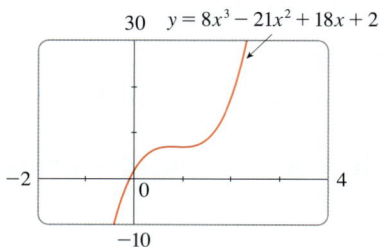

图 4-5-1

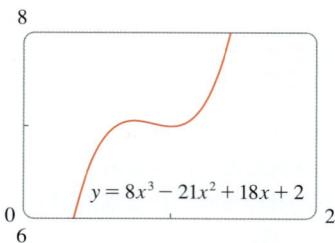

图 4-5-2

■ 曲线绘图指南

下面的清单是手绘曲线 $y = f(x)$ 的方法指南．虽然并非每一项都和所有的函数有关（比如，有些曲线可能没有渐近线或者对称性），但是这个指南包含了所需的所有信息，以使图像显示出函数最重要的特征．

A. 定义域 通常，我们有必要先确定 f 的定义域 D，即使得 $f(x)$ 有定义的所有 x 值的集合．

B. 截距 y 轴截距为 $f(0)$，它表明曲线和 y 轴在哪里相交．令 $y = 0$ 并解关于 x 的方程，便可得到 x 轴截距．（如果方程很难求解，可以忽略这一步．）

C. 对称性

(i) 如果对于 D 内的所有 x 都有 $f(-x) = f(x)$，即将 x 替换为 $-x$ 后函数不变，则 f 为偶函数，曲线关于 y 轴对称（见 1.1 节）．这意味着我们的工作量减少了一半．如果我们知道 $x \geqslant 0$ 时的图像，那么作关于 y 轴的对称变换即可得到完整的曲线（见图 4-5-3a）．偶函数的例子有：$y = x^2$，$y = x^4$，$y = |x|$ 和 $y = \cos x$．

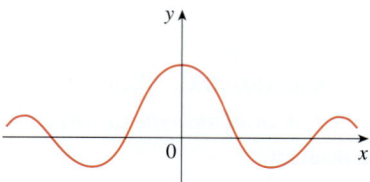

(a) 偶函数：左右对称

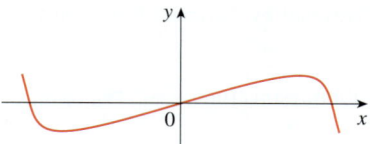

(b) 奇函数：旋转对称

图 4-5-3

(ii) 如果对于 D 内的所有 x 都有 $f(-x)=-f(x)$，则 f 为奇函数，曲线关于原点对称．同样，我们只需要知道 $x\geqslant 0$ 时的图像就可以得到完整的曲线（绕原点旋转 $180°$，见图 4-5-3b）．奇函数的例子有：$y=x$、$y=x^3$、$y=1/x$ 和 $y=\sin x$．

(iii) 如果对于 D 内的所有 x 都有 $f(x+p)=f(x)$，其中 p 为正数，则 f 为**周期函数**，最小的数 p 称为**周期**．例如，$y=\sin x$ 的周期为 2π，$y=\tan x$ 的周期为 π．如果我们知道函数在宽为 p 的区间上的图像，则通过平移可以得到整个图像（如图 4-5-4 所示）．

图 4-5-4
周期函数：平移对称

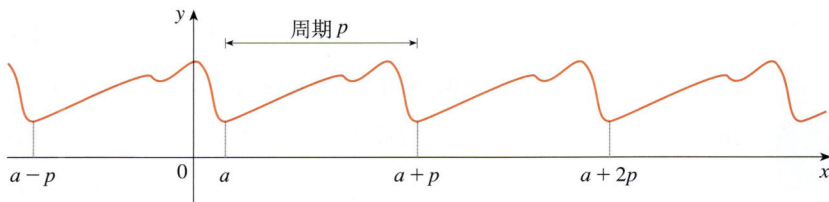

D. 渐近线

(i) 水平渐近线　回忆 2.6 节，如果 $\lim\limits_{x\to+\infty}f(x)=L$ 或 $\lim\limits_{x\to-\infty}f(x)=L$，则直线 $y=L$ 是曲线 $y=f(x)$ 的一条水平渐近线．如果 $\lim\limits_{x\to+\infty}f(x)=+\infty$（或 $-\infty$），则曲线的最右端没有水平渐近线，这依然有助于我们绘制函数图像．

(ii) 垂直渐近线　回忆 2.2 节，如果以下条件中至少有一条成立，则直线 $x=a$ 是一条垂直渐近线：

1
$$\lim_{x\to a^+}f(x)=+\infty,\quad \lim_{x\to a^-}f(x)=+\infty,$$
$$\lim_{x\to a^+}f(x)=-\infty,\quad \lim_{x\to a^-}f(x)=-\infty.$$

（对于有理函数，通过令分母为 0 即可找到垂直渐近线．但是这种方法不适用于其他函数．）此外，知道公式 1 中的哪些条件成立也有助于绘制函数图像．如果 $f(a)$ 不存在，但 a 是 f 的定义域的端点，我们就需要计算 $\lim\limits_{x\to a^-}f(x)$ 或 $\lim\limits_{x\to a^+}f(x)$，以确定该极限是否为无穷极限．

(iii) 斜渐近线　我们将在本节的最后对此加以讨论．

E. 递增区间和递减区间　使用单调性判定．计算 $f'(x)$，并求出 $f'(x)$ 为正的区间（f 在此区间上递增）和 $f'(x)$ 为负的区间（f 在此区间上递减）．

F. 极大值和极小值　求出 f 的临界值（使得 $f'(c)=0$ 或 $f'(c)$ 不存在的数 c），然后使用一阶导数判定．如果 f' 在临界点 c 处由正变为负，则 $f(c)$ 为一个极大值；如果 f' 在临界点 c 处由负变为正，则 $f(c)$ 为一个极小值．尽管我们一般更愿意使用一阶导数判定，但如果 $f'(c)=0$ 而 $f''(c)\neq 0$ 时，则需要使用二阶导数判定．如果 $f''(c)>0$，则 $f(c)$ 为一个极小值；如果 $f''(c)<0$，则 $f(c)$ 为一个极大值．

G. 凹性和拐点　计算 $f''(x)$，并使用凹性判定．当 $f''(x)>0$ 时，曲线上凹；当 $f''(x)<0$ 时，曲线下凹．凹性发生变化的点为拐点．

H. 画出曲线　使用 A~G 中的信息画图. 先用虚线画出渐近线, 并标出坐标轴截点、极大值点和极小值点, 以及拐点, 然后画出过这些点的曲线, 根据 E 来判断曲线上升还是下降, 再根据 G 来确定凹性, 使得曲线趋近于渐近线.

如果我们需要任何点附近的更大精度的图像, 则可以计算此处的导数. 此处的切线表明了曲线延伸的方向.

例 1　使用上面的指南, 画出曲线 $y = \dfrac{2x^2}{x^2 - 1}$.

A. 定义域　定义域是

$$\{x \mid x^2 - 1 \neq 0\} = \{x \mid x \neq \pm 1\} = (-\infty, -1) \cup (-1, 1) \cup (1, +\infty).$$

B. 截距　x 轴截距和 y 轴截距都是 0.

C. 对称性　因为 $f(-x) = f(x)$, 所以函数 f 为偶函数. 曲线关于 y 轴对称.

D. 渐近线
$$\lim_{x \to \pm\infty} \frac{2x^2}{x^2 - 1} = \lim_{x \to \pm\infty} \frac{2}{1 - \dfrac{1}{x^2}} = 2,$$

因此, 直线 $y = 2$ 为一条水平渐近线（左端和右端）.

当 $x = \pm 1$ 时, 分母为 0, 我们有

$$\lim_{x \to 1^+} \frac{2x^2}{x^2 - 1} = +\infty, \quad \lim_{x \to 1^-} \frac{2x^2}{x^2 - 1} = -\infty,$$

$$\lim_{x \to -1^+} \frac{2x^2}{x^2 - 1} = -\infty, \quad \lim_{x \to -1^-} \frac{2x^2}{x^2 - 1} = +\infty.$$

因此, 直线 $x = 1$ 和直线 $x = -1$ 为垂直渐近线. 有了这些关于极限和渐近线的信息, 我们可以初步画出如图 4-5-5 所示的图像, 图中曲线趋近于渐近线.

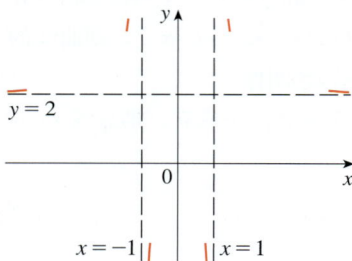

图 4-5-5
初步图像

从图 4-5-5 可以看出曲线趋近于它的水平渐近线. 递增区间和递减区间也可以验证这一点.

E. 递增区间和递减区间
$$f'(x) = \frac{(x^2 - 1)(4x) - 2x^2 \cdot 2x}{(x^2 - 1)^2} = \frac{-4x}{(x^2 - 1)^2}.$$

因为当 $x < 0$（$x \neq -1$）时 $f'(x) > 0$, 当 $x > 0$（$x \neq 1$）时 $f'(x) < 0$, 所以 f 在 $(-\infty, -1)$ 和 $(-1, 0)$ 上递增, 在 $(0, 1)$ 和 $(1, +\infty)$ 上递减.

F. 极大值和极小值　函数只有一个临界值 0. 因为 f' 在 $x = 0$ 处由正变为负, 所以根据一阶导数判定, $f(0) = 0$ 是一个极大值.

G. 凹性和拐点
$$f''(x) = \frac{-4(x^2 - 1)^2 + 4x \cdot 2(x^2 - 1)2x}{(x^2 - 1)^4} = \frac{12x^2 + 4}{(x^2 - 1)^3}.$$

因为对于所有 x 有 $12x^2 + 4 > 0$, 所以

$$f''(x) > 0 \Leftrightarrow x^2 - 1 > 0 \Leftrightarrow |x| > 1$$

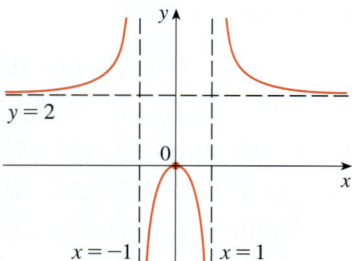

图 4-5-6

函数 $y = \dfrac{2x^2}{x^2 - 1}$ 的最终图像

且 $f''(x) < 0 \Leftrightarrow |x| < 1$. 因此, 曲线在 $(-\infty, -1)$ 和 $(1, +\infty)$ 上上凹, 在区间 $(-1, 1)$ 上下凹. 而 1 和 -1 不在定义域内, 所以 f 没有拐点.

H. 画出曲线　根据 E~G 的信息画出如图 4-5-6 所示的曲线.

例 2　画出函数 $f(x) = \dfrac{x^2}{\sqrt{x+1}}$ 的图像.

A. 定义域　定义域是 $\{x \mid x+1 > 0\} = \{x \mid x > -1\} = (-1, +\infty)$

B. 截距　x 轴截距和 y 轴截距都是 0.

C. 对称性　此函数没有对称性.

D. 渐近线　因为

$$\lim_{x \to +\infty} \frac{x^2}{\sqrt{x+1}} = +\infty ,$$

所以函数没有水平渐近线. 因为当 $x \to -1^+$ 时, $\sqrt{x+1} \to 0$, 且 $f(x)$ 恒为正值, 所以

$$\lim_{x \to -1^+} \frac{x^2}{\sqrt{x+1}} = +\infty .$$

因此, 直线 $x = -1$ 为一条垂直渐近线.

E. 递增区间和递减区间

$$f'(x) = \frac{2x\sqrt{x+1} - x^2 \cdot 1 / (2\sqrt{x+1})}{x+1} = \frac{3x^2 + 4x}{2(x+1)^{3/2}} = \frac{x(3x+4)}{2(x+1)^{3/2}} .$$

我们看到, 当 $x = 0$ 时, $f'(x) = 0$（注意 $-\dfrac{4}{3}$ 不在 f 的定义域内）, 所以函数只有一个临界值 0. 因为当 $-1 < x < 0$ 时 $f'(x) < 0$, 当 $x > 0$ 时 $f'(x) > 0$, 所以 f 在 $(-1, 0)$ 上递减, 在 $(0, +\infty)$ 上递增.

F. 极大值和极小值　因为 $f'(0) = 0$, f' 在 $x = 0$ 处由负变为正, 所以根据一阶导数判定, $f(0) = 0$ 是一个极小值（也是最小值）.

G. 凹性和拐点

$$f''(x) = \frac{2(x+1)^{3/2}(6x+4) - (3x^2 + 4x)3(x+1)^{1/2}}{4(x+1)^3} = \frac{3x^2 + 8x + 8}{4(x+1)^{5/2}} .$$

我们注意到分母恒为正. 分子为二次多项式 $3x^2 + 8x + 8$, 它的判别式 $b^2 - 4ac = -32$ 为负, x^2 的系数为正, 所以分子也恒为正. 因此, 对于 f 的定义域内的所有 x 都有 $f''(x) > 0$, 即 f 在 $(-1, +\infty)$ 上上凹且没有拐点.

H. 画出曲线　画出如图 4-5-7 所示的曲线. ■

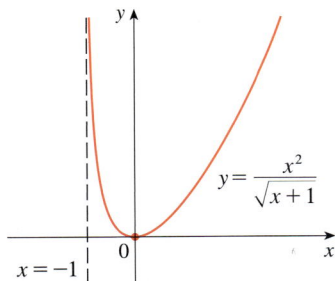

$y = \dfrac{x^2}{\sqrt{x+1}}$

$x = -1$

图 4-5-7

例 3　画出函数 $f(x) = xe^x$ 的图像.

A. 定义域　定义域为 $\mathbb{R}$.

B. 截距　x 轴截距和 y 轴截距都是 0.

C. 对称性　函数没有对称性.

D. 渐近线　当 $x \to +\infty$ 时, x 和 e^x 都变得非常大, 所以 $\lim\limits_{x \to +\infty} xe^x = +\infty$. 当 $x \to -\infty$ 时, $e^x \to 0$, 所以我们得到一个积的不定型, 需要使用洛必达法则:

$$\lim_{x \to -\infty} xe^x = \lim_{x \to -\infty} \frac{x}{e^{-x}} = \lim_{x \to -\infty} \frac{1}{-e^{-x}} = \lim_{x \to -\infty} (-e^x) = 0 .$$

所以 x 轴为一条水平渐近线.

E. 单调区间

$$f'(x) = xe^x + e^x = (x+1)e^x.$$

因为 e^x 恒为正，所以当 $x+1 > 0$ 时，$f'(x) > 0$；当 $x+1 < 0$ 时，$f'(x) < 0$. 因此，f 在 $(-1, +\infty)$ 上递增，在 $(-\infty, -1)$ 上递减.

F. 极大值和极小值 因为 $f'(-1) = 0$，且 f 在 $x = -1$ 处由负变为正，所以 $f(-1) = -e^{-1} \approx -0.37$ 是一个极小值（也是最小值）.

G. 凹性和拐点

$$f''(x) = (x+1)e^x + e^x = (x+2)e^x.$$

因为当 $x > -2$ 时 $f''(x) > 0$，当 $x < -2$ 时 $f''(x) < 0$，所以 f 在 $(-2, +\infty)$ 上上凹，在 $(-\infty, -2)$ 上下凹，拐点为 $(-2, -2e^{-2}) \approx (-2, -0.27)$.

H. 画出曲线 利用上面的信息画出曲线，如图 4-5-8 所示. ■

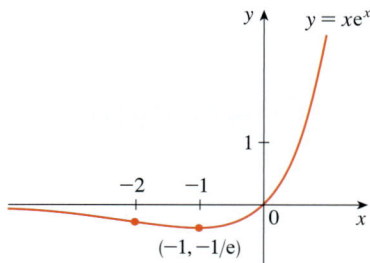

图 4-5-8

例 4 画出函数 $f(x) = \dfrac{\cos x}{2 + \sin x}$ 的图像.

A. 定义域 定义域为 $\mathbb{R}$.

B. 截距 y 轴截距是 $f(0) = \dfrac{1}{2}$. 对于整数 n，当 $\cos x = 0$ 时，$x = \dfrac{\pi}{2} + n\pi$ 为 x 轴截距.

C. 对称性 f 既不是奇函数也不是偶函数，但对于所有 x 有 $f(x + 2\pi) = f(x)$，所以 f 为周期函数，周期为 2π. 因此，我们只需要考虑 $0 \leqslant x \leqslant 2\pi$ 时的图像，然后在 H 中通过平移变换将曲线扩展.

D. 渐近线 此函数无渐近线.

E. 递增区间和递减区间

$$f'(x) = \frac{(2 + \sin x)(-\sin x) - \cos x(\cos x)}{(2 + \sin x)^2} = -\frac{2\sin x + 1}{(2 + \sin x)^2}.$$

分母恒为正，所以当 $2\sin x + 1 < 0 \Leftrightarrow \sin x < -\dfrac{1}{2} \Leftrightarrow 7\pi/6 < x < 11\pi/6$ 时，$f'(x) > 0$. 因此，f 在 $(7\pi/6, 11\pi/6)$ 上递增，在 $(0, 7\pi/6)$ 和 $(11\pi/6, 2\pi)$ 上递减.

F. 极大值和极小值 通过 E 和一阶导数判定可知，$f(7\pi/6) = -1/\sqrt{3}$ 是一个极小值，$f(11\pi/6) = 1/\sqrt{3}$ 是一个极大值.

G. 凹性和拐点 我们再次使用函数商的求导法则，然后化简可得

$$f''(x) = -\frac{2\cos x(1 - \sin x)}{(2 + \sin x)^3}.$$

因为对于所有 x 有 $(2 + \sin x)^3 > 0$ 和 $1 - \sin x \geqslant 0$，所以当 $\cos x < 0$，即 $\pi/2 < x < 3\pi/2$ 时，$f''(x) > 0$. 因此，f 在 $(\pi/2, 3\pi/2)$ 上上凹，在 $(0, \pi/2)$ 和 $(3\pi/2, 2\pi)$ 上下凹，拐点为 $(\pi/2, 0)$ 和 $(3\pi/2, 0)$.

H. 画出曲线 函数 f 在 $0 \leqslant x \leqslant 2\pi$ 上的图像如图 4-5-9 所示，然后利用周期性对它进行扩展，得到图 4-5-10 中的图像．

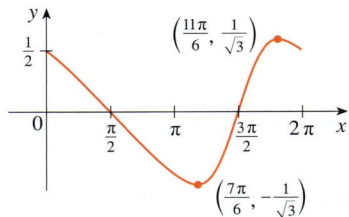

图 4-5-9

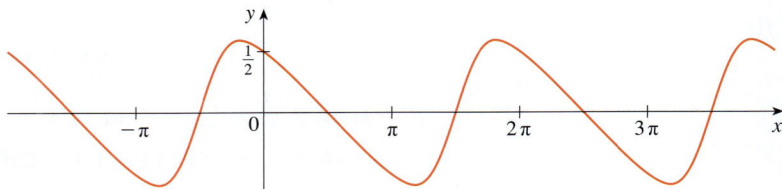

图 4-5-10

例 5 画出函数 $y = \ln\left(4 - x^2\right)$ 的图像．

A. 定义域 定义域为

$$\left\{x \,\middle|\, 4 - x^2 > 0\right\} = \left\{x \,\middle|\, x^2 < 4\right\} = \left\{x \,\middle|\, |x| < 2\right\} = (-2, 2) .$$

B. 截距 y 轴截距是 $f(0) = \ln 4$．为了求 x 轴截距，令

$$y = \ln\left(4 - x^2\right) = 0 .$$

我们知道 $\ln 1 = 0$（因为 $e^0 = 1$），所以有 $4 - x^2 = 1 \Rightarrow x^2 = 3$．因此，$x$ 轴截距为 $\pm\sqrt{3}$．

C. 对称性 因为 $f(-x) = f(x)$，所以 f 为偶函数，曲线关于 y 轴对称．

D. 渐近线 我们在定义域的端点处寻找垂直渐近线．因为当 $x \to 2^-$ 或 $x \to -2^+$ 时，$4 - x^2 \to 0^+$，所以

$$\lim_{x \to 2^-} \ln\left(4 - x^2\right) = -\infty , \quad \lim_{x \to -2^+} \ln\left(4 - x^2\right) = -\infty .$$

因此，直线 $x = 2$ 和直线 $x = -2$ 为垂直渐近线．

E. 递增区间和递减区间

$$f'(x) = \frac{-2x}{4 - x^2} .$$

当 $-2 < x < 0$ 时，$f'(x) > 0$，当 $0 < x < 2$ 时，$f'(x) < 0$，所以 f 在 $(-2, 0)$ 上递增，在 $(0, 2)$ 上递减．

F. 极大值和极小值 函数只有一个临界值 0，因为 f' 在 $x = 0$ 处由正变为负，所以根据一阶导数判别定，$f(0) = \ln 4$ 是一个极大值．

G. 凹性和拐点

$$f''(x) = \frac{\left(4 - x^2\right)(-2) + 2x(-2x)}{\left(4 - x^2\right)^2} = \frac{-8 - 2x^2}{\left(4 - x^2\right)^2} .$$

对于所有 x 有 $f''(x) < 0$，因此，曲线在 $(-2, 2)$ 上下凹，且没有拐点．

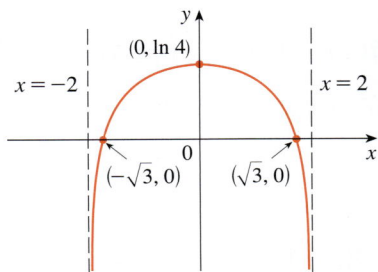

图 4-5-11

$y = \ln\left(4 - x^2\right)$

H. 画出曲线 利用上面的信息画出曲线，如图 4-5-11 所示．

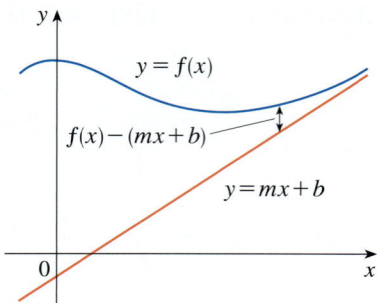

图 4-5-12

■ 斜渐近线

有些曲线的渐近线是倾斜的，也就是说，它们既不是水平的也不是垂直的. 如果

$$\lim_{x \to +\infty} \left[f(x) - (mx + b) \right] = 0 ,$$

其中 $m \neq 0$，那么直线 $y = mx + b$ 称为一条**斜渐近线**，因为曲线 $y = f(x)$ 与直线 $y = mx + b$ 之间的垂直距离趋于 0，如图 4-5-12 所示.（如果令 $x \to -\infty$ 也可得到同样的情况.）对于有理函数，当分子的次数比分母的次数多 1 时，斜渐近线就会出现. 这种情况下，我们通过长除法即可求得斜渐近线的方程，如下例所示.

例 6 画出函数 $f(x) = \dfrac{x^3}{x^2 + 1}$ 的图像.

A. 定义域 定义域为 $\mathbb{R}$.

B. 截距 x 轴截距和 y 轴截距都是 0 .

C. 对称性 因为 $f(-x) = -f(x)$，所以 f 是奇函数，它的图像关于原点对称.

D. 渐近线 因为 $x^2 + 1$ 恒不为 0，所以函数没有垂直渐近线. 因为当 $x \to +\infty$ 时 $f(x) \to +\infty$，当 $x \to -\infty$ 时 $f(x) \to -\infty$，所以函数没有水平渐近线. 通过长除法可得

$$f(x) = \frac{x^3}{x^2 + 1} = x - \frac{x}{x^2 + 1} .$$

这个等式表明，$y = x$ 是斜渐近线的一个候选. 事实上，

$$\text{当 } x \to \pm\infty \text{ 时，} \quad f(x) - x = -\frac{x}{x^2 + 1} = -\frac{\dfrac{1}{x}}{1 + \dfrac{1}{x^2}} \to 0 .$$

因此，直线 $y = x$ 确实为一条斜渐近线.

E. 递增区间和递减区间

$$f'(x) = \frac{(x^2 + 1)(3x^2) - x^3 \cdot 2x}{(x^2 + 1)^2} = \frac{x^2(x^2 + 3)}{(x^2 + 1)^2} .$$

对于所有 x（除 0 以外）都有 $f'(x) > 0$，所以 f 在 $(-\infty, +\infty)$ 上递增.

F. 极大值和极小值 尽管 $f'(0) = 0$，但是 f' 在 $x = 0$ 处不改变符号，所以 f 没有极大值或极小值.

G. 凹性和拐点

$$f''(x) = \frac{(x^2 + 1)^2(4x^3 + 6x) - (x^4 + 3x^2) \cdot 2(x^2 + 1)2x}{(x^2 + 1)^4} = \frac{2x(3 - x^2)}{(x^2 + 1)^3} .$$

当 $x = 0$ 或 $x = \pm\sqrt{3}$ 时，$f''(x) = 0$. 我们作出表 4-5-1.

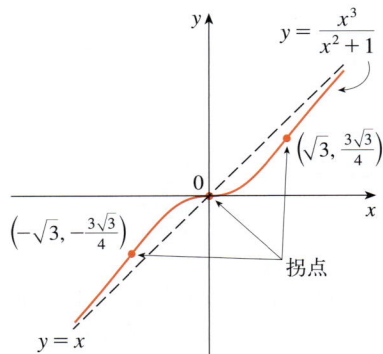

图 4-5-13

表 4-5-1

区间	x	$3-x^2$	$\left(x^2+1\right)^3$	$f''(x)$	f
$x<-\sqrt{3}$	$-$	$-$	$+$	$+$	在 $\left(-\infty,-\sqrt{3}\right)$ 上上凹
$-\sqrt{3}<x<0$	$-$	$+$	$+$	$-$	在 $\left(-\sqrt{3},0\right)$ 上下凹
$0<x<\sqrt{3}$	$+$	$+$	$+$	$+$	在 $\left(0,\sqrt{3}\right)$ 上上凹
$x>\sqrt{3}$	$+$	$-$	$+$	$-$	在 $\left(\sqrt{3},+\infty\right)$ 上下凹

拐点为 $\left(-\sqrt{3},-\dfrac{3}{4}\sqrt{3}\right)$、$(0,0)$ 和 $\left(\sqrt{3},\dfrac{3}{4}\sqrt{3}\right)$.

H. 画出曲线 函数 f 的图像如图 4-5-13 所示. ∎

4.5 练习

1~54 利用本节中的绘图指南画出曲线.

1. $y=x^3+3x^2$

2. $y=2x^3-12x^2+18x$

3. $y=x^4-4x$

4. $y=x^4-8x^2+8$

5. $y=x(x-4)^3$

6. $y=x^5-5x$

7. $y=\dfrac{1}{5}x^5-\dfrac{8}{3}x^3+16x$

8. $y=\left(4-x^2\right)^5$

9. $y=\dfrac{2x+3}{x+2}$

10. $y=\dfrac{x^2+5x}{25-x^2}$

11. $y=\dfrac{x-x^2}{2-3x+x^2}$

12. $y=1+\dfrac{1}{x}+\dfrac{1}{x^2}$

13. $y=\dfrac{x}{x^2-4}$

14. $y=\dfrac{1}{x^2-4}$

15. $y=\dfrac{x^2}{x^2+3}$

16. $y=\dfrac{(x-1)^2}{x^2+1}$

17. $y=\dfrac{x-1}{x^2}$

18. $y=\dfrac{x}{x^3-1}$

19. $y=\dfrac{x^3}{x^3+1}$

20. $y=\dfrac{x^3}{x-2}$

21. $y=(x-3)\sqrt{x}$

22. $y=(x-4)\sqrt[3]{x}$

23. $y=\sqrt{x^2+x-2}$

24. $y=\sqrt{x^2+x}-x$

25. $y=\dfrac{x}{\sqrt{x^2+1}}$

26. $y=x\sqrt{2-x^2}$

27. $y=\dfrac{\sqrt{1-x^2}}{x}$

28. $y=\dfrac{x}{\sqrt{x^2-1}}$

29. $y=x-3x^{1/3}$

30. $y=x^{5/3}-5x^{2/3}$

31. $y=\sqrt[3]{x^2-1}$

32. $y=\sqrt[3]{x^3+1}$

33. $y=\sin^3 x$

34. $y=x+\cos x$

35. $y=x\tan x,\ -\pi/2<x<\pi/2$

36. $y=2x-\tan x,\ -\pi/2<x<\pi/2$

37. $y=\sin x+\sqrt{3}\cos x,\ -2\pi\leqslant x\leqslant 2\pi$

38. $y=\csc x-2\sin x,\ 0<x<\pi$

39. $y=\dfrac{\sin x}{1+\cos x}$

40. $y=\dfrac{\sin x}{2+\cos x}$

41. $y=\arctan\left(e^x\right)$

42. $y=(1-x)e^x$

43. $y=1/\left(1+e^{-x}\right)$

44. $y=e^{-x}\sin x,\ 0\leqslant x\leqslant 2\pi$

45. $y=\dfrac{1}{x}+\ln x$

46. $y=x(\ln x)^2$

47. $y=\left(1+e^x\right)^{-2}$

48. $y=e^x/x^2$

49. $y=\ln(\sin x)$

50. $y=\ln\left(1+x^3\right)$

51. $y=xe^{-1/x}$

52. $y=\dfrac{\ln x}{x^2}$

53. $y=e^{\arctan x}$

54. $y=\tan^{-1}\left(\dfrac{x-1}{x+1}\right)$

55~58 函数 f 的图像如下页第一张图所示.（虚线表示水平渐近线.）对于给定的函数 g ，求：

(a) g 和 g' 的定义域；

(b) g 的临界值；

(c) $g'(6)$ 的近似值；

(d) g 的所有水平渐近线和垂直渐近线．

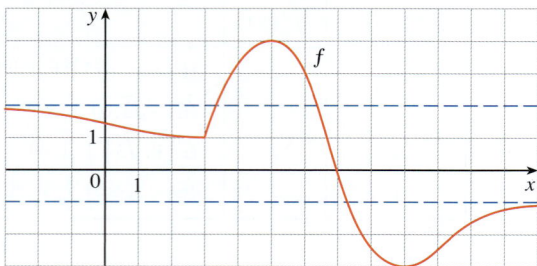

55. $g(x) = \sqrt{f(x)}$　　　**56.** $g(x) = \sqrt[3]{f(x)}$

57. $g(x) = |f(x)|$　　　**58.** $g(x) = 1/f(x)$

59. 在相对论中，一个粒子的质量是
$$m = \frac{m_0}{\sqrt{1 - v^2/c^2}} ,$$
其中 m_0 是粒子的静止质量，m 是粒子以速度 v 相对于观察者运动时的质量，c 是光速．画出 m 关于 v 的函数的图像．

60. 在相对论中，一个粒子的能量是
$$E = \sqrt{m_0^2 c^4 + h^2 c^2/\lambda^2} ,$$
其中 m_0 是粒子的静止质量，λ 是它的波长，h 是普朗克常数．画出 E 关于 λ 的函数的图像．该图像能说明关于能量函数的什么结论？

61. 方程
$$p(t) = \frac{1}{1 + ae^{-kt}}$$
给出了传闻传播的一个模型，其中 $p(t)$ 是 t 时知道传闻的人数比例，a 和 k 是正常数．
(a) 何时听说过这个传闻的人数达到一半？
(b) 传闻的传播速度什么时候最快？
(c) 画出函数 p 的图像．

62. 注射到血液中的药物在 t 时的浓度的模型为
$$C(t) = K\left(e^{-at} - e^{-bt}\right) ,$$
其中 a、b 和 K 为正常数，且 $b > a$．画出浓度函数的图像．根据图像说明药物浓度如何随时间的推移而变化．

63. 右栏第一张图为一根长度为 L 的嵌入墙壁的横梁．如果负载 W（常量）平均分布在横梁上，则横梁呈挠度曲线
$$y = -\frac{W}{24EI}x^4 + \frac{WL}{12EI}x^3 - \frac{WL^2}{24EI}x^2$$

的形状，其中 E 和 I 为正常数（E 为杨式弹性模量，I 为横梁截面的转动惯量）．画出挠度曲线．

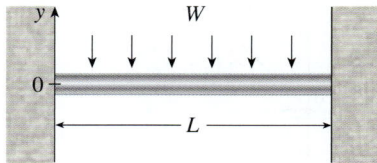

64. 根据库仑定律，两个带电粒子之间的作用力与它们的带电量的乘积成正比，与它们之间的距离的平方成反比．下图显示了两个带电量为 1 的粒子位于坐标轴的 0 和 2 处，带电量为 −1 的粒子位于它们之间的 x 处．根据库仑定律，中间粒子所受的净作用力为
$$F(x) = -\frac{k}{x^2} + \frac{k}{(x-2)^2} , \quad 0 < x < 2 ,$$
其中 k 为正常数．画出净作用力的函数图像．该图像能说明关于净作用力的什么结论？

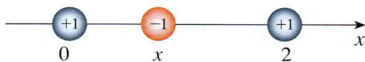

65~68　求斜渐近线的方程，无须画出函数图像．

65. $y = \dfrac{x^2 + 1}{x + 1}$　　　**66.** $y = \dfrac{4x^3 - 10x^2 - 11x + 1}{x^2 - 3x}$

67. $y = \dfrac{2x^3 - 5x^2 + 3x}{x^2 - x - 2}$　　　**68.** $y = \dfrac{-6x^4 + 2x^3 + 3}{2x^3 - x}$

69~74　利用本节中的绘图指南画出曲线．根据指南中的 D，求出斜渐近线的方程．

69. $y = \dfrac{x^2}{x - 1}$　　　**70.** $y = \dfrac{1 + 5x - 2x^2}{x - 2}$

71. $y = \dfrac{x^3 + 4}{x^2}$　　　**72.** $y = \dfrac{x^3}{(x+1)^2}$

73. $y = 1 + \dfrac{1}{2}x + e^{-x}$　　　**74.** $y = 1 - x + e^{1+x/3}$

75. 证明：曲线 $y = x - \tan^{-1} x$ 有两条斜渐近线 $y = x + \pi/2$ 和 $y = x - \pi/2$．利用这一点画出这条曲线．

76. 证明：曲线 $y = \sqrt{x^2 + 4x}$ 有两条斜渐近线 $y = x + 2$ 和 $y = -x - 2$．利用这一点画出这条曲线．

77. 证明：直线 $y = (b/a)x$ 和 $y = -(b/a)x$ 是抛物线 $x^2/a^2 - y^2/b^2 = 1$ 的斜渐近线．

78. 设 $f(x)=\left(x^3+1\right)/x$．证明：

$$\lim_{x\to\pm\infty}\left[f(x)-x^2\right]=0．$$

这表明 f 的图像趋近于曲线 $y=x^2$，我们称曲线 $y=f(x)$ 渐近抛物线 $y=x^2$．利用这一点画出 f 的图像．

79. 仿照练习 78，讨论曲线 $f(x)=\left(x^4+1\right)/x$ 的渐近行为．根据结果画出 f 的图像．

80. 不使用本节中的绘图流程，直接利用 $f(x)=\sin x+\mathrm{e}^{-x}$ 的渐近行为画出图像．

4.6 | 利用微积分和技术工具绘图

在上一节中我们使用的绘图方法最大限度地利用了微分学的知识，最终目的是画出图像．本节的视角与之完全不同，这里我们从图像计算器或计算机生成的函数图像开始，然后不断细化，并使用微积分来验证曲线所有的重要特征是否都体现了出来．利用绘图设备，我们可以处理那些没有技术工具就无法想象的复杂曲线．本节的主题是微积分和技术工具如何交互．

例 1　画出多项式 $f(x)=2x^6+3x^5+3x^3-2x^2$ 的图像．利用 f' 和 f'' 的图像，估计 f 的所有极大值点和极小值点以及凹区间．

解　如果我们指定了定义域的显示范围，而没有指定值域的显示范围，绘图软件通常会根据计算确定一个合适的范围．当我们指定 $-5\leqslant x\leqslant 5$ 时，图 4-6-1 给出了可能的绘图结果．尽管这个矩形区域中的图像有助于说明该曲线的渐近行为（或无穷远性态）和 $y=2x^6$ 的渐近行为相同，但是很明显，这个图像没能表现出更精细的细节．因此，我们将矩形区域变为 $[-3,2]\times[-50,100]$，如图 4-6-2 所示．

大多数图像计算器和绘图软件都有"追踪"曲线轨迹的功能，并提供点的近似坐标．（有些还能识别极大值点和极小值点的近似位置．）从图中可以看出，当 $x\approx-1.62$ 时 f 有最小值约为 -15.33，f 在 $(-\infty,-1.62)$ 上递减，在 $(-1.62,+\infty)$ 上递增．另外，曲线在原点处有一条水平切线，一个拐点位于在 $x=0$ 处，另一个位于 -2 和 -1 之间．

下面使用微积分验证上面的观察结果．求导可得

$$f'(x)=12x^5+15x^4+9x^2-4x，$$
$$f''(x)=60x^4+60x^3+18x-4．$$

画出 f' 的图像，如图 4-6-3 所示．我们看到当 $x\approx-1.62$ 时，$f'(x)$ 由负变为正．这证实了刚刚找到的最小值（通过一阶导数判定可知）．但令人意外的是，我们也注意到当 $x=0$ 时，$f'(x)$ 由正变为负；当 $x\approx0.35$ 时，$f'(x)$ 由负变为正．这说明 f 在 $x=0$ 处有一个极大值，在 $x\approx0.35$ 处有一个极小值，但是它们在图 4-6-2 中却没有被体现出来．实际上，如果以原点为中心放大图像，如图 4-6-4 所示，我们就能看到之前错过的信息：当 $x=0$ 时，极大值为 0；当 $x\approx0.35$ 时，极小值为 -0.1．

曲线的凹性和拐点有何特点？从图 4-6-2 和图 4-6-4 中可以看出，当 x 在 -1 稍微偏左侧和 0 稍微偏右侧时，f 有拐点．但是由 f 的图像很难确定拐点的具体位置，因此，我们画出二阶导数 f'' 的图像，如图 4-6-5 所示．可以看到，当 $x\approx-1.23$

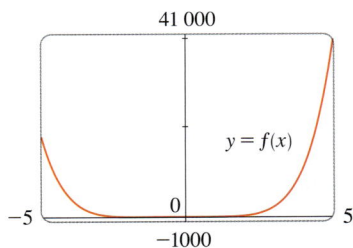

图 4-6-1

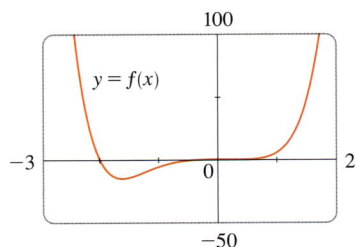

图 4-6-2

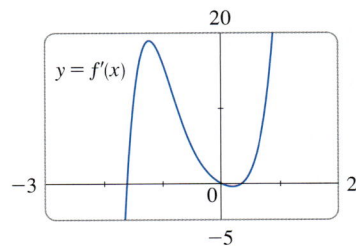

图 4-6-3

时，f'' 由正变为负；当 $x \approx 0.19$ 时，f'' 由负变为正．因此，f 在 $(-\infty, -1.23)$ 和 $(0.19, +\infty)$ 上上凹，在 $(-1.23, 0.19)$ 上下凹（精确到小数点后 2 位），拐点为 $(-1.23, -10.18)$ 和 $(0.19, -0.05)$．

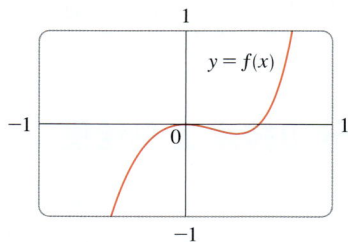

图 4-6-4

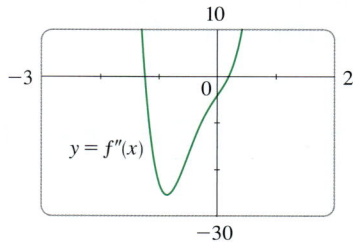

图 4-6-5

可见，没有一个图像能单独展示出该多项式的全部特征，但将图 4-6-2 和图 4-6-4 结合起来就能提供准确的图景．∎

例 2 在一个矩形区域中画出函数

$$f(x) = \frac{x^2 + 7x + 3}{x^2}$$

的图像，以显示出函数所有的重要特征．估计函数的极大值、极小值和凹区间，然后使用微积分求出它们的准确值．

解 绘图软件按默认比例生成的图 4-6-6 没有任何用处．一些图像计算器使用的默认矩形区域是 $[-10, 10] \times [-10, 10]$，这样生成的图像如图 4-6-7 所示，效果大大改进．

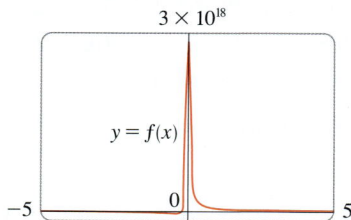

图 4-6-6

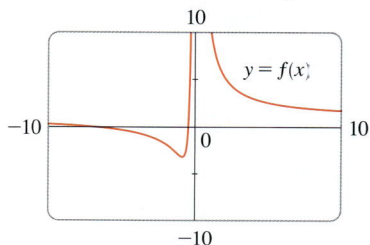

图 4-6-7

y 轴是一条垂直渐近线，因为

$$\lim_{x \to 0} \frac{x^2 + 7x + 3}{x^2} = +\infty .$$

根据图 4-6-7，我们可以估计出 x 轴截距约为 -0.5 和 -6.5．利用二次求根公式解方程 $x^2 + 7x + 3 = 0$ 来计算准确值，可得 $x = \left(-7 \pm \sqrt{37}\right)\big/2$．

为了更好地考察水平渐近线，我们将矩形区域变为 $[-20, 20] \times [-5, 10]$，如图 4-6-8 所示．显然，$y = 1$ 是一条水平渐近线，这很容易得到证明：

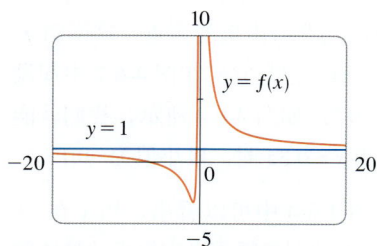

图 4-6-8

$$\lim_{x \to \pm\infty} \frac{x^2 + 7x + 3}{x^2} = \lim_{x \to \pm\infty} \left(1 + \frac{7}{x} + \frac{3}{x^2}\right) = 1 .$$

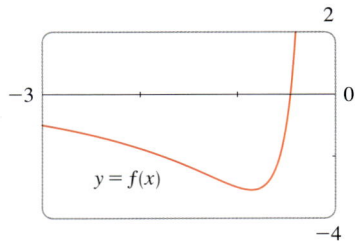

图 4-6-9

为了估计极小值，我们将图像放大，矩形区域变为 $[-3,0] \times [-4,2]$，如图 4-6-9 所示．可以看到，当 $x \approx -0.9$ 时，函数取得极小值约为 -3.1，函数在 $(-\infty, -0.9)$ 和 $(0, +\infty)$ 上递减，在 $(-0.9, 0)$ 上递增．通过求导得到准确值：

$$f'(x) = -\frac{7}{x^2} - \frac{6}{x^3} = -\frac{7x+6}{x^3},$$

这表明当 $-\dfrac{6}{7} < x < 0$ 时，$f'(x) > 0$；当 $x < -\dfrac{6}{7}$ 或 $x > 0$ 时，$f'(x) < 0$．所以极小值的准确值为 $f\left(-\dfrac{6}{7}\right) = -\dfrac{37}{12} \approx -0.38$．

图 4-6-9 表明，在 -1 和 -2 之间有一个拐点．我们可以利用二阶导数的图像更精确地估计出拐点，不过本例中，直接求准确值同样简单．因为

$$f''(x) = \frac{14}{x^3} + \frac{18}{x^4} = \frac{2(7x+9)}{x^4},$$

所以当 $x > -\dfrac{9}{7}$（$x \neq 0$）时，$f''(x) > 0$；当 $x < -\dfrac{9}{7}$ 时，$f''(x) < 0$．因此，f 在 $\left(-\dfrac{9}{7}, 0\right)$ 和 $(0, +\infty)$ 上上凹，在 $\left(-\infty, -\dfrac{9}{7}\right)$ 上下凹，拐点为 $\left(-\dfrac{9}{7}, -\dfrac{71}{27}\right)$．

通过一阶导数和二阶导数进行分析，结果表明图 4-6-8 显示了曲线的主要特征． ■

例 3 画出函数 $f(x) = \dfrac{x^2(x+1)^3}{(x-2)^2(x-4)^4}$ 的图像．

解 利用例 2 中绘制有理函数的图像的经验，我们直接从在矩形区域 $[-10,10] \times [-10,10]$ 中画出函数的图像开始．由图 4-6-10 可知，要获得更多细节必须放大图像，而要获得更完整的图景必须缩小图像．不过为了进行合适的缩放，我们应该先仔细观察 $f(x)$ 的方程．因为分母的因式有 $(x-2)^2$ 和 $(x-4)^4$，所以 $x = 2$ 和 $x = 4$ 有可能是垂直渐近线．的确，

$$\lim_{x \to 2} \frac{x^2(x+1)^3}{(x-2)^2(x-4)^4} = +\infty, \quad \lim_{x \to 4} \frac{x^2(x+1)^3}{(x-2)^2(x-4)^4} = +\infty.$$

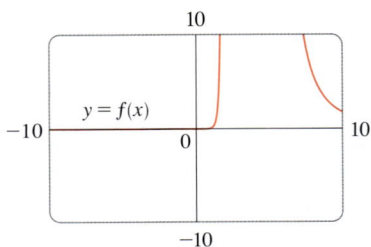

图 4-6-10

为了求水平渐近线，将分子和分母同时除以 x^6：

$$\frac{x^2(x+1)^3}{(x-2)^2(x-4)^4} = \frac{\dfrac{x^2}{x^3} \cdot \dfrac{(x+1)^3}{x^3}}{\dfrac{(x-2)^2}{x^2} \cdot \dfrac{(x-4)^4}{x^4}} = \frac{\dfrac{1}{x}\left(1+\dfrac{1}{x}\right)^3}{\left(1-\dfrac{2}{x}\right)^2\left(1-\dfrac{4}{x}\right)^4},$$

这表明当 $x \to \pm\infty$ 时，$f(x) \to 0$．因此，x 轴是一条水平渐近线．

采用 2.6 节例 12 中的分析方法，考察图像在 x 轴截点附近是什么样的也很有用．因为 x^2 非负，所以 $f(x)$ 在 $x = 0$ 处不改变符号，因此，图像在 $x = 0$ 处不穿过 x 轴．但是，因为分子的因式有 $(x+1)^3$，所以图像在 $x = -1$ 处穿过 x 轴，并且有一条水平切线．综合上述信息，在不利用导数的情况下，我们发现曲线一定呈如图 4-6-11 所示的形状．

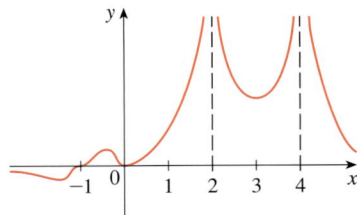

图 4-6-11

根据这些信息，通过（多次）放大，可以得到如图 4-6-12 和图 4-6-13 所示的图像；通过（多次）缩小，可以得到如图 4-6-14 所示的图像．

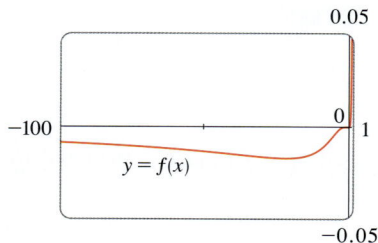

图 4-6-12

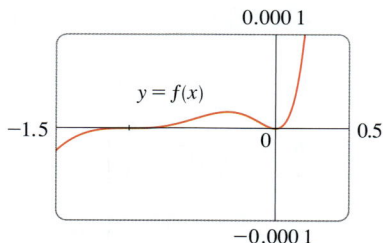

图 4-6-13

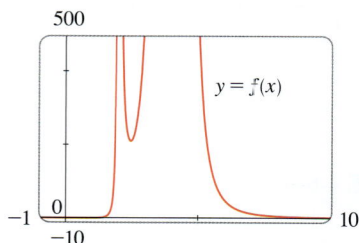

图 4-6-14

从上面这些图中可以看出：当 $x \approx -20$ 时，函数取得最小值约为 -0.02；当 $x \approx -0.3$ 时，函数取得极大值约为 $0.000\,02$；当 $x \approx 2.5$ 时，函数取得极小值约为 211．这些图像还表明，函数在 $x = -35$、$x = -5$ 和 $x = -1$ 附近分别有三个拐点，在 -1 和 0 之间有两个拐点．为了更精确地估计出拐点，我们需要画出 f'' 的图像，但是手算 f'' 是一项极其烦琐的工作，可以把它交给计算机代数系统来轻松完成（见练习 15）．

可见，对这个函数来说，需要三个图像（图 4-6-12、图 4-6-13 和图 4-6-14）才能传达函数所有的重要信息．用一个图像展示出函数的所有这些特征的唯一方法是手绘图像．尽管有些夸大和失真，但图 4-6-11 还是概括了函数的本质．　∎

例 4　画出函数 $f(x) = \sin(x + \sin 2x)$ 的图像．对于 $0 \leqslant x \leqslant \pi$，估计所有的极大值和极小值、递增区间和递减区间以及拐点．

解　首先，f 是周期为 2π 的周期函数．其次，f 为奇函数且对于所有 x 都有 $|f(x)| \leqslant 1$．因此，选择哪个矩形区域进行观察这个函数就不成问题了．我们从 $[0, \pi] \times [-1.1, 1.1]$ 开始（如图 4-6-15 所示），可以看出在这个范围内有三个极大值和两个极小值．为了验证这些值并更精确找出它们的位置，我们需要计算一阶导数：

$$f'(x) = \cos(x + \sin 2x) \cdot (1 + 2\cos 2x).$$

图 4-6-16 给出了 f 和 f' 的图像．

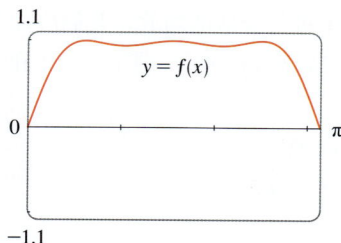

图 4-6-15

估计 f' 的 x 轴截距之后，我们使用一阶导数判定，得到下面的近似值（精确到小数点后 1 位）：

递增区间：$(0, 0.6)$、$(1.0, 1.6)$、$(2.1, 2.5)$；

递减区间：$(0.6, 1.0)$、$(1.6, 2.1)$、$(2.5, \pi)$；

极大值：$f(0.6) \approx 1$、$f(1.6) \approx 1$、$f(2.5) \approx 1$；

极小值：$f(1.0) \approx 0.94$、$f(2.1) \approx 0.94$．

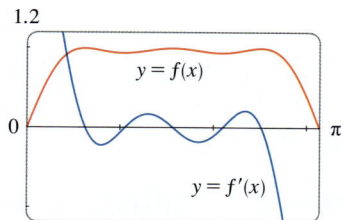

图 4-6-16

二阶导数为

$$f''(x) = -(1 + 2\cos 2x)^2 \sin(x + \sin 2x) - 4\sin 2x \cos(x + \sin 2x).$$

图 4-6-17 给出了 f 和 f'' 的图像，可以得到下面的近似值：

上凹区间：$(0.8,1.3)$、$(1.8,2.3)$；

下凹区间：$(0,0.8)$、$(1.3,1.8)$、$(2.3,\pi)$；

拐点：$(0,0)$、$(0.8,0.97)$、$(1.3,0.97)$、$(1.8,0.97)$、$(2.3,0.97)$.

图 4-6-15 得到了验证，它准确地表示了 f 在 $0\leqslant x\leqslant\pi$ 时的特征，这表明图 4-6-18 中的扩展图像也准确地表示了 f 在 $-2\pi\leqslant x\leqslant 2\pi$ 时的特征. ■

函数族

$$f(x)=\sin(x+\sin cx)$$

（其中 c 为常数）经常出现在调频合成的应用中. 正弦波由频率不同的波（$\sin cx$）合成. 例 4 探讨了 $c=2$ 的情况，练习 27 则是另一种特殊情况.

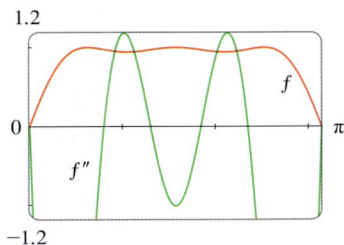

图 4-6-17

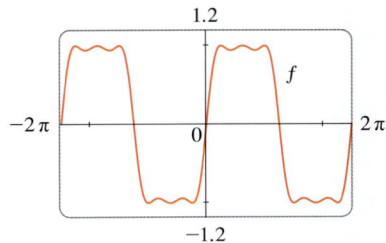

图 4-6-18

最后一个例子与函数族有关. 函数族指由一个或多个参数关联起来的一组函数. 参数的每个取值都会产生函数族中的一个成员函数. 当参数变化时，函数的图像也随之变化.

例 5　当 c 变化时，$f(x)=1/(x^2+2x+c)$ 的图像如何变化？

解　图 4-6-19 和图 4-6-20 分别为 $c=2$ 和 $c=-2$ 的特殊情况下外观截然不同的两条曲线.

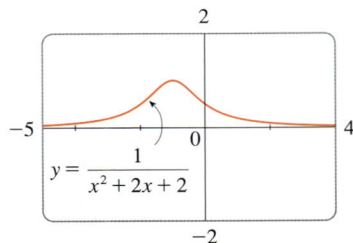

图 4-6-19

$c=2$

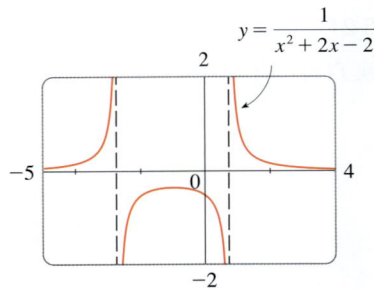

图 4-6-20

$c=-2$

在画出其他图像之前，先来看看函数族中的成员函数有什么共同点. 因为对于任何 c 值，

$$\lim_{x\to\pm\infty}\frac{1}{x^2+2x+c}=0,$$

所以 x 轴是所有函数图像的水平渐近线. 当 $x^2+2x+c=0$ 时，图像有垂直渐近线. 解二次方程，得到 $x=-1\pm\sqrt{1-c}$. 当 $c>1$ 时，图像没有垂直渐近线（见图 4-6-19）；当 $c=1$ 时，因为

$$\lim_{x\to-1}\frac{1}{x^2+2x+1}=\lim_{x\to-1}\frac{1}{(x+1)^2}=+\infty,$$

所以图像有一条垂直渐近线 $x=-1$；当 $c<1$ 时，图像有两条渐近线 $x=-1\pm\sqrt{1-c}$（见图 4-6-20）.

现在计算导数：

$$f'(x)=-\frac{2x+2}{\left(x^2+2x+c\right)^2}.$$

这说明当 $x=-1$ 时，$f'(x)=0$（如果 $c\neq 1$）；当 $x<-1$ 时，$f'(x)>0$；当 $x>-1$ 时，$f'(x)<0$. 如果 $c\geqslant 1$，则 f 在 $(-\infty,-1)$ 上递增，在 $(-1,+\infty)$ 上递减. 如果 $c>1$，则 $f(-1)=1/(c-1)$ 为最大值. 如果 $c<1$，则 $f(-1)=1/(c-1)$ 为一个极大值，递增区间和递减区间被两条垂直渐近线切断.

图 4-6-21 用函数族中五个成员函数的图像展示了这个变化过程，绘图的矩形区域为 $[-5,4]\times[-2,2]$. 正如预期的那样，当 $c=1$ 时，两条渐近线变成一条渐近线；当 $c>1$ 时，再变成没有渐近线. 随着 c 从 1 开始增大，最大值点逐渐下降，这是因为当 $c\to +\infty$ 时，$1/(c-1)\to 0$. 随着 c 从 1 开始减小，两条垂直渐近线的间隔逐渐变宽，因为它们之间的距离为 $2\sqrt{1-c}$. 当 $c\to -\infty$ 时，距离会变得非常大，而且 $1/(c-1)\to 0$，极大值点会趋近 x 轴.

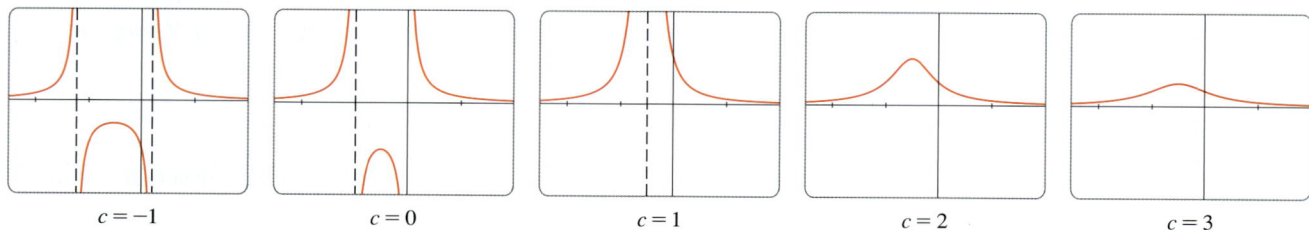

| $c=-1$ | $c=0$ | $c=1$ | $c=2$ | $c=3$ |

图 4-6-21
函数族 $f(x)=1\big/\left(x^2+2x+c\right)$

显然，当 $c\leqslant 1$ 时，函数没有拐点. 当 $c>1$ 时，

$$f''(x)=\frac{2\left(3x^2+6x+4-c\right)}{\left(x^2+2x+c\right)^3},$$

可知当 $x=-1\pm\sqrt{3(c-1)}\big/3$ 时，函数有拐点. 因此，当 c 增大时，拐点越来越分散. 图 4-6-21 中的后两个图像可以佐证这一点.

4.6 ⊞ 练习

1~8 画出 f 的图像，显示曲线所有的重要特征. 利用 f' 和 f'' 的图像，估计递增区间、递减区间、极值、凹区间和拐点.

1. $f(x)=x^5-5x^4-x^3+28x^2-2x$

2. $f(x)=-2x^6+5x^5+140x^3-110x^2$

3. $f(x)=x^6-5x^5+25x^3-6x^2-48x$

4. $f(x)=\dfrac{x^4-x^3-8}{x^3-x-6}$

5. $f(x)=\dfrac{x}{x^3+x^2+1}$

6. $f(x)=6\sin x-x^2,\ -5\leqslant x\leqslant 3$

7. $f(x)=6\sin x+\cot x,\ -\pi\leqslant x\leqslant \pi$

8. $f(x)=e^x-0.186x^4$

9~10 画出 f 的图像，显示曲线所有的重要特征. 估计递增区间、递减区间和凹区间，然后利用微积分求出它们的准确值.

9. $f(x)=1+\dfrac{1}{x}+\dfrac{8}{x^2}+\dfrac{1}{x^3}$

10. $f(x)=\dfrac{1}{x^8}-\dfrac{2\times 10^8}{x^4}$

11~12

(a) 画出函数的图像.

(b) 利用洛必达法则，说明函数在 $x \to 0$ 时的行为.

(c) 估计极小值和凹区间，然后利用微积分求出它们的准确值.

11. $f(x) = x^2 \ln x$　　　**12.** $f(x) = xe^{1/x}$

13~14 根据渐近线和坐标轴截距，在不利用导数的情况下，手绘下列函数的图像. 然后以这张草图为指导，使用计算器或计算机画出能够显示曲线的主要特征的图像，并利用这些图像估计极大值与极小值.

13. $f(x) = \dfrac{(x+4)\left((x-3)\right)^2}{x^4(x-1)}$　　**14.** $f(x) = \dfrac{(2x+3)^2(x-2)^5}{x^3(x-5)^2}$

T 15. 对于例 3 中的函数 f，使用计算机代数系统计算 f' 并画出函数 f 的图像，以验证例 3 中给出的所有极大值和极小值. 计算 f'' 并用它估计函数的凹区间和拐点.

T 16. 对于练习 14 中的函数 f，使用计算机代数系统求出 f' 和 f''，并利用它们的图像估计 f 的递增区间、递减区间和凹区间.

T 17~22 使用计算机代数系统画出 f、f' 和 f'' 的图像. 利用这些图像估计 f 的递增区间、递减区间、极值、凹区间和拐点.

17. $f(x) = \dfrac{x^3 + 5x^2 + 1}{x^4 + x^3 - x^2 + 2}$　　**18.** $f(x) = \dfrac{x^{2/3}}{1 + x + x^4}$

19. $f(x) = \sqrt{x + 5\sin x}$, $x \leqslant 20$

20. $f(x) = x - \tan^{-1}(x^2)$　　**21.** $f(x) = \dfrac{1 - e^{1/x}}{1 + e^{1/x}}$

22. $f(x) = \dfrac{3}{3 + 2\sin x}$

23~24 在尽可能多的矩形区域中画出函数图像，以描述函数的真实特征.

23. $f(x) = \dfrac{1 - \cos(x^4)}{x^8}$　　**24.** $f(x) = e^x + \ln|x - 4|$

25~26

(a) 画出函数的图像.

(b) 通过计算函数在 $x \to 0^+$ 或 $x \to +\infty$ 时的极限来解释图像的形状.

(c) 估计极大值和极小值，再利用微积分求出它们的准确值.

T (d) 使用计算机代数系统计算 f''，利用 f'' 的图像估计拐点的横坐标.

25. $f(x) = x^{1/x}$　　　**26.** $f(x) = (\sin x)^{\sin x}$

27. 例 4 中我们研究了用于调频合成的函数族 $f(x) = \sin(x + \sin cx)$ 中的一个成员函数. 这里我们将研究 $c = 3$ 的情况. 画出 f 在矩形区域 $[0, \pi] \times [-1.2, 1.2]$ 中的图像. 你能看到多少个极大值？图像实际的极大值点比肉眼可见的极大值点多. 为了找出隐藏的极大值点和极小值点，请仔细观察 f' 的图像，同时观察 f'' 的图像会有帮助. 找出所有极大值、极小值和拐点，然后在矩形区域 $[-2\pi, 2\pi] \times [-1.2, 1.2]$ 中画出 f 的图像，并说明函数的对称性.

28~35 描述函数 f 的图像如何随 c 的变化而变化. 画出函数族中几个成员函数的图像来展示你的发现，特别要关注当 c 改变时，极大值点、极小值点和拐点如何变化，以及识别出曲线形状发生转变时的 c 值.

28. $f(x) = x^3 + cx$

29. $f(x) = x^2 + 6x + c/x$ （牛顿三叉曲线）

30. $f(x) = x\sqrt{c^2 - x^2}$　　**31.** $f(x) = e^x + ce^{-x}$

32. $f(x) = \ln(x^2 + c)$　　**33.** $f(x) = \dfrac{cx}{1 + c^2 x^2}$

34. $f(x) = \dfrac{\sin x}{c + \cos x}$　　**35.** $f(x) = cx + \sin x$

36. 在 $t = 0$ 时某药物被注射到血液中，血液中药物浓度可以用如下函数族建模：

$$f(t) = C\left(e^{-at} - e^{-bt}\right),$$

其中 a、b 和 C 为正数，且 $b > a$. 画出函数族中几个成员函数的图像. 它们有什么共同点？对于固定的 C 和 a，当 b 不断增大时，函数图像如何变化？利用微积分证明你的结论.

37. 考察函数族

$$f(x) = xe^{-cx},$$

其中 c 为实数. 计算函数在 $x \to \pm\infty$ 时的极限. 识别图像形状发生转变时的 c 值. 当 c 改变时，极大值点、极小值点和拐点如何变化？画出函数族中几个成员函数的图像来进行说明.

38. 下图显示了多项式函数族 $f(x) = cx^4 - 4x^2 + 1$ 中几个成员函数的图像（蓝色）.

(a) c 为何值时，函数有极小值？

(b) 证明：该函数族中每个成员函数的极大值点和极小值点都位于曲线 $y = 1 - 2x^2$ 上（红色）.

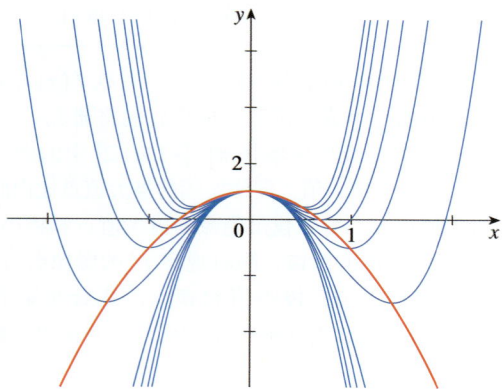

39. 考察函数族 $f(x) = x^4 + cx^2 + x$. 当 c 为何值时，拐点的个数发生变化？画出函数族中几个成员函数的图像，观察图像可能的形状. 当 c 为何值时，临界值的个数发生变化？利用图像找到这些值，并证明你的结论.

40. (a) 考察多项式函数族

$$f(x) = 2x^3 + cx^2 + 2x.$$

当 c 为何值时，函数有极大值和极小值？

(b) 证明：该函数族中每个成员函数的极大值点和极小值点都位于曲线 $y = x - x^3$ 上. 画出这条曲线和该函数族中几个成员函数的图像来展示这一点.

4.7 优化问题

我们在本章中所探讨的求最值的方法在实际生活中有很多应用：商人希望成本最小，利润最大；旅行者希望路途花费的时间最少；光学中，费马原理指出光线总沿用时最少的路径传播. 在本节和下节中，我们将介绍如何解决最大化面积、体积和利润，最小化距离、时间和成本这类问题.

解决这些实际问题的最大挑战是如何通过构造待最大化或最小化的函数来将文字描述转化为数学优化问题. 回忆第 1 章末的"解题的基本原则"所介绍的方法，并将它们应用于这里的情景.

优化问题的解题步骤

1. **理解问题** 仔细读题，直到完全理解为止. 问自己：什么是未知量？什么是已知量？什么是已知条件？

2. **画图** 画图并在上面标出已知量和所求量可以帮助我们解决许多问题.

3. **引入符号** 为待最大化或最小化的量赋予一个符号（这里为 Q），也为其他未知量选择符号（比如 $a, b, c, \cdots, x, y$），并在图中标出这些符号. 使用首字母作为表意的符号可能会有帮助，如用 A 表示面积（area），h 表示高（height），t 表示时间（time）.

4. 用步骤 3 中其他量的符号表示 Q.

5. 步骤 4 中，如果 Q 被表示为多个变量的函数，那么我们可以利用已知信息找出这些变量之间的关系（以等式的形式），然后利用这些等式进行消元，得到 Q 关于其中一个变量的表达式. 这样，Q 就是单个变量 x 的函数，即 $Q = f(x)$. 根据上下文，写出这个函数的定义域.

6. 利用 4.1 节和 4.3 节中的方法，求 f 的最大值或最小值. 特别是当 f 的定义域为闭区间时，我们可以使用 4.1 节中的闭区间法.

例1 一个农民想用 1200m 长的围栏在河边围出一块矩形土地，沿河的一边不需要建围栏．土地面积最大时的尺寸是多少？

解 为了理解本例，让我们先尝试一些特殊情况．图 4-7-1（未按比例绘制）给出了三种摆放 1200m 围栏的方式．

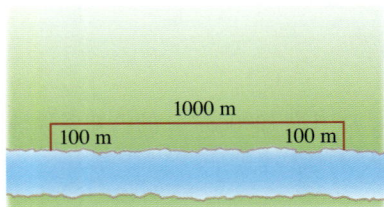

面积 $= 100 \times 1000 = 100\ 000 \text{m}^2$

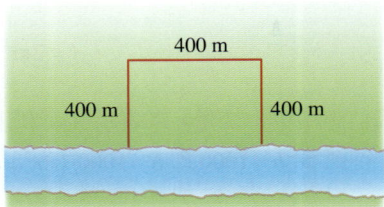

面积 $= 400 \times 400 = 160\ 000 \text{m}^2$

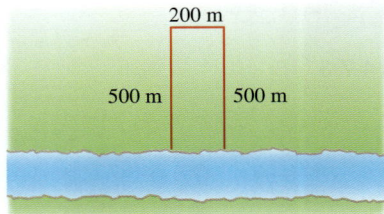

面积 $= 500 \times 200 = 100\ 000 \text{m}^2$

图 4-7-1

当矩形土地浅而宽或深而窄的时候，面积相对较小．似乎某种折中的方案可以产生最大的面积．

图 4-7-2 展示了一般情况．我们希望最大化矩形的面积 A．令 x 表示矩形的深度，y 表示矩形的宽度（单位：m）．用 x 和 y 表示 A：

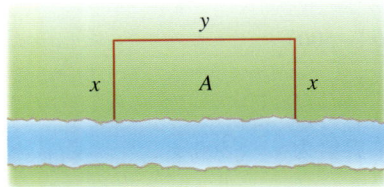

图 4-7-2

$$A = xy.$$

为了将 A 表示为单个变量的函数，我们用 x 表示 y，从而将 y 消去．根据围栏的总长度为 1200m 的已知信息，得到

$$2x + y = 1200.$$

由此可知 $y = 1200 - 2x$，于是有

$$A = xy = x(1200 - 2x) = 1200x - 2x^2.$$

注意，x 最大为 600（此时所有围栏用作深度，没有围栏用作宽度），x 不能为负．因此，待最大化的函数为

$$A(x) = 1200x - 2x^2,\ 0 \leqslant x \leqslant 600.$$

它的导数为 $A'(x) = 1200 - 4x$．解方程 $1200 - 4x = 0$，求得临界值为 $x = 300$．面积 A 的最大值一定出现在临界点处或区间端点处．因为 $A(0) = 0$，$A(300) = 180\ 000$，$A(600) = 0$，所以根据闭区间法，最大值为 $A(300) = 180\ 000$．（或者因为对于所有 x 有 $A''(x) = -4 < 0$，所以 A 总是下凹的，因此在 $x = 300$ 处的那个极大值一定也是最大值．）

相应的 y 值为 $y = 1200 - 2 \times 300 = 600$．因此，矩形土地的深度应为 300m，宽度应为 600m．∎

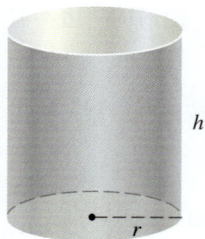

图 4-7-3

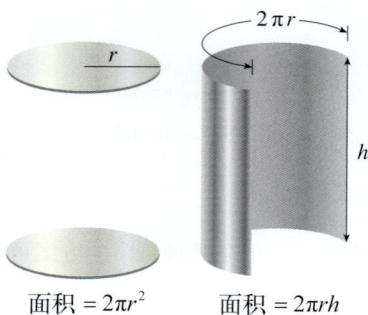

面积 $=2\pi r^2$ 面积 $=2\pi rh$

图 4-7-4

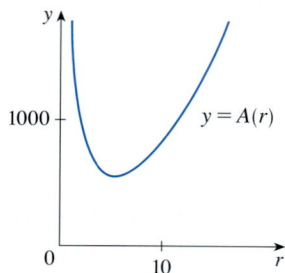

图 4-7-5

本节末的应用专题中，我们通过考虑其他制造成本来探究罐头最节省成本的形状．

例 2   一个圆柱形油罐的容量为 1L，求使制造该油罐的金属材料成本最小的圆柱体尺寸．

解   如图 4-7-3 所示，圆柱体的半径为 r，高为 h（单位：cm）．为了使金属材料成本最小，圆柱体的总表面积（包括底面、顶面和侧面）应该最小．由图 4-7-4 可知，侧面是由长为 $2\pi r$、宽为 h 的矩形围成的．因此，圆柱体的表面积为

$$A = 2\pi r^2 + 2\pi rh .$$

我们想用单个变量 r 来表示 A．利用体积为 1L（即 1000cm^3）的已知条件消去 h，得到 $\pi r^2 h = 1000$ 即 $h = 1000/(\pi r^2)$，并代入 A 的表达式：

$$A = 2\pi r^2 + 2\pi r\left(\frac{1000}{\pi r^2}\right) = 2\pi r^2 + \frac{2000}{r} .$$

r 一定为正，且没有上限．因此，待最小化的函数是

$$A(r) = 2\pi r^2 + \frac{2000}{r}, \ r > 0 .$$

对函数求导，以求出临界值：

$$A'(r) = 4\pi r - \frac{2000}{r^2} = \frac{4\left(\pi r^3 - 500\right)}{r^2} ,$$

于是当 $\pi r^3 = 500$ 时，$A'(r) = 0$．因此，唯一的临界值为 $x = \sqrt[3]{500/\pi}$．

因为 A 的定义域为 $(0, +\infty)$，所以例 1 中检查区间端点的方法并不适用．不过，当 $r < \sqrt[3]{500/\pi}$ 时，$A'(r) < 0$；当 $r > \sqrt[3]{500/\pi}$ 时，$A'(r) > 0$．这表明对于临界点左边的所有 r，A 递减；对于临界点右边的所有 r，A 递增．因此，A 在 $r = \sqrt[3]{500/\pi}$ 处取得最小值．（或者因为当 $r \to 0^+$ 时 $A(r) \to +\infty$，当 $r \to +\infty$ 时 $A(r) \to +\infty$，所以 $A(r)$ 一定有最小值，且一定在临界点处取得．见图 4-7-5．）

$r = \sqrt[3]{500/\pi}$ 对应的 h 值为

$$h = \frac{1000}{\pi r^2} = \frac{1000}{\pi (500/\pi)^{2/3}} = 2\sqrt[3]{\frac{500}{\pi}} = 2r .$$

因此，要使制造油罐的成本最小，半径应为 $r = \sqrt[3]{500/\pi}$，高应为半径的 2 倍，即与直径相等． ∎

注 1   例 2 使用的验证最小值的方法是一阶导数判定的变形（仅适用于极大值和极小值）．此处注明以供之后参考．

> **最值的一阶导数判定** 设 c 为定义在某区间上的连续函数 f 的临界值.
>
> (a) 如果对于所有 $x<c$ 有 $f'(x)>0$，对于所有 $x>c$ 有 $f'(x)<0$，则 $f(c)$ 是 f 的最大值.
>
> (b) 如果对于所有 $x<c$ 有 $f'(x)<0$，对于所有 $x>c$ 有 $f'(x)>0$，则 $f(c)$ 是 f 的最小值.

注 2 解优化问题的另一种方法是使用隐函数求导法. 以例 2 为例，我们使用同样的等式：

$$A=2\pi r^2+2\pi rh，\quad \pi r^2 h=1000.$$

不消去 h，而是在等式两边求关于 r 的导数：

$$A'=4\pi r+2\pi rh'+2\pi h，\quad \pi r^2 h'+2\pi rh=0.$$

最小值在临界点处取得，因此，令 $A'=0$，化简得到

$$2r+rh'+h=0，\quad rh'+2h=0.$$

两者相减得到 $2r-h=0$，即 $h=2r$.

例 3 求抛物线 $y^2=2x$ 上距离点 $(1,4)$ 最近的点.

解 点 $(1,4)$ 到点 (x,y) 的距离为：

$$d=\sqrt{(x-1)^2+(y-4)^2}.$$

如果 (x,y) 在抛物线上（见图 4-7-6），则 $x=\frac{1}{2}y^2$，所以 d 的表达式变为

$$d=\sqrt{\left(\frac{1}{2}y^2-1\right)^2+(y-4)^2}.$$

（或者将 $y=\sqrt{2x}$ 代入 d 的表达式，这样表达式就只包含 x.）

不最小化 d，而是最小化它的平方

$$d^2=f(y)=\left(\frac{1}{2}y^2-1\right)^2+(y-4)^2.$$

（d 和 d^2 在同一点处取得最小值，但 d^2 更容易计算.）y 没有任何限制，所以定义域为所有实数. 求导可得

$$f'(y)=2\left(\frac{1}{2}y^2-1\right)y+2(y-4)=y^3-8.$$

因此，当 $y=2$ 时，$f'(y)=0$. 观察可知，当 $y<2$ 时，$f'(y)<0$；当 $y>2$ 时，$f'(y)>0$. 所以根据最值的一阶导数判定，当 $y=2$ 时，f 取得最小值.（或者根据问题本身的几何属性，很明显该点是距离最近的点而不是最远的点.）相应的 x 值为 $x=\frac{1}{2}y^2=2$. 因此，$y^2=2x$ 上距离 $(1,4)$ 最近的点是 $(2,2)$.（这两点之间的距离为 $d=\sqrt{f(2)}=\sqrt{5}$.）

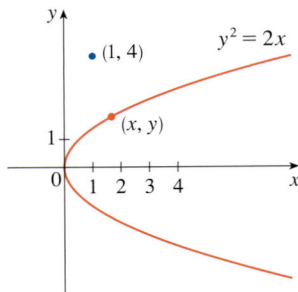

图 4-7-6

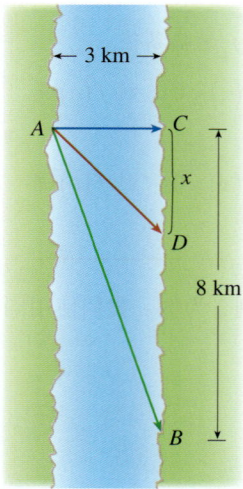

图 4-7-7

例 4 一个女人从岸边的点 A 处开始划船,想尽快穿过 3km 宽的河水,到达对岸下游 8km 处的点 B (见图 4-7-7). 她可以直接将船划到正对面的点 C ,然后跑到点 B ,或者直接划到点 B ,也可以先划到点 C 和点 B 中间的某一点 D ,再跑到点 B . 她划船的速度为 6km/h,跑步的速度为 8km/h. 她应该在哪里上岸才能最快地到达点 B ? (假设水流速度与划船速度相比可以忽略不计.)

解 令 x 为 C 到 D 的距离,则跑步的距离为 $|DB| = 8 - x$. 根据勾股定理,划船的距离为 $|AD| = \sqrt{x^2 + 9}$. 利用等式

$$时间 = \frac{距离}{速度},$$

得到划船的时间为 $\sqrt{x^2 + 9}\big/6$,跑步的时间为 $(8 - x)/8$. 因此,总时间 T 可表示为 x 的函数:

$$T(x) = \frac{\sqrt{x^2 + 9}}{6} + \frac{8 - x}{8} .$$

函数 T 的定义域为 $[0, 8]$. 注意, $x = 0$ 表示先划到点 C , $x = 8$ 表示直接划到点 B . T 的导数为

$$T'(x) = \frac{x}{6\sqrt{x^2 + 9}} - \frac{1}{8} .$$

因此,结合 $x \geqslant 0$,可得

$$T'(x) = 0 \Leftrightarrow \frac{x}{6\sqrt{x^2 + 9}} = \frac{1}{8} \Leftrightarrow 4x = 3\sqrt{x^2 + 9}$$

$$\Leftrightarrow 16x^2 = 9(x^2 + 9) \Leftrightarrow 7x^2 = 81 \Leftrightarrow x = \frac{9}{\sqrt{7}} ,$$

唯一的临界值为 $x = 9\big/\sqrt{7}$. 现在验证最小值是在临界点处还是定义域 $[0, 8]$ 的端点处取得. 根据闭区间法计算 T 在这三点处的值:

$$T(0) = 1.5 , \quad T\left(\frac{9}{\sqrt{7}}\right) = 1 + \frac{\sqrt{7}}{8} \approx 1.33 , \quad T(8) = \frac{\sqrt{73}}{6} \approx 1.42 .$$

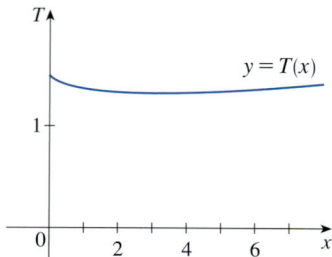

图 4-7-8

当 $x = 9\big/\sqrt{7}$ 时, T 的值最小,即 T 的最小值一定在临界点处取得. 图 4-7-8 给出了 T 的图像并验证了这个结果.

因此,她应该在起始点下游 $9\big/\sqrt{7}\,\text{km}$ ($\approx 3.4\text{km}$) 处上岸. ∎

例 5 求半径为 r 的半圆的内接矩形的最大面积.

解 1 设半圆为圆 $x^2 + y^2 = r^2$ 的上半部分. 矩形内接于半圆是指矩形的两个顶点在半圆上,两个顶点在 x 轴上,如图 4-7-9 所示.

令 (x, y) 为矩形在第一象限内的顶点,则矩形的边长为 $2x$ 和 y ,所以面积为

$$A = 2xy .$$

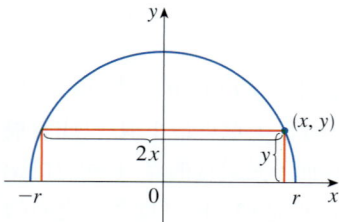

图 4-7-9

利用 (x,y) 在圆 $x^2 + y^2 = r^2$ 上（即 $y = \sqrt{r^2 - x^2}$）来消去 y. 因此，

$$A = 2x\sqrt{r^2 - x^2} \, .$$

函数 f 的定义域为 $0 \leqslant x \leqslant r$，它的导数为

$$A' = 2\sqrt{r^2 - x^2} - \frac{2x^2}{\sqrt{r^2 - x^2}} = \frac{2\left(r^2 - 2x^2\right)}{\sqrt{r^2 - x^2}} \, .$$

当 $2x^2 = r^2$，即 $x = r/\sqrt{2}$（因为 $x \geqslant 0$）时，$A' = 0$，此时 A 取得最大值（因为 $A(0) = 0$，$A(r) = 0$）. 因此，内接矩形的最大面积为

$$A\left(\frac{r}{\sqrt{2}}\right) = 2\frac{r}{\sqrt{2}}\sqrt{r^2 - \frac{r^2}{2}} = r^2 \, .$$

解 2 如果我们引入一个角作变量，则能得到更简单的解法. 令 θ 为图 4-7-10 所示的角，则矩形的面积为：

$$A(\theta) = (2r\cos\theta)(r\sin\theta) = r^2\left(2\sin\theta\cos\theta\right) = r^2\sin 2\theta \, .$$

我们知道当 $2\theta = \pi/2$ 时，$\sin 2\theta$ 取得最大值 1. 因此，当 $\theta = \pi/4$ 时，$A(\theta)$ 取得最大值 r^2.

注意，使用三角解法时不需要求导. 实际上，这里连微积分也不需要. ■

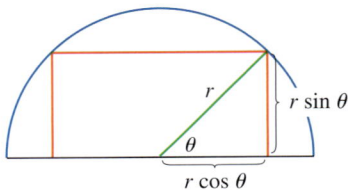

图 4-7-10

■ 优化问题在商学和经济学上的应用

在 3.7 节中我们介绍了边际成本的概念. 回忆一下，如果**成本函数** $C(x)$ 表示生产 x 个某商品所付出的成本，则边际成本是 C 关于 x 的变化率，即**边际成本函数**是成本函数的导数 $C'(x)$.

下面考虑商品市场. 令 $p(x)$ 为公司卖出 x 个商品时每个商品的价格，p 称为**需求函数**（或**价格函数**），它应该是关于 x 的减函数（价格越低，销量越多）. 如果卖出了 x 个商品，每个商品的价格为 $p(x)$，则总收益为

$$R(x) = 数量 \times 价格 = xp(x),$$

R 称为**收益函数**. 收益函数的导数 R' 称为**边际收益函数**，它是收益关于销量的变化率.

如果卖出了 x 个商品，则总利润为

$$P(x) = R(x) - C(x),$$

P 称为**利润函数**. **边际利润函数**为 P'，它是利润函数的导数. 在练习 65~69 中，你将利用边际成本、边际收益和边际利润函数来最小化成本、最大化收益和利润.

例 6 某商店在一周内以每台 350 美元的价格出售了 200 台电视. 市场调查表明，如果每台电视给顾客优惠 10 美元，则每周电视销量会增加 20 台. 求需求函数和收益函数. 商店应该提供多少优惠才能实现收益最大化？

解　用 x 表示每周出售的电视数量，则每周增加的销量为 $x-200$．销量每增加 20 台，价格降低 10 美元．换句话说，每额外售出一台电视，价格降低 $\frac{1}{20} \times 10$ 美元，那么需求函数为

$$p(x)=350-\frac{10}{20}(x-200)=450-\frac{1}{2}x,$$

收益函数为

$$R(x)=xp(x)=450x-\frac{1}{2}x^2.$$

因为 $R'(x)=450-x$，所以当 $x=450$ 时，$R'(x)=0$．通过一阶导数判定（或者观察到 R 的图像开口向下）可知，这个 x 值可以给出函数的最大值，相应的价格为

$$p(450)=450-\frac{1}{2} \times 450=225,$$

优惠额度为 $350-225=125$．因此，商店要实现收益最大化，应该优惠 125 美元．∎

4.7 | 练习

1. 考虑这个问题：求两个数，它们的和为 23，且积最大．
(a) 列出如下的数值表，使得每行中的前两个数的和为 23．根据表中的数据估计问题的答案．
(b) 利用微积分解决问题，并将结果与 (a) 中你的答案进行比较．

第一个数	第二个数	积
1	22	22
2	21	42
3	20	60
⋮	⋮	⋮

2. 求两个数，它们的差为 100，且积最小．

3. 求两个正数，它们的积为 100，且和最小．

4. 两个正数的和是 16．它们的平方和最小可能是多少？

5. 对于 $-1 \leqslant x \leqslant 2$，抛物线 $y=x^2$ 与直线 $y=x+2$ 之间的最大垂直距离是多少？

6. 抛物线 $y=x^2+1$ 与 $y=x-x^2$ 之间的最小垂直距离是多少？

7. 一个矩形的周长为 100m，求使其面积最大的矩形尺寸．

8. 一个矩形的面积为 1000m²，求使其周长最小的矩形尺寸．

9. 农作物产量 Y 关于土壤中氮含量 N 的函数模型为

$$Y=\frac{kN}{1+N^2},$$

其中 k 为正常数．氮含量为多少时农作物产量最高？

10. 一种浮游植物的光合速率［单位：(mg/m³)/h］可以用如下函数建模：

$$P=\frac{100I}{I^2+I+4},$$

其中 I 是光强．光强为多少时，P 有最大值？

11. 考虑这个问题：一个农民想用 300m 长的围栏围出一个矩形区域，并用围栏将它分成四块，围栏均与矩形的一条边平行．这四块区域可能的最大总面积是多少？
(a) 画出几张图来说明不同情况，其中有的是短而宽的矩形，有的是长而窄的矩形．求出每种情况的总面积．是否能看出最大面积？如果能，请估计其值．
(b) 画出一般情况的示意图，引入变量符号并在图上标出．
(c) 求出总面积的表达式．
(d) 利用已知信息，写出这些变量之间的关系式．
(e) 利用 (d) 的结果，将总面积表示为单个变量的函数．
(f) 解决问题，并与 (a) 中的估计值进行比较．

12. 考虑这个问题：从一个 3m 宽的正方形纸板的四角各切下一个小正方形，然后将四条边折起来做成一个无顶的盒子．求盒子的最大容积．

(a) 画几张图来说明不同情况，有的是大底面的矮盒子，有的是小底面的高盒子．求这些盒子的容积．是否能看出最大容积？如果能，请估计其值．

(b) 画出一般情况的示意图．引入变量符号并在图上标出．

(c) 求出容积的表达式．

(d) 利用已知信息，写出这些变量之间的关系式．

(e) 利用 (d) 的结果，将容积表示为单个变量的函数．

(f) 解决问题，并与 (a) 中的估计值进行比较．

13. 一个农场主想用围栏围出一块面积为 15 000m² 的矩形土地，并用围栏将它分成两部分，围栏和矩形的一条边平行．他怎样做才能最小化所用围栏的成本？

14. 如下图所示，一个农民想用 400m 的围栏在河边围出一块梯形土地，其中一条底边是另一条底边的三倍长．沿河的一边不需要建围栏．求农民能围出的最大面积．

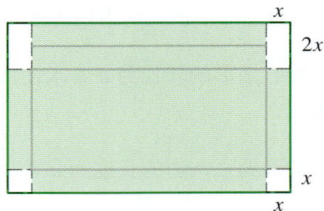

15. 一个农民想用围栏在谷仓北墙的边上围出一块长方形土地．谷仓边上不需要建围栏，而西侧的围栏则与邻居共享，邻居将分担这部分围栏的费用．如果安装围栏的价格是 30 美元 / 米，而农民不愿意花费超过 1800 美元，求使得围出的面积最大的土地尺寸．

16. 如果练习 15 中的农民想围出一块 750m² 的土地，尺寸为多少时围栏的费用最少？

17. (a) 证明：面积一定的所有矩形中，正方形的周长最短．
   (b) 证明：周长一定的所有矩形中，正方形的面积最大．

18. 一个底面为正方形且没有顶的盒子的容积为 32 000cm³，求使所用材料最少的盒子的尺寸．

19. 用 1200cm³ 大小的材料制作一个底面为正方形且没有顶的盒子，求盒子的最大容积．

20. 如右栏第一张图所示，一个无顶的盒子由一块 2m×1m 的矩形纸板通过在每个角上切去小正方形或小长方形，然后将四条边折起来制作而成．盒子的其中一个较长的侧面有双层纸板，它通过两次折叠制成．求这个盒子的最大容积．

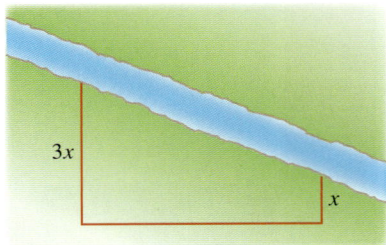

21. 一个无盖的长方体容器的容积为 10 立方米，底面的长是宽的 2 倍．底面材料的价格是 10 美元 / 平方米，侧面材料的价格是 6 美元 / 平方米．求这样的容器所需的最少材料费用．

22. 设容器有盖，且材料与侧面相同．重做练习 21．

23. 使用美国邮政服务邮寄的包裹的长度加围长不得超过 274cm．（长度是包裹的最大尺寸，围长是垂直于长度的最大周圈长度，如下图所示．）求可以邮寄的体积最大的底面为正方形的盒子的尺寸．

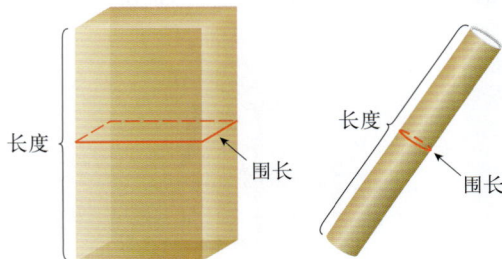

24. 请参考练习 23，求可以使用美国邮政服务邮寄的体积最大的圆柱形包裹的尺寸．

25. 求直线 $y = 2x + 3$ 上距离原点最近的点．

26. 求曲线 $y = \sqrt{x}$ 上距离点 $(3,0)$ 最近的点．

27. 求椭圆 $4x^2 + y^2 = 4$ 上距离点 $(1,0)$ 最远的点．

28. 求曲线 $y = \sin x$ 上距离点 $(4,2)$ 最近的点的坐标（精确到小数点后 2 位）．

29. 求半径为 r 的圆的面积最大的内接矩形的尺寸．

30. 求椭圆 $x^2/a^2 + y^2/b^2 = 1$ 的内接矩形的最大面积．

31. 如果边长为 L 的等边三角形的内接矩形的一条边位于三角形的底边上，求面积最大的内接矩形的尺寸．

32. 求半径为 1 的圆的内接梯形的最大面积，其中梯形的底为圆的直径．

33. 求半径为 r 的圆的面积最大的内接等腰三角形的尺寸.

34. 如果一个等腰三角形的腰长为 a，求使该三角形的面积最大的底边长.

35. 如果一个三角形的一条边的长度为 a，另一条边的长度为 $2a$，证明该三角形的面积最大可能为 a^2.

36. 一个矩形的一条边在 x 轴上，两个顶点在 x 轴上方的抛物线 $y = 4 - x^2$ 上，矩形的面积最大可能是多少？

37. 求半径为 r 的球体的内接圆柱体的最大体积.

38. 求高为 h、底面半径为 r 的圆锥体的内接圆柱体的最大体积.

39. 求半径为 r 的球体的内接圆柱体的最大表面积.

40. 诺曼窗的形状是一个矩形上面接一个半圆形的拱顶.（半圆的直径和矩形的宽相等. 见 1.1 节练习 72.）如果窗户的周长为 10m，求使采光量最大的窗户的尺寸.

41. 海报的上、下页边距为 6cm，左、右页边距为 4cm. 如果海报的印刷面积固定为 384cm²，求面积最小的海报的尺寸.

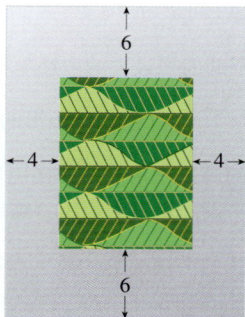

42. 海报面积为 900cm²，下、左、右页边距为 2.5cm，上页边距为 5cm. 海报尺寸为多少时印刷面积最大？

43. 将 10m 长的线切成两段，一段弯成正方形，另一段弯成等边三角形. 如何切分才能使两个图形的总面积 (a) 最大？ (b) 最小？

44. 设线的一段弯成正方形，另一段弯成圆形. 重做练习 43.

45. 如果你得到一片比萨（圆形比萨的一个扇形部分），它的周长为 60cm，那么比萨的直径为多大时你得到的这片比萨最大？

46. 围栏高 2m，与高楼平行，二者之间的距离为 1m. 现在从围栏外的地面搭一架梯子到高楼的墙上，求梯子的最短长度.

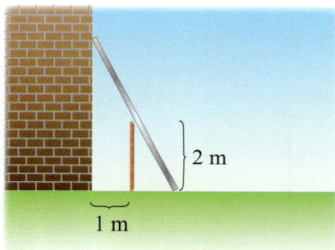

47. 一个圆锥形纸杯由半径为 R 的圆形纸通过切下一个扇形，然后将两边 CA 和 CB 接在一起制作而成. 求这个纸杯的最大容积.

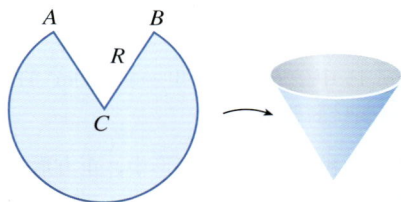

48. 一个圆锥形纸杯可容纳 27cm³ 的水. 求使纸杯用纸最少的纸杯的高和顶部半径.

49. 一个高为 h 的小圆锥体内接于一个高为 H 的大圆锥体中，小圆锥体的顶点在大圆锥体的底面圆心处. 证明：当 $h = \dfrac{1}{3}H$ 时，小圆锥体的体积最大.

50. 一个重量为 W 的物体被一根连接该物体的绳子沿着水平方向拖动. 如果绳子与水平面之间的夹角为 θ，那么物体所受的力的大小为

$$F = \frac{\mu W}{\mu \sin\theta + \cos\theta},$$

其中 μ 为常数, 称为摩擦系数. θ 为何值时, F 最小?

51. 如果电阻为 R (单位: Ω) 的电阻器与电压为 E (单位: V)、内阻为 r 的电池相接, 则电阻器的功率为

$$P = \frac{E^2 R}{(R+r)^2}$$

(单位: W). 如果 E 和 r 是固定的, 而 R 是变化的, 功率的最大值是多少?

52. 鱼以相对于水的速度 v 游动, 它在单位时间内的能量消耗与 v^3 成正比. 一般认为, 鱼迁徙时会尽可能地最小化游一段固定距离所需的能量. 如果鱼逆流前进, 水流速度为 u ($u < v$), 则鱼游完距离 L 所需的时间为 $L/(v-u)$, 所消耗的总能量为

$$E(v) = av^3 \cdot \frac{L}{v-u},$$

其中 a 为比例常数.

(a) 确定使 E 最小的 v 值.

(b) 画出 E 的函数图像.

注: 本题结论已通过实验验证. 逆流迁徙的鱼的速度比水流速度快 50%.

53. 蜂巢中的每个蜂房都是一个规则的六棱柱, 一端开口, 另一端由三个全等的菱形封住, 在顶点处形成一个三面角, 如右栏第一张图所示. 设 θ 为每个菱形与竖线之间的夹角, s 为六边形的边长, h 为蜂房两侧梯形的长底边的长度. 可以证明, 如果 s 和 h 保持不变, 则蜂房的体积是恒定的 (与 θ 无关). 对于给定的 θ 值, 蜂房的表面积为:

$$S = 6sh - \frac{3}{2}s^2\cot\theta + \frac{3}{2}\sqrt{3}s^2\csc\theta.$$

蜜蜂这样建造蜂房以最小化表面积, 从而可以使用最少的蜂蜡建造整个蜂巢.

(a) 计算 $\mathrm{d}S/\mathrm{d}\theta$.

(b) 蜜蜂会选用的角 θ 是多少?

(c) 确定蜂房的最小表面积, 用 s 和 h 表示.

注: 蜂房中的角 θ 被实际测量过, 它和计算出来的数值差距很少超过 $2°$.

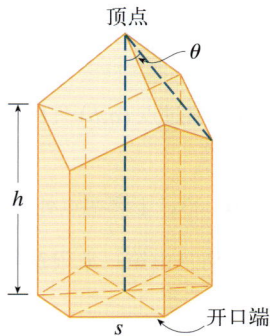

54. 一条船在下午 2:00 离开码头, 以 20km/h 的速度向正南方向航行. 另一条船以 15km/h 的速度向正东航行, 在下午 3:00 到达同一个码头. 何时两条船之间的距离最近?

55. 如果河宽 5km, 点 B 在点 A 下游 5km 处, 重新回答例 4 中的问题.

56. 一个女人想从半径为 3km 的圆形湖岸边的点 A 尽快到达正对面的点 C (见下图). 她可以以 6km/h 的速度行走或以 3km/h 的速度划船. 她应该怎样做?

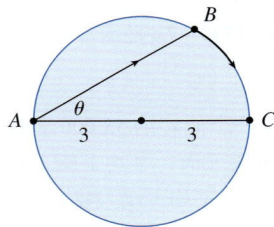

57. 一个炼油厂位于一条 2 千米宽的河的北岸. 从炼油厂修建一条管道到位于炼油厂东侧 6 千米处的河南岸的储油罐, 铺设管道的价格是地上 40 万美元 / 千米, 河下 80 万美元 / 千米. 为了最小化管道的成本, 将地上管道从炼油厂修建到河北岸上的一点 P, P 应该设在哪里?

T 58. 设练习 57 中的炼油厂位于河的北边 1 千米处. P 应该设在哪里?

59. 物体的照度与光源的强度成正比, 与物体到光源的距离的平方成反比. 现有两个光源, 一个光源强度是另一个光源强度的三倍, 二者相距 4m. 物体应该放在两个光源之间的什么位置, 才能使其照度最小?

60. 求过点 $(3,5)$ 的直线的方程，使其在第一象限中截得的面积最小．

61. 设 a 和 b 为正数，求过点 (a,b) 且由第一象限截得的最短线段的长度．

62. 在曲线 $y = 1 + 40x^3 - 3x^5$ 上哪些点处切线的斜率最大？

63. 与曲线 $y = 3/x$ 相切且由第一象限截得的线段的长度最短可能是多少？

64. 斜边与抛物线 $y = 4 - x^2$ 在某点处相切且斜边由第一象限截得的三角形的面积最小可能是多少？

65. (a) 如果 $C(x)$ 是生产 x 个商品的成本，那么每个商品的**平均成本**为 $c(x) = C(x)/x$．证明：如果平均成本取得最小值，那么此时边际成本等于平均成本．

(b) 如果 $C(x) = 16\,000 + 200x + 4x^{3/2}$（单位：美元），求
(i) 产量为 1000 时的成本、平均成本和边际成本；
(ii) 使平均成本最小化的产量；(iii) 最小平均成本．

66. (a) 证明：如果利润 $P(x)$ 取得最大值，那么此时边际收益等于边际成本．

(b) 如果 $C(x) = 16\,000 + 500x - 1.6x^2 + 0.004x^3$ 是成本函数，$p(x) = 1700 - 7x$ 是需求函数，求使利润最大化的产量．

67. 一个棒球队在一个能容纳 55 000 名观众的体育场里比赛．票价为 10 美元时，平均上座人数为 27 000 人．票价降至 8 美元时，平均上座人数上升到 33 000 人．
(a) 假设需求函数是线性的，求需求函数．
(b) 票价设为多少才能实现收益最大化？

68. 在夏天，特里在海滩上制作和出售项链．去年夏天，她以每条 10 美元的价格出售项链，平均每天售出 20 条．当她把价格提高 1 美元时，她发现每天的平均销量减少了 2 条．
(a) 假设需求函数是线性的，求需求函数．
(b) 如果每条项链的材料成本是 6 美元，特里应该如何设定价格才能使她的利润最大化？

69. 一家零售商以每台 350 美元的价格在一周内售出 1200 台平板电脑．市场部门估计，每降价 10 美元，每周就会多售出 80 台平板电脑．
(a) 求需求函数．
(b) 价格设为多少才能实现收益最大化？
(c) 如果零售商每周的成本函数是

$$C(x) = 35\,000 + 120x，$$

价格应该设为多少才能实现利润最大化？

70. 一家公司在指定区域中经营 16 口油井，每个油泵平均每天抽取 240 桶石油．该公司可以增加油井的数量，但每增加一口井，每口井的平均日产量将减少 8 桶．为了最大化平均日产量，该公司应该增加多少口油井？

71. 证明：周长相等的所有等腰三角形中，等边三角形的面积最大．

72. 如果河下铺设管道的成本远远高于陆上铺设管道的成本（相差 40 万美元/千米），请考虑练习 57 中的情景．你可能会认为，在某些情况下，应该使河下管道的长度最小，即 P 应该位于距离炼油厂 6 千米处，直接设在储油罐的正对面．证明，无论水下铺设管道的成本是多少，情况都不是这样．

73. 考虑椭圆 $\dfrac{x^2}{a^2} + \dfrac{y^2}{b^2} = 1$ 在第一象限内的一点 (p,q) 处的切线．
(a) 证明：切线的 x 轴截距为 $\dfrac{a^2}{p}$，y 轴截距为 $\dfrac{b^2}{q}$．
(b) 证明：切线被坐标轴截得的部分的最小长度为 $a + b$．
(c) 证明：由切线和坐标轴形成的三角形的最小面积为 ab．

T **74.** 风筝的框架由六根木条组成，外面四条边的长度如下图所示．要使风筝的面积最大，两条对角线应为多长？

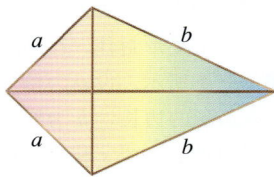

75. 在直线 AD 上找到一点 P，使得连接点 P 和点 A、点 P 和点 B、点 P 和点 C 的电缆的总长度 L 最短（如下图所示）．将 L 表示为 $x = |AP|$ 的函数，并利用 L 的图像和 dL/dx 估计 L 的最小值．

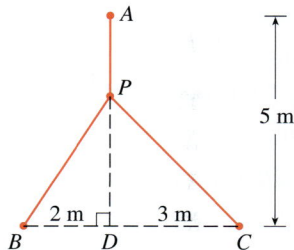

76. 下图为汽车的燃料消耗率 c（单位：升 / 小时）关于速度 v 的函数图像．当速度很小时，发动机无法高效运转，所以开始时随着速度增加，c 不断减小．但是当汽车达到一定速度后，燃料消耗率开始增加．由图可知，当汽车速度 $v \approx 48$ 千米 / 小时时，$c(v)$ 最小．然而考虑燃料的利用率，我们要最小化的应该是每千米消耗的燃油加仑数，而不是每小时消耗的燃油加仑数．将燃料利用率记作 G，利用图像估计速度为何值时 G 取得最小值．

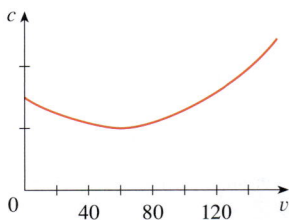

77. 令 v_1 表示光在空气中的传播速度，v_2 表示光在水中的传播速度．根据费马原理，光沿路径 ACB 从空气中的点 A 到达水中的点 B 所需的时间最短．证明：

$$\frac{\sin \theta_1}{\sin \theta_2} = \frac{v_1}{v_2},$$

其中 θ_1（入射角）和 θ_2（折射角）如下图所示．上述等式称为斯涅尔定律．

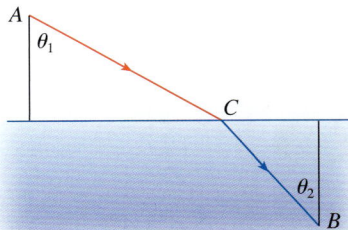

78. 两根垂直柱子 PQ 和 ST 通过绳子 PRS 固定，绳子从一根柱子的顶端经过地面的点 R 连接到另一根柱子的顶端，如下图所示．证明：当 $\theta_1 = \theta_2$ 时，绳子最短．

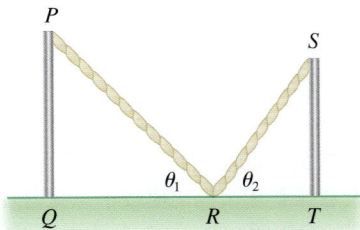

79. 将一张 $30\text{m} \times 20\text{m}$ 的纸的右上角折到底边上，如下图所示．应该怎样折叠才能使折痕最短？换句话说，x 为何值时，y 最小？

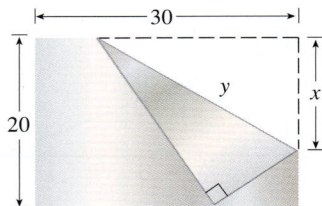

80. 一根钢管被搬运进 3m 宽的走廊．在走廊尽头直角转弯，会进入一条 2m 宽的较窄的走廊．要使钢管呈水平状态转过拐角，则钢管最长不能超过多少？

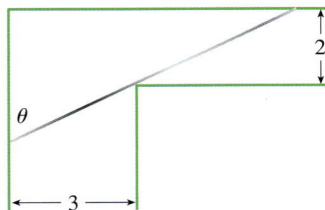

81. 观察者站在距离跑道 1 个单位长度的点 P 处．两名跑步者从图中的点 S 开始沿跑道奔跑，其中一个人的速度为另一个人的 3 倍．求观察者观察两人的视线之间的夹角 θ 的最大值．

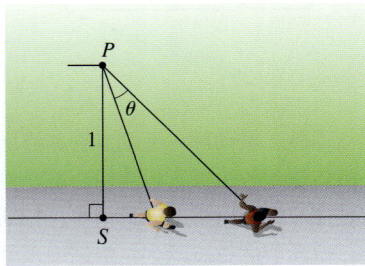

82. 用宽度为 30cm 的金属板制作一个水槽，将金属板从两边分别折起三分之一，折起的角度为 θ．当 θ 为多大时，水槽容纳的水量最大？

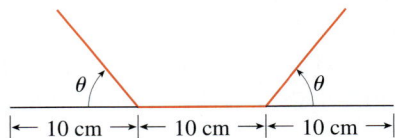

83. 在线段 AB 上选择一个点 P，使得角 θ 最大（如下图所示）.

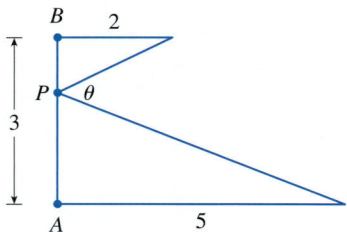

84. 美术馆里悬挂着一幅高度为 h 的画，画的下边在一个观众的视平线上方，它们之间的距离为 d（如下图所示）. 这个观众应该站在距离墙壁多远处才能获得最佳视角？（换句话说，这个观众应该站在哪里才能使画在视野中的张角 θ 最大？）

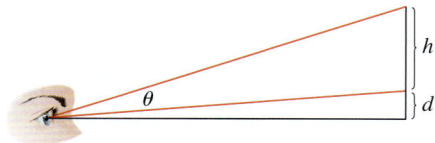

85. 求长为 L、宽为 W 的矩形的外接矩形的最大面积.（提示：将面积表示为某个角 θ 的函数.）

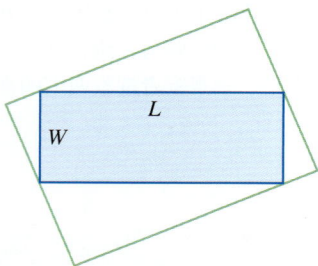

86. 血管系统由动脉、微动脉、毛细血管和静脉组成，它将血液从心脏传输到各个器官再流回心脏. 血管系统应该使心脏推进血液流动所需的能量最小，特别是当血流阻力减小时，所需的能量也减少. 根据泊肃叶定律，血流阻力为

$$R = C\frac{L}{r^4},$$

其中 L 为血管长度，r 是血管半径，C 为正常量，由血液黏滞度决定.（泊肃叶通过实验发现这条定律，它也可由 8.4 节公式 2 推导出.）如图所示，半径为 r_1 的主血管延伸出一条半径为 r_2 的支血管，二者之间的夹角为 θ.

(a) 利用泊肃叶定律，证明血液沿路径 ABC 流动的总阻力为

$$R = C\left(\frac{a - b\cot\theta}{r_1^4} + \frac{b\csc\theta}{r_2^4}\right),$$

其中 a 和 b 如下图所示.

(b) 证明：当 $\cos\theta = \dfrac{r_2^4}{r_1^4}$ 时，血流阻力最小.

(c) 当支血管半径是主血管半径的三分之二时，求两血管之间的夹角的最优值（精确到最接近的度数）.

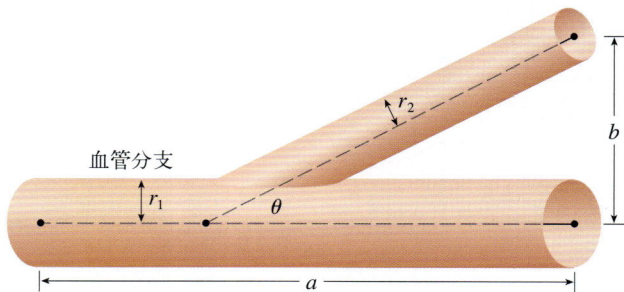

87. 鸟类学家发现，某些品种的鸟往往会避免在白天飞过大面积的水域. 这是由于鸟从水面上飞过比从陆地上飞过要消耗更多的能量，因为在白天，通常陆地上的空气会上升，而水面上的空气会下降. 将一只具有这种特点的鸟从一个小岛上放飞，小岛到岸边最近的点 B 的距离为 5km. 鸟飞到岸边的点 C，然后沿岸边飞到它的鸟巢 D. 假设鸟会本能地选择一条能量消耗最小的路线. 点 B 与点 D 相距 13km.

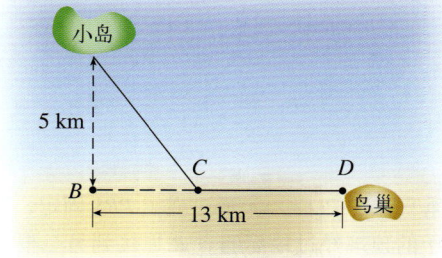

(a) 通常从水面上飞过所消耗的能量是从陆地上飞过所消耗的能量的 1.4 倍. 要使返回鸟巢所消耗的能量最少，则点 C 应该在什么位置？

(b) 令 W 和 L 分别为鸟在水面上和在陆地上飞行 1km 所消耗的能量（单位：J）. 对鸟的飞行来说，W/L 的值较大意味着什么？比值较小意味着什么？求最小能量消耗对应的 W/L.

(c) 如果一只鸟直接飞到它的鸟巢 D，则 W/L 应该为多少？如果一只鸟先飞到点 B，再沿岸边飞回鸟巢 D，则 W/L 应该为多少？

(d) 鸟类学家观察到某种鸟会从与点 B 相距 4km 处到达岸边．这种鸟从水面上飞过所消耗的能量是从陆地上飞过所消耗的能量的几倍？

88. 两个同样强度的光源相距 10m．将一个物体放在直线 ℓ 上的一点 P 处，直线 ℓ 与两个光源的连线平行，距离为 d（如右图所示）．我们希望将 P 设在 ℓ 上的某个位置，使得物体的照度最小．单个光源产生的照度与光源的强度成正比，与物体到光源的距离的平方成反比．

(a) 求 P 处的照度函数 $I(x)$ 的表达式．

(b) 如果 $d=5\text{m}$，利用 $I(x)$ 和 $I'(x)$ 的图像，证明当 $x=5\text{m}$，即 P 为 ℓ 的中点时，照度最小．

(c) 如果 $d=10\text{m}$，证明在 ℓ 的中点处照度不是最小的．（这个结果可能很出乎意料．）

(d) 在 $d=5\text{m}$ 和 $d=10\text{m}$ 之间，存在某个 d 值使照度最小的点的位置发生突变．利用图像估计这个 d 值，然后求出其准确值．

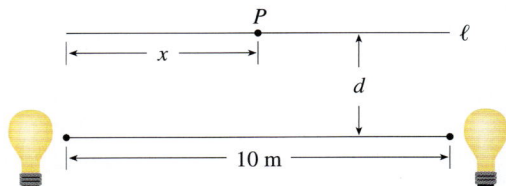

应用专题 | 罐头的形状

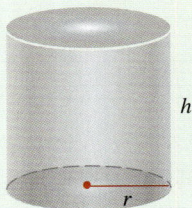

本专题研究最节省成本的罐头形状．首先，我们将问题这样描述：给定圆柱形罐头的容积为 V，求高 h 和半径 r，使得制造罐头所用的金属最少（如左图所示）．如果不考虑生产过程中材料的浪费，问题就转换为最小化圆柱体的表面积．在例 2 中，我们已经讨论过这个问题：当 $h=2r$，即高与直径相等时，圆柱体表面积最小．但是如果你去测量自己的橱柜里或者超市里的罐头，就会发现罐头的高通常大于直径，h/r 的值通常在 2 和 3.8 之间．本专题将对此给出解释．

1. 做罐头的材料是从金属板上切下来的．圆柱体的侧面由弯曲的矩形制作而成，从金属板上切出这些矩形几乎不会造成浪费，但如果从边长为 $2r$ 的正方形材料上切出顶部和底部的圆片（如左图所示），就会剩下相当多的废料．这部分废料虽然可以回收，但是对于罐头制造商来说就没有用处了．在这种情况下，证明用料最少的条件是

$$\frac{h}{r}=\frac{8}{\pi}\approx 2.55 .$$

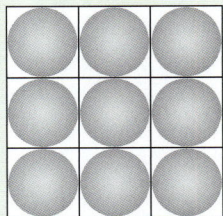

从正方形上切出圆片

2. 一种更高效的排列圆片的方法是先将金属板分成许多六边形，在每个六边形上切出顶部和底部的圆片（如左下图所示）．证明：如果采用这种方法，用料最少的条件是

$$\frac{h}{r}=\frac{4\sqrt{3}}{\pi}\approx 2.21 .$$

从六边形上切出圆片

3. 在问题 1 和问题 2 中，h/r 的值与超市货架上的罐头的实际情况接近，但并不完全一样．仔细观察真实的罐头，你会发现制作罐头底部和盖子的圆片的半径比 r 大，因为它们的边缘要向罐头的侧面弯曲．考虑到这一点，我们就要增大 h/r．更重要的是，除了金属材料的成本外，我们还要计算制造成本．假设大部分制

制造成本是将罐头的边缘焊接起来所需的费用. 如果按照问题 2 的方案，从六边形上切出圆片的话，那么总成本与

$$4\sqrt{3}r^2 + 2\pi rh + k\left(4\pi r + h\right)$$

成正比，其中 k 是单位面积的材料成本对应的焊接边缘长度的倒数. 证明：当

$$\frac{\sqrt[3]{V}}{k} = \sqrt[3]{\frac{\pi h}{r}} \cdot \frac{2\pi - h/r}{\pi h/r - 4\sqrt{3}}$$

时，总成本取得最小值.

4. 画出 $\sqrt[3]{V}/k$ 关于 $x = h/r$ 的函数的图像，并利用图像说明当罐头较大或焊接成本较低时，h/r 大约应为 2.21（同问题 2）；但当罐头较小或焊接成本较高时，h/r 应该变大.

5. 上述分析表明：大罐头应该接近方形，而小罐头应该又高又细. 在超市里观察罐头的形状，我们的结论是否和实际情况相符？存在例外吗？能否解释为什么有些小罐头并不是又高又细的形状？

应用专题 | 飞机与鸟类：最小化能量

像麻雀这样的小鸟在飞翔时，拍动翅膀和折叠翅膀会交替进行（见左图）. 在这个专题中，我们将分析这一现象，并试图确定小鸟拍动翅膀的频率. 其中一些原理同样适用于固定翼飞机，所以我们首先考虑维持飞机速度所需的功率和能量[1].

翼尖轨迹

1. 推动飞机以速度 v 前进所需的功率是

$$P = Av^3 + \frac{BL^2}{v},$$

其中 A 和 B 是和特定飞机相关的正常数，L 是升力，即支撑飞机重量的向上的力. 求使所需功率最小的速度.

2. 在问题 1 中得到的速度可以最小化功率，但更快的速度可能会减少燃料的使用. 推动飞机前进单位距离所需的能量是 $E = P/v$. 速度为多少时所需的能量最小？

3. 使所需能量最小的速度比使所需功率最小的速度快多少？

---

1 改编自 R. McNeill Alexander, *Optima for Animals* (Princeton, NJ: Princeton University Press, 1996).

4. 在将问题 1 中的方程应用于鸟类飞行时,我们将 Av^3 项分为两部分: $A_b v^3$ 对应小鸟的身体,$A_w v^3$ 对应小鸟的翅膀. 设 x 为翅膀在拍动模式下小鸟飞行时间的比例. 如果 m 是小鸟的质量,并且升力都出现在拍动翅膀的过程中,那么升力就是 mg/x,所以在拍动翅膀时所需的功率为

$$P_{拍动} = (A_b + A_w)v^3 + \frac{B(mg/x)^2}{v},$$

折叠翅膀时所需的功率是 $P_{折叠} = A_b v^3$. 证明:整个飞行周期内的平均功率为

$$\overline{P} = xP_{拍动} + (1-x)P_{折叠} = A_b v^3 + xA_w v^3 + \frac{Bm^2g^2}{xv}.$$

5. 当 x 为何值时,平均功率取得最小值?如果一只鸟飞得很慢,这说明了什么?如果一只鸟飞得越来越快,又能说明什么?

6. 一个周期内的平均能量是 $\overline{E} = \overline{P}/v$. 当 x 为何值时,$\overline{E}$ 最小?

4.8 | 牛顿法

假设一家汽车经销商向你出售一辆汽车,你可以一次付清 18 000 美元,或者月付 375 美元,5 年付清. 你想知道经销商每月实际收取的利息是多少. 为了得到答案,需要解下面的方程:

1
$$48x(1+x)^{60} - (1+x)^{60} + 1 = 0.$$

(练习 41 中给出了详细的解释.)怎么解这个方程呢?

二次方程 $ax^2 + bx + c = 0$ 有一个常用的求根公式,三次方程和四次方程也有相应的求根公式,但是非常复杂. 如果 f 是五次或者更高次的多项式,就不再有这样的公式了. 同样,如 $\cos x = x$ 的超越方程也没有公式来帮助我们求解的准确值.

我们可以通过画出方程左边的图像并找出它的 x 轴截距,来求方程 1 的近似解. 使用图像计算器(或计算机)并选择合适的矩形区域,得到图 4-8-1.

由图可知,除了我们不关心的解 $x = 0$,在 0.007 和 0.008 之间也有一个解. 放大图像,可以观察到方程的解大约为 0.007 6. 如果需要比图像提供的解更加精确,我们可以利用计算器或计算机代数系统求方程的数值解,这样可以得到精确到小数点后 9 位的解 0.007 628 603.

这些技术工具是如何解方程的呢?其中有很多种方法,但大多数采用的是**牛顿法**,也称为**牛顿–拉夫森法**. 下面的内容将介绍牛顿法的原理,同时说明计算器或计算机的内部工作方式,这也是线性近似思想的一个应用.

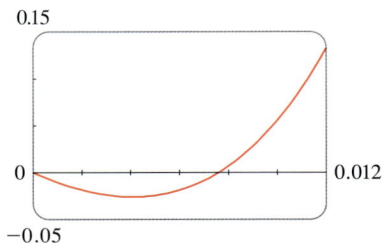

图 4-8-1

使用计算器或计算机求方程 1 的数值解. 有的机器无法解出答案,有的可以成功解出答案,但需要指定搜索的起点.

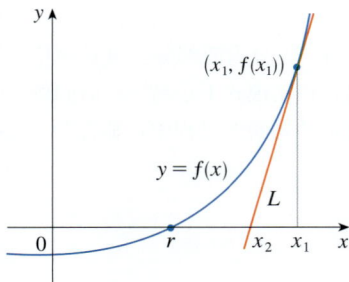

图 4-8-2

牛顿法的几何原理如图 4-8-2 所示．待解方程的理想形式为 $f(x)=0$，这个方程的解对应 f 的图像的 x 轴截距，在图中记为 r．从第一个近似值 x_1 开始，它通常根据猜测得到，也可以从 f 的粗略图像或计算机生成的 f 的图像上看出．在点 $(x_1, f(x_1))$ 处作曲线 $y=f(x)$ 的切线 L，L 的 x 轴截距记为 x_2．牛顿法背后的思想是：切线和曲线相近，所以切线的 x 轴截距 x_2 和曲线的 x 轴截距（即所求的解 r）也相近．由于切线是直线，因此求它的 x 轴截距非常容易．

为了求 x_2 关于 x_1 的表达式，利用 L 的斜率 $f'(x_1)$，可得方程

$$y - f(x_1) = f'(x_1)(x - x_1).$$

因为 L 的 x 轴截距为 x_2，且点 $(x_2, 0)$ 在切线上，所以

$$0 - f(x_1) = f'(x_1)(x_2 - x_1).$$

如果 $f'(x_1) \neq 0$，解这个关于 x_2 的方程可得

$$x_2 = x_1 - \frac{f(x_1)}{f'(x_1)}.$$

我们将 x_2 作为 r 的第二个近似值．

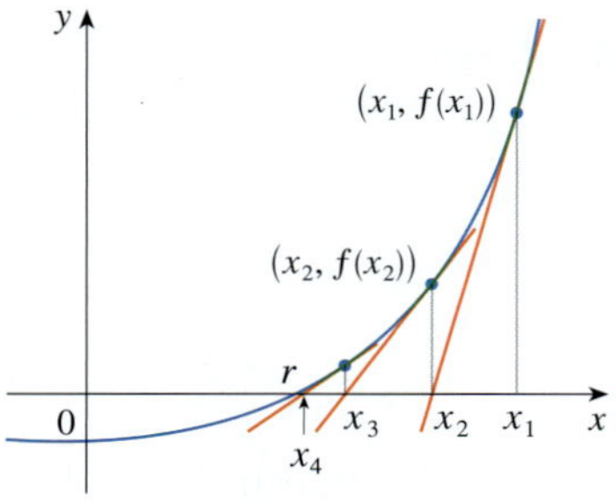

然后用 x_2 替换 x_1，重复上述步骤，使用点 $(x_2, f(x_2))$ 处的切线，可以得到第三个近似值：

$$x_3 = x_2 - \frac{f(x_2)}{f'(x_2)}.$$

图 4-8-3

不断重复这个过程，我们可以得到一系列近似值 x_1、x_2、x_3、x_4 ……，如图 4-8-3 所示．一般地，如果第 n 个近似值为 x_n 且 $f'(x_n) \neq 0$，则下一个近似值为

2
$$x_{n+1} = x_n - \frac{f(x_n)}{f'(x_n)}.$$

11.1 节中我们将更加详细地讨论序列．

如果随着 n 不断增大，x_n 不断趋近 r，就称这个序列收敛于 r，记作

$$\lim_{n \to +\infty} x_n = r.$$

🚫 对于图 4-8-3 所示类型的函数，一系列近似值组成的序列收敛于函数的解，但是在某些情况下序列并不收敛．例如图 4-8-4 所示的情况，x_2 与 x_1 相比，反而是更差的近似值．当 $f'(x_1)$ 趋近于 0 时往往会发生这种情况，此时近似值甚至可能会落在 f 的定义域之外（如图 4-8-4 中的 x_3）．牛顿法失效，我们应该选择一个更好的初始近似值 x_1．请参见练习 31~34，在这些练习中，牛顿法收敛很慢或者失效．

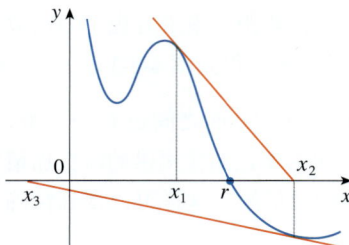

图 4-8-4

例 1   从 $x_1 = 2$ 开始，求方程 $x^3 - 2x - 5 = 0$ 的解的第三个近似值 x_3．

解   将牛顿法应用于

$$f(x) = x^3 - 2x - 5, \quad f'(x) = 3x^2 - 2.$$

图 4-8-5 显示了例 1 中牛顿法的第一步的几何意义. 因为 $f'(2)=10$, 所以 $y=x^3-2x-5$ 在点 $(2,-1)$ 处的切线的方程为 $y=10x-21$, 它的 x 轴截距是 $x_2=2.1$.

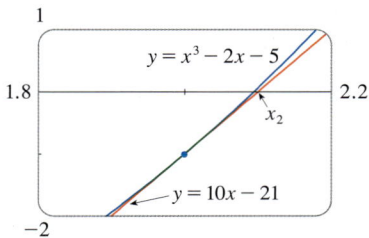

图 4-8-5

牛顿本人也曾经使用本例来说明他的方法. 在尝试计算函数值 $f(1)=-6$、$f(2)=-1$、$f(3)=16$ 后, 牛顿选择 $x_1=2$. 公式 2 变为

$$x_{n+1}=x_n-\frac{f(x_n)}{f'(x_n)}=x_n-\frac{x_n^3-2x_n-5}{3x_n^2-2}.$$

当 $n=1$ 时, 有

$$x_2=x_1-\frac{f(x_1)}{f'(x_1)}=x_1-\frac{x_1^3-2x_1-5}{3x_1^2-2}.$$

$$=2-\frac{2^3-2\times2-5}{3\times2^2-2}\approx2.1$$

当 $n=2$ 时, 有

$$x_3=x_2-\frac{x_2^3-2x_2-5}{3x_2^2-2}=2.1-\frac{2.1^3-2\times2.1-5}{3\times2.1^2-2}\approx2.094\ 6.$$

因此, 第三个近似值为 $x_3\approx2.094\ 6$ (精确到小数点后 4 位). ■

如果我们想利用牛顿法达到一定精度, 例如小数点后 8 位, 如何判断何时停止计算? 通常的原则是: 直到两个相邻的近似值 x_n 和 x_{n+1} 的小数点后 8 位数字都相同. (练习 11、练习 12 和练习 39 给出了关于牛顿法的精度的更准确的描述.)

对于所有的 n 来说, 从 n 到 $n+1$ 的过程都是一样的. (这称为一个迭代过程.) 这就意味着牛顿法非常适合在计算器或者计算机上通过程序来实现.

例 2 使用牛顿法求 $\sqrt[6]{2}$, 精确到小数点后 8 位.

解 首先, 观察可知 $\sqrt[6]{2}$ 等价于方程 $x^6-2=0$ 的正数解. 因此, 令 $f(x)=x^6-2$, 则 $f'(x)=6x^5$, 代入公式 2 (牛顿法), 可得

$$x_{n+1}=x_n-\frac{f(x_n)}{f'(x_n)}=x_n-\frac{x_n^6-2}{6x_n^5}.$$

选择 $x_1=1$ 作为初始近似值, 可得

$$x_2\approx1.166\ 666\ 67,$$

$$x_3\approx1.126\ 443\ 68,$$

$$x_4\approx1.122\ 497\ 07,$$

$$x_5\approx1.122\ 462\ 05,$$

$$x_6\approx1.122\ 462\ 05.$$

因为 x_5 和 x_6 的小数点后 8 位数字都相同, 所以精确到小数点后 8 位的近似值为

$$\sqrt[6]{2}\approx1.122\ 462\ 05.$$ ■

例 3 求方程 $\cos x = x$ 的解，精确到小数点后 6 位.

解 首先，将方程改写为标准形式：$\cos x - x = 0$. 令 $f(x) = \cos x - x$，则 $f'(x) = -\sin x - 1$，代入公式 2，可得

$$x_{n+1} = x_n - \frac{\cos x_n - x_n}{-\sin x_n - 1} = x_n + \frac{\cos x_n - x_n}{\sin x_n + 1}.$$

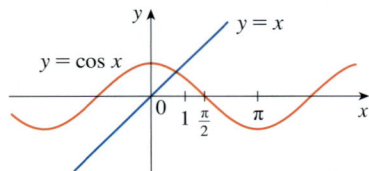

图 4-8-6

为了猜测一个合适的近似值 x_1，观察图 4-8-6 给出的 $y = x$ 和 $y = \cos x$ 的图像. 由图可知，它们的交点横坐标小于 1. 因此，令 $x_1 = 1$ 作为第一个近似值. 然后将计算器调至弧度模式进行计算，可得

$$x_2 \approx 0.750\ 363\ 87,$$
$$x_3 \approx 0.739\ 112\ 89,$$
$$x_4 \approx 0.739\ 085\ 13,$$
$$x_5 \approx 0.739\ 085\ 13.$$

因为 x_4 和 x_5 的小数点后 6 位数字都相同（实际上小数点后 8 位数字都相同），所以精确到小数点后 6 位的解为 0.739 085. ∎

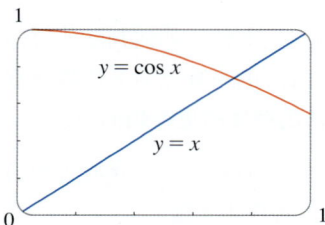

图 4-8-7

例 3 中，除了使用图 4-8-6 中的粗略图像来得到牛顿法的初始近似值，还可以使用计算器或计算机提供的更精确的图像. 如使用图 4-8-7 中的图像，取 $x_1 = 0.75$ 作为初始近似值，根据牛顿法得到

$$x_2 \approx 0.739\ 111\ 14,$$
$$x_3 \approx 0.739\ 085\ 13,$$
$$x_4 \approx 0.739\ 085\ 13.$$

结果与上面相同，但是所需的步骤更少.

4.8 练习

1. 函数 f 的图像如下所示. 假设使用牛顿法求方程 $f(x) = 0$ 的近似解 s，初始近似值为 $x_1 = 6$.
(a) 画出用于求出 x_2 和 x_3 的切线，并估计 x_2 和 x_3 的数值.
(b) $x_1 = 8$ 是一个更好的初始近似值吗？请解释原因.

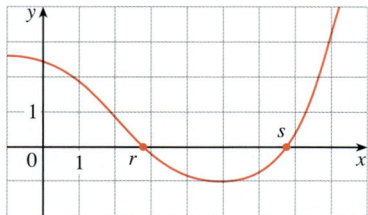

2. 按照练习 1a 中的操作求解 r，但使用 $x_1 = 1$ 作为初始近似值.

3. 曲线 $y = f(x)$ 在点 $(2, 5)$ 处的切线的方程为 $y = 9 - 2x$. 如果使用牛顿法求方程 $f(x) = 0$ 的解，初始近似值为 $x_1 = 2$，求第二个近似值 x_2.

4. 对于下列初始近似值，结合图像说明对下图所示的函数使用牛顿法会发生什么.
(a) $x_1 = 0$ (b) $x_1 = 1$ (c) $x_1 = 3$
(d) $x_1 = 4$ (e) $x_1 = 5$

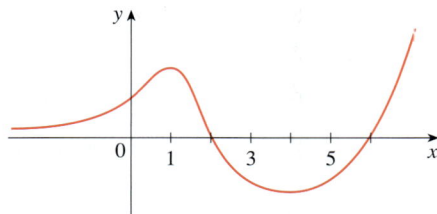

5. 对于初始近似值 $x_1 = a, b, c, d$，你认为哪个初始近似值可以使牛顿法有效并得出方程 $f(x) = 0$ 的解？

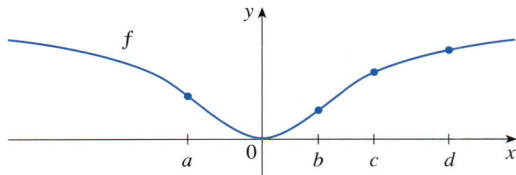

6~8 将 x_1 作为初始近似值，使用牛顿法求下列方程的解的第三个近似值 x_3（精确到小数点后 4 位）．

6. $2x^3 - 3x^2 + 2 = 0$，$x_1 = -1$

7. $\dfrac{2}{x} - x^2 + 1 = 0$，$x_1 = 2$　　**8.** $x^5 = x^2 + 1$，$x_1 = 1$

9. 将 $x_1 = -1$ 作为初始近似值，使用牛顿法求方程 $x^3 + x + 3 = 0$ 的解的第二个近似值 x_2．画出函数的图像和点 $(-1, 1)$ 处的切线来解释牛顿法的原理．

10. 将 $x_1 = 1$ 作为初始近似值，使用牛顿法求方程 $x^4 - x - 1 = 0$ 的解的第二个近似值 x_2．画出函数的图像和点 $(1, -1)$ 处的切线来解释牛顿法的原理．

11~12 使用牛顿法求下列根数的近似值，精确到小数点后 8 位．

11. $\sqrt[4]{75}$　　　　　　　**12.** $\sqrt[8]{500}$

13~14 (a) 说明如何确定给定方程在给定区间内有解．(b) 使用牛顿法求下列方程在给定区间内的近似解，精确到小数点后 6 位．

13. $3x^4 - 8x^3 + 2 = 0$，$[2, 3]$

14. $-2x^5 + 9x^4 - 7x^3 - 11x = 0$，$[3, 4]$

15~16 使用牛顿法求下列方程的指定解的近似值，精确到小数点后 6 位．

15. $\cos x = x^2 - 4$ 的负数解

16. $e^{2x} = x + 3$ 的正根

17~22 使用牛顿法求下列方程的所有解的近似值，精确到小数点后 6 位．

17. $\sin x = x - 1$　　　　**18.** $\cos 2x = x^3$

19. $2^x = 2 - x^2$　　　　**20.** $\ln x = \dfrac{1}{x - 3}$

21. $\arctan x = x^2 - 3$　　**22.** $x^3 = 5x - 3$

23~28 使用牛顿法求下列方程的所有解的近似值，精确到小数点后 8 位．通过观察函数图像找到合适的初始近似值．

23. $-2x^7 - 5x^4 + 9x^3 + 5 = 0$

24. $x^5 - 3x^4 + x^3 - x^2 - x + 6 = 0$

25. $\dfrac{x}{x^2 + 1} = \sqrt{1 - x}$

26. $\cos(x^2 - x) = x^4$

27. $\sqrt{4 - x^3} = e^{x^2}$

28. $\ln(x^2 + 2) = \dfrac{3x}{\sqrt{x^2 + 1}}$

29. (a) 将牛顿法应用于方程 $x^2 - a = 0$，推导下面的平方根算法（古巴比伦人用这个算法计算 $\sqrt{a}$）：
$$x_{n+1} = \frac{1}{2}\left(x_n + \frac{a}{x_n}\right).$$

(b) 使用 (a) 中的算法计算 $\sqrt{1000}$，精确到小数点后 6 位．

30. (a) 将牛顿法应用于方程 $1/x - a = 0$，推导下面的倒数算法：
$$x_{n+1} = 2x_n - ax_n^2.$$

（计算机使用该算法求倒数，而无须实际进行除法运算．）

(b) 使用 (a) 中的算法计算 $1/1.698\,4$，精确到小数点后 6 位．

31. 为什么将 $x_1 = 1$ 作为初始近似值求方程 $x^3 - 3x + 6 = 0$ 的解时，牛顿法会失效？

32. (a) 将 $x_1 = 1$ 作为初始近似值，使用牛顿法求方程 $x^3 - x = 1$ 的解，精确到小数点后 6 位．

(b) 将 $x_1 = 0.6$ 作为初始近似值，重新求 (a) 中方程的解．

(c) 将 $x_1 = 0.57$ 作为初始近似值，重新求 (a) 中方程的解．（完成本题需要用到可编程计算器．）

(d) 画出函数 $f(x) = x^3 - x - 1$ 的图像以及它在 $x_1 = 1, 0.6, 0.57$ 处的切线，解释为什么初始近似值的选择对牛顿法而言非常重要．

33. 解释为什么选择 $x_1 \neq 0$ 的初始近似值求方程 $\sqrt[3]{x} = 0$ 的解时，牛顿法会失效．画出函数的粗略图像加以说明．

34. 如果
$$f(x) = \begin{cases} \sqrt{x}, & x \geqslant 0; \\ -\sqrt{-x}, & x < 0, \end{cases}$$
则方程 $f(x) = 0$ 的解为 $x = 0$．解释为什么选择 $x_1 \neq 0$

的初始近似值时，牛顿法会失效．画出函数的粗略图像加以说明．

35. (a) 使用牛顿法求出函数 $f(x)=x^6-x^4+3x^3-2x$ 的临界值，精确到小数点后 6 位．

(b) 求 f 的最小值，精确到小数点后 4 位．

36. 使用牛顿法求出函数 $f(x)=x\cos x$，$0\leqslant x\leqslant\pi$ 的最大值，精确到小数点后 6 位．

37. 使用牛顿法求出曲线 $y=x^2\sin x$，$0\leqslant x\leqslant\pi$ 的拐点坐标，精确到小数点后 6 位．

38. 曲线 $y=-\sin x$ 的无数条过原点的切线中，有一条斜率最大．使用牛顿法求出这条切线的斜率，结果精确到小数点后 6 位．

39. 使用牛顿法求出抛物线 $y=(x-1)^2$ 上最接近原点的点的坐标，精确到小数点后 6 位．

40. 如下图所示，弦 AB 的长度为 4cm，弧 $\overset{\frown}{AB}$ 的长度为 5cm．求圆心角 θ（单位：弧度），精确到小数点后 4 位．然后将答案换算成最接近的角度．

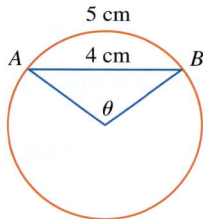

41. 一家汽车经销商以 18 000 美元的价格出售一辆新车．他们还为这辆车提供月付 375 美元、为期 5 年的出售方案．这家经销商每月收取的利息是多少？

解决这个问题需要使用下面的公式：

$$A=\frac{R}{i}\left[1-(1+i)^{-n}\right],$$

其中 A 为总金额，R 为单次付款金额，n 为付款次数，i 为利率．用 x 替代 i，可得

$$48x(1+x)^{60}-(1+x)^{60}+1=0\,.$$

使用牛顿法解此方程．

42. 如下图所示，太阳位于原点，地球位于点 $(1,0)$．［图中的单位长度为地心到太阳的距离，称为一个天文单位（AU），$1\text{AU}\approx1.496\times10^8\text{km}\,.$］在地球绕太阳旋转的平面上有五个位置：$L_1$、$L_2$、$L_3$、$L_4$ 和 L_5．当卫星位于这五个位置上时，由于受力平衡（包括地球和太阳的引力），因此卫星相对于地球静止．这些点称为秤动点．（目前有一颗太阳探测卫星在秤动点处．）如果太阳的质量为 m_1，地球的质量为 m_2，设 $r=m_2/(m_1+m_2)$，事实证明 L_1 的横坐标为五次方程

$$p(x)=x^5-(2+r)x^4+(1+2r)x^3-(1-r)x^2$$
$$+2(1-r)x+r-1=0$$

的唯一解，L_2 的横坐标为方程

$$p(x)-2rx^2=0$$

的解．已知 $r\approx3.040\,42\times10^{-6}$，求以下秤动点的坐标．

(a) L_1　　　　　　　　(b) L_2

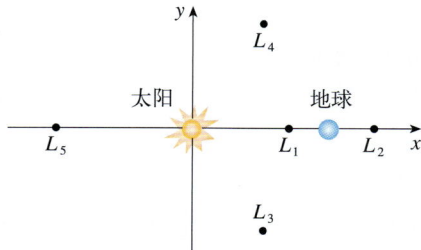

4.9 | 原函数

物理学家知道某个粒子的运动速度，可能也想知道此时它的位置．工程师可以测量水从水箱中泄漏的速度，也需要知道某段时间内水泄漏的总量．生物学家知道某种细菌的繁殖率，也想推导出细菌将来的数量．上述情景都包含了同一个问题：如何求出一个函数，使得已知函数是它的导数．

■ 函数的原函数

如果函数 F 的导数是函数 f，则 F 称为 f 的一个原函数．

> **定义** 如果对于区间 I 上的所有 x 都有 $F'(x)=f(x)$ ，则函数 F 称为函数 f 在区间 I 上的一个**原函数**.

例如，令 $f(x)=x^2$ ，如果我们熟悉幂函数的求导法则，就很容易发现 f 的一个原函数是 $F(x)=\dfrac{1}{3}x^3$ ，此时 $F'(x)=x^2=f(x)$. 而函数 $G(x)=\dfrac{1}{3}x^3+100$ 也满足 $G'(x)=x^2$. 因此，F 和 G 都是 f 的原函数. 事实上，任何形如 $H(x)=\dfrac{1}{3}x^3+C$ 的函数（其中 C 为常数）都是 f 的一个原函数. 这就产生一个问题：还有别的原函数吗?

为了回答这个问题，回忆 4.2 节，我们利用中值定理证明过，如果两个函数在同一区间上有相同的导数，那么它们一定相差一个常数（见 4.2 节推论 7）. 因此，如果 F 和 G 是 f 的任意两个原函数，则

$$F'(x)=f(x)=G'(x),$$

于是有 $G(x)-F(x)=C$ ，其中 C 为常数. 它也可以写为 $G(x)=F(x)+C$ ，这样就得出了下面的定理.

> **定理** 如果 F 是 f 在区间 I 上的一个原函数，则 f 在区间 I 上的原函数通式为
> $$F(x)+C,$$
> 其中 C 为常数.

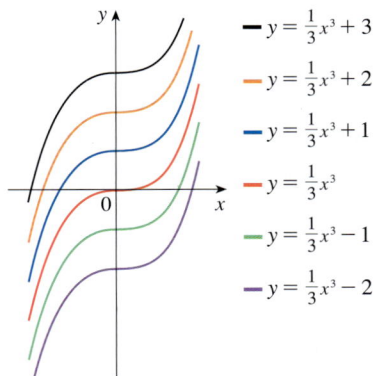

图 4-9-1

$f(x)=x^2$ 的原函数族

回顾函数 $f(x)=x^2$ ，f 的原函数通式为 $\dfrac{1}{3}x^3+C$. 令常数 C 为不同的值，即可得到一个函数族，这些函数的图像可以通过垂直平移相互转化（见图 4-9-1）. 这是因为在任意给定的 x 值处，每条曲线一定具有相同的斜率.

例 1 求下列函数的原函数通式.

(a) $f(x)=\sin x$ (b) $f(x)=1/x$ (c) $f(x)=x^n,\ n\neq-1$

解

(a) 如果 $F(x)=-\cos x$ ，则 $F'(x)=\sin x$. 因此，$\sin x$ 的一个原函数为 $-\cos x$. 根据定理 1，原函数通式为 $G(x)=-\cos x+C$.

(b) 回忆 3.6 节中提到的

$$\frac{\mathrm{d}}{\mathrm{d}x}(\ln x)=\frac{1}{x},$$

可知 $1/x$ 在区间 $(0,+\infty)$ 上的原函数通式为 $\ln x+C$. 另外，对于所有 $x\neq0$ ，有

$$\frac{\mathrm{d}}{\mathrm{d}x}(\ln|x|)=\frac{1}{x}.$$

定理 1 表明 $f(x) = 1/x$ 在不包含 0 的任意区间上的原函数通式为 $\ln|x| + C$，特别是在区间 $(-\infty, 0)$ 和 $(0, +\infty)$ 上也成立．因此，f 的原函数通式为

$$F(x) = \begin{cases} \ln x + C_1, & x > 0; \\ \ln(-x) + C_2, & x < 0. \end{cases}$$

(c) 利用幂函数的求导法则求 x^n 的一个原函数．如果 $n \neq -1$，则

$$\frac{\mathrm{d}}{\mathrm{d}x}\left(\frac{x^{n+1}}{n+1}\right) = \frac{(n+1)x^n}{n+1} = x^n.$$

因此，$f(x) = x^n$ 的原函数通式为

$$F(x) = \frac{x^{n+1}}{n+1} + C,$$

它对于 $n \geqslant 0$ 成立，因为此时 $f(x) = x^n$ 在任意区间上有定义．如果 n 为负数（但 $n \neq -1$），则该一般式在不包含 0 的任意区间上成立．∎

■ 原函数公式

例 1 中的每个导数公式反过来看时都是一个原函数公式．表 4-9-1 列出了一些原函数．表中每个公式无疑都是正确的，因为右栏中的函数的导数就是左栏中的函数．特别值得注意的是，第一个公式表明，函数的常数倍的原函数是该函数的原函数的常数倍；第二个公式表明，函数的和的原函数是函数的原函数的和．（这里 $F' = f$，$G' = g$．）

表 4-9-1 原函数公式表

函数	原函数	函数	原函数
$cf(x)$	$cF(x)$	$\sin x$	$-\cos x$
$f(x) + g(x)$	$F(x) + G(x)$	$\sec^2 x$	$\tan x$
x^n（$n \neq -1$）	$\dfrac{x^{n+1}}{n+1}$	$\sec x \tan x$	$\sec x$
$\dfrac{1}{x}$	$\ln|x|$	$\dfrac{1}{\sqrt{1-x^2}}$	$\sin^{-1} x$
e^x	e^x	$\dfrac{1}{1+x^2}$	$\tan^{-1} x$
b^x	$\dfrac{b^x}{\ln b}$	$\cosh x$	$\sinh x$
$\cos x$	$\sin x$	$\sinh x$	$\cosh x$

要从表 4-9-1 中某个特定的原函数得到原函数通式，只要加一个（或多个）常数即可，如例 1 所示．

例 2 求出所有满足下式的函数 g：

$$g'(x) = 4\sin x + \frac{2x^5 - \sqrt{x}}{x}.$$

解　首先，将 $g'(x)$ 改写为

$$g'(x) = 4\sin x + \frac{2x^5}{x} - \frac{\sqrt{x}}{x} = 4\sin x + 2x^4 - \frac{1}{\sqrt{x}} .$$

我们希望求出函数

$$g'(x) = 4\sin x + 2x^4 - x^{-1/2}$$

的原函数．使用表 4-9-1 中的公式以及定理 1，可得

我们通常用大写字母 F 来表示函数 f 的原函数．如果我们基于导数符号 f' 表示的函数来求原函数，那么这个原函数当然用 f 来表示．

$$g(x) = 4(-\cos x) + 2\frac{x^5}{5} - \frac{x^{1/2}}{\frac{1}{2}} + C$$

$$= -4\cos x + \frac{2}{5}x^5 - 2\sqrt{x} + C . \qquad ∎$$

　　例 2 是微积分的一种常见应用（已知函数的导数，求该函数）．涉及函数导数的方程称为**微分方程**．第 9 章将对此进行详细介绍，但目前我们已经能够解一些初等的微分方程．如例 2 所示，微分方程的通解包含一个（或多个）任意常数．有时给定的额外条件可以确定这些常数，从而得到唯一解．

图 4-9-2 显示了例 3 中的函数 f' 及其原函数 f 的图像．因为 $f'(x) > 0$，所以 f 总是递增的．另外，当 f' 取得极大值或极小值时，f 似乎有一个拐点．这个图像可以检验我们的计算结果．

例 3　如果 $f'(x) = \mathrm{e}^x + 20(1+x^2)^{-1}$ 且 $f(0) = -2$，求 f．

解　将 $f'(x)$ 改写为

$$f'(x) = \mathrm{e}^x + \frac{20}{1+x^2} ,$$

其原函数通式为　　　　$f(x) = \mathrm{e}^x + 20\tan^{-1}x + C .$

为了确定 C，利用 $f(0) = -2$：

$$f(0) = \mathrm{e}^0 + 20\tan^{-1}0 + C = -2 .$$

因此，$C = -2 - 1 = -3$，于是有

$$f(x) = \mathrm{e}^x + 20\tan^{-1}x - 3 . \qquad ∎$$

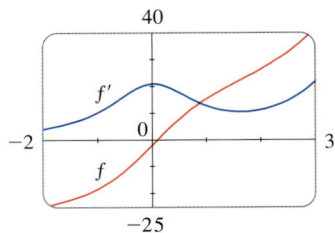

图 4-9-2

例 4　如果 $f''(x) = 12x^2 + 6x - 4$，$f(0) = 4$，$f(1) = 1$，求 f．

解　$f''(x) = 12x^2 + 6x - 4$ 的原函数通式为

$$f'(x) = 12 \cdot \frac{x^3}{3} + 6 \cdot \frac{x^2}{2} - 4x + C = 4x^3 + 3x^2 - 4x + C .$$

再次使用原函数公式，得到

$$f(x) = 4\frac{x^4}{4} + 3\frac{x^3}{3} - 4\frac{x^2}{2} + Cx + D = x^4 + x^3 - 2x^2 + Cx + D .$$

为了确定 C 和 D，利用已知条件 $f(0) = 4$ 和 $f(1) = 1$：因为 $f(0) = 0 + D = 4$，所以 $D = 4$；因为 $f(1) = 1 + 1 - 2 + C + 4 = 1$，所以 $C = -3$．因此，所求的函数为

$$f(x) = x^4 + x^3 - 2x^2 - 3x + 4 . \qquad ∎$$

■ 原函数的图像

如果已知函数 f 的图像，我们理应能够画出它的原函数 F 的图像．例如，已知 $F(0)=1$，这样从起点 $(0,1)$ 开始，图像在每一段的变化方向可以由导数 $F'(x)=f(x)$ 确定．在下面的例子中，即使不知道 f 的表达式，我们也可以使用本章中的方法来画出 F 的图像．例如，当 $f(x)$ 是通过实验数据所确定的函数时，就属于这种情况．

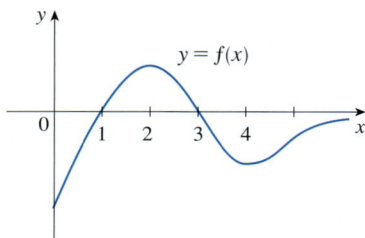

图 4-9-3

例 5 图 4-9-3 给出了函数 f 的图像．已知 $F(0)=2$，画出原函数 F 的粗略图像．

解 我们根据 $y=F(x)$ 的斜率 $f(x)$，从点 $(0,2)$ 开始，画出函数 F 的图像．当 $0<x<1$ 时，$f(x)$ 为负，所以 F 递减；当 $1<x<3$ 时，$f(x)$ 为正，所以 F 递增．因为 $f(1)=f(3)=0$，所以 F 在 $x=1$ 和 $x=3$ 处有水平切线．当 $x=1$ 时，F 有极小值；当 $x=3$ 时，F 有极大值．当 $x>3$ 时，$f(x)$ 为负，所以 F 在区间 $(3,+\infty)$ 上递减．当 $x\to+\infty$ 时，$f(x)\to 0$，所以当 $x\to+\infty$ 时，F 的图像越来越平．注意，$F''(x)=f'(x)$ 在 $x=2$ 处由正变为负，在 $x=4$ 处由负变为正．因此，$x=2$ 和 $x=4$ 是 F 的拐点．利用这些信息可以画出原函数的图像，如图 4-9-4 所示． ■

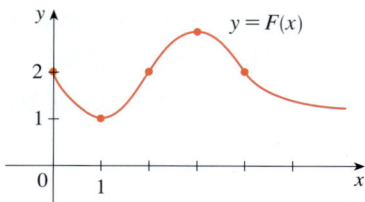

图 4-9-4

■ 直线运动

原函数非常适用于分析物体的直线运动．回顾一下，如果物体的位置函数为 $s=f(t)$，则速度函数为 $v(t)=s'(t)$，即位置函数是速度函数的一个原函数．同样，加速度函数为 $a(t)=v'(t)$，即速度函数是加速度函数的一个原函数．如果加速度函数和初始值 $s(0)$、$v(0)$ 已知，则位置函数可以通过两次求原函数得到．

例 6 粒子做直线运动，它的加速度为 $a(t)=6t+4$，初速度为 $v(0)=-6\text{cm/s}$，初始位置为 $s(0)=9\text{cm}$．求位置函数 $s(t)$．

解 根据 $v'(t)=a(t)=6t+4$，求原函数可得

$$v(t)=6\cdot\frac{t^2}{2}+4t+C=3t^2+4t+C.$$

注意到 $v(0)=C$，由 $v(0)=-6$ 可知 $C=-6$，即

$$v(t)=3t^2+4t-6.$$

因为 $v(t)=s'(t)$，所以 s 是 v 的原函数：

$$s(t)=3\cdot\frac{t^3}{3}+4\cdot\frac{t^2}{2}-6t+D=t^3+2t^2-6t+D.$$

这说明 $s(0)=D$．由 $s(0)=9$ 可知 $D=9$，则位置函数为

$$s(t)=t^3+2t^2-6t+9.$$

■

地球表面附近的物体受引力作用产生一个向下的加速度，记为 g．对接近地面的运动来说，一般认为 g 是常量，它的值约为 9.8m/s^2．值得注意的是，由地球引力引起的加速度是恒定的，从这一点来看，我们可以使用微积分推导出任何在地球引力作用下运动的物体的位置和速度，如下面的例子所示．

例 7　一个球从距离地面 130m 的悬崖上以 15m/s 的速度向上抛出，求 t s 后球的高度．球何时到达最高点？何时落地？

解　本例中的运动是垂直的，我们选择上作为运动的正方向．t 时球到地面的距离为 $s(t)$，球的速度 $v(t)$ 递减．因此，加速度一定为负：

$$a(t) = \frac{\mathrm{d}v}{\mathrm{d}t} = -9.8\;.$$

求原函数，得到

$$v(t) = -9.8t + C\;.$$

利用已知信息 $v(0) = 15$ 来确定 C，得到 $15 = 0 + C$．因此，

$$v(t) = -9.8t + 15\;.$$

当 $v(t) = 0$ 时，即 1.5s 后，球到达最高点．因为 $s'(t) = v(t)$，所以求 $v(t)$ 的原函数得到

$$s(t) = -4.9t^2 + 15t + D\;.$$

图 4-9-5 给出了例 7 中球的位置函数，图像验证了得出的结论：球在 1.5s 后到达它的最高点，在 6.9s 后落地．

根据 $s(0) = 130$，有 $130 = 0 + D$，所以

$$s(t) = -4.9t^2 + 15t + 130\;.$$

直到球落地，$s(t)$ 的表达式均成立．当 $s(t) = 0$ 时，有

$$-4.9t^2 + 15t + 130 = 0$$

或

$$4.9t^2 - 15t - 130 = 0\;.$$

利用二次方程的求根公式，得到

$$t = \frac{15 \pm \sqrt{2773}}{9.8}\;.$$

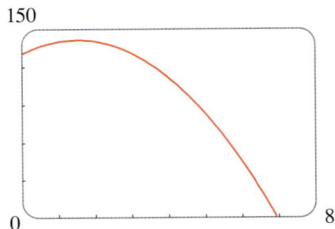

图 4-9-5

由于 t 不能为负，负解被舍弃，因此球在 $15 + \sqrt{2773}/9.8 \approx 6.9\text{s}$ 后落地．■

4.9 | 练习

1~4　求下列函数的原函数．

1. (a) $f(x) = 6$　　　(b) $g(t) = 3t^2$

2. (a) $f(x) = 2x$　　(b) $g(x) = -1/x^2$

3. (a) $h(q) = \cos q$　(b) $f(x) = e^x$

4. (a) $g(t) = 1/t$　　(b) $r(\theta) = \sec^2\theta$

5~26　求下列函数的原函数（求导检查你的答案）．

5. $f(x) = 4x + 7$

6. $f(x) = x^2 - 3x + 2$

7. $f(x) = 2x^3 - \dfrac{2}{3}x^2 + 5x$

8. $f(x) = 6x^5 - 8x^4 - 9x^2$

9. $f(x) = x(12x + 8)$

10. $f(x) = (x - 5)^2$

11. $g(x) = 4x^{-2/3} - 2x^{5/3}$

12. $h(z) = 3z^{0.8} + z^{-2.5}$

13. $f(x) = 3\sqrt{x} - 2\sqrt[3]{x}$

14. $g(x) = \sqrt{x}\left(2 - x + 6x^2\right)$

15. $f(t) = \dfrac{2t - 4 + 3\sqrt{t}}{\sqrt{t}}$

16. $f(x) = \sqrt[4]{5} + \sqrt[4]{x}$

17. $f(x) = \dfrac{2}{5x} - \dfrac{3}{x^2}$

18. $f(x) = \dfrac{5x^2 - 6x + 4}{x^2}, \, x > 0$

19. $g(t) = 7e^t - e^3$

20. $f(x) = \dfrac{10}{x^6} - 2e^x + 3$

21. $f(\theta) = 2\sin\theta - 3\sec\theta\tan\theta$

22. $h(x) = \sec^2 x + \pi\cos x$

23. $f(r) = \dfrac{4}{1 + r^2} - \sqrt[5]{r^4}$

24. $g(v) = 2\cos v - \dfrac{3}{\sqrt{1 - v^2}}$

25. $f(x) = 2^x + 4\sinh x$

26. $f(x) = \dfrac{2x^2 + 5}{x^2 + 1}$

27~28 求满足如下条件的函数 f 的原函数 F. 通过比较 f 和 F 的图像来检查你的答案.

27. $f(x) = 2e^x - 6x$, $F(0) = 1$

28. $f(x) = 4 - 3\left(1 + x^2\right)^{-1}$, $F(1) = 0$

29~54 求 f .

29. $f''(x) = 24x$

30. $f''(t) = t^2 - 4$

31. $f''(x) = 4x^3 + 24x - 1$

32. $f''(x) = 6x - x^4 + 3x^5$

33. $f''(x) = 2x + 3e^x$

34. $f''(x) = 1/x^2, \, x > 0$

35. $f'''(t) = 12 + \sin t$

36. $f'''(t) = \sqrt{t} - 2\cos t$

37. $f'(x) = 8x^3 + \dfrac{1}{x}, \, x > 0$, $f(1) = -3$

38. $f'(x) = \sqrt{x} - 2$, $f(9) = 4$

39. $f'(t) = 4/\left(1 + t^2\right)$, $f(1) = 0$

40. $f'(t) = t + 1/t^3, \, t > 0$, $f(1) = 6$

41. $f'(x) = 5x^{2/3}$, $f(8) = 21$

42. $f'(x) = (x + 1)/\sqrt{x}$, $f(1) = 5$

43. $f'(t) = \sec t\left(\sec t + \tan t\right)$, $-\pi/2 < t < \pi/2$, $f(\pi/4) = -1$

44. $f'(t) = 3^t - 3/t$, $f(1) = 2$, $f(-1) = 1$

45. $f''(x) = -2 + 12x - 12x^2$, $f(0) = 4$, $f'(0) = 12$

46. $f''(x) = 8x^3 + 5$, $f(1) = 0$, $f'(1) = 8$

47. $f''(\theta) = \sin\theta + \cos\theta$, $f(0) = 3$, $f'(0) = 4$

48. $f''(t) = t^2 + 1/t^2, \, t > 0$, $f(2) = 3$, $f'(1) = 2$

49. $f''(x) = 4 + 6x + 24x^2$, $f(0) = 3$, $f(1) = 10$

50. $f''(x) = x^3 + \sinh x$, $f(0) = 1$, $f(2) = 2.6$

51. $f''(x) = e^x - 2\sin x$, $f(0) = 3$, $f(\pi/2) = 0$

52. $f''(t) = \sqrt[3]{t} - \cos t$, $f(0) = 2$, $f(1) = 2$

53. $f''(x) = x^{-2}, \, x > 0$, $f(1) = 0$, $f(2) = 0$

54. $f'''(x) = \cos x$, $f(0) = 1$, $f'(0) = 2$, $f''(0) = 3$

---

55. 函数 f 的图像过点 $(2, 5)$ ，且它在点 $(x, f(x))$ 处的切线的斜率为 $3 - 4x$ ，求 $f(1)$.

56. 求函数 f ，使得 $f'(x) = x^3$ 且直线 $x + y = 0$ 与函数 f 的图像相切.

57~58 函数 f 的图像如下所示. 哪个是 f 的原函数的图像? 为什么?

57. 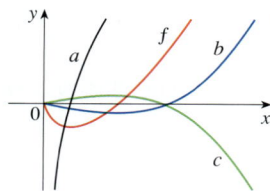   **58.**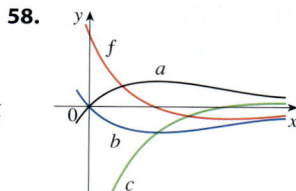

---

59. 函数 f 的图像如下所示. 画出其原函数 F 的图像，其中 $F(0) = 1$.

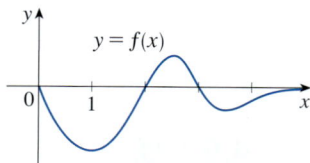

60. 一个粒子的速度函数的图像如下所示. 画出位置函数的图像.

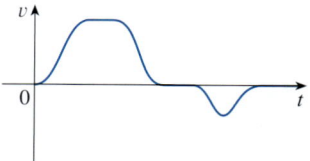

61. f' 的图像如下所示. 如果 f 在 $[0,3]$ 上连续且 $f(0)=-1$，画出 f 的图像.

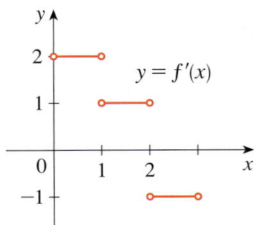

62. (a) 画出 $f(x)=2x-3\sqrt{x}$ 的图像.

(b) 根据 (a) 中的图像，画出其原函数 F 的粗略图像，其中 $F(0)=1$．

(c) 利用本节中的方法求出 $F(x)$ 的表达式.

(d) 根据 (c) 中的表达式，画出 F 的图像，与 (b) 中的图像进行比较.

63~64 画出 f 的图像，然后利用它画出其过原点的原函数的粗略图像.

63. $f(x)=\dfrac{\sin x}{1+x^2}$，$-2\pi \leqslant x \leqslant 2\pi$

64. $f(x)=\sqrt{x^4-2x^2+2}-2$，$-3 \leqslant x \leqslant 3$

65~70 一个粒子的运动符合给定的函数. 求粒子的位置函数.

65. $v(t)=2\cos t+4\sin t$，$s(0)=3$

66. $v(t)=t^2-3\sqrt{t}$，$s(4)=8$

67. $a(t)=2t+1$，$s(0)=3$，$v(0)=-2$

68. $a(t)=3\cos t-2\sin t$，$s(0)=0$，$v(0)=4$

69. $a(t)=\sin t-\cos t$，$s(0)=0$，$s(\pi)=6$

70. $a(t)=t^2-4t+6$，$s(0)=0$，$s(1)=20$

71. 将一块石头从距离地面 450m 的加拿大国家电视塔的上层观景台扔下.

(a) 求 t 时石头到地面的距离.

(b) 石头多长时间后落地？

(c) 石头落地时的速度是多少？

(d) 如果以 5m/s 的速度将石头扔下，石头需要多长时间落地？

72. 物体以恒定加速度 a 做直线运动，初速度为 v_0，初始位置为 s_0．证明经过时间 t 后，物体的位置是

$$s=\frac{1}{2}at^2+v_0t+s_0.$$

73. 将一个物体以初速度 v_0 m/s 从距离地面 s_0 m 处向上抛出. 证明：

$$\left[v(t)\right]^2=v_0^{\ 2}-19.6\left[s(t)-s_0\right].$$

74. 在例 7 中，将两个球从悬崖上抛出. 第一个球以 15m/s 的速度向上抛出，第二个球在 1s 后以 8m/s 的速度向上抛出. 两个球会相遇吗？

75. 一块石头从悬崖上落下，落地时的速度为 40m/s. 求悬崖的高度.

76. 质量为 m 的跳水者站在一条长度为 L、线密度为 ρ 的跳板末端，此时跳板呈曲线 $y=f(x)$ 的形状，它满足方程

$$EIy''=mg(L-x)+\frac{1}{2}\rho g(L-x)^2,$$

其中 E 和 I 为正常数，与跳板的材料有关，$g\ (<0)$ 为重力加速度.

(a) 求曲线的方程.

(b) 利用 $f(L)$ 的值估计跳板末端在水平线下方的距离.

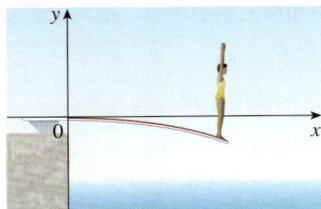

77. 一家公司生产 x 个商品的边际成本大约为 $1.92-0.002x$ 美元. 如果生产 1 个商品的成本是 562 美元，求生产 100 个商品的成本.

78. 一根 1m 长的杆子的线密度为 $\rho(x)=1/\sqrt{x}$（单位：g/cm），其中 x 为到杆子一端的距离（单位：cm）. 求杆子的质量.

79. 雨滴在下落过程中变得越来越大，它的表面积增大，导致所受的阻力也增大. 一滴雨以 10m/s 的初速度下落，它下落的加速度为

$$a=\begin{cases}9-0.9t, & 0\leqslant t\leqslant 10; \\ 0, & t>10.\end{cases}$$

如果雨滴在地面上方 500m 处形成，那么雨滴落地需要多长时间？

80. 一辆汽车以 80km/h 的速度行驶并突然刹车，产生了 -7m/s^2 的加速度. 汽车最终停下来之前的行驶距离是多少？

81. 汽车的速度在 5s 内从 50km/h 增加到 80km/h，需要多大的加速度？

82. 汽车以 -5m/s^2 的加速度刹车，经过 60m 停下. 求汽车刹车前的行驶速度？

83. 汽车以 100km/h 的速度行驶，这时司机看到前方 80m 处发生了交通事故，于是开始刹车．汽车应该以多大的加速度刹车才能避免连环相撞？

84. 一个火箭模型垂直向上起飞，前 3s 的加速度为 $a(t)=18t$，之后燃料耗尽，火箭开始做自由落体运动．14s 后火箭的降落伞打开，又过 5s，火箭下降的速度减慢至 -5.5m/s．最后火箭缓缓落地．

(a) 求位置函数 s 和速度函数 v（关于 t）．画出 s 和 v 的图像．

(b) 火箭何时到达最高点？最高点的高度为多少？

(c) 火箭何时落地？

85. 高速子弹列车以 1.2m/s^2 的加速度加速或减速，它的最大速度可达到 145km/h．

(a) 列车从静止加速到最大速度，并保持最大速度行驶 20min，列车行驶的距离多少？

(b) 假设列车从静止状态启动，并在 20min 后完全停下来，则列车能行驶的最大距离是多少？

(c) 求列车在相距 72km 的两个相邻车站之间行驶的最短时间．

(d) 列车从一个车站行驶到另一个车站用了 37.5min．两个车站之间的距离是多少？

第 4 章　复习

概念题

1. 解释最大值和极大值的区别，用图像表示．

2. (a) 什么是最值定理？

(b) 说明闭区间法的原理．

3. (a) 简述费马定理．

(b) 给出函数 f 的临界值的定义．

4. (a) 简述罗尔定理．

(b) 简述中值定理，并从几何角度加以解释．

5. (a) 简述单调性判定．

(b) f 在区间 I 上上凹是什么意思？

(c) 简述凹性判定．

(d) 什么是拐点？如何找到拐点？

6. (a) 简述一阶导数判定．

(b) 简述二阶导数判定．

(c) 这些判定分别有哪些优点和哪些缺点？

7. (a) 什么是洛必达法则？

(b) 当 $x \to a$ 时，$f(x) \to 0$，$g(x) \to +\infty$，如何对 $f(x)g(x)$ 使用洛必达法则？

(c) 当 $x \to a$ 时，$f(x) \to +\infty$，$g(x) \to +\infty$，如何对 $f(x)-g(x)$ 使用洛必达法则？

(d) 当 $x \to a$ 时，$f(x) \to 0$，$g(x) \to 0$，如何对 $\left[f(x)\right]^{g(x)}$ 使用洛必达法则？

8. 下面类型的极限是否是不定型？如果是，说明极限如何计算．

(a) $\dfrac{0}{0}$ 　(b) $\dfrac{\infty}{\infty}$ 　(c) $\dfrac{0}{\infty}$ 　(d) $\dfrac{\infty}{0}$

(e) $\infty + \infty$ 　(f) $\infty - \infty$ 　(g) $\infty \cdot \infty$ 　(h) $\infty \cdot 0$

(i) 0^0 　(j) 0^{∞} 　(k) ∞^0 　(l) 1^{∞}

9. 我们已经有图像计算器和计算机，为什么还需要利用微积分画函数图像？

10. (a) 给定方程 $f(x)=0$ 的解的初始近似值 x_1，如何使用牛顿法求出第二个近似值 x_2．利用图像从几何角度加以解释．

(b) 用 x_1、$f(x_1)$ 和 $f'(x_1)$ 表示 x_2．

(c) 用 x_n、$f(x_n)$ 和 $f'(x_n)$ 表示 x_{n+1}．

(d) 在什么情况下，牛顿法会失效或者收敛很慢？

11. (a) 什么是函数 f 的原函数？

(b) 设 F_1 和 F_2 都是 f 在区间 I 上的原函数，F_1 和 F_2 之间有什么关系？

判断题

判断下列说法是否正确．如果正确，请说明理由；如果不正确，请说明理由或给出一个反例．

1. 如果 $f'(c)=0$，则 f 在 c 处有极大值或极小值．

2. 如果 f 在 c 处有最小值，则 $f'(c)=0$．

3. 如果 f 在 (a,b) 上连续，则 f 在 (a,b) 上的某点 c 和某点 d 处分别取得最大值 $f(c)$ 和最小值 $f(d)$．

4. 如果 f 可微且 $f(-1)=f(1)$，则存在一个数 c，使得 $|c|<1$ 且 $f'(c)=0$．

5. 如果当 $1 < x < 6$ 时，$f'(x) < 0$，则 f 在区间 $(1,6)$ 上递减．

6. 如果 $f''(2) = 0$，则点 $(2, f(2))$ 是曲线 $y = f(x)$ 的拐点．

7. 如果当 $0 < x < 1$ 时，$f'(x) = g'(x)$，则当 $0 < x < 1$ 时，$f(x) = g(x)$．

8. 存在函数 f，使得 $f(1) = -2$，$f(3) = 0$，且对于所有 x 有 $f'(x) > 1$．

9. 存在函数 f，使得 $f(x) > 0$，$f'(x) < 0$，且对于所有 x 有 $f''(x) > 0$．

10. 存在函数 f，使得 $f(x) < 0$，$f'(x) < 0$，且对于所有 x 有 $f''(x) > 0$．

11. 如果 f 和 g 在区间 I 上递增，则 $f + g$ 在区间 I 上也递增．

12. 如果 f 和 g 在区间 I 上递增，则 $f - g$ 在区间 I 上也递增．

13. 如果 f 和 g 在区间 I 上递增，则 fg 在区间 I 上也递增．

14. 如果 f 和 g 是在区间 I 上递增的正值函数，则 fg 在区间 I 上也递增．

15. 如果 f 在区间 I 上递增且 $f(x) > 0$，则 $g(x) = 1/f(x)$ 在区间 I 上递减．

16. 如果 f 是偶函数，则 f' 是偶函数．

17. 如果 f 是周期函数，则 f' 是周期函数．

18. $f(x) = x^{-2}$ 的原函数通式为
$$F(x) = -\frac{1}{x} + C .$$

19. 如果对于所有 x，$f'(x)$ 都存在且不等于 0，则
$$f(1) \neq f(0) .$$

20. 如果 $\lim\limits_{x \to +\infty} f(x) = 1$，$\lim\limits_{x \to +\infty} g(x) = +\infty$，那么
$$\lim\limits_{x \to +\infty} \left[f(x) \right]^{g(x)} = 1 .$$

21. $\lim\limits_{x \to 0} \dfrac{x}{e^x} = 1$．

练习题

1~6 求下列函数在给定区间上的极值和最值．

1. $f(x) = x^3 - 9x^2 + 24x - 2$，$[0,5]$

2. $f(x) = x\sqrt{1-x}$，$[-1,1]$

3. $f(x) = \dfrac{3x-4}{x^2+1}$，$[-2,2]$

4. $f(x) = \sqrt{x^2 + x + 1}$，$[-2,1]$

5. $f(x) = x + 2\cos x$，$[-\pi, \pi]$

6. $f(x) = x^2 e^{-x}$，$[-1,3]$

7~14 计算下列极限．

7. $\lim\limits_{x \to 0} \dfrac{e^x - 1}{\tan x}$

8. $\lim\limits_{x \to 0} \dfrac{\tan 4x}{x + \sin 2x}$

9. $\lim\limits_{x \to 0} \dfrac{e^{2x} - e^{-2x}}{\ln(x+1)}$

10. $\lim\limits_{x \to +\infty} \dfrac{e^{2x} - e^{-2x}}{\ln(x+1)}$

11. $\lim\limits_{x \to -\infty} \left(x^2 - x^3 \right) e^{2x}$

12. $\lim\limits_{x \to \pi} (x - \pi) \csc x$

13. $\lim\limits_{x \to 1^+} \left(\dfrac{x}{x-1} - \dfrac{1}{\ln x} \right)$

14. $\lim\limits_{x \to (\pi/2)^-} (\tan x)^{\cos x}$

15~17 画出满足下列条件的函数的图像．

15. $f(0) = 0$，$f'(-2) = f'(1) = f'(9) = 0$，$\lim\limits_{x \to +\infty} f(x) = 0$，$\lim\limits_{x \to 6} f(x) = -\infty$．

在 $(-\infty, -2)$、$(1,6)$ 和 $(9, +\infty)$ 上，$f'(x) < 0$；

在 $(-2,1)$ 和 $(6,9)$ 上，$f'(x) > 0$；

在 $(-\infty, 0)$ 和 $(12, +\infty)$ 上，$f''(x) > 0$；

在 $(0,6)$ 和 $(6,12)$ 上，$f''(x) < 0$．

16. $f(0) = 0$，f 是连续偶函数．

当 $0 < x < 1$ 时，$f'(x) = 2x$；

当 $1 < x < 3$ 时，$f'(x) = -1$；

当 $x > 3$ 时，$f'(x) = 1$．

17. f 是奇函数．当 $0 < x < 2$ 时，$f'(x) < 0$；

当 $x > 2$ 时，$f'(x) > 0$．当 $0 < x < 3$ 时，$f''(x) > 0$；

当 $x > 3$ 时，$f''(x) < 0$．$\lim\limits_{x \to +\infty} f(x) = -2$．

18. 函数 f 的导数 f' 的图像如下所示．
   (a) 在哪些区间上 f 是递增或递减？
   (b) x 为何值时，f 有极大值或极小值？
   (c) 画出 f'' 的图像．
   (d) 画出一个可能的 f 的图像．

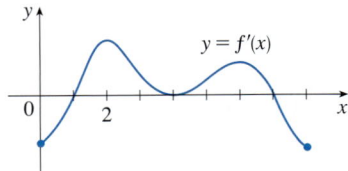

19~34 使用 4.5 节中的绘图指南画出下列曲线.

19. $y = 2 - 2x - x^3$

20. $y = -2x^3 - 3x^2 + 12x + 5$

21. $y = 3x^4 - 4x^3 + 2$ **22.** $y = \dfrac{x}{1 - x^2}$

23. $y = \dfrac{1}{x(x-3)^2}$ **24.** $y = \dfrac{1}{x^2} - \dfrac{1}{(x-2)^2}$

25. $y = \dfrac{(x-1)^3}{x^2}$ **26.** $y = \sqrt{1-x} + \sqrt{1+x}$

27. $y = x\sqrt{2+x}$ **28.** $y = x^{2/3}(x-3)^2$

29. $y = e^x \sin x, \ -\pi \leqslant x \leqslant \pi$

30. $y = 4x - \tan x, \ -\pi/2 < x < \pi/2$

31. $y = \sin^{-1}(1/x)$ **32.** $y = e^{2x - x^2}$

33. $y = (x-2)e^{-x}$ **34.** $y = x + \ln(x^2 + 1)$

35~38 画出函数 f 的图像,显示曲线所有的重要特征. 利用 f' 和 f'' 的图像,估计递增区间、递减区间、极值、凹区间和拐点. 在练习 35 中,利用微积分求出准确值.

35. $f(x) = \dfrac{x^2 - 1}{x^3}$ **36.** $f(x) = \dfrac{x^3 + 1}{x^6 + 1}$

37. $f(x) = 3x^6 - 5x^5 + x^4 - 5x^3 - 2x^2 + 2$

38. $f(x) = x^2 + 6.5\sin x, \ -5 \leqslant x \leqslant 5$

---

39. 在矩形区域中画出 $f(x) = e^{-1/x^2}$ 的图像,显示该函数所有的重要特征. 估计函数的拐点,然后利用微积分求出准确值.

40. (a) 画出函数 $f(x) = 1/(1 + e^{1/x})$ 的图像.
     (b) 计算 $f(x)$ 在 x 趋近于 $+\infty$、$-\infty$、0^+ 和 0^- 时的极限,说明图像的形状.
     (c) 利用 f 的图像,估计拐点的坐标.
     (d) 利用计算机代数系统计算 f'',并画出 f'' 的图像.
     (e) 利用 (d) 中的图像更精确地估计拐点的坐标.

41~42 利用 f、f' 和 f'' 的图像,估计 f 的极大值点、极小值点和拐点的横坐标.

41. $f(x) = \dfrac{\cos^2 x}{\sqrt{x^2 + x + 1}}, \ -\pi \leqslant x \leqslant \pi$

42. $f(x) = e^{-0.1x}\ln(x^2 - 1)$

---

43. 考察函数族 $f(x) = \ln(\sin x + c)$. 该函数族中的成员函数有什么共同点?有什么不同点?c 为何值时,f 在 $(-\infty, +\infty)$ 上连续?c 为何值时,f 没有图像?如果 $c \to +\infty$ 会怎样?

44. 考察函数族 $f(x) = cxe^{-cx^2}$. 当 c 变化时,函数的最大值点、最小值点和拐点如何变化?画出其中几个成员函数的图像来说明你的结论.

45. 证明:方程 $3x + 2\cos x + 5 = 0$ 只有一个实数解.

46. 设 f 在区间 $[0,4]$ 上连续,$f(0) = 1$,且对于区间 $(0,4)$ 内的所有 x 有 $2 \leqslant f'(x) \leqslant 5$. 证明:$9 \leqslant f(4) \leqslant 21$.

47. 在区间 $[32, 33]$ 上对函数 $f(x) = x^{1/5}$ 应用中值定理,证明

$$2 < \sqrt[5]{33} < 2.012\,5.$$

48. 当 a 和 b 为何值时,点 $(1,3)$ 是曲线 $y = ax^3 + bx^2$ 的一个拐点.

49. 令 $g(x) = f(x^2)$,其中 f 关于所有 x 二阶可微. 对于所有 $x \neq 0$ 有 $f'(x) > 0$,f 在 $(-\infty, 0)$ 上下凹,在 $(0, +\infty)$ 上上凹.
     (a) g 在哪些点处取得极值?
     (b) 讨论 g 的凹性.

50. 求两个正整数,使得第二个数的 4 倍与第一个数的和为 1000,且两个数的积最大.

51. 证明:点 (x_1, y_1) 到直线 $Ax + By + C = 0$ 的距离为

$$\frac{|Ax_1 + By_1 + C|}{\sqrt{A^2 + B^2}}.$$

52. 求双曲线 $xy = 8$ 上距离点 $(3,0)$ 最近的点.

53. 求半径为 r 的圆的内接等腰三角形的最小面积.

54. 求半径为 r 的球体的内接圆锥体的最大体积.

55. 三角形 ABC 中,D 是 AB 上的点,CD 垂直于 AB,$|AD| = |BD| = 4\text{cm}$,$|CD| = 5\text{cm}$. 如何在 CD 上选定一点 P,使得 $|PA| + |PB| + |PC|$ 最小.

56. 将条件改为 $|CD| = 2\text{cm}$,重做练习 55.

57. 深水中波长为 L 的水波的速度为

$$v = K\sqrt{\frac{L}{C} + \frac{C}{L}},$$

其中 K 和 C 为已知的正常数. 波长为多少时速度最小?

58. 容积为 V 的金属容器由一个圆柱体和一个半球体制作而成．求使所用的金属最少的容器尺寸？

59. 一个曲棍球队在能容纳 15 000 名观众的体育场里比赛．票价为 12 美元时，平均上座人数为 11 000．市场调查表明，票价每降低 1 美元，平均上座人数就会增加 1000．球队管理者应该如何设定票价才能实现收益最大化？

60. 一家制造商生产 x 个商品的成本为
$$C(x) = 1800 + 25x - 0.2x^2 + 0.001x^3.$$
需求函数为 $p(x) = 48.2 - 0.03x$．

(a) 画出成本函数和收益函数的图像，根据图像估计利润最大时的产量．

(b) 用计算器求出利润最大时的产量．

(c) 估计平均成本最低时的产量．

61. 使用牛顿法求方程
$$x^5 - x^4 + 3x^2 - 3x - 2 = 0$$
在区间 $[1,2]$ 内的解，精确到小数点后 6 位．

62. 使用牛顿法求方程 $\sin x = x^2 - 3x + 1$ 的解，精确到小数点后 6 位．

63. 使用牛顿法求函数 $f(t) = \cos t + t - t^2$ 的最大值，精确到小数点 6 位．

64. 按照 4.5 节中的绘图指南画出曲线 $y = x\sin x$，$0 \leqslant x \leqslant 2\pi$，必要时可使用牛顿法．

65~68 求下列函数的原函数通式．

65. $f(x) = 4\sqrt{x} - 6x^2 + 3$ 　　**66.** $g(x) = \dfrac{1}{x} + \dfrac{1}{x^2+1}$

67. $f(t) = 2\sin t - 3e^t$ 　　**68.** $f(x) = x^{-3} + \cosh x$

69~72 求 f．

69. $f'(t) = 2t - 3\sin t$，$f(0) = 5$

70. $f'(u) = \dfrac{u^2 + \sqrt{u}}{u}$，$f(1) = 3$

71. $f''(x) = 1 - 6x + 48x^2$，$f(0) = 1$，$f'(0) = 2$

72. $f''(x) = 5x^3 + 6x^2 + 2$，$f(0) = 3$，$f(1) = -2$

73~74 一个粒子的直线运动符合给定的函数．求粒子的位置函数．

73. $v(t) = 2t - 1/(1+t^2)$，$s(0) = 1$

74. $a(t) = \sin t + 3\cos t$，$s(0) = 0$，$v(0) = 2$

75. (a) 如果 $f(x) = 0.1e^x + \sin x$，$-4 \leqslant x \leqslant 4$，利用 f 的图像画出 f 的原函数 F 的图像，使其满足 $F(0) = 0$．

(b) 求出 $F(x)$ 的表达式．

(c) 利用 (b) 中的表达式，画出 F 的图像，并与 (a) 中的图像进行比较．

76. 考察曲线族
$$f(x) = x^4 + x^3 + cx^2.$$
当 c 为何值时，临界值的个数发生变化？当 c 为何值时，拐点的个数发生变化？画出图像，说明各种可能的形状．

77. 从悬停在地面上方 500m 处的直升机上扔下一空投罐．空投罐上的降落伞没有打开，但空投罐能承受的冲击速度为 100m/s．空投罐会破裂吗？

78. 在笔直公路上进行的汽车比赛中，汽车 A 两次超过汽车 B．证明在比赛过程中的某一时间，两车的加速度相等．请说明你所做的假设．

79. 半径为 30cm 的圆柱形木材被切成一个方柱形木梁．

(a) 证明：横截面最大的木梁的底面是正方形．

(b) 切下方柱形木梁后，从剩下的四块木材切下四块方柱形木板．为了使木板的横截面最大，木板的尺寸应为多少？

(c) 假设方柱形木梁的强度和其宽的平方与其长的乘积成正比．求从木材上能切得的强度最大的木梁的尺寸．

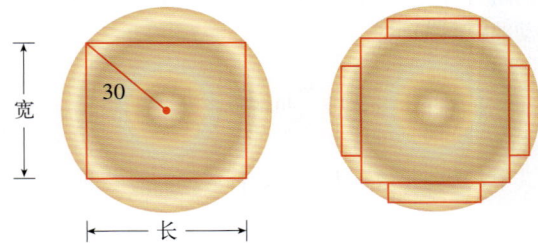

80. 一个发射物以初速度 v 射出，它与水平方向之间的夹角为 θ . 空气阻力忽略不计，发射物的轨迹为抛物线

$$y = (\tan\theta)x - \frac{g}{2v^2\cos^2\theta}x^2, \ 0 < \theta < \frac{\pi}{2}.$$

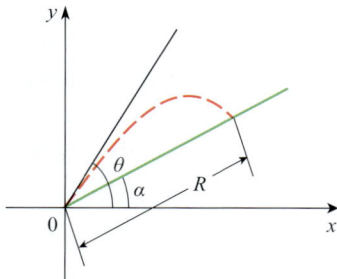

(a) 假设将发射物从一个斜面的底部射出，斜面的倾角为 α （$\alpha > 0$），如上图所示. 证明：发射物沿斜面飞行的距离为

$$R(\theta) = \frac{2v^2\cos\theta\sin(\theta - \alpha)}{g\cos^2\alpha}.$$

(b) θ 为何值时，R 取得最大值？

(c) 假设斜面向下倾斜，倾角为 α . 求这种情况下发射物飞行的距离 R ，以及发射物以什么角度射出才能使 R 最大.

81. 如果静电场 E 作用于液体或气体极性电介质，则单位体积的净偶极矩 P 为

$$P(E) = \frac{e^E + e^{-E}}{e^E - e^{-E}} - \frac{1}{E}.$$

证明 $\lim_{E \to 0^+} P(E) = 0$.

82. 如果一个质量为 m 的金属球被投入水中，并且其所受的阻力与其速度的平方成正比，那么到 t 时这个球所移动的距离为

$$s(t) = \frac{m}{c}\ln\cosh\sqrt{\frac{gc}{mt}},$$

其中 c 为正常数. 求 $\lim_{c \to 0^+} s(t)$.

83. 证明：对于 $x > 0$ ，

$$\frac{x}{1+x^2} < \tan^{-1}x < x.$$

84. 画出满足下列条件的函数 f 的图像：对于所有 x 有 $f'(x) < 0$ ；当 $|x| > 1$ 时，$f''(x) > 0$ ；当 $|x| < 1$ 时，$f''(x) < 0$ ；$\lim_{x \to \pm\infty}\left[f(x) + g(x)\right] = 0$.

85. 下图显示了一个腰长为 a 的等腰三角形和一个半圆相接. 为了使得总面积最大，角 θ 应为多少？

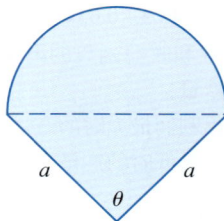

86. 水以恒定的速度流入球形水箱. 设 t 时水箱中水的体积为 $V(t)$ ，水的高度为 $H(t)$.

(a) $V'(t)$ 和 $H'(t)$ 分别表示什么？它们是正、负还是零？

(b) $V''(t)$ 是正、负还是零？请解释原因.

(c) 设 t_1 、t_2 和 t_3 时，水箱分别为四分之一满、半满和四分之三满. $H''(t_1)$ 、$H''(t_2)$ 和 $H''(t_3)$ 是正、负还是零？为什么？

87. 一盏灯被安装在高度为 h m 的杆子上，给直径为 20 m 的环路照明. 环路上任何一点 P 处的照度 I 与角 θ 的余弦成正比，与到灯的距离 d 的平方成反比（如下图所示）.

(a) 杆子多高时，I 取得最大值？

(b) 设杆子的高度为 h m . 一个女人以 1 m/s 的速度从杆子下方向外走去，当她到达环路的外沿时，在她身后的地面上方 1 m 处，照度减小的速度是多少？

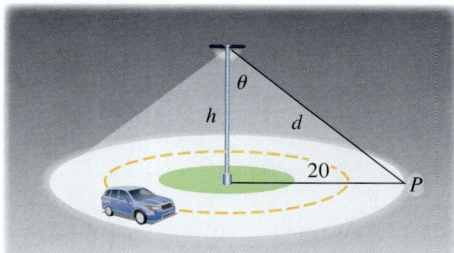

附加题

1. 如果矩形的一条边与 x 轴重合，两个顶点在曲线 $y=\mathrm{e}^{-x^2}$ 上，证明当两个顶点为曲线的拐点时，矩形的面积最大.

2. 证明：对于所有 x，$|\sin x - \cos x| \leqslant \sqrt{2}$ 成立.

3. 函数 $f(x) = \mathrm{e}^{10|x-2|-x^2}$ 是否有最大值？如果有，求出最大值. 那么最小值呢？

4. 证明：对于所有满足 $|x| \leqslant 2$ 和 $|y| \leqslant 2$ 的 x 和 y，$x^2 y^2 (4-x^2)(4-y^2) \leqslant 16$ 成立.

5. 证明：曲线 $y = \sin x / x$ 的拐点在曲线 $y^2(x^2+4)=4$ 上.

6. 求使在第一象限中截得的三角形的面积最小的抛物线 $y=1-x^2$ 的切线与抛物线的切点.

7. 如果常数 a、b、c 和 d 使得 $\lim\limits_{x\to 0} \dfrac{ax^2 + \sin bx + \sin cx + \sin dx}{3x^2 + 5x^4 + 7x^6} = 8$，求 $a+b+c+d$ 的和.

8. 计算 $\lim\limits_{x\to +\infty} \dfrac{(x+2)^{1/x} - x^{1/x}}{(x+3)^{1/x} - x^{1/x}}$.

9. 求曲线 $x^2 + xy + y^2 = 12$ 的最高点和最低点.

10. 证明：如果 f 是一个可微函数，并且对于所有实数 x 和所有正整数 n，满足

$$\frac{f(x+n) - f(x)}{n} = f'(x),$$

那么 f 是一个线性函数.

11. 如果 $P(a, a^2)$ 是抛物线 $y=x^2$ 上在第一象限内的任意一点，设 Q 是抛物线在 P 处的法线与抛物线的另一个交点（见左上图）.
 (a) 证明：当 $a=1/\sqrt{2}$ 时，Q 的纵坐标最小.
 (b) 证明：当 $a=1/\sqrt{2}$ 时，线段 PQ 的长度最短.

12. c 为何值时，曲线 $y = cx^3 + \mathrm{e}^x$ 有拐点？

13. 一个等腰三角形外接于单位圆，且两个腰相交于 y 轴上的点 $(0,a)$（见左图）. 求使腰长最小的 a 值.（你可能会感到惊讶，结果并没有给出一个等边三角形.）

14. 画出平面中所有满足 $2xy \leqslant |x-y| \leqslant x^2 + y^2$ 的点 (x,y) 所组成的区域.

15. 直线 $y = mx + b$ 与抛物线 $y = x^2$ 相交于点 A 和点 B（见左下图）. 求曲线 AOB 上的点 P，使得三角形 PAB 的面积最大.

16. 正方形纸 $ABCD$ 的边长为 $1\mathrm{m}$. 以 A 为圆心，从 B 到 D 画一个四分之一圆. E 在边 AB 上，F 在边 AD 上，将纸沿 EF 折叠，使得 A 落在这个四分之一圆上. 求三角形 AEF 的面积的最大值和最小值.

17. a 为何正数时，曲线 $y = a^x$ 与直线 $y = x$ 相交？

18. a 为何值时，下面的等式成立？

$$\lim\limits_{x\to +\infty} \left(\frac{x+a}{x-a}\right)^x = \mathrm{e}$$

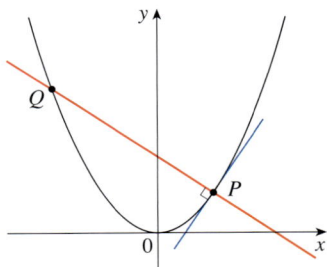

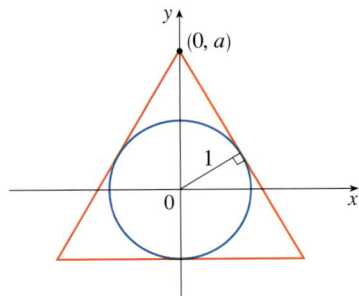

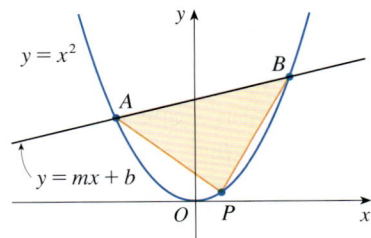

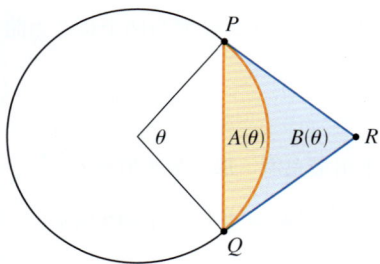

19. 设 $f(x) = a_1 \sin x + a_2 \sin 2x + \cdots + a_n \sin nx$，其中 $a_1, a_2, \cdots, a_n$ 为实数，n 为正整数．如果对于所有 x 有 $|f(x)| \leqslant |\sin x|$，证明

$$|a_1 + 2a_2 + \cdots + na_n| \leqslant 1.$$

20. 如左图所示，圆上的弧 $\overset{\frown}{PQ}$ 所对的圆心角为 θ．设 $A(\theta)$ 为弦 PQ 和弧 $\overset{\frown}{PQ}$ 所围成区域的面积，$B(\theta)$ 为切线 PR、QR 和 $\overset{\frown}{PQ}$ 所围成区域的面积．求

$$\lim_{\theta \to 0^+} \frac{A(\theta)}{B(\theta)}.$$

21. 声音在岩石上层传播的速度为 c_1，在岩石下层传播的速度为 c_2．如果声音在下层传播的速度大于在上层传播的速度，那么我们可以根据地震勘测计算出岩石上层的厚度 h．一包炸药在点 P 处被引爆，声音信号传播到与点 P 之间的距离为 D 的点 Q，并被记录下来．第一个信号沿岩石表面到达 Q，用时 T_1 s；第二个信号从 P 传播到 R，然后在岩石下层从 R 传播到 S，最后从 S 到达 Q，用时 T_2 s；第三个信号在 RS 的中点 O 处被下层岩石反弹，然后到达 Q，用时 T_3 s．（参见左图．）

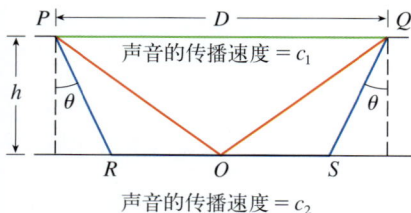

声音的传播速度 = c_1

声音的传播速度 = c_2

(a) 用 D、h、c_1、c_2 和 θ 表示 T_1、T_2 和 T_3．

(b) 证明：当 $\sin \theta = c_1/c_2$ 时，T_2 取得最小值．

(c) 设 $D = 1\text{km}$，$T_1 = 0.26\text{s}$，$T_2 = 0.32\text{s}$，$T_3 = 0.34\text{s}$，求 c_1、c_2 和 h．

注：地球物理学家利用这种方法研究地壳的结构，例如，寻找油田或者检查断层．

22. c 为何值时，存在一条直线与曲线

$$y = x^4 + cx^3 + 12x^2 - 5x + 2$$

相交于四个不同的点．

23. 洛必达在他的微积分教材 *Analyse des infiniment petits* 中提出了这样一个问题：用一根长度为 r 的绳子将一个滑轮与天花板上的点 C 相连，用另一根长度为 l 的绳子将重量为 W 的物体与到点 C 的距离为 d（$d > r$）的天花板上的另一点 B 相连，并在点 F 处穿过滑轮．将物体释放，物体到达平衡位置 D 后静止（如左图所示）．洛必达指出，当 $|ED|$ 有最大值时，系统才能到达这种平衡状态．证明：当系统处于平衡状态时，x 的值为

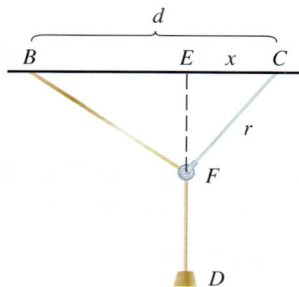

$$\frac{r}{4d}\left(r + \sqrt{r^2 + 8d^2}\right).$$

注意，该表达式与 W 和 l 无关．

24. 给定一个半径为 r 的球体，在所有底面为正方形、底面和四个三角形面与球体相切的棱锥体中，求体积最小者的高．如果棱锥体的底面为正 n 边形（n 条边相等、n 个角相等的多边形），结果会怎样？（金字塔的体积为 $\frac{1}{3}Ah$，其中 A 为底面积．）

25. 假设雪球正在融化，它的体积减小的速度与它的表面成正比．如果 3h 后雪球的体积减小为原来的一半，那么雪球需要多长时间才能完全融化？

26. 一个半球形泡泡被叠放在一个半径为 1 的球形泡泡上，然后一个更小的半球形泡泡再叠放在上面，以此类推，直到形成 n 个空腔（包括最下面的球形）．（左图为 $n = 4$ 的情况．）使用数学归纳法，证明 n 个泡泡组成的泡泡塔的最大高度为 $1 + \sqrt{n}$．

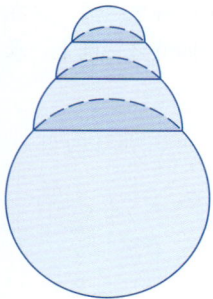

在 5.4 节练习 83 中，我们将运用积分，结合耗电功率的数据，计算出新英格兰地区各州一天中消耗的电能.

5 积分

　　在第 2 章中，我们通过讨论切线问题和速度问题介绍了微积分的一个中心思想——导数.在本章中，我们通过讨论面积问题和距离问题介绍微积分的另一个中心思想——积分.微积分基本定理对导数和积分之间的重要关系进行了表述，即微分运算和积分运算在某种意义上是互逆的过程.在本章、第 6 章和第 8 章中，我们将学习如何使用积分解决关于体积、曲线长度、人口预测、心输出量、大坝受力、功、消费者剩余和棒球等方面的问题.

5.1 | 面积与距离

现在是阅读（或重读）"微积分概览"的好时机，这部分内容讨论了微积分的统一思想，有助于我们全面把握当前的学习进展与之后的学习方向.

在这一节中，我们发现，在求曲线下方的面积或汽车的行驶距离时，最终得到了相同的特殊类型的极限.

■ 面积问题

我们从尝试解决面积问题开始：求曲线 $y = f(x)$ 下方从 $x = a$ 到 $x = b$ 的区域 S 的面积，S 表示连续函数 $f(x)$（其中 $f(x) \geqslant 0$）、直线 $x = a$、直线 $x = b$ 和 x 轴围成的区域，如图 5-1-1 所示.

为了解决面积问题，我们应当先问自己：面积的含义是什么？对于边缘为直线的区域，这个问题很容易回答. 对于矩形，面积等于长乘以宽. 对于三角形，面积等于底乘以高的二分之一. 而多边形的面积可以通过将其分解成多个三角形，然后将各个三角形的面积相加得到，如图 5-1-2 所示.

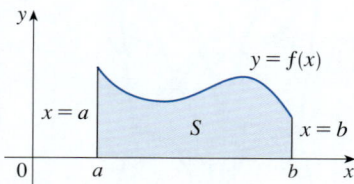

图 5-1-1
$S = \left\{ (x, y) \mid a \leqslant x \leqslant b,\ 0 \leqslant y \leqslant f(x) \right\}$

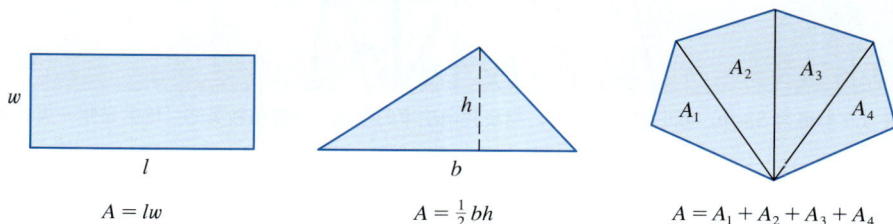

图 5-1-2　　　$A = lw$　　　　$A = \frac{1}{2} bh$　　　　$A = A_1 + A_2 + A_3 + A_4$

然而，计算边缘为曲线的区域的面积并不容易. 对于这样的面积，我们只有直观上的认识. 如何将直观上的认识转化为面积的严格定义呢？

回想一下切线的定义，我们利用割线的斜率来近似切线的斜率，再求这些近似值的极限. 现在对于面积，我们沿用这个思想. 首先，我们利用若干个矩形来近似区域 S，然后通过增加矩形的个数来求这些矩形的面积之和的极限. 下面举例说明这个过程.

例 1　利用矩形，估计抛物线 $y = x^2$ 下方从 $x = 0$ 到 $x = 1$ 的区域 S 的面积（如图 5-1-3 所示）.

解　首先，我们发现 S 被包含于边长为 1 的正方形内，因此 S 的面积一定是介于 0 和 1 之间的一个值. 显然我们还可以估计得更精确. 假设通过画垂直线 $x = \frac{1}{4}$、$x = \frac{1}{2}$、$x = \frac{3}{4}$ 将区域 S 分成 4 个等宽的条形 S_1、S_2、S_3、S_4，如图 5-1-4a 所示.

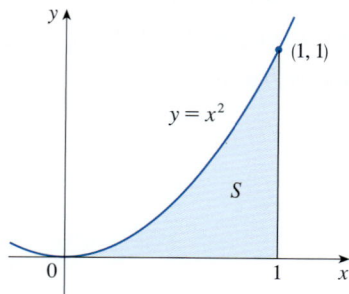

图 5-1-3

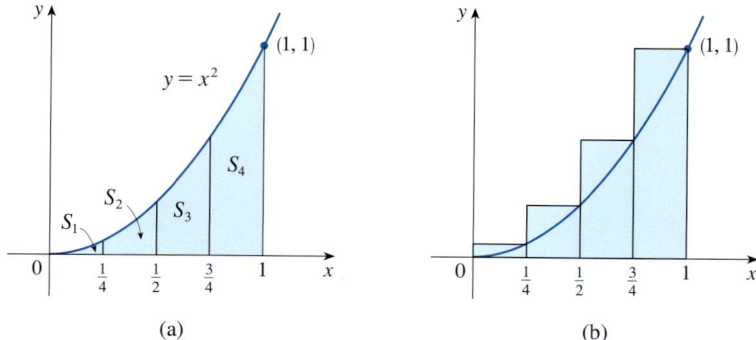

图 5-1-4　　　　　　　　　　(a)　　　　　　　　　　　　　　(b)

我们可以用与条形同宽、高等于每个条形右边长的矩形来近似每个条形，如图 5-1-4b 所示．换言之，这些矩形的高分别等于函数 $y = x^2$ 在子区间 $\left[0, \dfrac{1}{4}\right]$、$\left[\dfrac{1}{4}, \dfrac{1}{2}\right]$、$\left[\dfrac{1}{2}, \dfrac{3}{4}\right]$、$\left[\dfrac{3}{4}, 1\right]$ 右端点处的值．每个矩形的宽为 $\dfrac{1}{4}$，高分别为 $\left(\dfrac{1}{4}\right)^2$、$\left(\dfrac{1}{2}\right)^2$、$\left(\dfrac{3}{4}\right)^2$、$1^2$．如果令 R_4 为这些矩形的面积之和，则有

$$R_4 = \frac{1}{4} \times \left(\frac{1}{4}\right)^2 + \frac{1}{4} \times \left(\frac{1}{2}\right)^2 + \frac{1}{4} \times \left(\frac{3}{4}\right)^2 + \frac{1}{4} \times 1^2 = \frac{15}{32} = 0.468\,75 .$$

从图 5-1-4b 中我们看出 S 的面积 A 比 R_4 小，因此，$A < 0.468\,75$．

如图 5-1-5 所示，我们可以用较小的矩形来代替图 5-1-4b 中的矩形，其高等于函数 $y = x^2$ 在子区间左端点处的值．（最左边的矩形消失了，因为它的高为 0．）这些近似矩形的面积之和为

$$L_4 = \frac{1}{4} \times 0^2 + \frac{1}{4} \times \left(\frac{1}{4}\right)^2 + \frac{1}{4} \times \left(\frac{1}{2}\right)^2 + \frac{1}{4} \times \left(\frac{3}{4}\right)^2 = \frac{7}{32} = 0.218\,75 .$$

图 5-1-5

我们看到 S 的面积大于 L_4．于是，我们得到 A 的上、下估计值：

$$0.218\,75 < A < 0.468\,75 .$$

增加条形的个数，重复以上过程．图 5-1-6 表示将图像 S 分成 8 个等宽条形的情况．

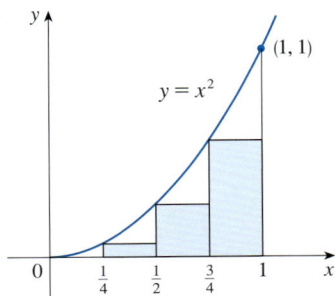

图 5-1-6

利用 8 个矩形近似 S

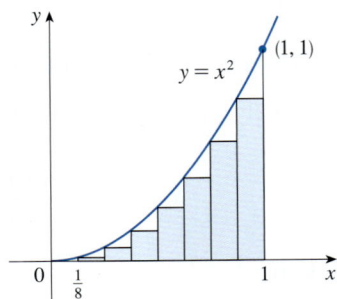

(a) 利用左端点处的函数值　　　　　(b) 利用右端点处的函数值

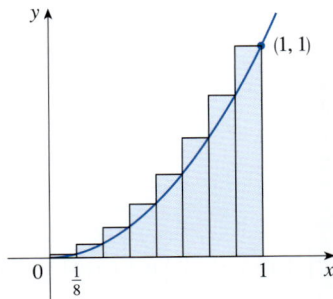

通过计算较小矩形的面积之和（L_8）及较大矩形的面积之和（R_8），我们可以得到更精确的 A 的上、下估计值：

$$0.273\,437\,5 < A < 0.398\,437\,5 .$$

因此，S 的面积介于 0.273 437 5 和 0.398 437 5 之间．

表 5-1-1

n	L_n	R_n
10	0.285 000 0	0.385 000 0
20	0.308 750 0	0.358 750 0
30	0.316 851 9	0.350 185 2
50	0.323 400 0	0.343 400 0
100	0.328 350 0	0.338 350 0
1000	0.332 833 5	0.333 833 5

我们通过继续增加条形的个数来得到更精确的估计值．表 5-1-1 显示了取 n 个条形时，以左端点处的函数值为高和以右端点处的函数值为高的近似矩形的面积之和．取 50 个条形时，得到面积 A 介于 0.323 4 和 0.343 4 之间．取 1000 个条形时，我们进一步缩小了范围：A 介于 0.332 833 5 和 0.333 833 5 之间．利用平均值可以得到一个比较精确的估计值：$A \approx 0.333\,333\,5$． ■

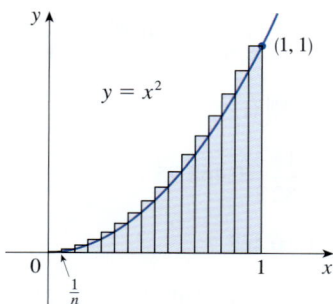

图 5-1-7

从表 5-1-1 可知，当 n 增大时， R_n 趋近 $\frac{1}{3}$ ，我们将在下个例子中证明这一点．

例 2　对于例 1 中的区域 S ，证明近似矩形的面积之和 R_n 的极限为 $\frac{1}{3}$ ，即

$$\lim_{n \to +\infty} R_n = \frac{1}{3}.$$

解　在图 5-1-7 中， R_n 表示 n 个矩形的面积之和．每个矩形的宽为 $\frac{1}{n}$ ，高分别为函数 $f(x) = x^2$ 在 $x = 1/n, 2/n, 3/n, \cdots, n/n$ 处的值，即高分别为 $(1/n)^2$ ， $(2/n)^2$ ， $(3/n)^2$ ， $\cdots$ ， $(n/n)^2$ ，从而有

$$\begin{aligned}
R_n &= \frac{1}{n}f\left(\frac{1}{n}\right) + \frac{1}{n}f\left(\frac{2}{n}\right) + \frac{1}{n}f\left(\frac{3}{n}\right) + \cdots + \frac{1}{n}f\left(\frac{n}{n}\right) \\
&= \frac{1}{n}\left(\frac{1}{n}\right)^2 + \frac{1}{n}\left(\frac{2}{n}\right)^2 + \frac{1}{n}\left(\frac{3}{n}\right)^2 + \cdots + \frac{1}{n}\left(\frac{n}{n}\right)^2 \\
&= \frac{1}{n} \cdot \frac{1}{n^2}\left(1^2 + 2^2 + 3^2 + \cdots + n^2\right) \\
&= \frac{1}{n^3}\left(1^2 + 2^2 + 3^2 + \cdots + n^2\right).
\end{aligned}$$

这里我们应用前 n 个正整数的平方和公式：

$$\boxed{1} \qquad 1^2 + 2^2 + 3^2 + \cdots + n^2 = \frac{n(n+1)(2n+1)}{6}.$$

或许你以前见过这个公式，它的证明见附录 E 中的例 5．

将公式 1 代入 R_n 的表达式中，得到

$$R_n = \frac{1}{n^3} \cdot \frac{n(n+1)(2n+1)}{6} = \frac{(n+1)(2n+1)}{6n^2}.$$

这里我们计算了序列 $\{R_n\}$ 的极限．序列及其极限将在 11.1 节中进行详细研究，其中的思想非常类似于无穷远处的极限（见 2.6 节），不同之处在于，在 $\lim_{n \to +\infty}$ 中，我们限定 n 为一个正整数．比如，我们知道

$$\lim_{n \to +\infty} \frac{1}{n} = 0.$$

而 $\lim_{n \to +\infty} R_n = \frac{1}{3}$ 意味着我们可以通过取足够大的 n 来使 R_n 任意地接近 $\frac{1}{3}$ ．

因此，我们有

$$\begin{aligned}
\lim_{n \to +\infty} R_n &= \lim_{n \to +\infty} \frac{(n+1)(2n+1)}{6n^2} \\
&= \lim_{n \to +\infty} \frac{1}{6}\left(\frac{n+1}{n}\right)\left(\frac{2n+1}{n}\right) \\
&= \lim_{n \to +\infty} \frac{1}{6}\left(1 + \frac{1}{n}\right)\left(2 + \frac{1}{n}\right) \\
&= \frac{1}{6} \times 1 \times 2 = \frac{1}{3}.
\end{aligned}$$

我们可以证明例 1 中近似矩形的面积之和 L_n 的极限也为 $\frac{1}{3}$ ，即

$$\lim_{n \to +\infty} L_n = \frac{1}{3}.$$

从图 5-1-8 和图 5-1-9 中可以看出，当 n 增大时，L_n 和 R_n 越来越接近 S 的面积. 因此，我们定义面积 A 为近似矩形的面积之和的极限，即

$$A = \lim_{n \to +\infty} R_n = \lim_{n \to +\infty} L_n = \frac{1}{3}.$$

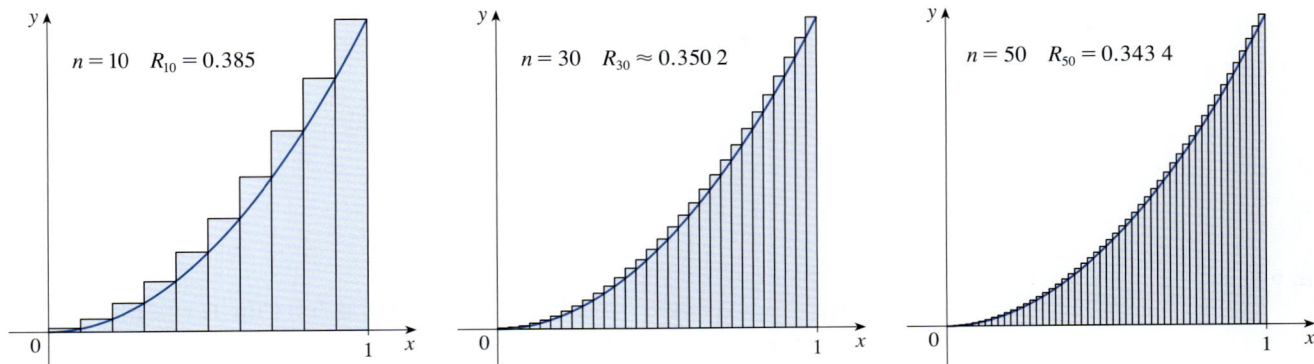

图 5-1-8　利用右端点处的函数值，产生上估计值，因为 $f(x) = x^2$ 单调递增

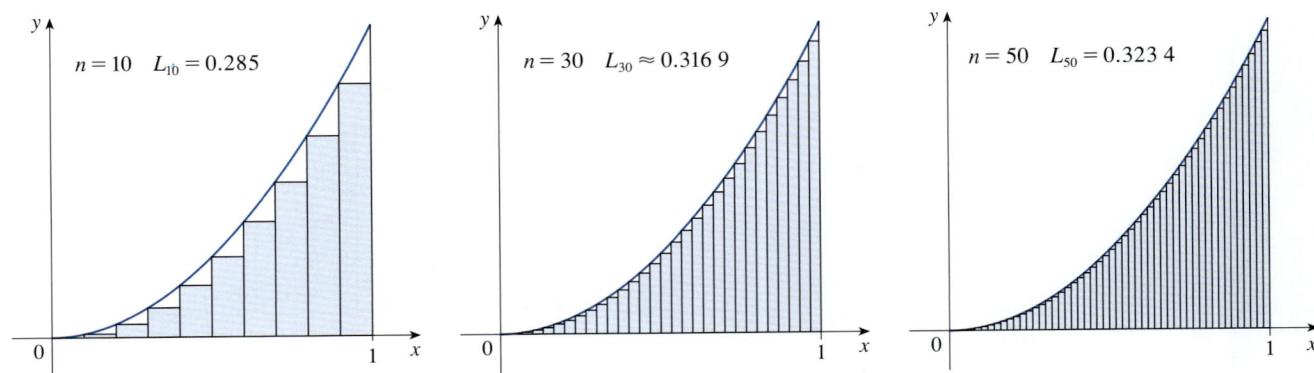

图 5-1-9　利用左端点处的函数值，产生下估计值，因为 $f(x) = x^2$ 单调递增

将例 1 和例 2 的思想用于如图 5-1-1 中更一般的区域 S 上. 如图 5-1-10 所示，我们将 S 分成 n 个等宽的条形 $S_1, S_2, \cdots, S_n$. 区间 $[a,b]$ 的宽为 $b-a$，所以每个条形的宽为

$$\Delta x = \frac{b-a}{n}.$$

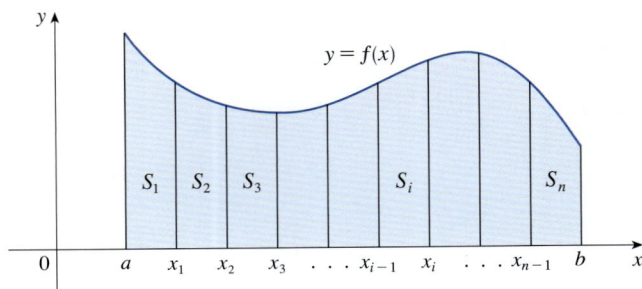

图 5-1-10

这些条形将区间 $[a,b]$ 分成 n 个子区间

$$[x_0,x_1],\ [x_1,x_2],\ [x_2,x_3],\ \cdots,\ [x_{n-1},x_n],$$

其中 $x_0=a$ ，$x_n=b$．子区间的右端点分别为

$$x_1=a+\Delta x ,$$

$$x_2=a+2\Delta x ,$$

$$x_3=a+3\Delta x ,$$

$$\vdots$$

一般地，有 $x_i=a+i\Delta x$．用宽为 Δx、高为 f 在右端点处的值 $f(x_i)$ 的矩形来近似第 i 个条形 S_i（见图 5-1-11），第 i 个矩形的面积为 $f(x_i)\Delta x$．我们可以用这些矩形的面积之和来近似区域 S 的面积，即

$$R_n=f(x_1)\Delta x+f(x_2)\Delta x+\cdots+f(x_n)\Delta x .$$

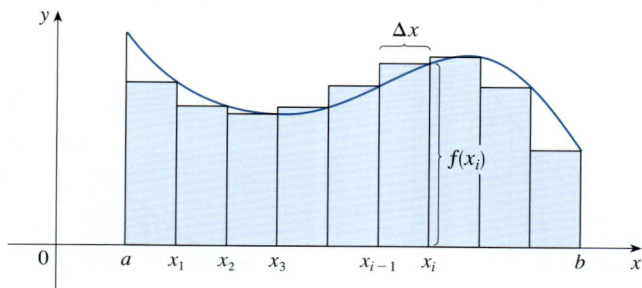

图 5-1-11

图 5-1-12 显示了当 $n=2,4,8,12$ 时的近似情况．注意到随着条形个数的增加，即 $n\to+\infty$ 时，近似值越来越精确．因此，我们定义区域 S 的面积 A 如下．

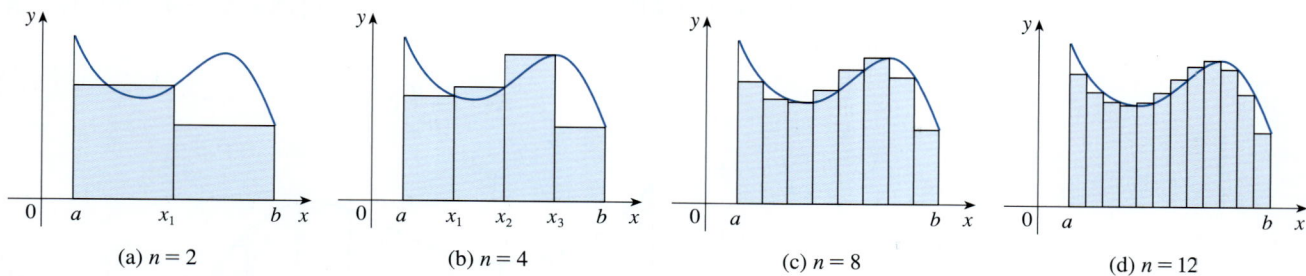

(a) $n=2$　　(b) $n=4$　　(c) $n=8$　　(d) $n=12$

图 5-1-12

> **2 定义**   连续函数 f 的图像下方区域 S 的**面积** A 是其近似矩形的面积之和的极限：
>
> $$A = \lim_{n \to +\infty} R_n = \lim_{n \to +\infty} \left[f(x_1)\Delta x + f(x_2)\Delta x + \cdots + f(x_n)\Delta x \right].$$

假设函数 f 是连续的，我们可以证明定义 2 中的极限总是存在的，并且利用左端点处的函数值也可以得到相同的结果：

3 $$A = \lim_{n \to +\infty} L_n = \lim_{n \to +\infty} \left[f(x_0)\Delta x + f(x_1)\Delta x + \cdots + f(x_{n-1})\Delta x \right].$$

事实上，我们可以用 f 在第 i 个子区间 $[x_{i-1}, x_i]$ 内任意一点 x_i^* 处的值代替左端点（或右端点）处的值，作为第 i 个矩形的高，我们称这些点 $x_1^*, x_2^*, \cdots, x_n^*$ 为**样本点**。图 5-1-13 是当样本点不为端点时的近似矩形。因此，S 的面积的一般表达式为

4 $$A = \lim_{n \to +\infty} \left[f(x_1^*)\Delta x + f(x_2^*)\Delta x + \cdots + f(x_n^*)\Delta x \right].$$

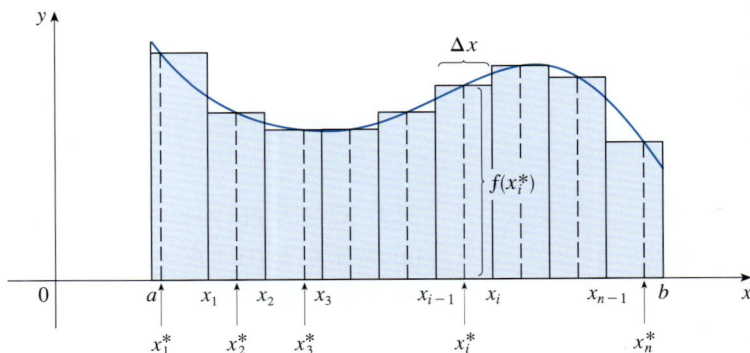

图 5-1-13

注   为了近似函数 f 的图像下方区域的面积，通过选取适当的样本点 x_i^* 得到**上和**（或**下和**），这样的样本点满足 $f(x_i^*)$ 是 f 在第 i 个子区间上的最大值（或最小值），见图 5-1-14。（因为 f 是连续的，所以由最值定理可知，f 在每个子区间上存在最大值和最小值。）可以证明面积 A 的等价定义如下：A 是比所有下和都大，比所有上和都小的唯一的数。

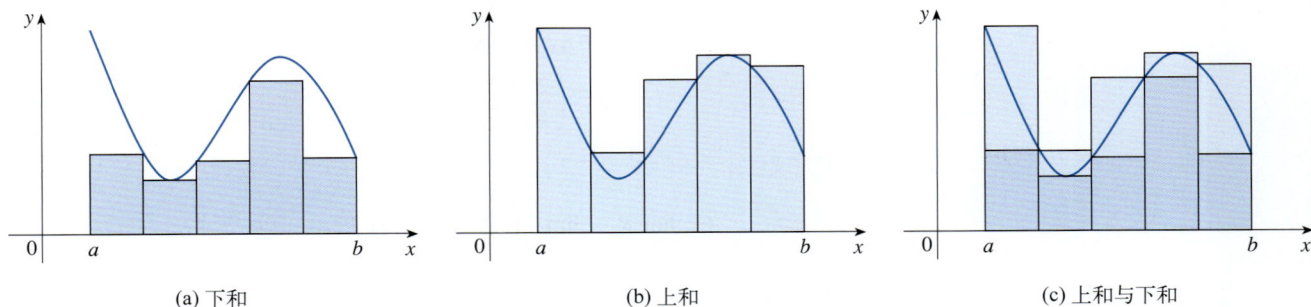

(a) 下和   (b) 上和   (c) 上和与下和

图 5-1-14

我们在例 1 和例 2 中看到，面积 $A = \dfrac{1}{3}$ 介于所有左和 L_n 和所有右和 R_n 之间. 函数 $f(x) = x^2$ 在 $[0,1]$ 上单调递增，所以此时下和就是左和，上和就是右和（见图 5-1-8 和图 5-1-9）.

我们通常用**求和符号**简化求和公式. 例如

$$\sum_{i=1}^{n} f(x_i) \Delta x = f(x_1)\Delta x + f(x_2)\Delta x + \cdots + f(x_n)\Delta x .$$

表示到 $i = n$ 结束 ──┐
表示累加 ──→ $\displaystyle\sum_{i=m}^{n} f(x_i)\,\Delta x$
表示从 $i = m$ 开始 ──┘

更多关于求和符号的示例与练习见附录 E.

因此，面积的表达式，即公式 2、公式 3 和公式 4 分别可以写成如下形式：

$$A = \lim_{n\to+\infty} \sum_{i=1}^{n} f(x_i)\Delta x ,$$

$$A = \lim_{n\to+\infty} \sum_{i=1}^{n} f(x_{i-1})\Delta x ,$$

$$A = \lim_{n\to+\infty} \sum_{i=1}^{n} f(x_i^*)\Delta x .$$

同样，公式 1 可以写成如下形式：

$$\sum_{i=1}^{n} i^2 = \frac{n(n+1)(2n+1)}{6} .$$

例 3 设 A 为 $f(x) = e^{-x}$ 的图像下方从 $x = 0$ 到 $x = 2$ 的面积.
(a) 取右端点为样本点，将 A 表示为一个极限，无须求极限.
(b) 取中点为样本点，分别取 4 个子区间和 10 个子区间，估计该面积.

解
(a) 因为 $a = 0$，$b = 2$，所以子区间的宽为

$$\Delta x = \frac{2-0}{n} = \frac{2}{n} ,$$

于是有 $x_1 = 2/n$，$x_2 = 4/n$，$x_3 = 6/n$，$x_i = 2i/n$，$x_n = 2n/n$. 近似矩形的面积之和为

$$\begin{aligned}
R_n &= f(x_1)\Delta x + f(x_2)\Delta x + \cdots + f(x_n)\Delta x \\
&= e^{-x_1}\Delta x + e^{-x_2}\Delta x + \cdots + e^{-x_n}\Delta x \\
&= e^{-2/n}\left(\frac{2}{n}\right) + e^{-4/n}\left(\frac{2}{n}\right) + \cdots + e^{-2n/n}\left(\frac{2}{n}\right) .
\end{aligned}$$

根据定义 2，

$$A = \lim_{n\to+\infty} R_n = \lim_{n\to+\infty} \frac{2}{n}\left(e^{-2/n} + e^{-4/n} + e^{-6/n} + \cdots + e^{-2n/n}\right) .$$

利用求和符号，可以写成

$$A = \lim_{n\to+\infty} \frac{2}{n} \sum_{i=1}^{n} e^{-2i/n} .$$

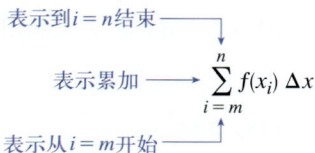

手算这个极限是很困难的，使用计算机代数系统则比较容易（见练习 32）．在 5.3 节中，我们将学习用另一种更简单的方法求 A 的值．

(b) 当 $n=4$ 时，宽均为 $\Delta x = 0.5$ 的子区间为 $[0,0.5]$、$[0.5,1]$、$[1,1.5]$、$[1.5,2]$，这些子区间的中点分别为 $x_1^* = 0.25$、$x_2^* = 0.75$、$x_3^* = 1.25$、$x_4^* = 1.75$．这些近似矩形（见图 5-1-15）的面积之和为

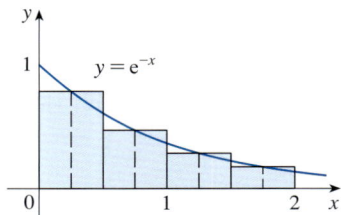

图 5-1-15

$$
\begin{aligned}
M_4 &= \sum_{i=1}^{4} f\left(x_i^*\right)\Delta x \\
&= f(0.25)\Delta x + f(0.75)\Delta x + f(1.25)\Delta x + f(1.75)\Delta x \\
&= e^{-0.25}\times 0.5 + e^{-0.75}\times 0.5 + e^{-1.25}\times 0.5 + e^{-1.75}\times 0.5 \\
&= 0.5\times\left(e^{-0.25} + e^{-0.75} + e^{-1.25} + e^{-1.75}\right) \approx 0.855\,7,
\end{aligned}
$$

所以面积的估计值为

$$A \approx 0.855\,7.$$

当 $n=10$ 时，子区间为 $[0,0.2], [0.2,0.4], \cdots, [1.8,2]$，它们的中点为 $x_1^* = 0.1$，$x_2^* = 0.3, x_3^* = 0.5, \cdots, x_{10}^* = 1.9$．因此

$$
\begin{aligned}
A \approx M_{10} &= f(0.1)\Delta x + f(0.3)\Delta x + f(0.5)\Delta x + \cdots + f(1.9)\Delta x \\
&= 0.2\times\left(e^{-0.1} + e^{-0.3} + e^{-0.5} + \cdots + e^{-1.9}\right) \approx 0.863\,2.
\end{aligned}
$$

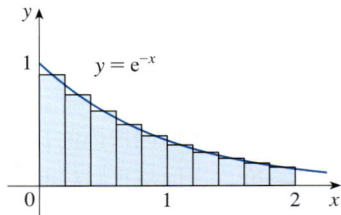

图 5-1-16

从图 5-1-16 可以看出，这个估计值比 $n=4$ 时的估计值更精确． ■

■ 距离问题

在 2.1 节中，我们考虑了速度问题：已知运动物体在任何时间到出发点的距离，求物体在特定时间的速度．现在我们考虑距离问题：已知运动物体在任意时间的速度，求物体在特定时间段内的移动距离．（可见，距离问题是速度问题的逆问题．）如果速度固定，那么距离问题可以很简单地用以下公式解决：

$$距离 = 速度 \times 时间.$$

但是如果速度是变化的，求距离就不简单了．我们在下面的例子中研究这个问题．

例 4 假设汽车里程表已坏，我们想估计汽车在 30s 内的行驶距离．我们每隔 5s 记录一次速度表读数，如表 5-1-2 所示．

表 5-1-2

时间/s	0	5	10	15	20	25	30
速度/(km/h)	27	34	39	47	51	50	45

为了统一单位，我们将速度单位换算成 m/s（$1\text{km/h} = 1000/3600\,\text{m/s}$），如表 5-1-3 所示．

表 5-1-3

时间/s	0	5	10	15	20	25	30
速度/(m/s)	8	9	10	12	13	12	11

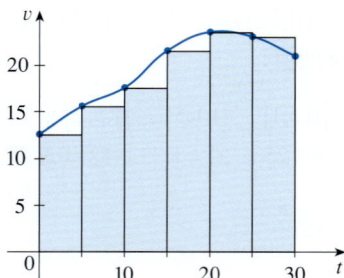

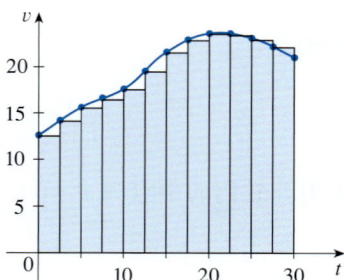

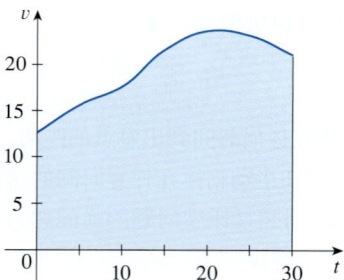

图 5-1-17

在前 5s 内，速度的变化并不大，所以我们可以假设速度恒定以便估计行驶距离．如果将初始速度 8m/s 作为这个时间段内的速度，那么我们可以估计前 5s 内的行驶距离为

$$8\text{m/s} \times 5\text{s} = 40\text{m}.$$

同样，在 5s 至 10s 内，速度也是近似恒定的．取 $t = 5\text{s}$ 时的速度，那么我们估计从 $t = 5\text{s}$ 到 $t = 10\text{s}$ 的行驶距离为

$$9\text{m/s} \times 5\text{s} = 45\text{m}.$$

在其他时间段内用相似的方法估计行驶距离，于是我们可以估计 30s 内的总行驶距离为

$$(8 \times 5) + (9 \times 5) + (10 \times 5) + (12 \times 5) + (13 \times 5) + (12 \times 5) = 320\text{m}.$$

我们也可以取每个时间段结束时的速度，而不是开始时的速度，作为我们假设的恒定速度．这样，我们的估计值就变为

$$(9 \times 5) + (10 \times 5) + (12 \times 5) + (13 \times 5) + (12 \times 5) + (11 \times 5) = 335\text{m}.$$

现在，我们画出汽车的速度函数的近似图像，以及高为每个时间段内的初始速度的矩形（见图 5-1-17a）．第一个矩形的面积是 $8 \times 5 = 40$，这也是我们对前 5s 内的行驶距离的估计值．事实上，矩形的面积可以解释为距离，因为高代表速度，宽代表时间．图 5-1-17a 中矩形的面积之和为 $L_6 = 320$，这是我们对总行驶距离的初始估计值．

如果我们想得到更精确的估计值，可以更频繁地记录速度（见图 5-1-17b）．速度记录值越多，矩形的面积之和越接近速度曲线下方的面积（见图 5-1-17c）．这说明总行驶距离等于速度曲线下方的面积． ■

一般地，假设物体的移动速度为 $v = f(t)$，其中 $a \leqslant t \leqslant b$，$f(t) \geqslant 0$（物体总向正方向移动）．我们在 $t_0 = a, t_1, t_2, \cdots, t_n = b$ 时测量其速度，并且认为每个时间段内速度是近似恒定的．如果这些时间等间隔，那么间隔为 $\Delta t = (b - a)/n$．在第一个时间段内的速度近似为 $f(t_0)$，所以移动距离近似为 $f(t_0)\Delta t$．同样，第二个时间段内的移动距离近似为 $f(t_1)\Delta t$．因此，时间段 $[a, b]$ 内移动距离的总和近似为

$$f(t_0)\Delta t + f(t_1)\Delta t + \cdots + f(t_{n-1})\Delta t = \sum_{i=1}^{n} f(t_{i-1})\Delta t.$$

如果我们用右端点处的速度值代替左端点处的速度值，那么总移动距离的估计值变为

$$f(t_1)\Delta t + f(t_2)\Delta t + \cdots + f(t_n)\Delta t = \sum_{i=1}^{n} f(t_i)\Delta t.$$

速度测量得越频繁，移动距离的估计值越精确．因此，移动距离的准确值 d 应该是以下极限表达式：

5　　$$d = \lim_{n \to +\infty} \sum_{i=1}^{n} f(t_{i-1})\Delta t = \lim_{n \to +\infty} \sum_{i=1}^{n} f(t_i)\Delta t.$$

我们将在 5.4 节中证明公式 5.

公式 5 与公式 2 和公式 3 具有相同的形式，这表明移动距离等于速度曲线下方的面积. 我们还将在第 6 章和第 8 章中看到积分在自然科学和社会科学其他方面的应用，例如，变化的力所做的功及心输出量，它们同样可以表示为曲线下方区域的面积. 因此，当我们在本章中计算面积时，请记住实际上这一方法可以被应用于广泛多变的场景.

5.1 | 练习

1. (a) 从下图中读出 $y = f(x)$ 的取值，利用 5 个矩形求曲线 $y = f(x)$ 下方从 $x = 0$ 到 $x = 10$ 的面积的上、下估计值，并画出每种情况下使用的矩形.

　(b) 在每种情况下使用 10 个矩形，重新进行估计.

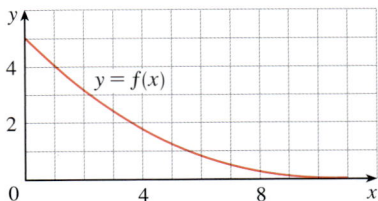

2. (a) 根据下图，利用 6 个矩形求曲线 $y = f(x)$ 下方从 $x = 0$ 到 $x = 12$ 的面积的以下三个估计值.

　(i) L_6 （取左端点为样本点）

　(ii) R_6 （取右端点为样本点）

　(iii) M_6 （取中点为样本点）

　(b) L_6 是偏高估计值还是偏低估计值？

　(c) R_6 是偏高估计值还是偏低估计值？

　(d) L_6、R_6 和 M_6 哪个是最精确的估计值？为什么？

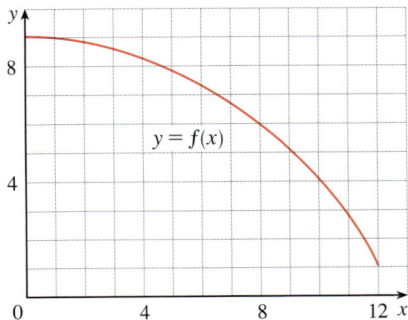

3. (a) 利用 4 个矩形和右端点处的函数值估计 $f(x) = 1/x$ 的图像下方从 $x = 1$ 到 $x = 2$ 的面积，并画出图像和矩形. 这个估计值是偏高估计值还是偏低估计值？

　(b) 利用左端点处的函数值，重做 (a).

4. (a) 利用 4 个矩形和右端点处的函数值，估计 $f(x) = \sin x$ 的图像下方从 $x = 0$ 到 $x = \pi/2$ 的面积，并画出图像和矩形. 这个估计值是偏高估计值还是偏低估计值？

　(b) 利用左端点处的函数值，重做 (a).

5. (a) 利用 3 个矩形和右端点处的函数值，估计 $f(x) = 1 + x^2$ 的图像下方从 $x = -1$ 到 $x = 2$ 的面积，再利用 6 个矩形改进这个估计值，并画出图像和矩形.

　(b) 利用左端点处的函数值，重做 (a).

　(c) 利用中点处的函数值，重做 (a).

　(d) 在 (a)~(c) 得到的图像和矩形中观察哪个估计值最精确.

6. (a) 画出 $f(x) = e^{x - x^2}$，$0 \leqslant x \leqslant 2$ 的图像.

　(b) 利用 4 个矩形，分别取右端点、中点为样本点，估计图像下方的面积.

　(c) 利用 8 个矩形改进 (b) 中的估计值.

7. 取 $n = 2, 4, 8$，计算 $f(x) = 6 - x^2$，$-2 \leqslant x \leqslant 2$ 的上和与下和，并画出如图 5-1-14 的图示.

8. 取 $n = 3, 4, 6$，计算 $f(x) = 1 + \cos(x/2)$，$-\pi \leqslant x \leqslant \pi$ 的上和与下和，并画出如图 5-1-14 的图示.

9. 一名跑步者的速度在比赛的前 3s 内有规律地增长，下页第一张表是其每 0.5s 的速度记录值，求在这 3s 内其运动距离的上、下估计值.

t/s	0	0.5	1.0	1.5	2.0	2.5	3.0
v/(m/s)	0	1.9	3.3	4.5	5.5	5.9	6.2

10. 下表显示了在佛罗里达代托纳国际赛道上举行的一场赛车比赛中，某赛车在 1min 内每 10s 的速度表读数记录．

(a) 利用每个时间段开始时的速度来估计赛车在这段时间内的行驶距离．

(b) 利用每个时间段结束时的速度给出另一个估计值．

(c) 在 (a) 和 (b) 中，估计值是上估计值和下估计值吗？为什么？

时间/s	速度/(mi/h)[①]
0	182.9
10	168.0
20	106.6
30	99.8
40	124.5
50	176.1
60	175.6

11. 油从油箱中以速度 $r(t)$（单位：L/h）向外泄漏，泄漏速度随时间 t 的增加而减小．下表记录了泄漏速度 $r(t)$ 每 2h 的观测值．求油泄漏的总量的上、下估计值．

t/h	0	2	4	6	8	10
$r(t)$/(L/h)	8.7	7.6	6.8	6.2	5.7	5.3

12. 当我们利用速度数据估计距离时，有时需要取不等间隔的时间 $t_0, t_1, t_2, t_3, \cdots$．此时我们仍可以利用时间间隔 $\Delta t_i = t_i - t_{i-1}$ 来估计距离．例如，1992 年 5 月 7 日，为了在国际通信卫星上安装新的近地点发动机，NASA 执行了代号为 STS-49 的发射任务，将"奋进号"航天飞机送入太空．下表记录了从发射到固体火箭助推器分离期间"奋进号"的速度数据．利用这些数据估计 62s 后"奋进号"到地面的高度．

事件	时间/s	速度/(m/s)
发射	0	0
开始平衡操纵	10	56
结束平衡操纵	15	97
发动机节流阀升至89%	20	136
发动机节流阀升至67%	32	226
发动机节流阀升至104%	59	404
动压达到最大	62	440
固体火箭助推器分离	125	1265

① mi 表示英里，1mi 合 1.609 3km．——编者注

13. 下图为一辆汽车刹车时的速度图像，估计汽车刹车过程中的行驶距离．

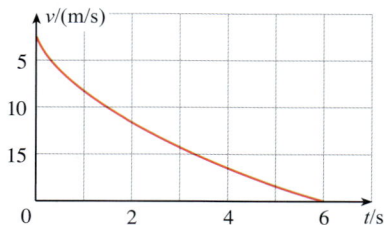

14. 下图为一辆汽车在 30s 内从静止开始加速到 120km/h 的速度图像，估计汽车在这段时间内的行驶距离．

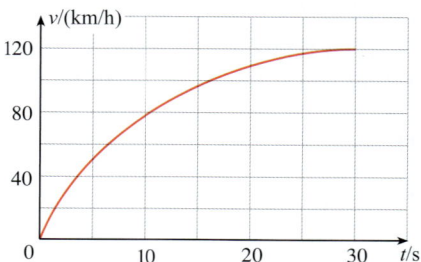

15. 在麻疹感染者体内，病毒水平 N（每毫升血浆中感染细胞的数量）大约在感染后 12 天（$t=12$）达到峰值（出现皮疹），然后因免疫反应而迅速地下降．N 的图像下方从 $t=0$ 到 $t=12$ 的面积（如下图所示）等于出现症状所需的感染总量（感染细胞的浓度×时间）．N 可以用如下函数建模：

$$f(t) = -t(t-21)(t+1).$$

利用这个模型，取 6 个子区间并取中点为样本点，估计出现麻疹症状所需的感染总量．

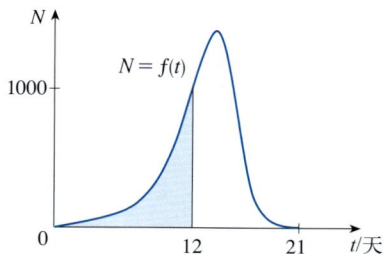

资料来源：J. M. Heffernan, et al., "An In-Host Model of Acute Infection: Measles as a Case Study", *Theoretical Population Biology* 73 (2006): 134–47.

16~19 利用定义 2，求 $f(x)$ 的图像下方区域的面积的表达式，无须求极限．

16. $f(x)=x^2 e^x,\ 0\leqslant x\leqslant 4$

17. $f(x)=2+\sin^2 x,\ 0\leqslant x\leqslant \pi$

18. $f(x)=x+\ln x,\ 3\leqslant x\leqslant 8$

19. $f(x)=x\sqrt{x^3+8},\ 1\leqslant x\leqslant 5$

20~23 找出面积等于给定极限的区域，无须求极限．

20. $\displaystyle\lim_{n\to+\infty}\sum_{i=1}^{n}\frac{1}{n}\left(\frac{i}{n}\right)^3$

21. $\displaystyle\lim_{n\to+\infty}\sum_{i=1}^{n}\frac{2}{n}\frac{1}{1+(2i/n)}$

22. $\displaystyle\lim_{n\to+\infty}\sum_{i=1}^{n}\frac{3}{n}\sqrt{1+\frac{3i}{n}}$

23. $\displaystyle\lim_{n\to+\infty}\sum_{i=1}^{n}\frac{\pi}{4n}\tan\frac{i\pi}{4n}$

24. (a) 利用定义 2，将曲线 $y=x^3$ 下方从 $x=0$ 到 $x=1$ 的面积表示为一个极限．

(b) 下式为附录 E 中证明的立方和公式．利用这一公式求 (a) 中的极限．

$$1^3+2^3+3^3+\cdots+n^3=\left[\frac{n(n+1)}{2}\right]^2$$

25. 设 A 为连续增函数 f 的图像下方从 $x=a$ 到 $x=b$ 的面积，设 L_n 和 R_n 分别为利用 n 个子区间的左、右端点处的函数值得到的 A 的近似值．

(a) A、L_n 和 R_n 有何关系？

(b) 证明

$$R_n-L_n=\frac{b-a}{n}\left[f(b)-f(a)\right].$$

然后画图表示上述方程，证明代表 R_n-L_n 的 n 个矩形可以重新组合，形成一个矩形，其面积为上述方程的右侧部分．

(c) 推导

$$R_n-A<\frac{b-a}{n}\left[f(b)-f(a)\right].$$

26. 设 A 是曲线 $y=e^x$ 下方从 $x=1$ 到 $x=3$ 的面积，通过练习 25 求出使得 $R_n-A<0.0001$ 的 n 值．

T **27~28** 使用可编程计算器（或计算机），可以利用循环来计算近似矩形的面积之和的表达式，即使对于较大的 n 值也同样适用．（在 TI 计算器中，用 `Is>` 命令或 `For-EndFor` 循环；在 Casio 计算器中，用 `Isz` 命令；在 HP 计算器或 BASIC 语言中，用 `FOR-NEXT` 循环．）对于 $n=10,30,50,100$，利用等宽子区间的右端点处的函数值，计算下述区域的近似矩形的面积之和，然后猜测区域面积的准确值．

27. 曲线 $y=x^4$ 下方从 $x=0$ 到 $x=1$ 的区域．

28. 曲线 $y=\cos x$ 下方从 $x=0$ 到 $x=\pi/2$ 的区域．

T **29~30** 一些计算机代数系统有绘制近似矩形并计算其面积之和的命令，至少能支持 x_i^* 是左、右端点的情况．（例如，在 Maple 中使用 `leftbox`、`rightbox`、`leftsum` 和 `rightsum`[①] 四个函数．）

29. 令 $f(x)=1/(x^2+1),\ 0\leqslant x\leqslant 1$．

(a) 取 $n=10,30,50$，求 f 的左和与右和．

(b) 画出 (a) 中的矩形．

(c) 证明：f 下方区域的面积介于 0.780 和 0.791 之间．

30. 令 $f(x)=\ln x,\ 1\leqslant x\leqslant 4$．

(a) 取 $n=10,30,50$，求 f 的左和与右和．

(b) 画出 (a) 中的矩形．

(c) 证明：f 下方区域的面积介于 2.50 和 2.59 之间．

T **31.** (a) 将曲线 $y=x^5$ 下方从 $x=0$ 到 $x=2$ 的面积表示为一个极限．

(b) 利用计算机代数系统求 (a) 中的和．

(c) 求 (a) 中极限的值．

T **32.** 利用计算机代数系统求例 3a 中的和与极限，进而得到曲线 $y=e^{-x}$ 下方从 $x=0$ 到 $x=2$ 的面积的准确值，将其与例 3b 中得到的估计值进行比较．

---

① `leftbox`（左框）与 `rightbox`（右框）分别表示以左、右端点处的函数值为高绘制近似矩形，`leftsum`（左和）与 `rightsum`（右和）分别表示对应的近似矩形的面积之和，即曲线下方区域的面积的近似值．——编者注

T **33.** 求余弦曲线 $y = \cos x$ 下方从 $x = 0$ 到 $x = b$ 的面积的准确值,其中 $0 \leqslant b \leqslant \pi/2$(利用计算机代数系统求和与极限). 特别地,当 $b = \pi/2$ 时,面积是多少?

34. (a) 设 A_n 是一个内接于半径为 r 的圆的正 n 边形的面积. 将该正 n 边形分成中心角为 $2\pi/n$ 的 n 个全等三角形,证明:

$$A_n = \frac{1}{2} n r^2 \sin \frac{2\pi}{n}.$$

(b) 证明: $\lim\limits_{n \to +\infty} A_n = \pi r^2$. (提示:利用 3.3 节公式 5.)

5.2 定积分

在 5.1 节中,我们利用以下形式的极限计算面积和求物体的移动距离:

$$\boxed{1} \quad \lim_{n \to +\infty} \sum_{i=1}^{n} f(x_i^*) \Delta x = \lim_{n \to +\infty} \left[f(x_1^*) \Delta x + f(x_2^*) \Delta x + \cdots + f(x_n^*) \Delta x \right].$$

这种类型的极限被广泛地应用于各种各样的情景,即使 f 不是正值函数. 在第 6 章和第 8 章中,我们将看到利用公式 1 中的极限可以求曲线长度、立体体积、质心、水的压力、功等.

■ 定积分

我们给公式 1 中的这种极限一个特殊的名称和符号.

> **2 定积分的定义** 如果 $f(x)$ 是定义在 $a \leqslant x \leqslant b$ 上的连续函数,将区间 $[a, b]$ 分成 n 个等宽子区间,宽为 $\Delta x = (b-a)/n$,令 $x_0 = a, x_1, x_2, \cdots, x_n = b$ 为子区间的端点, $x_1^*, x_2^*, \cdots, x_n^*$ 为子区间内的**样本点**,其中 x_i^* 在第 i 个子区间 $[x_{i-1}, x_i]$ 内,那么定义 $f(x)$ 从 $x = a$ 到 $x = b$ 的定积分为
>
> $$\int_a^b f(x) \mathrm{d}x = \lim_{n \to +\infty} \sum_{i=1}^{n} f(x_i^*) \Delta x,$$
>
> 前提是定义中的极限总是存在,并且无论怎样选取 x_i^*,结果都相同. 此时称 $f(x)$ 在 $[a, b]$ 上**可积**.

定积分的定义中极限的准确含义如下:

对于任意 $\varepsilon > 0$,存在正整数 N,使得对于每个正整数 $n > N$ 和区间 $[x_{i-1}, x_i]$ 内的每个样本点 x_i^*,都有

$$\left| \int_a^b f(x) \mathrm{d}x - \sum_{i=1}^{n} f(x_i^*) \Delta x \right| < \varepsilon.$$

注 1 符号 $\int$ 由莱布尼茨引入,称为**积分符号**,它是一个拉长的 S. 之所以选择这样的符号,是因为积分是和(sum)的极限. 在符号 $\int_a^b f(x) \mathrm{d}x$ 中, $f(x)$ 称为**被积函数**; a 和 b 称为**积分极限**, a 为积分下限, b 为积分上限. 符号 $\mathrm{d}x$ 本身没有含义, $\int_a^b f(x) \mathrm{d}x$ 是一个完整的符号, $\mathrm{d}x$ 表示自变量为 x. 计算积分的过程称为**积分运算**.

注 2 定积分 $\int_a^b f(x)\mathrm{d}x$ 是一个不依赖于 x 的数值. 事实上, 我们可以用任何字母来替代 x, 而不改变积分值:

$$\int_a^b f(x)\mathrm{d}x = \int_a^b f(t)\mathrm{d}t = \int_a^b f(r)\mathrm{d}r .$$

注 3 定义 2 中的和

$$\sum_{i=1}^n f(x_i^*)\Delta x$$

称为**黎曼和**, 以德国数学家伯恩哈德·黎曼 (1826—1866) 的姓氏命名. 因此, 定义 2 说明, 一个可积函数的定积分可以用黎曼和近似到任何期望的精度范围内.

我们知道, 当 $f(x)$ 是正值时, 黎曼和可以解释为近似矩形的面积之和 (见图 5-2-1). 通过比较定义 2 和 5.1 节中面积的定义, 我们发现定积分 $\int_a^b f(x)\mathrm{d}x$ 可以解释为曲线 $y=f(x)$ 下方从 $x=a$ 到 $x=b$ 的面积 (见图 5-2-2).

黎曼

伯恩哈德·黎曼 (Bernhard Riemann) 于哥廷根大学在传奇数学家高斯的指导下获得博士学位, 随后留校任教. 高斯不习惯赞扬其他数学家, 但他评价黎曼"具有创造性的、积极的和真正的数学思想, 并且具有极其丰富的创意". 积分的定义 2 就是由黎曼给出的. 他同时还在复变函数论、数学物理、数论和几何的研究中做出了很大贡献. 黎曼关于空间和几何的广义概念在 50 年后借由爱因斯坦的相对论得以证明. 然而, 黎曼一生体弱多病, 39 岁时就因肺结核去世.

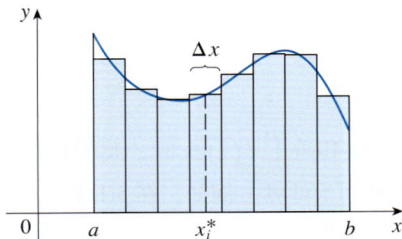

图 5-2-1
$f(x) \geqslant 0$ 时, 黎曼和 $\sum f(x_i^*)\Delta x$ 表示矩形的面积之和

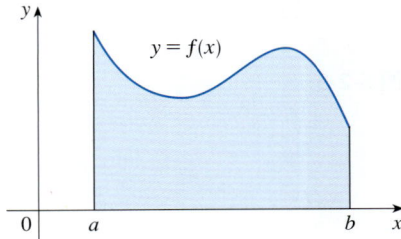

图 5-2-2
$f(x) \geqslant 0$ 时, 积分 $\int_a^b f(x)\mathrm{d}x$ 表示曲线 $y=f(x)$ 下方从 $x=a$ 到 $x=b$ 的面积

如果 $f(x)$ 可以取得正值和负值, 如图 5-2-3 所示, 那么黎曼和为 x 轴上方矩形的面积与 x 轴下方矩形的面积的负值之和 (蓝色矩形的面积减去黄色矩形的面积). 当我们求这样的黎曼和的极限时, 会得到图 5-2-4 中的情况. 此时, 定积分可以解释为**净面积**, 即面积之差:

$$\int_a^b f(x)\mathrm{d}x = A_1 - A_2 ,$$

其中 A_1 为 x 轴上方、$f(x)$ 下方区域的面积, A_2 为 x 轴下方、$f(x)$ 上方区域的面积.

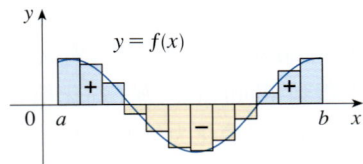

图 5-2-3
$\sum f(x_i^*)\Delta x$ 是净面积的一个近似

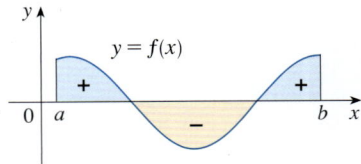

图 5-2-4
$\int_a^b f(x)\mathrm{d}x$ 是净面积

例 1　取 $n=6$ 并且取右端点为样本点，求 $f(x)=x^3-6x,\ 0\leqslant x\leqslant 3$ 的黎曼和.

解　这 6 个子区间的宽均为 $\Delta x=(3-0)/6=\dfrac{1}{2}$，右端点分别为

$$x_1=0.5,\quad x_2=1.0,\quad x_3=1.5,\quad x_4=2.0,\quad x_5=2.5,\quad x_6=3.0.$$

因此，黎曼和为

$$R_6=\sum_{i=1}^{6}f(x_i)\Delta x$$

$$=f(0.5)\Delta x+f(1.0)\Delta x+f(1.5)\Delta x+f(2.0)\Delta x+f(2.5)\Delta x+f(3.0)\Delta x$$

$$=\frac{1}{2}\times(-2.875-5-5.625-4+0.625+9)$$

$$=-3.9375.$$

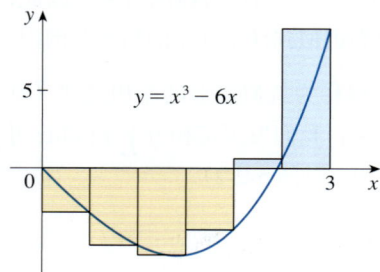

图 5-2-5

注意，$f(x)$ 不是一个正值函数，所以黎曼和并不代表矩形面积之和. 但它代表 x 轴上方矩形（蓝色）的面积之和与 x 轴下方矩形（黄色）的面积之和的差，如图 5-2-5 所示.

注 4　在定义积分 $\int_a^b f(x)\mathrm{d}x$ 时，我们将 $[a,b]$ 分成等宽子区间，但有时用不等宽子区间更有利于计算. 例如，在 5.1 节练习 12 中，NASA 提供了不等间隔的时间段内的速度数据，我们仍可以计算行驶距离的估计值. 还有一些利用不等宽子区间积分的数值方法. 如果子区间的宽为 $\Delta x_1,\Delta x_2,\cdots,\Delta x_n$，当其中最大的宽 $\max\Delta x_i$ 趋于 0 时，我们可以确保所有的宽都趋于 0. 在这种情况下，定积分的定义变为

$$\int_a^b f(x)\mathrm{d}x=\lim_{\max\Delta x_i\to 0}\sum_{i=1}^{n}f(x_i^*)\Delta x_i.$$

我们已经定义了一个可积函数的定积分，但并非所有的函数都可积（见练习 81 和练习 82）. 下面的定理表明，最常见的函数都是可积的，这个定理在更高级的课程中得到了证明.

> **3 定理**　如果 $f(x)$ 在 $[a,b]$ 上连续，或者 $f(x)$ 只有有限数量的跳跃间断，那么 $f(x)$ 在 $[a,b]$ 上可积，即定积分 $\int_a^b f(x)\mathrm{d}x$ 存在.

如果 $f(x)$ 在 $[a,b]$ 上可积，那么定义 2 中的极限存在，无论我们怎样选取样本点 x_i^*，都会得到相同的值. 为了简化积分的计算，我们经常将右端点作为样本点，进而将积分的定义简化为如下形式.

> **4 定理** 如果 $f(x)$ 在 $[a,b]$ 上可积，那么
>
> $$\int_a^b f(x)\mathrm{d}x = \lim_{n\to+\infty}\sum_{i=1}^n f(x_i^*)\Delta x,$$
>
> 其中
> $$\Delta x = \frac{b-a}{n}, \quad x_i = a + i\Delta x.$$

例 2 将极限

$$\lim_{n\to+\infty}\sum_{i=1}^n \left(x_i^3 + x_i\sin x_i\right)\Delta x$$

表示为区间 $[0,\pi]$ 上的积分.

解 比较上述极限和定理 4 中的极限，如果我们取

$$f(x) = x^3 + x\sin x,$$

那么它们是相同的. 令 $a=0$，$b=\pi$，根据定理 4，我们有

$$\lim_{n\to+\infty}\sum_{i=1}^n \left(x_i^3 + x_i\sin x_i\right)\Delta x = \int_0^\pi \left(x^3 + x\sin x\right)\mathrm{d}x.$$ ∎

后文中，我们在物理情景中应用定积分时，会发现像例 2 一样将和的极限作为积分是十分重要的. 当莱布尼茨选择积分符号时，他选其用来记录求极限的过程. 一般地，当我们写

$$\lim_{n\to+\infty}\sum_{i=1}^n f(x_i^*)\Delta x = \int_a^b f(x)\mathrm{d}x$$

时，我们用 $\int$ 代替 $\lim\sum$，x 代替 x_i^*，$\mathrm{d}x$ 代替 Δx.

■ 计算定积分

为了能利用极限求定积分的值，我们需要知道如何求和. 以下四个等式给出了正整数幂的求和公式，公式 6 在代数学课程中可能有所涉及，公式 7 和公式 8 在 5.1 节中讨论过，并在附录 E 中有证明.

> **幂的求和公式**
>
> **5** $\displaystyle\sum_{i=1}^n 1 = n$
>
> **6** $\displaystyle\sum_{i=1}^n i = \frac{n(n+1)}{2}$
>
> **7** $\displaystyle\sum_{i=1}^n i^2 = \frac{n(n+1)(2n+1)}{6}$
>
> **8** $\displaystyle\sum_{i=1}^n i^3 = \left[\frac{n(n+1)}{2}\right]^2$

下面的公式则体现了求和符号的简单使用法则.

要证明公式 9~11，可以将等式两边展开. 公式 9 的左侧是

$$ca_1 + ca_2 + \cdots + ca_n \,,$$

右侧是

$$c\left(a_1 + a_2 + \cdots + a_n\right).$$

根据分配律，两侧相等. 有关其他公式的讨论见附录 E.

和的性质

9　$\displaystyle\sum_{i=1}^{n} ca_i = c\sum_{i=1}^{n} a_i$

10　$\displaystyle\sum_{i=1}^{n}\left(a_i + b_i\right) = \sum_{i=1}^{n} a_i + \sum_{i=1}^{n} b_i$

11　$\displaystyle\sum_{i=1}^{n}\left(a_i - b_i\right) = \sum_{i=1}^{n} a_i - \sum_{i=1}^{n} b_i$

在下一个例子中，我们计算例 1 中函数 f 的定积分.

例 3　计算 $\displaystyle\int_0^3 \left(x^3 - 6x\right)\mathrm{d}x$.

解　应用定理 4，令 $f(x) = x^3 - 6x$ ，$a = 0$ ，$b = 3$ ，以及

$$\Delta x = \frac{b-a}{n} = \frac{3-0}{n} = \frac{3}{n} \,,$$

那么子区间的端点分别为 $x_0 = 0$ ，$x_1 = 0 + 1\times(3/n) = 3/n$ ，$x_2 = 0 + 2\times(3/n) = 6/n$ ，$x_3 = 0 + 3\times(3/n) = 9/n$ ，即

$$x_i = 0 + i\left(\frac{3}{n}\right) = \frac{3i}{n} \,.$$

因此

$$
\begin{aligned}
\int_0^3 \left(x^3 - 6x\right)\mathrm{d}x &= \lim_{n\to+\infty}\sum_{i=1}^{n} f(x_i)\Delta x = \lim_{n\to+\infty}\sum_{i=1}^{n} f\left(\frac{3i}{n}\right)\frac{3}{n} \\
&= \lim_{n\to+\infty}\frac{3}{n}\sum_{i=1}^{n}\left[\left(\frac{3i}{n}\right)^3 - 6\left(\frac{3i}{n}\right)\right] &&\text{(公式 9 中取 } c = 3/n\text{)} \\
&= \lim_{n\to+\infty}\frac{3}{n}\sum_{i=1}^{n}\left[\frac{27}{n^3}i^3 - \frac{18}{n}i\right] \\
&= \lim_{n\to+\infty}\left[\frac{81}{n^4}\sum_{i=1}^{n} i^3 - \frac{54}{n^2}\sum_{i=1}^{n} i\right] &&\text{(公式 11 和公式 9)} \\
&= \lim_{n\to+\infty}\left\{\frac{81}{n^4}\left[\frac{n(n+1)}{2}\right]^2 - \frac{54}{n^2}\frac{n(n+1)}{2}\right\} &&\text{(公式 8 和公式 6)} \\
&= \lim_{n\to+\infty}\left[\frac{81}{4}\left(1 + \frac{1}{n}\right)^2 - 27\left(1 + \frac{1}{n}\right)\right] \\
&= \frac{81}{4} - 27 = -\frac{27}{4} = -6.75 \,.
\end{aligned}
$$

在和中，n 是一个常数（不同于 i），所以我们可以将 $3/n$ 移到符号 $\sum$ 前面.

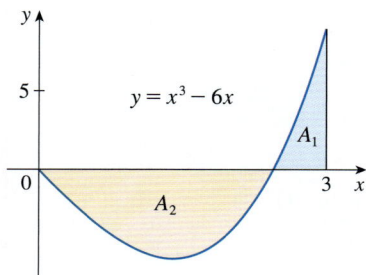

图 5-2-6
$\displaystyle\int_0^3 \left(x^3 - 6x\right)\mathrm{d}x = A_1 - A_2 = -6.75$

这个积分不能解释为一个面积，因为 f 可以取得正值和负值，但可以解释为面积之差 $A_1 - A_2$ ，其中 A_1 和 A_2 如图 5-2-6 所示. ∎

图 5-2-7 展示了当 $n = 40$ 时右黎曼和 R_n 中正项和负项对应的近似矩形，来说明例 3 中的计算．表 5-2-1 中的数据表明，当 $n \to +\infty$ 时，黎曼和趋于积分的准确值 -6.75．

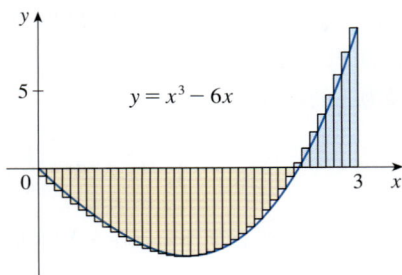

图 5-2-7
$R_{40} \approx -6.399\ 8$

表 5-2-1

n	R_n
40	$-6.399\ 8$
100	$-6.613\ 0$
500	$-6.722\ 9$
1000	$-6.736\ 5$
5000	$-6.747\ 3$

在 5.3 节中将给出一种更简单的方法（借助微积分基本定理）来计算像例 3 中那样的积分．

因为 $f(x) = e^x$ 是正值，所以例 4 中的积分表示图 5-2-8 所示区域的面积．

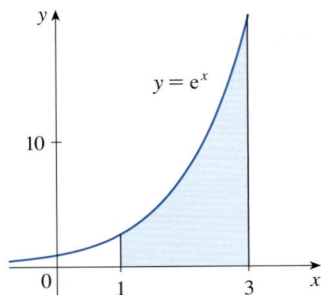

图 5-2-8

例 4

(a) 将 $\int_1^3 e^x\,dx$ 表示为和的极限．

(b) 利用计算机代数系统计算上述表达式．

解

(a) 令 $f(x) = e^x$，$a = 1$，$b = 3$，以及

$$\Delta x = \frac{b-a}{n} = \frac{2}{n},$$

于是有 $x_0 = 1$，$x_1 = 1 + 2/n$，$x_2 = 1 + 4/n$，$x_3 = 1 + 6/n$，即

$$x_i = 1 + \frac{2i}{n}.$$

由定理 4 可得

$$\begin{aligned}
\int_1^3 e^x\,dx &= \lim_{n \to +\infty} \sum_{i=1}^n f(x_i)\Delta x \\
&= \lim_{n \to +\infty} \sum_{i=1}^n f\left(1 + \frac{2i}{n}\right)\frac{2}{n} \\
&= \lim_{n \to +\infty} \frac{2}{n} \sum_{i=1}^n e^{1 + 2i/n}.
\end{aligned}$$

这个和是一个几何级数，因此计算机代数系统可以求出它的准确表达式，其极限可以用洛必达法则求得．

(b) 利用计算机代数系统求和并化简，可以得到

$$\sum_{i=1}^n e^{1 + 2i/n} = \frac{e^{(3n+2)/n} - e^{(n+2)/n}}{e^{2/n} - 1}.$$

再利用计算机代数系统求极限值：

$$\int_1^3 e^x\,dx = \lim_{n \to +\infty} \frac{2}{n} \cdot \frac{e^{(3n+2)/n} - e^{(n+2)/n}}{e^{2/n} - 1} = e^3 - e. \qquad \blacksquare$$

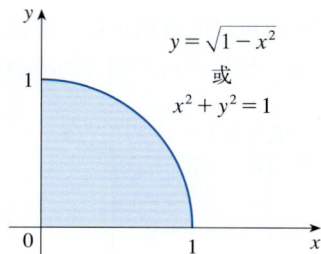

图 5-2-9

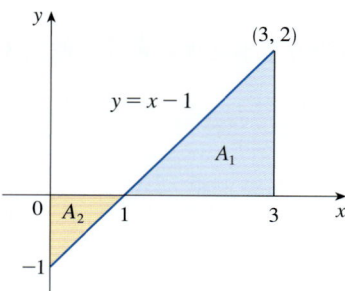

图 5-2-10

例 5　将下列积分解释为面积或净面积，并计算积分.

(a) $\int_0^1 \sqrt{1-x^2}\,\mathrm{d}x$ 　　　　　　　(b) $\int_0^3 (x-1)\mathrm{d}x$

解

(a) 因为 $f(x)=\sqrt{1-x^2}\geqslant 0$，所以积分可以解释为曲线 $y=\sqrt{1-x^2}$ 下方从 $x=0$ 到 $x=1$ 的面积. 因为 $y^2=1-x^2$，即 $x^2+y^2=1$，所以 f 的图像是如图 5-2-9 所示的半径为 1 的四分之一圆. 因此

$$\int_0^1 \sqrt{1-x^2}\,\mathrm{d}x = \frac{1}{4}\pi\times 1^2 = \frac{\pi}{4}.$$

（在 7.3 节中我们将证明半径为 r 的圆的面积为 πr^2.）

(b) 如图 5-2-10 所示，$y=x-1$ 的图像是一条斜率为 1 的直线. 计算两个三角形的面积之差即可得到积分值：

$$\int_0^3 (x-1)\mathrm{d}x = A_1 - A_2 = \frac{1}{2}\times 2\times 2 - \frac{1}{2}\times 1\times 1 = 1.5. \qquad \blacksquare$$

■ 中点法则

为了便于计算极限，我们经常选择第 i 个子区间的右端点作为样本点 x_i^*. 但如果目的是得出一个积分的近似，通常最好选择区间的中点作为 x_i^*，我们用 $\bar{x}_i$ 来表示. 任何黎曼和都是某个积分的近似，而如果我们选择中点，就会得到以下近似.

> **中点法则**
>
> $$\int_a^b f(x)\mathrm{d}x \approx \sum_{i=1}^n f(\bar{x}_i)\Delta x = \Delta x\left[f(\bar{x}_1)+\cdots+f(\bar{x}_n)\right],$$
>
> 其中 $\Delta x = \dfrac{b-a}{n}$，$\bar{x}_i = \dfrac{1}{2}(x_{i-1}+x_i) = [x_{i-1},x_i]$ 的中点.

例 6　利用中点法则，取 $n=5$，求 $\int_1^2 \frac{1}{x}\mathrm{d}x$ 的近似值.

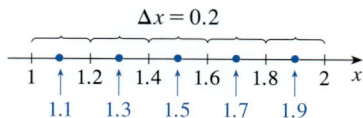

图 5-2-11
例 6 中子区间的端点和中点

解　5 个子区间的端点分别为 1、1.2、1.4、1.6、1.8、2.0，中点分别为 1.1、1.3、1.5、1.7、1.9（见图 5-2-11）. 子区间的宽为 $\Delta x = (2-1)/5 = \dfrac{1}{5}$. 由中点法则可得

$$\int_1^2 \frac{1}{x}\mathrm{d}x \approx \Delta x\left[f(1.1)+f(1.3)+f(1.5)+f(1.7)+f(1.9)\right]$$

$$= \frac{1}{5}\times\left(\frac{1}{1.1}+\frac{1}{1.3}+\frac{1}{1.5}+\frac{1}{1.7}+\frac{1}{1.9}\right)$$

$$\approx 0.691\,908.$$

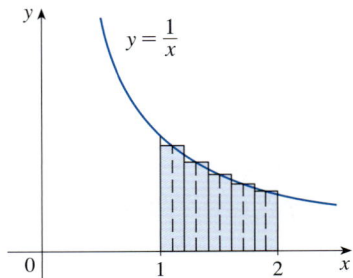

图 5-2-12

当 $1 \leqslant x \leqslant 2$ 时，$f(x) = 1/x > 0$．因此，这里的积分表示面积，由中点法则给出的近似值是矩形的面积之和，如图 5-2-12 所示．　■

现在我们还不知道例 6 中近似值的精度，但在 7.7 节中我们将学习估计中点法则带来的误差的方法，并且讨论求定积分近似值的其他方法．

如果我们应用中点法则计算例 3 中的积分，如图 5-2-13 所示，求得的近似值 $M_{40} \approx -6.756\ 3$ 比图 5-2-7 中以右端点为样本点求得的近似值 $R_{40} \approx -6.399\ 8$ 更接近真实值 -6.75．

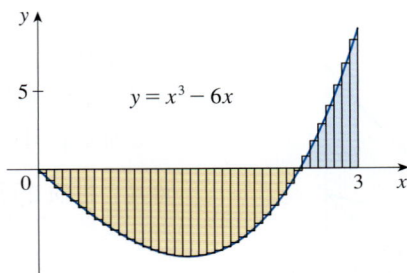

图 5-2-13

$M_{40} \approx -6.756\ 3$

■ 定积分的性质

在定义定积分 $\int_a^b f(x)\mathrm{d}x$ 时，我们默认 $a < b$．但是作为黎曼和的极限，即使 $a > b$，这个定义仍然正确．注意，如果 a、b 互换，那么 Δx 从 $(b-a)/n$ 变为 $(a-b)/n$．因此

$$\int_a^b f(x)\mathrm{d}x = -\int_b^a f(x)\mathrm{d}x .$$

如果 $a = b$，那么 $\Delta x = 0$，所以

$$\int_a^a f(x)\mathrm{d}x = 0 .$$

现在我们给出定积分的一些基本性质，这将有助于简化求积分的过程．这里假设 f 和 g 是连续函数．

定积分的性质

1. $\displaystyle\int_a^b c\,\mathrm{d}x = c(b-a)$，其中 c 为任意常数．

2. $\displaystyle\int_a^b \left[f(x) + g(x) \right]\mathrm{d}x = \int_a^b f(x)\mathrm{d}x + \int_a^b g(x)\mathrm{d}x$．

3. $\displaystyle\int_a^b cf(x)\mathrm{d}x = c\int_a^b f(x)\mathrm{d}x$，其中 c 为任意常数．

4. $\displaystyle\int_a^b \left[f(x) - g(x) \right]\mathrm{d}x = \int_a^b f(x)\mathrm{d}x - \int_a^b g(x)\mathrm{d}x$．

性质 1 说明常值函数 $f(x)=c$ 的积分等于常数与区间宽的乘积．如果 $c>0$ 且 $a<b$，这是符合预期的，因为 $c(a-b)$ 是图 5-2-14 中矩形的面积．

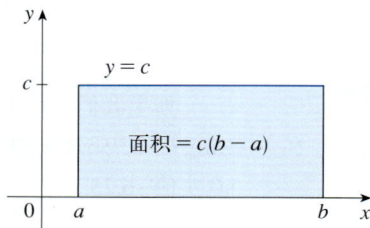

图 5-2-14

$$\int_a^b c\,\mathrm{d}x = c(b-a)$$

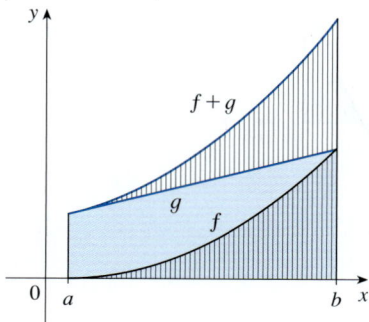

图 5-2-15

$$\int_a^b \big[f(x)+g(x)\big]\mathrm{d}x =$$
$$\int_a^b f(x)\mathrm{d}x + \int_a^b g(x)\mathrm{d}x$$

性质 3 直观上似乎是合理的，因为我们知道将一个函数乘以一个正数 c，它的图像会被垂直拉伸或压缩．也就是说，每个近似矩形都会以 c 为系数被拉伸或压缩．因此，最终结果是面积乘以 c．

性质 2 表明和的积分等于积分的和．对于正值函数，它表示 $f+g$ 下方的面积等于 f 下方的面积与 g 下方的面积之和．图 5-2-15 有助于我们理解这一点：在图像中考虑加法，对应的垂直线段具有相同的长度．

一般地，性质 2 可由定理 4 和"极限的和等于和的极限"这一事实得出：

$$
\begin{aligned}
\int_a^b \big[f(x)+g(x)\big]\mathrm{d}x &= \lim_{n\to+\infty}\sum_{i=1}^{n}\big[f(x_i)+g(x_i)\big]\Delta x \\
&= \lim_{n\to+\infty}\left[\sum_{i=1}^{n}f(x_i)\Delta x + \sum_{i=1}^{n}g(x_i)\Delta x\right] \\
&= \lim_{n\to+\infty}\sum_{i=1}^{n}f(x_i)\Delta x + \lim_{n\to+\infty}\sum_{i=1}^{n}g(x_i)\Delta x \\
&= \int_a^b f(x)\mathrm{d}x + \int_a^b g(x)\mathrm{d}x .
\end{aligned}
$$

性质 3 可以用类似的方法证明，它表明常数与函数的乘积的积分等于常数与函数的积分的乘积．换句话说，常数（仅限一个常数）可以移到积分符号的前面．性质 4 可由 $f-g=f+(-g)$，以及在性质 2 与性质 3 中取 $c=-1$ 证明得到．

例 7　利用定积分的性质，求 $\int_0^1 (4+3x^2)\mathrm{d}x$．

解　利用性质 2 和性质 3，有

$$\int_0^1 (4+3x^2)\mathrm{d}x = \int_0^1 4\,\mathrm{d}x + \int_0^1 3x^2\,\mathrm{d}x = \int_0^1 4\,\mathrm{d}x + 3\int_0^1 x^2\,\mathrm{d}x .$$

由性质 1 可知

$$\int_0^1 4\,\mathrm{d}x = 4\times(1-0)=4 .$$

同时根据 5.1 节例 2，我们有 $\int_0^1 x^2\,\mathrm{d}x = \dfrac{1}{3}$，因此

$$
\begin{aligned}
\int_0^1 (4+3x^2)\mathrm{d}x &= \int_0^1 4\,\mathrm{d}x + 3\int_0^1 x^2\,\mathrm{d}x \\
&= 4 + 3\times\frac{1}{3} = 5 .
\end{aligned}
$$

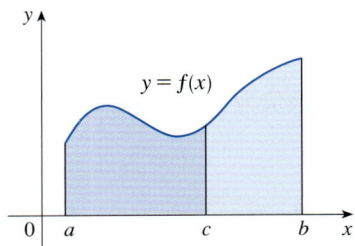

图 5-2-16

下一个性质告诉我们如何将相同函数在相邻区间上的积分结合在一起：

> **5.** $$\int_a^c f(x)\mathrm{d}x + \int_c^b f(x)\mathrm{d}x = \int_a^b f(x)\mathrm{d}x .$$

性质 5 的一般性证明并不简单，但对于 $f(x) \geq 0$ 且 $a < c < b$ 的情况，可以从图 5-2-16 中的几何解释看出：$y = f(x)$ 下方从 $x = a$ 到 $x = c$ 的面积与从 $x = c$ 到 $x = b$ 的面积之和等于从 $x = a$ 到 $x = b$ 的总面积．

例 8 已知 $\int_0^{10} f(x)\mathrm{d}x = 17$ 和 $\int_0^8 f(x)\mathrm{d}x = 12$，求 $\int_8^{10} f(x)\mathrm{d}x$．

解 由性质 5 可知

$$\int_0^8 f(x)\mathrm{d}x + \int_8^{10} f(x)\mathrm{d}x = \int_0^{10} f(x)\mathrm{d}x ,$$

因此

$$\int_8^{10} f(x)\mathrm{d}x = \int_0^{10} f(x)\mathrm{d}x - \int_0^8 f(x)\mathrm{d}x = 17 - 12 = 5 . \quad\blacksquare$$

注意到，性质 1~5 在 $a < b$、$a = b$、$a > b$ 时均成立．而下面这些比较定积分大小的性质只在 $a \leq b$ 时成立．

> **积分的比较性质**
>
> **6.** 当 $a \leq x \leq b$ 时，若 $f(x) \geq 0$，则 $\int_a^b f(x)\mathrm{d}x \geq 0$．
>
> **7.** 当 $a \leq x \leq b$ 时，若 $f(x) \geq g(x)$，则 $\int_a^b f(x)\mathrm{d}x \geq \int_a^b g(x)\mathrm{d}x$．
>
> **8.** 当 $a \leq x \leq b$ 时，若 $m \leq f(x) \leq M$，则 $m(b-a) \leq \int_a^b f(x)\mathrm{d}x \leq M(b-a)$．

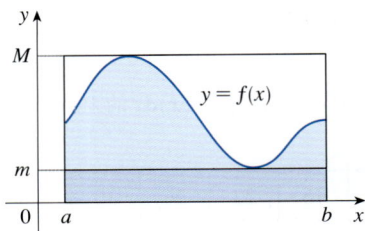

图 5-2-17

如果 $f(x) \geq 0$，那么 $\int_a^b f(x)\mathrm{d}x$ 表示 f 的图像下方区域的面积．因此，性质 6 的几何解释很简单，即面积为正（也可直接由定义得出，因为所涉及的值都是正的）．性质 7 表示函数越大，积分也越大．由于 $f - g \geq 0$，因此性质 7 可由性质 6 和性质 4 证得．

图 5-2-17 展示了性质 8 对于 $f(x) \geq 0$ 的情况．如果 f 连续，那么令 m 和 M 为 f 在区间 $[a, b]$ 上的最小值和最大值．在这种情况下，性质 8 表示 f 的图像下方区域的面积比高为 m 的矩形的面积大，比高为 M 的矩形的面积小．

性质 8 的证明 因为 $m \leq f(x) \leq M$，所以由性质 7 可知

$$\int_a^b m\,\mathrm{d}x \leq \int_a^b f(x)\mathrm{d}x \leq \int_a^b M\,\mathrm{d}x .$$

根据性质 1 计算左、右两边的积分，有

$$m(b-a) \leq \int_a^b f(x)\mathrm{d}x \leq M(b-a) . \quad\blacksquare$$

性质 8 可以用于估计积分的粗略范围，从而避免使用更麻烦的中点法则．

例 9　利用性质 8 估计 $\int_0^1 e^{-x^2}\, dx$.

解　因为 $f(x)=e^{-x^2}$ 为 $[0,1]$ 上的减函数，所以它的最大值为 $M=f(0)=1$ ，最小值为 $m=f(1)=e^{-1}$. 由性质 8 可知

$$e^{-1}\times(1-0)\leqslant \int_0^1 e^{-x^2}\, dx \leqslant 1\times(1-0) ,$$

或者

$$e^{-1}\leqslant \int_0^1 e^{-x^2}\, dx \leqslant 1 .$$

由于 $e^{-1}\approx 0.367\,9$ ，因此上式可以写成

$$0.367 \leqslant \int_0^1 e^{-x^2}\, dx \leqslant 1 .$$

■

例 9 的结果如图 5-2-18 所示．积分值比下方矩形的面积大，但比正方形的面积小．

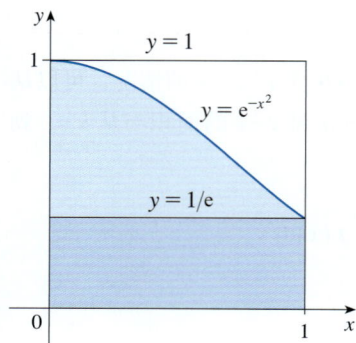

图 5-2-18

5.2 | 练习

1. 利用 5 个子区间，取右端点为样本点，求 $f(x)=x-1$, $-6\leqslant x \leqslant 4$ 的黎曼和，并用图像解释黎曼和的含义．

2. 取 $n=6$ 并且取左端点为样本点，求 $f(x)=\cos x$, $0\leqslant x\leqslant 3\pi/4$ 的黎曼和（结果精确到小数点后 6 位），并用图像解释黎曼和的含义．

3. 取 $n=6$ 并且取中间点为样本点，求 $f(x)=x^2-4$, $0\leqslant x \leqslant 3$ 的黎曼和，并用图像解释黎曼和的含义．

4. (a) 取 $n=6$ 并且取右端点为样本点，求 $f(x)=1/x$, $1\leqslant x \leqslant 2$ 的黎曼和（结果精确到小数点后 6 位），并用图像解释黎曼和的含义．
   (b) 取中点为样本点，重做 (a)．

5. 函数 f 的图像如下所示，利用 5 个子区间，分别取右端点、左端点、中点为样本点，估计 $\int_0^{10} f(x)dx$.

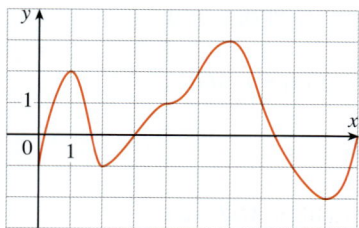

6. 函数 g 的图像如下所示，利用 6 个子区间，分别取右端点、左端点、中点为样本点，估计 $\int_{-2}^4 g(x)dx$.

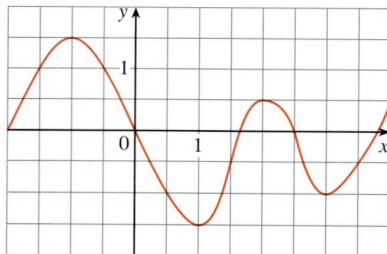

7. 下表记录了增函数 f 的取值，求 $\int_{10}^{30} f(x)dx$ 的上、下估计值．

x	10	14	18	22	26	30
$f(x)$	-12	-6	-2	1	3	8

8. 下表记录了一次实验的观测值．利用 3 个等宽子区间，分别取右端点、左端点、中点为样本点，估计 $\int_3^9 f(x)dx$. 如果已知函数是增函数，积分的估计值小于还是大于积分的准确值．

x	3	4	5	6	7	8	9
$f(x)$	-3.4	-2.1	-0.6	0.3	0.9	1.4	1.8

9~10 利用中点法则，取 $n=4$，求积分的近似值.

9. $\int_0^8 x^2\,\mathrm{d}x$ **10.** $\int_0^2 (8x+3)\,\mathrm{d}x$

11~14 利用中点法则，对于给定 n，求积分的近似值，结果精确到小数点后 4 位.

11. $\int_0^3 \mathrm{e}^{\sqrt{x}}\,\mathrm{d}x$，$n=6$ **12.** $\int_0^1 \sqrt{x^3+1}\,\mathrm{d}x$，$n=5$

13. $\int_1^3 \dfrac{x}{x^2+8}\,\mathrm{d}x$，$n=5$ **14.** $\int_0^\pi x\sin^2 x\,\mathrm{d}x$，$n=4$

T **15.** 利用能够求以中点为样本点得到的积分近似值和绘制相应矩形的计算机代数系统（例如在 Maple 中，使用 RiemannSum 或 middlesum 和 middlebox 命令），验证练习 13 的结果并作图展示，然后取 $n=10$ 和 $n=20$ 重复计算.

T **16.** 取 $n=100$，利用计算机代数系统求函数 $f(x)=x/(x+1)$ 在区间 $[0,2]$ 上的左、右黎曼和，解释为什么这些估计值说明

$$0.894\,6 < \int_0^2 \frac{x}{x+1}\,\mathrm{d}x < 0.908\,1.$$

T **17.** 利用计算器或计算机，分别取 $n=5,10,50,100$，求 $\int_0^\pi \sin x\,\mathrm{d}x$ 的右黎曼和 R_n，并将结果记录在表中. 这些结果趋近哪个值？

T **18.** 利用计算器或计算机，分别取 $n=5,10,50,100$，求 $\int_0^2 \mathrm{e}^{-x^2}\,\mathrm{d}x$ 的左、右黎曼和 L_n 和 R_n. 积分值必定介于哪两个数之间？对于积分 $\int_{-1}^2 \mathrm{e}^{-x^2}\,\mathrm{d}x$，你能否给出相应的表述？

19~22 将下列极限表示为给定区间上的定积分.

19. $\lim\limits_{n\to+\infty}\sum\limits_{i=1}^n \dfrac{\mathrm{e}^{x_i}}{1+x_i}\Delta x$，$[0,1]$

20. $\lim\limits_{n\to+\infty}\sum\limits_{i=1}^n x_i\sqrt{1+x_i^3}\Delta x$，$[2,5]$

21. $\lim\limits_{n\to+\infty}\sum\limits_{i=1}^n \left[5(x_i^*)^3-4x_i^*\right]\Delta x$，$[2,7]$

22. $\lim\limits_{n\to+\infty}\sum\limits_{i=1}^n \dfrac{x_i^*}{(x_i^*)^2+4}\Delta x$，$[1,3]$

23~24 证明定积分等于 $\lim\limits_{n\to+\infty} R_n$，并求极限.

23. $\int_0^4 (x-x^2)\,\mathrm{d}x$，$R_n=\dfrac{4}{n}\sum\limits_{i=1}^n\left[\dfrac{4i}{n}-\dfrac{16i^2}{n^2}\right]$

24. $\int_1^3 (x^3+5x^2)\,\mathrm{d}x$，$R_n=\dfrac{2}{n}\sum\limits_{i=1}^n\left[6+\dfrac{26i}{n}+\dfrac{32i^2}{n^2}+\dfrac{8i^3}{n^3}\right]$

25~26 取右端点为样本点，将下列积分表示为黎曼和的极限，无须计算极限.

25. $\int_1^3 \sqrt{4+x^2}\,\mathrm{d}x$

26. $\int_2^5 \left(x^2+\dfrac{1}{x}\right)\mathrm{d}x$

27~34 利用定理 4 给出的积分定义的形式来计算下列积分.

27. $\int_0^2 3x\,\mathrm{d}x$ **28.** $\int_0^3 x^2\,\mathrm{d}x$

29. $\int_0^3 (5x+2)\,\mathrm{d}x$ **30.** $\int_0^4 (6-x^2)\,\mathrm{d}x$

31. $\int_1^5 (3x^2+7x)\,\mathrm{d}x$ **32.** $\int_{-4}^2 (4x^2+x+2)\,\mathrm{d}x$

33. $\int_0^1 (x^3-3x^2)\,\mathrm{d}x$ **34.** $\int_0^2 (2x-x^3)\,\mathrm{d}x$

35. 函数 f 的图像如下所示. 将下列积分解释为面积或净面积，并求积分.

(a) $\int_0^2 f(x)\,\mathrm{d}x$ (b) $\int_0^5 f(x)\,\mathrm{d}x$

(c) $\int_5^7 f(x)\,\mathrm{d}x$ (d) $\int_3^7 f(x)\,\mathrm{d}x$

(e) $\int_3^7 |f(x)|\,\mathrm{d}x$ (f) $\int_2^0 f(x)\,\mathrm{d}x$

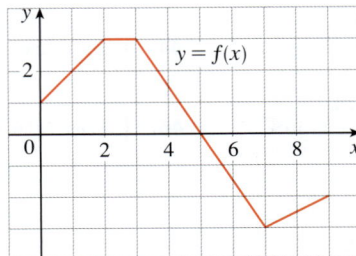

36. 函数 g 的图像如下所示，由两条直线与一个半圆组成. 将下列积分解释为面积或净面积，并求积分.

(a) $\int_0^2 g(x)\mathrm{d}x$　　(b) $\int_2^6 g(x)\mathrm{d}x$　　(c) $\int_0^7 g(x)\mathrm{d}x$

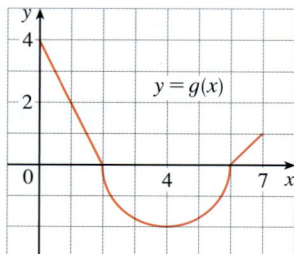

37~38

(a) 利用定理 4 给出的积分定义的形式来计算下列积分.
(b) 将积分解释为面积或净面积，从而验证 (a) 中你的答案.

37. $\int_0^3 4x\,\mathrm{d}x$　　　　　**38.** $\int_{-1}^4 \left(2 - \frac{1}{2}x\right)\mathrm{d}x$

39~40

(a) 取 $n = 8$，通过右黎曼和求积分的近似值.
(b) 画出类似图 5-2-3 的图像来表示 (a) 中的近似.
(c) 利用定理 4 求积分.
(d) 将 (c) 中的积分解释为面积之差，并用类似图 5-2-4 的图像进行说明.

39. $\int_0^8 (3 - 2x)\mathrm{d}x$　　　　**40.** $\int_0^4 (x^2 - 3x)\mathrm{d}x$

41~46 将下列积分解释为面积或净面积，并求积分.

41. $\int_{-2}^5 (10 - 5x)\mathrm{d}x$　　　　**42.** $\int_{-1}^3 (2x - 1)\mathrm{d}x$

43. $\int_{-4}^3 \left|\frac{1}{2}x\right|\mathrm{d}x$　　　　**44.** $\int_0^1 |2x - 1|\,\mathrm{d}x$

45. $\int_{-3}^0 \left(1 + \sqrt{9 - x^2}\right)\mathrm{d}x$　　**46.** $\int_{-4}^4 \left(2x - \sqrt{16 - x^2}\right)\mathrm{d}x$

47. 证明 $\int_a^b x\,\mathrm{d}x = \dfrac{b^2 - a^2}{2}$.

48. 证明 $\int_a^b x^2\,\mathrm{d}x = \dfrac{b^3 - a^3}{3}$.

T 49~50 将下列积分表示为和的极限，然后利用计算机代数系统求和与极限.

49. $\int_0^\pi \sin 5x\,\mathrm{d}x$　　　　**50.** $\int_2^{10} x^6\,\mathrm{d}x$

51. 求 $\int_1^1 \sqrt{1 + x^4}\,\mathrm{d}x$.

52. 已知 $\int_0^\pi \sin^4 x\,\mathrm{d}x = \dfrac{3}{8}\pi$，求 $\int_\pi^0 \sin^4 \theta\,\mathrm{d}\theta$.

53. 在 5.1 节例 2 中，我们证明了 $\int_0^1 x^2\,\mathrm{d}x = \dfrac{1}{3}$. 利用这一结果和定积分的性质，求 $\int_0^1 (5 - 6x^2)\mathrm{d}x$.

54. 利用定积分的性质和例 4 的结果，求 $\int_1^3 (2\mathrm{e}^x - 1)\mathrm{d}x$.

55. 利用例 4 的结果，求 $\int_1^3 \mathrm{e}^{x+2}\,\mathrm{d}x$.

56. 利用练习 47 的结果和 5.1 节练习 33 的结果（$\int_0^{\pi/2} \cos x\,\mathrm{d}x = 1$），结合定积分的性质，求 $\int_0^{\pi/2} (2\cos x - 5x)\mathrm{d}x$.

57. 将下式写成单个积分 $\int_a^b f(x)\mathrm{d}x$ 的形式：

$$\int_{-2}^2 f(x)\mathrm{d}x + \int_2^5 f(x)\mathrm{d}x - \int_{-2}^{-1} f(x)\mathrm{d}x.$$

58. 若 $\int_2^8 f(x)\mathrm{d}x = 7.3$，$\int_2^4 f(x)\mathrm{d}x = 5.9$，求 $\int_4^8 f(x)\mathrm{d}x$.

59. 若 $\int_0^9 f(x)\mathrm{d}x = 37$，$\int_0^9 g(x)\mathrm{d}x = 16$，求

$$\int_0^9 \left[2f(x) + 3g(x)\right]\mathrm{d}x.$$

60. 若 $f(x) = \begin{cases} 3, & x < 3; \\ x, & x \geqslant 3, \end{cases}$　求 $\int_0^5 f(x)\mathrm{d}x$.

61. 对于下图所示的函数 f，从小到大排列下面的量，并解释理由.

(a) $\int_0^8 f(x)\mathrm{d}x$　　(b) $\int_0^3 f(x)\mathrm{d}x$　　(c) $\int_3^8 f(x)\mathrm{d}x$

(d) $\int_4^8 f(x)\mathrm{d}x$　　(e) $f'(1)$

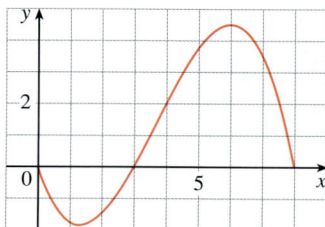

62. 设 $F(x)=\int_2^x f(t)\mathrm{d}t$ ，其中函数 f 的图像如下所示，以下哪个值是最大的？

(a) $F(0)$ (b) $F(1)$ (c) $F(2)$

(d) $F(3)$ (e) $F(4)$

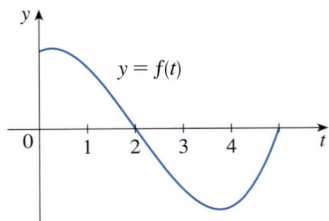

63. 如下图所示，f 的图像和 x 轴围成的区域 A、B、C 的面积都为 3．求 $\int_{-4}^2\left[f(x)+2x+5\right]\mathrm{d}x$ ．

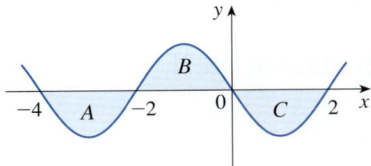

64. 假设 f 有最小值 m 和最大值 M，则 $\int_0^2 f(x)\mathrm{d}x$ 必定在哪两个值之间？你是根据定积分的哪个性质得出结论的？

65~68 无须求积分，利用定积分的性质，验证下列不等式．

65. $\int_0^4\left(x^2-4x+4\right)\mathrm{d}x\geqslant 0$

66. $\int_0^1\sqrt{1+x^2}\,\mathrm{d}x\leqslant\int_0^1\sqrt{1+x}\,\mathrm{d}x$

67. $2\leqslant\int_{-1}^1\sqrt{1+x^2}\,\mathrm{d}x\leqslant 2\sqrt2$

68. $\dfrac{\pi}{12}\leqslant\int_{\pi/6}^{\pi/3}\sin x\,\mathrm{d}x\leqslant\dfrac{\sqrt3\pi}{12}$

69~74 利用性质 8 估计积分值．

69. $\int_0^1 x^3\,\mathrm{d}x$ **70.** $\int_0^3\dfrac{1}{x+4}\,\mathrm{d}x$

71. $\int_{\pi/4}^{\pi/3}\tan x\,\mathrm{d}x$ **72.** $\int_0^2\left(x^3-3x+3\right)\mathrm{d}x$

73. $\int_0^2 x\mathrm{e}^{-x}\,\mathrm{d}x$ **74.** $\int_\pi^{2\pi}(x-2\sin x)\mathrm{d}x$

75~76 利用定积分的性质，结合练习 47 和练习 48，证明下列不等式．

75. $\int_1^3\sqrt{x^4+1}\,\mathrm{d}x\geqslant\dfrac{26}{3}$ **76.** $\int_0^{\pi/2}x\sin x\,\mathrm{d}x\leqslant\dfrac{\pi^2}{8}$

77. 积分 $\int_1^2\arctan x\,\mathrm{d}x$、$\int_1^2\arctan\sqrt x\,\mathrm{d}x$、$\int_1^2\arctan(\sin x)\mathrm{d}x$ 哪个最大？为什么？

78. 积分 $\int_0^{0.5}\cos\left(x^2\right)\mathrm{d}x$ 和 $\int_0^{0.5}\cos\sqrt x\,\mathrm{d}x$ 哪个更大？为什么？

79. 证明定积分的性质 3．

80. (a) 对于下图所示的函数 f，通过图像验证下面的不等式：

$$\left|\int_a^b f(x)\mathrm{d}x\right|\leqslant\int_a^b|f(x)|\mathrm{d}x.$$

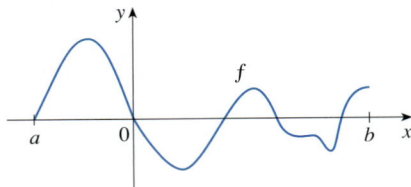

(b) 证明：(a) 中不等式对于任意在 $[a,b]$ 上的连续函数 f 都是成立的．

(c) 证明：$\left|\int_a^b f(x)\sin 2x\,\mathrm{d}x\right|\leqslant\int_a^b|f(x)|\mathrm{d}x$．

81. 设对任意有理数 x，有 $f(x)=0$；对任意无理数 x，有 $f(x)=1$．证明：f 在 $[0,1]$ 上是不可积的．

82. 设对于 $0<x\leqslant 1$，有 $f(x)=1/x$ 和 $f(0)=0$，证明 f 在 $[0,1]$ 上不可积．（提示：证明黎曼和的第一项 $f\left(x_1^*\right)\Delta x$ 可以变得任意大．）

83~84 将极限表示为一个定积分．

83. $\displaystyle\lim_{n\to+\infty}\sum_{i=1}^n\dfrac{i^4}{n^5}$ （提示：考虑 $f(x)=x^4$．）

84. $\displaystyle\lim_{n\to+\infty}\dfrac{1}{n}\sum_{i=1}^n\dfrac{1}{1+(i/n)^2}$

85. 求 $\int_1^2 x^{-2}\,\mathrm{d}x$．提示：令 x_i^* 为 x_{i-1} 和 x_i 的几何平均数（即 $x_i^*=\sqrt{x_{i-1}x_i}$），并利用恒等式

$$\dfrac{1}{m(m+1)}=\dfrac{1}{m}-\dfrac{1}{m+1}.$$

探索专题 | 面积函数

1. (a) 画出直线 $y = 2t + 1$，并利用几何方法求这条直线上方、t 轴下方、直线 $t = 1$ 和 $t = 3$ 之间的区域的面积.

(b) 若 $x > 1$，设 $A(x)$ 为直线 $y = 2t + 1$ 上方、t 轴下方、直线 $t = 1$ 和 $t = x$ 之间的区域的面积. 画出此区域，并利用几何方法求出 $A(x)$ 的表达式.

(c) 对面积函数 $A(x)$ 求导. 你注意到了什么?

2. (a) 若 $x \geqslant 1$，令

$$A(x) = \int_{-1}^{x} \left(1 + t^2\right) \mathrm{d}t,$$

则 $A(x)$ 表示一个区域的面积，画出该区域.

(b) 利用练习 48 的结果求 $A(x)$ 的表达式.

(c) 求 $A'(x)$. 你注意到了什么?

(d) 若 $x \geqslant -1$，h 是一个很小的正数，则 $A(x + h) - A(x)$ 表示一个区域的面积. 描述并画出该区域.

(e) 画出 (d) 中区域的近似矩形，通过比较两者的面积，证明

$$\frac{A(x+h) - A(x)}{h} \approx 1 + x^2.$$

(f) 根据 (e) 中的结论对 (c) 的结果进行直观的解释.

3. (a) 画出函数 $f(x) = \cos\left(x^2\right)$ 在矩形区域 $[0,2] \times [-1.25, 1.25]$ 中的图像.

(b) 定义一个新的函数 g 为

$$g(x) = \int_0^x \cos\left(t^2\right) \mathrm{d}t,$$

则 $g(x)$ 是 $f(t)$ 的图像下方从 $t = 0$ 到 $t = x$ 的面积（直到 $f(x)$ 变为负值，此时 $g(x)$ 表示面积之差）. 根据 (a) 中的图像，确定 $g(x)$ 开始减小时的 x 值.（与问题 2 中的积分不同，不可能通过计算用来定义 g 的积分来得到 $g(x)$ 的显式表达式.）

(c) 使用计算器或计算机上的积分命令来估计 $g(0.2)$，$g(0.4)$，$g(0.6)$，$\cdots$，$g(1.8)$，$g(2)$，然后利用这些值画出 g 的图像.

(d) 利用 (c) 中的图像，将 $g'(x)$ 解释为切线斜率，来画出 $g'(x)$ 的图像. g' 的图像与 f 的图像相比有什么区别?

4. 设 f 是区间 $[a,b]$ 上的连续函数，定义一个新的函数 g 为

$$g(x) = \int_a^x f(t) \mathrm{d}t.$$

基于问题 1~3 的结果，推测 $g'(x)$ 的表达式.

5.3 微积分基本定理

微积分基本定理之所以得名，是因为它在微积分的两个分支——微分学和积分学之间建立了联系. 微分学由切线问题引出，积分学则是由看似并不相关的面积问题引出. 牛顿在剑桥大学的导师艾萨克·巴罗发现，这两个问题其实有很密切的联系，进而发现微分运算和积分运算是互逆的过程. 微积分基本定理给出了导数和积分之间的准确的互逆关系. 牛顿和莱布尼茨充分开发了这一关系，并借此将微积分发展成一套完整的数学方法体系. 特别地，他们发现利用微积分基本定理可以很方便地计算面积和积分，而不必像 5.1 节和 5.2 节中那样，用和的极限来计算.

■ 微积分基本定理（第一部分）

微积分基本定理的第一部分适用于由下面的等式定义的函数：

1
$$g(x) = \int_a^x f(t)\mathrm{d}t ,$$

其中 f 是 $[a,b]$ 上的连续函数，x 介于 a 和 b 之间. 观察发现，g 仅取决于积分上限变量 x. 如果 x 是固定值，那么积分 $\int_a^x f(t)\mathrm{d}t$ 是一个确定值；如果 x 是变化的，那么积分 $\int_a^x f(t)\mathrm{d}t$ 也是变化的，我们根据这一变化关系定义一个关于 x 的函数，记为 $g(x)$.

如果 f 是正值函数，那么 $g(x)$ 可以解释为 f 的图像下方从 a 到 x 的面积，其中 x 的取值范围是从 a 到 b.（将 g 视为"当前的面积"，见图 5-3-1.）

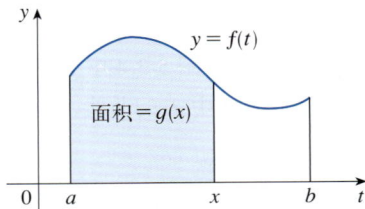

图 5-3-1

例 1 函数 f 的图像如图 5-3-2 所示，设 $g(x) = \int_0^x f(t)\mathrm{d}t$，求 $g(0)$、$g(1)$、$g(2)$、$g(3)$、$g(4)$ 和 $g(5)$，并画出 g 的粗略图像.

解 注意到 $g(0) = \int_0^0 f(t)\mathrm{d}t = 0$. 从图 5-3-3 可以看出，$g(1)$ 是一个三角形的面积：

$$g(1) = \int_0^1 f(t)\mathrm{d}t = \frac{1}{2} \times 1 \times 2 = 1 .$$

我们用 $g(1)$ 加上一个矩形的面积可以得到 $g(2)$：

$$g(2) = \int_0^2 f(t)\mathrm{d}t = \int_0^1 f(t)\mathrm{d}t + \int_1^2 f(t)\mathrm{d}t = 1 + 1 \times 2 = 3 .$$

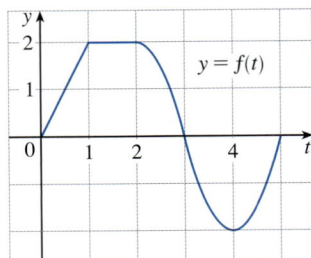

图 5-3-2

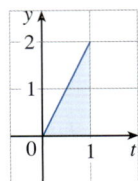

$g(1) = 1$

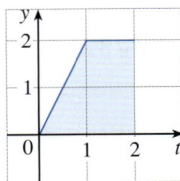

$g(2) = 3$

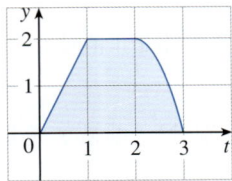

$g(3) \approx 4.3$

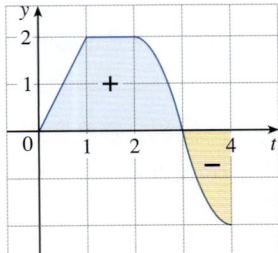

$g(4) \approx 3$

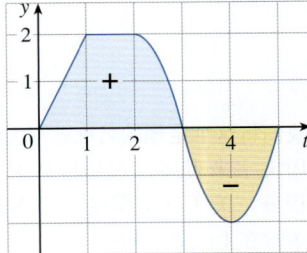

$g(5) \approx 1.7$

图 5-3-3

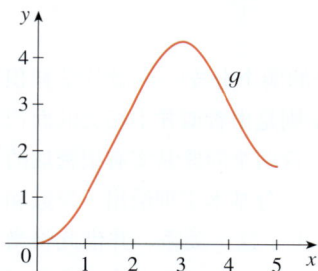

图 5-3-4

$$g(x) = \int_0^x f(t)\,dt$$

我们估计 f 下方从 $x=2$ 到 $x=3$ 的面积约为 1.3，于是有

$$g(3) = g(2) + \int_2^3 f(t)\,dt \approx 3 + 1.3 = 4.3 \ .$$

当 $t > 3$ 时，$f(t)$ 是负值．因此，我们开始用 g 减去面积：

$$g(4) = g(3) + \int_3^4 f(t)\,dt \approx 4.3 + (-1.3) = 3.0 \ ,$$

$$g(5) = g(4) + \int_4^5 f(t)\,dt \approx 3 + (-1.3) = 1.7 \ .$$

利用这些值画出 g 的图像，如图 5-3-4 所示．注意到当 $t < 3$ 时，$f(t)$ 是正值，因此，当 $t < 3$ 时我们始终用 g 加上面积，使得 g 一直增大，直到 $t=3$ 时达到最大．当 $t > 3$ 时，$f(t)$ 是负值，因此 g 开始减小． ∎

如果我们取 $f(t) = t$ 和 $a = 0$，结合 5.2 节练习 47，就有

$$g(x) = \int_0^x t\,dt = \frac{x^2}{2} \ .$$

注意到 $g'(x) = x$，即 $g' = f$．换言之，如果根据等式 1 定义 g 为 f 的积分，那么至少在这种情况下，我们发现 g 为 f 的原函数．如果通过估计图 5-3-4 中 g 的切线的斜率，画出函数 g 的导数的图像，就会得到类似图 5-3-2 中 f 的曲线．我们猜测例 1 中也是一样，有 $g' = f$．

为了证明上述结论的普遍性，我们考虑任意连续函数 f，令 $f(x) \geq 0$，那么 $g(x) = \int_a^x f(t)\,dt$ 可以解释为 f 的图像下方从 a 到 x 的面积，如图 5-3-1 所示．

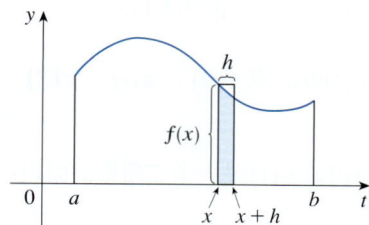

图 5-3-5

为了通过导数的定义计算 $g'(x)$，我们首先注意到，当 $h > 0$ 时，$g(x+h) - g(x)$ 表示面积之差，而它相当于 f 的图像下方从 x 到 $x+h$ 的面积（图 5-3-5 中蓝色区域的面积）．对于较小的 h，从图中可以看出这个面积约等于高为 $f(x)$、宽为 h 的矩形的面积：

$$g(x+h) - g(x) \approx h f(x) \ .$$

因此

$$\frac{g(x+h) - g(x)}{h} \approx f(x) \ .$$

我们凭直觉猜测

$$g'(x) = \lim_{h \to 0} \frac{g(x+h) - g(x)}{h} = f(x) \ .$$

事实上这是正确的，甚至当 f 不是正值时也成立．这是微积分基本定理的第一部分．

我们将这个定理的名称缩写为 FTC1．用文字来表述，它是指对于一个定积分，关于其上限的导数等于被积函数在上限处的值．

> **微积分基本定理（第一部分）** 如果 f 是 $[a,b]$ 上的连续函数，并且定义函数 g 为
>
> $$g(x) = \int_a^x f(t)\,dt, \ a \leq x \leq b \ ,$$
>
> 那么 g 在 $[a,b]$ 上连续，在 (a,b) 上可微，并且 $g'(x) = f(x)$．

证明 如果 x 和 $x+h$ 在区间 (a,b) 内，那么

$$g(x+h)-g(x)=\int_a^{x+h}f(t)\mathrm{d}t-\int_a^x f(t)\mathrm{d}t$$

$$=\left(\int_a^x f(t)\mathrm{d}t+\int_x^{x+h}f(t)\mathrm{d}t\right)-\int_a^x f(t)\mathrm{d}t \quad \text{（定积分的性质 5）}$$

$$=\int_x^{x+h}f(t)\mathrm{d}t \,,$$

并且当 $h\neq0$ 时，有

2 $$\frac{g(x+h)-g(x)}{h}=\frac{1}{h}\int_x^{x+h}f(t)\mathrm{d}t \,.$$

现在设 $h>0$，因为 f 在 $[x,x+h]$ 上连续，所以由最值定理可知，在 $[x,x+h]$ 内存在 u 和 v 使得 $f(u)=m$，$f(v)=M$，其中 m 和 M 分别为 f 在 $[x,x+h]$ 上的最小值和最大值（见图 5-3-6）.

由定积分的性质 8 可得

$$mh\leqslant\int_x^{x+h}f(t)\mathrm{d}t\leqslant Mh \,,$$

即 $$f(u)h\leqslant\int_x^{x+h}f(t)\mathrm{d}t\leqslant f(v)h \,.$$

将不等式两边同时除以 h，因为 $h>0$，所以

$$f(u)\leqslant\frac{1}{h}\int_x^{x+h}f(t)\mathrm{d}t\leqslant f(v) \,.$$

将公式 2 代入不等式中间的部分：

3 $$f(u)\leqslant\frac{g(x+h)-g(x)}{h}\leqslant f(v) \,.$$

对于 $h<0$ 的情况，不等式 3 可以用类似的方法证明（见练习 87）.

现在我们令 $h\to0$，由于 u、v 在 x 和 $x+h$ 之间，因此 $u\to x$ 且 $v\to x$. 而 f 在 x 处连续，于是有

$$\lim_{h\to0}f(u)=\lim_{u\to x}f(u)=f(x) \text{ 且 } \lim_{h\to0}f(v)=\lim_{v\to x}f(v)=f(x) \,.$$

由不公式 3 及夹逼定理可得

4 $$g'(x)=\lim_{h\to0}\frac{g(x+h)-g(x)}{h}=f(x) \,.$$

如果 $x=a$ 或 b，那么公式 4 可以看作单侧极限. 由 2.8 节定理 4（针对单侧极限）可知 g 在 $[a,b]$ 上连续. ■

使用莱布尼茨符号表示导数，当 f 连续时，我们可以将 FTC1 写成

5 $$\frac{\mathrm{d}}{\mathrm{d}x}\int_a^x f(t)\mathrm{d}t=f(t) \,.$$

简单地说，公式 5 表明，如果先对 f 积分，再对结果求导，我们就会得到原来的函数 f.

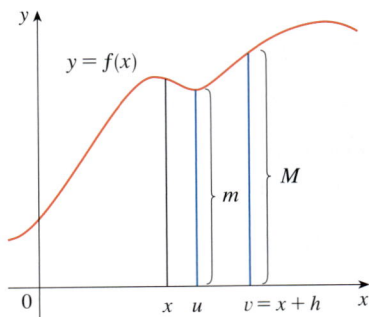

图 5-3-6

例 2 求函数 $g(x) = \int_0^x \sqrt{1+t^2}\,\mathrm{d}t$ 的导数.

解 因为 $f(t) = \sqrt{1+t^2}$ 连续，所以由微积分基本定理的第一部分可得

$$g'(x) = \sqrt{1+x^2}\ .$$

例 3 虽然 $g(x) = \int_a^x f(t)\mathrm{d}t$ 这种定义函数的方式看似奇怪，但在物理学、化学和统计学书中有很多这种函数. 例如，**菲涅耳函数**

$$S(x) = \int_0^x \sin\left(\pi t^2/2\right)\mathrm{d}t$$

是以法国物理学家奥古斯丁·菲涅耳（Augustin Fresnel，1788—1827）的姓氏命名的，他在光学领域做出了杰出的贡献. 这个函数最先出现在菲涅耳关于光波衍射的理论中，但如今它已被应用于公路设计中.

微积分基本定理的第一部分告诉我们如何求菲涅耳函数的导数：

$$S'(x) = \sin\left(\pi x^2/2\right)\ .$$

这表明我们可以应用所有的微分学方法来分析 S（见练习 81）.

图 5-3-7 给出了函数 $f(x) = \sin\left(\pi x^2/2\right)$ 和菲涅耳函数 $S(x) = \int_0^x f(t)\mathrm{d}t$ 的图像. 计算机通过计算多个 x 值对应的积分值来生成 S 的图像. 看起来，$S(x)$ 确实是 f 的图像下方从 0 到 x 的面积（直到 $x \approx 1.4$，此时 $S(x)$ 变成面积之差）. 图 5-3-8 给出了更大范围的 S 的图像.

现在我们观察图 5-3-7 中 S 的图像，思考一下其导数的图像应该是什么样的，那么 $S'(x) = f(x)$ 似乎是可信的.（例如，当 $f(x) > 0$ 时，S 递增；当 $f(x) < 0$ 时，S 递减.）这直观地证实了微积分基本定理的第一部分. ■

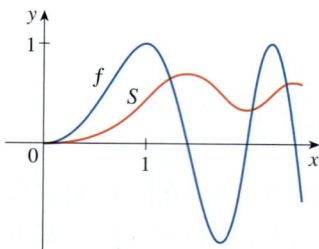

图 5-3-7

$f(x) = \sin\left(\pi x^2/2\right)$

$S(x) = \int_0^x \sin\left(\pi t^2/2\right)\mathrm{d}t$

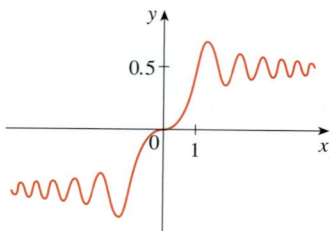

图 5-3-8

菲涅尔函数 $S(x) = \int_0^x \sin\left(\pi t^2/2\right)\mathrm{d}t$

例 4 求 $\dfrac{\mathrm{d}}{\mathrm{d}x}\displaystyle\int_1^{x^4} \sec t\,\mathrm{d}t$.

解 这里我们需要谨慎地结合 FTC1 使用链式法则. 令 $u = x^4$，则

$$\frac{\mathrm{d}}{\mathrm{d}x}\int_1^{x^4} \sec t\,\mathrm{d}t = \frac{\mathrm{d}}{\mathrm{d}x}\int_1^u \sec t\,\mathrm{d}t$$

$$= \frac{\mathrm{d}}{\mathrm{d}u}\left[\int_1^u \sec t\,\mathrm{d}t\right]\frac{\mathrm{d}u}{\mathrm{d}x} \qquad \text{(链式法则)}$$

$$= \sec u\,\frac{\mathrm{d}u}{\mathrm{d}x} \qquad \text{(FTC1)}$$

$$= \sec\left(x^4\right)\cdot 4x^3\ .$$

■

■ 微积分基本定理（第二部分）

在 5.2 节中我们通过将积分定义为黎曼和的极限来计算积分，但我们发现有时这种方法很费时且不好实现. 微积分基本定理的第二部分提供了一个更简单的计算积分的方法，它可由第一部分推出.

我们将这个定理的名称缩写为 FTC2.

> **微积分基本定理（第二部分）** 如果 f 在 $[a,b]$ 上连续，那么
>
> $$\int_a^b f(x)\mathrm{d}x = F(b) - F(a),$$
>
> 其中 F 是 f 的任意原函数，即 $F' = f$.

证明 令 $g(x) = \int_a^x f(t)\mathrm{d}t$，由微积分基本定理的第一部分可知 $g'(x) = f(x)$，即 g 是 f 的原函数．如果 F 是 f 在 $[a,b]$ 上的任意其他原函数，那么由 4.2 节推论 7 可知，当 $a < x < b$ 时，F 和 g 相差一个常数：

6
$$F(x) = g(x) + C.$$

F 和 g 都在 $[a,b]$ 上连续，所以对公式 6 的两边取极限（$x \to a^+$ 和 $x \to b^-$），我们发现在 $x = a$ 和 $x = b$ 时，它仍然成立．因此，对于 $[a,b]$ 内的所有 x，有 $F(x) = g(x) + C$.

令 $x = a$，代入 $g(x)$ 的表达式，得到

$$g(a) = \int_a^a f(t)\mathrm{d}t = 0.$$

公式 6 中分别取 $x = a$ 和 $x = b$，有

$$F(b) - F(a) = \big[g(b) + C\big] - \big[g(a) + C\big]$$
$$= g(b) - g(a) = g(b) = \int_a^b f(t)\mathrm{d}t.$$ ■

微积分基本定理的第二部分说明，如果 F 是 f 的一个原函数，那么仅通过将 F 在区间 $[a,b]$ 的端点处的值相减便可求出 $\int_a^b f(x)\mathrm{d}x$．令人惊奇的是，$\int_a^b f(x)\mathrm{d}x$ 是涉及 f 在 $[a,b]$ 上的所有取值的复杂计算，却仅通过 $F(x)$ 在 a 和 b 两点处的值便可求得．

尽管这个定理第一眼看上去很令人惊讶，但是如果我们从物理角度解释就会很好理解：设 $v(t)$ 是物体的速度，$s(t)$ 是它在 t 时的位置，那么 $v(t) = s'(t)$，即 s 是 v 的原函数．在 5.1 节中，我们考虑了一个总是向正方向移动的物体，并观察到速度曲线下方的面积等于其移动距离，用符号表示为：

$$\int_a^b v(t)\mathrm{d}t = s(b) - s(a).$$

在这个场景中，这正是 FTC2 所表示的含义．

例 5 计算 $\int_1^3 e^x\,\mathrm{d}x$.

解 我们知道函数 $f(x) = e^x$ 处处连续，并且它的一个原函数为 $F(x) = e^x$．由微积分基本定理的第二部分可得

比较例 5 和难度更大的 5.2 节例 4 中的计算．

$$\int_1^3 e^x\,\mathrm{d}x = F(3) - F(1) = e^3 - e.$$

注意，FTC2 表明我们可以使用 f 的任意原函数 F．因此，我们选择了最简单的 F，即 $F(x) = e^x$，而不是 $e^x + 7$ 或 $e^x + C$. ■

我们经常使用符号

$$F(x)\Big]_a^b = F(b) - F(a)\,.$$

因此，FTC2 中的公式可以写成

$$\int_a^b f(x)\,\mathrm{d}x = F(x)\Big]_a^b\,,\quad \text{其中 } F' = f\,.$$

其他常见符号有 $F(x)\Big|_a^b$ 和 $\big[F(x)\big]_a^b$.

例 6 求抛物线 $y = x^2$ 下方从 $x = 0$ 到 $x = 1$ 的面积.

解 $f(x) = x^2$ 的一个原函数为 $f(x) = \dfrac{1}{3}x^3$. 利用微积分基本定理的第二部分，求得面积为

$$A = \int_0^1 x^2\,\mathrm{d}x = \frac{x^3}{3}\bigg]_0^1 = \frac{1^3}{3} - \frac{0^3}{3} = \frac{1}{3}\,. \qquad \blacksquare$$

> 在应用微积分基本定理时，我们使用了 f 的一个特定的原函数 F，没有必要使用原函数通式.

比较例 6 和 5.1 节例 2 中的计算，你会发现微积分基本定理给出了一个更简短的计算方法.

例 7 计算 $\int_3^6 \dfrac{\mathrm{d}x}{x}$.

解 本例中给定的积分是

$$\int_3^6 \frac{1}{x}\,\mathrm{d}x$$

的简写. $f(x) = 1/x$ 的一个原函数是 $F(x) = \ln|x|$. 因为 $3 \leqslant x \leqslant 6$，所以我们可以将原函数写成 $F(x) = \ln x$. 因此

$$\int_3^6 \frac{1}{x}\,\mathrm{d}x = \ln x\Big]_3^6 = \ln 6 - \ln 3 = \ln\frac{6}{3} = \ln 2\,. \qquad \blacksquare$$

例 8 求余弦曲线下方从 $x = 0$ 到 $x = b$ 的面积，其中 $0 \leqslant b \leqslant \pi/2$.

解 $f(x) = \cos x$ 的一个原函数为 $F(x) = \sin x$，我们有

$$A = \int_0^b \cos x\,\mathrm{d}x = \sin x\Big]_0^b = \sin b - \sin 0 = \sin b\,.$$

特别地，取 $b = \pi/2$，我们就证明了余弦曲线下方从 $x = 0$ 到 $x = \pi/2$ 的面积为 $\sin(\pi/2) = 1$（见图 5-3-9）. $\qquad \blacksquare$

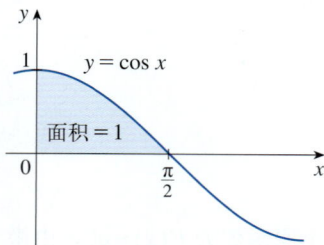

图 5-3-9

1635 年，法国数学家吉尔·德·罗贝瓦尔（Gilles de Roberval）首次计算出正弦、余弦曲线下方区域的面积. 当时，这一问题被视为一个需要大量灵感的有挑战性的问题. 如果没有微积分基本定理的帮助，那么我们就不得不使用晦涩的三角恒等式来计算和的极限（或者如 5.1 节练习 33 中那样使用计算机代数系统）.

对于当年的罗贝瓦尔而言，这样的计算更加困难，因为在 1635 年还没有求极限的工具．到了 17 世纪六七十年代，巴罗发现了微积分基本定理，牛顿和莱布尼茨对其开发利用，这样的计算变得非常简单，正如例 8 所示．

例 9 下面的计算有什么错误？

$$\int_{-1}^{3}\frac{1}{x^2}\,dx = \frac{x^{-1}}{-1}\bigg]_{-1}^{3} = -\frac{1}{3} - 1 = -\frac{4}{3}.$$

解 首先，我们注意到，虽然 $f(x)=1/x^2 \geqslant 0$，但是上述结果却是负值．由性质 6 可知，当 $f\geqslant 0$ 时 $\int_a^b f(x)dx \geqslant 0$，因此计算一定是错误的．微积分基本定理适用于连续函数．$f(x)=1/x^2$ 在区间 $[-1,3]$ 上不连续，因而不能应用微积分基本定理．事实上，f 在 $x=0$ 处有一个无穷间断．我们将在 7.8 节中看到 $\int_{-1}^{3}\frac{1}{x^2}\,dx$ 不存在．■

■ 两个互逆的过程：微分运算和积分运算

最后，我们将微积分定理的两个部分放到一起讨论．

> **微积分基本定理**　假设 f 在 $[a,b]$ 上连续，则有：
>
> **1.** 若 $g(x)=\int_a^x f(t)dt$，则 $g'(x)=f(x)$；
>
> **2.** $\int_a^b f(x)dx = F(b)-F(a)$，其中 F 是 f 的任意原函数，即 $F'=f$．

我们注意到，第一部分可以改写为

$$\frac{d}{dx}\int_a^x f(t)dt = f(x).$$

这说明对连续函数 f 积分，再对结果求导，会回到原来的函数 f．我们可以根据第二部分写出

$$\int_a^x F'(t)dt = F(x)-F(a).$$

也就是说，如果我们对一个函数 F 求导，再对结果积分，那么它会回到原来的函数 F，除了相差一个常数 $F(a)$．综上所述，微积分基本定理的两个部分说明微分运算和积分运算是互逆的过程．

毫无疑问，微积分基本定理是微积分中最重要的定理．事实上，它是人类思想的伟大成就之一．在它被发现之前，从欧多克索斯和阿基米德时代到伽利略和费马时代，求面积、体积和曲线长度的问题非常难，以至于只有天才才敢于挑战其中一些非常特殊的情况．而如今，借助牛顿和莱布尼茨从微积分基本定理中发展出的系统性方法，我们将在接下来的章节中看到，这些具有挑战性的问题对于我们每个人而言都是触手可及的．

5.3 | 练习

1. 解释"微分运算和积分运算是互逆的过程"的准确含义.

2. 令 $g(x) = \int_0^x f(t)\,\mathrm{d}t$，其中函数 f 的图像如下所示.

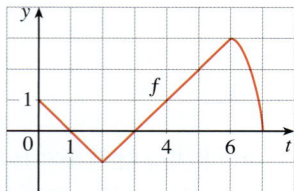

(a) 求 $g(x)$ 在 $x = 0, 1, 2, 3, 4, 5, 6$ 处的值.

(b) 求 $g(7)$.

(c) g 在哪里取得最大值? 在哪里取得最小值?

(d) 画出 g 的粗略图像.

3. 令 $g(x) = \int_0^x f(t)\,\mathrm{d}t$，其中函数 f 的图像如下所示.

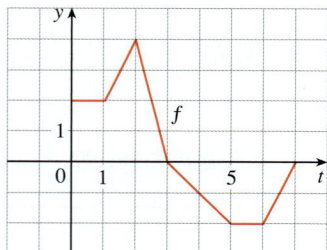

(a) 求 $g(0)$、$g(1)$、$g(2)$、$g(3)$、$g(6)$.

(b) g 在哪个区间上是增函数?

(c) g 在哪里取得最大值?

(d) 画出 g 的粗略图像.

4. 令 $g(x) = \int_0^x f(t)\,\mathrm{d}t$，其中函数 f 的图像如下所示.

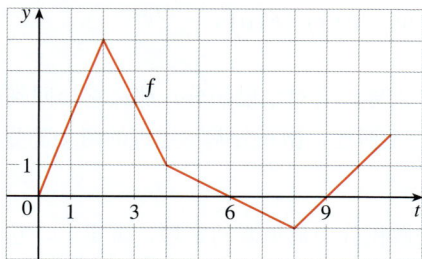

(a) 利用微积分基本定理的第一部分，画出 g' 的图像.

(b) 求 $g(3)$、$g'(3)$ 和 $g''(3)$.

(c) g 在 $x = 6$ 处是否有最大值、最小值，或两者都不是?

(d) g 在 $x = 9$ 处是否有最大值、最小值，或两者都不是?

5~6 函数 f 的图像如下所示. 令函数 g 表示 f 图像下方从 $t = 0$ 到 $t = x$ 的面积.

(a) 利用几何方法求出 $g(x)$ 的表达式.

(b) 验证 g 是 f 的一个原函数，并解释如何借助这一点证明函数 f 满足微积分基本定理的第一部分.

5. 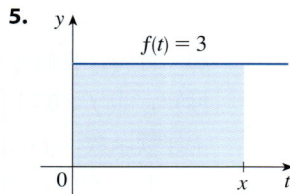   **6.**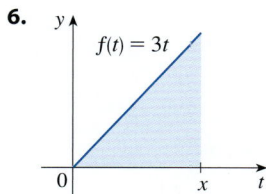

7~8 画出 $g(x)$ 表示的区域，并用以下两种方法求 $g'(x)$:

(a) 利用微积分基本定理的第一部分;

(b) 利用微积分基本定理的第二部分求积分，然后求导.

7. $g(x) = \int_1^x t^2\,\mathrm{d}t$ **8.** $g(x) = \int_0^x (2 + \sin t)\,\mathrm{d}t$

9~20 利用微积分基本定理的第一部分求下列函数的原函数.

9. $g(x) = \int_0^x \sqrt{t + t^3}\,\mathrm{d}t$ **10.** $g(x) = \int_1^x \ln(1 + t^2)\,\mathrm{d}t$

11. $g(w) = \int_0^w \sin(1 + t^3)\,\mathrm{d}t$ **12.** $h(u) = \int_0^u \dfrac{\sqrt{t}}{t + 1}\,\mathrm{d}t$

13. $F(x) = \int_x^0 \sqrt{1 + \sec t}\,\mathrm{d}t$

（提示：$\int_x^0 \sqrt{1 + \sec t}\,\mathrm{d}t = -\int_0^x \sqrt{1 + \sec t}\,\mathrm{d}t$）

14. $A(w) = \int_w^{-1} \mathrm{e}^{t + t^2}\,\mathrm{d}t$

15. $h(x) = \int_1^{\mathrm{e}^x} \ln t\,\mathrm{d}t$ **16.** $h(x) = \int_1^{\sqrt{x}} \dfrac{z^2}{z^4 + 1}\,\mathrm{d}z$

17. $y = \int_1^{3x + 2} \dfrac{t}{1 + t^3}\,\mathrm{d}t$ **18.** $y = \int_0^{\tan x} \mathrm{e}^{-t^2}\,\mathrm{d}t$

19. $y = \int_{\sqrt{x}}^{\pi/4} \theta \tan\theta\,\mathrm{d}\theta$ **20.** $y = \int_{1/x}^4 \sqrt{1 + \dfrac{1}{t}}\,\mathrm{d}t$

21~24 利用微积分基本定理的第二部分求下列积分，并将结果解释为面积或面积之差. 请画图说明.

21. $\int_{-1}^2 x^3\,\mathrm{d}x$ **22.** $\int_0^4 (x^2 - 4x)\,\mathrm{d}x$

23. $\int_{\pi/2}^{2\pi}(2\sin x)\,dx$ **24.** $\int_{-1}^{2}(e^x+2)\,dx$

25~54 求下列积分.

25. $\int_{1}^{3}(x^2+2x-4)\,dx$ **26.** $\int_{-1}^{1}x^{100}\,dx$

27. $\int_{0}^{2}\left(\dfrac{4}{5}t^3-\dfrac{3}{4}t^2+\dfrac{2}{5}t\right)dt$ **28.** $\int_{0}^{1}(1-8v^3+16v^7)\,dv$

29. $\int_{1}^{9}\sqrt{x}\,dx$ **30.** $\int_{1}^{8}x^{-2/3}\,dx$

31. $\int_{0}^{4}(t^2+t^{3/2})\,dt$ **32.** $\int_{1}^{3}\left(\dfrac{1}{z^2}+\dfrac{1}{z^3}\right)dz$

33. $\int_{\pi/2}^{0}\cos\theta\,d\theta$ **34.** $\int_{-5}^{5}e\,dx$

35. $\int_{0}^{1}(u+2)(u-3)\,du$ **36.** $\int_{0}^{4}(4-t)\sqrt{t}\,dt$

37. $\int_{1}^{4}\dfrac{2+x^2}{\sqrt{x}}\,dx$ **38.** $\int_{-1}^{2}(3u-2)(u+1)\,du$

39. $\int_{1}^{3}\left(2x+\dfrac{1}{x}\right)dx$ **40.** $\int_{5}^{5}\sqrt{t^2+\sin t}\,dt$

41. $\int_{0}^{\pi/3}\sec\theta\tan\theta\,d\theta$ **42.** $\int_{1}^{3}\dfrac{y^3-2y^2-y}{y^2}\,dy$

43. $\int_{0}^{1}(1+r)^3\,dr$ **44.** $\int_{0}^{3}(2\sin x-e^x)\,dx$

45. $\int_{1}^{2}\dfrac{v^3+3v^6}{v^4}\,dv$ **46.** $\int_{1}^{18}\sqrt{\dfrac{3}{z}}\,dz$

47. $\int_{0}^{1}(x^e+e^x)\,dx$ **48.** $\int_{0}^{1}\cosh t\,dt$

49. $\int_{1/\sqrt{3}}^{\sqrt{3}}\dfrac{8}{1+x^2}\,dx$ **50.** $\int_{1}^{3}\dfrac{(3x+1)^2}{x^3}\,dx$

51. $\int_{0}^{4}2^s\,ds$ **52.** $\int_{1/2}^{1/\sqrt{2}}\dfrac{4}{\sqrt{1-x^2}}\,dx$

53. $\int_{0}^{\pi}f(x)\,dx$，其中 $f(x)=\begin{cases}\sin x, & 0\leqslant x<\pi/2; \\ \cos x, & \pi/2\leqslant x\leqslant\pi.\end{cases}$

54. $\int_{-2}^{2}f(x)\,dx$，其中 $f(x)=\begin{cases}2, & -2\leqslant x\leqslant 0; \\ 4-x^2, & 0<x\leqslant 2.\end{cases}$

55~58 画出给定曲线或直线围成的区域，并求其面积.

55. $y=\sqrt{x}$，$y=0$，$x=4$ **56.** $y=x^3$，$y=0$，$x=1$

57. $y=4-x^2$，$y=0$ **58.** $y=2x-x^2$，$y=0$

59~62 利用图像粗略估计给定曲线下方区域的面积，然后求其准确值.

59. $y=\sqrt[3]{x}$，$0\leqslant x\leqslant 27$ **60.** $y=x^{-4}$，$1\leqslant x\leqslant 6$

61. $y=\sin x$，$0\leqslant x\leqslant\pi$ **62.** $y=\sec^2 x$，$0\leqslant x\leqslant\pi/3$

63~66 下列等式有什么问题?

63. $\int_{-2}^{1}x^{-4}\,dx=\dfrac{x^{-3}}{-3}\Big]_{-2}^{1}=-\dfrac{3}{8}$

64. $\int_{-1}^{2}\dfrac{4}{x^3}\,dx=-\dfrac{2}{x^2}\Big]_{-1}^{2}=\dfrac{3}{2}$

65. $\int_{\pi/3}^{\pi}\sec\theta\tan\theta\,d\theta=\sec\theta\big]_{\pi/3}^{\pi}=-3$

66. $\int_{0}^{\pi}\sec^2 x\,dx=\tan x\big]_{0}^{\pi}=0$

67~71 求下列函数的导数.

67. $g(x)=\int_{2x}^{3x}\dfrac{u^2-1}{u^2+1}\,du$

   (提示：$\int_{2x}^{3x}f(u)\,du=\int_{2x}^{0}f(u)\,du+\int_{0}^{3x}f(u)\,du$.)

68. $g(x)=\int_{1-2x}^{1+2x}t\sin t\,dt$

69. $F(x)=\int_{x}^{x^2}e^{t^2}\,dt$

70. $F(x)=\int_{\sqrt{x}}^{2x}\arctan t\,dt$

71. $y=\int_{\cos x}^{\sin x}\ln(1+2v)\,dv$

72. 设 $f(x)=\int_{0}^{x}(1-t^2)e^{t^2}\,dt$. f 在哪个区间上递增?

73. 曲线 $y=\int_{0}^{x}\dfrac{t^2}{t^2+t+2}\,dt$ 在哪个区间上是下凹的?

74. 令 $F(x)=\int_{1}^{x}f(t)\,dt$，其中函数 f 的图像如下所示. F 在何处下凹?

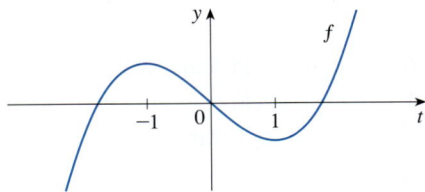

75. 令 $F(x)=\int_2^x e^{t^2}\,dt$，求曲线 $y=F(x)$ 在横坐标为 2 的点处的切线的方程.

76. 若 $f(x)=\int_0^{\sin x}\sqrt{1+t^2}\,dt$，$g(y)=\int_3^y f(x)\,dx$，求 $g''(\pi/6)$.

77~78 利用洛必达法则求下列极限.

77. $\displaystyle\lim_{x\to 0}\frac{1}{x^2}\int_0^x\frac{2t}{\sqrt{t^3+1}}\,dt$　　**78.** $\displaystyle\lim_{x\to+\infty}\frac{1}{x^2}\int_0^x\ln\left(1+e^t\right)dt$

79. 若 $f(1)=12$，f' 连续，并且 $\int_1^4 f'(x)\,dx=17$，求 $f(4)$.

80. 误差函数　误差函数 $\operatorname{erf}(x)=\dfrac{2}{\sqrt{\pi}}\int_0^x e^{-t^2}\,dt$ 经常被应用于统计学、概率论和工程学中.

(a) 证明：$\displaystyle\int_a^b e^{-t^2}\,dt=\frac{1}{2}\sqrt{\pi}\left[\operatorname{erf}(b)-\operatorname{erf}(a)\right]$.

(b) 证明：函数 $y=e^{x^2}\operatorname{erf}(x)$ 满足微分方程 $y'=2xy+2/\sqrt{\pi}$.

81. 菲涅耳函数　菲涅耳函数的定义见例 3，其图像如图 5-3-7 和图 5-3-8 所示.

(a) 函数在哪些点处取得极大值？

(b) 函数在哪些区间上是上凹的？

[T] (c) 利用图像解下面的方程，结果精确到小数点后 2 位.
$$\int_0^x \sin\left(\pi t^2/2\right)dt=0.2$$

[T] **82. 正弦积分函数**　正弦积分函数 $\operatorname{Si}(x)=\int_0^x\dfrac{\sin t}{t}\,dt$ 在电力工程中有重要作用.（被积函数 $f(t)=(\sin t)/t$ 在 $t=0$ 时没有定义，但是我们知道当 $t\to 0$ 时它的极限为 1. 因此，我们定义 $f(0)=1$. 此时，f 处处连续.）

(a) 画出 Si 的图像.

(b) 函数在哪些点处取得极大值？

(c) 求原点右侧第一个拐点的坐标.

(d) 这个函数有水平渐近线吗？

(e) 解下面的方程，结果精确到小数点后 1 位.
$$\int_0^x\frac{\sin t}{t}\,dt=1$$

83~84 令 $g(x)=\int_0^x f(t)\,dt$，其中函数 f 的图像如右栏的图所示.

(a) g 在哪些点处取得极大值和极小值？

(b) g 在何处取得最大值？

(c) g 在哪些区间上是下凹的？

(d) 画出 g 的图像.

83.

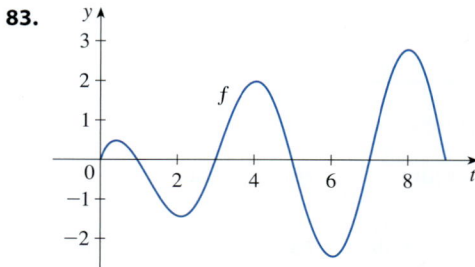

84.

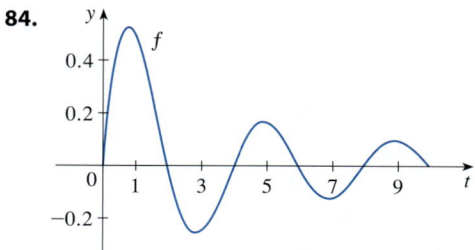

85~86 将下列和视为定义在 $[0,1]$ 上的函数的黎曼和，并求它的极限.

85. $\displaystyle\lim_{n\to+\infty}\sum_{i=1}^n\left(\frac{i^4}{n^5}+\frac{i}{n^2}\right)$

86. $\displaystyle\lim_{n\to+\infty}\frac{1}{n}\left(\sqrt{\frac{1}{n}}+\sqrt{\frac{2}{n}}+\sqrt{\frac{3}{n}}+\cdots+\sqrt{\frac{n}{n}}\right)$

87. 对于 $h<0$ 的情况，证明不等式 3.

88. 若 f 是连续函数，g 和 h 是可微函数，证明：
$$\frac{d}{dx}\int_{g(x)}^{h(x)}f(t)\,dt=f\big(h(x)\big)h'(x)-f\big(g(x)\big)g'(x).$$

89. (a) 证明：$x\geqslant 0$ 时，$1\leqslant\sqrt{1+x^3}\leqslant 1+x^3$.

(b) 证明：$1\leqslant\int_0^1\sqrt{1+x^3}\,dx\leqslant 1.25$.

90. (a) 证明：$0\leqslant x\leqslant 1$ 时，$\cos\left(x^2\right)\geqslant\cos x$.

(b) 证明：$\int_0^{\pi/6}\cos\left(x^2\right)dx\geqslant\dfrac{1}{2}$.

91. 通过将被积函数与一个更简单的函数进行比较，证明
$$0\leqslant\int_5^{10}\frac{x^2}{x^4+x^2+1}\,dx\leqslant 0.1.$$

92. 令
$$f(x)=\begin{cases}0, & x<0;\\ x, & 0\leqslant x\leqslant 1;\\ 2-x, & 1<x\leqslant 2;\\ 0, & x>2.\end{cases}$$
$$g(x)=\int_0^x f(t)\,dt.$$

(a) 求与 $f(x)$ 相似的 $g(x)$ 的表达式.

(b) 画出 f 和 g 的图像.

(c) f 在何处可微? g 在何处可微?

93. 求函数 f 和数 a ，使得对所有 $x>0$ ，有

$$6+\int_a^x \frac{f(t)}{t^2}\,\mathrm{d}t = 2\sqrt{x} .$$

94. 下图中，B 的面积是 A 的面积 3 倍. 将 b 用 a 表示.

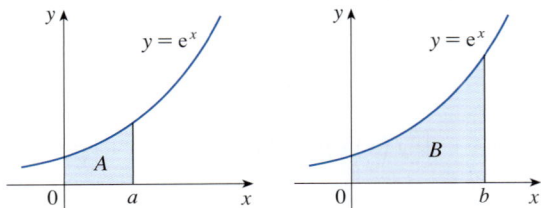

95. 一家制造公司拥有一台重要设备，其折旧率为 $f(t)$（连续），其中 t 表示距离上次检修的时间（单位：月）. 假设每次检修设备产生的固定费用为 A ，公司希望得出两次检修之间的最优时间间隔 T （单位：月）.

(a) 解释为什么 $\int_0^t f(s)\,\mathrm{d}s$ 表示自上次检修以来，设备在时间 t 内的价值损失.

(b) 令 $C = C(t)$ ，其中

$$C(t) = \frac{1}{t}\left[A + \int_0^t f(s)\,\mathrm{d}s \right].$$

C 表示什么? 公司为什么希望 C 最小化?

(c) 证明：C 在 $t=T$ 时取得最小值，此时 $C(T) = f(T)$.

5.4 不定积分与净变化定理

在 5.3 节中我们看到，假设我们能够求出函数的原函数，那么微积分基本定理的第二部分为计算函数的定积分提供了有力工具. 在本节中我们将介绍表示原函数的符号，复习原函数的公式，并利用它们来求定积分. 同时，我们还要重新表述微积分基本定理的第二部分，从而使其更容易被应用于自然科学和工程学问题.

■ 不定积分

微积分基本定理建立了原函数和定积分之间的联系. 第一部分说明如果 f 连续，那么 $\int_a^x f(t)\,\mathrm{d}t$ 是 f 的一个原函数. 第二部分说明 $\int_a^b f(x)\,\mathrm{d}x$ 可以通过 $F(b)-F(a)$ 求得，其中 F 是 f 的一个原函数.

我们需要一个表示原函数的符号，以便于使用. 因为微积分基本定理给出了积分和原函数之间的关系，所以传统上用符号 $\int f(x)\,\mathrm{d}x$ 表示 f 的一个原函数，并称之为**不定积分**. 因此

$$\int f(x)\,\mathrm{d}x = F(x) ，即 F'(x) = f(x) .$$

例如，我们可以这样写：

$$因为 \frac{\mathrm{d}}{\mathrm{d}x}\left(\frac{x^3}{3}+C\right) = x^2 ，所以 \int x^2\,\mathrm{d}x = \frac{x^3}{3}+C .$$

因此，我们可以将不定积分看作一个函数族（每个常数 C 对应一个原函数）.

要仔细区别定积分和不定积分. 定积分 $\int_a^b f(x)\,\mathrm{d}x$ 是一个数，而不定积分 $\int f(x)\,\mathrm{d}x$ 是一个函数（或是一个函数族）. 微积分基本定理的第二部分给出了两者

之间的联系：如果 f 在 $[a,b]$ 上连续，则有

$$\int_a^b f(x)\mathrm{d}x = \int f(x)\mathrm{d}x \Big]_a^b.$$

微积分基本定理的有效性依赖于原函数．因此，我们利用不定积分的符号，重新给出表 4-9-1 中的原函数公式，并稍加补充．其中任何一个公式都可以通过对等号右边的函数求导得到被积函数来验证．例如

$$\int \sec^2 x\,\mathrm{d}x = \tan x + C，因为 \frac{\mathrm{d}}{\mathrm{d}x}(\tan x + C) = \sec^2 x.$$

---

1 **不定积分表**

$$\int c f(x)\mathrm{d}x = c\int f(x)\mathrm{d}x \qquad\qquad \int\big[f(x)+g(x)\big]\mathrm{d}x = \int f(x)\mathrm{d}x + \int g(x)\mathrm{d}x$$

$$\int k\,\mathrm{d}x = kx + C$$

$$\int x^n\,\mathrm{d}x = \frac{x^{n+1}}{n+1} + C \quad (\,n \neq -1\,) \qquad\qquad \int \frac{1}{x}\,\mathrm{d}x = \ln|x| + C$$

$$\int e^x\,\mathrm{d}x = e^x + C \qquad\qquad \int b^x\,\mathrm{d}x = \frac{b^x}{\ln b} + C$$

$$\int \sin x\,\mathrm{d}x = -\cos x + C \qquad\qquad \int \cos x\,\mathrm{d}x = \sin x + C$$

$$\int \sec^2 x\,\mathrm{d}x = \tan x + C \qquad\qquad \int \csc^2 x\,\mathrm{d}x = -\cot x + C$$

$$\int \sec x \tan x\,\mathrm{d}x = \sec x + C \qquad\qquad \int \csc x \cot x\,\mathrm{d}x = -\csc x + C$$

$$\int \frac{1}{x^2+1}\,\mathrm{d}x = \tan^{-1} x + C \qquad\qquad \int \frac{1}{\sqrt{1-x^2}}\,\mathrm{d}x = \sin^{-1} x + C$$

$$\int \sinh x\,\mathrm{d}x = \cosh x + C \qquad\qquad \int \cosh x\,\mathrm{d}x = \sinh x + C$$

回忆 4.9 节定理 1，在给定区间上，原函数通式可以通过一个特定的原函数加上一个常数得到．我们约定，当给出一个不定积分的通式时，其只在一个区间上有效．因此，我们可以写

$$\int \frac{1}{x^2}\,\mathrm{d}x = -\frac{1}{x} + C，$$

并认为其只在区间 $(0,+\infty)$ 或 $(-\infty,0)$ 上有效．尽管函数 $f(x)=1/x^2$，$x \neq 0$ 的原函数通式为

$$F(x) = \begin{cases} -\dfrac{1}{x} + C_1, & x < 0; \\[2mm] -\dfrac{1}{x} + C_2, & x > 0, \end{cases}$$

上述写法仍是正确的．

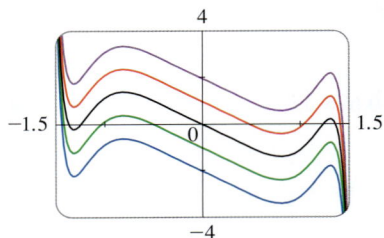

图 5-4-1

图 5-4-1 是例 1 中对于几个不同 C 值的不定积分的图像. 这里 C 值是 y 轴截距.

例 1　求不定积分

$$\int\left(10x^4 - 2\sec^2 x\right)\mathrm{d}x .$$

解　根据约定和不定积分表, 我们有

$$\int\left(10x^4 - 2\sec^2 x\right)\mathrm{d}x = 10\int x^4\,\mathrm{d}x - 2\int \sec^2 x\,\mathrm{d}x$$

$$= 10 \cdot \frac{x^5}{5} - 2\tan x + C$$

$$= 2x^5 - 2\tan x + C .$$

你可以通过对其求导来验证结论. ■

例 2　求 $\displaystyle\int \frac{\cos\theta}{\sin^2\theta}\,\mathrm{d}\theta$.

解　这个不定积分不在不定积分表中. 因此, 我们先利用三角恒等式改写函数, 然后对其积分:

$$\int \frac{\cos\theta}{\sin^2\theta}\,\mathrm{d}\theta = \int \left(\frac{1}{\sin\theta}\right)\left(\frac{\cos\theta}{\sin\theta}\right)\mathrm{d}\theta$$

$$= \int \csc\theta\cot\theta\,\mathrm{d}\theta = -\csc\theta + C . ■$$

例 3　求 $\displaystyle\int_0^3\left(x^3 - 6x\right)\mathrm{d}x$.

解　由微积分基本定理的第二部分和不定积分表可得

$$\int_0^3\left(x^3 - 6x\right)\mathrm{d}x = \left[\frac{x^4}{4} - 6\cdot\frac{x^2}{2}\right]_0^3$$

$$= \left(\frac{1}{4}\times 3^4 - 3\times 3^2\right) - \left(\frac{1}{4}\times 0^4 - 3\times 0^2\right)$$

$$= \frac{81}{4} - 27 - 0 + 0 = -6.75 .$$

将此结果与 5.2 节例 3 进行比较. ■

图 5-4-2 显示了例 4 中被积函数的图像. 我们从 5.2 节中知道, 积分值可以解释为净面积, 即用正号标记的面积之和减去用负号标记的面积.

例 4　求 $\displaystyle\int_0^2\left(2x^3 - 6x + \frac{3}{x^2+1}\right)\mathrm{d}x$, 并将结果解释为净面积.

解　由微积分基本定理可知

$$\int_0^2\left(2x^3 - 6x + \frac{3}{x^2+1}\right)\mathrm{d}x = \left[2\cdot\frac{x^4}{4} - 6\cdot\frac{x^2}{2} + 3\tan^{-1} x\right]_0^2$$

$$= \left[\frac{1}{2}x^4 - 3x^2 + 3\tan^{-1} x\right]_0^2$$

$$= \frac{1}{2}\times 2^4 - 3\times 2^2 + 3\tan^{-1} 2 - 0$$

$$= -4 + 3\tan^{-1} 2 .$$

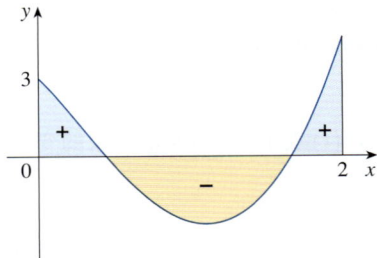

图 5-4-2

这是定积分的准确值. 如果要求近似值并用小数表示, 我们可以在计算器中输入 $\tan^{-1} 2$, 得到

$$\int_0^2 \left(2x^3 - 6x + \frac{3}{x^2 + 1} \right) dx \approx -0.678\,55\,.$$ ∎

例 5   求 $\displaystyle \int_1^9 \frac{2t^2 + t^2 \sqrt{t} - 1}{t^2}\, dt$.

解   首先通过除法化简被积函数, 然后计算:

$$\int_1^9 \frac{2t^2 + t^2 \sqrt{t} - 1}{t^2}\, dt = \int_1^9 \left(2 + t^{1/2} - t^{-2} \right) dt$$

$$= \left[2t + \frac{t^{3/2}}{\frac{3}{2}} - \frac{t^{-1}}{-1} \right]_1^9 = \left[2t + \frac{2}{3} t^{3/2} + \frac{1}{t} \right]_1^9$$

$$= \left(2 \times 9 + \frac{2}{3} \times 9^{3/2} + \frac{1}{9} \right) - \left(2 \times 1 + \frac{2}{3} \times 1^{3/2} + \frac{1}{1} \right)$$

$$= 18 + 18 + \frac{1}{9} - 2 - \frac{2}{3} - 1 = 32 \frac{4}{9}\,.$$ ∎

■ 净变化定理

微积分基本定理的第二部分说明, 如果 f 在 $[a, b]$ 上连续, 那么

$$\int_a^b f(x)\, dx = F(b) - F(a)\,,$$

其中 F 是 f 的任意一个原函数, 即 $F' = f$. 因此, 这个公式可以写成

$$\int_a^b F'(x)\, dx = F(b) - F(a)\,.$$

我们知道 $F'(x)$ 表示 $y = F(x)$ 关于 x 的变化率, 而 $F(b) - F(a)$ 表示 x 从 a 变化到 b 时 y 的变化量. (注意, y 可以增大, 减小, 再增大. 虽然 y 可以有两种变化趋势, 但 $F(b) - F(a)$ 仅表示 y 的净变化量.) 于是, 我们也可以用以下形式表述 FTC2.

> **净变化定理**   变化率的积分等于净变化量:
>
> $$\int_a^b F'(x)\, dx = F(b) - F(a)\,.$$

这个原理被可以应用于在 3.7 节中我们讨论过的自然科学和社会科学领域中所有关于变化率的例子. 这些应用表明, 数学的部分力量在于它的抽象性. 单一的抽象概念 (此处指积分) 可以有许多不同的解释. 下面是净变化定理的几个应用示例.

- 设 $V(t)$ 表示 t 时蓄水池中水的体积, 那么导数 $V'(t)$ 表示 t 时蓄水池中水的变化率. 因此

$$\int_{t_1}^{t_2} V'(t)\, dt = V(t_2) - V(t_1)$$

表示从 t_1 到 t_2 蓄水池中水的变化量.

- 设 $[C](t)$ 表示 t 时化学反应生成物的浓度,那么反应速率为导数 $d[C]/dt$. 因此

$$\int_{t_1}^{t_2} \frac{d[C]}{dt}\, dt = [C](t_2) - [C](t_1)$$

表示从 t_1 到 t_2 浓度的变化量.

- 设 $m(x)$ 表示杆子从左端点到点 x 部分的质量,那么线密度为 $\rho(x) = m'(x)$. 因此

$$\int_a^b \rho(x)dx = m(b) - m(a)$$

表示杆子从点 a 到点 b 部分的质量.

- 设 dn/dt 表示人口增长率,那么

$$\int_{t_1}^{t_2} \frac{dn}{dt}\, dt = n(t_2) - n(t_1)$$

表示从 t_1 到 t_2 人口的净变化量.(有新生儿时人口增长,有死亡时人口减少,净变化量同时计算出生和死亡人口.)

- 设 $C(x)$ 表示生产 x 个商品的成本,那么边际成本是导数 $C'(x)$. 因此

$$\int_{x_1}^{x_2} C'(x)dx = C(x_2) - C(x_1)$$

表示当产量从 x_1 增加到 x_2 时生产成本的增加量.

- 设物体沿直线运动的位置函数是 $s(t)$,那么它的速度是 $v(t) = s'(t)$. 因此

2
$$\int_{t_1}^{t_2} v(t)dt = s(t_2) - s(t_1)$$

表示从 t_1 到 t_2 位置的净变化量,即物体在 t_1 到 t_2 的时间段内的位移. 在 5.1 节中,我们猜测当物体沿正方向移动时这一结论是正确的,现在我们已经证明在任何情况下该结论都正确.

- 为了计算在某一时间段内物体的移动距离,我们必须分别考虑 $v(t) \geqslant 0$(物体向右移动)的时间段,以及 $v(t) \leqslant 0$(物体向左移动)的时间段. 在两种情况下,距离都是通过对速率 $|v(t)|$ 积分得到的. 因此

3
$$\int_{t_1}^{t_2} |v(t)|dt = \text{总移动距离}.$$

图 5-4-3 说明了如何用速度曲线下方的区域面积来解释位移和移动距离:

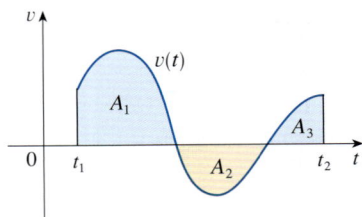

$$\text{位移} = \int_{t_1}^{t_2} v(t)dt = A_1 - A_2 + A_3,$$
$$\text{距离} = \int_{t_1}^{t_2} |v(t)|dt = A_1 + A_2 + A_3.$$

- 设物体的加速度为 $a(t) = v'(t)$,那么

$$\int_{t_1}^{t_2} a(t)dt = v(t_2) - v(t_1)$$

表示从 t_1 到 t_2 速度的变化量.

图 5-4-3

例 6   假设粒子沿直线运动，在 t 时的速度为 $v(t) = t^2 - t - 6$（单位：m/s）.

(a) 求粒子在时间段 $1 \leqslant t \leqslant 4$ 内的位移.

(b) 求粒子在这个时间段内的移动距离.

解

(a) 由公式 2 可知，位移为

$$s(4) - s(1) = \int_1^4 v(t)\mathrm{d}t = \int_1^4 (t^2 - t - 6)\mathrm{d}t$$

$$= \left[\frac{t^3}{3} - \frac{t^2}{2} - 6t \right]_1^4 = -\frac{9}{2}.$$

这说明粒子向左移动了 4.5m.

(b) 注意到 $v(t) = t^2 - t - 6 = (t-3)(t+2)$，并且在区间 $[1,3]$ 上 $v(t) \leqslant 0$，在区间 $[3,4]$ 上 $v(t) \geqslant 0$. 因此，由公式 3 可知，粒子的移动距离为

为了对 $v(t)$ 的绝对值积分，我们使用 5.2 节中定积分的性质 5 将积分分为两部分，一部分对应 $v(t) \leqslant 0$，另一部分对应 $v(t) \geqslant 0$.

$$\int_1^4 |v(t)|\mathrm{d}t = \int_1^3 [-v(t)]\mathrm{d}t + \int_3^4 v(t)\mathrm{d}t$$

$$= \int_1^3 (-t^2 + t + 6)\mathrm{d}t + \int_3^4 (t^2 - t - 6)\mathrm{d}t$$

$$= \left[-\frac{t^3}{3} + \frac{t^2}{2} + 6t \right]_1^3 + \left[\frac{t^3}{3} - \frac{t^2}{2} - 6t \right]_3^4$$

$$= \frac{61}{6} \approx 10.17\mathrm{m}. \qquad \blacksquare$$

例 7   图 5-4-4 显示了旧金山市在 9 月的某一天的耗电功率（P 的单位是 MW；t 的单位是 h，从凌晨开始算法）. 估计这一天中消耗的电能.

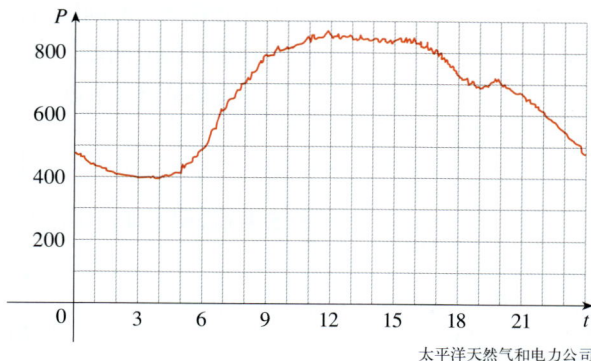

图 5-4-4

太平洋天然气和电力公司

解   电功率等于电能的变化率：$P(t) = E'(t)$. 由净变化定理可知，

$$\int_0^{24} P(t)\mathrm{d}t = \int_0^{24} E'(t)\mathrm{d}t = E(24) - E(0)$$

表示这一天中消耗的电能总量. 我们取 12 个子区间和 $\Delta t = 2$，利用中点法则求积分的近似值：

$$\int_0^{24} P(t)\,dt \approx \left[P(1) + P(3) + P(5) + \cdots + P(21) + P(23) \right] \Delta t$$

$$\approx \big(440 + 400 + 420 + 620 + 790 + 840 + 850$$

$$+ 840 + 810 + 690 + 670 + 550\big) \times 2$$

$$= 15\ 840\ .$$

消耗的电能近似为 $15\ 840\text{MWh}$. ∎

关于单位的说明　我们如何知道例 7 中电能的单位是什么？积分 $\int_0^{24} P(t)\,dt$ 是各项 $P(t_i^*)\Delta t$ 之和的极限，$P(t_i^*)$ 的单位是 MW，Δt 的单位是 h，所以，它们的乘积的单位是 MWh，其极限的单位也是一样. 一般地，$\int_a^b f(x)\,dx$ 的单位由 $f(x)$ 的单位和 x 的单位相乘产生.

5.4 | 练习

1~4 利用求导验证下列公式.

1. $\int \ln x\,dx = x\ln x - x + C$

2. $\int \tan^2 x\,dx = \tan x - x + C$

3. $\int \dfrac{1}{x^2\sqrt{1+x^2}}\,dx = -\dfrac{\sqrt{1+x^2}}{x} + C$

4. $\int x\sqrt{a+bx}\,dx = \dfrac{2}{15b^2}(3bx-2a)(a+bx)^{3/2} + C$

5~24 求下列不定积分.

5. $\int (3x^2 + 4x + 1)\,dx$

6. $\int (5 + 2\sqrt{x})\,dx$

7. $\int (x + \cos x)\,dx$

8. $\int \left(\sqrt[3]{x} + \dfrac{1}{\sqrt[3]{x}}\right)dx$

9. $\int (x^{1.3} + 7x^{2.5})\,dx$

10. $\int \sqrt[4]{x^5}\,dx$

11. $\int \left(5 + \dfrac{2}{3}x^2 + \dfrac{3}{4}x^3\right)dx$

12. $\int \left(u^6 - 2u^5 - u^3 + \dfrac{2}{7}\right)du$

13. $\int (u+4)(2u+1)\,du$

14. $\int \sqrt{t}(t^2 + 3t + 2)\,dt$

15. $\int \dfrac{1+\sqrt{x}+x}{x}\,dx$

16. $\int \left(x^2 + 1 + \dfrac{1}{x^2+1}\right)dx$

17. $\int \left(e^x + \dfrac{1}{x}\right)dx$

18. $\int (2 + 3^x)\,dx$

19. $\int (\sin x + \sinh x)\,dx$

20. $\int \left(\dfrac{1+r}{r}\right)^2 dr$

21. $\int (2 + \tan^2\theta)\,d\theta$

22. $\int \sec t(\sec t + \tan t)\,dt$

23. $\int 3\csc^2 t\,dt$

24. $\int \dfrac{\sin 2x}{\sin x}\,dx$

25~26 求下列不定积分，在同一坐标系中画出函数族中几个成员函数的图像.

25. $\int \left(\cos x + \dfrac{1}{2}x\right)dx$

26. $\int (e^x - 2x^2)\,dx$

27~54 求下列定积分.

27. $\int_{-2}^3 (x^2 - 3)\,dx$

28. $\int_1^2 (4x^3 - 3x^2 + 2x)\,dx$

29. $\int_1^4 (8t^3 - 6t^{-2})\,dt$

30. $\int_0^8 \left(\dfrac{1}{8} + \dfrac{1}{2}w + \dfrac{1}{3}w^{1/3}\right)dw$

31. $\int_0^2 (2x-3)(4x^2+1)\,dx$

32. $\int_1^2 \left(\dfrac{1}{x^2} - \dfrac{4}{x^3}\right)dx$

33. $\int_1^3 \left(\dfrac{3x^2+4x+1}{x}\right)dx$

34. $\int_{-1}^1 t(1-t)^2\,dt$

35. $\int_1^4 \left(\dfrac{4+6u}{\sqrt{u}}\right)du$

36. $\int_0^1 \dfrac{4}{1+p^2}\,dp$

37. $\int_{\pi/6}^{\pi/3} (4\sec^2 y)\,dy$

38. $\int_0^{\pi/2} (\sqrt{t} - 3\cos t)\,dt$

39. $\int_0^1 x\left(\sqrt[3]{x}+\sqrt[4]{x}\right)\mathrm{d}x$

40. $\int_1^4 \frac{\sqrt{y}-y}{y^2}\,\mathrm{d}y$

41. $\int_1^2\left(\frac{x}{2}-\frac{2}{x}\right)\mathrm{d}x$

42. $\int_0^1\left(5x-5^x\right)\mathrm{d}x$

43. $\int_{-2}^2(\sinh x+\cosh x)\mathrm{d}x$

44. $\int_0^{\pi/4}\left(3\mathrm{e}^x-4\sec x\tan x\right)\mathrm{d}x$

45. $\int_0^{\pi/4}\frac{1+\cos^2\theta}{\cos^2\theta}\,\mathrm{d}\theta$

46. $\int_0^{\pi/3}\frac{\sin\theta+\sin\theta\tan^2\theta}{\sec^2\theta}\,\mathrm{d}\theta$

47. $\int_3^4\sqrt{\frac{3}{x}}\,\mathrm{d}x$

48. $\int_{-10}^{10}\frac{2\mathrm{e}^x}{\sinh x+\cosh x}\,\mathrm{d}x$

49. $\int_0^{\sqrt{3}/2}\frac{\mathrm{d}r}{\sqrt{1-r^2}}$

50. $\int_{\pi/6}^{\pi/2}\csc t\cot t\,\mathrm{d}t$

51. $\int_0^{1/\sqrt{3}}\frac{t^2-1}{t^4-1}\,\mathrm{d}t$

52. $\int_0^2|2x-1|\mathrm{d}x$

53. $\int_{-1}^2\left(x-2|x|\right)\mathrm{d}x$

54. $\int_0^{3\pi/2}|\sin x|\mathrm{d}x$

55. 利用图像估计曲线 $y=1-2x-5x^4$ 的 x 轴截距. 利用该结果估计曲线 $y=1-2x-5x^4$ 下方、x 轴上方区域的面积.

56. 对于曲线 $y=\left(x^2+1\right)^{-1}-x^4$，重做练习 55.

57. 下图中位于 y 轴右边、抛物线 $x=2y-y^2$ 左边的阴影区域的面积由定积分 $\int_0^2\left(2y-y^2\right)\mathrm{d}y$ 给出.（将头顺时针旋转，想象阴影区域在曲线 $x=2y-y^2$ 下方、$y=0$ 和 $y=2$ 之间.）求阴影区域的面积.

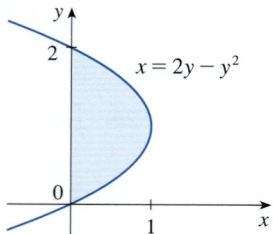

58. 下图中阴影区域是由 y 轴、直线 $y=1$ 和曲线 $y=\sqrt[4]{x}$ 围成的. 将 x 写成关于 y 的函数，并求其关于 y 的积分，从而得到阴影区域的面积（同练习 57）.

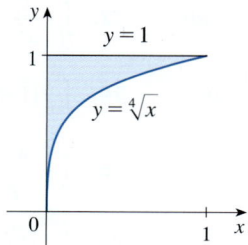

59. 设 $w'(t)$ 表示婴儿的生长速度（单位：千克/年），那么 $\int_5^{10}w'(t)\mathrm{d}t$ 表示什么？

60. 定义导线中的电流为电荷量的导数，即 $I(t)=Q'(t)$（见 3.7 节例 3），那么 $\int_a^b I(t)\mathrm{d}t$ 表示什么？

61. 设油从油箱中以速度 $r(t)$（单位：L/min）向外泄漏，那么 $\int_0^{120}r(t)\mathrm{d}t$ 表示什么？

62. 一个蜜蜂种群开始有 100 只蜜蜂，其数量以每周 $n'(t)$ 只的速度增长，那么 $100+\int_0^{15}n'(t)\mathrm{d}t$ 表示什么？

63. 在 4.7 节中，我们定义边际收益函数为收益函数 $R(x)$ 的导数 $R'(x)$，其中 x 表示售出商品的数量，那么 $\int_{1000}^{5000}R'(x)\mathrm{d}x$ 表示什么？

64. 设 $f(x)$ 表示一条小路在距离起点 x km 处的斜率，那么 $\int_3^5 f(x)\mathrm{d}x$ 表示什么？

65. 设 $h(t)$ 是一个人开始锻炼 t min 后的心率，那么 $\int_0^{30}h(t)\mathrm{d}t$ 表示什么？

66. 如果 x 的单位是 m，$a(x)$ 的单位是 kg/m，那么 $\mathrm{d}a/\mathrm{d}x$ 的单位是什么？$\int_2^8 a(x)\mathrm{d}x$ 的单位是什么？

67. 如果 x 的单位是 m，$f(x)$ 的单位是 N，那么 $\int_0^{100}f(x)\mathrm{d}x$ 的单位是什么？

68. 下图显示了电动自动驾驶汽车沿直线行驶的速度（单位：m/s）. 在 $t=0$ 时，汽车在充电站.
(a) 当 $t=2,4,6,8,10,12$ 时，汽车分别距离充电站多远？
(b) 汽车在什么时候距离充电站最远？
(c) 汽车的总行驶距离是多少？

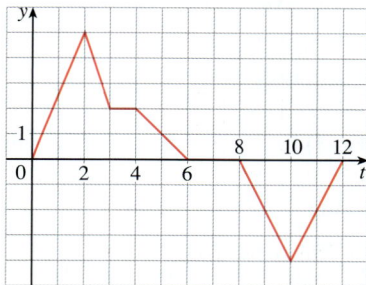

69~70 已知粒子沿直线运动的速度函数 $v(t)$（单位：m/s），求：
(a) 粒子在给定时间段内的位移；
(b) 粒子在给定时间段内的移动距离.

69. $v(t)=3t-5,\ 0\leqslant t\leqslant 3$

70. $v(t)=t^2-2t-3,\ 2\leqslant t\leqslant 4$

71~72 已知粒子沿直线运动的加速度函数 $a(t)$（单位：m/s²）和初速度 $v(0)$，求：

(a) 粒子在 t 时的速度；

(b) 粒子在给定时间段内粒子的移动距离.

71. $a(t) = t + 4$，$v(0) = 5$，$0 \leqslant t \leqslant 10$

72. $a(t) = 2t + 3$，$v(0) = -4$，$0 \leqslant t \leqslant 3$

73. 一根 4m 长的杆子的线密度为 $\rho(x) = 9 + 2\sqrt{x}$（单位：kg/m），其中 x 为到杆子一端的距离（单位：m）. 求杆子的总质量.

74. 水从水箱底部以速度 $r(t) = 200 - 4t$（单位：L/min）流出，其中 $0 \leqslant t \leqslant 50$. 求前 10min 内水流出的总量.

75. 每隔 10s 读一次汽车的速度表，并将速度记在下表中. 利用中点法则估计汽车的行驶距离.

t/s	v/(km/h)	t/s	v/(km/h)
0	0	60	90
10	61	70	85
20	84	80	80
30	93	90	76
40	89	100	72
50	82		

76. 假设火山喷发时，固体物质喷向大气的速度为 $r(t)$，如下表所示. 时间 t 的单位是 s，速度 $r(t)$ 的单位是 10^3kg/s.

(a) 求 6s 后喷发物质总量 $Q(6)$ 的上、下估计值.

(b) 利用中点法则求 $Q(6)$.

t	0	1	2	3	4	5	6
$r(t)$	2	10	24	36	46	54	60

77. 生产 x 米织布的边际成本是 $C'(x) = 3 - 0.01x + 0.000\,006x^2$（单位：美元 / 米）. 求生产量从 2000 米增加到 4000 米所增加的成本.

78. 水从一个大容器中流入流出，容器中水的体积的变化率 $r(t)$（单位：升 / 天）的图像如右栏第一张图所示. 如果在 $t = 0$ 时容器有 25 000 升水，利用中点法则估计 4 天后水的总量.

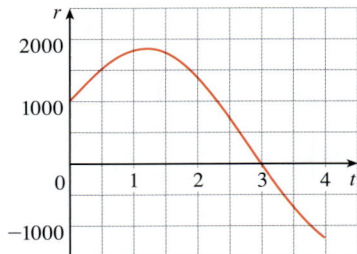

79. 汽车的加速度 $a(t)$（单位：m/s²）的图像如下所示. 利用中点法则估计前 6s 内速度的增加量.

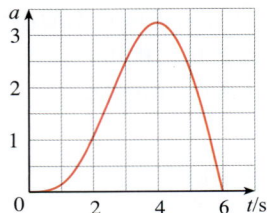

80. 佐治亚州的拉尼尔湖是由查塔胡奇河上的比福德大坝拦截而成的水库. 下表为美国陆军工程兵团在每天早上 7:30 测得的水的流入速度（单位：m³/s）. 利用中点法则估计从 2013 年 7 月 18 日上午 7:30 至 7 月 26 日上午 7:30 流入拉尼尔湖的水量.

日期	流入速度/(m³/s)
7月18日	149
7月19日	181
7月20日	72
7月21日	120
7月22日	85
7月23日	108
7月24日	70
7月25日	74
7月26日	85

81. $t = 0$ 时细菌数量为 4000 个，t h 后每小时增加 1000×2^t 个. 1h 后的细菌数量是多少？

82. 下页第一张图是一家互联网服务提供商的 T1 数据线上从午夜到早上 8 点的数据流量图，其中 D 是数据吞吐量（单位：Mbit/s）. 利用中点法则估计在该时间段内传输的数据总量.

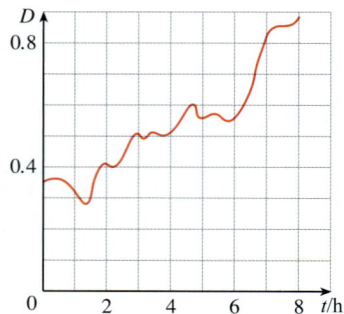

83. 下图显示了新英格兰地区各州（康涅狄格州、缅因州、马萨诸塞州、新罕布什尔州、罗得岛州和佛蒙特州）在 2010 年 10 月 22 日的耗电功率的图像（P 的单位是 kMW，t 的单位是 h）. 利用电功率是电能的变化率这一事实，估计当天所消耗的电能.

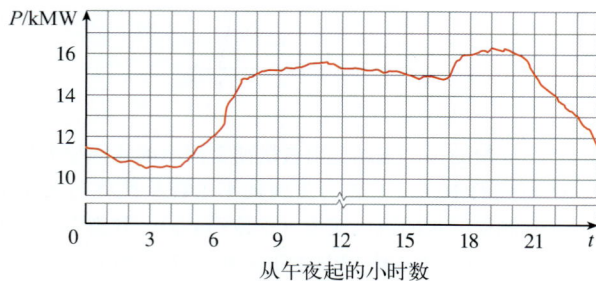

从午夜起的小时数

资料来源：美国能源信息管理局

T 84. 1992 年，为了在国际通信卫星上安装新的近地点发动机，NASA 执行了代号为 STS-49 的发射任务，将"奋进号"航天飞机送入太空. 下表记录了从发射到固体火箭助推器分离期间"奋进号"的速度数据.

事件	时间/s	速度/(m/s)
发射	0	0
开始平衡操纵	10	56
结束平衡操纵	15	97
发动机节流阀开至89%	20	136
发动机节流阀开至67%	32	226
发动机节流阀开至104%	59	404
动压达到最大	62	440
固体火箭助推器分离	125	1265

(a) 利用图像计算器或计算机，用一个三次多项式对数据建模.

(b) 利用 (a) 中的模型，估计"奋进号"起飞 125s 后的飞行高度.

写作专题 ▏ 牛顿、莱布尼兹与微积分的发明

我们有时会读到，微积分的发明者是艾萨克·牛顿爵士（1642—1727）和戈特弗里德·威廉·莱布尼兹（1646—1716）. 但我们知道，积分背后的基本思想在 2500 多年前就被古希腊人欧多克索斯和阿基米德等人研究过，求切线的方法则是由皮埃尔·费马（1601—1665）、艾萨克·巴罗（1630—1677）等人开创的. 巴罗在剑桥大学任教，对牛顿产生了重大影响，他是第一个理解微分运算和积分运算之间的互逆关系的人. 牛顿和莱布尼兹所做的是以微积分基本定理的形式使用这种关系，使微积分发展为一个系统的数学学科. 在这个意义上，牛顿和莱布尼兹被认为是微积分的发明者.

请在互联网上搜索，详细了解这些人的贡献，并参考一个或多个给定的参考资料，从以下三个话题中选择一个，写一篇文章. 你可以写一些传记性的细节，但你的报告的主要内容应该是对他们的方法和符号的详细描述. 特别地，你应该参考其中的一本资料书，其中包括从拉丁文翻译成英文的牛顿和莱布尼兹的原始出版物摘录.

- 牛顿在微积分发展中的作用
- 莱布尼兹在微积分发展中的作用
- 牛顿和莱布尼兹的追随者之间关于微积分发明者的争论

参考资料

1. Carl Boyer and Uta Merzbach, *A History of Mathematics* (New York: Wiley, 1987), Chapter 19.

2. Carl Boyer, *The History of the Calculus and Its Conceptual Development* (New York: Dover, 1959), Chapter V.

3. C. H. Edwards, *The Historical Development of the Calculus* (New York: Springer-Verlag, 1979), Chapters 8 and 9.

4. Howard Eves, *An Introduction to the History of Mathematics*, 6th ed. (New York: Saunders, 1990), Chapter 11.

5. C. C. Gillispie, ed., *Dictionary of Scientific Biography* (New York: Scribner's, 1974). 参阅其第 8 卷中由 Joseph Hofmann 撰写的关于莱布尼茨的文章，以及第 10 卷中由 I. B. Cohen 撰写的关于牛顿的文章.

6. Victor Katz, *A History of Mathematics: An Introduction* (New York: HarperCollins, 1993), Chapter 12.

7. Morris Kline, *Mathematical Thought from Ancient to Modern Times* (New York: Oxford University Press, 1972), Chapter 17.

原始资料

1. John Fauvel and Jeremy Gray, eds., *The History of Mathematics: A Reader* (London: MacMillan Press, 1987), Chapters 12 and 13.

2. D. E. Smith, ed., *A Sourcebook in Mathematics* (New York: Dover, 1959), Chapter V.

3. D. J. Struik, ed., *A Sourcebook in Mathematics,* 1200–1800 (Princeton, NJ: Princeton University Press, 1969), Chapter V.

5.5 | 换元法

对于微积分基本定理而言，重要的是求出原函数. 但是不定积分公式并没有告诉我们如何求如下所示的积分：

$$\boxed{1}\qquad \int 2x\sqrt{1+x^2}\,dx\ .$$

为了求这个积分，我们使用引入额外量的方法. 这里额外量是一个新变量：我们用新变量 u 代替变量 x.

■ 不定积分的换元

令 u 为式 1 中根号下的量，即 $u=1+x^2$，那么 u 的微分为 $du=2x\,dx$. 注意，如果将积分符号中的 dx 看作微分，那么式 1 中的 $2x\,dx$ 也可以看作微分. 因此，在形式上（暂且不论这样计算是否正确），积分可以写成

微分的定义见 3.10 节. 如果 $u=f(x)$，则 $du=f'(x)dx$.

$$\boxed{2}\qquad \int 2x\sqrt{1+x^2}\,dx=\int\sqrt{1+x^2}\,2x\,dx=\int\sqrt{u}\,du$$
$$=\frac{2}{3}u^{3/2}+C=\frac{2}{3}\left(1+x^2\right)^{3/2}+C\ .$$

现在我们利用链式法则对公式 2 中最后的函数求导，来验证结果的正确性.

$$\frac{\mathrm{d}}{\mathrm{d}x}\left[\frac{2}{3}\left(1+x^2\right)^{3/2}+C\right]=\frac{2}{3}\cdot\frac{3}{2}\left(1+x^2\right)^{1/2}\cdot 2x=2x\sqrt{1+x^2}\ .$$

一般而言，这种方法在积分可以写成 $\int f\big(g(x)\big)g'(x)\mathrm{d}x$ 的形式时都适用. 注意到，若 $F'=f$ ，则

$$\boxed{3}\qquad\qquad \int F'\big(g(x)\big)g'(x)\mathrm{d}x=F\big(g(x)\big)+C\ ,$$

因为由链式法则可得

$$\frac{\mathrm{d}}{\mathrm{d}x}\Big[F\big(g(x)\big)\Big]=F'\big(g(x)\big)g'(x)\ .$$

如果我们根据 $u=g(x)$ "替换变量" 或 "换元"，那么公式 3 表明

$$\int F'\big(g(x)\big)g'(x)\mathrm{d}x=F\big(g(x)\big)+C=F(u)+C=\int F'(u)\mathrm{d}u\ ,$$

或者将 F' 写作 f ，我们得到

$$\int f\big(g(x)\big)g'(x)\mathrm{d}x=\int f(u)\mathrm{d}u\ .$$

于是，我们证明了下面的法则.

> $\boxed{4}$ **换元法**　*如果 $u=g(x)$ 是一个可微函数，其值域为区间 I ，并且 f 在区间 I 上连续，那么*
>
> $$\int f\big(g(x)\big)g'(x)\mathrm{d}x=\int f(u)\mathrm{d}u\ .$$

注意，积分的换元法是由导数的链式法则证明的. 另外，如果 $u=g(x)$ ，那么 $\mathrm{d}u=g'(x)\mathrm{d}x$ ，所以将 $\mathrm{d}x$ 和公式 4 中的 $\mathrm{d}u$ 看作微分可以更好地记忆换元法.

因此，换元法表明：对于积分符号后面的 $\mathrm{d}x$ 和 $\mathrm{d}u$ ，我们可以将其视为微分进行操作.

例 1　求 $\int x^3\cos\left(x^4+2\right)\mathrm{d}x$.

解　使用换元 $u=x^4+2$ ，这是由于其微分 $\mathrm{d}u=4x^3\mathrm{d}x$ 除常数因子 4 外都出现在积分中. 因此，利用 $\mathrm{d}u=4x^3\mathrm{d}x$ 和换元法，我们有

$$\int x^3\cos\left(x^4+2\right)\mathrm{d}x=\int\cos u\cdot\frac{1}{4}\,\mathrm{d}u=\frac{1}{4}\int\cos u\,\mathrm{d}u$$

$$=\frac{1}{4}\sin u+C$$

通过对结果求导来验证答案.

$$=\frac{1}{4}\sin\left(x^4+2\right)+C\ .$$

注意最后一步要回到原变量 x .

换元法背后的思想是用简单积分代替复杂积分，这是通过将原变量 x 变为新变量 u（u 是 x 的函数）来实现的．因此，例 1 中我们用简单的积分 $\frac{1}{4}\int\cos u\,du$ 代替原积分 $\int x^3\cos(x^4+2)\,dx$．

换元法的主要挑战是如何想出适当的代替元．你应该尝试选择 u 为被积函数中的某个函数，除常数因子外，其微分也出现在积分中，如例 1 所示．如果不可行，则尝试选择 u 为被积函数中某个复杂的部分（例如复合函数中的内层函数）．寻找正确的代替元是一门艺术，猜错是很正常的．如果第一次猜测不对，请继续尝试其他的代替元．

例 2　求 $\int\sqrt{2x+1}\,dx$．

解 1　令 $u=2x+1$，则 $du=2\,dx$，所以 $dx=\frac{1}{2}\,du$．由换元法可得

$$\int\sqrt{2x+1}\,dx=\int\sqrt{u}\cdot\frac{1}{2}\,du=\frac{1}{2}\int u^{1/2}\,du$$
$$=\frac{1}{2}\cdot\frac{u^{3/2}}{\frac{3}{2}}+C=\frac{1}{3}u^{3/2}+C$$
$$=\frac{1}{3}(2x+1)^{3/2}+C.$$

解 2　另一种可行的换元是 $u=\sqrt{2x+1}$，则

$$du=\frac{dx}{\sqrt{2x+1}},\quad\text{所以 }dx=\sqrt{2x+1}\,du=u\,du.$$

（或令 $u^2=2x+1$，于是有 $2u\,du=2\,dx$．）因此

$$\int\sqrt{2x+1}\,dx=\int u\cdot u\,du=\int u^2\,du$$
$$=\frac{u^3}{3}+C=\frac{1}{3}(2x+1)^{3/2}+C.\qquad\blacksquare$$

例 3　求 $\int\dfrac{x}{\sqrt{1-4x^2}}\,dx$．

解　令 $u=1-4x^2$，则 $du=-8x\,dx$，所以 $x\,dx=-\frac{1}{8}\,du$．因此

$$\int\frac{x}{\sqrt{1-4x^2}}\,dx=-\frac{1}{8}\int\frac{1}{\sqrt{u}}\,du=-\frac{1}{8}\int u^{-1/2}\,du$$
$$=-\frac{1}{8}(2\sqrt{u})+C=-\frac{1}{4}\sqrt{1-4x^2}+C.\qquad\blacksquare$$

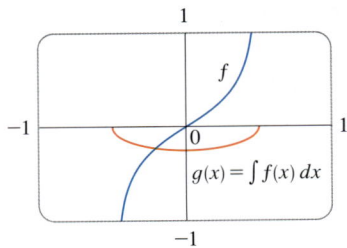

图 5-5-1

$$f(x)=\frac{x}{\sqrt{1-4x^2}}$$
$$g(x)=\int f(x)\,dx=-\frac{1}{4}\sqrt{1-4x^2}$$

例 3 的答案可以通过求导验证，但这里用图像验证．如图 5-5-1 所示，我们利用计算机画出被积函数 $f(x)=x/\sqrt{1-4x^2}$ 及其不定积分 $g(x)=-\frac{1}{4}\sqrt{1-4x^2}$ 的图像（取 $C=0$）．注意到，当 $f(x)$ 是负值时，$g(x)$ 递减；当 $f(x)$ 是正值时，$g(x)$ 递增；当 $f(x)=0$ 时，$g(x)$ 取得极小值．因此，从图像来看，g 似乎是 f 的一个原函数．

例 4　求 $\int e^{5x}\,dx$.

解　令 $u = 5x$ ，则 $du = 5\,dx$ ，所以 $dx = \dfrac{1}{5}\,du$. 因此

$$\int e^{5x}\,dx = \frac{1}{5}\int e^{u}\,du = \frac{1}{5}e^{u} + C = \frac{1}{5}e^{5x} + C .$$

注　有一定经验后，在求像例 1~ 例 4 那样的积分时，我们可以不再费力地进行显式替换．通过识别公式 3 的构成（其左边的被积函数是一个外层函数的导数与一个内层函数的导数的积），我们可以按如下方式重做例 1：

$$\int x^{3}\cos\left(x^{4}+2\right)dx = \int \cos\left(x^{4}+2\right)\cdot x^{3}\,dx = \frac{1}{4}\int \cos\left(x^{4}+2\right)\cdot\left(4x^{3}\right)dx$$

$$= \frac{1}{4}\int \cos\left(x^{4}+2\right)\cdot \frac{d}{dx}\left(x^{4}+2\right)dx = \frac{1}{4}\sin\left(x^{4}+2\right) + C .$$

类似地，例 4 的解也可以这样写：

$$\int e^{5x}\,dx = \frac{1}{5}\int 5e^{5x}\,dx = \frac{1}{5}\int \frac{d}{dx}\left(e^{5x}\right)dx = \frac{1}{5}e^{5x} + C .$$

下面的例子却更加复杂．因此，我们仍然建议进行显式替换．

例 5　求 $\int \sqrt{1+x^{2}}\,x^{5}\,dx$.

解　如果将 x^{5} 看作 $x^{4}\cdot x$ ，那么如何换元会变得更加明显．令 $u = 1+x^{2}$ ，则 $du = 2x\,dx$ ，所以 $x\,dx = \dfrac{1}{2}\,du$. 又因为 $x^{2} = u-1$ ，所以 $x^{4} = (u-1)^{2}$. 因此

$$\int \sqrt{1+x^{2}}\,x^{5}\,dx = \int \sqrt{1+x^{2}}\,x^{4}\cdot x\,dx$$

$$= \int \sqrt{u}\,(u-1)^{2}\cdot \frac{1}{2}\,du = \frac{1}{2}\int \sqrt{u}\,\left(u^{2}-2u+1\right)du$$

$$= \frac{1}{2}\int \left(u^{5/2}-2u^{3/2}+u^{1/2}\right)du$$

$$= \frac{1}{2}\left(\frac{2}{7}u^{7/2}-2\cdot\frac{2}{5}u^{5/2}+\frac{2}{3}u^{3/2}\right) + C$$

$$= \frac{1}{7}\left(1+x^{2}\right)^{7/2}-\frac{2}{5}\left(1+x^{2}\right)^{5/2}+\frac{1}{3}\left(1+x^{2}\right)^{3/2} + C .$$

例 6　求 $\int \tan x\,dx$.

解　首先，用正弦和余弦来表示正切：

$$\int \tan x\,dx = \int \frac{\sin x}{\cos x}\,dx .$$

这表明我们应该使用换元 $u = \cos x$ ，则 $du = -\sin x\,dx$ ，所以 $\sin x\,dx = -du$. 因此

$$\int \tan x\,dx = \int \frac{\sin x}{\cos x}\,dx = -\int \frac{1}{u}\,du$$

$$= -\ln|u| + C = -\ln|\cos x| + C .$$

注意，$-\ln|\cos x| = \ln\left(\left|\cos x\right|^{-1}\right) = \ln\left(1/|\cos x|\right) = \ln|\sec x|$，所以例 6 的结果也可以写为

$$\boxed{5} \qquad \int \tan x\, dx = \ln|\sec x| + C\,.$$

■ 定积分的换元

利用换元法求定积分，有两种可行的方法．一种是先求不定积分，再使用微积分基本定理．例如，根据例 2 的结果，我们有

$$\begin{aligned}
\int_0^4 \sqrt{2x+1}\, dx &= \int \sqrt{2x+1}\, dx \Big]_0^4 \\
&= \frac{1}{3}(2x+1)^{3/2}\Big]_0^4 = \frac{1}{3}\times 9^{3/2} - \frac{1}{3}\times 1^{3/2} \\
&= \frac{1}{3}\times(27-1) = \frac{26}{3}\,.
\end{aligned}$$

另一种方法则更常使用，即当变量改变时，积分极限也改变．

定积分的换元法表明，在定积分中进行换元时，必须将所有内容都用新变量 u 表示，不仅包括 x 和 dx，还包括积分极限．新的积分上、下限分别为对应 $x=a$ 和 $x=b$ 的 u 值．

> $\boxed{6}$ **定积分的换元法**　如果 g' 在 $[a,b]$ 上连续且 f 在 $u=g(x)$ 的值域上连续，那么
> $$\int_a^b f\big(g(x)\big)g'(x)dx = \int_{g(a)}^{g(b)} f(u)du\,.$$

证明　令 F 是 f 的一个原函数．由公式 3 可知，$F\big(g(x)\big)$ 是 $f\big(g(x)\big)g'(x)$ 的原函数．因此，根据微积分基本定理的第二部分，我们有

$$\int_a^b f\big(g(x)\big)g'(x)dx = F\big(g(x)\big)\Big]_a^b = F\big(g(b)\big) - F\big(g(a)\big)\,.$$

再次应用 FTC2，同样可以得到

$$\int_{g(a)}^{g(b)} f(u)du = F(u)\Big]_{g(a)}^{g(b)} = F\big(g(b)\big) - F\big(g(a)\big)\,. \qquad ■$$

例 7　利用定积分的换元法求 $\int_0^4 \sqrt{2x+1}\, dx$．

解　利用例 2 的解 1 中的换元法，我们有 $u=2x+1$ 和 $dx = \frac{1}{2}du$．为了求新的积分极限，我们注意到

当 $x=0$ 时，$u=2\times 0+1=1$；当 $x=4$ 时，$u=2\times 4+1=9$．

因此
$$\begin{aligned}
\int_0^4 \sqrt{2x+1}\, dx &= \int_1^9 \frac{1}{2}\sqrt{u}\, du \\
&= \frac{1}{2}\cdot\frac{2}{3}u^{3/2}\Big]_1^9 \\
&= \frac{1}{3}\big(9^{3/2} - 1^{3/2}\big) = \frac{26}{3}\,. \qquad ■
\end{aligned}$$

观察发现，利用定积分的换元法求积分后，无须再回到变量 x，只需要用合适的 u 值计算关于 u 的表达式．

例 8 中积分的另一种写法是

$$\int_1^2 \frac{1}{(3-5x)^2}\,dx\,.$$

例 8　求 $\int_1^2 \dfrac{dx}{(3-5x)^2}$.

解　令 $u=3-5x$ ，则 $du=-5\,dx$ ，所以 $dx=-\dfrac{1}{5}\,du$. 当 $x=1$ 时， $u=-2$ ；当 $x=2$ 时， $u=-7$. 因此

$$\int_1^2 \frac{dx}{(3-5x)^2}=-\frac{1}{5}\int_{-2}^{-7}\frac{du}{u^2}=-\frac{1}{5}\left[-\frac{1}{u}\right]_{-2}^{-7}=\frac{1}{5u}\bigg]_{-2}^{-7}$$

$$=\frac{1}{5}\times\left(-\frac{1}{7}+\frac{1}{2}\right)=\frac{1}{14}\,.\qquad\blacksquare$$

因为在 $x>1$ 时，例 9 中的函数 $f(x)=(\ln x)/x$. 是正值，所以积分表示图 5-5-2 中阴影部分的面积.

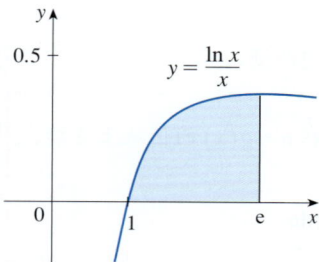

图 5-5-2

例 9　求 $\int_1^e \dfrac{\ln x}{x}\,dx$.

解　令 $u=\ln x$ ，因为它的微分 $du=(1/x)dx$ 出现在积分中. 当 $x=1$ 时， $u=\ln 1=0$ ；当 $x=e$ 时， $u=\ln e=1$. 因此

$$\int_1^e \frac{\ln x}{x}\,dx=\int_0^1 u\,du=\frac{u^2}{2}\bigg]_0^1=\frac{1}{2}\,.\qquad\blacksquare$$

■ 对称性

下一个定理应用定积分的换元法来简化具有对称性的函数的积分计算.

> **7** **对称函数的积分**　假设 f 在 $[-a,a]$ 上连续，则：
> (a) 如果 f 是偶函数（ $f(-x)=f(x)$ ），那么 $\int_{-a}^{a}f(x)dx=2\int_0^a f(x)dx$.
> (b) 如果 f 是奇函数（ $f(-x)=-f(x)$ ），那么 $\int_{-a}^{a}f(x)dx=0$.

证明　我们将积分分为两部分：

8
$$\int_{-a}^{a}f(x)dx=\int_{-a}^{0}f(x)dx+\int_0^a f(x)dx=-\int_0^{-a}f(x)dx+\int_0^a f(x)dx\,.$$

在公式右侧的第一个积分中，令 $u=-x$ ，则 $du=-dx$ ，并且当 $x=-a$ 时， $u=a$. 因此

$$-\int_0^{-a}f(x)dx=-\int_0^a f(-u)(-du)=\int_0^a f(-u)du\,.$$

进而公式 8 变为

9
$$\int_{-a}^{a}f(x)dx=\int_0^a f(-u)du+\int_0^a f(x)dx\,.$$

(a) 如果 f 是偶函数，那么 $f(-u)=f(u)$. 因此，公式 9 可以写成

$$\int_{-a}^{a}f(x)dx=\int_0^a f(u)du+\int_0^a f(x)dx=2\int_0^a f(x)dx\,.$$

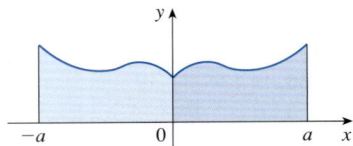

(a) f 是偶函数，则 $\int_{-a}^{a} f(x)\,dx = 2\int_{0}^{a} f(x)\,dx$

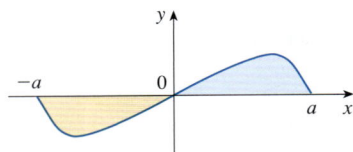

(b) f 是奇函数，则 $\int_{-a}^{a} f(x)\,dx = 0$

图 5-5-3

(b) 如果 f 是奇函数，那么 $f(-u)=-f(u)$．因此，公式 9 可以写成

$$\int_{-a}^{a} f(x)\,dx = -\int_{0}^{a} f(u)\,du + \int_{0}^{a} f(x)\,dx = 0 .$$

　　定理 7 可以用图 5-5-3 来解释．当 f 是正值偶函数时，图 5-5-3a 说明 $y=f(x)$ 下方从 $-a$ 到 a 的面积等于从 0 到 a 的面积的 2 倍（由对称性可知）．我们知道，积分 $\int_{a}^{b} f(x)\,dx$ 可以视为 x 轴上方、$y=f(x)$ 下方区域的面积减去 x 轴下方、曲线上方区域的面积．因此，图 5-5-3b 说明，由于面积的差为 0，因此积分为 0．

例 10　由于 $f(x)=x^6+1$ 满足 $f(-x)=f(x)$，因此 $f(x)$ 为偶函数，从而有

$$\int_{-2}^{2}\left(x^6+1\right)dx = 2\int_{0}^{2}\left(x^6+1\right)dx$$
$$= 2\left[\frac{1}{7}x^7 + x\right]_{0}^{2} = 2\times\left(\frac{128}{7}+2\right) = \frac{284}{7} .$$

例 11　由于 $f(x)=(\tan x)/(1+x^2+x^4)$ 满足 $f(-x)=-f(x)$，因此 $f(x)$ 为奇函数，从而有

$$\int_{-1}^{1}\frac{\tan x}{1+x^2+x^4}\,dx = 0 .$$

5.5 | 练习

1~8　利用给定的换元求下列积分．

1. $\int \cos 2x\,dx$，$u=2x$

2. $\int x e^{-x^2}\,dx$，$u=-x^2$

3. $\int x^2\sqrt{x^3+1}\,dx$，$u=x^3+1$

4. $\int \sin^2\theta\cos\theta\,d\theta$，$u=\sin\theta$

5. $\int \dfrac{x^3}{x^4-5}\,dx$，$u=x^4-5$

6. $\int \dfrac{1}{x^2}\sqrt{1+\dfrac{1}{x}}\,dx$，$u=1+\dfrac{1}{x}$

7. $\int \dfrac{\cos\sqrt{t}}{\sqrt{t}}\,dt$，$u=\sqrt{t}$

8. $\int z\sqrt{z-1}\,dz$，$u=z-1$

9~54　求下列不定积分．

9. $\int x\sqrt{1-x^2}\,dx$

10. $\int (5-3x)^{10}\,dx$

11. $\int t^3 e^{-t^4}\,dt$

12. $\int \sin t\sqrt{1+\cos t}\,dt$

13. $\int \sin(\pi t/3)\,dt$

14. $\int \sec^2 2\theta\,d\theta$

15. $\int \dfrac{dx}{4x+7}$

16. $\int y^2\left(4-y^3\right)^{2/3}\,dy$

17. $\int \dfrac{\cos\theta}{1+\sin\theta}\,d\theta$

18. $\int \dfrac{z^2}{z^3+1}\,dz$

19. $\int \cos^3\theta\sin\theta\,d\theta$

20. $\int e^{-5r}\,dr$

21. $\int \dfrac{e^u}{\left(1-e^u\right)^2}\,du$

22. $\int \dfrac{\sin(1/x)}{x^2}\,dx$

23. $\int \dfrac{a+bx^2}{\sqrt{3ax+bx^3}}\,dx$

24. $\int \dfrac{t+1}{3t^2+6t-5}\,dt$

25. $\int \dfrac{(\ln x)^2}{x}\,dx$

26. $\int \sin x\sin(\cos x)\,dx$

27. $\int \sec^2 \theta \tan^3 \theta \, \mathrm{d}\theta$

28. $\int x\sqrt{x+2} \, \mathrm{d}x$

29. $\int \left(x - \dfrac{1}{x^2} \right) \left(x^2 + \dfrac{2}{x} \right)^5 \mathrm{d}x$

30. $\int \dfrac{\mathrm{d}x}{ax+b}$ （$a \neq 0$）

31. $\int \mathrm{e}^r \left(2 + 3\mathrm{e}^r \right)^{3/2} \mathrm{d}r$

32. $\int \dfrac{\mathrm{e}^{\arcsin x}}{\sqrt{1-x^2}} \, \mathrm{d}x$

33. $\int \dfrac{\sec^2 \theta}{\tan \theta} \, \mathrm{d}\theta$

34. $\int \dfrac{\sec^2 x}{\tan^2 x} \, \mathrm{d}x$

35. $\int \dfrac{\left(\arctan x \right)^2}{x^2 + 1} \, \mathrm{d}x$

36. $\int \dfrac{1}{\left(x^2 + 1 \right)\arctan x} \, \mathrm{d}x$

37. $\int 5^t \sin\left(5^t \right) \mathrm{d}t$

38. $\int \dfrac{\sin \theta \cos \theta}{1 + \sin^2 \theta} \, \mathrm{d}\theta$

39. $\int \cos\left(1 + 5t \right) \mathrm{d}t$

40. $\int \dfrac{\cos\left(\pi/x \right)}{x^2} \, \mathrm{d}x$

41. $\int \sqrt{\cot x} \, \csc^2 x \, \mathrm{d}x$

42. $\int \dfrac{2^t}{2^t + 3} \, \mathrm{d}t$

43. $\int \sinh^2 x \cosh x \, \mathrm{d}x$

44. $\int \dfrac{\mathrm{d}t}{\cos^2 t \sqrt{1 + \tan t}}$

45. $\int \dfrac{\sin 2x}{1 + \cos^2 x} \, \mathrm{d}x$

46. $\int \dfrac{\sin x}{1 + \cos^2 x} \, \mathrm{d}x$

47. $\int \cot x \, \mathrm{d}x$

48. $\int \dfrac{\cos\left(\ln t \right)}{t} \, \mathrm{d}t$

49. $\int \dfrac{\mathrm{d}x}{\sqrt{1-x^2} \, \sin^{-1} x}$

50. $\int \dfrac{x}{1 + x^4} \, \mathrm{d}x$

51. $\int \dfrac{1+x}{1+x^2} \, \mathrm{d}x$

52. $\int x^2 \sqrt{2+x} \, \mathrm{d}x$

53. $\int x\left(2x + 5 \right)^8 \mathrm{d}x$

54. $\int x^3 \sqrt{x^2 + 1} \, \mathrm{d}x$

55~58 求下列不定积分. 画出函数及其原函数的图像（取 $C = 0$）来检查你的答案是否合理.

55. $\int x\left(x^2 - 1 \right)^3 \mathrm{d}x$

56. $\int \tan^2 \theta \sec^2 \theta \, \mathrm{d}\theta$

57. $\int \mathrm{e}^{\cos x} \sin x \, \mathrm{d}x$

58. $\int \sin x \cos^4 x \, \mathrm{d}x$

59~80 求下列定积分.

59. $\int_0^1 \cos\left(\pi t/2 \right) \mathrm{d}t$

60. $\int_0^1 \left(3t - 1 \right)^{50} \mathrm{d}t$

61. $\int_0^1 \sqrt[3]{1 + 7x} \, \mathrm{d}x$

62. $\int_{\pi/3}^{2\pi/3} \csc^2 \left(\dfrac{1}{2} t \right) \mathrm{d}t$

63. $\int_0^{\pi/6} \dfrac{\sin t}{\cos^2 t} \, \mathrm{d}t$

64. $\int_1^4 \dfrac{\sqrt{2 + \sqrt{x}}}{\sqrt{x}} \, \mathrm{d}x$

65. $\int_1^2 \dfrac{\mathrm{e}^{1/x}}{x^2} \, \mathrm{d}x$

66. $\int_0^1 \dfrac{\mathrm{e}^x}{1 + \mathrm{e}^{2x}} \, \mathrm{d}x$

67. $\int_{-\pi/4}^{\pi/4} \left(x^3 + x^4 \tan x \right) \mathrm{d}x$

68. $\int_0^{\pi/2} \cos x \sin\left(\sin x \right) \mathrm{d}x$

69. $\int_0^{13} \dfrac{\mathrm{d}x}{\sqrt[3]{\left(1 + 2x \right)^2}}$

70. $\int_0^a x\sqrt{a^2 - x^2} \, \mathrm{d}x$

71. $\int_0^a x\sqrt{x^2 + a^2} \, \mathrm{d}x$ （$a > 0$）

72. $\int_{-\pi/3}^{\pi/3} x^4 \sin x \, \mathrm{d}x$

73. $\int_1^2 x\sqrt{x-1} \, \mathrm{d}x$

74. $\int_0^4 \dfrac{x}{\sqrt{1 + 2x}} \, \mathrm{d}x$

75. $\int_{\mathrm{e}}^{\mathrm{e}^4} \dfrac{\mathrm{d}x}{x\sqrt{\ln x}}$

76. $\int_0^2 \left(x - 1 \right) \mathrm{e}^{(x-1)^2} \mathrm{d}x$

77. $\int_0^1 \dfrac{\mathrm{e}^z + 1}{\mathrm{e}^z + z} \, \mathrm{d}z$

78. $\int_1^4 \dfrac{1}{\left(x + 1 \right)\sqrt{x}} \, \mathrm{d}x$

79. $\int_0^1 \dfrac{\mathrm{d}x}{\left(1 + \sqrt{x} \right)^4}$

80. $\int_1^{16} \dfrac{x^{1/2}}{1 + x^{3/4}} \, \mathrm{d}x$

81~82 利用图像粗略估计曲线下方区域的面积，然后求其准确值.

81. $y = \sqrt{2x + 1}$, $0 \leqslant x \leqslant 1$

82. $y = 2\sin x - \sin 2x$, $0 \leqslant x \leqslant \pi$

---

83. 将 $\int_{-2}^2 \left(x + 3 \right)\sqrt{4 - x^2} \, \mathrm{d}x$ 写成两个积分的和，并将其中一个积分解释为面积，然后求积分值.

84. 利用换元法求积分 $\int_0^1 x\sqrt{1 - x^4} \, \mathrm{d}x$ ，并将结果解释为面积.

85. 下列哪些区域的面积相等？为什么？

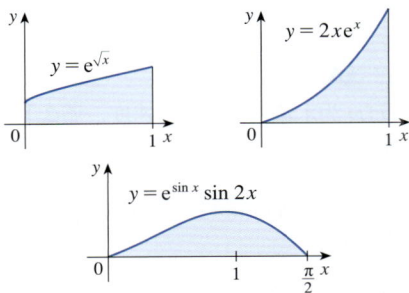

86. 一名年轻男性的基础代谢率的一个模型是 $R(t) = 85 - 0.18\cos(\pi t/12)$（单位：kcal/h），其中 t 是从早上 5 点起所经过的时间（单位：h）。他在 24 小时内的总基础代谢 $\int_0^{24} R(t)\mathrm{d}t$ 是多少？

87. 储油罐在 $t = 0$ 时破裂，油以速度 $r(t) = 100\mathrm{e}^{-0.01t}$（单位：L/min）向外泄漏。在前 1h 内，共泄漏了多少油？

88. 一个细菌种群开始有 400 个细菌，其数量以每小时 $r(t) = 450.268 \times \mathrm{e}^{1.125\,67t}$ 个的速度增加。3 小时后这个种群有多少个细菌？

89. 呼吸是一个循环过程，整个过程从吸入开始到呼出结束历时约 5s，空气流入肺中的最大速度约为 0.5L/s。这也是用函数 $f(t) = \dfrac{1}{2}\sin(2\pi t/5)$ 为空气流入肺中的速度建模的主要原因。利用这个模型，求在 t 时吸入肺中的空气体积。

90. 某鱼类种群的生物量增长率可以用如下方程建模：

$$G(t) = \frac{60\,000\mathrm{e}^{-0.6t}}{\left(1 + 5\mathrm{e}^{-0.6t}\right)^2},$$

其中 t 为自 2000 年以来的年数，G 的单位是千克/年。如果 2000 年的生物量为 25 000 千克，那么 2020 年的预计生物量是多少？

91. 透析治疗通过一种叫作透析器的机器将病人的部分血液分流至体外，从而从血液中去除尿素和其他代谢物。尿素从血液中去除的速度（单位：mg/min）通常可以用方程

$$u(t) = \frac{r}{V} C_0 \mathrm{e}^{-rt/V}$$

很好地描述，其中 r 为通过透析器的血液流量（单位：mL/min），V 为患者的血液量（单位：mL），C_0 是 $t = 0$ 时血液中尿素的含量（单位：mg），计算积分 $\int_0^{30} u(t)\mathrm{d}t$ 并解释它的含义。

92. 阿拉巴马器械公司建立了一条用于生产新型计算器的生产线。t 周后的生产速度（单位：个/周）为

$$\frac{\mathrm{d}x}{\mathrm{d}t} = 5000\left(1 - \frac{100}{(t+10)^2}\right).$$

（注意，当时间足够长时，每周的生产量接近 5000 个，但因工人不熟悉新技术，开始时的生产量很低。）求从第三周开始到第四周结束时生产计算器的个数。

93. 若 f 连续并且 $\int_0^4 f(x)\mathrm{d}x = 10$，求 $\int_0^2 f(2x)\mathrm{d}x$。

94. 若 f 连续并且 $\int_0^9 f(x)\mathrm{d}x = 4$，求 $\int_0^3 xf(x^2)\mathrm{d}x$。

95. 若 f 在 $\mathbb{R}$ 上连续，证明

$$\int_a^b f(-x)\mathrm{d}x = \int_{-b}^{-a} f(x)\mathrm{d}x.$$

对于 $f(x) \geq 0$ 且 $0 < a < b$ 的情况，画图并从几何角度将等式解释为面积相等。

96. 若 f 在 $\mathbb{R}$ 上连续，证明

$$\int_a^b f(x+c)\mathrm{d}x = \int_{a+c}^{b+c} f(x)\mathrm{d}x.$$

对于 $f(x) \geq 0$ 的情况，画图并从几何角度将等式解释为面积相等。

97. 若 a 和 b 是正数，证明

$$\int_0^1 x^a (1-x)^b \,\mathrm{d}x = \int_0^1 x^b (1-x)^a \,\mathrm{d}x.$$

98. 若 f 在区间 $[0,\pi]$ 上连续，利用换元 $u = \pi - x$ 证明

$$\int_0^\pi x f(\sin x)\mathrm{d}x = \frac{\pi}{2} \int_0^\pi f(\sin x)\mathrm{d}x.$$

99. 利用练习 98 求积分

$$\int_0^\pi \frac{x\sin x}{1 + \cos^2 x} \,\mathrm{d}x.$$

100. (a) 若 f 是连续函数，证明

$$\int_0^{\pi/2} f(\cos x)\mathrm{d}x = \int_0^{\pi/2} f(\sin x)\mathrm{d}x.$$

(b) 利用 (a) 求

$$\int_0^{\pi/2} \cos^2 x \,\mathrm{d}x \text{ 和 } \int_0^{\pi/2} \sin^2 x \,\mathrm{d}x.$$

第 5 章　复习

概念题

1. (a) 写出函数 f 的黎曼和的表达式，并解释你所用的符号的含义.

(b) 如果 $f(x) \geqslant 0$，那么黎曼和的几何意义是什么？利用图像说明.

(c) 如果 $f(x)$ 可以取得正值和负值，那么黎曼和的几何意义是什么？利用图像说明.

2. (a) 写出连续函数 f 从 a 到 b 的定积分的定义.

(b) 如果 $f(x) \geqslant 0$，那么 $\int_a^b f(x)\mathrm{d}x$ 的几何意义是什么？

(c) 如果 $f(x)$ 可以取得正值和负值，那么 $\int_a^b f(x)\mathrm{d}x$ 的几何意义是什么？利用图像说明.

3. 简述中点法则.

4. 简述微积分基本定理的两个部分.

5. (a) 简述净变化定理.

(b) 如果 $r(t)$ 为水流入蓄水池的速度，那么 $\int_{t_1}^{t_2} r(t)\mathrm{d}t$ 表示什么？

6. 假设粒子沿直线前后移动，速度为 $v(t)$（单位：m/s），加速度为 $a(t)$.

(a) $\int_{60}^{120} v(t)\mathrm{d}t$ 的含义是什么？

(b) $\int_{60}^{120} |v(t)|\mathrm{d}t$ 的含义是什么？

(c) $\int_{60}^{120} a(t)\mathrm{d}t$ 的含义是什么？

7. (a) 解释不定积分 $\int f(x)\mathrm{d}x$ 的含义.

(b) 定积分 $\int_a^b f(x)\mathrm{d}x$ 与不定积分 $\int f(x)\mathrm{d}x$ 有什么关系？

8. 解释"微分运算和积分运算是互逆的过程"的准确含义.

9. 简述换元法，并举例说明如何应用.

判断题

判断下列说法是否正确. 如果正确，请说明理由；如果不正确，请说明理由或给出一个反例.

1. 如果 f 和 g 在 $[a,b]$ 上连续，那么

$$\int_a^b [f(x)+g(x)]\mathrm{d}x = \int_a^b f(x)\mathrm{d}x + \int_a^b g(x)\mathrm{d}x.$$

2. 如果 f 和 g 在 $[a,b]$ 上连续，那么

$$\int_a^b f(x)g(x)\mathrm{d}x = \left(\int_a^b f(x)\mathrm{d}x\right)\left(\int_a^b g(x)\mathrm{d}x\right).$$

3. 如果 f 在 $[a,b]$ 上连续，那么

$$\int_a^b 5f(x)\mathrm{d}x = 5\int_a^b f(x)\mathrm{d}x.$$

4. 如果 f 在 $[a,b]$ 上连续，那么

$$\int_a^b xf(x)\mathrm{d}x = x\int_a^b f(x)\mathrm{d}x.$$

5. 如果 f 在 $[a,b]$ 上连续并且 $f(x) \geqslant 0$，那么

$$\int_a^b \sqrt{f(x)}\,\mathrm{d}x = \sqrt{\int_a^b f(x)\mathrm{d}x}.$$

6. $\int_a^b f(x)\mathrm{d}x = \int_a^b f(z)\mathrm{d}z.$

7. 如果 f' 在 $[1,3]$ 上连续，那么 $\int_1^3 f'(v)\mathrm{d}v = f(3)-f(1).$

8. 如果 $v(t)$ 是一个沿直线运动的粒子在 t 时的速度，那么 $\int_a^b v(t)\mathrm{d}t$ 是在时间段 $a \leqslant x \leqslant b$ 内粒子的移动距离.

9. $\int_a^b f'(x)[f(x)]^4\mathrm{d}x = \frac{1}{5}[f(x)]^5 + C.$

10. 如果 f 和 g 可微，并且当 $a < x < b$ 时有 $f(x) \geqslant g(x)$，那么当 $a < x < b$ 时有 $f'(x) \geqslant g'(x)$.

11. 如果 f 和 g 连续，并且对于 $a \leqslant x \leqslant b$ 有 $f(x) \geqslant g(x)$，那么

$$\int_a^b f(x)\mathrm{d}x \geqslant \int_a^b g(x)\mathrm{d}x.$$

12. $\int_{-5}^5 (ax^2+bx+c)\mathrm{d}x = 2\int_0^5 (ax^2+c)\mathrm{d}x.$

13. 所有连续函数均有导数.

14. 所有连续函数均有原函数.

15. $\int_0^3 e^{x^2}\mathrm{d}x = \int_0^5 e^{x^2}\,\mathrm{d}x + \int_5^3 e^{x^2}\,\mathrm{d}x.$

16. 如果 $\int_0^1 f(x)\mathrm{d}x = 0$，那么对于 $0 \leqslant x \leqslant 1$ 有 $f(x)=0$.

17. 如果 f 在 $[a,b]$ 上连续，那么

$$\frac{\mathrm{d}}{\mathrm{d}x}\left(\int_a^b f(x)\mathrm{d}x\right) = f(x).$$

18. $\int_0^2 (x-x^3)\mathrm{d}x$ 表示曲线 $y=x-x^3$ 下方从 $x=0$ 到 $x=2$ 的面积.

19. $\int_{-2}^1 \frac{1}{x^4}\mathrm{d}x = -\frac{3}{8}.$

20. 如果 f 在 $x=0$ 处不连续，那么 $\int_{-1}^1 f(x)\mathrm{d}x$ 不存在.

练习题

1. 函数 f 的图像如下所示，利用 6 个子区间的黎曼和. 分别取左端点和中点为样本点，画出两种情况的图像并解释黎曼和的含义.

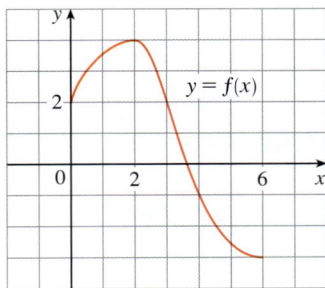

2. (a) 利用 4 个子区间，取右端点为样本点，求

$$f(x) = x^2 - x, \ 0 \leqslant x \leqslant 2$$

的黎曼和，并利用图像解释黎曼和的含义.

(b) 利用定积分的定义（取右端点为样本点），求积分

$$\int_0^2 (x^2 - x) \mathrm{d}x .$$

(c) 利用微积分基本定理检查 (b) 中你的答案.

(d) 画出图像并解释 (b) 中积分的几何意义.

3. 将积分

$$\int_0^1 \left(x + \sqrt{1 - x^2} \right) \mathrm{d}x$$

解释为面积，并求积分.

4. 将

$$\lim_{n \to +\infty} \sum_{i=1}^n \sin x_i \Delta x$$

表示为区间 $[0, \pi]$ 上的定积分，然后求积分.

5. 若 $\int_0^6 f(x) \mathrm{d}x = 10$ ，$\int_0^4 f(x) \mathrm{d}x = 7$ ，求 $\int_4^6 f(x) \mathrm{d}x$.

T **6.** (a) 将积分 $\int_1^5 (x + 2x^5) \mathrm{d}x$ 写成黎曼和的极限（取右端点为样本点）. 利用计算机代数系统求和与极限.

(b) 利用微积分基本定理检查 (a) 中你的答案.

7. 下图给出了 f 、f' 和 $\int_0^x f(t) \mathrm{d}t$ 的图像. 分辨各曲线，并解释你是如何选择的.

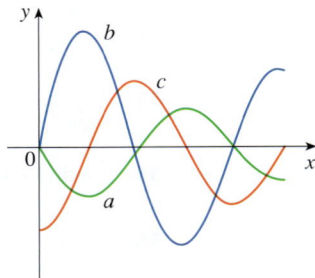

8. 求下列积分.

(a) $\int_0^1 \dfrac{\mathrm{d}}{\mathrm{d}x} \left(\mathrm{e}^{\arctan x} \right) \mathrm{d}x$

(b) $\dfrac{\mathrm{d}}{\mathrm{d}x} \int_0^1 \mathrm{e}^{\arctan x} \, \mathrm{d}x$

(c) $\dfrac{\mathrm{d}}{\mathrm{d}x} \int_0^x \mathrm{e}^{\arctan t} \, \mathrm{d}t$

9. 如下图所示，f 的图像由三条线段组成. 如果 $g(x) = \int_0^x f(t) \mathrm{d}t$ ，求 $g(4)$ 和 $g'(4)$.

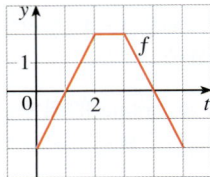

10. 如果 f 是练习 9 中的函数，求 $g''(4)$.

11~42 求下列积分（如果积分存在）.

11. $\int_{-1}^0 (x^2 + 5x) \mathrm{d}x$

12. $\int_0^T (x^4 - 8x + 7) \mathrm{d}x$

13. $\int_0^1 (1 - x^9) \mathrm{d}x$

14. $\int_0^1 (1 - x)^9 \mathrm{d}x$

15. $\int_1^9 \dfrac{\sqrt{u} - 2u^2}{u} \, \mathrm{d}u$

16. $\int_0^1 \left(\sqrt[4]{u} + 1 \right)^2 \mathrm{d}u$

17. $\int_0^1 y(y^2 + 1)^5 \mathrm{d}y$

18. $\int_0^2 y^2 \sqrt{1 + y^3} \, \mathrm{d}y$

19. $\int_1^5 \dfrac{\mathrm{d}t}{(t - 4)^2}$

20. $\int_0^1 \sin(3\pi t) \mathrm{d}t$

21. $\int_0^1 v^2 \cos(v^3) \mathrm{d}v$

22. $\int_{-1}^1 \dfrac{\sin x}{1 + x^2} \, \mathrm{d}x$

23. $\int_{-\pi/4}^{\pi/4} \dfrac{t^4 \tan t}{2 + \cos t} \, \mathrm{d}t$

24. $\int_{-2}^{-1} \dfrac{z^2 + 1}{z} \, \mathrm{d}z$

25. $\int \dfrac{x}{x^2 + 1} \, \mathrm{d}x$

26. $\int \dfrac{\mathrm{d}x}{x^2 + 1}$

27. $\int \dfrac{x+2}{\sqrt{x^2+4x}}\,dx$

28. $\int \dfrac{\csc^2 x}{1+\cot x}\,dx$

29. $\int \sin \pi t \cos \pi t\,dt$

30. $\int \sin x \cos(\cos x)\,dx$

31. $\int \dfrac{e^{\sqrt{x}}}{\sqrt{x}}\,dx$

32. $\int \dfrac{\sin(\ln x)}{x}\,dx$

33. $\int \tan x \ln(\cos x)\,dx$

34. $\int \dfrac{x}{\sqrt{1-x^4}}\,dx$

35. $\int \dfrac{x^3}{1+x^4}\,dx$

36. $\int \sinh(1+4x)\,dx$

37. $\int \dfrac{\sec\theta \tan\theta}{1+\sec\theta}\,d\theta$

38. $\int_0^{\pi/4} (1+\tan t)^3 \sec^2 t\,dt$

39. $\int x(1-x)^{2/3}\,dx$

40. $\int \dfrac{x}{x-3}\,dx$

41. $\int_0^3 |x^2-4|\,dx$

42. $\int_0^4 |\sqrt{x}-1|\,dx$

43~44 求下列不定积分画出函数 f 及其原函数的图像（取 $C=0$）来检查你的答案是否合理.

43. $\int \dfrac{\cos x}{\sqrt{1+\sin x}}\,dx$

44. $\int \dfrac{x^3}{\sqrt{x^2+1}}\,dx$

---

45. 利用图像粗略估计曲线 $y=x\sqrt{x}$，$0\leqslant x\leqslant 4$ 下方区域的面积，然后求其准确值.

46. 画出函数 $f(x)=\cos^2 x \sin x$ 的图像，并且利用图像猜测积分 $\int_0^{2\pi} f(x)\,dx$ 的值，然后求积分以验证你的猜测.

47. 求曲线 $y=x^2+5$ 下方、x 轴上方、$x=0$ 和 $x=4$ 之间的区域的面积.

48. 求曲线 $y=\sin x$ 下方、x 轴上方、$x=0$ 和 $x=\pi/2$ 之间的区域的面积.

49~50 如下图所示，f 的图像和 x 轴围成的区域 A、B、C 的面积分别为 3、2、1. 求下列积分.

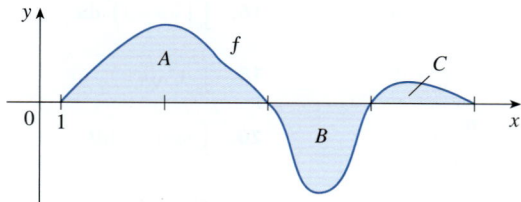

49. (a) $\int_1^5 f(x)\,dx$ (b) $\int_1^5 |f(x)|\,dx$

50. (a) $\int_1^4 f(x)\,dx + \int_3^5 f(x)\,dx$

(b) $\int_1^3 2f(x)\,dx + \int_3^5 6f(x)\,dx$

51~56 求下列函数的导数.

51. $F(x)=\int_0^x \dfrac{t^2}{1+t^3}\,dt$

52. $F(x)=\int_x^1 \sqrt{t+\sin t}\,dt$

53. $g(x)=\int_0^{x^4} \cos(t^2)\,dt$

54. $g(x)=\int_1^{\sin x} \dfrac{1-t^2}{1+t^4}\,dt$

55. $y=\int_{\sqrt{x}}^x \dfrac{e^t}{t}\,dt$

56. $y=\int_{2x}^{3x+1} \sin(t^4)\,dt$

57~58 利用定积分的性质 8 估计积分值.

57. $\int_1^3 \sqrt{x^2+3}\,dx$

58. $\int_2^4 \dfrac{1}{x^3+2}\,dx$

59~62 利用积分的性质验证下列不等式.

59. $\int_0^1 x^2 \cos x\,dx \leqslant \dfrac{1}{3}$

60. $\int_{\pi/4}^{\pi/2} \dfrac{\sin x}{x}\,dx \leqslant \dfrac{\sqrt{2}}{2}$

61. $\int_0^1 e^x \cos x\,dx \leqslant e-1$

62. $\int_0^1 x\sin^{-1}x\,dx \leqslant \pi/4$

63. 利用中点法则，取 $n=6$，求 $\int_0^3 \sin(x^3)\,dx$ 的近似值，精确到小数点后 4 位.

64. 粒子沿直线运动的速度为 $v(t)=t^2-t$（单位：m/s）. 求粒子在时间段 $[0,5]$ 内的 (a) 位移；(b) 移动距离.

65. 设 $r(t)$ 为世界石油消耗率，其中 t 是从 2000 年 1 月 1 日（$t=0$）开始所经过的年数，$r(t)$ 的单位是桶 / 年，那么 $\int_{15}^{20} r(t)\,dt$ 代表什么？

66. 雷达枪用来记录一个运动员的速度，如下表所示. 利用中点法则估计运动员在这 5s 内奔跑的距离.

t/s	v/(m/s)	t/s	v/(m/s)
0	0	3.0	10.51
0.5	4.67	3.5	10.67
1.0	7.34	4.0	10.76
1.5	8.86	4.5	10.81
2.0	9.73	5.0	10.81
2.5	10.22		

67. 蜜蜂的数量以每周 $r(t)$ 只的速度增长，其中 r 的图像如下页的图所示. 利用中点法则，取 $n=6$，估计前 24 周内蜜蜂数量的增长量.

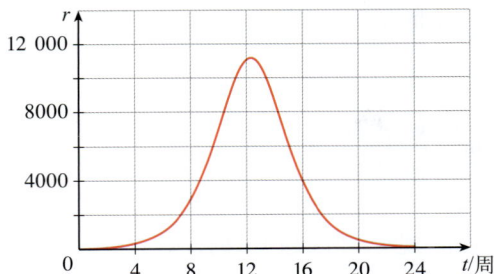

68. 令

$$f(x) = \begin{cases} -x-1, & -3 \leqslant x \leqslant 0; \\ -\sqrt{1-x^2}, & 0 \leqslant x \leqslant 1. \end{cases}$$

将积分 $\int_{-3}^{1} f(x)\,\mathrm{d}x$ 解释为面积之差，并求积分.

69. 若 f 是连续的，并且 $\int_0^2 f(x)\,\mathrm{d}x = 6$，求

$$\int_0^{\pi/2} f(2\sin\theta)\cos\theta\,\mathrm{d}\theta .$$

70. 在 5.3 节中我们引入了菲涅尔函数 $S(x) = \int_0^x \sin\left(\dfrac{1}{2}\pi t^2\right)\mathrm{d}t$.

菲涅尔在其光波衍射理论中还定义了函数

$$C(x) = \int_0^x \cos\left(\frac{1}{2}\pi t^2\right)\mathrm{d}t .$$

(a) 在哪些区间上 C 是增函数？

(b) 在哪些区间上 C 是上凹的？

(c) 利用图像解下面的方程（精确到小数点后 2 位）：

$$\int_0^x \cos\left(\frac{1}{2}\pi t^2\right)\mathrm{d}t = 0.7 .$$

(d) 在同一坐标系中画出 C 和 S 的图像. 它们有什么关系？

71. 估计使得曲线 $y = \sinh cx$ 下方从 $x=0$ 到 $x=1$ 的面积等于 1 的 C 值.

72. 假设有一根位于 x 轴上的细长木棒. 如果 $|x| \leqslant a$，那么木棒的初始温度为 $C/(2a)$；如果 $|x| > a$，那么木棒的初始温度为 0. 如果木棒的热扩散率为 k，那么 t 时木棒在点 x 处的温度为

$$T(x,t) = \frac{C}{a\sqrt{4\pi kt}} \int_0^a \mathrm{e}^{-(x-u)^2/(4kt)}\,\mathrm{d}u .$$

为了求由集中在原点处的初始热量带来的温度分布，我们需要计算 $\lim\limits_{a\to 0} T(x,t)$. 利用洛必达法则求该极限.

73. 如果 f 是连续函数，并且对任意 x 满足

$$\int_1^x f(t)\,\mathrm{d}t = (x-1)\mathrm{e}^{2x} + \int_1^x \mathrm{e}^{-t} f(t)\,\mathrm{d}t ,$$

求 $f(x)$ 的表达式.

74. 假设函数 h 满足 $h(1) = -2$，$h'(1) = 2$，$h''(1) = 3$，$h(2) = 6$，$h'(2) = 5$，$h''(2) = 13$，且 h'' 处处连续，求 $\int_1^2 h''(u)\,\mathrm{d}u$.

75. 如果 f' 在 $[a,b]$ 上连续，证明

$$2\int_a^b f(x)f'(x)\,\mathrm{d}x = \left[f(b)\right]^2 - \left[f(a)\right]^2 .$$

76. 求

$$\lim_{h\to 0} \frac{1}{h} \int_2^{2+h} \sqrt{1+t^3}\,\mathrm{d}t .$$

77. 如果 f 在 $[0,1]$ 上连续，证明

$$\int_0^1 f(x)\,\mathrm{d}x = \int_0^1 f(1-x)\,\mathrm{d}x .$$

78. 求

$$\lim_{n\to +\infty} \frac{1}{n}\left[\left(\frac{1}{n}\right)^9 + \left(\frac{2}{n}\right)^9 + \left(\frac{3}{n}\right)^9 + \cdots + \left(\frac{n}{n}\right)^9\right] .$$

附加题

在你查看下面例题的解之前，先将解盖住，试着自己解决.

例 求

$$\lim_{x \to 3}\left(\frac{x}{x-3}\int_3^x \frac{\sin t}{t}\,dt\right).$$

解 首先，我们对函数的组成进行初步观察. 当 x 趋于 3 时，第一个因式 $x/(x-3)$ 会怎样? 它的分子趋于 3 而分母趋于 0，于是有

$$\text{当 } x \to 3^+ \text{ 时，} \quad \frac{x}{x-3} \to +\infty \text{；} \quad \text{当 } x \to 3^- \text{ 时，} \quad \frac{x}{x-3} \to -\infty .$$

此时，第二个因式趋于 $\int_3^3 (\sin t)/t\,dt$，即趋于 0. 因此，整个函数的极限并不明显（一个因式非常大而另一个因式非常小），那么我们如何继续计算呢?

PS 复习第 1 章末的"解题的基本原则".

解题的基本原则之一是找到熟悉的内容，那么在函数中是否有我们见过的部分呢? 积分 $\int_3^x \frac{\sin t}{t}\,dt$ 的上限为 x，并且这个积分是微积分基本定理的第一部分中出现的类型：

$$\frac{d}{dx}\int_a^x f(t)\,dt = f(x) .$$

这就提示我们它可能和求导有关.

一旦我们开始考虑求导，分母 $(x-3)$ 就变得很熟悉：在第 2 章中，导数的其中一种定义是

$$F'(a) = \lim_{x \to a}\frac{F(x)-F(a)}{x-a} .$$

当 $a = 3$ 时，有

$$F'(3) = \lim_{x \to 3}\frac{F(x)-F(3)}{x-3} .$$

在本例中，函数 F 是什么? 注意到，如果我们定义

$$F(x) = \int_3^x \frac{\sin t}{t}\,dt ,$$

那么 $F(3) = 0$. 分子中的 x 又是什么? 这只是一个误导项，因此我们将其分解出来，再进行计算：

另一种方法是使用洛必达法则.

$$\lim_{x \to 3}\left(\frac{x}{x-3}\int_3^x \frac{\sin t}{t}\,dt\right) = \lim_{x \to 3}x \cdot \lim_{x \to 3}\frac{\int_3^x \frac{\sin t}{t}\,dt}{x-3} = 3\lim_{x \to 3}\frac{F(x)-F(3)}{x-3}$$

$$= 3F'(3) = 3 \times \frac{\sin 3}{3} = \sin 3 . \qquad \text{(FTC1)} \qquad \blacksquare$$

1. 如果 $x\sin\pi x = \int_0^{x^2} f(t)\mathrm{d}t$，其中 f 是连续函数，求 $f(4)$．

2. 如果 f 是连续函数，$f(0)=0$，$f(1)=1$，$f'(x)>0$，且 $\int_0^1 f(x)\mathrm{d}x = \dfrac{1}{3}$，求 $\int_0^1 f^{-1}(y)\mathrm{d}y$．

3. 如果 $\int_0^4 \mathrm{e}^{(x-2)^4}\mathrm{d}x = k$，求 $\int_0^4 x\mathrm{e}^{(x-2)^4}\mathrm{d}x$．

4. (a) 画出 $c>0$ 时函数族 $f(x) = \left(2cx - x^2\right)\big/c^3$ 中几个成员函数的图像，并观察这些曲线和 x 轴围成的区域．猜测这些区域的面积之间的关系．

  (b) 证明 (a) 中你的猜测．

  (c) 利用 (a) 中的图像粗略地画出这些函数的顶点（最高点）所组成的曲线．你能猜出曲线的类型吗？

  (d) 求 (c) 中画出的曲线的方程．

5. 如果 $f(x) = \int_0^{g(x)} \dfrac{1}{\sqrt{1+t^3}}\,\mathrm{d}t$，其中 $g(x) = \int_0^{\cos t}\left[1+\sin\left(t^2\right)\right]\mathrm{d}t$，求 $f'(\pi/2)$．

6. 如果 $f(x) = \int_0^x x^2 \sin\left(t^2\right)\mathrm{d}t$，求 $f'(x)$．

7. 求 $\displaystyle\lim_{x\to 0}(1/x)\int_0^x \left(1-\tan 2t\right)^{1/t}\mathrm{d}t$．（假设被积函数在 $t=0$ 处有定义且连续．见 5.3 节练习 82．）

8. 下图展示了第一象限中的两个区域：$A(t)$ 是曲线 $y=\sin\left(x^2\right)$ 下方从 $x=0$ 到 $x=t$ 的面积，$B(t)$ 是以 O、P 和 $(t,0)$ 为顶点的三角形的面积．求 $\displaystyle\lim_{t\to 0^+}\left[A(t)/B(t)\right]$．

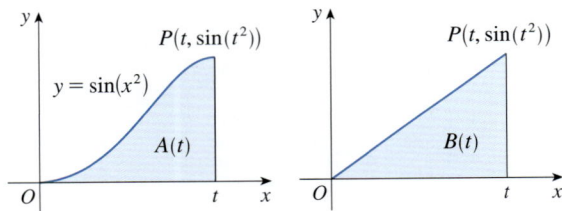

9. 求使积分 $\int_a^b \left(2+x-x^2\right)\mathrm{d}x$ 取得最大值的区间 $[a,b]$．

10. 利用积分估计 $\displaystyle\sum_{i=1}^{10\,000}\sqrt{i}$．

11. (a) 求 $\int_0^n [\![x]\!]\mathrm{d}x$，其中 n 是正整数．

  (b) 求 $\int_a^b [\![x]\!]\mathrm{d}x$，其中 a 和 b 是满足 $0 \leqslant a < b$ 的实数．

12. 求 $\dfrac{\mathrm{d}^2}{\mathrm{d}x^2}\displaystyle\int_0^x \left(\int_1^{\sin t}\sqrt{1+u^4}\,\mathrm{d}u\right)\mathrm{d}t$．

13. 假设三次多项式 $P(x) = a + bx + cx^2 + dx^3$ 的系数满足等式

$$a + \frac{b}{2} + \frac{c}{3} + \frac{d}{4} = 0 .$$

证明：$P(x) = 0$ 在 $x=0$ 和 $x=1$ 之间有一个解．你能把这个结果推广到一个 n 次多项式吗？

14. 一个蒸发器中有一个半径为 r 的圆盘在垂直平面内旋转．为了使圆盘露出的打湿部分面积最大，要将它的一部分浸入液体中．证明：圆盘的中心应位于液面上方 $r\big/\sqrt{1+\pi^2}$ 的高度处．

15. 证明：如果 f 连续，则 $\int_0^x f(u)(x-u)\,du = \int_0^x \left(\int_0^u f(t)\,dt \right) du$.

16. 下图展示了一个抛物线段，即被弦 AB 截得的抛物线的一部分；还展示了抛物线上的一点 C ， C 处的切线平行于弦 AB . 阿基米德证明了抛物线段和弦所围成区域的面积是其内接三角形 ABC 的面积的 $\dfrac{4}{3}$ 倍. 对于抛物线 $y = 4 - x^2$ 和直线 $y = x + 2$ ，验证阿基米德的结果.

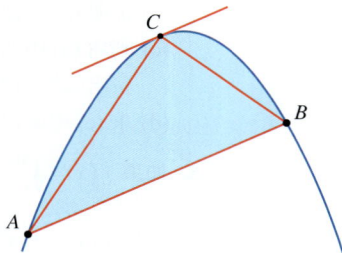

17. 给定位于第一象限的一点 (a,b) ，找到开口向下、过点 (a,b) 和原点，并且其下方区域的面积最小的抛物线.

18. 下图中阴影区域由所有到正方形中心点的距离小于到正方形边的距离的点组成. 求阴影区域的面积.

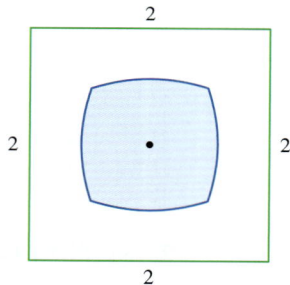

19. 求

$$\lim_{n \to +\infty} \left(\frac{1}{\sqrt{n}\sqrt{n+1}} + \frac{1}{\sqrt{n}\sqrt{n+2}} + \cdots + \frac{1}{\sqrt{n}\sqrt{n+n}} \right).$$

20. 对任意 c ，令 $f_c(x)$ 为 $(x-c)^2$ 和 $(x-c-2)^2$ 中的较小者，设 $g(c) = \int_0^1 f_c(x)\,dx$. 当 $-2 \leqslant c \leqslant 2$ 时，求 $g(c)$ 的极大值和极小值.

Rock and Wasp / Shutterstock

许多制造工艺中都会用到旋转. 照片显示一位艺术家正在旋转的陶轮上制作陶器. 在 6.2 节练习 87 中, 我们将探讨陶器设计的数学原理.

6 | 积分的应用

在本章中, 我们将通过计算曲线间的面积、立体的体积, 以及变化的力所做的功, 探讨定积分的应用. 这几种应用的共同点是下面的一般方法, 这种方法与求曲线下方区域的面积相似: 先将一个量 Q 分为若干部分, 再用形如 $f(x_i^*)\Delta x$ 的量来近似每一个部分, 进而用黎曼和来近似 Q, 然后求极限, 将 Q 表示成积分的形式, 最后利用微积分基本定理和中点法则计算积分.

6.1 | 曲线间的面积

在第 5 章中，我们定义并计算了函数图像下方区域的面积．现在我们利用积分求两个函数的图像之间的区域的面积．

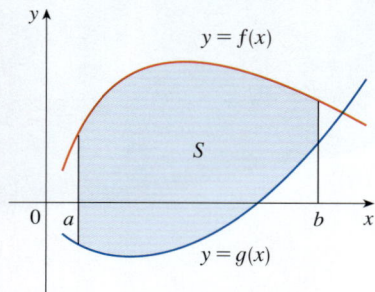

■ 曲线间的面积：求关于 x 的积分

设 S 是曲线 $y = f(x)$ 和 $y = g(x)$ 以及直线 $x = a$ 和 $x = b$ 围成的区域（见图 6-1-1），其中 f 和 g 是连续函数，且对于 $[a,b]$ 内的所有 x，有 $f(x) \geqslant g(x)$．

像 5.1 节中计算曲线下方区域的面积一样，将 S 分成 n 个等宽的条形，然后用宽为 Δx、高为 $f(x_i^*) - g(x_i^*)$ 的矩形近似第 i 个条形（见图 6-1-2．我们可以取右端点为样本点，此时 $x_i^* = x_i$），则黎曼和

$$\sum_{i=1}^{n} \left[f(x_i^*) - g(x_i^*) \right] \Delta x$$

是我们直观上所认识的 S 的面积的一个近似．

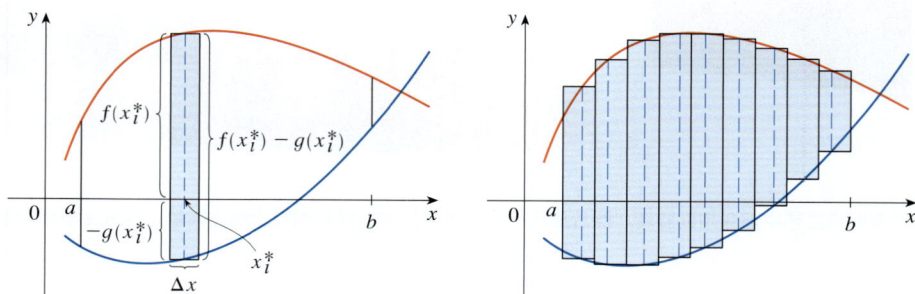

图 6-1-1

$$S = \left\{ (x,y) \big| a \leqslant x \leqslant b, g(x) \leqslant y \leqslant f(x) \right\}$$

图 6-1-2

(a) 某个近似矩形   (b) 所有近似矩形

当 $n \to +\infty$ 时，近似会越来越好．因此，定义 S 的**面积** A 为这些近似矩形的面积之和的极限．

1

$$A = \lim_{n \to +\infty} \sum_{i=1}^{n} \left[f(x_i^*) - g(x_i^*) \right] \Delta x$$

将定义 1 中的极限视为 $f - g$ 的定积分，于是有下面的面积公式．

2 曲线 $y = f(x)$ 和 $y = g(x)$ 以及直线 $x = a$ 和 $x = b$ 所围成区域的面积为

$$A = \int_a^b \left[f(x) - g(x) \right] \mathrm{d}x,$$

其中 f 和 g 是连续函数，且对于 $[a,b]$ 内的所有 x，有 $f(x) \geqslant g(x)$．

注意到当 $g(x) = 0$ 时，S 就是 f 下方区域的面积，即面积的一般定义（定义 1）可以简化为之前的定义（5.1 节定义 2）．

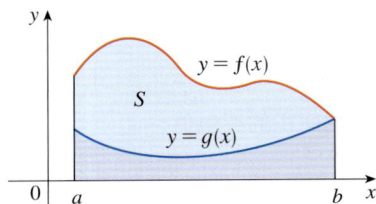

图 6-1-3

$$A = \int_a^b f(x)\mathrm{d}x - \int_a^b g(x)\mathrm{d}x$$

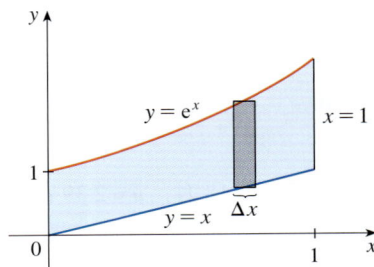

图 6-1-4

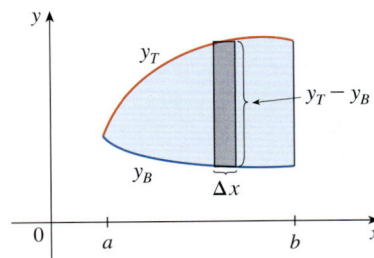

图 6-1-5

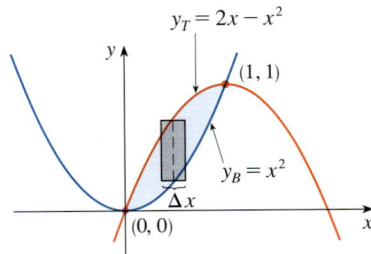

图 6-1-6

当 f 和 g 都是正值函数时，从图 6-1-3 中可以看出公式 2 正确的原因：

$$A = \big[\,y=f(x)\text{下方区域的面积}\,\big] - \big[\,y=g(x)\text{下方区域的面积}\,\big]$$

$$= \int_a^b f(x)\mathrm{d}x - \int_a^b g(x)\mathrm{d}x = \int_a^b \big[f(x)-g(x)\big]\mathrm{d}x .$$

例 1　求 $y=\mathrm{e}^x$、$y=x$、$x=0$ 和 $x=1$ 所围成区域的面积.

解　上述区域如图 6-1-4 所示，上边界为曲线 $y=\mathrm{e}^x$，下边界为直线 $y=x$. 利用面积公式 2，分别令 $f(x)=\mathrm{e}^x$，$g(x)=x$，$a=0$，$b=1$：

$$A = \int_0^1 \big(\mathrm{e}^x - x\big)\mathrm{d}x = \Big[\mathrm{e}^x - \tfrac{1}{2}x^2\Big]_0^1$$

$$= \mathrm{e} - \tfrac{1}{2} - 1 = \mathrm{e} - 1.5 .$$

在图 6-1-4 中画出宽为 Δx 的某个近似矩形，来说明定义 1 中面积的极限过程. 一般来说，当用积分表示面积时，先画出对应的区域，这有助于我们识别上边界 y_T、下边界 y_B 和近似矩形，如图 6-1-5 所示. 于是，这个近似矩形的面积为 $(y_T-y_B)\Delta x$，等式

$$A = \lim_{n\to+\infty}\sum_{i=1}^n (y_T-y_B)\Delta x = \int_a^b (y_T-y_B)\mathrm{d}x$$

表示将所有矩形的面积（在极限意义上）相加的过程.

注意，在图 6-1-5 中左边界为一个点，而在图 6-1-3 中右边界为一个点. 在下面的例子中，两个边界均为一个点，于是第一步就是求 a 和 b.

例 2　求抛物线 $y=x^2$ 和 $y=2x-x^2$ 所围成区域的面积.

解　首先联立方程，求两条抛物线的交点，得到 $x^2=2x-x^2$ 或 $2x^2-2x=0$. 因此 $2x(x-1)=0$，即 $x=0$ 或 1，交点为 $(0,0)$ 和 $(1,1)$.

从图 6-1-6 可知，上、下边界为

$$y_T=2x-x^2 \text{ 和 } y_B=x^2 .$$

近似矩形的面积为

$$(y_T-y_B)\Delta x = \big(2x-x^2-x^2\big)\Delta x = \big(2x-2x^2\big)\Delta x .$$

该区域位于 $x=0$ 和 $x=1$ 之间，因此总面积为

$$A = \int_0^1 \big(2x-2x^2\big)\mathrm{d}x = 2\int_0^1 \big(x-x^2\big)\mathrm{d}x$$

$$= 2\Big[\tfrac{x^2}{2}-\tfrac{x^3}{3}\Big]_0^1 = 2\times\Big(\tfrac{1}{2}-\tfrac{1}{3}\Big) = \tfrac{1}{3} .$$

事实上，有时很难甚至不可能求出两条曲线的交点．如下面这个例子，可以利用图像计算器或计算机求出交点的近似值，然后继续计算．

例 3 求曲线 $y = x \big/ \sqrt{x^2 + 1}$ 和 $y = x^4 - x$ 所围成区域的面积的近似值．

解 若我们试图求交点的准确值，必须解方程

$$\frac{x}{\sqrt{x^2 + 1}} = x^4 - x .$$

这个方程的准确解看上去很难求（事实上是不可能求出的），因此我们用计算机画出两条曲线（见图 6-1-7）．观察发现一个交点是原点，另一个交点的横坐标是 $x \approx 1.18$，于是曲线间的面积近似为

$$A \approx \int_0^{1.18} \left[\frac{x}{\sqrt{x^2 + 1}} - \left(x^4 - x \right) \right] \mathrm{d}x .$$

为了求第一项的积分，令 $u = x^2 + 1$，则有 $\mathrm{d}u = 2x\,\mathrm{d}x$．当 $x = 1.18$ 时，$u \approx 2.39$；当 $x = 0$ 时，$u = 1$．因此

$$A \approx \frac{1}{2}\int_1^{2.39} \frac{\mathrm{d}u}{\sqrt{u}} - \int_0^{1.18} \left(x^4 - x \right)\mathrm{d}x$$

$$= \sqrt{u}\,\Big]_1^{2.39} - \left[\frac{x^5}{5} - \frac{x^2}{2} \right]_0^{1.18}$$

$$= \sqrt{2.39} - 1 - \frac{1.18^5}{5} + \frac{1.18^2}{2}$$

$$\approx 0.785 .$$

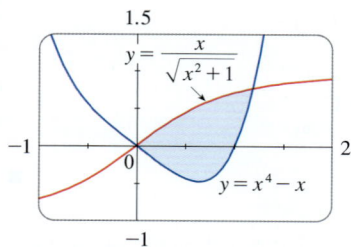

图 6-1-7

如果我们想求曲线 $y = f(x)$ 和 $y = g(x)$ 之间的面积，其中对于部分 x 有 $f(x) \geqslant g(x)$，对于部分 x 有 $g(x) \geqslant f(x)$，则可以将 S 分成面积为 $A_1, A_2, \cdots$ 的区域 $S_1, S_2, \cdots$，如图 6-1-8 所示．定义 S 的面积为 $S_1, S_2, \cdots$ 的面积之和，即 $A = A_1 + A_2 + \cdots$．因为

$$\left| f(x) - g(x) \right| = \begin{cases} f(x) - g(x), & f(x) \geqslant g(x) \\ g(x) - f(x), & g(x) \geqslant f(x) \end{cases} ,$$

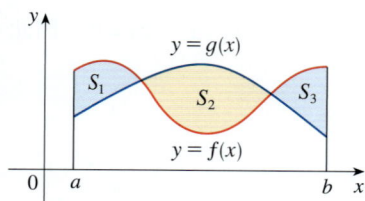

图 6-1-8

所以有以下关于 A 的表达式：

> **3** 曲线 $y = f(x)$ 和 $y = g(x)$ 之间从 $x = a$ 到 $x = b$ 的面积为
>
> $$A = \int_a^b \left| f(x) - g(x) \right| \mathrm{d}x .$$

然而，当求公式 3 中的积分时，仍必须将它拆分为 $A_1, A_2, \cdots$ 对应的积分．

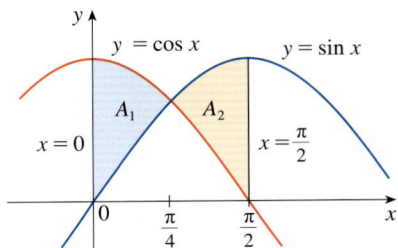

图 6-1-9

例 4 求曲线 $y = \sin x$ 和 $y = \cos x$ 以及直线 $x = 0$ 和 $x = \pi/2$ 所围成区域的面积.

解 当 $\sin x = \cos x$，即 $x = \pi/4$（因为 $0 \leqslant x \leqslant \pi/2$）时，两条曲线相交，对应的区域如图 6-1-9 所示. 观察发现，当 $0 \leqslant x \leqslant \pi/4$ 时，$\cos x \geqslant \sin x$，但当 $\pi/4 \leqslant x \leqslant \pi/2$ 时，$\sin x \geqslant \cos x$. 因此，所求的面积为

$$A = \int_0^{\pi/2} |\cos x - \sin x| \, dx = A_1 + A_2$$

$$= \int_0^{\pi/4} (\cos x - \sin x) \, dx + \int_{\pi/4}^{\pi/2} (\sin x - \cos x) \, dx$$

$$= \left[\sin x + \cos x\right]_0^{\pi/4} + \left[-\cos x - \sin x\right]_{\pi/4}^{\pi/2}$$

$$= \left(\frac{1}{\sqrt{2}} + \frac{1}{\sqrt{2}} - 0 - 1\right) + \left(-0 - 1 + \frac{1}{\sqrt{2}} + \frac{1}{\sqrt{2}}\right)$$

$$= 2\sqrt{2} - 2 .$$

在这个特定的例子中，我们注意到所围成的区域是关于 $x = \pi/4$ 对称的，所以可以省去一些计算：

$$A = 2A_1 = 2\int_0^{\pi/4} (\cos x - \sin x) \, dx .$$
■

■ 曲线间的面积：求关于 y 的积分

通过将 x 表示成 y 的函数，可以更好地处理一些区域. 如果一个区域由 $x = f(y)$、$x = g(y)$、$y = c$ 和 $y = d$ 围成，其中 f 和 g 是连续函数，且对于 $c \leqslant y \leqslant d$，有 $f(y) > g(y)$（见图 6-1-10），那么该区域的面积为

$$A = \int_c^d \left[f(y) - g(y)\right] dy .$$

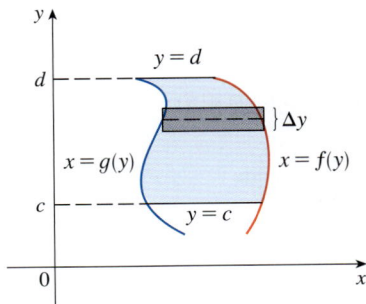

图 6-1-10

如果用 x_R 表示右边界，x_L 表示左边界，如图 6-1-11 所示，那么

$$A = \int_c^d (x_R - x_L) \, dy .$$

此时近似矩形的宽和高分别为 $x_R - x_L$ 和 Δy.

例 5 求直线 $y = x - 1$ 和抛物线 $y^2 = 2x + 6$ 所围成区域的面积.

解 通过联立两个方程，求得交点为 $(-1, -2)$ 和 $(5, 4)$. 解关于 x 的上述方程，由图 6-1-12 可知，左、右边界为

$$x_L = \frac{1}{2} y^2 - 3 \quad \text{和} \quad x_R = y + 1 .$$

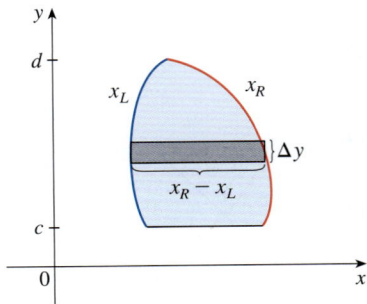

图 6-1-11

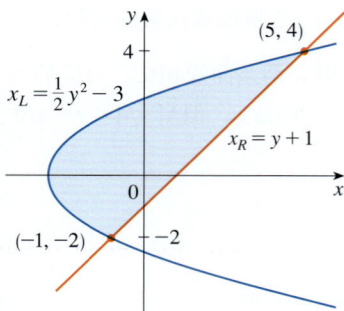

图 6-1-12

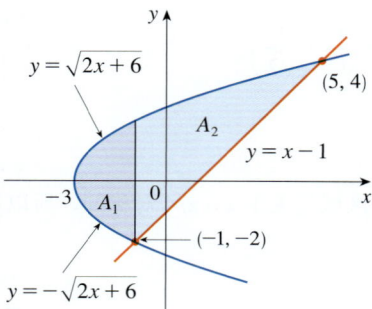

图 6-1-13

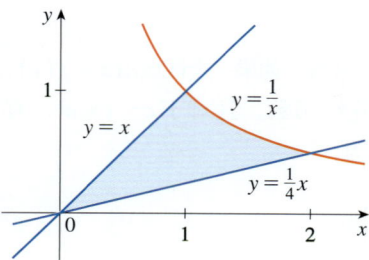

图 6-1-14

我们必须以适当的 y 值，即 $y = -2$ 和 $y = 4$ 为上、下限求积分．因此

$$A = \int_{-2}^{4} (x_R - x_L) \mathrm{d}y = \int_{-2}^{4} \left[(y+1) - \left(\frac{1}{2} y^2 - 3 \right) \right] \mathrm{d}y$$

$$= \int_{-2}^{4} \left(-\frac{1}{2} y^2 + y + 4 \right) \mathrm{d}y$$

$$= \left[-\frac{1}{2} \left(\frac{y^3}{3} \right) + \frac{y^2}{2} + 4y \right]_{-2}^{4}$$

$$= -\frac{1}{6} \times 64 + 8 + 16 - \left(\frac{4}{3} + 2 - 8 \right) = 18 .$$ ∎

注 也可以通过求关于 x 的积分，而不是关于 y 的积分来求例 5 中的面积，但是计算会复杂得多，因为下边界由例 5 中的曲线和直线组成，这意味着我们需要将区域分成两部分，如图 6-1-13 所示，分别计算 A_1 和 A_2 的面积．例 5 中的方法则更加简单．

例 6 求曲线 $y = \dfrac{1}{x}$ 以及直线 $y = x$ 和 $y = \dfrac{1}{4} x$ 所围成区域的面积，分别求 (a) 关于 x 的积分；(b) 关于 y 的积分．

解 所围成的区域如图 6-1-14 所示．

(a) 如果我们求关于 x 的积分，因为该区域的上边界由两条独立的曲线或直线组成，所以我们必须将该区域分成两部分，见图 6-1-15a．它的面积为

$$A = A_1 + A_2 = \int_0^1 \left(x - \frac{1}{4} x \right) \mathrm{d}x + \int_1^2 \left(\frac{1}{x} - \frac{1}{4} x \right) \mathrm{d}x$$

$$= \frac{3}{8} x^2 \bigg]_0^1 + \left[\ln x - \frac{1}{8} x^2 \right]_1^2 = \ln 2 .$$

(b) 如果我们求关于 y 的积分，因为该区域的右边界由两条独立的曲线或直线组成，所以我们必须将该区域分成两部分，见图 6-1-15b．它的面积为

$$A = A_1 + A_2 = \int_0^{1/2} (4y - y) \mathrm{d}y + \int_{1/2}^{1} \left(\frac{1}{y} - y \right) \mathrm{d}y$$

$$= \frac{3}{2} y^2 \bigg]_0^{1/2} + \left[\ln y - \frac{1}{2} y^2 \right]_{1/2}^{1} = \ln 2 .$$

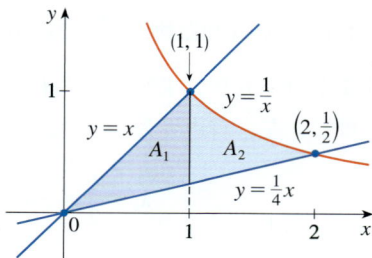

(a)

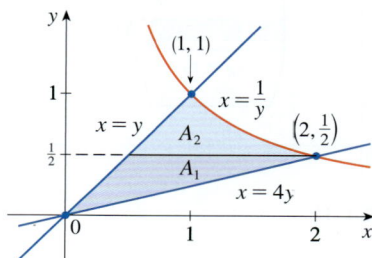

(b)

图 6-1-15 ∎

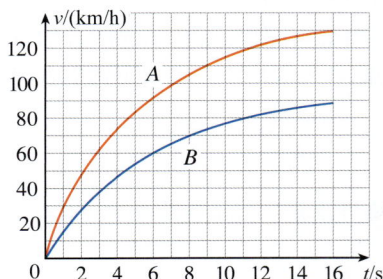

图 6-1-16

■ 应用

例 7　图 6-1-16 为两辆汽车 A 和 B 的速度曲线，两车沿相同的路线同时出发．曲线间的面积表示什么含义？利用中点法则估计该面积．

解　从 5.4 节中可知，速度曲线 A 下方的面积表示汽车 A 在前 16s 内的移动距离．同理，速度曲线 B 下方的面积表示汽车 B 在前 16s 内的移动距离．因此，曲线间的面积，即两条曲线下方的面积之差表示 16s 后两辆车之间的距离．从图 6-1-16 中读出速度并将其转换为以 m/s 为单位（1km/h $=1000/3600$ m/s）的量，记录在表 6-1-1 中．

表 6-1-1

t	0	2	4	6	8	10	12	14	16
v_A	0	10.4	16.5	20.4	23.2	25.6	27.1	28.0	29.0
v_B	0	6.4	10.4	13.4	15.5	17.1	18.3	19.2	19.8
$v_A - v_B$	0	4.0	6.1	7.0	7.7	8.5	8.8	8.8	9.2

利用中点法则，取 $n=4$ 个区间，则 $\Delta t = 4$．区间的中点分别为 $\overline{t_1}=2$、$\overline{t_2}=6$、$\overline{t_3}=10$、$\overline{t_4}=14$．16s 后两车之间的距离的估计值为

$$\int_0^{16}\left(v_A - v_B\right)\mathrm{d}t \approx \Delta t\left(4.0 + 7.0 + 8.5 + 8.8\right)$$
$$= 4 \times 28.3 = 113.2\mathrm{m}.$$

例 8　图 6-1-17 是麻疹感染的发病曲线的示意图，它显示了麻疹病毒从呼吸道传播到血液中后，疾病如何在一个没有免疫力的个体体内发展．

图 6-1-17
麻疹发病曲线

资料来源：J. M. Heffernan et al., "An In-Host Model of Acute Infection: Measles as a Case Study", *Theoretical Population Biology* 73 (2008): 134–47.

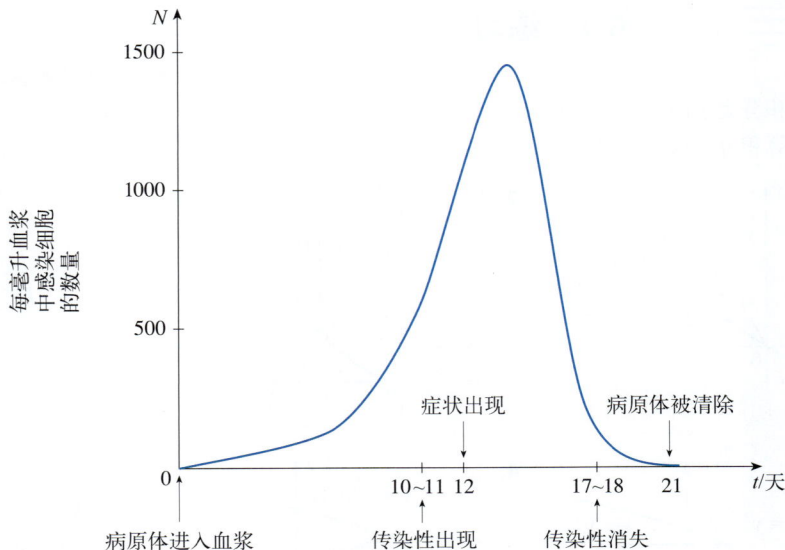

一旦感染细胞的浓度足够大，患者就会向其他人传染疾病，直到免疫系统成功阻止其进一步传播．然而，直到"感染量"达到一个特定的阈值，症状才会出现．出现症状所需的感染量取决于感染细胞的浓度和时间，并与发病曲线下方的面积相对应（见 5.1 节练习 15）．

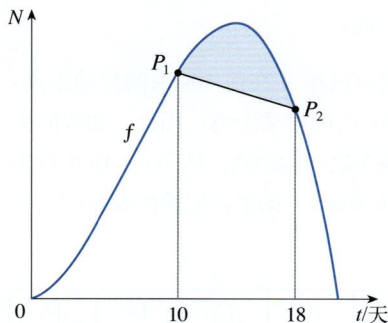

图 6-1-18

(a) 图 6-1-17 中的发病曲线可以用 $f(t)=-t(t-21)(t+1)$ 来建模．如果传染性在 $t_1=10$ 天开始出现，到 $t_2=18$ 天消失，相应的感染细胞的浓度是多少？

(b) 一个感染者的传染性水平是 $N=f(t)$ 和过点 $P_1(t_1,f(t_1))$ 与点 $P_2(t_2,f(t_2))$ 的直线之间的面积［单位：（个／毫升）·天］，如图 6-1-18 所示．求这个感染者的传染性水平．

解

(a) 当感染细胞的浓度达到 $f(10)=1210$ 时，传染性出现；当浓度降低到 $f(18)=1026$ 时，传染性消失．

(b) 过点 P_1 和点 P_2 的直线的斜率为 $\dfrac{1026-1210}{18-10}=-\dfrac{184}{8}=-23$，直线的方程为

$$N-1210=-23(t-10)\Leftrightarrow N=-23t+1440 .$$

f 和这条直线之间的面积为

$$\int_{10}^{18}\big[f(t)-(-23t+1440)\big]\mathrm{d}t=\int_{10}^{18}\big(-t^3+20t^2+21t+23t-1440\big)\mathrm{d}t$$

$$=\int_{10}^{18}\big(-t^3+20t^2+44t-1440\big)\mathrm{d}t$$

$$=\left[-\frac{t^4}{4}+20\cdot\frac{t^3}{3}+44\cdot\frac{t^2}{2}-1440t\right]_{10}^{18}$$

$$=-6156-\left(-8033\frac{1}{3}\right)\approx 1877 .$$

因此，这名感染者的传染性水平大约为 1877（个／毫升）·天． ∎

6.1 | 练习

1~4

(a) 用积分表示阴影区域的面积．

(b) 计算积分，求出面积．

1.

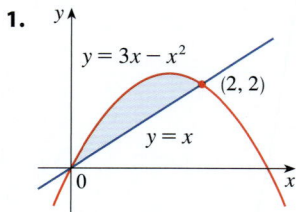

2.

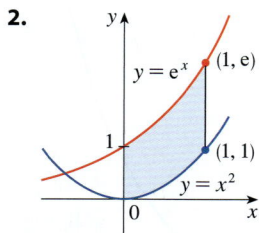

3.

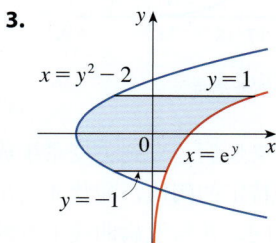

4.

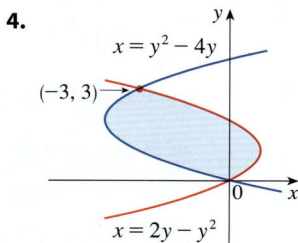

5~6 求阴影区域的面积．

5.

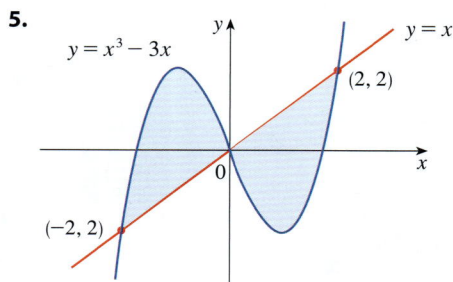

6.

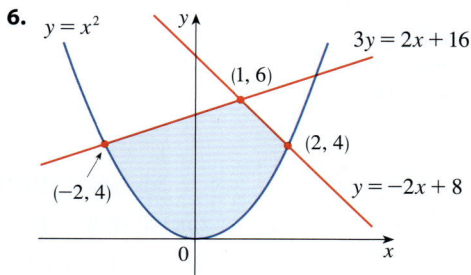

7~10 用积分表示给定曲线所围成区域的面积，无须计算.

7. $y = 2^x$，$y = 3^x$，$x = 1$

8. $y = \ln x$，$y = \ln(x^2)$，$x = 2$

9. $y = 2 - x$，$y = 2x - x^2$

10. $x = y^4$，$x = 2 - y^2$

11~18 画出给定曲线围成的区域，判断应该用关于 x 的积分还是关于 y 的积分来求面积. 画出一个近似矩形并标明它的高和宽，然后求该区域的面积.

11. $y = x^2 + 2$，$y = -x - 1$，$x = 0$，$x = 1$

12. $y = 1 + x^3$，$y = 2 - x$，$x = -1$，$x = 0$

13. $y = 1/x$，$y = 1/x^2$，$x = 2$

14. $y = \cos x$，$y = e^x$，$x = \pi/2$

15. $y = (x - 2)^2$，$y = x$

16. $y = x^2 - 4x$，$y = 2x$

17. $x = 1 - y^2$，$x = y^2 - 1$

18. $4x + y^2 = 12$，$x = y$

19~36 画出给定曲线围成的区域并求其面积.

19. $y = 12 - x^2$，$y = x^2 - 6$ **20.** $y = x^2$，$y = 4x - x^2$

21. $x = 2y^2$，$x = 4 + y^2$ **22.** $y = \sqrt{x-1}$，$x - y = 1$

23. $y = \sqrt[3]{2x}$，$y = \frac{1}{2}x$ **24.** $y = x^3$，$y = x$

25. $y = \sqrt{x}$，$y = \frac{1}{3}x$，$0 \leqslant x \leqslant 16$

26. $y = \cos x$，$y = 2 - \cos x$，$0 \leqslant x \leqslant 2\pi$

27. $y = \cos x$，$y = \sin 2x$，$0 \leqslant x \leqslant \pi/2$

28. $y = \cos x$，$y = 1 - \cos x$，$0 \leqslant x \leqslant \pi$

29. $y = \sec^2 x$，$y = 8\cos x$，$-\pi/3 \leqslant x \leqslant \pi/3$

30. $y = x^4 - 3x^2$，$y = x^2$ **31.** $y = x^4$，$y = 2 - |x|$

32. $y = x^2$，$y = \frac{32}{x^2 + 4}$ **33.** $y = \sin\frac{\pi x}{2}$，$y = x^3$

34. $y = 4 - 2\cosh x$，$y = \frac{1}{2}\sinh x$

35. $y = 1/x$，$y = x$，$y = \frac{1}{4}x$，$x > 0$

36. $y = \frac{1}{4}x^2$，$y = 2x^2$，$x + y = 3$，$x \geqslant 0$

37. 两个函数的图像以及曲线间的面积如下图所示.

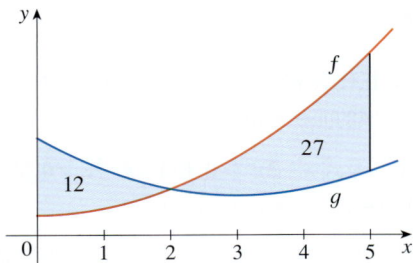

(a) 当 $0 < x < 5$ 时，曲线间的总面积是多少？

(b) 积分 $\int_0^5 [f(x) - g(x)]\,dx$ 的值是多少？

38~40 画出给定曲线围成的区域并求其面积.

38. $y = \dfrac{x}{\sqrt{1 + x^2}}$，$y = \dfrac{x}{\sqrt{9 - x^2}}$，$x \geqslant 0$

39. $y = \dfrac{x}{1 + x^2}$，$y = \dfrac{x^2}{1 + x^3}$

40. $y = \dfrac{\ln x}{x}$，$y = \dfrac{(\ln x)^2}{x}$

41~42 利用微积分求顶点为下列给定点的三角形的面积.

41. $(0,0)$，$(3,1)$，$(1,2)$

42. $(2,0)$，$(0,2)$，$(-1,1)$

43~44 求下列积分，将它们解释为区域的面积，并画出这些区域.

43. $\int_0^{\pi/2} |\sin x - \cos 2x|\,dx$ **44.** $\int_{-1}^{1} |3^x - 2^x|\,dx$

45~48 利用图像找出给定曲线的交点横坐标的近似值，并求出曲线间的面积的近似值.

45. $y = x\sin(x^2)$，$y = x^4$，$x \geqslant 0$

46. $y = \dfrac{x}{(x^2 + 1)^2}$，$y = x^5 - x$，$x \geqslant 0$

47. $y = 3x^2 - 2x$，$y = x^3 - 3x + 4$

48. $y = 1.3^x$，$y = 2\sqrt{x}$

49~52 画出给定曲线围成的区域，并求其面积，精确到小数点后 5 位.

49. $y = \dfrac{2}{1 + x^4}$，$y = x^2$

50. $y = e^{1 - x^2}$，$y = x^4$

51. $y = \tan^2 x$，$y = \sqrt{x}$

52. $y = \cos x$，$y = x + 2\sin^4 x$

[T] **53.** 利用计算机代数系统求曲线 $y = x^5 - 6x^3 + 4x$ 和直线 $y = x$ 所围成区域的面积的准确值.

54. 画出由不等式 $x - 2y^2 \geqslant 0$ 和 $1 - x - |y| \geqslant 0$ 定义的区域，并求其面积.

55. 克里斯和凯利驾驶的赛车同时出发. 下表记录了两车在前 10s 内的速度（单位：km/h）. 利用中点法则估计前 10s 内凯利的赛车比克里斯的赛车领先多远.（v_C 为克里斯的赛车的速度，v_K 为凯利的赛车的速度.）

t	v_C	v_K	t	v_C	v_K
0	0	0	6	110	128
1	32	35	7	120	138
2	51	59	8	130	150
3	74	83	9	138	157
4	86	98	10	144	163
5	99	114			

56. 下图是一个肾形的游泳池，每隔 2m 测量一次游泳池的宽度（单位：m）. 利用中点法则估计游泳池的面积.

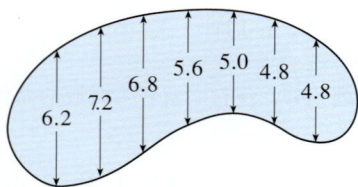

57. 一架飞机的机翼截面如下图所示. 每隔 20cm 测量一次机翼的厚度（单位：cm），机翼的厚度分别为 5.8、20.3、26.7、29.0、27.6、27.3、23.8、20.5、15.1、8.7 和 2.8. 利用中点法则估计机翼截面的面积.

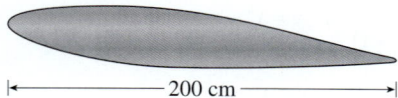

200 cm

58. 如果某地人口的出生率为每年 $b(t) = 2200e^{0.024t}$ 人，死亡率为每年 $d(t) = 1460e^{0.018t}$ 人，求当 $0 \leqslant t \leqslant 10$ 时，这两条曲线之间的面积. 此面积表示什么含义？

59. 在例 8 中，我们用函数 f 为麻疹感染的发病曲线建模. 对于感染过麻疹病毒并对该病毒有一定免疫力的病人，我们可以用 $g(t) = 0.9 f(t)$ 为其发病曲线建模.

(a) 如果传染性出现时的感染细胞的浓度阈值与例 8 中相同，则传染性于哪一天出现？

(b) 设 P_3 是 g 的图像上传染性出现时的点，P_4 是 g 的图像上传染性结束时的点. 可以证明，过 P_3、P_4 的直线与例 8 中过 P_1、P_2 的直线的斜率相同. 传染性于哪一天结束？

(c) 计算该病人的传染性水平.

60. 在暴风雨开始后 t 小时后，两个不同地点的降雨速度（单位：英寸/小时）分别用 $f(t) = 0.73t^3 - 2t^2 + t + 0.6$ 和 $g(t) = 0.17t^2 - 0.5t + 1.1$ 来建模. 求 $0 \leqslant t \leqslant 2$ 时它们的图像之间的面积，并解释它的含义.

61. 两辆车 A 和 B 并排从静止开始启动. 下图分别展示了它们的速度函数的图像.

(a) 1min 后哪辆车在前面？请解释原因.

(b) 阴影部分的面积表示什么含义？

(c) 2min 后哪辆车在前面？请解释原因.

(d) 估计两车再次相遇的时间.

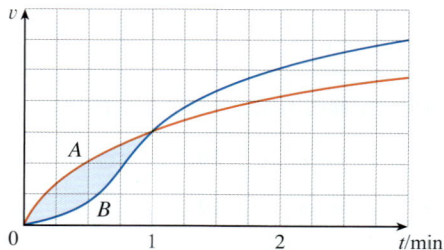

62. 下图为一家制造商的边际收益函数 R' 和边际成本函数 C' 的图像.［回忆 4.7 节，$R(x)$ 和 $C(x)$ 分别表示生产 x 个商品的收益和成本（单位：千美元）.］阴影区域的面积有什么含义？利用中点法则估计其值.

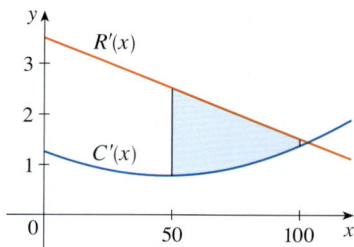

63. 方程为 $y^2 = x^2(x + 3)$ 的曲线称为**奇恩豪斯立方曲线**. 画出曲线，你会发现该曲线的一部分形成了一个圈. 求这个圈围成的面积.

64. 求抛物线 $y = x^2$ 以及抛物线在点 $(1,1)$ 处的切线和 x 轴所围成区域的面积.

65. 当 b 为何值时，直线 $y = b$ 将曲线 $y = x^2$ 和直线 $y = 4$ 围成的区域分成了面积相等的两个部分？

66. (a) 当 a 为何值时，直线 $x = a$ 将曲线 $y = 1/x^2$，$1 \leqslant x \leqslant 4$ 下方的面积二等分？

(b) 当 b 为何值时，直线 $y = b$ 将 (a) 中的面积二等分？

67. 当 c 为何值时，抛物线 $y = x^2 - c^2$ 和 $y = c^2 - x^2$ 所围成区域的面积为 576？

68. 设 $0 < c < \pi/2$．当 c 为何值时，曲线 $y = \cos x$、$y = \cos(x - c)$ 和直线 $x = 0$ 所围成区域的面积等于曲线 $y = \cos(x - c)$、直线 $x = \pi$ 和 $y = 0$ 所围成区域的面积？

69. 如下图所示，水平线 $y = c$ 与曲线 $y = 8x - 27x^3$ 相交．当 c 为何值时，两个阴影区域的面积相等？

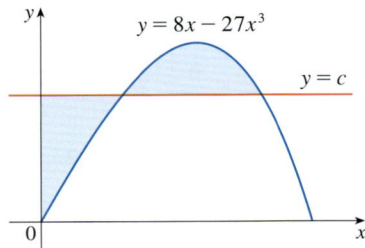

70. 当 m 为何值时，直线 $y = mx$ 可以和曲线 $y = x/(x^2 + 1)$ 围成一个区域？求所围成区域的面积.

应用专题 ｜ 基尼系数

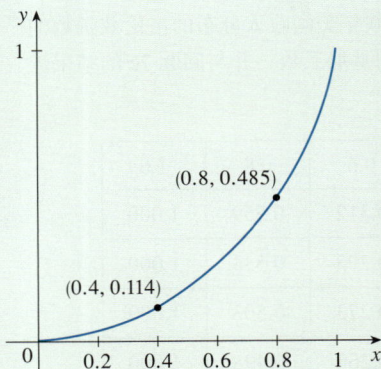

2016 年美国收入分布的洛伦兹曲线

怎样衡量一个国家的居民收入分布情况？其中一个衡量标准就是**基尼系数**．该系数以意大利经济学家科拉多・基尼（Corrado Gini）的姓氏命名，于 1912 年由基尼首次提出．

首先按收入对一个国家中的所有家庭进行排序，然后计算总收入占全国家庭总收入一定百分比的家庭所占家庭总数的百分比．在区间 $[0,1]$ 上定义**洛伦兹曲线** $y = L(x)$：如果排名后 $a\%$ 的家庭的总收入占所有家庭的总收入的 $b\%$，那么点 $(a/100, b/100)$ 在曲线上．例如，在左图中，点 $(0.4, 0.114)$ 在 2016 年美国收入分布的洛伦兹曲线上是因为总人口的后 40% 的收入只占总收入的 11.4%．同样，总人口的后 80% 的收入占总收入的 48.5%，所以点 $(0.8, 0.485)$ 在洛伦兹曲线上．[洛伦兹曲线以美国经济学家马克斯・洛伦兹（Max Lorenz）的姓氏命名．]

左下图显示了一些典型的洛伦兹曲线．它们都过点 $(0,0)$ 和点 $(1,1)$ 并且上凹．在极端情况下 $L(x) = x$，社会是完全平等的：总人口的后 $a\%$ 的收入占总收入的 $a\%$，因此每个人都获得相同的收入．洛伦兹曲线 $y = L(x)$ 和直线 $y = x$ 之间的面积用于衡量收入分布与绝对平均分布的差距有多大．**基尼系数**（有时也称为**基尼指数**或**不平等系数**）是洛伦兹曲线和直线 $y = x$ 之间的面积（右下图中的阴影部分）除以 $y = x$ 下方的面积.

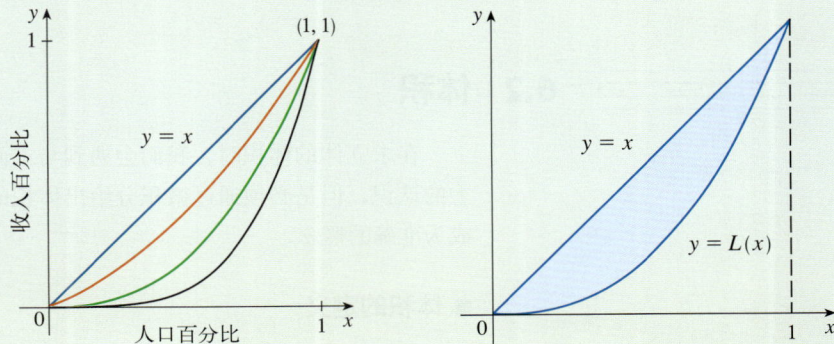

1. (a) 证明基尼系数 G 是洛伦兹曲线和直线 $y = x$ 之间的面积的两倍，即

$$G = 2\int_0^1 \left[x - L(x) \right] \mathrm{d}x \,.$$

   (b) 对于一个完全平等的社会（每个人都有相同的收入），G 的值是多少？对于一个极端不平等的社会（一个人获得所有的收入），G 的值是多少？

2. 下表显示了 2016 年美国收入分布的洛伦兹函数的值（来自美国人口普查局提供的数据）.

x	0.0	0.2	0.4	0.6	0.8	1.0
$L(x)$	0.000	0.031	0.114	0.256	0.485	1.000

   (a) 2016 年美国总人口中最富有的 20% 的收入占总收入的百分比是多少？
   (b) 借助计算器或计算机，用二次函数来拟合表中的数据，并画出数据点和二次函数的图像. 二次模型的拟合是否合适？
   (c) 利用洛伦兹函数的二次模型估计 2016 年美国的基尼系数.

3. 下表给出了 1980 年、1990 年、2000 年和 2010 年美国收入分布的洛伦兹函数的值. 用问题 2 中的方法估计美国在这些年份的基尼系数，并与问题 2c 的结果进行比较. 你是否注意到了其中的趋势？

x	0.0	0.2	0.4	0.6	0.8	1.0
1980	0.000	0.042	0.144	0.312	0.559	1.000
1990	0.000	0.038	0.134	0.293	0.533	1.000
2000	0.000	0.036	0.125	0.273	0.503	1.000
2010	0.000	0.033	0.118	0.264	0.498	1.000

4. 对于洛伦兹函数，幂函数模型的拟合通常比二次模型的拟合更精确. 借助计算器或计算机，用幂函数 $y = ax^k$ 来拟合问题 2 中的数据，并利用它来估计 2016 年美国的基尼系数. 将你的结果与问题 2b 和问题 2c 的结果进行比较.

6.2 | 体积

在求立体的体积时，我们会遇到与求面积时相同的问题. 我们对体积有直观上的认识，但是必须通过微积分给出体积的严格定义，才能使这种直观上的认识成为准确的概念.

■ 体积的定义

首先从一种称为**柱体**（更准确地说，直柱体）的简单的立体开始. 如图 6-2-1a

所示，柱体以一个称为**底面**的平面区域 B_1 和与之平行的全等区域 B_2 为边界．柱体包含所有垂直于底面、连接 B_1 与 B_2 的线段上的点．如果底面面积为 A，柱体的高（B_1 到 B_2 的距离）为 h，那么我们将柱体的体积定义为

$$V = Ah .$$

特别地，如果底面是半径为 r 的圆，那么这个柱体称为圆柱体，体积为 $V = \pi r^2 h$（见图 6-2-1b）；如果底面是长为 l、宽为 w 的矩形，那么这个柱体称为四棱柱（也称平行六面体），体积为 $V = lwh$（见图 6-2-1c）．

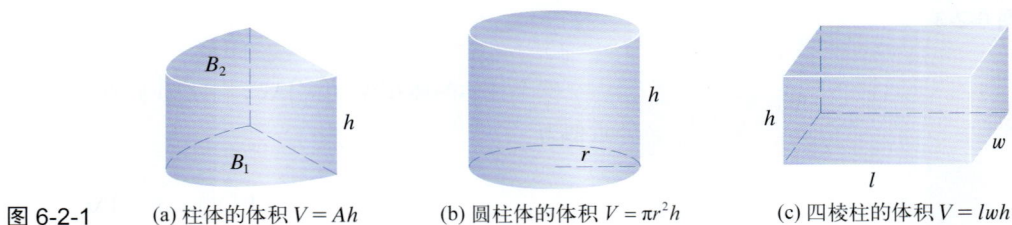

图 6-2-1　(a) 柱体的体积 $V = Ah$　　(b) 圆柱体的体积 $V = \pi r^2 h$　　(c) 四棱柱的体积 $V = lwh$

对于不是柱体的立体 S，先将 S"切"成小块，每个小块都近似于一个柱体，通过求柱体的体积之和来估计 S 的体积．通过增加小块的个数并求极限来得到 S 的体积的准确值．

首先用一个平面截断 S，得到一个平面区域，称为 S 的截面．设 $A(x)$ 为 S 在垂直于 x 轴、过点 x 的平面 P_x 上的截面的面积，其中 $a \leqslant x \leqslant b$（见图 6-2-2．想象用刀切 S 并穿过点 x，然后计算切面的面积）．当 x 从 a 变化到 b 时，截面的面积 $A(x)$ 也随之变化．

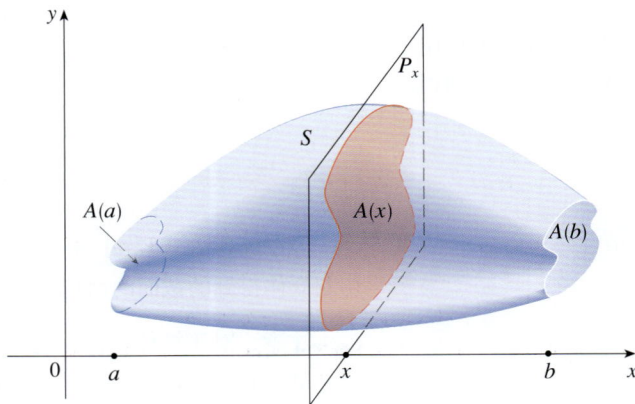

图 6-2-2

我们用平面 $P_{x_1}, P_{x_2}, \cdots$ 将 S 切成 n 个宽度为 Δx 的"厚片"（可以想象成切面包）．如果在区间 $[x_{i-1}, x_i]$ 内选取样本点 x_i^*，就可以用底面面积为 $A(x_i^*)$、高为 Δx 的柱体近似第 i 个厚片 S_i（S 介于 $P_{x_{i-1}}$ 和 P_{x_i} 之间的部分）（见图 6-2-3）．

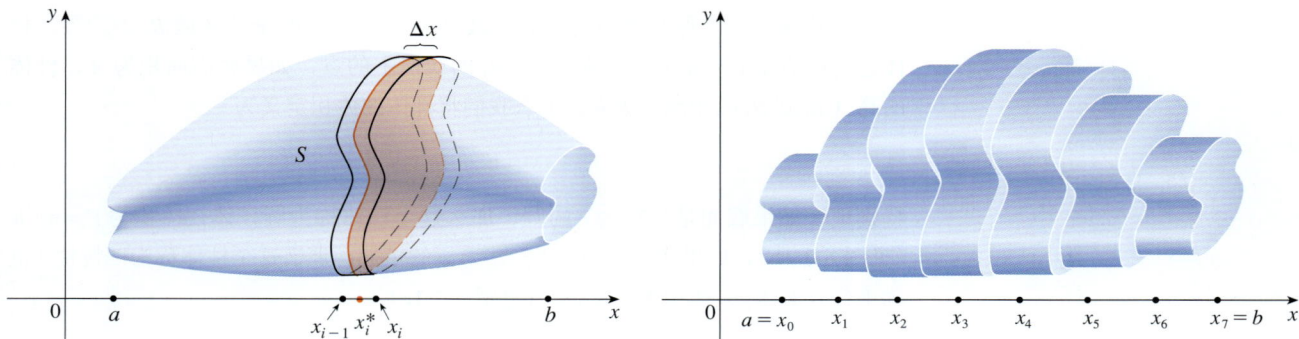

图 6-2-3

这个柱体的体积为 $A(x_i^*)\Delta x$，于是我们直观上所认识的第 i 个厚片 S_i 的体积近似为

$$V(S_i) \approx A(x_i^*)\Delta x.$$

通过对这些厚片求和可以得到总体积的近似（即直观上所认识的 S 的体积）：

$$V \approx \sum_{i=1}^{n} A(x_i^*)\Delta x.$$

当 $n \to +\infty$ 时，近似会越来越精确（想象厚片越来越薄）．因此，我们定义体积为 $n \to +\infty$ 时这些和的极限．我们将黎曼和的极限看作定积分，于是有以下定义．

可以证明这个定义与 S 相对于 x 轴的位置无关，即无论我们如何用平行的平面切割 S，总可以得到相同的体积．

> **体积的定义** 令 S 为介于 $x=a$ 和 $x=b$ 之间的立体．如果 S 在过点 x、垂直于 x 轴的平面 P_x 上的截面的面积为 $A(x)$，其中 A 为连续函数，则 S 的**体积**为
> $$V = \lim_{n\to+\infty} \sum_{i=1}^{n} A(x_i^*)\Delta x = \int_a^b A(x)\mathrm{d}x.$$

使用体积公式 $V = \int_a^b A(x)\mathrm{d}x$ 时，要牢记 $A(x)$ 是沿过点 x、垂直于 x 轴的平面切割立体得到的截面的面积．

注意，对于柱体，截面的面积是常数：对于任意 x，有 $A(x)=A$．由体积的定义可得 $V = \int_a^b A\mathrm{d}x = A(b-a)$，这与公式 $V=Ah$ 一致．

例 1 证明半径为 r 的球体的体积为 $V = \dfrac{4}{3}\pi r^3$．

解 首先将球体的中心置于原点（见图 6-2-4），则平面 P_x 切球体所得截面是一个半径为 $y = \sqrt{r^2-x^2}$ 的圆（根据勾股定理，见图 6-2-4），于是截面的面积为

$$A(x) = \pi y^2 = \pi(r^2-x^2).$$

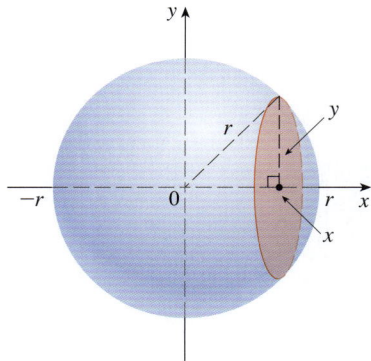

利用体积的定义，取 $a=-r$ 和 $b=r$，有

$$V = \int_{-r}^{r} A(x)\mathrm{d}x = \int_{-r}^{r} \pi\left(r^2 - x^2\right)\mathrm{d}x$$

$$= 2\pi\int_{0}^{r}\left(r^2 - x^2\right)\mathrm{d}x \qquad \text{（被积函数为偶函数）}$$

$$= 2\pi\left[r^2 x - \frac{x^3}{3}\right]_{0}^{r} = 2\pi\left(r^3 - \frac{r^3}{3}\right) = \frac{4}{3}\pi r^3$$

图 6-2-4

图 6-2-5 用半径为 $r=1$ 的球体说明了体积的定义．由例 1 的结果可知，球体的体积为 $\frac{4}{3}\pi \approx 4.188\ 79$．这里的厚片是圆柱体（或圆盘），图 6-2-5 的三个部分给出了黎曼和

$$\sum_{i=1}^{n} A(\bar{x}_i)\Delta x = \sum_{i=1}^{n} \pi\left(1^2 - \bar{x}_i^2\right)\Delta x$$

的几何解释，其中样本点 x_i^* 为中点 $\bar{x}_i$，n 分别为 5、10、20．注意到当我们增加近似圆柱体的个数时，相应的黎曼和变得越来越接近体积的真实值．

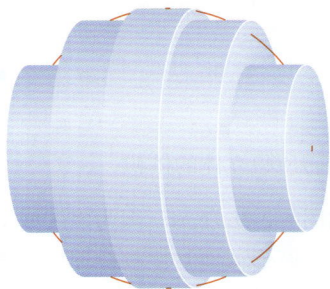

(a) 用 5 个圆盘近似，$V \approx 4.272\ 6$ (b) 用 10 个圆盘近似，$V \approx 4.209\ 7$ (c) 用 20 个圆盘近似，$V \approx 4.194\ 0$

图 6-2-5 半径为 1 的球体的近似体积

■ 旋转体的体积

如果将一个区域绕直线旋转，就会得到一个**旋转体**．在下面的例子中，我们将会看到一个垂直于旋转轴的截面是圆的立体．

例 2 求曲线 $y=\sqrt{x}$ 下方从 $x=0$ 到 $x=1$ 的区域绕 x 轴旋转所得立体的体积．画出一个近似圆柱体来说明体积的定义．

解 曲线下方的区域如图 6-2-6a 所示，如果绕 x 轴旋转，可得到如图 6-2-6b 所示的立体．沿过点 x 的平面切割该立体，可以得到半径为 $\sqrt{x}$ 的圆，于是截面的面积为

$$A(x) = \pi\left(\underbrace{\sqrt{x}}_{\text{半径}}\right)^2 = \pi x,$$

近似圆柱体（厚度为 Δx 的圆盘）的体积为

$$A(x)\Delta x = \pi x \Delta x .$$

旋转体介于 $x=0$ 和 $x=1$ 之间，因此其体积为

$$V = \int_0^1 A(x)\mathrm{d}x = \int_0^1 \pi x \,\mathrm{d}x = \pi \left[\frac{x^2}{2}\right]_0^1 = \frac{\pi}{2} .$$

例 2 的答案合理吗？为了验证我们的结果，我们用一个底为 $[0,1]$、高为 1 的正方形替换例 2 中给定的区域．旋转正方形，可以得到一个半径为 1、高为 1、体积为 $\pi \times 1^2 \times 1 = \pi$ 的圆柱体．我们计算的结果正好是这个体积的一半，因此结果看上去应该是正确的．

图 6-2-6

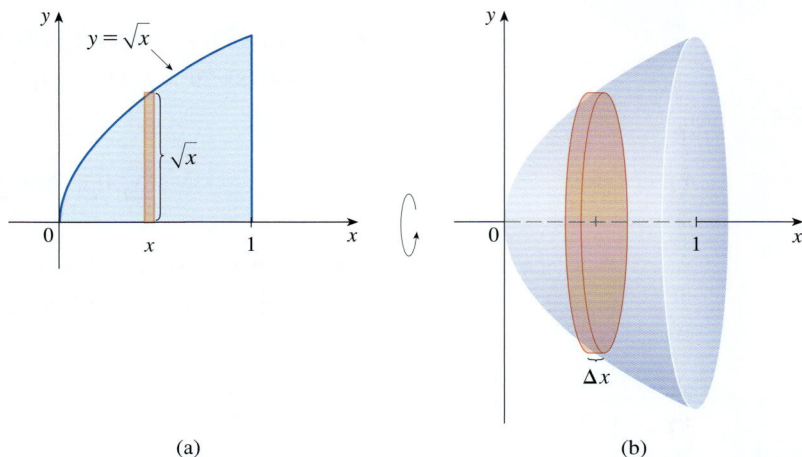

(a)

(b)

例 3 求 $y=x^3$、$y=8$ 和 $x=0$ 围成的区域绕 y 轴旋转所得立体的体积．

解 所围成的区域和得到的立体分别如图 6-2-7a 和图 6-2-7b 所示．因为该区域绕 y 轴旋转，所以沿垂直于 y 轴的平面进行切割（得到圆形截面）比较合理，因此我们要求关于 y 的积分．如果在高度为 y 处切割该立体，则可以得到半径为 $x = \sqrt[3]{y}$ 的圆，于是截面的面积为

$$A(y) = \pi \underbrace{(x)^2}_{\text{半径}} = \pi \underbrace{\left(\sqrt[3]{y}\right)^2}_{\text{半径}} = \pi y^{2/3} ,$$

图 6-2-7

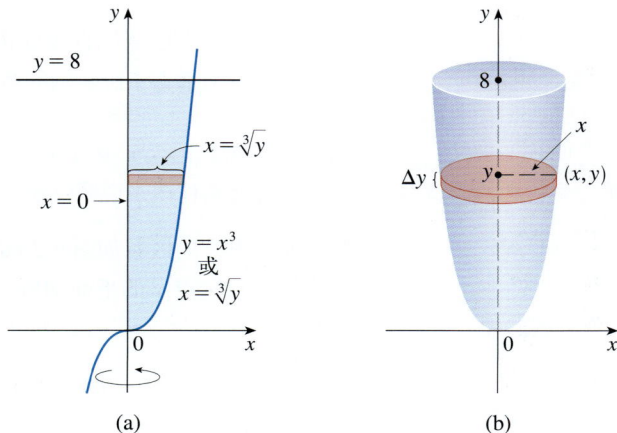

(a)

(b)

图 6-2-7b 中近似圆柱体的体积为

$$A(y)\Delta y = \pi y^{2/3} \Delta y .$$

立体介于 $y = 0$ 和 $y = 8$ 之间，因此其体积为

$$V = \int_0^8 A(y)\mathrm{d}y = \int_0^8 \pi y^{2/3}\,\mathrm{d}y = \pi\left[\frac{3}{5}y^{5/3}\right]_0^8 = \frac{96\pi}{5} . \qquad\blacksquare$$

在下面的例子中，我们将会看到一些旋转体在旋转轴周围是空心的.

例 4　区域 $\mathscr{R}$ 由 $y = x$ 和 $y = x^2$ 围成，并绕 x 轴旋转. 求旋转体的体积.

解　$y = x$ 和 $y = x^2$ 的交点为 $(0,0)$ 和 $(1,1)$. 图 6-2-8 分别画出了曲线间的区域、旋转体和截面的示意图. 旋转体在平面 P_x 上的截面是内、外半径分别为 x^2 和 x 的垫圈（环形），如图 6-2-8c 所示，于是将内、外圆的面积相减可以得到截面的面积：

$$A(x) = \underbrace{\pi\left(x\right)^2}_{\text{外半径}} - \underbrace{\pi\left(x^2\right)^2}_{\text{内半径}} = \pi\left(x^2 - x^4\right) .$$

因此，

$$V = \int_0^1 A(x)\mathrm{d}x = \int_0^1 \pi\left(x^2 - x^4\right)\mathrm{d}x$$

$$= \pi\left[\frac{x^3}{3} - \frac{x^5}{5}\right]_0^1 = \frac{2\pi}{15} .$$

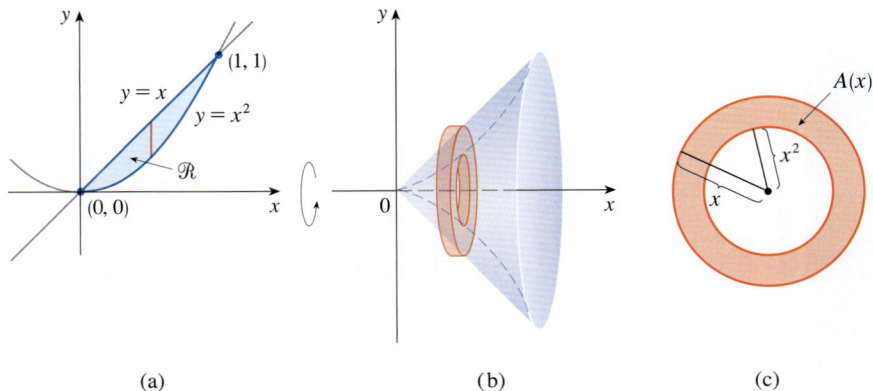

图 6-2-8　　　　(a)　　　　　　　　　　(b)　　　　　　　　　(c)　　■

下一个例子表明，当一个旋转体的旋转轴非坐标轴时，我们必须仔细确定截面的旋转半径.

例 5 求例 4 中的区域绕直线 $y=2$ 旋转所得立体的体积.

解 图 6-2-9 画出了旋转体和截面. 截面同样是一个垫圈, 内、外半径分别为 $2-x$ 和 $2-x^2$.

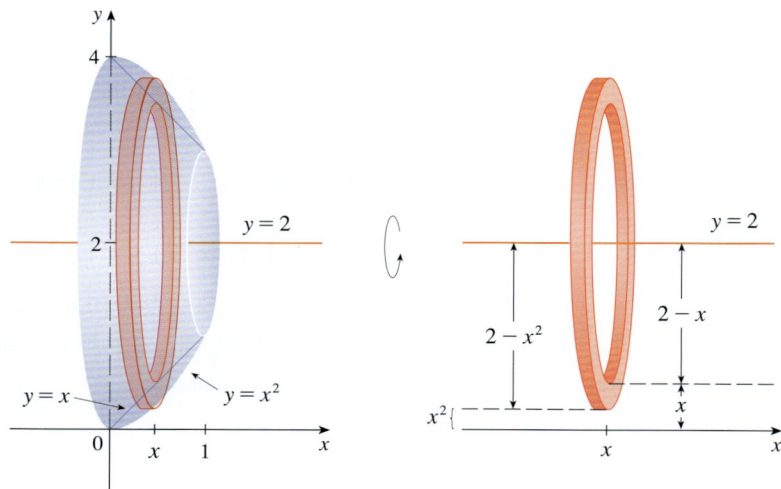

图 6-2-9

截面的面积为

$$A(x) = \pi \underbrace{\left(2-x^2\right)^2}_{\text{外半径}} - \pi \underbrace{\left(2-x\right)^2}_{\text{内半径}},$$

所以 S 的体积为

$$V = \int_0^1 A(x)\mathrm{d}x$$

$$= \pi \int_0^1 \left[\left(2-x^2\right)^2 - \left(2-x\right)^2\right]\mathrm{d}x$$

$$= \pi \int_0^1 \left(x^4 - 5x^2 + 4x\right)\mathrm{d}x$$

$$= \pi \left[\frac{x^5}{5} - 5 \cdot \frac{x^3}{3} + 4 \cdot \frac{x^2}{2}\right]_0^1 = \frac{8\pi}{15}.$$

注 我们通常用基本的定义式来计算旋转体的体积:

$$V = \int_a^b A(x)\mathrm{d}x \text{ 或 } V = \int_c^d A(y)\mathrm{d}y,$$

并利用以下方法求截面的面积 $A(x)$ 或 $A(y)$:

- 如果截面为圆 (如例 1~ 例 3), 那么

$$A = \pi \times \text{半径}^2;$$

- 如果截面为垫圈（如例 4 和例 5），那么可以根据图像（如图 6-2-8、图 6-2-9 和图 6-2-10）求出内半径 $r_{内}$ 和外半径 $r_{外}$，并且通过将内、外圆的面积相减来计算垫圈的面积：

$$A = \pi \times 外半径^2 - \pi \times 内半径^2.$$

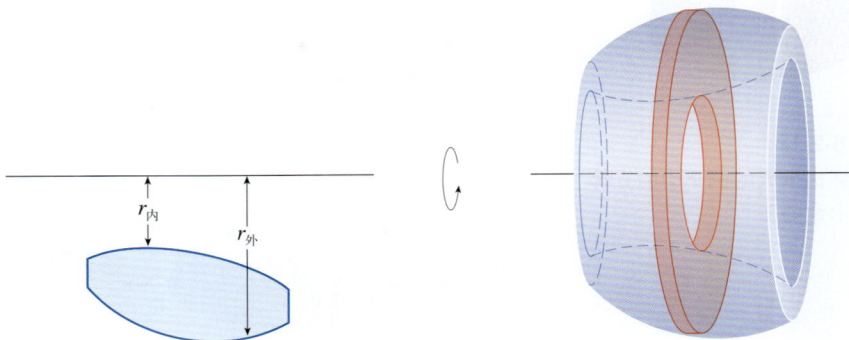

图 6-2-10

下面的例子将给出这一过程的进一步描述.

例 6　求例 4 中的区域绕直线 $x = -1$ 旋转所得立体的体积.

解　图 6-2-11 画出了水平截面，它是一个内、外半径分别为 $1+y$ 和 $1+\sqrt{y}$ 的垫圈，于是截面的面积为

$$A(y) = \pi \times 外半径^2 - \pi \times 内半径^2$$
$$= \pi\left(1+\sqrt{y}\right)^2 - \pi\left(1+y\right)^2.$$

故立体的体积为

$$V = \int_0^1 A(y)\mathrm{d}y = \pi\int_0^1\left[\left(1+\sqrt{y}\right)^2 - \left(1+y\right)^2\right]\mathrm{d}y$$

$$= \pi\int_0^1\left(2\sqrt{y} - y - y^2\right)\mathrm{d}y = \pi\left[\frac{4y^{3/2}}{3} - \frac{y^2}{2} - \frac{y^3}{3}\right]_0^1 = \frac{\pi}{2}.$$

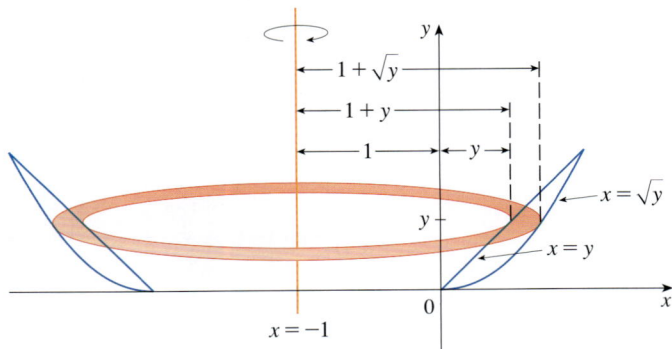

图 6-2-11

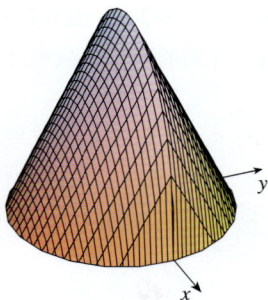

图 6-2-12
计算机生成的例 7 中的立体
的示意图

用截面的面积求体积

现在来求不是旋转体的立体的体积，但其截面的面积也易于计算.

例 7 图 6-2-12 展示了一个立体，它的底面是半径为 1 的圆，垂直于底面的截面为等边三角形. 求立体的体积.

解 将圆写成 $x^2 + y^2 = 1$. 图 6-2-13 分别显示了立体及其底面以及到原点的距离为 x 处的截面.

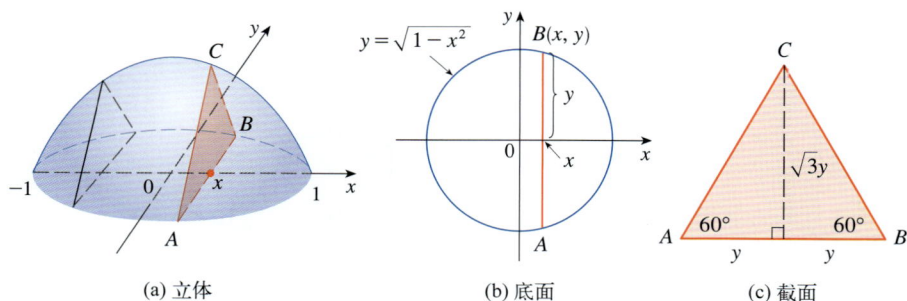

图 6-2-13

(a) 立体   (b) 底面   (c) 截面

因为 B 在圆上，所以有 $y = \sqrt{1-x^2}$，三角形 ABC 的底为 $|AB| = 2y = 2\sqrt{1-x^2}$.
因此，由图 6-2-13c 可知，等边三角形的高为 $\sqrt{3}y = \sqrt{3} \cdot \sqrt{1-x^2}$，于是截面的面积为

$$A(x) = \frac{1}{2} \cdot 2\sqrt{1-x^2} \cdot \sqrt{3} \cdot \sqrt{1-x^2} = \sqrt{3}\left(1-x^2\right).$$

故立体的体积为

$$V = \int_{-1}^{1} A(x)\mathrm{d}x = \int_{-1}^{1} \sqrt{3}\left(1-x^2\right)\mathrm{d}x$$

$$= 2\int_{0}^{1} \sqrt{3}\left(1-x^2\right)\mathrm{d}x = 2\sqrt{3}\left[x - \frac{x^3}{3}\right]_{0}^{1} = \frac{4\sqrt{3}}{3}.$$ ■

例 8 求底面是边长为 L 的正方形、高为 h 的棱锥体的体积.

解 如图 6-2-14 所示，将棱锥体的顶点置于原点，x 轴作为中心轴. 沿过 x、垂直于 x 轴的平面 P_x 切割棱锥体，可以得到一个边长为 s 的正方形. 通过图 6-2-15 中的相似三角形，可以求出用 x 表示 s 的表达式：

$$\frac{x}{h} = \frac{s/2}{L/2} = \frac{s}{L},$$

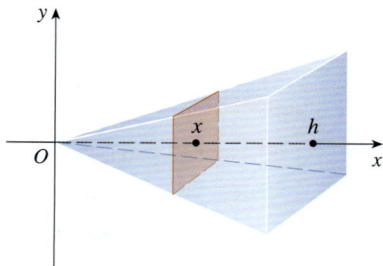

图 6-2-14

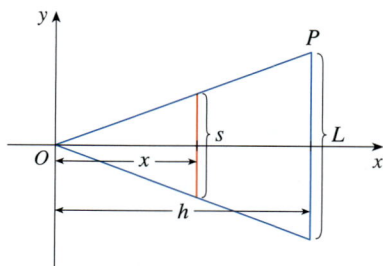

图 6-2-15

所以 $s = Lx/h$（另一种方法是观察 OP 的斜率为 $L/(2h)$，因此其方程为 $y = Lx/(2h)$），于是截面的面积为

$$A(x) = s^2 = \frac{L^2}{h^2}x^2 .$$

棱锥体介于 $x = 0$ 和 $x = h$ 之间，因此其体积为

$$V = \int_0^h A(x)\mathrm{d}x = \int_0^h \frac{L^2}{h^2}x^2 \, \mathrm{d}x$$

$$= \frac{L^2}{h^2}\frac{x^3}{3}\bigg]_0^h = \frac{L^2 h}{3} . \quad \blacksquare$$

注 例 8 中，不是必须将顶点置于原点，这样做仅仅是为了使方程简单．如果将底面的中心置于原点，顶点在 y 轴正方向上，如图 6-2-16 所示，我们可以得到积分

$$V = \int_0^h \frac{L^2}{h^2}(h-y)^2 \, \mathrm{d}y = \frac{L^2 h}{3} .$$

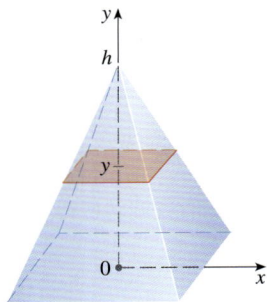

图 6-2-16

例 9 一个楔形体由两个平面从半径为 4 的圆柱体上切得，其中一个平面垂直于圆柱体的轴，另一个平面与第一个平面的交线为圆柱体的一条直径，夹角为 $30°$，求楔形体的体积．

解 如果令 x 轴为两个平面的交线（即圆柱体的直径），那么楔形体的底面是一个半圆，其方程为 $y = \sqrt{16-x^2}$，$-4 \leqslant x \leqslant 4$．到原点的距离为 x、垂直于 x 轴的截面是三角形 ABC，其底为 $y = \sqrt{16-x^2}$，高为 $|BC| = y\tan 30° = \sqrt{16-x^2}/\sqrt{3}$，如图 6-2-17 所示，则截面的面积为

$$A(x) = \frac{1}{2}\sqrt{16-x^2} \cdot \frac{1}{\sqrt{3}}\sqrt{16-x^2}$$

$$= \frac{16-x^2}{2\sqrt{3}} ,$$

楔形体的体积为

$$V = \int_{-4}^4 A(x)\mathrm{d}x = \int_{-4}^4 \frac{16-x^2}{2\sqrt{3}} \, \mathrm{d}x$$

$$= \frac{1}{\sqrt{3}}\int_0^4 (16-x^2)\mathrm{d}x = \frac{1}{\sqrt{3}}\left[16x - \frac{x^3}{3}\right]_0^4 = \frac{128}{3\sqrt{3}} .$$

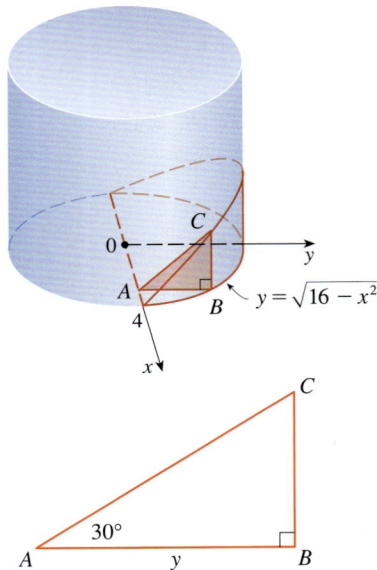

图 6-2-17

另一种方法见练习 77． $\blacksquare$

6.2 练习

1~4 立体通过阴影区域绕指定直线旋转而得.

(a) 画出立体及其截面（圆或垫圈）的示意图.

(b) 用积分表示立体的体积.

(c) 计算积分，求出立体的体积.

1. 绕 x 轴旋转　　　**2.** 绕 x 轴旋转

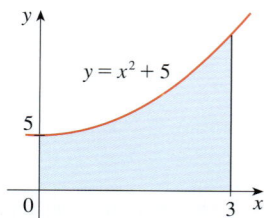　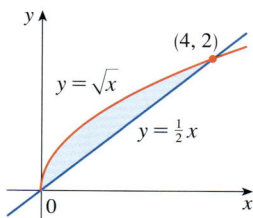

3. 绕 y 轴旋转　　　**4.** 绕 y 轴旋转

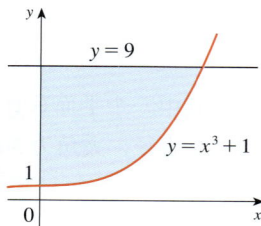　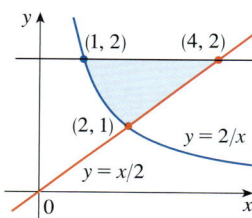

5~10 用积分表示给定直线或曲线围成的区域绕指定直线旋转所得立体的体积，无须计算.

5. $y = \ln x$ ，$y = 0$ ，$x = 3$；绕 x 轴旋转.

6. $x = \sqrt{5 - y}$ ，$y = 0$ ，$x = 0$；绕 y 轴旋转.

7. $8y = x^2$ ，$y = \sqrt{x}$；绕 y 轴旋转.

8. $y = (x - 2)^2$ ，$y = x + 10$；绕 x 轴旋转.

9. $y = \sin x$ ，$y = 0$ ，$0 \leqslant x \leqslant \pi$；绕 $y = -2$ 旋转.

10. $y = \sqrt{x}$ ，$y = 0$ ，$x = 4$；绕 $x = 6$ 旋转.

11~28 求给定直线或曲线围成的区域绕指定直线旋转所得立体的体积，画出区域、立体和截面（圆或垫圈）.

11. $y = x + 1$ ，$y = 0$ ，$x = 0$ ，$x = 2$；绕 x 轴旋转.

12. $y = 1/x$ ，$y = 0$ ，$x = 1$ ，$x = 4$；绕 x 轴旋转.

13. $y = \sqrt{x - 1}$ ，$y = 0$ ，$x = 5$；绕 x 轴旋转.

14. $y = e^x$ ，$y = 0$ ，$x = -1$ ，$x = 1$；绕 x 轴旋转.

15. $x = 2\sqrt{y}$ ，$x = 0$ ，$y = 9$；绕 y 轴旋转.

16. $2x = y^2$ ，$x = 0$ ，$y = 4$；绕 y 轴旋转.

17. $y = x^2$ ，$y = 2x$；绕 y 轴旋转.

18. $y = 6 - x^2$ ，$y = 2$；绕 x 轴旋转.

19. $y = x^3$ ，$y = \sqrt{x}$；绕 x 轴旋转.

20. $x = 2 - y^2$ ，$x = y^4$；绕 y 轴旋转.

21. $y = x^2$ ，$x = y^2$；绕 $y = 1$ 旋转.

22. $y = x^3$ ，$y = 1$ ，$x = 2$；绕 $y = -3$ 旋转.

23. $y = 1 + \sec x$ ，$y = 3$；绕 $y = 1$ 旋转.

24. $y = \sin x$ ，$y = \cos x$ ，$0 \leqslant x \leqslant \pi/4$；绕 $y = -1$ 旋转.

25. $y = x^3$ ，$y = 0$ ，$x = 1$；绕 $x = 2$ 旋转.

26. $xy = 1$ ，$y = 0$ ，$x = 1$ ，$x = 2$；绕 $x = -1$ 旋转.

27. $x = y^2$ ，$x = 1 - y^2$；绕 $x = 3$ 旋转.

28. $y = x$ ，$y = 0$ ，$x = 2$ ，$x = 4$；绕 $x = 1$ 旋转.

29~40 参照下图，计算不同区域绕不同直线旋转所得立体的体积.

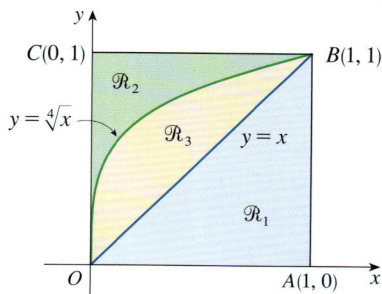

29. $\mathcal{R}_1$ 绕 OA 旋转.　　　**30.** $\mathcal{R}_1$ 绕 OC 旋转.

31. $\mathcal{R}_1$ 绕 AB 旋转.　　　**32.** $\mathcal{R}_1$ 绕 BC 旋转.

33. $\mathcal{R}_2$ 绕 OA 旋转.　　　**34.** $\mathcal{R}_2$ 绕 OC 旋转.

35. $\mathcal{R}_2$ 绕 AB 旋转.　　　**36.** $\mathcal{R}_2$ 绕 BC 旋转.

37. $\mathcal{R}_3$ 绕 OA 旋转.　　　**38.** $\mathcal{R}_3$ 绕 OC 旋转.

39. $\mathcal{R}_3$ 绕 AB 旋转.　　　**40.** $\mathcal{R}_3$ 绕 BC 旋转.

T 41~44 用积分表示给定直线或曲线围成的区域绕指定直线旋转所得立体的体积，然后用计算器或计算机计算其值，精确到小数点后 5 位.

41. $y = e^{-x^2}$ ，$y = 0$ ，$x = -1$ ，$x = 1$

(a) 绕 x 轴旋转.　　　(b) 绕 $y = -1$ 旋转.

42. $y = 0$ ，$y = \cos^2 x$ ，$-\pi/2 \leqslant x \leqslant \pi/2$

(a) 绕 x 轴旋转.　　　(b) 绕 $y = 1$ 旋转.

43. $x^2 + 4y^2 = 4$

(a) 绕 $y = 2$ 旋转.　　　(b) 绕 $x = 2$ 旋转.

44. $y = x^2$，$x^2 + y^2 = 1$，$y \geqslant 0$

　　(a) 绕 x 轴旋转.　　　　　　(b) 绕 y 轴旋转.

T **45~46** 利用图像求给定曲线的交点横坐标的近似值，然后用计算器或计算机求给定曲线围成的区域绕 x 轴旋转所得立体的体积的近似值.

45. $y = \ln(x^6 + 2)$，$y = \sqrt{3 - x^3}$

46. $y = 1 + xe^{-x^3}$，$y = \arctan x^2$

T **47~48** 使用计算机代数系统，求给定直线或曲线围成的区域绕指定直线旋转所得立体的体积的准确值.

47. $y = \sin^2 x$，$y = 0$，$0 \leqslant x \leqslant \pi$；绕 $y = -1$ 旋转.

48. $y = x$，$y = xe^{1-(x/2)}$；绕 $y = 3$ 旋转.

49~54 下列积分分别表示一个旋转体的体积. 描述这个旋转体.

49. $\pi \int_0^{\pi/2} \sin^2 x \, dx$　　　　**50.** $\pi \int_0^{\ln 2} e^{2x} \, dx$

51. $\pi \int_0^1 (x^4 - x^6) \, dx$　　　**52.** $\pi \int_{-1}^1 (1 - y^2)^2 \, dy$

53. $\pi \int_0^4 y \, dy$　　　　　　**54.** $\pi \int_1^4 \left[3^2 - (3 - \sqrt{x})^2 \right] dx$

T **55.** CT（计算机体层成像）可以生成人体器官的等距截面的视图，它提供了除此之外只能由外科手术获得的信息. 假设利用 CT 得到间隔为 1.5cm 的人体肝脏的各个截面的视图. 肝脏的长度为 15cm，截面的面积分别为 0、18、58、79、94、106、117、128、63、39、0（cm²）. 利用中点法则求出肝脏的体积.

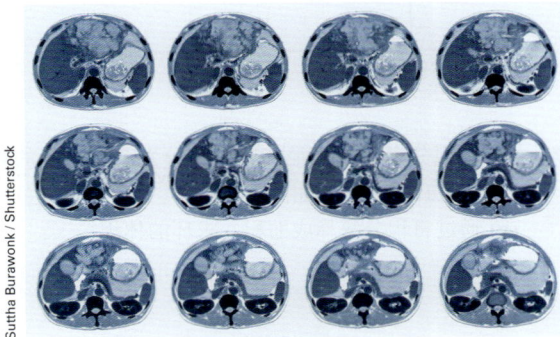

Suttha Burawonk / Shutterstock

56. 以 1m 为间隔对一块 10m 长的木材进行切割，距离木材末端 x m 处的截面的面积 A 记录在右栏的表中. 利用中点法则估计木材的体积.

x/m	A/m²	x/m	A/m²
0	0.68	6	0.53
1	0.65	7	0.55
2	0.64	8	0.52
3	0.61	9	0.50
4	0.58	10	0.48
5	0.59		

57. (a) 如果下图所示的区域绕 x 轴旋转形成一个立体，使用 $n = 4$ 时的中点法则估计立体的体积.

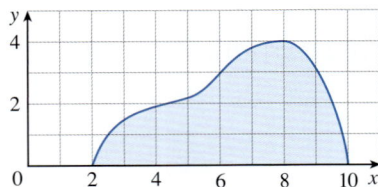

　　(b) 如果该区域绕 y 轴旋转形成一个立体，再次使用 $n = 4$ 时的中点法则估计立体的体积.

T **58.** (a) 将 $f(x) = (ax^3 + bx^2 + cx + d)\sqrt{1 - x^2}$ 的图像下方的区域绕 x 轴旋转，可以得到鸟蛋形的数学模型. 使用计算机代数系统，求该鸟蛋形立体的体积.

　　(b) 对于红喉潜鸟的鸟蛋形状，$a = -0.06$，$b = 0.04$，$c = 0.1$，$d = 0.54$. 画出 f 的图像，求这种鸟蛋形立体的体积.

59~74 求下列立体 S 的体积.

59. 高为 h、半径为 r 的圆柱体.

60. 高为 h，顶面和底面的半径分别为 r 和 R 的圆台.

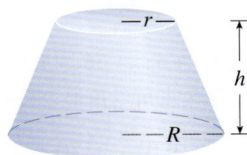

61. 半径为 r 的球体中，高为 h 的球冠.

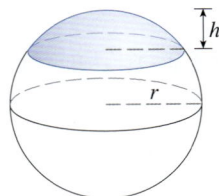

62. 顶面和底面分别是边长为 a 和 b 的正方形、高为 h 的棱台.

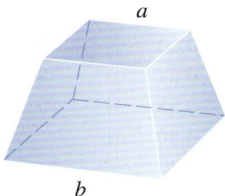

如果 $a = b$ 会如何？如果 $a = 0$ 会如何？

63. 高为 h、底面是长和宽分别为 $2b$ 和 b 的矩形的棱锥体.

64. 高为 h、底面是边长为 a 的等边三角形的棱锥体（四面体）.

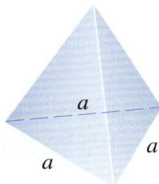

65. 三个面相互垂直，三条棱相互垂直，棱长分别为 3cm、4cm 和 5cm 的四面体.

66. S 的底面是半径为 r 的圆，垂直于底面的截面是正方形.

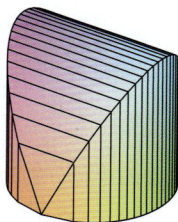

67. S 的底面是曲线 $9x^2 + 4y^2 = 36$ 围成的椭圆形区域，垂直于 x 轴的截面是等腰直角三角形，且斜边在底面上.

68. S 的底面是顶点为 $(0,0)$、$(1,0)$ 和 $(0,1)$ 的三角形，垂直于 y 轴的截面是等边三角形.

69. S 的底面与练习 68 中相同，但垂直于 x 轴的截面是正方形.

70. S 的底面是抛物线 $y = 1 - x^2$ 和 x 轴围成的区域，垂直于 y 轴的截面是正方形.

71. S 的底面与练习 70 中相同，但垂直于 x 轴的截面是等腰三角形，且高等于底.

72. S 的底面是抛物线 $y = 2 - x^2$ 和 x 轴围成的区域，垂直于 y 轴的截面是四分之一圆.

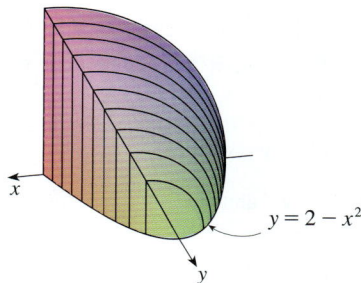

73. S 是垂直于 x 轴、与 x 轴相交、其中心位于抛物线 $y = \frac{1}{2}(1 - x^2)$，$-1 \leqslant x \leqslant 1$ 上的圆围成的立体.

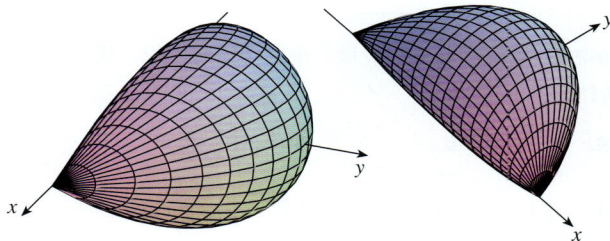

74. S 的垂直于 x 轴的截面是圆，其直径从曲线 $y = \frac{1}{2}\sqrt{x}$ 延伸到曲线 $y = \sqrt{x}$，其中 $0 \leqslant x \leqslant 4$.

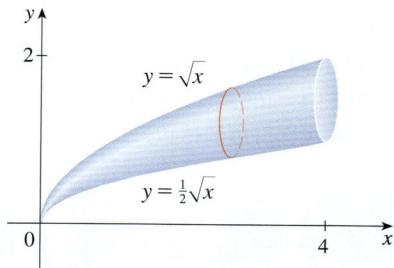

75. (a) 用积分表示小半径和主半径分别为 r 和 R 的环的体积（环是一个甜甜圈状的立体，如下图所示）.

(b) 通过将积分解释成面积，求环的体积.

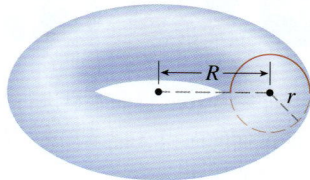

76. S 的底面是半径为 r 的圆，垂直于底面的平行截面是高为 h 的等腰三角形，且各等腰三角形的底边不相等.

(a) 建立 S 体积的积分.

(b) 将积分解释成面积，并求 S 的体积.

77. 将例 9 中的截面改为平行于两平面的交线，重新计算.

78~79 祖暅原理 祖暅原理（又称卡瓦列里原理）表明，如果两个立体 S_1 和 S_2 由平行的平面切出的截面总是相等，那么 S_1 和 S_2 的体积相等.

78. (a) 证明祖暅原理.

(b) 利用祖暅原理，求下图中斜圆柱体的体积.

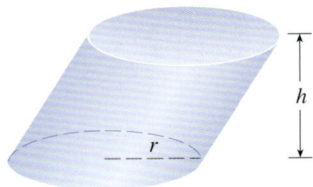

79. 利用祖暅原理，证明一个半径为 r 的实心半球的体积等于一个半径为 r、高为 r 的圆柱体去掉一个圆锥体后的体积，如下图所示.

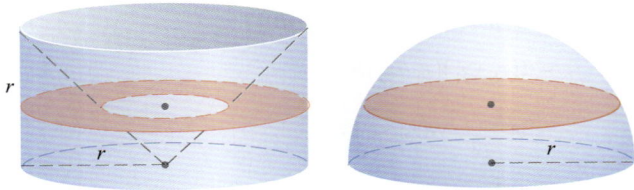

80. 如果两个半径为 r 的圆柱体垂直相交，求公共部分的体积.

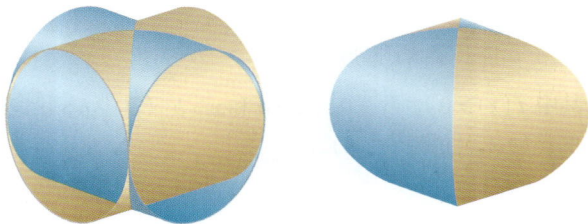

81. 如果两个半径为 r 的球体相交，且球心分别位于另一球体的表面，求两球体公共部分的体积.

82. 一只碗呈直径为 30cm 的半球形. 将一个直径为 10cm 的重球放入碗中，并注水至深度为 h cm，求碗中水的体积.

83. 对于一个半径为 R 的圆柱体，从圆柱体的中间垂直于圆柱体的中心轴，钻一个半径为 r（$r < R$）的孔. 用积分表示切出的立体的体积，无须计算.

84. 对于一个半径为 R 的球体，过球心钻一个半径为 r（$r < R$）的孔. 求球体余下的部分的体积.

85. 微积分的一些先驱，如开普勒和牛顿，从求葡萄酒桶体积的问题中得到了启发.（开普勒在 1615 年出版了 *Stereometria doliorum* 一书，专门研究如何求酒桶的体积.）他们经常用抛物线近似酒桶的外形.

(a) 一个酒桶的高度为 h，最大半径为 R，它由抛物线 $y = R - cx^2$，$-h/2 \leqslant x \leqslant h/2$ 绕 x 轴旋转得到，其中 c 为正常数. 证明酒桶两端的半径为 $r = R - d$，其中 $d = ch^2/4$.

(b) 证明酒桶的体积为

$$V = \frac{1}{3}\pi h\left(2R^2 + r^2 - \frac{2}{5}d^2\right).$$

86. 假设区域 $\mathscr{R}$ 的面积为 A，且 $\mathscr{R}$ 位于 x 轴上方. $\mathscr{R}$ 绕 x 轴旋转所得立体的体积为 V_1，$\mathscr{R}$ 绕直线 $y = -k$（k 为正数）旋转所得立体的体积为 V_2. 用 V_1、k、A 表示 V_2.

87. 平面的膨胀是指以缩放系数 c 将点 (x, y) 映射到点 (cx, cy) 的变换过程. 对平面上的一个区域进行膨胀会产生几何上相似的形状. 某制造商想生产容积为 5L（5000cm³）的陶器，其形状在几何上类似于下图中的区域 $\mathscr{R}_1$ 绕 y 轴旋转得到的立体.

(a) 求通过 $\mathscr{R}_1$ 旋转得到的陶器的体积 V_1.

(b) 证明进行缩放系数为 c 的膨胀可以将区域 $\mathscr{R}_1$ 转换为区域 $\mathscr{R}_2$.

(c) 证明通过 $\mathscr{R}_2$ 旋转得到的陶器的体积 V_2 等于 $c^3 V_1$.

(d) 求生产 5L 陶器所需的缩放系数 c.

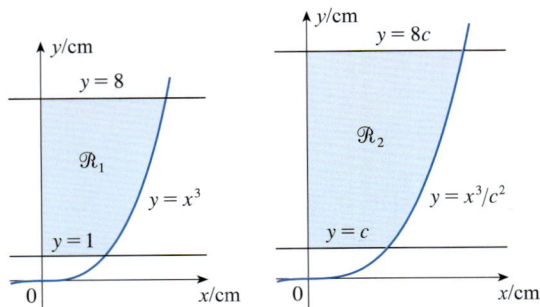

6.3 | 柱壳法求体积

一些体积问题利用上一节中所介绍的方法很难解决. 例如, 求曲线 $y = 2x^2 - x^3$ 和直线 $y = 0$ 围成的区域绕 y 轴旋转所得旋转体的体积 (见图 6-3-1). 如果用垂直于 y 轴的平面切割旋转体, 可以得到一个垫圈, 但是为了求内、外半径, 必须解方程 $y = 2x^2 - x^3$, 这并不容易.

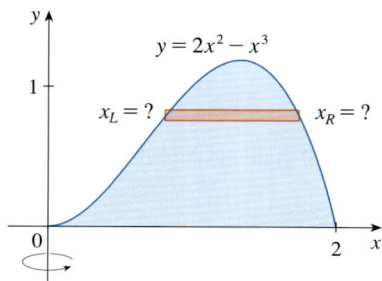

图 6-3-1

■ 柱壳法

有一种叫作柱壳法的方法, 用于如图 6-3-1 中的情况会更容易. 图 6-3-2 显示了一个内、外半径分别为 r_1 和 r_2, 高为 h 的柱壳, 它的体积 V 等于内、外两个圆柱体的体积 V_1 和 V_2 的差:

$$
\begin{aligned}
V &= V_2 - V_1 \\
&= \pi r_2^2 h - \pi r_1^2 h = \pi \left(r_2^2 - r_1^2 \right) h \\
&= \pi \left(r_2 + r_1 \right) \left(r_2 - r_1 \right) h \\
&= 2\pi \frac{r_2 + r_1}{2} h \left(r_2 - r_1 \right).
\end{aligned}
$$

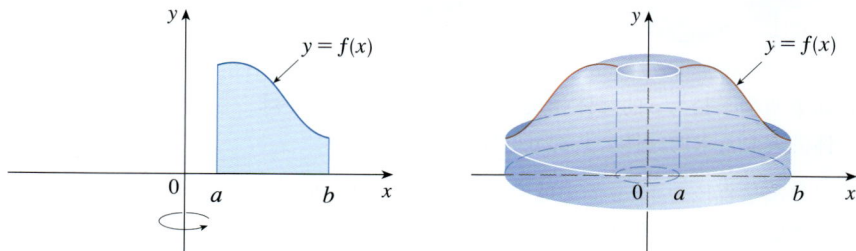

图 6-3-2

如果令 $\Delta r = r_2 - r_1$ (壳的厚度), $r = \frac{1}{2} \left(r_2 + r_1 \right)$ (壳的平均半径), 那么柱壳的体积公式为

[1]
$$ V = 2\pi r h \Delta r, $$

它可以表述为

$$ V = 周长 \times 高 \times 厚度. $$

现在设 S 是 $y = f(x)$ (其中 $f(x) \geq 0$)、$y = 0$、$x = a$ 和 $x = b$ (其中 $b > a \geq 0$) 围成的区域绕 y 轴旋转所得的旋转体 (见图 6-3-3).

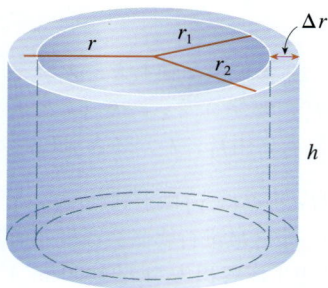

图 6-3-3

将区间 $[a,b]$ 分成宽均为 Δx 的 n 个子区间 $[x_{i-1},x_i]$，并令 $\overline{x}_i$ 为第 i 个子区间的中点．如果底为 $[x_{i-1},x_i]$、高为 $f(\overline{x}_i)$ 的矩形绕 y 轴旋转，可以得到一个半径为 $\overline{x}_i$、高为 $f(\overline{x}_i)$、厚度为 Δx 的柱壳（见图 6-3-4），由公式 1 可知，它的体积为

$$V_i = \left(2\pi\overline{x}_i\right)\left[f\left(\overline{x}_i\right)\right]\Delta x,$$

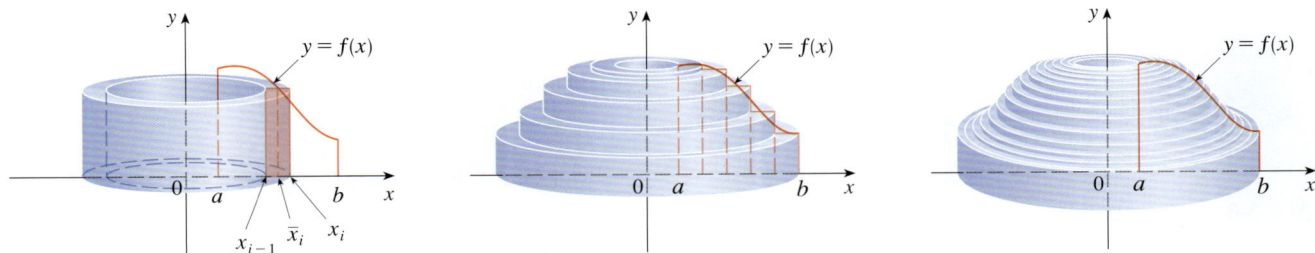

图 6-3-4

所以这些柱壳的体积之和可以近似 S 的体积 V：

$$V \approx \sum_{i=1}^{n}V_i = \sum_{i=1}^{n}2\pi\overline{x}_i f\left(\overline{x}_i\right)\Delta x.$$

当 $n \to +\infty$ 时，这个近似会越来越精确．但是，由积分的定义可知，

$$\lim_{n\to+\infty}\sum_{i=1}^{n}2\pi\overline{x}_i f\left(\overline{x}_i\right)\Delta x = \int_a^b 2\pi x f(x)\mathrm{d}x.$$

这样就有下面的公式：

> **2** 曲线 $y = f(x)$ 下方从 $x=a$ 到 $x=b$ 的区域绕 y 轴旋转所得立体（如图 6-3-3 所示）的体积为
>
> $$V = \int_a^b 2\pi x f(x)\mathrm{d}x，\ \text{其中}\ 0 \leqslant a < b.$$

利用柱壳构造的公式 2 看起来很合理，后面我们将给出证明（见 7.1 节练习 81）．

想象一个切开并展平的柱壳，以便更好地记忆公式 2．如图 6-3-5 所示，它的半径为 x，周长为 $2\pi x$，高为 $f(x)$，厚度为 Δx 或 $\mathrm{d}x$：

$$V = \int_a^b \underbrace{(2\pi x)}_{\text{周长}}\underbrace{\left[f(x)\right]}_{\text{高}}\underbrace{\mathrm{d}x}_{\text{厚度}}.$$

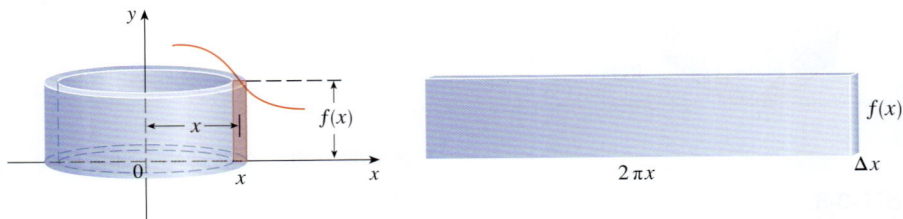

图 6-3-5

这种方法也适合其他情况，例如一个区域绕 y 轴以外的其他直线旋转时也可以应用柱壳法.

例 1 求曲线 $y = 2x^2 - x^3$ 和直线 $y = 0$ 围成的区域绕 y 轴旋转所得立体的体积.

解 由图 6-3-6 可知，柱壳的半径为 x，周长为 $2\pi x$，高为 $f(x) = 2x^2 - x^3$，于是利用柱壳法得到立体的体积为

$$V = \int_0^2 \underbrace{(2\pi x)}_{\text{周长}} \underbrace{(2x^2 - x^3)}_{\text{高}} \underbrace{\mathrm{d}x}_{\text{厚度}}$$

$$= 2\pi \int_0^2 (2x^3 - x^4)\mathrm{d}x = 2\pi \left[\frac{1}{2}x^4 - \frac{1}{5}x^5 \right]_0^2$$

$$= 2\pi \times \left(8 - \frac{32}{5} \right) = \frac{16}{5}\pi.$$

我们可以验证柱壳法和切片法给出的结果是相同的. ∎

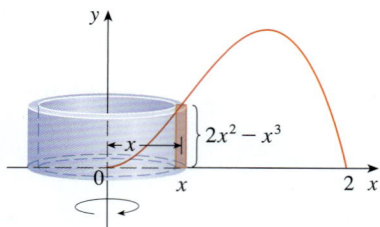

图 6-3-6

图 6-3-7 展示了计算机生成的例 1 中立体的示意图.

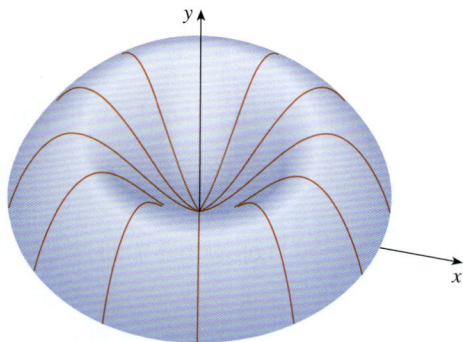

图 6-3-7

注 将例 1 的解法与本节开头的讨论进行比较，可以发现用柱壳法解决这个问题比用垫圈法简单得多，我们不用求极大值点的坐标，也无须用 y 解关于 x 的曲线方程. 不过在其他例子中，使用上一节中的方法也可能更简单.

例 2 求直线 $y = x$ 和曲线 $y = x^2$ 围成的区域绕 y 轴旋转所得立体的体积.

解 图 6-3-8 画出了上述区域和一个柱壳. 可以看到柱壳的半径为 x，周长为 $2\pi x$，高为 $x - x^2$，于是立体的体积为

$$V = \int_0^1 (2\pi x)(x - x^2)\mathrm{d}x = 2\pi \int_0^1 (x^2 - x^3)\mathrm{d}x$$

$$= 2\pi \left[\frac{x^3}{3} - \frac{x^4}{4} \right]_0^1 = \frac{\pi}{6}. \quad ∎$$

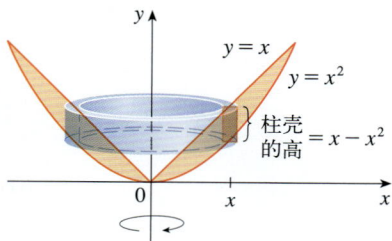

图 6-3-8

下例说明，当一个区域绕 x 轴旋转时，柱壳法同样有效，只需画图确定柱壳的半径和高.

例 3 利用柱壳法求曲线 $y = \sqrt{x}$ 下方从 $x = 0$ 到 $x = 1$ 的区域绕 x 轴旋转所得立体的体积.

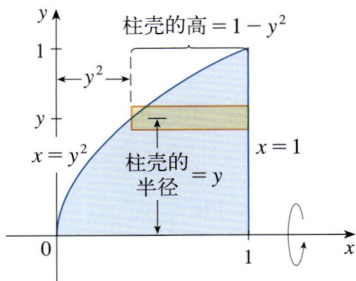

解 这个问题在 6.2 节例 2 中用圆盘法解决过. 为了使用柱壳法, 先将 $y = \sqrt{x}$ 写成 $x = y^2$ (见图 6-3-9). 由于旋转轴为 x 轴, 因此柱壳的半径为 y, 周长为 $2\pi y$, 高为 $1 - y^2$, 于是立体的体积为

$$V = \int_0^1 (2\pi y)(1 - y^2)\,\mathrm{d}y = 2\pi \int_0^1 (y - y^3)\,\mathrm{d}y$$

$$= 2\pi \left[\frac{y^2}{2} - \frac{y^4}{4} \right]_0^1 = \frac{\pi}{2}.$$

对于这个问题, 使用圆盘法更简单. ∎

图 6-3-9

例 4 求曲线 $y = x - x^2$ 和直线 $y = 0$ 围成的区域绕直线 $x = 2$ 旋转所得立体的体积.

解 图 6-3-10 画出了上述区域和它绕直线 $x = 2$ 旋转所得的一个柱壳, 它的半径为 $2 - x$, 周长为 $2\pi(2 - x)$, 高为 $x - x^2$.

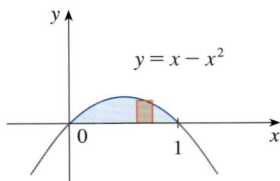

图 6-3-10

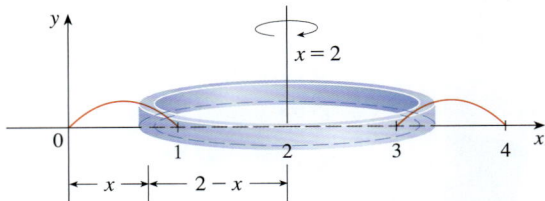

因此, 立体的体积为

$$V = \int_0^1 2\pi(2 - x)(x - x^2)\,\mathrm{d}x$$

$$= 2\pi \int_0^1 (x^3 - 3x^2 + 2x)\,\mathrm{d}x$$

$$= 2\pi \left[\frac{x^4}{4} - x^3 + x^2 \right]_0^1 = \frac{\pi}{2}.$$ ∎

■ 圆盘和垫圈 vs 柱壳

当计算一个旋转体的体积时, 如何确定是利用圆盘 (或垫圈) 法还是柱壳法? 有几个因素需要考虑: 旋转的区域用形如 $y = f(x)$ 的上、下边界来描述更容易, 还是用形如 $x = g(y)$ 的左、右边界来描述更容易? 哪个选择更容易继续操作? 一个变量的积分极限是否比另一个变量的积分极限更容易求得? 以 x 为变量时, 这个区域是否需要两个单独的积分, 而以 y 为变量时只需要一个? 能否根据选择的变量计算出我们构造的积分?

如果发现使用其中一个变量比另一个变量更容易处理, 那么我们就确定了使用哪种方法. 在区域中画出一个样本矩形, 对应立体的截面, 其厚度为 Δx 或 Δy, 对应积分的变量. 这个矩形经过旋转形成圆盘 (垫圈) 或柱壳. 有时两种方法都有效, 如下例所示.

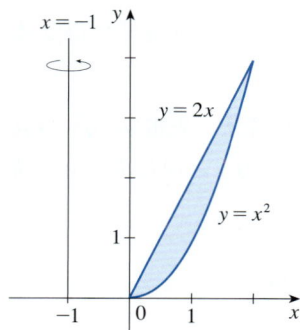

图 6-3-11

例 5   图 6-3-11 显示了曲线 $y = x^2$ 和直线 $y = 2x$ 在第一象限中围成的区域. 该区域绕直线 $x = -1$ 旋转得到一个立体. (a) 以 x 为积分变量，求立体的体积；(b) 以 y 为积分变量，求立体的体积.

解   该立体如图 6-3-12a 所示.

(a) 以 x 为积分变量求体积，我们在垂直面上画出样本矩形，如图 6-3-12b 所示. 上述区域绕直线 $x = -1$ 旋转会形成柱壳，于是立体的体积为

$$V = \int_0^2 2\pi (x+1)(2x - x^2)\mathrm{d}x = 2\pi \int_0^2 (x^2 + 2x - x^3)\mathrm{d}x$$

$$= 2\pi \left[\frac{x^3}{3} + x^2 - \frac{x^4}{4} \right]_0^2 = \frac{16\pi}{3} \; .$$

(b) 以 y 为积分变量求体积，我们在水平面上画出样本矩形，如图 6-3-12c 所示. 上述区域绕直线 $x = -1$ 旋转会形成垫圈形截面，于是立体的体积为

$$V = \int_0^4 \left[\pi \left(\sqrt{y} + 1 \right)^2 - \pi \left(\frac{1}{2}y + 1 \right)^2 \right]\mathrm{d}y = \pi \int_0^4 \left(2\sqrt{y} - \frac{1}{4}y^2 \right)\mathrm{d}y$$

$$= \pi \left[\frac{4}{3}y^{3/2} - \frac{1}{12}y^3 \right]_0^4 = \frac{16\pi}{3} \; . \qquad \blacksquare$$

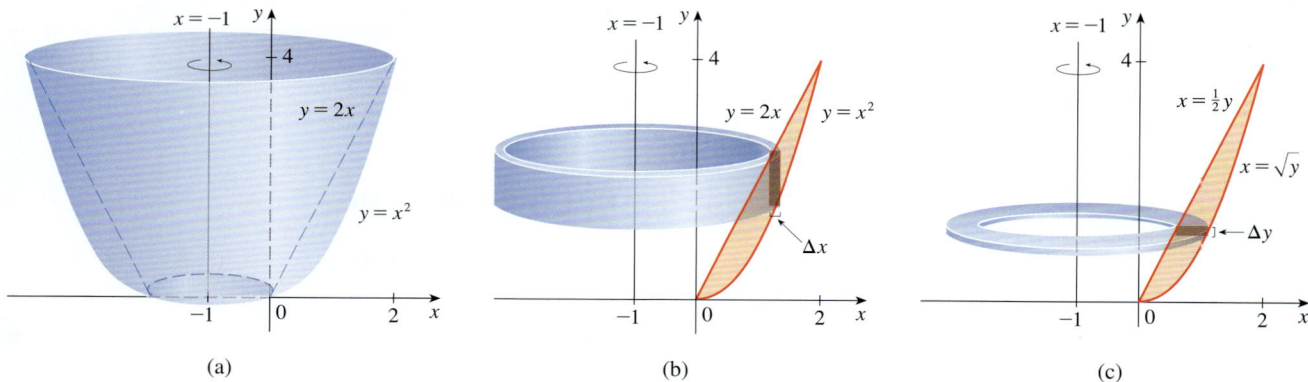

(a)   (b)   (c)

图 6-3-12

6.3 | 练习

1. 设 S 是下图中的区域绕 y 轴旋转得到的立体. 解释为什么用垫圈法很难求得 S 的体积 V. 画出柱壳的示意图，求它的周长和高，并利用柱壳法求体积 V.

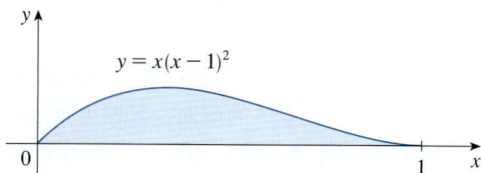

2. 设 S 是下图中的区域绕 y 轴旋转得到的立体. 画出柱壳的示意图，求它的周长和高，并利用柱壳法求 S 的体积. 这种方法优于垫圈法吗？

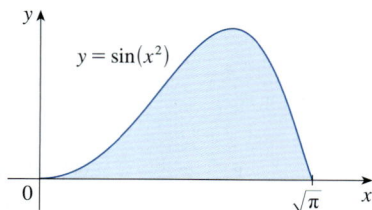

3~4　立体通过阴影区域绕指定直线旋转而得.
(a) 利用柱壳法，将立体的体积表示为一个积分.
(b) 计算积分，求出立体的体积.

3. 绕 y 轴旋转.

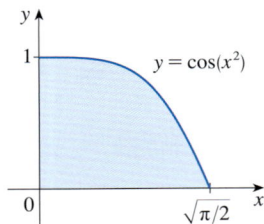

4. 绕 x 轴旋转.

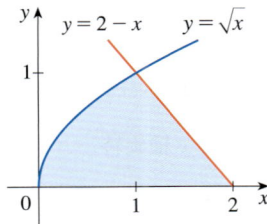

5~8　用积分表示给定直线或曲线围成的区域绕指定直线旋转所得立体的体积，无须计算.

5. $y = \ln x$, $y = 0$, $x = 2$ ；绕 y 轴旋转.

6. $y = x^3$, $y = 8$, $x = 0$ ；绕 x 轴旋转.

7. $y = \sin^{-1} x$, $y = \pi/2$, $x = 0$ ；绕 $y = 3$ 旋转.

8. $y = 4x - x^2$, $y = x$ ；绕 $x = 7$ 旋转.

9~14　利用柱壳法求给定直线或曲线围成的区域绕 y 轴旋转所得立体的体积.

9. $y = \sqrt{x}$, $y = 0$, $x = 4$

10. $y = x^3$, $y = 0$, $x = 1$, $x = 2$

11. $y = 1/x$, $y = 0$, $x = 1$, $x = 4$

12. $y = e^{-x^2}$, $y = 0$, $x = 0$, $x = 1$

13. $y = \sqrt{5 + x^2}$, $y = 0$, $x = 0$, $x = 2$

14. $y = 4x - x^2$, $y = x$

15~20　利用柱壳法求给定直线或曲线围成的区域绕 x 轴旋转所得立体的体积.

15. $xy = 1$, $x = 0$, $y = 1$, $y = 3$

16. $y = \sqrt{x}$, $x = 0$, $y = 2$

17. $y = x^{3/2}$, $y = 8$, $x = 0$

18. $x = -3y^2 + 12y - 9$, $x = 0$

19. $x = 1 + (y - 2)^2$, $x = 2$

20. $x + y = 4$, $x = y^2 - 4y + 4$

21~22　给定曲线围成的区域绕指定轴旋转，得到一个立体.分别以 x 和 y 为积分变量，求立体的体积.

21. $y = x^2$, $y = 8\sqrt{x}$ ；绕 y 轴旋转.

22. $y = x^3$, $y = 4x^2$ ；绕 x 轴旋转.

23~24　立体通过阴影区域绕指定轴旋转而得.
(a) 画出立体和一个近似柱壳.
(b) 利用柱壳法，将立体的体积表示为一个积分.
(c) 计算积分，求出立体的体积.

23. 绕 $x = -2$ 旋转.

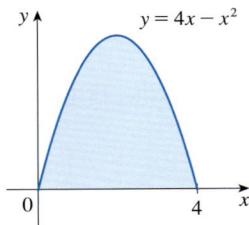

24. 绕 $y = -1$ 旋转.

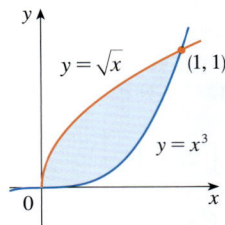

25~30　利用柱壳法求给定直线或曲线围成的区域绕指定直线旋转所得立体的体积.

25. $y = x^3$, $y = 8$, $x = 0$ ；绕 $x = 3$ 旋转.

26. $y = 4 - 2x$, $y = 0$, $x = 0$ ；绕 $x = -1$ 旋转.

27. $y = 4x - x^2$, $y = 3$ ；绕 $x = 1$ 旋转.

28. $y = \sqrt{x}$, $x = 2y$ ；绕 $x = 5$ 旋转.

29. $x = 2y^2$, $y \geqslant 0$, $x = 2$ ；绕 $y = 2$ 旋转.

30. $x = 2y^2$, $x = y^2 + 1$ ；绕 $y = -2$ 旋转.

31~36
(a) 用积分表示给定直线或曲线围成的区域绕指定直线旋转所得立体的体积.
☐T (b) 用计算器或计算机计算积分，精确到小数点后 5 位.

31. $y = x e^{-x}$, $y = 0$, $x = 2$ ；绕 y 轴旋转.

32. $y = \tan x$, $y = 0$, $x = \pi/4$ ；绕 $x = \pi/2$ 旋转.

33. $y = \cos^4 x$, $y = -\cos^4 x$, $-\pi/2 \leqslant x \leqslant \pi/2$ ；绕 $x = \pi$ 旋转.

34. $y = x$, $y = 2x/(1 + x^3)$ ；绕 $x = -1$ 旋转.

35. $x = \sqrt{\sin y}$, $0 \leqslant y \leqslant \pi$, $x = 0$ ；绕 $y = 4$ 旋转.

36. $x^2 - y^2 = 7$, $x = 4$ ；绕 $y = 5$ 旋转.

37. 利用 $n = 5$ 时的中点法则，求曲线 $y = \sqrt{1 + x^3}$，$0 \leqslant x \leqslant 1$ 下方区域绕 y 轴旋转所得立体的体积.

38. 下图所示的区域绕 y 轴旋转得到一个立体，利用 $n = 5$ 时的中点法则求立体的体积.

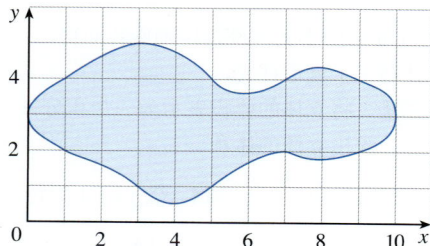

39~42 下列积分分别表示一个立体的体积. 描述这个立体.

39. $\int_0^3 2\pi x^5 \, \mathrm{d}x$

40. $\int_1^3 2\pi y \ln y \, \mathrm{d}y$

41. $2\pi \int_1^4 \dfrac{y+2}{y^2} \, \mathrm{d}y$

42. $\int_0^1 2\pi (2-x)(3^x - 2^x) \, \mathrm{d}x$

T **43~44** 利用图像估计给定曲线的交点横坐标. 利用这一信息，通过计算器或计算机估计给定曲线围成的区域绕 y 轴旋转所得立体的体积.

43. $y = x^2 - 2x$，$y = \dfrac{x}{x^2 + 1}$

44. $y = \mathrm{e}^{\sin x}$，$y = x^2 - 4x + 5$

T **45~46** 使用计算机代数系统，求给定曲线围成的区域绕指定直线旋转所得立体的体积的准确值.

45. $y = \sin^2 x$，$y = \sin^4 x$，$0 \leqslant x \leqslant \pi$；绕 $x = \pi/2$ 旋转.

46. $y = x^3 \sin x$，$y = 0$，$0 \leqslant x \leqslant \pi$；绕 $x = -1$ 旋转.

47~52 立体通过阴影区域绕指定直线旋转而得.
(a) 利用任意一种方法，将立体的体积表示为一个积分.
(b) 计算积分，求出立体的体积.

47. 绕 y 轴旋转.

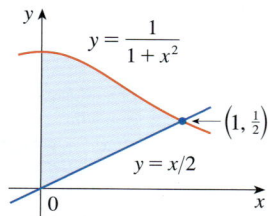

48. 绕 x 轴旋转.

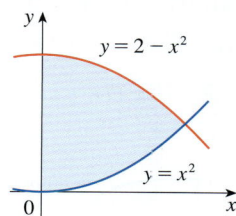

49. 绕 x 轴旋转.

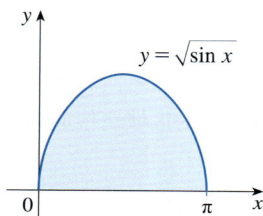

50. 绕 y 轴旋转.

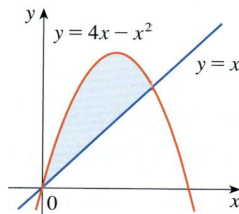

51. 绕 $x = -2$ 旋转.

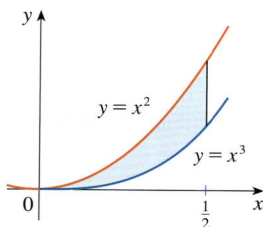

52. 绕 $y = 3$ 旋转.

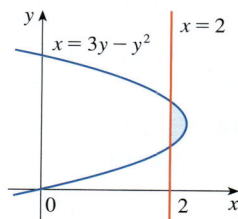

53~59 利用任意一种方法，求给定直线或曲线围成的区域绕指定直线旋转所得立体的体积.

53. $y = -x^2 + 6x - 8$，$y = 0$；绕 y 轴旋转.

54. $y = -x^2 + 6x - 8$，$y = 0$；绕 x 轴旋转.

55. $y^2 - x^2 = 1$，$y = 2$；绕 x 轴旋转.

56. $y^2 - x^2 = 1$，$y = 2$；绕 y 轴旋转.

57. $x^2 + (y-1)^2 = 1$；绕 y 轴旋转.

58. $x = (y-3)^2$，$x = 4$；绕 $y = 1$ 旋转.

59. $x = (y-1)^2$，$x - y = 1$；绕 $x = -1$ 旋转.

60. 设 T 为顶点为 $(0,0)$、$(1,0)$、$(1,2)$ 的三角形区域，设 V 为 T 绕直线 $x = a$ 旋转所得立体的体积，其中 $a > 1$. 用 V 表示 a.

61~63 利用柱壳法求下列立体的体积.

61. 半径为 r 的球体.

62. 6.2 节练习 75 中的环.

63. 底面半径为 r、高为 h 的圆锥体.

64. 假设在两个直径不同的木质球体的中间钻孔，制作出两个内直径不同的餐巾环. 两个餐巾环有相同的高度 h，如右图所示.

(a) 猜测哪个餐巾环含有更多的木头.

(b) 验证你的猜测，利用柱壳法求餐巾环的体积，其中餐巾环是从半径为 R 的球体的中间钻出一个半径为 r、高为 h 的孔得到的. 用 h 表示它的体积.

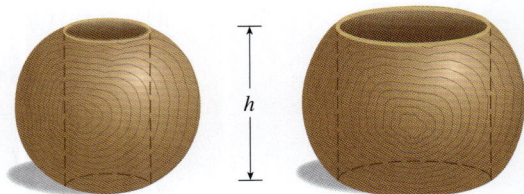

6.4 功

在日常语言中，功（夫）可以表示完成一项任务所需的所有努力. 在物理学上，它是和力有关的一个术语. 直观上，我们可以将力理解为对物体的推或拉. 例如，推桌子上的一本书的水平方向的力，或作用在球上的向下的地球引力. 一般地，如果一个物体沿直线运动，其位置函数为 $s(t)$，那么根据牛顿第二定律，物体所受的力 F 等于物体质量 m 与物体加速度 a 的乘积：

1
$$F = ma = m\frac{\mathrm{d}^2 s}{\mathrm{d}t^2}.$$

在国际单位制中，质量的单位是 kg（千克），距离的单位是 m（米），时间的单位是 s（秒），力的单位是 N（牛顿，$1\text{N} = 1\text{kg}\cdot\text{m/s}^2$）. 也就是说，1N 的力可以使 1kg 的物体产生 1m/s^2 的加速度.

在加速度不变的情况下，力也是不变的，此时我们将功定义为力 F 与距离 d 的乘积：

2
$$W = Fd \quad （功 = 力 \times 距离）.$$

力的单位是 N，距离的单位是 m，功的单位是 N·m，也就是 J（焦耳）.

例 1

(a) 求将一本 1.2kg 的书举高 0.7m 所做的功. 已知重力加速度为 $g = 9.8\text{m/s}^2$.

(b) 求将一个重量为 89N 的物体从地面抬高 1.8m 所做的功.

解

(a) 对物体施加的力与物体所受的重力大小相同且方向相反，所以由公式 1 可知

$$F = mg = 1.2 \times 9.8 = 11.76\text{N}.$$

由公式 2 可知，所做的功为

$$W = Fd = 11.76\text{N} \times 0.7\text{m} \approx 8.2\text{J}.$$

(b) 此时力为 $F = 89\text{N}$ ，则所做的功为

$$W = Fd = 89\text{N} \times 1.8\text{m} = 160.2\text{J} \ .$$

注意，(b) 与 (a) 的差别在于不用将重力加速度 g 放进乘法计算中，因为已知的是重量（是一个力）而不是物体的质量.

公式 2 给出了当力为常数时功的定义，那么当力为变量时呢？假设物体沿 x 轴正方向从 $x = a$ 运动到 $x = b$ ，物体在 a 和 b 之间的每个点 x 上时所受的力为 $f(x)$ ，其中 f 是连续函数. 将区间 $[a, b]$ 分成 n 个宽为 Δx 的子区间，端点分别为 $x_0, x_1, \cdots, x_n$. 若在第 i 个子区间 $[x_{i-1}, x_i]$ 内选取样本点 x_i^* ，则物体在点 x_i^* 上时所受的力为 $f(x_i^*)$. 如果 n 很大，那么 Δx 很小，由于 f 是连续的，因此 f 的值在区间 $[x_{i-1}, x_i]$ 内的变化不会很大. 换句话说，在区间上 f 几乎是常数，于是将物体从 x_{i-1} 移动到 x_i 所做的功 W_i 可由公式 2 给出一个近似:

$$W_i \approx f(x_i^*) \Delta x \ .$$

因此，所做的总功近似为

3
$$W_i \approx \sum_{i=1}^{n} f(x_i^*) \Delta x \ .$$

n 越大，则近似越好. 因此，定义**使物体从 a 移动到 b 所做的功**为 $n \to +\infty$ 时这个近似的极限. 因为公式 3 的右边是一个黎曼和，所以它的极限可以写成一个定积分，于是有

4
$$W = \lim_{n \to +\infty} \sum_{i=1}^{n} f(x_i^*) \Delta x = \int_a^b f(x) \mathrm{d}x \ .$$

例 2　设物体在距离原点 x 处时所受的力为 $x^2 + 2x$ ，求使它从 $x = 1$ 移动到 $x = 3$ 所做的功.

解
$$W = \int_1^3 (x^2 + 2x) \mathrm{d}x = \left[\frac{x^3}{3} + x^2 \right]_1^3 = \frac{50}{3} \ .$$

因此，所做的功为 $\dfrac{50}{3}\text{J}$.

在下例中，我们将使用物理学中的**胡克定律**. 胡克定律表明弹簧伸长 x 个单位所需的拉力与弹簧的弹性系数成正比:

$$f(x) = kx \ ,$$

其中 k 是一个正常数，称为**弹性系数**（见图 6-4-1）. 当 x 在弹性限度内时，胡克定律成立.

例 3　弹簧从自然长度 10cm 伸长到 15cm 需要 40N 的力，则使其从 15cm 伸长到 18cm 需要做多少功?

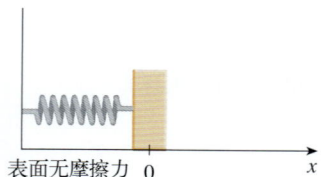

表面无摩擦力　0

(a) 弹簧的自然位置

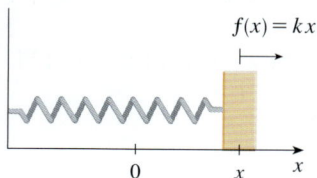

$f(x) = kx$

0　　x

(b) 弹簧的伸长位置

图 6-4-1

解 根据胡克定律，弹簧从自然长度伸长到 x m 所需的力为 $f(x)=kx$．弹簧从 10cm 伸长到 15cm，伸长的距离为 $5\text{cm}=0.05\text{m}$，这意味着 $f(0.05)=40$，因此

$$0.05k=40，\quad k=\frac{40}{0.05}=800，$$

于是有 $f(x)=800x$．使弹簧从 15cm 伸长到 18cm 所做的功为

$$W=\int_{0.05}^{0.08}800x\,\mathrm{d}x=800\cdot\frac{x^2}{2}\Big]_{0.05}^{0.08}$$

$$=400\times\left(0.08^2-0.05^2\right)=1.56\text{J}．\quad\blacksquare$$

例 4 长度为 21m、质量为 90kg 的缆绳垂直悬挂在一栋高层建筑的顶部．
(a) 将缆绳拉到建筑物的顶部需要做多少功？
(b) 将缆绳仅仅拉升 6m 需要做多少功？

解
(a) 一种方法与推出定义 4 所使用的方法类似．（另一种方法见练习 14b.）

如图 6-4-2 所示，设原点为建筑物的顶部且 x 轴的正方向为下，将缆绳分成许多宽为 Δx 的区间．如果 x_i^* 为第 i 个区间内的点，那么这个区间内的所有点都拉升了相同的距离，近似为 x_i^*．因为缆绳的单位质量为 30/7kg/m，所以作用在第 i 个部分上的力为 $30/7\text{kg/m}\times9.8\text{m/s}^2\times\Delta x$ m $=42\Delta x$ N．因此，对于缆绳的第 i 个部分所做的功（单位：J）为

$$\underbrace{(42\Delta x)}_{力}\cdot\underbrace{x_i^*}_{距离}=42x_i^*\Delta x．$$

将这些近似相加并增加分段的个数（即 $\Delta x\to0$），就可以得到所做的总功：

$$W=\lim_{n\to+\infty}\sum_{i=1}^{n}42x_i^*\Delta x=\int_0^{21}42x\,\mathrm{d}x$$

$$=21x^2\Big]_0^{21}=18\,900\text{J}．$$

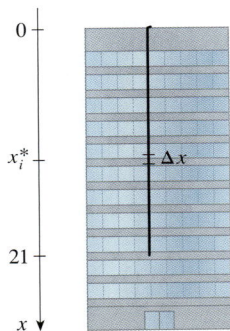

图 6-4-2

如果设原点为缆绳的底端，x 轴的正方向为上，则会得到

$$W=\int_0^{21}42(21-x)\,\mathrm{d}x，$$

它给出了相同的结果．

(b) 用与 (a) 中相同的方法计算将缆绳上面的 6m 拉到建筑物的顶部所做的功：

$$W_1=\int_0^{6}42x\,\mathrm{d}x=21x^2\Big]_0^{6}=756\text{J}．$$

电缆下面的 15m 中的每个部分都移动了相同的距离，即 6m，所以所做的功为

$$W_2=\lim_{n\to+\infty}\sum_{i=1}^{n}\left(\underbrace{6}_{距离}\times\underbrace{42\Delta x}_{力}\right)=\int_6^{21}252\,\mathrm{d}x=3780\text{J}．$$

（我们也可以这样考虑：长度为 15m、重量为 $15\times30/7\times9.8=630$N 的电缆均移动了 6m，所以所做的功是 $630\times6=3780$J．）

因此，所做的总功为 $W_1+W_2=756+3780=4536$J．$\quad\blacksquare$

例 5 一个倒圆锥形水箱的高为 10m，顶部半径为 4m．装入水箱的水深 8m．求将所有水抽至水箱顶部所做的功（水的密度为 1000kg/m³）．

解 如图 6-4-3 所示，引入垂直坐标轴，以水箱顶部中心为原点计算水深．水位于 2m 和 10m 处之间，于是将区间 [2,10] 分成 n 个子区间，端点分别为 $x_0, x_1, \cdots, x_n$，并在第 i 个子区间内选取样本点 x_i^*．这样就将水分成了 n 层，第 i 层可以近似看作一个半径为 r_i、高为 Δx 的圆柱体．利用图 6-4-4 中的相似三角形可以求得 r_i：

$$\frac{r_i}{10 - x_i^*} = \frac{4}{10}，\quad \text{即} \quad r_i = \frac{2}{5}\left(10 - x_i^*\right)．$$

因此，第 i 层水的体积近似为

$$V_i \approx \pi r_i^2 \Delta x = \frac{4\pi}{25}\left(10 - x_i^*\right)^2 \Delta x，$$

质量为

$$\begin{aligned} m_i &= 密度 \times 体积 \\ &\approx 1000 \times \frac{4\pi}{25}\left(10 - x_i^*\right)^2 \Delta x = 160\pi\left(10 - x_i^*\right)^2 \Delta x． \end{aligned}$$

抽取这层水所需的力必须克服重力作用，于是有

$$\begin{aligned} F_i &= m_i g \approx 9.8 \times 160\pi\left(10 - x_i^*\right)^2 \Delta x \\ &= 1568\pi\left(10 - x_i^*\right)^2 \Delta x． \end{aligned}$$

层中每个点向上移动的距离都近似于 x_i^*．将这层水抽至水箱顶部所做的功近似于 F_i 与 x_i^* 的乘积：

$$W_i \approx F_i x_i^* \approx 1568\pi x_i^*\left(10 - x_i^*\right)^2 \Delta x．$$

为了求抽空水箱里的水所做的功，要将每层所需的做功相加，并求 $n \to +\infty$ 时的极限，得到

$$\begin{aligned} W &= \lim_{n \to +\infty} \sum_{i=1}^{n} 1568\pi x_i^*\left(10 - x_i^*\right)^2 \Delta x = \int_{2}^{10} 1568\pi x(10 - x)^2 \, \mathrm{d}x \\ &= 1568\pi \int_{2}^{10}\left(100x - 20x^2 + x^3\right)\mathrm{d}x = 1568\pi\left[50x^2 - \frac{20x^3}{3} + \frac{x^4}{4}\right]_{2}^{10} \\ &= 1568\pi \times \frac{2048}{3} \approx 3.4 \times 10^6 \, \mathrm{J}． \end{aligned}$$

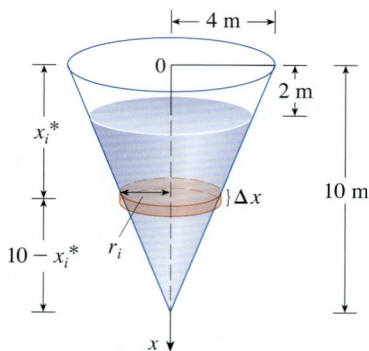

图 6-4-3

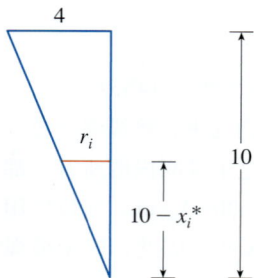

图 6-4-4

6.4 | 练习

1. 求举重运动员将 200kg 的杠铃从地面上方 1.5m 处举到 2.0m 处所做的功．

2. 求将一架 500kg 的大钢琴从地面吊到距离地面 10m 的三楼所做的功．

3. 一个物体受到一个变力作用沿 x 轴运动，在距离原点 x m 处时所受的力为 $5x^{-2}$ N．求使物体从 $x = 1$m 移动到 $x = 10$m 所做的功．

4. 一个粒子受到一个变力作用沿 x 轴运动，在距离原点 x m 处时所受的力为 $4\sqrt{x}$ N．求使粒子从 $x = 4$m 移动到 $x = 16$m 所做的功．

5. 下图是一个力函数（单位：N）的示意图．这个力增长到最大值后保持恒定．求该力使物体移动 8m 所做的功．

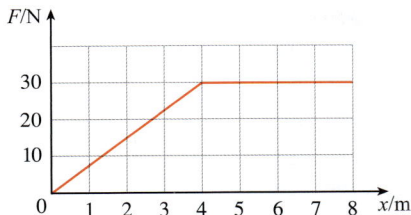

6. 下表记录了一个力函数 $f(x)$ 的值，其中 x 的单位是 m，$f(x)$ 的单位是 N．利用中点法则估计该力使物体从 $x=4$ 移动到 $x=20$ 所做的功．

x	4	6	8	10	12	14	16	18	20
$f(x)$	5	5.8	7.0	8.8	9.6	8.2	6.7	5.2	4.1

7. 45N 的力可以使弹簧从自然长度伸长 10cm．使弹簧从自然长度伸长 15cm 需要做多少功？

8. 一个弹簧的自然长度为 40cm．如果 60N 的力可以使弹簧压缩 10cm，则在这个压缩过程中，力做了多少功？将弹簧压缩 25cm 需要做多少功？

9. 假设使弹簧从自然长度 30cm 伸长到 42cm 需要做功 2J．
(a) 使弹簧从 35cm 伸长到 40cm 需要做多少功？
(b) 30N 的力能使弹簧从自然长度伸长多少？

10. 如果使弹簧从自然长度伸长 1m 需要做功 16J，那么使弹簧从自然长度伸长 9m 需要做多少功？

11. 弹簧的自然长度为 20cm．比较使弹簧从 20cm 伸长到 30cm 所做的功 W_1 和使弹簧从 30cm 伸长到 40cm 所做的功 W_2．W_2 和 W_1 有怎样的关系？

12. 如果使弹簧从 10cm 伸长到 12cm 需要 6J 的功，从 12cm 再伸长到 14cm 需要 10J 的功，求弹簧的自然长度．

13~22 利用黎曼和估计所求的功．将功表示为积分并求其值．

13. 一条长度为 15m、单位质量为 0.75kg/m 的缆绳悬挂在 35m 高的建筑物边缘．
(a) 将缆绳拉到建筑物的顶部需要做多少功？
(b) 将缆绳的一半拉到建筑物的顶部需要做多少功？

14. 一根长度为 20m、质量为 80kg 的粗缆绳挂在起重机上的绞盘上．请用两种不同的方法计算绞盘卷起缆绳 7m 所做的功．
(a) 用例 4 的方法．
(b) 写出绞盘卷起缆绳 x m 后剩余缆绳的质量函数．估计绞盘卷起缆绳 Δx m 所做的功．

15. 一条单位质量为 3kg/m 的缆绳将 350kg 的煤从 150m 深的矿井中提起．求其所做的功．

16. 一条长度为 10m、质量为 80kg 的铁链被放在地上．将铁链的一端从地面上升 6m 需要做多少功？

17. 一条长度为 3m、质量为 10kg 的铁链挂在天花板上．将铁链的底端升至与顶端相同的高度需要做多少功？

18. 一个 0.4kg 的火箭模型装载着 0.75kg 的火箭燃料．发射后，火箭以 4m/s 的恒定速度上升，火箭燃料以 0.15kg/s 的速度消耗．求将火箭推动至地面上方 20m 处所做的功．

19. 一条单位质量为 0.8kg/m 的缆绳将一个 10kg 的漏桶从地面匀速提升了 12m．开始时桶内有 36kg 的水，但水以恒定的速度泄漏，到 12m 处刚好漏光．求做功为多少．

20. 一个圆形游泳池的直径为 7m，边高 1.5m，水深 1.2m．求抽光池内的水需要做多少功．（水的密度为 1000kg/m^3．）

21. 水族馆里有一个 2m 长、1m 宽、1m 深的水箱，它装满了水．求抽出水箱中一半的水需要做多少功．（水的密度为 1000kg/m^3．）

22. 一个直径为 7m 的球形水箱位于 18m 高的塔上．通过一根连接在球体底部的软管将水箱注满水．如果用一个 1.5 马力（1 马力 = 745.7J/s）的水泵把水输送到水箱里，需要多长时间才能把水箱注满水？

23~26 下面的水箱均装满了水．求抽光水箱内的水需要做多少功．（水的密度为 1000kg/m^3．）

23.

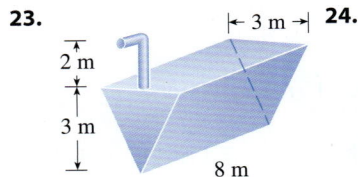

24.

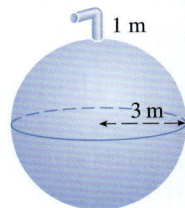

25.

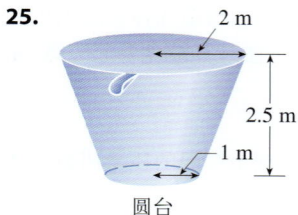

2 m

2.5 m

1 m

圆台

26.

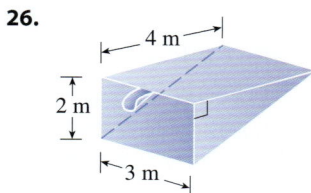

4 m

2 m

3 m

27. 假设练习 23 中的水箱装满了水，水泵抽水共做功 4.7×10^5 J，求水箱内剩余的水的深度.

28. 假设水箱内装满了密度为 900kg/m³ 的油，重做练习 24.

29. 当气体在半径为 r 的圆柱形管道内膨胀时，气体的压强是体积的函数：$P = P(V)$. 活塞（见下图）施加的压力等于压强与面积的乘积：$F = \pi r^2 P$. 证明当气体的体积从 V_1 膨胀到 V_2 时，活塞施加的压力所做的功为

$$W = \int_{V_1}^{V_2} P \, \mathrm{d}V.$$

V

活塞

x

30. 蒸汽机内的气压 P 与气体的体积 V 满足方程 $PV^{1.4} = k$，其中 k 是一个常数. [这个方程对于绝热膨胀（气体在膨胀过程中，气缸与外界环境没有热传递）成立.] 利用练习 29，求当气压为 1100kPa 时，气体从 1m³ 膨胀到 8m³ 的循环周期内蒸汽机所做的功.

31~33 功能原理 定义一个质量为 m 的物体以速度 v 运动时的动能为 $E_k = \dfrac{1}{2}mv^2$. 如果一个力 $f(x)$ 作用在物体上，使它沿 x 轴从 x_1 移动到 x_2，功能原理表明，所做的净功等于动能的变化量，即 $\dfrac{1}{2}mv_2^2 - \dfrac{1}{2}mv_1^2$，其中 v_1 是物体在 x_1 处时的速度，v_2 是物体在 x_2 处时的速度.

31. 设 $x = s(t)$ 为 t 时物体的位置函数，$v(t)$、$a(t)$ 分别为速度函数和加速度函数. 为了证明功能原理，首先用定积分的换元法（见 5.5 节）证明

$$W = \int_{x_1}^{x_2} f(x)\mathrm{d}x = \int_{t_1}^{t_2} f(s(t))v(t)\mathrm{d}t,$$

然后用牛顿第二定律（力=质量×加速度）和换元 $u = v(t)$ 来求积分.

32. 以 30km/h 的速度投掷一个 5kg 的保龄球需要做多少功？

33. 假设在推动一辆 800kg 的过山车时，电磁推进系统对轨道上距离出发点 x m 处的过山车施加 $(5.7x^2 + 1.5x)$ N 的力. 利用练习 31，求过山车驶出 60m 后的速度.

34. 当一个粒子在距离原点 x m 处时，它会受到一个 $\cos(\pi x/3)$ N 的力的作用. 将粒子从 $x = 1$ 移动到 $x = 2$ 需要做多少功？通过考虑从 $x = 1$ 到 $x = 1.5$ 和从 $x = 1.5$ 到 $x = 2$ 需要的做功来解释你的答案.

35. (a) 牛顿万有引力定律表明，质量为 m_1 和 m_2 的两个物体之间的引力为

$$F = G\frac{m_1 m_2}{r^2},$$

其中 r 表示两个物体之间的距离，G 是万有引力常数. 如果一个物体固定，求使另一个物体从 $r = a$ 移动到 $r = b$ 需要做多少功.

(b) 利用万有引力定律，求将一个 1000kg 的人造卫星发射至距离地面 1000km 的轨道上需要做多少功. 假设地球的质量为 5.98×10^{24}kg 且集中在地心，地球的半径为 6.37×10^6m，$G = 6.67 \times 10^{-11}$N·m²/kg².

36. 古埃及的胡夫金字塔大约是在公元前 2580 年到公元前 2560 年的 20 年间用石灰岩建造的. 它的基座是一个边长为 230m 的正方形，建造时的高度为 147m（它是此后 3800 多年间世界上最高的人造建筑）. 石灰岩的密度约为 2400kg/m³.

(a) 估计建造胡夫金字塔所做的总功.

(b) 如果每个劳工每天工作 10h，每年工作 340 天，连续工作 20 年，他们搬运石灰岩石块的做功效率为 250J/h，则建造胡夫金字塔大约需要多少个劳工？

Vladimir Korostyshevskiy / Shutterstock

6.5 | 函数的平均值

求有限个数 $y_1, y_2, \cdots, y_n$ 的平均值很容易：

$$y_{\text{avg}} = \frac{y_1 + y_2 + \cdots + y_n}{n}.$$

但是如果可以得到一天内的无穷多个温度测量值，我们应该如何求平均温度？图 6-5-1 展示了温度函数 $T(t)$ 的图像以及平均温度 T_{avg} 的猜测值，其中 t 的单位是 h，T 的单位是 °C.

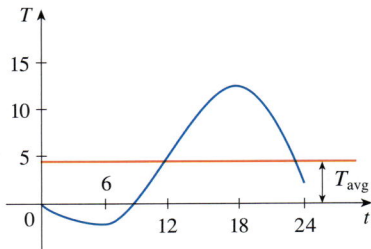

图 6-5-1

一般地，为了求函数 $y = f(x)$，$a \leqslant x \leqslant b$ 的平均值，首先将区间 $[a,b]$ 分成 n 个等宽的子区间，每个子区间的宽为 $\Delta x = (b-a)/n$. 然后在这一系列子区间内分别选取点 $x_1^*, \cdots, x_n^*$，并计算 $f(x_1^*), \cdots, f(x_n^*)$ 的平均值：

$$\frac{f(x_1^*) + \cdots + f(x_n^*)}{n}.$$

（例如，如果 f 表示温度函数且 $n = 24$，则这意味着每小时测量一次温度并求平均值.）因为 $\Delta x = (b-a)/n$，所以 n 可以写成 $n = (b-a)/\Delta x$，于是平均值变成

$$\frac{f(x_1^*) + \cdots + f(x_n^*)}{\dfrac{b-a}{\Delta x}} = \frac{1}{b-a}\Big[f(x_1^*) + \cdots + f(x_n^*)\Big]\Delta x$$

$$= \frac{1}{b-a}\Big[f(x_1^*)\Delta x + \cdots + f(x_n^*)\Delta x\Big]$$

$$= \frac{1}{b-a}\sum_{i=1}^{n} f(x_n^*)\Delta x.$$

如果 n 增大，那么我们要计算大量相隔很近的温度的平均值.（例如，可以每分钟或每秒测量一次温度并计算平均值.）它的极限值为

$$\lim_{n \to +\infty} \frac{1}{b-a}\sum_{i=1}^{n} f(x_i^*)\Delta x = \frac{1}{b-a}\int_a^b f(x)\,\mathrm{d}x.$$

因此，我们定义函数 f 在区间 $[a,b]$ 上的**平均值**为

$$\boxed{f_{\text{avg}} = \frac{1}{b-a}\int_a^b f(x)\,\mathrm{d}x.}$$

对于正值函数，这个定义可以看作

$$\frac{\text{面积}}{\text{宽度}} = \text{平均高度}.$$

例 1　求函数 $f(x) = 1 + x^2$ 在区间 $[-1,2]$ 上的平均值.

解　由 $a = -1$ 和 $b = 2$ 可知，

$$f_{\text{avg}} = \frac{1}{b-a}\int_a^b f(x)\,\mathrm{d}x = \frac{1}{2-(-1)}\int_{-1}^{2}\left(1+x^2\right)\mathrm{d}x = \frac{1}{3}\left[x + \frac{x^3}{3}\right]_{-1}^{2} = 2.$$

如果 $T(t)$ 是 t 时的温度，我们可能想知道是否有一个特定的时间，此时的温度与平均温度相同. 对于图 6-5-1 给出的温度函数的图像，可以看到有两个这样的时间——中午之前和午夜之前. 一般地，是否存在一个数 c 使得函数 f 的值恰好等于函数的平均值，即 $f(c) = f_{\text{avg}}$ ？下面的定理表明，这样的数对于连续函数是存在的.

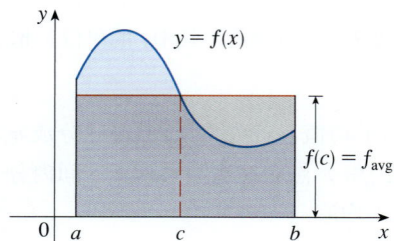

图 6-5-2

你可以想象从一座（二维）山的一定高度（即 f_{avg}）处砍掉山顶，来填满山谷，这样山就会变得完全平坦.

> **积分的中值定理** 如果 f 在区间 $[a,b]$ 上连续，那么 $[a,b]$ 内一定存在 c，使得
>
> $$f(c) = f_{\text{avg}} = \frac{1}{b-a}\int_a^b f(x)\mathrm{d}x ,$$
>
> 即
>
> $$\int_a^b f(x)\mathrm{d}x = f(c)(b-a).$$

积分的中值定理是由导数的中值定理和微积分基本定理推出的，证明见练习 28.

积分的中值定理的几何解释为：对于正值函数 f，存在一个数 c 使得以 $[a,b]$ 为底、$f(c)$ 为高的矩形的面积等于 f 的图像下方区域从 a 到 b 的面积（见图 6-5-2 和旁注中更生动的解释）.

例 2 因为 $f(x) = 1 + x^2$ 在区间 $[-1,2]$ 上连续，所以由积分的中值定理可知，在区间 $[-1,2]$ 上存在数 c，使得

$$\int_{-1}^2 (1+x^2)\mathrm{d}x = f(c)\big[2-(-1)\big].$$

在这个特例中，我们可以准确地求出 c 值. 由例 1 可知，$f_{\text{avg}} = 2$，于是 c 满足

$$f(c) = f_{\text{avg}} = 2 .$$

因此有

$$1 + c^2 = 2 , \quad 即 \ c^2 = 1 .$$

在本例中，区间 $[-1,2]$ 内有两个值 $c = \pm 1$ 满足积分的中值定理. ■

图 6-5-3 展示了例 1 和例 2.

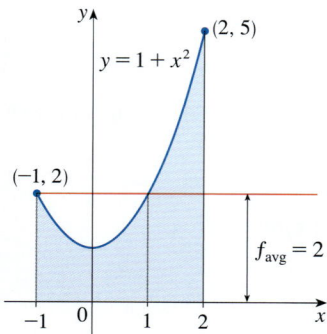

图 6-5-3

例 3 证明汽车在时间段 $[t_1, t_2]$ 内的平均速度与汽车在这段行程中的速度的平均值相同.

解 一方面，令 $s(t)$ 表示汽车在 t 时的位置，那么根据定义，汽车在时间段 $[t_1, t_2]$ 内的平均速度为

$$\frac{\Delta s}{\Delta t} = \frac{s(t_2) - s(t_1)}{t_2 - t_1} .$$

另一方面，速度函数在该时间段上的平均值为

$$v_{\text{avg}} = \frac{1}{t_2 - t_1} \int_{t_1}^{t_2} v(t)\,dt = \frac{1}{t_2 - t_1} \int_{t_1}^{t_2} s'(t)\,dt$$

$$= \frac{1}{t_2 - t_1}\big[s(t_2) - s(t_1) \big] \qquad \text{（净变化定理）}$$

$$= \frac{s(t_2) - s(t_1)}{t_2 - t_1} = \text{平均速度}.$$

6.5 | 练习

1~8 求下列给定函数在区间上的平均值.

1. $f(x) = 3x^2 + 8x$，$[-1, 2]$

2. $f(x) = \sqrt{x}$，$[0, 4]$

3. $g(x) = 3\cos x$，$[-\pi/2, \pi/2]$

4. $f(z) = \dfrac{e^{1/z}}{z^2}$，$[1, 4]$

5. $g(t) = \dfrac{9}{1 + t^2}$，$[0, 2]$

6. $f(x) = \dfrac{x^2}{(x^3 + 3)^2}$，$[-1, 1]$

7. $h(x) = \cos^4 x \sin x$，$[0, \pi]$

8. $h(u) = \dfrac{\ln u}{u}$，$[1, 5]$

9~12

(a) 求下列函数在给定区间上的平均值.

(b) 求 c，使得 $f_{\text{avg}} = f(c)$.

(c) 画出 f 的图像和以给定区间为底、面积等于 f 的图像下方的面积的矩形的示意图.

9. $f(t) = 1/t^2$，$[1, 3]$

10. $f(x) = (x + 1)^3$，$[0, 2]$

11. $f(x) = 2\sin x - \sin 2x$，$[0, \pi]$

12. $f(x) = 2xe^{-x^2}$，$[0, 2]$

13. 如果 f 是连续函数且 $\int_1^3 f(x)\,dx = 8$，证明函数 f 在区间 $[1, 3]$ 上至少有一个取值为 4.

14. 求数 b，使得 $f(x) = 2 + 6x - 3x^2$ 在区间 $[0, b]$ 上的平均值等于 3.

15. 求下图所示的函数 f 在区间 $[0, 8]$ 上的平均值.

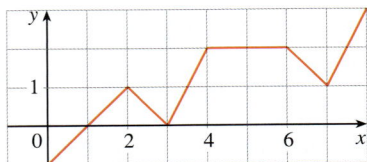

16. 下图是一辆加速行驶的汽车的速度函数的图像.
(a) 估计汽车在前 12s 内的平均速度.
(b) 何时汽车的瞬时速度等于平均速度？

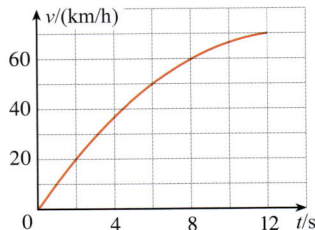

17. 一个城市在上午 9 点后 t h 的温度（单位：°C）可以用如下函数建模：

$$T(t) = 10 + 4\sin\frac{\pi t}{12}.$$

求该城市从上午 9 点到晚上 9 点的平均温度.

18. 下页第一张图显示了美国东海岸和西海岸的两座城市从某日午夜开始 24h 内的温度的图像. 哪座城市有当天的最高温度？使用 $n = 12$ 时的中点法则，求出每座城市的平均温度，并解释你得到的结果. 那天哪座城市总体上"更暖和"？

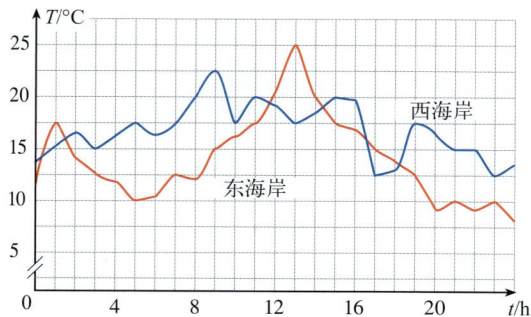

19. 一根 8m 长的杆的线密度为 $12/\sqrt{x+1}\,\mathrm{kg/m}$ ，其中 x 为某点到杆的一端的长度（单位：m）．求杆的平均密度．

20. 半径为 R、长度为 l 的血管内，到血管中心线的距离为 r 处的血流速度为

$$v(r) = \frac{P}{4\eta l}\left(R^2 - r^2\right),$$

其中 P 表示血管两端的压强差，η 表示血液黏度（见 3.7 节练习 7）．求 $0 \le r \le R$ 内的血流速度的平均值，并将平均值与最大值进行比较．

21. 在 3.8 节例 1 中我们用方程 $P(t) = 2560\mathrm{e}^{0.017\,185t}$ 为 20 世纪下半叶的世界人口建模．利用这个方程估计这一时期（1950—2000）的世界平均人口．

22. (a) 一杯温度为 95℃ 的咖啡在温度为 20℃ 的房间内冷却至 61℃ 需要 30min．利用牛顿冷却定律（见 3.8 节）证明 t min 后咖啡的温度为

$$T(t) = 20 + 75\mathrm{e}^{-kt},$$

其中 $k \approx 0.02$ ．

(b) 前半个小时内咖啡的平均温度是多少？

23. 使用 5.5 节练习 89 的结果计算一次呼吸循环中肺部吸入空气的平均体积．

24. 一个物体从静止开始自由下落，其运动方程为 $s = \frac{1}{2}gt^2$ ．令 T 时物体的速度为 v_T ，证明如果计算此时速度关于 t 的平均值，则有 $v_{\mathrm{avg}} = \frac{1}{2}v_T$ ；如果计算此时速度关于 s 的平均值，则有 $v_{\mathrm{avg}} = \frac{2}{3}v_T$ ．

25. 利用下图证明，如果 f 在区间 $[a,b]$ 上上凹，那么

$$f_{\mathrm{avg}} > f\left(\frac{a+b}{2}\right).$$

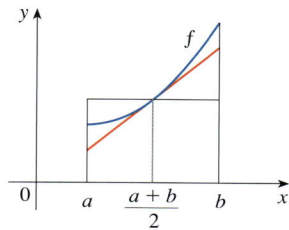

26~27. 令 $f_{\mathrm{avg}}[a,b]$ 表示 f 在区间 $[a,b]$ 上的平均值．

26. 证明：如果 $a < c < b$ ，那么

$$f_{\mathrm{avg}}[a,b] = \left(\frac{c-a}{b-a}\right)f_{\mathrm{avg}}[a,c] + \left(\frac{b-c}{b-a}\right)f_{\mathrm{avg}}[c,b].$$

27. 证明：如果 f 是连续函数，那么 $\lim\limits_{t \to a^+} f_{\mathrm{avg}}[a,t] = f(a)$ ．

28. 设 $F(x) = \int_a^x f(t)\mathrm{d}t$ ，利用导数的中值定理（见 4.2 节）证明积分的中值定理．

应用专题 | 微积分与棒球

在本专题中，我们将探索微积分在棒球运动中的三个应用．棒球运动中的物理作用，特别是球和球棒的碰撞非常复杂，其数学模型在 Robert Adair 的书 *The Physics of Baseball*, 3rd ed. (New York, 2002) 中有详细的讨论．

1. 一个可能令人惊讶的事实是，球和球棒的碰撞只持续了大约 0.001s．这里首先通过计算球的动量变化来计算在碰撞中球棒的平均受力．

物体的**动量** p 是它的质量 m 与速度 v 的乘积，即 $p = mv$ ．假设一个物体沿直线运动，它受到一个力 $F = F(t)$ 的作用，该力是时间的连续函数．

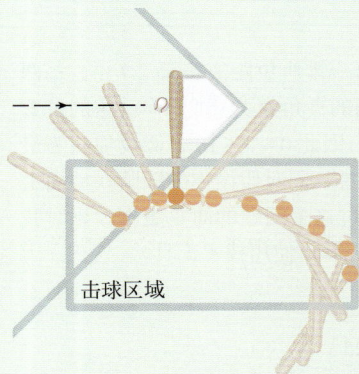

图为一次典型的挥棒过程的俯视图，每隔 0.02s 展示一次球棒的位置（改编自 *The Physics of Baseball*）。

(a) 证明动量在时间段 $[t_0, t_1]$ 内的变化量等于 F 从 t_0 到 t_1 的积分，即

$$p(t_1) - p(t_0) = \int_{t_0}^{t_1} F(t)\mathrm{d}t .$$

这个积分叫作力在一个时间段内的**冲量**.

(b) 投手向击球手以 145km/h 的速度投出快速球，击球手击出平直球，直接将球打回给投手. 球与球棒的接触时间为 0.001s，离开球棒的速度为 180km/h. 球的质量为 0.14kg.

  (i) 求球的动量的变化量.

  (ii) 求球棒的平均受力.

2. 在这个问题中，我们首先通过考虑动能来计算出投手以 145km/h 的速度投出快速球所做的功.

一个质量为 m、速度为 v 的物体的**动能**为 $K = \frac{1}{2}mv^2$. 假设一个质量为 m 的物体沿直线运动，它受到一个力 $F = F(s)$ 的作用，该力取决于物体的位置 s. 根据牛顿第二定律，

$$F(s) = ma = m\frac{\mathrm{d}v}{\mathrm{d}t} ,$$

其中 a 和 v 分别表示物体的加速度和速度.

(a) 证明将物体从位置 s_0 移动到位置 s_1 所做的功等于物体动能的变化量，即

$$W = \int_{s_0}^{s_1} F(s)\mathrm{d}s = \frac{1}{2}mv_1^2 - \frac{1}{2}mv_0^2 ,$$

其中 $v_0 = v(s_0)$ 和 $v_1 = v(s_1)$ 分别是物体在 s_0 和 s_1 处的速度. 提示：根据链式法则，有

$$m\frac{\mathrm{d}v}{\mathrm{d}t} = m\frac{\mathrm{d}v}{\mathrm{d}s}\frac{\mathrm{d}s}{\mathrm{d}t} = mv\frac{\mathrm{d}v}{\mathrm{d}s} .$$

(b) 以 145km/h 的速度投出一个棒球需要做多少功？

3. (a) 外场手在距离本垒 85m 处接到球，并以 30m/s 的初速度直接投给接球手. 假设由于空气阻力，t s 后球的速度 $v(t)$ 满足微分方程 $\mathrm{d}v/\mathrm{d}s = -\frac{1}{10}v$. 球到达本垒（即接球手处）需要多长时间？（忽略球的任何垂直运动.）

(b) 球队主管想知道如果球由内场手接力投掷是否能更快地到达本垒. 游击手（内场手之一）可以直接站在外场手和本垒之间，接住外场手投出的球，然后转身将球以 32m/s 的初速度投给接球手. 球队主管把游击手（接球、转身、投球）的接力时间定为 0.5s，游击手应该让自己站在距离本垒多远处，才能使球到达本垒所需的总时间最少？球队主管应该鼓励直接投球还是接力投球？如果游击手能以 35m/s 的速度投球则会怎样？

(c) 游击手的投球速度是多少时，接力投球和直接投球所需的时间相同？

应用专题 | T 电影院里座位的选择

一个电影院的银幕在地面上方 3m 处,高 7.5m. 第一排座位距离银幕 2.7 m,每两排座位之间相隔 0.9m. 座位区的地面与水平面之间的夹角 α 为 20°. 你就座的位置为沿地面斜向上的距离为 x 处. 影院有 21 排座椅,因此 $0 \leqslant x \leqslant 18$. 假设你认为最好的位置是使银幕在你的视野中的张角 θ 最大的一排. 同时假设你的眼睛在地面上方 1.2m,如图所示.(在 4.7 节练习 84 中,我们见过这个问题的简单版本,当时我们假设地面是水平的. 本专题所涉及的情景更复杂,需要使用技术工具.)

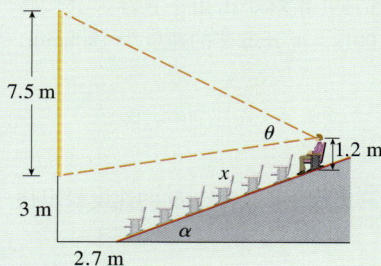

1. 证明

$$\theta = \arccos\left(\frac{a^2 + b^2 - 56.25}{2ab}\right),$$

其中

$$a^2 = (2.7 + x\cos\alpha)^2 + (9.3 - x\sin\alpha)^2,$$

$$b^2 = (2.7 + x\cos\alpha)^2 + (x\sin\alpha - 1.8)^2.$$

2. 利用 θ 关于 x 的函数图像估计使得 θ 最大的 x 值. 你应该坐在哪一排? 在这一排,银幕在视野中的张角 θ 为多少?

3. 利用计算机代数系统对 θ 微分,并求出方程 $\mathrm{d}\theta/\mathrm{d}x = 0$ 的数值解. 这个值与问题 2 的结果相符吗?

4. 利用 θ 的图像估计 θ 在 $0 \leqslant x \leqslant 18$ 上的平均值,然后利用计算机代数系统求这个平均值,将它与 θ 的最大值和最小值进行比较.

第 6 章　复习

概念题

1. (a) 画出两条曲线 $y = f(x)$ 和 $y = g(x)$,使得对于 $a \leqslant x \leqslant b$ 有 $f(x) \geqslant g(x)$. 说明如何利用黎曼和估计曲线间的面积,并画出相应的近似矩形. 写出面积的准确表达式.

(b) 若曲线方程为 $x = f(y)$ 和 $x = g(y)$,对于 $c \leqslant y \leqslant d$ 有 $f(y) \geqslant g(y)$,解释此时情况有什么变化.

2. 假设在 1500m 赛跑中苏珊比凯茜跑得快,那么在前 1min 内两人的速度曲线之间的面积的物理意义是什么?

3. (a) 假设已知立体 S 的截面面积,说明如何利用黎曼和估计 S 的体积. 写出体积的准确表达式.

(b) 如果 S 是一个旋转体,如何求其截面面积?

4. (a) 柱壳的体积是什么?

(b) 说明如何利用柱壳求旋转体的体积.

(c) 为什么会用柱壳法代替圆盘法或垫圈法?

5. 假设你对一本书施加一个力 $f(x)$,从 $x = 0$ 到 $x = 6$,推动它横穿一张 6m 长的桌子,那么 $\int f(x)\mathrm{d}x$ 表示什么含义? 如果 $f(x)$ 的单位是 N,那么积分的单位是什么?

6. (a) 函数 f 在区间 $[a,b]$ 上的平均值是什么?

(b) 积分的中值定理是什么? 它的几何意义是什么?

判断题

判断下列说法是否正确. 如果正确, 请说明理由; 如果不正确, 请说明理由或给出一个反例.

1. 对于 $a \leqslant x \leqslant b$, 曲线 $y = f(x)$ 和 $y = g(x)$ 之间的面积为 $A = \int_a^b [f(x) - g(x)] \mathrm{d}x$.

2. 立方体是旋转体.

3. 如果曲线 $y = \sqrt{x}$ 和直线 $y = x$ 围成的区域绕 x 轴旋转, 那么所得立体的体积为
$$V = \int_0^1 \pi \left(\sqrt{x} - x \right)^2 \mathrm{d}x.$$

4~9 设 $\mathscr{R}$ 为下图所示的区域.

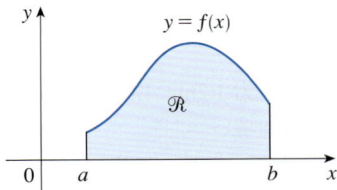

4. 如果 $\mathscr{R}$ 绕 y 轴旋转, 那么所得立体的体积为
$$V = \int_a^b 2\pi x f(x) \mathrm{d}x.$$

5. 如果 $\mathscr{R}$ 绕 x 轴旋转, 那么所得立体的体积为
$$V = \int_a^b \pi \left[f(x) \right]^2 \mathrm{d}x.$$

6. 如果 $\mathscr{R}$ 绕 x 轴旋转, 那么所得立体垂直于 x 轴的截面是圆.

7. 如果 $\mathscr{R}$ 绕 y 轴旋转, 那么所得立体的水平截面是柱壳.

8. $\mathscr{R}$ 绕直线 $x = -2$ 旋转所得立体的体积与 $\mathscr{R}$ 绕 y 轴旋转所得立体的体积相同.

9. 如果 $\mathscr{R}$ 是立体 S 的底, S 垂直于 x 轴的截面是正方形, 那么 S 的体积为
$$V = \int_a^b \left[f(x) \right]^2 \mathrm{d}x.$$

10. 一根缆绳垂直悬挂在位于高层建筑顶部的绞车上. 绞车拉起缆绳上半部分所做的功是拉起整个缆绳所做的功的一半.

11. 如果 $\int_2^5 f(x) \mathrm{d}x = 12$, 那么 f 在 $[2,5]$ 上的平均值是 4.

练习题

1~6 求给定曲线或直线所围成区域的面积.

1. $y = x^2$, $y = 8x - x^2$

2. $y = \sqrt{x}$, $y = -\sqrt[3]{x}$, $y = x - 2$

3. $y = 1 - 2x^2$, $y = |x|$

4. $x + y = 0$, $x = y^2 + 3y$

5. $y = \sin(\pi x/2)$, $y = x^2 - 2x$

6. $y = \sqrt{x}$, $y = x^2$, $x = 2$

7~11 求给定曲线或直线围成的区域绕指定直线旋转所得立体的体积.

7. $y = 2x$, $y = x^2$; 绕 x 轴旋转.

8. $x = 1 + y^2$, $y = x - 3$; 绕 y 轴旋转.

9. $x = 0$, $x = 9 - y^2$; 绕 $x = -1$ 旋转.

10. $y = x^2 + 1$, $y = 9 - x^2$; 绕 $y = -1$ 旋转.

11. $x^2 - y^2 = a^2$, $x = a + h$（其中 $a > 0$, $h > 0$）; 绕 y 轴旋转.

12~14 用积分表示给定曲线或直线围成的区域绕指定直线旋转所得立体的体积, 无须计算.

12. $y = \tan x$, $y = x$, $x = \pi/3$; 绕 y 轴旋转.

13. $y = \cos^2 x$, $|x| \leqslant \pi/2$, $y = \frac{1}{4}$; 绕 $x = \pi/2$ 旋转.

14. $y = \ln x$, $y = 0$, $x = 4$; 绕 $x = -1$ 旋转.

15~16 给定曲线围成的区域绕指定直线旋转, 得到一个立体. 分别以 x 和 y 为积分变量, 求立体的体积.

15. $y = x^3$, $y = 3x^2$; 绕 $x = -1$ 旋转.

16. $y = \sqrt{x}$, $y = x^2$; 绕 $y = 3$ 旋转.

17. 求直线 $y = x$ 和曲线 $y = x^2$ 围成的区域绕下列直线旋转所得立体的体积.

(a) x 轴 　　　(b) y 轴 　　　(c) $y = 2$

18. 设 $\mathcal{R}$ 是曲线 $y = x^3$ 和 $y = 2x - x^2$ 在第一象限中围成的区域. 计算下列各量.
    (a) $\mathcal{R}$ 的面积.
    (b) $\mathcal{R}$ 绕 x 轴旋转所得立体的体积.
    (c) $\mathcal{R}$ 绕 y 轴旋转所得立体的体积.

19. 设 $\mathcal{R}$ 是曲线 $y = \tan\left(x^2\right)$、直线 $x = 1$ 和 $y = 0$ 围成的区域. 利用 $n = 4$ 时的中点法则估计下列各量.
    (a) $\mathcal{R}$ 的面积.
    (b) $\mathcal{R}$ 绕 x 轴旋转所得立体的体积.

20. 设 $\mathcal{R}$ 是曲线 $y = 1 - x^2$ 和 $y = x^6 - x + 1$ 围成的区域. 估计下列各量.
    (a) 曲线的交点横坐标.
    (b) $\mathcal{R}$ 的面积.
    (c) $\mathcal{R}$ 绕 x 轴旋转所得立体的体积.
    (d) $\mathcal{R}$ 绕 y 轴旋转所得立体的体积.

21~24 下列积分分别表示一个立体的体积. 描述这个立体.

21. $\int_0^{\pi/2} 2\pi x \cos x \, dx$

22. $\int_0^{\pi/2} 2\pi \cos^2 x \, dx$

23. $\int_0^{\pi} \pi (2 - \sin x)^2 \, dx$

24. $\int_0^4 2\pi (6 - y)(4y - y^2) \, dy$

25. 一个立体的底面是一个半径为 3 的圆. 假设垂直于底面的截面是斜边在底面上的等腰直角三角形, 求该立体的体积.

26. 一个立体的底面是抛物线 $y = x^2$ 和 $y = 2 - x^2$ 围成的区域. 假设垂直于 x 轴的截面是一条边在底面上的正方形, 求该立体的体积.

27. 一座纪念碑的高度为 20m, 距离顶点 x m 处的水平截面是一个边长为 $\frac{1}{4} x$ m 的等边三角形. 求纪念碑的体积.

28. (a) 一个立体的底面是顶点坐标分别为 $(1,0)$、$(0,1)$、$(-1,0)$、$(0,-1)$ 的正方形, 每个垂直于 x 轴的截面都是半圆. 求该立体的体积.
    (b) 说明通过切割 (a) 中的立体并重新排列成一个圆锥体, 可以更简单地计算出立体的体积.

29. 一个弹簧从自然长度 12cm 伸长到 15cm 需要 30N 的力, 那么使弹簧从自然长度 12cm 伸长到 20cm 所做的功是多少?

30. 一台 725kg 的电梯被一根长度为 60m、单位质量为 15kg/m 的缆绳吊起. 将电梯从地下室拉升到距离其 9m 的三楼, 需要做多少功?

31. 一个装满水的水箱的外形呈抛物面, 如下图所示. 也就是说, 它通过一个抛物线绕垂直轴旋转而得.

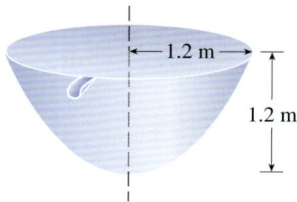

    (a) 如果它的高度为 1.2m, 顶部半径为 1.2m, 求从水箱中抽水所做的功.
    (b) 从水箱中抽水, 做功 4000J 后, 水箱中剩余的水的深度是多少?

32. 一个垂直圆柱形钢罐的直径为 4m, 高为 5m. 现在钢罐内装有密度为 920kg/m³ 的食用油, 高度为 3m. 求通过钢罐顶部上方 1m 处的管口将油抽出所做的功.

33. 求函数 $f(t) = \sec^2 t$ 在区间 $[0, \pi/4]$ 上的平均值.

34. (a) 求函数 $f(x) = 1/\sqrt{x}$ 在区间 $[1, 4]$ 上的平均值.
    (b) 根据积分的中值定理, 求使得 $f_{avg} = f(c)$ 的 c 值.
    (c) 画出 f 在区间 $[1, 4]$ 上的图像, 以及一个底边为 $[1, 4]$ 的矩形, 它的面积与 f 图像下方区域的面积相同.

35. 令 $\mathcal{R}_1$ 为 $y = x^2$、$y = 0$ 和 $x = b$ 围成的区域, 其中 $b > 0$; 令 $\mathcal{R}_2$ 为 $x = 0$、$y = x^2$ 和 $y = b^2$ 围成的区域.
    (a) 是否存在 b 使得 $\mathcal{R}_1$ 和 $\mathcal{R}_2$ 面积相等?
    (b) 是否存在 b 使得 $\mathcal{R}_1$ 绕 x 轴和 y 轴旋转所得立体的体积相等?
    (c) 是否存在 b 使得 $\mathcal{R}_1$ 和 $\mathcal{R}_2$ 绕 x 轴旋转所得立体的体积相等?
    (d) 是否存在 b 使得 $\mathcal{R}_1$ 和 $\mathcal{R}_2$ 绕 y 轴旋转所得立体的体积相等?

附加题

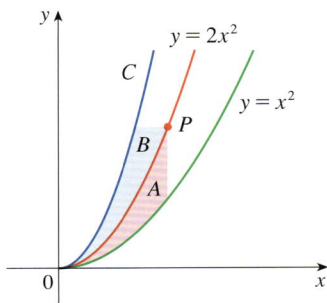

1. 曲线 $y = f(x)$ 下方区域绕 x 轴旋转得到一个立体，其中 f 是正值函数且 $x \geqslant 0$. 已知对于 $b > 0$ ，立体从 $x = 0$ 到 $x = b$ 的部分的体积为 b^2 . 求函数 f .

2. 一条过原点的直线将抛物线 $y = x - x^2$ 和 x 轴围成的区域分成面积相等的两个部分. 求这条直线的斜率.

3. 左图中的曲线 C 具有这样的性质：对于中间的曲线 $y = 2x^2$ 上的每个点 P ， A 和 B 的面积都相等. 求 C 的方程.

4. 一个半径为 r 、高为 L 的圆柱形玻璃杯装有一些水. 将杯子倾斜，使得留在杯子里的水刚好覆盖杯底.
   (a) 将水"切割"成平行的矩形截面，并用定积分表示杯中水的体积.
   (b) 将水"切割"成平行的梯形截面，并用定积分表示杯中水的体积.
   (c) 计算 (a) 或 (b) 中的积分，求水的体积.
   (d) 用纯几何方法求水的体积.
   (e) 假设将杯子倾斜，使得留在杯子里的水刚好覆盖杯底的一半. 分别从哪个方向将水"切割"可以得到三角形截面、矩形截面和部分圆形截面? 求水的体积.

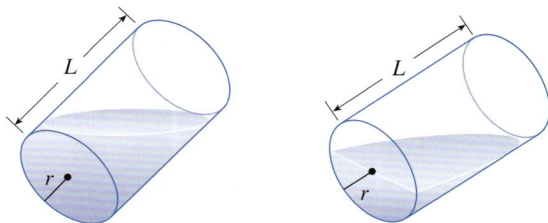

5. 没有盖的碗内放入水，水蒸发的速度与其表面积成正比（即体积减小的速度与表面积成正比）. 证明不论碗的形状如何，水的深度以一个固定的速度减小.

6. 阿基米德原理表明，物体部分或者全部浸没在液体中时，它所受的浮力等于它排开液体的重量. 一个密度为 ρ_0 的物体部分浸没在密度为 ρ_f 的液体中，受到的浮力为 $F = \rho_f g \int_{-h}^{0} A(y) \mathrm{d}y$ ，其中 g 是重力加速度， $A(y)$ 是物体的截面面积（如左图所示）. 物体的重量为

$$W = \rho_0 g \int_{-h}^{L-h} A(y) \mathrm{d}y .$$

(a) 证明物体在液面上方部分的体积占物体总体积的百分比为

$$100 \frac{\rho_f - \rho_0}{\rho_f} .$$

(b) 冰的密度是 $917 \mathrm{kg/m^3}$ ，海水的密度是 $1030 \mathrm{kg/m^3}$. 冰在海面上方部分的体积占冰的总体积的百分比为多少?

(c) 一个立方体冰块漂浮在装满水的杯子中. 当冰融化后，会有水溢出吗?

(d) 一个半径为 $0.4 \mathrm{m}$ 的球体（重量可忽略）漂浮在一个大型淡水湖里. 使这个球体完全浸没于水中需要做多少功? 水的密度是 $1000 \mathrm{kg/m^3}$.

7. 一个半径为 1 的球体与一个半径为 r 的较小的球体相交，它们的交线是一个半径为 r 的圆.（换句话说，它们相交于小球体表面上最大的圆.）求 r，使得在小球体内部但在大球体外部的体积尽可能大.

8. 一个装满水的圆锥形纸杯的高为 h，斜角为 θ（见下图）.将一个球小心地放在杯子顶部，杯内的一部分水被排开并溢出.球的半径为多少时，溢出的水的体积最大?

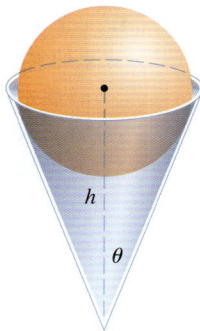

9. 一个漏刻（也称水钟）是一个底部有小洞的玻璃容器，水可以从洞中流出.通过标记等间隔的时间所对应的水位来校准漏刻，以测量时间.令 $x = f(y)$ 是区间 $[0,b]$ 上的连续函数，假设容器的形状是由 f 的图像绕 y 轴旋转形成的.令 V 表示水的体积，h 表示 t 时的水位高度（见下图）.

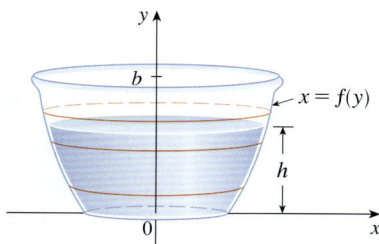

(a) 将 V 表示为 h 的函数.

(b) 证明

$$\frac{\mathrm{d}V}{\mathrm{d}t} = \pi \big[f(h) \big]^2 \frac{\mathrm{d}h}{\mathrm{d}t} .$$

(c) 令 A 表示容器底部的小洞的面积.由托里拆利定律可知，水的体积的变化率为

$$\frac{\mathrm{d}V}{\mathrm{d}t} = kA\sqrt{h} ,$$

其中 k 为负常数.求使得 $\mathrm{d}h/\mathrm{d}t$ 为常数 C 的函数 f 的表达式.$\mathrm{d}h/\mathrm{d}t = C$ 有什么好处?

482

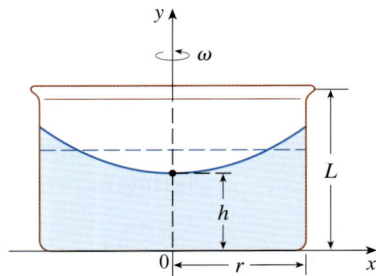

10. 一个半径为 r、高为 L 的圆柱形容器装有体积为 V 的液体．如果容器绕它的对称轴以恒定角速度 ω 旋转，那么这会导致液体绕相同的轴发生旋转运动，并最终产生相同的角速度．如左图所示，由于液体所受的离心力随其到中心轴的距离的增大而增大，因此液体表面会变成曲线．可以证明，液体表面是由抛物线

$$y = h + \frac{\omega^2 x^2}{2g}$$

绕 y 轴旋转得到的抛物面，其中 g 是重力加速度．

(a) 将 h 表示为 ω 的函数．

(b) 角速度为多少时，液体表面触及容器底部？角速度为多少时，液体会溢出？

(c) 假设容器的半径为 2m，高为 7m，并且容器和液体以恒定角速度旋转．在容器的中心轴上，液体表面在容器顶部的下方 5m 处；在距离容器中心轴 1m 处，液体表面在容器顶部的下方 4m 处．

　(i) 求容器的角速度和液体的体积．

　(ii) 在容器壁上，液体表面距离容器顶部多远？

11. 假设三次多项式的图像与抛物线 $y = x^2$ 分别在 $x = 0$、$x = a$ 和 $x = b$ 处相交，其中 $0 < a < b$．如果曲线间的两个区域面积相同，b 与 a 有什么关系？

T 12. 假设我们想将一个直径为 8 英寸的玉米薄饼卷成墨西哥卷饼，使它恰好能放入圆柱形包装内．用肉、干酪和其他馅料填充卷饼至卷饼边缘（但不超出边缘）．我们的问题是判断薄饼如何弯曲才能使它包裹的食物的体积最大．

(a) 首先将一个半径为 r 的圆柱体放在薄饼的一条直径上，然后将薄饼环绕在圆柱体的周围．令 x 表示薄饼直径上一点 P 到中心点的距离（见下图）．证明填满馅料的卷饼在过点 P、垂直于圆柱体中心轴的平面上的截面的面积为

$$A(x) = r\sqrt{16 - x^2} - \frac{1}{2}r^2 \sin\left(\frac{2}{r}\sqrt{16 - x^2}\right),$$

并写出卷饼体积的表达式．

(b) 使用画图方法，求使得卷饼的体积最大的 r（的近似值）．

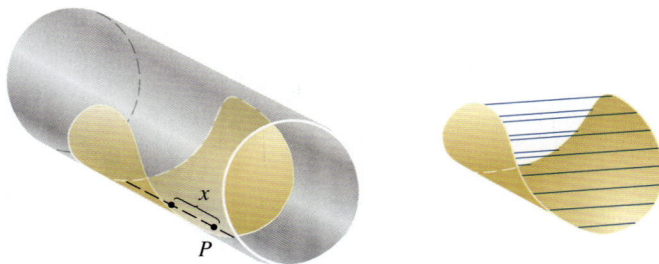

13. 曲线 $y = x^3$ 在点 P 处的切线与曲线的另一个交点为 Q．令 A 表示曲线和线段 PQ 所围成区域的面积，再将 P 换为 Q，令 B 表示以相同方式得到的面积．A 与 B 有什么关系？

14. 设 $P(a, a^2)$（$a > 0$）为抛物线 $y = x^2$ 上在第一象限内的任意一点，设 $\mathscr{R}$ 是抛物线和 P 处的法线围成的区域（见下图）．证明：当 $a = \dfrac{1}{2}$ 时，$\mathscr{R}$ 的面积最小．（见第 4 章附加题 11．）

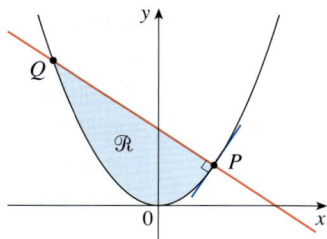

控制火箭模型运动的物理学原理也适用于将航天器送入地球轨道的火箭. 在 7.1 节练习 74 中，你将使用积分计算将火箭发射到地球上空指定高度所需的燃料.

7 积分技巧

利用微积分基本定理，如果已知一个函数的原函数，即其不定积分，我们可以求其定积分. 下面总结了到目前为止我们学习过的一些最重要的不定积分.

$$\int k \, dx = kx + C$$

$$\int \sin x \, dx = -\cos x + C$$

$$\int \tan x \, dx = \ln|\sec x| + C$$

$$\int x^n \, dx = \frac{x^{n+1}}{n+1} + C \quad (n \neq -1)$$

$$\int \cos x \, dx = \sin x + C$$

$$\int \cot x \, dx = \ln|\sin x| + C$$

$$\int \frac{1}{x} \, dx = \ln|x| + C$$

$$\int \sec^2 x \, dx = \tan x + C$$

$$\int \frac{1}{x^2 + a^2} \, dx = \frac{1}{a} \tan^{-1}\left(\frac{x}{a}\right) + C$$

$$\int e^x \, dx = e^x + C$$

$$\int \csc^2 x \, dx = -\cot x + C$$

$$\int \frac{1}{\sqrt{a^2 - x^2}} \, dx = \sin^{-1}\left(\frac{x}{a}\right) + C, \ a > 0$$

$$\int b^x \, dx = \frac{b^x}{\ln b} + C$$

$$\int \sec x \tan x \, dx = \sec x + C$$

$$\int \sinh x \, dx = \cosh x + C$$

$$\int \csc x \cot x \, dx = -\csc x + C$$

$$\int \cosh x \, dx = \sinh x + C$$

本章将介绍一些技巧，以通过这些基本的积分公式得到一些复杂函数的不定积分．在 5.5 节中我们学过一种最重要的积分方法——换元法．7.1 节将介绍另一种常见的积分技巧——分部积分法．随后我们将学习一些针对特殊函数（如三角函数和有理函数）的积分方法．

求积分不像求导数那样直接，没有一个法则可以保证得到函数的不定积分．因此，我们将在 7.5 节中讨论求积分的策略．

7.1 | 分部积分法

每一个求导法则都对应一个积分法则．例如，积分的换元法对应求导的链式法则．对应函数积的求导法则的积分法则称为分部积分法．

■ 不定积分的分部积分法

函数积的求导法则表明，如果 f 和 g 是可微函数，那么

$$\frac{\mathrm{d}}{\mathrm{d}x}\big[f(x)g(x)\big]=f(x)g'(x)+g(x)f'(x).$$

用不定积分将这个等式表示为

$$\int\big[f(x)g'(x)+g(x)f'(x)\big]\mathrm{d}x=f(x)g(x)$$

或

$$\int f(x)g'(x)\mathrm{d}x+\int g(x)f'(x)\mathrm{d}x=f(x)g(x).$$

我们可以将等式改写成

1
$$\int f(x)g'(x)\mathrm{d}x=f(x)g(x)-\int g(x)f'(x)\mathrm{d}x.$$

公式 1 称为**分部积分公式**．下面的形式更易于记忆：令 $u=f(x)$，$v=g(x)$，则它们的微分为 $\mathrm{d}u=f'(x)\mathrm{d}x$，$\mathrm{d}v=g'(x)\mathrm{d}x$．由换元法可知，分部积分公式变为

2
$$\int u\,\mathrm{d}v=uv-\int v\,\mathrm{d}u.$$

例 1   求 $\int x\sin x\,\mathrm{d}x$．

解 1（利用公式 1）   假设取 $f(x)=x$，$g'(x)=\sin x$，那么 $f'(x)=1$，$g(x)=-\cos x$．（对于 g，可以选择 g' 的任意原函数．）因此，由公式 1 可得

$$\int x\sin x\,\mathrm{d}x=f(x)g(x)-\int g(x)f'(x)\mathrm{d}x$$
$$=x(-\cos x)-\int(-\cos x)\mathrm{d}x=-x\cos x+\int\cos x\,\mathrm{d}x$$
$$=-x\cos x+\sin x+C.$$

通过求导来验证答案：对上式求导可得 $x\sin x$ ，结果正确．

根据以下模板写出各个函数会很有帮助：

$$u = \square \qquad dv = \square$$
$$du = \square \qquad v = \square$$

解 2（利用公式 2） 令

$$u = x , \quad dv = \sin x\,dx ,$$

那么

$$du = dx , \quad v = -\cos x .$$

因此

$$\int x\sin x\,dx = \int \overbrace{x}^{u}\overbrace{\sin x\,dx}^{dv} = \overbrace{x}^{u}\overbrace{(-\cos x)}^{dv} - \int \overbrace{(-\cos x)}^{v}\overbrace{dx}^{du}$$

$$= -x\cos x + \int \cos x\,dx$$

$$= -x\cos x + \sin x + C .$$ ∎

注　使用分部积分法的目的是得到一个比原来更简单的积分．因此，例 1 中从 $\int x\sin x\,dx$ 开始，用更简单的积分 $\int \cos x\,dx$ 表示它．如果取 $u = \sin x$ ，$dv = x\,dx$ ，那么 $du = \cos x\,dx$ ，$v = x^2/2$ ，由分部积分法可得

$$\int x\sin x\,dx = (\sin x)\frac{x^2}{2} - \frac{1}{2}\int x^2 \cos x\,dx .$$

尽管这也是正确的，但 $\int x^2 \cos x\,dx$ 比原来的积分更复杂．一般而言，在确定 u 和 dv 时，通常选择 $u = f(x)$ 为求导后变简单（至少不会变复杂）的那个函数，只要根据相应的 $dv = g'(x)\,dx$ 可以通过积分求出 v 即可．

例 2　求 $\int \ln x\,dx$ ．

解　此例中，对于 u 和 dv 没有很多选择．令

$$u = \ln x , \quad dv = dx ,$$

那么

$$du = \frac{1}{x}\,dx , \quad v = x .$$

由分部积分法可得

$$\int \ln x\,dx = x\ln x - \int x \cdot \frac{1}{x}\,dx$$

习惯上将 $\int 1\,dx$ 写成 $\int dx$ ．

$$= x\ln x - \int dx$$

通过求导来验证答案．

$$= x\ln x - x + C .$$

在本例中，使用分部积分法的效果很好，因为函数 $f(x) = \ln x$ 的导数比 f 简单． ∎

例 3   求 $\int t^2 e^t \, \mathrm{d}t$.

解   注意到对 e^t 求导或积分时，它保持不变，而对 t^2 求导时，它会变简单，所以我们取

$$u = t^2 , \quad \mathrm{d}v = e^t \, \mathrm{d}t ,$$

那么

$$\mathrm{d}u = 2t \, \mathrm{d}t , \quad v = e^t .$$

由分部积分法可得

3 $$\int t^2 e^t \, \mathrm{d}t = t^2 e^t - 2 \int t e^t \, \mathrm{d}t ,$$

其中得到的积分 $\int t^2 e^t \, \mathrm{d}t$ 比原来简单，但其结果并不显而易见. 因此，我们再次利用分部积分法. 这次取 $u = t$ ，$\mathrm{d}v = e^t \, \mathrm{d}t$ ，那么 $\mathrm{d}u = \mathrm{d}t$ ，$v = e^t$ ，于是有

$$\int t e^t \, \mathrm{d}t = t e^t - \int e^t \, \mathrm{d}t$$

$$= t e^t - e^t + C .$$

代入公式 3，得到

$$\int t^2 e^t \, \mathrm{d}t = t^2 e^t - 2 \int t e^t \, \mathrm{d}t$$

$$= t^2 e^t - 2\left(t e^t - e^t + C \right)$$

$$= t^2 e^t - 2t e^t + 2 e^t + C_1 \quad （其中 C_1 = -2C）. \quad \blacksquare$$

例 4   求 $\int e^x \sin x \, \mathrm{d}x$.

解 e^x 和 $\sin x$ 在求导后都不会变简单，所以我们尝试取 $u = e^x$ 和 $\mathrm{d}v = \sin x \, \mathrm{d}x$ （在本例中选择 $u = \sin x$ 和 $\mathrm{d}v = e^x \, \mathrm{d}x$ 也是可以的），那么 $\mathrm{d}u = e^x \, \mathrm{d}x$ ，$v = -\cos x$. 由分部积分法可得

4 $$\int e^x \sin x \, \mathrm{d}x = -e^x \cos x + \int e^x \cos x \, \mathrm{d}x ,$$

其中得到的积分 $\int e^x \cos x \, \mathrm{d}x$ 并不比原来简单，但是至少它没有变复杂. 上一个例子中运用两次分部积分法成功得到了答案，本例中我们再次分部积分，这次取 $u = e^x$ ，$\mathrm{d}v = \cos x \, \mathrm{d}x$ ，那么 $\mathrm{d}u = e^x \, \mathrm{d}x$ ，$v = \sin x$ ，于是有

5 $$\int e^x \cos x \, \mathrm{d}x = e^x \sin x - \int e^x \sin x \, \mathrm{d}x .$$

乍一看，我们似乎没得出结果，因为我们又回到了原来的积分 $\int e^x \sin x \, \mathrm{d}x$. 但是，如果将公式 5 中 $\int e^x \cos x \, \mathrm{d}x$ 的表达式代入公式 4，可以得到

$$\int e^x \sin x \, \mathrm{d}x = -e^x \cos x + e^x \sin x - \int e^x \sin x \, \mathrm{d}x .$$

图 7-1-1 是例 4 中 $f(x) = e^x \sin x$ 和 $F(x) = \dfrac{1}{2} e^x (\sin x - \cos x)$ 的 图 像. 注意到当 F 有极大值或者极小值时, $f(x) = 0$, 这直观地验证了我们的结果.

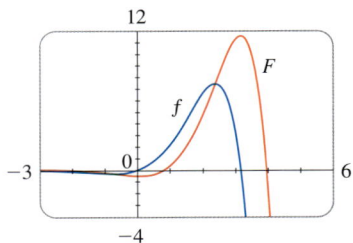

图 7-1-1

这可以看作关于一个未知积分的方程. 将方程两边同时加上 $\int e^x \sin x\, dx$, 得到

$$2\int e^x \sin x\, dx = -e^x \cos x + e^x \sin x,$$

除以 2 并加上积分常数, 得到

$$\int e^x \sin x\, dx = \frac{1}{2} e^x (\sin x - \cos x) + C. \qquad ■$$

■ 定积分的分部积分法

如果我们将分部积分公式和微积分基本定理的第二部分结合起来, 就可以分部计算定积分. 假设 f' 和 g' 均连续, 取 a 和 b 为积分极限代入公式 1, 然后根据微积分基本定理, 有

$$\boxed{6} \qquad \boxed{\int_a^b f(x) g'(x)\, dx = f(x) g(x) \Big]_a^b - \int_a^b g(x) f'(x)\, dx.}$$

例 5　求 $\displaystyle\int_0^1 \tan^{-1} x\, dx$.

解　令

$$u = \tan^{-1} x, \quad dv = dx,$$

那么

$$du = \frac{dx}{1 + x^2}, \quad v = x.$$

公式 6 表明

$$\int_0^1 \tan^{-1} x\, dx = x \tan^{-1} x \Big]_0^1 - \int_0^1 \frac{x}{1 + x^2}\, dx$$

$$= 1 \times \tan^{-1} 1 - 0 \times \tan^{-1} 0 - \int_0^1 \frac{x}{1 + x^2}\, dx$$

$$= \frac{\pi}{4} - \int_0^1 \frac{x}{1 + x^2}\, dx.$$

因为 $x \geqslant 0$ 时 $\tan^{-1} x \geqslant 0$, 所以例 5 中的积分可以看作如图 7-1-2 所示的区域的面积.

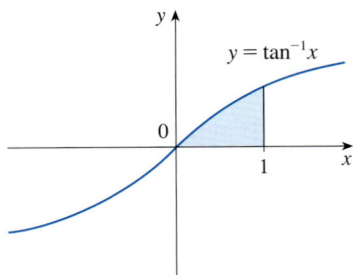

图 7-1-2

为了计算这个积分, 我们使用换元 $t = 1 + x^2$ (u 在本例中表示其他量, 所以不在换元法中使用), 于是有 $dt = 2x\, dx$, $x\, dx = \dfrac{1}{2} dt$. 当 $x = 0$ 时, $t = 1$; 当 $x = 1$ 时, $t = 2$. 因此

$$\int_0^1 \frac{x}{1 + x^2}\, dx = \frac{1}{2} \int_1^2 \frac{dt}{t} = \frac{1}{2} \ln |t| \Big]_1^2$$

$$= \frac{1}{2} \times (\ln 2 - \ln 1) = \frac{1}{2} \ln 2,$$

进而有

$$\int_0^1 \tan^{-1} x\, dx = \frac{\pi}{4} - \int_0^1 \frac{x}{1 + x^2}\, dx = \frac{\pi}{4} - \frac{\ln 2}{2}. \qquad ■$$

■ 归约公式

前面的例子表明, 分部积分法通常可以让我们将一个积分表示为一个更简单

的积分. 如果被积函数包含幂函数, 我们时常可以用分部积分法降幂. 通过这种方式, 可以得到下例中的归约公式.

例 6 证明归约公式

公式 7 称为归约公式, 因为指数 n 被归约为 $n-1$ 和 $n-2$.

$$\boxed{7} \qquad \int \sin^n x\, dx = -\frac{1}{n}\cos x \sin^{n-1} x + \frac{n-1}{n}\int \sin^{n-2} x\, dx ,$$

其中 n 为整数（$n \geqslant 2$）.

解 令

$$u = \sin^{n-1} x , \quad dv = \sin x\, dx ,$$

那么

$$du = (n-1)\sin^{n-2} x \cos x\, dx , \quad v = -\cos x .$$

由分部积分法可得

$$\int \sin^n x\, dx = -\cos x \sin^{n-1} x + (n-1)\int \sin^{n-2} x \cos^2 x\, dx .$$

因为 $\cos^2 x = 1 - \sin^2 x$, 所以

$$\int \sin^n x\, dx = -\cos x \sin^{n-1} x + (n-1)\int \sin^{n-2} x\, dx - (n-1)\int \sin^n x\, dx .$$

如例 4 那样, 将等式右边的最后一项移到左边, 来解这个关于定积分的方程, 于是有

$$n\int \sin^n x\, dx = -\cos x \sin^{n-1} x + (n-1)\int \sin^{n-2} x\, dx$$

或

$$\int \sin^n x\, dx = -\frac{1}{n}\cos x \sin^{n-1} x + \frac{n-1}{n}\int \sin^{n-2} x\, dx . \qquad ∎$$

归约公式 7 很有用. 反复使用它, 最终可以将 $\int \sin^n x\, dx$ 表示为 $\int \sin x\, dx$（如果 n 为偶数）或 $\int (\sin x)^0\, dx = \int dx$（如果 n 为奇数）.

7.1 | 练习

1~4 根据给定的 u 和 dv, 利用分部积分法求下列积分.

1. $\int xe^{2x}\, dx$；$u = x$, $dv = e^{2x}\, dx$

2. $\int \sqrt{x}\ln x\, dx$；$u = \ln x$, $dv = \sqrt{x}\, dx$

3. $\int x\cos 4x\, dx$；$u = x$, $dv = \cos 4x\, dx$

4. $\int \sin^{-1} x\, dx$；$u = \sin^{-1} x$, $dv = dx$

5~42 求下列积分.

5. $\int te^{2t}\, dt$

6. $\int ye^{-y}\, dy$

7. $\int x\sin 10x\, dx$

8. $\int (\pi - x)\cos \pi x\, dx$

9. $\int w\ln w\, dw$

10. $\int \frac{\ln x}{x^2}\, dx$

11. $\int (x^2 + 2x)\cos x\, dx$

12. $\int t^2 \sin \beta t\, dt$

13. $\int \cos^{-1} x\, dx$

14. $\int \ln \sqrt{x}\, dx$

15. $\int t^4 \ln t\, dt$

16. $\int \tan^{-1}(2y)\, dy$

17. $\int t\csc^2 t\, dt$

18. $\int x\cosh ax\, dx$

19. $\int (\ln x)^2\, dx$

20. $\int \frac{z}{10^z}\, dz$

21. $\int e^{3x}\cos x\, dx$

22. $\int e^x \sin \pi x\, dx$

23. $\int e^{2\theta}\sin 3\theta\, d\theta$

24. $\int e^{-\theta}\cos 2\theta\, d\theta$

25. $\int z^3 e^z \, dz$

26. $\int (\arcsin x)^2 \, dx$

27. $\int (1+x^2) e^{3x} \, dx$

28. $\int_0^{1/2} \theta \sin 3\pi \theta \, d\theta$

29. $\int_0^1 x 3^x \, dx$

30. $\int_0^1 \dfrac{x e^x}{(1+x)^2} \, dx$

31. $\int_0^2 y \sinh y \, dy$

32. $\int_1^2 w^2 \ln w \, dw$

33. $\int_1^5 \dfrac{\ln R}{R^2} \, dR$

34. $\int_0^{2\pi} t^2 \sin 2t \, dt$

35. $\int_0^\pi x \sin x \cos x \, dx$

36. $\int_1^{\sqrt{3}} \arctan(1/x) \, dx$

37. $\int_1^5 \dfrac{M}{e^M} \, dM$

38. $\int_1^2 \dfrac{(\ln x)^2}{x^3} \, dx$

39. $\int_0^{\pi/3} \sin x \ln(\cos x) \, dx$

40. $\int_0^1 \dfrac{r^3}{\sqrt{4+r^2}} \, dr$

41. $\int_0^\pi \cos x \sinh x \, dx$

42. $\int_0^t e^s \sin(t-s) \, ds$

43~48 先用换元法再用分部积分法求下列积分.

43. $\int e^{\sqrt{x}} \, dx$

44. $\int \cos(\ln x) \, dx$

45. $\int_{\sqrt{\pi/2}}^{\sqrt{\pi}} \theta^3 \cos(\theta^2) \, d\theta$

46. $\int_0^\pi e^{\cos t} \sin 2t \, dt$

47. $\int x \ln(1+x) \, dx$

48. $\int \dfrac{\arcsin(\ln x)}{x} \, dx$

49~52 求下列不定积分,画出函数和其原函数的图像(取 $C=0$),来检查你的答案是否合理.

49. $\int x e^{-2x} \, dx$

50. $\int x^{3/2} \ln x \, dx$

51. $\int x^3 \sqrt{1+x^2} \, dx$

52. $\int x^2 \sin 2x \, dx$

---

53. (a) 利用例 6 中的归约公式,证明

$$\int \sin^2 x \, dx = \frac{x}{2} - \frac{\sin 2x}{4} + C .$$

(b) 利用 (a) 中的结论和归约公式,求 $\int \sin^4 x \, dx$.

54. (a) 证明归约公式

$$\int \cos^n x \, dx = \frac{1}{n} \cos^{n-1} x \sin x + \frac{n-1}{n} \int \cos^{n-2} x \, dx .$$

(b) 利用 (a) 中的结论,求 $\int \cos^2 x \, dx$.

(c) 利用 (a) 和 (b) 中的结论,求 $\int \cos^4 x \, dx$.

55. (a) 利用例 6 的归约公式,证明

$$\int_0^{\pi/2} \sin^n x \, dx = \frac{n-1}{n} \int_0^{\pi/2} \sin^{n-2} x \, dx ,$$

其中 n 为整数($n \geqslant 2$).

(b) 利用 (a) 中的结论,求 $\int_0^{\pi/2} \sin^3 x \, dx$ 和 $\int_0^{\pi/2} \sin^5 x \, dx$.

(c) 利用 (a) 中的结论,证明正弦函数的奇次幂满足

$$\int_0^{\pi/2} \sin^{2n+1} x \, dx = \frac{2 \times 4 \times 6 \times \cdots \times 2n}{3 \times 5 \times 7 \times \cdots \times (2n+1)} .$$

56. 证明正弦函数的偶次幂满足

$$\int_0^{\pi/2} \sin^{2n} x \, dx = \frac{1 \times 3 \times 5 \times \cdots \times (2n-1)}{2 \times 4 \times 6 \times \cdots \times 2n} \times \frac{\pi}{2} .$$

57~60 利用分部积分法,证明下列归约公式.

57. $\int (\ln x)^n \, dx = x(\ln x)^n - n \int (\ln x)^{n-1} \, dx$

58. $\int x^n e^x \, dx = x^n e^x - n \int x^{n-1} e^x \, dx$

59. $\int \tan^n x \, dx = \dfrac{\tan^{n-1} x}{n-1} - \int \tan^{n-2} x \, dx$ ($n \neq 1$)

60. $\int \sec^n x \, dx = \dfrac{\tan x \sec^{n-2} x}{n-1} + \dfrac{n-2}{n-1} \int \sec^{n-2} x \, dx$ ($n \neq 1$)

---

61. 利用练习 57 求 $\int (\ln x)^3 \, dx$.

62. 利用练习 58 求 $\int x^4 e^x \, dx$.

63~64 求给定曲线所围成区域的面积.

63. $y = x^2 \ln x$,$y = 4 \ln x$

64. $y = x^2 e^{-x}$,$y = x e^{-x}$

65~66 利用图像求给定曲线的交点横坐标的近似值,然后求曲线所围成区域的面积.

65. $y = \arcsin\left(\dfrac{1}{2} x\right)$,$y = 2 - x^2$

66. $y = x \ln(x+1)$,$y = 3x - x^2$

67~70 利用柱壳法求下列曲线围成的区域绕指定直线旋转所得立体的体积.

67. $y = \cos(\pi x/2)$,$y = 0$,$0 \leqslant x \leqslant 1$;绕 y 轴旋转.

68. $y = e^x$,$y = e^{-x}$,$x = 1$;绕 y 轴旋转.

69. $y = e^{-x}$,$y = 0$,$x = -1$,$x = 0$;绕 $x = 1$ 旋转.

70. $y = e^x$,$x = 0$,$y = 3$;绕 x 轴旋转.

71. 求曲线 $y=\ln x$、直线 $y=0$ 和 $x=2$ 围成的区域绕指定直线旋转所得立体的体积.

(a) y 轴 　　　　　　(b) x 轴

72. 求 $f(x)=x\sec^2 x$ 在区间 $[0,\pi/4]$ 上的平均值.

73. 在 5.3 节例 3 中讨论的菲涅耳函数 $S(x)=\int_0^x \sin\left(\frac{1}{2}\pi t^2\right)\mathrm{d}t$ 被广泛应用于光学理论中. 求 $\int S(x)\mathrm{d}x$.（你的结论应包含 $S(x)$.）

74. 火箭方程　火箭通过燃烧自带的燃料实现加速，因此随着时间的推移，火箭的质量会减小. 假设火箭发射时的质量（包括燃料）为 m，燃料燃烧的速度为 r，产生的气体以恒定速度 v_e（相对于火箭）排出. 火箭在 t 时的速度的模型可以用下面的方程表示：

$$v(t)=-gt-v_e\ln\frac{m-rt}{m}\ ,$$

其中，g 是重力加速度，t 不是很大. 如果 $g=9.8\text{m/s}^2$，$m=300\,00\text{kg}$，$r=160\text{kg/s}$，$v_e=3000\text{m/s}$，求火箭 (a) 发射 1min 后的高度；(b) 消耗 6000kg 燃料后的高度.

75. 一个粒子沿直线运动 t s 后的速度为 $v(t)=t^2\mathrm{e}^{-t}$ m/s. 在前 t s 内粒子的位移是多少?

76. 如果 $f(0)=g(0)=0$ 且 f'' 和 g'' 连续，证明

$$\int_0^a f(x)g''(x)\mathrm{d}x=f(a)g'(a)-f'(a)g(a)+\int_0^a f''(x)g(x)\mathrm{d}x.$$

77. 假设 $f(1)=2$，$f(4)=7$，$f'(1)=5$，$f'(4)=3$，并且 f'' 连续，求 $\int_1^4 xf''(x)\mathrm{d}x$.

78. (a) 利用分部积分法，证明

$$\int f(x)\mathrm{d}x=xf(x)-\int xf'(x)\mathrm{d}x.$$

(b) 如果 f 和 g 互为反函数且 f' 连续，证明

$$\int_a^b f(x)\mathrm{d}x=bf(b)-af(a)+\int_{f(a)}^{f(b)}g(y)\mathrm{d}y.$$

[提示：利用 (a) 中的结论并使用换元 $y=f(x)$.]

(c) 假设 f 和 g 是正值函数且 $b>a>0$，画图解释 (b) 的几何意义.

(d) 利用 (b) 中的结论求 $\int_1^e \ln x\,\mathrm{d}x$.

79. (a) 分部积分公式来自函数积的求导法则. 用类似的推理，从函数商的求导法则得到以下积分公式：

$$\int \frac{u}{v^2}\mathrm{d}v=-\frac{u}{v}+\int\frac{1}{v}\mathrm{d}u.$$

(b) 利用 (a) 中的公式求 $\int \frac{\ln x}{x^2}\mathrm{d}x$.

80. π 的沃利斯公式　令 $I_n=\int_0^{\pi/2}\sin^n x\,\mathrm{d}x$.

(a) 证明 $I_{2n+2}\leqslant I_{2n+1}\leqslant I_{2n}$.

(b) 利用练习 56，证明

$$\frac{I_{2n+2}}{I_{2n}}=\frac{2n+1}{2n+2}.$$

(c) 利用 (a) 和 (b) 中的结论，证明

$$\frac{2n+1}{2n+2}\leqslant\frac{I_{2n+1}}{I_{2n}}\leqslant 1,$$

并且推导出 $\lim\limits_{n\to+\infty}I_{2n+1}/I_{2n}=1$.

(d) 利用 (c) 以及和练习 55 和练习 56 中的结论，证明

$$\lim_{n\to+\infty}\frac{2}{1}\times\frac{2}{3}\times\frac{4}{3}\times\frac{4}{5}\times\frac{6}{5}\times\frac{6}{7}\times\cdots\times\frac{2n}{2n-1}\times\frac{2n}{2n+1}=\frac{\pi}{2}.$$

这个公式也可以写成无穷积的形式：

$$\frac{\pi}{2}=\frac{2}{1}\times\frac{2}{3}\times\frac{4}{3}\times\frac{4}{5}\times\frac{6}{5}\times\frac{6}{7}\times\cdots,$$

称为沃利斯乘积.

(e) 构造如下图所示的正方形：从一个面积为 1 的正方形开始，在前一个矩形的侧边或上边上接一个面积为 1 的矩形. 求这些矩形的宽与高之比的极限.

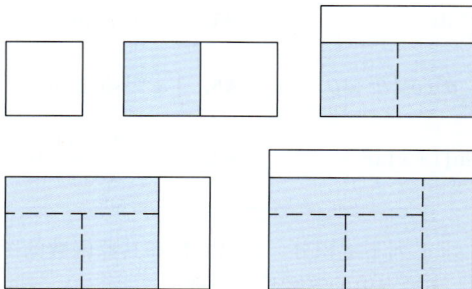

81. 我们利用柱壳法得到了 6.3 节公式 2：$V=\int_a^b 2\pi x f(x)\,\mathrm{d}x$，现在我们可以利用分部积分法，通过 6.2 节中的切片法证明它至少对于一对一函数 f（因而具有反函数 g）成立. 利用下图，证明

$$V=\pi b^2 d-\pi a^2 c-\int_c^d \pi[g(y)]^2\,\mathrm{d}y.$$

使用换元 $y=f(x)$ 并利用分部积分法，证明

$$V=\int_a^b 2\pi x f(x)\,\mathrm{d}x.$$

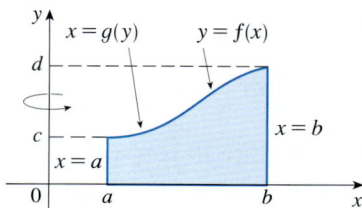

7.2 | 三角函数的积分

本节中，我们将利用三角恒等式对某些三角函数的组合积分.

■ 正弦函数和余弦函数的幂的积分

首先考虑被积函数是正弦函数、余弦函数的幂，或者它们的乘积的积分.

例 1 求 $\int \cos^3 x \, dx$.

解 使用换元 $u = \cos x$ 会得到 $du = -\sin x \, dx$ ，这并没有帮助. 为了对余弦函数的幂积分，我们需要一个额外的 $\sin x$ 作为因子. 同样，对正弦函数的幂积分也需要一个额外的 $\cos x$ 作为因子. 因此，将其中一个 $\cos x$ 分离出来作为因子，并利用恒等式 $\sin^2 x + \cos^2 x = 1$ 将 $\cos^2 x$ 转换成正弦函数的表达式：

$$\cos^3 x = \cos^2 x \cdot \cos x = \left(1 - \sin^2 x\right)\cos x .$$

进而可以通过换元 $u = \sin x$ 来求积分，于是有 $du = \cos x \, dx$. 因此

$$\int \cos^3 x \, dx = \int \cos^2 x \cdot \cos x \, dx = \int \left(1 - \sin^2 x\right)\cos x \, dx$$

$$= \int \left(1 - u^2\right)du = u - \frac{1}{3}u^3 + C$$

$$= \sin x - \frac{1}{3}\sin^3 x + C . \qquad ■$$

我们一般总是将包含正弦函数的幂和余弦函数的幂的被积函数写成只有一个正弦函数因子（剩余部分用余弦函数表示）或只有一个余弦函数因子（剩余部分用正弦函数表示）的形式. 恒等式 $\sin^2 x + \cos^2 x = 1$ 可以用于正弦函数与余弦函数的偶次幂之间的转换.

例 2 求 $\int \sin^5 x \cos^2 x \, dx$.

解 若将 $\cos^2 x$ 转换为 $1 - \sin^2 x$ ，被积函数就只剩下 $\sin x$ 因子，没有额外的 $\cos x$ 因子. 相反，我们可以从中分离出一个 $\sin x$ 因子，将剩余的 $\sin^4 x$ 用 $\cos x$ 表示：

$$\sin^5 x \cos^2 x = \left(\sin^2 x\right)^2 \cos^2 x \sin x = \left(1 - \cos^2 x\right)^2 \cos^2 x \sin x .$$

使用换元 $u = \cos x$ ，于是有 $u = -\sin x \, dx$. 因此

$$\int \sin^5 x \cos^2 x \, dx = \int \left(\sin^2 x\right)^2 \cos^2 x \sin x \, dx$$

$$= \int \left(1 - \cos^2 x\right)^2 \cos^2 x \sin x \, dx$$

$$= \int \left(1 - u^2\right)^2 u^2 \left(-du\right) = -\int \left(u^2 - 2u^4 + u^6\right)du$$

$$= -\left(\frac{u^3}{3} - 2\frac{u^5}{5} + \frac{u^7}{7}\right) + C$$

$$= -\frac{1}{3}\cos^3 x + \frac{2}{5}\cos^5 x - \frac{1}{7}\cos^7 x + C . \qquad ■$$

图 7-2-1 为例 2 中的被积函数 $\sin^5 x \cos^2 x$ 及其不定积分（取 $C = 0$）的图像. 哪个图像对应被积函数？哪个图像对应不定积分？

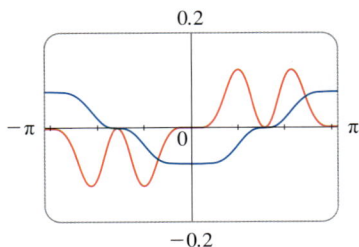

图 7-2-1

在上面的例子中，可以从正弦函数或余弦函数的奇次幂中分离出一个因子，并转换剩余的偶次幂．如果被积函数包含正弦函数和余弦函数的偶次幂，那么这种方法并不适用．对于这种情况，我们可以使用下面的半角公式（见附录 D 中的公式 18b 和 18a）：

$$\sin^2 x = \frac{1}{2}(1-\cos 2x) \text{ 和 } \cos^2 x = \frac{1}{2}(1+\cos 2x).$$

例 3　求 $\int_0^\pi \sin^2 x \, dx$.

例 3 表明如图 7-2-2 所示的区域的面积为 $\pi/2$.

解　如果改写为 $\sin^2 x = 1 - \cos^2 x$，积分的计算并不会变简单．然而，利用正弦函数的半角公式，可得到

$$\int_0^\pi \sin^2 x \, dx = \frac{1}{2}\int_0^\pi (1-\cos 2x)\,dx$$

$$= \frac{1}{2}\left(x - \frac{1}{2}\sin 2x\right)\Big]_0^\pi$$

$$= \frac{1}{2}\left(\pi - \frac{1}{2}\sin 2\pi\right) - \frac{1}{2}\left(0 - \frac{1}{2}\sin 0\right) = \frac{1}{2}\pi.$$

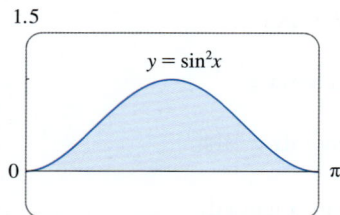

图 7-2-2

注意，我们在对 $\cos 2x$ 积分时默认使用了换元 $u = 2x$．7.1 节练习 53 中给出了另外一种求这个积分的方法． ∎

例 4　求 $\int \sin^4 x \, dx$.

解　我们可以利用 $\int \sin^n x \, dx$ 的归约公式（7.1 节公式 7）和例 3（见 7.1 节练习 53）来求这个积分．但是一种更好的方法是利用 $\sin^4 x = \left(\sin^2 x\right)^2$ 和半角公式：

$$\int \sin^4 x \, dx = \int \left(\sin^2 x\right)^2 dx$$

$$= \int \left[\frac{1}{2}(1-\cos 2x)\right]^2 dx$$

$$= \frac{1}{4}\int \left[1 - 2\cos 2x + \cos^2(2x)\right]dx.$$

这里出现了 $\cos^2(2x)$，可以用余弦函数的半角公式改写为

$$\cos^2(2x) = \frac{1}{2}\left[1+\cos(2\times 2x)\right] = \frac{1}{2}(1+\cos 4x).$$

因此

$$\int \sin^4 x \, dx = \frac{1}{4}\int \left[1 - 2\cos 2x + \frac{1}{2}(1+\cos 4x)\right]dx$$

$$= \frac{1}{4}\int \left(\frac{3}{2} - 2\cos 2x + \frac{1}{2}\cos 4x\right)dx$$

$$= \frac{1}{4}\left(\frac{3}{2}x - \sin 2x + \frac{1}{8}\sin 4x\right) + C. \quad ∎$$

我们将在下面总结求形如 $\int \sin^m x \cos^n x \, dx$（其中 $m \geq 0$ 和 $n \geq 0$ 是整数）的积分的策略，作为指南．

求 $\int \sin^m x \cos^n x \, dx$ 的策略

(a) 如果余弦函数的幂是奇次的（$n = 2k+1$），则保留一个余弦函数因子，并利用 $\cos^2 x = 1 - \sin^2 x$ 将剩余部分用正弦函数表示：

$$\int \sin^m x \cos^{2k+1} x \, dx = \int \sin^m x \left(\cos^2 x\right)^k \cos x \, dx$$
$$= \int \sin^m x \left(1 - \sin^2 x\right)^k \cos x \, dx \, .$$

之后使用换元 $u = \sin x$（见例 1）.

(b) 如果正弦函数的幂是奇次的（$m = 2k+1$），则保留一个正弦函数因子，并利用 $\sin^2 x = 1 - \cos^2 x$ 将剩余部分用余弦函数表示：

$$\int \sin^{2k+1} x \cos^n x \, dx = \int \left(\sin^2 x\right)^k \cos^n x \sin x \, dx$$
$$= \int \left(1 - \cos^2 x\right)^k \cos^n x \sin x \, dx \, .$$

之后使用换元 $u = \cos x$（见例 2）.

$\left[\,$注意，如果正弦函数和余弦函数的幂都是奇次的，则 (a) 和 (b) 均适用.$\,\right]$

(c) 如果正弦函数和余弦函数的幂都是偶次的，则利用半角公式

$$\sin^2 x = \frac{1}{2}\left(1 - \cos 2x\right) \text{ 和 } \cos^2 x = \frac{1}{2}\left(1 + \cos 2x\right).$$

（见例 3 和例 4.）

有时也会使用恒等式

$$\sin x \cos x = \frac{1}{2}\sin 2x \, .$$

■ 正割函数和正切函数的幂的积分

我们可以利用类似的推导来求形如 $\int \tan^m x \sec^n x \, dx$ 的积分. 因为 $(d/dx)\tan x = \sec^2 x$，所以可以从被积函数中分离出一个 $\sec^2 x$ 因子，并利用恒等式 $\sec^2 x = 1 + \tan^2 x$ 将剩余的正割函数的（偶次）幂用正切函数表示. 或者，因为 $(d/dx)\sec x = \sec x \tan x$，所以可以从被积函数中分离出一个 $\sec x \tan x$ 因子，并将剩余的正切函数的（偶次）幂用正割函数表示.

例 5 求 $\int \tan^6 x \sec^4 x \, dx$.

解 首先从中分离出一个 $\sec^2 x$ 因子，并利用 $\sec^2 x = 1 + \tan^2 x$ 将剩余的 $\sec^2 x$ 用正切函数表示，进而通过换元 $u = \tan x$ 来求积分，于是有 $du = \sec^2 x \, dx$. 因此

$$\int \tan^6 x \sec^4 x \, dx = \int \tan^6 x \sec^2 x \sec^2 x \, dx$$
$$= \int \tan^6 x \left(1 + \tan^2 x\right) \sec^2 x \, dx$$
$$= \int u^6 \left(1 + u^2\right) du = \int \left(u^6 + u^8\right) du$$
$$= \frac{u^7}{7} + \frac{u^9}{9} + C = \frac{1}{7}\tan^7 x + \frac{1}{9}\tan^9 x + C \, . \qquad ■$$

498　第 7 章　积分技巧

利用公式 1 解关于积分的方程，得到

$$\int \sec^3 x\,\mathrm{d}x = \frac{1}{2}\left(\sec x \tan x + \ln|\sec x + \tan x|\right) + C.$$ ∎

上例中的积分看起来好像很特殊，但我们将在第 8 章中看到，它们经常在积分的应用中出现.

最后，利用恒等式 $1 + \cot^2 x = \csc^2 x$ 可以类似地求以下形式的积分：

$$\int \cot^m x \csc^n x\,\mathrm{d}x.$$

■ 使用积化和差公式

下列积化和差公式有助于求某些三角函数的积分.

附录 D 中介绍了这些积化和差公式.

> **2** 为了求积分 $\int \sin mx \cos nx\,\mathrm{d}x$、$\int \sin mx \sin nx\,\mathrm{d}x$ 和 $\int \cos mx \cos nx\,\mathrm{d}x$，需要分别使用以下恒等式：
>
> (a) $\sin A \cos B = \frac{1}{2}\left[\sin(A-B) + \sin(A+B)\right]$；
>
> (b) $\sin A \sin B = \frac{1}{2}\left[\cos(A-B) - \cos(A+B)\right]$；
>
> (c) $\cos A \cos B = \frac{1}{2}\left[\cos(A-B) + \cos(A+B)\right]$.

例 9　求 $\int \sin 4x \cos 5x\,\mathrm{d}x$.

解　利用分部积分法可以求出这个积分，但利用公式 2a 来求会更简单，如下所示：

$$\int \sin 4x \cos 5x\,\mathrm{d}x = \int \frac{1}{2}\left[\sin(-x) + \sin 9x\right]\mathrm{d}x$$
$$= \frac{1}{2}\int (-\sin x + \sin 9x)\,\mathrm{d}x$$
$$= \frac{1}{2}\left(\cos x - \frac{1}{9}\cos 9x\right) + C.$$ ∎

7.2 | 练习

1~56　求下列积分.

1. $\int \sin^3 x \cos^2 x\,\mathrm{d}x$

2. $\int \cos^6 y \sin^3 y\,\mathrm{d}y$

3. $\int_0^{\pi/2} \cos^9 x \sin^5 x\,\mathrm{d}x$

4. $\int_0^{\pi/4} \sin^5 x\,\mathrm{d}x$

5. $\int \sin^5(2t)\cos^2(2t)\,\mathrm{d}t$

6. $\int \cos^3(t/2)\sin^2(t/2)\,\mathrm{d}t$

7. $\int_0^{\pi/2} \cos^2\theta\,\mathrm{d}\theta$

8. $\int_0^{\pi/4} \sin^2(2\theta)\,\mathrm{d}\theta$

9. $\int_0^{\pi} \cos^4(2t)\,\mathrm{d}t$

10. $\int_0^{\pi} \sin^2 t \cos^4 t\,\mathrm{d}t$

11. $\int_0^{\pi/2} \sin^2 x \cos^2 x\,\mathrm{d}x$

12. $\int_0^{\pi/2} (2-\sin\theta)^2\,\mathrm{d}\theta$

13. $\int \sqrt{\cos\theta}\,\sin^3\theta\,\mathrm{d}\theta$

14. $\int \left(1+\sqrt[3]{\sin t}\right)\cos^3 t\,\mathrm{d}t$

15. $\int \sin x \sec^5 x\,\mathrm{d}x$

16. $\int \csc^5\theta \cos^3\theta\,\mathrm{d}\theta$

17. $\int \cot x \cos^2 x\,\mathrm{d}x$

18. $\int \tan^2 x \cos^3 x\,\mathrm{d}x$

19. $\int \sin^2 x \sin 2x\,\mathrm{d}x$

20. $\int \sin x \cos\left(\frac{1}{2}x\right)\mathrm{d}x$

求 $\int \sin^m x \cos^n x \, dx$ **的策略**

(a) 如果余弦函数的幂是奇次的（ $n = 2k+1$ ），则保留一个余弦函数因子，并利用 $\cos^2 x = 1 - \sin^2 x$ 将剩余部分用正弦函数表示：

$$\int \sin^m x \cos^{2k+1} x \, dx = \int \sin^m x \left(\cos^2 x\right)^k \cos x \, dx$$
$$= \int \sin^m x \left(1 - \sin^2 x\right)^k \cos x \, dx.$$

之后使用换元 $u = \sin x$ （见例 1）.

(b) 如果正弦函数的幂是奇次的（ $m = 2k+1$ ），则保留一个正弦函数因子，并利用 $\sin^2 x = 1 - \cos^2 x$ 将剩余部分用余弦函数表示：

$$\int \sin^{2k+1} x \cos^n x \, dx = \int \left(\sin^2 x\right)^k \cos^n x \sin x \, dx$$
$$= \int \left(1 - \cos^2 x\right)^k \cos^n x \sin x \, dx.$$

之后使用换元 $u = \cos x$ （见例 2）.

[注意，如果正弦函数和余弦函数的幂都是奇次的，则 (a) 和 (b) 均适用.]

(c) 如果正弦函数和余弦函数的幂都是偶次的，则利用半角公式

$$\sin^2 x = \frac{1}{2}\left(1 - \cos 2x\right) \text{ 和 } \cos^2 x = \frac{1}{2}\left(1 + \cos 2x\right).$$

（见例 3 和例 4. ）

有时也会使用恒等式

$$\sin x \cos x = \frac{1}{2}\sin 2x.$$

■ 正割函数和正切函数的幂的积分

我们可以利用类似的推导来求形如 $\int \tan^m x \sec^n x \, dx$ 的积分. 因为 $(d/dx)\tan x = \sec^2 x$ ，所以可以从被积函数中分离出一个 $\sec^2 x$ 因子，并利用恒等式 $\sec^2 x = 1 + \tan^2 x$ 将剩余的正割函数的（偶次）幂用正切函数表示. 或者，因为 $(d/dx)\sec x = \sec x \tan x$ ，所以可以从被积函数中分离出一个 $\sec x \tan x$ 因子，并将剩余的正切函数的（偶次）幂用正割函数表示.

例 5 求 $\int \tan^6 x \sec^4 x \, dx$.

解 首先从中分离出一个 $\sec^2 x$ 因子，并利用 $\sec^2 x = 1 + \tan^2 x$ 将剩余的 $\sec^2 x$ 用正切函数表示，进而通过换元 $u = \tan x$ 来求积分，于是有 $du = \sec^2 x \, dx$. 因此

$$\int \tan^6 x \sec^4 x \, dx = \int \tan^6 x \sec^2 x \sec^2 x \, dx$$
$$= \int \tan^6 x \left(1 + \tan^2 x\right)\sec^2 x \, dx$$
$$= \int u^6 \left(1 + u^2\right)du = \int \left(u^6 + u^8\right)du$$
$$= \frac{u^7}{7} + \frac{u^9}{9} + C = \frac{1}{7}\tan^7 x + \frac{1}{9}\tan^9 x + C.$$

例 6   求 $\int \tan^5 \theta \sec^7 \theta \, \mathrm{d}\theta$.

解   如果像例 5 中那样，将 $\sec^2 \theta$ 因子分离出来，那么剩余的 $\sec^5 \theta$ 因子不容易转换为正切函数的表达式．然而，如果将 $\sec\theta \tan\theta$ 因子分离出来，那么利用恒等式 $\tan^2 \theta = \sec^2 \theta - 1$ ，可以将剩余的正切函数的幂用正割函数表示，进而通过换元 $u = \sec\theta$ 来求积分，于是有 $\mathrm{d}u = \sec\theta \tan\theta \, \mathrm{d}\theta$ ．因此

$$\int \tan^5 \theta \sec^7 \theta \, \mathrm{d}\theta = \int \tan^4 \theta \sec^6 \theta \sec\theta \tan\theta \, \mathrm{d}\theta$$

$$= \int \left(\sec^2 \theta - 1\right)^2 \sec^6 \theta \sec\theta \tan\theta \, \mathrm{d}\theta$$

$$= \int \left(u^2 - 1\right)^2 u^6 \, \mathrm{d}u$$

$$= \int \left(u^{10} - 2u^8 + u^6\right) \mathrm{d}u$$

$$= \frac{u^{11}}{11} - 2\frac{u^9}{9} + \frac{u^7}{7} + C$$

$$= \frac{1}{11}\sec^{11}\theta - \frac{2}{9}\sec^9\theta + \frac{1}{7}\sec^7\theta + C .$$ ∎

上面两个例子展示了求形如 $\int \tan^m x \sec^n x \, \mathrm{d}x$ 的积分的策略，总结如下．

求 $\int \tan^m x \sec^n x \, \mathrm{d}x$ 的策略

(a) 如果正割函数的幂是偶次的（ $n = 2k+1$ ， $k \geqslant 2$ ），则保留一个 $\sec^2 x$ 因子，并利用 $\sec^2 x = 1 + \tan^2 x$ 将剩余部分用 $\tan x$ 表示：

$$\int \tan^m x \sec^{2k} x \, \mathrm{d}x = \int \tan^m x \left(\sec^2 x\right)^{k-1} \sec^2 x \, \mathrm{d}x$$

$$= \int \tan^m x \left(1 + \tan^2 x\right)^{k-1} \sec^2 x \, \mathrm{d}x .$$

之后使换元 $u = \tan x$ （见例 5）．

(b) 如果正切函数的幂是奇次的（ $m = 2k+1$ ），则保留一个 $\sec x \tan x$ 因子，并利用 $\tan^2 x = \sec^2 x - 1$ 将剩余部分用 $\sec x$ 表示：

$$\int \tan^{2k+1} x \sec^n x \, \mathrm{d}x = \int \left(\tan^2 x\right)^k \sec^{n-1} x \sec x \tan x \, \mathrm{d}x$$

$$= \int \left(\sec^2 x - 1\right)^k \sec^{n-1} x \sec x \tan x \, \mathrm{d}x .$$

之后使用换元 $u = \sec x$ （见例 6）．

对于其他一些情况，上面的指南并不完备，还需要利用三角恒等式、分部积分法和一些小技巧．有时我们需要借助 5.5 节公式 5 来求 $\tan x$ 的积分：

$$\int \tan x \, \mathrm{d}x = \ln|\sec x| + C ;$$

还有正割函数的不定积分:

公式 1 由詹姆斯·格雷果里于 1668 年发现（见 3.4 节中他的传记）. 格雷果里用这个公式解决了一个构造航海表的问题.

$$\boxed{1} \qquad \int \sec x \, dx = \ln|\sec x + \tan x| + C \,.$$

对右边求导或者通过如下方法验证公式 1. 首先引入分子和分母均为 $\sec x + \tan x$ 的分数:

$$\int \sec x \, dx = \int \sec x \frac{\sec x + \tan x}{\sec x + \tan x} \, dx$$

$$= \int \frac{\sec^2 x + \sec x \tan x}{\sec x + \tan x} \, dx \,.$$

如果使用换元 $u = \sec x + \tan x$，那么 $du = (\sec x \tan x + \sec^2 x) dx$，所以积分变为 $\int (1/u) du = \ln|u| + C$. 因此

$$\int \sec x \, dx = \ln|\sec x + \tan x| + C \,.$$

例 7 求 $\int \tan^3 x \, dx$.

解 这里只出现了 $\tan x$，所以我们利用 $\tan^2 x = \sec^2 x - 1$ 将 $\tan^2 x$ 因子用 $\sec^2 x$ 表示:

$$\int \tan^3 x \, dx = \int \tan x \tan^2 x \, dx = \int \tan x (\sec^2 x - 1) dx$$

$$= \int \tan x \sec^2 x \, dx - \int \tan x \, dx$$

$$= \frac{1}{2} \tan^2 x - \ln|\sec x| + C \,.$$

在第一个积分中使用了换元 $u = \tan x$，于是有 $du = \sec^2 x \, dx$. ∎

　　如果正切函数的偶次幂和正割函数的奇次幂同时出现，那么将被积函数完全用 $\sec x$ 来表示是有帮助的. $\sec x$ 的幂的积分则需要利用分部积分法来求，如下例所示.

例 8 求 $\int \sec^3 x \, dx$.

解 这里用分部积分法，令

$$u = \sec x \,, \quad dv = \sec^2 x \, dx \,,$$

$$du = \sec x \tan x \, dx \,, \quad v = \tan x \,,$$

那么

$$\int \sec^3 x \, dx = \sec x \tan x - \int \sec x \tan^2 x \, dx$$

$$= \sec x \tan x - \int \sec x (\sec^2 x - 1) dx$$

$$= \sec x \tan x - \int \sec^3 x \, dx + \int \sec x \, dx \,.$$

利用公式 1 解关于积分的方程，得到

$$\int \sec^3 x \, dx = \frac{1}{2}\left(\sec x \tan x + \ln\left|\sec x + \tan x\right|\right) + C \ . \qquad ∎$$

上例中的积分看起来好像很特殊，但我们将在第 8 章中看到，它们经常在积分的应用中出现.

最后，利用恒等式 $1 + \cot^2 x = \csc^2 x$ 可以类似地求以下形式的积分：

$$\int \cot^m x \csc^n x \, dx \ .$$

■ 使用积化和差公式

下列积化和差公式有助于求某些三角函数的积分.

附录 D 中介绍了这些积化和差公式.

> **2** 为了求积分 $\int \sin mx \cos nx \, dx$、$\int \sin mx \sin nx \, dx$ 和 $\int \cos mx \cos nx \, dx$，需要分别使用以下恒等式：
>
> $$(a) \quad \sin A \cos B = \frac{1}{2}\left[\sin(A - B) + \sin(A + B)\right];$$
>
> $$(b) \quad \sin A \sin B = \frac{1}{2}\left[\cos(A - B) - \cos(A + B)\right];$$
>
> $$(c) \quad \cos A \cos B = \frac{1}{2}\left[\cos(A - B) + \cos(A + B)\right].$$

例 9 求 $\int \sin 4x \cos 5x \, dx$.

解 利用分部积分法可以求出这个积分，但利用公式 2a 来求会更简单，如下所示：

$$\int \sin 4x \cos 5x \, dx = \int \frac{1}{2}\left[\sin(-x) + \sin 9x\right] dx$$

$$= \frac{1}{2}\int (-\sin x + \sin 9x)\, dx$$

$$= \frac{1}{2}\left(\cos x - \frac{1}{9}\cos 9x\right) + C \ . \qquad ∎$$

7.2 | 练习

1~56 求下列积分.

1. $\int \sin^3 x \cos^2 x \, dx$

2. $\int \cos^6 y \sin^3 y \, dy$

3. $\int_0^{\pi/2} \cos^9 x \sin^5 x \, dx$

4. $\int_0^{\pi/4} \sin^5 x \, dx$

5. $\int \sin^5 (2t) \cos^2 (2t) \, dt$

6. $\int \cos^3 (t/2) \sin^2 (t/2) \, dt$

7. $\int_0^{\pi/2} \cos^2 \theta \, d\theta$

8. $\int_0^{\pi/4} \sin^2 (2\theta) \, d\theta$

9. $\int_0^{\pi} \cos^4 (2t) \, dt$

10. $\int_0^{\pi} \sin^2 t \cos^4 t \, dt$

11. $\int_0^{\pi/2} \sin^2 x \cos^2 x \, dx$

12. $\int_0^{\pi/2} (2 - \sin \theta)^2 \, d\theta$

13. $\int \sqrt{\cos \theta} \sin^3 \theta \, d\theta$

14. $\int \left(1 + \sqrt[3]{\sin t}\right) \cos^3 t \, dt$

15. $\int \sin x \sec^5 x \, dx$

16. $\int \csc^5 \theta \cos^3 \theta \, d\theta$

17. $\int \cot x \cos^2 x \, dx$

18. $\int \tan^2 x \cos^3 x \, dx$

19. $\int \sin^2 x \sin 2x \, dx$

20. $\int \sin x \cos\left(\frac{1}{2}x\right) dx$

21. $\displaystyle\int \tan x \sec^3 x \, dx$

22. $\displaystyle\int \tan^2 \theta \sec^4 \theta \, d\theta$

23. $\displaystyle\int \tan^2 x \, dx$

24. $\displaystyle\int \left(\tan^2 x + \tan^4 x\right) dx$

25. $\displaystyle\int \tan^4 x \sec^6 x \, dx$

26. $\displaystyle\int_0^{\pi/4} \sec^6 \theta \tan^6 \theta \, d\theta$

27. $\displaystyle\int \tan^3 x \sec x \, dx$

28. $\displaystyle\int \tan^5 x \sec^3 x \, dx$

29. $\displaystyle\int \tan^3 x \sec^6 x \, dx$

30. $\displaystyle\int_0^{\pi/4} \tan^4 t \, dt$

31. $\displaystyle\int \tan^5 x \, dx$

32. $\displaystyle\int \tan^2 x \sec x \, dx$

33. $\displaystyle\int \frac{1 - \tan^2 x}{\sec^2 x} \, dx$

34. $\displaystyle\int \frac{\tan x \sec^2 x}{\cos x} \, dx$

35. $\displaystyle\int_0^{\pi/4} \frac{\sin^3 x}{\cos x} \, dx$

36. $\displaystyle\int \frac{\sin \theta + \tan \theta}{\cos^3 \theta} \, d\theta$

37. $\displaystyle\int_{\pi/6}^{\pi/2} \cot^2 x \, dx$

38. $\displaystyle\int_{\pi/4}^{\pi/2} \cot^3 x \, dx$

39. $\displaystyle\int_{\pi/4}^{\pi/2} \cot^5 \phi \csc^3 \phi \, d\phi$

40. $\displaystyle\int_{\pi/4}^{\pi/2} \csc^4 \theta \cot^4 \theta \, d\theta$

41. $\displaystyle\int \csc x \, dx$

42. $\displaystyle\int_{\pi/6}^{\pi/3} \csc^3 x \, dx$

43. $\displaystyle\int \sin 8x \cos 5x \, dx$

44. $\displaystyle\int \sin 2\theta \sin 6\theta \, d\theta$

45. $\displaystyle\int_0^{\pi/2} \cos 5t \cos 10t \, dt$

46. $\displaystyle\int t \cos^5 \left(t^2\right) dt$

47. $\displaystyle\int \frac{\sin^2(1/t)}{t^2} \, dt$

48. $\displaystyle\int \sec^2 y \cos^3 (\tan y) \, dy$

49. $\displaystyle\int_0^{\pi/6} \sqrt{1 + \cos 2x} \, dx$

50. $\displaystyle\int_0^{\pi/4} \sqrt{1 - \cos 4\theta} \, d\theta$

51. $\displaystyle\int t \sin^2 t \, dt$

52. $\displaystyle\int x \sec x \tan x \, dx$

53. $\displaystyle\int x \tan^2 x \, dx$

54. $\displaystyle\int x \sin^3 x \, dx$

55. $\displaystyle\int \frac{dx}{\cos x - 1}$

56. $\displaystyle\int \frac{1}{\sec \theta + 1} \, d\theta$

57~60　求下列不定积分，画出被积函数及其原函数（取 $C = 0$）的图像来检查你的答案是否合理.

57. $\displaystyle\int x \sin^2 \left(x^2\right) dx$

58. $\displaystyle\int \sin^5 x \cos^3 x \, dx$

59. $\displaystyle\int \sin 3x \sin 6x \, dx$

60. $\displaystyle\int \sec^4 \left(\frac{1}{2} x\right) dx$

61. 如果 $\displaystyle\int_0^{\pi/4} \tan^6 x \sec x \, dx = I$，将 $\displaystyle\int_0^{\pi/4} \tan^8 x \sec x \, dx$ 用 I 表示.

62. (a) 证明归约公式

$$\int \tan^{2n} x \, dx = \frac{\tan^{2n-1} x}{2n - 1} - \int \tan^{2n-2} x \, dx .$$

(b) 用这个公式求 $\displaystyle\int \tan^8 x \, dx$.

63. 求函数 $f(x) = \sin^2 x \cos^3 x$ 在区间 $[-\pi, \pi]$ 上的平均值.

64. 利用下面的四种方法求 $\displaystyle\int \sin x \cos x \, dx$：

(a) 使用换元 $u = \cos x$；

(b) 使用换元 $u = \sin x$；

(c) 利用恒等式 $\sin 2x = 2 \sin x \cos x$；

(d) 利用分部积分法.

解释为什么结果的形式不相同.

65~66　求给定曲线所围成区域的面积.

65. $y = \sin^2 x$，$y = \sin^3 x$，$0 \leqslant x \leqslant \pi$

66. $y = \tan x$，$y = \tan^2 x$，$0 \leqslant x \leqslant \pi/4$

67~68　利用被积函数的图像估计积分值，然后利用本节中的方法验证你的猜测.

67. $\displaystyle\int_0^{2\pi} \cos^3 x \, dx$

68. $\displaystyle\int_0^2 \sin 2\pi x \cos 5\pi x \, dx$

69~72　求给定曲线围成的区域绕指定直线旋转所得立体的体积.

69. $y = \sin x$，$y = 0$，$\pi/2 \leqslant x \leqslant \pi$；绕 x 轴旋转.

70. $y = \sin^2 x$，$y = 0$，$0 \leqslant x \leqslant \pi$；绕 x 轴旋转.

71. $y = \sin x$，$y = \cos x$，$0 \leqslant x \leqslant \pi/4$；绕 $y = 1$ 旋转.

72. $y = \sec x$，$y = \cos x$，$0 \leqslant x \leqslant \pi/3$；绕 $y = -1$ 旋转.

73. 一个粒子沿直线运动的速度函数为 $v(t) = \sin \omega t \cos^2 \omega t$. 若 $f(0) = 0$，求位置函数 $s = f(t)$.

74. 家用电以交流电形式供应，电压范围为 155V 至 −155V，频率为 60Hz. 电压函数为

$$E(t) = 155 \sin(120\pi t) ,$$

其中 t 的单位是 s. 电压表记录了电压的均方根，即一个周期内 $\left[E(t) \right]^2$ 的平均值的平方根.

(a) 计算家用电电压的均方根.

(b) 电炉工作时需要均方根为 220V 的电压，求对应的电压 $E(t) = A \sin(120\pi t)$ 的振幅 A .

75~77 证明下列公式，其中 m 和 n 是正整数.

75. $\displaystyle\int_{-\pi}^{\pi} \sin mx \cos nx \, \mathrm{d}x = 0$

76. $\displaystyle\int_{-\pi}^{\pi} \sin mx \sin nx \, \mathrm{d}x = \begin{cases} 0, & m \neq n; \\ \pi, & m = n. \end{cases}$

77. $\displaystyle\int_{-\pi}^{\pi} \cos mx \cos nx \, \mathrm{d}x = \begin{cases} 0, & m \neq n; \\ \pi, & m = n. \end{cases}$

78. 有限傅里叶级数是形如

$$f(x) = \sum_{n=1}^{N} a_n \sin nx$$

$$= a_1 \sin x + a_2 \sin 2x + \cdots + a_N \sin Nx$$

的和. 利用练习 76 的结果，证明第 m 个系数 a_m 为

$$a_m = \frac{1}{\pi} \int_{-\pi}^{\pi} f(x) \sin mx \, \mathrm{d}x \cdot$$

7.3 | 三角换元

在求圆或椭圆的面积时会遇到形如 $\displaystyle\int \sqrt{a^2 - x^2} \, \mathrm{d}x$ 的积分，其中 $a > 0$. 如果积分是 $\displaystyle\int x\sqrt{a^2 - x^2} \, \mathrm{d}x$，那么使用换元 $u = a^2 - x^2$ 是有效的，而求积分 $\displaystyle\int \sqrt{a^2 - x^2} \, \mathrm{d}x$ 却更难. 如果通过换元 $x = a\sin\theta$ 将变量 x 变为 θ，那么根据恒等式 $1 - \sin^2\theta = \cos^2\theta$，我们可以去掉平方根符号：

$$\sqrt{a^2 - x^2} = \sqrt{a^2 - a^2 \sin^2\theta} = \sqrt{a^2\left(1 - \sin^2\theta\right)} = \sqrt{a^2 \cos^2\theta} = a\left|\cos\theta\right|.$$

注意换元 $u = a^2 - x^2$（新变量是旧变量的函数）和 $x = a\sin\theta$（旧变量是新变量的函数）的区别.

一般来说，通过反向运用换元法，可以做形如 $x = g(t)$ 的换元. 为了计算方便，假设 g 有反函数，即 g 是一对一函数. 在这种情况下，如果利用换元法（5.5 节公式 4）将 u 替换为 x，x 替换为 t，那么

$$\int f(x)\mathrm{d}x = \int f\big(g(t)\big)g'(t)\mathrm{d}t.$$

这种方法称为逆换元法.

我们可以使用逆换元 $x = a\sin\theta$ 的前提是它定义了一个一对一函数，这可以通过将 θ 限制在区间 $[-\pi/2, \pi/2]$ 内来实现.

表 7-3-1 列出了一些三角换元，特定的三角恒等式保证了这些换元对给定的根式是有效的. 在每个例子中，对 θ 的限制可以保证用来定义换元的函数是一对一的.（这些区间与 1.5 节中定义逆函数时使用的区间相同.）

表 7-3-1　三角换元表

根式	三角换元	三角恒等式
$\sqrt{a^2 - x^2}$	$x = a\sin\theta,\ -\dfrac{\pi}{2} \leqslant \theta \leqslant \dfrac{\pi}{2}$	$1 - \sin^2\theta = \cos^2\theta$
$\sqrt{a^2 + x^2}$	$x = a\tan\theta,\ -\dfrac{\pi}{2} < \theta < \dfrac{\pi}{2}$	$1 + \tan^2\theta = \sec^2\theta$
$\sqrt{x^2 - a^2}$	$x = a\sec\theta,\ 0 \leqslant \theta < \dfrac{\pi}{2}$ 或 $\pi \leqslant \theta < \dfrac{3\pi}{2}$	$\sec^2\theta - 1 = \tan^2\theta$

例 1 求 $\int \dfrac{\sqrt{9-x^2}}{x^2}\,dx$.

解 令 $x=3\sin\theta$ ，其中 $-\pi/2\leqslant\theta\leqslant\pi/2$ ，则 $dx=3\cos\theta\,d\theta$ ，

$$\sqrt{9-x^2}=\sqrt{9-9\sin^2\theta}=\sqrt{9\cos^2\theta}=3|\cos\theta|=3\cos\theta\ .$$

（注意 $\cos\theta\geqslant0$ ，因为 $-\pi/2\leqslant\theta\leqslant\pi/2$.）因此，由逆换元法可得

$$\int\frac{\sqrt{9-x^2}}{x^2}\,dx=\int\frac{3\cos\theta}{9\sin^2\theta}3\cos\theta\,d\theta$$

$$=\int\frac{\cos^2\theta}{\sin^2\theta}\,d\theta=\int\cot^2\theta\,d\theta$$

$$=\int\left(\csc^2\theta-1\right)d\theta$$

$$=-\cot\theta-\theta+C\ .$$

这是一个不定积分，所以必须回到原始变量 x 的表达式．利用三角恒等式，用 $\sin\theta=x/3$ 来表示 $\cot\theta$ ；或者利用图形（见图 7-3-1），其中 θ 表示直角三角形的一个角．因为 $\sin\theta=x/3$ ，所以 θ 的对边和斜边分别标为 x 和 3 ．由勾股定理可知 θ 的邻直角边为 $\sqrt{9-x^2}$ ，因此可从图形中读出 $\cot\theta$ 的值：

$$\cot\theta=\frac{\sqrt{9-x^2}}{x}\ .$$

（尽管图中 $\theta>0$ ，但当 $\theta<0$ 时， $\cot\theta$ 的表达式仍有意义．）因为 $\sin\theta=x/3$ ，所以 $\theta=\sin^{-1}(x/3)$ ，于是有

$$\int\frac{\sqrt{9-x^2}}{x^2}\,dx=-\cot\theta-\theta+C=-\frac{\sqrt{9-x^2}}{x}-\sin^{-1}\left(\frac{x}{3}\right)+C\ .\qquad\blacksquare$$

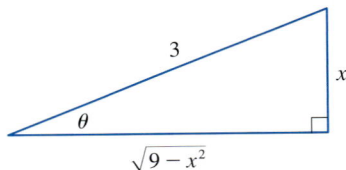

图 7-3-1

$\sin\theta=\dfrac{x}{3}$

例 2 求椭圆 $\dfrac{x^2}{a^2}+\dfrac{y^2}{b^2}=1$ 所围成的面积．

解 解关于 y 的椭圆方程，得到

$$\frac{y^2}{b^2}=1-\frac{x^2}{a^2}=\frac{a^2-x^2}{a^2}\ \text{或}\ y=\pm\frac{b}{a}\sqrt{a^2-x^2}\ .$$

椭圆关于两坐标轴对称，所以椭圆的总面积 A 是其在第一象限中的面积的 4 倍（见图 7-3-2）．椭圆在第一象限中的部分由方程

$$y=\frac{b}{a}\sqrt{a^2-x^2},\ 0\leqslant x\leqslant a$$

给出．因此

$$\frac{1}{4}A=\int_0^a\frac{b}{a}\sqrt{a^2-x^2}\,dx\ .$$

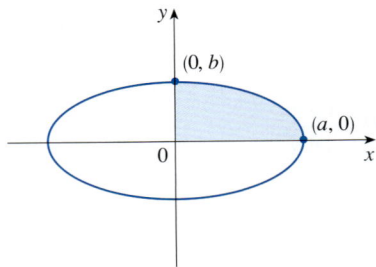

图 7-3-2

$\dfrac{x^2}{a^2}+\dfrac{y^2}{b^2}=1$

为了求这个积分，使用换元 $x=a\sin\theta$ ，于是有 $dx=a\cos\theta\,d\theta$ ．为了确定新的积分

极限，我们算出当 $x = 0$ 时，$\sin\theta = 0$，则 $\theta = 0$；当 $x = a$ 时，$\sin\theta = 1$，则 $\theta = \pi/2$．此外，由于 $0 \leqslant \theta \leqslant \pi/2$，

$$\sqrt{a^2 - x^2} = \sqrt{a^2 - a^2 \sin^2\theta} = \sqrt{a^2 \cos^2\theta} = a|\cos\theta| = a\cos\theta .$$

因此

$$A = 4\frac{b}{a}\int_0^a \sqrt{a^2 - x^2}\,\mathrm{d}x = 4\frac{b}{a}\int_0^{\pi/2} a\cos\theta \cdot a\cos\theta\,\mathrm{d}\theta$$

$$= 4ab\int_0^{\pi/2} \cos^2\theta\,\mathrm{d}\theta = 4ab\int_0^{\pi/2} \frac{1}{2}(1 + \cos 2\theta)\,\mathrm{d}\theta$$

$$= 2ab\left[\theta + \frac{1}{2}\sin 2\theta\right]_0^{\pi/2} = 2ab\left(\frac{\pi}{2} + 0 - 0\right) = \pi ab .$$

我们证明了半轴长为 a 和 b 的椭圆的面积为 πab．对于 $a = b = r$ 的特殊情况，它相当于半径为 r 的圆的面积为 πr^2． ■

注   例 2 中的积分是定积分，所以只需改变积分极限而不需要将积分变量转换回原始变量 x．

例 3   求 $\displaystyle\int \frac{1}{x^2\sqrt{x^2 + 4}}\,\mathrm{d}x$．

解   令 $x = 2\tan\theta$，其中 $-\pi/2 \leqslant \theta \leqslant \pi/2$，则 $\mathrm{d}x = 2\sec^2\theta\,\mathrm{d}\theta$，

$$\sqrt{x^2 + 4} = \sqrt{4(\tan^2\theta + 1)} = \sqrt{4\sec^2\theta} = 2|\sec\theta| = 2\sec\theta .$$

因此

$$\int \frac{\mathrm{d}x}{x^2\sqrt{x^2 + 4}} = \int \frac{2\sec^2\theta\,\mathrm{d}\theta}{4\tan^2\theta \cdot 2\sec\theta} = \frac{1}{4}\int \frac{\sec\theta}{\tan^2\theta}\,\mathrm{d}\theta .$$

为了计算这个三角函数的积分，用 $\sin\theta$ 和 $\cos\theta$ 表示被积函数：

$$\frac{\sec\theta}{\tan^2\theta} = \frac{1}{\cos\theta} \cdot \frac{\cos^2\theta}{\sin^2\theta} = \frac{\cos\theta}{\sin^2\theta} .$$

然后使用换元 $u = \sin\theta$，得到

$$\int \frac{\mathrm{d}x}{x^2\sqrt{x^2 + 4}} = \frac{1}{4}\int \frac{\cos\theta}{\sin^2\theta}\,\mathrm{d}\theta = \frac{1}{4}\int \frac{\mathrm{d}u}{u^2}$$

$$= \frac{1}{4}\left(-\frac{1}{u}\right) + C = -\frac{1}{4\sin\theta} + C$$

$$= -\frac{\csc\theta}{4} + C .$$

根据图 7-3-3，我们可以确定 $\csc\theta = \sqrt{x^2 + 4}\big/x$，因此

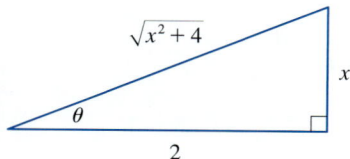

图 7-3-3

$\tan\theta = \dfrac{x}{2}$

$$\int \frac{\mathrm{d}x}{x^2\sqrt{x^2 + 4}} = -\frac{\sqrt{x^2 + 4}}{4x} + C .$$ ■

例 4　求 $\displaystyle\int \frac{x}{\sqrt{x^2+4}}\,\mathrm{d}x$.

解　这里可以使用三角换元 $x = 2\tan\theta$（同例 3），但是使用直接换元 $u = x^2+4$ 会更简单．这样就有 $\mathrm{d}u = 2x\,\mathrm{d}x$，进而得到

$$\int \frac{x}{\sqrt{x^2+4}}\,\mathrm{d}x = \frac{1}{2}\int \frac{\mathrm{d}u}{\sqrt{u}} = \sqrt{u} + C = \sqrt{x^2+4} + C .$$
∎

注　例 4 表明，虽然有时使用三角换元是可行的，但不一定是最简单的方法．我们首先应该寻找最简单的方法．

例 5　求 $\displaystyle\int \frac{\mathrm{d}x}{\sqrt{x^2-a^2}}$ ，其中 $a > 0$.

解 1　令 $x = a\sec\theta$ ，其中 $0 < \theta < \pi/2$ 或 $\pi < \theta < 3\pi/2$ ，则 $\mathrm{d}x = a\sec\theta\tan\theta\,\mathrm{d}\theta$ ，

$$\sqrt{x^2-a^2} = \sqrt{a^2\left(\sec^2\theta - 1\right)} = \sqrt{a^2\tan^2\theta} = a\left|\tan\theta\right| = a\tan\theta .$$

因此

$$\int \frac{\mathrm{d}x}{\sqrt{x^2-a^2}} = \int \frac{a\sec\theta\tan\theta}{a\tan\theta}\,\mathrm{d}\theta = \int \sec\theta\,\mathrm{d}\theta = \ln\left|\sec\theta + \tan\theta\right| + C .$$

由图 7-3-4 中的三角形可知 $\tan\theta = \sqrt{x^2-a^2}\big/a$ ，于是有

$$\int \frac{\mathrm{d}x}{\sqrt{x^2-a^2}} = \ln\left|\frac{x}{a} + \frac{\sqrt{x^2-a^2}}{a}\right| + C$$

$$= \ln\left|x + \sqrt{x^2-a^2}\right| - \ln\left|a\right| + C .$$

令 $C_1 = C - \ln a$ ，则有

$$\boxed{1} \qquad \int \frac{\mathrm{d}x}{\sqrt{x^2-a^2}} = \ln\left|x + \sqrt{x^2-a^2}\right| + C_1 .$$

解 2　对于 $x > 0$ ，可以使用双曲换元 $x = a\cosh t$ ．利用恒等式 $\cosh^2 y - \sinh^2 y = 1$ ，得到

$$\sqrt{x^2-a^2} = \sqrt{a^2\left(\cosh^2 t - 1\right)} = \sqrt{a^2\sinh^2 t} = a\sinh t .$$

因为 $\mathrm{d}x = a\sinh t\,\mathrm{d}t$ ，所以

$$\int \frac{\mathrm{d}x}{\sqrt{x^2-a^2}} = \int \frac{a\sinh t\,\mathrm{d}t}{a\sinh t} = \int \mathrm{d}t = t + C .$$

又因为 $\cosh t = x/a$ ，即 $t = \cosh^{-1}\left(x/a\right)$ ，所以

$$\boxed{2} \qquad \int \frac{\mathrm{d}x}{\sqrt{x^2-a^2}} = \cosh^{-1}\left(\frac{x}{a}\right) + C .$$

尽管解 1 和解 2 看起来不同，但由 3.11 节公式 4 可知，它们实际上是完全等价的．
∎

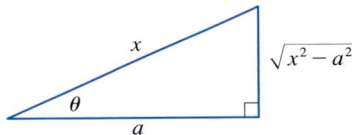

图 7-3-4

$$\sec\theta = \frac{x}{a}$$

注 例 5 表明，有时双曲换元可以代替三角换元用更简单的方式得到答案，但我们还是经常使用三角换元，因为它们比双曲换元更常见.

如例 6 所示，当 $\left(x^2+a^2\right)^{n/2}$（其中 n 为任意整数）出现在积分中时，使用三角换元有时是一个好主意，当 $\left(a^2-x^2\right)^{n/2}$ 或 $\left(x^2-a^2\right)^{n/2}$ 出现在积分中时也是如此.

例 6 求 $\displaystyle\int_0^{\frac{3\sqrt{3}}{2}} \frac{x^3}{\left(4x^2+9\right)^{3/2}}\,\mathrm{d}x$.

解 首先我们注意到 $\left(4x^2+9\right)^{3/2}=\left(\sqrt{4x^2+9}\right)^3$，所以可以使用三角换元. 虽然 $\sqrt{4x^2+9}$ 不在三角换元表（表 7-3-1）中，但是初步换元 $u=2x$ 可以使它变成 $\sqrt{u^2+9}$，符合表中的形式. 然后使用换元 $u=3\tan\theta$，即 $x=\dfrac{3}{2}\tan\theta$，则 $\mathrm{d}x=\dfrac{3}{2}\sec^2\theta\,\mathrm{d}\theta$，

$$\sqrt{4x^2+9}=\sqrt{9\tan^2\theta+9}=3\sec\theta.$$

当 $x=0$，即 $\tan\theta=0$ 时，$\theta=0$；当 $x=\dfrac{3\sqrt{3}}{2}$，即 $\tan\theta=\sqrt{3}$ 时，$\theta=\pi/3$. 因此

$$\int_0^{\frac{3\sqrt{3}}{2}} \frac{x^3}{\left(4x^2+9\right)^{3/2}}\,\mathrm{d}x=\int_0^{\pi/3}\frac{\dfrac{27}{8}\tan^3\theta}{27\sec^3\theta}\times\frac{3}{2}\sec^2\theta\,\mathrm{d}\theta$$

$$=\frac{3}{16}\int_0^{\pi/3}\frac{\tan^3\theta}{\sec\theta}\,\mathrm{d}\theta=\frac{3}{16}\int_0^{\pi/3}\frac{\sin^3\theta}{\cos^2\theta}\,\mathrm{d}\theta$$

$$=\frac{3}{16}\int_0^{\pi/3}\frac{1-\cos^2\theta}{\cos^2\theta}\sin\theta\,\mathrm{d}\theta.$$

令 $u=\cos\theta$，则 $\mathrm{d}u=-\sin\theta\,\mathrm{d}\theta$. 当 $\theta=0$ 时，$u=1$；当 $\theta=\pi/3$ 时，$u=\dfrac{1}{2}$. 因此

$$\int_0^{\frac{3\sqrt{3}}{2}} \frac{x^3}{\left(4x^2+9\right)^{3/2}}\,\mathrm{d}x=-\frac{3}{16}\int_0^{1/2}\frac{1-u^2}{u^2}\,\mathrm{d}u$$

$$=\frac{3}{16}\int_0^{1/2}\left(1-u^{-2}\right)\mathrm{d}u=\frac{3}{16}\left[u+\frac{1}{u}\right]_1^{1/2}$$

$$=\frac{3}{16}\left[\left(\frac{1}{2}+2\right)-(1+1)\right]=\frac{3}{32}. \qquad\blacksquare$$

例 7 求 $\displaystyle\int \frac{x}{\sqrt{3-2x-x^2}}\,\mathrm{d}x$.

解 首先对平方根符号下的表达式配方，将被积函数转换为一个便于使用三角换元的函数：

$$3-2x-x^2=3-\left(x^2+2x\right)=3+1-\left(x^2+2x+1\right)$$

$$=4-\left(x+1\right)^2.$$

这就提示我们使用换元 $u=x+1$，则 $\mathrm{d}u=\mathrm{d}x$，$x=u-1$. 因此

$$\int \frac{x}{\sqrt{3-2x-x^2}}\,\mathrm{d}x=\int \frac{u-1}{\sqrt{4-u^2}}\,\mathrm{d}u.$$

图 7-3-5 中显示了例 7 中的被积函数及其不定积分（取 $C=0$）的图像. 哪个图像对应被积函数? 哪个图像对应不定积分?

现在令 $u = 2\sin\theta$，则 $du = 2\cos\theta\,d\theta$，$\sqrt{4-u^2} = 2\cos\theta$. 因此

$$\int \frac{x}{\sqrt{3-2x-x^2}}\,dx = \int \frac{2\sin\theta-1}{2\cos\theta}2\cos\theta\,d\theta$$

$$= \int (2\sin\theta-1)\,d\theta$$

$$= -2\cos\theta - \theta + C$$

$$= -\sqrt{4-u^2} - \sin^{-1}\left(\frac{u}{2}\right) + C$$

$$= -\sqrt{3-2x-x^2} - \sin^{-1}\left(\frac{x+1}{2}\right) + C.$$ ■

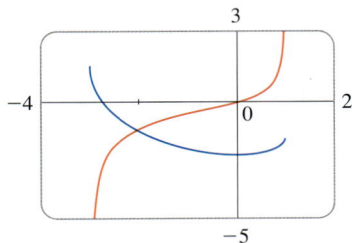

图 7-3-5

7.3 | 练习

1~4 (a) 确定一个合适的三角换元.
  (b) 使用换元将积分转化为三角函数的积分，无须计算.

1. $\int \dfrac{x^3}{\sqrt{1+x^2}}\,dx$ **2.** $\int \dfrac{x^3}{\sqrt{9-x^2}}\,dx$

3. $\int \dfrac{x^2}{\sqrt{x^2-2}}\,dx$ **4.** $\int \dfrac{x^2}{\left(9-4x^2\right)^{3/2}}\,dx$

5~8 利用给定的三角换元求积分，画出并标明相应的直角三角形.

5. $\int \dfrac{x^3}{\sqrt{1-x^2}}\,dx$, $x = \sin\theta$

6. $\int \dfrac{x^3}{\sqrt{9+x^2}}\,dx$, $x = 3\tan\theta$

7. $\int \dfrac{\sqrt{4x^2-25}}{x}\,dx$, $x = \dfrac{5}{2}\sec\theta$

8. $\int \dfrac{\sqrt{2-x^2}}{x^2}\,dx$, $x = \sqrt{2}\sin\theta$

9~36 求下列积分.

9. $\int x^3\sqrt{16+x^2}\,dx$ **10.** $\int \dfrac{x^2}{\sqrt{9-x^2}}\,dx$

11. $\int \dfrac{\sqrt{x^2-1}}{x^4}\,dx$ **12.** $\int_0^3 \dfrac{x}{\sqrt{36-x^2}}\,dx$

13. $\int_0^a \dfrac{dx}{\left(a^2+x^2\right)^{3/2}}, a>0$ **14.** $\int \dfrac{dt}{t^2\sqrt{t^2-16}}$

15. $\int_2^3 \dfrac{dx}{\left(x^2-1\right)^{3/2}}$ **16.** $\int_2^{2/3} \sqrt{4-9x^2}\,dx$

17. $\int_0^{1/2} x\sqrt{1-4x^2}\,dx$ **18.** $\int_0^2 \dfrac{dt}{\sqrt{4+t^2}}$

19. $\int \dfrac{\sqrt{x^2-9}}{x^3}\,dx$ **20.** $\int_0^1 \dfrac{dx}{\left(x^2+1\right)^2}$

21. $\int_0^a x^2\sqrt{a^2-x^2}\,dx$ **22.** $\int_{1/4}^{\sqrt{3}/4} \sqrt{1-4x^2}\,dx$

23. $\int \dfrac{x}{\sqrt{x^2-7}}\,dx$ **24.** $\int \dfrac{x}{\sqrt{1+x^2}}\,dx$

25. $\int \dfrac{\sqrt{1+x^2}}{x}\,dx$ **26.** $\int_0^{0.3} \dfrac{x}{\left(9-25x^2\right)^{3/2}}\,dx$

27. $\int_0^{0.6} \dfrac{x^2}{\sqrt{9-25x^2}}\,dx$ **28.** $\int_0^1 \sqrt{x^2+1}\,dx$

29. $\int \dfrac{dx}{\sqrt{x^2+2x+5}}$ **30.** $\int_0^1 \sqrt{x-x^2}\,dx$

31. $\int x^2\sqrt{3+2x-x^2}\,dx$ **32.** $\int \dfrac{x^2}{\left(3+4x-4x^2\right)^{3/2}}\,dx$

33. $\int \sqrt{x^2+2x}\,dx$ **34.** $\int \dfrac{x^2+1}{\left(x^2-2x+2\right)^2}\,dx$

35. $\int x\sqrt{1-x^4}\,dx$ **36.** $\int_0^{\pi/2} \dfrac{\cos t}{\sqrt{1+\sin^2 t}}\,dt$

37. (a) 使用三角换元，证明

$$\int \frac{\mathrm{d}x}{\sqrt{x^2 + a^2}} = \ln\left(x + \sqrt{x^2 + a^2}\right) + C .$$

(b) 使用双曲换元 $x = a\sinh t$，证明

$$\int \frac{\mathrm{d}x}{\sqrt{x^2 + a^2}} = \sinh^{-1}\left(\frac{x}{a}\right) + C .$$

这两个公式的关系见 3.11 节公式 3.

38. 分别使用 (a) 三角换元和 (b) 双曲换元 $x = a\sinh t$，求

$$\int \frac{x^2}{\left(x^2 + a^2\right)^{3/2}} \, \mathrm{d}x .$$

39. 求函数 $f(x) = \sqrt{x^2 - 1}/x$ 在 $1 \leqslant x \leqslant 7$ 上的平均值.

40. 求双曲线 $9x^2 - 4y^2 = 36$ 和直线 $x = 3$ 所围成区域的面积.

41. 证明半径为 r、圆心角为 θ 的扇形的面积为 $A = \frac{1}{2}r^2\theta$.

（提示：假设 $0 < \theta < \pi/2$，并且将圆心置于原点，使得扇形的弧满足方程 $x^2 + y^2 = r^2$. 如下图所示，A 就是三角形 POQ 的面积和区域 PQR 的面积之和.）

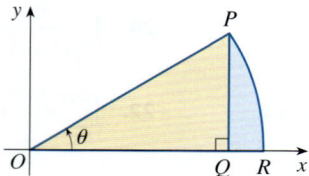

42. 求积分

$$\int \frac{\mathrm{d}x}{x^4 \sqrt{x^2 - 2}} .$$

在同一坐标系中画出被积函数及其不定积分的图像来检查你的答案是否合理.

43. 求曲线 $y = 9/(x^2 + 9)$ 以及直线 $y = 0$、$x = 0$ 和 $x = 3$ 围成的区域绕 x 轴旋转所得立体的体积.

44. 求曲线 $y = x\sqrt{1 - x^2}$，$0 \leqslant x \leqslant 1$ 下方区域绕 $x = 1$ 旋转所得立体的体积.

45. (a) 使用三角换元验证

$$\int_0^x \sqrt{a^2 - t^2} \, \mathrm{d}t = \frac{1}{2}a^2 \sin^{-1}(x/a) + \frac{1}{2}x\sqrt{a^2 - x^2} .$$

(b) 利用下图，从三角学的角度解释 (a) 中方程右侧的两项的含义.

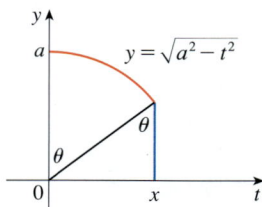

46. 抛物线 $y = \frac{1}{2}x^2$ 将圆 $x^2 + y^2 \leqslant 8$ 分成了两部分，求这两部分的面积.

47. 圆 $x^2 + (y - R)^2 = r^2$ 绕 x 轴旋转得到一个环，求环所围成的体积.

48. 一根长度为 L 的带电棒在点 $P(a, b)$ 处产生的电场（见下图）为

$$E(P) = \int_{-a}^{L-a} \frac{\lambda b}{4\pi\varepsilon_0 \left(x^2 + b^2\right)^{3/2}} \, \mathrm{d}x ,$$

其中 λ 是单位长度的带电棒上的电荷密度，ε_0 是真空电容率. 计算积分，确定电场 $E(P)$ 的表达式.

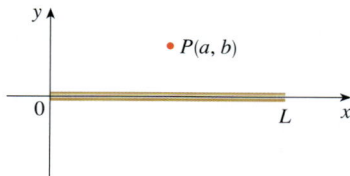

49. 求半径分别为 r 和 R 的圆弧围成的月牙形区域（也称弓形）的面积（见下图）.

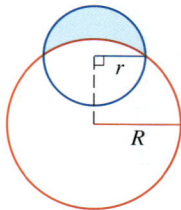

50. 一个水箱的外形是直径为 10m 的圆柱体，它以圆形截面呈垂直状态的方式横放. 如果水的深度是 7m，那么它的使用容量占总容量的百分比是多少?

7.4 | 有理函数的积分与部分分式法

本节中，我们将学习如何对任意有理函数积分，方法是将有理函数（多项式的比）表示为已知如何求积分的简单分式（称为部分分式）之和．为了说明该方法，以分式 $2/(x-1)$ 和 $1/(x+2)$ 为例，通分得到

$$\frac{2}{x-1} - \frac{1}{x+2} = \frac{2(x+2)-(x-1)}{(x-1)(x+2)} = \frac{x+5}{x^2+x-2}\,.$$

如果将这个过程倒过来，就可以看到等式右边函数的积分可以这样计算：

$$\int \frac{x+5}{x^2+x-2}\,dx = \int \left(\frac{2}{x-1} - \frac{1}{x+2}\right)dx$$
$$= 2\ln|x-1| - \ln|x+2| + C\,.$$

■ 部分分式法

要了解部分分式法的一般原理，考虑有理函数

$$f(x) = \frac{P(x)}{Q(x)}\,,$$

其中 P 和 Q 是多项式．如果 P 的次数小于 Q 的次数，那么将 f 表示成简单分数之和的形式是可以实现的，这样的有理函数称为真分式．如果有多项式

$$P(x) = a_n x^n + a_{n-1} x^{n-1} + \cdots + a_1 x + a_0\,,$$

其中 $a_n \neq 0$，那么 P 的次数为 n，记为 $\deg(P) = n$．

如果 f 是假分式，则 $\deg(P) \geqslant \deg(Q)$，那么要先（用长除法）计算 Q 除以 P，得到余式 $R(x)$ 满足 $\deg(R) < \deg(Q)$：

1
$$f(x) = \frac{P(x)}{Q(x)} = S(x) + \frac{R(x)}{Q(x)}\,,$$

其中 S 和 R 也是多项式．

从下面的例子中可以看到，有时这样处理就足够了．

$$\begin{array}{r}
x^2 + x + 2 \\
x-1 \overline{\smash{\big)} x^3 + x } \\
\underline{x^3 - x^2} \\
x^2 + x \\
\underline{x^2 - x} \\
2x \\
\underline{2x - 2} \\
2
\end{array}$$

例 1 求 $\displaystyle\int \frac{x^3+x}{x-1}\,dx$．

解 因为分子的次数大于分母的次数，所以第一步是使用长除法，进而得到

$$\int \frac{x^3+x}{x-1}\,dx = \int \left(x^2 + x + 2 + \frac{2}{x-1}\right)dx$$
$$= \frac{x^3}{3} + \frac{x^2}{2} + 2x + 2\ln|x-1| + C\,.$$ ■

第二步是将公式 1 中的 $Q(x)$ 尽可能地因式分解（如果 $Q(x)$ 可以因式分解）. 实际上，任何一个多项式 Q 都可以分解成一些线性因式（形如 $ax+b$）与不可约二次因式（形如 ax^2+bx+c，其中 $b^2-4ac<0$）的乘积. 例如，$Q(x)=x^4-16$ 可以分解为

$$Q(x)=\left(x^2-4\right)\left(x^2+4\right)=(x-2)(x+2)\left(x^2+4\right).$$

第三步是将有理函数的真分式部分 $R(x)/Q(x)$（见公式 1）表示成形如

$$\frac{A}{(ax+b)^i} \quad 或 \quad \frac{Ax+B}{\left(ax^2+bx+c\right)^j}$$

的**部分分式**之和的形式，代数中的部分分式定理保证了这总是可以实现的. 我们通过下面四种情况来具体说明.

情况 I　分母 $Q(x)$ 是线性因式的乘积，其中没有重因式.

这就意味着 $Q(x)$ 可以写为

$$Q(x)=\left(a_1x+b_1\right)\left(a_2x+b_2\right)\cdots\left(a_kx+b_k\right),$$

其中没有重因式（并且没有任何因式是其他因式的常数倍）. 在这种情况下，部分分式定理表明，存在常数 $A_1, A_2, \cdots, A_k$ 使得

2
$$\frac{R(x)}{Q(x)}=\frac{A_1}{a_1x+b_1}+\frac{A_2}{a_2x+b_2}+\cdots+\frac{A_k}{a_kx+b_k}.$$

这些常数可以通过如下例所示的方法确定.

例 2　求 $\displaystyle\int\frac{x^2+2x-1}{2x^3+3x^2-2x}\,\mathrm{d}x$.

解　分子的次数比分母的次数小，所以无须使用长除法. 对分母进行因式分解：

$$2x^3+3x^2-2x=x\left(2x^2+3x-2\right)=x(2x-1)(x+2).$$

由于分母包含三个不同的线性因式，因此被积函数可以部分分式分解为如下形式：

3
$$\frac{x^2+2x-1}{x(2x-1)(x+2)}=\frac{A}{x}+\frac{B}{2x-1}+\frac{C}{x+2}.$$

另一种求 A、B 和 C 的方法见本例后面的注.

为了确定 A、B 和 C，将等式两边同时乘以分母的最小公倍数 $x(2x-1)(x+2)$，得到

4
$$x^2+2x-1=A(2x-1)(x+2)+Bx(x+2)+Cx(2x-1).$$

将等式 4 的右边展开，整理成多项式的标准形式，得到

5
$$x^2+2x-1=(2A+B+2C)x^2+(3A+2B-C)x-2A.$$

等式 5 两边的多项式相等，所以对应项的系数一定相等．等式右边 x^2 的系数是 $2A+B+2C$，它一定等于等式左边 x^2 的系数 1．同样，等式两边 x 的系数也相等．这就给出了关于 A、B 和 C 的方程组：

$$2A+\ B+2C=1,$$
$$3A+2B-\ C=2,$$
$$-2A\qquad\qquad=-1.$$

解方程组，得到 $A=\dfrac{1}{2}$，$B=\dfrac{1}{5}$，$C=-\dfrac{1}{10}$．因此

$$\int\frac{x^2+2x-1}{2x^3+3x^2-2x}\,dx=\int\left(\frac{1}{2}\times\frac{1}{x}+\frac{1}{5}\times\frac{1}{2x-1}-\frac{1}{10}\times\frac{1}{x+2}\right)dx$$
$$=\frac{1}{2}\ln|x|+\frac{1}{10}\ln|2x-1|-\frac{1}{10}\ln|x+2|+K.$$

在对中间的项积分时，我们默认使用了换元 $u=2x-1$，从而有

$$du=2\,dx \text{ 和 } dx=\frac{1}{2}\,du.$$ ∎

将部分分式通分并相加，以检验我们的结果．

注 我们可以用另一种方法求例 2 中的系数 A、B 和 C．等式 4 是一个恒等式，对于任意 x 都成立．所以我们可以选取一些 x 值，使方程简化．如果在等式 4 中取 $x=0$，那么等式右边的第二项和第三项归零，于是等式变为 $-2A=-1$，即 $A=\dfrac{1}{2}$．同样，取 $x=\dfrac{1}{2}$ 得到 $\dfrac{5}{4}B=\dfrac{1}{4}$，取 $x=-2$ 得到 $10C=-1$，于是有 $B=\dfrac{1}{5}$，$C=-\dfrac{1}{10}$．（注意，在等式 3 中不能取 $x=0,\dfrac{1}{2},-2$，为什么在等式 4 中却可以？事实上，等式 4 对所有 x 成立，也包括 $x=0,\dfrac{1}{2},-2$．原因见练习 75．）

例 3 求 $\int\dfrac{dx}{x^2-a^2}$，其中 $a\neq0$．

解 由部分分式法可得
$$\frac{1}{x^2-a^2}=\frac{1}{(x-a)(x+a)}=\frac{A}{x-a}+\frac{B}{x+a},$$
因此
$$A(x+a)+B(x-a)=1.$$

利用前注所介绍的方法，取 $x=a$ 得到 $A\times2a=1$，即 $A=1/(2a)$；取 $x=-a$ 得到 $B\times(-2a)=1$，即 $B=-1/(2a)$．因此

$$\int\frac{dx}{x^2-a^2}=\frac{1}{2a}\int\left(\frac{1}{x-a}-\frac{1}{x+a}\right)dx$$
$$=\frac{1}{2a}\big(\ln|x-a|-\ln|x+a|\big)+C.$$

因为 $\ln x - \ln y = \ln(x/y)$，所以积分可以写成

$$\boxed{6} \qquad \int \frac{\mathrm{d}x}{x^2 - a^2} = \frac{1}{2a} \ln \left| \frac{x-a}{x+a} \right| + C. \qquad\qquad \blacksquare$$

（公式 6 的使用方法见练习 61~62.）

情况 II $Q(x)$ 是线性因式的乘积，其中有重因式.

假设第一个线性因式 $a_1 x + b_1$ 重复 r 次，即 $Q(x)$ 的因式分解中包含 $(a_1 x + b_1)^r$，那么用

$$\boxed{7} \qquad \frac{A_1}{a_1 x + b_1} + \frac{A_2}{(a_1 x + b_1)^2} + \cdots + \frac{A_r}{(a_1 x + b_1)^r}$$

代替公式 2 中的单个项 $A_1/(a_1 x + b_1)$，例如：

$$\frac{x^3 - x + 1}{x^2 (x-1)^3} = \frac{A}{x} + \frac{B}{x^2} + \frac{C}{x-1} + \frac{D}{(x-1)^2} + \frac{E}{(x-1)^3}.$$

不过我们将用一个更简单的例子来说明.

例 4　求 $\displaystyle\int \frac{x^4 - 2x^2 + 4x + 1}{x^3 - x^2 - x + 1}\,\mathrm{d}x$.

解　第一步是使用长除法，其结果是

$$\frac{x^4 - 2x^2 + 4x + 1}{x^3 - x^2 - x + 1} = x + 1 + \frac{4x}{x^3 - x^2 - x + 1}.$$

第二步是将分母 $Q(x) = x^3 - x^2 - x + 1$ 因式分解. 因为 $Q(1) = 0$，所以我们知道 $x - 1$ 是一个因式：

$$x^3 - x^2 - x + 1 = (x-1)(x^2 - 1) = (x-1)(x-1)(x+1)$$
$$= (x-1)^2 (x+1).$$

线性因式 $x - 1$ 出现了两次，所以由部分分式法可得

$$\frac{4x}{(x-1)^2 (x+1)} = \frac{A}{x-1} + \frac{B}{(x-1)^2} + \frac{C}{x+1},$$

乘以分母的最小公倍数 $(x-1)^2 (x+1)$，得到

$$\boxed{8} \qquad 4x = A(x-1)(x+1) + B(x+1) + C(x-1)^2$$
$$= (A+C)x^2 + (B-2C)x + (-A+B+C).$$

现在，系数应该对应相等：

$$A \qquad + \quad C = 0,$$
$$B - 2C = 4,$$
$$-A + B + \ C = 0.$$

解方程，得到 $A=1$，$B=2$，$C=-1$．因此

$$\int \frac{x^4 - 2x^2 + 4x + 1}{x^3 - x^2 - x + 1}\,\mathrm{d}x = \int \left[x + 1 + \frac{1}{x-1} + \frac{2}{(x-1)^2} - \frac{1}{x+1} \right]\mathrm{d}x$$

$$= \frac{x^2}{2} + x + \ln|x-1| - \frac{2}{x-1} - \ln|x+1| + K$$

$$= \frac{x^2}{2} + x - \frac{2}{x-1} + \ln\left|\frac{x-1}{x+1}\right| + K. \qquad ■$$

注　我们还可以根据例 2 之后的注所介绍的方法确定例 4 中的系数 A、B 和 C．将 $x=1$ 代入等式 8，得到 $4=2B$，即 $B=2$．同样，代入 $x=-1$，得到 $-4=4C$，即 $C=-1$．没有 x 值可以使等式 8 右边的第二项和第三项归零，所以不能轻易地求出 A 值．但是我们可以为 x 选取第三个值，它仍然能得出 A、B 和 C 之间的关系式．例如从 $x=0$ 得出 $0=-A+B+C$，所以 $A=1$．

情况 III　$Q(x)$ 包含不可约二次因式，其中没有重因式．

如果 $Q(x)$ 包含因式 $ax^2 + bx + c$，其中 $b^2 - 4ac < 0$，那么将公式 2 和公式 7 中的部分分式相加，$R(x)/Q(x)$ 的表达式有一项为

$$\boxed{9}\qquad \frac{Ax+B}{ax^2+bx+c},$$

其中 A 和 B 是待确定的常数．例如，函数 $f(x) = x/\left[(x-2)(x^2+1)(x^2+4)\right]$ 可以部分分式分解为

$$\frac{x}{(x-2)(x^2+1)(x^2+4)} = \frac{A}{x-2} + \frac{Bx+C}{x^2+1} + \frac{Dx+E}{x^2+4}$$

的形式．我们可以通过为公式 9 中的式子配方（如有必要）以及运用以下公式来求其积分：

$$\boxed{10}\qquad \int \frac{\mathrm{d}x}{x^2+a^2} = \frac{1}{a}\tan^{-1}\left(\frac{x}{a}\right) + C.$$

例 5　求 $\displaystyle\int \frac{2x^2 - x + 4}{x^3 + 4x}\,\mathrm{d}x$．

解　因为 $x^3 + 4x = x(x^2+4)$ 不能再分解，所以被积函数可以写成

$$\frac{2x^2 - x + 4}{x(x^2+4)} = \frac{A}{x} + \frac{Bx+C}{x^2+4}.$$

将等式两边同时乘以 $x(x^2+4)$，有

$$2x^2 - x + 4 = A(x^2+4) + (Bx+C)x$$

$$= (A+B)x^2 + Cx + 4A.$$

系数对应相等，得到

$$A + B = 2 ，\quad C = -1 ，\quad 4A = 4 .$$

因此 $A = 1$ ，$B = 1$ ，$C = -1$ ，并且

$$\int \frac{2x^2 - x + 4}{x^3 + 4x} \, dx = \int \left(\frac{1}{x} + \frac{x-1}{x^2+4} \right) dx .$$

为了求第二项的积分，将它分为两部分：

$$\int \frac{x-1}{x^2+4} \, dx = \int \frac{x}{x^2+4} \, dx - \int \frac{1}{x^2+4} \, dx .$$

在第一部分中使用换元 $u = x^2 + 4$ ，则 $du = 2x \, dx$. 利用公式 10 来求第二部分，取 $a = 2$ ：

$$\int \frac{2x^2 - x + 4}{x(x^2+4)} \, dx = \int \frac{1}{x} \, dx + \int \frac{x}{x^2+4} \, dx - \int \frac{1}{x^2+4} \, dx$$

$$= \ln|x| + \frac{1}{2} \ln(x^2+4) - \frac{1}{2} \tan^{-1}(x/2) + K . \qquad ■$$

例 6　求 $\int \dfrac{4x^2 - 3x + 2}{4x^2 - 4x + 3} \, dx$.

解　分子的次数不小于分母的次数，所以首先使用除法，得到

$$\frac{4x^2 - 3x + 2}{4x^2 - 4x + 3} = 1 + \frac{x-1}{4x^2 - 4x + 3} .$$

注意到二次式 $4x^2 - 4x + 3$ 的判别式 $b^2 - 4ac = -32 < 0$ ，因此它不可约，不能再分解. 所以我们不需要利用部分分式法.

为了求给定函数的积分，需要为分母配方：

$$4x^2 - 4x + 3 = (2x-1)^2 + 2 .$$

这就提示我们可以令 $u = 2x - 1$ ，则 $du = 2 \, dx$ ，$x = \dfrac{1}{2}(u+1)$ ，因此

$$\int \frac{4x^2 - 3x + 2}{4x^2 - 4x + 3} \, dx = \int \left(1 + \frac{x-1}{4x^2 - 4x + 3} \right) dx$$

$$= x + \frac{1}{2} \int \frac{\frac{1}{2}(u+1) - 1}{u^2 + 2} \, du = x + \frac{1}{4} \int \frac{u-1}{u^2+2} \, du$$

$$= x + \frac{1}{4} \int \frac{u}{u^2+2} \, du - \frac{1}{4} \int \frac{1}{u^2+2} \, du$$

$$= x + \frac{1}{8} \ln(u^2+2) - \frac{1}{4} \times \frac{1}{\sqrt{2}} \tan^{-1} \left(\frac{u}{\sqrt{2}} \right) + C$$

$$= x + \frac{1}{8} \ln(4x^2 - 4x + 3) - \frac{1}{4\sqrt{2}} \tan^{-1} \left(\frac{2x-1}{\sqrt{2}} \right) + C . \qquad ■$$

注 例 6 给出了求如下形式的部分分式的积分的一般过程：

$$\frac{Ax+B}{ax^2+bx+c}，\text{其中 } b^2-4ac<0.$$

我们为分母配方，然后换元，将积分表示为如下形式：

$$\int \frac{Cu+D}{u^2+a^2}\,\mathrm{d}u = C\int \frac{u}{u^2+a^2}\,\mathrm{d}u + D\int \frac{1}{u^2+a^2}\,\mathrm{d}u.$$

第一个积分的结果是一个对数，第二个积分的结果可以用 $\tan^{-1}$ 表示.

情况Ⅳ $Q(x)$ 包含不可约二次因式，其中有重因式.

如果 $Q(x)$ 包含因式 $\left(ax^2+bx+c\right)^r$，其中 $b^2-4ac<0$，那么在 $R(x)/Q(x)$ 的部分分式分解中，我们用

$$\boxed{11}\qquad \frac{A_1x+B_1}{ax^2+bx+c}+\frac{A_2x+B_2}{\left(ax^2+bx+c\right)^2}+\cdots+\frac{A_rx+B_r}{\left(ax^2+bx+c\right)^r}$$

代替公式 9 中的单个项. 公式 11 中的每一项都可以利用换元法或通过先配方来求积分.

例 7 写出下面的表达式部分分式分解后的形式：

$$\frac{x^3+x^2+1}{x(x-1)\left(x^2+x+1\right)\left(x^2+1\right)^3}.$$

解

$$\frac{x^3+x^2+1}{x(x-1)\left(x^2+x+1\right)\left(x^2+1\right)^3}$$

$$=\frac{A}{x}+\frac{B}{x-1}+\frac{Cx+D}{x^2+x+1}+\frac{Ex+F}{x^2+1}+\frac{Gx+H}{\left(x^2+1\right)^2}+\frac{Ix+J}{\left(x^2+1\right)^3}$$

■

例 7 中系数的数值手算起来非常烦琐，但是大多数计算机代数系统可以快速求出：

$$A=-1，\quad B=\frac{1}{8}，\quad C=D=-1，$$

$$E=\frac{15}{8}，\quad F=-\frac{1}{8}，\quad G=H=\frac{3}{4}，$$

$$I=-\frac{1}{2}，\quad J=\frac{1}{2}.$$

例 8 求 $\displaystyle\int \frac{1-x+2x^2-x^3}{x\left(x^2+1\right)^2}\,\mathrm{d}x$.

解 被积函数可以部分分式分解为如下形式：

$$\frac{1-x+2x^2-x^3}{x\left(x^2+1\right)^2}=\frac{A}{x}+\frac{Bx+C}{x^2+1}+\frac{Dx+E}{\left(x^2+1\right)^2}.$$

将等式两边同时乘以 $x\left(x^2+1\right)^2$，得到

$$-x^3+2x^2-x+1=A\left(x^2+1\right)^2+(Bx+C)x\left(x^2+1\right)+(Dx+E)x$$

$$=A\left(x^4+2x^2+1\right)+B\left(x^4+x^2\right)+C\left(x^3+x\right)+Dx^2+Ex$$

$$=(A+B)x^4+Cx^3+(2A+B+D)x^2+(C+E)x+A.$$

系数对应相等，得到方程组

$$A+B=0，\quad C=-1，\quad 2A+B+D=2，\quad C+E=-1，\quad A=1，$$

解得 $A=1$，$B=-1$，$C=-1$，$D=1$，$E=0$．因此

$$\int \frac{1-x+2x^2-x^3}{x\left(x^2+1\right)^2}\,\mathrm{d}x = \int\left(\frac{1}{x}-\frac{x+1}{x^2+1}+\frac{x}{\left(x^2+1\right)^2}\right)\mathrm{d}x$$

$$= \int\frac{\mathrm{d}x}{x}-\int\frac{x}{x^2+1}\,\mathrm{d}x-\int\frac{\mathrm{d}x}{x^2+1}+\int\frac{x}{\left(x^2+1\right)^2}\,\mathrm{d}x$$

$$= \ln|x|-\frac{1}{2}\ln\left(x^2+1\right)-\tan^{-1}x-\frac{1}{2\left(x^2+1\right)}+K\ . \quad\blacksquare$$

对于第二项和第四项，我们默认使用了换元 $u=x^2+1$．

注 例 8 的结果非常好，因为系数 $E=0$．一般来说，我们可能会得到 $1/\left(x^2+1\right)^2$ 项．求其积分的一种方法是使用换元 $x=\tan\theta$，另一种方法是使用练习 76 中的公式．

求有理函数的积分时，有时无须用部分分式法．例如，尽管积分

$$\int \frac{x^2+1}{x\left(x^2+3\right)}\,\mathrm{d}x$$

满足情况 III，但是使用换元 $u=x\left(x^2+3\right)=x^3+3x$ 会更简单，那么 $\mathrm{d}u=\left(3x^2+3\right)\mathrm{d}x$，于是有

$$\int \frac{x^2+1}{x\left(x^2+3\right)}\,\mathrm{d}x = \frac{1}{3}\ln\left|x^3+3x\right|+C\ .$$

■ 有理换元

一些非有理函数可以通过适当的换元转换成有理函数．例如，我们在求包含形如 $\sqrt[n]{g(x)}$ 的表达式的积分时，换元 $u=\sqrt[n]{g(x)}$ 可能会有用．其他例子见练习．

例 9 求 $\displaystyle\int \frac{\sqrt{x+4}}{x}\,\mathrm{d}x$．

解 令 $u=\sqrt{x+4}$，那么 $u^2=x+4$，则 $x=u^2-4$，$\mathrm{d}x=2u\,\mathrm{d}u$．因此

$$\int \frac{\sqrt{x+4}}{x}\,\mathrm{d}x = \int \frac{u}{u^2-4}2u\,\mathrm{d}u = 2\int \frac{u^2}{u^2-4}\,\mathrm{d}u = 2\int\left(1+\frac{4}{u^2-4}\right)\mathrm{d}u\ ,$$

其中 u^2-4 可以因式分解为 $(u-2)(u+2)$．利用部分分式法或利用公式 6（取 $a=2$）来求这个积分：

$$\int \frac{\sqrt{x+4}}{x}\,\mathrm{d}x = 2\int \mathrm{d}u + 8\int \frac{\mathrm{d}u}{u^2-4}$$

$$= 2u+8\times\frac{1}{2\times2}\ln\left|\frac{u-2}{u+2}\right|+C$$

$$= 2\sqrt{x+4}+2\ln\left|\frac{\sqrt{x+4}-2}{\sqrt{x+4}+2}\right|+C\ . \quad\blacksquare$$

7.4 | 练习

1~6 写出下列表达式部分分式分解后的形式（如例 7），无须确定系数.

1. (a) $\dfrac{1}{(x-3)(x+5)}$ (b) $\dfrac{2x+5}{(x-2)^2(x^2+2)}$

2. (a) $\dfrac{x-6}{x^2+x-6}$ (b) $\dfrac{1}{x^2+x^4}$

3. (a) $\dfrac{x^2+4}{x^3-3x^2+2x}$ (b) $\dfrac{x^3+x}{x(2x-1)^2(x^2+3)^2}$

4. (a) $\dfrac{5}{x^4-1}$ (b) $\dfrac{x^4+x+1}{(x^3-1)(x^2-1)}$

5. (a) $\dfrac{x^5+1}{(x^2-x)(x^4+2x^2+1)}$ (b) $\dfrac{x^2}{x^2+x-6}$

6. (a) $\dfrac{x^6}{x^2-4}$ (b) $\dfrac{x^4}{(x^2-x+1)(x^2+2)^2}$

7~40 求下列积分.

7. $\displaystyle\int \dfrac{5}{(x-1)(x+4)}\,dx$

8. $\displaystyle\int \dfrac{x-12}{x^2-4x}\,dx$

9. $\displaystyle\int \dfrac{5x+1}{(2x+1)(x-1)}\,dx$

10. $\displaystyle\int \dfrac{y}{(y+4)(2y-1)}\,dy$

11. $\displaystyle\int_0^1 \dfrac{2}{2x^2+3x+1}\,dx$

12. $\displaystyle\int_0^1 \dfrac{x-4}{x^2-5x+6}\,dx$

13. $\displaystyle\int \dfrac{1}{x(x-a)}\,dx$

14. $\displaystyle\int \dfrac{1}{(x+a)(x+b)}\,dx$

15. $\displaystyle\int \dfrac{x^2}{x-1}\,dx$

16. $\displaystyle\int \dfrac{3t-2}{t+1}\,dt$

17. $\displaystyle\int_1^2 \dfrac{4y^2-7y-12}{y(y+2)(y-3)}\,dy$

18. $\displaystyle\int_1^2 \dfrac{3x^2+6x+2}{x^2+3x+2}\,dx$

19. $\displaystyle\int_0^1 \dfrac{x^2+x+1}{(x+1)^2(x+2)}\,dx$

20. $\displaystyle\int_2^3 \dfrac{x(3-5x)}{(3x-1)(x-1)^2}\,dx$

21. $\displaystyle\int \dfrac{dt}{(t^2-1)^2}$

22. $\displaystyle\int \dfrac{3x^2+12x-20}{x^4-8x^2+16}\,dx$

23. $\displaystyle\int \dfrac{10}{(x-1)(x^2+9)}\,dx$

24. $\displaystyle\int \dfrac{3x^2-x+8}{x^3+4x}\,dx$

25. $\displaystyle\int_{-1}^0 \dfrac{x^3-4x+1}{x^2-3x+2}\,dx$

26. $\displaystyle\int_1^2 \dfrac{x^3+4x^2+x-1}{x^3+x^2}\,dx$

27. $\displaystyle\int \dfrac{4x}{x^3+x^2+x+1}\,dx$

28. $\displaystyle\int \dfrac{x^2+x+1}{(x^2+1)^2}\,dx$

29. $\displaystyle\int \dfrac{x^3+4x+3}{x^4+5x^2+4}\,dx$

30. $\displaystyle\int \dfrac{x^3+6x-2}{x^4+6x^2}\,dx$

31. $\displaystyle\int \dfrac{x+4}{x^2+2x+5}\,dx$

32. $\displaystyle\int_0^1 \dfrac{x}{x^2+4x+13}\,dx$

33. $\displaystyle\int \dfrac{1}{x^3-1}\,dx$

34. $\displaystyle\int \dfrac{x^3-2x^2+2x-5}{x^4+4x^2+3}\,dx$

35. $\displaystyle\int_0^1 \dfrac{x^3+2x}{x^4+4x^2+3}\,dx$

36. $\displaystyle\int \dfrac{x^5+x-1}{x^3+1}\,dx$

37. $\displaystyle\int \dfrac{5x^4+7x^2+x+2}{x(x^2+1)^2}\,dx$

38. $\displaystyle\int \dfrac{x^4+3x^2+1}{x^5+5x^3+5x}\,dx$

39. $\displaystyle\int \dfrac{x^2-3x+7}{(x^2-4x+6)^2}\,dx$

40. $\displaystyle\int \dfrac{x^3+2x^2+3x-2}{(x^2+2x+2)^2}\,dx$

41~56 利用换元法将被积函数表示成有理函数，并求积分.

41. $\displaystyle\int \dfrac{dx}{x\sqrt{x-1}}$

42. $\displaystyle\int \dfrac{dx}{2\sqrt{x+3}+x}$

43. $\displaystyle\int \dfrac{dx}{x^2+x\sqrt{x}}$

44. $\displaystyle\int_0^1 \dfrac{1}{1+\sqrt[3]{x}}\,dx$

45. $\displaystyle\int \dfrac{x^3}{\sqrt[3]{x^2+1}}\,dx$

46. $\displaystyle\int \dfrac{dx}{(1+\sqrt{x})^2}$

47. $\displaystyle\int \dfrac{1}{\sqrt{x}-\sqrt[3]{x}}\,dx$ （提示：使用换元 $u=\sqrt[6]{x}$.）

48. $\displaystyle\int \dfrac{1}{x-x^{1/5}}\,dx$

49. $\displaystyle\int \dfrac{1}{x-3\sqrt{x}+2}\,dx$

50. $\displaystyle\int \dfrac{\sqrt{1+\sqrt{x}}}{x}\,dx$

51. $\displaystyle\int \dfrac{e^{2x}}{e^{2x}+3e^x+2}\,dx$

52. $\displaystyle\int \dfrac{\sin x}{\cos^2 x-3\cos x}\,dx$

53. $\displaystyle\int \dfrac{\sec^2 t}{\tan^2 t+3\tan t+2}\,dt$

54. $\displaystyle\int \dfrac{e^x}{(e^x-2)(e^{2x}+1)}\,dx$

55. $\displaystyle\int \dfrac{dx}{1+e^x}$

56. $\displaystyle\int \dfrac{\cosh t}{\sinh^2 t+\sinh^4 t}\,dt$

57~58 利用分部积分法和本节中所介绍的技巧求下列积分.

57. $\displaystyle\int \ln(x^2-x+2)\,dx$

58. $\displaystyle\int x\tan^{-1}x\,dx$

59. 利用函数 $f(x)=1/(x^2-2x-3)$ 的图像确定积分 $\int_0^2 f(x)\,dx$ 的正负. 利用图像给出积分的估计值，然后利用部分分式法求出其准确值.

60. 考虑常数 k 的几种不同取值，求积分

$$\int \frac{1}{x^2+k} \, dx \, .$$

61~62 利用配方和公式 6 求下列积分.

61. $\displaystyle\int \frac{dx}{x^2-2x}$

62. $\displaystyle\int \frac{2x+1}{4x^2+12x-7} \, dx$

63. 魏尔斯特拉斯换元法　德国数学家卡尔·魏尔施特拉斯发现换元 $t=\tan(x/2)$ 可以将任意关于 $\sin x$ 和 $\cos x$ 的有理函数转换为关于 t 的一般有理函数.

(a) 如果 $t=\tan(x/2)$，$-\pi < x < \pi$，画出直角三角形或利用三角恒等式证明

$$\cos \frac{x}{2} = \frac{1}{\sqrt{1+t^2}} \text{ 和 } \sin \frac{x}{2} = \frac{t}{\sqrt{1+t^2}} \, .$$

(b) 证明

$$\cos x = \frac{1-t^2}{1+t^2} \text{ 和 } \sin x = \frac{2t}{1+t^2} \, .$$

(c) 证明 $dx = \dfrac{2}{1+t^2} \, dt$.

64~67 利用练习 63 中的换元将被积函数转换为关于 t 的有理函数，并求积分.

64. $\displaystyle\int \frac{dx}{1-\cos x}$

65. $\displaystyle\int \frac{1}{3\sin x - 4\cos x} \, dx$

66. $\displaystyle\int_{\pi/3}^{\pi/2} \frac{1}{1+\sin x - \cos x} \, dx$

67. $\displaystyle\int_0^{\pi/2} \frac{\sin 2x}{2+\cos x} \, dx$

68~69 求下列曲线下方从 $x=1$ 到 $x=2$ 的面积.

68. $y = \dfrac{1}{x^3+x}$

69. $y = \dfrac{x^2+1}{3x-x^2}$

70. 分别求曲线 $y = \dfrac{1}{x^2+3x+2}$ 下方从 $x=0$ 到 $x=1$ 的区域绕 (a) x 轴和 (b) y 轴旋转所得立体的体积.

71. 在不使用杀虫剂的情况下抑制昆虫种群的增长，一种方法是引进一定数量的不育雄性个体（可与雌性交配，但不产生后代）.（图为一只螺旋蝇，它是第一种通过这种方法在某地区被消灭的害虫.）如果 P 表示种群中雌性的数量，S 表示每代引入的不育雄性的数量，r 表示雌性个体与非不育雄性个体交配后的雌性后代繁殖率，那么雌性数量与时间 t 相关：

$$t = \int \frac{P+S}{P\big[(r-1)P-S\big]} \, dP \, .$$

假设一个种群有 10 000 只雌性，并以 $r=1.1$ 的繁殖率增加，最初引入了 900 只不育雄性. 求积分，得到关于雌性数量 P 与时间 t 的方程（注意，通过所得方程无法求出 P 的显式表达式.）

72. 通过先加上再减去相同的量，将 x^4+1 因式分解为平方差. 利用这个因式分解求积分

$$\int 1/(x^4+1) \, dx \, .$$

T 73. (a) 利用计算机代数系统将函数分解为部分分式之和：

$$f(x) = \frac{4x^3-27x^2+5x-32}{30x^5-13x^4+50x^3-286x^2-299x-70} \, .$$

(b) 利用 (a) 的结果求 $\int f(x)dx$（手算），并与借助计算机代数系统直接得到的积分结果进行比较，解释它们的差异.

T 74. (a) 利用计算机代数系统将函数分解为部分分式之和：

$$f(x) = \frac{12x^5-7x^3-13x^2+8}{100x^6-80x^5+116x^4-80x^3+41x^2-20x+4} \, .$$

(b) 利用 (a) 的结果求 $\int f(x)dx$，并在同一坐标系中画出 f 及其不定积分的图像.

(c) 观察 f 的图像，说明 $\int f(x)dx$ 的图像的主要特征.

75. 假设 F、G、Q 是多项式，并且除 $Q(x)=0$ 的情况以外，

$$\frac{F(x)}{Q(x)} = \frac{G(x)}{Q(x)}$$

对所有 x 成立. 证明对所有 x 均有 $F(x)=G(x)$.（提示：利用连续性.）

76. (a) 利用分部积分法，证明对于任意正整数 n，

$$\int \frac{dx}{(x^2+a^2)^n} = \frac{x}{2a^2(n-1)(x^2+a^2)^{n-1}}$$
$$+ \frac{2n-3}{2a^2(n-1)} \int \frac{dx}{(x^2+a^2)^{n-1}} \, .$$

(b) 利用 (a) 中的结论，求

$$\int \frac{dx}{\left(x^2+1\right)^2} \text{ 和 } \int \frac{dx}{\left(x^2+1\right)^3}.$$

77. 如果 $a \neq 0$ 且 n 为正整数，将 $f(x)=1/\left(x^n(x-a)\right)$ 分解为部分分式之和.（提示：首先求出 $1/(x-a)$ 项的系数，然后从 $f(x)$ 中减去该项并化简.）

78. 假设二次函数 f 满足 $f(0)=1$，并且

$$\int \frac{f(x)}{x^2(x+1)^3} dx$$

是有理函数，求 $f'(0)$.

7.5 | 积分策略

正如前面看到的，求积分比求导数更富有挑战性. 在求函数的导数时，要应用哪个求导公式是很明显的，而在求给定函数的积分时，要应用哪种技巧却并不明显.

■ 积分指南

到目前为止，这些积分技巧在书中各个部分都单独地应用过. 如 5.5 节中介绍的换元法、7.1 节中介绍的分部积分法和 7.4 节中介绍的部分分式法. 而本节中，我们会以随机顺序展示一些混合型积分，其中的主要挑战是如何识别应该使用的技巧和公式. 对于一个具体的积分问题，并没有硬性和快速的规则来确定哪种方法适用，但我们将提供一些实用的指导建议.

运用积分策略的先决条件是对常见积分公式很熟悉. 下框中，我们汇集了在前文中出现过的以及在本章中学习到的积分公式.

常见积分公式表 积分中已忽略常数.

1. $\int x^n dx = \frac{x^{n+1}}{n+1}$ （$n \neq -1$）

2. $\int \frac{1}{x} dx = \ln|x|$

3. $\int e^x dx = e^x$

4. $\int b^x dx = \frac{b^x}{\ln b}$

5. $\int \sin x \, dx = -\cos x$

6. $\int \cos x \, dx = \sin x$

7. $\int \sec^2 x \, dx = \tan x$

8. $\int \csc^2 x \, dx = -\cot x$

9. $\int \sec x \tan x \, dx = \sec x$

10. $\int \csc x \cot x \, dx = -\csc x$

11. $\int \sec x \, dx = \ln|\sec x + \tan x|$

12. $\int \csc x \, dx = \ln|\csc x - \cot x|$

13. $\int \tan x \, dx = \ln|\sec x|$

14. $\int \cot x \, dx = \ln|\sin x|$

15. $\int \sinh x \, dx = \cosh x$

16. $\int \cosh x \, dx = \sinh x$

17. $\int \frac{dx}{x^2+a^2} = \frac{1}{a}\tan^{-1}\left(\frac{x}{a}\right)$

18. $\int \frac{dx}{\sqrt{a^2-x^2}} = \sin^{-1}\left(\frac{x}{a}\right)$ （$a>0$）

*19. $\int \frac{dx}{x^2-a^2} = \frac{1}{2a}\ln\left|\frac{x-a}{x+a}\right|$

*20. $\int \frac{dx}{\sqrt{x^2 \pm a^2}} = \ln\left|x+\sqrt{x^2 \pm a^2}\right|$

我们应该将这些公式中的大部分都记住，如果全都知道则是最好的．不过标有星号的公式其实不需要记，因为它们很容易推导出来．公式 19 就相当于部分分式法，公式 20 就相当于三角换元．

掌握这些基本的积分公式后，如果不能立刻看出如何利用它们求给定积分，就可以尝试下面的四步策略．

1. **尽可能地化简被积函数**　有时代数运算和三角恒等式可以用于化简被积函数，从而使适用的积分方法变得显而易见．例如：

$$\int \sqrt{x}\left(1+\sqrt{x}\right)\mathrm{d}x = \int\left(\sqrt{x}+x\right)\mathrm{d}x \ ,$$

$$\int \frac{\tan\theta}{\sec^2\theta}\,\mathrm{d}\theta = \int\frac{\sin\theta}{\cos\theta}\cos^2\theta\,\mathrm{d}\theta$$

$$= \int\sin\theta\cos\theta\,\mathrm{d}\theta = \frac{1}{2}\int\sin 2\theta\,\mathrm{d}\theta \ ,$$

$$\int\left(\sin x+\cos x\right)^2\mathrm{d}x = \int\left(\sin^2 x+2\sin x\cos x+\cos^2 x\right)\mathrm{d}x$$

$$= \int\left(1+2\sin x\cos x\right)\mathrm{d}x \ .$$

2. **寻找明显的换元**　尝试在被积函数中找到某个函数 $u=g\left(x\right)$，它的微分 $\mathrm{d}u=g'\left(x\right)\mathrm{d}x$ 也出现在被积函数中．例如，在积分

$$\int\frac{x}{x^2-1}\,\mathrm{d}x$$

中，若 $u=x^2-1$，则 $\mathrm{d}u=2x\,\mathrm{d}x$，因此使用换元 $u=x^2-1$，而不用部分分式法．

3. **按照被积函数的形式分类**　如果通过第 1 步和第 2 步还是无法求出积分，那么可以观察一下被积函数 $f\left(x\right)$ 的形式．

   (a) **三角函数**　如果 $f\left(x\right)$ 是 $\sin x$ 与 $\cos x$、$\tan x$ 与 $\sec x$ 或者 $\cot x$ 与 $\csc x$ 的幂的乘积，那么可以使用 7.2 节中推荐的换元．

   (b) **有理函数**　如果 $f\left(x\right)$ 是有理函数，那么可以利用 7.4 节中提到的部分分式法．

   (c) **分部积分**　如果 $f\left(x\right)$ 是 x 的幂（或者多项式）与超越函数（如三角函数、指数函数和对数函数）的乘积，那么可以尝试分部积分法，根据 7.1 节中的建议，选择 u 和 $\mathrm{d}v$．参考 7.1 节的练习，你会发现很多函数都是这里描述的类型．

   (d) **根式**　当 $f\left(x\right)$ 中出现根式时，建议使用特定类型的换元．

    (i) 如果出现 $\sqrt{x^2+a^2}$、$\sqrt{x^2-a^2}$ 或者 $\sqrt{a^2-x^2}$，那么可以使用表 7-3-1 中的三角换元．

    (ii) 如果出现 $\sqrt[n]{ax+b}$，那么可以使用有理换元 $u=\sqrt[n]{ax+b}$．更一般地，它有时也适用于 $\sqrt[n]{g\left(x\right)}$．

4. **再次尝试** 如果前三步都不能求出结果，请记住求积分本质上只有两种基本方法：换元法和分部积分法.

(a) 尝试换元法. 即使没有明显适用的换元（第 2 步），一些创造性的（甚至绝望的）尝试都可能引出一些合适的换元.

(b) 尝试分部积分法. 尽管分部积分法常用于第 3 步 (c) 中的乘积结构，但是有时也可以用于单个函数. 回顾 7.1 节，我们看到分部积分法可以用于 $\tan^{-1} x$、$\sin^{-1} x$ 和 $\ln x$ 的积分，它们都是某个函数的反函数.

(c) 将被积函数变形. 通过代数运算（例如将分母通分或利用三角恒等式）可以将积分转换成简单的形式. 这些处理可能比第 1 步中的更重要，因而需要一些创造性. 例如：

$$\int \frac{dx}{1-\cos x} = \int \frac{1}{1-\cos x} \cdot \frac{1+\cos x}{1+\cos x} dx = \int \frac{1+\cos x}{1-\cos^2 x} dx$$
$$= \int \frac{1+\cos x}{\sin^2 x} dx = \int \left(\csc^2 x + \frac{\cos x}{\sin^2 x} \right) dx .$$

(d) 将问题转化为熟悉的问题. 当你已经积累了一些积分的经验，可以将一些曾经用过的方法用于新的积分，甚至可以将给定积分表示成之前遇到的积分. 例如 $\int \tan^2 x \sec x \, dx$ 是一个很难求的积分，但是如果利用恒等式 $\tan^2 x = \sec^2 x - 1$，则可以得到

$$\int \tan^2 x \sec x \, dx = \int \sec^3 x \, dx - \int \sec x \, dx .$$

而 $\int \sec^3 x \, dx$ 已经计算过（见 7.2 节例 8），它的计算结果就可以用于现在的问题.

(e) 利用多种方法. 有时需要两三种方法来求积分，其中可能连续涉及不同类型的换元，或者需要一个或多个换元与分部积分法相结合.

下面的例子将指明所用的方法，但不会完全地求出积分.

例 1 $\int \frac{\tan^3 x}{\cos^3 x} \, dx .$

第 1 步，重写积分：

$$\int \frac{\tan^3 x}{\cos^3 x} \, dx = \int \tan^3 x \sec^3 x \, dx .$$

现在积分是 $\int \tan^m x \sec^n x \, dx$ 的形式，其中 m 是奇数，所以可以用 7.2 节中的方法.

如果在第 1 步中将积分写成

$$\int \frac{\tan^3 x}{\cos^3 x} \, dx = \int \frac{\sin^3 x}{\cos^3 x} \cdot \frac{1}{\cos^3 x} \, dx = \int \frac{\sin^3 x}{\cos^6 x} \, dx ,$$

那么可以使用换元 $u = \cos x$ ，得到

$$\int \frac{\sin^3 x}{\cos^6 x}\, dx = \int \frac{1-\cos^2 x}{\cos^6 x}\sin x\, dx = \int \frac{1-u^2}{u^6}(-du)$$

$$= \int \frac{u^2-1}{u^6}\, du = \int \left(u^{-4} - u^{-6}\right) du \, .$$ ∎

例 2 $\int \sin \sqrt{x}\, dx$.

根据第 3 步 (d)(ii)，使用换元 $u = \sqrt{x}$ ，即 $x = u^2$ ，于是有 $dx = 2u\, du$ ，

$$\int \sin \sqrt{x}\, dx = 2 \int u \sin u\, du \, .$$

被积函数现在变成了 u 与三角函数 $\sin u$ 的乘积，因此可以利用分部积分法求积分. ∎

例 3 $\int \frac{x^5 + 1}{x^3 - 3x^2 - 10x}\, dx$.

看不出明显适用的代数化简和换元，因此我们无法在这里应用第 1 步和第 2 步.
由于被积函数是有理函数，因此我们采用 7.4 节中的方法，记住首先运用长除法. ∎

例 4 $\int \frac{dx}{x\sqrt{\ln x}}$.

这里只需要第 2 步，适用换元 $u = \ln x$ ，因为它的微分 $du = dx/x$ 出现在了积分中. ∎

例 5 $\int \sqrt{\frac{1-x}{1+x}}\, dx$.

尽管有理换元

$$u = \sqrt{\frac{1-x}{1+x}}$$

对本例有效 ［第 3 步 (d)(ii)］，但是它会引出一个非常复杂的有理函数. 一个更简
单的方法是代数化简 ［第 1 步或第 4 步 (c)］：将分子和分母同时乘以 $\sqrt{1-x}$ ，得到

$$\int \sqrt{\frac{1-x}{1+x}}\, dx = \int \frac{1-x}{\sqrt{1-x^2}}\, dx$$

$$= \int \frac{1}{\sqrt{1-x^2}}\, dx - \int \frac{x}{\sqrt{1-x^2}}\, dx$$

$$= \sin^{-1} x + \sqrt{1-x^2} + C \, .$$ ∎

■ 所有连续函数的积分都可求吗

　　问题来了，本节中所介绍的积分策略能让我们求出所有连续函数的积分吗？
例如，可以利用它求出 $\int e^{x^2}\, dx$ 吗？答案是否定的，至少无法用我们熟悉的函数
求出.

到目前为止，本书所处理的函数均为**初等函数**，包括多项式、有理函数、幂函数（x^n）、指数函数（b^x）、对数函数、三角函数和反三角函数、双曲函数和反双曲函数，以及由这些函数通过加、减、乘、除、开方五种运算得到的函数．例如，函数

$$f(x)=\sqrt{\dfrac{x^2-1}{x^3+2x-1}}+\ln\left(\cosh x\right)-xe^{\sin 2x}$$

是一个初等函数．

如果 f 是初等函数，那么 f' 也是初等函数，但 $\int f(x)\mathrm{d}x$ 不一定是初等函数．考虑 $f(x)=e^{x^2}$ ．因为 f 是连续函数，所以它的积分存在．如果定义函数 F 为

$$F(x)=\int_0^x e^{t^2}\,\mathrm{d}t\;,$$

那么由微积分基本定理的第一部分可知

$$F'(x)=e^{x^2}\;.$$

因此，$f(x)=e^{x^2}$ 的原函数是 F ，但是可以证明 F 不是初等函数．这意味着无论怎样努力，我们都不可能利用我们知道的这些函数成功求出 $\int e^{x^2}\,\mathrm{d}x$ ．（但在第 11 章中，我们将学习如何用无穷级数表示 $\int e^{x^2}\,\mathrm{d}x$ ．）下列积分也是如此：

$$\int\frac{e^x}{x}\,\mathrm{d}x \qquad \int\sin\left(x^2\right)\mathrm{d}x \qquad \int\cos\left(e^x\right)\mathrm{d}x$$

$$\int\sqrt{x^3+1}\,\mathrm{d}x \qquad \int\frac{1}{\ln x}\,\mathrm{d}x \qquad \int\frac{\sin x}{x}\,\mathrm{d}x$$

事实上，大部分初等函数的原函数都不是初等函数．不过请放心，下面的练习中的积分都是初等函数．

7.5 | 练习

1~8 下列给定的三个积分虽然看起来很相似，但可能需要不同的积分技巧．求积分．

1. (a) $\displaystyle\int\frac{x}{1+x^2}\,\mathrm{d}x$ 　(b) $\displaystyle\int\frac{1}{1+x^2}\,\mathrm{d}x$

(c) $\displaystyle\int\frac{1}{1-x^2}\,\mathrm{d}x$

2. (a) $\displaystyle\int x\sqrt{x^2-1}\,\mathrm{d}x$ 　(b) $\displaystyle\int\frac{1}{x\sqrt{x^2-1}}\,\mathrm{d}x$

(c) $\displaystyle\int\frac{\sqrt{x^2-1}}{x}\,\mathrm{d}x$

3. (a) $\displaystyle\int\frac{\ln x}{x}\,\mathrm{d}x$ 　(b) $\displaystyle\int\ln(2x)\,\mathrm{d}x$

(c) $\displaystyle\int x\ln x\,\mathrm{d}x$

4. (a) $\displaystyle\int\sin^2 x\,\mathrm{d}x$ 　(b) $\displaystyle\int\sin^3 x\,\mathrm{d}x$

(c) $\displaystyle\int\sin 2x\,\mathrm{d}x$

5. (a) $\displaystyle\int\frac{1}{x^2-4x+3}\,\mathrm{d}x$ 　(b) $\displaystyle\int\frac{1}{x^2-4x+4}\,\mathrm{d}x$

(c) $\displaystyle\int\frac{1}{x^2-4x+5}\,\mathrm{d}x$

6. (a) $\int x\cos x^2\,\mathrm{d}x$　　　(b) $\int x\cos^2 x\,\mathrm{d}x$

　　(c) $\int x^2\cos x\,\mathrm{d}x$

7. (a) $\int x^2\mathrm{e}^{x^3}\,\mathrm{d}x$　　　(b) $\int x^2\mathrm{e}^x\,\mathrm{d}x$

　　(c) $\int x^3\mathrm{e}^{x^2}\,\mathrm{d}x$

8. (a) $\int \mathrm{e}^x\sqrt{\mathrm{e}^x-1}\,\mathrm{d}x$　　(b) $\int \dfrac{\mathrm{e}^x}{\sqrt{1-\mathrm{e}^{2x}}}\,\mathrm{d}x$

　　(c) $\int \dfrac{1}{\sqrt{\mathrm{e}^x-1}}\,\mathrm{d}x$

9~93 求下列积分.

9. $\displaystyle\int \dfrac{\cos x}{1-\sin x}\,\mathrm{d}x$ 　　**10.** $\displaystyle\int_0^1 (3x+1)^{\sqrt{2}}\,\mathrm{d}x$

11. $\displaystyle\int_1^4 \sqrt{y}\ln y\,\mathrm{d}y$ 　　**12.** $\displaystyle\int \dfrac{\mathrm{e}^{\arcsin x}}{\sqrt{1-x^2}}\,\mathrm{d}x$

13. $\displaystyle\int \dfrac{\ln(\ln y)}{y}\,\mathrm{d}y$ 　　**14.** $\displaystyle\int_0^1 \dfrac{x}{(2x+1)^3}\,\mathrm{d}x$

15. $\displaystyle\int \dfrac{x}{x^4+9}\,\mathrm{d}x$ 　　**16.** $\displaystyle\int t\sin t\cos t\,\mathrm{d}t$

17. $\displaystyle\int_2^4 \dfrac{x+2}{x^2+3x-4}\,\mathrm{d}x$ 　　**18.** $\displaystyle\int \dfrac{\cos(1/x)}{x^3}\,\mathrm{d}x$

19. $\displaystyle\int \dfrac{1}{x^3\sqrt{x^2-1}}\,\mathrm{d}x$ 　　**20.** $\displaystyle\int \dfrac{2x-3}{x^3+3x}\,\mathrm{d}x$

21. $\displaystyle\int \dfrac{\cos^3 x}{\csc x}\,\mathrm{d}x$ 　　**22.** $\displaystyle\int \ln(1+x^2)\,\mathrm{d}x$

23. $\displaystyle\int x\sec x\tan x\,\mathrm{d}x$ 　　**24.** $\displaystyle\int_0^{\sqrt{2}/2} \dfrac{x^2}{\sqrt{1-x^2}}\,\mathrm{d}x$

25. $\displaystyle\int_0^\pi t\cos^2 t\,\mathrm{d}t$ 　　**26.** $\displaystyle\int_1^4 \dfrac{\mathrm{e}^{\sqrt{t}}}{\sqrt{t}}\,\mathrm{d}t$

27. $\displaystyle\int \mathrm{e}^{x+\mathrm{e}^x}\,\mathrm{d}x$ 　　**28.** $\displaystyle\int \dfrac{\mathrm{e}^x}{1+\mathrm{e}^{2a}}\,\mathrm{d}x$

29. $\displaystyle\int \arctan\sqrt{x}\,\mathrm{d}x$ 　　**30.** $\displaystyle\int \dfrac{\ln x}{x\sqrt{1+(\ln x)^2}}\,\mathrm{d}x$

31. $\displaystyle\int_0^1 (1+\sqrt{x})^8\,\mathrm{d}x$ 　　**32.** $\displaystyle\int (1+\tan x)^2\sec x\,\mathrm{d}x$

33. $\displaystyle\int_0^1 \dfrac{1+12t}{1+3t}\,\mathrm{d}t$ 　　**34.** $\displaystyle\int_0^1 \dfrac{3x^2+1}{x^3+x^2+x+1}\,\mathrm{d}x$

35. $\displaystyle\int \dfrac{\mathrm{d}x}{1+\mathrm{e}^x}$ 　　**36.** $\displaystyle\int \sin\sqrt{at}\,\mathrm{d}t$

37. $\displaystyle\int \ln\left(x+\sqrt{x^2-1}\right)\,\mathrm{d}x$ 　　**38.** $\displaystyle\int_{-1}^2 |\mathrm{e}^x-1|\,\mathrm{d}x$

39. $\displaystyle\int \sqrt{\dfrac{1+x}{1-x}}\,\mathrm{d}x$ 　　**40.** $\displaystyle\int_1^3 \dfrac{\mathrm{e}^{3/x}}{x^2}\,\mathrm{d}x$

41. $\displaystyle\int \sqrt{3-2x-x^2}\,\mathrm{d}x$ 　　**42.** $\displaystyle\int_{\pi/4}^{\pi/2} \dfrac{1+4\cot x}{4-\cot x}\,\mathrm{d}x$

43. $\displaystyle\int_{-\pi/2}^{\pi/2} \dfrac{x}{1+\cos^2 x}\,\mathrm{d}x$ 　　**44.** $\displaystyle\int \dfrac{1+\sin x}{1+\cos x}\,\mathrm{d}x$

45. $\displaystyle\int_0^{\pi/4} \tan^3\theta\sec^2\theta\,\mathrm{d}\theta$ 　　**46.** $\displaystyle\int_{\pi/6}^{\pi/3} \dfrac{\sin\theta\cot\theta}{\sec\theta}\,\mathrm{d}\theta$

47. $\displaystyle\int \dfrac{\sec\theta\tan\theta}{\sec^2\theta-\sec\theta}\,\mathrm{d}\theta$ 　　**48.** $\displaystyle\int_0^\pi \sin 6x\cos 3x\,\mathrm{d}x$

49. $\displaystyle\int \theta\tan^2\theta\,\mathrm{d}\theta$ 　　**50.** $\displaystyle\int \dfrac{1}{x\sqrt{x-1}}\,\mathrm{d}x$

51. $\displaystyle\int \dfrac{\sqrt{x}}{1+x^3}\,\mathrm{d}x$ 　　**52.** $\displaystyle\int \sqrt{1+\mathrm{e}^x}\,\mathrm{d}x$

53. $\displaystyle\int \dfrac{x}{1+\sqrt{x}}\,\mathrm{d}x$ 　　**54.** $\displaystyle\int \dfrac{(x-1)\mathrm{e}^x}{x^2}\,\mathrm{d}x$

55. $\displaystyle\int x^3(x-1)^{-4}\,\mathrm{d}x$ 　　**56.** $\displaystyle\int_0^1 x\sqrt{2-\sqrt{1-x^2}}\,\mathrm{d}x$

57. $\displaystyle\int \dfrac{1}{x\sqrt{4x+1}}\,\mathrm{d}x$ 　　**58.** $\displaystyle\int \dfrac{1}{x^2\sqrt{4x+1}}\,\mathrm{d}x$

59. $\displaystyle\int \dfrac{1}{x\sqrt{4x^2+1}}\,\mathrm{d}x$ 　　**60.** $\displaystyle\int \dfrac{\mathrm{d}x}{x(x^4+1)}$

61. $\displaystyle\int x^2\sinh mx\,\mathrm{d}x$ 　　**62.** $\displaystyle\int (x+\sin x)^2\,\mathrm{d}x$

63. $\displaystyle\int \dfrac{\mathrm{d}x}{x+x\sqrt{x}}$ 　　**64.** $\displaystyle\int \dfrac{\mathrm{d}x}{\sqrt{x}+x\sqrt{x}}$

65. $\displaystyle\int x\sqrt[3]{x+c}\,\mathrm{d}x$ 　　**66.** $\displaystyle\int \dfrac{x\ln x}{\sqrt{x^2-1}}\,\mathrm{d}x$

67. $\displaystyle\int \dfrac{\mathrm{d}x}{x^4-16}$ 　　**68.** $\displaystyle\int \dfrac{\mathrm{d}x}{x^2\sqrt{4x^2-1}}$

69. $\displaystyle\int \dfrac{\mathrm{d}\theta}{1+\cos\theta}$ 　　**70.** $\displaystyle\int \dfrac{\mathrm{d}\theta}{1+\cos^2\theta}$

71. $\displaystyle\int \sqrt{x}\mathrm{e}^{\sqrt{x}}\,\mathrm{d}x$ 　　**72.** $\displaystyle\int \dfrac{1}{\sqrt{\sqrt{x}+1}}\,\mathrm{d}x$

73. $\displaystyle\int \frac{\sin 2x}{1+\cos^4 x}\,dx$

74. $\displaystyle\int_{\pi/4}^{\pi/3} \frac{\ln(\tan x)}{\sin x \cos x}\,dx$

75. $\displaystyle\int \frac{1}{\sqrt{x+1}+\sqrt{x}}\,dx$

76. $\displaystyle\int \frac{x^2}{x^6+3x^3+2}\,dx$

77. $\displaystyle\int_1^{\sqrt{3}} \frac{\sqrt{1+x^2}}{x^2}\,dx$

78. $\displaystyle\int \frac{1}{1+2e^x-e^{-x}}\,dx$

79. $\displaystyle\int \frac{e^{2x}}{1+e^x}\,dx$

80. $\displaystyle\int \frac{\ln(x+1)}{x^2}\,dx$

81. $\displaystyle\int \frac{x+\arcsin x}{\sqrt{1-x^2}}\,dx$

82. $\displaystyle\int \frac{4^x+10^x}{2^x}\,dx$

83. $\displaystyle\int \frac{dx}{x\ln x - x}$

84. $\displaystyle\int \frac{x^2}{\sqrt{x^2+1}}\,dx$

85. $\displaystyle\int \frac{xe^x}{\sqrt{1+e^x}}\,dx$

86. $\displaystyle\int \frac{1+\sin x}{1-\sin x}\,dx$

87. $\displaystyle\int x\sin^2 x\cos x\,dx$

88. $\displaystyle\int \frac{\sec x\cos 2x}{\sin x+\sec x}\,dx$

89. $\displaystyle\int \sqrt{1-\sin x}\,dx$

90. $\displaystyle\int \frac{\sin x\cos x}{\sin^4 x+\cos^4 x}\,dx$

91. $\displaystyle\int_1^3 \left(\sqrt{\frac{9-x}{x}}-\sqrt{\frac{x}{9-x}}\right)dx$

92. $\displaystyle\int \frac{1}{(\sin x+\cos x)^2}\,dx$

93. $\displaystyle\int_0^{\pi/6} \sqrt{1+\sin 2\theta}\,d\theta$

94. 由微积分基本定理的第一部分可知，$F(x)=\displaystyle\int_0^x e^{e^t}\,dt$ 是一个连续函数，尽管它不是一个初等函数．函数

$$\int \frac{e^x}{x}\,dx \text{ 和 } \int \frac{1}{\ln x}\,dx$$

也不是初等函数，但它们可以用 F 表示．计算下列积分，用 F 表示．

(a) $\displaystyle\int_1^2 \frac{e^x}{x}\,dx$　　　　(b) $\displaystyle\int_2^3 \frac{1}{\ln x}\,dx$

95. 函数 $y=e^{x^2}$ 和 $y=x^2 e^{x^2}$ 的原函数不是初等函数，但 $y=(2x^2+1)e^{x^2}$ 的原函数是初等函数．求 $\displaystyle\int (2x^2+1)e^{x^2}\,dx$．

7.6 │ 利用积分表和技术工具求积分

　　本节中我们将学习如何利用积分表和数学软件对有初等原函数的函数积分．不过请记住，即使是最强大的计算机软件也不能求出如函数 e^{x^2} 以及在 7.5 节的最后所讨论的那些函数的原函数的显式表达式．

■ 积分表

　　在遇到很难手算的积分时，不定积分表会十分有用．在某些情况下，利用积分表得到的结果比计算机给出的结果具有更简单的形式．参考公式的 6~10 页给出了一个按照形式分类的积分表，包含 120 个公式．在其他出版物或互联网上可以找到包含数百乃至数千个条目的更详细的积分表．当使用这样的表格时，请记住积分并不总是完全以表中的形式出现，一般需要使用换元或者进行代数化简，将给定积分转化成表中的形式．

　　例 1　求曲线 $y=\arctan x$ 和直线 $y=0$、$x=1$ 围成的区域绕 y 轴旋转所得立体的体积．

　　解　利用柱壳法，得到立体的体积为

$$V=\int_0^1 2\pi x\arctan x\,dx.$$

积分表见参考公式的 6~10 页.

在积分表的"含有反三角函数的积分公式"中查找公式 92:

$$\int u \tan^{-1} u \, du = \frac{u^2+1}{2} \tan^{-1} u - \frac{u}{2} + C .$$

因此，立体的体积为

$$V = 2\pi \int_0^1 x \tan^{-1} x \, dx = 2\pi \left[\frac{x^2+1}{2} \tan^{-1} x - \frac{x}{2} \right]_0^1$$

$$= \pi \left[(x^2+1) \tan^{-1} x - x \right]_0^1 = \pi \left(2 \tan^{-1} 1 - 1 \right)$$

$$= \pi \left[2(\pi/4) - 1 \right] = \frac{1}{2}\pi^2 - \pi .$$ ∎

例 2　利用积分表求 $\int \dfrac{x^2}{\sqrt{5-4x^2}} \, dx$.

解　在积分表的"含有 $\sqrt{a^2-u^2}$（$a>0$）的积分公式"中查找，我们发现最相近的条目是公式 34：

$$\int \frac{u^2}{\sqrt{a^2-u^2}} \, du = -\frac{u}{2}\sqrt{a^2-u^2} + \frac{a^2}{2} \sin^{-1}\left(\frac{u}{a}\right) + C .$$

请记住，当使用换元 $u=2x$（即 $x=u/2$）时，还必须使用换元 $du=2\,dx$（即 $dx=du/2$）.

这与本例中的积分并不完全相同，但是如果先通过换元 $u=2x$ 将积分写成

$$\int \frac{x^2}{\sqrt{5-4x^2}} \, dx = \int \frac{(u/2)^2}{\sqrt{5-u^2}} \frac{du}{2} = \frac{1}{8} \int \frac{u^2}{\sqrt{5-u^2}} \, du ,$$

就可以利用公式 34，取 $a^2=5$（即 $a=\sqrt{5}$），得到

$$\int \frac{x^2}{\sqrt{5-4x^2}} \, dx = \frac{1}{8} \int \frac{u^2}{\sqrt{5-u^2}} \, du = \frac{1}{8}\left(-\frac{1}{2}u\sqrt{5-u^2} + \frac{5}{2}\sin^{-1}\frac{u}{\sqrt{5}} \right) + C$$

$$= -\frac{x}{8}\sqrt{5-4x^2} + \frac{5}{16}\sin^{-1}\left(\frac{2x}{\sqrt{5}}\right) + C .$$ ∎

例 3　利用积分表求 $\int x^3 \sin x \, dx$.

解　在积分表的"含有三角函数的积分公式"中查找，我们发现没有一个条目包含 u^3 因子. 但是可以利用归约公式 84，取 $n=3$，得到

$$\int x^3 \sin x \, dx = -x^3 \cos x + 3 \int x^2 \cos x \, dx .$$

85. $\int u^n \cos u \, du$

$= u^n \sin u - n \int u^{n-1} \sin u \, du$

现在需要计算 $\int x^2 \cos x \, dx$. 利用归约公式 85，取 $n=2$，然后利用公式 82，得到

$$\int x^2 \cos x \, dx = x^2 \sin x - 2 \int x \sin x \, dx$$

$$= x^2 \sin x - 2(\sin x - x\cos x) + K .$$

综上所述，我们有

$$\int x^3 \sin x\, dx = -x^3 \cos x + 3x^2 \sin x + 6x \cos x - 6\sin x + C\,,$$

其中 $C = 3K$． ∎

例 4 利用积分表求 $\int x\sqrt{x^2 + 2x + 4}\, dx$．

解 因为积分表中有包含 $\sqrt{a^2 + x^2}$、$\sqrt{a^2 - x^2}$ 和 $\sqrt{x^2 - a^2}$ 的积分，但没有包含 $\sqrt{ax^2 + bx + c}$ 的积分，所以首先配方：

$$x^2 + 2x + 4 = (x+1)^2 + 3\,.$$

如果使用换元 $u = x + 1$（即 $x = u - 1$），那么被积函数中就含有 $\sqrt{a^2 + u^2}$：

$$\int x\sqrt{x^2 + 2x + 4}\, dx = \int (u - 1)\sqrt{u^2 + 3}\, du$$
$$= \int u\sqrt{u^2 + 3}\, du - \int \sqrt{u^2 + 3}\, du\,.$$

第一个积分可以利用换元 $t = u^2 + 3$ 求出：

$$\int u\sqrt{u^2 + 3}\, du = \frac{1}{2}\int \sqrt{t}\, dt = \frac{1}{2} \times \frac{2}{3} t^{3/2} = \frac{1}{3}(u^2 + 3)^{3/2}\,.$$

21. $\displaystyle \int \sqrt{a^2 + u^2}\, du = \frac{u}{2}\sqrt{a^2 + u^2}$
$\displaystyle + \frac{a^2}{2}\ln\left(u + \sqrt{a^2 + u^2}\right) + C$

第二个积分可以利用公式 21 求出，取 $a = \sqrt{3}$：

$$\int \sqrt{u^2 + 3}\, du = \frac{u}{2}\sqrt{u^2 + 3} + \frac{3}{2}\ln\left(u + \sqrt{u^2 + 3}\right),$$

因此

$$\int x\sqrt{x^2 + 2x + 4}\, dx$$
$$= \frac{1}{3}(x^2 + 2x + 4)^{3/2} - \frac{x+1}{2}\sqrt{x^2 + 2x + 4} - \frac{3}{2}\ln\left(x + 1 + \sqrt{x^2 + 2x + 4}\right) + C\,.$$ ∎

■ 利用技术工具求积分

我们已经看到，利用积分表求积分需要给定被积函数的形式与表中被积函数的形式相匹配，而计算机在形式匹配上有很显著的优势．正如我们结合使用积分表和换元法一样，具有类似功能的计算机代数系统或数学软件可以利用换元法将给定积分转换为其内置公式中出现的形式．因此，这些软件拥有出色的计算积分的能力就不足为奇了．但是这并不意味着手算积分变成了一项多余的技能．我们随后将会看到，有时手算不定积分会比机算更方便．

我们来看看当计算机对一个相对简单的函数 $y = 1/(3x - 2)$ 积分时会发生什么．使用换元 $u = 3x - 2$，经过简单的手算可以得到

$$\int \frac{1}{3x - 2}\, dx = \frac{1}{3}\ln|3x - 2| + C\,,$$

然而一些软件返回的结果却是

$$\frac{1}{3}\ln(3x-2).$$

首先注意到，计算机代数系统省略了积分常数. 换句话说，它给出的是一个特定的原函数，而不是原函数通式. 因此，在利用计算机求积分时，我们需要再加上一个常数. 其次，计算机给出的结果不含绝对值. 如果只考虑 $x > 3/2$ 的情况，那么这个结果是没问题的. 但是如果考虑 x 的其他值，那么就必须加上绝对值符号.

在下面的例子中，我们将重新考虑例 4 中的积分，但是这次将利用技术工具得到答案.

例 5　利用计算机求 $\int x\sqrt{x^2+2x+4}\,dx$.

解　不同的软件可能会给出不同形式的结果. 计算机代数系统给出的一个结果是

$$\frac{1}{3}\left(x^2+2x+4\right)^{3/2}-\frac{1}{4}(2x+2)\sqrt{x^2+2x+4}-\frac{3}{2}\operatorname{arcsinh}\frac{\sqrt{3}}{3}(1+x).$$

这与例 4 的答案看上去不相同，但它们是等价的，因为利用恒等式

这是 3.11 节公式 3.

$$\operatorname{arcsinh} x = \ln\left(x+\sqrt{x^2+1}\right)$$

可以改写第三项. 因此

$$
\begin{aligned}
\operatorname{arcsinh}\frac{\sqrt{3}}{3}(1+x) &= \ln\left[\frac{\sqrt{3}}{3}(1+x)+\sqrt{\frac{1}{3}(1+x)^2+1}\right] \\
&= \ln\frac{1}{\sqrt{3}}\left[1+x+\sqrt{(1+x)^2+3}\right] \\
&= \ln\frac{1}{\sqrt{3}}+\ln\left(x+1+\sqrt{x^2+2x+4}\right).
\end{aligned}
$$

由此产生的额外项 $-\dfrac{3}{2}\ln\left(1/\sqrt{3}\right)$ 可以化为积分常数.

某个软件给出的结果是

$$\left(\frac{5}{6}+\frac{x}{6}+\frac{x^2}{3}\right)\sqrt{x^2+2x+4}-\frac{3}{2}\sinh^{-1}\left(\frac{1+x}{\sqrt{3}}\right),$$

通过因式分解，例 4 的答案中的前两项可以被合并为一项，与这里相同. ∎

例 6　利用计算机求 $\int x\left(x^2+5\right)^8\,dx$.

解　某个计算机软件给出的结果是

$$\frac{1}{18}x^{18}+\frac{5}{2}x^{16}+50x^{14}+\frac{1750}{3}x^{12}+4375x^{10}+21\,875x^8+\frac{218\,750}{3}x^6+156\,250x^4+\frac{390\,625}{2}x^2.$$

这个软件必定利用了二项式定理将 $\left(x^2+5\right)^8$ 展开，然后对每一项积分.

如果手算积分，通过换元 $u = x^2 + 5$，得到

$$\int x\left(x^2+5\right)^8 \mathrm{d}x = \frac{1}{18}\left(x^2+5\right)^9 + C \, .$$

对于多数情况，这个形式的答案更方便．■

例 7 利用计算机求 $\int \sin^5 x \cos^2 x \, \mathrm{d}x$．

解 在 7.2 节例 2 中，我们求出

1 $$\int \sin^5 x \cos^2 x \, \mathrm{d}x = -\frac{1}{3}\cos^3 x + \frac{2}{5}\cos^5 x - \frac{1}{7}\cos^7 x + C \, .$$

根据所使用的软件，你可能会得到这样的结果：

$$-\frac{1}{7}\sin^4 x \cos^3 x - \frac{4}{35}\sin^2 x \cos^3 x - \frac{8}{105}\cos^3 x$$

或者

$$-\frac{5}{64}\cos x - \frac{1}{192}\cos 3x + \frac{3}{320}\cos 5x - \frac{1}{448}\cos 7x \, .$$

我们猜测，存在三角恒等式能证明上述三个结果是等价的．事实上，你可以用软件来化简初始结果，利用三角恒等式，得到与等式 1 相同的形式．■

7.6 | 练习

1~6 利用积分表中的指定公式（见参考公式的 6~10 页）求积分．

1. $\int_0^{\pi/2} \cos 5x \cos 2x \, \mathrm{d}x$，公式 80

2. $\int_0^1 \sqrt{x - x^2} \, \mathrm{d}x$，公式 113

3. $\int x \arcsin\left(x^2\right) \mathrm{d}x$，公式 87

4. $\int \dfrac{\tan\theta}{\sqrt{2 + \cos\theta}} \, \mathrm{d}\theta$，公式 57

5. $\int \dfrac{y^5}{\sqrt{4 + y^4}} \, \mathrm{d}y$，公式 26

6. $\int \dfrac{\sqrt{t^6 - 5}}{t} \, \mathrm{d}t$，公式 41

7~34 利用参考公式的 6~10 页中的积分表求积分．

7. $\int_0^{\pi/8} \arctan 2x \, \mathrm{d}x$

8. $\int_0^2 x^2 \sqrt{4 - x^2} \, \mathrm{d}x$

9. $\int \dfrac{\cos x}{\sin^2 x - 9} \, \mathrm{d}x$

10. $\int \dfrac{\mathrm{e}^x}{4 - \mathrm{e}^{2x}} \, \mathrm{d}x$

11. $\int \dfrac{\sqrt{9x^2 + 4}}{x^2} \, \mathrm{d}x$

12. $\int \dfrac{\sqrt{2y^2 - 3}}{y^2} \, \mathrm{d}y$

13. $\int_0^\pi \cos^6\theta \, \mathrm{d}\theta$

14. $\int x\sqrt{2 + x^4} \, \mathrm{d}x$

15. $\int \dfrac{\arctan\sqrt{x}}{\sqrt{x}} \, \mathrm{d}x$

16. $\int_0^\pi x^3 \sin x \, \mathrm{d}x$

17. $\int \dfrac{\coth(1/y)}{y^2} \, \mathrm{d}y$

18. $\int \dfrac{\mathrm{e}^{3t}}{\sqrt{\mathrm{e}^{2t} - 1}} \, \mathrm{d}t$

19. $\int y\sqrt{6 + 4y - 4y^2} \, \mathrm{d}y$

20. $\int \dfrac{\mathrm{d}x}{2x^3 - 3x^2}$

21. $\int \sin^2 x \cos x \ln(\sin x) \mathrm{d}x$

22. $\int \dfrac{\sin 2\theta}{\sqrt{5 - \sin\theta}} \, \mathrm{d}\theta$

23. $\int \dfrac{\sin 2\theta}{\sqrt{\cos^4\theta + 4}} \, \mathrm{d}\theta$

24. $\int_0^2 x^3 \sqrt{4x^2 - x^4} \, \mathrm{d}x$

25. $\int x^3 \mathrm{e}^{2x} \, \mathrm{d}x$

26. $\int x^3 \arcsin\left(x^2\right) \mathrm{d}x$

27. $\int \cos^5 y \, dy$

28. $\int \dfrac{\sqrt{(\ln x)^2 - 9}}{x \ln x} \, dx$

29. $\int \dfrac{\cos^{-1}(x^{-2})}{x^3} \, dx$

30. $\int \dfrac{dx}{\sqrt{1 - e^{2x}}}$

31. $\int \sqrt{e^{2x} - 1} \, dx$

32. $\int \sin 2\theta \arctan(\sin \theta) \, d\theta$

33. $\int \dfrac{x^4}{\sqrt{x^{10} - 2}} \, dx$

34. $\int \dfrac{\sec^2 \theta \tan^2 \theta}{\sqrt{9 - \tan^2 \theta}} \, d\theta$

35. 求曲线 $y = \sin^2 x$ 下方从 $x = 0$ 到 $x = \pi$ 的区域绕 x 轴旋转所得立体的体积.

36. 求曲线 $y = \arcsin x, \ x \geqslant 0$ 下方区域绕 y 轴旋转所得立体的体积.

37. 通过 (a) 求导和 (b) 换元 $t = a + bu$，验证积分表中的公式 53.

38. 通过 (a) 求导和 (b) 换元 $u = a \sin \theta$，验证积分表中的公式 31.

T **39~46** 利用计算机求下列积分，将结果与利用积分表求出的结果进行比较. 如果不同，证明它们是等价的.

39. $\int \sec^4 x \, dx$

40. $\int \csc^5 x \, dx$

41. $\int x^2 \sqrt{x^2 + 4} \, dx$

42. $\int \dfrac{dx}{e^x(3e^x + 2)}$

43. $\int \cos^4 x \, dx$

44. $\int x^2 \sqrt{1 - x^2} \, dx$

45. $\int \tan^5 x \, dx$

46. $\int \dfrac{1}{\sqrt{1 + \sqrt[3]{x}}} \, dx$

T **47.** (a) 利用积分表求 $F(x) = \int f(x) \, dx$，其中

$$f(x) = \frac{1}{x\sqrt{1 - x^2}}.$$

f 和 F 的定义域是什么？

(b) 利用数学软件求 $F(x)$. 软件得出的函数 F 的定义域是什么？这个定义域与 (a) 中你所得出的函数 F 的定义域之间是否存在差异？

T **48.** 机器有时需要人类的帮助. 尝试用计算机计算

$$\int (1 + \ln x)\sqrt{1 + (x \ln x)^2} \, dx.$$

如果它不能返回一个结果，利用换元法将积分转换为计算机能计算的形式.

探索专题 | T **积分的规律**

本专题中，数学软件用于研究函数族的不定积分. 首先观察一些成员函数的积分所表现出的规律，提出猜测，然后证明这个函数族中成员函数的积分的一般形式.

1. (a) 利用计算机求下列积分.

    (i) $\displaystyle\int \frac{1}{(x+2)(x+3)} \, dx$

    (ii) $\displaystyle\int \frac{1}{(x+1)(x+5)} \, dx$

    (iii) $\displaystyle\int \frac{1}{(x+2)(x-5)} \, dx$

    (iv) $\displaystyle\int \frac{1}{(x+2)^2} \, dx$

(b) 基于 (a) 中表现出的规律，如果 $a \neq b$，猜测

$$\int \frac{1}{(x+a)(x+b)} \, dx$$

的一般形式. 如果 $a = b$ 呢？

(c) 利用软件求出 (b) 中的积分，验证你的猜测，然后利用分部积分法给出证明.

2. (a) 利用计算机求下列积分.

(i) $\int \sin x \cos 2x \, dx$ (ii) $\int \sin 3x \cos 7x \, dx$ (iii) $\int \sin 8x \cos 3x \, dx$

(b) 基于 (a) 中表现出的规律, 猜测

$$\int \sin ax \cos bx \, dx$$

的一般形式.

(c) 利用计算机验证你的猜测, 然后运用 7.2 节中介绍的技巧给出证明. a 和 b 为何值时结论成立?

3. (a) 利用计算机求下列积分.

(i) $\int \ln x \, dx$ (ii) $\int x \ln x \, dx$ (iii) $\int x^2 \ln x \, dx$

(iv) $\int x^3 \ln x \, dx$ (v) $\int x^7 \ln x \, dx$

(b) 基于 (a) 中表现出的规律, 猜测

$$\int x^n \ln x \, dx$$

的一般形式.

(c) 利用分部积分法证明 (b) 中你的猜测. n 为何值时结论成立?

4. (a) 利用计算机求下列积分.

(i) $\int x e^x \, dx$ (ii) $\int x^2 e^x \, dx$ (iii) $\int x^3 e^x \, dx$

(iv) $\int x^4 e^x \, dx$ (v) $\int x^5 e^x \, dx$

(b) 基于 (a) 中表现出的规律, 猜测

$$\int x^6 e^x \, dx$$

的结果, 然后利用计算机验证你的猜测.

(c) 基于 (a) 和 (b) 中表现出的规律, 猜测

$$\int x^n e^x \, dx$$

的一般形式, 其中 n 是正整数.

(d) 利用数学归纳法证明 (c) 中你的猜测.

7.7 | 积分的近似

在两种情况下不可能求出定积分的准确值.

第一种情况是, 为了运用微积分基本定理计算 $\int_a^b f(x) \, dx$, 我们需要知道 f 的原函数. 但有时这很困难, 甚至不可能得到 (见 7.5 节). 例如, 不可能准确地求出下面的积分:

$$\int_0^1 e^{x^2} \, dx \,, \quad \int_{-1}^1 \sqrt{1+x^3} \, dx \,.$$

第二种情况是, 函数是通过科学实验中的仪器读数或收集的数据确定的. 这时函数可能没有一个明确的公式 (见例 5).

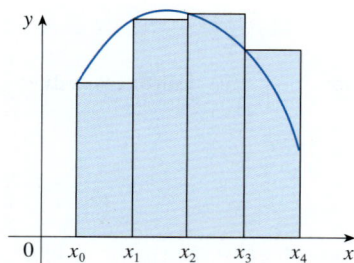

(a) 左近似

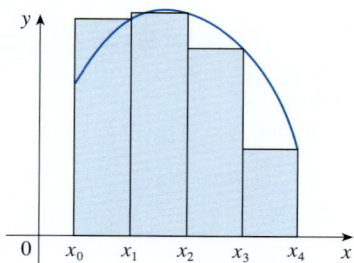

(b) 右近似

图 7-7-1

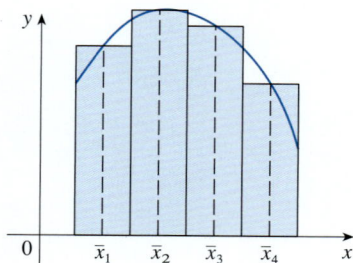

图 7-7-2
中点近似

在这两种情况下，我们都需要求定积分的近似值. 我们已经知道一种方法：回忆定积分的定义是黎曼和的极限，所以任意一个黎曼和都可能用作某个积分的近似. 如果将区间 $[a,b]$ 分成 n 个宽为 $\Delta x = (b-a)/n$ 的子区间，则有

$$\int_a^b f(x)\mathrm{d}x \approx \sum_{i=1}^n f(x_i^*)\Delta x,$$

其中 x_i^* 为第 i 个子区间 $[x_{i-1},x_i]$ 内的任意一点. 如果 x_i^* 为区间左端点，那么 $x_i^* = x_{i-1}$，并且

1
$$\int_a^b f(x)\mathrm{d}x \approx L_n = \sum_{i=1}^n f(x_{i-1})\Delta x.$$

如果 $f(x) \geqslant 0$，那么积分表示一个面积，而公式 1 表示图 7-7-1a 中的矩形对这个面积的近似. 如果 x_i^* 为右端点，那么

2
$$\int_a^b f(x)\mathrm{d}x \approx R_n = \sum_{i=1}^n f(x_i)\Delta x.$$

（见图 7-7-1b.）由公式 1 和公式 2 定义的近似 L_n 和 R_n 分别称为**左近似**和**右近似**.

■ **中点法则和梯形法则**

在 5.2 节中，我们讨论了黎曼和中的样本点 x_i^* 为子区间 $[x_{i-1},x_i]$ 的中点 $\overline{x}_i$ 的情况. 图 7-7-2 显示了图 7-7-1 中的面积的**中点近似** M_n，它比 L_n 和 R_n 都好.

中点法则

$$\int_a^b f(x)\mathrm{d}x \approx M_n = \Delta x\left[f(\overline{x}_1) + f(\overline{x}_2) + \cdots + f(\overline{x}_n)\right]$$

其中 $\Delta x = \dfrac{b-a}{n}$，$\overline{x}_i = \dfrac{1}{2}(x_{i-1} + x_i) = [x_{i-1}, x_i]$ 的中点.

另一种方法称为梯形法则，它是公式 1 和公式 2 的平均值：

$$\int_a^b f(x)\mathrm{d}x \approx \frac{1}{2}\left[\sum_{i=1}^n f(x_{i-1})\Delta x + \sum_{i=1}^n f(x_i)\Delta x\right] = \frac{\Delta x}{2}\left[\sum_{i=1}^n \left(f(x_{i-1}) + f(x_i)\right)\right]$$

$$= \frac{\Delta x}{2}\left[\left(f(x_0) + f(x_1)\right) + \left(f(x_1) + f(x_2)\right) + \cdots + \left(f(x_{n-1}) + f(x_n)\right)\right]$$

$$= \frac{\Delta x}{2}\left[f(x_0) + 2f(x_1) + 2f(x_2) + \cdots + 2f(x_{n-1}) + f(x_n)\right].$$

梯形法则

$$\int_a^b f(x)\mathrm{d}x \approx T_n = \frac{\Delta x}{2}\left[f(x_0) + 2f(x_1) + 2f(x_2) + \cdots + 2f(x_{n-1}) + f(x_n)\right]$$

其中 $\Delta x = \dfrac{b-a}{n}$，$x_i = a + i\Delta x$.

这个法则叫作梯形法则的原因如图 7-7-3 所示，它画出了 $f(x) \geqslant 0$ 和 $n = 4$ 的情况．第 i 个子区间对应的梯形面积为

$$\Delta x \left(\frac{f(x_{i-1}) + f(x_i)}{2} \right) = \frac{\Delta x}{2} \left[f(x_{i-1}) + f(x_i) \right],$$

如果将所有的梯形面积相加，就可以得到梯形法则中右边的式子．

例 1 分别利用 (a) 梯形法则和 (b) 中点法则，取 $n = 5$，计算积分 $\int_1^2 (1/x) \mathrm{d}x$ 的近似值．

解

(a) 取 $n = 5$，$a = 1$，$b = 2$，则 $\Delta x = (2-1)/5 = 0.2$．因此，由梯形法则可得

$$\int_1^2 \frac{1}{x} \mathrm{d}x \approx T_5 = \frac{0.2}{2} \left[f(1) + 2f(1.2) + 2f(1.4) + 2f(1.6) + 2f(1.8) + f(2) \right]$$

$$= 0.1 \times \left(\frac{1}{1} + \frac{2}{1.2} + \frac{2}{1.4} + \frac{2}{1.6} + \frac{2}{1.8} + \frac{1}{2} \right)$$

$$\approx 0.695\ 635 .$$

图 7-7-4 是该梯形近似的图示．

(b) 5 个子区间的中间点为 1.1、1.3、1.5、1.7、1.9，由中点法则可得

$$\int_1^2 \frac{1}{x} \mathrm{d}x \approx \Delta x \left[f(1.1) + f(1.3) + f(1.5) + f(1.7) + f(1.9) \right]$$

$$= \frac{1}{5} \times \left(\frac{1}{1.1} + \frac{1}{1.3} + \frac{1}{1.5} + \frac{1}{1.7} + \frac{1}{1.9} \right)$$

$$\approx 0.691\ 908 .$$

图 7-7-5 是该中点近似的图示． ■

■ 中点法则和梯形法则的误差界

在例 1 中，我们特意选择了可以计算出准确值的积分，这样就能看出梯形法则和中点法则的精度．由微积分基本定理可得，

$$\int_1^2 \frac{1}{x} \mathrm{d}x = \ln x \Big]_1^2 = \ln 2 = 0.693\ 147\ldots .$$

我们将一个近似值的**误差**定义为把近似值变为准确值所需加上的数值．从例 1 中可以看到，$n = 5$ 时梯形近似和中点近似的误差分别为

$$E_T \approx -0.002\ 488 \text{ 和 } E_M \approx 0.001\ 239 .$$

一般来说，

$$E_T = \int_a^b f(x) \mathrm{d}x - T_n , \quad E_M = \int_a^b f(x) \mathrm{d}x - M_n .$$

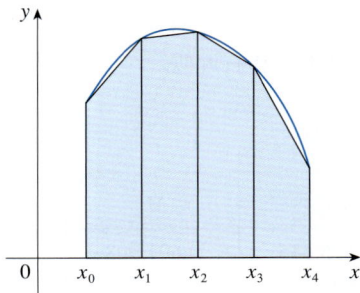

图 7-7-3
梯形近似

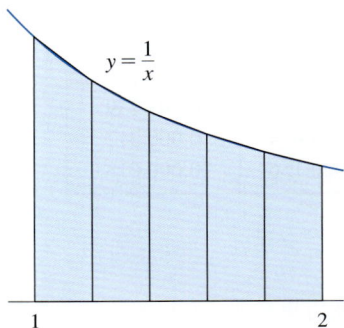

图 7-7-4

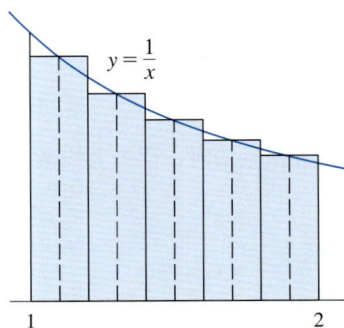

图 7-7-5

$\int_a^b f(x) \mathrm{d}x = $ 近似值 $+$ 误差

表 7-7-1 和表 7-7-2 展示了与例 1 类似的计算结果，但是针对 $n = 5, 10, 20$ 的情况，而且不仅包括梯形近似和中点近似，还包括左近似和右近似.

表 7-7-1　$\int_1^2 \frac{1}{x} \, dx$ 的四种近似

n	L_n	R_n	T_n	M_n
5	0.745 635	0.645 635	0.695 635	0.691 908
10	0.718 771	0.668 771	0.693 771	0.692 835
20	0.705 803	0.680 803	0.693 303	0.693 059

表 7-7-2　四种近似的误差

n	E_L	E_R	E_T	E_M
5	−0.052 488	0.047 512	−0.002 488	0.001 239
10	−0.025 624	0.024 376	−0.000 624	0.000 312
20	−0.012 656	0.012 344	−0.000 156	0.000 078

在很多情况下，这些观察的结论都成立.

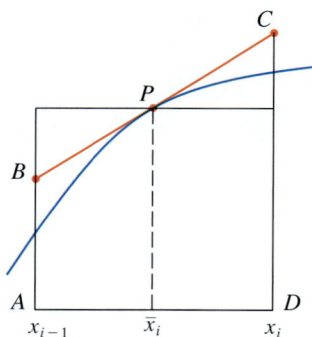

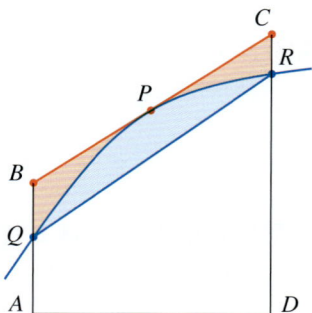

图 7-7-6

从表中可以观察到以下几点.

1. 当 n 增大时，所有方法得到的近似值都会变得更精确.（不过，n 值太大会带来非常烦琐的算术计算，此时我们要注意舍入误差.）

2. 左近似和右近似的误差符号相反，并且当 n 值翻倍时，误差大约减小为原来的 $1/2$.

3. 梯形近似和中点近似比左近似和右近似更精确.

4. 梯形近似和中点近似的误差符号相反，并且当 n 值翻倍时，误差大约减小为原来的 $1/4$.

5. 中点近似的误差大约是梯形近似的误差的一半.

图 7-7-6 说明了为什么我们通常认为中点法则比梯形法则更精确. 中点法则中，近似矩形的面积等于梯形 $ABCD$ 的面积，其中梯形的边 BC 在点 P 处与图像相切. 这个梯形的面积比梯形法则中使用的梯形 $AQRD$ 的面积更接近图像下方的实际面积.［中点近似的误差（红色区域）比梯形近似的误差（蓝色区域）小.］

这些观察的结论将在下面的误差估计中得到证实，其严格证明可以在关于数值分析的书中找到. 注意，上述第 4 条反映了误差界的分母中包含 n^2，因为 $(2n)^2 = 4n^2$. 事实上，如果你仔细观察图 7-7-6，就会发现估计值依赖于二阶导数. 这并不奇怪，因为 $f''(x)$ 可以衡量图像的弯曲程度.（回忆一下，$f''(x)$ 可以衡量 $y = f(x)$ 的斜率的变化速度.）

> **3** **误差界** 假设对于 $a \leqslant x \leqslant b$，$|f''(x)| \leqslant K$．如果 E_T 和 E_M 分别表示使用梯形法则所造成的误差和使用中点法则所造成的误差，那么
>
> $$|E_T| \leqslant \frac{K(b-a)^3}{12n^2}, \quad |E_M| \leqslant \frac{K(b-a)^3}{24n^2}.$$

将误差界应用于例 1 中的梯形法则．如果 $f(x) = 1/x$，那么 $f'(x) = -1/x^2$，$f''(x) = 2/x^3$．因为 $1 \leqslant x \leqslant 2$，即 $1/2 \leqslant 1/x \leqslant 1$，所以

$$|f''(x)| = \left| \frac{2}{x^3} \right| \leqslant \frac{2}{1^3} = 2.$$

因此，在公式 3 中令 $K = 2$，$a = 1$，$b = 2$，$n = 5$，得到

$$|E_T| \leqslant \frac{2 \times (2-1)^3}{12 \times 5^2} = \frac{1}{150} \approx 0.006\,667.$$

K 可以是任意一个比 $|f''(x)|$ 大的值，但是较小的 K 值可以得到更好的误差界．

将误差界 $0.006\,667$ 作为误差的估计值，与真实值 $0.002\,488$ 进行比较，发现真实值远小于公式 3 给出的误差界．

例 2 当 n 为何值时，利用梯形法则和中点法则计算 $\int_1^2 (1/x) \mathrm{d}x$ 的近似值，其精度达到 $0.000\,1$？

解 我们从前面的计算中发现，当 $1 \leqslant x \leqslant 2$ 时，$|f''(x)| \leqslant 2$，所以在公式 3 中令 $K = 2$，$a = 1$，$b = 2$．精度达到 $0.000\,1$ 意味着误差应当小于 $0.000\,1$．因此，应当选取 n 使得

$$\frac{2 \times 1^3}{12n^2} < 0.000\,1.$$

解关于 n 的不等式，得到

$$n^2 > \frac{2}{12 \times 0.000\,1},$$

即

$$n > \frac{1}{\sqrt{0.000\,6}} \approx 40.8.$$

更小的 n 值可能就足够了，但是 41 是确保误差界在 $0.000\,1$ 以内的 n 的最小值．

因此，$n = 41$ 可以确保所需的精度．

同样，要通过中点法则得到具有相同精度的近似值，应当选取 n 使得

$$\frac{2 \times 1^3}{24n^2} < 0.000\,1, \quad 即 \quad n > \frac{1}{\sqrt{0.001\,2}} \approx 29.$$

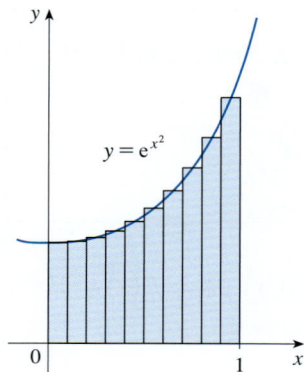

图 7-7-7

例 3

(a) 利用中点法则，取 $n=10$ ，计算 $\int_0^1 e^{x^2}\,dx$ 的近似值.

(b) 求中点近似的误差的上界.

解

(a) 令 $a=0$ ， $b=1$ ， $n=10$ ，由中点法则可得

$$\int_0^1 e^{x^2}\,dx \approx \Delta x\left[f(0.05)+f(0.15)+\cdots+f(0.85)+f(0.95)\right]$$

$$=0.1\left[e^{0.0025}+e^{0.0225}+e^{0.0625}+e^{0.1225}+e^{0.2025}+e^{0.3025}\right.$$

$$\left.+e^{0.4225}+e^{0.5625}+e^{0.7225}+e^{0.9025}\right]$$

$$\approx 1.460\,393 .$$

图 7-7-7 是该近似的图示.

(b) 因为 $f(x)=e^{x^2}$ ，所以 $f'(x)=2xe^{x^2}$ ， $f''(x)=\left(2+4x^2\right)e^{x^2}$. 又因为 $0\leqslant x\leqslant 1$ ，所以 $x^2\leqslant 1$. 因此

$$0\leqslant f''(x)=\left(2+4x^2\right)e^{x^2}\leqslant 6e .$$

误差界作为误差的估计值，给出了误差的上界，它是理论上的最坏情况. 误差的真实值大约为 0.002 3 .

在公式 3 中，令 $K=6e$ ， $a=0$ ， $b=1$ ， $n=10$ ，得到误差界为

$$\frac{6e\times 1^3}{24\times 10^2}=\frac{e}{400}\approx 0.007 .$$ ∎

■ 辛普森法则

另外一种近似积分的方法是利用抛物线而非直线来近似曲线. 像之前那样，将区间 $[a,b]$ 分成 n 个宽为 $h=\Delta x=(b-a)/n$ 的子区间，现在我们要设 n 是一个偶数，然后对于每两个相邻的子区间，利用抛物线近似曲线 $y=f(x)\geqslant 0$ ，如图 7-7-8 所示. 如果 $y_i=f(x_i)$ ，那么 $P_i(x_i,y_i)$ 表示曲线上的点，而抛物线过相邻的三个点 P_i 、 P_{i+1} 和 P_{i+2} .

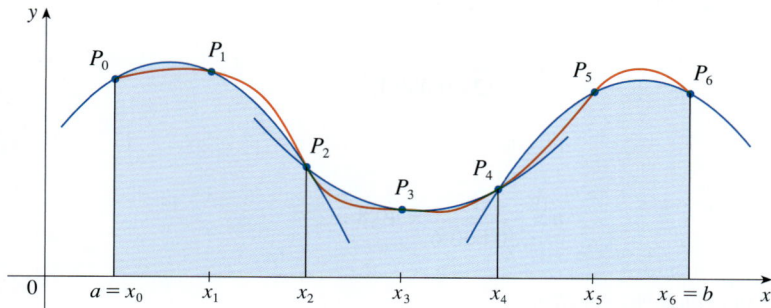

图 7-7-8

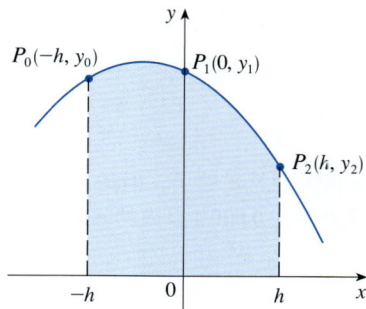

图 7-7-9

为了简化计算，首先考虑 $x_0=-h$ 、 $x_1=0$ 、 $x_2=h$ 的情况（见图 7-7-9）. 我们知道过 P_0 、 P_1 和 P_2 的抛物线的方程具有 $y=Ax^2+Bx+C$ 的形式，所以抛物线下

方从 $x = -h$ 到 $x = h$ 的区域的面积等于

$$\int_{-h}^{h}\left(Ax^2 + Bx + C\right)dx = 2\int_{0}^{h}\left(Ax^2 + C\right)dx = 2\left[A\frac{x^3}{3} + Cx\right]_{0}^{h}$$

$$= 2\left(A\frac{h^3}{3} + Ch\right) = \frac{h}{3}\left(2Ah^2 + 6C\right).$$

这里使用了 5.5 节定理 7. 注意，$Ax^2 + C$ 是偶函数，Bx 是奇函数.

而抛物线过 $P_0\left(-h, y_0\right)$、$P_1\left(0, y_1\right)$ 和 $P_2\left(h, y_2\right)$，于是有

$$y_0 = A\left(-h\right)^2 + B\left(-h\right) + C = Ah^2 - Bh + C,$$

$$y_1 = C,$$

$$y_2 = Ah^2 + Bh + C,$$

进而有
$$y_0 + 4y_1 + y_2 = 2Ah^2 + 6C.$$

因此，抛物线下方区域的面积可以改写为

$$\frac{h}{3}\left(y_0 + 4y_1 + y_2\right).$$

水平移动抛物线不会影响其下方区域的面积，这意味着图 7-7-8 中过 P_0、P_1 和 P_2 的抛物线下方从 $x = x_0$ 到 $x = x_2$ 的区域的面积也是

$$\frac{h}{3}\left(y_0 + 4y_1 + y_2\right).$$

同样，过 P_2、P_3 和 P_4 的抛物线下方从 $x = x_2$ 到 $x = x_4$ 的区域的面积为

$$\frac{h}{3}\left(y_2 + 4y_3 + y_4\right).$$

辛普森

托马斯·辛普森是一名纺织工，他自学数学，后来成为 18 世纪最伟大的英国数学家之一. 我们所说的辛普森法则实际上是卡瓦列里和格雷果里在 17 世纪发现的，但是辛普森通过他的著作 *Mathematical Dissertations*（1743）将这个法则普及推广.

按此方法计算所有抛物线下方区域的面积并求和，得到

$$\int_{a}^{b} f\left(x\right)dx \approx \frac{h}{3}\left(y_0 + 4y_1 + y_2\right) + \frac{h}{3}\left(y_2 + 4y_3 + y_4\right) + \cdots + \frac{h}{3}\left(y_{n-2} + 4y_{n-1} + y_n\right)$$

$$= \frac{h}{3}\left(y_0 + 4y_1 + 2y_2 + 4y_3 + 2y_4 + \cdots + 2y_{n-2} + 4y_{n-1} + y_n\right).$$

尽管我们只针对 $f\left(x\right) \geq 0$ 的情况推导出了近似公式，但实际上它对于任意连续函数都成立. 这一法则称为辛普森法则，以英国数学家托马斯·辛普森（Thomas Simpson，1710—1761）的姓氏命名. 注意系数的规律：1, 4, 2, 4, 2, 4, 2, $\cdots$, 4, 2, 4, 1.

辛普森法则

$$\int_{a}^{b} f\left(x\right)dx \approx S_n = \frac{\Delta x}{3}\Big[f\left(x_0\right) + 4f\left(x_1\right) + 2f\left(x_2\right) + 4f\left(x_3\right) + \cdots$$

$$+ 2f\left(x_{n-2}\right) + 4f\left(x_{n-1}\right) + f\left(x_n\right)\Big]$$

其中 n 是偶数，$\Delta x = \left(b - a\right)/n$.

例 4 利用辛普森法则，取 $n=10$，计算积分 $\int_1^2 (1/x)\mathrm{d}x$ 的近似值.

解 将 $f(x)=1/x$、$n=10$、$\Delta x=0.1$ 代入辛普森法则，得到

$$\int_1^2 (1/x)\mathrm{d}x \approx S_{10}$$

$$=\frac{\Delta x}{3}\Big[f(1)+4f(1.1)+2f(1.2)+4f(1.3)+\cdots+2f(1.8)+4f(1.9)+f(2)\Big]$$

$$=\frac{0.1}{3}\times\left(\frac{1}{1}+\frac{4}{1.1}+\frac{2}{1.2}+\frac{4}{1.3}+\frac{2}{1.4}+\frac{4}{1.5}+\frac{2}{1.6}+\frac{4}{1.7}+\frac{2}{1.8}+\frac{4}{1.9}+\frac{1}{2}\right)$$

$$\approx 0.693\,150.$$

注意到，例 4 中利用辛普森法则计算出的近似值（$S_{10}\approx 0.693\,150$）比利用梯形法则（$T_{10}\approx 0.693\,771$）和中点法则（$M_{10}\approx 0.692\,835$）计算出的近似值都更接近积分的真实值（$\ln 2\approx 0.693\,147\ldots$）. 事实上，利用辛普森法则得到的近似值是梯形近似和中点近似的加权平均值（见练习 50）：

$$S_{2n}=\frac{1}{3}T_n+\frac{2}{3}M_n.$$

（回忆一下，E_T 和 E_M 通常符号相反，且 $|E_M|$ 大约是 $|E_T|$ 的一半.）

在微积分的许多应用中都需要计算积分值，即使我们不知道 y 关于 x 的显式函数表达式——函数可能由图像或者数值表给出. 如果有证据表明函数值没有快速的变化，那么辛普森法则仍旧可以用于求 y 关于 x 的积分 $\int_a^b y\,\mathrm{d}x$ 的近似值.

例 5 图 7-7-10 显示了从美国到 SWITCH（瑞士学术与研究网络）的链路上一整天的数据流量，$D(t)$ 是数据吞吐量（单位：Mbit/s）. 利用辛普森法则，计算这一天从午夜到中午在这条链路上的数据传输总量.

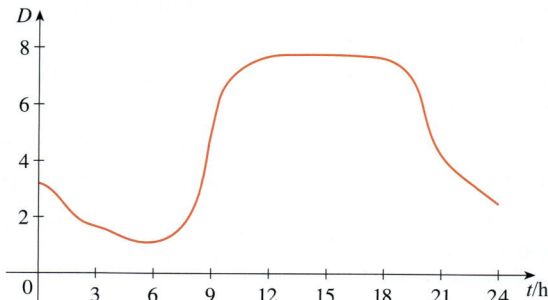

图 7-7-10

解 为了使单位与 Mbit/s 一致，我们将时间的单位由 h 换算成 s. 如果 $A(t)$ 表示在 t（单位：s）之前的数据传输量（单位：Mbit），那么 $A'(t)=D(t)$. 利用净变化定理（见 5.4 节），到中午（$t=12\times 60^2=43\,200$）为止的数据传输总量为

$$A(43\,200)=\int_0^{43\,200}D(t)\mathrm{d}t.$$

我们根据图像估计整点时的 $D(t)$ 值，然后写在表 7-7-3 中.

表 7-7-3

t/h	t/s	$D(t)$	t/h	t/s	$D(t)$
0	0	3.2	7	25 200	1.3
1	3600	2.7	8	28 800	2.8
2	7200	1.9	9	32 400	5.7
3	10 800	1.7	10	36 000	7.1
4	14 400	1.3	11	39 600	7.7
5	18 000	1.0	12	43 200	7.9
6	21 600	1.1			

利用辛普森法则，取 $n=12$ 和 $\Delta t = 3600$，估计积分：

$$\int_0^{43\,200} D(t)\mathrm{d}t \approx \frac{\Delta t}{3}\Big[D(0)+4D(3600)+2D(7200)+\cdots+4D(39\,600)+D(43\,200)\Big]$$

$$\approx \frac{3600}{3}\times(3.2+4\times2.7+2\times1.9+4\times1.7+2\times1.3+4\times1.0$$

$$+2\times1.1+4\times1.3+2\times2.8+4\times5.7+2\times7.1+4\times7.7+7.9)$$

$$=143\,880\,.$$

因此，到中午为止，数据传输总量约为 143 880Mbit，或者 144Gbit. ■

■ 辛普森法则的误差界

表 7-7-4 显示了利用辛普森法则与中点法则估计积分 $\int_1^2 (1/x)\mathrm{d}x$ 的对比，积分的真实值约为 0.693 147 18. 表 7-7-5 显示，对于辛普森法则，当 n 翻倍时，误差 E_S 会大约减小为原来的 1/16.（在练习 27 和练习 28 中，你要用另外两个积分验证这个结论.）这与辛普森法则的误差界的分母中出现 n^4 相符. 它类似于公式 3 给出的梯形法则和中点法则的误差界，但是使用了 f 的四阶导数.

表 7-7-4

n	M_n	S_n
4	0.691 219 89	0.693 154 53
8	0.692 660 55	0.693 147 65
16	0.693 025 21	0.693 147 21

表 7-7-5

n	E_M	E_S
4	0.001 927 29	−0.000 007 35
8	0.000 486 63	−0.000 000 47
16	0.000 121 97	−0.000 000 03

> **4 辛普森法则的误差界** 假设对于 $a \leqslant x \leqslant b$，$\left|f^{(4)}(x)\right| \leqslant K$. 如果 E_S 表示使用辛普森法则所造成的误差，那么
> $$\left|E_S\right| \leqslant \frac{K(b-a)^5}{180n^4}\,.$$

例 6 当 n 为何值时，利用辛普森法则计算 $\int_1^2 (1/x)\mathrm{d}x$ 的近似值，其精度达到 0.000 1？

解 如果 $f(x)=1/x$，那么 $f^{(4)}(x)=24/x^5$. 因为 $x \geqslant 1$，即 $1/x \leqslant 1$，所以

$$\left|f^{(4)}(x)\right|=\left|\frac{24}{x^5}\right| \leqslant 24\,.$$

许多计算器和软件都有可以计算定积分的近似值的内置算法，有些利用辛普森法则，还有些会利用更复杂的技术，如自适应数值积分法。这意味着如果一个函数在某区间上波动的幅度大于其他地方，那么这个区间就会被分成更多的子区间，这种策略可以减少达到精度要求所需的计算量。

因此，我们可以将 $K = 24$ 代入公式 4，为了使误差小于 0.000 1，应当远取 n 使得

$$\frac{24 \times 1^5}{180 n^4} < 0.000\ 1\ ,$$

进而有

$$n^4 > \frac{24}{180 \times 0.000\ 1}\ ,$$

所以

$$n > \frac{1}{\sqrt[4]{0.000\ 75}} \approx 6.04\ .$$

因此，$n = 8$（n 必须是偶数）可以确保所需的精度。（与例 2 进行比较，对于梯形法则需要 $n = 41$，对于中点法则需要 $n = 29$。）◼

例 7

(a) 利用辛普森法则，取 $n = 10$，计算积分 $\int_0^1 e^{x^2}\, dx$ 的近似值。

(b) 估计该近似值的误差。

解

(a) 如果 $n = 10$，那么 $\Delta x = 0.1$，由辛普森法则可得

图 7-7-11 是例 7 计算的图示。注意到抛物线弧与函数 $y = e^{x^2}$ 的图像极其相近，几乎无法区分。

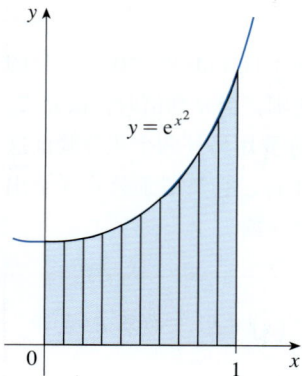

图 7-7-11

$$\int_0^1 e^{x^2}\, dx \approx \frac{\Delta x}{3}\Big[f(0) + 4f(0.1) + 2f(0.2) + \cdots + 2f(0.8) + 4f(0.9) + f(1) \Big]$$

$$= \frac{0.1}{3}\Big[e^0 + 4e^{0.01} + 2e^{0.04} + 4e^{0.09} + 2e^{0.16} + 4e^{0.25} + 2e^{0.36}$$

$$+ 4e^{0.49} + 2e^{0.64} + 4e^{0.81} + e^1 \Big]$$

$$\approx 1.462\ 681\ .$$

(b) $f(x) = e^{x^2}$ 的四阶导数为

$$f^{(4)}(x) = \left(12 + 48x^2 + 16x^4 \right) e^{x^2}\ ,$$

因为 $0 \leqslant x \leqslant 1$，所以

$$0 \leqslant f^{(4)}(x) \leqslant \left(12 + 48 + 16 \right) e^1 = 76e\ .$$

因此，在公式 4 中令 $K = 76e$，$a = 0$，$b = 1$，$n = 10$，得到误差至多为

$$\frac{76e \times 1^5}{180 \times 10^4} \approx 0.000\ 115\ .$$

（将此结果与例 3 进行比较。）精确到小数点后 3 位，有

$$\int_0^1 e^{x^2}\, dx \approx 1.463\ .$$

◼

在以下练习中，请将结果四舍五入到小数点后 6 位（除非特别说明）.

1. 令 $I = \int_0^4 f(x)\mathrm{d}x$ ，其中 f 的图像如下所示.

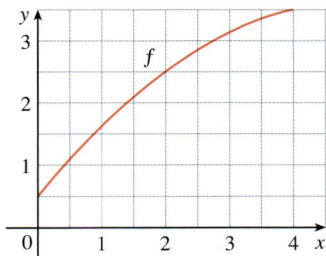

(a) 利用图像求 L_2 、 R_2 和 M_2 .

(b) 它们是 I 的偏高估计值还是偏低估计值？

(c) 利用图像求 T_2 ，并与 I 进行比较.

(d) 对于任意 n ，按递增顺序列出 L_n 、 R_n 、 M_n 、 T_n 和 I .

2. 使用左近似、右近似、梯形近似和中点近似来估计 $\int_0^2 f(x)\mathrm{d}x$ 的值，得到估计值为 $0.781\,1$ 、 $0.867\,5$ 、 $0.863\,2$ 和 $0.954\,0$ ，其中函数 f 的图像如下所示. 每种近似使用了相同数量的子区间.

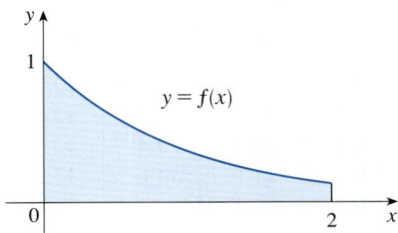

(a) 得到的近似值分别对应哪个法则？

(b) $\int_0^2 f(x)\mathrm{d}x$ 的真实值介于哪两个近似值之间？

3. 分别利用 (a) 梯形法则和 (b) 中点法则，取 $n=4$ ，估计 $\int_0^1 \cos(x^2)\mathrm{d}x$ 的值. 根据被积函数的图像，确定你的答案是积分的偏高估计值还是偏低估计值. 关于积分的真实值，你能得出什么结论？

4. 在矩形区域 $[0,1]\times[0,0.5]$ 中画出 $f(x)=\sin\left(\dfrac{1}{2}x^2\right)$ 的图像. 令 $I = \int_0^1 f(x)\mathrm{d}x$.

(a) 利用图像确定 L_2 、 R_2 、 M_2 和 T_2 是 I 的偏高估计值还是偏低估计值.

(b) 对于任意 n ，按递增顺序列出 L_n 、 R_n 、 M_n 、 T_n 、 I .

(c) 计算 L_5 、 R_5 、 M_5 和 T_5 . 从图像来看，你认为 I 的哪个估计值是最精确的？

5~6 对于给定的 n 值，分别利用 (a) 中点法则和 (b) 辛普森法则，计算下列积分的近似值. 比较近似值和真实值，确定两种方法所造成的误差.

5. $\int_0^\pi x\sin x\,\mathrm{d}x$ ， $n=6$

6. $\int_0^2 \dfrac{x}{\sqrt{1+x^2}}\,\mathrm{d}x$ ， $n=8$

7~18 对于给定的 n 值，分别利用 (a) 梯形法则、(b) 中点法则和 (c) 辛普森法则，计算下列积分的近似值.

7. $\int_0^1 \sqrt{1+x^3}\,\mathrm{d}x$ ， $n=4$

8. $\int_1^4 \sin\sqrt{x}\,\mathrm{d}x$ ， $n=6$

9. $\int_0^1 \sqrt{e^x - 1}\,\mathrm{d}x$ ， $n=10$

10. $\int_0^2 \sqrt[3]{1-x^2}\,\mathrm{d}x$ ， $n=10$

11. $\int_{-1}^2 e^{x+\cos x}\,\mathrm{d}x$ ， $n=6$

12. $\int_1^3 e^{1/x}\,\mathrm{d}x$ ， $n=8$

13. $\int_0^4 \sqrt{y}\cos y\,\mathrm{d}y$ ， $n=8$

14. $\int_2^3 \dfrac{1}{\ln t}\,\mathrm{d}t$ ， $n=10$

15. $\int_0^1 \dfrac{x^2}{1+x^4}\,\mathrm{d}x$ ， $n=10$

16. $\int_1^3 \dfrac{\sin t}{t}\,\mathrm{d}t$ ， $n=4$

17. $\int_0^4 \ln\left(1+e^x\right)\mathrm{d}x$ ， $n=8$

18. $\int_0^1 \sqrt{x+x^3}\,\mathrm{d}x$ ， $n=10$

19. (a) 计算积分 $\int_0^1 \cos(x^2)\mathrm{d}x$ 的近似 T_8 和 M_8 .

(b) 估计 (a) 中近似的误差.

(c) 当 n 为何值时，(a) 中积分的近似 T_n 和 M_n 的精度达到 $0.000\,1$ ？

20. (a) 计算积分 $\int_1^2 e^{1/x}\,\mathrm{d}x$ 的近似 T_{10} 和 M_{10} .

(b) 估计 (a) 中近似的误差.

(c) 当 n 为何值时，(a) 中积分的近似 T_n 和 M_n 的精度达到 $0.000\,1$ ？

21. (a) 计算积分 $\int_0^\pi \sin x\,\mathrm{d}x$ 的近似 T_{10} 、 M_{10} 和 S_{10} 及其对应的误差 E_T 、 E_M 和 E_s .

(b) 比较 (a) 中误差的真实值和公式 3、公式 4 给出的误差的估计值.

(c) 当 n 为何值时，(a) 中积分的近似 T_n 、 M_n 和 S_n 的精度达到 $0.000\,01$ ？

22. 当 n 为何值时，利用辛普森法则计算 $\int_0^1 e^{x^2}\,\mathrm{d}x$ 的近似值，其精度达到 $0.000\,01$ ？

T 23. 估计误差的问题在于手算四阶导数并得到一个合适的 $\left|f^{(4)}(x)\right|$ 的上界 K 通常非常困难. 但是对于计算机软件来说，计算 $f^{(4)}$ 并画出图像很容易，我们可以从生成的图像中读出 K 值. 本练习涉及积分 $I = \int_0^{2\pi} f(x)\mathrm{d}x$ 的近似，其中 $f(x) = e^{\cos x}$. 在 (b)、(d)、(g) 中，结果精确到小数点后 10 位.

(a) 利用图像得到一个合适的 $\left|f''(x)\right|$ 的上界.

(b) 计算 I 的近似 M_{10}.

(c) 利用 (a) 的结果估计 (b) 中近似的误差.

(d) 利用计算器或计算机求 I 的近似值.

(e) 比较误差的真实值和 (c) 中误差的估计值.

(f) 利用图像得到一个合适的 $\left|f^{(4)}(x)\right|$ 的上界.

(g) 计算 I 的近似 S_{10}.

(h) 利用 (f) 的结果估计 (g) 中近似的误差.

(i) 比较误差的真实值和 (h) 中误差的估计值.

(j) 当 n 为何值时，可以确保 S_n 的误差小于 0.0001？

T 24. 对于积分 $\int_{-1}^{1} \sqrt{4-x^3}\,\mathrm{d}x$，重做练习 23.

25~26 对于下列积分，取 $n = 5, 10, 20$，计算近似 L_n、R_n、T_n 和 M_n 及其对应的误差 E_L、E_R、E_T 和 E_M（你可以使用计算机代数系统的求和命令）. 你能得出什么结论？特别地，当 n 翻倍时，误差有什么变化？

25. $\int_0^1 x e^x\,\mathrm{d}x$ **26.** $\int_1^2 \dfrac{1}{x^2}\,\mathrm{d}x$

27~28 对于下列积分，取 $n = 6, 12$，计算近似 T_n、M_n 和 S_n 及其对应的误差 E_T、E_M 和 E_S（你可以使用计算机代数系统的求和命令）. 你能得出什么结论？特别地，当 n 翻倍时，误差有什么变化？

27. $\int_0^2 x^4\,\mathrm{d}x$ **28.** $\int_1^4 \dfrac{1}{\sqrt{x}}\,\mathrm{d}x$

29. 利用 (a) 梯形法则、(b) 中点法则和 (c) 辛普森法则，取 $n = 6$，估计下图中图像下方区域的面积.

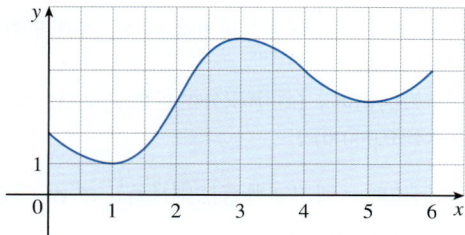

30. 下图是一个肾形的游泳池，每隔 2m 测量一次游泳池的宽度（单位：m）. 利用辛普森法则，取 $n = 6$，估计游泳池的面积.

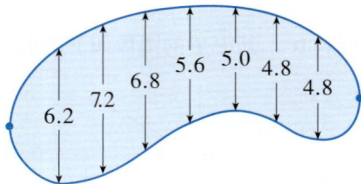

31. (a) 利用中点法则和下表给出的数据估计积分 $\int_1^5 f(x)\mathrm{d}x$ 的值.

x	$f(x)$	x	$f(x)$
1.0	2.4	3.5	4.0
1.5	2.9	4.0	4.1
2.0	3.3	4.5	3.9
2.5	3.6	5.0	3.5
3.0	3.8		

(b) 如果对于所有 x 有 $-2 \leqslant f''(x) \leqslant 3$，估计 (a) 中近似值的误差.

32. (a) 下表给出了函数 g 的一组取值，利用辛普森法则估计积分 $\int_0^{1.6} g(x)\mathrm{d}x$ 的值.

x	$g(x)$	x	$g(x)$
0.0	12.1	1.0	12.2
0.2	11.6	1.2	12.6
0.4	11.3	1.4	13.0
0.6	11.1	1.6	13.2
0.8	11.7		

(b) 如果当 $0 \leqslant x \leqslant 1.6$ 时，$-5 \leqslant g^{(4)}(x) \leqslant 2$，估计 (a) 中近似值的误差.

33. 下图是夏季某日波士顿市的气温曲线图. 利用辛普森法则，取 $n = 12$，估计当天的平均气温.

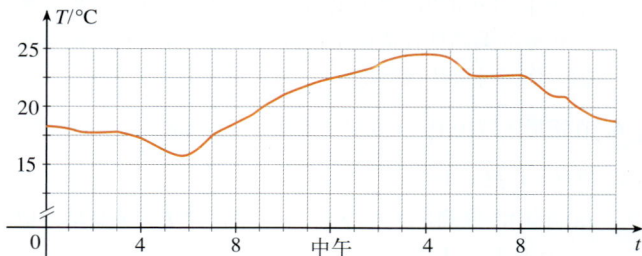

34. 雷达枪用于记录跑步比赛中运动员前 5s 内的速度（见下页第一张表）. 利用辛普森法则估计运动员在这 5s 内奔跑的距离.

t/s	v/(m/s)	t/s	v/(m/s)
0	0	3.0	10.51
0.5	4.67	3.5	10.67
1.0	7.34	4.0	10.76
1.5	8.86	4.5	10.81
2.0	9.73	5.0	10.81
2.5	10.22		

35. 下图是汽车加速度 $a(t)$ （单位：m/s²）的图像. 利用辛普森法则估计前 6s 内汽车速度的增量.

36. 水从水箱中以速度 $r(t)$ （单位：L/h）向外泄漏，r 的图像如下所示. 利用辛普森法则估计前 6h 内水泄漏的总量.

37. 下表（由圣迭戈天然气和电力公司提供）给出了圣迭戈市在 12 月的某一天从午夜到早上 6 点的耗电功率（单位：MW）. 利用辛普森法则估计这段时间内消耗的电能.（电功率是电能的导数.）

t	P	t	P
0:00	1814	3:30	1611
0:30	1735	4:00	1621
1:00	1686	4:30	1666
1:30	1646	5:00	1745
2:00	1637	5:30	1886
2:30	1609	6:00	2052
3:00	1604		

38. 右栏第一张图是一家互联网服务提供商的 T1 数据线上从午夜到上午 8 点的数据流量图，其中 D 是数据吞吐量（单位：Mbit/s）. 利用辛普森法则估计这段时间内的数据传输总量.

39. 利用辛普森法则，取 $n=8$，估计下图所示区域分别绕 (a) x 轴和 (b) y 轴旋转所得立体的体积.

40. 下表记录了力函数 $f(x)$ 的一组值，其中 x 的单位是 m，$f(x)$ 的单位是 N. 利用辛普森法则估计该力使物体移动 18m 所做的功.

x	0	3	6	9	12	15	18
$f(x)$	9.8	9.1	8.5	8.0	7.7	7.5	7.4

41. 利用辛普森法则，取 $n=10$，估计曲线 $y=1/(1+e^{-x})$ 以及直线 $y=0$、$x=0$ 和 $x=10$ 围成的区域绕 x 轴旋转所得立体的体积.

42. 下图显示了一个长度为 L、与垂线之间的最大夹角为 θ_0 的单摆. 利用牛顿第二定律可以证明单摆的周期（完成一次摆动所用的时间）为

$$T = 4\sqrt{\frac{L}{g}} \int_0^{\pi/2} \frac{\mathrm{d}x}{\sqrt{1-k^2\sin^2 x}} \ ,$$

其中 $k = \sin\left(\frac{1}{2}\theta_0\right)$，$g$ 表示重力加速度. 如果 $L=1\text{m}$，$\theta_0 = 42°$，利用辛普森法则，取 $n=10$，求单摆的周期.

43. 波长为 λ 的光穿过有 N 个狭缝的衍射光栅，光与光栅之间的夹角为 θ，此时光强为 $I(\theta) = \left(N^2 \sin^2 k\right)/k^2$，其中 $k = (\pi N d \sin\theta)/\lambda$，$d$ 表示相邻狭缝间的距离. 一个氦氖激光器发出一束波长为 $\lambda = 6.328 \times 10^{-7}\text{m}$ 的光，它穿过有 10 000 个间距为 10^{-4}m 的狭缝的光栅，$-10^{-6} < \theta < 10^{-6}$. 利用中点法则，取 $n = 10$，估计从光栅射出的总光强 $\int_{-10^{-6}}^{10^{-6}} I(\theta)\mathrm{d}\theta$.

44. 利用梯形法则，取 $n = 10$，计算 $\int_0^{20} \cos(\pi x)\mathrm{d}x$ 的近似值. 将结果与真实值进行比较，你能解释其中的差异吗？

45. 画出一个在 $[0,2]$ 上的连续函数的图像，使得当 $n = 2$ 时利用梯形法则得到的近似比利用中点法则得到的近似更精确.

46. 画出一个在 $[0,2]$ 上的连续函数的图像，使得当 $n = 2$ 时右近似比利用辛普森法则得到的近似更精确.

47. 如果 f 是正值函数，并且对于 $a \leqslant x \leqslant b$ 有 $f''(x) < 0$，证明

$$T_n < \int_a^b f(x)\mathrm{d}x < M_n.$$

48. 何时使用辛普森法则可以得到积分的准确值？
(a) 证明：如果 f 是三次或者更低次的多项式，那么使用辛普森法则可以得出 $\int_a^b f(x)\mathrm{d}x$ 的准确值.
(b) 求 $\int_0^8 \left(x^3 - 6x^2 + 4x\right)\mathrm{d}x$ 的近似 S_4，并验证 S_4 的值是这个积分的准确值.
(c) 利用公式 4 给出的误差界来解释为什么 (a) 的说法是正确的.

49. 证明：$\frac{1}{2}(T_n + M_n) = T_{2n}$.

50. 证明：$\frac{1}{3}T_n + \frac{2}{3}M_n = S_{2n}$.

7.8 | 反常积分

在定义定积分 $\int_a^b f(x)\mathrm{d}x$ 时，f 是定义在有限区间 $[a,b]$ 上的函数，并且假设 f 没有无穷间断（见 5.2 节）. 本节中，我们将定积分的概念扩展到无穷区间上，以及 f 在区间 $[a,b]$ 上有无穷间断的情况，这样的积分称为反常积分. 这种思想的重要应用之一是概率分布，我们将在 8.5 节中学习.

■ 类型 1：无穷区间上的积分

考虑曲线 $y = 1/x^2$ 下方、x 轴上方和直线 $x = 1$ 右侧的区域 S，它没有右边界. 你可能认为 S 的面积无穷大，因为它的范围无限延伸. 但我们仔细分析一下，S 在直线 $x = t$ 左侧的部分（图 7-8-1 中的阴影部分）的面积为

$$A(t) = \int_1^t \frac{1}{x^2}\mathrm{d}x = -\frac{1}{x}\Big]_1^t = 1 - \frac{1}{t}.$$

无论选取多大的 t，总有 $A(t) < 1$. 我们还观察到

$$\lim_{t \to +\infty} A(t) = \lim_{t \to +\infty}\left(1 - \frac{1}{t}\right) = 1.$$

当 $t \to +\infty$ 时，阴影部分的面积趋于 1（见图 7-8-2），于是我们说无穷区域 S 的面积等于 1，记作

$$\int_1^{+\infty} \frac{1}{x^2}\mathrm{d}x = \lim_{t \to +\infty}\int_1^t \frac{1}{x^2}\mathrm{d}x = 1.$$

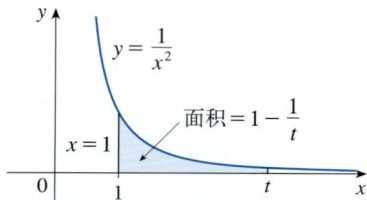

图 7-8-1

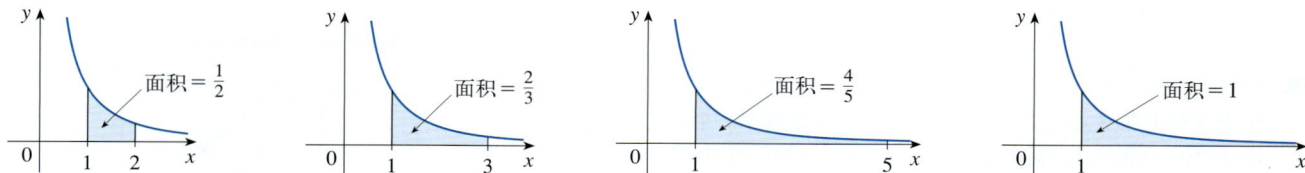

图 7-8-2

这个例子启发我们将 f（无须是正值函数）在无穷区间上的积分定义为在有限区间上的积分的极限.

---

1 **反常积分的定义（类型 1）**

(a) 如果对于任意 $t \geqslant a$，$\int_a^t f(x)\mathrm{d}x$ 都存在，那么

$$\int_a^{+\infty} f(x)\mathrm{d}x = \lim_{t \to +\infty} \int_a^t f(x)\mathrm{d}x,$$

只要极限存在（即它是一个有限数）.

(b) 如果对于任意 $t \leqslant b$，$\int_t^b f(x)\mathrm{d}x$ 都存在，那么

$$\int_{-\infty}^b f(x)\mathrm{d}x = \lim_{t \to -\infty} \int_t^b f(x)\mathrm{d}x,$$

只要极限存在（即它是一个有限数）.

如果对应的极限存在，那么我们称反常积分 $\int_a^{+\infty} f(x)\mathrm{d}x$ 和 $\int_{-\infty}^b f(x)\mathrm{d}x$ **收敛**；反之，若极限不存在，则称它们**发散**.

(c) 如果 $\int_a^{+\infty} f(x)\mathrm{d}x$ 和 $\int_{-\infty}^b f(x)\mathrm{d}x$ 都收敛，那么我们定义

$$\int_{-\infty}^{+\infty} f(x)\mathrm{d}x = \int_{-\infty}^a f(x)\mathrm{d}x + \int_a^{+\infty} f(x)\mathrm{d}x,$$

其中 a 为任意实数（见练习 88）.

如果 f 是正值函数，那么定义 1 中任意一个反常积分都可以看作面积. 例如，在定义 1a 中，如果 $f(x) \geqslant 0$ 且 $\int_a^{+\infty} f(x)\mathrm{d}x$ 是收敛的，那么我们定义图 7-8-3 中区域 $S = \{(x,y) \mid x \geqslant a,\ 0 \leqslant y \leqslant f(x)\}$ 的面积为

$$A(S) = \int_a^{+\infty} f(x)\mathrm{d}x.$$

因为 $t \to +\infty$ 时，$\int_a^{+\infty} f(x)\mathrm{d}x$ 是 f 下方从 a 到 t 的区域的面积的极限，所以这个定义是合理的.

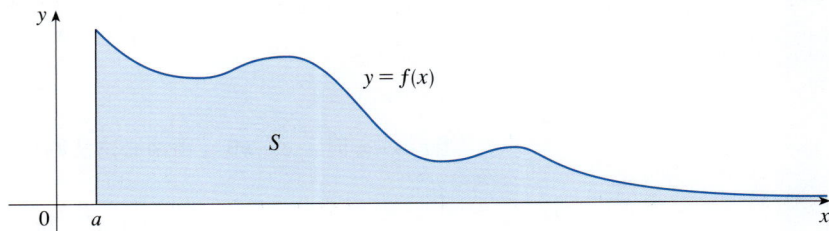

图 7-8-3

例 1　确定积分 $\int_1^{+\infty}(1/x)\mathrm{d}x$ 是收敛的还是发散的.

解　根据定义 1a，有

$$\int_1^{+\infty} \frac{1}{x}\mathrm{d}x = \lim_{t \to +\infty} \int_1^t \frac{1}{x}\mathrm{d}x = \lim_{t \to +\infty} \ln|x|\Big]_1^t$$

$$= \lim_{t \to +\infty}(\ln t - \ln 1) = \lim_{t \to +\infty} \ln t = +\infty,$$

极限不是有限数，所以反常积分 $\int_1^{+\infty}(1/x)\mathrm{d}x$ 是发散的. ∎

　　将例 1 与在本节的开始所给出的例子进行比较：

$$\int_1^{+\infty}\frac{1}{x^2}\,\mathrm{d}x \text{ 收敛，}\quad \int_1^{+\infty}\frac{1}{x}\,\mathrm{d}x \text{ 发散.}$$

从几何上来说，这表明尽管当 $x>0$ 时曲线 $y=1/x^2$ 和 $y=1/x$ 看上去很相似，但 $y=1/x^2$ 下方、$x=1$ 右侧的区域（图 7-8-4 中的阴影部分）的面积是有限的，而 $y=1/x$（见图 7-8-5）对应的面积却是无穷的. 注意到当 $t\to+\infty$ 时 $1/x^2$ 和 $1/x$ 都趋于 0，但是 $1/x^2$ 趋于 0 的速度比 $1/x$ 更快. $1/x$ 的值减小的速度不足以使得它的积分成为有限值.

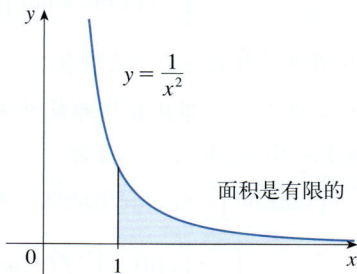

图 7-8-4

$\int_1^{+\infty}\left(1/x^2\right)\mathrm{d}x$ 收敛

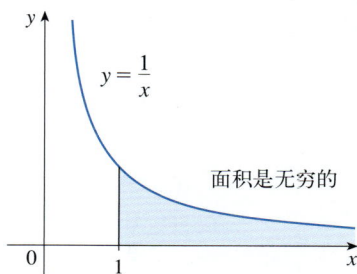

图 7-8-5

$\int_1^{+\infty}\left(1/x\right)\mathrm{d}x$ 发散

例 2　计算 $\int_{-\infty}^{0}x\mathrm{e}^x\,\mathrm{d}x$.

解　根据定义 1b，有

$$\int_{-\infty}^{0}x\mathrm{e}^x\,\mathrm{d}x=\lim_{t\to-\infty}\int_t^{0}x\mathrm{e}^x\,\mathrm{d}x.$$

利用分部积分法求积分，令 $u=x$，$\mathrm{d}v=\mathrm{e}^x\,\mathrm{d}x$，那么 $\mathrm{d}u=\mathrm{d}x$，$v=\mathrm{e}^x$：

$$\int_t^{0}x\mathrm{e}^x\,\mathrm{d}x=x\mathrm{e}^x\Big]_t^{0}-\int_t^{0}\mathrm{e}^x\,\mathrm{d}x$$
$$=-t\mathrm{e}^t-1+\mathrm{e}^t.$$

当 $t\to-\infty$ 时，$\mathrm{e}^t\to0$，由洛必达法则可得

$$\lim_{t\to-\infty}t\mathrm{e}^t=\lim_{t\to-\infty}\frac{t}{\mathrm{e}^{-t}}=\lim_{t\to-\infty}\frac{1}{-\mathrm{e}^{-t}}$$
$$=\lim_{t\to-\infty}\left(-\mathrm{e}^t\right)=0.$$

因此

$$\int_{-\infty}^{0}x\mathrm{e}^x\,\mathrm{d}x=\lim_{t\to-\infty}\left(-t\mathrm{e}^t-1+\mathrm{e}^t\right)$$
$$=-0-1+0=-1. \qquad\blacksquare$$

例 3 求 $\int_{-\infty}^{+\infty} \dfrac{1}{1+x^2}\,\mathrm{d}x$.

解 为了方便，在定义 1c 中取 $a=0$：

$$\int_{-\infty}^{+\infty} \frac{1}{1+x^2}\,\mathrm{d}x = \int_{-\infty}^{0} \frac{1}{1+x^2}\,\mathrm{d}x + \int_{0}^{+\infty} \frac{1}{1+x^2}\,\mathrm{d}x .$$

分别计算等式右侧的积分：

$$\int_{0}^{+\infty} \frac{1}{1+x^2}\,\mathrm{d}x = \lim_{t\to+\infty}\int_{0}^{t} \frac{1}{1+x^2}\,\mathrm{d}x = \lim_{t\to+\infty}\tan^{-1}x\,\Big]_{0}^{t}$$

$$= \lim_{t\to+\infty}\left(\tan^{-1}t - \tan^{-1}0\right) = \lim_{t\to+\infty}\tan^{-1}t = \frac{\pi}{2} .$$

$$\int_{-\infty}^{0} \frac{1}{1+x^2}\,\mathrm{d}x = \lim_{t\to-\infty}\int_{t}^{0} \frac{1}{1+x^2}\,\mathrm{d}x = \lim_{t\to-\infty}\tan^{-1}x\,\Big]_{t}^{0}$$

$$= \lim_{t\to-\infty}0\left(\tan^{-1}0 - \tan^{-1}t\right) = 0 - \left(-\frac{\pi}{2}\right) = \frac{\pi}{2} .$$

因为这两个积分都是收敛的，所以所求的积分也是收敛的，且

$$\int_{-\infty}^{+\infty} \frac{1}{1+x^2}\,\mathrm{d}x = \frac{\pi}{2} + \frac{\pi}{2} = \pi .$$

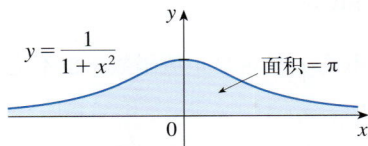

图 7-8-6

因为 $1/\left(1+x^2\right) > 0$，所以所求的反常积分可以看作曲线 $y=1/\left(1+x^2\right)$ 下方、x 轴上方区域的面积（见图 7-8-6）．　■

例 4 p 为何值时，积分

$$\int_{1}^{+\infty} \frac{1}{x^p}\,\mathrm{d}x$$

收敛？

解 由例 1 可知，$p=1$ 时积分发散，所以我们假设 $p\neq 1$．这样就有

$$\int_{1}^{+\infty} \frac{1}{x^p}\,\mathrm{d}x = \lim_{t\to+\infty}\int_{1}^{t} x^{-p}\,\mathrm{d}x = \lim_{t\to+\infty}\frac{x^{-p+1}}{-p+1}\,\Bigg]_{x=1}^{x=t}$$

$$= \lim_{t\to+\infty}\frac{1}{1-p}\left[\frac{1}{t^{p-1}} - 1\right] .$$

如果 $p>1$，那么 $p-1>0$，所以当 $t\to+\infty$ 时，$t^{p-1}\to+\infty$，$1/t^{p-1}\to 0$．因此

$$\int_{1}^{+\infty} \frac{1}{x^p}\,\mathrm{d}x = \frac{1}{p-1}\quad (\,p>1\,),$$

此时积分收敛．

如果 $p<1$，那么 $p-1<0$，所以当 $t\to+\infty$ 时，

$$\frac{1}{t^{p-1}} = t^{1-p}\to+\infty ,$$

此时积分发散．　■

下面总结例 4 的结果以供将来参考：

> **2** 如果 $p > 1$，那么 $\int_1^{+\infty} \dfrac{1}{x^p} \mathrm{d}x$ 收敛；反之，如果 $p \leqslant 1$，那么积分发散.

■ 类型 2：不连续函数的积分

假设 f 是定义在有限区间 $[a,b)$ 上的连续正值函数，但在 b 处有一条垂直的渐近线. 令 S 为函数 f 的图像下方、x 轴上方介于 a 和 b 之间的区域的面积.（对于类型 1 的反常积分，区域沿水平方向无限延伸. 而对于这个类型，区域在垂直方向上是无穷的.）S 在 a 和 t 之间的部分（图 7-8-7 中的阴影部分）的面积为

$$A(t) = \int_a^t f(x)\mathrm{d}x .$$

如果当 $t \to b^-$ 时，$A(t)$ 趋于一个确定的数 A，那么我们说区域 S 的面积等于 A，记作

$$\int_a^b f(x)\mathrm{d}x = \lim_{t \to b^-} \int_a^t f(x)\mathrm{d}x .$$

我们用这个等式给出类型 2 的反常积分的定义，不论 f 是否是正值函数，也不论 f 在 b 处有哪种类型的间断.

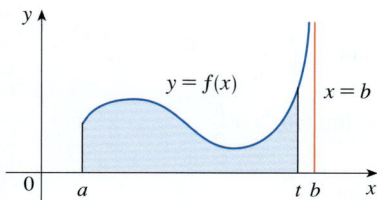

图 7-8-7

图 7-8-8 和图 7-8-9 展示了 $f(x) \geqslant 0$ 的情况下的定义 3b 和定义 3c，其中 f 在 a 和 c 处分别有垂直渐近线.

> **3** **反常积分的定义（类型 2）**
>
> (a) 如果 f 在 $[a,b)$ 上连续且在 b 处不连续，那么
>
> $$\int_a^b f(x)\mathrm{d}x = \lim_{t \to b^-} \int_a^t f(x)\mathrm{d}x ,$$
>
> 只要极限存在（即它是一个有限数）.
>
> (b) 如果 f 在 $(a,b]$ 上连续且在 a 处不连续，那么
>
> $$\int_a^b f(x)\mathrm{d}x = \lim_{t \to a^+} \int_t^b f(x)\mathrm{d}x ,$$
>
> 只要极限存在（即它是一个有限数）.
>
> 如果对应的极限存在，那么我们称反常积分 $\int_a^b f(x)\mathrm{d}x$ **收敛**；反之，若极限不存在，则称它 **发散**.
>
> (c) 如果 f 在 c 处有间断，其中 $a < c < b$，并且 $\int_a^c f(x)\mathrm{d}x$ 和 $\int_c^b f(x)\mathrm{d}x$ 均收敛，那么我们定义
>
> $$\int_a^b f(x)\mathrm{d}x = \int_a^c f(x)\mathrm{d}x + \int_c^b f(x)\mathrm{d}x .$$

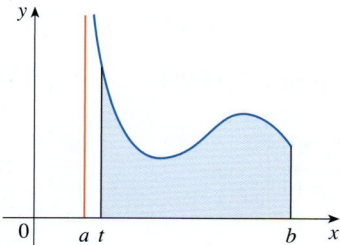

图 7-8-8

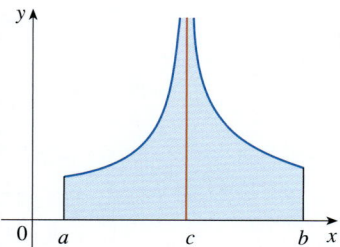

图 7-8-9

例 5 求 $\int_2^5 \dfrac{1}{\sqrt{x-2}} \mathrm{d}x$.

解 首先注意到这个积分是反常积分，因为 $f(x) = 1/\sqrt{x-2}$ 有一条垂直渐近线 $x = 2$. 由于间断点是 $[2,5]$ 的左端点，因此根据定义 3b，有

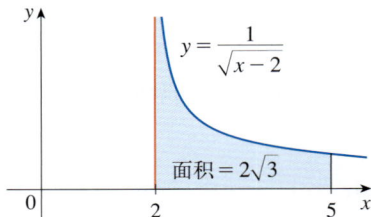

图 7-8-10

$$\int_2^5 \frac{1}{\sqrt{x-2}}\,dx = \lim_{t\to 2^+}\int_t^5 \frac{1}{\sqrt{x-2}}\,dx = \lim_{t\to 2^+} 2\sqrt{x-2}\Big]_t^5$$
$$= \lim_{t\to 2^+} 2\left(\sqrt{3}-\sqrt{t-2}\right) = 2\sqrt{3}\,.$$

因此给定的反常积分是收敛的．另外，被积函数是正值函数，我们可以将积分值看作图 7-8-10 中阴影部分的面积． ∎

例 6 确定 $\int_0^{\pi/2}\sec x\,dx$ 是收敛的还是发散的．

解 注意到这个积分是反常积分，因为 $\lim\limits_{x\to(\pi/2)^-}\sec x = +\infty$．根据定义 3a 和积分表中的公式 14，有

$$\int_0^{\pi/2}\sec x\,dx = \lim_{t\to(\pi/2)^-}\int_0^t \sec x\,dx = \lim_{t\to(\pi/2)^-} \ln\left|\sec x + \tan x\right|\Big]_0^t$$
$$= \lim_{t\to(\pi/2)^-}\left[\ln\left(\sec t + \tan t\right) - \ln 1\right] = +\infty\,,$$

因为当 $t\to(\pi/2)^{-1}$ 时，有 $\sec t \to +\infty$ 和 $\tan t \to +\infty$．因此给定的反常积分是发散的． ∎

例 7 求 $\int_0^3 \dfrac{dx}{x-1}$（如果积分存在）．

解 观察发现，直线 $x=1$ 是被积函数的一条垂直渐近线．因为它出现在区间 $[0,3]$ 的中间，所以我们利用定义 3c，取 $c=1$：

$$\int_0^3 \frac{dx}{x-1} = \int_0^1 \frac{dx}{x-1} + \int_1^3 \frac{dx}{x-1}\,,$$

其中
$$\int_0^1 \frac{dx}{x-1} = \lim_{t\to 1^-}\int_0^t \frac{dx}{x-1} = \lim_{t\to 1^-}\ln\left|x-1\right|\Big]_0^t$$
$$= \lim_{t\to 1^-}\left(\ln|t-1| - \ln|-1|\right) = \lim_{t\to 1^-}\ln(1-t) = -\infty\,,$$

因为当 $t\to 1^{-1}$ 时，$1-t\to 0^+$．因此 $\int_0^1 dx/(x-1)$ 发散，这说明 $\int_0^3 dx/(x-1)$ 也发散．（无须计算 $\int_0^3 dx/(x-1)$．） ∎

⊘ **提醒** 如果没有注意到例 7 中的渐近线 $x=1$，把积分看作普通积分来计算，我们可能就会这样做：

$$\int_0^3 \frac{dx}{x-1} = \ln\left|x-1\right|\Big]_0^3 = \ln 2 - \ln 1 = \ln 2\,.$$

这是错误的，因为反常积分必须通过极限计算．

从现在开始，当你遇到 $\int_a^b f(x)\,dx$ 时必须进行判断，通过考察函数 f 在 $[a,b]$ 上的值来确定积分是普通定积分还是反常积分．

例 8　求 $\int_0^1 \ln x \, dx$.

解　因为 $\lim\limits_{x \to 0^+} \ln x = -\infty$ ，所以函数 $f(x) = \ln x$ 在 $x = 0$ 处有一条垂直渐近线. 因此给定的积分是反常积分，并且有

$$\int_0^1 \ln x \, dx = \lim_{t \to 0^+} \int_t^1 \ln x \, dx .$$

现在利用分部积分法，令 $u = \ln x$ ，$dv = dx$ ，那么 $du = dx/x$ 和 $v = x$ ：

$$\int_t^1 \ln x \, dx = x \ln x \Big]_t^1 - \int_t^1 dx$$

$$= \ln 1 - t \ln t - (1 - t) = -t \ln t - 1 + t .$$

利用洛必达法则求第一项的极限：

$$\lim_{t \to 0^+} t \ln t = \lim_{t \to 0^+} \frac{\ln t}{1/t} = \lim_{t \to 0^+} \frac{1/t}{-1/t^2} = \lim_{t \to 0^+} (-t) = 0 .$$

因此

$$\int_0^1 \ln x \, dx = \lim_{t \to 0^+} (-t \ln t - 1 + t) = -0 - 1 + 0 = -1 .$$

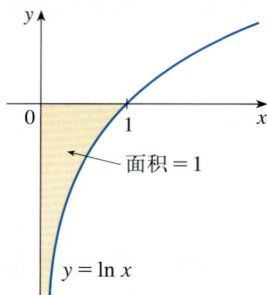

图 7-8-11

图 7-8-11 展示了这个结果的几何意义：$y = \ln x$ 上方、x 轴下方区域的面积为 1 . ∎

■ 反常积分的比较判定

　　有时反常积分的值可能无法求出，但判断它是收敛的还是发散的又十分重要. 在这种情况下，下面的定理就非常有用. 这里仅针对类型 1 的积分，但是类似的定理对于类型 2 的积分同样成立.

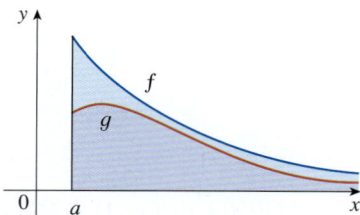

图 7-8-12

> **比较定理**　假设 f 和 g 是连续函数，且 $x \geqslant a$ 时 $f(x) \geqslant g(x) \geqslant 0$.
>
> (a) 如果 $\int_a^{+\infty} f(x) \, dx$ 收敛，那么 $\int_a^{+\infty} g(x) \, dx$ 收敛.
>
> (b) 如果 $\int_a^{+\infty} g(x) \, dx$ 发散，那么 $\int_a^{+\infty} f(x) \, dx$ 发散.

　　此处省略定理的证明，但图 7-8-12 似乎说明了它的合理性. 如果上方曲线 $y = f(x)$ 下方的面积是有限的，那么下方曲线 $y = g(x)$ 下方的面积也是有限的. 如果 $y = g(x)$ 下方的面积是无穷的，那么 $y = f(x)$ 下方的面积也是无穷的.（注意，反之不一定成立：如果 $\int_a^{+\infty} g(x) \, dx$ 收敛，$\int_a^{+\infty} f(x) \, dx$ 可能收敛也可能不收敛；如果 $\int_a^{+\infty} f(x) \, dx$ 发散，$\int_a^{+\infty} g(x) \, dx$ 可能发散也可能不发散.）

例 9　证明 $\int_0^{+\infty} e^{-x^2} \, dx$ 收敛.

解　我们无法直接计算这个积分，因为 e^{-x^2} 的原函数不是初等函数（见 7.5 节中的解释）. 将积分写为

$$\int_0^{+\infty} e^{-x^2} \, dx = \int_0^1 e^{-x^2} \, dx + \int_1^{+\infty} e^{-x^2} \, dx ,$$

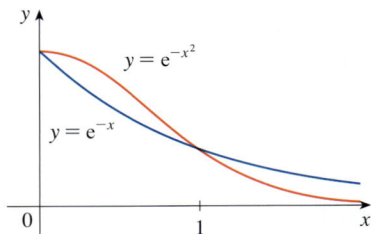

图 7-8-13

等式右边的第一个积分是一个有限值的普通定积分. 对于第二个积分, 我们可以利用下面的事实: 当 $x \geqslant 1$ 时有 $x^2 \geqslant x$, 即 $-x^2 \leqslant -x$, 进而有 $\mathrm{e}^{-x^2} \leqslant \mathrm{e}^{-x}$ (见图 7-8-13). e^{-x} 的积分很容易计算:

$$\int_1^{+\infty} \mathrm{e}^{-x}\,\mathrm{d}x = \lim_{t \to +\infty} \int_1^t \mathrm{e}^{-x}\,\mathrm{d}x = \lim_{t \to +\infty}\left(\mathrm{e}^{-1} - \mathrm{e}^{-t}\right) = \mathrm{e}^{-1}.$$

因此, 在比较定理中取 $f(x) = \mathrm{e}^{-x}$ 和 $g(x) = \mathrm{e}^{-x^2}$, 得到 $\int_1^{+\infty} \mathrm{e}^{-x^2}\,\mathrm{d}x$ 收敛. 由此可知, $\int_0^{+\infty} \mathrm{e}^{-x^2}\,\mathrm{d}x$ 也收敛. ∎

在例 9 中, 我们没有计算 $\int_0^{+\infty} \mathrm{e}^{-x^2}\,\mathrm{d}x$ 的值就证明了它是收敛的, 而在练习 84 中将说明它的值近似为 0.886 2. 我们将在 8.5 节中看到, 对于概率论, 这个反常积分的准确值非常重要. 利用多元微积分的方法可以得到其准确值为 $\sqrt{\pi}/2$. 表 7-8-1 展示了当 t 增大时 $\int_0^t \mathrm{e}^{-x^2}\,\mathrm{d}x$ 的值 (由计算机生成) 接近 $\sqrt{\pi}/2$, 从而说明收敛反常积分的定义. 事实上, 随着 x 趋于 $+\infty$, e^{-x^2} 快速趋于 0, 所以积分值快速收敛.

表 7-8-1

t	$\int_0^t \mathrm{e}^{-x^2}\,\mathrm{d}x$
1	0.746 824 132 8
2	0.882 081 390 8
3	0.886 207 348 3
4	0.886 226 911 8
5	0.886 226 925 5
6	0.886 226 925 5

表 7-8-2

t	$\int_1^t \left[\left(1+\mathrm{e}^{-x}\right)/x\right]\,\mathrm{d}x$
2	0.863 630 604 2
5	1.827 673 551 2
10	2.521 964 870 4
100	4.824 554 120 4
1000	7.127 139 213 4
10 000	9.429 724 306 4

例 10　由例 1 (或者在定理 2 中取 $p = 1$) 可知 $\int_1^{+\infty}(1/x)\,\mathrm{d}x$ 发散, 又因为

$$\frac{1+\mathrm{e}^{-x}}{x} > \frac{1}{x},$$

所以由比较定理可知积分 $\int_1^{+\infty} \dfrac{1+\mathrm{e}^{-x}}{x}\,\mathrm{d}x$ 收敛. ∎

表 7-8-2 展示了例 10 中积分的发散情况, 积分值看上去不趋于任何一个固定值.

7.8 | 练习

1. 说明下列积分为什么是反常积分.

(a) $\displaystyle\int_1^4 \frac{\mathrm{d}x}{x-3}$　　　　　(b) $\displaystyle\int_3^{+\infty} \frac{\mathrm{d}x}{x^2-4}$

(c) $\displaystyle\int_0^1 \tan \pi x\,\mathrm{d}x$　　　　(d) $\displaystyle\int_{-\infty}^{-1} \frac{\mathrm{e}^x}{x}\,\mathrm{d}x$

2. 下列哪些积分是反常积分? 为什么?

(a) $\displaystyle\int_0^{\pi} \sec x\,\mathrm{d}x$　　　　(b) $\displaystyle\int_0^4 \frac{\mathrm{d}x}{x-5}$

(c) $\displaystyle\int_{-1}^3 \frac{\mathrm{d}x}{x+x^3}$　　　　(d) $\displaystyle\int_1^{+\infty} \frac{\mathrm{d}x}{x+x^3}$

3. 求曲线 $y = 1/x^3$ 下方从 $x = 1$ 到 $x = t$ 的区域的面积, 并且分别计算 $t = 10, 100, 1000$ 时的值. 然后求该曲线下方 $x \geqslant 1$ 的部分的总面积.

4. (a) 在矩形区域 $[0,10] \times [0,1]$ 和 $[0,100] \times [0,1]$ 中画出函数 $f(x) = 1/x^{1.1}$ 和 $g(x) = 1/x^{0.9}$ 的图像.

(b) 求函数 f 和 g 的图像下方从 $x = 1$ 到 $x = t$ 的区域的面积, 并且分别计算 $t = 10, 100, 10^4, 10^6, 10^{10}, 10^{20}$ 时的值.

(c) 计算每条曲线下方 $x \geqslant 1$ 的部分的总面积 (如果存在).

5~48　确定下列积分是收敛还是发散. 如果积分收敛, 求积分值.

5. $\displaystyle\int_1^{+\infty} 2x^{-3}\,\mathrm{d}x$　　　　**6.** $\displaystyle\int_{-\infty}^{-1} \frac{1}{\sqrt[3]{x}}\,\mathrm{d}x$

7. $\displaystyle\int_0^{+\infty} \mathrm{e}^{-2x}\,\mathrm{d}x$　　　**8.** $\displaystyle\int_1^{+\infty} \left(\frac{1}{3}\right)^x \mathrm{d}x$

9. $\displaystyle\int_{-2}^{+\infty} \frac{1}{x+4}\,\mathrm{d}x$　　　**10.** $\displaystyle\int_1^{+\infty} \frac{1}{x^2+4}\,\mathrm{d}x$

11. $\int_3^{+\infty} \dfrac{1}{(x-2)^{3/2}}\, dx$

12. $\int_0^{+\infty} \dfrac{1}{\sqrt[4]{1+x}}\, dx$

13. $\int_{-\infty}^0 \dfrac{x}{(x^2+1)^3}\, dx$

14. $\int_{-\infty}^{-3} \dfrac{x}{4-x^2}\, dx$

15. $\int_1^{+\infty} \dfrac{x^2+x+1}{x^4}\, dx$

16. $\int_2^{+\infty} \dfrac{x}{\sqrt{x^2-1}}\, dx$

17. $\int_0^{+\infty} \dfrac{e^x}{(1+e^x)^2}\, dx$

18. $\int_{-\infty}^{-1} \dfrac{x^2+x}{x^3}\, dx$

19. $\int_{-\infty}^{+\infty} xe^{-x^2}\, dx$

20. $\int_{-\infty}^{+\infty} \dfrac{x}{x^2+1}\, dx$

21. $\int_{-\infty}^{+\infty} \cos 2t\, dx$

22. $\int_1^{+\infty} \dfrac{e^{-1/x}}{x^2}\, dx$

23. $\int_0^{+\infty} \sin^2\alpha\, d\alpha$

24. $\int_0^{+\infty} \sin\theta e^{\cos\theta}\, d\theta$

25. $\int_1^{+\infty} \dfrac{1}{x^2+x}\, dx$

26. $\int_2^{+\infty} \dfrac{dv}{v^2+2v-3}$

27. $\int_{-\infty}^0 ze^{2z}\, dz$

28. $\int_2^{+\infty} ye^{-3y}\, dy$

29. $\int_1^{+\infty} \dfrac{\ln x}{x}\, dx$

30. $\int_1^{+\infty} \dfrac{\ln x}{x^2}\, dx$

31. $\int_{-\infty}^0 \dfrac{z}{z^4+4}\, dz$

32. $\int_e^{+\infty} \dfrac{1}{x(\ln x)^2}\, dx$

33. $\int_0^{+\infty} e^{-\sqrt{y}}\, dy$

34. $\int_1^{+\infty} \dfrac{dx}{\sqrt{x}+x\sqrt{x}}$

35. $\int_0^1 \dfrac{1}{x}\, dx$

36. $\int_0^5 \dfrac{1}{\sqrt[3]{5-x}}\, dx$

37. $\int_{-2}^{14} \dfrac{dx}{\sqrt[4]{x+2}}$

38. $\int_{-1}^2 \dfrac{x}{(x+1)^2}\, dx$

39. $\int_{-2}^3 \dfrac{1}{x^4}\, dx$

40. $\int_0^1 \dfrac{dx}{\sqrt{1-x^2}}$

41. $\int_0^9 \dfrac{1}{\sqrt[3]{x-1}}\, dx$

42. $\int_0^5 \dfrac{w}{w-2}\, dw$

43. $\int_0^{\pi/2} \tan^2\theta\, d\theta$

44. $\int_0^4 \dfrac{dx}{x^2-x-2}$

45. $\int_0^1 r\ln r\, dr$

46. $\int_0^{\pi/2} \dfrac{\cos\theta}{\sqrt{\sin\theta}}\, d\theta$

47. $\int_{-1}^0 \dfrac{e^{1/x}}{x^3}\, dx$

48. $\int_0^1 \dfrac{e^{1/x}}{x^3}\, dx$

49~54 画出下列区域并求面积（如果面积是有限的）.

49. $S = \left\{(x,y)\big| x\geqslant 1,\ 0\leqslant y\leqslant e^{-x}\right\}$

50. $S = \left\{(x,y)\big| x\leqslant 0,\ 0\leqslant y\leqslant e^x\right\}$

51. $S = \left\{(x,y)\big| x\geqslant 1,\ 0\leqslant y\leqslant 1/\left(x^3+x\right)\right\}$

52. $S = \left\{(x,y)\big| x\geqslant 0,\ 0\leqslant y\leqslant xe^{-x}\right\}$

53. $S = \left\{(x,y)\big| 0\leqslant x<\pi/2,\ 0\leqslant y\leqslant \sec^2 x\right\}$

54. $S = \left\{(x,y)\big| -2<x\leqslant 0,\ 0\leqslant y\leqslant 1/\sqrt{x+2}\right\}$

55. (a) 如果 $g(x)=\left(\sin^2 x\right)/x^2$，利用计算器或计算机做一张 $t=2, 5, 10, 100, 1000, 10\,000$ 时 $\int_1^t g(x)dx$ 的近似值表．它能说明 $\int_1^{+\infty} g(x)dx$ 收敛吗？

   (b) 利用比较定理，令 $f(x)=1/x^2$，证明 $\int_1^{+\infty} g(x)dx$ 收敛．

   (c) 通过在同一坐标系中画出 $1\leqslant x\leqslant 10$ 时 f 和 g 的图像来说明 (b)．利用图像直观地解释为什么 $\int_1^{+\infty} g(x)dx$ 收敛．

56. (a) 如果 $g(x)=1/\left(\sqrt{x}-1\right)$，利用计算器或计算机做一张 $t=5, 10, 100, 1000, 10\,000$ 时 $\int_2^t g(x)dx$ 的近似值表．它能说明 $\int_2^{+\infty} g(x)dx$ 收敛或发散吗？

   (b) 利用比较定理，令 $f(x)=1/\sqrt{x}$，证明 $\int_2^{+\infty} g(x)dx$ 发散．

   (c) 通过在同一坐标系中画出 $2\leqslant x\leqslant 20$ 时 f 和 g 的图像来说明 (b)．利用图像直观地解释为什么 $\int_2^{+\infty} g(x)dx$ 发散．

57~64 利用比较定理确定下列积分是收敛还是发散.

57. $\int_0^{+\infty} \dfrac{x}{x^3+1}\, dx$

58. $\int_1^{+\infty} \dfrac{1+\sin^2 x}{\sqrt{x}}\, dx$

59. $\int_2^{+\infty} \dfrac{1}{x-\ln x}\, dx$

60. $\int_0^{+\infty} \dfrac{\arctan x}{2+e^x}\, dx$

61. $\int_1^{+\infty} \dfrac{x+1}{\sqrt{x^4-x}}\, dx$

62. $\int_1^{+\infty} \dfrac{2+\cos x}{\sqrt{x^4+x^2}}\, dx$

63. $\int_0^1 \dfrac{\sec^2 x}{x\sqrt{x}}\, dx$

64. $\int_0^\pi \dfrac{\sin^2 x}{\sqrt{x}}\, dx$

65~68 既是类型 1 又是类型 2 的反常积分

积分 $\int_a^{+\infty} f(x)dx$ 是反常积分，因为区间 $[a,+\infty)$ 是无穷的．如果 f 在 a 处有无穷间断，那么这是该积分是反常积分的第二个原因．在这种情况下，我们通过将其表示成类型 2 和类型 1 的反常积分的和来计算：

$$\int_a^{+\infty} f(x)dx = \int_a^c f(x)dx + \int_c^{+\infty} f(x)dx,\ c>a\,.$$

如果积分收敛，求积分值.

65. $\int_0^{+\infty} \dfrac{1}{x^2}\, dx$

66. $\int_0^{+\infty} \dfrac{1}{\sqrt{x}}\, dx$

67. $\int_0^{+\infty} \dfrac{1}{\sqrt{x}(1+x)}\, dx$

68. $\int_2^{+\infty} \dfrac{1}{x\sqrt{x^2-4}}\, dx$

69~71 求 p 为何值时下列积分收敛，并求 p 为这些值时的积分值．

69. $\displaystyle\int_0^1 \frac{1}{x^p}\,dx$　　　　**70.** $\displaystyle\int_e^{+\infty} \frac{1}{x(\ln x)^p}\,dx$

71. $\displaystyle\int_0^1 x^p \ln x\,dx$

---

72. (a) 对于 $n = 0, 1, 2, 3$，计算积分 $\displaystyle\int_0^{+\infty} x^n e^{-x}\,dx$．

(b) 猜测 n 为任意正整数时 $\displaystyle\int_0^{+\infty} x^n e^{-x}\,dx$ 的值．

(c) 利用数学归纳法证明你的猜测．

73. 定义积分 $\displaystyle\int_{-\infty}^{+\infty} f(x)\,dx$ 的柯西主值为

$$\int_{-\infty}^{+\infty} f(x)\,dx = \lim_{t \to +\infty} \int_{-t}^{t} f(x)\,dx\,.$$

证明 $\displaystyle\int_{-\infty}^{+\infty} x\,dx$ 发散，但其柯西主值为 0．

74. 理想气体中分子运动的平均速率为

$$\bar{v} = \frac{4}{\sqrt{\pi}}\left(\frac{M}{2RT}\right)^{3/2} \int_0^{+\infty} v^3 e^{-Mv^2/2RT}\,dv\,,$$

其中 M 表示气体的分子量，R 是气体常数，T 是气体温度，v 是分子速率．证明

$$\bar{v} = \sqrt{\frac{8RT}{\pi M}}\,.$$

75. 由例 1 可知，区域

$$\mathscr{R} = \left\{(x, y)\,\middle|\, x \geq 1,\ 0 \leq y \leq 1/x\right\}$$

的面积是无穷的．证明将区域 $\mathscr{R}$ 绕 x 轴旋转所得立体（称为加百利号角）的体积是有限的．

76. 利用 6.4 节练习 35 中的数据和信息，求使得 1000kg 的航天器摆脱地球引力场需要做多少功．

77. 利用牛顿万有引力定律（见 6.4 节练习 35），求质量为 m 的火箭摆脱质量为 M、半径为 R 的行星的引力场所需的逃逸速度 v_0，此时初始动能 $\frac{1}{2}mv_0^2$ 代替了所需的做功．

78. 天文学家利用一种称为恒星立体摄影术的技术，通过分析照片中的（二维）观测密度来确定星团中恒星的密度．假设在一个半径为 R 的球状星团中，恒星的密度仅与它到星团中心的距离 r 有关．如果恒星的观测密度为 $y(s)$，其中 s 是到星团中心的平面观测距离，$x(r)$ 是实际密度，

那么可以证明

$$y(s) = \int_s^R \frac{2r}{\sqrt{r^2 - s^2}}\,x(r)\,dr\,.$$

如果星团中恒星的实际密度为 $x(r) = \frac{1}{2}(R - r)^2$，求观测密度 $y(s)$．

79. 一家灯泡制造厂希望生产寿命约为 700h 的灯泡．当然，实际生产出的灯泡的寿命长短各异．令 $F(t)$ 表示工厂生产的一批灯泡中，在 t h 内就坏掉的灯泡占总量的比例，则 $F(t)$ 的取值总是在 0 和 1 之间．

(a) 画出你想象中的函数 F 的粗略图像．

(b) 导数 $r(t) = F'(t)$ 表示什么含义？

(c) $\displaystyle\int_0^{+\infty} r(t)\,dt$ 的值是什么？为什么？

80. 在 3.8 节中，我们看到放射性物质的衰变呈指数级形式：在 t 时的质量为 $m(t) = m(0)e^{kt}$，其中 $m(0)$ 是初始质量，k 是一个负常数．放射性物质中原子的平均寿命 M 为

$$M = -k\int_0^{+\infty} te^{kt}\,dt\,.$$

碳的放射性同位素碳-14 被应用于放射性碳定年检测，k 值为 $-0.000\,121$．求碳-14 原子的平均寿命．

81. 在一项关于非法药物从一个狂热使用者传播到 N 个使用者的研究中，作者用下面的方程为新使用者的预期数量建模：

$$\gamma = \int_0^{+\infty} \frac{cN(1 - e^{-kt})}{k}e^{-\lambda t}\,dt\,,$$

其中 c、k 和 λ 都是正常数．计算上述积分，用 c、N、k 和 λ 表示 γ．

资料来源：F. Hoppensteadt et al., "Threshold Analysis of a Drug Use Epidemic Model", *Mathematical Biosciences* 53 (1981): 79–87．

82. 透析治疗通过一种叫作透析器的机器将病人的部分血液分流至体外，从而从血液中去除尿素和其他代谢物．尿素从血液中去除的速度（单位：mg/min）通常可以用方程

$$u(t) = \frac{r}{V}C_0 e^{-rt/V}$$

很好地描述，其中 r 为通过透析器的血液流量（单位：mL/min），V 为患者的血液量（单位：mL），C_0 是 $t = 0$ 时血液中尿素的含量（单位：mg）．计算积分 $\displaystyle\int_0^{+\infty} u(t)\,dt$，并解释它的含义．

83. 确定 a 为多大时,

$$\int_a^{+\infty}\frac{1}{x^2+1}\,dx<0.001\ .$$

84. 通过将 $\int_0^{+\infty}e^{-x^2}\,dx$ 写成 $\int_0^4 e^{-x^2}\,dx$ 与 $\int_4^{+\infty}e^{-x^2}\,dx$ 的和的形式来估计积分值. 利用辛普森法则, 取 $n=8$, 计算第一个积分的近似值, 并证明第二个积分比 $\int_4^{+\infty}e^{-4x}\,dx$ 小, 从而小于 $0.000\,000\,1$.

85~87　拉普拉斯变换 如果对于 $t\geqslant 0$, $f(t)$ 是连续的, 定义 f 的拉普拉斯变换 F 为

$$F(s)=\int_0^{+\infty}f(t)e^{-st}\,dt\ ,$$

F 的定义域是所有使积分收敛的 s 值所组成的集合.

85. 求下列函数的拉普拉斯变换.

(a) $f(t)=1$　　(b) $f(t)=e^t$　　(c) $f(t)=t$

86. 证明: 如果对于 $t\geqslant 0$ 有 $0\leqslant f(t)\leqslant Me^{at}$, 其中 M 和 a 是常数, 那么对于 $s>a$, $f(t)$ 的拉普拉斯变换 $F(s)$ 存在.

87. 假设对于 $t\geqslant 0$ 有 $0\leqslant f(t)\leqslant Me^{at}$, $0\leqslant f'(t)\leqslant Ke^{at}$, 其中 f' 是连续的. 如果 $f(t)$ 的拉普拉斯变换为 $F(s)$, $f'(t)$ 的拉普拉斯变换为 $G(s)$, 证明

$$G(s)=sF(s)-F(0),\ s>a\ .$$

88. 如果 $\int_{-\infty}^{+\infty}f(x)\,dx$ 收敛, 且 a 和 b 都是实数, 证明

$$\int_{-\infty}^a f(x)\,dx+\int_a^{+\infty}f(x)\,dx=\int_{-\infty}^b f(x)\,dx+\int_b^{+\infty}f(x)\,dx\ .$$

89. 证明 $\int_0^{+\infty}x^2 e^{-x^2}\,dx=\dfrac{1}{2}\int_0^{+\infty}e^{-x^2}\,dx$.

90. 通过将积分解释为面积, 证明 $\int_0^{+\infty}e^{-x^2}\,dx=\int_0^1\sqrt{-\ln y}\,dy$.

91. 确定使得积分

$$\int_0^{+\infty}\left(\frac{1}{\sqrt{x^2+4}}-\frac{C}{x+2}\right)dx$$

收敛的常数 C 的值. 计算此时的积分值.

92. 确定使得积分

$$\int_0^{+\infty}\left(\frac{x}{x^2+1}-\frac{C}{3x+1}\right)dx$$

收敛的常数 C 的值. 计算此时的积分值.

93. 假设 f 在 $[0,+\infty)$ 上连续且 $\lim_{x\to+\infty}f(x)=1$. $\int_0^{+\infty}f(x)\,dx$ 有可能收敛吗?

94. 证明: 如果 $a>-1$, $b>a+1$, 那么积分

$$\int_0^{+\infty}\frac{x^a}{1+x^b}\,dx$$

收敛.

第 7 章　复习

概念题

1. 简述分部积分法的规则. 实际中如何应用?

2. 如果 m 是奇数, 如何计算 $\int\sin^m x\cos^n x\,dx$? 如果 n 是奇数呢? 如果 n 和 m 都是偶数呢?

3. 如果 $\sqrt{a^2-x^2}$ 出现在积分中, 你会如何换元? 如果是 $\sqrt{a^2+x^2}$ 呢? 如果是 $\sqrt{x^2-a^2}$ 呢?

4. 如果 P 的次数小于 Q 的次数, 并且 $Q(x)$ 只有不同的线性因式, 那么有理函数 $P(x)/Q(x)$ 的部分分式分解后的形式是什么样的? 如果 $Q(x)$ 有一个线性重因式呢? 如果 $Q(x)$ 有一个不可约二次因式呢? 如果这个二次因式是重因式呢?

5. 说明如何利用中点法则、梯形法则和辛普森法则计算定积分 $\int_a^b f(x)\,dx$ 的近似值. 哪一个可以给出最好的估计? 如何估计三者的误差?

6. 定义下列反常积分.

(a) $\int_a^{+\infty}f(x)\,dx$　　(b) $\int_{-\infty}^b f(x)\,dx$　　(c) $\int_{-\infty}^{+\infty}f(x)\,dx$

7. 对于下列情况, 定义反常积分 $\int_a^b f(x)\,dx$.

(a) f 在 a 处有无穷间断.

(b) f 在 b 处有无穷间断.

(c) f 在 c 处有无穷间断, 其中 $a<c<b$.

8. 简述反常积分的比较定理.

判断题

判断下列说法是否正确．如果正确，请说明理由；如果不正确，请说明理由或给出一个反例．

1. $\int \tan^{-1} x \, dx$ 可以用分部积分法计算．

2. $\int x^5 e^x \, dx$ 可以通过五次应用分部积分法计算．

3. 要计算 $\int \dfrac{dx}{\sqrt{25 + x^2}}$，一个合适的三角换元是 $x = 5 \sin \theta$．

4. 要计算 $\int \dfrac{dx}{\sqrt{9 + e^{2x}}}$，可以利用积分表中的公式 25，得到 $\ln\left(e^x + \sqrt{9 + e^{2x}}\right) + C$．

5. $\dfrac{x(x^2 + 4)}{x^2 - 4}$ 可以写成 $\dfrac{A}{x+2} + \dfrac{B}{x-2}$ 的形式．

6. $\dfrac{x^2 + 4}{x(x^2 - 4)}$ 可以写成 $\dfrac{A}{x} + \dfrac{B}{x+2} + \dfrac{C}{x-2}$ 的形式．

7. $\dfrac{x^2 + 4}{x^2(x - 4)}$ 可以写成 $\dfrac{A}{x^2} + \dfrac{B}{x-4}$ 的形式．

8. $\dfrac{x^2 - 4}{x(x^2 + 4)}$ 可以写成 $\dfrac{A}{x} + \dfrac{B}{x^2 + 4}$ 的形式．

9. $\int_0^4 \dfrac{x}{x^2 - 1} \, dx = \dfrac{1}{2} \ln 15$．

10. $\int_0^{+\infty} \dfrac{1}{x^{\sqrt{2}}} \, dx$ 收敛．

11. 如果 $\int_{-\infty}^{+\infty} f(x) \, dx$ 收敛，那么 $\int_0^{+\infty} f(x) \, dx$ 也收敛．

12. 利用中点法则得到的近似总是比利用梯形法则得到的近似更精确．

13. (a) 每一个初等函数的导数都是初等函数．
 (b) 每一个初等函数的原函数都是初等函数．

14. 如果 f 在区间 $[0, +\infty)$ 上连续，且 $\int_1^{+\infty} f(x) \, dx$ 收敛，那么 $\int_0^{+\infty} f(x) \, dx$ 收敛．

15. 如果 f 是区间 $[1, +\infty)$ 上的连续减函数，且 $\lim\limits_{x \to +\infty} f(x) = 0$，那么 $\int_1^{+\infty} f(x) \, dx$ 收敛．

16. 如果 $\int_a^{+\infty} f(x) \, dx$ 和 $\int_a^{+\infty} g(x) \, dx$ 都收敛，那么 $\int_a^{+\infty} \left[f(x) + g(x) \right] dx$ 也收敛．

17. 如果 $\int_a^{+\infty} f(x) \, dx$ 和 $\int_a^{+\infty} g(x) \, dx$ 都发散，那么 $\int_a^{+\infty} \left[f(x) + g(x) \right] dx$ 也发散．

18. 如果 $f(x) \leqslant g(x)$，且 $\int_0^{+\infty} g(x) \, dx$ 发散，那么 $\int_0^{+\infty} f(x) \, dx$ 也发散．

练习题

注：有关积分技巧的附加练习见 7.5 节．

1~50 求下列积分．

1. $\int_1^2 \dfrac{(x+1)^2}{x} \, dx$

2. $\int_1^2 \dfrac{x}{(x+1)^2} \, dx$

3. $\int \dfrac{e^{\sin x}}{\sec x} \, dx$

4. $\int_0^{\pi/6} t \sin 2t \, dt$

5. $\int \dfrac{dt}{2t^2 + 3t + 1}$

6. $\int_1^2 x^5 \ln x \, dx$

7. $\int_0^{\pi/2} \sin^3 \theta \cos^2 \theta \, d\theta$

8. $\int \dfrac{dx}{x^2 \sqrt{16 - x^2}}$

9. $\int \dfrac{\sin(\ln t)}{t} \, dt$

10. $\int_0^1 \dfrac{\sqrt{\arctan x}}{1 + x^2} \, dx$

11. $\int x (\ln x)^2 \, dx$

12. $\int \sin x \cos x \ln(\cos x) \, dx$

13. $\int_1^2 \dfrac{\sqrt{x^2 - 1}}{x} \, dx$

14. $\int \dfrac{e^{2x}}{1 + e^{4x}} \, dx$

15. $\int e^{\sqrt[3]{x}} \, dx$

16. $\int \dfrac{x^2 + 2}{x + 2} \, dx$

17. $\int x^2 \tan^{-1} x \, dx$

18. $\int (x + 2)^2 (x + 1)^{20} \, dx$

19. $\int \dfrac{x - 1}{x^2 + 2x} \, dx$

20. $\int \dfrac{\sec^6 \theta}{\tan^2 \theta} \, d\theta$

21. $\int x \cosh x \, dx$

22. $\int \dfrac{x^2 + 8x - 3}{x^3 + 3x^2} \, dx$

23. $\int \dfrac{dx}{\sqrt{x^2 - 4x}}$

24. $\int \dfrac{2^{\sqrt{x}}}{\sqrt{x}} \, dx$

25. $\int \dfrac{x + 1}{9x^2 + 6x + 5} \, dx$

26. $\int \tan^5 \theta \sec^3 \theta \, d\theta$

27. $\int_0^2 \sqrt{x^2 - 2x + 2} \, dx$

28. $\int \cos \sqrt{t} \, dt$

29. $\int \dfrac{dx}{x \sqrt{x^2 + 1}}$

30. $\int e^x \cos x \, dx$

31. $\displaystyle\int \frac{x\sin\left(\sqrt{1+x^2}\right)}{\sqrt{1+x^2}}\,\mathrm{d}x$

32. $\displaystyle\int \frac{\mathrm{d}x}{x^{1/2}+x^{1/4}}$

33. $\displaystyle\int \frac{3x^3-x^2+6x-4}{\left(x^2+1\right)\left(x^2+2\right)}\,\mathrm{d}x$

34. $\displaystyle\int x\sin x\cos x\,\mathrm{d}x$

35. $\displaystyle\int_0^{\pi/2} \cos^3 x\sin 2x\,\mathrm{d}x$

36. $\displaystyle\int \frac{\sqrt[3]{x}+1}{\sqrt[3]{x}-1}\,\mathrm{d}x$

37. $\displaystyle\int_{-3}^3 \frac{x}{1+|x|}\,\mathrm{d}x$

38. $\displaystyle\int \frac{\mathrm{d}x}{\mathrm{e}^x\sqrt{1-\mathrm{e}^{-2x}}}$

39. $\displaystyle\int_0^{\ln 10} \frac{\mathrm{e}^x\sqrt{\mathrm{e}^x-1}}{\mathrm{e}^x+8}\,\mathrm{d}x$

40. $\displaystyle\int_0^{\pi/4} \frac{x\sin x}{\cos^3 x}\,\mathrm{d}x$

41. $\displaystyle\int \frac{x^2}{\left(4-x^2\right)^{3/2}}\,\mathrm{d}x$

42. $\displaystyle\int \left(\arcsin x\right)^2\,\mathrm{d}x$

43. $\displaystyle\int \frac{1}{\sqrt{x+x^{3/2}}}\,\mathrm{d}x$

44. $\displaystyle\int \frac{1-\tan\theta}{1+\tan\theta}\,\mathrm{d}\theta$

45. $\displaystyle\int \left(\cos x+\sin x\right)^2\cos 2x\,\mathrm{d}x$

46. $\displaystyle\int x\cos^3 x^2\sqrt{\sin\left(x^2\right)}\,\mathrm{d}x$

47. $\displaystyle\int_0^{1/2} \frac{x\mathrm{e}^{2x}}{\left(1+2x\right)^2}\,\mathrm{d}x$

48. $\displaystyle\int_{\pi/4}^{\pi/3} \frac{\sqrt{\tan\theta}}{\sin 2\theta}\,\mathrm{d}\theta$

49. $\displaystyle\int \frac{1}{\sqrt{\mathrm{e}^x-4}}\,\mathrm{d}x$

50. $\displaystyle\int x\sin\left(\sqrt{1+x^2}\right)\mathrm{d}x$

51~60 计算下列积分或证明积分发散.

51. $\displaystyle\int_1^{+\infty} \frac{1}{\left(2x+1\right)^3}\,\mathrm{d}x$

52. $\displaystyle\int_1^{+\infty} \frac{\ln x}{x^4}\,\mathrm{d}x$

53. $\displaystyle\int_2^{+\infty} \frac{\mathrm{d}x}{x\ln x}$

54. $\displaystyle\int_2^6 \frac{y}{\sqrt{y-2}}\,\mathrm{d}y$

55. $\displaystyle\int_0^4 \frac{\ln x}{\sqrt{x}}\,\mathrm{d}x$

56. $\displaystyle\int_0^1 \frac{1}{2-3x}\,\mathrm{d}x$

57. $\displaystyle\int_0^1 \frac{x-1}{\sqrt{x}}\,\mathrm{d}x$

58. $\displaystyle\int_{-1}^1 \frac{\mathrm{d}x}{x^2-2x}$

59. $\displaystyle\int_{-\infty}^{+\infty} \frac{\mathrm{d}x}{4x^2+4x+5}$

60. $\displaystyle\int_1^{+\infty} \frac{\tan^{-1}x}{x^2}\,\mathrm{d}x$

⌂ 61~62 求下列不定积分, 通过画出函数及其原函数（$C=0$）
的图像来检查你的答案是否合理.

61. $\displaystyle\int \ln\left(x^2+2x+2\right)\mathrm{d}x$

62. $\displaystyle\int \frac{x^3}{\sqrt{x^2+1}}\,\mathrm{d}x$

⌂ 63. 画出 $f(x)=\cos^2 x\sin^3 x$ 的图像, 利用图像猜测积分
$\displaystyle\int_0^{2\pi} f(x)\mathrm{d}x$ 的值, 然后计算积分以验证你的猜测.

T 64. (a) 如何手算 $\displaystyle\int x^5\mathrm{e}^{-2x}\,\mathrm{d}x$？（无须实际计算.）

(b) 如何利用积分表计算 $\displaystyle\int x^5\mathrm{e}^{-2x}\,\mathrm{d}x$. （无须实际计算.）

(c) 利用计算机计算 $\displaystyle\int x^5\mathrm{e}^{-2x}\,\mathrm{d}x$.

(d) 在同一坐标系中画出被积函数和不定积分的图像.

65~68 利用参考公式 6~10 页中的积分表求下列积分.

65. $\displaystyle\int \sqrt{4x^2-4x-3}\,\mathrm{d}x$

66. $\displaystyle\int \csc^5 t\,\mathrm{d}t$

67. $\displaystyle\int \cos x\sqrt{4+\sin^2 x}\,\mathrm{d}x$

68. $\displaystyle\int \frac{\cos x}{\sqrt{1+2\sin x}}\,\mathrm{d}x$

---

69. 分别通过 (a) 求导和 (b) 使用三角换元来验证积分表中
的公式 33.

70. 验证积分表中的公式 62.

71. 是否存在 n 使得 $\displaystyle\int_0^{+\infty} x^n\,\mathrm{d}x$ 收敛？

72. a 为何值时, $\displaystyle\int_0^{+\infty} \mathrm{e}^{ax}\cos x\,\mathrm{d}x$ 收敛？计算此时的积分.

73~74 利用 (a) 梯形法则、(b) 中点法则和 (c) 辛普森法则,
取 $n=10$, 计算积分的近似值, 结果精确到小数点后 6 位.

73. $\displaystyle\int_2^4 \frac{1}{\ln x}\,\mathrm{d}x$

74. $\displaystyle\int_1^4 \sqrt{x}\cos x\,\mathrm{d}x$

---

75. 对于练习 73 中的 (a) 和 (b), 估计所得近似值的误差. n
为何值时, 可以确保误差小于 0.000 01？

76. 利用辛普森法则, 取 $n=6$, 估计曲线 $y=\mathrm{e}^x/x$ 下方从
$x=1$ 到 $x=4$ 的区域的面积.

77. 每隔 1min 观察一次汽车的速度表, 并将读数记录在下
表中. 利用辛普森法则估计汽车的行驶路程.

t/min	v/(km/h)	t/min	v/(km/h)
0	64	6	90
1	67	7	91
2	72	8	91
3	78	9	88
4	83	10	90
5	86		

78. 蜜蜂的数量以每周 $r(t)$ 只的速度增长，其中 r 的图像如下所示．利用辛普森法则，取 $n=6$，估计前 24 周内蜜蜂数量的增长量．

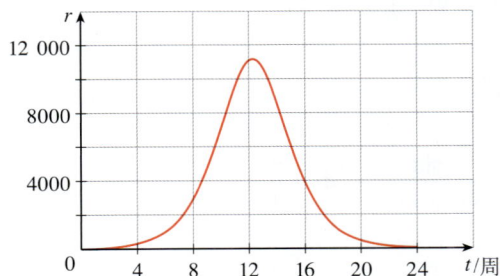

T **79.** (a) 如果 $f(x)=\sin(\sin x)$，利用计算机代数系统求出 $f^{(4)}(x)$ 并利用图像求出 $\left|f^{(4)}(x)\right|$ 的上界．

(b) 利用辛普森法则，取 $n=10$，计算 $\int_0^\pi f(x)\mathrm{d}x$ 的近似值，然后利用 (a) 的结果估计误差．

(c) n 为多大时，S_n 的误差小于 0.000 01？

80. 假设你要估计橄榄球的体积．经测量，橄榄球的长度为 28cm．用一根绳子进行测量，测得中间最宽处的围长是 53cm，距离两端 7cm 处的围长是 45cm．利用辛普森法则估计橄榄球的体积．

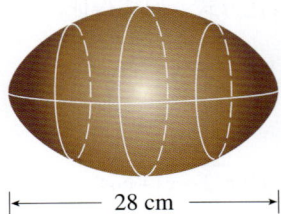

|← 28 cm →|

81. 利用比较定理确定积分是收敛还是发散．

(a) $\displaystyle\int_1^{+\infty}\frac{2+\sin x}{\sqrt{x}}\,\mathrm{d}x$ 　　(b) $\displaystyle\int_1^{+\infty}\frac{1}{\sqrt{1+x^4}}\,\mathrm{d}x$

82. 求抛物线 $y^2-x^2=1$ 和直线 $y=3$ 所围成区域的面积．

83. 求曲线 $y=\cos x$ 和 $y=\cos^2 x$ 所围成区域在 $x=0$ 和 $x=\pi$ 之间的面积．

84. 求曲线 $y=1/(2+\sqrt{x})$、$y=1/(2-\sqrt{x})$ 和直线 $x=1$ 所围成区域的面积．

85. 求曲线 $y=\cos^2 x$（$0\leqslant x\leqslant\pi/2$）下方区域绕 x 轴旋转所得立体的体积．

86. 求练习 85 中的区域绕 y 轴旋转所得立体的体积．

87. 如果 f' 在 $[0,+\infty)$ 上连续，且 $\displaystyle\lim_{x\to+\infty}f(x)=0$，证明
$$\int_0^{+\infty}f'(x)\mathrm{d}x=-f(0)\,.$$

88. 我们可以将连续函数的平均值的定义扩展到无穷区间上：定义 f 在 $[a,+\infty)$ 上的平均值为
$$f_{\mathrm{avg}}=\lim_{t\to+\infty}\frac{1}{t-a}\int_0^t f(x)\mathrm{d}x\,.$$

(a) 求 $y=\tan^{-1}x$ 在 $[0,+\infty)$ 上的平均值．

(b) 如果 $f(x)\geqslant 0$ 且 $\displaystyle\int_a^{+\infty}f(x)\mathrm{d}x$ 发散，假设 $\displaystyle\lim_{x\to+\infty}f(x)$ 存在，证明 f 在 $[a,+\infty)$ 上的平均值为 $\displaystyle\lim_{x\to+\infty}f(x)$．

(c) 如果 $\displaystyle\int_a^{+\infty}f(x)\mathrm{d}x$ 收敛，f 在 $[a,+\infty)$ 上的平均值是什么？

(d) 求 $y=\sin x$ 在 $[0,+\infty)$ 上的平均值．

89. 使用换元 $u=1/x$，证明
$$\int_0^{+\infty}\frac{\ln x}{1+x^2}\,\mathrm{d}x=0\,.$$

90. 两个符号相同、带电量分别为 1 和 q 的点电荷之间的斥力大小为
$$F=\frac{q}{4\pi\varepsilon_0 r^2}\,,$$

其中 r 表示电荷间的距离，ε_0 是常数．定义电荷 q 在点 P 处产生的电势 V 为将一个单位电荷沿 q 和 P 的连线方向从无穷远处移动到 P 处所做的功．求 V 的表达式．

附加题

盖住例题的答案，先尝试自己解答.

PS 不妨回顾一下第 1 章末的"解题的基本原则".

从计算机生成的图像（如下所示）来看，似乎例题中所有积分有相同的值. 每个被积函数的图像旁都标注了对应的 n 值.

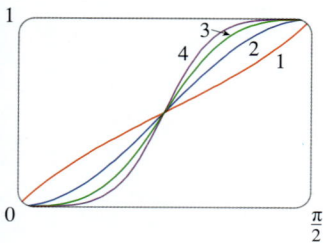

例

(a) 证明：如果 f 是连续函数，那么

$$\int_0^a f(x)\,\mathrm{d}x = \int_0^a f(a-x)\,\mathrm{d}x.$$

(b) 利用 (a) 证明对于所有正数 n，

$$\int_0^{\pi/2} \frac{\sin^n x}{\sin^n x + \cos^n x}\,\mathrm{d}x = \frac{\pi}{4}.$$

解

(a) 乍一看，给定的等式可能有些令人费解. 如何将左右两边联系起来？关联的建立通常基于一个解题的基本原则：引入额外量. 在这里，额外量指一个变量. 利用换元法对特定函数积分时，我们常常会引入一个新变量. 处理一般函数 f 时，这个方法仍然有效.

从等式右边的形式来看，应该考虑换元 $u = a - x$，那么 $\mathrm{d}u = -\mathrm{d}x$. 当 $x = 0$ 时，$u = a$；当 $x = a$ 时，$u = 0$. 因此

$$\int_0^a f(a-x)\,\mathrm{d}x = -\int_a^0 f(u)\,\mathrm{d}u = \int_0^a f(u)\,\mathrm{d}u.$$

右边的积分正是 $\int_0^a f(x)\,\mathrm{d}x$ 的另一种表达方式. 原式得证.

(b) 如果令 I 表示给定的积分，应用 (a)，取 $a = \pi/2$，得到

$$I = \int_0^{\pi/2} \frac{\sin^n x}{\sin^n x + \cos^n x}\,\mathrm{d}x = \int_0^{\pi/2} \frac{\sin^n(\pi/2 - x)}{\sin^n(\pi/2 - x) + \cos^n(\pi/2 - x)}\,\mathrm{d}x.$$

由三角恒等式 $\sin(\pi/2 - x) = \cos x$ 和 $\cos(\pi/2 - x) = \sin x$ 可知

$$I = \int_0^{\pi/2} \frac{\cos^n x}{\cos^n x + \sin^n x}\,\mathrm{d}x.$$

注意到 I 的两个表达式很相似. 事实上，两者的被积函数有相同的分母，这提示我们可将两式相加，得到

$$2I = \int_0^{\pi/2} \frac{\sin^n x + \cos^n x}{\sin^n x + \cos^n x}\,\mathrm{d}x = \int_0^{\pi/2} 1\,\mathrm{d}x = \frac{\pi}{2},$$

因此 $I = \dfrac{\pi}{4}$. ∎

556

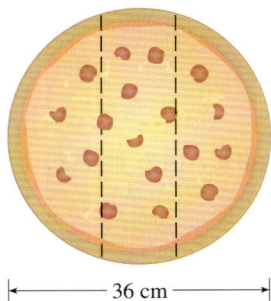

├── 36 cm ──┤

1. 数学系的三个学生要分一张直径为 36cm 的比萨．他们没有采用传统的切片方式，而是决定采用平行切割的方法（见左图）．作为数学专业的学生，他们知道如何确定在何处切割才能使每块比萨的分量相等．他们应当在何处切割？

2. 求

$$\int \frac{1}{x^7 - x}\,dx\,.$$

一个直接的方法是部分分式法，但是会很麻烦．请尝试换元法．

3. 计算 $\int_0^1 \left(\sqrt[3]{1-x^7} - \sqrt[7]{1-x^3}\right)dx$．

4. 假设函数 f 在区间 $[0,1]$ 上连续且递增，且 $f(0)=0$，$f(1)=1$．证明

$$\int_0^1 \left[f(x) + f^{-1}(x)\right]dx = 1\,.$$

5. 如果 f 是一个偶函数，且 $r > 0$，$a > 0$，证明

$$\int_{-r}^r \frac{f(x)}{1+a^x}\,dx = \int_0^r f(x)dx\,.$$

提示：$\dfrac{1}{1+u} + \dfrac{1}{1+u^{-1}} = 1$．

6. 两个半径为 1 的圆的圆心相距 1 个单位，求两个圆的并集的面积．

7. 从半径为 a 的圆上切出一个椭圆．椭圆的长轴与圆的直径重合，短轴长为 $2b$．证明圆剩余部分的面积与半轴长分别为 a 和 $2a$ 的椭圆的面积相同．

8. 一个人起初站在点 O 处，他用一根长度为 L 的绳索拉一艘小船，并沿着码头向前走．绳索始终保持伸直、紧绷的状态，小船经过的轨迹称为曳物线，其性质是绳索总是与轨迹相切（见左图）．

   (a) 证明：如果小船的轨迹是函数 $y = f(x)$ 的图像，那么

   $$f'(x) = \frac{dy}{dx} = \frac{-\sqrt{L^2 - x^2}}{x}\,.$$

   (b) 求函数 $y = f(x)$．

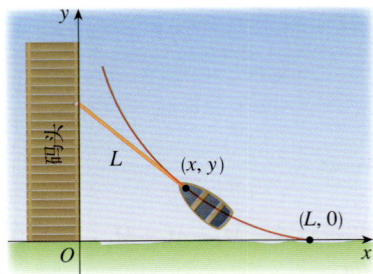

9. 定义函数 f 为 $f(x) = \int_0^\pi \cos t \cos(x-t)\,dt$，$0 \le x \le 2\pi$．求 f 的极小值．

10. 如果 n 是正整数，证明 $\int_0^1 (\ln x)^n\,dx = (-1)^n n!$．

11. 证明

$$\int_0^1 \left(1-x^2\right)^n dx = \frac{2^{2n}(n!)^2}{(2n+1)!}\,.$$

提示：令 I_n 表示该积分，首先证明

$$I_{k+1} = \frac{2k+2}{2k+3} I_k\,.$$

12. 假设 f 是正值函数，并且 f' 连续．

(a) $y = f(x) \sin nx$ 的图像与 $y = f(x)$ 的图像有什么关系？当 $n \to +\infty$ 时会怎样？

(b) 根据被积函数的图像，猜测以下极限的值：

$$\lim_{n \to +\infty} \int_0^1 f(x) \sin nx \, \mathrm{d}x \ .$$

(c) 利用分部积分法，验证 (b) 中你的猜测．（利用下面的事实：因为 f' 连续，所以存在常数 M 使得对于 $0 \leqslant x \leqslant 1$，有 $|f'(x)| \leqslant M$ ．）

13. 如果 $0 < a < b$，求

$$\lim_{t \to 0} \left\{ \int_0^1 \left[bx + a(1-x) \right]^t \mathrm{d}x \right\}^{1/t} \ .$$

14. 画出 $f(x) = \sin(e^x)$ 的图像，并利用图像估计 $\int_t^{t+1} f(x) \mathrm{d}x$ 取得极大值时的 t 值，然后求其准确值．

15. 计算 $\int_{-1}^{+\infty} \left(\dfrac{x^4}{1 + x^6} \right)^2 \mathrm{d}x$ ．

16. 计算 $\int \sqrt{\tan x} \, \mathrm{d}x$ ．

17. 如左图所示，半径为 1 的圆在两处与 $y = |2x|$ 相接触，求两者之间的区域的面积．

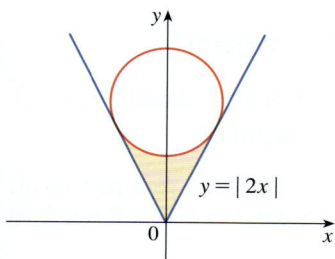

$y = |2x|$

18. 一枚火箭垂直向上发射，燃料以 $b\,\mathrm{kg/s}$ 的恒定速度消耗．设 $v = v(t)$ 是火箭在 t 时的速度，并且假设排气速度 u 是常数．设 $M = M(t)$ 是火箭在 t 时的质量，M 会随燃料的消耗而减小．如果忽略空气阻力，由牛顿第二定律可知

$$F = M \frac{\mathrm{d}v}{\mathrm{d}t} - ub \ ,$$

其中 $F = -Mg$．因此

1 $$M \frac{\mathrm{d}v}{\mathrm{d}t} - ub = -Mg \ .$$

令 M_1 表示无燃料的火箭质量，M_2 表示燃料的初始质量，$M_0 = M_1 + M_2$．燃料在 $t = M_2/b$ 时耗尽，此时火箭的质量为 $M = M_0 - bt$．

(a) 将 $M = M_0 - bt$ 代入公式 1，然后解关于 v 的方程．利用初始条件 $v(0) = 0$ 求出常数．

(b) 确定 $t = M_2/b$ 时火箭的速度，这个速度称为燃尽速度．

(c) 确定燃料耗尽时火箭的高度 $y = y(t)$．

(d) 求任意 t 时火箭的高度．

密苏里州的圣路易斯拱门高192米，于1965年建成，由建筑师埃罗·萨里宁设计，运用了一个包含双曲余弦函数的方程．在8.1节练习50中，你将计算拱门曲线的长度．

8 积分的进一步应用

在第6章中，我们已经见到了积分的一些应用——计算面积、体积、功和平均值．本章将探讨积分在几何方面的许多其他应用——求曲线长度、表面积，以及在物理学、工程学、生物学、经济学和统计学等领域中的应用．例如，我们将研究平板的重心、水对大坝的压力、人体心脏的血液流量、客户服务电话的平均等待时间等．

8.1 | 弧长的计算

图 8-1-1

曲线的长度指的是什么？我们可能会想到让一根线与图 8-1-1 所示的曲线重合，然后用尺子测量这根线的长度．但是当曲线比较复杂时，这种测量方法就很难做到很精确的程度．正如面积和体积的概念一样，我们也需要给曲线的弧长提供一个严格定义．

■ 曲线的弧长

如果曲线为一条折线，那么很容易求出它的长度：将各个线段的长度相加即可．（利用距离公式求出线段两端点之间的距离．）要定义一般曲线的长度，首先将其近似为一个折线轨迹（由相连的线段组成），然后不断增加线段的数量来求极限．在求圆的周长时，我们已经熟悉了这个过程，圆的周长就是内接正多边形的边长之和的极限（见图 8-1-2）．

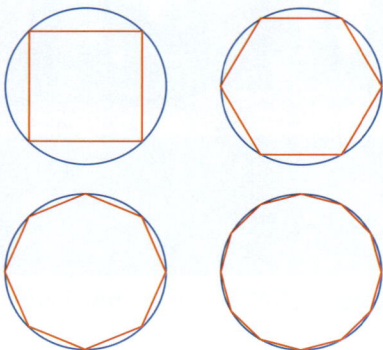

图 8-1-2

设曲线 C 由方程 $y = f(x)$ 定义，其中 f 连续，$a \leqslant x \leqslant b$．将区间 $[a,b]$ 分成 n 个子区间，端点分别为 $x_0, x_1, \cdots, x_n$，每个子区间的宽相等，都为 Δx，这样就得到曲线 C 的一条近似折线．如果 $y_i = f(x_i)$，那么点 $P_i(x_i, y_i)$ 在曲线 C 上，由顶点 $P_0, P_1, \cdots, P_n$ 连成的折线是曲线 C 的一个近似，如图 8-1-3 所示．

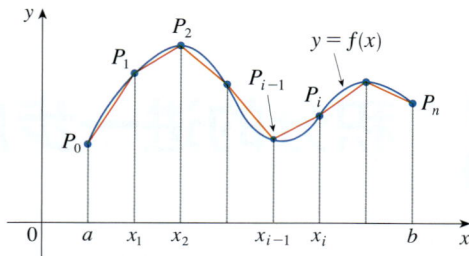

图 8-1-3

曲线 C 的长度 L 约等于折线的长度，n 越大，这个近似越精确．（图 8-1-4 放大显示了曲线在点 P_{i-1} 和点 P_i 之间的弧，以及随着 Δx 不断减小，折线的近似情况．）因此，我们将方程为 $y = f(x)$，$a \leqslant x \leqslant b$ 的曲线 C 的**长度** L 定义为近似折线的长度的极限（如果极限存在）：

$$\boxed{1} \qquad L = \lim_{n \to +\infty} \sum_{i=1}^{n} |P_{i-1} - P_i|,$$

其中 $|P_{i-1} - P_i|$ 是点 P_{i-1} 与点 P_i 之间的距离．

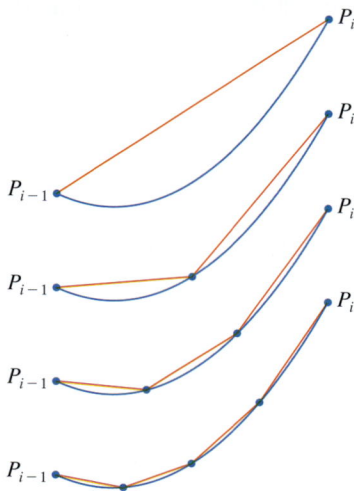

图 8-1-4

注意到定义弧长的过程类似于定义面积和体积的过程：先将曲线分成很多部分，然后分别求这些部分的近似长度并相加，最后取 $n \to +\infty$ 时的极限．

公式 1 给出的弧长的定义并不方便计算，不过当 f 有连续导数时（这样的函数 f 称为**光滑的**，因为当 x 发生微小的变化时 $f'(x)$ 也相应地发生微小的变化），我们可以利用积分推导出 L 的一个公式．

如果令 $\Delta y_i = y_i - y_{i-1}$，那么

$$|P_{i-1}P_i| = \sqrt{(x_i - x_{i-1})^2 + (y_i - y_{i-1})^2} = \sqrt{(\Delta x)^2 + (\Delta y_i)^2}.$$

在区间 $[x_{i-1}, x_i]$ 上对函数 f 应用中值定理，可知 x_{i-1} 和 x_i 之间有一点 x_i^*，使得

$$f(x_i) - f(x_{i-1}) = f'(x_i^*)(x_i - x_{i-1}),$$

即

$$\Delta y_i = f'(x_i^*)\Delta x.$$

因此，

$$|P_{i-1}P_i| = \sqrt{(\Delta x)^2 + (\Delta y_i)^2} = \sqrt{(\Delta x)^2 + \left[f'(x_i^*)\Delta x\right]^2}$$

$$= \sqrt{1 + \left[f'(x_i^*)\right]^2}\sqrt{(\Delta x)^2} = \sqrt{1 + \left[f'(x_i^*)\right]^2}\Delta x. \quad （因为 \Delta x > 0）$$

根据定义 1，有

$$L = \lim_{n \to +\infty} \sum_{i=1}^n |P_{i-1}P_i| = \lim_{n \to +\infty} \sum_{i=1}^n \sqrt{1 + \left[f'(x_i^*)\right]^2}\Delta x.$$

按照定积分的定义，我们发现这个表达式等于

$$\int_a^b \sqrt{1 + \left[f'(x)\right]^2}\,dx.$$

因为函数 $g(x) = \sqrt{1 + \left[f'(x)\right]^2}$ 是连续的，所以这个积分存在．因此，我们证明了下面的公式．

> **2 弧长公式** 如果 f' 在区间 $[a,b]$ 上连续，那么曲线 $y = f(x), a \leqslant x \leqslant b$ 的长度为
>
> $$L = \int_a^b \sqrt{1 + \left[f'(x)\right]^2}\,dx.$$

若用莱布尼茨符号表示导数，则弧长公式为

3
$$L = \int_a^b \sqrt{1 + \left(\frac{dy}{dx}\right)^2}\,dx.$$

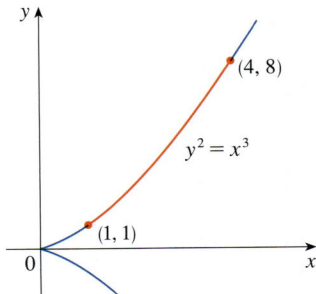

图 8-1-5

例 1 求半立方抛物线 $y^2 = x^3$ 在点 $(1,1)$ 和点 $(4,8)$ 之间的弧长（见图 8-1-5）．

解 对于曲线的上半部分，有

$$y = x^{3/2}, \quad \frac{dy}{dx} = \frac{3}{2}x^{1/2}.$$

由弧长公式可得

$$L = \int_1^4 \sqrt{1 + \left(\frac{dy}{dx}\right)^2}\,dx = \int_1^4 \sqrt{1 + \frac{9}{4}x}\,dx.$$

为了验证例 1 的答案，观察图 8-1-5，弧长应该大于点 $(1,1)$ 到点 $(4,8)$ 的距离，即

$$\sqrt{58} \approx 7.616\ 577\ 3 \ .$$

根据例 1 的计算，

$$L = \frac{1}{27} \times \left(80\sqrt{10} - 13\sqrt{13}\right),$$
$$\approx 7.633\ 705$$

显然这比上述线段的长度大．

使用换元 $u = 1 + \dfrac{9}{4}x$，于是有 $du = \dfrac{9}{4}dx$．当 $x = 1$ 时，$u = \dfrac{13}{4}$；当 $x = 4$ 时，$u = 10$．因此

$$L = \frac{4}{9}\int_{13/4}^{10}\sqrt{u}\ du = \frac{4}{9}\times\frac{2}{3}u^{3/2}\Big]_{13/4}^{10}$$

$$= \frac{8}{27}\left[10^{3/2} - \left(\frac{13}{4}\right)^{3/2}\right] = \frac{1}{27}\times\left(80\sqrt{10} - 13\sqrt{13}\right). \quad\blacksquare$$

　　如果曲线方程为 $x = g(y)$，$c \leqslant y \leqslant d$，且 $g'(y)$ 连续，那么将公式 2 或公式 3 中的 x 和 y 互换，可以得到下面的曲线长度公式：

4
$$L = \int_c^d \sqrt{1 + \left[g'(y)\right]^2}\ dy = \int_c^d \sqrt{1 + \left(\frac{dx}{dy}\right)^2}\ dy \ .$$

例 2　求抛物线 $y^2 = x$ 在点 $(0,0)$ 和点 $(1,1)$ 之间的弧长．

解　因为 $x = y^2$，所以 $dx/dy = 2y$．由公式 4 可得

$$L = \int_0^1 \sqrt{1 + \left(\frac{dx}{dy}\right)^2}\ dy = \int_0^1 \sqrt{1 + 4y^2}\ dy \ .$$

使用三角换元 $y = \dfrac{1}{2}\tan\theta$，则 $dy = \dfrac{1}{2}\sec^2\theta\,d\theta$，$\sqrt{1 + 4y^2} = \sqrt{1 + \tan^2\theta} = \sec\theta$．当 $y = 0$ 时，$\tan\theta = 0$，所以 $\theta = 0$；当 $y = 1$ 时，$\tan\theta = 2$，所以 $\theta = \tan^{-1}2 = \alpha$（记为 α）．因此

$$L = \int_0^\alpha \sec\theta \cdot \frac{1}{2}\sec^2\theta\,d\theta = \frac{1}{2}\int_0^\alpha \sec^3\theta\,d\theta$$

$$= \frac{1}{2}\times\frac{1}{2}\left[\sec\theta\tan\theta + \ln\left|\sec\theta + \tan\theta\right|\right]_0^\alpha \quad \text{(见 7.2 节例 8)}$$

$$= \frac{1}{4}\left(\sec\alpha\tan\alpha + \ln\left|\sec\alpha + \tan\alpha\right|\right).$$

（这里可以利用积分表中的公式 21．）因为 $\tan\alpha = 2$，所以 $\sec^2\alpha = 1 + \tan^2\alpha = 5$，$\sec\alpha = \sqrt{5}$．因此

$$L = \frac{\sqrt{5}}{2} + \frac{\ln\left(\sqrt{5} + 2\right)}{4} \ . \quad\blacksquare$$

图 8-1-6 显示了例 2 中所计算的抛物线的弧，以及其在 $n = 1$ 和 $n = 2$ 时的近似折线．当 $n = 1$ 时，其近似长度为 $L_1 = \sqrt{2}$，相当于一个正方形的对角线．表 8-1-1 给出了通过将区间 $[0,1]$ 分成 n 个等宽子区间得到的近似值 L_n．近似折线的线段数每增加一倍，近似长度就更接近实际长度

$$L = \frac{\sqrt{5}}{2} + \frac{\ln\left(\sqrt{5} + 2\right)}{4} \approx 1.478\ 943 \ .$$

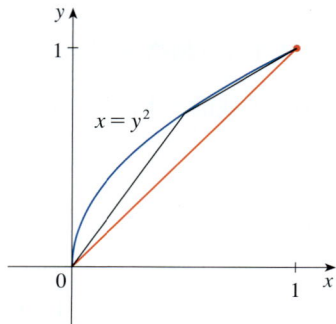

图 8-1-6

表 8-1-1

n	L_n
1	1.414
2	1.445
4	1.464
8	1.472
16	1.476
32	1.478
64	1.479

公式 2 和公式 4 中出现了平方根，所以用来计算弧长的积分往往难以甚至无法准确求出. 因此，有时只能得到弧长的近似值，如下例所示.

例 3

(a) 用积分表示双曲线 $xy=1$ 在点 $(1,1)$ 和点 $\left(2,\dfrac{1}{2}\right)$ 之间的弧长.

(b) 利用辛普森法则，取 $n=10$，估计弧长.

解

(a) 我们有

$$y=\frac{1}{x}\ ,\quad \frac{\mathrm{d}y}{\mathrm{d}x}=-\frac{1}{x^2}\ ,$$

因此，弧长为

$$L=\int_1^2 \sqrt{1+\left(\frac{\mathrm{d}y}{\mathrm{d}x}\right)^2}\,\mathrm{d}x=\int_1^2 \sqrt{1+\frac{1}{x^4}}\,\mathrm{d}x\ .$$

(b) 利用辛普森法则（见 7.7 节），取 $a=1$，$b=2$，$n=10$，$\Delta x=0.1$，$f(x)=\sqrt{1+1/x^4}$，得到

$$L=\int_1^2 \sqrt{1+\frac{1}{x^4}}\,\mathrm{d}x$$

$$\approx \frac{\Delta x}{3}\Big[f(1)+4f(1.1)+2f(1.2)+4f(1.3)+\cdots+2f(1.8)+4f(1.9)+f(2)\Big]$$

$$\approx 1.132\ 1\ .\qquad\blacksquare$$

利用计算机求定积分的数值解，得到 1.132 090 4. 由此可见，利用辛普森法则得到的近似值精确到了小数点后 4 位.

■ 弧长函数

如果有一个函数表示曲线从某一起点到任意点的弧长，那么它会十分有用. 因此，如果光滑曲线 C 的方程为 $y=f(x)$，$a\leqslant x\leqslant b$，$s(x)$ 表示曲线 C 从起点 $P_0\big(a,f(a)\big)$ 到终点 $Q\big(x,f(x)\big)$ 的距离，则 s 为一个函数，称为**弧长函数**. 由公式 2 可知，

$$\boxed{5}\qquad s(x)=\int_a^x \sqrt{1+\big[f'(t)\big]^2}\,\mathrm{d}t\ .$$

（这里积分变量用 t 来表示，这样 x 就不会产生歧义.）利用微积分基本定理的第一部分对公式 5 求导（因为被积函数是连续的）：

$$\boxed{6}\qquad \frac{\mathrm{d}s}{\mathrm{d}x}=\sqrt{1+\big[f'(t)\big]^2}=\sqrt{1+\left(\frac{\mathrm{d}y}{\mathrm{d}x}\right)^2}\ .$$

公式 6 表明，s 关于 x 的变化率始终至少为 1，且当曲线的斜率 $f'(x)$ 为 0 时，变化率为 1. 弧长的微分为

$$\boxed{7}\qquad \mathrm{d}s=\sqrt{1+\left(\frac{\mathrm{d}y}{\mathrm{d}x}\right)^2}\,\mathrm{d}x\ ,$$

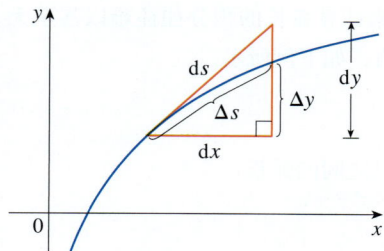

图 8-1-7

这个公式有时也写成如下具有对称性的形式：

8
$$\left(\mathrm{d}s\right)^2 = \left(\mathrm{d}x\right)^2 + \left(\mathrm{d}y\right)^2.$$

图 8-1-7 给出了公式 8 的几何解释，它也可以帮助我们记忆公式 3 和公式 4．令 $L = \int \mathrm{d}s$，从公式 8 出发可以推导出公式 7，从而得到公式 3；或者推导出

9
$$\mathrm{d}s = \sqrt{1 + \left(\frac{\mathrm{d}x}{\mathrm{d}y}\right)^2}\,\mathrm{d}y,$$

从而得到公式 4．

例 4   求曲线 $y = x^2 - \frac{1}{8}\ln x$ 以 $P_0\left(1,1\right)$ 为起点的弧长函数．

解   如果 $f\left(x\right) = x^2 - \frac{1}{8}\ln x$，那么

$$f'\left(x\right) = 2x - \frac{1}{8x},$$

$$1 + \left[f'\left(x\right)\right]^2 = 1 + \left(2x - \frac{1}{8x}\right)^2 = 1 + 4x^2 - \frac{1}{2} + \frac{1}{64x^2}$$

$$= 4x^2 + \frac{1}{2} + \frac{1}{64x^2} = \left(2x + \frac{1}{8x}\right)^2,$$

即 $$\sqrt{1 + \left[f'\left(x\right)\right]^2} = 2x + \frac{1}{8x}.\qquad \text{（因为 } x > 0\text{）}$$

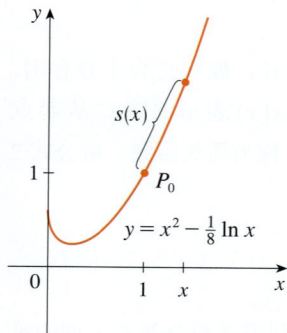

图 8-1-8

图 8-1-8 展示了例 4 中弧长函数的含义．

因此，弧长函数为

$$s\left(x\right) = \int_1^x \sqrt{1 + \left[f'\left(t\right)\right]^2}\,\mathrm{d}t$$

$$= \int_1^x \left(2t + \frac{1}{8t}\right)\mathrm{d}t = \left[t^2 + \frac{1}{8}\ln t\right]_1^x$$

$$= x^2 + \frac{1}{8}\ln x - 1.$$

例如，曲线从点 $\left(1,1\right)$ 到点 $\left(3, f\left(3\right)\right)$ 的弧长为

$$s\left(3\right) = 3^2 + \frac{1}{8}\ln 3 - 1 = 8 + \frac{\ln 3}{8} \approx 8.137\ 3.\qquad \blacksquare$$

8.1 │ 练习

1. 利用弧长公式 3，求曲线 $y = 3 - 2x$，$-1 \leqslant x \leqslant 3$ 的长度。注意，该曲线实际上是一条线段。利用距离公式计算线段的长度来验证你的答案。

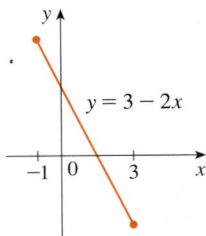

2. 利用弧长公式求曲线 $y = \sqrt{4 - x^2}$，$0 \leqslant x \leqslant 2$ 的长度。注意，该曲线实际上是一个四分之一圆。利用这一点来验证你的答案。

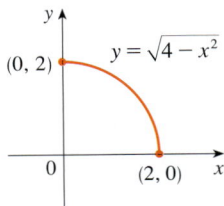

3~8 用积分表示曲线的长度，无须计算。

3. $y = x^3$，$0 \leqslant x \leqslant 2$

4. $y = e^x$，$1 \leqslant x \leqslant 3$

5. $y = x - \ln x$，$1 \leqslant x \leqslant 4$

6. $x = y^2 + y$，$0 \leqslant y \leqslant 3$

7. $x = \sin y$，$0 \leqslant y \leqslant \pi/2$

8. $y^2 = \ln x$，$-1 \leqslant y \leqslant 1$

9~24 求曲线长度的准确值。

9. $y = \dfrac{2}{3} x^{3/2}$，$0 \leqslant x \leqslant 2$

10. $y = (x + 4)^{3/2}$，$0 \leqslant x \leqslant 4$

11. $y = \dfrac{2}{3} (1 + x^2)^{3/2}$，$0 \leqslant x \leqslant 1$

12. $36 y^2 = (x^2 - 4)^3$，$2 \leqslant x \leqslant 3$，$y \geqslant 0$

13. $y = \dfrac{x^3}{3} + \dfrac{1}{4x}$，$1 \leqslant x \leqslant 2$

14. $x = \dfrac{y^4}{8} + \dfrac{1}{4y^2}$，$1 \leqslant y \leqslant 2$

15. $y = \dfrac{1}{2} \ln(\sin 2x)$，$\pi/8 \leqslant x \leqslant \pi/6$

16. $y = \ln(\cos x)$，$0 \leqslant x \leqslant \pi/3$

17. $y = \ln(\sec x)$，$0 \leqslant x \leqslant \pi/4$

18. $x = e^y + \dfrac{1}{4} e^{-y}$，$0 \leqslant y \leqslant 1$

19. $x = \dfrac{1}{3} \sqrt{y}(y - 3)$，$1 \leqslant y \leqslant 9$

20. $y = 3 + \dfrac{1}{2} \cosh 2x$，$0 \leqslant x \leqslant 1$

21. $y = \dfrac{1}{4} x^2 - \dfrac{1}{2} \ln x$，$1 \leqslant x \leqslant 2$

22. $y = \sqrt{x - x^2} + \sin^{-1}(\sqrt{x})$

23. $y = \ln(1 - x^2)$，$0 \leqslant x \leqslant \dfrac{1}{2}$

24. $y = 1 - e^{-x}$，$0 \leqslant x \leqslant 2$

25~26 求曲线从点 P 到点 Q 的弧长。

25. $y = \dfrac{1}{2} x^2$，$P\left(-1, \dfrac{1}{2}\right)$，$Q\left(1, \dfrac{1}{2}\right)$

26. $x^2 = (y - 4)^3$，$P(1, 5)$，$Q(8, 8)$

T **27~32** 画出曲线并直观地估计其长度。然后计算长度，精确到小数点后 4 位。

27. $y = x^2 + x^3$，$1 \leqslant x \leqslant 2$

28. $y = x + \cos x$，$0 \leqslant x \leqslant \pi/2$

29. $y = \sqrt[3]{x}$，$1 \leqslant x \leqslant 4$

30. $y = x \tan x$，$0 \leqslant x \leqslant 1$

31. $y = x e^{-x}$，$1 \leqslant x \leqslant 2$

32. $y = \ln(x^2 + 4)$，$-2 \leqslant x \leqslant 2$

33~34 利用辛普森法则，取 $n = 10$，估计曲线的长度。将你的答案与计算器或计算机得出的积分值进行比较。

33. $y = x \sin x$，$0 \leqslant x \leqslant 2\pi$　　**34.** $y = e^{-x^2}$，$0 \leqslant x \leqslant 2$

35. (a) 画出曲线 $y = x\sqrt[3]{4 - x}$，$0 \leqslant x \leqslant 4$。

(b) 计算线段数量为 $n = 1, 2, 4$ 的近似折线的长度（将区间分成等宽子区间）。画出曲线和这些折线（如图 8-1-6）。

(c) 用积分表示曲线的长度。

T (d) 计算曲线的长度，精确到小数点后 4 位，并与 (b) 中的近似长度进行比较。

36. 对于曲线 $y = x + \sin x$，$0 \leqslant x \leqslant 2\pi$，重做练习 35。

T **37.** 利用计算机或积分表求曲线 $y=e^x$ 在点 $(0,1)$ 和点 $(2,e^2)$ 之间的弧长的准确值.

T **38.** 利用计算机或积分表求曲线 $y=x^{4/3}$ 在点 $(0,0)$ 和点 $(1,1)$ 之间的弧长的准确值. 如果你的计算机软件无法计算该积分, 可以使用换元, 将积分转化为软件可以计算的形式.

39. 求星形线 $x^{2/3}+y^{2/3}=1$ （见下图）的长度.

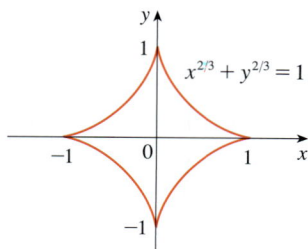

40. (a) 画出曲线 $y^3=x^2$.
   (b) 利用公式 3 和公式 4, 写出表示曲线从点 $(0,0)$ 到点 $(1,1)$ 的弧长的两个积分. 注意, 其中一个是反常积分. 计算它们的值.
   (c) 求曲线从点 $(-1,1)$ 到点 $(8,4)$ 的弧长.

41. 求曲线 $y=2x^{3/2}$ 以 $P_0(1,2)$ 为起点的弧长函数.

42. (a) 求曲线 $y=\ln(\sin x)$, $0<x<\pi$ 以 $(\pi/2,0)$ 为起点的弧长函数.
   (b) 在同一坐标系中画出曲线及其弧长函数的图像. 为什么当 $x<\pi/2$ 时弧长函数会取得负值?

43. 求曲线 $y=\sin^{-1}x+\sqrt{1-x^2}$ 以 $(0,1)$ 为起点的弧长函数.

44. 曲线 $y=f(x)$ （f 为增函数）的弧长函数为
$$s(x)=\int_0^x \sqrt{3t+5}\,dt.$$
   (a) 如果 f 的 y 轴截距是 2, 写出 f 的表达式.
   (b) 在 f 的图像上, 哪一点到 y 轴截点的距离为 3? 请将结果四舍五入到小数点后 3 位.

45. 一只鹰以 15m/s 的速度在 180m 的高空中飞行时不小心将猎物掉落, 猎物下坠的轨迹呈抛物线形, 其方程为
$$y=180-\frac{x^2}{45},$$
其中 y 为到地面的高度, x 为水平移动的距离, 单位是 m. 计算猎物从开始下坠到落地这段时间内水平移动的距离, 结果精确到 0.1m.

46. 一阵稳定的风将风筝吹向正西方向. 风筝的水平位置在 $x=0$m 和 $x=25$m 之间, 它到地面的高度可以表示为 $y=50-0.1(x-15)^2$. 求风筝飞过的距离.

T **47.** 一家波纹金属屋面制造商希望通过加工平整的金属板材来生产宽度为 60cm、高度为 4cm 的屋顶面板, 如下图所示. 面板的侧面为正弦曲线. 证明该正弦曲线的方程为 $y=2\sin(\pi x/15)$, 并求制造 60cm 的屋顶面板所需平整金属板材的宽 w 为多少. （估计积分值, 精确到小数点后 4 位.）

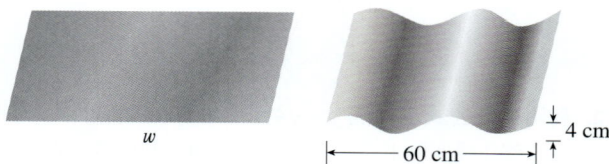

48~50 **悬链线** 如下图所示, 一根密度均匀的链子（或缆绳）悬挂在两点之间, 呈悬链线的形状, 其方程为 $y=a\cosh(x/a)$. （见 12.2 节末的探索专题.）

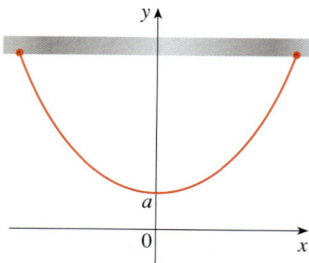

48. (a) 求悬链线 $y=a\cosh(x/a)$ 在区间 $[c,d]$ 上的弧长.
   (b) 证明: 在任意区间 $[c,d]$ 上, 悬链线下方区域的面积与它的弧长之比总是 a.

49. 一条通信电缆悬挂在 $x=-10$ 和 $x=10$ 处的两杆之间, 如下图所示. 它的形状为悬链线, 方程为
$$y=c+a\cosh\frac{x}{a}.$$
如果两杆间的电缆长度为 20.4m, 电缆的最低点必须在地面上方 9m 处, 那么电缆应该悬挂在电线杆上多高处?

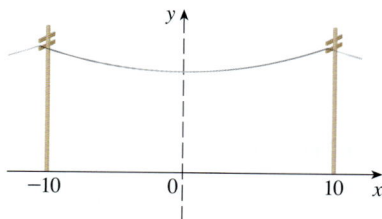

T 50. 英国物理学家和建筑学家罗伯特·胡克（Robert Hooke，1635—1703）首先发现独立拱门的理想形状是一条倒置的悬链线. 胡克评论道："锁链怎样悬挂，拱门就怎样站立." 圣路易斯拱门就是基于悬链线的形状建造的，其中心曲线可以用如下方程建模：

$$y = 211.49 - 20.96\cosh(0.032\,917\,65x),$$

其中 x 和 y 的单位是 m，并且 $|x| \leqslant 91.20$. 用积分表示中心曲线的长度，并通过数值计算求积分，来估计该长度，结果精确到 1m.

51. 对于函数 $f(x) = \dfrac{1}{4}e^x + e^{-x}$，证明其在任意区间上的弧长与曲线下方区域的面积相同.

52. 方程为 $x^n + y^n = 1$, $n = 4, 6, 8, \cdots$ 的曲线称为胖圆. 画出 $n = 2, 4, 6, 8, 10$ 时的曲线，看看它们为什么称为胖圆. 当 $n = 2k$ 时，写出表示胖圆长度 L_{2k} 的积分. 无须计算积分，直接说出 $\lim\limits_{k \to +\infty} L_{2k}$ 的值.

53. 求曲线 $y = \displaystyle\int_1^x \sqrt{t^3 - 1}\,\mathrm{d}t$, $1 \leqslant x \leqslant 4$ 的长度.

探索专题 | 弧长竞赛

下图所示的曲线都是具有下列性质的连续函数 f 的图像：

1. $f(0) = 0$，且 $f(1) = 0$；

2. 当 $0 \leqslant x \leqslant 1$ 时，$f(x) \geqslant 0$；

3. f 的图像下方从 $x = 0$ 到 $x = 1$ 的区域的面积等于 1.

不过这些曲线的长度 L 并不相等.

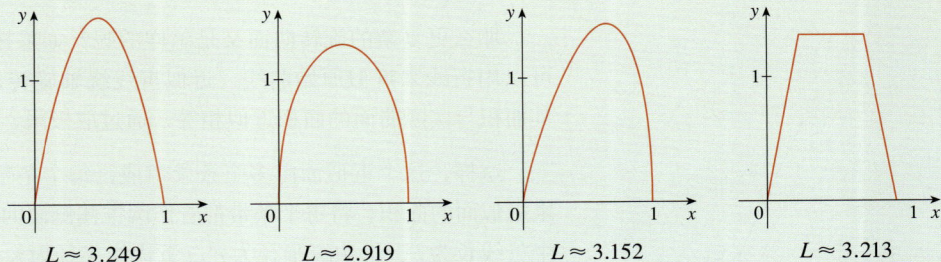

$L \approx 3.249$　　　$L \approx 2.919$　　　$L \approx 3.152$　　　$L \approx 3.213$

构造两个满足上面三个给定条件的函数.（函数的图像可能类似于上面的图像，也可能完全不同.）计算每个图像中的弧长，弧长最小的函数获胜.

8.2 | 旋转曲面的面积

旋转曲面是由曲线绕直线旋转形成的. 这种曲面属于 6.2 节和 6.3 节中所讨论的旋转体的侧边界.

我们希望以符合直观认识的方式来定义旋转曲面的面积. 如果一个曲面的面积为 A，那么给曲面刷漆所需要的涂料和给面积同样为 A 的平面刷漆所需要的涂料一样多.

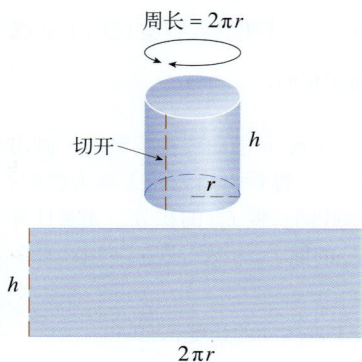

图 8-2-1

先考察简单的旋转曲面. 半径为 r、高为 h 的圆柱体的侧面积为 $A = 2\pi rh$，因为把圆柱体的侧面切开展平（如图 8-2-1），可以得到一个长为 $2\pi r$、宽为 h 的矩形.

同样，把底面半径为 r、母线长为 l 的圆锥体的侧面沿图 8-2-2 所示的虚线切开展平，可以得到半径为 l、圆心角为 $\theta = 2\pi r/l$ 的扇形. 半径为 l、圆心角为 θ 的扇形的面积为 $\frac{1}{2}l^2\theta$（见 7.3 节练习 41），所以

$$A = \frac{1}{2}l^2\theta = \frac{1}{2}l^2\left(\frac{2\pi r}{l}\right) = \pi rl .$$

因此，圆锥体的侧面积为 $A = \pi rl$.

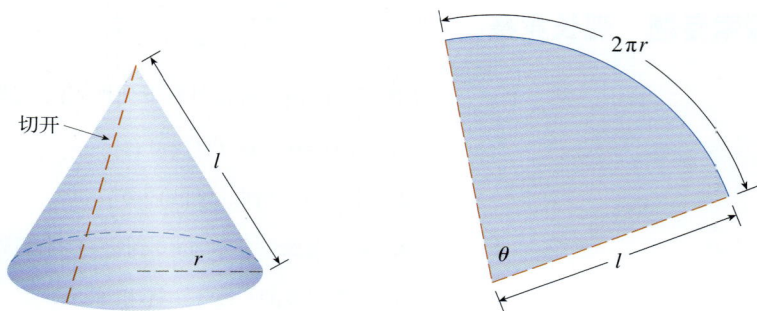

图 8-2-2

那么更复杂的旋转曲面又是怎样的呢？如果按照求弧长所使用的策略，我们可以用折线来近似原始曲线. 近似折线绕轴旋转，得到一个比较简单的近似面，其面积与实际曲面的面积近似相等. 通过取极限，可以准确地确定曲面的面积.

这样，这个近似面由多个条带组成，每个条带都由线段绕轴旋转而得. 为了求近似面的面积，将每个条带都看作圆锥体侧面的一部分，如图 8-2-3 所示. 每一个母线长为 l、上边缘半径为 r_1、下边缘半径为 r_2 的条带的面积（圆台的侧面积）为两个圆锥体的侧面积之差：

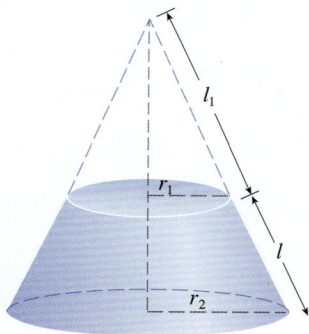

图 8-2-3

1 $\qquad A = \pi r_2(l_1 + l) - \pi r_1 l_1 = \pi\left[(r_2 - r_1)l_1 + r_2 l\right] .$

由相似三角形的性质可得

$$\frac{l_1}{r_1} = \frac{l_1 + l}{r_2} ,$$

从而有

$$r_2 l_1 = r_1 l_1 + r_1 l \ \text{或} \ (r_2 - r_1)l_1 = r_1 l .$$

代入公式 1，得到 $A = \pi(r_1 l + r_2 l)$ 或

2 $\qquad\qquad\qquad A = 2\pi rl ,$

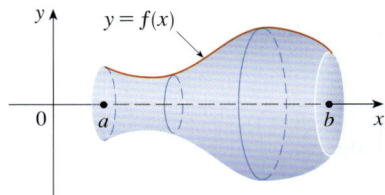

(a) 旋转曲面

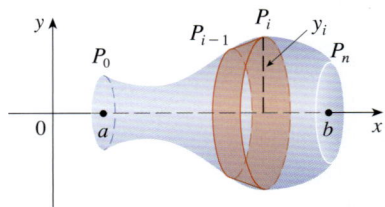

(b) 近似条带

图 8-2-4

其中 $r = \dfrac{1}{2}(r_1 + r_2)$ 是条带的平均半径.

现在将公式 2 应用到我们的策略中. 考察图 8-2-4 中的曲面, 它由曲线 $y = f(x)$, $a \leqslant x \leqslant b$ 绕 x 轴旋转而成, 其中 f 为正值函数且有连续导数. 为了定义曲面的面积, 如定义弧长一样, 我们将区间 $[a,b]$ 分成 n 个子区间, 其端点分别为 $x_0, x_1, \cdots, x_n$, 宽为 Δx. 如果 $y_i = f(x_i)$, 那么点 $P_i(x_i, y_i)$ 在曲线上. 曲面在 x_{i-1} 和 x_i 之间的部分可以用线段 $P_{i-1}P_i$ 绕 x 轴旋转得到的条带来近似. 这个条带的母线长为 $l = |P_{i-1}P_i|$, 平均半径为 $r = \dfrac{1}{2}(y_{i-1} + y_i)$. 根据公式 2, 它的面积为

$$2\pi \frac{y_{i-1} + y_i}{2} |P_{i-1}P_i| .$$

根据 8.1 节定理 2, 有

$$|P_{i-1}P_i| = \sqrt{1 + \left[f'(x_i^*) \right]^2} \, \Delta x ,$$

其中 x_i^* 为区间 $[x_{i-1}, x_i]$ 内的一点. 因为 f 连续, 所以当 Δx 较小时, $y_i = f(x_i) \approx f(x_i^*)$, $y_{i-1} = f(x_{i-1}) \approx f(x_i^*)$. 因此

$$2\pi \frac{y_{i-1} + y_i}{2} |P_{i-1}P_i| \approx 2\pi f(x_i^*) \sqrt{1 + \left[f'(x_i^*) \right]^2} \, \Delta x ,$$

整个旋转曲面的近似面积为

$$\boxed{3} \qquad \sum_{i=1}^{n} 2\pi f(x_i^*) \sqrt{1 + \left[f'(x_i^*) \right]^2} \, \Delta x .$$

随着 $n \to +\infty$, 这个近似会越来越精确. 此外, 我们发现公式 3 是函数 $g(x) = 2\pi f(x) \sqrt{1 + \left[f'(x) \right]^2}$ 的黎曼和, 从而有

$$\lim_{n \to +\infty} \sum_{i=1}^{n} 2\pi f(x_i^*) \sqrt{1 + \left[f'(x_i^*) \right]^2} \, \Delta x = \int_a^b 2\pi f(x) \sqrt{1 + \left[f'(x) \right]^2} \, dx .$$

因此, f 为正值函数且有连续导数时, 曲线 $y = f(x)$, $a \leqslant x \leqslant b$ 绕 x 轴旋转所得曲面的**面积**为

$$\boxed{4} \qquad \boxed{\, S = \int_a^b 2\pi f(x) \sqrt{1 + \left[f'(x) \right]^2} \, dx \, .}$$

用莱布尼茨符号表示导数, 公式变为

$$\boxed{5} \qquad \boxed{\, S = \int_a^b 2\pi y \sqrt{1 + \left(\frac{dy}{dx} \right)^2} \, dx \, .}$$

如果曲线方程为 $x = g(y)$, $c \leqslant y \leqslant d$ ，那么面积公式变为

$$\boxed{6} \qquad S = \int_c^d 2\pi y \sqrt{1 + \left(\frac{\mathrm{d}x}{\mathrm{d}y}\right)^2}\ \mathrm{d}y\ .$$

利用 8.1 节中弧长的微分公式，将公式 5 和公式 6 进一步转化为

$$\boxed{7} \qquad S = \int 2\pi y\ \mathrm{d}s\ .$$

对于绕 y 轴旋转的情况，经过相似的过程可以得到

$$\boxed{8} \qquad S = \int 2\pi x\ \mathrm{d}s\ ,$$

其中使用了 8.1 节公式 7 或公式 9：

$$\mathrm{d}s = \sqrt{1 + \left(\frac{\mathrm{d}y}{\mathrm{d}x}\right)^2}\ \mathrm{d}x\ \text{或}\ \mathrm{d}s = \sqrt{1 + \left(\frac{\mathrm{d}x}{\mathrm{d}y}\right)^2}\ \mathrm{d}y\ .$$

注 公式 7 和公式 8 可以这样记忆：将被积函数看作曲线上的点 (x, y) 绕 x 轴或 y 轴旋转所划过的圆形轨迹的周长（如图 8-2-5 所示）．

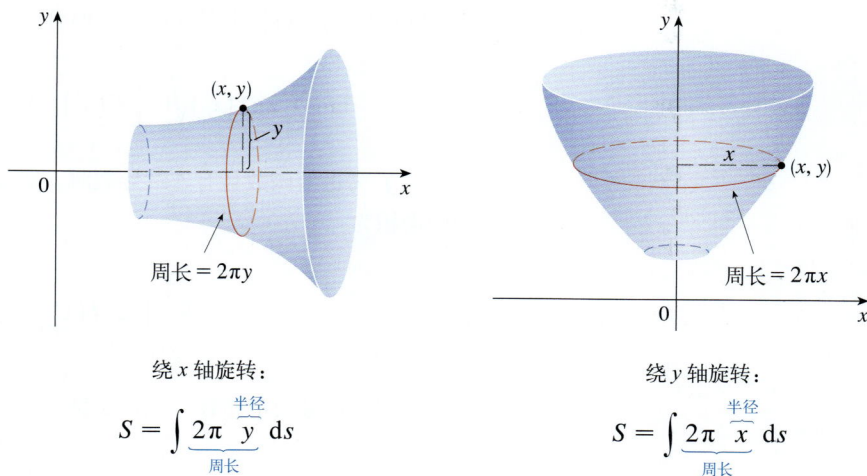

绕 x 轴旋转：

$$S = \int \underbrace{2\pi\ \overset{\text{半径}}{\overbrace{y}}}_{\text{周长}}\ \mathrm{d}s$$

绕 y 轴旋转：

$$S = \int \underbrace{2\pi\ \overset{\text{半径}}{\overbrace{x}}}_{\text{周长}}\ \mathrm{d}s$$

图 8-2-5

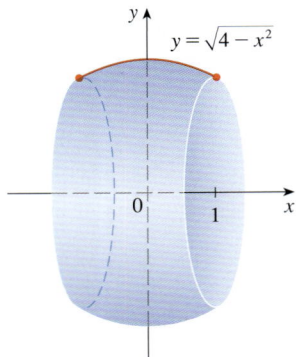

图 8-2-6
例 1 中的球带

例 1　曲线 $y = \sqrt{4-x^2}$，$-1 \leqslant x \leqslant 1$ 是圆 $x^2 + y^2 = 4$ 上的一段弧．求这段弧绕 x 轴旋转所得曲面的面积．（曲面是一个半径为 2 的球带，如图 8-2-6 所示．）

解　因为

$$\frac{\mathrm{d}y}{\mathrm{d}x} = \frac{1}{2}\left(4-x^2\right)^{-1/2}\left(-2x\right) = \frac{-x}{\sqrt{4-x^2}}，$$

所以根据公式 7（或公式 5），令 $\mathrm{d}s = \sqrt{1+\left(\mathrm{d}y/\mathrm{d}x\right)^2}\,\mathrm{d}x$，上述曲面的面积为

$$S = \int_{-1}^{1} 2\pi y \sqrt{1+\left(\frac{\mathrm{d}y}{\mathrm{d}x}\right)^2}\,\mathrm{d}x$$

$$= 2\pi \int_{-1}^{1} \sqrt{4-x^2} \sqrt{1+\frac{x^2}{4-x^2}}\,\mathrm{d}x$$

$$= 2\pi \int_{-1}^{1} \sqrt{4-x^2} \sqrt{\frac{4-x^2+x^2}{4-x^2}}\,\mathrm{d}x$$

$$= 2\pi \int_{-1}^{1} \sqrt{4-x^2}\,\frac{2}{\sqrt{4-x^2}}\,\mathrm{d}x = 4\pi \int_{-1}^{1} 1\,\mathrm{d}x = 4\pi \times 2 = 8\pi．\quad\blacksquare$$

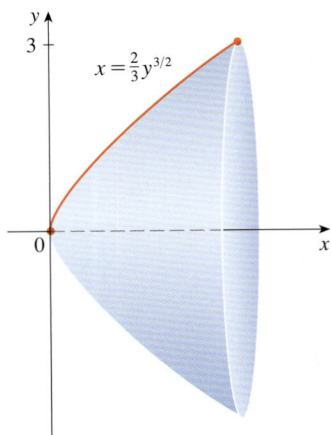

图 8-2-7
例 2 中的旋转曲面

例 2　求曲线 $x = \frac{2}{3}y^{3/2}$ 在 $y = 0$ 和 $y = 3$ 之间的弧绕 x 轴旋转（见图 8-2-7）所得旋转曲面的面积．

解　由于 x 为 y 的函数，因此很自然地使用 y 作为积分变量．根据公式 7（或公式 6），令 $\mathrm{d}s = \sqrt{1+\left(\mathrm{d}x/\mathrm{d}y\right)^2}\,\mathrm{d}y$，上述曲面的面积为

$$S = \int_0^3 2\pi y \sqrt{1+\left(\frac{\mathrm{d}x}{\mathrm{d}y}\right)^2}\,\mathrm{d}y = 2\pi \int_0^3 y \sqrt{1+\left(y^{1/2}\right)^2}\,\mathrm{d}y$$

$$= 2\pi \int_0^3 y\sqrt{1+y}\,\mathrm{d}y．$$

令 $u = 1+y$，则 $\mathrm{d}u = \mathrm{d}y$．换元时不要忘记改变积分的上、下限：

$$S = 2\pi \int_1^4 \left(u-1\right)\sqrt{u}\,\mathrm{d}u = 2\pi \int_1^4 \left(u^{3/2}-u^{1/2}\right)\mathrm{d}u$$

$$= 2\pi \left[\frac{2}{3}u^{5/2} - \frac{2}{3}u^{3/2}\right]_1^4 = \frac{232}{15}\pi．\quad\blacksquare$$

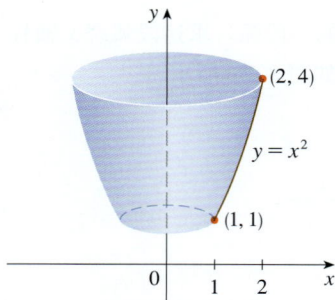

图 8-2-8
例 3 中的旋转曲面

例 3　求抛物线 $y = x^2$ 在 $(1,1)$ 和 $(2,4)$ 之间的弧绕 y 轴旋转所得旋转曲面的面积.

解 1　将 y 视为 x 的函数：

$$y = x^2 , \quad \frac{\mathrm{d}y}{\mathrm{d}x} = 2x .$$

根据公式 8，令 $\mathrm{d}s = \sqrt{1 + (\mathrm{d}y/\mathrm{d}x)^2}\, \mathrm{d}x$，得到

$$S = \int 2\pi x \, \mathrm{d}s$$

$$= \int_1^2 2\pi x \sqrt{1 + \left(\frac{\mathrm{d}y}{\mathrm{d}x}\right)^2}\, \mathrm{d}x$$

$$= 2\pi \int_1^2 x \sqrt{1 + 4x^2}\, \mathrm{d}x .$$

令 $u = 1 + 4x^2$，则 $\mathrm{d}u = 8x\, \mathrm{d}x$. 换元时不要忘记改变积分的上、下限：

$$S = 2\pi \int_5^{17} \sqrt{u} \cdot \frac{1}{8}\, \mathrm{d}u$$

$$= \frac{\pi}{4} \int_5^{17} u^{1/2}\, \mathrm{d}u = \frac{\pi}{4} \left[\frac{2}{3} u^{3/2} \right]_5^{17}$$

$$= \frac{\pi}{6} \left(17\sqrt{17} - 5\sqrt{5} \right) .$$

解 2　将 x 视为 y 的函数：

$$x = \sqrt{y} , \quad \frac{\mathrm{d}x}{\mathrm{d}y} = \frac{1}{2\sqrt{y}} .$$

根据公式 8，令 $\mathrm{d}s = \sqrt{1 + (\mathrm{d}x/\mathrm{d}y)^2}\, \mathrm{d}y$，得到

为了验证例 3 的答案，观察图 8-2-8，曲面面积应该接近于与它等高且半径为曲面上、下边缘的平均半径的圆柱体的侧面积，即 $2\pi \times 1.5 \times 3 \approx 28.27$. 曲面面积为

$$\frac{\pi}{6} \left(17\sqrt{17} - 5\sqrt{5} \right) \approx 30.85 ,$$

所以结果应该是正确的. 此外，曲面面积应该略大于上、下边缘与它相同的圆台的侧面积. 根据公式 2，这个面积为

$$2\pi \times 1.5 \times \sqrt{10} \approx 29.80 .$$

$$S = \int 2\pi x \, \mathrm{d}s = \int_1^4 2\pi x \sqrt{1 + \left(\frac{\mathrm{d}x}{\mathrm{d}y}\right)^2}\, \mathrm{d}y .$$

$$= 2\pi \int_1^4 \sqrt{y} \sqrt{1 + \frac{1}{4y}}\, \mathrm{d}y = 2\pi \int_1^4 \sqrt{y + \frac{1}{4}}\, \mathrm{d}y$$

$$= 2\pi \int_1^4 \sqrt{\frac{1}{4}(4y+1)}\, \mathrm{d}y = \pi \int_1^4 \sqrt{4y+1}\, \mathrm{d}y$$

$$= \frac{\pi}{4} \int_5^{17} \sqrt{u}\, \mathrm{d}u \quad \text{（其中 } u = 1 + 4y\text{）}$$

$$= \frac{\pi}{6} \left(17\sqrt{17} - 5\sqrt{5} \right) . \quad \text{（同解 1）}$$　∎

例 4　用积分表示曲线 $y = \mathrm{e}^x$, $0 \leqslant x \leqslant 1$ 绕 x 轴旋转所得曲面的面积，然后计算积分值，精确到小数点后 3 位.

解　利用

$$y = \mathrm{e}^x \text{ 和 } \frac{\mathrm{d}y}{\mathrm{d}x} = \mathrm{e}^x$$

另一种解法：利用 $x = \ln y$ 和公式 7（或公式 6），令 $\mathrm{d}s = \sqrt{1 + (\mathrm{d}x/\mathrm{d}y)^2}\, \mathrm{d}y$.　以及公式 7（或公式 5），令 $\mathrm{d}s = \sqrt{1 + (\mathrm{d}y/\mathrm{d}x)^2}\, \mathrm{d}x$ ，得到

$$S = \int_0^1 2\pi y \sqrt{1 + \left(\frac{\mathrm{d}y}{\mathrm{d}x}\right)^2}\, \mathrm{d}x = 2\pi \int_0^1 \mathrm{e}^x \sqrt{1 + \mathrm{e}^{2x}}\, \mathrm{d}x .$$

使用计算器或计算机计算，得到

$$2\pi \int_0^1 \mathrm{e}^x \sqrt{1 + \mathrm{e}^{2x}}\, \mathrm{d}x \approx 22.943 .$$
∎

8.2 | 练习

1~4　用 (a) 关于 x 的积分和 (b) 关于 y 的积分表示下列曲线绕 x 轴旋转所得旋转曲面的面积，无须计算.

1.　$y = \sqrt[3]{x}$, $1 \leqslant x \leqslant 8$

2.　$x^2 = \mathrm{e}^y$, $1 \leqslant x \leqslant \mathrm{e}$

3.　$x = \ln(2y + 1)$, $0 \leqslant y \leqslant 1$

4.　$y = \tan^{-1} x$, $0 \leqslant x \leqslant 1$

5~8　用 (a) 关于 x 的积分和 (b) 关于 y 的积分表示下列曲线绕 y 轴旋转所得旋转曲面的面积，无须计算.

5.　$xy = 4$, $1 \leqslant x \leqslant 8$

6.　$y = (x + 1)^4$, $0 \leqslant x \leqslant 2$

7.　$y = 1 + \sin x$, $0 \leqslant x \leqslant \pi/2$

8.　$x = \mathrm{e}^{2y}$, $0 \leqslant y \leqslant 2$

9~16　求下列曲线绕 x 轴旋转所得曲面的面积的准确值.

9.　$y = x^3$, $0 \leqslant x \leqslant 2$

10.　$y = \sqrt{5 - x}$, $3 \leqslant x \leqslant 5$

11.　$y^2 = x + 1$, $0 \leqslant x \leqslant 3$

12.　$y = \sqrt{1 + \mathrm{e}^x}$, $0 \leqslant x \leqslant 1$

13.　$y = \cos\left(\frac{1}{2}x\right)$, $0 \leqslant x \leqslant \pi$

14.　$y = \dfrac{x^3}{6} + \dfrac{1}{2x}$, $\dfrac{1}{2} \leqslant x \leqslant 1$

15.　$x = \dfrac{1}{3}\left(y^2 + 2\right)^{3/2}$, $1 \leqslant y \leqslant 2$

16.　$x = 1 + 2y^2$, $1 \leqslant y \leqslant 2$

17~20　求下列曲线绕 y 轴旋转所得曲面的面积.

17.　$y = \dfrac{1}{3}x^{3/2}$, $0 \leqslant x \leqslant 12$

18.　$x^{2/3} + y^{2/3} = 1$, $0 \leqslant y \leqslant 1$

19.　$x = \sqrt{a^2 - y^2}$, $0 \leqslant y \leqslant a/2$

20.　$y = \dfrac{1}{4}x^2 - \dfrac{1}{2}\ln x$, $1 \leqslant x \leqslant 2$

🖩 **21~26**　用积分表示下列曲线绕指定轴旋转所得曲面的面积，然后估计积分值，精确到小数点后 3 位.

21.　$y = \mathrm{e}^{-x^2}$, $-1 \leqslant x \leqslant 1$；绕 x 轴旋转.

22.　$xy = y^2 - 1$, $1 \leqslant y \leqslant 3$；绕 x 轴旋转.

23.　$x = y + y^3$, $0 \leqslant y \leqslant 1$；绕 y 轴旋转.

24.　$y = x + \sin x$, $0 \leqslant x \leqslant 2\pi/3$；绕 y 轴旋转.

25.　$\ln y = x - y^2$, $1 \leqslant y \leqslant 4$；绕 x 轴旋转.

26.　$x = \cos^2 y$, $0 \leqslant y \leqslant \pi/2$；绕 y 轴旋转.

T **27~28** 求下列曲线绕 x 轴旋转所得曲面的面积.

27. $y = 1/x$, $1 \leqslant x \leqslant 2$

28. $y = \sqrt{x^2 + 1}$, $0 \leqslant x \leqslant 3$

T **29~30** 使用计算机求下列曲线绕 y 轴旋转所得曲面的面积的准确值. 如果你的软件无法计算该积分, 可以将曲面的面积表示为关于其他变量的积分.

29. $y = x^3$, $0 \leqslant y \leqslant 1$

30. $y = \ln(x + 1)$, $0 \leqslant x \leqslant 1$

31~32 利用辛普森法则, 取 $n = 10$, 求下列曲线绕 x 轴旋转所得曲面的面积的近似值. 将你的答案与计算器或计算机得出的结果进行比较.

31. $y = \dfrac{1}{5} x^5$, $0 \leqslant x \leqslant 5$

32. $y = x \ln x$, $1 \leqslant x \leqslant 2$

33. **加百利号角** 曲线 $y = 1/x$, $x \geqslant 1$ 绕 x 轴旋转所得曲面称为加百利号角. 证明它的面积为无穷大(尽管它中间的体积是有限的, 见 7.8 节的练习 75).

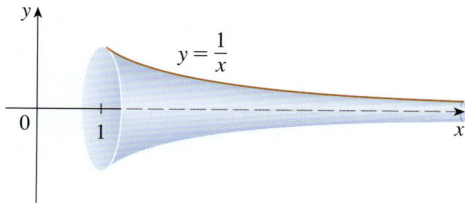

34. 求无穷曲线 $y = e^{-x}$, $x \geqslant 0$ 绕 x 轴旋转所得曲面的面积.

35. (a) 如果 $a > 0$, 求曲线 $3ay^2 = x(a - x)^2$(见下图)上的圈绕 x 轴旋转所得曲面的面积.

(b) 求这个圈绕 y 轴旋转所得曲面的面积.

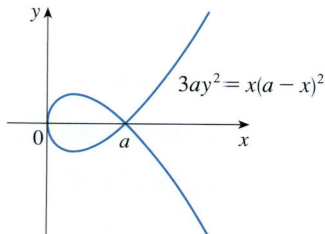

$3ay^2 = x(a - x)^2$

36. 一群工程师正在建造一个碟形卫星天线, 它的形状是由曲线 $y = ax^2$ 绕 y 轴旋转所得的抛物面. 如果碟形卫星天线的直径为 3m, 最大深度为 1m, 求 a 值和碟形面的面积.

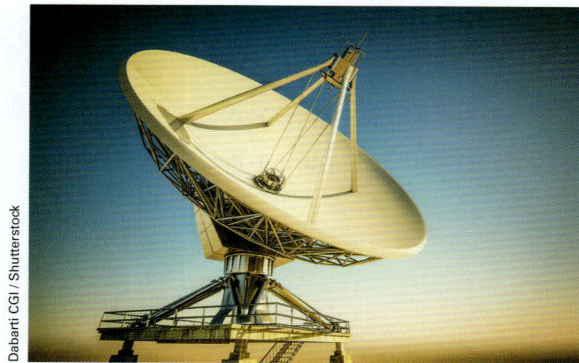

Dabarti CGI / Shutterstock

37. (a) 椭圆

$$\frac{x^2}{a^2} + \frac{y^2}{b^2} = 1, \ a > b$$

绕 x 轴旋转所得曲面称为椭球面, 或长椭球面. 求椭球面的面积.

(b) 如果 (a) 中的椭圆绕其短轴(y 轴)旋转, 得到的椭球面称为扁椭球面. 求这个椭球面的面积.

38. 求 6.2 节练习 75 中环的表面积.

39. (a) 如果曲线 $y = f(x)$, $a \leqslant x \leqslant b$ 绕水平直线 $y = c$ 旋转, 其中 $f(x) \leqslant c$, 求所得曲面的面积公式.

T (b) 用积分表示曲线 $y = \sqrt{x}$, $0 \leqslant x \leqslant 4$ 绕直线 $y = 4$ 所得曲面的面积, 然后估计积分值, 精确到小数点后 4 位.

T **40.** 用积分表示曲线 $y = x^3$, $1 \leqslant x \leqslant 2$ 绕下列直线旋转所得面的面积, 然后估计积分值, 精确到小数点后 2 位.

(a) $x = -1$ \qquad\qquad (b) $x = 4$

(c) $y = \dfrac{1}{2}$ \qquad\qquad (d) $y = 10$

41. 求圆 $x^2 + y^2 = r^2$ 绕直线 $y = r$ 旋转所得曲面的面积.

42~43 **球台** 球台是球体位于两个平行平面之间的部分.

42. 证明球台的侧面积为 $S = 2\pi R h$, 其中 R 为球体的半径, h 为两个平面之间的距离. (注意, 假设两个平面都与球体相交, 那么 S 仅仅和两个平面之间的距离有关, 与它们的位置无关.)

43. 证明半径为 R、高为 h 的圆柱体的侧面积与练习 42 中球台的侧面积相同.

44. 令 L 为曲线 $y = f(x)$，$a \leqslant x \leqslant b$ 的长度，其中 f 为正值函数且有连续导数，令 S_f 为该曲线绕 x 轴旋转所得曲面的面积. 如果 c 为正常数，定义 $g(x) = f(x) + c$，令 S_g 为曲线 $y = g(x)$，$a \leqslant x \leqslant b$ 绕 x 轴旋转所得曲面的面积. 用 S_f 和 L 表示 S_g.

45. 证明：对于任意区间 $a \leqslant x \leqslant b$，曲线 $y = e^{x/2} + e^{-x/2}$ 绕 x 轴旋转所得曲面的面积与其中间的体积有相同的值.

46. 当且仅当 $f(x) \geqslant 0$ 时公式 4 成立. 证明：当 $f(x)$ 不一定为正时，曲面的面积公式变为

$$S = \int_a^b 2\pi \left| f(x) \right| \sqrt{1 + \left[f'(x) \right]^2} \, dx .$$

探索专题 ｜ 绕斜线旋转

我们已经学习了如何求一个区域绕水平线或垂直线旋转所得旋转体的体积（见 6.2 节），还学习了如何求一条曲线绕水平线或垂直线旋转所得旋转曲面的面积（见 8.2 节）. 但是如果绕斜线旋转会怎样呢？在本专题中，你将推导旋转轴为斜线时旋转体的体积和旋转曲面的面积.

令 C 为曲线 $y = f(x)$ 在点 $P(p, f(p))$ 和 $Q(q, f(q))$ 之间的弧，令 $\mathscr{R}$ 为曲线 C、直线 $y = mx + b$（在 C 的下方）以及 P 和 Q 到这条直线的垂线所围成区域的面积，如下图所示.

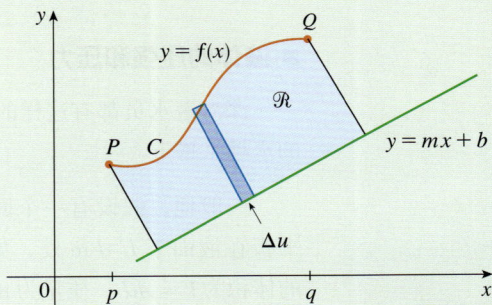

1. 证明 $\mathscr{R}$ 的面积为

$$\frac{1}{1+m^2} \int_p^q \left[f(x) - mx - b \right] \left[1 + mf'(x) \right] dx .$$

（提示：这个公式可以通过求面积之差的方法推导出来，但对于本专题而言，利用垂直于直线的矩形来近似该区域会更有帮助，如下图所示. 借助图像求出 Δu 关于 Δx 的表达式.）

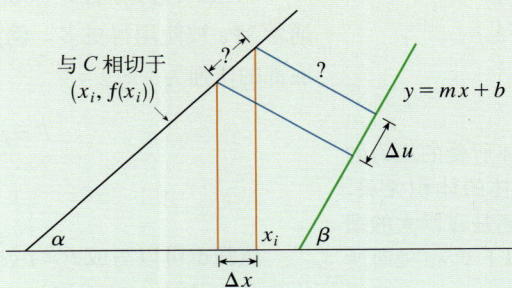

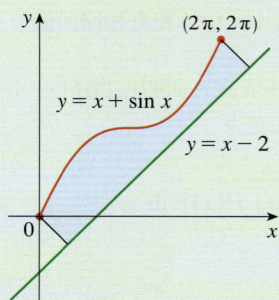

2. 求左图所示区域的面积.

3. 求区域 $\mathscr{R}$ 绕直线 $y = mx + b$ 旋转所得立体的体积（给出一个类似于问题 1 中的体积公式）.

4. 求问题 2 中的区域绕直线 $y = x - 2$ 旋转所得立体的体积.

5. 求曲线 C 绕直线 $y = mx + b$ 旋转所得曲面的面积.

[T] **6.** 利用计算机求曲线 $y = \sqrt{x}$, $0 \leqslant x \leqslant 4$ 绕直线 $y = \dfrac{1}{2}x$ 旋转所得曲面的面积的准确值，然后将计算结果近似到小数点后 3 位.

8.3 | 物理学和工程学中的应用

积分在物理学和工程学中有很多应用，这里介绍两个：液体的压力和物体的质心. 和前面介绍的积分在几何上的应用（面积、体积和长度）类似，我们的方法还是将物理量分为若干部分，求每一部分的近似，将它们相加（得到一个黎曼和）并取极限，然后计算相应的积分.

■ 液体的压强和压力

深海潜水员都有这样的经验：越下潜，水的压力就越大. 这是因为他们上方的水越来越重.

一般地，假设有一个面积为 $A\,\mathrm{m}^2$ 的薄平板浸没在密度为 $\rho\,\mathrm{kg/m}^3$ 的液体中，平板在液面下方 $d\,\mathrm{m}$ 处，如图 8-3-1 所示. 平板正上方液体（想象为一个液柱）的体积为 $V = Ad$ ，质量为 $m = \rho V = \rho Ad$. 因此，液体对平板的压力为

$$F = mg = \rho g A d ,$$

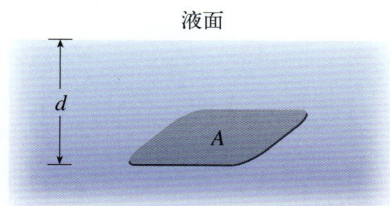

图 8-3-1

其中 g 为重力加速度. 我们将平板上的**压强** P 定义为其在单位面积上所受的压力：

$$P = \frac{F}{A} = \rho g d .$$

压强的国际单位是 $\mathrm{N/m}^2$ ，也称为 Pa（$1\mathrm{N/m}^2 = 1\mathrm{Pa}$）. 这个单位很小，所以通常 kPa 被使用得更多. 例如，水的密度为 $\rho = 1000\mathrm{kg/m}^3$ ，则在 2m 深的游泳池底部的压强为

$$P = \rho g d = 1000\mathrm{kg/m}^3 \times 9.8\mathrm{m/s}^2 \times 2\mathrm{m}$$

$$= 19\,600\mathrm{Pa} = 19.6\mathrm{kPa} .$$

浸没在液体中的物体所受的压力随深度变化，但与液体的体积无关. 无论在小型水族馆还是在巨大的湖泊中，鱼游到水面以下 0.5m 处时所受的压力是相同的.

压强也可以写成 $P = \rho g d = \delta d$ ，其中 $\delta = \rho g$ 称为**重度**（相对于 ρ 而言，ρ 称为密度）. 例如，水的重度为 $\delta = 10\,000\mathrm{kg/(m^2 \cdot s)}$.

关于液体压强，有一个经过实验验证的重要原理：在液体中的任意一点处，各个方向上的压强都是相等的.（潜水员的鼻子和双耳会感受到相同的压强.）因此，在密度为 ρ 的液体中深度为 d 处，任何方向上的压强均为

1 $$P = \rho g d \ .$$

这个公式可以用来确定作用于垂直板、墙或大坝的流体静压力（流体在静止状态下所施加的压力）.这不是一个简单的问题，因为压强并非恒定的，而是随深度增加而增大.

例 1 图 8-3-2 所示的梯形大坝高 20m，顶部宽 50m，底部宽 30m.如果水位到坝顶的距离为 4m，求流体静压强造成的大坝所受的力（即流体静压力）.

解 首先，根据大坝建立坐标系.令 x 轴垂直，向下为正方向，原点在水面处，如图 8-3-3a 所示.水深 16m，因此我们将区间 $[0,16]$ 分成等宽子区间，端点为 x_i，样本点为 $x_i^* \in [x_{i-1}, x_i]$.大坝中的第 i 个水平条形可以用高为 Δx、宽为 w_i 的矩形来近似.根据图 8-3-3b，由相似三角形可得

$$\frac{a}{16-x_i^*} = \frac{10}{20} \ , \ \ 即 \ a = \frac{16-x_i^*}{2} = 8 - \frac{x_i^*}{2} \ .$$

因此，$$w_i = 2(15+a) = 2\left(15+8-\frac{1}{2}x_i^*\right) = 46 - x_i^* \ .$$

如果第 i 个条形的面积为 A_i，那么

$$A_i \approx w_i \Delta x = (46 - x_i^*)\Delta x \ .$$

如果 Δx 很小，那么第 i 个条形上的压强 P_i 几乎是恒定的.利用公式 1，有

$$P_i \approx 1000 g x_i^* \ .$$

作用于第 i 个条形的流体静压力 F_i 为压强与面积的乘积：

$$F_i = P_i A_i \approx 1000 g x_i^* (46 - x_i^*)\Delta x \ .$$

将这些压力相加，取 $n \to +\infty$ 时的极限，得到大坝所受的总流体静压力为

$$F = \lim_{n\to+\infty} \sum_{i=1}^{n} 1000 g x_i^* (46 - x_i^*)\Delta x = \int_0^{16} 1000 g x (46-x)\mathrm{d}x$$

$$= 1000 \times 9.8 \int_0^{16} (46-x^2)\mathrm{d}x = 9800\left[23x^2 - \frac{x^3}{3}\right]_0^{16}$$

$$\approx 4.43 \times 10^7 \, \text{N} \ .$$

在例 1 中，我们也可以使用通常的坐标系，原点在大坝底部的中心.大坝右边的方程是 $y = 2x - 30$，那么 y_i^* 处的水平条形的宽为 $2x_i^* = y_i^* + 30$，那里的水深为 $16 - y_i^*$，因此大坝所受的压力为

$$F = 1000 \times 9.8 \int_0^{16} (y+30)(16-y)\mathrm{d}y \approx 4.43 \times 10^7 \, \text{N} \ .$$

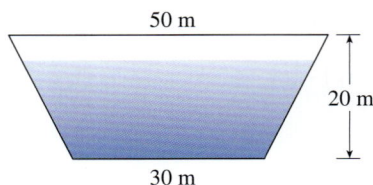

图 8-3-2

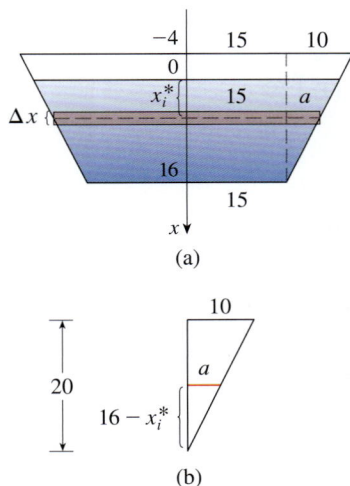

图 8-3-3

例 2   半径为 1m 的圆柱形鼓浸没在水中并横放，最底部在水面下方 3m 处．求鼓的一端所受的流体静压力．

解   为方便起见，本例中建立如图 8-3-4 所示的坐标系，原点位于鼓的圆心，这样圆的方程非常简单：$x^2 + y^2 = 1$．同例 1 一样，将圆形区域分成等高的水平条形．根据圆的方程，第 i 个条形的近似矩形的宽为 $2\sqrt{1 - \left(y_i^*\right)^2}$，因此第 i 个条形的面积近似为

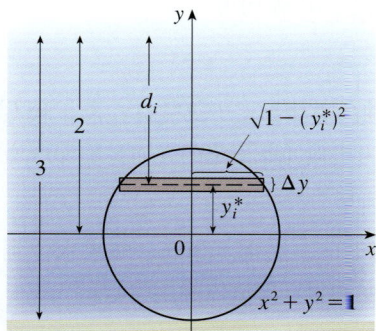

图 8-3-4

$$A_i \approx 2\sqrt{1 - \left(y_i^*\right)^2}\, \Delta y\ .$$

因为水的密度为 $\rho = 1000\text{kg/m}^3$，所以（由公式 1 可知）这个条形上的压强近似为

$$\rho \cdot g d_i = 1000 \times 9.8\left(2 - y_i^*\right)\ ,$$

于是这个条形所受的压力（压强 × 面积）近似为

$$\delta d_i A_i = 1000 \times 9.8\left(2 - y_i^*\right) 2\sqrt{1 - \left(y_i^*\right)^2}\, \Delta y\ .$$

将所有条形所受的压力相加并取极限，得到总压力为

$$F = \lim_{n \to +\infty} \sum_{i=1}^{n} 1000 \times 9.8\left(2 - y_i^*\right) 2\sqrt{1 - \left(y_i^*\right)^2}\, \Delta y$$

$$= 19\ 600 \int_{-1}^{1} (2 - y)\sqrt{1 - y^2}\, \mathrm{d}y$$

$$= 19\ 600 \times 2\int_{-1}^{1} \sqrt{1 - y^2}\, \mathrm{d}y - 19\ 600 \int_{-1}^{1} y\sqrt{1 - y^2}\, \mathrm{d}y\ .$$

第二个积分的结果为 0，因为被积函数是一个奇函数（见 5.5 节定理 7）．求第一个积分时可以使用三角换元 $y = 1\sin\theta$，也可以通过观察发现它是半径为 1 的半圆的面积，后者更易于计算．因此

$$F = 39\ 200 \int_{-1}^{1} \sqrt{1 - y^2}\, \mathrm{d}y = 39\ 200 \times \frac{1}{2}\pi \times 1^2$$

$$= \frac{39\ 200\pi}{2} \approx 50\ 270\text{N}\ .$$ ∎

■ 物体的矩和质心

在这里，我们的主要目的是在任意形状的薄板上找到一点 P，使得以这一点为支点，薄板可以维持水平平衡，如图 8-3-5 所示．这一点称为薄板的**质心**（或重心）．

首先考察如图 8-3-6 所示的简单情况，其中两个质量分别为 m_1 和 m_2 的物体被固定在质量忽略不计的杠杆两端，与支点之间的距离分别为 d_1 和 d_2．如果

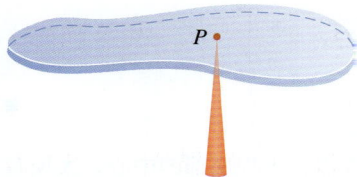

图 8-3-5

$$\boxed{2} \qquad\qquad m_1 d_1 = m_2 d_2\ ,$$

那么杠杆平衡．这是由阿基米德发现的实验定律，称为杠杆原理．（想象玩跷跷板时，较轻的人坐在距离中心稍远处就可以把较重的人支撑起来，以维持平衡．）

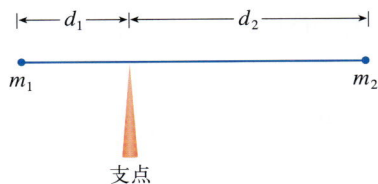

图 8-3-6

假设杠杆在 x 轴上，m_1 在 x_1 处，m_2 在 x_2 处，质心在 $\overline{x}$ 处．观察图 8-3-6 和图 8-3-7，得到 $d_1 = \overline{x} - x_1$ 和 $d_2 = x_2 - \overline{x}$，此时公式 2 变为

$$m_1\left(\overline{x} - x_1\right) = m_2\left(x_2 - \overline{x}\right)$$

$$m_1\overline{x} + m_2\overline{x} = m_1 x_1 + m_2 x_2$$

3    $$\overline{x} = \frac{m_1 x_1 + m_2 x_2}{m_1 + m_2} .$$

这里 $m_1 x_1$ 和 $m_2 x_2$ 称为物体（关于原点）的**矩**．公式 3 表明将物体的矩相加并除以总质量 $m = m_1 + m_2$，可以得到质心 $\overline{x}$．

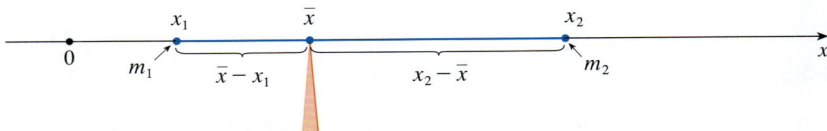

图 8-3-7

一般地，如果质量为 $m_1, m_2, \cdots, m_n$ 的 n 个质点分别位于 x 轴上的 $x_1, x_2, \cdots, x_n$ 处，那么这个系统的质心位于

4    $$\overline{x} = \frac{\displaystyle\sum_{i=1}^{n} m_i x_i}{\displaystyle\sum_{i=1}^{n} m_i} = \frac{\displaystyle\sum_{i=1}^{n} m_i x_i}{m}$$

处，其中 $m = \sum m_i$ 是系统的总质量．各质点的矩之和

$$M = \sum_{i=1}^{n} m_i x_i$$

称为**系统关于原点的矩**．公式 4 可以写成 $m\overline{x} = M$，这表明假如全部质量都集中在质心，那么它的矩和原来系统的矩相等．

考虑平面上位于 $\left(x_1, y_1\right), \left(x_2, y_2\right), \cdots, \left(x_n, y_n\right)$ 处的质量为 $m_1, m_2, \cdots, m_n$ 的 n 个质点，如图 8-3-8 所示．和一维情况类似，我们将**系统关于 y 轴的矩**定义为

5    $$M_y = \sum_{i=1}^{n} m_i x_i ,$$

将**系统关于 x 轴的矩**定义为

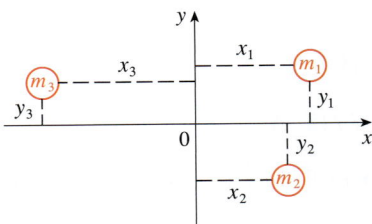

图 8-3-8

6    $$M_x = \sum_{i=1}^{n} m_i y_i .$$

M_y 度量了系统绕 y 轴旋转的趋势，M_x 度量了系统绕 x 轴旋转的趋势．

和一维情况一样，质心与矩之间的关系由下面的公式给出：

7    $$\overline{x} = \frac{M_y}{m} , \quad \overline{y} = \frac{M_x}{m} ,$$

其中 $m=\sum m_i$ 为总质量. 因为 $m\overline{x}=M_y$，$m\overline{y}=M_x$，所以在质心 $(\overline{x},\overline{y})$ 处的质量为 m 的单个质点的矩和系统的矩相等.

例 3 求位于点 $(-1,1)$、$(2,-1)$、$(3,2)$ 处，质量分别为 3、4、8 的物体所组成的系统的矩和质心.

解 利用公式 5 和公式 6 计算系统的矩：

$$M_y = 3\times(-1)+4\times 2+8\times 3 = 29，$$

$$M_x = 3\times 1+4\times(-1)+8\times 2 = 15.$$

总质量为 $m=3+4+8=15$. 利用公式 7，得到

$$\overline{x}=\frac{M_y}{m}=\frac{29}{15}，\quad \overline{y}=\frac{M_x}{m}=\frac{15}{15}=1.$$

因此，质心为 $\left(\dfrac{29}{15},1\right)$（见图 8-3-9）.

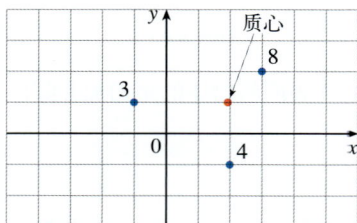

图 8-3-9

区域 $\mathcal{R}$ 的形心完全由区域的形状决定. 设一个密度均匀的平板所占据的区域为 $\mathcal{R}$，那么它的质心与 $\mathcal{R}$ 的形心重合. 然而，如果密度不是均匀的，那么通常质心在不同的位置. 我们将在 15.4 节中讨论这种情况.

接下来考察具有均匀密度 ρ 的平板（称为层状体），设它在平面上所占据的区域为 $\mathcal{R}$. 我们希望找到平板的质心，即 $\mathcal{R}$ 的**形心**，需要利用物理学的**对称性原理**：如果 $\mathcal{R}$ 关于直线 ℓ 对称，那么 $\mathcal{R}$ 的形心在 ℓ 上.（如果 $\mathcal{R}$ 沿 ℓ 翻转，那么它保持不变，所以形心固定不动，而不动点只能在 ℓ 上.）因此，矩形的形心就是它的中心. 定义矩时，应保证当整个区域的质量都集中在质心时，矩保持不变. 此外，两个无重叠区域的并集的矩应为两个区域的矩之和.

设区域 $\mathcal{R}$ 属于图 8-3-10a 所示的类型，即 $\mathcal{R}$ 位于直线 $x=a$ 和 $x=b$ 之间、x 轴上方、f 的图像下方，其中 f 为连续函数. 将区间 $[a,b]$ 分成 n 个子区间，端点分别为 $x_0,x_1,x_2,\cdots,x_n$，宽均为 Δx. 取第 i 个子区间的中点 $\overline{x}_i=(x_{i-1}+x_i)/2$ 为样本点 x_i^*. 这样我们得到了如图 8-3-10b 所示的 $\mathcal{R}$ 的近似矩形. 第 i 个近似矩形 R_i 的形心为它的中心 $C_i\left(\overline{x}_i,\frac{1}{2}f(\overline{x}_i)\right)$，它的面积为 $f(\overline{x}_i)\Delta x$，因此它的质量（密度×面积）为

$$\rho f(\overline{x}_i)\Delta x.$$

R_i 关于 y 轴的矩为它的质量与 C_i 到 y 轴的距离 $\overline{x}_i$ 的乘积，即

$$M_y(R_i)=\left[\rho f(\overline{x}_i)\Delta x\right]\overline{x}_i=\rho\overline{x}_i f(\overline{x}_i)\Delta x.$$

将这些矩相加，得到 $\mathcal{R}$ 的折线近似的矩. 取 $n\to+\infty$ 时的极限，得到 $\mathcal{R}$ 关于 y 轴的矩：

$$M_y=\lim_{n\to+\infty}\sum_{i=1}^n \rho\overline{x}_i f(\overline{x}_i)\Delta x=\rho\int_a^b xf(x)\mathrm{d}x.$$

同样，R_i 关于 x 轴的矩等于它的质量与 C_i 到 x 轴的距离（R_i 的高的一半）的乘积，即

$$M_x(R_i)=\left[\rho f(\overline{x}_i)\Delta x\right]\frac{1}{2}f(\overline{x}_i)=\rho\cdot\frac{1}{2}\left[f(\overline{x}_i)\right]^2\Delta x.$$

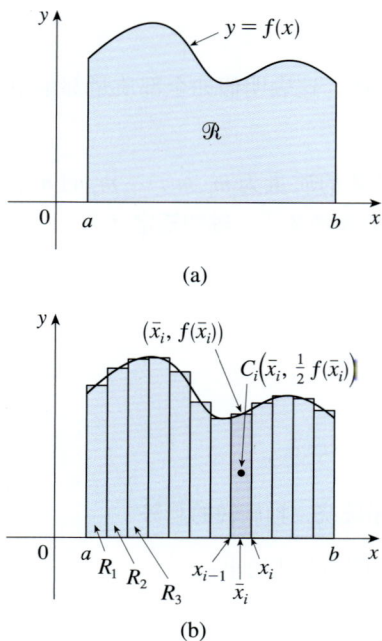

(a)

(b)

图 8-3-10

将这些矩相加并取极限，得到 $\mathscr{R}$ 关于 x 轴的矩：

$$M_x = \lim_{n\to+\infty}\sum_{i=1}^{n}\rho\cdot\frac{1}{2}\big[f(\overline{x}_i)\big]^2\Delta x = \rho\int_a^b\frac{1}{2}\big[f(x)\big]^2\mathrm{d}x\,.$$

　　和质点所组成的系统一样，平板的质心 $(\overline{x}_i,\overline{y}_i)$ 应该满足 $m\overline{x}=M_y$ 和 $m\overline{y}=M_x$. 而平板的质量为密度与面积的乘积：

$$m = \rho A = \rho\int_a^b f(x)\mathrm{d}x\,.$$

因此

$$\overline{x} = \frac{M_y}{m} = \frac{\rho\int_a^b xf(x)\mathrm{d}x}{\rho\int_a^b f(x)\mathrm{d}x} = \frac{\int_a^b xf(x)\mathrm{d}x}{\int_a^b f(x)\mathrm{d}x}\,.$$

$$\overline{y} = \frac{M_x}{m} = \frac{\rho\int_a^b \frac{1}{2}\big[f(x)\big]^2\mathrm{d}x}{\rho\int_a^b f(x)\mathrm{d}x} = \frac{\int_a^b \frac{1}{2}\big[f(x)\big]^2\mathrm{d}x}{\int_a^b f(x)\mathrm{d}x}\,.$$

注意，ρ 可以消去. 当密度是常数时，质心的位置和密度无关.

　　综上所述，面积为 A 的平板的质心（或 $\mathscr{R}$ 的形心）位于点 $(\overline{x},\overline{y})$ 处，其中

8
$$\overline{x} = \frac{1}{A}\int_a^b xf(x)\mathrm{d}x\,,\quad \overline{y} = \frac{1}{A}\int_a^b \frac{1}{2}\big[f(x)\big]^2\mathrm{d}x\,.$$

例 4　求密度均匀的、半径为 r 的半圆形平板的质心.

解　为了利用公式 8，我们将半圆放在如图 8-3-11 所示的坐标系中，使得 $f(x)=\sqrt{r^2-x^2}$，$a=-r$，$b=r$. 本例中不需要利用公式计算 $\overline{x}$，因为根据对称性原理，质心一定位于 y 轴上，因此 $\overline{x}=0$. 半圆的面积为 $A=\frac{1}{2}\pi r^2$，所以

图 8-3-11

$$\begin{aligned}
\overline{y} &= \frac{1}{A}\int_{-r}^r \frac{1}{2}\big[f(x)\big]^2\mathrm{d}x\\
&= \frac{1}{\frac{1}{2}\pi r^2}\cdot\frac{1}{2}\int_{-r}^r\left(\sqrt{r^2-x^2}\right)^2\mathrm{d}x\\
&= \frac{2}{\pi r^2}\int_0^r\left(r^2-x^2\right)\mathrm{d}x\qquad\textcolor{blue}{（因为被积函数是偶函数）}\\
&= \frac{2}{\pi r^2}\left[r^2x-\frac{x^3}{3}\right]_0^r\\
&= \frac{2}{\pi r^2}\cdot\frac{2r^3}{3} = \frac{4r}{3\pi}\,.
\end{aligned}$$

质心位于点 $\left(0,\dfrac{4r}{3\pi}\right)$ 处.

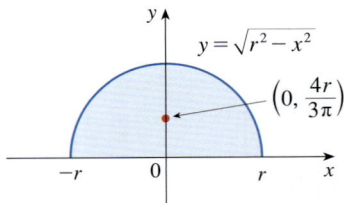

例 5　求曲线 $y = \cos x$ 以及直线 $y = 0$ 和 $x = 0$ 在第一象限中所围成区域的形心.

解　该区域的面积为

$$A = \int_0^{\pi/2} \cos x \, dx = \sin x \Big]_0^{\pi/2} = 1 \,.$$

由公式 8 可得

$$\bar{x} = \frac{1}{A} \int_0^{\pi/2} x f(x) dx = \int_0^{\pi/2} x \cos x \, dx$$

$$= x \sin x \Big]_0^{\pi/2} - \int_0^{\pi/2} \sin x \, dx \qquad \text{（分部积分法）}$$

$$= \frac{\pi}{2} - 1 \,,$$

$$\bar{y} = \frac{1}{A} \int_0^{\pi/2} \frac{1}{2} [f(x)]^2 \, dx = \frac{1}{2} \int_0^{\pi/2} \cos^2 x \, dx$$

$$= \frac{1}{4} \int_0^{\pi/2} (1 + \cos 2x) dx = \frac{1}{4} \left[x + \frac{1}{2} \sin 2x \right]_0^{\pi/2} = \frac{\pi}{8} \,.$$

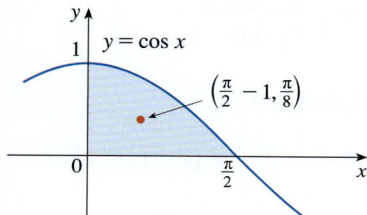

图 8-3-12

形心为 $\left(\dfrac{1}{2}\pi - 1, \dfrac{1}{8}\pi \right) \approx (0.57, 0.39)$，如图 8-3-12 所示. ■

如果区域 $\mathscr{R}$ 位于曲线 $y = f(x)$ 和 $y = g(x)$ 之间，其中 $f(x) \geqslant g(x)$，如图 8-3-13 所示，那么用与推导公式 8 相同的方法，可以说明 $\mathscr{R}$ 的形心为 $(\bar{x}, \bar{y})$，其中

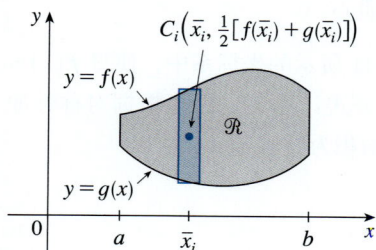

图 8-3-13

9

$$\bar{x} = \frac{1}{A} \int_a^b x [f(x) - g(x)] dx \,,$$

$$\bar{y} = \frac{1}{A} \int_a^b \frac{1}{2} \left\{ [f(x)]^2 - [g(x)]^2 \right\} dx \,.$$

（见练习 51.）

例 6　求直线 $y = x$ 和抛物线 $y = x^2$ 所围成区域的形心.

解　该区域的形状如图 8-3-14 所示. 令 $f(x) = x$，$g(x) = x^2$，$a = 0$，$b = 1$，代入公式 9 即可. 在此之前，先求出区域的面积：

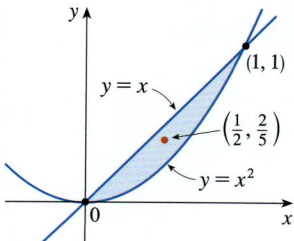

图 8-3-14

$$A = \int_0^1 (x - x^2) dx = \left[\frac{x^2}{2} - \frac{x^3}{3} \right]_0^1 = \frac{1}{6} \,.$$

因此

$$\bar{x} = \frac{1}{A}\int_0^1 x\big[f(x)-g(x)\big]\mathrm{d}x = \frac{1}{1/6}\int_0^1 x\big(x-x^2\big)\mathrm{d}x$$

$$= 6\int_0^1\big(x^2-x^3\big)\mathrm{d}x = 6\left[\frac{x^3}{3}-\frac{x^4}{4}\right]_0^1 = \frac{1}{2}\,,$$

$$\bar{y} = \frac{1}{A}\int_0^1 \frac{1}{2}\Big\{\big[f(x)\big]^2-\big[g(x)\big]^2\Big\}\mathrm{d}x = \frac{1}{1/6}\int_0^1 \frac{1}{2}\big(x^2-x^4\big)\mathrm{d}x$$

$$= 3\left[\frac{x^3}{3}-\frac{x^5}{5}\right]_0^1 = \frac{2}{5}\,.$$

形心为 $\left(\dfrac{1}{2},\dfrac{2}{5}\right)$.

■ 帕普斯定理

最后，我们来说明形心和旋转体体积之间的特殊关系.

这个定理以古希腊数学家帕普斯（Pappus）的名字命名，他生活在公元 4 世纪的亚历山大.

> **帕普斯定理**　设 $\mathscr{R}$ 为一个平面区域，它完全位于平面上直线 ℓ 的一侧，那么 $\mathscr{R}$ 绕 ℓ 旋转所得立体的体积是 $\mathscr{R}$ 的面积 A 与 $\mathscr{R}$ 的形心所经过的距离 d 的乘积.

证明　这里给出一种特殊情况的证明：区域 $\mathscr{R}$ 位于 $y=f(x)$ 和 $y=g(x)$ 之间，直线 ℓ 为 y 轴，如图 8-3-13 所示. 利用柱壳法（见 6.3 节），得到

$$V = \int_a^b 2\pi x\big[f(x)-g(x)\big]\mathrm{d}x$$

$$= 2\pi\int_a^b x\big[f(x)-g(x)\big]\mathrm{d}x$$

$$= 2\pi\big(\bar{x}A\big) \qquad \text{（公式 9）}$$

$$= \big(2\pi\bar{x}\big)A = Ad\,,$$

其中 $d=2\pi\bar{x}$ 为形心绕 y 轴旋转一周所经过的距离.

例 7　半径为 r 的圆绕它所在平面内的一条直线旋转形成环（见图 8-3-15），直线与圆心之间的距离为 R（$>r$）. 求环的体积.

解　圆的面积为 $A=\pi r^2$. 根据对称性原理，它的形心为圆心，则旋转过程中形心所经过的距离为 $d=2\pi R$. 因此，由帕普斯定理可得，环的体积为

$$V = Ad = \big(2\pi R\big)\big(\pi r^2\big) = 2\pi^2 r^2 R\,.$$

比较例 7 中所使用的方法和 6.2 节练习 75 中所使用的方法.

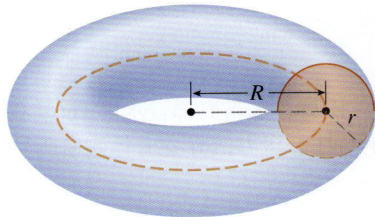

图 8-3-15

8.3 | 练习

1. 水族馆里有一个 1.5m 长、0.5m 宽、1m 深的水箱，它装满了水．求 (a) 水箱底部的流体静压强；(b) 水箱底部所受的流体静压力；(c) 水箱侧面所受的流体静压力．

2. 一个 8m 长、4m 宽、2m 高的储罐中装有密度为 820kg/m³ 的煤油，煤油的深度为 1.5m．求 (a) 储罐底部的流体静压强；(b) 储罐底部所受的流体静压力；(c) 储罐侧面所受的流体静压力．

3~11 垂直平板浸没在（或部分浸入）水中，形状如下图所示．说明如何用黎曼和来近似平板一侧所受的流体静压力，再用积分表示并计算．

3.
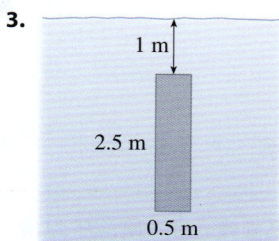

4.
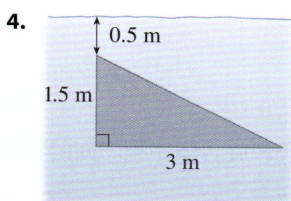

5.
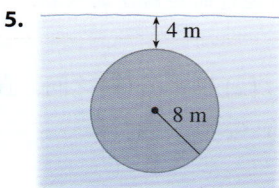

6.
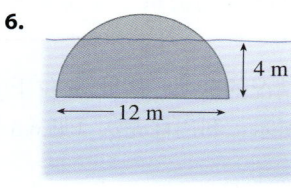

7.
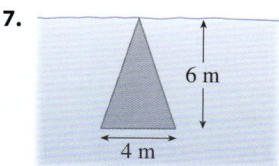

8.
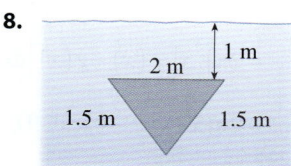

9.
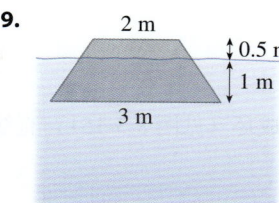

10.
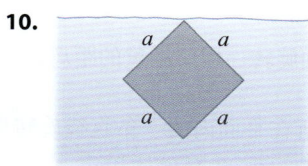

11.
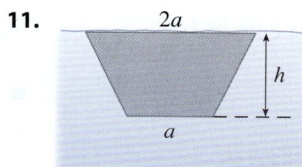

12. 垂直大坝上有一个半圆形水闸，如下图所示．求水闸所受的流体静压力．

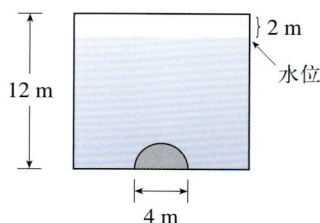

13. 一辆油罐车用直径为 2.5m、长度为 12m 的水平圆柱形油罐运输汽油．如果油罐装满了密度为 753kg/m³ 的汽油，计算油罐侧面所受的力．

14. 如下图所示，一个截面为梯形的槽中装有密度为 925kg/m³ 的植物油．
(a) 如果槽装满油，求槽的侧面所受的流体静压力．
(b) 如果槽中油的深度为 1.2m，求槽的侧面所受的压力．

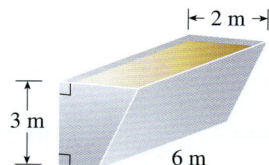

15. 将边长为 20cm 的立方体放在水箱底部，水深 1m．求 (a) 立方体顶面所受的流体静压力；(b) 立方体侧面所受的流体静压力．

16. 大坝相对于垂直方向呈 30° 倾斜，形状为等腰梯形，顶部宽 30m，底部宽 15m，腰长 20m．求水位运到大坝顶部时大坝所受的流体静压力．

17. 一个游泳池宽 10m，长 20m．池底是一个倾斜平面，浅水区深 1m，深水区深 3m．如果游泳池注满水，求 (a) 游泳池每个侧面所受的流体静压力；(b) 游泳池底所受的流体静压力．

18. 一个平板垂直浸没在密度为 ρ 的液体中，在 x m 深处，平板的宽度为 $w(x)$．如果平板顶部的深度为 a，底部的深度为 b，证明平板一侧所受的流体静压力为

$$F = \int_a^b \rho g x w(x)\,\mathrm{d}x \ .$$

19. 一个金属平板垂直浸没在密度为 1000kg/m³ 的海水中．在指定的深度处测量平板的宽度，如下表所示．利用练习 18 中的公式和辛普森法则，估计平板所受的压力．

深度/m	2.1	2.3	2.4	2.5	2.6	2.7	2.8
平板的宽度/m	0.4	0.5	1.0	1.2	1.1	1.3	1.3

20. (a) 利用练习 18 中的公式证明

$$F = (\rho g \bar{x}) A \ ,$$

其中 $\bar{x}$ 为平板形心的横坐标，A 为平板的面积．这个等式表明，作用于呈垂直状态的平面区域的流体静压力与该区域在其质心所在的深度处呈水平状态时所受的流体静压力相同．

(b) 利用 (a) 中的结论重做练习 10．

21~22 质量为 m_i 的质点在 x 轴上，如下图所示．求系统关于原点的矩 M 和质心 $\bar{x}$．

21.
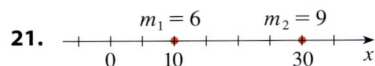

22.
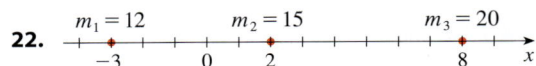

23~24 质量为 m_i 的质点在点 P_i 处．求系统的矩 M_x、M_y 和质心．

23. $m_1 = 5$，$m_2 = 8$，$m_3 = 7$；

$P_1(3,1)$，$P_2(0,4)$，$P_3(-5,-2)$

24. $m_1 = 4$，$m_2 = 3$，$m_3 = 6$，$m_4 = 3$；

$P_1(6,1)$，$P_2(3,-1)$，$P_3(-2,2)$，$P_4(-2,-5)$

25~28 目测估计图中所示区域的形心位置，然后求形心坐标的准确值．

25.
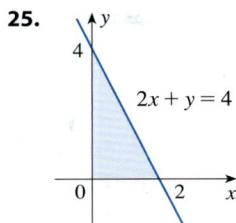

26.
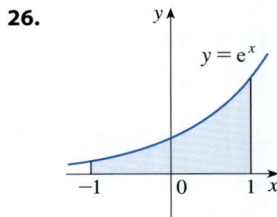

27.
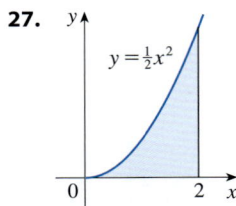

28.
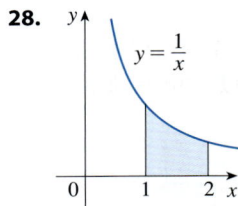

29~33 求给定曲线所围成区域的形心．

29. $y = x^2$，$x = y^2$

30. $y = 2 - x^2$，$y = x$

31. $y = \sin 2x$，$y = \sin x$，$0 \le x \le \pi/3$

32. $y = x^3$，$x + y = 2$，$y = 0$

33. $x + y = 2$，$x = y^2$

34~35 计算给定密度和形状的层状体的矩 M_x、M_y 和质心．

34. $\rho = 4$
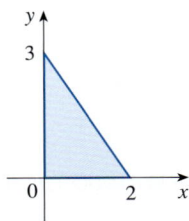

35. $\rho = 6$
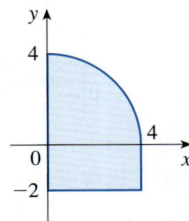

36. 利用辛普森法则估计下图所示区域的形心．

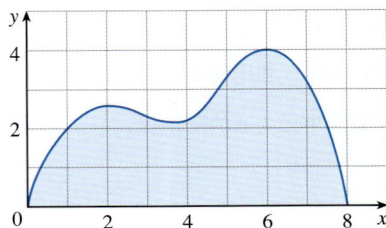

37. 求曲线 $y = x^3 - x$ 和 $y = x^2 - 1$ 所围成区域的形心. 画出该区域并标出形心, 来检查你的答案是否合理.

38. 利用图像估计曲线 $y = e^x$ 和 $y = 2 - x^2$ 的交点的横坐标, 然后 (近似地) 求曲线所围成区域的形心.

39. 证明: 三角形的形心为三条中线的交点. (提示: 建立坐标系, 使得三个顶点的坐标分别为 $(a,0)$、$(0,6)$、$(c,0)$. 三角形的中线是从顶点到对边中点的线段. 中线的交点位于从顶点到对边中点的三分之二处.)

40~41 不使用积分, 而是利用矩形和三角形的形心 (见练习 39) 以及矩的可加性求下列区域的形心.

40.

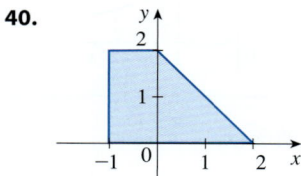

41.

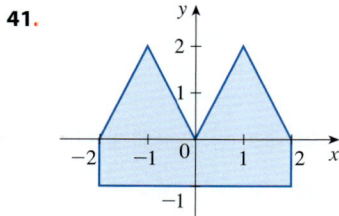

42. 一个长和宽分别为 a 和 b 的矩形 $\mathscr{R}$ 被抛物线的一段弧分成两部分 $\mathscr{R}_1$ 和 $\mathscr{R}_2$, 该抛物线的顶点在 $\mathscr{R}$ 的一个角, 且抛物线穿过其对个角. 求 $\mathscr{R}_1$ 和 $\mathscr{R}_2$ 的形心.

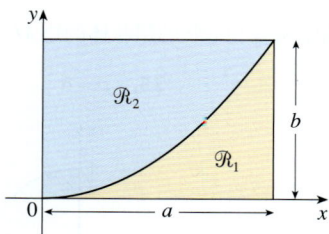

43. 如果 $\bar{x}$ 是连续函数 f 的图像下方区域的质心的横坐标, 其中 $a \leqslant x \leqslant b$, 证明

$$\int_a^b (cx + d) f(x) \mathrm{d}x = (c\bar{x} + d) \int_a^b f(x) \mathrm{d}x .$$

44~46 利用帕普斯定理求以下立体的体积.

44. 半径为 r 的球体 (利用例 4).

45. 高为 h、底面半径为 r 的圆锥体.

46. 顶点坐标为 $(2,3)$、$(2,5)$、$(5,4)$ 的三角形绕 x 轴旋转所得立体.

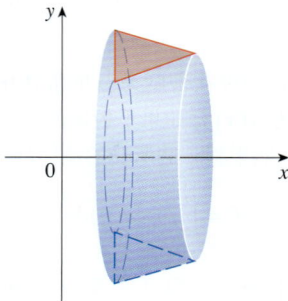

47. 曲线的形心 求曲线的形心与求区域的形心方法类似. 如果 C 是一条长度为 L 的曲线, 那么其形心为 $(\bar{x}, \bar{y})$, 其中 $\bar{x} = (1/L) \int x \, \mathrm{d}s$, $\bar{y} = (1/L) \int y \, \mathrm{d}s$. 这里我们选取适当的积分极限, $\mathrm{d}s$ 的定义见 8.1 节和 8.2 节. (形心通常不在曲线上. 假设曲线是一根绳子, 将其放在一个没有重量的木板上, 形心就是此时木板的平衡点.) 求四分之一圆 $y = \sqrt{16 - x^2}$, $0 \leqslant x \leqslant 4$ 的形心.

48~49 帕普斯第二定理 帕普斯第二定理与本节中所讨论的帕普斯定理具有相同的思想, 但它适用于面积而不是体积: 设 C 是一条曲线, 它完全位于平面上直线 ℓ 的一侧, 那么 C 绕 ℓ 旋转所得曲面的面积是 C 的长度与 C 的质心所经过的距离的乘积 (见练习 47).

48. (a) 设曲线 C 的方程为 $y = f(x)$, $f(x) \geqslant 0$. 对于 C 绕 x 轴旋转的情况, 证明帕普斯第二定理.
　　 (b) 利用帕普斯第二定理计算练习 47 中的曲线绕 x 轴旋转所得半球体的表面积. 你的答案与几何公式给出的结果一致吗?

49. 利用帕普斯第二定理求例 7 中环的表面积.

50. 令 $\mathscr{R}$ 为曲线 $y = x^m$ 和 $y = x^n$ ($0 \leqslant x \leqslant 1$) 围成的区域, 其中 $\mathscr{R}$ 和 n 为整数, $0 \leqslant n < m$.
　(a) 画出区域 $\mathscr{R}$.
　(b) 求 $\mathscr{R}$ 的形心的坐标.
　(c) m 和 n 为何值时, 形心在 $\mathscr{R}$ 的外部.

51. 证明公式 9.

假设你有两个如图所示的咖啡杯，一个向外弯曲，一个向内弯曲．你注意到它们的高度相同，形状紧密贴合．你想知道哪个杯子能装更多的咖啡．当然，你可以把一个杯子装满水，然后把水倒进另一个杯子，但是作为一名学习微积分的学生，你决定用更"数学"的方法来解决问题．忽略把手，观察可知两个杯子都是旋转曲面，所以你可以把杯子可装的咖啡想象成旋转体的体积．

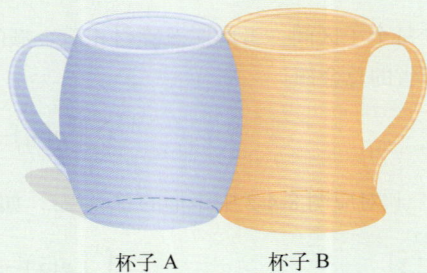

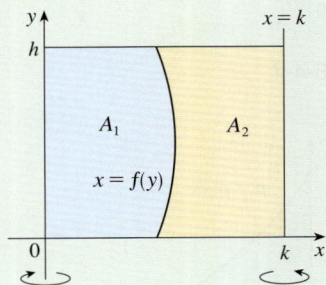

杯子 A   杯子 B

1. 假设杯子的高度为 h，杯子 A 由曲线 $x=f(y)$ 绕 y 轴旋转而得，杯子 B 由曲线 $x=f(y)$ 绕直线 $x=k$ 旋转所得．求使得两个杯子能容纳等量咖啡的 k 值．

2. 关于图中的面积 A_1 和 A_2，问题 1 的结果能说明什么？

3. 利用帕普斯定理解释问题 1 和问题 2 的结果．

4. 根据你自己的测量和观察，给出一个 h 值和一个方程 $x=f(y)$，然后计算两个杯子的容量．

8.4 | 经济学和生物学中的应用

本节将介绍积分在经济学（消费者剩余）和生物学（血流量、心输出量）中的应用．练习中将讨论其他方面的应用．

■ 消费者剩余

回忆 4.7 节中的需求函数 $p(x)$：公司为了卖出 x 个商品可以收取的每个商品的价格．通常，销量越大，价格越便宜，所以需求函数为减函数．需求函数的图像称为**需求曲线**，如图 8-4-1 所示．如果 X 为现有的商品数量，那么 $P=p(X)$ 为当前售价．

对于给定的价格，一些购买商品的消费者本来愿意支付更多的钱，但他们因不必这样做而受益．消费者愿意支付的钱与消费者实际支付的钱的差额称为**消费者剩余**．通过求出某商品所有购买者的总消费者剩余，经济学家可以评估市场对社会的总体效益．

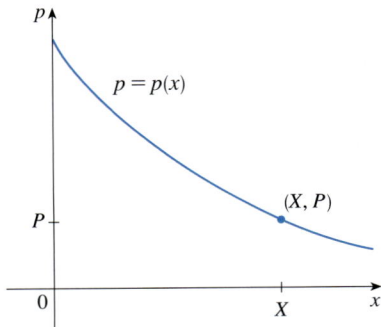

图 8-4-1
一个典型的需求函数曲线

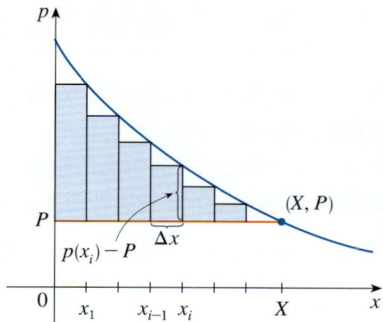

图 8-4-2

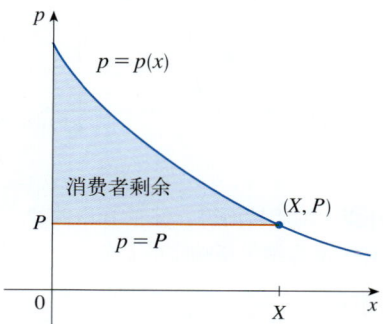

图 8-4-3

为了确定总的消费者剩余，考虑需求曲线并将区间 $[0, X]$ 分成 n 个子区间，每个子区间的宽为 $\Delta x = X/n$，令 $x_i^* = x_i$ 为第 i 个子区间的右端点，如图 8-4-2 所示．根据需求曲线，x_{i-1} 个商品以 $p(x_{i-1})$ 美元的价格出售．将销量增加到 x_i 单位，价格必须降低到 $p(x_i)$ 美元．此时，销量增加了 Δx 个商品（但不会更多）．一般地，愿意支付 $p(x_i)$ 美元的消费者会认为商品具有比 P 更高的价值，他们愿意支付他们认为商品所值的金额．因此，如果只支付 P 美元，消费者可以节省

在每个商品上节省的金额 × 商品数量 $= \left[p(x_i) - P \right] \Delta x$．

对于每个子区间，考虑愿意支付相应金额的消费者群体，将节省的金额相加，得到节省的总金额：

$$\sum_{i=1}^{n} \left[p(x_i) - P \right] \Delta x$$

（这个和对应图 8-4-2 中矩形的总面积）．如果令 $n \to +\infty$，那么该黎曼和趋于积分

1　
$$\int_0^X \left[p(x) - P \right] \mathrm{d}x ,$$

即商品的总消费者剩余．它表示消费者群体以价格 P 购买商品所节省的总金额，它和此时的需求量 X 有关．图 8-4-3 给出了消费者剩余的几何解释：需求曲线下方和直线 $p = P$ 上方区域的面积．

例 1　某商品的需求函数（单位：美元）为

$$p = 1200 - 0.2x - 0.000\,1x^2 .$$

求销量为 500 时的消费者剩余．

解　商品的销量为 $X = 500$，对应的价格为

$$p = 1200 - 0.2 \times 500 - 0.000\,1 \times 500^2 = 1075 ,$$

因此，根据定义 1，总消费者剩余为

$$\begin{aligned}
\int_0^{500} \left[p(x) - P \right] \mathrm{d}x &= \int_0^{500} \left(1200 - 0.2x - 0.000\,1x^2 - 1075 \right) \mathrm{d}x \\
&= \int_0^{500} \left(125 - 0.2x - 0.000\,1x^2 \right) \mathrm{d}x \\
&= \left[125x - 0.1x^2 - 0.000\,1 \times \frac{x^3}{3} \right]_0^{500} \\
&= 125 \times 500 - 0.1 \times 500^2 - \frac{0.000\,1 \times 500^3}{3} \\
&\approx 33\,333.33 \ \text{美元} .
\end{aligned}$$

■

■ 血流量

在 3.7 节例 7 中，我们讨论了层流定律：

$$v(r) = \frac{P}{4\eta l} \left(R^2 - r^2 \right) ,$$

公式给出了在半径为 R、长度为 l 的血管中，到中心线的距离为 r 处的血流速度 v，其中 P 为血管两端的压强差，η 为血液黏度．为了计算血流率，即通量（单位时间内通过的血液的体积），考虑更小的、等差的血管半径 $r_1, r_2, \cdots$．每个环（或垫圈）的内半径为 r_{i-1}，外半径为 r_i，其面积近似为

$$2\pi r_i \Delta r，\quad \text{其中 } \Delta r = r_i - r_{i-1}$$

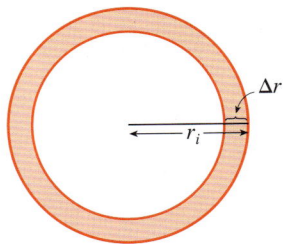

图 8-4-4

（见图 8-4-4）．如果 Δr 很小，那么通过该环的血流的速度几乎是恒定的，近似为 $v(r_i)$．因此，单位时间内通过该环的血液的体积近似为

$$(2\pi r_i \Delta r)v(r_i) = 2\pi r_i v(r_i)\Delta r．$$

于是，单位时间内通过整个截面的血液的体积近似为

$$\sum_{i=1}^{n} 2\pi r_i v(r_i)\Delta r，$$

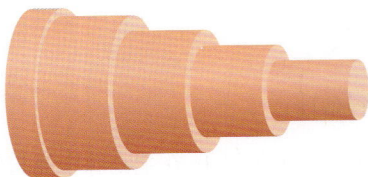

图 8-4-5

如图 8-4-5 所示．越靠近血管中心，血流速度越大（因此单位时间内通过的血液的体积也越大）．随着 n 不断增大，近似越来越精确．取极限便可得到**通量**（或称流量）的准确值，即单位时间内通过截面的血液的体积：

$$F = \lim_{n \to +\infty} \sum_{i=1}^{n} 2\pi r_i v(r_i)\Delta r = \int_0^R 2\pi r v(r)\,\mathrm{d}r$$

$$= \int_0^R 2\pi r \frac{P}{4\eta l}\left(R^2 - r^2\right)\mathrm{d}r$$

$$= \frac{\pi P}{2\eta l}\int_0^R \left(R^2 r - r^3\right)\mathrm{d}r = \frac{\pi P}{2\eta l}\left[R^2 \frac{r^2}{2} - \frac{r^4}{4}\right]_{r=0}^{r=R}$$

$$= \frac{\pi P}{2\eta l}\left[\frac{R^4}{2} - \frac{R^4}{4}\right] = \frac{\pi P R^4}{8\eta l}．$$

最终得到的公式

$$\boxed{2}\qquad F = \frac{\pi P R^4}{8\eta l}$$

称为**泊肃叶定律**，它表明通量与血管半径的四次方成正比．

■ 心输出量

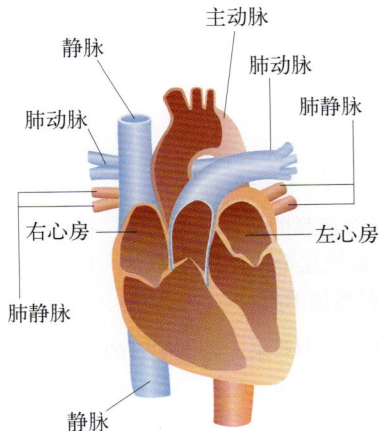

图 8-4-6

图 8-4-6 展示了人类的心血管系统．血液通过静脉从身体各部分进入右心房，再通过肺动脉输送到肺部与氧气结合，然后通过肺静脉流回左心房，最后通过主动脉输送到身体各部分．**心输出量**是指单位时间内心脏向外送出的血液的体积，也就是流入动脉的血液通量．

染料稀释法是用来测量心输出量的一种方法．将染料注入右心房，染料通过心脏流入主动脉，再将一根探针插入主动脉，在时间段 $[0, T]$ 内等间隔地测量从心脏排出的染料的浓度，直到染料被清除．令 $c(t)$ 为 t 时染料的浓度．如果将 $[0, T]$

分成时长都为 Δt 的子区间，那么从 $t = t_{i-1}$ 到 $t = t_i$ 经过测量点的染料量近似为

$$浓度 \times 体积 = c(t_i)(F\Delta t) ，$$

其中 F 为所求的血液通量．因此，染料的总量近似为

$$\sum_{i=1}^{n} c(t_i) F \Delta t = F \sum_{i=1}^{n} c(t_i) \Delta t ．$$

令 $n \to +\infty$ ，得到染料的总量为

$$A = F \int_0^T c(t) \mathrm{d}t ．$$

因此，心输出量为

3　　　$$F = \dfrac{A}{\displaystyle\int_0^T c(t) \mathrm{d}t} ，$$

其中染料量 A 已知，积分可以通过测量的浓度进行估计．

表 8-4-1

t	$c(t)$	t	$c(t)$
0	0	6	6.1
1	0.4	7	4.0
2	2.8	8	2.3
3	6.5	9	1.1
4	9.8	10	0
5	8.9		

例 2　将剂量为 5mg 的染料注入右心房，表 8-4-1 给出了每隔 1s 在主动脉中测量的染料浓度（单位：mg/L）．估计心输出量．

解　令 $A = 5$ ，$\Delta t = 1$ ，$T = 10$ ．利用辛普森法则求浓度的积分的近似值：

$$\int_0^{10} c(t) \mathrm{d}t \approx \frac{1}{3} \times (0 + 4 \times 0.4 + 2 \times 2.8 + 4 \times 6.5 + 2 \times 9.8 + 4 \times 8.9$$
$$+ 2 \times 6.1 + 4 \times 4.0 + 2 \times 2.3 + 4 \times 1.1 + 0)$$
$$\approx 41.87 ．$$

根据公式 3，心输出量为

$$F = \frac{A}{\displaystyle\int_0^{10} c(t) \mathrm{d}t} \approx \frac{5}{41.87} \approx 0.12 \text{L/s} = 7.2 \text{L/min} ．\quad\blacksquare$$

8.4 | 练习

1. 我们定义边际成本函数 $C'(x)$ 为成本函数的导数（见 3.7 节和 4.7 节）．如果生产 x 升橙汁的边际成本为

$$C'(x) = 0.82 - 0.000\,03x + 0.000\,000\,003x^2$$

（单位：美元 / 升），固定启动成本为 $C(0) = 18\,000$ 美元，利用净变化定理求生产 4000 升橙汁的成本．

2. 一家公司估计出售 x 个商品的边际收益为 $48 - 0.001\,2x$（单位：美元 / 个）．假设这个估计是准确的，求销量从 5000 增加到 10 000 时增加的收益．

3. 一家矿业公司估计从矿山中开采 x 吨铜矿石的边际成本为 $0.6 + 0.008x$（单位：千美元 / 吨），启动成本为 10 万美元．开采 50 吨铜矿石的成本是多少？再开采 50 吨呢？

4. 某个度假套餐的需求函数是 $p(x) = 2000 - 46\sqrt{x}$．求该套餐的销量为 400 时的消费者剩余．画出需求曲线，指出消费者剩余对应的面积．

5. 一家制造商生产的微波炉的需求函数为 $p(x) = 870e^{-0.03x}$，其中 x 的单位是千台．求销量为 4.5 万台时的消费者剩余．

6. 某需求曲线的方程为 $p = 6 - (x/3500)$．求售价为 2.8 美元时的消费者剩余．

7. 一家演唱会推广公司在演出期间以 18 美元的价格出售 T 恤，平均每场售出 210 件．该公司估计，每降价 1 美元，就会多售出 30 件 T 恤．求 T 恤的需求函数，并计算 T 恤以每件 15 美元的价格出售时的消费者剩余．

T 8. 某公司用如下方程为其商品的需求曲线建模：

$$p = \frac{800\,000e^{-x/5000}}{x + 20\,000}$$

（单位：美元）．利用图像估计商品的售价为 16 美元时的销量．求此时的消费者剩余（的近似值）．

9~11 生产者剩余 商品的供给函数 $p_s(x)$ 给出了价格与生产者生产该价格的商品的数量之间的关系．价格高时，生产者会生产更多的商品，因此 p_s 为 x 的增函数．令 X 为当前生产的商品数量，$P = p_s(X)$ 为当前价格．一些生产商本来也愿意生产和销售较低价格的商品，因此现在获得了比最低价格更多的钱，超过的部分就称为生产者剩余．和消费者剩余类似，生产者剩余由以下积分给出：

$$\int_0^X [P - p_s(x)]\mathrm{d}x.$$

9. 如果供给函数为 $p_s(x) = 3 + 0.01x^2$，求当前销售量 $X = 10$ 时的生产者剩余．画出供给曲线，指出生产者剩余对应的面积．

10. 如果供给曲线的方程为 $p = 125 + 0.002x^2$，求售价为 625 美元时的生产者剩余．

T 11. 一家制造商估计其商品的供给曲线为

$$p = \sqrt{30 + 0.01xe^{0.001x}}$$

（单位：美元）．求售价为 30 美元时的生产者剩余（的近似值）．

12. **市场均衡** 在一个纯粹的竞争市场中，商品的价格会自然地被推向使得消费者的需求量与生产者的生产量相匹配的值，此时市场处于均衡状态．这些值是供给曲线和需求曲线的交点坐标．
    (a) 某商品的需求曲线为 $p = 50 - \frac{1}{20}x$，供给曲线为 $p = 20 + \frac{1}{10}x$．在均衡状态下，该商品在市场中的数量和价格是多少？
    (b) 求市场均衡时的消费者剩余和生产者剩余．画出供给曲线和需求曲线，并指出消费者剩余和生产者剩余对应的面积．

13~14 总剩余 消费者剩余和生产者剩余之和称为总剩余，它是经济学家用来衡量一个社会的经济健康状况的指标之一．当一种商品的市场处于均衡状态时，总剩余最大．

13. (a) 一家电子产品公司的汽车音响的需求函数为 $p(x) = 228.4 - 18x$，供给函数为 $p_s(x) = 27x + 57.4$，其中 x 的单位是千台．市场均衡时的音响数量是多少？
    (b) 计算音响的最大总剩余．

14. 一家相机公司估计其新数码相机的需求函数为 $p(x) = 312e^{-0.14x}$，供给函数为 $p_s(x) = 26e^{0.2x}$，其中 x 的单位是千台．计算最大总剩余．

15. 一家公司在 t 时的资本总量为 $f(t)$，它的导数 $f'(t)$ 称为净投资流．设每年的净投资流为 $\sqrt{t}$ 百万美元（t 的单位是年）．求从第 4 年到第 8 年的资本增加量（即资本形成）．

16. 如果收益以 $f(t) = 9000\sqrt{1 + 2t}$ 的速度流进一家公司，其中 t 的单位是年，$f(t)$ 的单位是美元 / 年，求该公司前 4 年获得的总收益．

17. **收入终值** 如果收入以每年 $f(t)$ 美元的速度持续积累，并以恒定利率 r 投资 T 年（连续复利），那么收入终值为 $\int_0^T f(t)e^{r(T-t)}\mathrm{d}t$．如果每年的收入为 $f(t) = 8000e^{0.04t}$ 美元，投资利率为 6.2%，计算 6 年后的收入终值．

18. **收入现值** 收入现值是指为了匹配练习 17 中所描述的终值而需要现在投资的金额，由 $\int_0^T f(t)e^{-rt}\mathrm{d}t$ 得出．求练习 17 中的收入现值．

19. 帕累托收入定律指出，收入在 $x=a$ 和 $x=b$ 之间的人数为 $N=\int_a^b Ax^{-k}\,dx$，其中 A 和 k 是常数，且 $A>0$，$k>1$. 这些人的平均收入为

$$\bar{x}=\frac{1}{N}\int_a^b Ax^{1-k}\,dx.$$

求 $\bar{x}$.

20. 在炎热潮湿的夏季，湖滨度假区的蚊子大量繁殖. 蚊子的数量以每周 $2200+10e^{0.8t}$ 只的速度增加（t 的单位是周）. 在夏季的第 5 周和第 9 周之间，蚊子的数量增加了多少？

21. 利用泊肃叶定律，令 $\eta=0.027$，$R=0.008\text{cm}$，$l=2\text{cm}$，$P=4000\text{dyn/cm}^2$，计算一条人体小动脉中的血流速度.

22. 动脉收缩会造成高血压. 为了保证正常的流量（通量），心脏必须更加用力地输出血液，从而使血压升高. 利用泊肃叶定律，证明如果动脉正常时的半径和血压为 R_0 和 P_0，动脉收缩后的半径和血压为 R 和 P，那么为了保持通量恒定，R 和 P 需满足等式

$$\frac{P}{P_0}=\left(\frac{R_0}{R}\right)^4.$$

证明当动脉的半径收缩为原来的四分之三时，血压增大至原来的 3 倍以上.

23. 采用染料稀释法测量心输出量，使用 6mg 染料时，染料浓度（单位：mg/L）可以用 $c(t)=20te^{-0.6t}$，$0\le t\le10$ 来建模，其中 t 的单位是 s. 求心输出量.

24. 将 5.5mg 染料注入心脏后，每隔 2s 测量一次染料浓度（单位：mg/L），结果如下表所示. 利用辛普森法则估计心输出量.

t	$c(t)$	t	$c(t)$
0	0.0	10	4.3
2	4.1	12	2.5
4	8.9	14	1.2
6	8.5	16	0.2
8	6.7		

25. 将 7mg 染料注入心房后，染料的浓度函数 $c(t)$ 的图像如下所示. 利用辛普森法则估计心输出量.

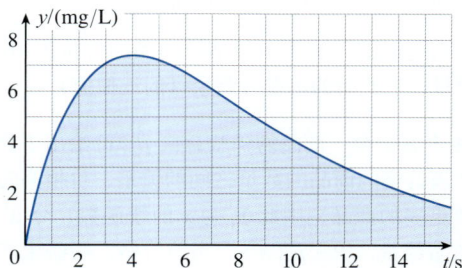

8.5 | 概率

■ 概率密度函数

在分析随机事件时，微积分起到了重要的作用. 例如，随机选择的某个年龄组中的一人的胆固醇水平，或随机选择的一个成年女子的身高，或随机选择的某种类型的一块电池的使用寿命. 这些量都称为**连续随机变量**，因为它们的取值范围是实数区间，尽管测量时可能只记录最接近的整数. 我们可能想知道血胆固醇水平高于 250 的概率，或成年女子的身高在 150cm 和 180cm 之间的概率，或电池的使用寿命在 100h 和 200h 之间的概率. 如果 X 表示这类电池的使用寿命，那么它在 100h 和 200h 之间的概率记为

$$P(100\le X\le200).$$

概率反映频率，因此它的值就是这类电池中使用寿命在 100h 和 200h 之间的电池所占的比例. 因为概率表示比例，所以它总是在 0 和 1 之间.

注意，在处理概率密度函数时，我们总是使用随机变量的取值区间．例如，我们不会用密度函数来求 X 等于 a 的概率．

每个连续随机变量 X 都有一个**概率密度函数** f．这表示 X 在 a 和 b 之间的概率为 f 从 a 到 b 的积分：

1. $$P(a \leqslant X \leqslant b) = \int_a^b f(x)\mathrm{d}x .$$

例如，图 8-5-1 显示了以美国成年女子的身高为随机变量 X 的概率密度函数 f 的一个模型的图像（根据美国国民健康调查所提供的数据）．从所有美国人中随机选择一个成年女子，其身高在 150cm 和 180cm 之间的概率等于 f 的图像下方从 $x = 150$ 到 $x = 180$ 的区域面积．

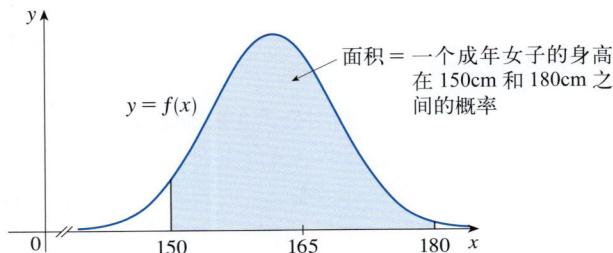

图 8-5-1
成年女子身高的概率密度函数

一般说来，随机变量 X 的概率密度函数 f 对所有 x 满足条件 $f(x) \geqslant 0$．因为概率的取值包含 0 和 1 之间的所有数，所以

2. $$\int_{-\infty}^{+\infty} f(x)\mathrm{d}x = 1 .$$

例 1 当 $0 \leqslant x \leqslant 10$ 时，$f(x) = 0.006x(10-x)$；当 x 为其他值时，$f(x) = 0$．
(a) 证明 f 是一个概率密度函数．
(b) 求 $P(4 \leqslant X \leqslant 8)$．

解
(a) 当 $0 \leqslant x \leqslant 10$ 时，$0.006x(10-x) \geqslant 0$．因此，对于所有 x 都有 $f(x) \geqslant 0$．另外还需要证明它满足公式 2：

$$\int_{-\infty}^{+\infty} f(x)\mathrm{d}x = \int_0^{10} 0.006x(10-x)\mathrm{d}x = 0.006\int_0^{10}\left(10x - x^2\right)\mathrm{d}x$$

$$= 0.006 \times \left[5x^2 - \frac{1}{3}x^3\right]_0^{10} = 0.006 \times \left(500 - \frac{1000}{3}\right) = 1 .$$

因此，f 是一个概率密度函数．

(b) X 在 4 和 8 之间的概率为

$$P(4 \leqslant X \leqslant 8) = \int_4^8 f(x)\mathrm{d}x = 0.006\int_4^8\left(10x - x^2\right)\mathrm{d}x$$

$$= 0.006\left[5x^2 - \frac{1}{3}x^3\right]_4^8 = 0.544 .$$

例 2 等待时间和设备故障前的工作时间等通常可以用呈指数级递减的概率密度建模. 求这种函数的准确形式.

解 设随机变量为客户服务电话接通前的等待时间. 这里使用 t 表示时间（单位：min），而不使用 x . 如果 f 为概率密度函数，你在 $t=0$ 时拨打电话，那么根据定义 1，$\int_0^2 f(t)\mathrm{d}t$ 表示电话在 2min 之内被接听的概率，$\int_4^5 f(t)\mathrm{d}t$ 表示电话在第 4min 到第 5min 内被接听的概率.

显然，$t<0$ 时 $f(t)=0$ （打电话之前，客户服务人员无法接听电话）. 对于 $t>0$ ，使用指数减函数，即形如 $f(t)=A\mathrm{e}^{-ct}$ 的函数，其中 A 和 c 为正常数. 因此

$$f(t)=\begin{cases}0, & t<0;\\ A\mathrm{e}^{-ct}, & t\geqslant 0.\end{cases}$$

利用公式 2 来确定 A 值：

$$1=\int_{-\infty}^{+\infty}f(t)\mathrm{d}t=\int_{-\infty}^0 f(t)\mathrm{d}t+\int_0^{+\infty}f(t)\mathrm{d}t$$

$$=\int_0^{+\infty}A\mathrm{e}^{-ct}\,\mathrm{d}t=\lim_{n\to+\infty}\int_0^x A\mathrm{e}^{-ct}\,\mathrm{d}t$$

$$=\lim_{n\to+\infty}\left[-\frac{A}{c}\mathrm{e}^{-ct}\right]_0^x=\lim_{n\to+\infty}\frac{A}{c}\left(1-\mathrm{e}^{-cx}\right)$$

$$=\frac{A}{c}.$$

因此，$A/c=1$ ，即 $A=c$. 这表明任何指数概率密度函数都具有

$$f(t)=\begin{cases}0, & t<0;\\ c\mathrm{e}^{-ct}, & t\geqslant 0\end{cases}$$

的形式，其图像如图 8-5-2 所示. ■

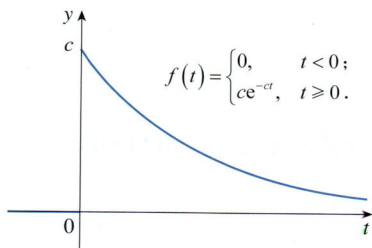

图 8-5-2
指数概率密度函数
$$f(t)=\begin{cases}0, & t<0;\\ c\mathrm{e}^{-ct}, & t\geqslant 0.\end{cases}$$

■ 均值和中位值

假设你正在等待某公司接听你的电话，你想知道平均需要等待多长时间. 令 $f(t)$ 为相应的概率密度函数，其中 t 的单位是 min. 想象曾经给这家公司打过电话的 N 个人. 基本上没有人会等待超过一个小时，所以我们只考虑区间 $0\leqslant t\leqslant 60$. 将该区间分成 n 个宽为 Δt 的子区间，端点分别为 $0,t_1,t_2,\cdots,t_n=60$ （Δt 可以为 1min、0.5min 或 10s，甚至 1s）. 某人的电话在 t_{i-1} 和 t_i 之间被接听的概率为曲线 $y=f(t)$ 下方从 t_{i-1} 到 t_i 的面积，约为 $f(\overline{t_i})\Delta t$ （即图 8-5-3 中近似矩形的面积，其中 $\overline{t_i}$ 为子区间的中点.）

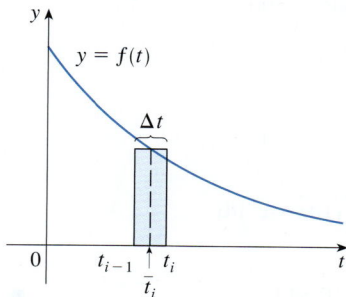

图 8-5-3

因为在从 t_{i-1} 到 t_i 的时间段内电话被接听的概率为 $f(\overline{t_i})\Delta t$ ，所以我们预计这 N 个人中，电话在此时间段内被接听的人数约为 $Nf(\overline{t_i})\Delta t$ ，每个人的等待时间约为 $\overline{t_i}$. 因此，这些人的总等待时间约为二者的乘积 $\overline{t_i}\left[Nf(\overline{t_i})\Delta t\right]$. 将所有子区间

对应的总等待时间相加，得到所有人的等待时间的近似总和为

$$\sum_{i=1}^{n}\overline{t_i}Nf\left(\overline{t_i}\right)\Delta t \ .$$

除以总人数 N ，得到平均等待时间的近似值为

$$\sum_{i=1}^{n}\overline{t_i}f\left(\overline{t_i}\right)\Delta t \ .$$

我们发现这是函数 $tf(t)$ 的黎曼和．随着子区间不断缩短（即 $\Delta t \to 0$ ， $n \to +\infty$），黎曼和趋于积分

$$\int_0^{60} tf(t)\mathrm{d}t \ .$$

这个积分称为等待时间均值．

一般来说，我们将任何概率密度函数 f 的**均值**定义为

$$\mu = \int_{-\infty}^{+\infty} xf(x)\mathrm{d}x \ .$$

通常用希腊字母 μ 来表示均值．

均值可以理解为随机变量 X 的平均值，也可以理解为概率密度函数的集中性的度量．

均值的表达式类似于我们之前学习过的一个量：如果 $\mathscr{R}$ 为 f 的图像下方区域，则由 8.3 节公式 8 可知， $\mathscr{R}$ 的形心的横坐标为

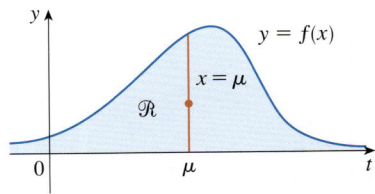

图 8-5-4

$\mathscr{R}$ 的平衡点在直线 $x = \mu$ 上

$$\overline{x} = \frac{\int_{-\infty}^{+\infty} xf(x)\mathrm{d}x}{\int_{-\infty}^{+\infty} f(x)\mathrm{d}x} = \int_{-\infty}^{+\infty} xf(x)\mathrm{d}x = \mu \ .$$

因此，形状为 $\mathscr{R}$ 的薄板的平衡点在直线 $x = \mu$ 上（见图 8-5-4）．

例 3　求例 2 中指数分布 $f(t)$ 的均值：

$$f(t) = \begin{cases} 0, & t < 0 ; \\ c\mathrm{e}^{-ct}, & t \geqslant 0 . \end{cases}$$

解　根据均值的定义，有

$$\mu = \int_{-\infty}^{+\infty} tf(t)\mathrm{d}t = \int_0^{+\infty} tc\mathrm{e}^{-ct}\ \mathrm{d}t \ .$$

利用分部积分法，令 $u = t$ ， $\mathrm{d}v = c\mathrm{e}^{-ct}\ \mathrm{d}t$ ，那么 $\mathrm{d}u = \mathrm{d}t$ ， $v = -\mathrm{e}^{-ct}$ ：

$$\int_0^{+\infty} tc\mathrm{e}^{-ct}\ \mathrm{d}t = \lim_{x \to +\infty}\int_0^x tc\mathrm{e}^{-ct}\ \mathrm{d}t = \lim_{x \to +\infty}\left(-t\mathrm{e}^{-ct}\Big]_0^x + \int_0^x \mathrm{e}^{-ct}\ \mathrm{d}t\right)$$

$$= \lim_{x \to +\infty}\left(-x\mathrm{e}^{-cx} + \frac{1}{c} - \frac{\mathrm{e}^{-cx}}{c}\right) = \frac{1}{c} \ .$$
　　（根据洛必达法则，第一项的极限为 0）

均值 $\mu = 1/c$ ，因此概率密度函数可以写成

$$f(t) = \begin{cases} 0, & t < 0; \\ \mu^{-1}\mathrm{e}^{-t/\mu}, & t \geqslant 0. \end{cases}$$ ∎

例 4 假设客户电话被客户服务人员接听前的平均等待时间为 5min．
(a) 假设指数分布适用，求电话在 1min 内被接听的概率．
(b) 求客户等待超过 5min 后电话才被接听的概率．

解
(a) 已知指数分布的均值为 $\mu = 5\mathrm{min}$ ，由例 3 的结果可知，概率密度函数为

$$f(t) = \begin{cases} 0, & t < 0; \\ 0.2\mathrm{e}^{-t/5}, & t \geqslant 0. \end{cases}$$

因此，电话在 1min 内被接听的概率为

$$P(0 \leqslant T \leqslant 1) = \int_0^1 f(t)\mathrm{d}t$$
$$= \int_0^1 0.2\mathrm{e}^{-t/5}\,\mathrm{d}t = 0.2 \times (-5)\mathrm{e}^{-t/5}\Big]_0^1$$
$$= 1 - \mathrm{e}^{-1/5} \approx 0.181\,3,$$

大约 18% 的客户电话在 1min 内被接听．

(b) 客户等待超过 5min 的概率为

$$P(T > 5) = \int_5^{+\infty} f(t)\mathrm{d}t = \int_5^{+\infty} 0.2\mathrm{e}^{-t/5}\,\mathrm{d}t$$
$$= \lim_{x \to +\infty} \int_5^x 0.2\mathrm{e}^{-t/5}\,\mathrm{d}t = \lim_{x \to +\infty}\left(\mathrm{e}^{-1} - \mathrm{e}^{-x/5}\right)$$
$$= \frac{1}{\mathrm{e}} \approx 0.368,$$

大约 37% 的客户需要等待超过 5min 电话才被接听． ∎

注意例 4b 的结果：尽管等待时间均值为 5min，但是仍然有 37% 的客户等待超过 5min．这是因为有些客户等待的时间特别长（可能是 10min~15 min），进而拉高了平均值．

概率密度函数的集中性的另一个度量是中位值，这个数 m 满足一半客户的等待时间小于 m ，另一半客户的等待时间大于 m ．一般说来，概率密度函数的**中位值**是使得

$$\int_m^{+\infty} f(x)\mathrm{d}x = \frac{1}{2}$$

的数 m．这表示 f 图像下方的区域有一半在 $x = m$ 的右侧．在练习 9 中你要证明例 4 中的客户等待时间的中位值约为 3.5min．

■ 正态分布

很多重要的随机现象——如智商水平测试的成绩，同质群体中个体的身高和体重，某地区的年平均降雨量——都可以用**正态分布**来建模. 正态分布是指随机变量 X 的概率密度函数是以下函数族中的一个成员函数：

3
$$f(x) = \frac{1}{\sigma\sqrt{2\pi}} e^{-(x-\mu)^2/(2\sigma^2)} .$$

标准差用小写希腊字母 σ 来表示.

该函数的均值为 μ. 正常数 σ 称为**标准差**，它表示 X 的分散程度. 图 8-5-5 给出了这个函数族中几个成员函数的图像，它们呈钟形. 从图中可以看出，σ 越小，X 越集中在均值两侧；σ 越大，X 越分散. 统计学家能通过特定的方法利用数据集来估计 μ 和 σ.

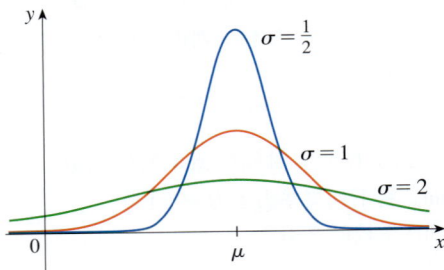

图 8-5-5
正态分布

因子 $1/(\sigma\sqrt{2\pi})$ 保证了 f 是一个概率密度函数. 利用多元微积分可以证明（见 15.3 节练习 48）

$$\int_{-\infty}^{+\infty} \frac{1}{\sigma\sqrt{2\pi}} e^{-(x-\mu)^2/(2\sigma^2)} \, \mathrm{d}x = 1 .$$

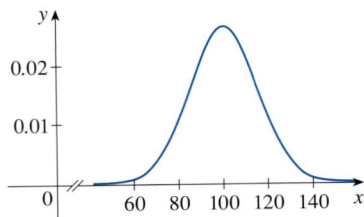

图 8-5-6

例 5　智商（IQ）符合均值为 100、标准差为 15 的正态分布（图 8-5-6 给出了对应的概率密度函数的图像）.

(a) 智商在 85 和 115 之间的人所占的百分比为多少？

(b) 智商超过 140 分的人所占的百分比为多少？

解

(a) 因为智商符合正态分布，所以我们将 $\mu=100$ 和 $\sigma=15$ 代入公式 3 给出的概率密度函数：

$$P(85 \leqslant X \leqslant 115) = \int_{85}^{115} \frac{1}{15\sqrt{2\pi}} e^{-(x-100)^2/(2\times 15^2)} \, \mathrm{d}x .$$

回忆 7.5 节中提到函数 $y = e^{-x^2}$ 没有原函数，所以无法准确地求出积分值，但是可以使用计算器或计算机的数值积分功能来估计积分值（也可以利用中点法则或辛普森法则），得到

$$P(85 \leqslant x \leqslant 115) \approx 0.68 .$$

因此，大约 68% 的人的智商在 85 和 115 之间，即与均值相差不到 1 个标准差.

(b) 随机选择一个人，他的智商超过 140 的概率为

$$P(X>140)=\int_{140}^{+\infty}\frac{1}{15\sqrt{2\pi}}e^{-(x-100)^2/450}\,dx\ .$$

为了避免反常积分，我们用从 $x=140$ 到 $x=200$ 的积分来估计这个概率（这很合理，因为智商超过 200 的人非常罕见）：

$$P(X>140)\approx\int_{140}^{200}\frac{1}{15\sqrt{2\pi}}e^{-(x-100)^2/450}\,dx\approx0.003\,8\ .$$

因此，只有大约 0.4% 的人的智商超过 140.■

8.5　练习

1. 令 $f(x)$ 为某制造商生产的高质量轮胎的使用寿命的概率密度函数，其中 x 的单位是 km. 解释下列积分的含义.

(a) $\int_{50\,000}^{65\,000}f(x)\,dx$　　　(b) $\int_{40\,000}^{+\infty}f(x)\,dx$

2. 令 $f(t)$ 为早上开车去学校所需时间的概率密度函数，其中 t 的单位是 min. 将下列概率表示为一个积分.

(a) 不到 15min 就到达学校的概率.

(b) 超过 0.5h 才到达学校的概率.

3. 当 $0\leqslant x\leqslant1$ 时，$f(x)=30x^2(1-x)^2$；当 x 为其他值时，$f(x)=0$.

(a) 证明 f 是一个概率密度函数.

(b) 求 $P\left(X\leqslant\frac{1}{3}\right)$.

4. 密度函数

$$f(x)=\frac{e^{3-x}}{\left(1+e^{3-x}\right)^2}$$

是逻辑斯谛分布的一个例子.

(a) 证明 f 是一个概率密度函数.

(b) 求 $P(3\leqslant X\leqslant4)$.

(c) 画出 f 的图像. 从图像来看，均值是多少？中位值是多少？

5. 令 $f(x)=c/(1+x^2)$.

(a) c 为何值时，f 是一个概率密度函数？

(b) c 为此值时，求 $P(-1<X<1)$.

6. 当 $0\leqslant x\leqslant3$ 时，$f(x)=k(3x-x^2)$；当 $x<0$ 或 $x>3$ 时，$f(x)=0$.

(a) k 为何值时，f 是一个概率密度函数？

(b) k 为此值时，求 $P(X>1)$.

(c) 求均值.

7. 桌游的转盘指针会随机指向 0 和 10 之间的一个实数. 转盘指针指向给定区间内的数的概率与其指向任何等宽区间内的数的概率相等. 从这一点上看，转盘是公平的.

(a) 说明为什么函数

$$f(x)=\begin{cases}0.1,&0\leqslant x\leqslant10;\\0,&x<0\ \text{或}\ x>10.\end{cases}$$

是转盘值的概率密度函数.

(b) 根据你的直觉给出均值的估计值，然后计算均值的准确值.

8. (a) 说明为什么下图所示的函数是一个概率密度函数.

(b) 利用图像求下列概率.

(i) $P(X<3)$　　　(ii) $P(3\leqslant X\leqslant8)$

(c) 求均值.

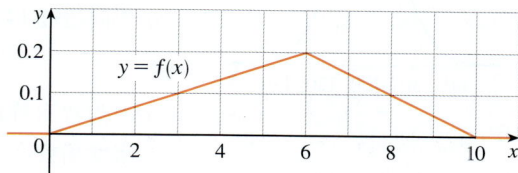

9. 证明例 4 中客户电话的等待时间的中位值为 3.5min.

10. (a) 某种灯泡的标示平均使用寿命为 1000h. 使用均值 $\mu=1000$ 的指数密度函数来为灯泡故障前的工作时间建模. 利用这个模型求下列概率：

(i) 灯泡在 200h 内发生故障的概率；

(ii) 灯泡正常工作超过 800h 的概率.

(b) 这种灯泡的使用寿命的均值是多少？

11. 某家在线零售商确认信用卡交易通过电子审批的平均时间为 1.6s.

(a) 利用指数密度函数，求顾客等待信用卡交易审批的时间少于 1s 的概率.

(b) 求顾客等待超过 3s 的概率.

(c) 最慢的 5% 的交易的最快审批时间是多少？

12. 链球菌性咽痛从感染到出现症状的时间是一个随机变量. 对于 $0 \leqslant t \leqslant 150$，其概率密度函数近似为 $f(t) = \dfrac{1}{15\,676} \times t^2 \mathrm{e}^{-0.05t}$；否则为 $f(t) = 0$（t 的单位是 h）.

(a) 感染者在最初 48 小时内出现症状的概率是多少？

(b) 感染者在 36 小时后才出现症状的概率是多少？

资料来源：改编自 P. Sartwell, "The Distribution of Incubation Periods of Infectious Disease", American Journal of Epidemiology 141 (1995): 386–94.

13. 快速眼动睡眠是做梦最活跃的睡眠阶段. 在一项研究中，前 4 个小时内快速眼动睡眠的时间用随机变量 T 表示，其概率密度函数如下（t 的单位是 min）：

$$f(t) = \begin{cases} \dfrac{1}{1600}t, & 0 \leqslant t \leqslant 40; \\ \dfrac{1}{20} - \dfrac{1}{1600}t, & 40 < t \leqslant 80; \\ 0, & t \text{ 为其他值.} \end{cases}$$

(a) 快速眼动睡眠的时间在 30min 和 60min 之间的概率是多少？

(b) 求快速眼动睡眠的平均时间.

14. 根据美国国民健康调查，美国成年男子的身高符合均值为 175cm、标准差为 7cm 的正态分布.

(a) 随机选择一个成年男子，其身高在 165cm 和 185cm 之间的概率是多少？

(b) 超过 180cm 的成年男子所占的百分比是多少？

15. 亚利桑那大学策划了一个"垃圾项目"，该项目的报告指出：家庭每周丢弃的废纸量符合均值为 4.3kg、标准差为 1.9kg 的正态分布. 每周丢弃废纸至少 5kg 的家庭所占的百分比是多少？

16. 盒装麦片的标示含量为 500g. 包装机的填充量符合标准差为 12g 的正态分布.

(a) 如果目标填充量为 500g，那么包装机填入盒中的麦片少于 480g 的概率是多少？

(b) 假设法律规定，实际含量低于标示含量 500g 的盒装麦片不得超过 5%，那么制造商应该将包装机的目标填充量调整为多少？

17. 限速 100km/h 的高速公路上，车辆的速度符合均值为 112km/h、标准差为 8km/h 的正态分布.

(a) 随机选择一辆车，这辆车不超速行驶的概率是多少？

(b) 如果警察要给行驶速度为 125km/h 及以上的车辆的司机开罚单，那么被处罚的司机所占的百分比是多少？

18. 证明：正态分布的随机变量的概率密度函数在 $x = \mu \pm \sigma$ 处有一个拐点.

19. 对于任意正态分布，求随机变量与均值相差 2 个标准差之内的概率.

20. 定义概率密度函数为 f、均值 μ 的随机变量的标准差为

$$\sigma = \left[\int_{-\infty}^{+\infty} (x - \mu)^2 f(x)\,\mathrm{d}x \right]^{1/2}.$$

求概率密度函数为指数密度函数、均值为 μ 的随机变量的标准差.

21. 氢原子由原子核中的一个质子以及一个核外电子组成，电子绕原子核运动. 根据原子结构的量子理论，电子不在固定轨道上运动，而是处于一种称为"轨道"的状态（又称轨态，可以理解为原子核周围的负电荷所形成的"云"）. 能量最低时的状态称为基态或 1s 轨道，这时云的形状为一个以原子核为球心的球面，通过概率密度函数可以描述为

$$p(r) = \frac{4}{a_0^3} r^2 \mathrm{e}^{-2r/a_0}, \ r \geqslant 0,$$

其中 a_0 称为玻尔半径（$a_0 \approx 5.59 \times 10^{-11}\mathrm{m}$）. 积分

$$P(r) = \int_0^r \frac{4}{a_0^3} s^2 \mathrm{e}^{-2s/a_0}\,\mathrm{d}s$$

表示电子位于以原子核为球心、半径为 r 的球面内部的概率.

(a) 证明 $p(r)$ 是一个概率密度函数.

(b) 求 $\lim_{r \to +\infty} p(r)$. 当 r 为何值时，$p(r)$ 有最大值？

(c) 画出概率密度函数的图像.

(d) 求电子位于以原子核为球心、半径为 $4a_0$ 的球面内部的概率.

(e) 求氢原子在基态下，电子到原子核的距离的均值.

第8章 复习

概念题

1. (a) 曲线的长度是如何定义的?
(b) 写出光滑曲线 $y = f(x)$, $a \leqslant x \leqslant b$ 的长度的表达式.
(c) 如果给出的是 x 关于 y 的函数,写出长度的表达式.

2. (a) 写出曲线 $y = f(x)$, $a \leqslant x \leqslant b$ 绕 x 轴旋转所得曲面的面积的表达式.
(b) 如果给出的是 x 关于 y 的函数,写出面积的表达式.
(c) 如果曲线绕 y 轴旋转,写出面积的表达式.

3. 如果一面垂直墙浸没在水中,如何求墙所受的流体静压力?

4. (a) 薄板的质心有什么物理意义?
(b) 如果薄板位于 $y = f(x)$ 和 $y = 0$ 之间,且 $a \leqslant x \leqslant b$,写出质心坐标的表达式.

5. 帕普斯定理是什么?

6. 给定需求函数 $p(x)$,若当前商品数量为 X,售价为 P,消费者剩余表示什么? 请画图说明.

7. (a) 心输出量是什么?
(b) 如何使用染料稀释法测量心输出量?

8. 什么是概率密度函数? 它有什么性质?

9. 设 $f(x)$ 为女大学生体重的概率密度函数,其中 x 的单位是 kg.
(a) 积分 $\int_0^{60} f(x)\mathrm{d}x$ 表示什么含义?
(b) 写出概率密度函数的均值的表达式.
(c) 如何求该概率密度函数的中位值?

10. 什么是正态分布? 标准差的意义是什么?

判断题

判断下列说法是否正确. 如果正确,请说明理由;如果不正确,请说明理由或给出一个反例.

1. 曲线 $y = f(x)$ 与 $y = f(x) + c$ 在 $[a,b]$ 上的弧长相等.

2. 曲线 $y = f(x)$, $a \leqslant x \leqslant b$ 位于 x 轴上方. 如果 $c > 0$,则 $y = f(x)$ 和 $y = f(x) + c$ 绕 x 轴旋转所得曲面的面积相等.

3. 如果对于 $a \leqslant x \leqslant b$ 有 $f(x) \leqslant g(x)$,则曲线 $y = f(x)$ 在 $[a,b]$ 上的弧长小于或等于曲线 $y = g(x)$ 在 $[a,b]$ 上的弧长.

4. 曲线 $y = x^3$, $0 \leqslant x \leqslant 1$ 的长度为 $L = \int_0^1 \sqrt{1 + x^6}\,\mathrm{d}x$.

5. 如果 f 连续,$f(0) = 0$,$f(3) = 4$,则曲线 $y = f(x)$ 在 $[0,3]$ 上的弧长至少为 5.

6. 密度为 ρ 的均匀薄板的质心只取决于薄板的形状,而不取决于 ρ.

7. 大坝所受的流体静压力只取决于水位,而不取决于大坝围成的水库大小.

8. 如果 f 是一个概率密度函数,那么 $\int_{-\infty}^{+\infty} f(x)\mathrm{d}x = 1$.

练习题

1~3 求下列曲线的长度.

1. $y = 4(x-1)^{3/2}$, $1 \leqslant x \leqslant 4$

2. $y = 2\ln\left(\sin\dfrac{1}{2}x\right)$, $\pi/3 \leqslant x \leqslant \pi$

3. $12x = 4y^3 + 3y^{-1}$, $1 \leqslant y \leqslant 3$

4. (a) 求以下曲线的长度:

$$y = \frac{x^4}{16} + \frac{1}{2x^2}, \quad 1 \leqslant x \leqslant 2 .$$

(b) 求 (a) 中曲线绕 y 轴旋转所得曲面的面积.

T **5.** 设 C 为曲线 $y = 2/(x+1)$ 从点 $(0, 2)$ 到点 $\left(3, \dfrac{1}{2}\right)$ 的弧．求下列各量的近似值，精确到小数点后 4 位．

(a) C 的长度．

(b) C 绕 x 轴旋转所得曲面的面积．

(c) C 绕 y 轴旋转所得曲面的面积．

6. (a) 求曲线 $y = x^2$, $0 \leqslant x \leqslant 1$ 绕 y 轴旋转所得曲面的面积．

(b) 求 (a) 中曲线绕 x 轴旋转所得曲面的面积．

7. 利用辛普森法则，取 $n = 10$，估计正弦曲线 $y = \sin x$, $0 \leqslant x \leqslant \pi$ 的长度，精确到小数点后 4 位．

8. (a) 将练习 7 中的正弦曲线绕 x 轴旋转所得曲面的面积表示为积分，无须计算．

T (b) 计算积分，精确到小数点后 4 位．

9. 求以下曲线的长度：

$$y = \int_1^x \sqrt{\sqrt{t} - 1}\, \mathrm{d}t,\ 1 \leqslant x \leqslant 16 .$$

10. 求练习 9 中曲线绕 y 轴旋转所得曲面的面积．

11. 水渠的闸门呈梯形，底部宽 1m、顶部宽 2m、高 1m．闸门垂直放置在水渠中，水面刚好没过闸门．求闸门一侧所受的流体静压力．

12. 水槽里装满水，它的两端为如下图所示的垂直抛物形区域．求水槽一端所受的流体静压力．

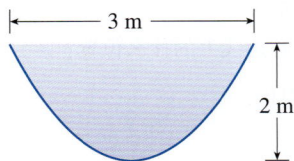

13~14 求下列图中所示区域的形心．

13.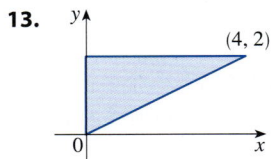

14.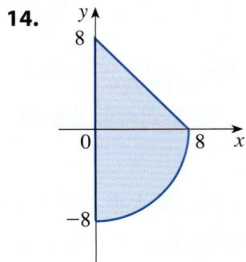

15~16 求下列曲线或直线所围成区域的形心．

15. $y = \dfrac{1}{2}x$，$y = \sqrt{x}$

16. $y = \sin x$，$y = 0$，$x = \pi/4$，$x = 3\pi/4$

17. 求圆心为 $(1, 0)$、半径为 1 的圆绕 y 轴旋转所得立体的体积．

18. 利用帕普斯定理及球体的体积公式 $V = \dfrac{4}{3}\pi r^3$，求曲线 $y = \sqrt{r^2 - x^2}$ 和 x 轴围成的半圆形区域的形心．

19. 某商品的需求函数为 $p = 2000 - 0.1x - 0.01x^2$．求销量为 100 时的消费者剩余．

20. 将 6mg 染料注入心脏后，每隔 2s 测量一次染料浓度，结果如下表所示．利用辛普森法则估计心输出量．

t	$c(x)$	t	$c(x)$
0	0	14	4.7
2	1.9	16	3.3
4	3.3	18	2.1
6	5.1	20	1.1
8	7.6	22	0.5
10	7.1	24	0
12	5.8		

21. (a) 说明为什么函数

$$f(x) = \begin{cases} \dfrac{\pi}{20}\sin\dfrac{\pi x}{10}, & 0 \leqslant x \leqslant 10; \\ 0, & x < 0 \text{ 或 } x > 10 \end{cases}$$

是一个概率密度函数．

(b) 求 $P(X < 4)$．

(c) 求均值．结果符合你的预期吗？

22. 人类怀孕时间符合均值为 268 天、标准差为 15 天的正态分布，怀孕时间在 250 天和 280 天之间的百分比为多少？

23. 在某家银行排队的等待时间可以用均值为 8min 的指数密度函数来建模．

(a) 顾客等待时间在 3min 之内的概率是多少？

(b) 顾客等待时间超过 10min 的概率是多少？

(c) 求等待时间的中位值．

附加题

1. 求区域 $S = \left\{(x, y) \mid x \geq 0,\ y \leq 1,\ x^2 + y^2 \leq 4y\right\}$ 的面积.

2. 求曲线 $y^2 = x^3 - x^4$ 上的圈所围成区域的形心.

3. 一个半径为 r 的球体被到球心的距离为 d 的平面分成两部分，这两个部分称为单底球台（即球冠，见左下图），对应的曲面称为单底球带.

   (a) 求左下图所示的两个球带的面积.

   (b) 假设图中的球体为地球，北冰洋呈圆形，圆心为北极，圆周为北纬 75° 线. 求北冰洋的面积.（地球半径为 $r = 6370\text{km}$.）

   (c) 一个半径为 r 的球体内切于一个半径为 r 的圆柱体，与圆柱体中心轴垂直且相距 h 的两个平面从球面上切出一个双底球带（见右下图）. 证明球带的面积等于两个平面从圆柱体侧面切下的曲面的面积.

   (d) 地球上的热带地区位于北回归线（北纬 23.45°）和南回归线（南纬 23.45°）之间. 求热带地区的面积.

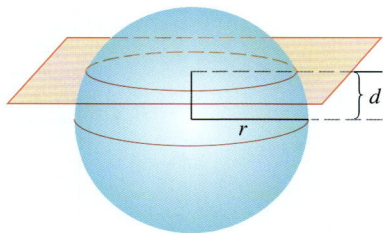 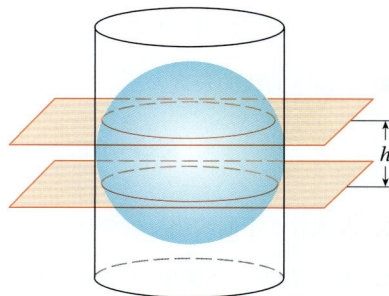

4. (a) 观察者站在半径为 r 的球体的北极上方，高度为 H，证明他能看见的球体表面积为

$$\frac{2\pi r^2 H}{r + H}.$$

   (b) 半径为 r 和 R 的两个球体的球心之间的距离为 d，且 $d > r + R$. 为了使照亮的总表面积最大，光源应该放在两球心连线上的什么位置？

5. 设海水的密度为 $\rho = \rho(z)$，随深度 z 变化.

   (a) 证明流体静压强符合微分方程

$$\frac{\mathrm{d}P}{\mathrm{d}z} = \rho(z)g,$$

   其中 g 为重力加速度. 令 P_0 和 ρ_0 为 $z = 0$ 处的流体静压强和密度. 将深度 z 处的流体静压强表示为一个积分.

   (b) 设海水在深度 z 处的密度为 $\rho(z) = \rho_0 e^{z/H}$，其中 H 为正常数. 一个半径为 r 的圆形舷窗垂直浸没在海中，圆心到海面的距离为 $L > r$，将舷窗所受的流体静压力表示为一个积分.

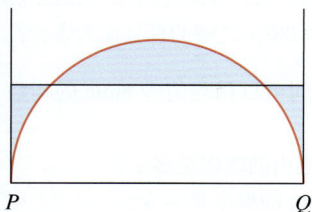

P Q

6. 左图显示了一个半径为 1 的半圆，其水平直径为 PQ，在点 P 和点 Q 处分别有一条切线. 为了使阴影区域的面积最小，水平线应放在直径上方多高处？

7. 设 P 为一个棱锥体，其底面是一个边长为 $2b$ 的正方形. 设 S 为一个圆心在 P 的底面上且与 P 的八条边都相切的球体. 求 P 的高，并求 P 和 S 的相交部分的体积.

8. 一块金属平板垂直浸没在水中，其顶部在水面下方 2m 处．平板为什么形状时，如果将平板分成任意数量的等宽水平条形，每个条形所受的流体静压力都相等？

9. 一个半径为 1m 的均匀圆盘被一条直线切开，较小部分的质心位于半径的中点．这条切割线到圆心的距离是多少？（结果精确到小数点后 2 位．）

10. 从边长为 10cm 的正方形的一角切下一个面积为 30cm^2 的三角形，如下图所示．如果剩余部分的形心到正方形右边的距离为 4cm，那么其到正方形底边的距离是多少？

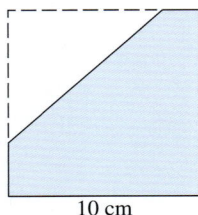

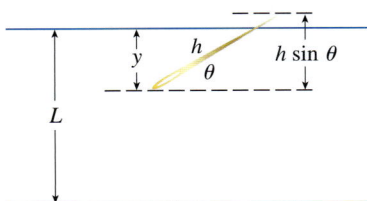

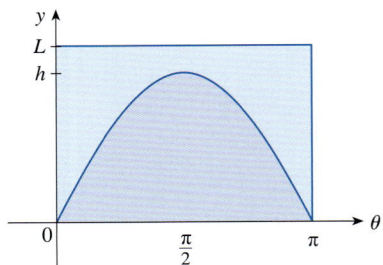

10 cm

11. 布丰投针问题是 18 世纪的一个著名问题：一根长度为 h 的针掉在平面（如桌面）上，平面上有无数条间隔为 L（$L \geqslant h$）的平行直线，求针与一条直线相交的概率．假设直线沿东西方向延伸，与直角坐标系中的 x 轴平行（如左图所示）．令 y 为针的"南端"到北边最近的直线的距离．（如果针的南端恰好落在直线上，则 $y=0$；如果针恰好在东西方向上，那么取"西端"为"南端".）令 θ 为针与从针的南端向东延伸的射线之间的夹角，那么 $0 \leqslant y \leqslant L$，$0 \leqslant \theta \leqslant \pi$．注意到，仅当 $y < h\sin\theta$ 时针与直线相交．针在平面上的所有可能性都可以视为掉落在矩形区域 $0 \leqslant y \leqslant L, 0 \leqslant \theta \leqslant \pi$ 上，其中针与直线相交的比例为

$$\frac{y = h\sin\theta \text{ 下方的面积}}{\text{矩形的面积}}.$$

这个比例就是针与直线相交的概率．如果 $h=L$，求针与直线相交的概率．如果 $h=\frac{1}{2}L$ 呢？

12. 如果问题 11 中针的长度 $h > L$，那么针有可能同时与多条直线相交．

　　(a) 如果 $L=4$，求长度为 $h=7$ 的针至少与一条直线相交的概率．（提示：步骤同问题 11．y 的定义同上，针在平面上的所有可能性同样可以视为掉落在矩形区域 $0 \leqslant y \leqslant L, 0 \leqslant \theta \leqslant \pi$ 上．矩形的哪个部分对应针与直线相交的情况？）

　　(b) 如果 $L=4$，求长度为 $h=7$ 的针与两条直线相交的概率．

　　(c) 如果 $2L < h \leqslant 3L$，求针与三条直线相交的概率的一般式．

13. 求椭圆 $x^2 + (x+y+1)^2 = 1$ 所围成区域的形心．

海冰是地球生态的重要组成部分．在 9.3 节练习 56 中，你将要推导出一个为海冰厚度随时间变化建模的微分方程.

9 微分方程

微分方程可能是微积分最主要的应用．自然科学家和社会科学家使用微积分，往往是为了分析微分方程，这些微分方程一般出现在对他们所研究的现象进行建模的过程中．尽管有些微分方程的准确解不可能求出，但是使用图像或数值方法也可以得到所需的信息.

9.1 | 利用微分方程建模

现在是阅读（或重读）1.2 节中有关数学建模的讨论的好时机.

第 1 章介绍建模的过程时曾提到，我们通过对现象的直观推理或基于实验证据的物理规律来建立实际问题的数学模型. 数学模型通常表示为微分方程，即方程包含一个未知函数及它的一些导数. 这是因为我们所观测的现实世界是不断变化的，我们希望通过当前数值的变化来预测将来的发展. 下面给出几个对物理现象建模的例子，来看看微分方程是如何产生的.

■ 种群增长模型

种群增长的一个模型是基于如下假设建立的：种群规模的增长率与种群规模成正比. 这个假设对于理想条件下（无限的环境、充足的营养、没有天敌、对疾病免疫）的细菌种群或动物种群都是合理的.

先识别并命名此模型中的变量：

$$t = 时间（自变量）$$
$$P = 种群的个体数量（因变量）$$

种群规模的增长率为导数 $\mathrm{d}P/\mathrm{d}t$，所以种群规模的增长率与种群规模成正比的假设可以表示成

$$\boxed{1} \qquad \frac{\mathrm{d}P}{\mathrm{d}t} = kP \ ,$$

其中 k 为比例常数. 方程 1 是种群增长的第一个模型，它是一个微分方程，因为它包含未知函数 P 及其导数 $\mathrm{d}P/\mathrm{d}t$.

建立好模型后，来考虑一下它带来的结论. 如果排除规模为 0 的种群，那么对所有 t 都有 $P(t) > 0$. 因此，如果 $k > 0$，那么由方程 1 可得，对所有 t 都有 $P'(t) > 0$，这表示种群是不断增长的. 事实上，方程 1 表明，随着 $P(t)$ 不断增大，$\mathrm{d}P/\mathrm{d}t$ 也不断增大，即随着种群增长，增长率也不断增大.

接下来解方程 1. 我们要根据该方程求出一个函数，其导数是它本身的常数倍. 我们从第 3 章中了解到，指数函数具有这个性质. 实际上，如果令 $P(t) = Ce^{kt}$，则有

$$P'(t) = C\left(ke^{kt}\right) = k\left(Ce^{kt}\right) = kP(t) \ ,$$

即任何形如 $P(t) = Ce^{kt}$ 的指数函数都是方程 1 的解. 在 9.4 节中，你将知道该方程没有其他解.

令 C 为不同的实数值，可以得到方程的解族 $P(t) = Ce^{kt}$，其图像如图 9-1-1 所示. 而种群规模只能为正，所以只保留 $C > 0$ 的解. 此外，我们只关心解在 t 大于初始时间 $t = 0$ 的部分. 图 9-1-2 显示了有实际意义的解的图像. 代入 $t = 0$，得到 $P(0) = Ce^{k(0)} = C$，所以常数 C 为种群规模的初值 $P(0)$.

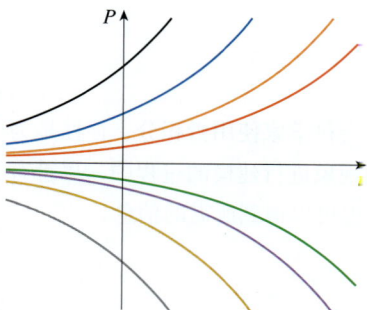

图 9-1-1
$\mathrm{d}P/\mathrm{d}t = kP$ 的解族

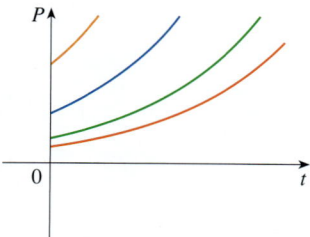

图 9-1-2
解族 $P(t) = Ce^{kt}$（$C > 0$，$t \geqslant 0$）

方程 1 适合作为理想条件下的种群增长模型，但我们应该意识到，更真实的模型应该能反映给定环境的资源是有限的这一事实．很多种群一开始呈指数级增长，但是当种群规模接近环境容纳量 M 时，种群趋于稳定（如果种群规模超过 M，则会减小至 M）．一个考虑到上述两个趋势的模型应该满足如下两个假设：

- 当 P 很小时，$\dfrac{\mathrm{d}P}{\mathrm{d}t} \approx kP$（开始时，增长率与 P 成正比）；

- 当 $P > M$ 时，$\dfrac{\mathrm{d}P}{\mathrm{d}t} < 0$（当 P 超过 M 时，P 减小）．

一种能同时体现上面两个假设的方法是，假设种群规模的增长率和种群规模成正比，并且和环境容纳量与种群规模之差成正比．对应的微分方程为 $\mathrm{d}P/\mathrm{d}t = cP(M - P)$，其中 c 为比例常数，它等价于

$$\boxed{2} \qquad \frac{\mathrm{d}P}{\mathrm{d}t} = kP\left(1 - \frac{P}{M}\right), \ \text{其中 } k = cM.$$

注意，如果 P 与 M 相比很小的话，那么 $\dfrac{P}{M}$ 接近 0，因此 $\mathrm{d}P/\mathrm{d}t \approx kP$．如果 $P > M$，那么 $1 - \dfrac{P}{M}$ 为负，因此 $\mathrm{d}P/\mathrm{d}t < 0$．

方程 2 称为逻辑斯谛微分方程，由比利时数学家皮埃尔 – 弗朗索瓦·韦吕勒（Pierre-François Verhulst）在 19 世纪 40 年代提出，作为世界人口增长的模型．我们将在 9.4 节中研究解逻辑斯谛微分方程的技巧，现在直接从方程 2 定性分析解的特征．首先，常量函数 $P(t) = 0$ 和 $P(t) = M$ 都是方程的解，因为这两个解都能使方程 2 右边的一个因子为零．（从实际意义上当然解释得通：当种群规模为 0 或达到环境容纳量时，它便不再变化．）这两个解称为**平衡解**.

如果种群规模的初值 $P(0)$ 在 0 和 M 之间，那么方程 2 的右边为正，因此 $\mathrm{d}P/\mathrm{d}t > 0$，种群规模增大．如果种群规模超过了环境容纳量（$P > M$），那么 $1 - \dfrac{P}{M}$ 为负，因此 $\mathrm{d}P/\mathrm{d}t < 0$，种群规模减小．注意，还有一种情况是种群规模趋于环境容纳量（$P \to M$），那么 $\mathrm{d}P/\mathrm{d}t \to 0$，也就是种群趋于稳定．由此可以猜测出逻辑斯谛微分方程的解的图像如图 9-1-3 所示．注意，函数的图像都位于平衡解 $P = 0$ 和 $P = M$ 的图像之间．

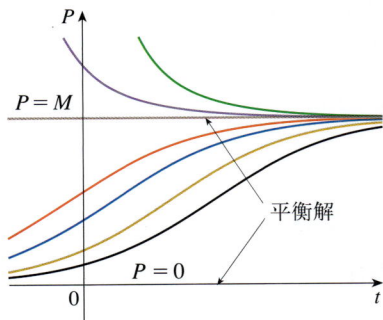

图 9-1-3
逻辑斯谛方程的解

■ 弹簧运动模型

现在来看物理学中模型的一个例子．考虑质量为 m 的悬挂在弹簧末端的物体的运动（如图 9-1-4 所示）．我们在 6.4 节中讨论了胡克定律：如果弹簧从自然长度伸长（或缩短）x 个单位，则弹簧产生的力与 x 成比例：

$$回复力 = -kx,$$

其中 k 为正常量（称为弹性系数）．如果忽略外界阻力（空气阻力或摩擦力），根据牛顿第二定律（力等于质量乘以加速度），有

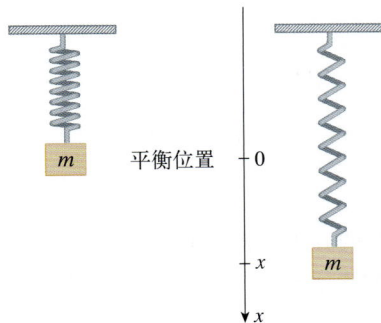

图 9-1-4

$$\boxed{3} \qquad m\frac{\mathrm{d}^2 x}{\mathrm{d}t^2} = -kx \ .$$

这个方程包含二阶导数，所以称为二阶微分方程．下面直接从方程推测解的形式，将方程 3 写成如下形式：

$$\frac{\mathrm{d}^2 x}{\mathrm{d}t^2} = -\frac{k}{m}x \ .$$

这表示 x 的二阶导数与 x 成负比例．我们知道有两种函数满足这一性质：正弦函数和余弦函数．事实上，方程 3 的解能表示成正弦函数和余弦函数的组合（见练习 16）．这并不意外，因为弹簧在平衡位置附近振荡，所以其中很自然会涉及三角函数．

■ 一般微分方程

通常，**微分方程**是包含一个未知函数及其一个或多个导数的等式．等式中最高阶导数的阶数称为微分方程的**阶数**．因此，方程 1 和方程 2 都是一阶方程，方程 3 是二阶方程．在这三个方程中，自变量都为 t，表示时间．但在一般微分方程中，自变量不一定表示时间．例如，考察微分方程

$$\boxed{4} \qquad y' = xy \ ,$$

其中 y 是 x 的未知函数．

如果将 $y = f(x)$ 及其导数代入微分方程后，方程成立，那么函数 f 称为微分方程的**解**．如果对于某个区间内的所有 x 值，都有

$$f'(x) = xf(x) \ ,$$

那么 f 是方程 4 的解．

当我们解微分方程时，需要找到微分方程所有可能的解．我们已经求出过一些简单的形如 $y' = f(x)$ 的微分方程的解．例如，我们知道微分方程

$$y' = x^3$$

的通解为

$$y = \frac{x^4}{4} + C \ ,$$

其中 C 为任意常数．

但是，解微分方程通常并不简单，没有系统的方法能够让我们解所有的微分方程．在 9.2 节中，我们将看到在没有明确公式的情况下，如何画出解的粗略图像，以及如何求出数值近似解．

例 1 判断函数 $y = x + \dfrac{1}{x}$ 是否是下列微分方程的解.

(a) $xy' + y = 2x$ (b) $xy'' + 2y' = 0$

解 函数 $y = x + \dfrac{1}{x}$ 关于 x 的一阶导数和二阶导数分别为 $y' = 1 - \dfrac{1}{x^2}$ 和 $y'' = \dfrac{2}{x^3}$.

(a) 将 y 和 y' 代入微分方程的左边, 得到

$$xy' + y = x\left(1 - \dfrac{1}{x^2}\right) + \left(x + \dfrac{1}{x}\right)$$
$$= x - \dfrac{1}{x} + x + \dfrac{1}{x} = 2x.$$

因为 $2x$ 等于微分方程的右边, 所以 $y = x + \dfrac{1}{x}$ 是一个解.

(b) 将 y' 和 y'' 代入微分方程, 左边变为

$$xy'' + 2y' = x\left(\dfrac{2}{x^3}\right) + 2\left(1 - \dfrac{1}{x^2}\right)$$
$$= \dfrac{2}{x^2} + 2 - \dfrac{2}{x^2} = 2,$$

不等于微分方程的右边, 所以 $y = x + \dfrac{1}{x}$ 不是一个解. ∎

例 2 证明函数族

$$y = \dfrac{1 + ce^t}{1 - ce^t}$$

中每个成员函数都是微分方程 $y' = \dfrac{1}{2}(y^2 - 1)$ 的解.

解 利用函数商的求导法则求出 y 的导数的表达式:

$$y' = \dfrac{(1 - ce^t)(ce^t) - (1 + ce^t)(-ce^t)}{(1 - ce^t)^2}$$
$$= \dfrac{ce^t - c^2e^{2t} + ce^t + c^2e^{2t}}{(1 - ce^t)^2} = \dfrac{2ce^t}{(1 - ce^t)^2},$$

微分方程的右边变为

$$\dfrac{1}{2}(y^2 - 1) = \dfrac{1}{2}\left[\left(\dfrac{1 + ce^t}{1 - ce^t}\right)^2 - 1\right]$$
$$= \dfrac{1}{2}\left[\dfrac{(1 + ce^t)^2 - (1 - ce^t)^2}{(1 - ce^t)^2}\right]$$
$$= \dfrac{1}{2}\dfrac{4ce^t}{(1 - ce^t)^2} = \dfrac{2ce^t}{(1 - ce^t)^2}.$$

图 9-1-5 给出了例 2 中的函数族中七个成员函数的图像. 微分方程表明, 如果 $y \approx \pm 1$, 则 $y' \approx 0$. 图像在 $y = 1$ 和 $y = -1$ 附近的平坦性证明了这一点.

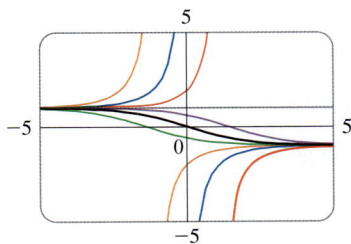

图 9-1-5

综上所述, 这个微分方程的左右两边相等, 因此, 对于每个 c 值, 函数都是微分方程的解. ∎

应用微分方程的时候，通常不需要找到解族（通解），只需要找到一个满足特定附加条件的解．在许多物理问题中，解要满足形如 $y(t_0) = y_0$ 的条件．这个条件称为**初值条件**，求微分方程满足初值条件的解的问题称为**初值问题**．

从几何上看，施加初值条件就相当于从通解曲线中挑选过点 (t_0, y_0) 的那条曲线．从物理上看，这相当于考察系统在 t_0 时的状态，通过解决初值问题来预测系统将来的发展．

例 3　求微分方程 $y' = \dfrac{1}{2}(y^2 - 1)$ 满足初值条件 $y(0) = 2$ 的解．

解　由例 2 可知，对于任意 c 值，函数

$$y = \frac{1 + ce^t}{1 - ce^t}$$

都是该微分方程的解．将 $t = 0$ 和 $y = 2$ 代入公式，得到

$$2 = \frac{1 + ce^0}{1 - ce^0} = \frac{1 + c}{1 - c} .$$

解这个关于 c 的方程，得到 $2 - 2c = 1 + c$，于是有 $c = \dfrac{1}{3}$．因此，初值问题的解为

$$y = \frac{1 + \dfrac{1}{3}e^t}{1 - \dfrac{1}{3}e^t} = \frac{3 + e^t}{3 - e^t} .$$

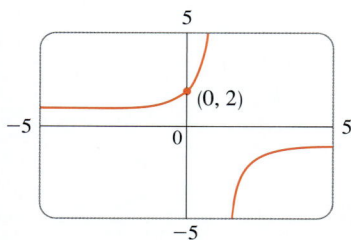

图 9-1-6

解的图像如图 9-1-6 所示．该曲线是图 9-1-5 中的解族中一个成员解的图像，它过点 $(0, 2)$．　∎

9.1 | 练习

1~5　写出一个微分方程来为下列情景建模．在每个情景中，所描述的变化率都是关于时间 t 的．

1. 树干半径 r 的变化率与半径成反比．

2. 物体下落的速度 v 的变化率是常数．

3. 对于最大速度为 M 的汽车，汽车速度 v 的变化率和 M 与 v 的差成正比．

4. 当一种传染病传入一个固定人口为 N 的城市时，感染人数 y 的变化率和感染人数与未感染人数的乘积成正比．

5. 当一个新产品的广告活动来到一个固定人口为 N 的城市时，在 t 时，听说过该产品的人数 y 的变化率与未听说该产品的人数成正比．

6~12　判断给定函数是否为微分方程的解．

6. $y = \sin x - \cos x$ ；　$y' + y = 2\sin x$

7. $y = \dfrac{2}{3}e^x + e^{-2x}$ ；　$y' + 2y = 2e^x$

8. $y = \tan x$ ；　$y' - y^2 = 1$

9. $y = \sqrt{x}$ ；　$xy' - y = 0$

10. $y = \sqrt{1 - x^2}$; $yy' - x = 0$

11. $y = x^3$; $x^2 y'' - 6y = 0$

12. $y = \ln x$; $xy'' - y' = 0$

13~14 证明给定函数是初值问题的一个解．

13. $y = -t\cos t - t$; $t\dfrac{dy}{dt} = y + t^2 \sin t,\ y(\pi) = 0$

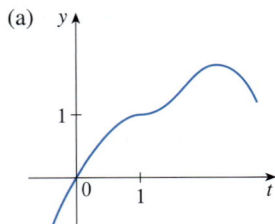

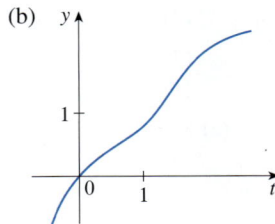

14. $y = 5e^{2x} + x$; $\dfrac{dy}{dx} - 2y = 1 - 2x,\ y(0) = 5$

---

15. (a) r 为何值时，函数 $y = e^{rx}$ 满足微分方程 $2y'' + y' - y = 0$？

　　(b) 如果 r_1 和 r_2 是你求出的 (a) 中的 r 值，证明函数族 $y = ae^{r_1 x} + be^{r_2 x}$ 中每个成员函数都是微分方程的解．

16. (a) k 为何值时，函数 $y = \cos kt$ 满足微分方程 $4y'' = -25y$？

　　(b) 对于这些 k 值，验证函数族 $y = A\sin kt + B\cos kt$ 中每个成员函数也是微分方程的解．

17. 下列哪个函数是微分方程 $y'' + y = \sin x$ 的解？

　　(a) $y = \sin x$ 　　　　(b) $y = \cos x$

　　(c) $y = \dfrac{1}{2}x\sin x$ 　　(d) $y = -\dfrac{1}{2}x\cos x$

18. (a) 证明函数族 $y = (\ln x + C)/x$ 中每个成员函数都是微分方程 $x^2 y' + xy = 1$ 的解．

　　(b) 通过在同一坐标系中画出解族中几个成员解的图像来说明 (a)．

　　(c) 求满足初值条件 $y(1) = 2$ 的微分方程的解．

　　(d) 求满足初值条件 $y(2) = 1$ 的微分方程的解．

19. (a) 观察微分方程 $y' = -y^2$，你能得出什么结论？

　　(b) 验证函数族 $y = 1/(x + C)$ 中每个成员函数都是 (a) 中微分方程的解．

　　(c) 微分方程 $y' = -y^2$ 是否存在一个解不属于 (b) 中的函数族？

　　(d) 求初值问题的解：

$$y' = -y^2,\ y(0) = 0.5 \ .$$

20. (a) 关于方程 $y' = xy^3$ 的解在 x 接近 0 时的图像，你能得出什么结论？x 很大时又是怎样的？

　　(b) 验证函数族 $y = \left(c - x^2\right)^{-1/2}$ 中每个成员函数都是微分方程 $y' = xy^3$ 的解．

　　(c) 在同一坐标系中画出解族中几个成员解的图像．这些图像和 (a) 中你的预测相符吗？

(d) 求以下初值问题的解：

$$y' = xy^3,\ y(0) = 2 \ .$$

21. 某种群可以用如下微分方程建模：

$$\frac{dP}{dt} = 1.2P\left(1 - \frac{P}{4200}\right) .$$

　　(a) P 为何值时，种群规模增大？

　　(b) P 为何值时，种群规模减小？

　　(c) 求平衡解．

22. 神经元电脉冲的菲茨休－南云模型表明，在没有弛豫效应的情况下，神经元中的电势 $v(t)$ 满足微分方程

$$\frac{dv}{dt} = -v\left[v^2 - (1 + a)v + a\right],$$

　　其中 a 为正常数，满足 $0 < a < 1$．

　　(a) v 为何值时，v 是不变的（即 $dv/dt = 0$）？

　　(b) v 为何值时，v 是增大的？

　　(c) v 为何值时，v 是减小的？

23. 说明为什么下图中图像对应的函数不可能是如下微分方程的解：

$$\frac{dy}{dt} = e^t \left(y - 1\right)^2 .$$

24. 下图中图像对应的函数是下列微分方程之一的解．选出正确的方程并验证．

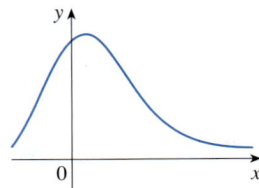

　　A. $y' = 1 + xy$ 　　B. $y' = -2xy$ 　　C. $y' = 1 - 2xy$

25. 将下列微分方程与 I~IV 中的图像进行匹配，并说明理由．

(a) $y' = 1 + x^2 + y^2$ (b) $y' = xe^{-x^2-y^2}$

(c) $y' = \dfrac{1}{1 + e^{x^2+y^2}}$ (d) $y' = \sin(xy)\cos(xy)$

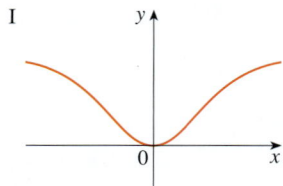

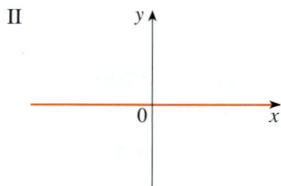

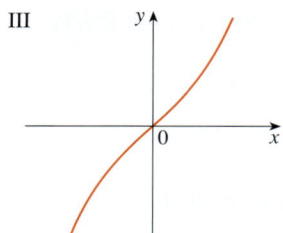

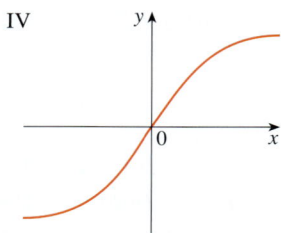

I

II

III

IV

26. 假设你刚刚在 20°C 的室内冲调了一杯 95°C 的新鲜咖啡．

(a) 你认为咖啡什么时候冷却得最快？随着时间推移，冷却速度有何变化？请解释原因．

(b) 牛顿冷却定律指出，如果物体与周围环境的温差不大，那么物体的冷却速度与温差成正比．对于本练习中的情景，写出牛顿冷却定律的微分方程，其初值条件是什么？参考 (a) 中你的回答，这个微分方程是适用于冷却过程的模型吗？

(c) 画出 (b) 中初值问题的一个解的图像．

27. 从事学习理论研究的心理学家要研究学习曲线．学习曲线是某人学习一项技能时，他的成绩关于学习时间 t 的函数 $P(t)$ 的图像．导数 dP/dt 表示成绩提高率．

(a) 你认为什么时候 P 增长得最快？随着 t 的增加，dP/dt 有什么变化？请解释原因．

(b) 如果 M 为学习者所能取得的最好成绩，那么微分方程

$$\frac{dP}{dt} = k(M - P) \quad (k \text{ 为正常数})$$

是适用于学习过程的模型．请解释原因．

(c) 画出该微分方程的一个解的图像．

28. 冯·贝塔朗菲方程表明，一条鱼的长度增长率和其当前长度 L 与渐近长度 L_∞ 的差（单位：cm）成正比．

(a) 写出一个表示这个观点的微分方程．

(b) 画出该微分方程的一个典型初值问题的解的图像．

29. 微分方程已被广泛应用于研究口服药物的溶解情况，其中一个方程是药物浓度 $c(t)$ 的韦布尔方程：

$$\frac{dc}{dt} = \frac{k}{t^b}(c_s - c),$$

其中 k 和 c_s 是正常数，且 $0 < b < 1$．证明

$$c(t) = c_s\left(1 - e^{-\alpha t^{1-b}}\right)$$

是韦布尔方程对于 $t > 0$ 的一个解，其中 $\alpha = k/(1-b)$．关于药物溶解的过程，微分方程说明了什么？

9.2 | 方向场与欧拉法

遗憾的是，大多数微分方程都不可能求出解的显式表达式．本节中我们将说明，即使没有准确解，我们仍然可以利用图像（方向场）或者数值方法（欧拉法）了解微分方程的解的信息．

■ 方向场

假设我们要画出初值问题

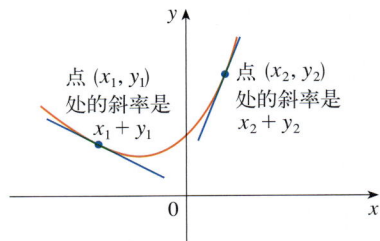

图 9-2-1
$y' = x + y$ 的解

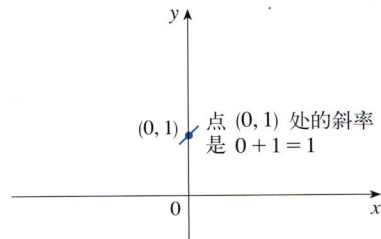

图 9-2-2
解曲线的起点为 $(0,1)$

$$y' = x + y, \ y(0) = 1$$

的解的图像. 不知道求解公式, 如何画出解的图像呢? 考虑微分方程的意义: 方程 $y' = x + y$ 表示, 解的图像 (称为解曲线) 上任意一点 (x,y) 处的斜率都等于该点横坐标与纵坐标之和 (见图 9-2-1), 另外, 曲线过点 $(0,1)$, 所以该点处的斜率为 $0+1=1$. 因此, 解曲线在点 $(0,1)$ 附近的部分近似于过点 $(0,1)$ 且斜率为 1 的小线段 (见图 9-2-2).

为了画出曲线的剩余部分, 我们在许多点 (x,y) 处画出斜率为 $x+y$ 的小线段. 这样的图像称为方向场, 如图 9-2-3 所示. 例如, 在点 $(1,2)$ 处, 线段的斜率为 $1+2=3$. 方向场体现了曲线在每一点处延伸的方向, 进而直观地展示了解曲线的大致形状.

现在沿着方向场就可以画出过点 $(0,1)$ 的解曲线, 如图 9-2-4 所示. 注意, 解曲线应该与旁边的线段平行.

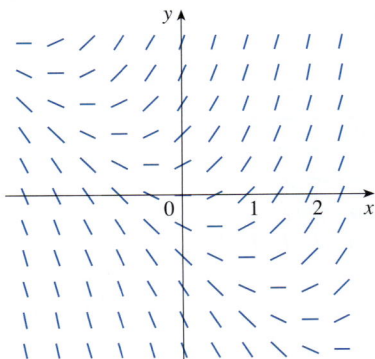

图 9-2-3
$y' = x + y$ 的方向场

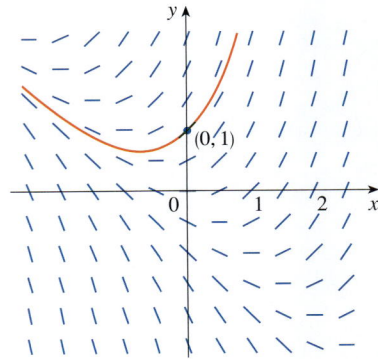

图 9-2-4
过 $(0,1)$ 点的解曲线

一般来说, 假设有形如

$$y' = F(x,y)$$

的一阶微分方程, 其中 $F(x,y)$ 为关于 x 和 y 的表达式. 该微分方程表明, 解曲线在点 (x,y) 处的斜率为 $F(x,y)$. 在许多点 (x,y) 处画出斜率为 $F(x,y)$ 的小线段, 这样的图像称为**方向场** (或**斜率场**). 这些线段体现了解曲线延伸的方向, 进而直观地展示了解曲线的大致形状.

例 1
(a) 画出微分方程 $y' = x^2 + y^2 - 1$ 的方向场.
(b) 利用 (a) 中的方向场画出过原点的解曲线.

解

(a) 首先计算若干个点处的斜率，如表 9-2-1 所示．

表 9-2-1

x	-2	-1	0	1	2	-2	-1	0	1	2	...
y	0	0	0	0	0	1	1	1	1	1	...
$y' = x^2 + y^2 - 1$	3	0	-1	0	3	4	1	0	1	4	...

然后画出这些点处的斜率对应的线段，得到图 9-2-5 中的方向场．

(b) 从原点开始沿着线段的方向向右移动（原点处的斜率为 -1），从而连贯地画出解曲线，保持它与旁边的线段平行．之后返回原点，画出解曲线的左侧，如图 9-2-6 所示． ◼

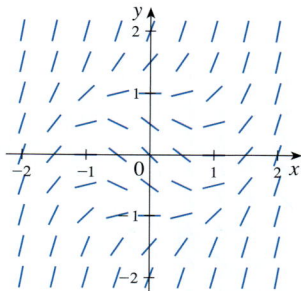

图 9-2-5

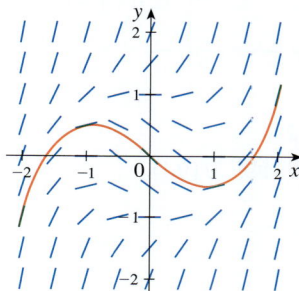

图 9-2-6

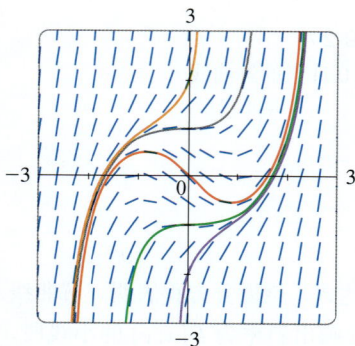

图 9-2-7

在方向场中画出的线段越多，图像越精确．当然，对于大量的点，手算斜率并画出线段是非常烦琐的，而计算机却很适合完成这个任务．图 9-2-7 为计算机绘制的更细致的例 1 中微分方程的方向场，借此可以画出更精确的解曲线，其 y 轴截距分别为 -2、-1、0、1 和 2．

下面看看方向场在物理情景中有什么意义．图 9-2-8 所示的简单电路包含一个电源（通常为电池或发电机），t 时电源产生 $E(t)$ V 的电压、$I(t)$ A 的电流．电路中还有一个电阻为 $R\,\Omega$ 的电阻器和一个电感为 L H 的电感器．

欧姆定律表明，由电阻器造成的电压降等于 RI，由电感器造成的电压降等于 $L \cdot (\mathrm{d}I/\mathrm{d}t)$．基尔霍夫定律指出，总电压降等于电源电压 $E(t)$．因此

$$\boxed{1}\qquad L\frac{\mathrm{d}I}{\mathrm{d}t} + RI = E(t)\,.$$

这是一个一阶微分方程，它用来为 t 时的电流 I 建模．

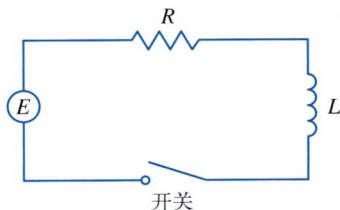

图 9-2-8

例 2 在图 9-2-8 所示的简单电路中，有一个电阻为 12Ω 的电阻器和一个电感为 4H 的电感器，电池提供的恒定电压为 60V.

(a) 将这些数值代入公式 1，画出方向场.

(b) 估计电流的极限值.

(c) 求平衡解.

(d) 当 $t = 0$ 时开关闭合，电流的初值为 $I(0) = 0$. 利用方向场画出解曲线.

解

(a) 将 $L = 4$、$R = 12$ 和 $E(t) = 60$ 代入公式 1，得到

$$4\frac{dI}{dt} + 12I = 60 \text{ 或 } \frac{dI}{dt} = 15 - 3I.$$

此微分方程的方向场如图 9-2-9 所示.

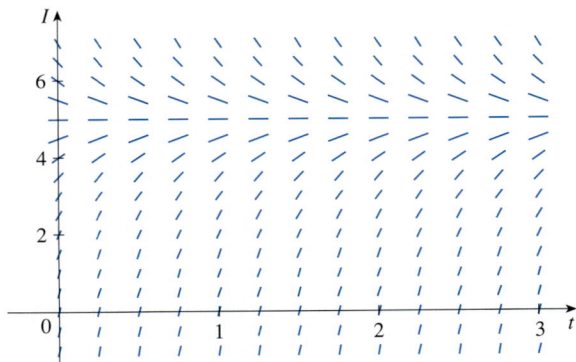

图 9-2-9

(b) 从方向场中可以看出，所有解都趋于 5A，即

$$\lim_{t \to +\infty} I(t) = 5.$$

回想一下，平衡解是一个常数解（它的图像是一条水平线）.

(c) 从方向场中可以看出，常值函数 $I(t) = 5$ 是平衡解. 通过微分方程 $dI/dt = 15 - 3I$ 来验证：如果 $I(t) = 5$，那么方程左边为 $dI/dt = 0$，方程右边为 $15 - 3 \times 5 = 0$.

(d) 利用方向场画出过点 $(0, 0)$ 的解曲线，如图 9-2-10 所示.

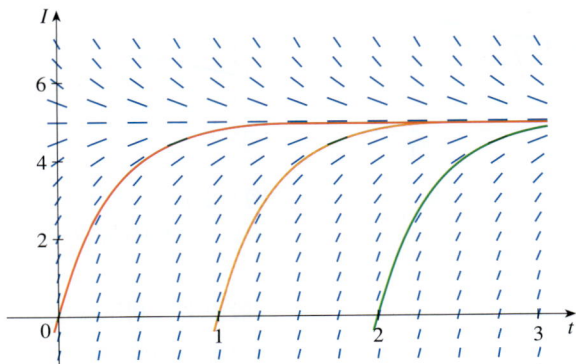

图 9-2-10

从图 9-2-9 中可以看出，在任意水平线上，线段都是平行的．这是因为方程右边 $I' = 15 - 3I$ 不含自变量 t．一般来说，形如

$$y' = f(y)$$

的右边不含自变量的微分方程称为**自治微分方程**．对于这类方程，纵坐标相等的两点对应的斜率也相等．这意味着只要知道自治微分方程的一个解，通过向左或者向右平移解曲线就可以得到无穷多个解．图 9-2-10 给出了将例 2 中的解曲线向右平移 1 个和 2 个时间单位（即 s）所得到的两个解的图像．它们分别表示在 $t = 1$ 和 $t = 2$ 时开关闭合的情况．

■ 欧拉法

方向场的原理可以用来求微分方程的数值近似解．和介绍方向场一样，这里以初值问题

$$y' = x + y, \; y(0) = 1$$

为例介绍此方法．由此微分方程可得 $y'(0) = 0 + 1 = 1$，因此解曲线在点 $(0,1)$ 处的斜率为 1．我们用线性近似 $L(x) = x + 1$ 作为第一个近似解．换言之，用点 $(0,1)$ 处的切线作为解曲线的近似（见图 9-2-11）．

欧拉的思想是通过下述方法改进这个近似：只沿切线方向前进一小段距离，然后按照方向场的指引，中途修正方向．图 9-2-12 显示了开始沿切线方向前进到 $x = 0.5$ 处停止的情况．（水平移动的距离称为步长．）因为 $L(0.5) = 1.5$，所以 $y(0.5) \approx 1.5$，于是我们取点 $(0.5, 1.5)$ 作为下一个线段的起点．由微分方程可得 $y'(0.5) = 0.5 + 1.5 = 2$，因此线性函数

$$y = 1.5 + 2(x - 0.5) = 2x + 0.5$$

是解在 $x > 0.5$ 上的一个近似（如图 9-2-12 所示）．如果步长从 0.5 减小到 0.25，那么欧拉近似解会更精确，如图 9-2-13 所示．

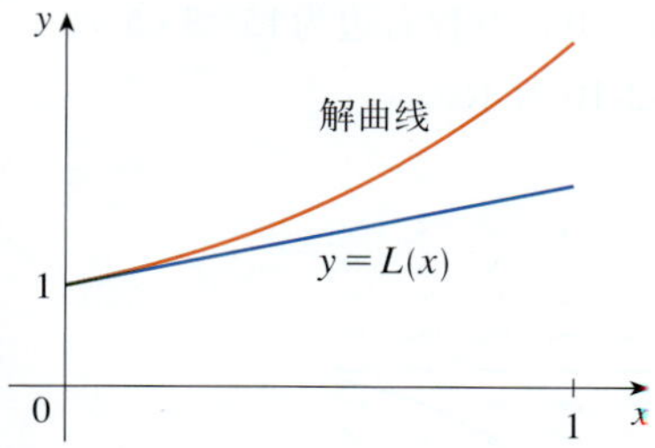

图 9-2-11
第一个欧拉近似解

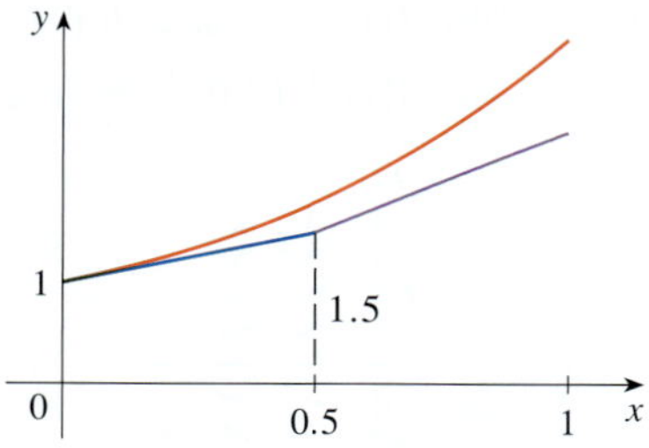

图 9-2-12
步长为 0.5 时的欧拉近似解

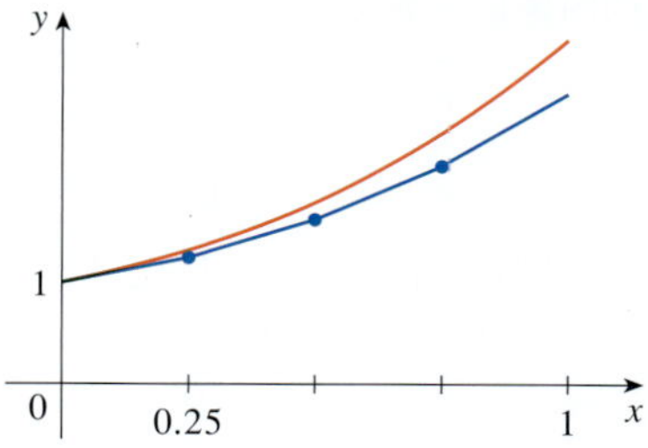

图 9-2-13
步长为 0.25 时的欧拉近似解

一般说来，利用欧拉法求近似解时，从给定的初值点开始，按照方向场指引的方向前进一小段距离后停下，然后查看新位置处的斜率，并沿相应的方向继续

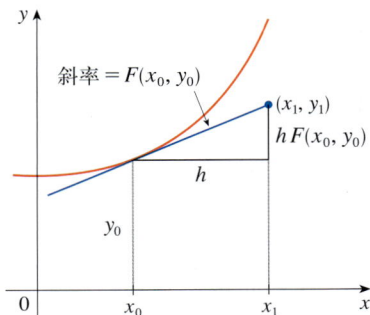

图 9-2-14

前进，像这样根据方向场反复停止和前进．欧拉法不能得到初值问题的准确解，只能得到近似解，但是通过缩小步长（进而增加中途修正方向的次数），就可以得到更好的近似解．（比较图 9-2-11、图 9-2-12 和图 9-2-13.）

对于一般的一阶初值问题 $y' = F(x,y)$，$y(x_0) = y_0$，我们的目的是求解在等间隔的点 $x_0, x_1 = x_0 + h, x_2 = x_1 + h, \cdots$ 处的近似值，其中 h 为步长．由微分方程可得，点 (x_0, y_0) 处的斜率为 $y' = F(x,y)$．图 9-2-14 显示了解在 $x = x_1$ 时的近似值为

$$y_1 = y_0 + hF(x_0, y_0).$$

类似地，

$$y_2 = y_1 + hF(x_1, y_1).$$

一般地，

$$y_n = y_{n-1} + hF(x_{n-1}, y_{n-1}).$$

> **欧拉法**　设步长为 h，初值问题 $y' = F(x,y)$，$y(x_0) = y_0$ 的解在 $x_n = x_{n-1} + h$ 处的近似值为
>
> $$y_n = y_{n-1} + hF(x_{n-1}, y_{n-1}), \ n = 1, 2, 3, \cdots.$$

例 3　令步长为 0.1，利用欧拉法计算初值问题

$$y' = x + y, \ y(0) = 1$$

的解的近似值并作出一张近似值表．

解　已知 $h = 0.1$，$x_0 = 0$，$y_0 = 1$，$F(x,y) = x + y$，于是有

$$y_1 = y_0 + hF(x_0, y_0) = 1 + 0.1 \times (0 + 1) = 1.1,$$
$$y_2 = y_1 + hF(x_1, y_1) = 1.1 + 0.1 \times (0.1 + 1.1) = 1.22,$$
$$y_3 = y_2 + hF(x_2, y_2) = 1.22 + 0.1 \times (0.2 + 1.22) = 1.362.$$

这说明，如果 $y(x)$ 表示准确解，则 $y(0.3) \approx 1.362$．

继续同样的计算，得到表 9-2-2.

表 9-2-2

n	x_n	y_n	n	x_n	y_n
1	0.1	1.100 000	6	0.6	1.943 122
2	0.2	1.220 000	7	0.7	2.197 434
3	0.3	1.362 000	8	0.8	2.487 178
4	0.4	1.528 200	9	0.9	2.815 895
5	0.5	1.721 020	10	1.0	3.187 485

计算机软件计算微分方程的数值近似解时通常采用改良的欧拉法．尽管欧拉法有些简易且不太精确，但是很多精确的方法都是以它为基础的．

为了获得比表 9-2-2 中更精确的近似值，我们可以缩小步长，但是步数增加会导致相当大的计算量，因此我们需要用计算器或计算机执行这些计算．表 9-2-3 给出了将欧拉法应用于例 3 中的初值问题时，随步长递减得到的结果．

注意，表 9-2-3 中的欧拉估计值都趋于某个极限值，即 $y(0.5)$ 和 $y(1)$ 的真实值．图 9-2-15 给出了步长分别为 0.5、0.25、0.1、0.05、0.02、0.01 和 0.005 的欧拉近似解的图像．随着步长 h 趋于 0，近似解曲线不断趋近解曲线．

表 9-2-3

步长	$y(0.5)$ 的欧拉估计值	$y(1)$ 的欧拉估计值
0.500	1.500 000	2.500 000
0.250	1.625 000	2.882 813
0.100	1.721 020	3.187 485
0.050	1.757 789	3.306 595
0.020	1.781 212	3.383 176
0.010	1.789 264	3.409 628
0.005	1.793 337	3.423 034
0.001	1.796 619	3.433 848

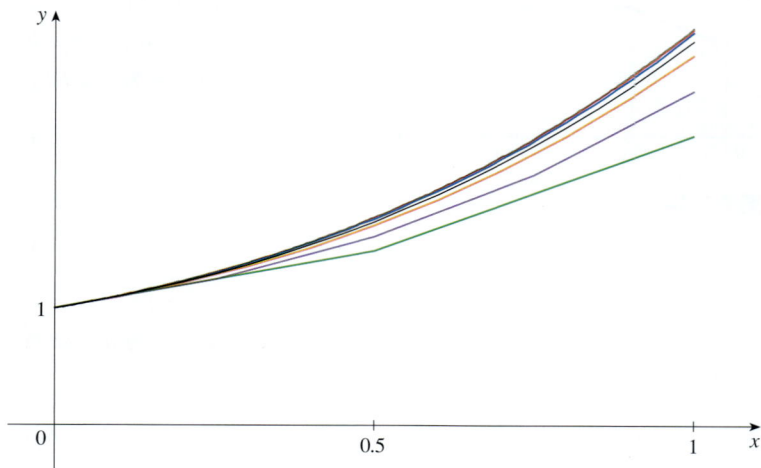

图 9-2-15　欧拉近似解趋于准确解

欧拉

莱昂哈德·欧拉（1707—1783）是 18 世纪中叶杰出的数学家，也是有史以来最多产的数学家．他出生在瑞士，但他的大部分职业生涯都在叶卡捷琳娜大帝支持的圣彼得堡的科学院和腓特烈大帝支持的柏林的科学院中度过．欧拉的文集大约有 100 卷．正如法国物理学家阿拉戈所说："欧拉在计算时毫不费力，就像人在呼吸和鹰在空中维持姿态一样."欧拉的计算成果和著作并没有因为抚养 13 个孩子或在生命的最后 17 年里完全失明而减少．事实上，当他失明的时候，他会凭借惊人的记忆力和想象力向他的助手口述他的发现．他关于微积分和大多数其他数学学科的论述已成为数学教学的标准内容．他发现的方程 $e^{i\pi}+1=0$ 将数学中最著名的五个数联系在一起．

例 4　例 2 讨论了一个简单电路，它有一个电阻为 12Ω 的电阻器、一个电感为 4H 的电感器和一个电压为 60V 的电池．如果在 $t=0$ 时开关闭合，那么通过下面的初值问题为 t 时的电流 I 建模：

$$\frac{\mathrm{d}I}{\mathrm{d}t}=15-3I,\ I(0)=0.$$

估计开关闭合 0.5s 后的电流．

解　利用欧拉法，令 $F(t,I)=15-3I$，$t_0=0$，$I_0=0$，步长 $h=0.1\mathrm{s}$：

$$I_1=0+0.1\times(15-3\times0)=1.5,$$

$$I_2=1.5+0.1\times(15-3\times1.5)=2.55,$$

$$I_3=2.55+0.1\times(15-3\times2.55)=3.285,$$

$$I_4=3.285+0.1\times(15-3\times3.285)=3.799\ 5,$$

$$I_5=3.799\ 5+0.1\times(15-3\times3.799\ 5)=4.159\ 65.$$

因此 0.5s 后的电流为

$$I(0.5)\approx4.16\mathrm{A}.$$

9.2 | 练习

1. 微分方程 $y' = x\cos\pi y$ 的方向场如下图所示.

(a) 画出满足下列初值条件的解的图像.

    (i) $y(0) = 0$ (ii) $y(0) = 0.5$

    (iii) $y(0) = 1$ (iv) $y(0) = 1.6$

(b) 求所有平衡解.

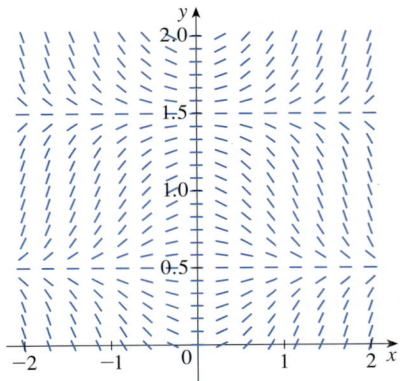

2. 微分方程 $y' = \tan\left(\dfrac{1}{2}\pi y\right)$ 的方向场如下图所示.

(a) 画出满足下列初值条件的解的图像.

    (i) $y(0) = 0$ (ii) $y(0) = 0.2$

    (iii) $y(0) = 2$ (iv) $y(0) = 3$

(b) 求所有平衡解.

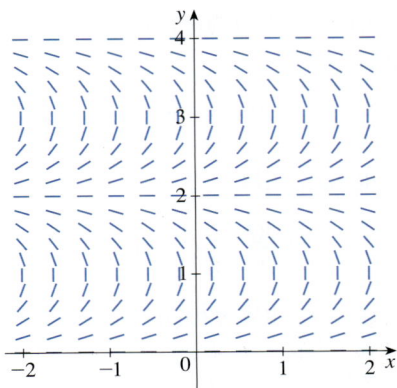

3~6 将下列微分方程和 I~IV 中的方向场进行匹配, 并说明理由.

3. $y' = 2 - y$ **4.** $y' = x(2 - y)$

5. $y' = x + y - 1$ **6.** $y' = \sin x \sin y$

I
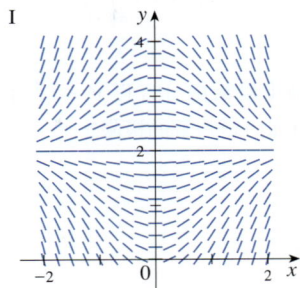

II
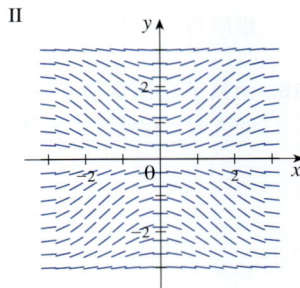

III
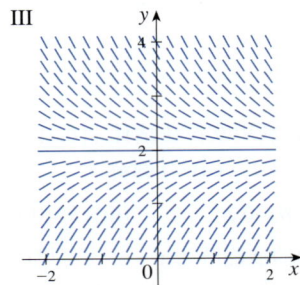

IV
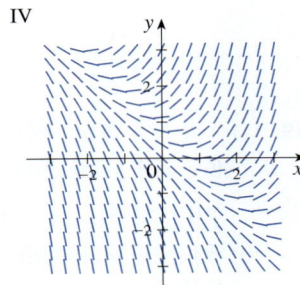

7. 利用方向场 I (见上图) 画出满足下列初值条件的解的图像.

(a) $y(0) = 1$ (b) $y(0) = 2.5$ (c) $y(0) = 3.5$

8. 利用方向场 III (见上图) 画出满足下列初值条件的解的图像.

(a) $y(0) = 1$ (b) $y(0) = 2.5$ (c) $y(0) = 3.5$

9~10 画出下列微分方程的方向场, 然后利用方向场画出三条解曲线.

9. $y' = \dfrac{1}{2}y$ **10.** $y' = x - y + 1$

11~14 画出下列微分方程的方向场, 然后利用方向场画出过给定点的解曲线.

11. $y' = y - 2x$, $(1, 0)$ **12.** $y' = xy - x^2$, $(0, 1)$

13. $y' = y + xy$, $(0, 1)$ **14.** $y' = x + y^2$, $(0, 0)$

T **15~16** 利用计算机画出下列微分方程的方向场并打印出来, 然后在上面画出过点 $(0,1)$ 的解曲线. 将你画的解曲线与计算机绘制的解曲线进行比较.

15. $y' = x^2 y - \dfrac{1}{2}y^2$ **16.** $y' = \cos(x + y)$

T **17.** 利用计算机画出微分方程 $y' = y^3 - 4y$ 的方向场并打印出来，然后在上面画出满足初值条件 $y(0) = c$（对于各个 c 值）的解曲线. c 为何值时，$\lim\limits_{t \to +\infty} y(t)$ 存在？这个极限的值可能是多少？

18. 函数 f 的图像如下所示. 画出自治微分方程 $y' = f(y)$ 的方向场粗略图. $y(0)$ 的值如何影响解的极限？

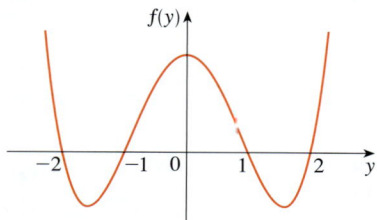

19. (a) 令步长分别为下列各值，利用欧拉法估计 $y(0.4)$ 的值，其中 y 是初值问题 $y' = y, y(0) = 1$ 的解.

     (i) $h = 0.4$ (ii) $h = 0.2$ (iii) $h = 0.1$

     (b) 我们知道 (a) 中初值问题的准确解为 $y = e^x$. 尽可能精确地画出 $y = e^x$，$0 \leqslant x \leqslant 4$ 以及使用 (a) 中的步长得到的欧拉近似解的图像.（它们应该与图 9-2-11、图 9-2-12 和图 9-2-13 相似.）利用你的图像判断 (a) 中的欧拉估计值偏高还是偏低.

     (c) 真实值与估计值的差称为欧拉法的误差. 求 (a) 中利用欧拉法估计 $y(0.4)$ 的真实值 $e^{0.4}$ 所造成的误差. 如果每次步长减半，误差会有什么变化？

20. 微分方程的方向场如下图所示. 使用尺子画出过原点的解曲线的欧拉近似曲线，步长分别为 $h = 1$ 和 $h = 0.5$. 这样得到的欧拉估计值偏高还是偏低？请解释原因.

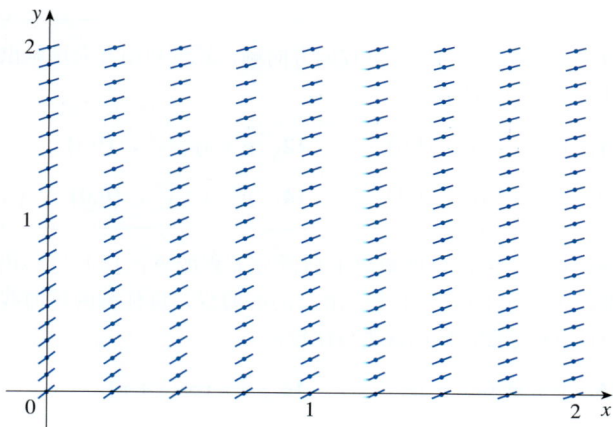

21. 令步长为 0.5，利用欧拉法计算初值问题 $y' = y - 2x$，$y(1) = 0$ 的解的近似值 y_1、y_2、y_3 和 y_4.

22. 令步长为 0.2，利用欧拉法估计 $y(1)$ 的值，其中 $y(x)$ 是初值问题 $y' = x^2 y - \dfrac{1}{2} y^2$, $y(0) = 1$ 的解.

23. 令步长为 0.1，利用欧拉法估计 $y(0.5)$ 的值，其中 $y(x)$ 是初值问题 $y' = y + xy$, $y(0) = 1$ 的解.

24. (a) 令步长为 0.2，利用欧拉法估计 $y(0.6)$ 的值，其中 $y(x)$ 为初值问题 $y' = \cos(x + y)$, $y(0) = 0$ 的解.

     (b) 令步长为 0.1，重做 (a).

T **25.** (a) 在可编程计算器或者计算机中，利用欧拉法计算 $y(1)$，其中 $y(x)$ 为以下初值问题的解：

$$\frac{\mathrm{d}y}{\mathrm{d}x} + 3x^2 y = 6x^2, \ y(0) = 3$$

     (i) $h = 1$ (ii) $h = 0.1$

     (iii) $h = 0.01$ (iv) $h = 0.001$

     (b) 验证 $y = 2 + e^{-x^3}$ 是上述微分方程的解.

     (c) 求步长为 (a) 中各值时，利用欧拉法计算 $y(1)$ 所造成的误差. 如果步长除以 10，误差会怎样变化？

T **26.** (a) 令步长为 0.01，利用欧拉法计算 $y(2)$，其中 $y(x)$ 为初值问题 $y' = x^3 - y^3$, $y(0) = 1$ 的解.

     (b) 将 (a) 中你的答案与计算机绘制的解曲线上 $y(2)$ 的值进行比较.

27. 下页的图所示的电路包含一个电源、一个电容为 C F 的电容器和一个电阻为 R Ω 的电阻器. 电容器两端的电压降为 Q/C，其中 Q 为电荷量（单位：C）. 基尔霍夫定律表明，

$$RI + \frac{Q}{C} = E(t).$$

因为 $I = \mathrm{d}Q/\mathrm{d}t$，所以

$$R\frac{\mathrm{d}Q}{\mathrm{d}C} + \frac{1}{C}Q = E(t).$$

假设电阻为 5Ω，电容为 0.05F，电池提供的恒定电压为 60V.

(a) 画出该微分方程的方向场.

(b) 电荷量的极限值是多少？

(c) 是否存在平衡解？

(d) 如果电荷量的初值为 $Q(0) = 0$C，利用方向场画出解曲线.

(e) 如果电荷量的初值为 $Q(0) = 0\text{C}$，令步长为 0.1，利用欧拉法估计 0.5s 后的电荷量．

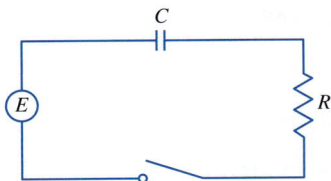

28. 我们在 9.1 节练习 26 中考察了一杯 95°C 的咖啡在 20°C 的室内的冷却情况．假设咖啡在 70°C 时的冷却速度为每分钟降低 1°C．

(a) 写出这个情景中的微分方程．

(b) 画出方向场并利用它画出该初值问题的解曲线．咖啡温度的极限值是多少？

(c) 令步长 $h = 2\text{min}$，利用欧拉法估计 10min 后咖啡的温度．

9.3 | 分离变量法

我们已经从几何角度（方向场）和数值角度（欧拉法）分析了一阶微分方程．如何从解析角度来分析呢？这样就能得到微分方程的解的明确公式．可惜的是，这并不总是可行的．本节将介绍一种能准确求解的微分方程．

■ 可分离变量的微分方程

可分离变量的微分方程是指这样的一阶微分方程：$\mathrm{d}y/\mathrm{d}x$ 可以分解为 x 的函数乘以 y 的函数的形式．换句话说，它可以写成如下形式：

$$\frac{\mathrm{d}y}{\mathrm{d}x} = g(x)f(y)．$$

之所以称变量可分离，就是因为方程右边可以"分离"成 x 的函数和 y 的函数．同样，如果 $f(y) \neq 0$，那么方程可以写成

1
$$\frac{\mathrm{d}y}{\mathrm{d}x} = \frac{g(x)}{h(y)}，$$

其中 $h(y) = 1/f(y)$．要解该方程，我们先将它写成微分的形式：

$$h(y)\mathrm{d}y = g(x)\mathrm{d}x．$$

解可分离变量的微分方程的技巧最早由詹姆斯·伯努利（James Bernoulli）在解决一个关于钟摆的问题时（1690年）使用，莱布尼茨在 1691 年写给惠更斯的信中也使用了这一技巧．约翰·伯努利在 1694 年发表的论文中提出了解这类方程的一般方法．

这样，所有的 y 都在等式的一侧，所有的 x 在另一侧．然后对等式两边积分：

2
$$\int h(y)\mathrm{d}y = \int g(x)\mathrm{d}x．$$

方程 2 定义了 y 关于 x 的隐函数．在某些情况下，我们可以求出 y 关于 x 的表达式．

利用链式法则进行验证：如果 h 和 g 满足方程 2，那么

$$\frac{\mathrm{d}}{\mathrm{d}x}\left(\int h(y)\mathrm{d}y\right) = \frac{\mathrm{d}}{\mathrm{d}x}\left(\int g(x)\mathrm{d}x\right)，$$

所以

$$\frac{\mathrm{d}}{\mathrm{d}x}\left(\int h(y)\mathrm{d}y\right)\frac{\mathrm{d}y}{\mathrm{d}x} = g(x)，$$

于是有

$$h(y)\frac{\mathrm{d}y}{\mathrm{d}x} = g(x)．$$

因此，h 和 g 满足方程 1．

例 1

(a) 解微分方程 $\dfrac{\mathrm{d}y}{\mathrm{d}x} = \dfrac{x^2}{y^2}$.

(b) 求该方程满足初值条件 $y(0) = 2$ 的解.

解

(a) 将方程写成微分的形式，并对两边积分：

$$y^2\,\mathrm{d}y = x^2\,\mathrm{d}x$$

$$\int y^2\,\mathrm{d}y = \int x^2\,\mathrm{d}x$$

$$\frac{1}{3}y^3 = \frac{1}{3}x^3 + C,$$

其中 C 为任意常数.（等式左边应该有一个常数 C_1，等式右边应该有一个常数 C_2. 这里将两个常数合并为 $C = C_2 - C_1$.）

解关于 y 的方程，得到

$$y = \sqrt[3]{x^3 + 3C}.$$

解可以这样表示，也可以写成

$$y = \sqrt[3]{x^3 + K},$$

其中 $K = 3C$.（因为 C 为任意常数，所以 K 也为任意常数.）

图 9-3-1 给出了例 1 中微分方程的解族中几个成员解的图像. (b) 中初值问题的解曲线为红色.

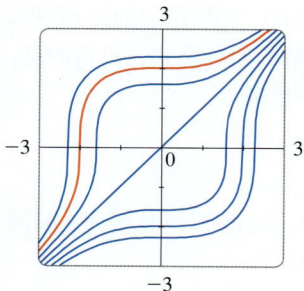

图 9-3-1

(b) 将 $x = 0$ 代入 (a) 中的通解，得到 $y(0) = \sqrt[3]{K}$. 为了满足初值条件 $y(0) = 2$，必定有 $\sqrt[3]{K} = 2$，所以 $K = 8$. 因此，该初值问题的解为

$$y = \sqrt[3]{x^3 + 8}.$$

有些计算机软件能够画出隐函数的图像. 图 9-3-2 给出了例 2 中微分方程的解族中几个成员解的图像. 曲线从左到右分别对应 $C = 3, 2, 1, 0, -1, -2, -3$.

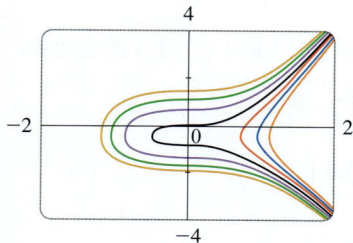

图 9-3-2

例 2 解微分方程 $\dfrac{\mathrm{d}y}{\mathrm{d}x} = \dfrac{6x^2}{2y + \cos y}$.

解 将方程写成微分的形式，并对两边积分，得到

$$(2y + \cos y)\,\mathrm{d}y = 6x^2\,\mathrm{d}x$$

$$\int (2y + \cos y)\,\mathrm{d}y = \int 6x^2\,\mathrm{d}x$$

$$y^2 + \sin x = 2x^3 + C,$$

其中 C 为任意常数. 方程 3 给出了通解的隐函数形式. 这种情况下无法将 y 表示成 x 的显式函数.

例 3 解微分方程 $y' = x^2 y$.

解 利用莱布尼茨符号将方程写成

$$\frac{\mathrm{d}y}{\mathrm{d}x} = x^2 y.$$

对于类似例 3 中方程的微分方程，根据解的唯一性定理，如果两个解在一个 x 值处一致，则它们在所有 x 值处都一致．（两条解曲线要么相同，要么永不相交．）由于 $y=0$ 是例 3 中微分方程的一个解，因此所有其他解对于所有 x 都有 $y(x)\ne0$．

容易证明常值函数 $y=0$ 是给定微分方程的一个解．如果 $y\ne0$，那么我们将方程转换成微分的形式，并对两边积分：

$$\frac{\mathrm{d}y}{y}=x^2\,\mathrm{d}x$$

$$\int\frac{\mathrm{d}y}{y}=\int x^2\,\mathrm{d}x$$

$$\ln|y|=\frac{x^3}{3}+C\ .$$

方程定义了 y 关于 x 的隐函数．本例中，我们可以解这个关于 y 的方程：

$$|y|=\mathrm{e}^{\ln|y|}=\mathrm{e}^{(x^3/3)+C}=\mathrm{e}^C\mathrm{e}^{x^3/3}\ .$$

因此
$$y=\pm\mathrm{e}^C\mathrm{e}^{x^3/3}\ .$$

通解可以写成

$$y=A\mathrm{e}^{x^3/3}\ ,$$

其中 A 为任意常数（$A=\mathrm{e}^C$ 或 $A=-\mathrm{e}^C$ 或 $A=0$）． ■

图 9-3-3 给出了例 3 中微分方程的方向场，将它与图 9-3-4 进行比较．图 9-3-4 是 A 为不同值时函数 $y=A\mathrm{e}^{x^3/3}$ 的图像．如果根据方向场画出 y 轴截距分别为 5、2、1、−1 和 −2 的解曲线，得到的结果将与图 9-3-4 中的曲线相似．

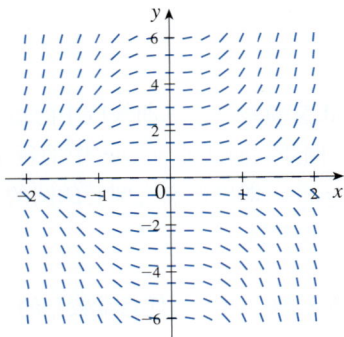

图 9-3-3

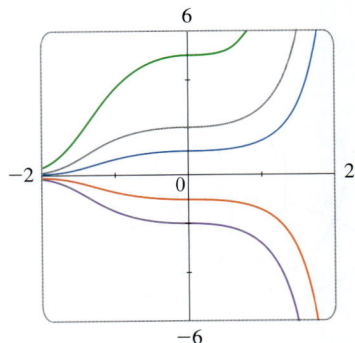

图 9-3-4

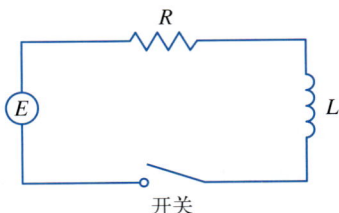

图 9-3-5

例 4　在 9.2 节中，我们曾用微分方程

$$L\frac{\mathrm{d}I}{\mathrm{d}t}+RL=E(t)$$

为图 9-3-5 所示电路中的电流 $I(t)$ 建模．电路中有一个电阻为 12Ω 的电阻器和一个电感为 4H 的电感器，电池提供的恒定电压为 60V．如果在 $t=0$ 时开关闭合，求电流的表达式．电流的极限值是多少？

解　将 $L=4$、$R=12$、$E(t)=60$ 代入方程，得到

$$4\frac{\mathrm{d}I}{\mathrm{d}t}+12I=60\ ，\quad 即\quad \frac{\mathrm{d}I}{\mathrm{d}t}=15-3I\ .$$

此时初值问题为

$$\frac{\mathrm{d}I}{\mathrm{d}t}=15-3I,\ I(0)=0\ .$$

图 9-3-6 为例 4 中的解（电流）趋于
极限值的图像．比较图 9-3-6 和 9.2 节
图 9-2-10 可以发现，根据方向场也
可以比较精确地画出解曲线．

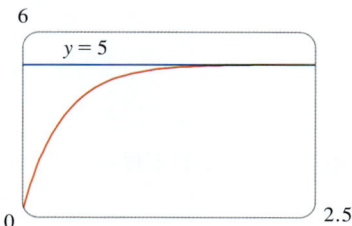

图 9-3-6

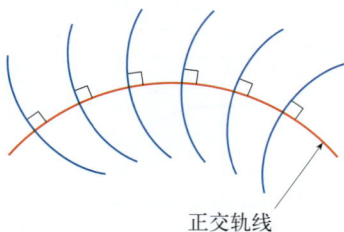

图 9-3-7

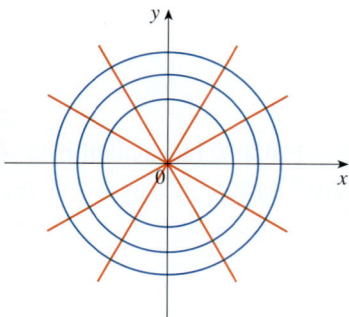

图 9-3-8

该方程是可分离变量的微分方程，求解过程如下：

$$\int \frac{\mathrm{d}I}{15-3I} = \int \mathrm{d}t \qquad （15-3I \neq 0）$$

$$-\frac{1}{3}\ln|15-3I| = t + C$$

$$|15-3I| = \mathrm{e}^{-3(t+C)}$$

$$15-3I = \pm\mathrm{e}^{-3C}\mathrm{e}^{-3t} = A\mathrm{e}^{-3t}$$

$$I = 5 - \frac{1}{3}A\mathrm{e}^{-3t} .$$

因为 $I(0)=0$，所以 $5-\frac{1}{3}A=0$，因此 $A=15$．初值问题的解为

$$I(t) = 5 - 5\mathrm{e}^{-3t} .$$

电流（单位：A）的极限值为：

$$\lim_{t\to+\infty} I(t) = \lim_{t\to+\infty}\left(5-5\mathrm{e}^{-3t}\right) = 5 - 5\lim_{t\to+\infty}\mathrm{e}^{-3t} = 5 - 0 = 5 .$$

■ 正交轨线

曲线族的**正交轨线**是指和曲线族中的每条曲线都正交（夹角为直角）的曲线（见图 9-3-7）．例如，曲线族 $y=mx$ 中的每条成员曲线，即过原点的直线，都是曲线族 $x^2+y^2=r^2$，即以原点为圆心的圆的正交轨线（见图 9-3-8）．我们称这两个曲线族互为正交轨线．

例 5　求曲线族 $x=ky^2$（k 为任意常数）的正交轨线．

解　曲线族 $x=ky^2$ 是对称轴为 x 轴的抛物线族．第一步，求出一个曲线族中所有曲线都满足的微分方程．对 $x=ky^2$ 求导，得到

$$1 = 2ky\frac{\mathrm{d}y}{\mathrm{d}x} , \quad 即 \frac{\mathrm{d}y}{\mathrm{d}x} = \frac{1}{2ky} .$$

这个微分方程依赖于 k，但我们需要一个对所有 k 值都成立的微分方程．要消去 k，由给定的抛物线方程 $x=ky^2$ 可得 $k=x/y^2$，所以微分方程可以写成

$$\frac{\mathrm{d}y}{\mathrm{d}x} = \frac{1}{2ky} = \frac{1}{2\frac{x}{y^2}y} , \quad 即 \frac{\mathrm{d}y}{\mathrm{d}x} = \frac{y}{2x} .$$

这表明一条抛物线在点 (x,y) 处的切线的斜率为 $y'=y/(2x)$，而正交轨线在该点处的切线的斜率应该是它的负倒数．因此，正交轨线必须满足微分方程

$$\frac{\mathrm{d}y}{\mathrm{d}x} = -\frac{2x}{y} .$$

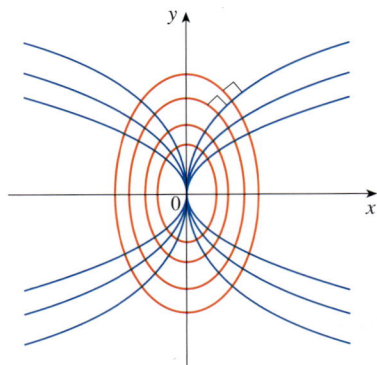

图 9-3-9

此微分方程是可分离变量的，求解过程如下：

$$\int y\,\mathrm{d}y = -\int 2x\,\mathrm{d}x$$

$$\frac{y^2}{2} = -x^2 + C$$

4 $$x^2 + \frac{y^2}{2} = C,$$

其中 C 为任意正常数．因此，正交轨线是方程 4 给出的椭圆曲线族，如图 9-3-9 所示． ∎

正交轨线在物理学的各个分支中都很有用．例如，静电场中的电力线和等势线正交，空气动力学中的流线和速度等位线正交．

■ 混合问题

典型的混合问题涉及向固定容量的水箱中注入充分溶解的某种物质（如食盐）的溶液．将给定浓度的某种溶液以恒定速度注入水箱，经过充分搅拌的混合物以不同于注入速度的恒定速度流出水箱．如果 $y(t)$ 表示 t 时水箱中的溶质量，那么 $y'(t)$ 表示溶质进入的速度减去溶质排出的速度．对这个情景的数学描述通常是一个可分离变量的一阶微分方程．我们可以用同样的逻辑对很多现象建模，如化学反应、向湖水中排放污染物、向血液中注射药物．

例 6 一个水箱中有 20kg 盐溶于 5000L 水后形成的溶液．将含盐 0.03kg/L 的盐水以 25L/min 的速度注入水箱，溶液充分混合后以同样的速度流出水箱．半个小时后水箱中还有多少盐？

解 令 $y(t)$ 表示 t min 后的盐量（单位：kg）．给定 $y(0) = 20$，我们想求 $y(30)$，于是建立 $y(t)$ 满足的微分方程．因为 $\mathrm{d}y/\mathrm{d}t$ 表示盐量的变化率，所以

5 $$\frac{\mathrm{d}y}{\mathrm{d}t} = 进入速度 - 排出速度,$$

其中进入速度是盐进入水箱的速度，排出速度是盐排出水箱的速度．我们有

$$进入速度 = 0.03\mathrm{kg/L} \times 25\mathrm{L/min} = 0.75\mathrm{kg/min}.$$

水箱中始终有 5000L 溶液，因此在 t 时溶液的浓度为 $y(t)/5000$（单位：kg/L）．因为盐水以 25L/min 的速度流出，所以

$$排出速度 = \frac{y(t)}{5000}\mathrm{kg/L} \times 25\mathrm{L/min} = \frac{y(t)}{200}\mathrm{kg/min}.$$

由公式 5 可得

$$\frac{\mathrm{d}y}{\mathrm{d}t} = 0.75 - \frac{y(t)}{200} = \frac{150 - y(t)}{200}.$$

解这个可分离变量的微分方程：

$$\int \frac{\mathrm{d}y}{150-y} = \int \frac{\mathrm{d}t}{200}$$

$$-\ln|150-y| = \frac{t}{200} + C .$$

图 9-3-10 给出了例 6 中函数 $y(t)$ 的图像. 注意, 随着时间的推移, 盐量逐渐趋于 150kg.

因为 $y(0)=20$, 所以 $-\ln 130 = C$, 从而有

$$-\ln|150-y| = \frac{t}{200} - \ln 130 .$$

因此

$$|150-y| = 130\mathrm{e}^{-t/200} .$$

因为 $y(t)$ 连续且 $y(0)=20$, 并且等式右边永不为 0, 所以 $150-y(t)$ 恒为正, 从而有 $|150-y| = 150-y$. 因此

$$y(t) = 150 - 130\mathrm{e}^{-t/200} .$$

30min 后水箱中的盐量为

$$y(30) = 150 - 130\mathrm{e}^{-30/200} \approx 38.1\mathrm{kg} .$$

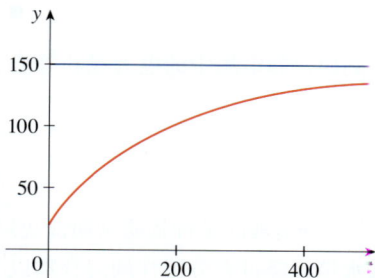

图 9-3-10

9.3 练习

1~12 解下列微分方程.

1. $\dfrac{\mathrm{d}y}{\mathrm{d}x} = 3x^2 y^2$

2. $\dfrac{\mathrm{d}y}{\mathrm{d}x} = \dfrac{x}{y^4}$

3. $\dfrac{\mathrm{d}y}{\mathrm{d}x} = x\sqrt{y}$

4. $xy' = y+3$

5. $xyy' = x^2+1$

6. $y' + x\mathrm{e}^y = 0$

7. $(\mathrm{e}^y - 1)y' = 2 + \cos x$

8. $\dfrac{\mathrm{d}y}{\mathrm{d}x} = 2x(y^2+1)$

9. $\dfrac{\mathrm{d}p}{\mathrm{d}t} = t^2 p - p + t^2 - 1$

10. $\dfrac{\mathrm{d}z}{\mathrm{d}t} + \mathrm{e}^{t+z} = 0$

11. $\dfrac{\mathrm{d}\theta}{\mathrm{d}t} = \dfrac{t\sec\theta}{\theta \mathrm{e}^{t^2}}$

12. $\dfrac{\mathrm{d}H}{\mathrm{d}R} = \dfrac{RH^2\sqrt{1+R^2}}{\ln H}$

13~20 求下列微分方程满足给定初值条件的解.

13. $\dfrac{\mathrm{d}y}{\mathrm{d}x} = x\mathrm{e}^y$, $y(0)=0$

14. $\dfrac{\mathrm{d}p}{\mathrm{d}t} = \sqrt{Pt}$, $P(1)=2$

15. $\dfrac{\mathrm{d}A}{\mathrm{d}r} = Ab^2 \cos br$, $A(0)=b^3$

16. $x^2 y' = k\sec y$, $y(1)=\pi/6$

17. $\dfrac{\mathrm{d}u}{\mathrm{d}t} = \dfrac{2t + \sec^2 t}{2u}$, $u(0)=-5$

18. $x + 3y^2\sqrt{x^2+1}\dfrac{\mathrm{d}y}{\mathrm{d}x} = 0$, $y(0)=1$

19. $x\ln x = y\left(1+\sqrt{3+y^2}\right)y'$, $y(1)=1$

20. $\dfrac{\mathrm{d}y}{\mathrm{d}x} = \dfrac{x\sin x}{y}$, $y(0)=-1$

21. 求过点 $(0,2)$ 且在点 (x,y) 处斜率为 x/y 的曲线的方程.

22. 求函数 f, 使得 $f'(x) = xf(x) - x$ 且 $f(0)=2$.

23. 通过使用换元 $u=x+y$ 解微分方程 $y' = x+y$.

24. 通过使用换元 $v=y/x$ 解微分方程 $xy' = x + x\mathrm{e}^{y/x}$.

25. (a) 解微分方程 $y' = 2x\sqrt{1-y^2}$.

(b) 求初值问题 $y' = 2x\sqrt{1-y^2}$, $y(0)=0$ 的解, 并画出解的图像.

(c) 初值问题 $y' = 2x\sqrt{1-y^2}$, $y(0)=2$ 是否有解? 为什么?

26. 解微分方程 $e^{-y}y' + \cos x = 0$，并画出解族中几个成员解的图像．随着常数 C 的变化，解曲线如何变化？

27. 求初值问题 $y' = \sin x / \sin y$，$y(0) = \pi/2$ 的解，并画出（由隐函数定义的）解的图像．

28. 解微分方程 $y' = x\sqrt{x^2+1} / (ye^y)$，画出（由隐函数定义的）解族中几个成员解的图像．随着常数 C 的变化，解曲线如何变化？

29~30 (a) 利用计算机画出下列微分方程的方向场并打印出来．不解方程，在方向场上画出几条解曲线．
(b) 解微分方程．
(c) 画出解族中几个成员的图像，并与 (a) 中的曲线进行比较．

29. $y' = y^2$ **30.** $y' = xy$

31~34 求下列曲线族的正交轨线．在同一坐标系中画出每个曲线族中几条成员曲线．

31. $x^2 + 2y^2 = k^2$ **32.** $y^2 = kx^3$

33. $y = \dfrac{k}{x}$ **34.** $y = \dfrac{1}{x+k}$

35~37 **积分方程** 积分方程是包含未知函数 $y(x)$ 和涉及 $y(x)$ 的积分的方程．解下列积分方程．（提示：使用从积分方程得到的初值条件．）

35. $y(x) = 2 + \int_2^x [t - ty(t)]\, dt$

36. $y(x) = 2 + \int_1^x \dfrac{dt}{ty(t)}$，$x > 0$

37. $y(x) = 4 + \int_0^x 2t\sqrt{y(t)}\, dt$

38. 求函数 f，使得 $f(3) = 2$ 且

$$(t^2+1)f'(t) + [f(t)]^2 + 1 = 0, \quad t \neq 1 .$$

（提示：使用参考公式第 2 页中 $\tan(x+y)$ 的和差化积公式．）

39. 解 9.2 节练习 27 中的初值问题，求 t 时电荷量的表达式，并求电荷量的极限值．

40. 在 9.2 节练习 28 中，我们讨论了用来为一杯 95℃ 的咖啡在 20℃ 的室内的温度变化建模的微分方程．解此微分方程，求 t 时咖啡温度的表达式．

41. 在 9.1 节练习 27 中，我们用微分方程

$$\frac{dP}{dt} = k(M - P)$$

对学习过程建立了模型，其中 $P(t)$ 表示某人学习一项技能时经过学习时间 t 后的成绩，M 为最好成绩，k 为正常数．解此微分方程，求 $P(t)$ 的表达式．函数的极限是什么？

42. 在基元化学反应中，各一分子的反应物 A 和反应物 B 生成一分子生成物 C：$A + B \rightarrow C$．根据质量作用定律，反应速率和 A 与 B 的浓度的乘积成正比：

$$\frac{d[C]}{dt} = k[A][B] .$$

（见 3.7 节例 4．）因此，如果初始浓度为 $[A] = a$ mol/L，$[B] = b$ mol/L，令 $x = [C]$，那么

$$\frac{dx}{dt} = k(a - x)(b - x) .$$

(a) 如果 $a \neq b$，利用初值条件（C 的初始浓度为 0），求 x 关于 t 的函数．

(b) 如果 $a = b$，求函数 $x(t)$．如果经过 20s 后，$[C] = a/2$，如何化简函数 $x(t)$？

43. 与练习 42 中的情景不同，实验表明化学反应 $H_2 + Br_2 \rightarrow 2HBr$ 满足如下规律：

$$\frac{d[HBr]}{dt} = k[H_2][Br_2]^{1/2} .$$

因此，对于这个反应，微分方程变为

$$\frac{dx}{dt} = k(a - x)(b - x)^{1/2} ,$$

其中 $x = [HBr]$，a、b 分别为氢气和溴的初始浓度．

(a) 如果 $a = b$，利用初值条件 $x(0) = 0$，求 x 关于 t 的函数．

(b) 如果 $a > b$，求 t 关于 x 的函数．（提示：在进行积分时，使用换元 $a = \sqrt{b - x}$．）

44. 一个半径为 1m 的球体的温度为 15℃，它位于一个半径为 2m、温度为 25℃ 的球体中心．到两个球体的公共球心的距离为 r 处的温度 $T(r)$ 满足微分方程

$$\frac{d^2T}{dr^2} + \frac{2}{r}\frac{dT}{dr} = 0 .$$

令 $S = dT/dr$，那么 S 满足一个一阶微分方程．解该微分方程，并求出球体之间部分的温度函数 $T(r)$．

45. 葡萄糖溶液以恒定速度 r 通过静脉注射进入血液. 随着葡萄糖的增加, 它被转化成其他物质, 并以与即时浓度成正比的速度排出血液. 因此, 血液中的葡萄糖浓度 $C = C(t)$ 的模型为

$$\frac{dC}{dt} = r - kC,$$

其中 k 为正常数.
(a) 设 $t = 0$ 时的浓度为 C_0, 解微分方程, 求任意 t 时的浓度.
(b) 如果 $C_0 < r/k$, 求 $\lim_{t \to +\infty} C(t)$, 并说明原因.

46. 某国家有面值 100 亿的货币在流通, 每天有 5000 万回到国家银行. 政府决定采用新货币, 因此一旦有旧货币回到银行, 银行就用新货币替换旧货币. 令 $x = x(t)$ 表示在 t 时所流通的新货币面值, $x(0) = 0$.
(a) 通过初值问题的形式为新货币进入流通的过程建立数学模型.
(b) 解 (a) 中的初值问题.
(c) 多长时间之后, 新货币占流通货币的 90%?

47. 一个水箱装有 1000L 盐水, 其中溶解了 15kg 盐. 将纯水以 10L/min 的速度注入水箱, 水箱中的溶液充分混合后以同样的速度流出.
(a) t min 后水箱中还有多少盐?
(b) 20min 后水箱中还有多少盐?

48. 在一个容积为 180m³ 的房间, 空气中的二氧化碳含量最初为 0.15%. 二氧化碳含量只有 0.05% 的新鲜空气以 2m³/min 的速度流入房间, 混合后的空气以相同的速度流出房间. 求出房间中二氧化碳含量的百分比关于时间的函数. 从长远来看会发生什么?

49. 一个大桶装有 2000L 啤酒, 其中酒精含量为 4% (按体积计算). 将酒精含量为 6% 的啤酒以 20L/min 的速度灌入大桶, 混合物以相同的速度排出. 1h 后桶中的酒精含量是多少?

50. 一个水箱装有 1000L 纯水. 将含盐 0.05kg/L 和 0.04kg/L 的盐水分别以 5L/min 和 10L/min 的速度注入水箱, 溶液充分混合后以 15L/min 的速度流出.
(a) t min 后水箱中还有多少盐?
(b) 1h 后水箱中还有多少盐?

51. **终极速度** 当雨滴下落时, 其大小不断增大, 其质量是时间 t 的函数 $m(t)$. 质量的增长率为 $km(t)$, 其中 k 为正常数. 应用牛顿运动定律, 得到 $(mv)' = gm$, 其中 v 为雨滴下落的速度 (向下), g 为重力加速度. 雨滴的终极速度是 $\lim_{t \to +\infty} v(t)$. 求终极速度关于 g 和 k 的表达式.

52. 一个质量为 m 的物体在某介质中水平运动, 该介质对运动的阻力是速度的函数:

$$m\frac{d^2s}{dt^2} = m\frac{dv}{dt} = f(v),$$

其中 $v = v(t)$ 和 $s = s(t)$ 分别表示 t 时的速度和位置. 例如, 想象船在水面上的移动.
(a) 假设阻力与速度成比例, 即 $f(v) = -kv$, k 为正常数. (此模型适用于较小的 v 值.) 令 $v(0) = v_0$ 和 $s(0) = s_0$ 分别为 v 和 s 的初值. 求任意 t 时的 v 和 s. 从 $t = 0$ 开始, 物体的总移动距离是多少?
(b) 对于较大的 v 值, 假设阻力与速度的平方成比例, 即 $f(v) = -kv^2$, $k > 0$, 便可以得到一个更合理的模型. (这个模型最早由牛顿提出.) 令 $v(0) = v_0$ 和 $s(0) = s_0$ 分别为 v 和 s 的初值. 求任意 t 时的 v 和 s. 这种情况下, 物体的总移动距离是多少?

53. **异速生长** 在生物学中, 异速生长指的是生物体各部分大小 (如头骨长度和体长) 之间的关系. 设 $L_1(t)$ 和 $L_2(t)$ 是年龄为 t 的生物体中两个器官的大小, 那么称 L_1 和 L_2 满足异速生长定律, 如果它们的生长速度成比例:

$$\frac{1}{L_1}\frac{dL_1}{dt} = k\frac{1}{L_2}\frac{dL_2}{dt},$$

其中 k 为常数.
(a) 利用异速生长定律写出关联 L_1 和 L_2 的微分方程. 解微分方程, 得到 L_1 关于 L_2 的函数.
(b) 在对几种单细胞藻类生物的研究中, 关联细胞生物量 B 和细胞体积 V 的异速生长定律中的比例常数为 $k = 0.079\,4$. 将 B 写成 V 的函数.

54. 冈珀茨方程给出了肿瘤生长的模型

$$\frac{dV}{dt} = a(\ln b - \ln V)V,$$

其中 a 和 b 为正常数, V 为肿瘤体积, 单位是 mm^3.
(a) 求肿瘤体积关于时间的函数的解族.

(b) 求肿瘤体积的初值为 $V(0)=1\text{mm}^3$ 时的解.

55. 令 $A(t)$ 表示 t 时培养组织的面积，M 表示组织生长结束时的最终面积. 大多数细胞在组织的外围分裂，组织外围的细胞数量与 $\sqrt{A(t)}$ 成正比. 假设面积的增长率与 $\sqrt{A(t)}$ 及 $M-A(t)$ 成正比，这样得到一个合适的组织生长模型.

(a) 建立微分方程，证明当 $A(t)=M/3$ 时组织的生长速度最快.

[T] (b) 解微分方程，求 $A(t)$ 的表达式. 利用计算机计算积分.

56. 海冰 许多因素影响着海冰的形成和增长. 本练习中，我们建立一个简化的模型，描述随时间的推移，海冰厚度如何受空气温度和海水温度的影响. 正如 1.2 节中所评论的那样，一个好的模型应该将现实问题简化到足以进行数学计算，但又准确到足以提供有价值的结论.

考虑如下图所示的"空气–冰–水"柱. 假设冰–空气界面的温度 T_a（单位：℃）是恒定的（T_a 低于水的冰点），冰–水界面的温度 T_w 也是恒定的（T_w 高于水的冰点）.

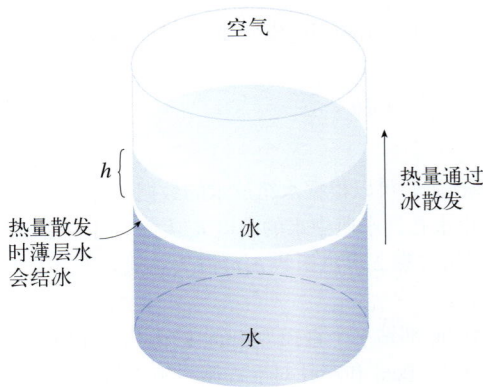

能量（单位：J）以热量 Q 的形式通过冰从较暖的海水向上传递到较冷的空气中. 根据傅里叶热传导定律，热传导的速度 $\mathrm{d}Q/\mathrm{d}t$ 满足微分方程

$$\frac{\mathrm{d}Q}{\mathrm{d}t}=\frac{kA}{h}(T_w-T_a),$$

其中常数 k 称为冰的热导率，A 为柱的（横）截面面积（单位：m^2），h 为冰的厚度（单位：m）.

(a) 海水的少量热量损失 ΔQ 会导致冰–水界面处厚度为 Δh 的薄层水结冰. 海水的密度 D（单位：kg/m^3）随温度变化，但我们可以假设界面处的温度是恒定的（接近 0℃），因此 D 是常数. 令 L 为海水的潜热，其定义为 1kg 水结冰所需要的热量损失. 证明 $\Delta h\approx(1/LAD)\Delta Q$，进而有

$$\frac{\mathrm{d}h}{\mathrm{d}Q}=\frac{1}{LAD}.$$

(b) 利用链式法则写出微分方程

$$\frac{\mathrm{d}h}{\mathrm{d}t}=\frac{k}{LDh}(T_w-T_a),$$

并解释为什么这个方程预测了这样一个事实：薄冰比厚冰增长得更快. 因此，冰中的裂缝往往会"愈合"，冰原的厚度往往会随时间的推移而变得均匀.

(c) 如果 $t=0$ 时冰的厚度为 h_0，通过解 (b) 中的微分方程，求出任意 t 时冰厚度的模型.

资料来源：改编自 M. Freiberger, "Maths and Climate Change: The Melting Arctic", *Plus* (2008).

57. 逃逸速度 根据牛顿万有引力定律，质量为 m 的物体从地球表面垂直向上发射，物体所受的地球引力为

$$F=\frac{mgR^2}{(x+R)^2},$$

其中 $x=x(t)$ 为 t 时物体到地球表面的距离，R 为地球半径，g 为重力加速度. 此外，根据牛顿第二定律，$F=ma=m(\mathrm{d}v/\mathrm{d}t)$，因此

$$m\frac{\mathrm{d}v}{\mathrm{d}t}=-\frac{mgR^2}{(x+R)^2}.$$

(a) 一支火箭以初速度 v_0 垂直起飞. 令 h 为火箭所能到达的最大高度，证明

$$v_0=\sqrt{\frac{2gRh}{R+h}}.$$

（提示：根据链式法则，$m(\mathrm{d}v/\mathrm{d}t)=mv(\mathrm{d}v/\mathrm{d}x)$.）

(b) 计算 $v_e=\lim\limits_{h\to+\infty}v_0$，这个极限值称为地球的逃逸速度.（另一种求逃逸速度的方法见 7.8 节练习 77.）

(c) 已知 $R=6370\text{km}$，$g=9.8\text{m/s}^2$，分别以 m/s 和 km/s 为单位计算 v_e.

应用专题 | 如何快速排空水箱中的水

如果水（或者其他液体）从水箱中流出，那么应该是开始时的流量最大（此时水最深），然后随着水位的下降，流量不断减小．但是我们需要对流量减小的过程给出更严格的数学描述，以回答工程师会遇到的一些问题：需要多长时间水箱中的水才能全部放完？喷水灭火系统中的水箱应容纳多少水才能保证一定的最低水压？

令 $h(t)$ 和 $V(t)$ 分别表示 t 时水箱中水的高度和体积．如果水从水箱底部的一个面积为 a 的小孔中流出，那么由托里拆利定律可知

1
$$\frac{\mathrm{d}V}{\mathrm{d}t} = -a\sqrt{2gh} ,$$

其中 g 为重力加速度．因此，水从水箱中流出的速度与水的高度的平方根成正比．

1. (a) 假设水箱是圆柱形的，高为 2m，半径为 1m．小孔的半径为 2.54cm．取 $g \approx 9.8\mathrm{m/s}^2$，证明 h 满足微分方程

$$\frac{\mathrm{d}h}{\mathrm{d}t} = -0.000\ 4\sqrt{20h} .$$

(b) 解微分方程，求 t 时水的高度（假设 $t=0$ 时水箱是满的）．
(c) 需要多长时间水箱中的水才能全部放完？

2. 因为液体的旋转和黏度，所以方程 1 给出的理论模型并不准确．更常用的模型为

2
$$\frac{\mathrm{d}h}{\mathrm{d}t} = k\sqrt{h} ,$$

问题 2b 最好以课堂演示或小组项目的形式完成．每组三个学生，一人计时，一人每隔 10s 测量一次液体的高度，一人记录数据．

其中常数 k 依赖于液体的物理性质，可以根据水箱放水的数据来确定．
(a) 圆柱形水瓶的侧面有一个出水孔，水瓶中水的高度 h（高于出水孔）在 68s 内从 10cm 下降到 3cm．利用方程 2 求出函数 $h(t)$ 的表达式，并计算 $t=10$，20，30，40，50，60 时 $h(t)$ 的值．
(b) 在 2L 的圆柱形塑料饮料瓶的底部钻一个直径为 4mm 的小孔，在瓶子上贴上标有 0cm 到 10cm 刻度的胶带，0cm 和小孔对准．用一根手指堵住小孔，向瓶子中倒入水至 10cm 刻度处，然后移开手指，记录 $t=10$，20，30，40，50，60 时 $h(t)$ 的值．（你或许会发现水面下降到 $h=3\mathrm{cm}$ 处需要 68s．）将你得到的数据与 (a) 中 $h(t)$ 的值进行比较．上面的模型能准确预测出真实值吗？

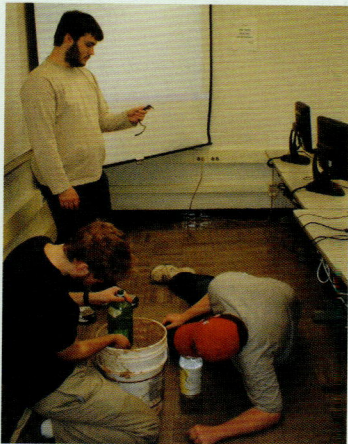

© Richard Le Borne, Dept. Mathematics,
Tennessee Technological University

3. 在很多国家和地区，大酒店和医院的喷水灭火系统都是通过重力作用由安置在建筑物屋顶上的圆柱形水箱供水的．假设水箱的半径为 3m，出水孔的直径为 6cm．工程师要保证 10min 之内水箱出水孔处的压强至少为 104kPa．（当火灾发生时，电力系统可能会出现故障，应急发电机和消防泵可能需要长达 10min 才能启动．）工程师应该将水箱设计为多高才能满足这个要求？（利用如下事实：在深度为 d m 处水的压强为 $P=10d$ kPa．见 8.3 节．）

4. 并非所有的水箱都是圆柱形的. 设水箱在高度 h 处的截面面积为 $A(h)$，那么高度 h 以下的水的体积为 $V = \int_0^h A(u)\,\mathrm{d}u$. 微积分基本定理表明 $\mathrm{d}V/\mathrm{d}h = A(h)$，因此

$$\frac{\mathrm{d}V}{\mathrm{d}t} = \frac{\mathrm{d}V}{\mathrm{d}h}\frac{\mathrm{d}h}{\mathrm{d}t} = A(h)\frac{\mathrm{d}h}{\mathrm{d}t}.$$

托里拆利定律可以写成如下形式：

$$A(h)\frac{\mathrm{d}h}{\mathrm{d}t} = -a\sqrt{2gh}.$$

(a) 假设水箱是一个半径为 2m 的球体，装有半箱水. 出水孔位于水箱最低处，半径为 1cm. 取 $g \approx 10\mathrm{m/s^2}$，证明 h 满足微分方程

$$\left(4h - h^2\right)\frac{\mathrm{d}h}{\mathrm{d}t} = -0.000\,1\sqrt{20h}.$$

(b) 需要多长时间水箱中的水才能全部放完？

9.4 | 种群增长模型

在 9.1 节中，我们建立了两个描述种群增长的微分方程. 本节中，我们将进一步研究这两个方程，并使用 9.3 节中的技巧来获得种群的明确模型.

■ 自然增长定律

在 9.1 节中我们考虑的其中一个种群增长模型基于这样的假设：种群规模的增长率与种群规模成正比，即

$$\frac{\mathrm{d}P}{\mathrm{d}t} = kP.$$

这个假设合理吗？考虑这样一个（细菌）种群，它在某一时间的细菌数量为 $P = 1000$，增长率为 $P' = 300$（单位：个 / 时）. 现在把 1000 个同种类的细菌和开始的种群放在一起，两者各占合并后种群的一半，它们原来都以每小时 300 个的速度增长. 我们可能会推测总细菌数量为 2000 的新种群最初以每小时 600 个的增长率增长（假设有足够的空间和营养）. 因此，如果种群规模翻倍，那么增长率也翻倍. 一般说来，增长率与种群规模成正比这个结论看起来是合理的.

一般说来，如果 $P(t)$ 表示 P 在 t 时的值，P 关于 t 的变化率与它的大小 $P(t)$ 成比例，那么

1
$$\frac{\mathrm{d}P}{\mathrm{d}t} = kP,$$

其中 k 为常数. 当 $k > 0$ 时，方程 1 称为**自然增长定律**；当 $k < 0$ 时，它称为**自然衰变定律**.

因为方程 1 是可分离变量的微分方程，所以按照 9.3 节中的方法解方程：

$$\int \frac{\mathrm{d}P}{P} = \int k\,\mathrm{d}t$$

$$\ln|P| = kt + C$$

$$|P| = \mathrm{e}^{kt+C} = \mathrm{e}^{C}\mathrm{e}^{kt}$$

$$P = A\mathrm{e}^{kt},$$

其中 A（$= \pm\mathrm{e}^{C}$ 或 0）为任意常数. 为了搞清常数 A 的意义，观察发现

$$P(0) = A\mathrm{e}^{k \cdot 0} = A.$$

因此，A 为函数的初值.

3.8 节中给出了关于公式 2 的例子和练习.

> **2** 初值问题
>
> $$\frac{\mathrm{d}P}{\mathrm{d}t} = kP,\ P(0) = P_0$$
>
> 的解为
>
> $$P(t) = P_0\mathrm{e}^{kt}.$$

方程 1 的另一种写法为

$$\frac{\mathrm{d}P/\mathrm{d}t}{P} = k ,$$

这表明相对增长率（增长率除以种群规模，见 3.8 节）是常数，那么公式 2 表明相对增长率恒定的种群必然呈指数级增长.

我们可以通过修改方程 1 来解释一个种群的迁移：如果迁移率是常数 m，那么种群规模的变化率可以用如下微分方程建模：

3
$$\frac{\mathrm{d}P}{\mathrm{d}t} = kP - m .$$

有关方程 3 的解和结论，请见练习 17.

■ 逻辑斯谛模型

正如 9.1 节中所讨论的，种群在早期阶段通常呈指数级增长，但因资源有限而最终趋于稳定，接近其环境容纳量. 如果 $P(t)$ 是 t 时的种群规模，当 P 较小时，假设

$$\frac{\mathrm{d}P}{\mathrm{d}t} \approx kP ,$$

即增长率最初接近于与种群规模成正比. 换句话说，当种群规模较小时，相对增长率几乎是恒定的. 但是我们也想反映这样一个事实，即相对增长率随种群规模 P 的增大而减小，并在 P 超过其**环境容纳量** M 时变为负. 符合这些假设的相对增长率的最简单的表达式为

$$\frac{\mathrm{d}P/\mathrm{d}t}{P} = k\left(1 - \frac{P}{M}\right).$$

上式乘以 P ，得到种群增长模型，即在 9.1 节中首次看到的**逻辑斯谛微分方程**：

4
$$\frac{\mathrm{d}P}{\mathrm{d}t} = kP\left(1 - \frac{P}{M}\right).$$

由方程 4 可知，如果 P 相对于 M 而言很小，那么 P/M 接近 0，因此 $\mathrm{d}P/\mathrm{d}t \approx kP$. 但是，如果 $P \to M$ （种群规模接近其环境容纳量），那么 $P/M \to 1$，因此 $\mathrm{d}P/\mathrm{d}t \to 0$. 从方程 4 中可以直接推导出关于解递增或递减的信息. 如果种群规模 P 在 0 和 M 之间，那么方程的右边为正，因此 $\mathrm{d}P/\mathrm{d}t > 0$，种群规模增大. 但如果种群规模超过了环境容纳量（ $P > M$ ），那么 $1 - \frac{P}{M}$ 为负，因此 $\mathrm{d}P/\mathrm{d}t < 0$，种群规模减小.

我们从观察方向场开始，对逻辑斯谛微分方程进行更详细的分析.

例 1 取 $k = 0.08$ 和环境容纳量 $M = 1000$ ，画出逻辑斯谛方程的方向场. 关于解你能推断出什么结论?

解 本例中的逻辑斯谛微分方程为

$$\frac{\mathrm{d}P}{\mathrm{d}t} = 0.08P\left(1 - \frac{P}{1000}\right),$$

此方程的方向场如图 9-4-1 所示. 因为种群规模不能为负，而且我们只关心从 $t = 0$ 开始的情况，所以图中只画出了第一象限上的方向场.

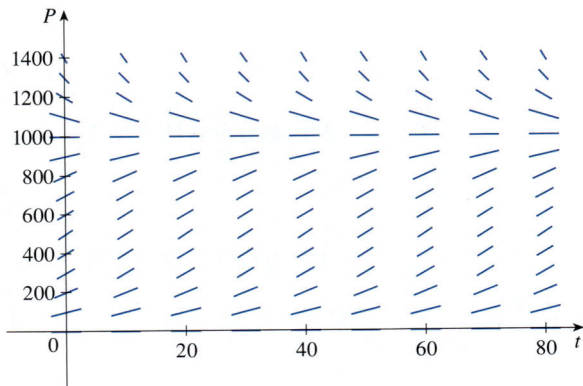

图 9-4-1
例 1 中逻辑斯谛方程的方向场

逻辑斯谛方程是自治微分方程（dP/dt 只依赖于 P，不依赖于 t），因此在任意水平线上，斜率相等．和预想的一样，$0 < P < 1000$ 时斜率为正，$P > 1000$ 时斜率为负．

当 P 接近 0 或 1000（环境容纳量）时，斜率很小．注意，解沿着从平衡解 $P = 0$ 到平衡解 $P = 1000$ 的方向移动．

图 9-4-2 显示了根据方向场画出的初值 $P(0) = 100$、$P(0) = 400$ 和 $P(0) = 1300$ 对应的解曲线．注意，起点在 $P = 1000$ 以下的解曲线是递增的，起点在 $P = 1000$ 以上的解曲线是递减的．当 $P \approx 500$ 时斜率最大，因此起点在 $P \approx 500$ 以下的解曲线在 $P \approx 500$ 处有一个拐点．事实上，我们可以证明，所有起点在 $P = 500$ 以下的解曲线的拐点都出现在 P 正好为 500 时．（见练习 13．）

图 9-4-2
例 1 中逻辑斯谛方程的解曲线

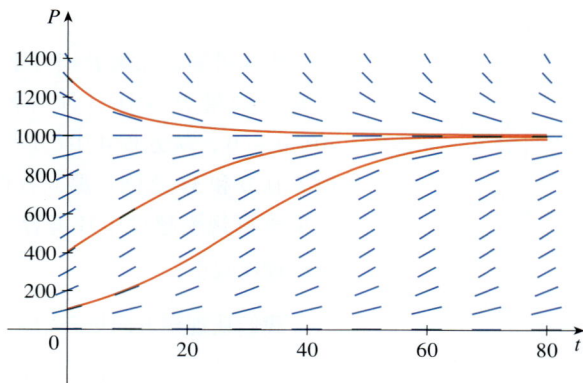

逻辑斯谛方程 4 是可分离变量的，因此使用 9.3 节中的方法求它的准确解．因为

$$\frac{dP}{dt} = kP\left(1 - \frac{P}{M}\right),$$

所以

5
$$\int \frac{dP}{P\left(1 - \dfrac{P}{M}\right)} = \int k \, dt.$$

为了求左边的积分，写出

$$\frac{1}{P\left(1 - \dfrac{P}{M}\right)} = \frac{M}{P(M - P)}.$$

利用部分分式法（见 7.4 节），得到

$$\frac{M}{P(M - P)} = \frac{1}{P} + \frac{1}{M - P},$$

于是方程 5 可以改写为

$$\int \left(\frac{1}{P} + \frac{1}{M - P}\right) dP = \int k \, dt$$

$$\ln|P| - \ln|M - P| = kt + C$$

$$\ln\left|\frac{M-P}{P}\right| = -kt - C$$

$$\left|\frac{M-P}{P}\right| = e^{-kt-C} = e^{-C}e^{-kt}$$

$$\boxed{6} \qquad \frac{M-P}{P} = Ae^{-kt},$$

其中 $A = \pm e^{-C}$. 解关于 P 的方程 6，得到

$$\frac{M}{P} - 1 = Ae^{-kt} \Rightarrow \frac{P}{M} = \frac{1}{1+Ae^{-kt}}.$$

因此

$$P = \frac{M}{1+Ae^{-kt}}.$$

将 $t=0$ 代入方程 6，以求出 A 的值. 如果 $t=0$，那么 $P = P_0$（初始种群规模），于是有

$$\frac{M-P_0}{P_0} = Ae^0 = A.$$

因此，逻辑斯谛方程的解为

$$\boxed{7} \qquad \boxed{P(t) = \frac{M}{1+Ae^{-kt}}, \quad \text{其中 } A = \frac{M-P_0}{P_0}.}$$

利用公式 7 中 $P(t)$ 的表达式，可得

$$\lim_{t \to +\infty} P(t) = M,$$

这和预期相符.

例 2 求初值问题

$$\frac{dP}{dt} = 0.08P\left(1 - \frac{P}{1000}\right), \ P(0) = 100$$

的解，并利用结果计算种群规模的值 $P(40)$ 和 $P(80)$. 种群规模何时达到 900？

解 该微分方程是取 $k = 0.08$、环境容纳量 $M = 1000$ 的逻辑斯谛方程，初始种群规模为 $P_0 = 100$. 公式 7 给出了 t 时的种群规模为

$$P(t) = \frac{1000}{1+Ae^{-0.08t}}, \quad \text{其中 } A = \frac{1000-100}{100} = 9,$$

即

$$P(t) = \frac{1000}{1+9e^{-0.08t}}.$$

因此，当 $t = 40$ 和 $t = 80$ 时，

$$P(40) = \frac{1000}{1+9e^{-3.2}} \approx 731.6, \quad P(80) = \frac{1000}{1+9e^{-6.4}} \approx 985.3.$$

将图 9-4-3 中的解曲线与图 9-4-2 中根据方向场画出的最下面一条解曲线进行比较．

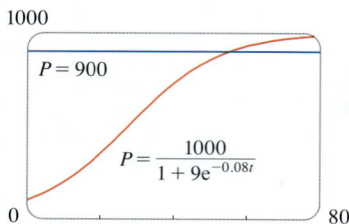

图 9-4-3

种群规模达到 900 意味着

$$\frac{1000}{1+9e^{-0.08t}} = 900 .$$

解这个关于 t 的方程，得到

$$1+9e^{-0.08t} = \frac{10}{9}$$

$$e^{-0.08t} = \frac{1}{81}$$

$$-0.08t = \ln\frac{1}{81} = -\ln 81$$

$$t = \frac{\ln 81}{0.08} \approx 54.9 .$$

所以，当 t 约为 55 时，种群规模达到 900．为了验证结果，画出种群规模曲线，如图 9-4-3 所示．观察可知，曲线与直线 $P=900$ 在 $t \approx 55$ 处相交． ∎

■ **自然增长模型与逻辑斯谛模型的比较**

20 世纪 30 年代，生物学家格奥尔基·高斯（Georgy Gause）用原生动物草履虫做了一个实验并使用逻辑斯谛方程为实验数据建模．表 9-4-1 为他每天记录的草履虫数量．他估计初始相对增长率为 0.794 4，环境容纳量为 64．

表 9-4-1

t（天数）	0	1	2	3	4	5	6	7	8	9	10	11	12	13	14	15	16
P（观测值）	2	3	22	16	39	52	54	47	50	76	69	51	57	70	53	59	57

例 3 求出高斯数据的指数模型和逻辑斯谛模型．比较估计值和观测值，并评价每个模型的拟合度．

解 给定相对增长率为 $k = 0.794\,4$，初始种群规模为 $P_0 = 2$，所以指数模型为

$$P(t) = P_0 e^{kt} = 2e^{0.794\,4t} .$$

高斯使用同样的 k 值建立了逻辑斯谛模型．[因为与环境容纳量（$M=64$）相比，$P_0 = 2$ 很小，所以这样是可行的．方程

$$\frac{1}{P_0}\frac{dP}{dt}\bigg|_{t=0} = k\left(1 - \frac{2}{64}\right) \approx k$$

表明逻辑斯谛模型中的 k 值与指数模型中的 k 值很接近．]

根据公式 7 给出的逻辑斯谛方程的解，即

$$P(t) = \frac{M}{1 + Ae^{-kt}} = \frac{64}{1 + Ae^{-0.794\,4t}} ,$$

其中

$$A = \frac{M - P_0}{P_0} = \frac{64 - 2}{2} = 31 .$$

因此

$$P(t) = \frac{64}{1 + 31e^{-0.794\,4t}} .$$

利用上述公式计算估计值（四舍五入到最接近的整数），并通过表 9-4-2 进行比较.

表 9-4-2

t（天数）	0	1	2	3	4	5	6	7	8	9	10	11	12	13	14	15	16
P（观测值）	2	3	22	16	39	52	54	47	50	76	69	51	57	70	53	59	57
P（逻辑斯谛模型）	2	4	9	17	28	40	51	57	61	62	63	64	64	64	64	64	64
P（指数模型）	2	4	10	22	48	106	⋯										

观察表 9-4-2 和图 9-4-4 可以发现，对于前 3 天或前 4 天，指数模型给出的结果与更复杂的逻辑斯谛模型给出的结果相似. 但是对于 $t \geqslant 5$，指数模型变得很不准确，而逻辑斯谛模型与实际观测值拟合得很好.

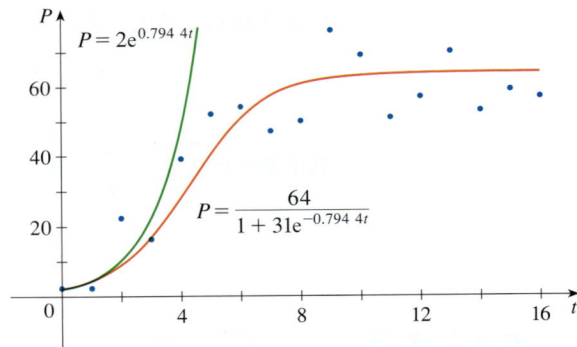

图 9-4-4
草履虫数据的指数模型和
逻辑斯谛模型

$$P = 2e^{0.794\,4t}$$

$$P = \frac{64}{1 + 31e^{-0.794\,4t}}$$

许多从前经历过人口呈指数级增长的国家，现在其人口增长率正在下降，而逻辑斯谛模型提供了一个更好的模型. 表 9-4-3 显示了日本从 1960 年到 2015 年的人口的年中值（单位：千）. 图 9-4-5 显示了这些数据点，其中 $t = 0$ 表示 1960 年，还有一个移位的逻辑斯谛函数（由具有回归功能的计算器得到，使用逻辑斯谛函数拟合数据点. 见练习 15）. 开始时，数据点似乎遵循指数曲线，但总体而言，逻辑斯谛函数提供了一个更准确的模型.

表 9-4-3

年份	人口/千
1960	94 092
1965	98 883
1970	104 345
1975	111 573
1980	116 807
1985	120 754
1990	123 537
1995	125 327
2000	126 776
2005	127 715
2010	127 579
2015	126 920

资料来源：美国人口普查局（International Programs / International Data Base）

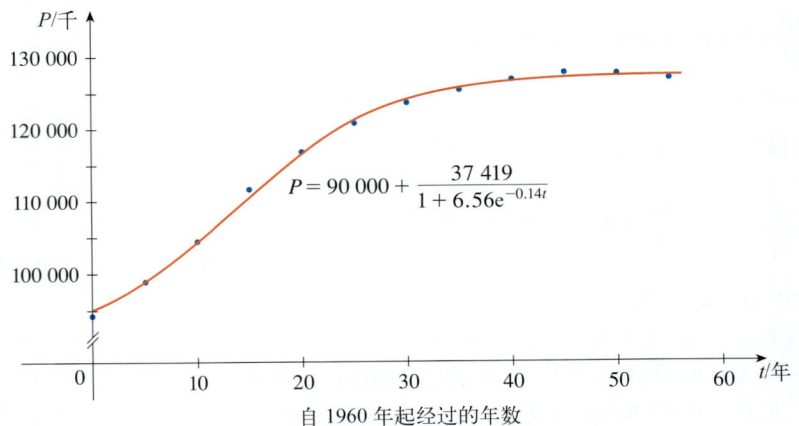

$$P = 90\,000 + \frac{37\,419}{1 + 6.56e^{-0.14t}}$$

自 1960 年起经过的年数

图 9-4-5
日本人口的逻辑斯谛模型

■ 其他种群增长模型

自然增长定律和逻辑斯谛微分方程并不是对种群增长建模的仅有的两种方法. 在练习 22 中我们会看到冈珀茨增长函数，在练习 23 和练习 24 中我们会考察季节性增长模型.

还有两种模型是对逻辑斯谛模型的改进. 微分方程

$$\frac{\mathrm{d}P}{\mathrm{d}t} = kP\left(1 - \frac{P}{M}\right) - c$$

用来为受到某种采收影响的种群建模，如定期被捕捞的鱼群. 练习 19 和练习 20 将研究这个方程.

对于某个种群，如果种群规模小于 m，那么种群将逐渐灭绝（因为成年个体将无法找到合适的配偶）. 这样的种群可以用如下微分方程建模：

$$\frac{\mathrm{d}P}{\mathrm{d}t} = kP\left(1 - \frac{P}{M}\right)\left(1 - \frac{m}{P}\right),$$

其中额外的因子 $1 - \frac{m}{P}$ 考虑到了种群的个体数量稀少的后果（见练习 21）.

9.4 | 练习

1~2 某种群的增长符合给定的逻辑斯谛方程，其中 t 的单位是周.

(a) 环境容纳量是多少？k 值是多少？

(b) 写出方程的解.

(c) 10 周后的种群规模是多少？

1. $\dfrac{\mathrm{d}P}{\mathrm{d}t} = 0.04P\left(1 - \dfrac{P}{1200}\right)$, $P(0) = 50$.

2. $\dfrac{\mathrm{d}P}{\mathrm{d}t} = 0.02P - 0.000\,4P^2$, $P(0) = 40$.

3. 假设某种群的增长符合逻辑斯帝方程

$$\frac{\mathrm{d}P}{\mathrm{d}t} = 0.05P - 0.000\,5P^2,$$

其中 t 的单位是周.

(a) 环境容纳量是多少？k 值是多少？

(b) 方程的方向场如右图所示. 何处的斜率接近 0？何处的斜率最大？哪些解是递增的？哪些解是递减的？

(c) 根据方向场，分别画出初始种群规模为 20、40、60、80、120 和 140 时的解曲线. 这些解有什么共同点？有什么不同点？哪些解有拐点？拐点出现时，种群规模是多少？

(d) 方程有哪些平衡解？其他解与平衡解有什么关系？

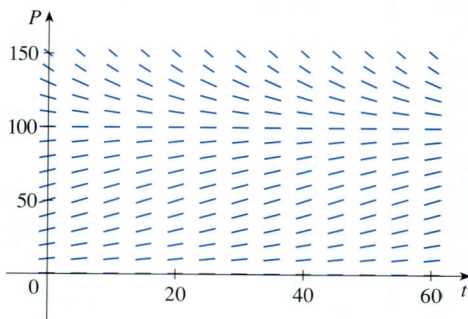

T **4.** 假设某种群的增长符合逻辑斯谛模型，环境容纳量为 6000，$k = 0.001\,5$.

(a) 根据上述数值，写出逻辑斯谛微分方程.

(b) 画出方向场（手绘或使用计算机）. 关于解曲线你能得出什么结论？

(c) 使用方向场画出初始种群规模为 1000、2000、4000 和 8000 时的解曲线. 描述这些曲线的凹性. 拐点有什么意义?

(d) 如果初始种群规模为 1000, 使用计算器或计算机, 令步长 $h=1$, 利用欧拉法估计 50 年后的种群规模.

(e) 如果初始种群规模为 1000, 求 t 年后种群规模的表达式. 使用该表达式计算 50 年后的种群规模, 并与 (d) 中的估计值进行比较.

(f) 画出 (e) 中得到的解的图像, 并与 (c) 中画出的解曲线进行比较.

5. 太平洋大比目鱼群可以用如下微分方程建模:

$$\frac{\mathrm{d}y}{\mathrm{d}t} = ky\left(1 - \frac{y}{M}\right),$$

其中 $y(t)$ 表示 t (单位: 年) 时的生物量 (种群中全部个体的总质量), 单位是 kg. 环境容纳量约为 $M = 8 \times 10^7\,\mathrm{kg}$, $k = 0.71$.

(a) 若 $y(0) = 2 \times 10^7\,\mathrm{kg}$, 求一年后的生物量.

(b) 生物量何时达到 $4 \times 10^7\,\mathrm{kg}$?

6. 假设种群规模 $P(t)$ 满足

$$\frac{\mathrm{d}P}{\mathrm{d}t} = 0.4P - 0.001P^2, \ P(0) = 50,$$

其中 t 的单位是年.

(a) 环境容纳量是多少?

(b) $P'(0)$ 是多少?

(c) 种群规模何时达到环境容纳量的 50%?

7. 假设某种群的增长符合逻辑斯谛模型, 初始种群规模为 1000, 环境容纳量为 10 000. 如果一年后种群规模增长到 2500, 再过三年种群规模会是多少?

8. 下表给出了在培养实验中酵母细胞的数量.

时间/h	酵母细胞的数量	时间/h	酵母细胞的数量
0	18	10	509
2	39	12	597
4	80	14	640
6	171	16	664
8	336	18	672

(a) 画出这些数据的轨迹, 并根据轨迹估计酵母菌群的环境容纳量.

(b) 利用这些数据估计初始相对增长率.

(c) 求出这些数据的指数模型和逻辑斯谛模型.

(d) 对于每个模型, 将估计值与观测值 (分别在表格和图像中) 进行比较. 评价模型拟合数据的效果.

(e) 利用逻辑斯谛模型估计 7h 后酵母细胞的数量.

9. 2000 年的世界人口约为 61 亿. 当时的出生率在每年 3500 万人到 4000 万人之间, 死亡率在每年 1500 万人到 2000 万人之间. 假设世界人口的环境容纳量是 200 亿.

(a) 对于这些数据, 写出逻辑斯谛微分方程. (因为与环境容纳量相比, 初始人口很小, 所以 k 可看成初始相对增长率.)

(b) 利用逻辑斯谛模型估计 2010 年的世界人口, 并与实际人口 69 亿进行比较.

(c) 利用逻辑斯谛模型预测 2100 年和 2500 年的世界人口.

10. (a) 假设美国人口的环境容纳量为 8 亿. 利用这一点和 2000 年的美国人口为 2.82 亿这一实际数据为美国人口建立逻辑斯谛模型.

(b) 利用 2010 年的美国人口为 3.09 亿的事实, 确定模型中的 k 值.

(c) 使用你的模型预测 2100 年和 2200 年的美国人口.

(d) 使用你的模型预测美国人口超过 5 亿的年份.

11. 传闻传播过程的一个模型是传播速度和已经听说过传闻的人数比例 y 与没有听说过传闻的人数比例的乘积成正比.

(a) 写出 y 满足的微分方程.

(b) 解微分方程.

(c) 一个小镇有 1000 个居民. 早上 8 点时有 80 个人听说过一个传闻. 到中午时小镇有一半人听说过这个传闻. 何时将有 90% 的居民听说过该传闻?

12. 生物学家在湖中放养了 400 条鱼, 其环境容纳量 (该种类的鱼在这个湖中的最大数量) 约为 10 000 条. 鱼的数量在一年后增加到原来的 3 倍.

(a) 如果鱼群规模满足逻辑斯谛方程, 求 t 年后鱼群规模的表达式.

(b) 鱼的数量增加到 5000 条需要多长时间?

13. (a) 证明: 如果 P 满足逻辑斯谛方程 4, 那么

$$\frac{\mathrm{d}^2P}{\mathrm{d}t^2} = k^2P\left(1 - \frac{P}{M}\right)\left(1 - \frac{2P}{M}\right).$$

(b) 证明: 当种群规模为环境容纳量的一半时, 种群增长得最快.

14. 对于一个固定的 M 值（例如 $M = 10$），由公式 7 给出的逻辑斯谛函数族依赖于初值 P_0 和比例常数 k。画出函数族中几个成员函数的图象。随着 P_0 的变化，图像如何变化？随着 k 的变化，图像如何变化？

15. 移位的逻辑斯谛模型 下表给出了特立尼达和多巴哥共和国从 1970 年到 2015 年的人口 P（单位：千）的年中值。

年份	人口/千	年份	人口/千
1970	955	1995	1264
1975	1007	2000	1252
1980	1091	2005	1237
1985	1189	2010	1227
1990	1255	2015	1222

资料来源：美国人口普查局（International Programs / International Data Base）

(a) 画出数据的散点图，其中 $t = 0$ 对应 1970 年。

(b) 从散点图来看，如果我们先将数据点向下移动（这样 P 的初值更接近于 0），那么此时逻辑斯谛模型似乎是合适的。将 P 的每个值减去 900，然后使用计算器或计算机得到移位数据的逻辑斯谛模型。

(c) 将 (b) 中的模型加上 900，得到原始数据的移位的逻辑斯谛模型。在 (a) 中数据的散点图上画出该模型的图像，并讨论模型的准确性。

(d) 如果模型仍然准确，你对特立尼达和多巴哥共和国将来的人口有何预测？

16. 下表给出了从 2010 年到 2016 年每半年的全球活跃推特用户的数量。

年份（自2010年1月1日起经过的年数）	推特用户的数量/百万	年份（自2010年1月1日起经过的年数）	推特用户的数量/百万
0	30	3.5	232
0.5	49	4.0	255
1.0	68	4.5	284
1.5	101	5.0	302
2.0	138	5.5	307
2.5	167	6.0	310
3.0	204	6.5	317

资料来源：statistica 网站

使用计算器或计算机，利用指数函数和逻辑斯谛函数来拟合这些数据。画出数据点和两个函数的图像，并讨论模型的准确性。

17. 考虑人口函数 $P = P(t)$，人口的相对出生率和相对死亡率分别为 α 和 β，人口的向外迁移率为 m，α、β 和 m 都是正常数。设 $\alpha > \beta$，则 t 时人口的变化率可以用如下微分方程建模：

$$\frac{dP}{dt} = kP - m，其中 k = \alpha - \beta。$$

(a) 求满足初值条件 $P(0) = P_0$ 的方程的解。

(b) 当 m 满足什么条件时，人口呈指数级增长？

(c) 当 m 满足什么条件时，人口不变？当 m 满足什么条件时，人口下降？

(d) 1847 年，爱尔兰人口约为 800 万，相对出生率和相对死亡率之差为 1.6%。因为 19 世纪 40 年代和 50 年代的土豆饥荒，每年大约有 21 万居民移民离开爱尔兰。当时人口是增长还是下降？

18. 世界末日方程 令 c 为正数，微分方程

$$\frac{dy}{dt} = ky^{1+c}$$

称为世界末日方程（其中为 k 正常数）。这是因为方程中 ky^{1+c} 的指数大于自然增长的指数 1。

(a) 求满足初值条件 $y(0) = y_0$ 的方程的解。

(b) 证明：存在有限的时间 $t = T$（世界末日），使得 $\lim\limits_{t \to T^-} y(t) = +\infty$。

(c) 假设一种繁殖能力极强的兔子种群以增长率 $ky^{1.01}$ 增长，如果最初有 2 只这样的兔子，三个月后增加到 16 只兔子，求兔子的世界末日是哪一天？

19. 将例 1 中的逻辑斯谛微分方程修改为

$$\frac{dP}{dt} = 0.08P\left(1 - \frac{p}{1000}\right) - 15。$$

(a) 假设 $P(t)$ 表示 t 时的鱼群规模，其中 t 的单位是周。解释常数项 -15 的含义。

(b) 画出该微分方程的方向场。

(c) 方程有哪些平衡解？

(d) 利用方向场画出几条解曲线。不同的初值对鱼群规模有什么影响？

(e) 利用部分分式法或计算机求该微分方程的准确解。画出初值分别为 200 和 300 时的解曲线，并与 (d) 中的图像进行比较。

T **20.** 考虑微分方程

$$\frac{\mathrm{d}P}{\mathrm{d}t} = 0.08P\left(1 - \frac{p}{1000}\right) - c$$

作为鱼群的模型，其中 t 的单位是周，c 为常数.

(a) 画出 c 为不同值时微分方程的方向场.

(b) 根据 (a) 中的方向场，确定使得方程至少有一个平衡解的 c 值. 当 c 为何值时，鱼群会灭绝？

(c) 利用微分方程证明你通过 (b) 中的图像发现的结论.

(d) 你建议对该鱼群的每周捕捞量进行限制吗？

21. 有很多证据支持如下理论：对于某些物种，存在一个最小种群规模 m，如果种群规模小于 m，那么该种群将逐渐灭绝. 通过引入因子 $1 - \dfrac{m}{P}$，我们可以将这个条件和逻辑斯谛方程结合. 这样改进后的逻辑斯谛模型可以用如下微分方程表示：

$$\frac{\mathrm{d}P}{\mathrm{d}t} = kP\left(1 - \frac{p}{M}\right)\left(1 - \frac{m}{P}\right).$$

(a) 利用微分方程证明：如果 $m < P < M$，那么任意解都是递增的；如果 $0 < P < m$，那么任意解都是递减的.

(b) 取 $k = 0.08$、$M = 1000$、$m = 200$，画出方程的方向场，然后利用方向场画出几条解曲线. 不同的初值对种群规模有什么影响？方程有哪些平衡解？

(c) 利用部分分式法或计算机求该微分方程的准确解，初始种群规模为 P_0.

(d) 利用 (c) 中的解证明：如果 $P_0 < m$，那么物种将逐渐灭绝.（提示：证明对于某个 t 值，$P(t)$ 的表达式的分子为 0.）

22. 冈珀茨函数 有限种群的另一个增长模型是冈珀茨函数，它是微分方程

$$\frac{\mathrm{d}P}{\mathrm{d}t} = c\ln\left(\frac{M}{P}\right)p$$

的解，其中 c 为常数，M 为环境容纳量.

(a) 解微分方程.

(b) 计算 $\lim\limits_{t \to \infty} P(t)$.

(c) 取 $M = 1000$、$P_0 = 100$ 和 $c = 0.05$，画出冈珀茨函数的图像，并与例 2 中的逻辑斯谛函数的图像进行比较. 它们有什么共同点？有什么不同点？

(d) 由练习 13 可知，当 $P = M/2$ 时逻辑斯谛函数增长得最快. 利用冈珀茨微分方程证明：当 $P = M/\mathrm{e}$ 时冈珀茨函数增长得最快.

23. 在**季节性增长模型**中，引入时间的周期函数来体现增长率的季节性变化. 例如，这种变化可能是由于食物供应的季节性变化造成的.

(a) 求季节性增长模型

$$\frac{\mathrm{d}P}{\mathrm{d}t} = kP\cos(rt - \phi), \ P(0) = P_0$$

的解，其中 k、r 和 ϕ 都为正常数.

(b) 画出 k、r 和 ϕ 为不同值时的解曲线，说明 k、r 和 ϕ 的取值对解有何影响. 关于 $\lim\limits_{t \to +\infty} P(t)$ 你能得出什么结论？

24. 将练习 23 中的微分方程改写成如下形式：

$$\frac{\mathrm{d}P}{\mathrm{d}t} = kP\cos^2(rt - \phi), \ P(0) = P_0.$$

(a) 利用积分表或计算机解这个微分方程.

(b) 画出 k、r 和 ϕ 为不同值时解的图像，说明 k、r 和 ϕ 的取值对解有何影响. 在这种情况下，关于 $\lim\limits_{t \to +\infty} P(t)$ 你能得出什么结论？

25. 逻辑斯谛函数的图像（见图 9-4-2 和图 9-4-3）看起来与双曲正切函数的图像（见图 3-11-3）相似. 证明公式 7 给出的逻辑斯谛函数可以写成

$$P(t) = \frac{1}{2}M\left[1 + \tanh\left(\frac{1}{2}k(t - c)\right)\right],$$

其中 $c = (\ln A)/k$，并解释二者的相似性. 因此，逻辑斯谛函数是移位的双曲正切函数.

9.5 | 线性方程

在 9.3 节中，我们学习了如何解可分离变量的一阶微分方程. 本节中，我们将研究变量不一定可分离的一类微分方程的解法.

■ 线性微分方程

一阶线性微分方程可以写成如下形式：

$$\boxed{1}\qquad \frac{\mathrm{d}y}{\mathrm{d}x}+P(x)y=Q(x)\,,$$

其中 P 和 Q 为给定区间上的连续函数．我们将会看到，这类方程经常出现在不同的科学领域．

例如，$xy'+y=2x$ 就是一个线性方程，因为当 $x\neq 0$ 时，方程可以写成

$$\boxed{2}\qquad y'+\frac{1}{x}y=2\,.$$

注意，这个微分方程不是可分离变量的，因为 y' 不能表示成 x 的函数乘以 y 的函数．但是我们可以利用函数积的求导法则解此方程：

$$xy'+y=(xy)'\,,$$

因此方程可以写成

$$(xy)'=2x\,.$$

对方程的两边积分，得到

$$xy=x^2+C\,,\quad 即\quad y=x+\frac{C}{x}\,.$$

如果有形如方程 2 的微分方程，那么必须进行初步运算，将方程两边同时乘以 x．

实际上，任何一阶线性微分方程都可以采用这种方法求解：将方程 1 的两边同时乘以一个适当的函数 $I(x)$，称为积分因子．要找到这样的积分因子 I：当方程 1 乘以 $I(x)$ 时，方程 1 的左边变成 $I(x)y$ 的导数：

$$\boxed{3}\qquad I(x)\big(y'+P(x)y\big)=\big(I(x)y\big)'\,.$$

如果找到这样的函数 I，那么方程 1 可变为

$$\big(I(x)y\big)'=I(x)Q(x)\,.$$

对两边积分，得到

$$I(x)y=\int I(x)Q(x)\mathrm{d}x+C\,,$$

因此方程的解为

$$\boxed{4}\qquad y(x)=\frac{1}{I(x)}\Big[\int I(x)Q(x)\mathrm{d}x+C\Big]\,.$$

为了求出 I，将方程 3 展开并化简：

$$I(x)y'+I(x)P(x)y=\big(I(x)y\big)'=I'(x)y+I(x)y'$$

$$I(x)P(x)=I'(x)\,.$$

这是一个关于 I 的可分离变量的微分方程. 解此方程:

$$\int \frac{\mathrm{d}I}{I} = \int P(x)\mathrm{d}x$$

$$\ln|I| = \int P(x)\mathrm{d}x$$

$$I = A\mathrm{e}^{\int P(x)\mathrm{d}x},$$

其中 $A = \pm\mathrm{e}^C$. 我们只需要一个特定的积分因子即可, 不需要积分因子的一般式, 所以令 $A = 1$, 可得

5 $$I(x) = \mathrm{e}^{\int P(x)\mathrm{d}x}.$$

因此, 方程 1 的通解由公式 4 给出, 其中 I 由公式 5 给出. 不过我们不用记住解的公式, 只需要记住积分因子的形式即可.

> 解线性微分方程 $y' + P(x)y = Q(x)$ 时, 将方程两边同时乘以 **积分因子** $I(x) = \mathrm{e}^{\int P(x)\mathrm{d}x}$, 然后对两边积分.

例 1 解微分方程 $\dfrac{\mathrm{d}y}{\mathrm{d}x} + 3x^2 y = 6x^2$.

解 上述方程符合方程 1 的形式, 其中 $P(x) = 3x^2$, $Q(x) = 6x^2$, 所以它是线性方程. 积分因子为

$$I(x) = \mathrm{e}^{\int 3x^2 \,\mathrm{d}x} = \mathrm{e}^{x^3}.$$

图 9-5-1 给出了例 1 中的解族中几个成员解的图像. 注意, 当 $x \to +\infty$ 时, 所有解都趋于 2.

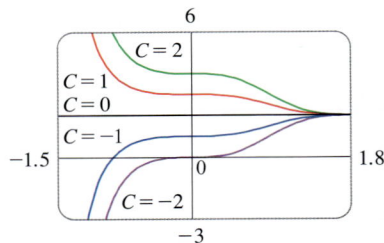

图 9-5-1

将方程两边同时乘以 e^{x^3}, 得到

$$\mathrm{e}^{x^3} \frac{\mathrm{d}y}{\mathrm{d}x} + 3x^2 \mathrm{e}^{x^3} y = 6x^2 \mathrm{e}^{x^3},$$

即

$$\frac{\mathrm{d}}{\mathrm{d}x}\left(\mathrm{e}^{x^3} y\right) = 6x^2 \mathrm{e}^{x^3}. \qquad \text{(乘法法则)}$$

对两边积分, 得到

$$\mathrm{e}^{x^3} y = \int 6x^2 \mathrm{e}^{x^3} \,\mathrm{d}x = 2\mathrm{e}^{x^3} + C$$

$$y = 2 + C\mathrm{e}^{-x^3}. \qquad ■$$

例 2 求以下初值问题的解:

$$x^2 y' + xy = 1,\ x > 0,\ y(1) = 2.$$

解 将方程两边同时除以 y' 的系数, 将微分方程转化为方程 1 中的标准形式:

6 $$y' + \frac{1}{x}y = \frac{1}{x^2},\ x > 0,$$

积分因子为

$$I(X) = \mathrm{e}^{\int (1/x)\mathrm{d}x} = \mathrm{e}^{\ln x} = x.$$

例 2 中初值问题的解曲线如图 9-5-2 所示.

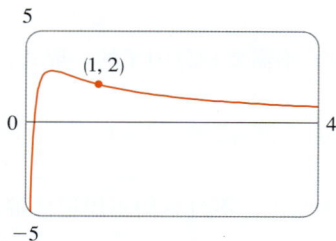
图 9-5-2

将方程 6 的两边同时乘以 x ，得到

$$xy' + y = \frac{1}{x}, \quad \text{即} \quad (xy)' = \frac{1}{x},$$

于是有

$$xy = \int \frac{1}{x}\, \mathrm{d}x = \ln x + C,$$

因此

$$y = \frac{\ln x + C}{x}.$$

因为 $y(1) = 2$ ，所以

$$2 = \frac{\ln 1 + C}{1} = C.$$

因此，该初值问题的解为

$$y = \frac{\ln x + 2}{x}. \qquad \blacksquare$$

例 3 解方程 $y' + 2xy = 1$.

解 上述方程为线性方程的标准形式，将两边同时乘以积分因子

$$e^{\int 2x\, \mathrm{d}x} = e^{x^2},$$

得到

$$e^{x^2} y' + 2x e^{x^2} y = e^{x^2},$$

或

$$\left(e^{x^2} y\right)' = e^{x^2},$$

因此

$$e^{x^2} y = \int e^{x^2}\, \mathrm{d}x + C.$$

尽管例 3 中微分方程的解是以积分形式给出的，但是计算机可以画出它的图像（见图 9-5-3）.

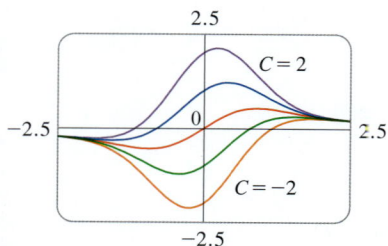
图 9-5-3

回忆 7.5 节中提到 $\int e^{x^2}\, \mathrm{d}x$ 不能用初等函数表示，但它也是一个函数. 因此，答案可以写成

$$y = e^{-x^2} \int e^{x^2}\, \mathrm{d}x + C e^{-x^2}.$$

根据微积分基本定理的第一部分，解的另一种写法是

$$y = e^{-x^2} \int_0^x e^{t^2}\, \mathrm{d}t + C e^{-x^2}.$$

（积分的下限可以选取为任何数.） $\qquad \blacksquare$

■ 在电路上的应用

在 9.2 节中，我们考察了如图 9-5-4 所示的简单电路：一个电源（通常为电池或者发电机）在 t 时产生 $E(t)$ V 的电压、$I(t)$ A 的电流. 电路中还包含一个电阻为 $R\,\Omega$ 的电阻器和一个电感为 L H 的电感器.

欧姆定律表明，由电阻器造成的电压降为 RI ，由电感器造成的电压降为 $L \cdot (\mathrm{d}I/\mathrm{d}t)$. 基尔霍夫定律指出，总电压降等于电源电压 $E(t)$. 因此

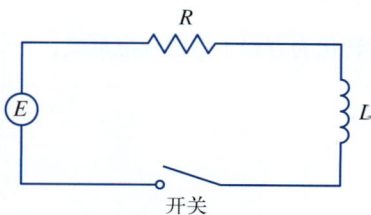
图 9-5-4

7
$$L\frac{\mathrm{d}I}{\mathrm{d}t} + RI = E(t),$$

这是一个一阶线性微分方程，方程的解给出了在 t 时的电流 I.

例 4　图 9-5-4 所示的简单电路中，有一个电阻为 12Ω 的电阻器和一个电感为 4H 的电感器. 如果电池提供的恒定电压为 60V，当 $t=0$ 时开关闭合，电流从 $I(0)=0$ 开始变化. 求 (a) $I(t)$；(b) 1s 后的电流；(c) 电流的极限值.

解

(a) 将 $L=4$、$R=12$、$E(t)=60$ 代入方程 7，得到初值问题

例 4 中的微分方程既是线性的也是可分离变量的，因此也可以采用分离变量法求解（见 9.3 节例 4）. 如果用发电机代替电池，那么得到的方程将是线性的，但不是可分离变量的（见例 5）.

$$4\frac{\mathrm{d}I}{\mathrm{d}t}+12I=60,\ I(0)=0,$$

或者

$$\frac{\mathrm{d}I}{\mathrm{d}t}+3I=15,\ I(0)=0.$$

将方程两边同时乘以积分因子 $\mathrm{e}^{\int 3\mathrm{d}t}=\mathrm{e}^{3t}$，得到

$$\mathrm{e}^{3t}\frac{\mathrm{d}I}{\mathrm{d}t}+3\mathrm{e}^{3t}I=15\mathrm{e}^{3t}$$

$$\frac{\mathrm{d}}{\mathrm{d}t}\left(\mathrm{e}^{3t}I\right)=15\mathrm{e}^{3t}$$

$$\mathrm{e}^{3t}I=\int 15\mathrm{e}^{3t}\,\mathrm{d}t=5\mathrm{e}^{3t}+C,$$

$$I(t)=5+C\mathrm{e}^{-3t}.$$

图 9-5-5 展示了例 4 中的电流如何趋于极限值.

因为 $I(0)=0$，所以 $5+C=0$，因此 $C=-5$，

$$I(t)=5\left(1-\mathrm{e}^{-3t}\right).$$

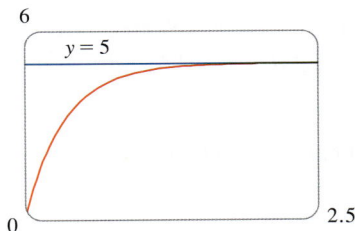

图 9-5-5

(b) 1s 后的电流为

$$I(1)=5\left(1-\mathrm{e}^{-3}\right)\approx 4.75\text{A}.$$

(c) 电流的极限值为

$$\lim_{t\to+\infty}I(t)=\lim_{t\to+\infty}5\left(1-\mathrm{e}^{-3t}\right)=5-5\lim_{t\to+\infty}\mathrm{e}^{-3t}=5-0=5.$$

用发电机代替电池时，电流如图 9-5-6 所示.

例 5　假设电阻和电感与例 4 中相同，用发电机代替电池，发电机提供的电压为 $E(t)=60\sin 30t$ V. 求 $I(t)$.

解　本例中的微分方程变为

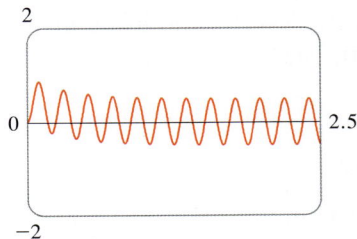

图 9-5-6

$$4\frac{\mathrm{d}I}{\mathrm{d}t}+12I=60\sin 30t,\ \text{即}\ \frac{\mathrm{d}I}{\mathrm{d}t}+3I=15\sin 30t,$$

方程两边乘以同样的积分因子 e^{3t}，可得

$$\frac{\mathrm{d}}{\mathrm{d}t}\left(\mathrm{e}^{3t}I\right)=\mathrm{e}^{3t}\frac{\mathrm{d}I}{\mathrm{d}t}+3\mathrm{e}^{3t}I=15\mathrm{e}^{3t}\sin 30t.$$

利用积分表中的公式 98（或者计算机），有

$$e^{3t} I = \int 15 e^{3t} \sin 30t \, dt = 15 \cdot \frac{e^{3t}}{909} \left(3 \sin 30t - 30 \cos 30t \right) + C$$

$$I = \frac{5}{101} \left(\sin 30t - 10 \cos 30t \right) + C e^{-3t}.$$

因为 $I(0) = 0$，所以

$$-\frac{50}{101} + C = 0,$$

于是有

$$I(t) = \frac{5}{101} \left(\sin 30t - 10 \cos 30t \right) + \frac{50}{101} e^{-3t}. \quad \blacksquare$$

9.5 | 练习

1~4 判断下列微分方程是否是线性的．如果是线性的，写成方程 1 的形式．

1. $y' + x\sqrt{y} = x^2$

2. $y' - x = y \tan x$

3. $u e^t = t + \sqrt{t} \dfrac{du}{dt}$

4. $\dfrac{dR}{dt} + t \cos R = e^{-t}$

5~16 解微分方程．

5. $y' + y = 1$

6. $y' - y = e^x$

7. $y' = x - y$

8. $4x^3 y + x^4 y' = \sin^3 x$

9. $xy' + y = \sqrt{x}$

10. $2xy' + y = 2\sqrt{x}$

11. $xy' - 2y = x^2,\ x > 0$

12. $y' - 3x^2 y = x^2$

13. $t^2 \dfrac{dy}{dt} + 3ty = \sqrt{1 + t^2},\ t > 0$

14. $t \ln t \dfrac{dr}{dt} + r = t e^t$

15. $y' + y \cos x = x$

16. $y' + 2xy = x^3 e^{x^2}$

17~24 求初值问题的解．

17. $xy' + y = 3x^2,\ y(1) = 4$

18. $xy' - 2y = 2x,\ y(2) = 0$

19. $x^2 y' + 2xy = \ln x,\ y(1) = 2$

20. $t^3 \dfrac{dy}{dt} + 3t^2 y = \cos t,\ y(\pi) = 0$

21. $t \dfrac{du}{dt} = t^2 + 3u,\ t > 0,\ u(2) = 4$

22. $xy' + y = x \ln x,\ y(1) = 0$

23. $xy' = y + x^2 \sin x,\ y(\pi) = 0$

24. $(x^2 + 1) \dfrac{dy}{dx} + 3x(y - 1) = 0,\ y(0) = 2$

25~26 解微分方程，并画出解族中几个成员解的图像．随着 C 的变化，解曲线如何变化？

25. $xy' + 2y = e^x$

26. $xy' = x^2 + 2y$

27~29 **伯努利微分方程** 伯努利微分方程（以詹姆斯·伯努利的姓氏命名）具有如下形式：

$$\frac{dy}{dx} + P(x) y = Q(x) y^n.$$

27. 观察可知，当 $n = 0$ 或 1 时，伯努利方程是线性的．证明：当 n 为其他值时，通过换元 $u = y^{1-n}$，伯努利方程可以转换成线性方程

$$\frac{du}{dx} + (1-n) P(x) u = (1-n) Q(x).$$

28. 解微分方程 $xy' + y = -xy^2$．

29. 解微分方程 $y' + \dfrac{2}{x} y = \dfrac{y^3}{x^2}$．

30. 通过换元 $u = y'$ 解二阶微分方程 $xy'' + 2y' = 12x^2$．

31. 在图 9-5-4 所示的电路中，电池提供的恒定电压为 40V，电感为 2H，电阻为 10Ω，$I(0) = 0$．
(a) 求 $I(t)$．
(b) 求 0.1s 后的电流．

32. 在图 9-5-4 所示的电路中，发电机提供的电压为 $E(t) = 40 \sin 60t$ V，电感为 1H，电阻为 20Ω，$I(0) = 1$A．
(a) 求 $I(t)$．
(b) 求 0.1s 后的电流．
(c) 画出电流函数的图像．

33. 下页的图所示的电路包含一个电源、一个电容为 C F 的电容器、一个电阻为 R Ω 的电阻器．电容器两端的电压

降为 Q/C，其中 Q 为电荷量（单位：C）．基尔霍夫定律表明，

$$RI + \frac{Q}{C} = E(t).$$

因为 $I = dQ/dt$（见 3.7 节例 3），所以

$$R\frac{dQ}{dt} + \frac{1}{C}Q = E(t).$$

假设电阻为 5Ω，电容为 0.05F，电池提供的恒定电压为 60V，电荷量的初值为 $Q(0) = 0$C．求在 t 时的电荷量和电流．

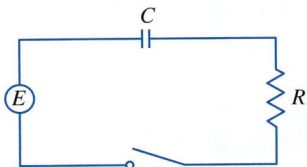

34. 在练习 33 的电路中，如果 $R = 2\Omega$，$C = 0.01$F，$Q(0) = 0$，$E(t) = 10\sin 60t$ V，求 t 时的电荷量和电流．

35. 某人学习一项技能，令 $P(t)$ 表示他的成绩，它是学习时间 t 的函数．P 的图像称为学习曲线．在 9.1 节练习 27 中我们提出了微分方程

$$\frac{dP}{dt} = k\left[M - P(t)\right]$$

作为学习过程的模型，其中 k 为正常数．解此线性微分方程，并利用得到的解画出学习曲线．

36. 组装线上雇用了两个新工人，吉姆在第一个小时处理了 25 个工件，第二个小时处理了 45 个工件．马克在第一个小时处理了 35 个工件，第二个小时处理了 50 个工件．利用练习 35 中的模型，假设 $P(0) = 0$，估计这两个工人熟悉工作之后每小时最多处理的工件数．

37. 在 9.3 节中，我们研究了液体体积保持不变的混合问题，这样的问题可以用可分离变量的微分方程来描述．（见 9.3 节例 6．）如果流入和流出的速度不同，那么液体体积不再恒定，得到的微分方程是线性的，但不是可分离变量的．

一个水箱装有 100L 水．将浓度为 0.4kg/L 的盐溶液以 5L/min 的速度注入水箱．溶液充分混合后以 3L/min 的速度流出水箱．令 $y(t)$ 表示 t min 后的盐量（单位：kg），证明 y 满足微分方程

$$\frac{dy}{dt} = 2 - \frac{3y}{100 + 2t}.$$

解此微分方程并求 20min 后水箱中溶液的浓度．

38. 一个水箱的容积为 400L，其中装满了水和氯的混合液体，氯的浓度为 0.05g/L．为了降低氯的浓度，将纯水以 4L/s 的速度抽入水箱．溶液充分混合后以 10L/s 的速度抽出水箱．求水箱中氯的含量关于时间的函数．

39. 质量为 m 的物体从静止开始下落，假设空气阻力与物体下落的速度成正比．若 $s(t)$ 表示 t s 后物体下落的距离，那么物体下落的速度为 $v = s'(t)$，加速度为 $a = v'(t)$．若 g 为重力加速度，那么物体所受的向下的力为 $mg - cv$，其中 c 为正常数．牛顿第二定律表明

$$m\frac{dv}{dt} = mg - cv.$$

(a) 解此线性方程，证明

$$v = \frac{mg}{c}\left(1 - e^{-ct/m}\right).$$

(b) 速度的极限值是多少？

(c) 求 t s 后物体下落的距离．

40. 如果忽略空气阻力，我们可以得出结论：较重物体和较轻物体的下落速度相同．但是考虑空气阻力时，结论就发生了变化．利用练习 39a 给出的下落物体的速度公式求出 dv/dm，证明较重物体的下落速度比较轻物体更快．

41. (a) 证明：通过换元 $z = 1/P$ 能将逻辑斯谛微分方程 $P' = kP\left(1 - \dfrac{P}{M}\right)$ 转化为线性微分方程

$$z' + kz = \frac{k}{M}.$$

(b) 解 (a) 中的线性微分方程，得到 $P(t)$ 的表达式，并与 9.4 节公式 7 进行比较．

42. 为了在逻辑斯谛微分方程中体现季节性变化，我们引入关于 t 的函数 k 和 M：

$$\frac{dP}{dt} = k(t)P\left(1 - \frac{P}{M(t)}\right).$$

(a) 验证换元 $z = 1/P$ 可以将此方程转化为线性微分方程

$$\frac{dz}{dt} + k(t)z = \frac{k(t)}{M(t)}.$$

(b) 写出 (a) 中线性方程的解的表达式，并证明如果环境容纳量 M 为常数，那么

$$P(t)=\frac{M}{1+CMe^{-\int k(t)dt}}.$$

证明：如果 $\int_0^{+\infty}k(t)dt=+\infty$，那么 $\lim\limits_{t\to+\infty}P(t)=M$.（如果 $k(t)=k_0+a\cos bt,\ k_0>0$，那么结论成立，$k(t)$ 描述了具有周期性的季节性变化的正内在增长率.）

(c) 如果 k 是常数，而 M 是变化的，证明

$$z(t)=e^{-kt}\int_0^t\frac{ke^{ks}}{M(s)}ds+Ce^{-kt}.$$

利用洛必达法则，证明当 $t\to+\infty$ 时，如果 $M(t)$ 存在一个极限，那么 $P(t)$ 有相同的极限.

应用专题｜上升快还是下降快

在对空气阻力建模时，根据球的物理特性和速度使用不同的函数. 这里使用了线性模型 $-pv$，但是速度较大时也可以使用二次模型（上升过程中为 $-pv^2$，下降过程中为 pv^2）（见 9.3 节练习 52）. 对于高尔夫球来说，实验表明，一个较好的模型是上升过程中为 $-pv^{1.3}$，下降过程中为 $p|v|^{1.3}$. 但是不管使用哪个阻力函数 $-f(v)$（$v>0$ 时 $f(v)>0$，$v<0$ 时 $f(v)<0$），问题的答案都是一样的. 详见 F. Brauer 的 "What Goes Up Must Come Down, Eventually", *American Mathematical Monthly* 108 (2001), pp. 437–40.

如果把一个球抛向空中，你认为它到达最高点所用的时间长，还是从最高点回到地面所用的时间长？本专题中，我们将解决这个问题. 在开始之前，思考一下这个情景，并根据你的直觉进行猜测.

1. 质量为 m 的球以初速度 v_0 从地面垂直向上抛出. 假设作用在球上的力有球的重力和空气阻力，空气阻力的方向与球的运动方向相反，大小为 $p|v(t)|$，其中 p 为正常数，$v(t)$ 为球在 t 时的速度. 在上升和下降过程中，作用在球上的合力均为 $-pv-mg$.（上升过程中，$v(t)$ 为正，阻力方向向下；下降过程中，$v(t)$ 为负，阻力方向向上.）因此，根据牛顿第二定律，运动方程为

$$mv'=-pv-mg.$$

解微分方程，证明速度为

$$v(t)=\left(v_0+\frac{mg}{p}\right)e^{-pt/m}-\frac{mg}{p}.$$

（注意，此微分方程也是可分离变量的微分方程.）

2. 证明在球落地之前，球的高度为

$$y(t)=\left(v_0+\frac{mg}{p}\right)\frac{m}{p}\left(1-e^{-pt/m}\right)-\frac{mgt}{p}.$$

3. 令 t_1 为球达到最高点的时间，证明

$$t_1=\frac{m}{p}\ln\left(\frac{mg+pv_0}{mg}\right).$$

求质量为 1kg、初速度为 20m/s 的球达到最高点所用的时间 t_1. 假设（在数值上）空气阻力为球的速度的 $-\dfrac{1}{10}$.

4. 令 t_2 为球落地的时间. 对问题 3 中的球，利用高度函数 $y(t)$ 的图像来估计 t_2. 球是上升得更快还是下降得更快？

5. 一般来说，因为无法求出方程 $y(t)=0$ 的准确解，所以很难求出 t_2. 不过，我们可以用一种间接的方法确定上升快还是下降快：判断 $y(2t_1)$ 是正还是负. 证明

$$y(2t_1)=\frac{m^2g}{p^2}\left(x-\frac{1}{x}-2\ln x\right),$$

其中 $x = e^{rt_1/m}$．证明 $x > 1$，且对所有 $x > 1$，函数

$$f(x) = x - \frac{1}{x} - 2\ln x$$

递增．利用这个结果来判断 $y(2t_1)$ 是正还是负．你能得出什么结论？究竟是上升快还是下降快？

9.6 | 捕食者－被捕食者系统

我们已经学习了单独生活在某一环境中的单一种群的各种增长模型．本节中，我们将考察一种更现实的模型，它考虑了同一生存环境中两个种群的相互影响．这类模型都呈相关的两个微分方程的形式．

先考虑这样一个情景：其中一个种群称为被捕食者，它们有充足的食物；另一个种群称为捕食者，它们以被捕食者为食．被捕食者和捕食者的例子包括：一片森林中的野兔和狼，小鱼和鲨鱼，蚜虫和瓢虫，细菌和变形虫，等等．模型中有两个因变量，它们都是时间的函数．令 $R(t)$ 为 t 时被捕食者的数量 [R 代表野兔（rabbit）]，$W(t)$ 为 t 时捕食者的数量 [W 代表狼（wolf）]．

没有捕食者时，被捕食者有充足的食物，种群规模呈指数级增长，即

$$\frac{\mathrm{d}R}{\mathrm{d}t} = kR，其中 k 为正常数．$$

没有被捕食者时，假设捕食者因死亡而减少，减少的速度与捕食者的数量成正比，即

$$\frac{\mathrm{d}W}{\mathrm{d}t} = -rW，其中 r 为正常数．$$

两个种群共存时，假设被捕食者的死亡原因主要是被捕食者吃掉，而捕食者的出生率和存活率取决于它们的食物（即被捕食者）是否充足．假设两者遭遇的可能性与两个种群的规模成正比，即与乘积 RW 成正比．（其中任何一个种群的规模越大，两者遭遇的可能性都会越大．）符合上述假设的两个微分方程为

W 代表捕食者．
R 代表被捕食者．

1️⃣ $$\frac{\mathrm{d}R}{\mathrm{d}t} = kR - aRW，\quad \frac{\mathrm{d}W}{\mathrm{d}t} = -rW + bRW，$$

其中 k、r、a、b 为正常数．注意，$-aRW$ 降低了被捕食者的自然增长率，bRW 增大了捕食者的自然增长率．

洛特卡－沃尔泰拉方程是由意大利数学家维托·沃尔泰拉（Vito Volterra，1860—1940）针对亚得里亚海中鲨鱼和小鱼的数量变化而提出的模型．

方程组 1 中的方程称为**捕食者－被捕食者方程**，也称为**洛特卡－沃尔泰拉方程**．这个方程组的**解**是两个函数 $R(t)$ 和 $W(t)$，它们是被捕食者和捕食者的数量关于时间的函数．因为这个方程组是耦合的（即 R 和 W 同时出现在两个方程中），所以不能先解一个方程再解另一个，必须同时解两个方程．但是一般没有明确的公式可以得到 R 和 W 关于时间 t 的函数．不过我们可以通过画图的方法来分析方程．

例 1 假设野兔和狼的数量可以用洛特卡 – 沃尔泰拉方程来描述, 其中 $k = 0.08$, $a = 0.001$, $r = 0.02$, $b = 0.000\,02$, 时间 t 的单位是月.

(a) 求方程组的常数解（称为**平衡解**）, 并解释其含义.

(b) 利用微分方程组求 $\mathrm{d}W/\mathrm{d}R$ 的表达式.

(c) 在 RW 平面上画出所得微分方程的方向场, 并利用方向场画出几条解曲线.

(d) 假设在某一时间有 1000 只野兔、40 只狼. 画出对应的解曲线, 并利用解曲线描述两个种群的变化.

(e) 利用 (d) 的结果画出 R 和 W 关于时间 t 的函数的图像.

解

(a) 给定 k、r、a、b 的值, 洛特卡 – 沃尔泰拉方程变为

$$\frac{\mathrm{d}R}{\mathrm{d}t} = 0.08R - 0.001RW \,,$$

$$\frac{\mathrm{d}W}{\mathrm{d}t} = -0.02W + 0.000\,02RW \,.$$

如果两个导数都为 0, 则 R 和 W 都为常数, 即

$$R' = R\left(0.08 - 0.001RW\right) = 0 \,,$$

$$W' = W\left(-0.02 + 0.000\,02R\right) = 0 \,.$$

解为 $R = 0$ 和 $W = 0$.（这是合理的: 如果没有野兔也没有狼, 那么两个种群都不会增长.）另一个常数解为

$$W = \frac{0.08}{0.001} = 80, \ R = \frac{0.02}{0.000\,02} = 1000 \,.$$

因此种群达到平衡时, 有 80 只狼、1000 只野兔. 这表示 1000 只野兔刚好够维持 80 只狼的生存. 狼不多（否则会导致野兔灭绝）也不少（否则导致野兔泛滥）.

(b) 利用链式法则得到

$$\frac{\mathrm{d}W}{\mathrm{d}t} = \frac{\mathrm{d}W}{\mathrm{d}R} \cdot \frac{\mathrm{d}R}{\mathrm{d}t} \,,$$

因此

$$\frac{\mathrm{d}W}{\mathrm{d}R} = \frac{\dfrac{\mathrm{d}W}{\mathrm{d}t}}{\dfrac{\mathrm{d}R}{\mathrm{d}t}} = \frac{-0.02W + 0.000\,02RW}{0.08R - 0.001RW} \,.$$

(c) 如果将 W 看成 R 的函数, 那么我们得到微分方程

$$\frac{\mathrm{d}W}{\mathrm{d}R} = \frac{-0.02W + 0.000\,02RW}{0.08R - 0.001RW} \,.$$

图 9-6-1 为此微分方程的方向场. 根据方向场画出几条解曲线, 如图 9-6-2 所示. 如果沿解曲线移动, 可以观察到随着时间推移, R 和 W 的关系如何变化. 注意, 解曲线是封闭的, 沿着曲线移动, 最终还会回到起点. 此外, 点 $(1000, 80)$ 在所有解曲线的内部. 该点称为平衡点, 因为它对应平衡解 $R = 1000$, $W = 80$.

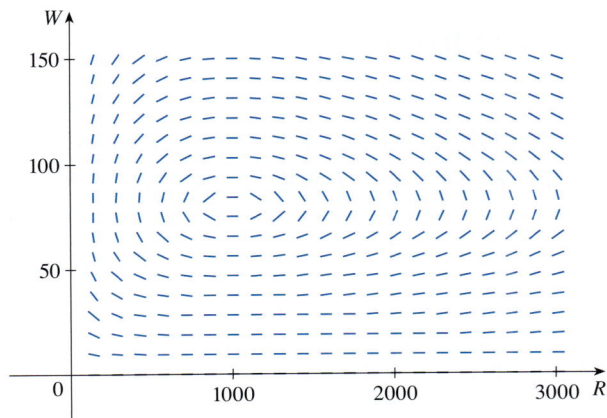

图 9-6-1
捕食者－被捕食者方程组的方向场

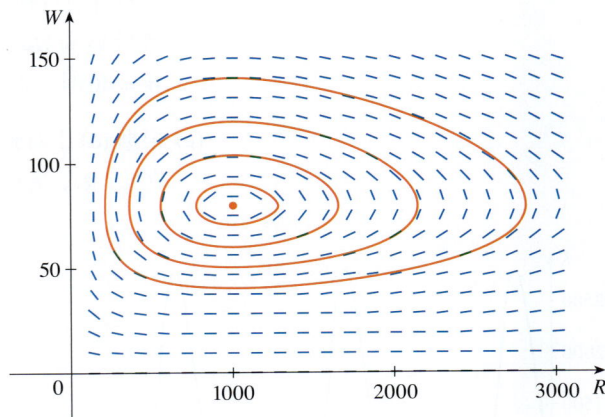

图 9-6-2
该问题的相图

图 9-6-2 展示了微分方程组的解的图像, RW 平面称为**相平面**, 解曲线称为 **相轨迹**. 因此, 相轨迹是随着时间推移, 解 (R, W) 形成的轨迹. **相图**由平衡点和有代表性的相轨迹组成, 如图 9-6-2 所示.

(d) 从 1000 只野兔、40 只狼开始, 画出过点 $P_0 (1000, 40)$ 的解曲线. 图 9-6-3 为去掉方向场的相轨迹. $t = 0$ 时从 P_0 点开始. t 增加时, 应该沿相轨迹的顺时针方向还是逆时针方向移动? 若第一个微分方程中的 $R = 1000$, $W = 40$, 那么

$$\frac{\mathrm{d}R}{\mathrm{d}t} = 0.08 \times 1000 - 0.001 \times 1000 \times 40 = 80 - 40 = 40 .$$

因为 $\mathrm{d}R/\mathrm{d}t > 0$, 所以 R 在 P_0 处递增, 因此应该沿相轨迹的逆时针方向移动.

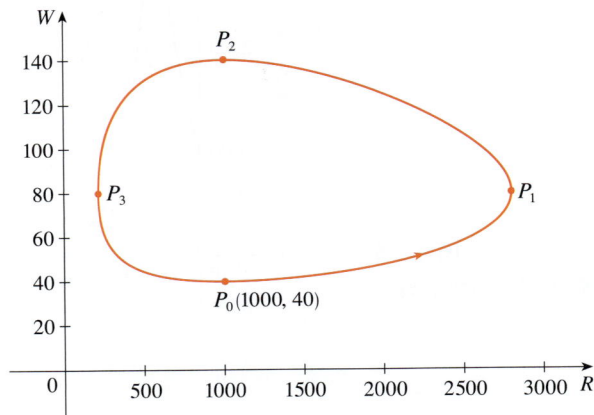

图 9-6-3
过点 $(1000, 40)$ 的相轨迹

我们发现在 P_0 处，没有足够的狼来维持种群之间的平衡，因此野兔的数量开始增加。这就导致狼的数量增加，最终狼的数量多到野兔难以避开的程度，因此野兔的数量开始减少（R 在 P_1 处达到最大值，约为 2800）。这意味着一段时间后狼的数量也开始减少（在 P_2 处，此时 $R=1000$，$W \approx 140$）。狼的数量减少又对野兔有利，因此野兔的数量开始增加（在 P_3 处，此时 $W=80$，$R \approx 210$），然后狼的数量又开始增加。当两个种群的动物数量又回到初值 $R=1000$ 和 $W=40$ 时，循环重新开始。

(e) 根据 (d) 中对野兔和狼的数量变化的描述，可以画出 $R(t)$ 和 $W(t)$ 的图像。假设在 t_1、t_2、t_3 时达到图 9-6-3 中的 P_1、P_2、P_3，R 和 W 的图像如图 9-6-4 所示。

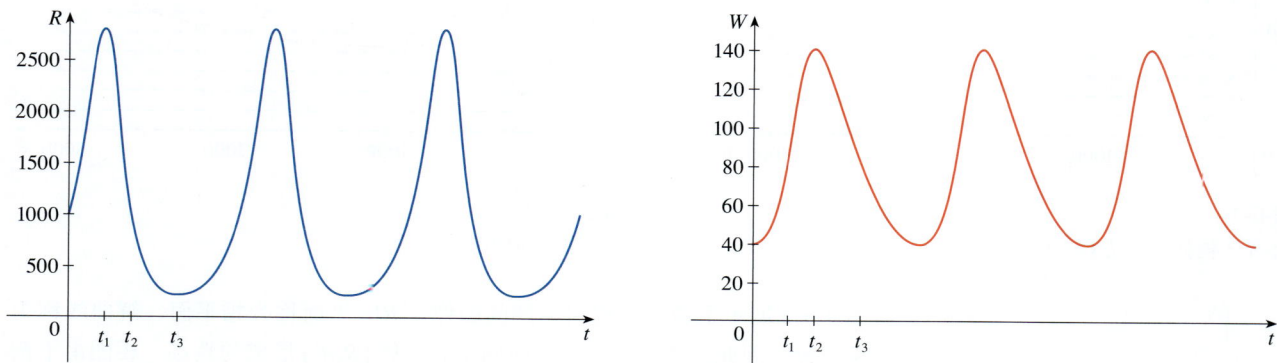

图 9-6-4 野兔和狼的数量关于时间的图像

为了使图像便于比较，将 R 和 W 的图像画在同一坐标系中，但纵坐标使用不同的尺度，如图 9-6-5 所示。注意，野兔的数量比狼的数量大约早四分之一周期达到最大值。

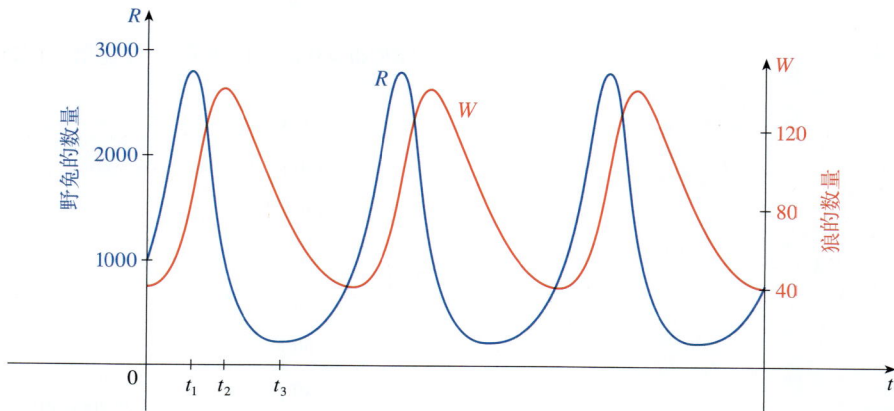

图 9-6-5
比较野兔和狼的数量函数

在 1.2 节中我们曾讨论过，建模过程中一个重要的步骤是将数学结论解释为对现实的预测，再根据真实数据检验预测结果．海湾百货公司于 1670 年开始在加拿大从事动物毛皮贸易，它保存了从 19 世纪 40 年代以来的数据．图 9-6-6 显示了该公司 90 年来交易的雪兔及其捕食者猞猁的毛皮数量．你可以看到洛特卡−沃尔泰拉模型预测的雪兔和猞猁数量的耦合波动的确发生了，周期约为 10 年．

图 9-6-6
根据海湾百货公司的记录画出的雪兔和猞猁数量的图像

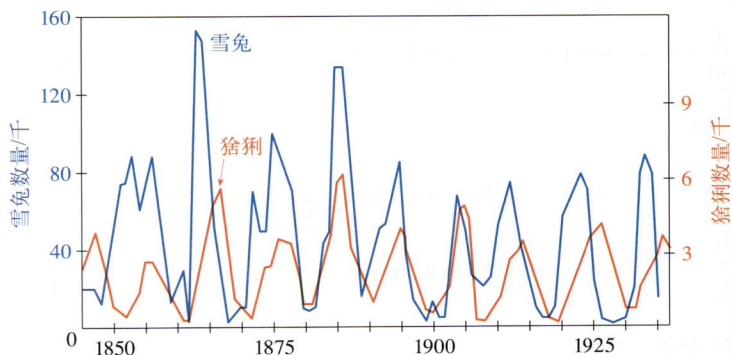

尽管相对简单的洛特卡−沃尔泰拉模型已经能够解释并预测耦合种群的变化，人们还是提出了一些比较复杂的模型．一种方法是基于这样的假设修改洛特卡−沃尔泰拉方程：没有捕食者时，被捕食者数量的增长符合逻辑斯谛模型，环境容纳量为 M，那么洛特卡−沃尔泰拉方程变成如下的微分方程：

$$\frac{\mathrm{d}R}{\mathrm{d}t} = kR\left(1 - \frac{R}{M}\right) - aRW , \quad \frac{\mathrm{d}W}{\mathrm{d}t} = -rW + bRW .$$

练习 11 和练习 12 将研究这个模型．

人们还提出了很多模型用来描述和预测彼此竞争相同资源或者彼此合作互利的两个种群的变化．练习 2~4 将考察这些模型．

9.6 | 练习

1. 针对下列捕食者−被捕食者模型，判断变量 x 和 y 中哪个表示被捕食者的数量，哪个表示捕食者的数量．被捕食者数量的增长仅由捕食者数量决定，还是也受其他因素影响？捕食者仅以被捕食者为食，还是有其他的食物来源？请解释原因．

(a) $\dfrac{\mathrm{d}x}{\mathrm{d}t} = -0.05x + 0.000\,1xy$

$\dfrac{\mathrm{d}y}{\mathrm{d}t} = 0.1y - 0.005xy$

(b) $\dfrac{\mathrm{d}x}{\mathrm{d}t} = 0.2x - 0.000\,2x^2 - 0.006xy$

$\dfrac{\mathrm{d}y}{\mathrm{d}t} = -0.015y + 0.000\,08xy$

2. 下列每个微分方程组都是彼此竞争相同资源或者彼此合作互利的两个种群的模型（例如花卉和传粉昆虫）．判断方程组描述的是竞争关系还是合作关系，并解释模型为什么是合理的．（考虑一个种群增长对另一个种群的增长率有何影响．）

(a) $\dfrac{\mathrm{d}x}{\mathrm{d}t} = 0.12x - 0.000\,6x^2 + 0.000\,01xy$

$\dfrac{\mathrm{d}y}{\mathrm{d}t} = 0.08x + 0.000\,04xy\,.$

(b) $\dfrac{\mathrm{d}x}{\mathrm{d}t} = 0.15x - 0.000\,2x^2 - 0.000\,6xy$

$\dfrac{\mathrm{d}y}{\mathrm{d}t} = 0.2y - 0.000\,08y^2 - 0.000\,2xy$

3. 微分方程组

$$\dfrac{\mathrm{d}x}{\mathrm{d}t} = 0.5x - 0.004x^2 - 0.001xy,$$

$$\dfrac{\mathrm{d}y}{\mathrm{d}t} = 0.4y - 0.001y^2 - 0.002xy$$

是两个种群的模型.
(a) 该模型描述了合作关系、竞争关系还是捕食者 – 被捕食者关系?
(b) 求平衡解,并解释其含义.

4. 猞猁吃雪兔,雪兔吃木本植物(如柳树). 假设没有雪兔,柳树的数量将呈指数级增长,而猞猁的数量将呈指数级减少. 假设没有猞猁和柳树,雪兔的数量将呈指数级减少. 如果 $L(t)$、$H(t)$ 和 $W(t)$ 分别表示这三个物种在 t 时的数量,写出一个微分方程组作为它们的动态模型. 如果方程中的常数都为正,请解释使用正号或负号的原因.

5~6 野兔(R)和狐狸(F)种群的相轨迹如下图所示.
(a) 描述随着时间推移每个种群是如何变化的.
(b) 根据你的描述,画出 R 和 F 关于时间的函数的粗略图像.

5.

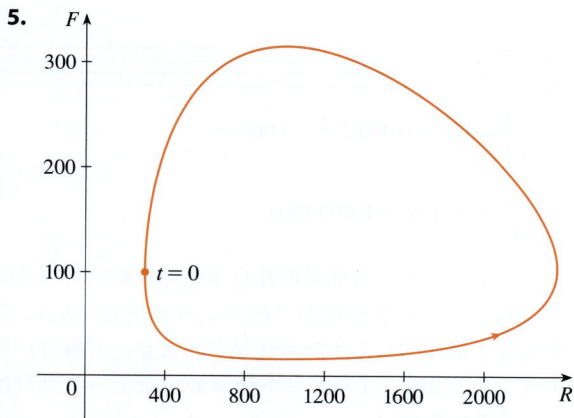

6.

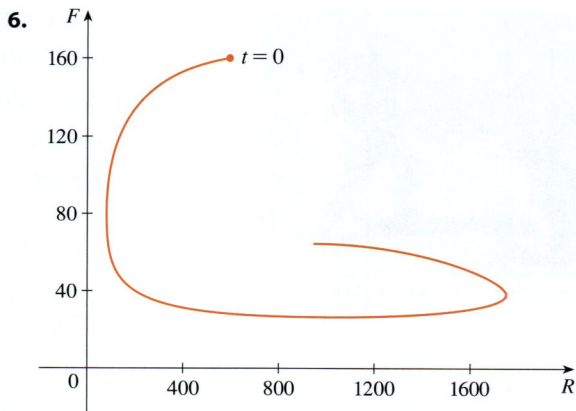

7~8 两个种群的数量函数的图像如下图所示. 根据图像画出对应的相轨迹.

7.

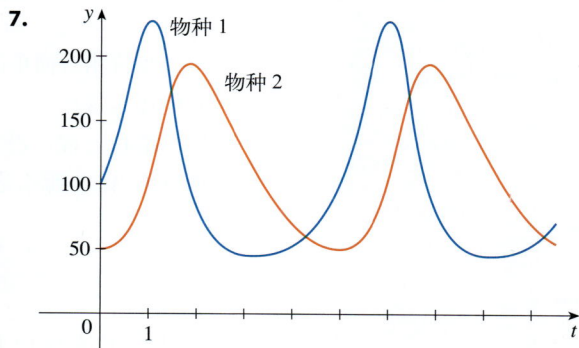

8.

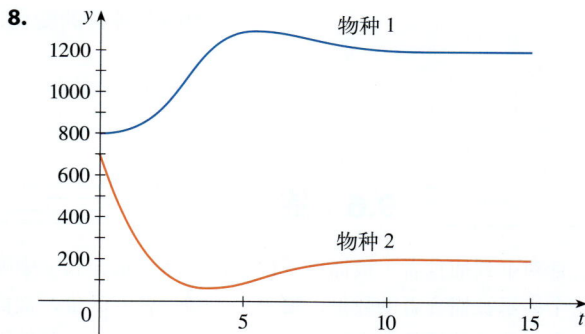

9. 在例 1b 中,我们证明了野兔和狼的数量满足微分方程

$$\dfrac{\mathrm{d}W}{\mathrm{d}R} = \dfrac{-0.02W + 0.000\,02RW}{0.08R - 0.001RW}\,.$$

(a) 解这个可分离变量的微分方程，证明

$$\frac{R^{0.02}W^{0.08}}{e^{0.000\,02R}e^{0.001W}} = C \ ,$$

其中 C 为常数．

(b) 从这个方程中无法解得 W 关于 R 的显函数（反之亦然）．使用计算机画出由隐函数表示的过点 $(1000, 40)$ 的解曲线，并与图 9-6-3 进行比较．

10. 蚜虫和瓢虫两个种群可以用如下方程建模：

$$\frac{\mathrm{d}A}{\mathrm{d}t} = 2A - 0.01AL \ ,$$

$$\frac{\mathrm{d}L}{\mathrm{d}t} = -0.5L + 0.000\,1AL \ .$$

(a) 求平衡解，并解释其含义．

(b) 求 $\mathrm{d}L/\mathrm{d}A$ 的表达式．

(c) 下图为 (b) 中微分方程的方向场．根据方向场画出相轨迹．相轨迹有什么共同点？

(d) 若 $t=0$ 时有 1000 只蚜虫、200 只瓢虫，画出对应的相轨迹，并利用相轨迹描述两个种群的变化．

(e) 利用 (d) 的结果画出蚜虫和瓢虫的数量关于时间 t 的函数的粗略图像．这两个图像之间有什么关系？

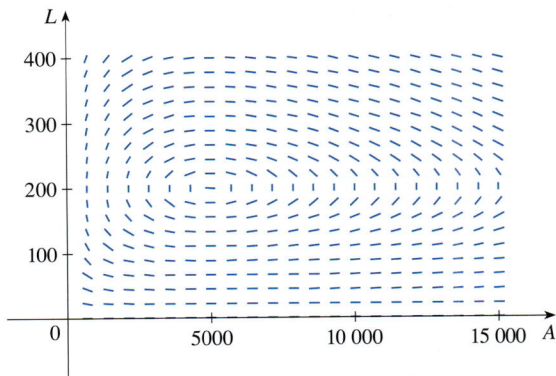

11. 例 1 中我们使用洛特卡－沃尔泰拉方程对野兔和狼两个种群建模，现将方程改成如下形式：

$$\frac{\mathrm{d}R}{\mathrm{d}t} = 0.08R(1 - 0.000\,2R) - 0.001RW \ ,$$

$$\frac{\mathrm{d}W}{\mathrm{d}t} = -0.02W + 0.000\,02RW \ .$$

(a) 根据这两个方程，没有狼时野兔的数量会怎样变化？

(b) 求所有的平衡解并解释其含义．

(c) 下图展示了以点 $(1000, 40)$ 为起点的相轨迹．描述野兔和狼两个种群最终会怎样．

(d) 画出野兔和狼的数量关于时间的函数的图像．

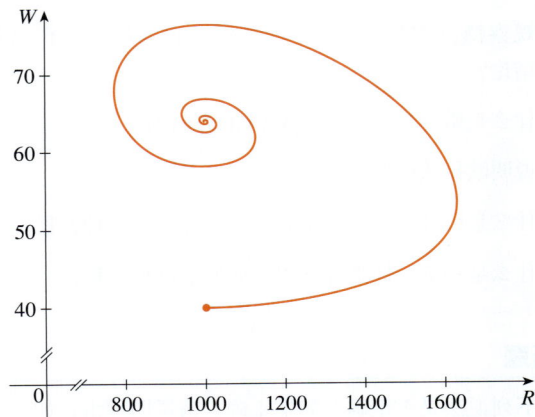

12. 练习 10 中我们使用洛特卡－沃尔泰拉方程组对蚜虫和瓢虫两个种群建模．现将方程改成如下形式：

$$\frac{\mathrm{d}A}{\mathrm{d}t} = 2A(1 - 0.000\,1A) - 0.01AL \ ,$$

$$\frac{\mathrm{d}L}{\mathrm{d}t} = -0.5L + 0.000\,1AL \ .$$

(a) 如果没有瓢虫，该模型对蚜虫种群有何预测？

(b) 求平衡解．

(c) 求 $\mathrm{d}L/\mathrm{d}A$ 的表达式．

(d) 使用计算机画出 (c) 中微分方程的方向场．根据方向场画出相轨迹．相轨迹有什么共同点？

(e) 若 $t=0$ 时有 1000 只蚜虫、200 只瓢虫，画出对应的相轨迹，并利用相轨迹描述两个种群的变化．

(f) 利用 (e) 的结果画出蚜虫和瓢虫的数量关于时间 t 的函数的粗略图像．这两个图像之间有什么关系？

第 9 章 复习

概念题

1. (a) 什么是微分方程？
   (b) 什么是微分方程的阶？
   (c) 什么是初值条件？

2. 观察微分方程 $y' = x^2 + y^2$，关于它的解你能得出什么结论？

3. 什么是微分方程 $y' = F(x, y)$ 的方向场？

4. 说明欧拉法的原理。

5. 什么是可分离变量的微分方程？如何解这种方程？

6. 什么是一阶线性微分方程？如何解这种方程？

7. (a) 写出自然增长定律的微分方程。如何用相对增长率来描述？
   (b) 在什么条件下，这个方程是合适的种群增长模型？
   (c) 这个方程的解是什么？

8. (a) 写出逻辑斯谛方程。
   (b) 在什么条件下，这个方程是合适的种群增长模型？

9. (a) 写出洛特卡-沃尔泰拉方程为小鱼（F）和鲨鱼（S）两个种群建模。
   (b) 其中一个种群不存在时，这个方程说明了关于另一个种群的什么结论？

判断题

判断下列说法是否正确。如果正确，请说明理由；如果不正确，请说明理由或给出一个反例。

1. 微分方程 $y' = -1 - y^4$ 的所有解都是减函数。

2. 函数 $f(x) = (\ln x)/x$ 是微分方程 $x^2 y' + xy = 1$ 的解。

3. 函数 $y = 3e^{2x} - 1$ 是初值问题 $y' - 2y = 1, y(0) = 2$ 的解。

4. 方程 $y' = x + y$ 是可分离变量的微分方程。

5. 方程 $y' = 3y - 2x + 6xy - 1$ 是可分离变量的微分方程。

6. 方程 $e^x y' = y$ 是线性的。

7. 方程 $y' + xy = e^y$ 是线性的。

8. 微分方程

$$(2x - y)y' = x + 2y$$

过点 $(3,1)$ 的解曲线在该点处的斜率为 1。

9. 如果 y 是初值问题

$$\frac{dy}{dt} = 2y\left(1 - \frac{y}{5}\right), y(0) = 1$$

的解，那么 $\lim\limits_{t \to +\infty} y = 5$。

练习题

1. (a) 微分方程 $y' = y(y-2)(y-4)$ 的方向场如右图所示。画出满足下列初值条件的解的图像。
   (i) $y(0) = -0.3$ (ii) $y(0) = 1$
   (iii) $y(0) = 3$ (iv) $y(0) = 4.3$
   (b) 如果初值条件为 $y(0) = c$，c 为何值时 $\lim\limits_{t \to +\infty} y(t)$ 是有限的？求平衡解。

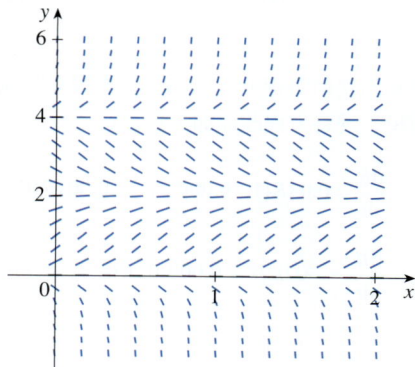

2. (a) 画出微分方程 $y' = x/y$ 的方向场. 根据方向场画出满足初值条件 $y(0)=1$、$y(0)=-1$、$y(2)=1$ 和 $y(-2)=1$ 的解的图像.

(b) 求出微分方程的准确解, 验证 (a) 的结果. 每条解曲线各是什么类型?

3. (a) 微分方程 $y' = x^2 - y^2$ 的方向场如下图所示. 画出初值问题

$$y' = x^2 - y^2,\ y(0)=1$$

的解的图像. 利用图像估计 $y(0.3)$.

(b) 令步长为 0.1, 利用欧拉法估计 $y(0.3)$, 其中 $y(x)$ 为 (a) 中初值问题的解. 将得到的估计值与 (a) 中的估计值进行比较.

(c) 在 (a) 中的方向场中, 水平直线段的中心位于哪些直线上? 解曲线穿过这些直线时会发生什么?

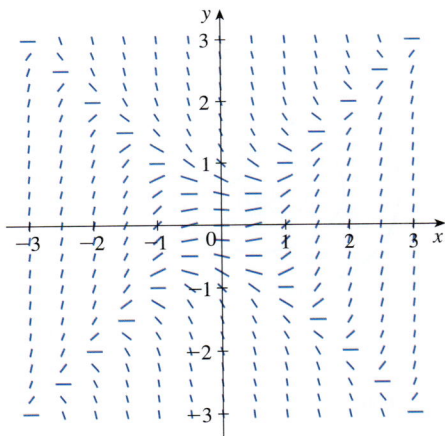

4. (a) 令步长为 0.2, 利用欧拉法估计 $y(0.4)$, 其中 $y(x)$ 是如下初值问题的解:

$$y' = 2xy^2,\ y(0)=1.$$

(b) 令步长为 0.1, 重做 (a).

(c) 求微分方程的准确解, 并将 $x=0.4$ 处的值与 (a) 和 (b) 中得到的估计值进行比较.

5~8 解微分方程.

5. $y' = xe^{-\sin x} - y\cos x$

6. $\dfrac{dx}{dt} = 1 - t + x - tx$

7. $2ye^{y^2}y' = 2x + 3\sqrt{x}$

8. $x^2 y' - y = 2x^3 e^{-1/x}$

9~11 求初值问题的解.

9. $\dfrac{dr}{dt} + 2tr = r,\ r(0)=5$

10. $(1+\cos x)y' = (1+e^{-y})\sin x,\ y(0)=0$

11. $xy' - y = x\ln x,\ y(1)=2$

12. 求初值问题 $y' = 3x^2 e^y,\ y(0)=1$ 的解, 并画出解的图像.

13~14 求下列曲线族的正交轨线.

13. $y = ke^x$　　**14.** $y = e^{kx}$

15. (a) 求初值问题

$$\dfrac{dP}{dt} = 0.1P\left(1 - \dfrac{P}{2000}\right),\ y(0)=100$$

的解, 并利用解计算 $t=20$ 时的种群规模 P.

(b) 种群规模何时达到 1200?

16. (a) 2000 年的世界人口是 60.8 亿, 2015 年的世界人口是 73.5 亿, 求出这些数据的指数模型并利用该模型预测 2030 年的世界人口.

(b) 根据 (a) 中的模型, 世界人口何时将超过 100 亿?

(c) 利用 (a) 中的数据求出世界人口的逻辑斯谛模型. 假设环境容纳量为 200 亿, 利用逻辑斯谛模型预测 2030 年的世界人口. 将结果与指数模型的预测结果进行比较.

(d) 根据逻辑斯谛模型, 世界人口何时将超过 100 亿? 将结果与 (b) 中的预测结果进行比较.

17. 冯·贝塔朗菲增长模型用来预测一条鱼在一段时间后的长度 $L(t)$. 如果某种鱼的最大长度为 L_∞, 那么该模型假设长度的增长率与 $L_\infty - L$ (尚未长出的长度) 成正比.

(a) 建立微分方程并求解, 得出 $L(t)$ 的表达式.

(b) 对北海鳕鱼来说, 可以确定 $L_\infty = 53\text{cm}$, $L(0)=10\text{cm}$, 比例常数为 0.2, 对应的 $L(t)$ 的表达式是什么?

18. 一个水箱装有 100L 纯水. 将含盐 0.1kg/L 的盐水以 10L/min 的速度注入水箱, 溶液充分混合后以同样的速度排出. 6min 后水箱中还有多少盐?

19. 流行病传播的一个模型如下: 传播速度与感染人数和未感染人数都成正比. 一个小镇有 5000 个居民, 一周开始时有 160 人患病, 一周结束时有 1200 人患病. 小镇 90% 的居民感染该疾病需要多少天?

20. 心理学中的布伦塔诺－史蒂文斯定律为主体对刺激产生的反应进行建模. 它指出，如果 R 代表对数量为 S 的刺激的反应，那么 R 和 S 的相对增长率是成比例的：

$$\frac{dR/dt}{R} = k \cdot \frac{dS/dt}{S},$$

其中 k 为正常数. 求 R 关于 S 的函数.

21. 在生理学中物质穿过肺部毛细血管壁的传输过程用如下微分方程建模：

$$\frac{dh}{dt} = -\frac{R}{V}\left(\frac{h}{k+h}\right),$$

其中 h 为血液中的激素浓度，t 为时间，R 为最大传输速度，V 为毛细血管的容积，k 为正常数，用于衡量激素和催化此过程的酶之间的亲和性. 解此微分方程，求 h 和 t 的关系式.

22. 鸟和昆虫两个种群可以用如下方程建模：

$$\frac{dx}{dt} = 0.4x - 0.002xy,$$

$$\frac{dy}{dt} = -0.2y + 0.000\,008xy.$$

(a) 变量 x 和 y 中哪个表示鸟的数量，哪个表示昆虫的数量？请解释原因.

(b) 求平衡解，并解释其含义.

(c) 求 dy/dx 的表达式.

(d) 下图是 (c) 中微分方程的方向场. 根据方向场画出最初有 100 只鸟、40 000 只昆虫对应的相轨迹，然后根据相轨迹描述两个种群的变化.

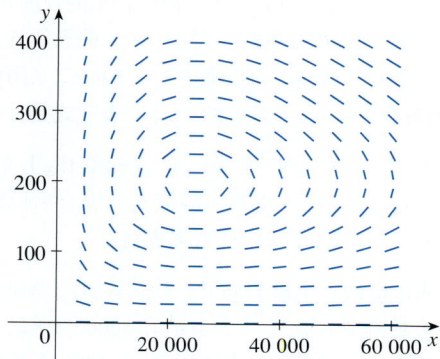

(e) 根据 (d) 中的描述画出鸟和昆虫的数量关于时间的函数的粗略图像. 这两个图像之间有什么关系？

23. 假设练习 22 中的微分方程被替换为

$$\frac{dx}{dt} = 0.4x(1 - 0.000\,005x) - 0.002xy,$$

$$\frac{dy}{dt} = -0.2y + 0.000\,008xy.$$

(a) 根据这两个方程，没有鸟时昆虫的数量会怎样变化？

(b) 求平衡解，并解释其含义.

(c) 下图显示了从 100 只鸟、40 000 只昆虫开始的相轨迹. 描述鸟和昆虫两个种群最终会怎样.

(d) 画出鸟和昆虫的数量关于时间的函数的图像.

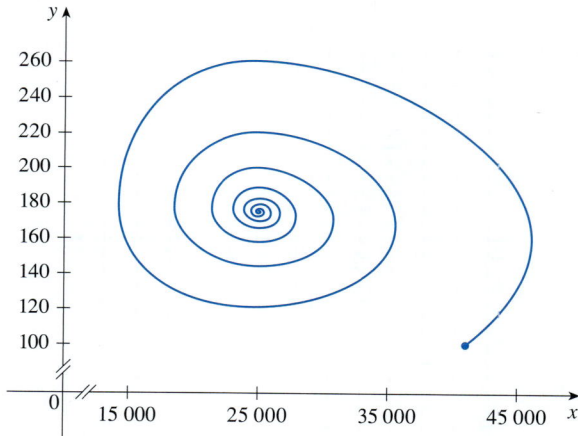

24. 布雷特的体重为 85kg，他每天摄入 2200cal 的食物，其中 1200cal 因人体基础代谢而自动消耗. 他每天通过锻炼消耗的能量为 15cal/kg 乘以体重. 如果 1kg 脂肪含有 10 000cal 热量，全部热量都以脂肪的形式储存，建立一个微分方程并通过解微分方程得到布雷特的体重关于时间的函数. 他的体重最终会达到平衡吗？

附加题

1. 求满足条件的所有函数 f：f' 连续，且对于所有实数 x 有

$$\left[f(x)\right]^2 = 100 + \int_0^x \left\{\left[f(t)\right]^2 + \left[f'(t)\right]^2\right\} \mathrm{d}t.$$

2. 一个学生忘记了函数积的求导法则，将它错误地记成了 $(fg)' = f'g'$。但幸运的是，他还是得出了正确答案。其中函数 f 为 $f(x) = \mathrm{e}^{x^2}$，问题的定义域为 $\left(\dfrac{1}{2}, +\infty\right)$。求函数 g。

3. 设 f 为具有如下性质的函数：$f(0) = 1$，$f'(0) = 1$，对所有实数 a 和 b 有 $f(a+b) = f(a)f(b)$。证明对任意 x，$f'(x) = f(x)$ 都成立，由此推出 $f(x) = \mathrm{e}^x$。

4. 求满足方程

$$\left(\int f(x)\mathrm{d}x\right)\left(\int \frac{1}{f(x)}\mathrm{d}x\right) = -1$$

的所有函数 f。

5. 求满足 $f(x) \geqslant 0$、$f(0) = 0$、$f(1) = 1$ 的曲线 $y = f(x)$，曲线下方从 0 到 x 的面积与 $f(x)$ 的 $n+1$ 次幂成正比。

6. 次切线是 x 轴的一部分，它位于从与曲线的接触点到与 x 轴的交点的切线段的正下方。求过点 $(c, 1)$ 且其次切线的长度均为 c 的曲线。

7. 一个桃子派在下午 5:00 从烤箱中取出，此时它的温度很高，为 100°C。在 5:10 它的温度下降到 80°C，在 5:20 它的温度下降到 65°C。求室内温度是多少。

8. 2 月 2 日早晨开始下雪，一直持续到下午。扫雪机从中午开始以恒定速度清扫道路上的积雪。从中午到下午 1 点扫雪机前进了 6km，从下午 1 点到下午 2 点仅仅前进了 3km。雪是从什么时候开始下的？[提示：设 t 为时间（从中午起的小时数），$x(t)$ 为 t 时扫雪机前进的距离，则扫雪机的速度为 $\mathrm{d}x/\mathrm{d}t$。设 b 为从开始下雪到中午之间的小时数。求 t 时积雪厚度的表达式。然后利用已知信息：扫雪机清扫积雪的速度 R（单位：m^3/h）恒定。]

9. 一条狗看见一只野兔在一片开阔地上沿直线奔跑，于是开始追赶。在直角坐标系中（如左图所示），假设：

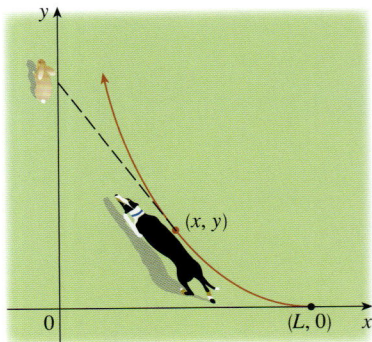

  (i) 兔子在原点，狗在点 $(L, 0)$ 处时，狗看见兔子；

  (ii) 兔子沿 y 轴向上奔跑，狗总是径直向兔子奔跑；

  (iii) 狗和兔子的奔跑速率相同。

(a) 证明狗的路线是满足如下微分方程的函数 $y = f(x)$ 的图像：

$$x\frac{\mathrm{d}^2 y}{\mathrm{d}x^2} = \sqrt{1 + \left(\frac{\mathrm{d}y}{\mathrm{d}x}\right)^2}.$$

(b) 求 (a) 中微分方程满足初值条件"当 $x = L$ 时 $y = y' = 0$"的解。（提示：将 $z = \mathrm{d}y/\mathrm{d}x$ 代入微分方程，解一阶方程来求出 z，再对 z 积分来求出 y。）

(c) 狗能追上兔子吗？

10. (a) 假设问题 9 中狗的奔跑速度是兔子的两倍．写出狗的路线满足的微分方程，解此微分方程，求出狗在何处追上兔子．

  (b) 如果狗的奔跑速度是兔子的一半，狗距离兔子能有多近？它们在何处相距最近？

11. 一个明矾工厂的规划工程师要估计存放用于加工成明矾的矾土矿粉的筒仓的容量．矿粉类似于粉色的滑石粉，通过传送带从顶部倒入筒仓．筒仓是一个圆柱体，高为 30m，半径为 60m．传送带的传送速度为 $1500\pi\,\mathrm{m^3/h}$，矿粉堆呈圆锥形，底部半径是高度的 1.5 倍．

  (a) 如果在某一时间 t，矿粉堆的高度为 20m，需要多长时间矿粉堆才能到达筒仓顶部？

  (b) 当矿粉堆的高度为 20m 时，筒仓底部还有多大面积的剩余空间？此时矿粉堆底面积增加的速度是多少？

  (c) 当矿粉堆的高度为 27m 时，装载机开始以 $500\pi\,\mathrm{m^3/h}$ 的速度从筒仓中运出矿粉．假设矿粉堆仍然保持它的形状，在这些条件下，需要多长时间矿粉堆才能到达筒仓顶部？

12. 求过点 $(3,2)$ 且具有如下性质的曲线的方程：曲线在任意一点 P 处的切线在第一象限中的部分都被 P 平分．

13. 曲线在点 P 处的法线是过点 P 且与 P 处的切线垂直的直线，求过点 $(3,2)$ 且具有如下性质的曲线的方程：曲线在任意一点处的法线的 y 轴截距都是 6．

14. 求所有具有如下性质的曲线的方程：曲线在任意一点 P 处的法线在点 P 和 x 轴之间的部分被 y 轴平分．

15. 求所有具有如下性质的曲线的方程：从原点到曲线上任意一点 (x,y) 画一条直线，然后画该点处的切线，将其延长并与 x 轴相交，得到一个等腰三角形，两条腰相交于点 (x,y)．

Jeff Schneiderman / Moment Open / Getty Images

这张照片显示的是海尔－波普彗星在 1997 年从地球附近经过时的景象，它预计于 4380 年返回．海尔－波普彗星是 20 世纪最明亮的彗星之一，肉眼可以从夜空中观察到它的时间约为 18 个月．它以其发现者艾伦•海尔（Alan Hale）和托马斯•波普（Thomas Bopp）的姓氏命名，他们于 1995 年用望远镜首次观测到了这颗彗星（海尔在新墨西哥州，波普在亚利桑那州）．在 10.6 节中，你将看到如何利用极坐标给出彗星的椭圆形轨道方程．

10 参数方程与极坐标

到现在为止，我们描述平面上的一条曲线的方法有：给出 y 关于 x 的函数（$y = f(x)$），或者给出 x 关于 y 的函数（$x = g(y)$），或者通过 x 和 y 之间的一个关系式，将 y 定义为 x 的隐函数（$f(x, y) = 0$）．在本章中，我们再讨论两种新的描述曲线的方法．

有些曲线（比如旋轮线）在 x 和 y 都用第三个变量 t（称为参数）来表示（$x = f(t)$，$y = g(t)$）时最易于讨论．另外一些曲线（比如心脏线）在使用一个新的坐标系时最便于描述，这个坐标系称为极坐标系．

10.1 | 由参数方程定义的曲线

想象一个粒子沿曲线 C 移动，如图 10-1-1 所示. 用形如 $y = f(x)$ 的方程来描述 C 是不可能的，因为它不满足垂线判定. 但粒子的横坐标和纵坐标是时间 t 的函数，因此我们有 $x = f(t)$ 和 $y = g(t)$. 这对方程经常作为描述曲线的一个很方便的方法.

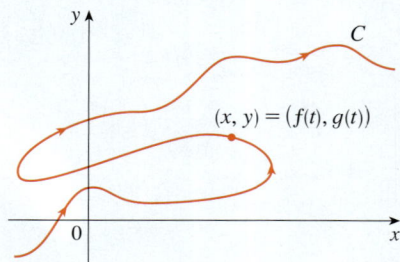

图 10-1-1

■ 参数方程

假设 x 和 y 都是第三个变量 t （称为**参数**）的函数，由方程

$$x = f(t), \ y = g(t)$$

给出，那么这两个方程称为**参数方程**. 每一个 t 值确定一个点 (x, y)，可以在坐标平面中画出. 点 $(x, y) = (f(t), g(t))$ 随 t 的变化而变化，从而描出一条曲线 C，称为**参数曲线**. 事实上，参数 t 不一定表示时间，而且也可以用别的字母来表示这个参数. 但是在参数曲线的许多应用中，t 确实表示时间，因此我们可以将 $(x, y) = (f(t), g(t))$ 解释为粒子在 t 时的位置.

例 1 画出并识别由下面的参数方程定义的曲线：

$$x = t^2 - 2t, \ y = t + 1.$$

解 如表 10-1-1 所示，每个 t 值都给出了曲线上的一个点，例如：若 $t = 1$，则 $x = -1$，$y = 2$，所以相应的点就是 $(-1, 2)$. 在图 10-1-2 中我们画出由几个参数值确定的点 (x, y)，并连成一条曲线.

表 10-1-1

t	x	y
-2	8	-1
-1	3	0
0	0	1
1	-1	2
2	0	3
3	3	4
4	8	5

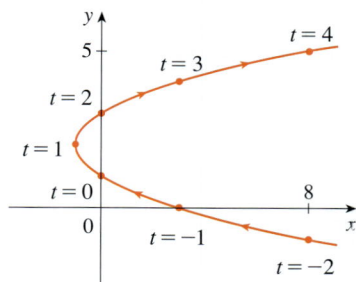

图 10-1-2

假设一个粒子在 t 时的位置由参数方程给出. 当 t 增大时，粒子沿曲线按箭头所示的方向移动. 注意，曲线上标记的相邻的点之间的时间间隔一样，但距离并不一样，这是因为当 t 增大时，粒子先减速后加速.

从图 10-1-2 中可以看出，粒子经过的轨迹可能是一条抛物线. 事实上，我们从第二个方程得到 $t = y - 1$，将其代入第一个方程，得到

$$x = t^2 - 2t = (y-1)^2 - 2(y-1) = y^2 - 4y + 3 .$$

因为参数方程所确定的所有点 (x,y) 满足方程 $x = y^2 - 4y + 3$，所以参数曲线上的点 (x,y) 一定在抛物线 $x = y^2 - 4y + 3$ 上，因此参数曲线至少与抛物线部分重合. 我们可以选择 t 使得 y 变成任意实数，故此参数曲线就是整个抛物线 $x = y^2 - 4y + 3$. ■

从参数方程中消除参数并不总是可行的. 很多参数曲线没有办法等价地表示为关于 x 和 y 的方程.

在例 1 中，我们求出了 x 和 y 的笛卡儿方程，其图像与参数方程所表示的曲线相同. 这个过程称为**消参**，它有助于识别参数曲线的形状，但在这个过程中丢失了一些信息. 关于 x 和 y 的方程描述了粒子沿其运动的曲线，而参数方程有额外的优势——它们告诉我们粒子在任何给定时间的位置，并指出运动的方向. 如果把关于 x 和 y 的方程的图像想象成一条路，那么参数方程就可以跟踪沿道路行驶的汽车的运动.

对例 1 中的参数 t 没有施加任何限制，所以我们假设 t 可以为任意实数（包括负数）. 但有时将 t 限制在一个特定的区间内，如图 10-1-3 所示的参数曲线

$$x = t^2 - 2t, \ y = t + 1, \ 0 \leqslant t \leqslant 4$$

就是例 1 中的抛物线从点 $(0,1)$ 出发到点 $(8,5)$ 结束的部分. 箭头表示当 t 从 0 增大到 4 时曲线延伸的方向.

一般地，参数方程

$$x = f(t), \ y = g(t), \ a \leqslant t \leqslant b$$

对应的曲线以 $(f(a), g(a))$ 为**起点**，以 $(f(b), g(b))$ 为**终点**.

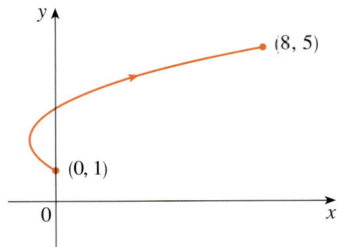

图 10-1-3

例 2 参数方程 $x = \cos t$, $y = \sin t$, $0 \leqslant t \leqslant 2\pi$ 表示什么曲线？

解 描点作图，可以发现曲线看起来是一个圆. 通过消去 t 来证实这个说法：

$$x^2 + y^2 = \cos^2 t + \sin^2 t = 1 .$$

因为参数方程所确定的点 (x,y) 满足方程 $x^2 + y^2 = 1$，所以点 (x,y) 沿单位圆 $x^2 + y^2 = 1$ 运动. 注意，参数 t 可以解释为图 10-1-4 中的角（单位：弧度）. 当 t 从 0 增大到 2π 时，点 $(x,y) = (\cos t, \sin t)$ 从点 $(1,0)$ 出发按逆时针方向沿此圆运动一周. ■

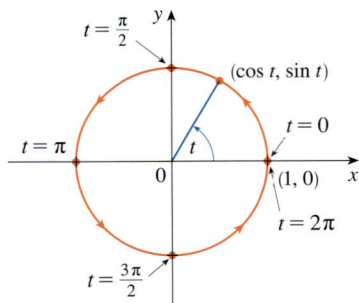

图 10-1-4

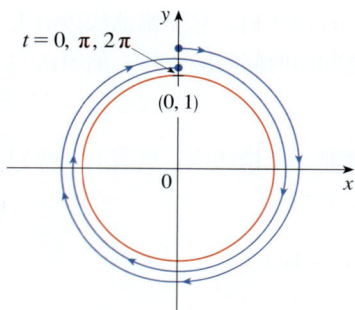

$t = 0, \pi, 2\pi$

(0, 1)

图 10-1-5

例 3　参数方程 $x = \sin 2t$, $y = \cos 2t$, $0 \leqslant t \leqslant 2\pi$ 表示什么曲线?

解　我们再次得到

$$x^2 + y^2 = \sin^2(2t) + \cos^2(2t) = 1 ,$$

所以该参数方程还是表示圆 $x^2 + y^2 = 1$. 但当 t 从 0 增大到 2π 时, 点 $(x, y) = (\sin 2t, \cos 2t)$ 从点 $(1, 0)$ 出发按顺时针方向沿此圆运动两周, 如图 10-1-5 所示. ■

例 4　求圆心为 (h, k)、半径为 r 的圆的参数方程.

解　一种方法是取例 2 中单位圆的参数方程, 将 x 和 y 的表达式乘以 r, 得到 $x = r\cos t$, $y = r\sin t$. 你可以验证这两个方程表示一个半径为 r、圆心为原点的逆时针方向的圆. 现在在 x 方向上移动 h 个单位, 在 y 方向上移动 k 个单位, 得到圆心为 (h, k)、半径为 r 的圆 (见图 10-1-6) 的参数方程:

$$x = h + r\cos t, \quad y = k + r\sin t, \quad 0 \leqslant t \leqslant 2\pi .$$ ■

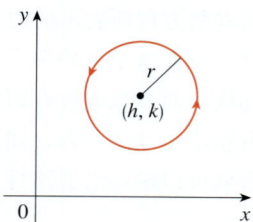

图 10-1-6

$x = h + r\cos t, \ y = k + r\sin t$

说明　例 2 和例 3 指出, 不同的参数方程可能表示相同的曲线. 因此, 这里区分一下曲线和参数曲线: 曲线是点的集合, 参数曲线是点沿特定方式运动的轨迹.

　　在下一个例子中, 我们使用参数方程来描述四个不同粒子沿同一条曲线以不同方式进行的运动.

例 5　下面的每一组参数方程都给出了运动粒子在 t 时的位置.

(a)　$x = t^3$, $y = t$　　　　　　　　　　(b)　$x = -t^3$, $y = -t$

(c)　$x = t^{3/2}$, $y = \sqrt{t}$　　　　　　　　(d)　$x = e^{-3t}$, $y = e^{-t}$

对于每种情况, 消参都得到 $x = y^3$, 因此粒子均沿三次曲线 $x = y^3$ 运动. 但是运动的方式不同, 如图 10-1-7 所示.

(a)　随着 t 的增加, 粒子从左向右运动.

(b)　随着 t 的增加, 粒子从右向左运动.

(c)　方程只在 $t \geqslant 0$ 时有定义. 粒子从原点 ($t = 0$) 开始, 随着 t 的增加向右运动.

(d)　对于任意 t, $x > 0$, $y > 0$. 当 t (从负值) 增加到 0 时, 粒子从右向左运动, 接近点 $(1, 1)$. 随着 t 的进一步增加, 粒子接近但不到达原点.

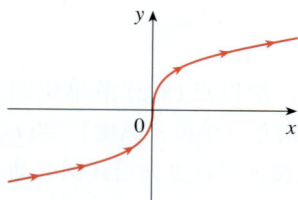
(a) $x = t^3$, $y = t$

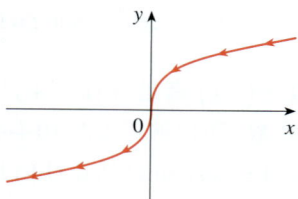
(b) $x = -t^3$, $y = -t$

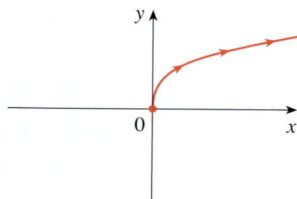
(c) $x = t^{3/2}$, $y = \sqrt{t}$

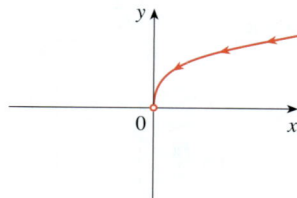
(d) $x = e^{-3t}$, $y = e^{-t}$

图 10-1-7

■

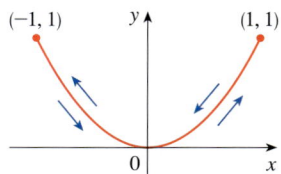

图 10-1-8

例 6 画出参数方程 $x = \sin t$, $y = \sin^2 t$ 所表示的曲线.

解 观察发现 $y = (\sin t)^2 = x^2$, 故点 (x, y) 沿抛物线 $y = x^2$ 运动. 但还应注意到, 因为 $-1 \leqslant \sin t \leqslant 1$, 所以 $-1 \leqslant x \leqslant 1$, 因此参数方程仅仅表示抛物线在 $-1 \leqslant x \leqslant 1$ 上的部分. 因为 $\sin t$ 是周期性的, 所以点 $(x, y) = (\sin t, \sin^2 t)$ 沿抛物线在点 $(-1, 1)$ 和点 $(1, 1)$ 之间无穷多次往返 (见图 10-1-8). ■

例 7 参数方程 $x = \cos t$, $y = \sin 2t$ 所表示的曲线如图 10-1-9 所示. 它是李萨如图形 (见练习 63) 的一个特例. 参数是可消去的, 但是得到的方程 ($y^2 = 4x^2 - 4x^4$) 并不是很有用. 另一种形象地查看曲线的方法是首先分别画出 t 的函数 x 和 y 的图像, 如图 10-1-10 所示.

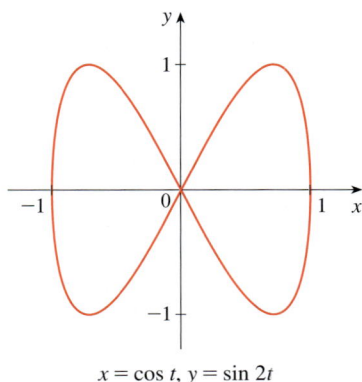

$x = \cos t$, $y = \sin 2t$

图 10-1-9

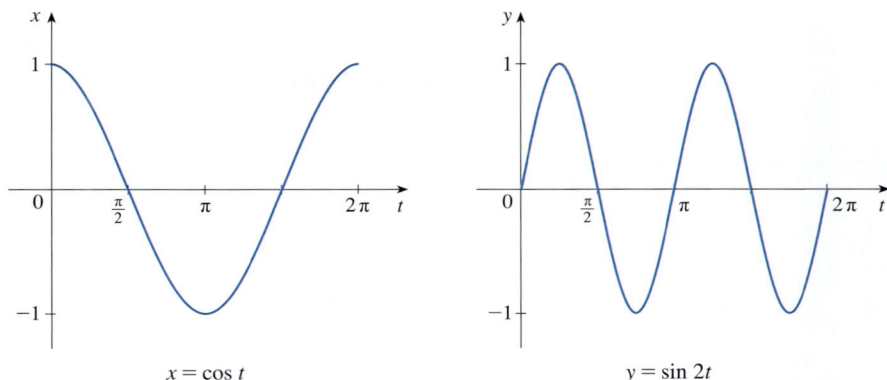

$x = \cos t$

$y = \sin 2t$

图 10-1-10

我们看到, 随着 t 从 0 增大到 $\pi/2$, x 从 1 减小到 0, 而 y 从 0 增大到 1 再回到 0. 这些描述放在一起便生成了参数曲线在第一象限中的部分. 如果以同样的方式继续, 就会得到完整的曲线. (关于这个技巧的练习见练习 31~33.) ■

■ 利用技术工具绘制参数曲线

大多数绘图软件和图像计算器可以画出由参数方程定义的曲线. 实际上, 观察这些技术工具绘制一条曲线的过程很有启发性, 因为图像上的点是随相应参数值的增大依次画出的.

下一个例子表明, 当笛卡儿方程表示 x 关于 y 的函数时, 参数方程可以用于生成这类方程的图像. (直接绘制函数图像时, 一些图像计算器会要求 y 表示为 x 的函数.)

例 8 利用计算器或计算机画出曲线 $x = y^4 - 3y^2$.

解 令参数 $t = y$, 则有方程

$$x = t^4 - 3t^2, \quad y = t.$$

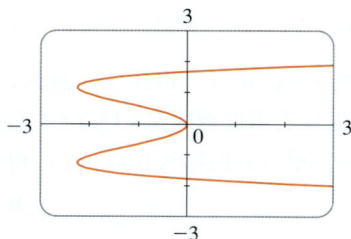

图 10-1-11

利用此参数方程来绘制曲线，得到图 10-1-11．其实解给定的方程（$x = y^4 - 3y^2$），将 y 表示为四个关于 x 的函数并分别画出图像也是可行的，不过参数方程给出了一个更简单的方法．

一般而言，为了画出形如 $x = g(y)$ 的方程的图像，我们可以利用参数方程

$$x = g(t), \quad y = t.$$

同样的道理，方程为 $y = f(x)$ 的曲线（即函数 $y = f(x)$ 的图像，我们已经相当熟悉）也可以当作如下参数方程所表示的曲线：

$$x = t, \quad y = f(t).$$

绘图软件在绘制复杂参数曲线时特别有用．例如，图 10-1-12、图 10-1-13 和图 10-1-14 所示的曲线根本不可能手绘出来．

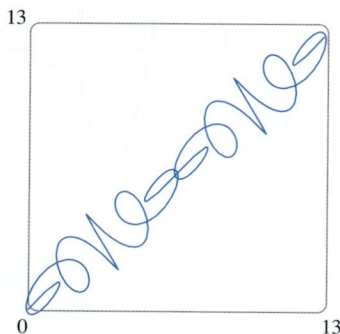

图 10-1-12
$x = t + \sin 5t$
$y = t + \sin 6t$

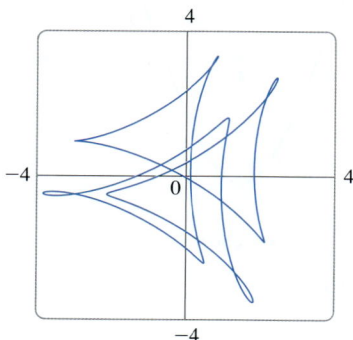

图 10-1-13
$x = \cos t + \cos 6t + 2\sin 3t$
$y = \sin t + \sin 6t + 2\cos 3t$

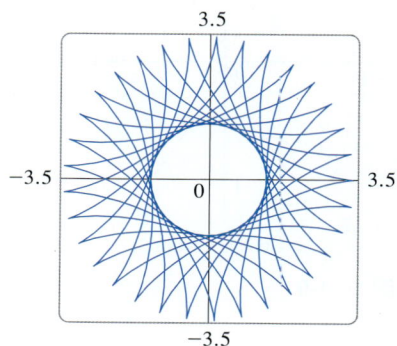

图 10-1-14
$x = 2.3\cos 10t + \cos 23t$
$y = 2.3\sin 10t - \sin 23t$

参数方程最重要的用途之一是在计算机辅助设计（CAD）中．在 10.2 节末的探索专题中，我们将研究一类特殊的参数曲线，称为**贝塞尔曲线**，它在制造业，尤其是汽车工业中有广泛的应用．这类曲线也用来在 PDF 文档和激光打印机中确定字母和其他符号的形状．

■ 旋轮线

例 9　当一个圆沿直线滚动时，圆上的一点 P 经过的轨迹称为一条**旋轮线**（想象被卡在汽车轮胎里的石子划出的轨迹，见图 10-1-15）．若半径为 r 的圆沿 x 轴滚动，且点 P 所经过的一个位置是原点，求旋轮线的参数方程．

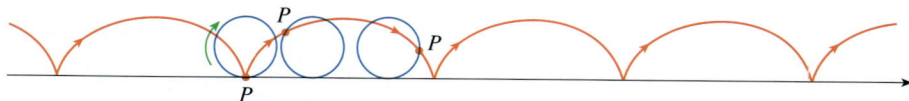

图 10-1-15

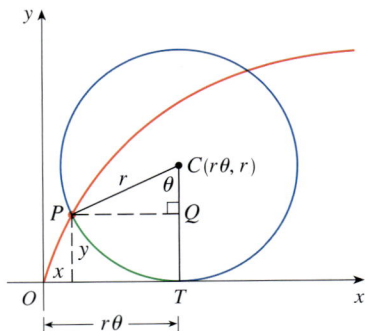

图 10-1-16

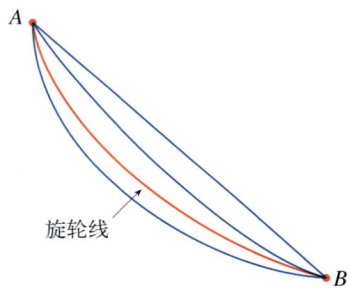

旋轮线

图 10-1-17

图 10-1-18

解　我们选择圆的旋转角 θ（当 P 在原点时 $\theta=0$）作为参数．假设圆已经旋转了 θ（单位：弧度）．因为圆和直线始终相接触，所以从图 10-1-16 中可以看到圆从原点滚出的距离为

$$|OT|=|\widehat{PT}|=r\theta,$$

于是圆心为 $C(r\theta,r)$．设 P 的坐标为 (x,y)，由图 10-1-16 可得

$$x=|OT|-|PQ|=r\theta-r\sin\theta=r(\theta-\sin\theta),$$
$$y=|TC|-|QC|=r-r\cos\theta=r(1-\cos\theta).$$

因此，旋轮线的参数方程为

1　　　　　$x=r(\theta-\sin\theta),\ y=r(1-\cos\theta),\ \theta\in\mathbb{R}.$

参数曲线的每一个拱都来自圆的一次旋转，故用 $0\leqslant\theta\leqslant2\pi$ 来描述．尽管方程 1 是从图 10-1-16 推导出来的，它只展示了 $0<\theta<\pi/2$ 的情况，但还是可以看出，当 θ 为其他值时方程也是正确的（见练习 48）．

尽管从方程 1 中消去参数 θ 是可行的，但得到的关于 x 和 y 的笛卡儿方程非常复杂（ $x=r\cos^{-1}(1-y/r)-\sqrt{2ry-y^2}$ 只给出半个拱），不像参数方程那么方便讨论． ■

最初研究旋轮线的人之一是伽利略，他建议将桥建成旋轮线的形状，并试图求出旋轮线的一个拱下方的面积．后来这条曲线与**最速降线问题**（也称捷线问题）产生了联系．最速降线问题是指求一条曲线，使得质点沿这条曲线能在最短时间内（在重力作用下）从点 A 滑落到比点 A 低但不在其正下方的点 B．1696 年提出该问题的瑞士数学家约翰·伯努利证明，在所有连接点 A 和 B 的曲线中，质点沿倒置旋轮线的一个拱从 A 滑落到 B 所用的时间最少，如图 10-1-17 所示．

荷兰物理学家克里斯蒂安·惠更斯（Christiaan Huygens）在 1673 年已经证明了旋轮线也是**等时降线问题**的解：无论质点 P 最初被放在倒置旋轮线上的什么位置，它都将用相同的时间滑落到拱的底部（见图 10-1-18）．惠更斯提议钟摆（由他发明）应该沿旋轮线摆动，这样无论钟摆摆过一条较大的弧还是较小的弧，它完成一次摆动所用的时间都相同．

■ **参数曲线族**

例 10　研究参数方程

$$x=a+\cos t,\ y=a\tan t+\sin t$$

所表示的曲线，它们有些什么共同点？当 a 增大时，曲线的形状怎样变化？

解　使用图像计算器（或计算机）画出当 $a=-2,\ -1,\ -0.5,\ -0.2,\ 0,\ 0.5,\ 1,\ 2$ 时参数方程的图像，见图 10-1-19．注意，所有这些曲线（除了 $a=0$ 的情况）都有两个分支，并且当 x 从左侧或者右侧接近 a 时，每个分支都向垂直渐近线 $x=a$ 靠近．

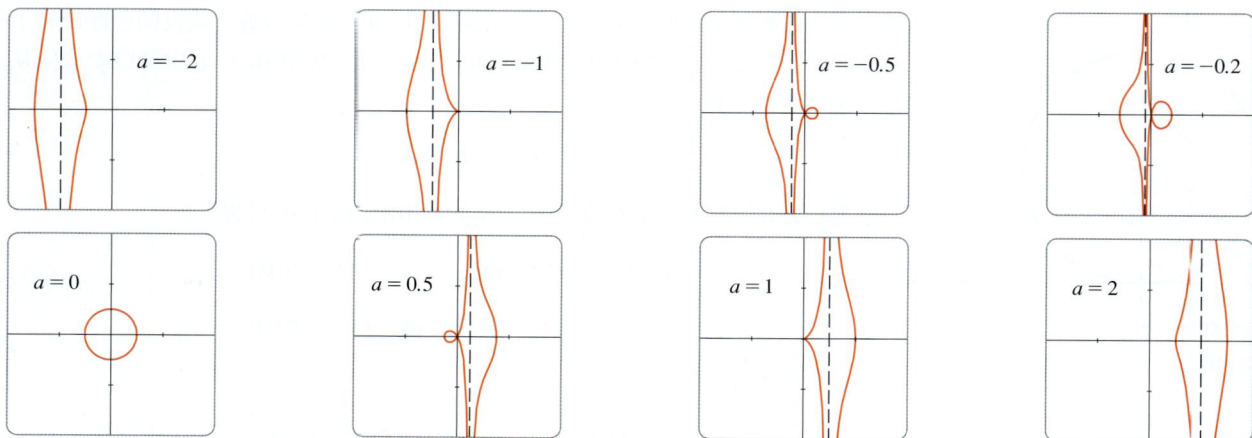

图 10-1-19

在矩形区域 $[-4,4]\times[-4,4]$ 中画出参数曲线族 $x = a + \cos t$, $y = a\tan t + \sin t$ 中的成员曲线.

当 $a < -1$ 时, 两个分支都是平滑的. 但当 a 达到 -1 时, 右边的分支上会出现一个尖角, 称为尖点. 当 a 在 -1 和 0 之间时, 尖点会变成圈, a 越接近 0, 圈就越大. 当 $a = 0$ 时, 两个分支合并到一起形成一个圆 (见例 2). 当 a 在 0 和 1 之间时, 左边的分支有一个圈, 并在 $a = 1$ 时收缩成一个尖点. 当 $a > 1$ 时, 两个分支又都变得平滑了. 当 a 继续增大时, 曲线越来越 "直". 注意, a 为正数对应的曲线与 a 为负数对应的曲线关于 y 轴对称.

这些曲线由古希腊学者尼克米迪斯 (Nicomedes) 命名为**蚌线**. 他将这些曲线称为蚌线, 是因为其外侧分支的形状像一个贝壳或蚌壳. ■

10.1 | 练习

1~2 对于给定的参数方程, 求出参数值 $t = -2, -1, 0, 1, 2$ 对应的点 (x,y).

1. $x = t^2 + t$, $y = 3^{t+1}$

2. $x = \ln(t^2 + 1)$, $y = t/(t+4)$

3~6 利用参数方程描点画出下列函数的图像. 用一个箭头标明当 t 增大时曲线延伸的方向.

3. $x = 1 - t^2$, $y = 2t - t^2$, $-1 \leq t \leq 2$

4. $x = t^3 + t$, $y = t^2 + 2$, $-2 \leq t \leq 2$

5. $x = 2^t - t$, $y = 2^{-t} + t$, $-3 \leq t \leq 3$

6. $x = \cos^2 t$, $y = 1 + \cos t$, $0 \leq t \leq \pi$

7~12

(a) 利用参数方程描点画出下列函数的图像. 用一个箭头标明当 t 增大时曲线延伸的方向.

(b) 消参得到曲线的笛卡儿方程.

7. $x = 2t - 1$, $y = \dfrac{1}{2}t + 1$

8. $x = 3t + 2$, $y = 2t + 3$

9. $x = t^2 - 3$, $y = t + 2$, $-3 \leq t \leq 3$

10. $x = \sin t$, $y = 1 - \cos t$, $0 \leq t \leq 2\pi$

11. $x = \sqrt{t}$, $y = 1 - t$

12. $x = t^2$, $y = t^3$

13~22

(a) 消参得到曲线的笛卡儿方程.

(b) 利用参数方程描点画出下列函数的图像. 用一个箭头标明当参数增大时曲线延伸的方向.

13. $x = 3\cos t$, $y = 3\sin t$, $0 \leq t \leq \pi$

14. $x = \sin 4\theta$, $y = \cos 4\theta$, $0 \leq \theta \leq \pi/2$

15. $x = \cos \theta$, $y = \sec^2 \theta$, $0 \leq \theta \leq \pi/2$

16. $x = \csc t$, $y = \cot t$, $0 < t < \pi$

17. $x = e^{-t}$, $y = e^t$

18. $x = t + 2$, $y = 1/t$, $t > 0$

19. $x = \ln t$, $y = \sqrt{t}$, $t \geqslant 1$

20. $x = |t|$, $y = |1 - |t||$

21. $x = \sin^2 t$, $y = \cos^2 t$

22. $x = \sinh t$, $y = \cosh t$

23~24 一个物体做圆周运动，其位置可以用给定的参数方程建模，其中 t 的单位是 s. 物体旋转一周需要多长时间？它是顺时针运动还是逆时针运动？

23. $x = 5\cos t$, $y = -5\sin t$

24. $x = 3\sin\left(\dfrac{\pi}{4}t\right)$, $y = 3\cos\left(\dfrac{\pi}{4}t\right)$

25~28 描述一个位置为 (x, y) 的粒子随时间 t 在给定区间内变化的运动．

25. $x = 5 + 2\cos \pi t$, $y = 3 + 2\sin \pi t$, $1 \leqslant t \leqslant 2$

26. $x = 2 + \sin t$, $y = 1 + 3\cos t$, $\pi/2 \leqslant t \leqslant 2\pi$

27. $x = 5\sin t$, $y = 2\cos t$, $-\pi \leqslant t \leqslant 5\pi$

28. $x = \sin t$, $y = \cos^2 t$, $-2\pi \leqslant t \leqslant 2\pi$

29. 设一条曲线由参数方程 $x = f(t)$, $y = g(t)$ 给出，其中 f 的值域为 $[1, 4]$，g 的值域为 $[2, 3]$，关于这条曲线你能得出结论？

30. 将 (a)~(d) 中方程 $x = f(t)$ 和 $y = g(t)$ 的图像与 I~IV 中的参数曲线 $x = f(t)$, $y = g(t)$ 进行匹配，并说明理由．

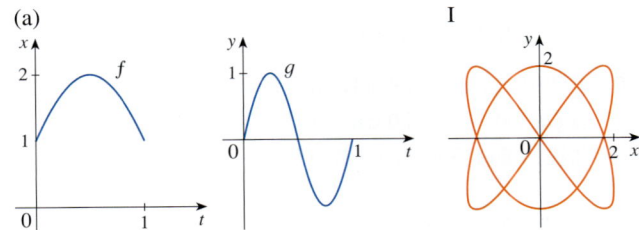

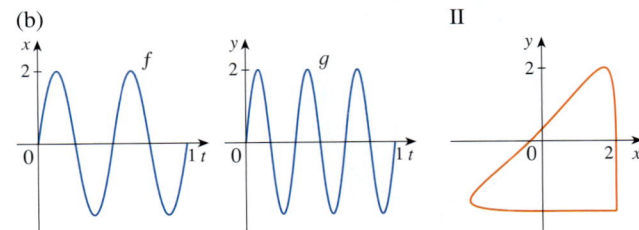

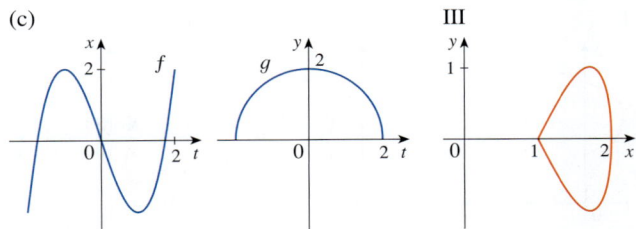

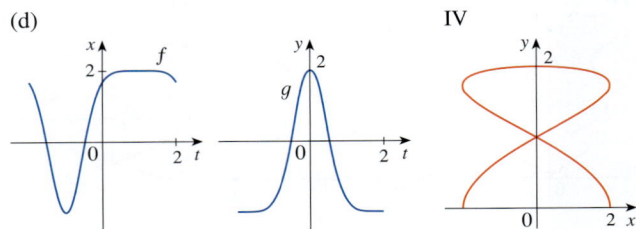

(a)

I

(b)

II

(c)

III

(d)

IV

31~33 利用 $x = f(t)$ 和 $y = g(t)$ 的图像画出参数曲线 $x = f(t)$, $y = g(t)$. 用箭头标明当 t 增大时曲线延伸的方向．

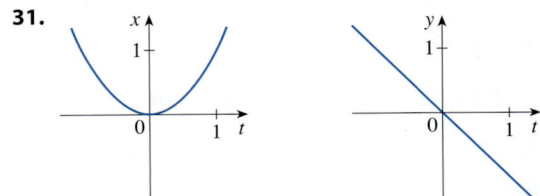

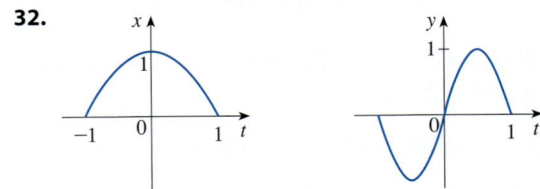

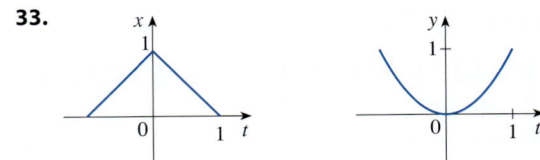

31.

32.

33.

34. 将下列参数方程与 I~VI 中的图像进行匹配，并说明理由．

(a) $x = t^4 - t + 1$, $y = t^2$

(b) $x = t^2 - 2t$, $y = \sqrt{t}$

(c) $x = t^3 - 2t$, $y = t^2 - t$

(d) $x = \cos 5t$, $y = \sin 2t$

(e) $x = t + \sin 4t$, $y = t^2 + \cos 3t$

(f) $x = t + \sin 2t$, $y = t + \sin 3t$

I

II

III

IV

V

VI

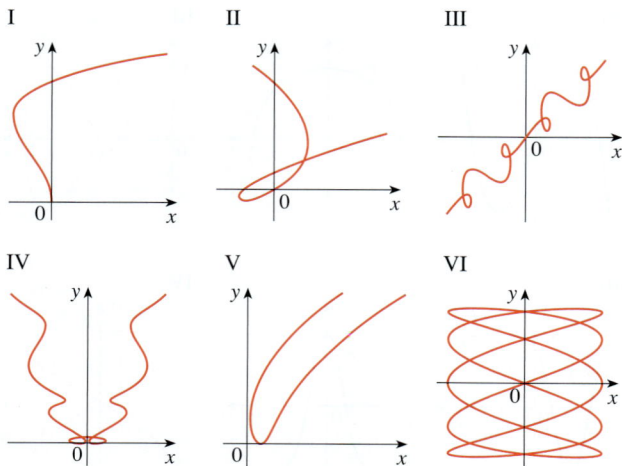

35. 画出曲线 $x = y - 2\sin \pi y$.

36. 画出曲线 $y = x^3 - 4x$ 和 $x = y^3 - 4y$ 的图像，求它们的交点，精确到小数点后 1 位.

37. (a) 证明参数方程

$$x = x_1 + (x_2 - x_1)t, \quad y = y_1 + (y_2 - y_1)t$$

（其中 $0 \leqslant t \leqslant 1$）描述了连接点 $P_1(x_1, y_1)$ 和 $P_2(x_2, y_2)$ 的线段.

(b) 求从点 $(-2, 7)$ 到点 $(3, -1)$ 的线段的参数方程.

38. 利用图像计算器及练习 37a 的结果画出以 $A(1,1)$、$B(4,2)$、$C(1,5)$ 为顶点的三角形.

39~40 求沿所述圆周运动的粒子的位置的参数方程.

39. 粒子按顺时针方向沿圆心为原点、半径为 5 的圆运动，在 4π s 内旋转一周.

40. 粒子按逆时针方向沿圆心为 $(1,3)$、半径为 1 的圆运动，在 3s 内旋转一周.

41. 求按下述方式沿圆 $x^2 + (y-1)^2 = 4$ 运动的粒子的轨迹的参数方程.

(a) 从点 $(2,1)$ 开始顺时针旋转一周.

(b) 从点 $(2,1)$ 开始逆时针旋转三周.

(c) 从点 $(0,3)$ 开始逆时针旋转半周.

42. (a) 求椭圆 $x^2/a^2 + y^2/b^2 = 1$ 的参数方程.（提示：将例 2 中圆的方程加以修改.）

(b) 利用此参数方程画出 $a = 3$ 且 $b = 1, 2, 4, 8$ 时椭圆.

(c) 当 b 变化时，椭圆的形状怎样变化？

43~44 使用图像计算器或计算机再现图像.

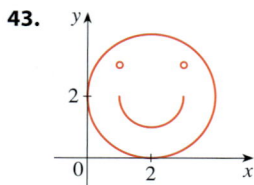

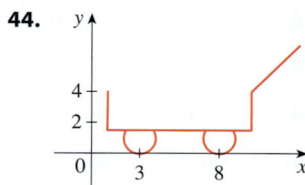

43.

44.

45. (a) 证明下面四个给定的参数曲线上的点都满足相同的笛卡儿方程.

    (i) $x = t^2$, $y = t$ (ii) $x = t$, $y = \sqrt{t}$

    (iii) $x = \cos^2 t$, $y = \cos t$ (iv) $x = 3^{2t}$, $y = 3^t$

(b) 画出 (a) 中的每条曲线，并解释这些曲线之间的区别.

46~47 比较下列参数方程所表示的曲线，它们有什么不同？

46. (a) $x = t$, $y = t^{-2}$ (b) $x = \cos t$, $y = \sec^2 t$

    (c) $x = e^t$, $y = e^{-2t}$

47. (a) $x = t^3$, $y = t^2$ (b) $x = t^6$, $y = t^4$

    (c) $x = e^{-3t}$, $y = e^{-2t}$

48. 对于 $\pi/2 < \theta < \pi$ 的情况，推导方程 1.

49. 令 P 为到半径为 r 的圆的圆心的距离为 d 的一点. 随着圆沿直线滚动，P 经过的轨迹称为**次旋轮线**（想象自行车车轮辐条上一点的运动）. 旋轮线是次旋轮线在 $d = r$ 时的一种特殊情况. 使用与旋轮线中相同的参数 θ，并且设直线是 x 轴，当 P 在它的某个最低点时 $\theta = 0$，证明次旋轮线的参数方程为

$$x = r\theta - d\sin\theta, \quad y = r - d\cos\theta.$$

分别画出 $d < r$ 和 $d > r$ 时的次旋轮线.

50. 下图中，半径为 a 的圆是静止的. 对任意 θ，点 P 是线段 QR 的中点. 当 $0 < \theta < \pi$ 时，点 P 的轨迹称为**长弓形曲线**. 求这条曲线的参数方程.

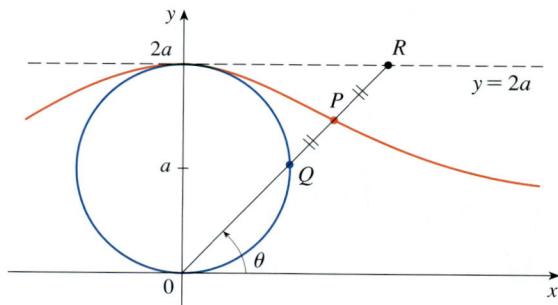

51. 如果 a 和 b 为两个固定的数，求下图中点 P 所有可能的位置所组成的曲线的参数方程，其中角 θ 作为参数，然后消参确定曲线的类型.

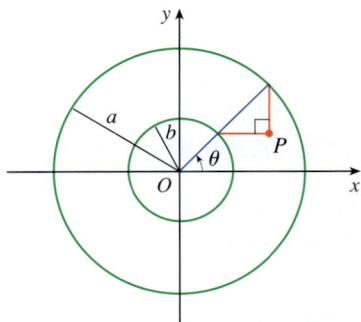

52. 如果 a 和 b 为两个固定的数，求下图中点 P 所有可能的位置所组成的曲线的参数方程，其中角 θ 作为参数. 线段 AB 与大圆相切.

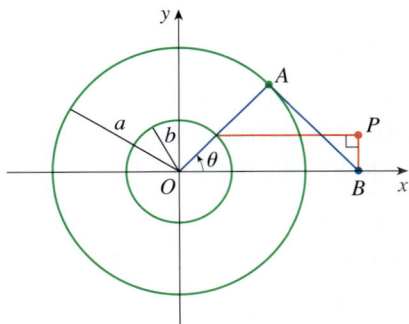

53. 下图中点 P 所有可能的位置所组成的曲线称为**箕舌线**. 证明该曲线的参数方程可以写成

$$x = 2a\cos\theta, \ y = 2a\sin^2\theta.$$

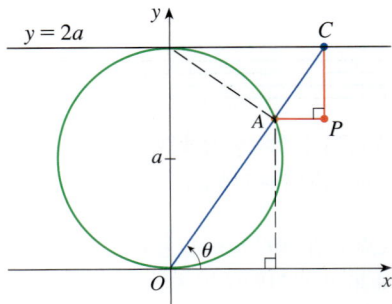

54. (a) 求右栏第一张图中点 P 所有可能的位置所组成的曲线的参数方程，其中 $|OP| = |AB|$. [该曲线称为**蔓叶线**，由希腊学者狄奥克莱斯（Diocles）命名. 他引入蔓叶线作为构造立方体的边的方法，使得立方体的体积为两倍于给定立方体的体积.]

(b) 利用曲线的几何描述手绘曲线的粗略图，然后通过参数方程画出曲线来验证.

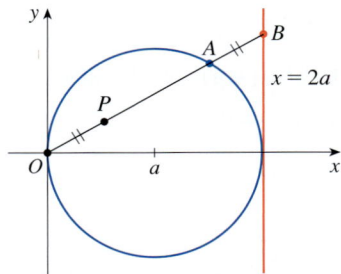

55~57　相交和碰撞　假设两个粒子的位置都是由参数方程给出的. 粒子在同一时间所在的点称为碰撞点. 如果粒子经过同一点但经过的时间不同，那么它们的路线相交，但粒子不会发生碰撞.

55. 红色粒子在 t 时的位置由下式给出：

$$x = t + 5, \ y = t^2 + 4t + 6.$$

蓝色粒子在 t 时的位置由下式给出：

$$x = 2t + 1, \ y = 2t + 6.$$

它们的路线如下图所示.

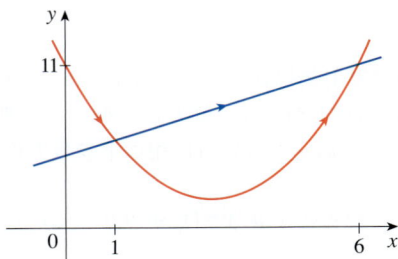

(a) 验证粒子的路线在点 $(1,6)$ 和点 $(6,11)$ 相交. 这两个点是碰撞点吗？如果是，粒子在什么时候发生碰撞？

(b) 假设一个绿色粒子的位置由下式给出：

$$x = 2t + 4, \ y = 2t + 9.$$

证明这个粒子和蓝色粒子的运动路线相同. 红色粒子和绿色粒子会发生碰撞吗？如果会，在什么时候发生碰撞？

56. 假设一个粒子在 t 时的位置由下式给出：

$$x = 3\sin t, \ y = 2\cos t, \ 0 \leqslant t \leqslant 2\pi.$$

另一个粒子的位置由下式给出：

$$x = -3 + \cos t, \ y = 1 + \sin t, \ 0 \leqslant t \leqslant 2\pi.$$

(a) 画出两个粒子的路线. 它们一共有多少个交点？

(b) 粒子会发生碰撞吗？如果会，求出碰撞点.

(c) 如果第二个粒子的路线改为

$$x = 3 + \cos t,\ y = 1 + \sin t,\ 0 \leqslant t \leqslant 2\pi,$$

描述一下会发生什么?

57. 求出参数曲线与自身的交点以及相应的 t 值.

(a) $x = 1 - t^2,\ y = t - t^3$.

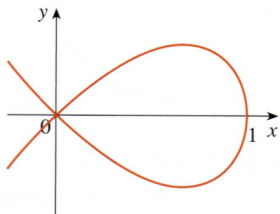

(b) $x = 2t - t^3,\ y = t - t^2$.

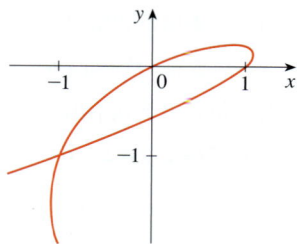

58. 如果一个发射物以初速度 v_0(单位:m/s)从原点射出,它与水平方向之间的夹角为 α,假设空气阻力忽略不计,那么 t s 后它的位置可以用如下参数方程表示:

$$x = (v_0 \cos\alpha)t,\ y = (v_0 \sin\alpha)t - \frac{1}{2}gt^2,$$

其中 g 为重力加速度(9.8m/s).

(a) 若子弹从枪中射出时 $\alpha = 30°$ 且 $v_0 = 500$m/s,那么子弹何时落地?落地点距离枪多远?子弹达到的最大高度是多少?

(b) 利用图像验证 (a) 中你的答案,然后取其他几个不同的 α 值,画出发射物的轨迹并观察它在何处落地.总结一下你的发现.

(c) 通过消参证明该轨迹是一条抛物线.

59. 考察由参数方程 $x = t^2,\ y = t^3 - ct$ 定义的曲线族.当 c 增大时,曲线的形状怎样变化?画出其中几条成员曲线来说明.

60. 燕尾型突变曲线 由参数方程 $x = 2ct - 4t^3,\ y = -ct^2 + 3t^4$ 定义.画出其中几条成员曲线.这些曲线有什么共同点?当 c 增大时,曲线的形状怎样变化?

61. 画出参数方程 $x = t + a\cos t,\ y = t + a\sin t$ 所表示的曲线族中的几条成员曲线,其中 $a > 0$.当 a 增大时,曲线的形状怎样变化?当 a 为何值时,曲线会有一个圈?

62. 画出参数方程 $x = \sin t + \sin nt,\ y = \cos t + \cos nt$ 所表示的曲线族中的几条成员曲线,其中 n 为正整数.这些曲线有什么共同点?当 n 增大时会发生什么?

63. 方程 $x = a\sin nt,\ y = b\cos t$ 所表示的曲线称为**李萨如图形**.当 a、b 和 n 变化时,曲线怎么变化?(n 为正整数.)

64. 考察由参数方程 $x = \cos t,\ y = \sin t - \sin ct$ 定义的曲线族,其中 $c > 0$.首先令 c 为正整数,观察当 c 增大时曲线的形状会怎样变化,然后探究当 c 为分数时可能出现的情况.

探索专题 | 圆沿圆滚动

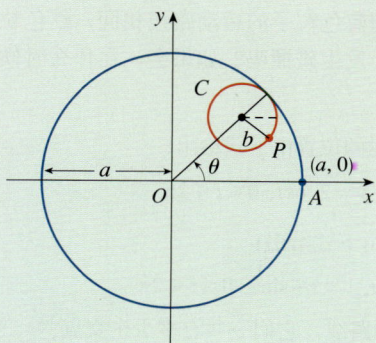

在这个专题中,我们将研究称为内旋轮线和外旋轮线的曲线族,它们分别是由沿一个圆在其内部或外部滚动的另一个圆上的一点的运动形成的.

1. 内旋轮线 是半径为 b 的圆 C 上的定点 P 在圆 C 沿圆心为 O、半径为 a 的圆在其内部滚动时经过的轨迹.证明:如果 P 的初始位置为 $(a, 0)$,参数 θ 如左图所示,那么内旋轮线的参数方程为

$$x = (a - b)\cos\theta + b\cos\left(\frac{a - b}{b}\theta\right),\ y = (a - b)\sin\theta - b\sin\left(\frac{a - b}{b}\theta\right).$$

2. 利用图像计算器或计算机画出内旋轮线，其中 a 为正整数，$b=1$. 图像如何受 a 值的影响？证明如果取 $a=4$，那么内旋轮线的参数方程简化为

$$x=4\cos^3\theta,\ y=4\sin^3\theta.$$

该曲线称为**星形线**.

3. 现在尝试 $b=1$ 和 $a=n/d$，其中 a 和 d 互质. 首先令 $n=1$，通过图像确定分母 d 对曲线形状的影响，然后令 d 保持不变，n 变化. 当 $n=d+1$ 时会发生什么？

4. 若 $b=1$ 且 a 为无理数，会发生什么？用 $\sqrt{2}$ 或 $e-2$ 这样的无理数进行试验. 取越来越大的 θ 值，推测如果我们要画出对于所有实数 θ 值的内旋轮线会发生什么.

5. 如果圆 C 沿定圆在其外部滚动，那么点 P 经过的轨迹称为**外旋轮线**. 求外旋轮线的参数方程.

6. 利用类似问题 2~4 的方法，研究外旋轮线可能的形状.

10.2 │ 参数曲线的微积分

知道了怎样用参数方程表示曲线，现在我们把微积分的方法应用到参数曲线上. 具体而言，本节中我们将解决涉及切线、面积、弧长、速率和曲面面积的问题.

■ 切线

假设 f 和 g 都是可微函数，我们想求出参数曲线 $x=f(t),\ y=g(t)$ 上一点处的切线（这里 y 也是 x 的可微函数）. 链式法则给出

$$\frac{dy}{dt}=\frac{dy}{dx}\cdot\frac{dx}{dt}.$$

若 $dx/dt\neq 0$，那么可以解出 dy/dx：

如果我们认为曲线是一个运动粒子的轨迹，那么 dy/dt 和 dx/dt 是粒子的垂直速度和水平速度，公式 1 指出切线的斜率是这两个速度的比.

1 $\qquad$ 如果 $\dfrac{dx}{dt}\neq 0$，则 $\dfrac{dy}{dx}=\dfrac{\dfrac{dy}{dt}}{\dfrac{dx}{dt}}$.

公式 1（你可以通过消去 dt 来记住它）让我们能在不消参的情况下求出参数曲线的切线的斜率 dy/dx. 从公式 1 可以看出，当 $dy/dt=0$ 时曲线有一条水平切线（前提是 $dx/dt\neq 0$），当 $dx/dt=0$ 时有一条垂直切线（前提是 $dy/dt\neq 0$）.（如果 $dx/dt=0$ 且 $dy/dt=0$，那么我们需要用其他方法来确定切线的斜率.）这些信息对画参数曲线很有帮助.

就像我们所了解的那样，考虑 $\mathrm{d}^2y/\mathrm{d}x^2$ 往往是有用的．在公式 1 中将 y 替换为 $\mathrm{d}y/\mathrm{d}x$ 可以得到：

⊘ 注意，$\dfrac{\mathrm{d}^2y}{\mathrm{d}x^2} \neq \dfrac{\dfrac{\mathrm{d}^2y}{\mathrm{d}t^2}}{\dfrac{\mathrm{d}^2x}{\mathrm{d}t^2}}$．

$$\frac{\mathrm{d}^2y}{\mathrm{d}x^2} = \frac{\mathrm{d}}{\mathrm{d}x}\left(\frac{\mathrm{d}y}{\mathrm{d}x}\right) = \frac{\dfrac{\mathrm{d}}{\mathrm{d}t}\left(\dfrac{\mathrm{d}y}{\mathrm{d}x}\right)}{\dfrac{\mathrm{d}x}{\mathrm{d}t}}.$$

例 1　曲线 C 由参数方程 $x = t^2$，$y = t^3 - 3t$ 定义．

(a) 证明 C 在点 $(3,0)$ 处有两条切线，并求出它们的方程．

(b) 求 C 在哪些点处的切线是水平的或垂直的．

(c) 确定曲线上凹还是下凹．

(d) 画出该曲线．

解

(a) 注意到当 $t = 0$ 或 $t = \pm\sqrt{3}$ 时，$y = t^3 - 3t = t(t^2 - 3) = 0$．因此，$C$ 上的点 $(3,0)$ 由两个参数值 $t = \sqrt{3}$ 和 $t = -\sqrt{3}$ 取得．这意味着 C 在 $(3,0)$ 处与自己相交．因为

$$\frac{\mathrm{d}y}{\mathrm{d}x} = \frac{\mathrm{d}y/\mathrm{d}t}{\mathrm{d}x/\mathrm{d}t} = \frac{3t^2 - 3}{2t},$$

所以当 $t = \pm\sqrt{3}$ 时，切线的斜率为 $\mathrm{d}y/\mathrm{d}x = \pm 6 \big/ \left(2\sqrt{3}\right) = \pm\sqrt{3}$，故在 $(3,0)$ 处切线的方程为

$$y = \sqrt{3}(x - 3) \ \text{和} \ y = -\sqrt{3}(x - 3).$$

(b) 当 $\mathrm{d}y/\mathrm{d}x = 0$，即 $\mathrm{d}y/\mathrm{d}t = 0$ 且 $\mathrm{d}x/\mathrm{d}t \neq 0$ 时，C 有一条水平切线．因为 $\mathrm{d}y/\mathrm{d}t = 3t^2 - 3$，所以当 $t^2 = 1$，即 $t = \pm 1$ 时，$\mathrm{d}y/\mathrm{d}t = 0$ 成立．C 上相应的点为 $(1,-2)$ 和 $(1,2)$．当 $\mathrm{d}x/\mathrm{d}t = 2t = 0$，即 $t = 0$ 时，C 有一条垂直切线．（注意，此处 $\mathrm{d}y/\mathrm{d}t \neq 0$．）$C$ 上相应的点为 $(0,0)$．

(c) 为了判断其凹性，计算二次导数：

$$\frac{\mathrm{d}^2y}{\mathrm{d}x^2} = \frac{\dfrac{\mathrm{d}}{\mathrm{d}t}\left(\dfrac{\mathrm{d}y}{\mathrm{d}x}\right)}{\dfrac{\mathrm{d}x}{\mathrm{d}t}} = \frac{\dfrac{\mathrm{d}}{\mathrm{d}t}\left(\dfrac{3t^2 - 3}{2t}\right)}{\dfrac{\mathrm{d}x}{\mathrm{d}t}} = \frac{\dfrac{6t^2 + 6}{4t^2}}{2t} = \frac{3t^2 + 3}{4t^3}.$$

因此，当 $t > 0$ 时曲线上凹，当 $t < 0$ 时曲线下凹．

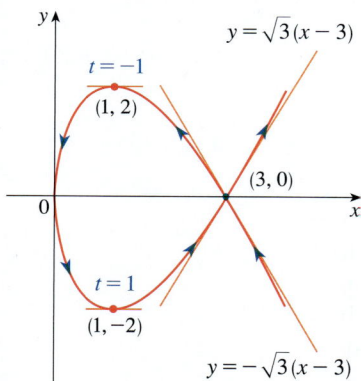

图 10-2-1

(d) 利用 (b) 和 (c) 中的信息，在图 10-2-1 中画出曲线 C．∎

例 2

(a) 求旋轮线 $x = r(\theta - \sin\theta)$，$y = r(1 - \cos\theta)$ 在点 $\theta = \pi/3$ 处的切线．（见 10.1 节例 9．）

(b) 哪些点处的切线是水平的？哪些点处的切线是垂直的？

解

(a) 切线的斜率为

$$\frac{dy}{dx}=\frac{dy/d\theta}{dx/d\theta}=\frac{r\sin\theta}{r(1-\cos\theta)}=\frac{\sin\theta}{1-\cos\theta}.$$

当 $\theta=\pi/3$ 时，有

$$x=r\left(\frac{\pi}{3}-\sin\frac{\pi}{3}\right)=r\left(\frac{\pi}{3}-\frac{\sqrt{3}}{2}\right),\quad y=r\left(1-\cos\frac{\pi}{3}\right)=\frac{r}{2},$$

并且

$$\frac{dy}{dx}=\frac{\sin(\pi/3)}{1-\cos(\pi/3)}=\frac{\sqrt{3}/2}{1-1/2}=\sqrt{3}.$$

因此，切线的斜率是 $\sqrt{3}$，切线的方程为

$$y-\frac{r}{2}=\sqrt{3}\left(x-\frac{r\pi}{3}+\frac{r\sqrt{3}}{2}\right)\text{ 或 }\sqrt{3}x-y=r\left(\frac{\pi}{\sqrt{3}}-2\right).$$

切线见图 10-2-2.

图 10-2-2

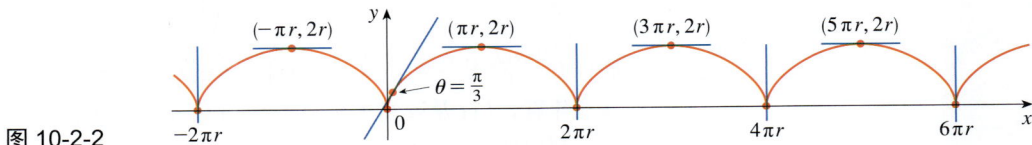

(b) 当 $dy/dx=0$ 时，切线是水平的，这在 $\sin\theta=0$ 且 $1-\cos\theta\neq0$ 时成立. 也就是说 $\theta=(2n-1)\pi$，其中 n 为整数. 旋轮线上相应的点为 $\left((2n-1)\pi r,2r\right)$.

当 $\theta=2n\pi$ 时，$dx/d\theta$ 和 $dy/d\theta$ 都为 0. 从图像中可以看出，曲线在这些点处有垂直切线. 我们可以用洛必达法则来验证：

$$\lim_{\theta\to2n\pi^+}\frac{dy}{dx}=\lim_{\theta\to2n\pi^+}\frac{\sin\theta}{1-\cos\theta}=\lim_{\theta\to2n\pi^+}\frac{\cos\theta}{\sin\theta}=+\infty.$$

类似的计算可以说明，当 $\theta\to2n\pi^-$ 时 $dy/dx\to-\infty$. 故当 $\theta=2n\pi$，即 $x=2n\pi r$ 时，曲线确实有垂直切线（见图 10-2-2）. ■

■ 面积

我们知道曲线 $y=F(x)$ 下方从 $x=a$ 到 $x=b$ 的面积为 $A=\int_a^b F(x)dx$，其中 $F(x)\geqslant0$. 如果曲线由参数方程 $x=f(t),y=g(t),\alpha\leqslant t\leqslant\beta$ 表示，那么利用定积分的换元可以算出一个新的面积公式：

与之前一样，t 的积分极限用换元法求出. 当 $x=a$ 时，t 是 α 与 β 其中之一；当 $x=b$ 时，t 是另一个值.

$$A=\int_a^b y\,dx=\int_\alpha^\beta g(t)f'(t)\,dt\ \left(\text{或}\int_\beta^\alpha g(t)f'(t)dt\right).$$

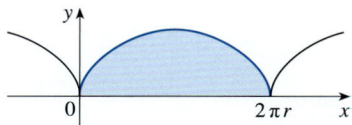

图 10-2-3

例 3 的结果说明，旋轮线的一个拱下方的面积等于生成旋轮线的滚动圆（见 10.1 节例 9）的面积的三倍．伽利略提出了这个猜测，但是法国数学家罗贝瓦尔和意大利数学家埃万杰利斯塔·托里拆利（Evangelista Torricelli）首先给出了证明．

例 3　求旋轮线 $x = r(\theta - \sin\theta)$，$y = r(1 - \cos\theta)$ 的一个拱下方的面积．

解　旋轮线的一个拱由 $0 \leqslant \theta \leqslant 2\pi$ 确定（见图 10-2-3）．利用换元法，其中 $y = r(1 - \cos\theta)$，$\mathrm{d}x = r(1 - \cos\theta)\mathrm{d}\theta$，于是有

$$
\begin{aligned}
A &= \int_0^{2\pi r} y\,\mathrm{d}x = \int_0^{2\pi} r(1 - \cos\theta)r(1 - \cos\theta)\mathrm{d}\theta \\
&= r^2\int_0^{2\pi}(1 - \cos\theta)^2\,\mathrm{d}\theta = r^2\int_0^{2\pi}(1 - 2\cos\theta + \cos^2\theta)\mathrm{d}\theta \\
&= r^2\int_0^{2\pi}\left[1 - 2\cos\theta + \frac{1}{2}(1 + \cos 2\theta)\right]\mathrm{d}\theta \\
&= r^2\left[\frac{3}{2}\theta - 2\sin\theta + \frac{1}{4}\sin 2\theta\right]_0^{2\pi} \\
&= r^2\left(\frac{3}{2}\cdot 2\pi\right) = 3\pi r^2 .
\end{aligned}
$$

■

■ 弧长

我们已经知道怎样求形如 $y = F(x)$，$a \leqslant x \leqslant b$ 的曲线 C 的长度 L．8.1 节公式 3 指出，如果 F' 连续，那么

[2]
$$
L = \int_a^b\sqrt{1 + \left(\frac{\mathrm{d}y}{\mathrm{d}x}\right)^2}\,\mathrm{d}x .
$$

假设 C 还能用参数方程 $x = f(t)$，$y = g(t)$，$\alpha \leqslant t \leqslant \beta$ 表示，并且 $\mathrm{d}x/\mathrm{d}t = f'(t) > 0$．这意味着，当 t 从 α 增大到 β 且 $f(\alpha) = a$、$f(\beta) = b$ 时，C 从左到右只被遍历一次．利用换元法将公式 1 代入公式 2，得到

$$
L = \int_a^b\sqrt{1 + \left(\frac{\mathrm{d}y}{\mathrm{d}x}\right)^2}\,\mathrm{d}x = \int_\alpha^\beta\sqrt{1 + \left(\frac{\mathrm{d}y/\mathrm{d}t}{\mathrm{d}x/\mathrm{d}t}\right)^2}\,\frac{\mathrm{d}x}{\mathrm{d}t}\,\mathrm{d}t .
$$

因为 $\mathrm{d}x/\mathrm{d}t > 0$，所以有

[3]
$$
L = \int_\alpha^\beta\sqrt{\left(\frac{\mathrm{d}x}{\mathrm{d}t}\right)^2 + \left(\frac{\mathrm{d}y}{\mathrm{d}t}\right)^2}\,\mathrm{d}t .
$$

即使 C 不能表示成 $y = F(x)$ 的形式，公式 3 也是正确的，只是要通过折线近似才能得到它．将参数区间 $[\alpha, \beta]$ 分成 n 个宽均为 Δt 的子区间．如果 $t_0, t_1, t_2, \cdots, t_n$ 是这些子区间的端点，那么 $x_i = f(t_i)$ 和 $y_i = g(t_i)$ 是 C 上相应的点 $P_i(x_i, y_i)$ 的坐标，以顶点为 $P_0, P_1, \cdots, P_n$ 的折线近似曲线 C（见图 10-2-4）．

如 8.1 节中那样，定义曲线 C 的长度 L 为这些近似折线的长度在 $n \to +\infty$ 时的极限：

$$
L = \lim_{n \to +\infty}\sum_{i=1}^n |P_{i-1}P_i| .
$$

在区间 $[t_{i-1}, t_i]$ 上对 f 应用中值定理，得到 (t_{i-1}, t_i) 内的一个数 t_i^*，使得

$$
f(t_i) - f(t_{i-1}) = f'(t_i^*)(t_i - t_{i-1}) .
$$

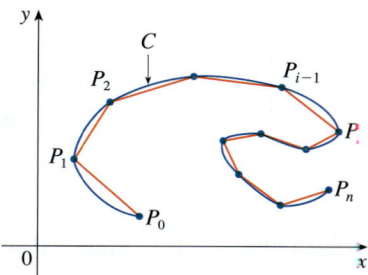

图 10-2-4

令 $\Delta x_i = x_i - x_{i-1}$，$\Delta y_i = y_i - y_{i-1}$，则上述等式变成

$$\Delta x_i = f'\left(t_i^*\right)\Delta t .$$

类似地，对 g 应用中值定理，得到 (t_{i-1}, t_i) 内的一个数 t_i^{**}，使得

$$\Delta y_i = g'\left(t_i^{**}\right)\Delta t .$$

因此，

$$|P_{i-1}P_i| = \sqrt{\left(\Delta x_i\right)^2 + \left(\Delta y_i\right)^2} = \sqrt{\left[f'\left(t_i^*\right)\Delta t\right]^2 + \left[g'\left(t_i^{**}\right)\Delta t\right]^2}$$
$$= \sqrt{\left[f'\left(t_i^*\right)\right]^2 + \left[g'\left(t_i^{**}\right)\right]^2}\,\Delta t ,$$

于是有

4
$$L = \lim_{n \to +\infty} \sum_{i=1}^{n} \sqrt{\left[f'\left(t_i^*\right)\right]^2 + \left[g'\left(t_i^{**}\right)\right]^2}\,\Delta t .$$

公式 4 中的和类似于函数 $\sqrt{\left[f'(t)\right]^2 + \left[g'(t)\right]^2}$ 的黎曼和，但实际上不是，因为一般而言 $t_i^* \neq t_i^{**}$．不过，如果 f' 和 g' 连续，那么假使 t_i^* 和 t_i^{**} 相等，可以证明公式 4 中的极限也是相同的，即

$$L = \int_{\alpha}^{\beta} \sqrt{\left[f'(t)\right]^2 + \left[g'(t)\right]^2}\,\mathrm{d}t .$$

这样，使用莱布尼茨符号，我们得到以下形如公式 3 的结果．

> **5** **定理**   如果曲线 C 由参数方程 $x = f(t)$，$y = g(t)$，$\alpha \leqslant t \leqslant \beta$ 表示，并且 f' 和 g' 在 $[\alpha, \beta]$ 上连续，当 t 从 α 增大到 β 时，C 只被遍历一次，那么 C 的长度为
> $$L = \int_{\alpha}^{\beta} \sqrt{\left(\frac{\mathrm{d}x}{\mathrm{d}t}\right)^2 + \left(\frac{\mathrm{d}y}{\mathrm{d}t}\right)^2}\,\mathrm{d}t .$$

注意，定理 5 中的公式与 8.1 节中的一般公式 $L = \int \mathrm{d}s$ 一致，其中

6
$$\mathrm{d}s = \sqrt{\left(\frac{\mathrm{d}x}{\mathrm{d}t}\right)^2 + \left(\frac{\mathrm{d}y}{\mathrm{d}t}\right)^2}\,\mathrm{d}t .$$

例 4   如果用 10.1 节例 2 中给出的参数方程

$$x = \cos t,\ y = \sin t,\ 0 \leqslant t \leqslant 2\pi$$

表示单位圆，那么 $\mathrm{d}x/\mathrm{d}t = -\sin t$，$\mathrm{d}y/\mathrm{d}t = \cos t$，由定理 5 可得

$$L = \int_0^{2\pi} \sqrt{\left(\frac{\mathrm{d}x}{\mathrm{d}t}\right)^2 + \left(\frac{\mathrm{d}y}{\mathrm{d}t}\right)^2}\,\mathrm{d}t = \int_0^{2\pi} \sqrt{\sin^2 t + \cos^2 t}\,\mathrm{d}t = \int_0^{2\pi} \mathrm{d}t = 2\pi ,$$

符合预期．如果采用 10.1 节例 3 中给出的参数方程

$$x = \sin 2t,\ y = \cos 2t,\ 0 \leqslant t \leqslant 2\pi ,$$

那么 $\mathrm{d}x/\mathrm{d}t = 2\cos 2t$，$\mathrm{d}y/\mathrm{d}t = -2\sin 2t$，由定理 5 得到积分

$$\int_0^{2\pi} \sqrt{\left(\frac{\mathrm{d}x}{\mathrm{d}t}\right)^2 + \left(\frac{\mathrm{d}y}{\mathrm{d}t}\right)^2}\,\mathrm{d}t = \int_0^{2\pi} \sqrt{4\cos^2(2t) + 4\sin^2(2t)}\,\mathrm{d}t = \int_0^{2\pi} 2\,\mathrm{d}t = 4\pi .$$

🚫 注意，这个积分是所求弧长的两倍，因为当 t 从 0 增大到 2π 时，点 $(\sin 2t, \cos 2t)$ 遍历该圆两次. 一般来说，利用参数方程求曲线 C 的长度时，必须小心确保在 t 从 α 增大到 β 的过程中 C 只被遍历一次. ∎

例 5 求旋轮线 $x = r(\theta - \sin\theta)$，$y = r(1 - \cos\theta)$ 的一个拱的长度.

解 我们从例 3 中知道旋轮线的一个拱由参数区间 $0 \le \theta \le 2\pi$ 确定. 因为

$$\frac{\mathrm{d}x}{\mathrm{d}\theta} = r(1 - \cos\theta) \text{ 且 } \frac{\mathrm{d}y}{\mathrm{d}\theta} = r\sin\theta,$$

所以有

$$L = \int_0^{2\pi} \sqrt{\left(\frac{\mathrm{d}x}{\mathrm{d}\theta}\right)^2 + \left(\frac{\mathrm{d}y}{\mathrm{d}\theta}\right)^2}\,\mathrm{d}\theta = \int_0^{2\pi} \sqrt{r^2(1-\cos\theta)^2 + r^2\sin^2\theta}\,\mathrm{d}\theta$$

$$= \int_0^{2\pi} \sqrt{r^2(1 - 2\cos\theta + \cos^2\theta + \sin^2\theta)}\,\mathrm{d}\theta$$

$$= r\int_0^{2\pi} \sqrt{2(1-\cos\theta)}\,\mathrm{d}\theta.$$

例 5 的结果说明，旋轮线的一个拱的长度等于生成旋轮线的圆的半径的 8 倍（见图 10-2-5）. 此结论于 1658 年由克里斯托弗·雷恩（Christopher Wren）爵士证明，他后来是伦敦圣保罗教堂的建筑师.

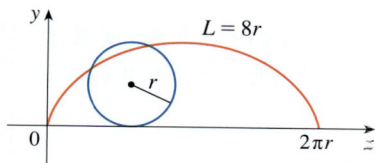

图 10-2-5

弧长函数和速率

为了估计这个积分的值，利用恒等式 $\sin^2 x = \frac{1}{2}(1 - \cos 2x)$. 令 $\theta = 2x$，得到 $1 - \cos\theta = 2\sin^2(\theta/2)$. 因为 $0 \le \theta \le 2\pi$，所以 $0 \le \theta/2 \le \pi$，从而有 $\sin(\theta/2) \ge 0$. 因此

$$\sqrt{2(1-\cos\theta)} = \sqrt{4\sin^2(\theta/2)} = 2|\sin(\theta/2)| = 2\sin(\theta/2),$$

故

$$L = 2r\int_0^{2\pi} \sin(\theta/2)\,\mathrm{d}\theta = 2r\left[-2\cos(\theta/2)\right]_0^{2\pi}$$

$$= 2r(2+2) = 8r. \quad \blacksquare$$

回顾弧长函数（8.1 节公式 5），它给出了曲线从某一起始点到曲线上任意另一点的弧长. 对于 $x = f(t)$，$y = g(t)$ 所表示的参数曲线 C，其中 f' 和 g' 都是连续的，令 $s(t)$ 为曲线 C 从起点 $(f(\alpha), g(\alpha))$ 到点 $(f(t), g(t))$ 的弧长. 由定理 5 可得，参数曲线的**弧长函数**为

7
$$s(t) = \int_\alpha^t \sqrt{\left(\frac{\mathrm{d}x}{\mathrm{d}u}\right)^2 + \left(\frac{\mathrm{d}y}{\mathrm{d}u}\right)^2}\,\mathrm{d}u.$$

（我们用 u 替换了积分的变量，这样 t 就没有歧义了.）

如果参数方程描述了运动粒子的位置（t 表示时间），那么粒子在 t 时的**速率** $v(t)$ 就是其移动距离（弧长）关于时间的变化率：$s'(t)$. 根据公式 7 和微积分基本定理的第一部分，有

8
$$v(t) = s'(t) = \sqrt{\left(\frac{\mathrm{d}x}{\mathrm{d}t}\right)^2 + \left(\frac{\mathrm{d}y}{\mathrm{d}t}\right)^2}.$$

例 6 粒子在 t 时的位置由参数方程 $x = 2t + 3$, $y = 4t^2$, $t \geq 0$ 给出. 求粒子在点 $(5,4)$ 处时的速率.

解 由公式 8 可知，粒子在 t 时的速率为

$$v(t) = \sqrt{2^2 + (8t)^2} = 2\sqrt{1 + 16t^2} .$$

当 $t = 1$ 时，粒子在点 $(5,4)$ 处，所以此时的速率为 $v(1) = 2\sqrt{17} \approx 8.25$.（如果距离的单位是 m，时间的单位是 s，那么速率大约是 8.25m/s.）■

■ 曲面面积

与求弧长一样，我们可以利用 8.2 节公式 5 得到一个曲面面积公式. 假设将参数方程 $x = f(t)$, $y = g(t)$, $\alpha \leq t \leq \beta$（f'、g' 连续且 $g(t) \geq 0$）所表示的曲线绕 x 轴旋转，那么所得曲面的面积由下式给出：

9
$$S = \int_\alpha^\beta 2\pi y \sqrt{\left(\frac{dx}{dt}\right)^2 + \left(\frac{dy}{dt}\right)^2} \, dt .$$

一般形式的公式 $S = \int 2\pi y \, ds$ 和 $S = \int 2\pi x \, ds$（8.2 节公式 7 和 8.2 节公式 8）依然成立，ds 由公式 6 给出.

例 7 证明半径为 r 的球面的面积为 $4\pi r^2$.

解 球面是由半圆

$$x = r\cos t, \ y = r\sin t, \ 0 \leq t \leq \pi$$

绕 x 轴旋转得到的. 因此，由公式 9 可得

$$S = \int_0^\pi 2\pi r\sin t \sqrt{(-r\sin t)^2 + (r\cos t)^2} \, dt$$

$$= 2\pi \int_0^\pi r\sin t \sqrt{r^2(\sin^2 t + \cos^2 t)} \, dt = 2\pi \int_0^\pi r\sin t \cdot r \, dt$$

$$= 2\pi r^2 \int_0^\pi \sin t \, dt = 2\pi r^2 (-\cos t)\Big]_0^\pi = 4\pi r^2 .$$ ■

10.2 | 练习

1~4 求 dx/dt、dy/dt 和 dy/dx .

1. $x = 2t^3 + 3t$, $y = 4t - 5t^2$

2. $x = t - \ln t$, $y = t^2 - t^{-2}$

3. $x = te^t$, $y = t + \sin t$

4. $x = t + \sin(t^2 + 2)$, $y = \tan(t^2 + 2)$

5~6 求参数曲线在指定点处的切线的斜率.

5. $x = t^2 + 2t, \ y = 2^t - 2t$

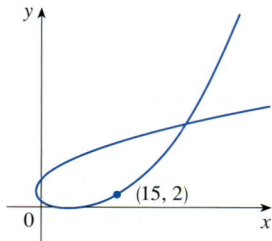

6. $x = t + \cos \pi t, \ y = -t + \sin \pi t$

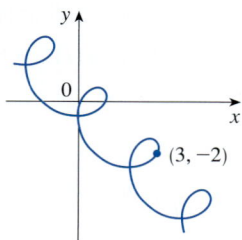

7~10 求曲线在给定参数值对应的点处的切线的方程.

7. $x = t^3 + 1, \ y = t^4 + t$; $t = -1$

8. $x = \sqrt{t}, \ y = t^2 - 2t$; $t = 4$

9. $x = \sin 2t + \cos t, \ y = \cos 2t - \sin t$; $t = \pi$

10. $x = e^t \sin \pi t, \ y = e^{2t}$; $t = 0$

11~12 通过两种方法求曲线在给定点处的切线的方程：(a) 不消参；(b) 消参.

11. $x = \sin t, \ y = \cos^2 t$; $\left(\frac{1}{2}, \frac{3}{4} \right)$

12. $x = \sqrt{t+4}, \ y = 1/(t+4)$; $\left(2, \frac{1}{4} \right)$

13~14 求曲线在给定点处的切线的方程，然后画出曲线及其切线.

13. $x = t^2 - t, \ y = t^2 + t + 1$; $(0,3)$

14. $x = \sin \pi t, \ y = t^2 + t$; $(0,2)$

15~20 求 dy/dx 和 $d^2 y/dx^2$. 当 t 为何值时曲线上凹？

15. $x = t^2 + 1, \ y = t^2 + t$

16. $x = t^3 + 1, \ y = t^2 - t$

17. $x = e^t, \ y = t e^{-t}$

18. $x = t^2 + 1, \ y = e^t - 1$

19. $x = t - \ln t, \ x = t + \ln t$

20. $x = \cos t, \ y = \sin 2t, \ 0 < t < \pi$

21~24 求曲线在哪些点处的切线是水平的或垂直的. 你可以使用计算器或计算机作图来验证你的结果.

21. $x = t^3 - 3t, \ y = t^2 - 3$

22. $x = t^3 - 3t, \ y = t^3 - 3t^2$

23. $x = \cos \theta, \ y = \cos 3\theta$

24. $x = e^{\sin \theta}, \ x = e^{\cos \theta}$

25. 利用图像估计曲线 $x = t - t^6, \ y = e^t$ 最右边端点的坐标，然后利用微积分求其坐标的准确值.

26. 利用图像估计曲线 $x = t^4 - 2t, \ y = t + t^4$ 最低点和最左边端点，然后求出其坐标的准确值.

27~28 在一个矩形区域中画出下列曲线，以显示出曲线的所有重要特征.

27. $x = t^4 - 2t^3 - 2t^2, \ y = t^3 - t$

28. $x = t^4 + 4t^3 - 8t^2, \ y = 2t^2 - t$

29. 证明曲线 $x = \cos t, \ y = \sin t \cos t$ 在点 $(0,0)$ 处有两条切线并求其方程. 画出曲线.

30. 画出曲线 $x = -2\cos t, \ y = \sin t + \sin 2t$ ，观察它在何处与自身相交？求该点处的两条切线的方程.

31. (a) 求次旋轮线 $x = r\theta - d\sin\theta, \ y = r - d\cos\theta$ 的切线的斜率，用 θ 表示（见 10.1 节练习 49）.
(b) 如果 $d < r$ ，证明次旋轮线没有垂直切线.

32. (a) 求星形线 $x = a\cos^3\theta, \ y = a\sin^3\theta$ 的切线的斜率，用 θ 表示.（我们在 10.1 节末的探索专题中研究过星形线.）
(b) 在哪些点处切线是水平的或垂直的？
(c) 在哪些点处切线的斜率是 1 或 −1 ？

33. 曲线 $x = 3t^2 + 1, \ y = t^3 - 1$ 在哪些点处的切线的斜率为 $\frac{1}{2}$ ？

34. 求曲线 $x = 3t^2 + 1, \ y = 2t^3 + 1$ 过点 $(4,3)$ 的切线的方程.

35~36 求给定参数曲线和 x 轴所围成区域的面积.

35. $x = t^3 + 1,\ y = 2t - t^2$

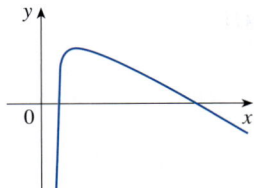

36. $x = \sin t,\ y = \sin t \cos t,\ 0 \leqslant t \leqslant \pi/2$

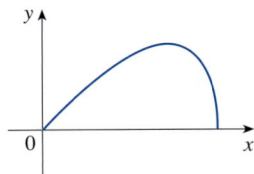

37~38 求给定参数曲线和 y 轴所围成区域的面积.

37. $x = \sin^2 t,\ y = \cos t$

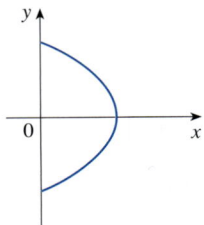

38. $x = t^2 - 2t,\ y = \sqrt{t}$

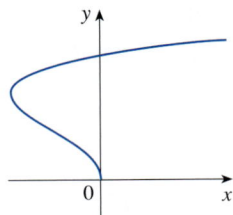

---

39. 利用椭圆的参数方程 $x = a\cos\theta,\ y = b\sin\theta,\ 0 \leqslant \theta \leqslant 2\pi$ 求椭圆的面积.

40. 求曲线 $x = 1 - t^2,\ y = t - t^3$ 上的圈所围成的面积.

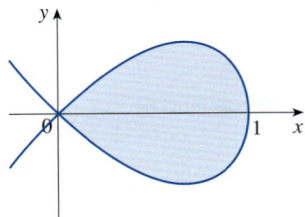

41. 求在 $d < r$ 的情况下, 10.1 节练习 49 中次旋轮线的一个拱下方的面积.

42. 令 $\mathscr{R}$ 为例 1 中曲线上的圈所围成的区域.
   (a) 求 $\mathscr{R}$ 的面积.
   (b) 若将 $\mathscr{R}$ 绕 x 轴旋转, 求所得立体的体积.
   (c) 求 $\mathscr{R}$ 的形心.

T **43~46** 用积分表示下图所示的参数曲线的部分长度, 然后使用计算器 (或计算机) 求出长度, 精确到小数点后 4 位.

43. $x = 3t^2 - t^3,\ y = t^2 - 2t$

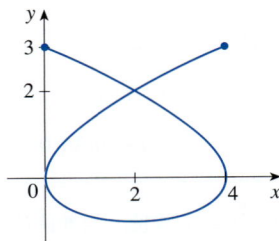

44. $x = t + e^{-t},\ y = t^2 + t$

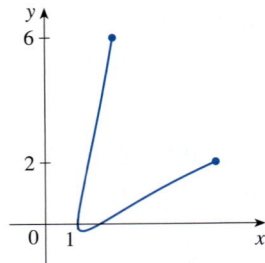

45. $x = t - 2\sin t,\ y = 1 - 2\cos t,\ 0 \leqslant t \leqslant 4\pi$

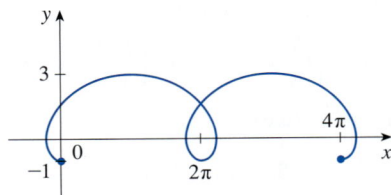

46. $x = t\cos t,\ y = t - 5\sin t$

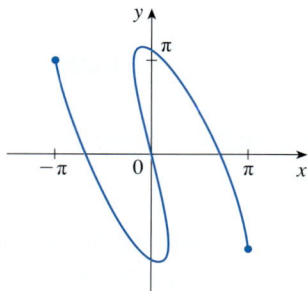

47~50 求下列曲线的长度的准确值.

47. $x = \dfrac{2}{3}t^3,\ y = t^2 - 2,\ 0 \leqslant t \leqslant 3$

48. $x = e^t - t,\ y = 4e^{t/2},\ 0 \leqslant t \leqslant 2$

49. $x = t\sin t,\ y = t\cos t,\ 0 \leqslant t \leqslant 1$

50. $x = 3\cos t - \cos 3t,\ y = 3\sin t - \sin 3t,\ 0 \leqslant t \leqslant \pi$

51~52 画出下列曲线并求其长度的准确值.

51. $x = e^t\cos t,\ y = e^t\sin t,\ 0 \leqslant t \leqslant \pi$

52. $x = \cos t + \ln\left(\tan\dfrac{1}{2}t\right),\ y = \sin t,\ \pi/4 \leqslant t \leqslant 3\pi/4$

53. 画出曲线 $x = \sin t + \sin 1.5t,\ y = \cos t$，并求其长度，精确到小数点后 4 位.

54. 求曲线 $x = 3t - t^3,\ y = 3t^2$ 的圈形部分的长度.

55~56 求 t 在给定区间内变化时位置为 (x, y) 的粒子的移动距离，并与曲线长度进行比较.

55. $x = \sin^2 t,\ y = \cos^2 t,\ 0 \leqslant t \leqslant 3\pi$

56. $x = \cos^2 t,\ y = \cos t,\ 0 \leqslant t \leqslant 4\pi$

57~60 参数方程给出了运动粒子在 t（单位：s）时的位置（单位：m）. 求粒子在指定时间或指定点处的速率.

57. $x = 2t - 3,\ y = 2t^2 - 3t + 6$；$t = 5$

58. $x = 2 + 5\cos\left(\dfrac{\pi}{3}t\right),\ y = -2 + 7\sin\left(\dfrac{\pi}{3}t\right)$；$t = 3$

59. $x = e^t,\ y = te^t$；(e, e)

60. $x = t^2 + 1,\ y = t^4 + 2t^2 + 1$；$(2, 4)$

61. 一个发射物以初速度 v_0（单位：m/s）从原点射出，它与水平方向之间的夹角为 α（见 10.1 节练习 58）. 假设空气阻力忽略不计，那么 t s 后它的位置（单位：m）可以用如下参数方程表示：

$$x = (v_0\cos\alpha)t,\quad y = (v_0\sin\alpha)t - \dfrac{1}{2}gt^2,$$

其中 $g = 9.8\text{m/s}^2$ 是重力加速度.
(a) 求发射物落地时的速度.
(b) 求发射物在最高点处时的速度.

62. 证明椭圆 $x = a\sin\theta,\ y = b\cos\theta$（其中 $a > b > 0$）的长度为

$$L = 4a\int_0^{\pi/2}\sqrt{1 - e^2\sin^2\theta}\ \mathrm{d}\theta,$$

其中 e 是椭圆的离心率（$e = c/a$，$c = \sqrt{a^2 - b^2}$）.

T 63. (a) 画出方程为

$$x = 11\cos t - 4\cos(11t/2),\ y = 11\sin t - 4\sin(11t/2)$$

的**次外旋轮线**. 能给出完整曲线的参数区间是什么？
(b) 使用计算器或者计算机求该曲线的近似长度.

T 64. 由参数方程

$$x = C(t) = \int_0^t\cos(\pi u^2/2)\,\mathrm{d}u,$$

$$y = S(t) = \int_0^t\sin(\pi u^2/2)\,\mathrm{d}u$$

定义的曲线称为**考纽螺线**，其中 C 和 S 为第 5 章所介绍的菲涅耳函数.
(a) 画出该曲线. 当 $t \to +\infty$ 和 $t \to -\infty$ 时会发生什么？
(b) 求考纽螺线从原点到参数值为 t 的点的弧长.

65~66 星形线 $x = a\cos^3\theta,\ y = a\sin^3\theta$ 如下图所示.

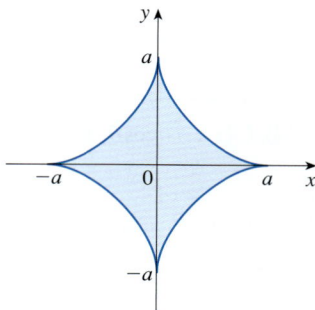

65. 求星形线所围成区域的面积.

66. 求星形线的长度.

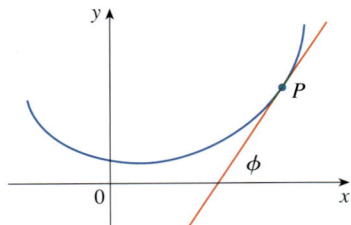

T **67~70** 用积分表示下列曲线绕 x 轴旋转所得曲面的面积，然后使用计算器或计算机求出面积，精确到小数点后 4 位．

67. $x = t\sin t,\ y = t\cos t,\ 0 \leqslant t \leqslant \pi/2$

68. $x = \sin t,\ y = \sin 2t,\ 0 \leqslant t \leqslant \pi/2$

69. $x = t + \mathrm{e}^t,\ y = \mathrm{e}^{-t},\ 0 \leqslant t \leqslant 1$

70. $x = t^2 - t^3,\ y = t + t^4,\ 0 \leqslant t \leqslant 1$

71~73 求下列曲线绕 x 轴旋转所得曲面的面积的准确值．

71. $x = t^3,\ y = t^2,\ 0 \leqslant t \leqslant 1$

72. $x = 2t^2 + 1/t,\ y = 8\sqrt{t},\ 1 \leqslant t \leqslant 3$

73. $x = a\cos^3\theta,\ y = a\sin^3\theta,\ 0 \leqslant \theta \leqslant \pi/2$

74. 画出曲线

$$x = 2\cos\theta - \cos 2\theta,$$
$$y = 2\sin t - \sin 2\theta\ .$$

若曲线绕 x 轴旋转，求所得曲面的面积．（利用你画出的图像找到正确的参数区间．）

75~76 求下列曲线绕 y 轴旋转所得曲面的表面积．

75. $x = 3t^2,\ y = 2t^3,\ 0 \leqslant t \leqslant 5$

76. $x = \mathrm{e}^t - t,\ y = 4\mathrm{e}^{t/2},\ 0 \leqslant t \leqslant 1$

77. 如果 f' 连续且对于 $a \leqslant t \leqslant b$ 有 $f'(t) \neq 0$，证明参数曲线 $x = f(t),\ y = g(t),\ a \leqslant t \leqslant b$ 可以写成 $y = F(x)$ 的形式．（提示：证明 f^{-1} 存在．）

78. 当曲线可以表示成 $y = F(x),\ a \leqslant x \leqslant b$ 的形式时，利用公式 1，从 8.2 节公式 5 推导公式 9．

79~83 **曲率** 定义曲线在点 P 处的曲率为

$$\kappa = \left| \frac{\mathrm{d}\phi}{\mathrm{d}s} \right|\ ,$$

其中 ϕ 为点 P 处的切线的倾角，如右栏第一张图所示．因此，曲率就是 ϕ 关于弧长的变化率的绝对值．它可以看作曲线在点 P 处的方向变化率的一个度量．我们将在第 13 章中进行详细讨论．

79. 对于参数曲线 $x = x(t),\ y = y(t)$，推导公式

$$\kappa = \frac{\left| \dot{x}\ddot{y} - \ddot{x}\dot{y} \right|}{\left[\dot{x}^2 + \dot{y}^2 \right]^{3/2}}\ ,$$

其中点表示关于 t 的导数，故 $\dot{x} = \mathrm{d}x/\mathrm{d}t$．（提示：利用 $\phi = \tan^{-1}(\mathrm{d}y/\mathrm{d}x)$ 和公式 2 求 $\mathrm{d}\phi/\mathrm{d}t$，然后利用链式法则求 $\mathrm{d}\phi/\mathrm{d}s$．）

80. 通过将曲线 $y = f(x)$ 看作参数为 x 的参数曲线 $x = x,\ y = f(x)$，证明练习 79 中的公式可以改写为

$$\kappa = \frac{\left| \mathrm{d}^2y/\mathrm{d}x^2 \right|}{\left[1 + (\mathrm{d}y/\mathrm{d}x)^2 \right]^{3/2}}\ .$$

81. 利用练习 79 中的公式求旋轮线 $x = \theta - \sin\theta,\ y = 1 - \cos\theta$ 在拱的顶点处的曲率．

82. (a) 利用练习 80 中的公式求抛物线 $y = x^2$ 在点 $(1,1)$ 处的曲率．
(b) 此抛物线在何处有最大曲率？

83. (a) 证明直线上每一点处的曲率都为 $\kappa = 0$．
(b) 证明半径为 r 的圆上每一点处的曲率都为 $\kappa = 1/r$．

84. 一头牛被拴在半径为 r 的筒仓边上，绳子的长度刚好够到筒仓的另一端．求这头牛能够吃到的牧草的面积．

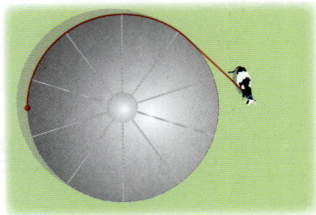

85. 一根绳子缠绕在一个圆上，然后在拉紧的状态下展开．绳子的端点 P 经过的轨迹称为圆的**渐伸线**．若圆的半径为 r，圆心为 O，点 P 的初始位置为 $(r,0)$，参数 θ 如右图所示，证明渐伸线的参数方程为

$$x = r(\cos\theta + \theta\sin\theta),$$
$$y = r(\sin\theta - \theta\cos\theta).$$

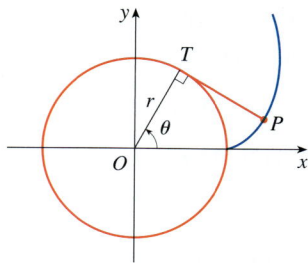

探索专题 ｜ 贝塞尔曲线

贝塞尔曲线在计算机辅助设计中有广泛的应用，它以在汽车行业工作的法国数学家皮埃尔·贝塞尔（Pierre Bézier，1910—1999）的姓氏命名．一条空间贝塞尔曲线由四个控制点 $P_0(x_0,y_0)$、$P_1(x_1,y_1)$、$P_2(x_2,y_2)$、$P_3(x_3,y_3)$ 确定，由以下参数方程定义：

$$x = x_0(1-t)^3 + 3x_1 t(1-t)^2 + 3x_2 t^2(1-t) + x_3 t^3,$$
$$y = y_0(1-t)^3 + 3y_1 t(1-t)^2 + 3y_2 t^2(1-t) + y_3 t^3,$$

其中 $0 \leqslant t \leqslant 1$．注意，当 $t=0$ 时有 $(x,y)=(x_0,y_0)$，当 $t=1$ 时有 $(x,y)=(x_3,y_3)$，故曲线从 P_0 开始到 P_3 结束．

1. 取控制点 $P_0(4,1)$、$P_1(28,48)$、$P_2(50,42)$ 和 $P_3(40,5)$，画出相应的贝塞尔曲线，然后在同一坐标系中画出线段 P_0P_1、P_1P_2 和 P_2P_3（10.1 节练习 37 展示过怎样做）．注意，中间的控制点 P_1 和 P_2 不在曲线上．也就是说，曲线从 P_0 开始，向 P_1 和 P_2 延伸但不到达，到 P_3 结束．

2. 从问题 1 中的图像看来，P_0 处的切线过 P_1，P_3 处的切线过 P_2．证明这个结论．

3. 通过改变问题 1 中的第二个控制点，尝试构造出带圈的贝塞尔曲线．

4. 一些激光打印机使用贝塞尔曲线来表示字母和其他符号．试验不同的控制点，直到找到一条能合理地表示字母 C 的贝塞尔曲线．

5. 把两条或更多条贝塞尔曲线拼在一起可以表示更复杂的形状．假设第一条贝塞尔曲线的控制点为 P_0、P_1、P_2、P_3，第二条的控制点为 P_3、P_4、P_5、P_6．如果想使这两部分光滑地衔接在一起，那么 P_3 处的切线需要适配，因此 P_2、P_3 和 P_4 都必须落在这条公切线上．利用这个原理，求出表示字母 S 的两条贝塞尔曲线的控制点．

10.3 ｜ 极坐标系

坐标系用称为坐标的有序数对表示平面上的点．通常使用的是笛卡儿坐标，它是点到两个垂直坐标轴的距离．这里介绍一种由牛顿引入的坐标系，称作极坐标系，它在许多情况下更为方便．

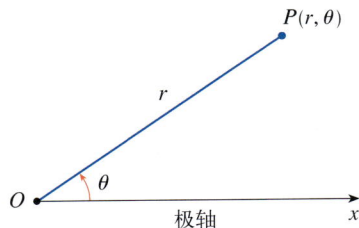

图 10-3-1

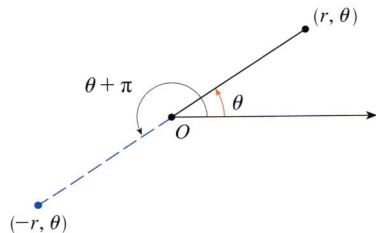

图 10-3-2

极坐标系

在平面中选择一点，称为**极点**（或原点），记作 O。然后从 O 出发画一条射线（半直线），称为**极轴**。极轴通常是水平向右的，对应笛卡儿坐标系的 x 轴正半轴。

如果 P 为平面中的任意另一点，令 r 为 O 到 P 的距离，θ 为极轴与线段 OP 之间的夹角（通常以弧度为单位），如图 10-3-1 所示，那么 P 就由有序对 (r,θ) 表示，r、θ 称为 P 的**极坐标**。按惯例，夹角从极轴的逆时针方向测量为正值，从顺时针方向测量则为负值。如果 $P=O$，那么 $r=0$，并且对于任意 θ 值，$(0,\theta)$ 均表示极点。

如果承认点 $(-r,\theta)$ 和点 (r,θ) 都位于过 O 的同一条直线上，且到 O 的距离都是 $|r|$，只是两点分别在 O 的两侧，这样就把极坐标系 (r,θ) 推广到 r 为负值的情况，如图 10-3-2 所示。如果 $r>0$，那么点 (r,θ) 位于与 θ 相同的象限；如果 $r<0$，那么点 (r,θ) 位于相反方向的象限。注意，$(-r,\theta)$ 和 $(r,\theta+\pi)$ 表示同一个点。

例 1 画出下列极坐标所表示的点。

(a) $(1,5\pi/4)$　　　(b) $(2,3\pi)$　　　(c) $(2,-2\pi/3)$　　　(d) $(-3,3\pi/4)$

解 图 10-3-3 中画出了这些点。图 10-3-3d 中，点 $(-3,3\pi/4)$ 位于第四象限，距离极点 3 个单位，这是因为 $3\pi/4$ 是第二象限中的角，而 $r=-3$ 为负。

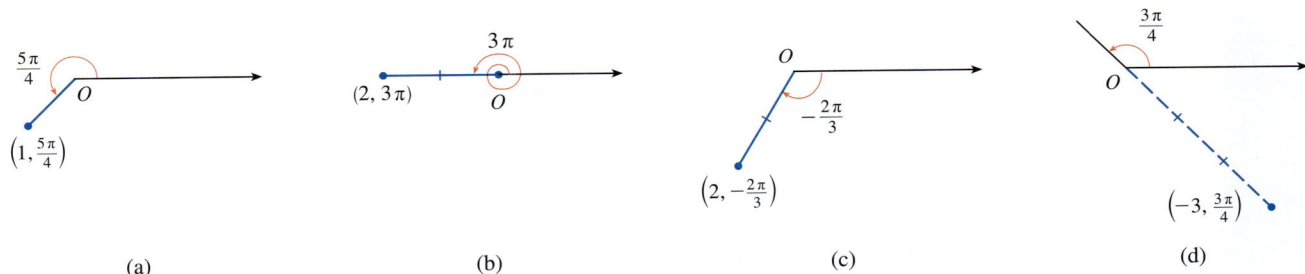

(a)　　　　(b)　　　　(c)　　　　(d)

图 10-3-3

在笛卡儿坐标系中每个点只有一种表示方法，但在极坐标系中每个点有很多种表示方法。比如，例 1a 中的点 $(1,5\pi/4)$ 也可以写成 $(1,-3\pi/4)$、$(1,13\pi/4)$ 或 $(-1,\pi/4)$，见图 10-3-4。

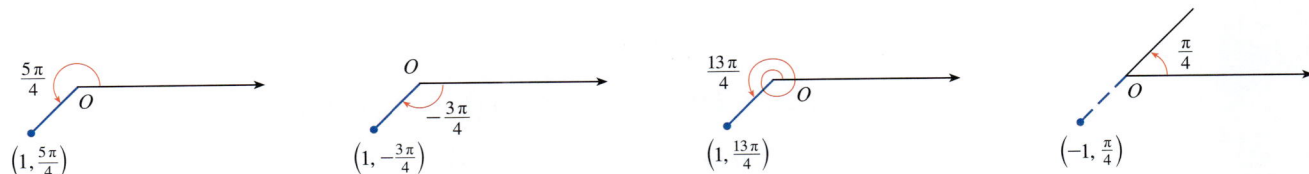

图 10-3-4

事实上，因为 2π 表示逆时针转一周，所以极坐标 (r,θ) 所表示的点也可用

$$(r,\theta+2n\pi) \text{ 和 } (-r,\theta+(2n+1)\pi)$$

来表示，其中 n 为任意整数。

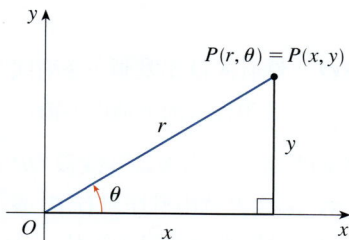

图 10-3-5

■ 极坐标与笛卡儿坐标之间的关系

从图 10-3-5 中可以看出极坐标与笛卡儿坐标之间的联系，其中极点对应原点，极轴与 x 轴正半轴重合．如果点 P 的笛卡儿坐标为 (x,y)，极坐标为 (r,θ)，那么从图中可以看出 $\cos\theta = x/r$，$\sin\theta = y/r$．因此，当极坐标 (r,θ) 已知时，我们用下面的公式求其笛卡儿坐标 (x,y)：

1
$$x = r\cos\theta, \quad y = r\sin\theta.$$

当笛卡儿坐标为 (x,y) 时，我们用下面的公式求其极坐标 (r,θ)：

2
$$r^2 = x^2 + y^2, \quad \tan\theta = \frac{y}{x}.$$

公式 2 可以从公式 1 推出或直接从图 10-3-5 中看出．

尽管公式 1 和公式 2 是根据图 10-3-5 推导的，它只展示了 $r > 0$ 和 $0 < \theta < \pi/2$ 的情况，但这两个公式对于任意 r 和 θ 都成立．（见附录 D 中 $\sin\theta$ 和 $\cos\theta$ 的一般定义．）

例 2 将点 $(2,\pi/3)$ 从极坐标转化为笛卡儿坐标．

解 因为 $r = 2$，$\theta = \pi/3$，所以公式 1 给出

$$x = r\cos\theta = 2\cos\frac{\pi}{3} = 2 \times \frac{1}{2} = 1,$$

$$y = r\sin\theta = 2\sin\frac{\pi}{3} = 2 \times \frac{\sqrt{3}}{2} = \sqrt{3}.$$

因此，该点的笛卡儿坐标为 $\left(1, \sqrt{3}\right)$. ■

例 3 用极坐标表示笛卡儿坐标为 $(1,-1)$ 的点．

解 如果 r 为正值，那么公式 2 给出

$$r = \sqrt{x^2 + y^2} = \sqrt{1^2 + (-1)^2} = \sqrt{2},$$

$$\tan\theta = \frac{y}{x} = -1.$$

因为点 $(1,-1)$ 位于第四象限，所以可以取 $\theta = -\pi/4$ 或 $\theta = 7\pi/4$．因此，一个可能的答案是 $\left(\sqrt{2}, -\pi/4\right)$，另一个是 $\left(\sqrt{2}, 7\pi/4\right)$. ■

说明 给定 x 和 y 时，公式 2 不能唯一地确定 θ，因为当 θ 在区间 $0 \leqslant \theta \leqslant 2\pi$ 内增大时，$\tan\theta$ 的每一个值都会出现两次．因此在从笛卡儿坐标转换到极坐标时，仅仅求出满足公式 2 的 r 和 θ 是不够的．正如例 3 中那样，必须选取合适的 θ 值使得点 (r,θ) 位于正确的象限．

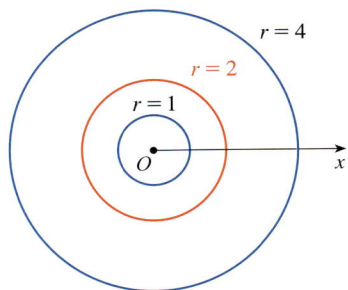

图 10-3-6

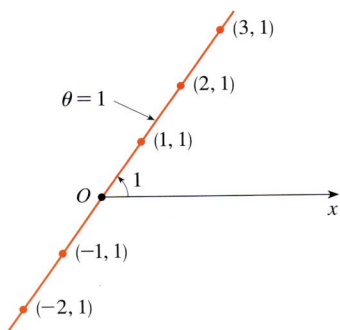

图 10-3-7

■ 极坐标曲线

极坐标方程 $r=f(\theta)$，或者更一般地说 $F(r,\theta)=0$ 的图像，由所有至少有一种极坐标表示 (r,θ) 满足方程的点 P 组成.

例 4　极坐标方程 $r=2$ 表示什么曲线?

解　曲线由所有 $r=2$ 的点 (r,θ) 组成. 因为 r 代表点到极点的距离，所以曲线 $r=2$ 就是圆心为 O、半径为 2 的圆. 一般地，方程 $r=a$ 代表圆心为 O、半径为 a 的圆（见图 10-3-6）. ■

例 5　画出极坐标曲线 $\theta=1$.

解　曲线由所有极角 θ 为 1（弧度）的点 (r,θ) 组成，它是过 O 且与极轴之间的夹角为 1 的直线（见图 10-3-7）. 注意，$r>0$ 的那些点 $(r,1)$ 在第一象限中，而 $r<0$ 的那些点在第三象限中. ■

例 6

(a) 画出极坐标方程为 $r=2\cos\theta$ 的曲线.

(b) 求该曲线的笛卡儿方程.

解

(a) 在表 10-3-1 中，我们取一些方便计算的 θ 值来求出 r 值，并将相应的点 (r,θ) 描出（见图 10-3-8），然后将这些点连接起来形成曲线，它看起来是一个圆. 我们只使用了从 0 到 π 的 θ 值，因为如果 θ 增大到 π 以上，就会得到相同的点.

表 10-3-1　$r=2\cos\theta$ 的函数值

θ	$r=2\cos\theta$
0	2
$\pi/6$	$\sqrt{3}$
$\pi/4$	$\sqrt{2}$
$\pi/3$	1
$\pi/2$	0
$3\pi/2$	-1
$3\pi/4$	$-\sqrt{2}$
$5\pi/6$	$-\sqrt{3}$
π	-2

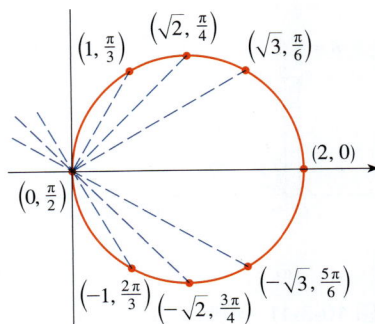

图 10-3-8
$r=2\cos\theta$ 的图像

(b) 为了将给定方程转换成笛卡儿方程，我们利用公式 1 和公式 2. 从 $x=r\cos\theta$ 得到 $\cos\theta=x/r$，所以方程 $r=2\cos\theta$ 变成 $r=2x/r$，进而得出

$$2x=r^2=x^2+y^2 \text{ 或 } x^2+y^2-2x=0.$$

取完全平方，得到

$$(x-1)^2 + y^2 = 1，$$

这是圆心为 $(1,0)$、半径为 1 的圆. ∎

图 10-3-9 为例 6 中的圆 $r = 2\cos\theta$ 给出了一个几何图示. 角 OPQ 是一个直角（为什么？），所以 $r/2 = \cos\theta$.

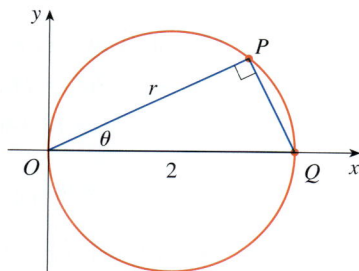

图 10-3-9

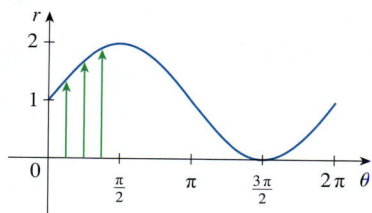

图 10-3-10
笛卡儿坐标系中的
$r = 1 + \sin\theta,\ 0 \leqslant \theta \leqslant 2\pi$

例 7　画出曲线 $r = 1 + \sin\theta$.

解　我们不再如例 6 中那样描点，而是先将正弦曲线向上平移 1 个单位，以画出 $r = 1 + \sin\theta$ 在笛卡儿坐标系中的图像，如图 10-3-10 所示. 这样就能直观地读出随 θ 值增大而相应变化的 r 值. 比如，可以看到，随着 θ 从 0 增大到 $\pi/2$，r（到 O 的距离）从 1 增大到 2（见图 10-3-10 和图 10-3-11a 中对应的绿色箭头），由此在图 10-3-11a 中画出极坐标曲线相应的部分. 随着 θ 从 $\pi/2$ 增大到 π，图 10-3-10 表明 r 从 2 减小到 1，由此在图 10-3-11b 中画出曲线的下一个部分. 随着 θ 从 π 增大到 $3\pi/2$，r 从 1 减小到 0，如图 10-3-11c 所示. 最后，随着 θ 从 $3\pi/2$ 增大到 2π，r 从 0 增大到 1，如图 10-3-11d 所示. 如果让 θ 增大到 2π 以上或减小到 0 以下，轨迹就会重复. 将曲线的各部分拼在一起，得到完整的曲线，如图 10-3-11e 所示. 它称为**心脏线**，因为它的形状像一颗心脏.

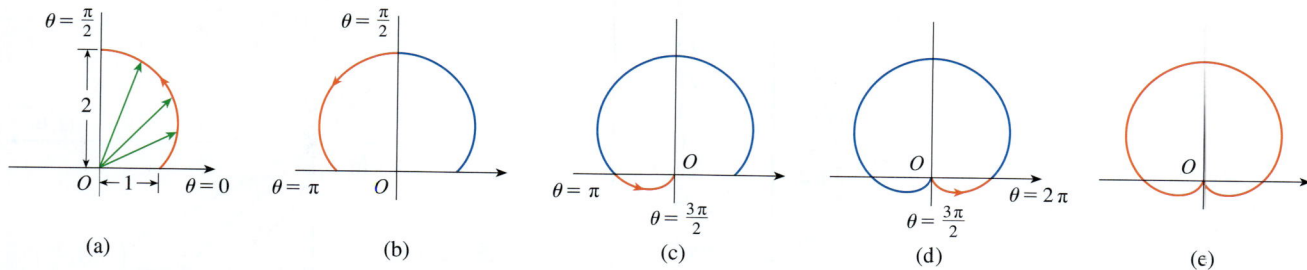

(a)　　　　　(b)　　　　　(c)　　　　　(d)　　　　　(e)

图 10-3-11　绘制心脏线 $r = 1 + \sin\theta$ 的步骤 ∎

例 8　画出曲线 $r = \cos 2\theta$.

解　如例 7 中那样，首先在图 10-3-12 中画出 $r = \cos 2\theta,\ 0 \leqslant \theta \leqslant 2\pi$ 在笛卡儿坐标系中的图像. 随着 θ 从 0 增大到 $\pi/4$，图 10-3-12 表明 r 从 1 减小到 0，由此在图 10-3-13 中画出极坐标曲线相应的部分（标记为①）. 随着 θ 从 $\pi/4$ 增大到 $\pi/2$，r

从 0 减小到 -1. 这意味着到 O 的距离从 0 增大到 1, 但极坐标曲线的这一部分(标记为②)不在第一象限中, 而在极点另一边的第三象限中. 其余部分也用类似方法画出, 用箭头和数字标明画出的顺序. 最终得到的曲线有四个圈, 所以称为四叶玫瑰线.

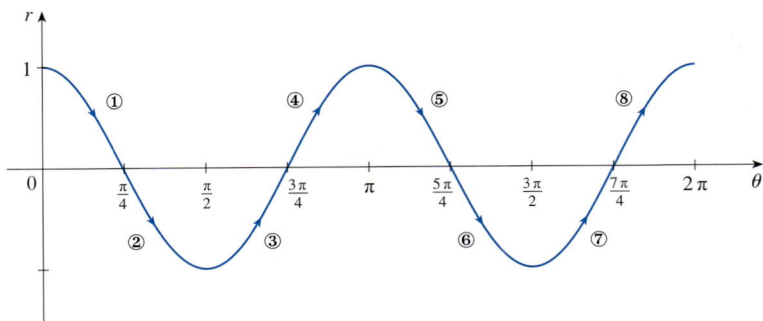

图 10-3-12
笛卡儿坐标系中的 $r = 2\cos\theta$

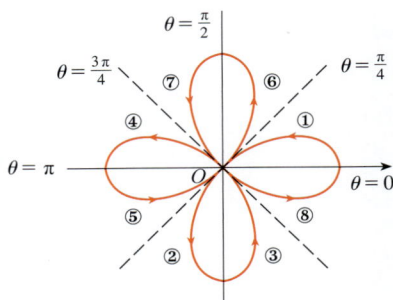

图 10-3-13
四叶玫瑰线 $r = \cos 2\theta$ ■

■ **对称性**

在画极坐标曲线时, 利用对称性有时会有帮助. 图 10-3-14 解释了下面三条规则.

(a) 如果将 θ 替换为 $-\theta$ 后极坐标方程不变, 那么极坐标曲线关于极轴对称.

(b) 如果将 r 替换为 $-r$ 或将 θ 替换为 $\theta+\pi$ 后极坐标方程不变, 那么极坐标曲线关于极点对称. (它的意思是, 将曲线绕极点旋转 180°, 曲线不变.)

(c) 如果将 θ 替换为 $\pi-\theta$ 后极坐标方程不变, 那么极坐标曲线关于直线 $\theta=\pi/2$ 对称.

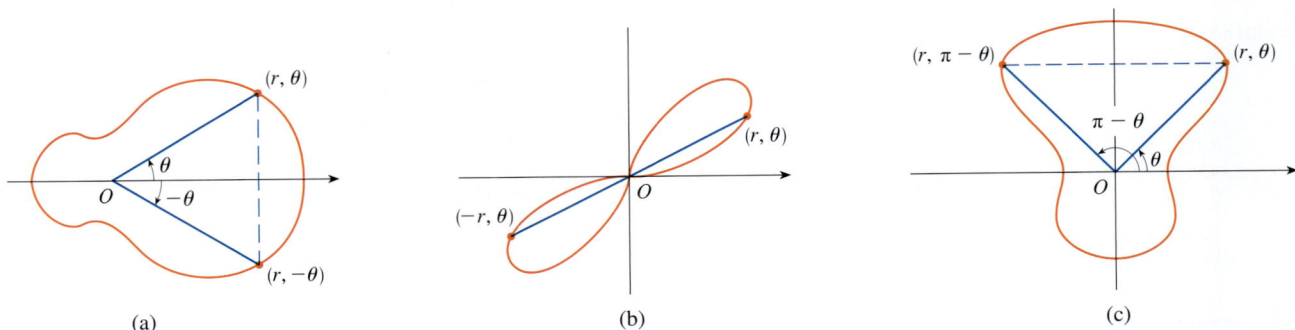

(a)

(b)

(c)

图 10-3-14

例 6 和例 8 中的曲线关于极轴对称, 因为 $\cos(-\theta) = \cos\theta$. 例 7 和例 8 中的曲线关于直线 $\theta=\pi/2$ 对称, 因为 $\sin(\pi-\theta) = \sin\theta$ 且 $\cos[2(\pi-\theta)] = \cos 2\theta$. 四叶玫瑰线还关于极点对称. 这些对称性应该用于绘制曲线. 比如, 在例 6 中我们只需描出 $0 \leqslant \theta \leqslant \pi/2$ 的点, 然后作关于极轴的对称变换就能得到完整的圆.

■ 利用技术工具绘制极坐标曲线

虽然手绘简单的极坐标曲线是很有用的，但在遇到如图 10-3-15 和图 10-3-16 所示的复杂曲线时，就需要使用图像计算器或计算机．

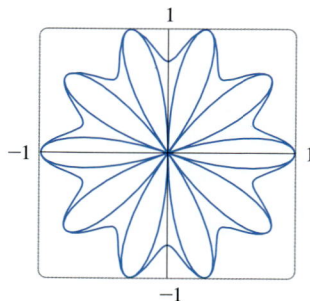

图 10-3-15
$$r = \sin^3(2.5\theta) + \cos^3(2.5\theta)$$

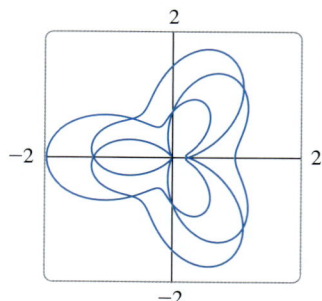

图 10-3-16
$$r = \sin^2(3\theta/2) + \cos^2(2\theta/3)$$

例 9 画出曲线 $r = \sin(8\theta/5)$ ．

解 首先需要确定 θ 的定义域．因此，我们要问：旋转多少圈后曲线才能开始重复？如果答案是 n，那么

$$\sin\frac{8(\theta + 2n\pi)}{5} = \sin\left(\frac{8\theta}{5} + \frac{16n\pi}{5}\right) = \sin\frac{8\theta}{5},$$

所以 $16n\pi/5$ 必须是 π 的偶数倍，这在 $n=5$ 时第一次发生．因此，如果我们指定 $0 \leqslant \theta \leqslant 10\pi$，就能画出完整的曲线．图 10-3-17 显示了最终得到的曲线．注意，这条曲线有 16 个圈． ■

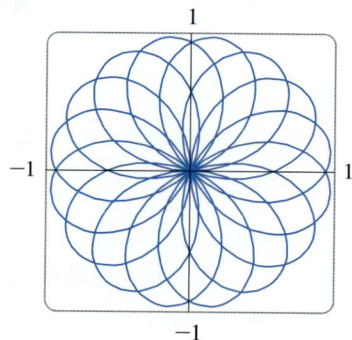

图 10-3-17
$r = \sin(8\theta/5)$

例 10 考察曲线族 $r = 1 + c\sin\theta$．当 c 变化时，曲线的形状怎样变化？（这些曲线称为**蚶线**，源于法语中的单词"蜗牛"，因为对于特定的 c 值，曲线的形状像蜗牛．）

解 图 10-3-18 显示了对于不同 c 值计算机画出的图像．（注意，在 $0 \leqslant \theta \leqslant 2\pi$ 上就能得到完整的曲线．）当 $c > 1$ 时，曲线中间有一个圈，其大小随着 c 增大而增大．

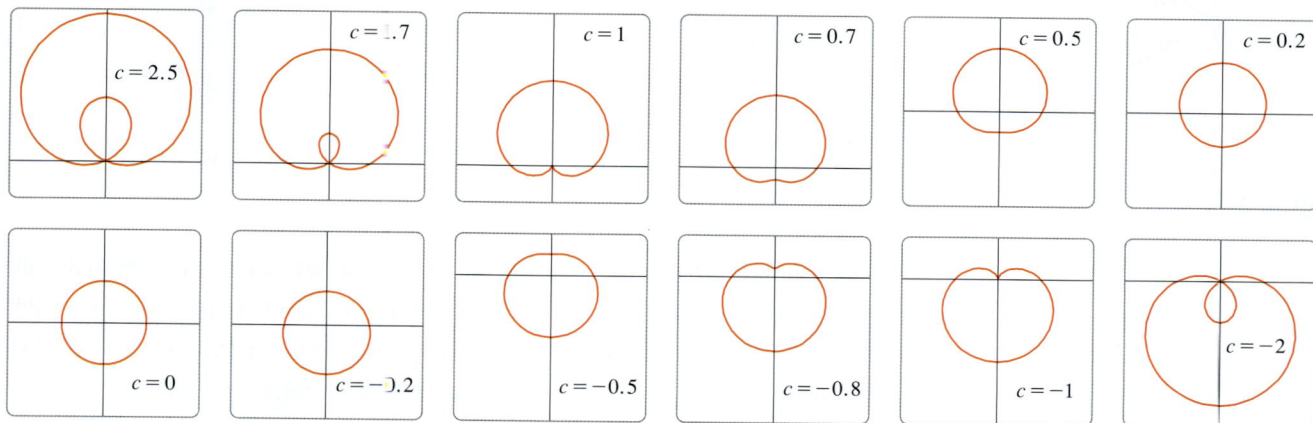

图 10-3-18 蚶线族 $r = 1 + c\sin\theta$ 中的成员曲线

在练习 55 中，你将用解析方法证明在图 10-3-18 中发现的结论.

当 $c=1$ 时，圈消失，曲线变成例 7 中的心脏线. 当 c 在 1 和 $\frac{1}{2}$ 之间时，心脏线的尖点变得平滑，形成一个"酒窝". 当 c 从 $\frac{1}{2}$ 减小到 0 时，蚶线的形状像一只卵. 当 $c \to 0$ 时，这只卵变得很圆. 当 $c=0$ 时，曲线就是圆 $r=1$.

图 10-3-18 的其余部分显示，当 c 变为负值时，曲线的形状会发生相反的变化. 事实上，这些曲线与 c 为正值对应的曲线关于水平轴对称. ■

蚶线产生于对行星运动的研究，比如从地球上观察火星的轨迹，它可以用一个带圈蚶线来建模，如图 10-3-18 所示（$|c|>1$）.

表 10-3-2 总结了一些常见的极坐标曲线.

表 10-3-2　常见的极坐标曲线

圆和螺线	$r=a$ 圆	$r=a\sin\theta$ 圆	$r=a\cos\theta$ 圆	$r=a\theta$ 螺线
蚶线 $r=a\pm b\sin\theta$ $r=a\pm b\cos\theta$ （$a>0$，$b>0$）方向取决于三角函数（正弦或余弦）和 b 的符号.	$a<b$ 带圈蚶线	$a=b$ 心脏线	$a>b$ 带酒窝蚶线	$a\geqslant 2b$ 凸蚶线
玫瑰线 $r=a\sin n\theta$ $r=a\cos n\theta$ 如果 n 是奇数，则为 n 叶玫瑰线；如果 n 是偶数，则为 $2n$ 叶玫瑰线.	$r=a\cos 2\theta$ 四叶玫瑰线	$r=a\cos 3\theta$ 三叶玫瑰线	$r=a\cos 4\theta$ 八叶玫瑰线	$r=a\cos 5\theta$ 五叶玫瑰线
双纽线 "8"型曲线	$r^2=a^2\sin 2\theta$ 双纽线	$r^2=a^2\cos 2\theta$ 双纽线		

10.3 | 练习

1~2　画出下列极坐标所表示的点，然后给出每个点的另外两组极坐标，一个 $r>0$，另一个 $r<0$.

1. (a) $(1,\pi/4)$　　(b) $(-2,3\pi/2)$　　(c) $(3,-\pi/3)$

2. (a) $(2,5\pi/6)$　　(b) $(1,-2\pi/3)$　　(c) $(-1,5\pi/4)$

3~4　画出下列极坐标所表示的点，然后求每个点的笛卡儿坐标.

3. (a) $(2,3\pi/2)$　　(b) $\left(\sqrt{2},\pi/4\right)$　　(c) $(-1,-\pi/6)$

4. (a) $(4,4\pi/3)$　　(b) $(-2,3\pi/4)$　　(c) $(3,-\pi/3)$

5~6　某一点的笛卡儿坐标已知.

(i) 求该点的极坐标 (r,θ)，其中 $r>0$，$0\leqslant\theta<2\pi$.

(ii) 求该点的极坐标 (r,θ)，其中 $r<0$，$0\leqslant\theta<2\pi$.

5. (a) $(-4,4)$　　　　　(b) $\left(3,3\sqrt{3}\right)$

6. (a) $\left(\sqrt{3},-1\right)$　　　(b) $(-6,0)$

7~12　在平面中画出极坐标满足下列条件的点所组成的区域.

7. $1<r\leqslant 3$

8. $r\geqslant 2$，$0\leqslant\theta\leqslant\pi$

9. $0\leqslant r\leqslant 1$，$-\pi/2\leqslant\theta\leqslant\pi/2$

10. $3<r<5$，$2\pi/3\leqslant\theta\leqslant 4\pi/3$

11. $2\leqslant r<4$，$3\pi/4\leqslant\theta\leqslant 7\pi/4$

12. $r\geqslant 0$，$\pi\leqslant\theta\leqslant 5\pi/2$

13. 求极坐标为 $(4,4\pi/3)$ 和 $(6,5\pi/3)$ 的两点之间的距离.

14. 求极坐标为 (r_1,θ_1) 和 (r_2,θ_2) 的两点之间的距离公式.

15~20　求出笛卡儿方程，识别下列曲线.

15. $r^2=5$　　　　　**16.** $r=4\sec\theta$

17. $r=5\cos\theta$　　　**18.** $\theta=\pi/3$

19. $r^2\cos 2\theta=1$　　**20.** $r^2\sin 2\theta=1$

21~26　求下列笛卡儿方程所表示的曲线的极坐标方程.

21. $x^2+y^2=7$　　　**22.** $x=-1$

23. $y=\sqrt{3}x$　　　　**24.** $y=-2x^2$

25. $x^2+y^2=4y$　　　**26.** $x^2-y^2=4$

27~28　对于下述每条曲线，判断一下用极坐标方程表示更简单，还是用笛卡儿方程表示更简单，然后写出该方程.

27. (a) 过原点且与 x 轴正半轴之间的夹角为 $\pi/6$ 的直线.
(b) 过点 $(3,3)$ 的垂直线.

28. (a) 过点 $(2,3)$、半径为 5 的圆.
(b) 圆心为原点、半径为 4 的圆.

29~32　下图给出了 r 关于 θ 的函数在笛卡儿坐标系中的图像，利用它们画出相应的极坐标曲线.

29.

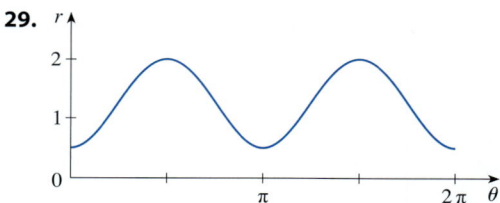

30.

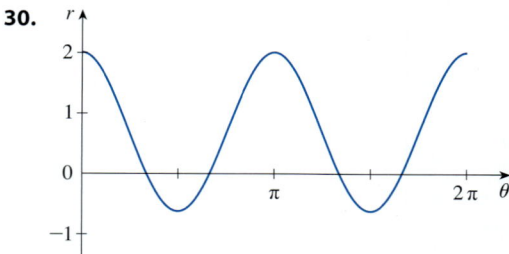

31.

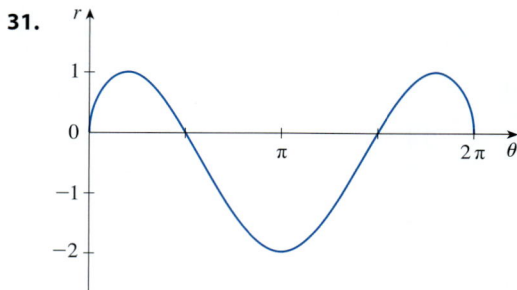

32.

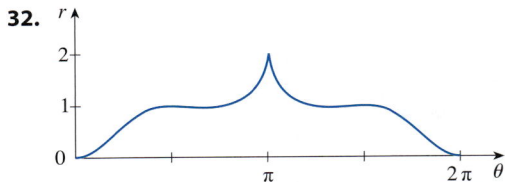

33~50　先画出 r 关于 θ 的函数在笛卡儿坐标系中的图像，由此画出给定极坐标方程所表示的曲线.

33. $r = -2\sin\theta$

34. $r = 1 - \cos\theta$

35. $r = 2(1 + \cos\theta)$

36. $r = 1 + 2\cos\theta$

37. $r = \theta,\ \theta \geqslant 0$

38. $r = \theta^2,\ -2\pi \leqslant \theta \leqslant 2\pi$

39. $r = 3\cos 3\theta$

40. $r = -\sin 5\theta$

41. $r = 2\cos 4\theta$

42. $r = 2\sin 6\theta$

43. $r = 1 + 3\cos\theta$

44. $r = 1 + 5\sin\theta$

45. $r^2 = 9\sin 2\theta$

46. $r^2 = \cos 4\theta$

47. $r = 2 + \sin 3\theta$

48. $r^2\theta = 1$

49. $r = \sin(\theta/2)$

50. $r = \cos(\theta/3)$

51. 对于极坐标曲线 $r = 4 + 2\sec\theta$（称为**蚌线**），证明 $\lim\limits_{r\to\pm\infty} x = 2$ 来说明直线 $x = 2$ 是它的一条垂直渐近线. 借助这个事实画出蚌线.

52. 对于极坐标曲线 $r = 2 - \csc\theta$（蚌线），证明 $\lim\limits_{r\to\pm\infty} y = -1$ 来说明直线 $y = -1$ 是它的一条水平渐近线. 借助这个事实画出蚌线.

53. 证明直线 $x = 1$ 是曲线 $r = \sin\theta\tan\theta$（称为**蔓叶线**）的一条垂直渐近线，再证明该曲线完全位于垂直带形 $0 \leqslant x < 1$ 之内. 借助这些事实画出蔓叶线.

54. 画出曲线 $(x^2 + y^2)^3 = 4x^2y^2$.

55. (a) 在例 10 中，图像显示蜗线 $r = 1 + c\sin\theta$ 在 $|c| > 1$ 时有一个内圈. 证明此结论，并求出此内圈对应的 θ 值.

　　(b) 图 10-3-18 中，当 $c = \dfrac{1}{2}$ 时蜗线的"酒窝"消失. 证明此结论.

56. 将下列参数方程与 I~IX 中的图像进行匹配，并说明理由.

　(a) $r = \cos 3\theta$

　(b) $r = \ln\theta,\ 1 \leqslant \theta \leqslant 6\pi$

　(c) $r = \cos(\theta/2)$

　(d) $r = \cos(\theta/3)$

　(e) $r = \sec(\theta/3)$

　(f) $r = \sec\theta$

　(g) $r = \theta^2,\ 0 \leqslant \theta \leqslant 8\pi$

　(h) $r = 2 + \cos 3\theta$

　(i) $r = 2 + \cos(3\theta/2)$

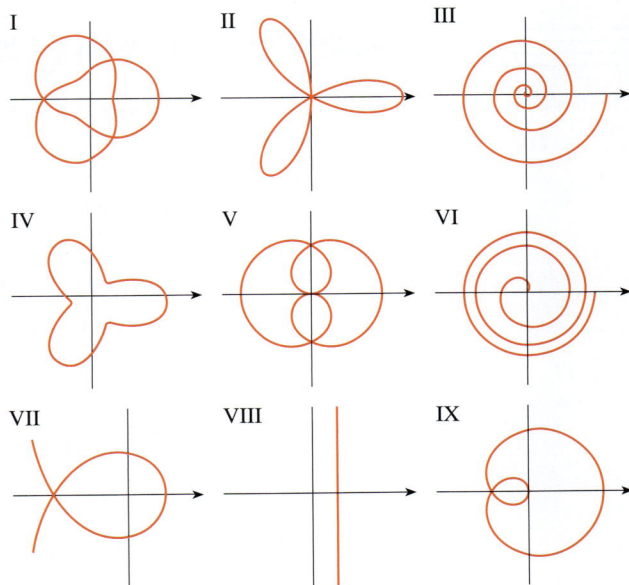

57. 证明极坐标方程 $r = a\sin\theta + b\cos\theta$（$ab \neq 0$）表示一个圆. 求其圆心和半径.

58. 证明曲线 $r = a\sin\theta$ 和曲线 $r = a\cos\theta$ 垂直相交.

59~64　画出下列极坐标曲线，选择能生成完整图像的参数区间.

59. $r = 1 + 2\sin(\theta/2)$（肾腰线）

60. $r = \sqrt{1 - 0.8\sin^2\theta}$（马掌线）

61. $r = e^{\sin\theta} - 2\cos(4\theta)$（蝴蝶线）

62. $r = |\tan\theta|^{|\cot\theta|}$（心形线）

63. $r = 1 + \cos^{999}\theta$（吃豆人曲线）

64. $r = 2 + \cos(9\theta/4)$

65. $r = 1 + \sin(\theta - \pi/6)$ 的图像和 $r = 1 + \sin(\theta - \pi/3)$ 的图像与 $r = 1 + \sin\theta$ 的图像之间有什么关系？一般来说，$r = f(\theta - \alpha)$ 的图像与 $r = f(\theta)$ 的图像之间有什么关系？

66. 利用图像估计曲线 $r = \sin 2\theta$ 的最高点纵坐标，然后利用微积分求出其准确值.

67. 考察极坐标方程 $r = 1 + c\cos\theta$ 所表示的曲线族，其中 c 为实数．当 c 变化时，图像的形状如何变化？

68. 考察极坐标方程 $r = 1 + \cos^n\theta$ 所表示的曲线族，其中 n 为正整数．当 n 增大时，曲线的形状如何变化？当 n 很大时会发生什么？通过考虑 r 关于 θ 的函数在笛卡儿坐标系中的图像，来解释 n 很大时图像的形状．

探索专题 | ⊞ **极坐标曲线族**

在本专题中，你将探索极坐标曲线族中的成员曲线所呈现出的有趣而美丽的形状．你还会看到，当改变常数时，曲线的形状会如何变化．

1. (a) 考察极坐标方程 $r = \sin n\theta$ 所表示的曲线族，其中 n 为正整数．圈的个数与 n 之间有什么关系？

　(b) 若 (a) 中的方程替换为 $r = |\sin n\theta|$，会发生什么？

2. 方程 $r = 1 + c\sin n\theta$ 给出了一个曲线族，其中 c 为实数，n 为正整数．当 n 增大时，图像如何变化？当 c 变化时，图像如何变化？画出多条成员曲线来验证你的结论．

3. 一个曲线族的极坐标方程为

$$r = \frac{1 - a\cos\theta}{1 + a\cos\theta}.$$

探究当 a 变化时，图像如何变化．特别地，求出曲线的基本形状发生转变时的 a 值．

4. 天文学家乔瓦尼·卡西尼（Giovanni Cassini，1625—1712）研究了极坐标方程

$$r^4 - 2c^2 r^2 \cos 2\theta + c^4 - a^4 = 0$$

所表示的曲线族，其中 a 和 c 为正实数．这些曲线称为**卡西尼卵形线**，尽管只在 a 和 c 为特定值时曲线才是卵形的．（卡西尼认为这些曲线比开普勒椭圆更能代表行星的轨道．）观察这些曲线可能具有的各种形状，特别是当曲线有两部分时，a 和 c 之间有什么关系？

10.4 | 极坐标系下的微积分

在这一节中，我们应用微积分的方法来推导与极坐标曲线相关的面积、弧长和切线．

■ 面积

为了建立由极坐标方程给出边界的区域的面积公式，需要用到扇形的面积公式

$\boxed{1}$
$$A = \frac{1}{2}r^2\theta,$$

其中 r 为半径，θ 为以弧度为单位的圆心角，如图 10-4-1 所示．公式 1 由扇形面积与其圆心角成正比这一事实得到：$A = (\theta/2\pi)\pi r^2 = \frac{1}{2}r^2\theta$（见 7.3 节练习 41）．

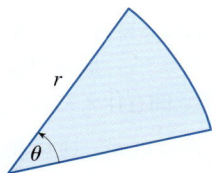

图 10-4-1

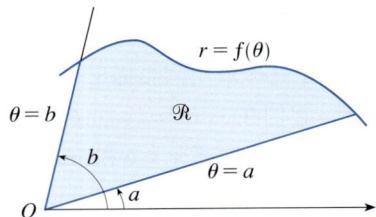

图 10-4-2

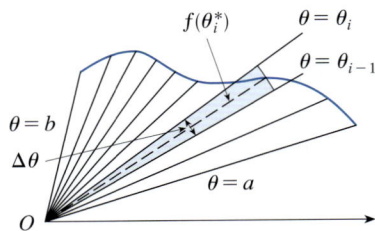

图 10-4-3

令 $\mathscr{R}$ 为如图 10-4-2 所示的区域，以极坐标曲线 $r=f(\theta)$ 及射线 $\theta=a$ 和 $\theta=b$ 为边界，其中 f 为连续的正值函数，$0<b-a\leqslant 2\pi$．将区间 $[a,b]$ 等分成宽为 $\Delta\theta$、端点为 $\theta_0,\theta_1,\theta_2,\cdots,\theta_n$ 的子区间，那么射线 $\theta=\theta_i$ 将 $\mathscr{R}$ 分成圆心角为 $\Delta\theta=\theta_i-\theta_{i-1}$ 的 n 个子区域．如果在第 i 个子区间 $[\theta_{i-1},\theta_i]$ 内选取一点 θ_i^*，那么第 i 个子区域的面积 ΔA_i 就近似为圆心角为 $\Delta\theta$、半径为 $f(\theta_i^*)$ 的扇形的面积（见图 10-4-3）．

这样，由公式 1 可知

$$\Delta A_i \approx \frac{1}{2}\left[f(\theta_i^*)\right]^2 \Delta\theta ,$$

因此，$\mathscr{R}$ 的总面积 A 近似为

2 $$\boxed{A \approx \sum_{i=1}^{n} \frac{1}{2}\left[f(\theta_i^*)\right]^2 \Delta\theta .}$$

从图 10-4-3 中可以看出，当 $n\to+\infty$ 时，公式 2 中的近似越来越好．而公式 2 中的和是函数 $g(\theta)=\frac{1}{2}\left[f(\theta)\right]^2$ 的黎曼和，故

$$\lim_{n\to+\infty}\sum_{i=1}^{n}\frac{1}{2}\left[f(\theta_i^*)\right]^2\Delta\theta = \int_a^b \frac{1}{2}\left[f(\theta)\right]^2 \mathrm{d}\theta .$$

因此，$\mathscr{R}$ 的面积 A 的公式似乎应该是（实际上也可以证明）

3 $$\boxed{A = \int_a^b \frac{1}{2}\left[f(\theta)\right]^2 \mathrm{d}\theta .}$$

公式 3 经常写成

4 $$\boxed{A = \int_a^b \frac{1}{2}r^2 \,\mathrm{d}\theta ,}$$

其中 $r=f(\theta)$．注意公式 1 和公式 4 的类似性．

当使用公式 3 和公式 4 时，将面积看作由一条从角 a 旋转到角 b 的过点 O 的射线扫过得到，这会很有帮助．

例 1 求四叶玫瑰线 $x=\cos 2\theta$ 的其中一叶所围成的面积．

解 在 10.3 节例 8 中画出了曲线 $x=\cos 2\theta$．从图 10-4-4 中可以看出，右边的一叶所围成的区域被从 $\theta=-\pi/4$ 旋转到 $\theta=\pi/4$ 的射线扫过．因此，由公式 4 可得

$$A = \int_{-\pi/4}^{\pi/4} \frac{1}{2}r^2 \,\mathrm{d}\theta = \frac{1}{2}\int_{-\pi/4}^{\pi/4}\cos^2 2\theta \,\mathrm{d}\theta .$$

因为该区域关于极轴 $\theta=0$ 对称，所以面积可以写成

$$\begin{aligned}
A &= 2\times\frac{1}{2}\int_0^{\pi/4}\cos^2 2\theta \,\mathrm{d}\theta \\
&= \int_0^{\pi/4}\frac{1}{2}(1+\cos 4\theta)\,\mathrm{d}\theta \qquad \text{（因为 }\cos^2 u=\frac{1}{2}(1+\cos 2u)\text{）} \\
&= \frac{1}{2}\left[\theta+\frac{1}{4}\sin 4\theta\right]_0^{\pi/4} = \frac{\pi}{8} .
\end{aligned}$$

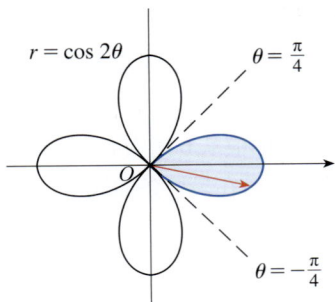

图 10-4-4

例 2　求圆 $r=3\sin\theta$ 内部、心脏线 $r=1+\sin\theta$ 外部的区域面积.

解　心脏线（见 10.3 节例 7）和圆如图 10-4-5 所示，上述区域用阴影标出. 公式 4 中 a 和 b 的值要通过求这两条曲线的交点来确定. 它们在 $3\sin\theta=1+\sin\theta$ 时相交，即 $\sin\theta=\dfrac{1}{2}$，故 $\theta=\pi/6,5\pi/6$. 所求面积可以通过从圆内部在 $\pi/6$ 和 $5\pi/6$ 之间的面积中减去心脏线内部在 $\theta=\pi/6$ 和 $\theta=5\pi/6$ 之间的面积得到. 因此，

$$A=\frac{1}{2}\int_{\pi/6}^{5\pi/6}(3\sin\theta)^2\,\mathrm{d}\theta-\frac{1}{2}\int_{\pi/6}^{5\pi/6}(1+\sin\theta)^2\,\mathrm{d}\theta\ .$$

因为此区域关于垂直轴 $\theta=\pi/2$ 对称，所以面积可以写成

$$A=2\left[\frac{1}{2}\int_{\pi/6}^{\pi/2}9\sin^2\theta\,\mathrm{d}\theta-\frac{1}{2}\int_{\pi/6}^{\pi/2}\left(1+2\sin\theta+\sin^2\theta\right)\mathrm{d}\theta\right]$$

$$=\int_{\pi/6}^{\pi/2}\left(8\sin^2\theta-1-2\sin\theta\right)\mathrm{d}\theta$$

$$=\int_{\pi/6}^{\pi/2}\left(3-4\cos2\theta-2\sin\theta\right)\mathrm{d}\theta\qquad\left(\text{因为}\sin^2\theta=\frac{1}{2}(1-\cos2\theta)\right)$$

$$=\left[3\theta-2\sin2\theta+2\cos\theta\right]_{\pi/6}^{\pi/2}=\pi\ .\qquad■$$

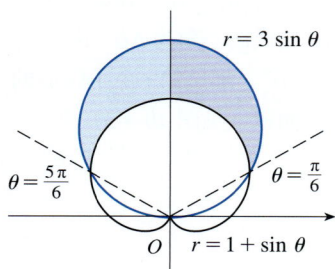

图 10-4-5

例 2 说明了如何求以两条极坐标曲线为边界的区域面积. 一般地，令 $\mathscr{R}$ 为如图 10-4-6 所示的区域，该区域以极坐标方程为 $r=f(\theta)$、$r=g(\theta)$、$\theta=a$ 和 $\theta=b$ 的曲线为边界，其中 $f(\theta)\geqslant g(\theta)\geqslant0$，$0<b-a\leqslant2\pi$. $\mathscr{R}$ 的面积 A 可以通过从 $r=f(\theta)$ 内部的面积中减去 $r=g(\theta)$ 内部的面积得到，所以根据公式 3，有

$$A=\int_a^b\frac{1}{2}\left[f(\theta)\right]^2\,\mathrm{d}\theta-\int_a^b\frac{1}{2}\left[g(\theta)\right]^2\,\mathrm{d}\theta$$

$$=\frac{1}{2}\int_a^b\left\{\left[f(\theta)\right]^2-\left[g(\theta)\right]^2\right\}\mathrm{d}\theta\ .$$

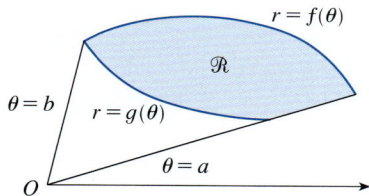

图 10-4-6

⊘ **提醒**　极坐标系中每个点都有很多种表示方法，这个事实有时候使得求两条极坐标曲线的所有交点变得很困难. 比如，从图 10-4-5 中很明显地看到，圆和心脏线有三个交点，但是在例 2 中解方程组 $r=3\sin\theta$ 和 $r=1+\sin\theta$ 只能求出两个点 $\left(\dfrac{3}{2},\dfrac{\pi}{6}\right)$ 和 $\left(\dfrac{3}{2},\dfrac{5\pi}{6}\right)$. 原点也是一个交点，但是无法通过解方程求出来，因为原点在极坐标系中没有一个能同时满足这两个方程的表示方法. 注意，原点如果表示成 $(0,0)$ 或 $(0,\pi)$，它就满足 $r=3\sin\theta$，所以在圆上；如果表示成 $(0,3\pi/2)$，它就满足 $r=1+\sin\theta$，所以在心脏线上. 考虑两个点随参数 θ 的值从 0 增大到 2π 而沿曲线运动. 在一条曲线上，当 $\theta=0$ 和 $\theta=\pi$ 时到达原点；而在另一条曲线上，当 $\theta=3\pi/2$ 时到达原点. 两个点没有在原点处相遇是因为它们没有在同一时间到达原点，但是两条曲线还是在原点处相交（见 10.1 节练习 55~57）.

因此，为了求出两条极坐标曲线的所有交点，建议画出曲线图. 借助图像计算器或计算机完成这个任务尤其方便.

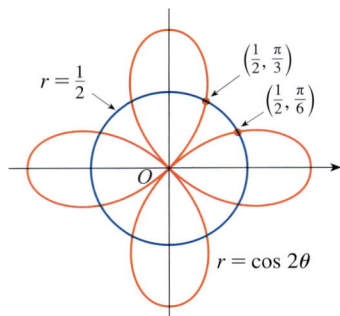

图 10-4-7

例 3　求曲线 $r=\cos 2\theta$ 和 $r=\dfrac{1}{2}$ 的所有交点.

解　如果解方程 $r=\cos 2\theta$ 和 $r=\dfrac{1}{2}$，就会得到 $\cos 2\theta=\dfrac{1}{2}$，从而有 $2\theta=\pi/3,5\pi/3$, $7\pi/3,11\pi/3$. 因此，在 0 和 2π 之间同时满足两个方程的 θ 值为 $\theta=\pi/6,5\pi/6,7\pi/6$, $11\pi/6$. 我们找到了四个交点：$\left(\dfrac{1}{2},\pi/6\right)$、$\left(\dfrac{1}{2},5\pi/6\right)$、$\left(\dfrac{1}{2},7\pi/6\right)$ 和 $\left(\dfrac{1}{2},11\pi/6\right)$.

但从图 10-4-7 中可以看出，两条曲线还有另外四个交点，分别是 $\left(\dfrac{1}{2},\pi/3\right)$、$\left(\dfrac{1}{2},2\pi/3\right)$、$\left(\dfrac{1}{2},4\pi/3\right)$ 和 $\left(\dfrac{1}{2},5\pi/3\right)$. 这些点可以由对称性得到，或者通过注意到圆还有另外一个方程 $r=-\dfrac{1}{2}$，然后联立方程 $r=\cos 2\theta$ 和 $r=-\dfrac{1}{2}$ 求解得到.　■

■ 弧长

回忆 10.3 节中，直角坐标 (x,y) 与极坐标 (r,θ) 由公式 $x=r\sin\theta, y=r\cos\theta$ 联系在一起. 将 θ 看作参数，写出极坐标曲线的参数方程如下：

5　　　　$x=r\cos\theta=f(\theta)\cos\theta, y=r\sin\theta=f(\theta)\sin\theta$.

极坐标曲线的参数方程

为了求出极坐标曲线 $r=f(\theta), a\leqslant\theta\leqslant b$ 的长度，从方程 5 出发，求关于 θ 的导数（利用函数积的求导法则）得到

$$\frac{\mathrm{d}x}{\mathrm{d}\theta}=\frac{\mathrm{d}r}{\mathrm{d}\theta}\cos\theta-r\sin\theta, \quad \frac{\mathrm{d}y}{\mathrm{d}\theta}=\frac{\mathrm{d}r}{\mathrm{d}\theta}\sin\theta+r\cos\theta.$$

此时利用 $\cos^2\theta+\sin^2\theta=1$，有

$$\left(\frac{\mathrm{d}x}{\mathrm{d}\theta}\right)^2+\left(\frac{\mathrm{d}y}{\mathrm{d}\theta}\right)^2=\left(\frac{\mathrm{d}r}{\mathrm{d}\theta}\right)^2\cos^2\theta-2r\frac{\mathrm{d}r}{\mathrm{d}\theta}\cos\theta\sin\theta+r^2\sin^2\theta$$
$$+\left(\frac{\mathrm{d}r}{\mathrm{d}\theta}\right)^2\sin^2\theta+2r\frac{\mathrm{d}r}{\mathrm{d}\theta}\sin\theta\cos\theta+r^2\cos^2\theta$$
$$=\left(\frac{\mathrm{d}r}{\mathrm{d}\theta}\right)^2+r^2.$$

假设 f' 连续，我们可以利用 10.2 节定理 5 将弧长写成

$$L=\int_a^b\sqrt{\left(\frac{\mathrm{d}x}{\mathrm{d}\theta}\right)^2+\left(\frac{\mathrm{d}y}{\mathrm{d}\theta}\right)^2}\,\mathrm{d}\theta.$$

因此，极坐标曲线 $r=f(\theta), a\leqslant\theta\leqslant b$ 的长度为

6　　　　$$L=\int_a^b\sqrt{r^2+\left(\frac{\mathrm{d}r}{\mathrm{d}\theta}\right)^2}\,\mathrm{d}\theta.$$

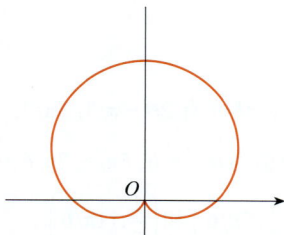

图 10-4-8
$r = 1 + \sin\theta$

例 4 求心脏线 $r = 1 + \sin\theta$ 的长度.

解 心脏线如图 10-4-8 所示（我们在 10.3 节例 7 中画过）. 完整曲线由参数区间 $0 \leqslant \theta \leqslant 2\pi$ 确定，所以由公式 6 可得

$$L = \int_0^{2\pi} \sqrt{r^2 + \left(\frac{\mathrm{d}r}{\mathrm{d}\theta}\right)^2}\, \mathrm{d}\theta = \int_0^{2\pi} \sqrt{\left(1 + \sin\theta\right)^2 + \cos^2\theta}\, \mathrm{d}\theta = \int_0^{2\pi} \sqrt{2 + 2\sin\theta}\, \mathrm{d}\theta.$$

通过将被积函数乘以并除以 $\sqrt{2 - 2\sin\theta}$ 或者用计算机软件来计算该积分. 不管用哪种方法，最后都得到心脏线的长度为 $L = 8$.

■ 切线

为了求出极坐标曲线 $r = f(\theta)$ 的切线，我们再次将 θ 看作参数，根据方程 5 写出它的参数方程如下：

$$x = r\cos\theta = f(\theta)\cos\theta,\ y = r\sin\theta = f(\theta)\sin\theta.$$

然后利用求参数曲线的斜率的方法（10.2 节公式 1）以及函数积的求导法则，得到

7
$$\frac{\mathrm{d}y}{\mathrm{d}x} = \frac{\dfrac{\mathrm{d}y}{\mathrm{d}\theta}}{\dfrac{\mathrm{d}x}{\mathrm{d}\theta}} = \frac{\dfrac{\mathrm{d}r}{\mathrm{d}\theta}\sin\theta + r\cos\theta}{\dfrac{\mathrm{d}r}{\mathrm{d}\theta}\cos\theta - r\sin\theta}.$$

通过求 $\mathrm{d}y/\mathrm{d}\theta = 0$（前提是 $\mathrm{d}x/\mathrm{d}\theta \neq 0$）的点确定水平切线. 同样，通过求 $\mathrm{d}x/\mathrm{d}\theta = 0$（前提是 $\mathrm{d}y/\mathrm{d}\theta \neq 0$）的点确定垂直切线.

注意，如果求极点处的切线，那么 $r = 0$ 并且公式 7 简化为

$$\text{如果 } \frac{\mathrm{d}r}{\mathrm{d}\theta} \neq 0，那么 \frac{\mathrm{d}y}{\mathrm{d}x} = \tan\theta.$$

例如，在 10.3 节例 8 中，我们发现当 $\theta = \pi/4$ 或 $3\pi/4$ 时 $r = \cos 2\theta = 0$. 这意味着直线 $\theta = \pi/4$ 和 $\theta = 3\pi/4$（或 $y = x$ 和 $y = -x$）是曲线 $r = \cos 2\theta$ 在原点处的切线.

例 5

(a) 求例 4 中的心脏线 $r = 1 + \sin\theta$ 在 $\theta = \pi/3$ 时的切线的斜率.

(b) 求心脏线上的一点，使得心脏线在该点处的切线是水平的.

解 应用公式 7 于 $r = 1 + \sin\theta$，有

$$\frac{\mathrm{d}y}{\mathrm{d}x} = \frac{\dfrac{\mathrm{d}y}{\mathrm{d}\theta}}{\dfrac{\mathrm{d}x}{\mathrm{d}\theta}} = \frac{\dfrac{\mathrm{d}r}{\mathrm{d}\theta}\sin\theta + r\cos\theta}{\dfrac{\mathrm{d}r}{\mathrm{d}\theta}\cos\theta - r\sin\theta} = \frac{\cos\theta\sin\theta + (1 + \sin\theta)\cos\theta}{\cos\theta\cos\theta - (1 + \sin\theta)\sin\theta}$$

$$= \frac{\cos\theta(1 + 2\sin\theta)}{1 - 2\sin^2\theta - \sin\theta} = \frac{\cos\theta(1 + 2\sin\theta)}{(1 + \sin\theta)(1 - 2\sin\theta)}.$$

(a) 心脏线在 $\theta = \pi/3$ 时的切线的斜率为

$$\frac{dy}{dx}\bigg|_{\theta=\pi/3} = \frac{\cos(\pi/3)\left[1+2\sin(\pi/3)\right]}{\left[1+\sin(\pi/3)\right]\left[1-2\sin(\pi/3)\right]} = \frac{\frac{1}{2}\left(1+\sqrt{3}\right)}{\left(1+\frac{\sqrt{3}}{2}\right)\left(1-\sqrt{3}\right)}$$

$$= \frac{1+\sqrt{3}}{\left(2+\sqrt{3}\right)\left(1-\sqrt{3}\right)} = \frac{1+\sqrt{3}}{-1-\sqrt{3}} = -1 .$$

(b) 观察发现

$$\text{当 } \theta = \frac{\pi}{2}, \frac{3\pi}{2}, \frac{7\pi}{6}, \frac{11\pi}{6} \text{ 时，} \quad \frac{dy}{d\theta} = \cos\theta\left(1+2\sin\theta\right) = 0 \text{；}$$

$$\text{当 } \theta = \frac{3\pi}{2}, \frac{\pi}{6}, \frac{5\pi}{6} \text{ 时，} \quad \frac{dx}{d\theta} = \left(1+\sin\theta\right)\left(1-2\sin\theta\right) = 0 .$$

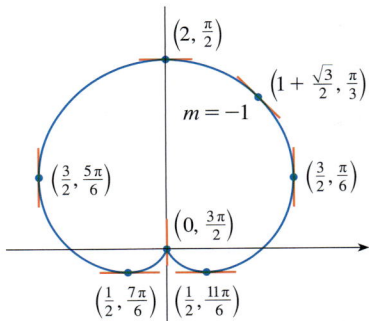

图 10-4-9

心脏线 $r = 1+\sin\theta$ 的切线

因此，在点 $(2,\pi/2)$、$(1/2,7\pi/6)$、$(1/2,11\pi/6)$ 处有水平切线，在点 $(3/2,\pi/6)$ 和点 $(3/2,5\pi/6)$ 处有垂直切线．当 $\theta = 3\pi/2$ 时，$dy/d\theta$ 和 $dx/d\theta$ 都为 0，所以我们必须注意这一点．应用洛必达法则，有

$$\lim_{\theta\to(3\pi/2)^-}\frac{dy}{dx} = \left(\lim_{\theta\to(3\pi/2)^-}\frac{1+2\sin\theta}{1-2\sin\theta}\right)\left(\lim_{\theta\to(3\pi/2)^-}\frac{\cos\theta}{1+\sin\theta}\right)$$

$$= -\frac{1}{3}\lim_{\theta\to(3\pi/2)^-}\frac{\cos\theta}{1+\sin\theta} = -\frac{1}{3}\lim_{\theta\to(3\pi/2)^-}\frac{-\sin\theta}{\cos\theta} = +\infty ,$$

由对称性可知

$$\lim_{\theta\to(3\pi/2)^+}\frac{dy}{dx} = -\infty .$$

因此，极点处有一条垂直切线（见图 10-4-9）．　∎

说明　我们不用记住公式 7，而是运用推导它的方法即可．例如，在例 5 中，曲线的参数方程可以写成

$$x = r\cos\theta = \left(1+\sin\theta\right)\cos\theta = \cos\theta + \frac{1}{2}\sin 2\theta,$$

$$y = r\sin\theta = \left(1+\sin\theta\right)\sin\theta = \sin\theta + \sin^2\theta ,$$

从而有

$$\frac{dy}{dx} = \frac{dy/d\theta}{dx/d\theta} = \frac{\cos\theta + 2\sin\theta\cos\theta}{-\sin\theta + \cos 2\theta} = \frac{\cos\theta + \sin 2\theta}{-\sin\theta + \cos 2\theta} .$$

它与上面的表达式等价．

10.4 | 练习

1~4　求以给定曲线为边界、在指定扇形内的区域面积．

1. $r = \sqrt{2\theta},\ 0 \leqslant \theta \leqslant \pi/2$

2. $r = e^\theta,\ 3\pi/4 \leqslant \theta \leqslant 3\pi/2$

3. $r = \sin\theta + \cos\theta,\ 0 \leqslant \theta \leqslant \pi$

4. $r = 1/\theta,\ \pi/2 \leqslant \theta \leqslant 2\pi$

5~8 求阴影区域的面积.

5.

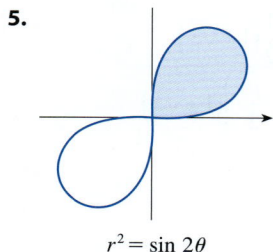

$$r^2 = \sin 2\theta$$

6.

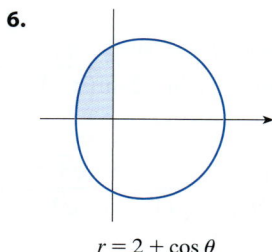

$$r = 2 + \cos\theta$$

7.

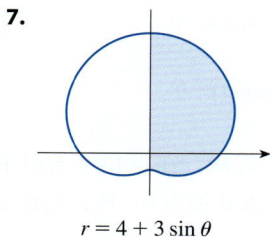

$$r = 4 + 3\sin\theta$$

8.

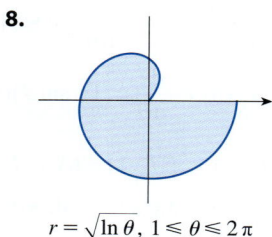

$$r = \sqrt{\ln\theta},\ 1 \leqslant \theta \leqslant 2\pi$$

9~12 画出下列曲线并求其围成的面积.

9. $r = 4\cos\theta$ **10.** $r = 2 + 2\cos\theta$

11. $r = 3 - 2\sin\theta$ **12.** $r = 2\sin 3\theta$

13~16 画出下列曲线并求其围成的面积.

13. $r = 2 + \sin 4\theta$ **14.** $r = 3 - 2\cos 4\theta$

15. $r = \sqrt{1 + \cos^2(5\theta)}$ **16.** $r = 1 + 5\sin 6\theta$

17~21 求下列曲线上的一个圈所围成的面积.

17. $r = 4\cos 3\theta$ **18.** $r^2 = 4\cos 2\theta$

19. $r = \sin 4\theta$ **20.** $r = 2\sin 5\theta$

21. $r = 1 + 2\sin\theta$ （内圈）

22. 求环索线 $r = 2\cos\theta - \sec\theta$ 上的圈所围成的面积.

23~28 求位于第一条曲线内部和第二条曲线外部的区域的面积.

23. $r = 4\sin\theta$ ， $r = 2$

24. $r = 1 - \sin\theta$ ， $r = 1$

25. $r^2 = 8\cos 2\theta$ ， $r = 2$

26. $r = 1 + \cos\theta$ ， $r = 2 - \cos\theta$

27. $r = 3\cos\theta$ ， $r = 1 + \cos\theta$

28. $r = 3\sin\theta$ ， $r = 2 - \sin\theta$

29~34 求位于两条曲线内部的区域的面积.

29. $r = 3\sin\theta$ ， $r = 3\cos\theta$

30. $r = 1 + \cos\theta$ ， $r = 1 - \cos\theta$

31. $r = \sin 2\theta$ ， $r = \cos 2\theta$

32. $r = 3 + 2\cos\theta$ ， $r = 3 + 2\sin\theta$

33. $r^2 = 2\sin 2\theta$ ， $r = 1$

34. $r = a\sin\theta$ （ $a > 0$ ）， $r = b\cos\theta$ （ $b > 0$ ）

35. 求在蚶线 $r = \dfrac{1}{2} + \cos\theta$ 上的大圈内部和小圈外部的面积.

36. 求曲线 $r = 1 + 2\cos 3\theta$ 上的大圈和小圈之间的面积.

37~42 求给定曲线的所有交点.

37. $r = \sin\theta$ ， $r = 1 - \sin\theta$

38. $r = 1 + \cos\theta$ ， $r = 1 - \sin\theta$

39. $r = 2\sin 2\theta$ ， $r = 1$

40. $r = \cos\theta$ ， $r = \sin 2\theta$

41. $r^2 = 2\cos 2\theta$ ， $r = 1$

42. $r^2 = \sin 2\theta$ ， $r^2 = \cos 2\theta$

43~46 计算阴影区域的面积.

43.

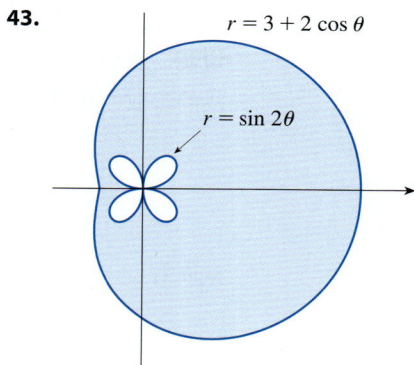

$$r = 3 + 2\cos\theta$$
$$r = \sin 2\theta$$

44.

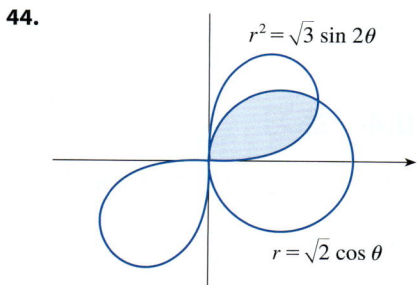

$$r^2 = \sqrt{3}\sin 2\theta$$
$$r = \sqrt{2}\cos\theta$$

45.
$r = 1 + \cos\theta$
$r = 3\cos\theta$

46.
$r = 1 - 2\sin\theta$

47. 心脏线 $r = 1 + \sin\theta$ 和螺线 $r = 2\theta$，$-\pi/2 \leqslant \theta \leqslant \pi/2$ 的交点无法准确求出．利用图像求出交点处的 θ 的近似值，然后利用这些值估计两条曲线之间的面积．

48. 在录制现场表演时，录音师通常会使用具有心形拾音模式的麦克风，因为它可以抑制来自观众的噪音．假设麦克风被放在距离舞台前方 4m 处（如图）．最佳拾音区域的边界由心脏线 $r = 8 + 8\sin\theta$ 给出，其中 r 的单位是 m，麦克风在极点处．求出音乐家在舞台上的最佳拾音区域的面积．

舞台
12 m
4 m
麦克风
观众

49~52 求极坐标曲线的长度的准确值．

49. $r = 2\cos\theta$，$0 \leqslant \theta \leqslant \pi$

50. $r = e^{\theta/2}$，$0 \leqslant \theta \leqslant \pi/2$

51. $r = \theta^2$，$0 \leqslant \theta \leqslant 2\pi$

52. $r = 2(1 + \cos\theta)$

53~54 求曲线的蓝色部分的长度的准确值．

53.
$r = 3 + 3\sin\theta$

54.
$r = \theta + 2$

55~56 求下列曲线的长度的准确值．利用图像确定参数区间．

55. $r = \cos^4(\theta/4)$　　　**56.** $r = \cos^2(\theta/2)$

57~58 将曲线的蓝色部分的长度表示为积分，无须计算．

57.
$r = \cos(\theta/5)$

58.
$r = \dfrac{\sin\theta}{\theta}$

59~62 使用计算器或计算机求曲线的长度，精确到小数点后 4 位．如有必要，画出曲线来确定参数区间．

59. 曲线 $r = \cos 2\theta$ 上的一个圈

60. $r = \tan\theta$，$\pi/6 \leqslant \theta \leqslant \pi/3$

61. $r = \sin(6\sin\theta)$　　　**62.** $r = \sin(\theta/4)$

63~68 求给定极坐标曲线在 θ 值所确定的点处的切线的斜率.

63. $r = 2\cos\theta$, $\theta = \pi/3$ **64.** $r = 2 + \sin 3\theta$, $\theta = \pi/4$

65. $r = 1/\theta$, $\theta = \pi$

66. $r = \sin\theta + 2\cos\theta$, $\theta = \pi/2$

67. $r = \cos 2\theta$, $\theta = \pi/4$ **68.** $r = 1 + 2\cos\theta$, $\theta = \pi/3$

69~72 求给定曲线上的点, 使得曲线在这些点处的切线是水平或垂直的.

69. $r = \sin\theta$ **70.** $r = 1 - \sin\theta$

71. $r = 1 + \cos\theta$ **72.** $r = e^\theta$

73. 令 P 为曲线 $r = f(\theta)$ 上除原点以外的任意一点, 如果 ψ 是曲线在点 P 处的切线与射线 OP 之间的夹角, 证明

$$\tan\psi = \frac{r}{dr/d\theta} .$$

(提示: 在图中观察发现 $\psi = \phi - \theta$.)

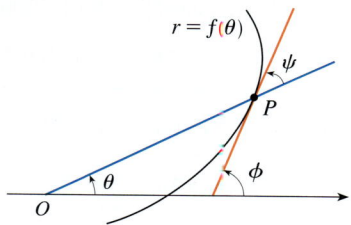

74. (a) 利用练习 73, 证明在曲线 $r = e^\theta$ 上的每一点处, 切线与径线之间的夹角为 $\psi = \pi/4$.

(b) 通过画出曲线及其在 $\theta = 0$ 和 $\theta = \pi/2$ 的点处的切线来说明 (a).

(c) 证明: 如果极坐标曲线 $r = f(\theta)$ 的切线与径线之间的夹角为常数, 那么该曲线具有 $r = Ce^{k\theta}$ 的形式, 其中 C 和 k 为常数.

75. (a) 利用 10.2 节公式 9 证明极坐标曲线

$$r = f(\theta), a \leqslant \theta \leqslant b$$

(其中 f' 连续且 $0 \leqslant a < b \leqslant \pi$) 绕极轴旋转所得曲面的面积为

$$S = \int_a^b 2\pi r\sin\theta \sqrt{r^2 + \left(\frac{dr}{d\theta}\right)^2}\, d\theta .$$

(b) 利用 (a) 中的公式求将双纽线 $r^2 = \cos 2\theta$ 绕极轴旋转所得曲面的面积.

76. (a) 求极坐标曲线 $r = f(\theta), a \leqslant \theta \leqslant b$ (其中 f' 连续且 $0 \leqslant a < b \leqslant \pi$) 绕直线 $\theta = \pi/2$ 旋转所得曲面的面积公式.

(b) 求双纽线 $r^2 = \cos 2\theta$ 绕直线 $\theta = \pi/2$ 旋转所得曲面的面积.

10.5 圆锥曲线

本节中, 我们将给出抛物线、椭圆、双曲线的几何定义并推导它们的标准方程. 它们称为**圆锥曲线**或**二次曲线**, 因为它们是由一个平面从圆锥体中截得的, 如图 10-5-1 所示.

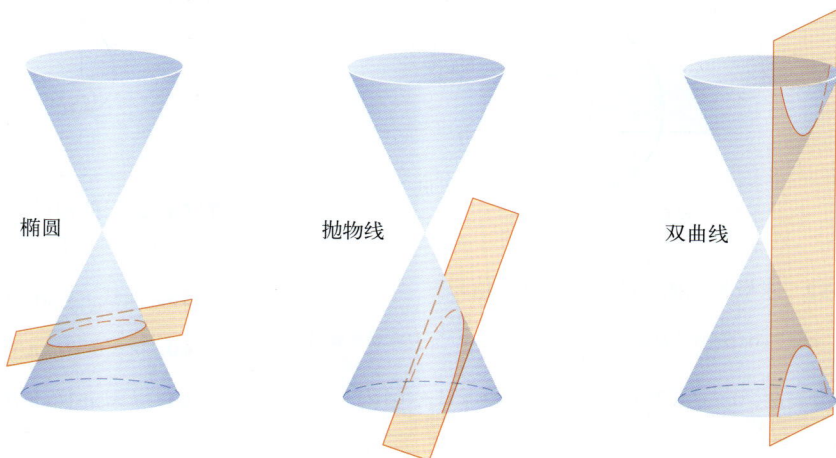

图 10-5-1
圆锥曲线

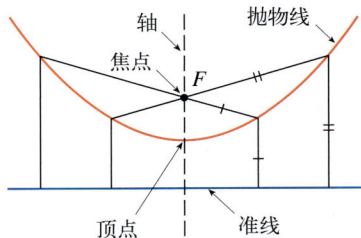

图 10-5-2

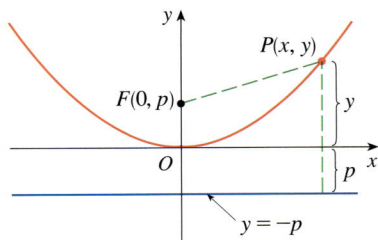

图 10-5-3

■ 抛物线

抛物线是平面上到一个定点 F（称为**焦点**）和一条定直线（称为**准线**）的距离相等的点的集合．图 10-5-2 展示了这个定义．过焦点垂直于准线的直线称为抛物线的**轴**．注意，焦点和轴与准线的交点之间的中点在抛物线上，这一点称为**顶点**．

在 16 世纪，伽利略证明了与地面成一定角发射到空中的发射物的轨迹是抛物线．从那以后，抛物线已经被应用于汽车头灯、反射式望远镜和吊桥的设计．（见第 3 章附加题 22，抛物线如此有用是因为它的反射性质．）

如图 10-5-3 所示，将抛物线的顶点置于原点 O 处，并使它的准线与 x 轴平行，这样得到抛物线的一个特别简单的方程．如果焦点为 $(0, p)$，那么准线的方程为 $y = -p$．如果 $P(x, y)$ 为抛物线上任意一点，那么 P 到焦点的距离为

$$|PF| = \sqrt{x^2 + (y - p)^2}\,,$$

而 P 到准线的距离为 $|y + p|$．（图 10-5-3 展示的是 $p > 0$ 的情况．）根据抛物线的定义，这两个距离是相等的：

$$\sqrt{x^2 + (y - p)^2} = |y + p|\,.$$

通过两边取平方再化简，得到一个等价的方程：

$$x^2 + (y - p)^2 = |y + p|^2 + (y + p)^2$$
$$x^2 + y^2 - 2py + p^2 = y^2 + 2py + p^2$$
$$x^2 = 4py\,.$$

> **1**　焦点为 $(0, p)$、准线为 $y = -p$ 的抛物线的方程为
> $$x^2 = 4py\,.$$

如果令 $a = 1/4p$，那么抛物线的标准方程 1 变为 $y = ax^2$．如果 $p > 0$，那么抛物线开口向上；如果 $p < 0$，那么抛物线开口向下（见图 10-5-4a 和图 10-5-4b）．图像关于 y 轴对称，因为将 x 换成 $-x$ 后方程 1 保持不变．

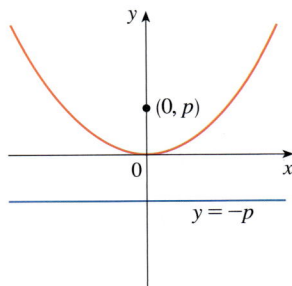

(a) $x^2 = 4py$, $p > 0$

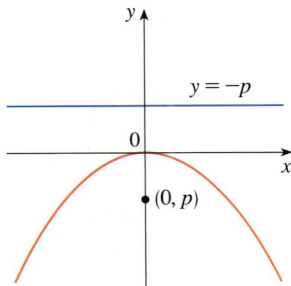

(b) $x^2 = 4py$, $p < 0$

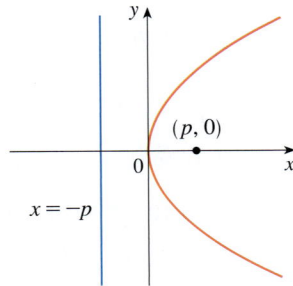

(c) $y^2 = 4px$, $p > 0$

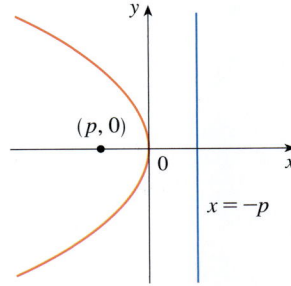

(d) $y^2 = 4px$, $p < 0$

图 10-5-4

如果在方程 1 中将 x 和 y 互换，得到以下方程．

> **2** 焦点为 $(0,p)$、准线为 $x=-p$ 的抛物线的方程为
> $$y^2=4px.$$

（互换 x 和 y 相当于关于斜线 $y=x$ 对称．）如果 $p>0$，那么抛物线开口向右；如果 $p<0$，那么抛物线开口向左（见图 10-5-4c 和图 10-5-4d）．两种情况下图像都关于 x 轴对称，x 轴也是抛物线的轴．

例 1　求抛物线 $y^2+10x=0$ 的焦点和准线，并画出图像．

解　将方程写成 $y^2=-10x$ 并与方程 2 进行比较，可以看到 $4p=-10$，所以 $p=-\dfrac{5}{2}$．因此，焦点是 $(p,0)=\left(-\dfrac{5}{2},0\right)$，准线是 $x=\dfrac{5}{2}$，如图 10-5-5 所示．■

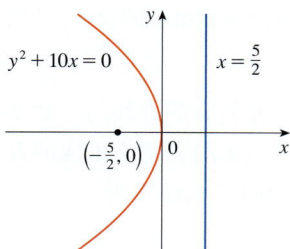

图 10-5-5

■ 椭圆

椭圆是平面中到两个定点 F_1 和 F_2 的距离之和为常数的点的集合（见图 10-5-6），这两个定点称为**焦点**．开普勒第一定律表明，太阳系中行星的运动轨迹就是以太阳为一个焦点的椭圆．

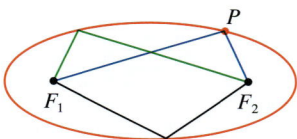

图 10-5-6

为了得到椭圆的最简单的方程，我们将椭圆的焦点置于 x 轴上的点 $(-c,0)$ 和点 $(c,0)$ 处，如图 10-5-7 所示，从而使原点就在两焦点的正中间．令椭圆上一点到这两个焦点的距离之和为 $2a>0$，那么 $P(x,y)$ 就是椭圆上一点，此时

$$|PF_1|+|PF_2|=2a,$$

即

$$\sqrt{(x+c)^2+y^2}+\sqrt{(x-c)^2+y^2}=2a,$$

于是有

$$\sqrt{(x-c)^2+y^2}=2a-\sqrt{(x+c)^2+y^2}.$$

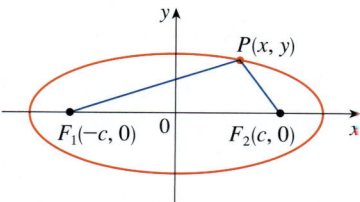

图 10-5-7

当 $|PF_1|+|PF_2|=2a$ 时，P 在椭圆上

两边取平方，得到

$$x^2-2cx+c^2+y^2=4a^2-4a\sqrt{(x+c)^2+y^2}+x^2+2cx+c^2+y^2,$$

化简为

$$a\sqrt{(x+c)^2+y^2}=a^2+cx,$$

再取平方

$$a^2\left(x^2+2cx+c^2+y^2\right)=a^4+2a^2cx+c^2x^2,$$

方程变为

$$\left(a^2-c^2\right)x^2+a^2y^2=a^2\left(a^2-c^2\right).$$

从图 10-5-7 中的三角形 F_1F_2P 可以看出 $2c<2a$，故 $c<a$．因此，$a^2-c^2>0$．为方便起见，令 $b^2=a^2-c^2$，则椭圆方程变为 $b^2x^2+a^2y^2=a^2b^2$，或者将两边同时除以 a^2b^2：

> **3**
> $$\dfrac{x^2}{a^2}+\dfrac{y^2}{b^2}=1.$$

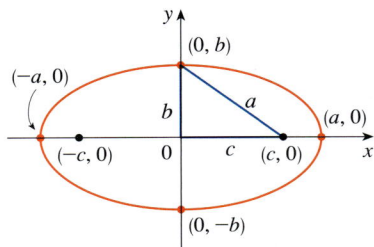

图 10-5-8

$\dfrac{x^2}{a^2}+\dfrac{y^2}{b^2}=1,\ a\geqslant b$

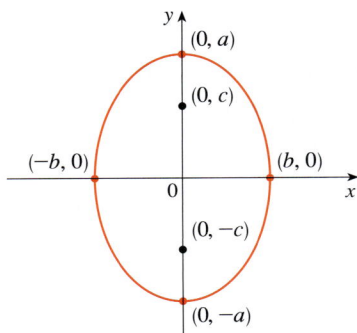

图 10-5-9

$\dfrac{x^2}{b^2}+\dfrac{y^2}{a^2}=1,\ a\geqslant b$

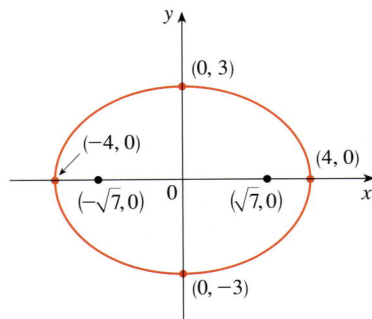

图 10-5-10

$9x^2+16y^2=144$

因为 $b^2=a^2-c^2<a^2$，所以 $b<a$．令 $y=0$，可以求得 x 轴截距，此时 $x^2/a^2=1$，即 $x^2=a^2$，故 $x=\pm a$．相应的点 $(a,0)$ 和 $(-a,0)$ 称为椭圆的**顶点**，连接顶点的线段称为椭圆的**长轴**．为了求 y 轴截距，令 $x=0$，得到 $y^2=b^2$，故 $y=\pm b$．连接点 $(0,b)$ 和点 $(0,-b)$ 的线段称为椭圆的**短轴**．将 x 换成 $-x$ 或将 y 换成 $-y$，方程 3 保持不变，所以椭圆关于两个坐标轴都对称．注意，如果两个焦点重合，那么 $c=0$，所以 $a=b$，椭圆变成了圆，其半径为 $r=a=b$．

将这些讨论总结如下（另见图 10-5-8）．

4　椭圆

$$\dfrac{x^2}{a^2}+\dfrac{y^2}{b^2}=1,\ a\geqslant b>0$$

的焦点为 $(\pm c,0)$，其中 $c^2=a^2-b^2$，顶点为 $(\pm a,0)$．

如果椭圆的焦点位于 y 轴上的 $(0,\pm c)$ 处，那么通过互换方程 4 中的 x 和 y 可以得到这个椭圆的方程（见图 10-5-9）．

5　椭圆

$$\dfrac{x^2}{b^2}+\dfrac{y^2}{a^2}=1,\ a\geqslant b>0$$

的焦点为 $(0,\pm c)$，其中 $c^2=a^2-b^2$，顶点为 $(0,\pm a)$．

例 2　画出 $9x^2+16y^2=144$ 的图像并标出其焦点．

解　将方程两边同时除以 144：

$$\dfrac{x^2}{16}+\dfrac{y^2}{9}=1.$$

这是椭圆的标准形式，所以 $a^2=16$，$b^2=9$，进而有 $a=4$，$b=3$．x 轴截距是 ± 4，y 轴截距是 ± 3．另外 $c^2=a^2-b^2=7$，所以 $c=\sqrt{7}$，焦点为 $\left(\pm\sqrt{7},0\right)$．图像如图 10-5-10 所示．∎

例 3　求焦点为 $(0,\pm 2)$、顶点为 $(0,\pm 3)$ 的椭圆的方程．

解　利用方程 5，有 $c=2$ 和 $a=3$，从而得到 $b^2=a^2-c^2=9-4=5$，所以椭圆方程为

$$\dfrac{x^2}{5}+\dfrac{y^2}{9}=1.$$

也可以将方程写成 $9x^2+5y^2=45$．∎

与抛物线一样，椭圆也有一个有趣的对称性，它具有实际应用．如果将一个光源或声源置于椭球形曲面的一个焦点上，那么所有的光或声都会被反射到

另一个焦点处（见练习 67）．这个原理被应用在碎石术上，用于治疗肾结石．一个椭球形反射器使得肾结石位于一个焦点处，高密度的声波从另一个焦点发出并被反射到结石上将结石击碎，而不伤害周围的组织．患者避免了手术创伤，几天之内就能康复．

■ 双曲线

双曲线是平面上到两定点 F_1 和 F_2（**焦点**）的距离之差为常数的点的集合．图 10-5-11 展示了这个定义．

双曲线经常在化学、物理学、生物学和经济学中出现，作为方程（玻意耳定律、欧姆定律、供求曲线）的图像．双曲线一个特别重要的应用是在第一次和第二次世界大战中发展起来的远程导航系统里（见练习 53）．

注意，双曲线的定义和椭圆的定义很类似，唯一的不同是将距离之和变成距离之差．事实上，双曲线方程的推导也类似于前面给出的椭圆方程．如下证明留作练习 54：当焦点在 x 轴上的 $(\pm c, 0)$ 处、距离之差为 $|PF_1| - |PF_2| = \pm 2a$ 时，双曲线方程为

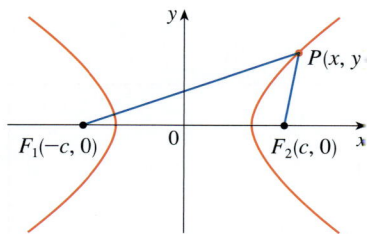

图 10-5-11　当 $|PF_1| - |PF_2| = \pm 2a$ 时，P 在双曲线上

$$\boxed{6} \qquad \frac{x^2}{a^2} - \frac{y^2}{b^2} = 1 ,$$

其中 $c^2 = a^2 + b^2$．注意，x 轴截距又是 $\pm a$，点 $(a, 0)$ 和点 $(-a, 0)$ 是双曲线的**顶点**；而如果在方程 6 中令 $x = 0$，则得到 $y^2 = -b^2$，这是不可能的，所以没有 y 轴截距．双曲线关于两个坐标轴都对称．

为了深入分析双曲线，观察方程 6，得到

$$\frac{x^2}{a^2} = 1 + \frac{y^2}{b^2} \geqslant 1 .$$

这说明 $x^2 \geqslant a^2$，所以 $|x| = \sqrt{x^2} \geqslant a$．因此，$x \geqslant a$ 或 $x \leqslant -a$．这意味着双曲线由两部分组成，称为**分支**．

画双曲线时最好先画出其**渐近线**，也就是图 10-5-12 中的虚线 $y = (b/a)x$ 和 $y = -(b/a)x$．双曲线的两个分支都趋近渐近线，即任意接近渐近线．（见 4.5 节练习 77，其中说明了这些线都是斜渐近线．）

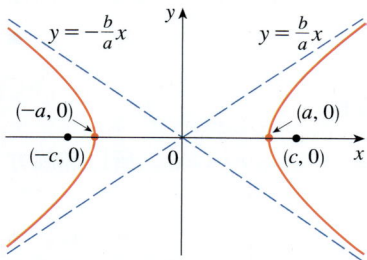

图 10-5-12
$\frac{x^2}{a^2} - \frac{y^2}{b^2} = 1$

> **7** 双曲线
>
> $$\frac{x^2}{a^2} - \frac{y^2}{b^2} = 1$$
>
> 的焦点为 $(\pm c, 0)$，其中 $c^2 = a^2 + b^2$，顶点为 $(\pm a, 0)$，渐近线为 $y = \pm (b/a)x$．

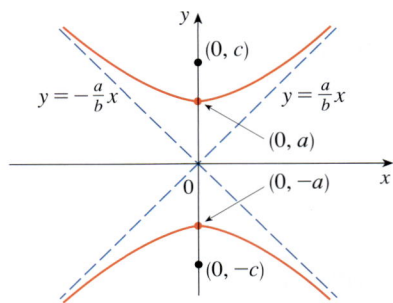

图 10-5-13

$$\frac{y^2}{a^2} - \frac{x^2}{b^2} = 1$$

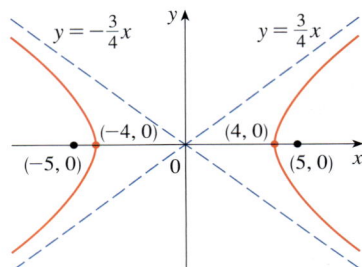

图 10-5-14

$9x^2 - 16y^2 = 144$

如果双曲线的焦点在 y 轴上，那么通过互换 x 和 y 得到下面的信息，如图 10-5-13 所示．

---

8 双曲线

$$\frac{y^2}{a^2} - \frac{x^2}{b^2} = 1$$

的焦点为 $(0, \pm c)$，其中 $c^2 = a^2 + b^2$，顶点为 $(0, \pm a)$，渐近线为 $y = \pm(a/b)x$．

例 4　求双曲线 $9x^2 - 16y^2 = 144$ 的焦点和渐近线，并画出图像．

解　将方程两边同时除以 144，方程变为

$$\frac{x^2}{16} - \frac{y^2}{9} = 1 .$$

这正是方程 7 的形式，其中 $a = 4$，$b = 3$．因为 $c^2 = 16 + 9 = 25$，所以焦点为 $(\pm 5, 0)$．渐近线为直线 $y = \frac{3}{4}x$ 和 $y = -\frac{3}{4}x$．图像如图 10-5-14 所示． ■

例 5　求顶点为 $(0, \pm 1)$、渐近线为 $y = 2x$ 的双曲线的方程．

解　由方程 8 和已知信息可知 $a = 1$ 和 $a/b = 2$．因此，$b = a/2 = \frac{1}{2}$，$c^2 = a^2 + b^2 = \frac{5}{4}$．焦点为 $\left(0, \pm \sqrt{5}/2\right)$，双曲线方程为

$$y^2 - 4x^2 = 1 .$$ ■

■ 移位的圆锥曲线

就像在附录 C 中所讨论的那样，通过将标准方程 1、2、4、5、7 和 8 中的 x 和 y 分别替换为 $x - h$ 和 $y - k$ 来平移圆锥曲线．

例 6　求焦点为 $(2, -2)$ 和 $(4, -2)$、顶点为 $(1, -2)$ 和 $(5, -2)$ 的椭圆的方程．

解　椭圆的长轴为连接顶点 $(1, -2)$ 和 $(5, -2)$ 的线段，长度为 4，所以 $a = 2$．焦点之间的距离为 2，所以 $c = 1$．因此 $b^2 = a^2 - c^2 = 3$．因为椭圆的中心为 $(3, -2)$，所以将方程 4 中的 x 和 y 替换为 $x - 3$ 和 $y + 2$，得到

$$\frac{(x-3)^2}{4} + \frac{(y+2)^2}{3} = 1$$

作为该椭圆的方程． ■

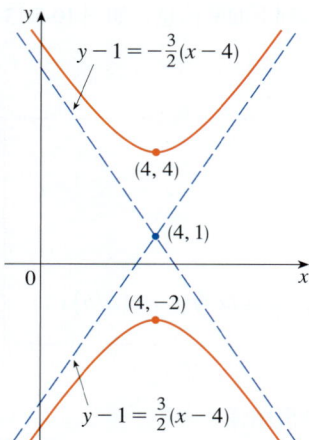

图 10-5-15
$9x^2 - 4y^2 - 72x + 8y + 176 = 0$

例 7   画出圆锥曲线

$$9x^2 - 4y^2 - 72x + 8y + 176 = 0 ,$$

并求其焦点.

解   我们这样进行配方:

$$4(y^2 - 2y) - 9(x^2 - 8x) = 176$$

$$4(y^2 - 2y + 1) - 9(x^2 - 8x + 16) = 176 + 4 - 144$$

$$4(y - 1)^2 - 9(x - 4)^2 = 36$$

$$\frac{(y - 1)^2}{9} - \frac{(x - 4)^2}{4} = 1 .$$

这正是方程 8 的形式,只不过 x 和 y 被替换为 $x - 4$ 和 $y - 1$,于是 $a^2 = 9$,$b^2 = 4$,$c^2 = 13$. 双曲线被向右平移了 4 个单位,向上平移了 1 个单位,其焦点为 $(4, 1 + \sqrt{13})$ 和 $(4, 1 - \sqrt{13})$,顶点为 $(4, 4)$ 和 $(4, -2)$,渐近线为 $y - 1 = \pm\frac{3}{2}(x - 4)$. 双曲线如图 10-5-15 所示. ∎

10.5 | 练习

1~8   求抛物线的顶点、焦点和准线,并画出图像.

1. $x^2 = 8y$

2. $9x = y^2$

3. $5x + 3y^2 = 0$

4. $x^2 + 12y = 0$

5. $(y + 1)^2 = 16(x - 3)$

6. $(x - 3)^2 = 8(y + 1)$

7. $y^2 + 6y + 2x + 1 = 0$

8. $2x^2 - 16x - 3y + 38 = 0$

9~10   求抛物线方程,然后求其焦点和准线.

9.

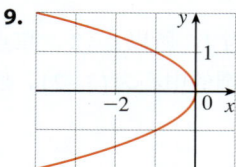

10.

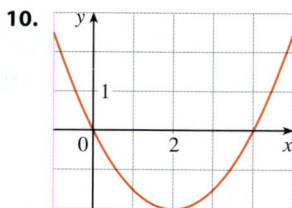

11~16   求椭圆的顶点和焦点,并画出图像.

11. $\dfrac{x^2}{16} + \dfrac{y^2}{25} = 1$

12. $\dfrac{x^2}{4} + \dfrac{y^2}{3} = 1$

13. $x^2 + 3y^2 = 9$

14. $x^2 = 4 - 2y^2$

15. $4x^2 + 25y^2 - 50y = 75$

16. $9x^2 - 54x + y^2 + 2y + 46 = 0$

17~18   求椭圆方程,然后求其焦点.

17.

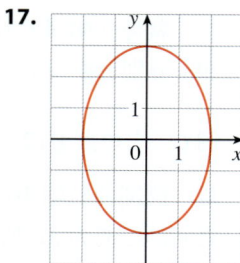

18.

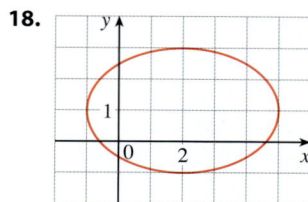

19~24   求双曲线的顶点、焦点和渐近线,并画出图像.

19. $\dfrac{y^2}{25} - \dfrac{x^2}{9} = 1$

20. $\dfrac{x^2}{36} - \dfrac{y^2}{64} = 1$

21. $x^2 - y^2 = 100$

22. $y^2 - 16x^2 = 16$

23. $x^2 - y^2 + 2y = 2$

24. $9y^2 - 4x^2 - 36y - 8x = 4$

25~26 求双曲线方程，然后求其焦点和渐近线.

25.

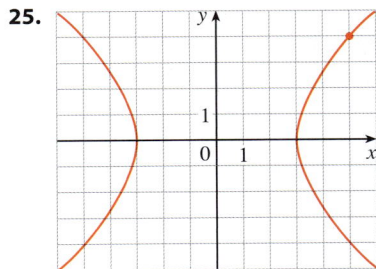

26.

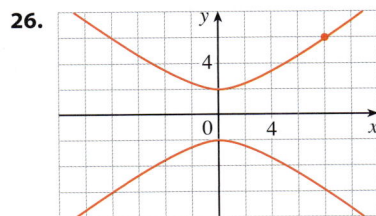

27~32 确定下列圆锥曲线的类型，并求出顶点和焦点.

27. $4x^2 = y^2 + 4$ **28.** $4x^2 = y + 4$

29. $x^2 = 4y - 2y^2$

30. $y^2 - 2 = x^2 - 2x$

31. $3x^2 - 6x - 2y = 1$

32. $x^2 - 2x + 2y^2 - 8y + 7 = 0$

33~50 求满足给定条件的圆锥曲线的方程.

33. 顶点为 $(0,0)$、焦点为 $(1,0)$ 的抛物线.

34. 焦点为 $(0,0)$、准线为 $y = 6$ 的抛物线.

35. 焦点为 $(-4,0)$、准线为 $x = 2$ 的抛物线.

36. 焦点为 $(2,-1)$、顶点为 $(2,3)$ 的抛物线.

37. 顶点为 $(3,-1)$、轴为 x 轴、过点 $(-15,2)$ 的抛物线.

38. 轴垂直，过点 $(0,4)$、$(1,3)$ 和 $(-2,-6)$ 的抛物线.

39. 焦点为 $(\pm2,0)$、顶点为 $(\pm5,0)$ 的椭圆.

40. 焦点为 $(0,\pm\sqrt{2})$、顶点为 $(0,\pm2)$ 的椭圆.

41. 焦点为 $(0,2)$ 和 $(0,6)$、顶点为 $(0,0)$ 和 $(0,8)$ 的椭圆.

42. 焦点为 $(0,-1)$ 和 $(8,-1)$、顶点为 $(9,-1)$ 的椭圆.

43. 中心为 $(-1,4)$、顶点为 $(-1,0)$、焦点为 $(-1,6)$ 的椭圆.

44. 焦点为 $(\pm4,0)$、过点 $(-4,1.8)$ 的椭圆.

45. 顶点为 $(\pm3,0)$、焦点为 $(\pm5,0)$ 的双曲线.

46. 顶点为 $(0,\pm2)$、焦点为 $(0,\pm5)$ 的双曲线.

47. 顶点为 $(-3,-4)$ 和 $(-3,6)$、焦点为 $(-3,-7)$ 和 $(-3,9)$ 的双曲线.

48. 顶点为 $(-1,2)$ 和 $(7,2)$、焦点为 $(-2,2)$ 和 $(8,2)$ 的双曲线.

49. 顶点为 $(\pm3,0)$、渐进线为 $y = \pm2x$ 的双曲线.

50. 焦点为 $(2,0)$ 和 $(2,8)$、渐进线为 $y = 3 + \dfrac{1}{2}x$ 和 $y = 5 - \dfrac{1}{2}x$ 的双曲线.

---

51. 绕月飞行轨道上距离月球表面最近的点叫作近月点，距离月球表面最远的点叫作远月点．"阿波罗 11 号"宇宙飞船在一条近月点海拔 110km、远月点海拔 314km（相对于月球）的椭圆形轨道上．如果月球的半径为 1728km，且月球的中心在轨道的一个焦点上，求此椭圆形轨道的方程.

52. 一个抛物面反射镜如下图所示．灯泡位于焦点处，焦点处的开口直径为 10cm.
(a) 求抛物线方程.
(b) 求距离顶点 11cm 处的开口直径 $|CD|$.

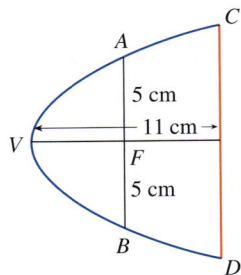

53. 罗兰（LORAN）无线电导航系统一直被广泛使用，直到 20 世纪 90 年代才被 GPS 取代．在罗兰系统中，两个无线电站 A 和 B 同时向位于点 P 的一只船或一架飞

机发射信号. 随航的计算机将收到这两个信号的时间差转换为距离差 $|PA| - |PB|$, 然后根据双曲线的定义, 将船或飞机定位在双曲线的一个分支上 (如下图所示). 假设在海岸线上, 发射站 E 位于发射站 A 的正东边 640km 处. 一艘船收到从 B 发出的信号比收到从 A 发出的信号早 1200μs.

(a) 假设信号传播的速度是 300m/μs, 求船所在双曲线的方程.

(b) 如果船在发射站 B 的正北边, 那么船距离海岸线多远?

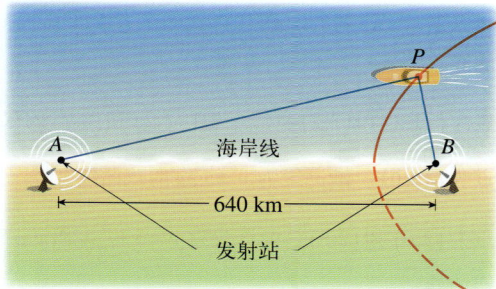

54. 利用双曲线的定义推导双曲线方程 6, 其焦点为 $(\pm c, 0)$、顶点为 $(\pm a, 0)$.

55. 证明: 由双曲线 $\dfrac{y^2}{a^2} - \dfrac{x^2}{b^2} = 1$ 的上分支定义的函数是上凹的.

56. 求焦点为 $(1,1)$ 和 $(-1,-1)$、长轴长为 4 的椭圆的方程.

57. 确定下列每种情况下方程

$$\frac{x^2}{k} + \frac{y^2}{k-16} = 1$$

所代表的曲线类型.

(a) $k > 16$ (b) $0 < k < 16$ (c) $k < 0$

(d) 证明无论 k 为何值, (a) 和 (b) 中的所有曲线总有相同的焦点.

58. (a) 证明: 抛物线 $y^2 = 4px$ 在点 (x_0, y_0) 处的切线的方程可以写成

$$y_0 y = 2p(x + x_0).$$

(b) 这条切线的 x 轴截距是什么? 利用这一点画出切线.

59. 证明: 从抛物线 $x^2 = 4py$ 的准线上的任意一点画出的切线都相互垂直.

60. 如果椭圆和双曲线有相同的焦点, 证明它们在每个交点处的切线都互相垂直.

61. 利用辛普森法则, 取 $n = 8$, 估计椭圆 $9x^2 + 4y^2 = 36$ 的长度.

62. 矮行星冥王星沿椭圆形轨道绕太阳 (在一个焦点上) 运动, 长轴长为 1.18×10^{10}km, 短轴长为 1.14×10^{10}km. 利用辛普森法, 取 $n = 10$, 估计冥王星绕太阳一周所经过的距离.

63. 求双曲线 $\dfrac{x^2}{a^2} - \dfrac{y^2}{b^2} = 1$ 和过焦点的垂直线所围成区域的面积.

64. (a) 求椭圆绕其长轴旋转所得立体的体积.
    (b) 求椭圆绕其短轴旋转所得立体的体积.

65. 求 x 轴和椭圆 $9x^2 + 4y^2 = 36$ 的上半部分所围成区域的形心.

66. (a) 计算椭圆绕其长轴旋转所产生的椭球的表面积.
    (b) 计算椭圆绕其短轴旋转所产生的椭球的表面积.

67~68 **圆锥截面的反射性质** 我们在第 3 章附加题 22 中了解了抛物线的反射性质. 这里研究椭圆和双曲线的反射性质.

67. 令 $P(x_1, y_1)$ 为椭圆 $x^2/a^2 + y^2/b^2 = 1$ 上的一点, 椭圆的焦点为 F_1 和 F_2. 令 α 和 β 为直线 PF_1、PF_2 与椭圆之间的夹角, 如下图所示. 证明 $\alpha = \beta$. 这解释了回音廊和碎石术的原理: 从一个焦点发出的声音被反射至并经过另一个焦点. (提示: 利用第 3 章附加题 21 中的公式证明 $\tan \alpha = \tan \beta$.)

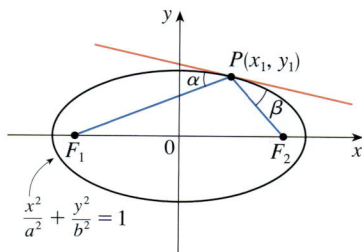

68. 令 $P(x_1, y_1)$ 为双曲线 $\dfrac{x^2}{a^2} - \dfrac{y^2}{b^2} = 1$ 上的一点, 双曲线的焦点为 F_1 和 F_2. 令 α 和 β 为直线 PF_1、PF_2 与双曲线之间的夹角, 如下页第一张图所示. 证明 $\alpha = \beta$. 这

说明瞄准双曲面形镜子的一个焦点 F_2 的光线会被反射至另一个焦点 F_1.

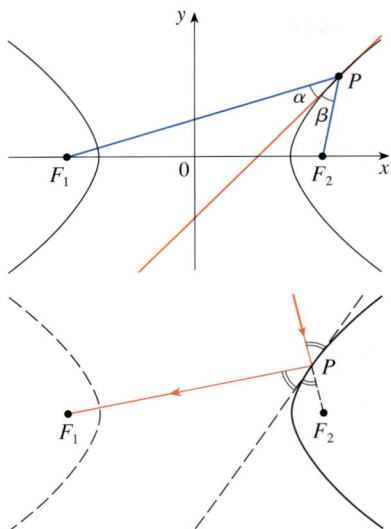

69. 下图显示了两个红色的圆，圆心分别为 $(-1,0)$ 和 $(1,0)$，半径分别为 3 和 5. 考虑与这两个圆相切的所有圆的集合（其中一些圆用蓝色表示）. 证明所有这些圆的圆心都位于一个焦点为 $(\pm1,0)$ 的椭圆上. 求出这个椭圆的方程.

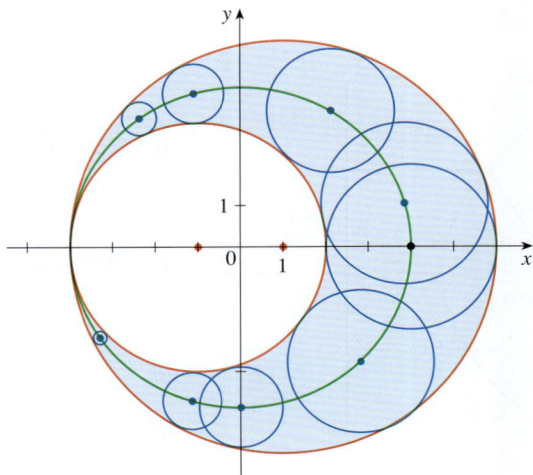

10.6 | 极坐标下的圆锥曲线

在 10.5 节中，我们用一个焦点和一条准线定义了抛物线，而用两个焦点定义了椭圆和双曲线. 本节中，我们将用一个焦点和一条准线给出这三种圆锥曲线的更统一的定义.

■ 圆锥曲线的统一描述

如果把焦点放在原点，那么圆锥曲线会有一个简单的极坐标方程，能方便地描述行星、卫星和彗星的运动.

---

1 定理 令 F 为平面中的定点（称为**焦点**），ℓ 为平面中的定直线（称为**准线**）. 令 e 为固定的正数（称为**离心率**）. 平面中满足

$$\frac{|PF|}{|P\ell|} = e$$

（到 F 的距离与到 ℓ 的距离的比值为常数 e）的所有点的集合是一条圆锥曲线：

(a) 如果 $e<1$，那么它是椭圆.

(b) 如果 $e=1$，那么它是抛物线.

(c) 如果 $e>1$，那么它是双曲线.

证明　注意，如果离心率为 $e=1$，那么 $|PF|=|P\ell|$，已知条件就简化为 10.5 节中给出的抛物线的定义.

令焦点 F 位于原点，准线平行于 y 轴并在 y 轴右边 d 个单位处. 这样，准线方程就是 $x=d$ 且准线垂直于极轴. 如果点 P 的极坐标为 (r,θ)，则从图 10-6-1 中可以看出

$$|PF|=r，|P\ell|=d-r\cos\theta，$$

从而条件 $|PF|/|P\ell|=e$ 或 $|PF|=e|P\ell|$ 就变成

2　　　　　$$r=e(d-r\cos\theta).$$

在此极坐标方程的两边同时取平方，并转换成直角坐标，得到

$$x^2+y^2=e^2(d-x)^2=e^2(d^2-2dx+x^2)，$$

或　　　　　$$(1-e^2)x^2+2de^2x+y^2=e^2d^2.$$

配方后得到

3　　　　　$$\left(x+\frac{e^2d}{1-e^2}\right)^2+\frac{y^2}{1-e^2}=\frac{e^2d^2}{(1-e^2)^2}.$$

如果 $e<1$，则可以看出方程 3 就是一个椭圆方程. 实际上，它具有下面的形式：

$$\frac{(x-h)^2}{a^2}+\frac{y^2}{b^2}=1，$$

其中

4　　　　$$h=-\frac{e^2d}{1-e^2}，a^2=\frac{e^2d^2}{(1-e^2)^2}，b^2=\frac{e^2d^2}{1-e^2}.$$

在 10.5 节中，我们求出椭圆的焦点到中心的距离为 c，其中

5　　　　　$$c^2=a^2-b^2=\frac{e^4d^2}{(1-e^2)^2}，$$

这说明　　　　　$$c=\frac{e^2d}{1-e^2}=-h，$$

也证实了定理 1 中定义的焦点和 10.5 节中定义的焦点意义相同. 由公式 4 和公式 5 还能得出离心率为

$$e=\frac{c}{a}.$$

如果 $e>1$，则 $1-e^2<0$，可以看出方程 3 代表一条双曲线. 正如前面一样，将方程 3 改写成如下形式：

$$\frac{(x-h)^2}{a^2}-\frac{y^2}{b^2}=1，$$

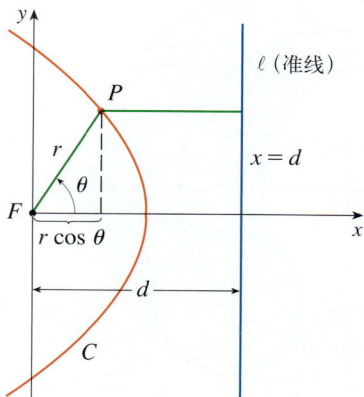

图 10-6-1

并得出

$$e = \frac{c}{a}, \quad 其中 \ c^2 = a^2 + b^2 .$$

■ 圆锥曲线的极坐标方程

在图 10-6-1 中，圆锥曲线的焦点位于原点，准线方程为 $x = d$。解关于 r 的方程 2，圆锥曲线的极坐标方程可以写成

$$r = \frac{ed}{1 + e\cos\theta} .$$

如果取焦点左边的 $x = -d$ 或者平行于极轴的 $y = \pm d$ 为准线，那么圆锥曲线的方程由下面的定理给出，如图 10-6-2 所示（见练习 27~29）.

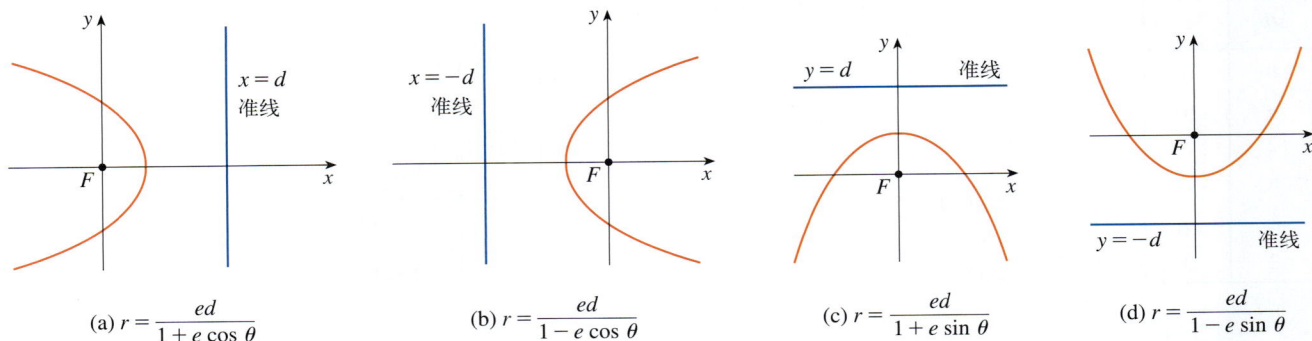

图 10-6-2　圆锥曲线的极坐标方程

(a) $r = \dfrac{ed}{1 + e\cos\theta}$　(b) $r = \dfrac{ed}{1 - e\cos\theta}$　(c) $r = \dfrac{ed}{1 + e\sin\theta}$　(d) $r = \dfrac{ed}{1 - e\sin\theta}$

---

6 定理　具有以下形式的极坐标方程表示离心率为 e 的圆锥曲线：

$$r = \frac{ed}{1 \pm e\cos\theta} \quad 或 \quad r = \frac{ed}{1 \pm e\sin\theta} .$$

当 $e < 1$ 时，它是椭圆；当 $e = 1$ 时，它是抛物线；当 $e > 1$ 时，它是双曲线.

例 1　求焦点为原点、准线为 $y = -6$ 的抛物线的极坐标方程.

解　根据定理 6，令 $e = 1$，$d = 6$，并利用图 10-6-2d，得到抛物线的极坐标方程为

$$r = \frac{6}{1 - \sin\theta} .$$

例 2　一条圆锥曲线的极坐标方程为

$$r = \frac{10}{3 - 2\cos\theta} .$$

求离心率以确定曲线的类型，求准线的位置并画出圆锥曲线.

解 将分子和分母同时除以 3，方程变为

$$r = \frac{\dfrac{10}{3}}{1 - \dfrac{2}{3}\cos\theta}.$$

由定理 6 可知，这表示 $e = \dfrac{2}{3}$ 的椭圆．因为 $ed = \dfrac{10}{3}$，所以

$$d = \frac{\dfrac{10}{3}}{e} = \frac{\dfrac{10}{3}}{\dfrac{2}{3}} = 5,$$

因此，准线的笛卡儿方程为 $x = -5$．我们求出 $\theta = 0, \pi/2, \pi, 3\pi/2$ 时的 r 值，见表 10-6-1．椭圆如图 10-6-3 所示．

表 10-6-1

θ	r
0	10
$\dfrac{\pi}{2}$	$\dfrac{10}{3}$
π	2
$\dfrac{3\pi}{2}$	$\dfrac{10}{3}$

图 10-6-3

$$r = \frac{10}{3 - 2\cos\theta}$$

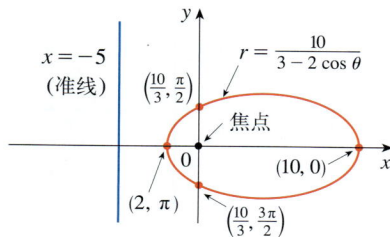

例 3 画出圆锥曲线 $r = \dfrac{12}{2 + 4\sin\theta}$．

解 将方程写成如下形式：

$$r = \frac{6}{1 + 2\sin\theta}.$$

我们看到离心率 $e = 2$，所以此方程表示双曲线．因为 $ed = 6$，即 $d = 3$，所以准线方程为 $y = 3$．我们求出 $\theta = 0, \pi/2, \pi, 3\pi/2$ 时的 r 值，见表 10-6-2．顶点出现在 $\theta = \pi/2$ 和 $\theta = 3\pi/2$ 处，所以它们是 $(2, \pi/2)$ 和 $(-6, 3\pi/2) = (6, \pi/2)$．$x$ 轴截距出现在 $\theta = 0$ 和 $\theta = \pi$ 处，两种情况下都有 $r = 6$．为了提高图像的精度，我们画出渐近线．注意，当 $1 + 2\sin\theta \to 0^+$ 时，$r \to \pm\infty$，并且当 $\sin\theta = -\dfrac{1}{2}$ 时，$1 + 2\sin\theta = 0$．因此，渐近线与直线 $\theta = 7\pi/6$ 和 $\theta = 11\pi/6$ 平行．双曲线如图 10-6-4 所示．

表 10-6-2

θ	r
0	6
$\dfrac{\pi}{2}$	2
π	6
$\dfrac{3\pi}{2}$	-6

图 10-6-4

$$r = \frac{12}{2 + 4\sin\theta}$$

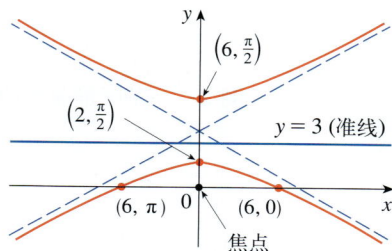

当旋转圆锥曲线时，我们发现使用极坐标方程比使用笛卡儿方程方便得多．我们只需要用到这样一个事实（见 10.3 节练习 65）：$r = f(\theta - \alpha)$ 的图像是由 $r = f(\theta)$ 的图像绕原点逆时针旋转角 α 得到的．

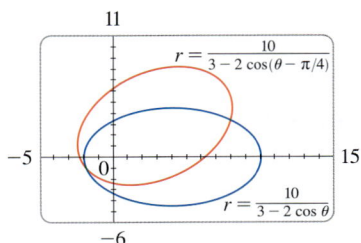

例 4　如果例 2 中的椭圆绕原点旋转 $\pi/4$，求其极坐标方程并画出新的椭圆．

解　将例 2 中方程中的 θ 替换为 $\theta - \pi/4$，得到新的方程

$$r = \frac{10}{3 - 2\cos(\theta - \pi/4)}.$$

利用这个方程在图 10-6-5 中画出旋转后的椭圆．注意，这个椭圆是绕其左焦点旋转的． ∎

$r = \dfrac{10}{3 - 2\cos(\theta - \pi/4)}$

$r = \dfrac{10}{3 - 2\cos\theta}$

图 10-6-5

如图 10-6-6 所示，我们用计算机画出一系列圆锥曲线来演示离心率 e 的变化所造成的影响．注意，当 e 接近 0 时，椭圆几乎就是圆．当 $e \to 1^-$ 时，椭圆变得很长．而当 $e = 1$ 时，圆锥曲线当然是抛物线．

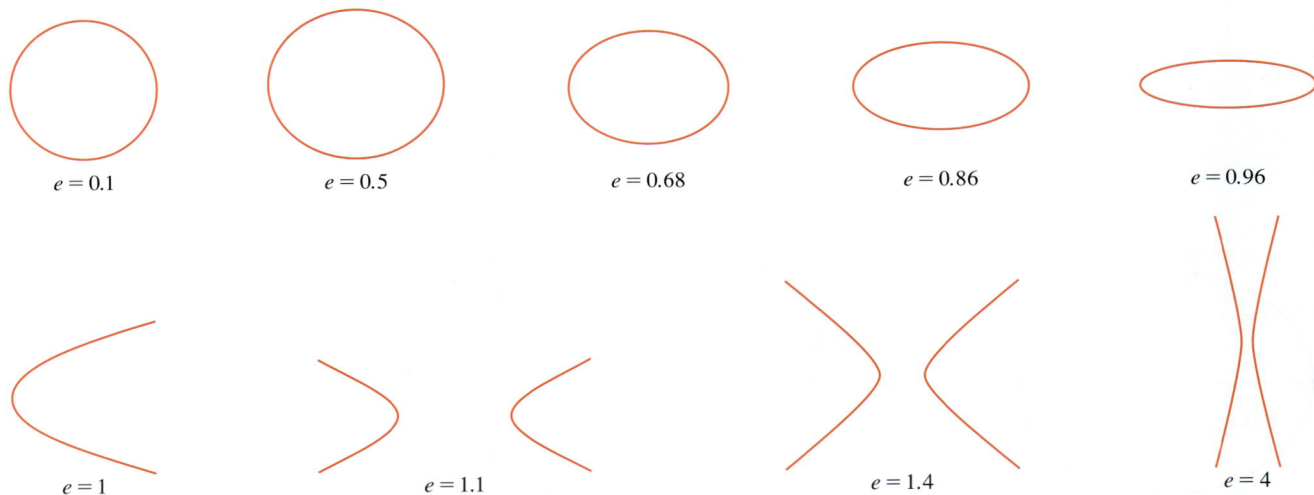

$e = 0.1$　　$e = 0.5$　　$e = 0.68$　　$e = 0.86$　　$e = 0.96$

$e = 1$　　$e = 1.1$　　$e = 1.4$　　$e = 4$

图 10-6-6

■ 开普勒定律

1609 年，德国数学家、天文学家约翰内斯·开普勒（Johannes Kepler）基于大量天文数据发表了行星运动的三个定律．

开普勒定律

1. 行星绕太阳运动的轨道是一个椭圆，太阳位于这个椭圆的一个焦点．

2. 连接太阳和行星的直线在相同的时间内扫过的面积相等．

3. 行星的旋转周期的平方与其轨道的长轴长的立方成正比．

尽管开普勒是根据行星围绕太阳的运动提出这些定律的，但这些定律同样适用于月球、彗星、卫星和其他受单一引力作用的天体的运动. 在 13.4 节中，我们将展示如何从牛顿定律推导出开普勒定律. 这里开普勒第一定律和椭圆的极坐标方程将用于计算天文学中的相关量.

出于天文计算的目的，用椭圆的离心率 e 和半长轴长 a 来表示椭圆方程是很有用的. 利用公式 4，可以将焦点到准线的距离 d 用 a 来表示：

$$a^2 = \frac{e^2 d^2}{\left(1 - e^2\right)^2} \Rightarrow d^2 = \frac{a^2 \left(1 - e^2\right)^2}{e^2} \Rightarrow d = \frac{a\left(1 - e^2\right)}{e}.$$

因此，$ed = a\left(1 - e^2\right)$. 如果准线为 $x = d$，那么极坐标方程为

$$r = \frac{ed}{1 + e\cos\theta} = \frac{a\left(1 - e^2\right)}{1 + e\cos\theta}.$$

> **7** 焦点为原点、半长轴长为 a、离心率为 e、准线为 $x = d$ 的椭圆的极坐标方程可以写成如下形式：
>
> $$r = \frac{a\left(1 - e^2\right)}{1 + e\cos\theta}.$$

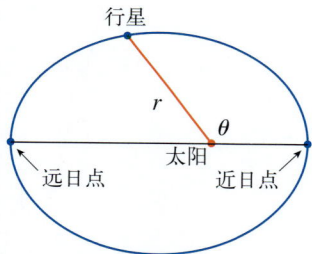

图 10-6-7

一颗行星距离太阳最近和最远的位置分别称为**近日点**和**远日点**，对应椭圆的两个顶点（见图 10-6-7）. 太阳到近日点和远日点的距离分别称为**近日点距离**和**远日点距离**. 在图 10-6-7 中，太阳在焦点 F 处. 因此，在近日点处有 $\theta = 0$. 由方程 7 可得

$$r = \frac{a\left(1 - e^2\right)}{1 + e\cos 0} = \frac{a(1 - e)(1 + e)}{1 + e} = a(1 - e).$$

类似地，在远日点处有 $\theta = \pi$，$r = a(1 + e)$.

> **8** 行星到太阳的近日点距离为 $a(1 - e)$，远日点距离为 $a(1 + e)$.

例 5

(a) 求地球绕太阳（在一个焦点处）运动的椭圆形轨道的近似极坐标方程，给定离心率约为 0.017，长轴长约为 2.99×10^8 km.

(b) 求地球在近日点和远日点处到太阳的距离.

解

(a) 长轴长为 $2a = 2.99 \times 10^8$ ，所以 $a = 1.495 \times 10^8$ ．给定 $e = 0.017$ ，所以根据方程 7，地球绕太阳运动的轨道的方程为

$$r = \frac{a(1-e^2)}{1+e\cos\theta} = \frac{(1.495 \times 10^8) \times (1-0.017^2)}{1+0.017\cos\theta} ,$$

或者近似为

$$r = \frac{1.49 \times 10^8}{1+0.017\cos\theta} .$$

(b) 由公式 8 可得，地球到太阳的近日点距离为

$$a(1-e) \approx (1.495 \times 10^8) \times (1-0.017) \approx 1.47 \times 10^8 \, \text{km} ,$$

远日点距离为

$$a(1+e) \approx (1.495 \times 10^8) \times (1+0.017) \approx 1.52 \times 10^8 \, \text{km} . \qquad \blacksquare$$

10.6 | 练习

1~8　根据给定信息，写出焦点为原点的圆锥曲线的极坐标方程.

1. 准线为 $x = 2$ 的抛物线.

2. 离心率为 $\frac{1}{3}$ 、准线为 $y = 6$ 的椭圆.

3. 离心率为 2、准线为 $y = -4$ 的双曲线.

4. 离心率为 $\frac{5}{2}$ 、准线为 $x = -3$ 的双曲线.

5. 离心率为 $\frac{2}{3}$ 、顶点为 $(2, \pi)$ 的椭圆.

6. 离心率为 0.6、准线为 $r = 4\csc\theta$ 的椭圆.

7. 顶点为 $(3, \pi/2)$ 的抛物线.

8. 离心率为 2、准线为 $r = -2\sec\theta$ 的双曲线.

9~14　将下列极坐标方程与 I~VI 中的图像进行匹配，并说明理由.

9. $r = \dfrac{3}{1-\sin\theta}$

10. $r = \dfrac{9}{1+2\cos\theta}$

11. $r = \dfrac{12}{8-7\cos\theta}$

12. $r = \dfrac{12}{4+3\sin\theta}$

13. $r = \dfrac{5}{2+3\sin\theta}$

14. $r = \dfrac{3}{2-2\cos\theta}$

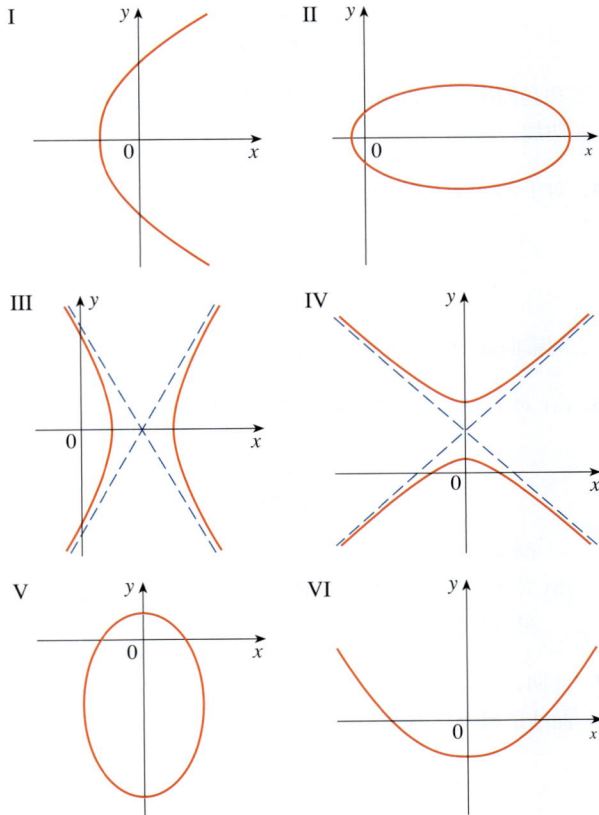

15~22 (a) 求离心率；(b) 确定曲线的类型；(c) 求准线方程；(d) 画出圆锥曲线.

15. $r = \dfrac{4}{5 - 4\sin\theta}$ **16.** $r = \dfrac{1}{2 + \sin\theta}$

17. $r = \dfrac{2}{3 + 3\sin\theta}$ **18.** $r = \dfrac{5}{2 - 4\cos\theta}$

19. $r = \dfrac{9}{6 + 2\cos\theta}$ **20.** $r = \dfrac{1}{3 - 3\sin\theta}$

21. $r = \dfrac{3}{4 - 8\cos\theta}$ **22.** $r = \dfrac{4}{2 + 3\cos\theta}$

23. (a) 求圆锥曲线 $r = 1/(1 - 2\sin\theta)$ 的离心率和准线，并画出曲线及其准线.
(b) 若此圆锥曲线绕原点逆时针旋转角 $3\pi/4$，请写出所得曲线的方程并画出该曲线.

24. 画出圆锥曲线
$$r = \frac{4}{5 + 6\cos\theta}$$
和它的准线，再画出此曲线绕原点旋转角 $\pi/3$ 所得到的曲线.

25. 对于 $e = 0.4, 0.6, 0.8, 1.0$，在同一坐标系中画出圆锥曲线
$$r = \frac{e}{1 - e\cos\theta}.$$
圆锥曲线的形状如何受 e 值的影响？

26. (a) 对于 $e = 1$ 和变化的 d 值，画出圆锥曲线
$$r = \frac{ed}{1 + e\sin\theta}.$$
圆锥曲线的形状如何受 d 值的影响？
(b) 对于 $d = 1$ 和变化的 e 值，画出此曲线. 圆锥曲线的形状如何受 e 值的影响？

27. 证明：焦点为原点、离心率为 e、准线为 $x = -d$ 的圆锥曲线的极坐标方程为
$$r = \frac{ed}{1 - e\cos\theta}.$$

28. 证明：焦点为原点、离心率为 e、准线为 $y = d$ 的圆锥曲线的极坐标方程为
$$r = \frac{ed}{1 + e\sin\theta}.$$

29. 证明：焦点为原点、离心率为 e、准线为 $y = -d$ 的圆锥曲线的极坐标方程为
$$r = \frac{ed}{1 - e\sin\theta}.$$

30. 证明：抛物线 $r = c/(1 + \cos\theta)$ 和 $r = d/(1 - \cos\theta)$ 垂直相交.

31. 火星绕太阳运动的轨道是一个椭圆，其离心率为 0.093，半长轴长为 2.28×10^8 km. 求此轨道的极坐标方程.

32. 木星轨道的离心率为 0.048，长轴为 1.56×10^9 km. 求此轨道的极坐标方程.

33. 哈雷彗星上次出现是在 1986 年，它预计于 2061 年返回. 它的轨道是离心率为 0.97 的椭圆，太阳在一个焦点处，轨道的长轴长为 36.18AU [一个天文单位（AU）就是地球到太阳的平均距离，大约是 1.5×10^8 km]. 求哈雷彗星轨道的极坐标方程. 它到太阳的最大距离是多少？

34. 1995 年发现的海尔－波普彗星的椭圆形轨道的离心率是 0.995 1，长轴长为 356.5AU. 求海尔－波普彗星轨道的极坐标方程. 它距离太阳能有多近？

35. 水星沿离心率为 0.206 的椭圆形轨道运动，它到太阳的最小距离为 4.6×10^7 km. 求它到太阳的最大距离.

36. 冥王星在近日点处到太阳的距离为 4.43×10^9 km，在远日点处的距离为 7.37×10^9 km. 求冥王星轨道的离心率.

37. 利用练习 35 的数据求水星绕太阳一周所经过的距离.（使用计算器、计算机或者辛普森法则计算所得积分的值.）

第 10 章　复习

概念题

1. (a) 什么是参数曲线？

(b) 如何画出参数曲线？

2. (a) 如何求参数曲线的切线的斜率？

(b) 如何求参数曲线下方区域的面积？

3. 写出下列各个量的表达式．

(a) 参数曲线的长度．

(b) 参数曲线绕 x 轴旋转所得曲面的面积．

(c) 粒子沿参数曲线运动的速率．

4. (a) 利用图像解释点的极坐标 (r, θ) 的意义．

(b) 写出将点的笛卡儿坐标 (x, y) 表示成极坐标的方程．

(c) 如果已知某一点的笛卡儿坐标，你会使用什么方程来求其极坐标？

5. (a) 如何求极坐标曲线所围成区域的面积？

(b) 如何求极坐标曲线的长度？

(c) 如何求极坐标曲线的切线的斜率？

6. (a) 给出抛物线的几何定义．

(b) 写出焦点为 $(0, p)$、准线为 $y = -p$ 的抛物线的方程．如果焦点为 $(p, 0)$、准线为 $x = -p$ 呢？

7. (a) 基于焦点给出椭圆的定义．

(b) 写出焦点为 $(\pm c, 0)$、顶点为 $(\pm a, 0)$ 的椭圆的方程．

8. (a) 基于焦点给出双曲线的定义．

(b) 写出焦点为 $(\pm c, 0)$、顶点为 $(\pm a, 0)$ 的双曲线的方程．

(c) 写出 (b) 中双曲线的渐近线的方程．

9. (a) 什么是圆锥曲线的离心率？

(b) 如果圆锥曲线是椭圆，关于离心率你能得出什么结论？如果是双曲线呢？如果是抛物线呢？

(c) 写出离心率为 e、准线为 $x = d$ 的圆锥曲线的极坐标方程．如果准线是 $x = -d$ 呢？如果是 $y = d$ 呢？如果是 $y = -d$ 呢？

判断题

判断下列说法是否正确．如果正确，请说明理由；如果不正确，请说明理由或给出一个反例．

1. 如果参数曲线 $x = f(t)$，$y = g(t)$ 满足 $g'(1) = 0$，那么当 $t = 1$ 时它有一条水平切线．

2. 如果 $x = f(t)$，$y = g(t)$ 二阶可微，那么

$$\frac{\mathrm{d}^2 y}{\mathrm{d}x^2} = \frac{\mathrm{d}^2 y / \mathrm{d}t^2}{\mathrm{d}^2 x / \mathrm{d}t^2}.$$

3. 曲线 $x = f(t)$，$y = g(t)$，$a \leqslant t \leqslant b$ 的长度为

$$\int_a^b \sqrt{\left[f'(t) \right]^2 + \left[g'(t) \right]^2}\, \mathrm{d}t.$$

4. 如果粒子在 t 时的位置由参数方程 $x = 3t + 1$，$y = 2t^2 + 1$ 给出，那么粒子在 $t = 3$ 时的速率为 $\mathrm{d}y / \mathrm{d}x$ 在 $t = 3$ 时的值．

5. 若 (x, y)（其中 $x \neq 0$）表示某一点的笛卡儿坐标，(r, θ) 表示其极坐标，则 $\theta = \tan^{-1}(y/x)$．

6. 极坐标方程 $r = 1 - \sin 2\theta$ 和 $r = \sin 2\theta - 1$ 有相同的图像．

7. 方程 $r = 2$，$x^2 + y^2 = 4$ 和 $x = 2\sin 3t$，$y = 2\cos 3t$（$0 \leqslant t \leqslant 2\pi$）有相同的图像．

8. 参数方程 $x = t^2$，$y = t^4$ 和 $x = t^3$，$y = t^6$ 有相同的图像．

9. $y^2 = 2y + 3x$ 的图像是抛物线．

10. 抛物线的切线与该抛物线只相交一次．

11. 双曲线从不与它的准线相交．

练习题

1~5 画出参数曲线，消参得到曲线的笛卡儿方程.

1. $x = t^2 + 4t,\ y = 2 - t,\ -4 \leqslant t \leqslant 1$

2. $x = 1 + e^{2t},\ y = e^t$

3. $x = \ln t,\ y = t^2$

4. $x = 2\cos\theta,\ y = 1 + \sin\theta$

5. $x = \cos\theta,\ y = \sec\theta,\ 0 \leqslant \theta < \pi/2$

6. 描述一个位置为 (x, y) 的粒子的运动，其中 $x = 2 + 4\cos\pi t$，$y = -3 + 4\sin\pi t$，t 从 0 增加到 4.

7. 写出曲线 $y = \sqrt{x}$ 的三个不同的参数方程.

8. 利用 $x = f(t)$ 和 $y = g(t)$ 的图像画出参数曲线 $x = f(t)$，$y = g(t)$. 用箭头标明当 t 增大时曲线延伸的方向.

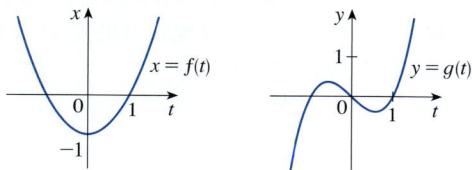

9. (a) 画出极坐标为 $(4, 2\pi/3)$ 的点，然后求出它的笛卡儿坐标.

(b) 某一点的笛卡儿坐标为 $(-3, 3)$. 求出该点的两个极坐标.

10. 画出由极坐标满足 $1 \leqslant r \leqslant 2$ 和 $\pi/6 \geqslant \theta \leqslant 5\pi/6$ 的点组成的区域.

11~18 画出极坐标曲线.

11. $r = 1 + \sin\theta$

12. $r = \sin 4\theta$

13. $r = \cos 3\theta$

14. $r = 3 + \cos 3\theta$

15. $r = 1 + \cos 2\theta$

16. $r = 2\cos(\theta/2)$

17. $r = \dfrac{3}{1 + 2\sin\theta}$

18. $r = \dfrac{3}{2 - 2\cos\theta}$

19~20 求下列用笛卡儿坐标方程表示的曲线的极坐标方程.

19. $x + y = 2$

20. $x^2 + y^2 = 2$

21. 极坐标方程为 $r = (\sin\theta)/\theta$ 的曲线称为**蜗牛线**. 利用 r 关于 θ 的函数在笛卡儿坐标系中的图像，手绘蜗牛线，然后使用计算器或计算机画图来检验你的图像.

22. 下图显示了 r 关于 θ 的函数在笛卡儿坐标系中的图像. 利用它画出相应的极坐标曲线.

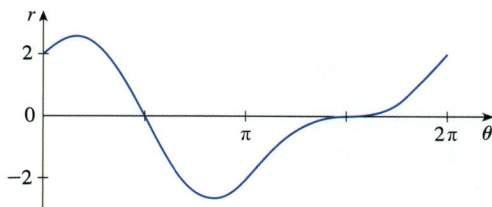

23~26 求下列曲线在指定参数值对应的点处的切线的斜率.

23. $x = \ln t,\ y = 1 + t^2,\quad t = 1$

24. $x = t^3 + 6t + 1,\ y = 2t - t^2,\quad t = -1$

25. $r = e^{-\theta},\quad \theta = \pi$

26. $r = 3 + \cos 3\theta,\quad \theta = \pi/2$

27~28 求 $\mathrm{d}y/\mathrm{d}x$ 和 $\mathrm{d}^2y/\mathrm{d}x^2$.

27. $x = t + \sin t,\ y = t - \cos t$

28. $x = 1 + t^2,\ y = t - t^3$

29. 利用图像估计曲线 $x = t^3 - 3t,\ y = t^2 + t + 1$ 的最低点的坐标，然后利用微积分求其坐标的准确值.

30. 求练习 29 中的曲线上的圈所围成的面积.

31. 曲线 $x = 2a\cos t - a\cos 2t,\ y = 2a\sin t - a\sin 2t$ 在哪些点处的切线是水平或垂直的？利用这些信息画出曲线.

32. 求练习 31 中的曲线所围成的面积.

33. 求曲线 $r^2 = 9\cos 5\theta$ 所围成的面积.

34. 求曲线 $r = 1 - 3\sin\theta$ 上的内圈所围成的面积.

35. 求曲线 $r = 2$ 和 $r = 4\cos\theta$ 的交点.

36. 求曲线 $r = \cot\theta$ 和 $r = 2\cos\theta$ 的交点.

37. 求同时位于圆 $r = 2\sin\theta$ 和 $r = \sin\theta + \cos\theta$ 内部的区域的面积.

38. 求位于曲线 $r = 2 + \cos 2\theta$ 内部但位于曲线 $r = 2 + \sin\theta$ 外部的区域的面积.

39~42　求曲线的长度.

39.　$x = 3t^2,\ y = 2t^3,\ 0 \leqslant t \leqslant 2$

40.　$x = 2 + 3t,\ y = \cosh 3t,\ 0 \leqslant t \leqslant 1$

41.　$r = 1/\theta,\ \pi \leqslant \theta \leqslant 2\pi$

42.　$r = \sin^3(\theta/3),\ 0 \leqslant \theta \leqslant \pi$

43.　粒子在 t　s 时的位置（单位：m）由下面的参数方程表示：
$$x = \frac{1}{2}\left(t^2 + 3\right),\ y = 5 - \frac{1}{3}t^3 .$$
(a) 求粒子在点 $(6,-4)$ 处时的速率.

(b) 粒子在 $0 \leqslant t \leqslant 8$ 时的平均速率是多少？

44.　(a) 求曲线的蓝色部分的长度的准确值.

(b) 求阴影部分的面积.

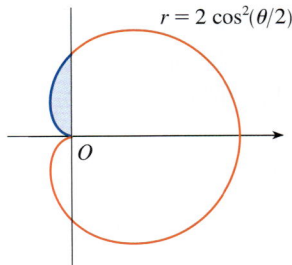

$r = 2\cos^2(\theta/2)$

45~46　求给定曲线绕 x 轴旋转所得曲面的面积.

45.　$x = 4\sqrt{t},\ y = \dfrac{t^3}{3} + \dfrac{1}{2t^2},\ 1 \leqslant t \leqslant 4$

46.　$x = 2 + 3t,\ y = \cosh 3t,\ 1 \leqslant t \leqslant 1$

47.　由参数方程
$$x = \frac{t^2 - c}{t^2 + 1},\ y = \frac{t\left(t^2 - c\right)}{t^2 + 1}$$
定义的曲线称为**环索线**（源自一个希腊词语，意为"翻转或扭曲"）. 探究当 c 变化时，曲线如何变化.

48.　一个曲线族的极坐标方程为 $r^a = |\sin 2\theta|$，其中 a 为正数. 探究当 a 变化时，曲线如何变化.

49~52　求顶点和焦点，并画出图像.

49.　$\dfrac{x^2}{9} + \dfrac{y^2}{8} = 1$

50.　$4x^2 - y^2 = 16$

51.　$6y^2 + x - 36y + 55 = 0$

52.　$25x^2 + 4y^2 + 50x - 16y = 59$

53.　求焦点为 $(\pm 4, 0)$、顶点为 $(\pm 5, 0)$ 的椭圆的方程.

54.　求焦点为 $(2,1)$、准线为 $x = -4$ 的抛物线的方程.

55.　求焦点为 $(0, \pm 4)$、渐近线为 $y = \pm 3x$ 的双曲线的方程.

56.　求焦点为 $(3, \pm 2)$、长轴长为 8 的椭圆的方程.

57.　求与抛物线 $x^2 + y = 100$ 共用一个顶点和一个焦点且另一焦点位于原点的椭圆的方程.

58.　证明：如果 m 为任意实数，那么椭圆 $\dfrac{x^2}{a^2} + \dfrac{y^2}{b^2} = 1$ 恰好有两条斜率为 m 的切线，并且它们的方程为
$$y = mx \pm \sqrt{a^2 m^2 + b^2} .$$

59.　求焦点为原点、离心率为 $\dfrac{1}{3}$、准线方程为 $r = 4\sec\theta$ 的椭圆的方程.

60.　画出椭圆 $r = 2(4 - 3\cos\theta)$ 及其准线，再画出绕原点旋转角 $2\pi/3$ 所得到的椭圆.

61.　证明极轴和双曲线 $r = ed/(1 - e\cos\theta)$（$e > 1$）的渐近线之间的夹角为 $\cos^{-1}(\pm 1/e)$.

62.　由下面的参数方程定义的曲线称为**笛卡儿叶形线**：
$$x = \frac{3t}{1 + t^3},\ y = \frac{3t^2}{1 + t^3} .$$
(a) 证明：如果 (a,b) 在曲线上，那么 (b,a) 也在，即曲线是关于直线 $y = x$ 对称的. 曲线在何处与这条直线相交？

(b) 求曲线在哪些点处的切线是水平或垂直的.

(c) 证明直线 $y = -x - 1$ 是一条斜渐近线.

(d) 画出曲线.

(e) 证明该曲线的笛卡儿方程为 $x^3 + y^3 = 3xy$.

(f) 证明该曲线的极坐标方程可以写成如下形式：
$$r = \frac{3\sec\theta\tan\theta}{1 + \tan^3\theta} .$$

(g) 求曲线上的圈所围成的面积.

(h) 证明该圈所围成的面积等于渐近线与无限延伸的曲线之间的面积（使用计算机代数系统计算该积分）.

附加题

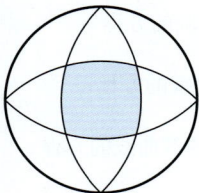

1. 左图中外圆的半径为 1，内弧的圆心位于外圆上．求阴影区域的面积．

2. (a) 求曲线 $x^4 + y^4 = x^2 + y^2$ 的最高点和最低点．

(b) 画出该曲线．（注意，它关于两个轴和两条直线 $y = \pm x$ 对称，所以一开始只考虑 $y \geqslant x \geqslant 0$ 即可．）

[T] (c) 利用极坐标和计算机代数系统求曲线所围成的面积．

3. 包含极坐标曲线族 $r = 1 + c\sin\theta$（其中 $0 \leqslant c \leqslant 1$）中的每条成员曲线的最小矩形区域是什么？在这个矩形区域中画出几条成员曲线来说明你的答案．

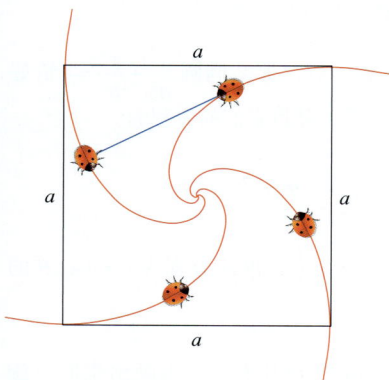

4. 如左图所示，将四只小虫放在边长为 a 的正方形的四个顶点处．小虫以相同的速率逆时针爬行，始终朝向邻近的一只小虫．它们沿螺旋形轨迹靠近正方形的中心．

(a) 假设极点位于正方形的中心，求每只小虫爬行轨迹的极坐标方程．（利用如下事实：连接一只小虫及其邻近小虫的直线是前者轨迹的切线．）

(b) 求一只小虫与其他小虫在中心处会合为止所爬行的距离．

5. 证明：双曲线的任何切线的切点都位于切线和两条渐近线交点的中点．

6. 半径为 $2r$ 的圆 C 的圆心在原点处．半径为 r 的圆绕 C 沿逆时针方向滚动而不滑动．点 P 位于滚动圆的某条固定半径上，它到圆心的距离为 b（$0 < b < r$）[见下图中的 (i)(ii)]．令 L 为从圆 C 的圆心到滚动圆的圆心的直线，令 θ 为 L 与 x 轴正半轴之间的夹角．

(a) 将 θ 作为参数，证明点 P 经过的轨迹的参数方程为

$$x = b\cos 3\theta + 3r\cos\theta, \quad y = b\sin 3\theta + 3r\sin\theta .$$

注：如果 $b = 0$，那么轨迹是半径为 $3r$ 的圆．如果 $b = r$，那么轨迹是外旋轮线．对于 $0 < b < r$，P 经过的轨迹称为次外旋轮线．

(b) 画出 b 的取值在 0 和 r 之间时的曲线．

(c) 证明一个等边三角形可以内接于次外旋轮线，其形心在以原点为圆心、半径为 b 的圆上．

注：这就是万克尔转子发动机的原理．当等边三角形旋转时，其顶点在次外旋轮线上，其形心扫出一个圆，圆心位于曲线的中心．

(d) 在大多数转子发动机中，等边三角形的边被以对顶点为圆心的弧所取代，如图 (iii) 所示（此时转子的直径是恒定的）．证明如果 $b \leqslant \frac{3}{2}(2 - \sqrt{3})r$，那么转子能装进次外旋轮线内．

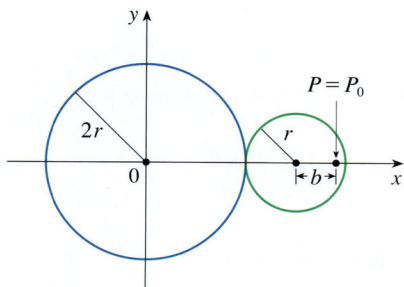

(i)

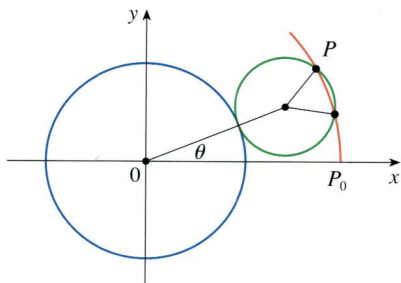

(ii)

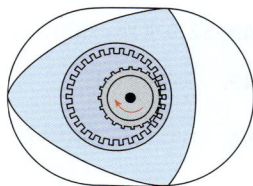

(iii)

代数学

算术运算

$$a(b+c)=ab+ac$$

$$\frac{a+c}{b}=\frac{a}{b}+\frac{c}{b}$$

$$\frac{a}{b}+\frac{c}{d}=\frac{ad+bc}{bd}$$

$$\frac{\frac{a}{b}}{\frac{c}{d}}=\frac{a}{b}\times\frac{d}{c}=\frac{ad}{bc}$$

幂和根式

$$x^m x^n = x^{m+n}$$

$$\left(x^m\right)^n = x^{mn}$$

$$(xy)^n = x^n y^n$$

$$x^{1/n} = \sqrt[n]{x}$$

$$\sqrt[n]{xy} = \sqrt[n]{x}\sqrt[n]{y}$$

$$\frac{x^m}{x^n} = x^{m-n}$$

$$x^{-n} = \frac{1}{x^n}$$

$$\left(\frac{x}{y}\right)^n = \frac{x^n}{y^n}$$

$$x^{m/n} = \sqrt[n]{x^m} = \left(\sqrt[n]{x}\right)^m$$

$$\sqrt[n]{\frac{x}{y}} = \frac{\sqrt[n]{x}}{\sqrt[n]{y}}$$

因式分解公式

$$x^2 - y^2 = (x+y)(x-y)$$
$$x^3 + y^3 = (x+y)\left(x^2 - xy + y^2\right)$$
$$x^3 - y^3 = (x-y)\left(x^2 + xy + y^2\right)$$

二项式定理

$$(x+y)^2 = x^2 + 2xy + y^2 \qquad (x-y)^2 = x^2 - 2xy + y^2$$

$$(x+y)^3 = x^3 + 3x^2 y + 3xy^2 + y^3 \qquad (x-y)^3 = x^3 - 3x^2 y + 3xy^2 - y^3$$

$$(x+y)^n = x^n + nx^{n-1}y + \frac{n(n-1)}{2}x^{n-2}y^2 + \cdots + \binom{n}{k}x^{n-k}y^k + \cdots + nxy^{n-1} + y^n,$$

$$\text{其中}\binom{n}{k} = \frac{n(n-1)\cdots(n-k+1)}{1\times 2\times 3\times\cdots\times k}$$

求根公式

如果 $ax^2 + bx + c = 0$，则 $x = \dfrac{-b\pm\sqrt{b^2 - 4ac}}{2a}$.

不等式和绝对值

如果 $a < b$ 且 $b < c$，则 $a < c$.

如果 $a < b$，则 $a + c < b + c$.

如果 $a < b$ 且 $c > 0$，则 $ca < cb$.

如果 $a < b$ 且 $c < 0$，则 $ca > cb$.

如果 $a > 0$，则

$\qquad |x| = a$ 等价于 $x = a$ 或 $x = -a$；

$\qquad |x| < a$ 等价于 $-a < x < a$；

$\qquad |x| > a$ 等价于 $x > a$ 或 $x < -a$.

几何学

几何公式

A 代表面积，C 代表周长，V 代表体积：

三角形

$$A = \frac{1}{2}bh$$
$$= \frac{1}{2}ab\sin\theta$$

圆

$$A = \pi r^2$$
$$C = 2\pi r$$

扇形

$$A = \frac{1}{2}r^2\theta$$
$$s = r\theta$$

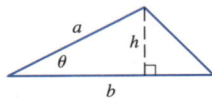
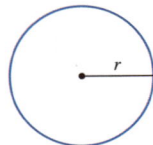
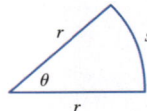

球体

$$V = \frac{4}{3}\pi r^3$$
$$A = 4\pi r^2$$

圆柱体

$$V = \pi r^2 h$$

圆锥体

$$V = \frac{1}{3}\pi r^2 h$$
$$A = \pi r\sqrt{r^2 + h^2}$$

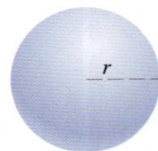

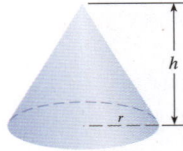

距离公式和中点公式

点 $P_1(x_1, y_1)$ 和点 $P_2(x_2, y_2)$ 之间的距离：

$$d = \sqrt{(x_2 - x_1)^2 + (y_2 - y_1)^2}$$

$\overline{P_1 P_2}$ 的中点：$\left(\dfrac{x_1 + x_2}{2}, \dfrac{y_1 + y_2}{2}\right)$

直线

过点 $P_1(x_1, y_1)$、点 $P_2(x_2, y_2)$ 的直线的斜率：

$$m = \frac{y_2 - y_1}{x_2 - x_1}$$

过点 $P_1(x_1, y_1)$ 且斜率为 m 的直线的点斜式方程：

$$y - y_1 = m(x - x_1)$$

斜率为 m、y 轴截距为 b 的直线的斜截式方程：

$$y = mx + b$$

圆

圆心为 (h, k)、半径为 r 的圆的方程：

$$(x - h)^2 + (y - k)^2 = r^2$$

三角学

角的单位制

$\pi \, \text{rad} = 180°$

$1° = \dfrac{\pi}{180} \, \text{rad}$ $\qquad 1\,\text{rad} = \dfrac{180°}{\pi}$

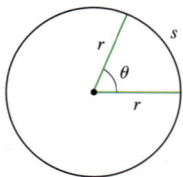

$s = r\theta$

直角三角形

$\sin\theta = \dfrac{\text{对边}}{\text{斜边}}$ $\qquad \csc\theta = \dfrac{\text{斜边}}{\text{对边}}$

$\cos\theta = \dfrac{\text{邻边}}{\text{斜边}}$ $\qquad \sec\theta = \dfrac{\text{斜边}}{\text{邻边}}$

$\tan\theta = \dfrac{\text{对边}}{\text{邻边}}$ $\qquad \cot\theta = \dfrac{\text{邻边}}{\text{对边}}$

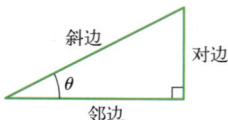

三角函数

$\sin\theta = \dfrac{y}{r}$ $\qquad \csc\theta = \dfrac{r}{y}$

$\cos\theta = \dfrac{x}{r}$ $\qquad \sec\theta = \dfrac{r}{x}$

$\tan\theta = \dfrac{y}{x}$ $\qquad \cot\theta = \dfrac{x}{y}$

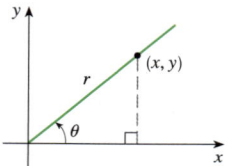

三角函数的图像

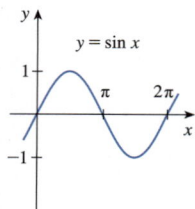

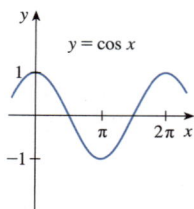

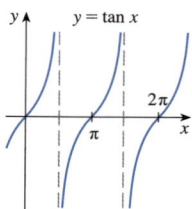

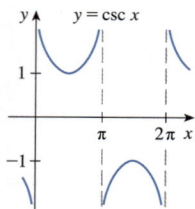

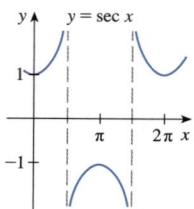

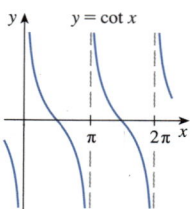

特殊角的三角函数值

θ	弧度	$\sin\theta$	$\cos\theta$	$\tan\theta$
0°	0	0	1	0
30°	$\pi/6$	1/2	$\sqrt{3}/2$	$\sqrt{3}/3$
45°	$\pi/4$	$\sqrt{2}/2$	$\sqrt{2}/2$	1
60°	$\pi/3$	$\sqrt{3}/2$	1/2	$\sqrt{3}$
90°	$\pi/2$	1	0	—

基本恒等式

$\csc\theta = \dfrac{1}{\sin\theta}$ $\qquad \sec\theta = \dfrac{1}{\cos\theta}$

$\tan\theta = \dfrac{\sin\theta}{\cos\theta}$ $\qquad \cot\theta = \dfrac{\cos\theta}{\sin\theta}$

$\cot\theta = \dfrac{1}{\tan\theta}$ $\qquad \sin^2\theta + \cos^2\theta = 1$

$1 + \tan^2\theta = \sec^2\theta$ $\qquad 1 + \cot^2\theta = \csc^2\theta$

$\sin(-\theta) = -\sin\theta$ $\qquad \cos(-\theta) = \cos\theta$

$\tan(-\theta) = -\tan\theta$ $\qquad \sin\left(\dfrac{\pi}{2} - \theta\right) = \cos\theta$

$\cos\left(\dfrac{\pi}{2} - \theta\right) = \sin\theta$ $\qquad \tan\left(\dfrac{\pi}{2} - \theta\right) = \cot\theta$

正弦定理

$$\dfrac{\sin A}{a} = \dfrac{\sin B}{b} = \dfrac{\sin C}{c}$$

余弦定理

$a^2 = b^2 + c^2 - 2bc\cos A$

$b^2 = a^2 + c^2 - 2ac\cos B$

$c^2 = a^2 + b^2 - 2ab\cos C$

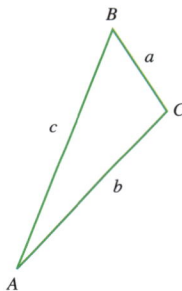

和差化积公式

$\sin(x+y) = \sin x\cos y + \cos x\sin y$

$\sin(x-y) = \sin x\cos y - \cos x\sin y$

$\cos(x+y) = \cos x\cos y - \sin x\sin y$

$\cos(x-y) = \cos x\cos y + \sin x\sin y$

$\tan(x+y) = \dfrac{\tan x + \tan y}{1 - \tan x\tan y}$

$\tan(x-y) = \dfrac{\tan x - \tan y}{1 + \tan x\tan y}$

倍角公式

$\sin 2x = 2\sin x\cos x$

$\cos 2x = \cos^2 x - \sin^2 x = 2\cos^2 x - 1 = 1 - 2\sin^2 x$

$\tan 2x = \dfrac{2\tan x}{1 - \tan^2 x}$

半角公式

$\sin^2 x = \dfrac{1 - \cos 2x}{2}$ $\qquad \cos^2 x = \dfrac{1 + \cos 2x}{2}$

特殊函数

幂函数　$f(x) = x^a$

(i) $f(x) = x^n$，n 为正整数

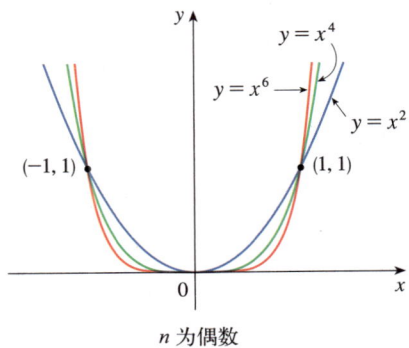

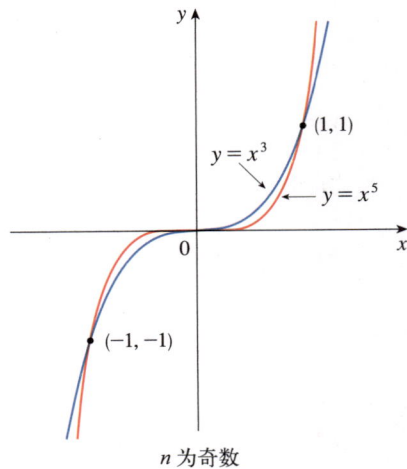

$y = x^4$　$y = x^6$　$y = x^2$　$(-1, 1)$　$(1, 1)$

n 为偶数

$y = x^3$　$y = x^5$　$(1, 1)$　$(-1, -1)$

n 为奇数

(ii) $f(x) = x^{1/n} = \sqrt[n]{x}$，$n$ 为正整数

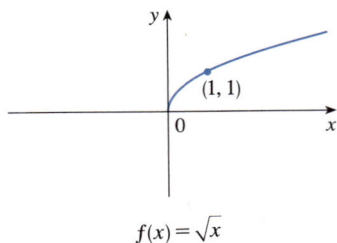

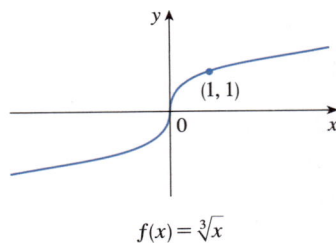

$(1, 1)$　$f(x) = \sqrt{x}$

$(1, 1)$　$f(x) = \sqrt[3]{x}$

(iii) $f(x) = x^{-1} = \dfrac{1}{x}$

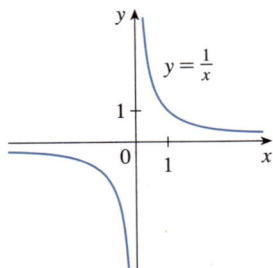

$y = \dfrac{1}{x}$

反三角函数

$\arcsin x = \sin^{-1} x = y \Leftrightarrow \sin y = x,\ -\dfrac{\pi}{2} \leqslant y \leqslant \dfrac{\pi}{2}$

$\arccos x = \cos^{-1} x = y \Leftrightarrow \cos y = x,\ 0 \leqslant y \leqslant \pi$

$\arctan x = \tan^{-1} x = y \Leftrightarrow \tan y = x,\ -\dfrac{\pi}{2} < y < \dfrac{\pi}{2}$

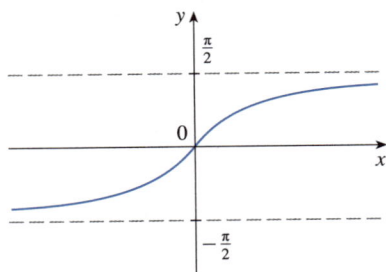

$y = \tan^{-1} x = \arctan x$

$\lim\limits_{x \to -\infty} \tan^{-1} x = -\dfrac{\pi}{2}$

$\lim\limits_{x \to +\infty} \tan^{-1} x = \dfrac{\pi}{2}$

特殊函数

指数函数和对数函数

$\log_b x = y \Leftrightarrow b^y = x$

$\ln x = \log_e x$，其中 $\ln e = 1$

$\ln x = y \Leftrightarrow e^y = x$

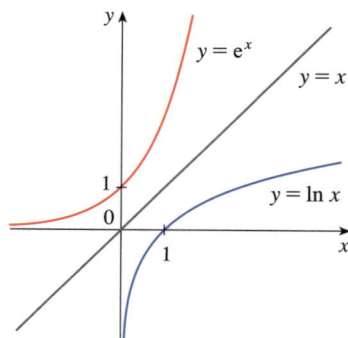

相消等式

$\log_b(b^x) = x \qquad b^{\log_b x} = x$

$\ln(e^x) = x \qquad e^{\ln x} = x$

对数函数的运算法则

1. $\log_b(xy) = \log_b x + \log_b y$

2. $\log_b\left(\dfrac{x}{y}\right) = \log_b x - \log_b y$

3. $\log_b(x^r) = r\log_b x$

$$\lim_{x\to-\infty} e^x = 0 \qquad \lim_{x\to+\infty} e^x = +\infty$$

$$\lim_{x\to 0^+} \ln x = -\infty \qquad \lim_{x\to+\infty} \ln x = +\infty$$

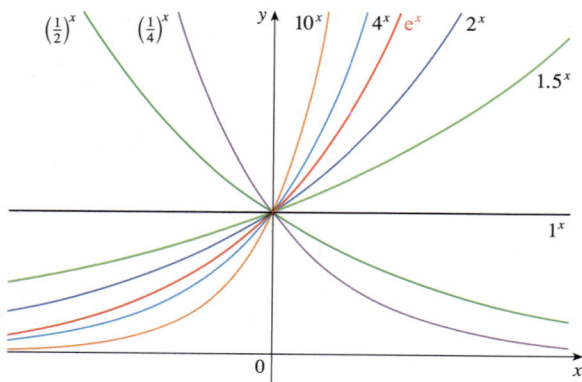

指数函数

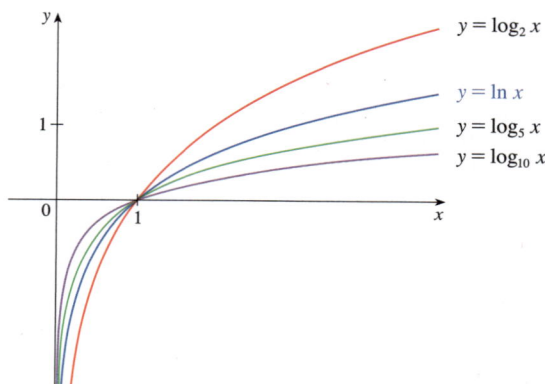

对数函数

双曲函数

$\sinh x = \dfrac{e^x - e^{-x}}{2} \qquad \operatorname{csch} x = \dfrac{1}{\sinh x}$

$\cosh x = \dfrac{e^x + e^{-x}}{2} \qquad \operatorname{sech} x = \dfrac{1}{\cosh x}$

$\tanh x = \dfrac{\sinh x}{\cosh x} \qquad \coth x = \dfrac{\cosh x}{\sinh x}$

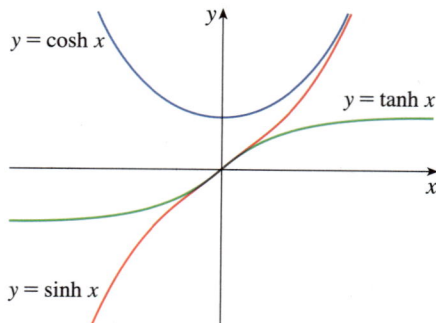

反双曲函数

$y = \sinh^{-1} x \Leftrightarrow \sinh y = x$

$y = \cosh^{-1} x \Leftrightarrow \cosh y = x$ 且 $y \geq 0$

$y = \tanh^{-1} x \Leftrightarrow \tanh y = x$

$\sinh^{-1} x = \ln\left(x + \sqrt{x^2 + 1}\right)$

$\cosh^{-1} x = \ln\left(x + \sqrt{x^2 - 1}\right)$

$\tanh^{-1} x = \dfrac{1}{2}\ln\left(\dfrac{1+x}{1-x}\right)$

导数公式

一般公式

1. $\dfrac{\mathrm{d}}{\mathrm{d}x}(c) = 0$

2. $\dfrac{\mathrm{d}}{\mathrm{d}x}\big[cf(x)\big] = cf'(x)$

3. $\dfrac{\mathrm{d}}{\mathrm{d}x}\big[f(x) + g(x)\big] = f'(x) + g'(x)$

4. $\dfrac{\mathrm{d}}{\mathrm{d}x}\big[f(x) - g(x)\big] = f'(x) - g'(x)$

5. $\dfrac{\mathrm{d}}{\mathrm{d}x}\big[f(x)g(x)\big] = f(x)g'(x) + g(x)f'(x)$ （函数积的求导法则）

6. $\dfrac{\mathrm{d}}{\mathrm{d}x}\left[\dfrac{f(x)}{g(x)}\right] = \dfrac{g(x)f'(x) - f(x)g'(x)}{\big[g(x)\big]^2}$ （函数商的求导法则）

7. $\dfrac{\mathrm{d}}{\mathrm{d}x}f\big(g(x)\big) = f'\big(g(x)\big)g'(x)$ （链式法则）

8. $\dfrac{\mathrm{d}}{\mathrm{d}x}(x^n) = nx^{n-1}$ （幂函数的求导法则）

指数函数和对数函数

9. $\dfrac{\mathrm{d}}{\mathrm{d}x}(\mathrm{e}^x) = \mathrm{e}^x$

10. $\dfrac{\mathrm{d}}{\mathrm{d}x}(b^x) = b^x \ln b$

11. $\dfrac{\mathrm{d}}{\mathrm{d}x}\ln|x| = \dfrac{1}{x}$

12. $\dfrac{\mathrm{d}}{\mathrm{d}x}(\log_b x) = \dfrac{1}{x \ln b}$

三角函数

13. $\dfrac{\mathrm{d}}{\mathrm{d}x}(\sin x) = \cos x$

14. $\dfrac{\mathrm{d}}{\mathrm{d}x}(\cos x) = -\sin x$

15. $\dfrac{\mathrm{d}}{\mathrm{d}x}(\tan x) = \sec^2 x$

16. $\dfrac{\mathrm{d}}{\mathrm{d}x}(\csc x) = -\csc x \cot x$

17. $\dfrac{\mathrm{d}}{\mathrm{d}x}(\sec x) = \sec x \tan x$

18. $\dfrac{\mathrm{d}}{\mathrm{d}x}(\cot x) = -\csc^2 x$

反三角函数

19. $\dfrac{\mathrm{d}}{\mathrm{d}x}(\sin^{-1} x) = \dfrac{1}{\sqrt{1-x^2}}$

20. $\dfrac{\mathrm{d}}{\mathrm{d}x}(\cos^{-1} x) = -\dfrac{1}{\sqrt{1-x^2}}$

21. $\dfrac{\mathrm{d}}{\mathrm{d}x}(\tan^{-1} x) = \dfrac{1}{1+x^2}$

22. $\dfrac{\mathrm{d}}{\mathrm{d}x}(\csc^{-1} x) = -\dfrac{1}{x\sqrt{x^2-1}}$

23. $\dfrac{\mathrm{d}}{\mathrm{d}x}(\sec^{-1} x) = \dfrac{1}{x\sqrt{x^2-1}}$

24. $\dfrac{\mathrm{d}}{\mathrm{d}x}(\cot^{-1} x) = -\dfrac{1}{1+x^2}$

双曲函数

25. $\dfrac{\mathrm{d}}{\mathrm{d}x}(\sinh x) = \cosh x$

26. $\dfrac{\mathrm{d}}{\mathrm{d}x}(\cosh x) = \sinh x$

27. $\dfrac{\mathrm{d}}{\mathrm{d}x}(\tanh x) = \operatorname{sech}^2 x$

28. $\dfrac{\mathrm{d}}{\mathrm{d}x}(\operatorname{csch} x) = -\operatorname{csch} x \coth x$

29. $\dfrac{\mathrm{d}}{\mathrm{d}x}(\operatorname{sech} x) = -\operatorname{sech} x \tanh x$

30. $\dfrac{\mathrm{d}}{\mathrm{d}x}(\coth x) = -\operatorname{csch}^2 x$

反双曲函数

31. $\dfrac{\mathrm{d}}{\mathrm{d}x}(\sinh^{-1} x) = \dfrac{1}{\sqrt{1+x^2}}$

32. $\dfrac{\mathrm{d}}{\mathrm{d}x}(\cosh^{-1} x) = \dfrac{1}{\sqrt{x^2-1}}$

33. $\dfrac{\mathrm{d}}{\mathrm{d}x}(\tanh^{-1} x) = \dfrac{1}{1-x^2}$

34. $\dfrac{\mathrm{d}}{\mathrm{d}x}(\operatorname{csch}^{-1} x) = -\dfrac{1}{|x|\sqrt{x^2+1}}$

35. $\dfrac{\mathrm{d}}{\mathrm{d}x}(\operatorname{sech}^{-1} x) = -\dfrac{1}{x\sqrt{1-x^2}}$

36. $\dfrac{\mathrm{d}}{\mathrm{d}x}(\coth^{-1} x) = \dfrac{1}{1-x^2}$

积分表

基本公式

1. $\int u \, dv = uv - \int v \, du$

11. $\int \csc u \cot u \, du = -\csc u + C$

2. $\int u^n \, du = \dfrac{u^{n+1}}{n+1} + C, \ n \neq -1$

12. $\int \tan u \, du = \ln|\sec u| + C$

3. $\int \dfrac{du}{u} = \ln|u| + C$

13. $\int \cot u \, du = \ln|\sin u| + C$

4. $\int e^u \, du = e^u + C$

14. $\int \sec u \, du = \ln|\sec u + \tan u| + C$

5. $\int b^u \, du = \dfrac{b^u}{\ln b} + C$

15. $\int \csc u \, du = \ln|\csc u - \cot u| + C$

6. $\int \sin u \, du = -\cos u + C$

16. $\int \dfrac{du}{\sqrt{a^2 - u^2}} = \sin^{-1}\dfrac{u}{a} + C, \ a > 0$

7. $\int \cos u \, du = \sin u + C$

17. $\int \dfrac{du}{a^2 + u^2} = \dfrac{1}{a}\tan^{-1}\dfrac{u}{a} + C$

8. $\int \sec^2 u \, du = \tan u + C$

18. $\int \dfrac{du}{u\sqrt{u^2 - a^2}} = \dfrac{1}{a}\sec^{-1}\dfrac{u}{a} + C$

9. $\int \csc^2 u \, du = -\cot u + C$

19. $\int \dfrac{du}{a^2 - u^2} = \dfrac{1}{2a}\ln\left|\dfrac{u+a}{u-a}\right| + C$

10. $\int \sec u \tan u \, du = \sec u + C$

20. $\int \dfrac{du}{u^2 - a^2} = \dfrac{1}{2a}\ln\left|\dfrac{u-a}{u+a}\right| + C$

含有 $\sqrt{a^2 + u^2}$ （$a > 0$） 的积分公式

21. $\int \sqrt{a^2 + u^2} \, du = \dfrac{u}{2}\sqrt{a^2 + u^2} + \dfrac{a^2}{2}\ln\left(u + \sqrt{a^2 + u^2}\right) + C$

22. $\int u^2 \sqrt{a^2 + u^2} \, du = \dfrac{u}{8}\left(a^2 + 2u^2\right)\sqrt{a^2 + u^2} - \dfrac{a^4}{8}\ln\left(u + \sqrt{a^2 + u^2}\right) + C$

23. $\int \dfrac{\sqrt{a^2 + u^2}}{u} \, du = \sqrt{a^2 + u^2} - a\ln\left|\dfrac{a + \sqrt{a^2 + u^2}}{u}\right| + C$

24. $\int \dfrac{\sqrt{a^2 + u^2}}{u^2} \, du = -\dfrac{\sqrt{a^2 + u^2}}{u} + \ln\left(u + \sqrt{a^2 + u^2}\right) + C$

25. $\int \dfrac{du}{\sqrt{a^2 + u^2}} = \ln\left(u + \sqrt{a^2 + u^2}\right) + C$

26. $\int \dfrac{u^2 \, du}{\sqrt{a^2 + u^2}} = \dfrac{u}{2}\sqrt{a^2 + u^2} - \dfrac{a^2}{2}\ln\left(u + \sqrt{a^2 + u^2}\right) + C$

27. $\int \dfrac{du}{u\sqrt{a^2 + u^2}} = -\dfrac{1}{a}\ln\left|\dfrac{\sqrt{a^2 + u^2} + a}{u}\right| + C$

28. $\int \dfrac{du}{u^2 \sqrt{a^2 + u^2}} = -\dfrac{\sqrt{a^2 + u^2}}{a^2 u} + C$

29. $\int \dfrac{du}{\left(a^2 + u^2\right)^{3/2}} = \dfrac{u}{a^2 \sqrt{a^2 + u^2}} + C$

沿虚线剪下并保存

积分表

含有 $\sqrt{a^2-u^2}$ （$a>0$）的积分公式

30. $\displaystyle\int\sqrt{a^2-u^2}\,\mathrm{d}u=\frac{u}{2}\sqrt{a^2-u^2}+\frac{a^2}{2}\sin^{-1}\frac{u}{a}+C$

31. $\displaystyle\int u^2\sqrt{a^2-u^2}\,\mathrm{d}u=\frac{u}{8}\left(2u^2-a^2\right)\sqrt{a^2-u^2}+\frac{a^4}{8}\sin^{-1}\frac{u}{a}+C$

32. $\displaystyle\int\frac{\sqrt{a^2-u^2}}{u}\,\mathrm{d}u=\sqrt{a^2-u^2}-a\ln\left|\frac{a+\sqrt{a^2-u^2}}{u}\right|+C$

33. $\displaystyle\int\frac{\sqrt{a^2-u^2}}{u^2}\,\mathrm{d}u=-\frac{1}{u}\sqrt{a^2-u^2}-\sin^{-1}\frac{u}{a}+C$

34. $\displaystyle\int\frac{u^2\,\mathrm{d}u}{\sqrt{a^2-u^2}}=-\frac{u}{2}\sqrt{a^2-u^2}+\frac{a^2}{2}\sin^{-1}\frac{u}{a}+C$

35. $\displaystyle\int\frac{\mathrm{d}u}{u\sqrt{a^2-u^2}}=-\frac{1}{a}\ln\left|\frac{a+\sqrt{a^2-u^2}}{u}\right|+C$

36. $\displaystyle\int\frac{\mathrm{d}u}{u^2\sqrt{a^2-u^2}}=-\frac{1}{a^2u}\sqrt{a^2-u^2}+C$

37. $\displaystyle\int\left(a^2-u^2\right)^{3/2}\mathrm{d}u=-\frac{u}{8}\left(2u^2-5a^2\right)\sqrt{a^2-u^2}+\frac{3a^4}{8}\sin^{-1}\frac{u}{a}+C$

38. $\displaystyle\int\frac{\mathrm{d}u}{\left(a^2-u^2\right)^{3/2}}=\frac{u}{a^2\sqrt{a^2-u^2}}+C$

含有 $\sqrt{u^2-a^2}$ （$a>0$）的积分公式

39. $\displaystyle\int\sqrt{u^2-a^2}\,\mathrm{d}u=\frac{u}{2}\sqrt{u^2-a^2}-\frac{a^2}{2}\ln\left|u+\sqrt{u^2-a^2}\right|+C$

40. $\displaystyle\int u^2\sqrt{u^2-a^2}\,\mathrm{d}u=\frac{u}{8}\left(2u^2-a^2\right)\sqrt{u^2-a^2}-\frac{a^4}{8}\ln\left|u+\sqrt{u^2-a^2}\right|+C$

41. $\displaystyle\int\frac{\sqrt{u^2-a^2}}{u}\,\mathrm{d}u=\sqrt{u^2-a^2}-a\cos^{-1}\frac{a}{|u|}+C$

42. $\displaystyle\int\frac{\sqrt{u^2-a^2}}{u^2}\,\mathrm{d}u=-\frac{\sqrt{u^2-a^2}}{u}+\ln\left|u+\sqrt{u^2-a^2}\right|+C$

43. $\displaystyle\int\frac{\mathrm{d}u}{\sqrt{u^2-a^2}}=\ln\left|u+\sqrt{u^2-a^2}\right|+C$

44. $\displaystyle\int\frac{u^2\,\mathrm{d}u}{\sqrt{u^2-a^2}}=\frac{u}{2}\sqrt{u^2-a^2}+\frac{a^2}{2}\ln\left|u+\sqrt{u^2-a^2}\right|+C$

45. $\displaystyle\int\frac{\mathrm{d}u}{u^2\sqrt{u^2-a^2}}=\frac{\sqrt{u^2-a^2}}{a^2u}+C$

46. $\displaystyle\int\frac{\mathrm{d}u}{\left(u^2-a^2\right)^{3/2}}=-\frac{u}{a^2\sqrt{u^2-a^2}}+C$

积分表

含有 $a+bu$ 的积分公式

47. $\displaystyle\int \frac{u\,\mathrm{d}u}{a+bu} = \frac{1}{b^2}\big(a+bu-a\ln|a+bu|\big)+C$

48. $\displaystyle\int \frac{u^2\,\mathrm{d}u}{a+bu} = \frac{1}{2b^3}\Big[(a+bu)^2-4a(a+bu)+2a^2\ln|a+bu|\Big]+C$

49. $\displaystyle\int \frac{\mathrm{d}u}{u(a+bu)} = \frac{1}{a}\ln\left|\frac{u}{a+bu}\right|+C$

50. $\displaystyle\int \frac{\mathrm{d}u}{u^2(a+bu)} = -\frac{1}{au}+\frac{b}{a^2}\ln\left|\frac{a+bu}{u}\right|+C$

51. $\displaystyle\int \frac{u\,\mathrm{d}u}{(a+bu)^2} = \frac{a}{b^2(a+bu)}+\frac{1}{b^2}\ln|a+bu|+C$

52. $\displaystyle\int \frac{\mathrm{d}u}{u(a+bu)^2} = \frac{1}{a(a+bu)}-\frac{1}{a^2}\ln\left|\frac{a+bu}{u}\right|+C$

53. $\displaystyle\int \frac{u^2\,\mathrm{d}u}{(a+bu)^2} = \frac{1}{b^3}\left(a+bu-\frac{a^2}{a+bu}-2a\ln|a+bu|\right)+C$

54. $\displaystyle\int u\sqrt{a+bu}\,\mathrm{d}u = \frac{2}{15b^2}(3bu-2a)(a+bu)^{3/2}+C$

55. $\displaystyle\int \frac{u\,\mathrm{d}u}{\sqrt{a+bu}} = \frac{2}{3b^2}(bu-2a)\sqrt{a+bu}+C$

56. $\displaystyle\int \frac{u^2\,\mathrm{d}u}{\sqrt{a+bu}} = \frac{2}{15b^3}\big(8a^2+3b^2u^2-4abu\big)\sqrt{a+bu}+C$

57. $\displaystyle\int \frac{\mathrm{d}u}{u\sqrt{a+bu}} = \frac{1}{\sqrt{a}}\ln\left|\frac{\sqrt{a+bu}-\sqrt{a}}{\sqrt{a+bu}+\sqrt{a}}\right|+C,\ a>0$

$\qquad\qquad = \frac{2}{\sqrt{-a}}\tan^{-1}\sqrt{\frac{a+bu}{-a}}+C,\ a<0$

58. $\displaystyle\int \frac{\sqrt{a+bu}}{u}\,\mathrm{d}u = 2\sqrt{a+bu}+a\int\frac{\mathrm{d}u}{u\sqrt{a+bu}}$

59. $\displaystyle\int \frac{\sqrt{a+bu}}{u^2}\,\mathrm{d}u = -\frac{\sqrt{a+bu}}{u}+\frac{b}{2}\int\frac{\mathrm{d}u}{u\sqrt{a+bu}}$

60. $\displaystyle\int u^n\sqrt{a+bu}\,\mathrm{d}u = \frac{2}{b(2n+3)}\Big[u^n(a+bu)^{3/2}-na\int u^{n-1}\sqrt{a+bu}\,\mathrm{d}u\Big]$

61. $\displaystyle\int \frac{u^n\,\mathrm{d}u}{\sqrt{a+bu}} = \frac{2u^n\sqrt{a+bu}}{b(2n+1)}-\frac{2na}{b(2n+1)}\int\frac{u^{n-1}\,\mathrm{d}u}{\sqrt{a+bu}}$

62. $\displaystyle\int \frac{\mathrm{d}u}{u^n\sqrt{a+bu}} = -\frac{\sqrt{a+bu}}{a(n-1)u^{n-1}}-\frac{b(2n-3)}{2a(n-1)}\int\frac{\mathrm{d}u}{u^{n-1}\sqrt{a+bu}}$

积分表

含有三角函数的积分公式

63. $\displaystyle\int \sin^2 u \, du = \frac{1}{2}u - \frac{1}{4}\sin 2u + C$

64. $\displaystyle\int \cos^2 u \, du = \frac{1}{2}u + \frac{1}{4}\sin 2u + C$

65. $\displaystyle\int \tan^2 u \, du = \tan u - u + C$

66. $\displaystyle\int \cot^2 u \, du = -\cot u - u + C$

67. $\displaystyle\int \sin^3 u \, du = -\frac{1}{3}\left(2 + \sin^2 u\right)\cos u + C$

68. $\displaystyle\int \cos^3 u \, du = \frac{1}{3}\left(2 + \cos^2 u\right)\sin u + C$

69. $\displaystyle\int \tan^3 u \, du = \frac{1}{2}\tan^2 u + \ln|\cos u| + C$

70. $\displaystyle\int \cot^3 u \, du = -\frac{1}{2}\cot^2 u - \ln|\sin u| + C$

71. $\displaystyle\int \sec^3 u \, du = \frac{1}{2}\sec u \tan u + \frac{1}{2}\ln|\sec u + \tan u| + C$

72. $\displaystyle\int \csc^3 u \, du = -\frac{1}{2}\csc u \cot u + \frac{1}{2}\ln|\csc u - \cot u| + C$

73. $\displaystyle\int \sin^n u \, du = -\frac{1}{n}\sin^{n-1} u \cos u + \frac{n-1}{n}\int \sin^{n-2} u \, du$

74. $\displaystyle\int \cos^n u \, du = \frac{1}{n}\cos^{n-1} u \sin u + \frac{n-1}{n}\int \cos^{n-2} u \, du$

75. $\displaystyle\int \tan^n u \, du = \frac{1}{n-1}\tan^{n-1} u - \int \tan^{n-2} u \, du$

76. $\displaystyle\int \cot^n u \, du = \frac{-1}{n-1}\cot^{n-1} u - \int \cot^{n-2} u \, du$

77. $\displaystyle\int \sec^n u \, du = \frac{1}{n-1}\tan u \sec^{n-2} u + \frac{n-2}{n-1}\int \sec^{n-2} u \, du$

78. $\displaystyle\int \csc^n u \, du = \frac{-1}{n-1}\cot u \csc^{n-2} u + \frac{n-2}{n-1}\int \csc^{n-2} u \, du$

79. $\displaystyle\int \sin au \sin bu \, du = \frac{\sin(a-b)u}{2(a-b)} - \frac{\sin(a+b)u}{2(a+b)} + C$

80. $\displaystyle\int \cos au \cos bu \, du = \frac{\sin(a-b)u}{2(a-b)} + \frac{\sin(a+b)u}{2(a+b)} + C$

81. $\displaystyle\int \sin au \cos bu \, du = -\frac{\cos(a-b)u}{2(a-b)} - \frac{\cos(a+b)u}{2(a+b)} + C$

82. $\displaystyle\int u \sin u \, du = \sin u - u \cos u + C$

83. $\displaystyle\int u \cos u \, du = \cos u + u \sin u + C$

84. $\displaystyle\int u^n \sin u \, du = -u^n \cos u + n \int u^{n-1} \cos u \, du$

85. $\displaystyle\int u^n \cos u \, du = u^n \sin u - n \int u^{n-1} \sin u \, du$

86. $\displaystyle\int \sin^n u \cos^m u \, du = -\frac{\sin^{n-1} u \cos^{m+1} u}{n+m} + \frac{n-1}{n+m}\int \sin^{n-2} u \cos^m u \, du$

$\displaystyle\qquad = \frac{\sin^{n+1} u \cos^{m-1} u}{n+m} + \frac{m-1}{n+m}\int \sin^n u \cos^{m-2} u \, du$

含有反三角函数的积分公式

87. $\displaystyle\int \sin^{-1} u \, du = u \sin^{-1} u + \sqrt{1-u^2} + C$

88. $\displaystyle\int \cos^{-1} u \, du = u \cos^{-1} u - \sqrt{1-u^2} + C$

89. $\displaystyle\int \tan^{-1} u \, du = u \tan^{-1} u - \frac{1}{2}\ln\left(1+u^2\right) + C$

90. $\displaystyle\int u \sin^{-1} u \, du = \frac{2u^2-1}{4}\sin^{-1} u + \frac{u\sqrt{1-u^2}}{4} + C$

91. $\displaystyle\int u \cos^{-1} u \, du = \frac{2u^2-1}{4}\cos^{-1} u - \frac{u\sqrt{1-u^2}}{4} + C$

92. $\displaystyle\int u \tan^{-1} u \, du = \frac{u^2+1}{2}\tan^{-1} u - \frac{u}{2} + C$

93. $\displaystyle\int u^n \sin^{-1} u \, du = \frac{1}{n+1}\left[u^{n+1}\sin^{-1} u - \int \frac{u^{n+1}\, du}{\sqrt{1-u^2}}\right],\ n \neq -1$

94. $\displaystyle\int u^n \cos^{-1} u \, du = \frac{1}{n+1}\left[u^{n+1}\cos^{-1} u + \int \frac{u^{n+1}\, du}{\sqrt{1-u^2}}\right],\ n \neq -1$

95. $\displaystyle\int u^n \tan^{-1} u \, du = \frac{1}{n+1}\left[u^{n+1}\tan^{-1} u - \int \frac{u^{n+1}\, du}{1+u^2}\right],\ n \neq -1$

积分表

含有指数函数和对数函数的积分公式

96. $\int u e^{au} \, du = \dfrac{1}{a^2}(au-1)e^{au} + C$

97. $\int u^n e^{au} \, du = \dfrac{1}{a} u^n e^{au} - \dfrac{n}{a} \int u^{n-1} e^{au} \, du$

98. $\int e^{au} \sin bu \, du = \dfrac{e^{au}}{a^2+b^2}(a\sin bu - b\cos bu) + C$

99. $\int e^{au} \cos bu \, du = \dfrac{e^{au}}{a^2+b^2}(a\cos bu + b\sin bu) + C$

100. $\int \ln u \, du = u\ln u - u + C$

101. $\int u^n \ln u \, du = \dfrac{u^{n+1}}{(n+1)^2}\left[(n+1)\ln u - 1\right] + C$

102. $\int \dfrac{1}{u\ln u} \, du = \ln|\ln u| + C$

含有双曲函数的积分公式

103. $\int \sinh u \, du = \cosh u + C$

104. $\int \cosh u \, du = \sinh u + C$

105. $\int \tanh u \, du = \ln\cosh u + C$

106. $\int \coth u \, du = \ln|\sinh u| + C$

107. $\int \operatorname{sech} u \, du = \tan^{-1}|\sinh u| + C$

108. $\int \operatorname{csch} u \, du = \ln\left|\tanh \dfrac{1}{2}u\right| + C$

109. $\int \operatorname{sech}^2 u \, du = \tanh u + C$

110. $\int \operatorname{csch}^2 u \, du = -\coth u + C$

111. $\int \operatorname{sech} u \tanh u \, du = -\operatorname{sech} u + C$

112. $\int \operatorname{csch} u \coth u \, du = -\operatorname{csch} u + C$

含有 $\sqrt{2au-u^2}$ （$a>0$）的积分公式

113. $\int \sqrt{2au-u^2} \, du = \dfrac{u-a}{2}\sqrt{2au-u^2} + \dfrac{a^2}{2}\cos^{-1}\left(\dfrac{a-u}{a}\right) + C$

114. $\int u\sqrt{2au-u^2} \, du = \dfrac{2u^2-au-3a^3}{6}\sqrt{2au-u^2} + \dfrac{a^3}{2}\cos^{-1}\left(\dfrac{a-u}{a}\right) + C$

115. $\int \dfrac{\sqrt{2au-u^2}}{u} \, du = \sqrt{2au-u^2} + a\cos^{-1}\left(\dfrac{a-u}{a}\right) + C$

116. $\int \dfrac{\sqrt{2au-u^2}}{u^2} \, du = -\dfrac{2\sqrt{2au-u^2}}{u} - \cos^{-1}\left(\dfrac{a-u}{a}\right) + C$

117. $\int \dfrac{du}{\sqrt{2au-u^2}} = \cos^{-1}\left(\dfrac{a-u}{a}\right) + C$

118. $\int \dfrac{u \, du}{\sqrt{2au-u^2}} = -\sqrt{2au-u^2} + a\cos^{-1}\left(\dfrac{a-u}{a}\right) + C$

119. $\int \dfrac{u^2 \, du}{\sqrt{2au-u^2}} = -\dfrac{(u+3a)}{2}\sqrt{2au-u^2} + \dfrac{3a^2}{2}\cos^{-1}\left(\dfrac{a-u}{a}\right) + C$

120. $\int \dfrac{du}{u\sqrt{2au-u^2}} = -\dfrac{\sqrt{2au-u^2}}{au} + C$

Supplements Request Form （教辅材料申请表）

鉴于部分资源仅适用于老师教辅使用，烦请索取的老师填写如下情况说明表。

Lecturer Details （教师信息）			
Name： （姓名）		Title： （职务）	
Department： （系科）		School/University： （学院 / 大学）	
Official E-mail： （学校邮箱）		Lecturer's Address / Post Code： （教师地址 / 邮编）	
Tel： （座机）			
Mobile： （手机）			

Textbook Details （教材信息）			
Adoption Types （教材类型）	原版 ☐	翻译版 ☐	影印版 ☐
Title：（英文书名） ISBN：（13 位书号） Edition：（版次） Author：（作者）			
Local Publisher： （国内出版社名称）			

Other Details （其他信息）			
Have you bought this textbook?（是否已购买教材？）		是 ☐ 否 ☐	
Enrolment： （学生人数）		Semester： （学期起止日期）	

Methods for Obtaining Supplements （获取教辅资源方式）

First method:

Please photo the complete form to （请将此表格拍照发送至）：asia.infochina@cengage.com.

Second method:

You can also apply for teaching materials online through our WeChat account.

（您也可以通过我们的公众号"圣智教育服务中心"线上申请教辅资料。）

CENGAGE GROUP
ATTN: Higher Education Division
TEL: (86)10-83435112
EMAIL: asia.infochina@cengage.com
ADD: 北京市海淀区魏公村路 6 号院丽金智地中心西塔 8 层 807 室
POST CODE: 100081

中文版推荐语

本书注重应用，它是国外微积分教学的主流教材之一。作者斯图尔特教授更是将版税所得浇筑成豪华传世建筑——Integral House（积分之屋），它不仅是数学、艺术与建筑的灵感碰撞，更是本书教学成就的别致延伸。

——林群　数学家，中国科学院院士

"斯图尔特微积分"的讲解方式极具亲和力，作者就像耐心的导师，陪伴读者一步步跨越微积分的难关。对每一个概念、定理的剖析都极为清楚、透彻，总是从不同角度加以解释，帮助读者全方位理解。无论是自学还是课堂教学，本书都是绝佳的选择。

——宋浩　博士，副教授，Bilibili "百大 UP 主"

本书以其独特的教育理念和精彩的讲解，为微积分教学树立了标杆。作者注重培养读者的数学思维能力，在讲解知识的同时，引导读者学会分析问题和解决问题。书中精美的彩图更能激发读者的兴趣，让微积分学习变得高效和愉悦。

——李永乐　人大附中物理教师，科普视频创作者

"斯图尔特微积分"是风靡全球的经典教材，它以"让抽象数学扎根现实"的独特视角，成为理工科学生和科研工作者的必选微积分入门读物。作者斯图尔特深谙跨学科思维的精髓，丰富的案例将微积分还原为探索世界的通用语言。书中对概念的讲解如搭积木般层层递进，配合直观的图表，帮助学生夯实理论根基，并快速掌握实用工具。作为长期使用此书的数学教学博主，我非常推荐这本书。

——高凤祥（@神奇的质子）　数学物理博主，微积分数学老师

学习微积分有什么用呢？学习微积分很难吗？在这个高速发展的时代，我们需要学会足够多的数学。"斯图尔特微积分"用直白的语言，层层递进的讲解，逐步构建起完整的微积分知识体系，将复杂的数学概念变得清晰易懂。诚挚推荐这本书！

——马同学　"马同学图解数学"系列作者

微积分启蒙图书的易读性主要决定于图书的内容结构和排版布局。市面上的大部分微积分图书要么结构混乱抑或内容过于学术、高深莫测，要么排版布局压抑得让人难以阅读。"斯图尔特微积分"是少有的兼顾两方面的图书。它以现代数学的严谨性为基石搭建章节框架，从基础的函数与模型开始，循序渐进地引入极限、导数、积分，接着深入到微分方程，最后讲解偏导数和多元积分。既有跨学科的应用案例，又有分层次的习题系统，在理论与应用之间做到了很好的平衡。再加上排版宽松舒适，通俗的文字搭配精美的图表，值得推荐。

——成其　理学博士，百万大 V 博主

作为一本享誉全球的经典教材，"斯图尔特微积分"以其清晰的表述、严谨的逻辑和丰富的应用实例，从众多微积分教材中脱颖而出。微积分的精髓不仅在于公式推导，更在于几何直观和实际应用。书中丰富的图形、生动的案例，让抽象的极限、导数、积分等概念变得触手可及。本书不仅适合课堂教学，也特别便于自学——每一章的例题和习题都经过精心设计，既能巩固基础，又能激发思考，使读者受益匪浅。

——漫士　清华大学博士，知名数学科普博主

翻开这本书，你会惊讶微积分教材也能读得停不下来，它总能把复杂的数学翻译成直白的语言，让读者感到豁然开朗。注重启发式教育，鼓励读者主动思考和探索。通过大量现实场景和跨学科案例，引导读者在解决实际问题的过程中加深对微积分的理解。

——樊登　帆书 App 创始人

微积分并非遥不可及的抽象理论，它就隐藏在我们生动变化的世界背后。从预测趋势到优化决策，从理解运动规律到把握增长节奏，微积分是理解和描述动态过程的强大语言。本书通过贴近生活的实例和清晰的讲解，将核心概念与现实紧密相连。它不仅是千万学子的良师，也值得所有人共同探索。微积分中洞察变化、分析速率、寻找最优解的思维方式，对于日常生活同样富有启发性。翻开这本书，开启发现数学之美与实用价值的旅程吧！

——袁希　教育产业投资人

"斯图尔特微积分"是一套真正让学生轻松入门的经典教材。每一个知识点都经过了作者的精心梳理，以直观生动的方式呈现出来。丰富的彩图不仅增添了视觉美感，而且能帮助读者更好地理解数学概念的意义。

——刘润　润米咨询创始人

如果你想了解 AI 的底层逻辑，想知道如何通过量化交易赚钱，想探寻宇宙运行的基本规律，那么你需要再学一遍微积分。微积分不只是数学工具，更是人生智慧，教会我们看透变化的本质，掌握积累的力量，让我们在复杂多变的世界中，找到那些神秘的因果关系，从而在不确定性中做出最优决策。

——老喻　公众号"孤独大脑"作者